U0326248

高炉炼铁生产技术手册

主　编　周传典

副主编　刘万山　王筱留　许冠忠

北　京

冶 金 工 业 出 版 社

2019

图书在版编目(CIP)数据

高炉炼铁生产技术手册/周传典主编. —北京：冶金工业出版社，2002.8（2019.5 重印）
ISBN 978-7-5024-3013-9

Ⅰ.高… Ⅱ.周… Ⅲ.高炉炼铁—技术手册
Ⅳ.TF54-62

中国版本图书馆 CIP 数据核字(2002)第 033143 号

出 版 人 谭学余
地　　址 北京市东城区嵩祝院北巷 39 号 邮编 100009 电话 (010)64027926
网　　址 www.cnmip.com.cn 电子信箱 yjcbs@cnmip.com.cn
责任编辑 李继蕙 郭历平 美术编辑 李 新
责任校对 王贺兰 责任印制 李玉山
ISBN 978-7-5024-3013-9
冶金工业出版社出版发行；各地新华书店经销；三河市双峰印刷装订有限公司印刷
2002 年 8 月第 1 版，2019 年 5 月第 9 次印刷
787mm×1092mm 1/16；56.5 印张；1548 千字；881 页
228.00 元
冶金工业出版社 投稿电话 (010)64027932 投稿信箱 tougao@cnmip.com.cn
冶金工业出版社营销中心 电话 (010)64044283 传真 (010)64027893
冶金工业出版社天猫旗舰店 yjgycbs.tmall.com
（本书如有印装质量问题，本社营销中心负责退换）

《高炉炼铁生产技术手册》
编委会成员名单

（按姓氏汉语拼音顺序排列）

蔡漳平	常久柱	陈　谦	陈昆生
刁日升	窦力威	窦庆和	杜鹤桂
高清举	龚树山	郭可中	韩　庆
韩建臻	胡小云	黄达文	雷有高
李　鸣	李朝金	李怀远	梁津源
刘道林	刘万山	刘云彩	刘正平
罗登武	苗治民	秦　勇	汤清华
王殿君	王喜庆	王祥元	王筱留
谢国海	徐　刚	徐矩良	许冠忠
杨　镛	杨淙垣	杨振和	由文泉
于仲洁	袁万能	周传典	

各章撰稿人

第1章　杨世农　第2章　袁庸夫

第3章　安云沛　第4章　金镇得

第5章　高光春　第6章　高光春　张万仲

第7章　张万仲　第8章　吴延辉

第9章　金镇得　第10章　戴嘉惠

附　录　戴嘉惠　安云沛

前言

1999年夏冶金工业出版社侯盛锽副社长来访，倡议改编《高炉炼铁工艺及计算》一书，并向各方面征求意见。这一倡议首先获得鞍钢技术中心和过去编写该书的专家们的支持，在全国也得到出乎意料的回应。凡是被征询的专家，如徐矩良、杜鹤桂、刘云彩、王筱留、刘秉铎、王喜庆、王祥元等，没有一个不赞成的，都说出版社抓得对，还都提出了不少有价值的改编建议。他们都是炼铁界的知名人士，已经退休，甘愿为炼铁事业再出一份力。对我来说，同意这个建议的原因大致有以下两点：

第一点，据介绍，鞍钢炼铁厂曾在20世纪70年代编印过《高炉炼铁工艺及计算》，很受欢迎。80年代，冶金工业出版社请成兰伯同志组织有关人士对此稿进行校勘，全国大多数炼铁厂参加了编审工作，将内容扩充到80多万字，正式出版。后因颇受青睐，多次重印。有人估计全国的高炉工长、炉长几乎人手一册，可以说是钢铁类图书的畅销书之一。我找来这部书，粗读一遍，深有感触。这部书的理论并不深奥，文风亦很朴素。它为什么会那样受欢迎，我是很理解的。回想起解放后从1949年到1951年的三年中，我到鞍钢炼铁厂把从敌人手中接收的高炉修复之后，当了三年工长、炉长。那个时候我没有一点实际经验，在校时学到的点滴知识，也用不到实际操作上去，可以说完全是在实践中慢慢摸索。炉子顺行不知是什么原因，炉况失常也找不到毛病在哪里，非常苦恼。如果当时有这类书作参考该有多好呀！所以我很早就想过：我们这些老工长、老炉长应该把自己一生的经验和体会写出来，交给年轻的一代。1997年在鞍钢的一次会议上，我说了句诚恳的笑话："我们的这把老骨头，辛苦一生，不要把知识带到坟墓里去！"我的话引起很大反响，老专家们迅速编写了一本《鞍钢炼铁技术的形成与发展》。现在他们又都积极参加了这部书的改编工作。

第二点，我看了70年代和80年代的两个版本，既感到这部书的巨大作用，又看到它在新世纪中的不足。我这一辈子，先是从1949年到1978年的30年间，由担任高炉工长到冶金部的炼铁处长，从高炉操作到炼铁管理，从未离开过专业，故而对炼铁情有独钟！1979年以后，从管炼铁到管钢铁，因此熟悉50年来中国炼铁工业发展的轨迹。我把它分为三个时期：第一个时期是以鞍钢为代表和源头的高涨时期；第二个时期是从1966年到1978年的停滞时期；第三个时期则是从1979年到现在的第二次高涨时期。在此期间，全国大型高炉以宝钢为代表，引进、消化国外新枝术，利用系数纷纷跨过2.0，正在向国际水平迈进；中型高炉则以安阳钢铁厂和三明钢铁厂为代表，利用系数纷纷跨过3.0，正在向3.5迈进，有的如三明钢铁厂正向4.0靠近，引起国外炼铁界的重视。我们及时召开了大型高炉和中型高炉的会议，介绍他们的经验。而第一高涨期的鞍钢已落在了后边，显然以它为蓝本的工艺技术便显得不符合当前的要求了。这就是原书最重要的不足之处。在《高炉炼铁工艺及计算》的基础上，编写《高炉炼铁生产技术手册》必须要吸收宝钢、三明、安阳等现代先进厂的经验，这是新时代的要求，也是技术进步的必然结论，编委会对此取得了共识。

1999年秋，在刘玠、刘万山同志的支持下，在鞍钢召开了第一次编委会，组成了编写班子，主要撰稿人有高光春、杨世农、袁庸夫、安云沛、张万仲、吴廷辉、金镇得、戴嘉惠等8人。

确定了这部书的框架和编写大纲之后,分发给部分炼铁厂,征求意见。

2000年夏,编写组在完成初稿后,分头赴国内各大先进炼铁厂考察,收集资料。趁炼铁年会在宝钢开会之机,又在那里开了第二次编委会,这部书的副主编许冠忠同志,在会上分头拜访了各厂的领导人,分发了“编辑《高炉炼铁生产技术手册》编委会会议纪要”,汇报情况,征求意见,并扩大了编委会。有许多炼铁厂的专家积极参加进来,如宝钢郭可中,武钢于仲洁,首钢由文泉,攀钢刁日升,太钢梁津源,马钢黄达文,唐钢常久柱,本钢王殿君,鞍钢炼铁厂窦力威、汤清华,包钢杨镛,安(阳)钢窦庆和,邯钢刘正平,宣钢李鸣,酒钢韩建臻,济钢蔡漳平,南(京)钢杨振和,新(余)钢刘道林,新疆八钢袁万能,南(昌)钢胡小云,柳钢谢国海,莱钢罗登武,重钢雷有高等。随后即启动初稿的审定工作。

2001年初,编写组完成编委会审定后的初稿,我在北京请徐矩良、王筱留、刘云彩、王祥元四位专家审阅,四位专家欣然同意。他们非常认真,在确定审稿原则后,分章进行了仔细审阅。审阅过程中,他们互相交流情况,讨论问题,交换意见,而且写出了详细的修改意见,并提出了参考书目。为了进一步提高书稿质量,便于更好地修改,2001年5月,在鞍钢技术中心刘万山同志的组织下,在鞍山召开了审稿会。上述几位审稿同志、东北大学的杜鹤桂教授以及冶金工业出版杜的同志参加了会议。会上肯定了四位审稿同志的意见,审稿的同志分别与撰稿人充分交换了看法。会上决定由撰稿人根据会上审定的意见进行修改。修改稿送北京后,王筱留、徐矩良、刘云彩三位同志受我之托再次对书稿进行了反复修改、增删,某些地方甚至重新编写;王筱留同志受鞍山审稿会之托,统览全稿,系统修改;2002年3月,我与上述几位同志一起在冶金工业出版社审阅定稿。上述几位同志,为本书的定稿认真、负责,劳心劳力,做出了可贵的奉献。值此本书出版之际,向他们表示深切的谢意。

鞍钢技术中心刘万山同志自始至终领导编写组的工作,召开编写组会议8次之多,解决编写中的各项困难,对编写组工作给以各方面的全力支持。特别是在编委会审定初稿时,认真记录、听取各方面的审查意见,组织编写组成员认真讨论,仔细修改,对全书的编写工作做出了积极贡献。此外,本书从开始到截稿,许冠忠同志独任其劳,跑北京、跑上海,会见各位编委,沟通意见,联系工作,送达稿件,组织会议,都是他一人承担,却无任何报酬。这部书稿编写工作得以完成,他功不可没,应该向他表示感谢,难得这样的热心人。

编写组在收集资料,考察过程中,先后得到首钢炼铁厂、安(阳)钢炼铁厂、武钢炼铁厂及技术部,宝钢炼铁厂及技术中心和济钢一铁等单位大力支持,这些厂热情提供资料和介绍有关情况,使本书资料趋于详实完整。鞍山钢院李文忠教授认真阅读了热风炉一章并提供了宝贵意见;安(阳)钢炼铁厂南向民、魏群同志为炼铁综合计算一章提供了资料;武钢陈令坤等同志以及浙大刘祥官教授提供了人工智能与专家系统方面的应用情况资料;首钢炼铁厂温仕湛、孙洁娜,宝钢李维国、陶荣耀、徐守厚、邓炳炀、胡伯康,济钢一铁程颗久、贾广顺,马钢孙泰珍等同志也提供了有关资料,对此一并致谢。

周传典

2002年4月

目　录

1 炼铁原料

1.1 炼铁精料

1.1.1 高炉炼铁对精料的要求

精料是高炉炼铁的基础，高炉炼铁工作者通过长期的生产实践，用“七分原料三分操作”或“四分原料三分设备三分操作”来说明精料对高炉生产的决定性影响，并提出“高、熟、净、小、匀、稳、熔”7字精料内容，鞍钢在《高炉炼铁工艺与计算》一书中简化为“高、稳、小、净”4字精料要求（见表1-1）[1]。总结国内外在精料上所做的努力和取得的成就，精料内容是：高炉炼铁的渣量要小于300kg/t；成分稳定、粒度均匀；冶金性能良好；炉料结构合理等4个方面。2000年炼铁工作会议和金属学会年会上，提出了对精料要求的参考指标（见表1-2）[2]。

表 1-1 现代高炉精料的部分要求水平

指标	高			稳			小				净（<5mm）/%	
	品位（渣量）/kg·t^{-1}	熟料比①/%	烧结矿碱度	含铁量变化/%	SiO_2变化/%	碱度变化	天然矿/mm	球团矿/mm	烧结矿/mm	焦炭/mm	入炉矿石	入炉焦炭
宝钢	250	90	1.75	<0.2		<0.04	8~25		6~50	25~70	<5	
日本	250~350	87.1	>1.5	<0.2	<0.3	<0.03	8~25	6~15	6~50	25~70	<5	<3
前苏联②	250~400	100	>1.25	<0.2	<0.3	<0.03		6~15	10~30	25~60	<5	<2.5
德国	300~400	84.3	1.4~2.0			<0.03	8~25		6~50	25~70	<5	
美国		92.0						6~15	6~38			
法国		91.5					8~25	6~15	6~40		<7	

① 熟料包括烧结矿和球团矿；
② 前苏联重点厂。

表 1-2 精料要求水平①

精料种类	成分				波动/%		粒度组成/%			单球团矿抗压强度/N
	品位TFe/%	SiO_2/%	FeO/%	碱度R	Fe	R	>50mm	<10mm	<5mm	
烧结矿	>58.0	<5	6~8	>1.7	±0.1~0.3	±0.03~0.05	<10	<30	<5	—
球团矿	>64.5	<5	<1.0	—	±0.1~0.3	—				>2000

① 2000年炼铁工作会议提出。

为达到高炉冶炼对精料的要求，需要做好以下工作。

1.1.1.1 提高入炉品位

高品位是使渣量降到300kg/t以下，保证高炉强化和大喷煤的必要条件，是获得好的生产技术经济指标和提高企业经济效益的要求。近年来我国高炉的入炉品位不断提高。2000年重点企业高炉入炉品位平均达到55.94%，宝钢最高达到60.35%；地方骨干企业入炉品位平均达到57.02%。

部分企业，例如三明、杭钢、南昌、青岛的入炉品位已超过60%。

提高入炉品位的措施是：

(1) 使用进口高品位矿，淘汰国产劣质矿

选用矿石时，应对矿石使用价值进行评估。北京科技大学，鞍钢等单位都有评估软件，根据厂矿的条件输入矿石的成分及价格等算出生铁成本与要求的相比，或输入矿石成分和要求的生铁成本算出该矿石的最高允许购价。例如重钢对含 Fe53%、SiO_2 18.96%、P 0.069%、S0.233%的某种矿石进行技术经济评价，计算结果该矿石的报价比允许的最高购入价高出109元/t[3]。这种矿石就应淘汰。

(2) 提高精矿粉的品位

在合理的精矿品位上应从选矿到炼铁的整个生产系统获取最好的技术经济效益来确定。2000~2005年冶金科技发展指南中提出“适应现代高炉冶炼技术发展需要，要采取得力措施，把磁铁矿选矿厂生产的铁精矿品位稳定在68%。为高炉节能、高产、优质提供精料。”近年来，我国已有部分矿山的磁精粉的含铁量已稳定在67%~68%。炼铁工作者应该理解合理精矿品位值将随原矿价格的变动选矿技术的发展，焦炭价格的上升及生产费用的提高而提高。同时也可通过较低品位精矿粉的再细磨深选，淘汰难采、难选矿石来使精矿粉品位不断上升。

(3) 生产高品位烧结矿和球团矿

国外研究和生产出品位在62%~65%的烧结矿和品位高达68%以上的球团矿，我国近年来也已开发生产碱度1.7以上 SiO_2 低于5%的高品位烧结矿。使用有机黏结剂代替膨润土做球团黏结剂可较大幅度提高球团矿的品位。但在我国有机黏结剂价格贵，总的技术经济效益需通过系统的生产与冶炼试验确定。

(4) 使用部分金属化料

利用价格便宜的煤来预还原炉料(主要是球团矿)，使炉料的金属化率达到50%~80%，实践表明每10%金属化率可降低焦比5%~7%产量提高4%~7%，美国AK公司在其Middle town的高炉上使用170kg/t金属化料，使高炉利用系数达到了创纪录的4.2t/m^3·d(按高炉的工作容积计算)。美国钢铁协会编制的《钢铁工业技术开发指南》中将“经济地生产部分还原(50%~70%)球团或烧结矿工艺”作为今后开发项目。

1.1.1.2 *控制入炉矿的脉石组成和杂质含量*

(1) 脉石组成

脉石造渣是高炉炼铁渣量的来源，非特殊矿形成的炉渣中主要成分是 SiO_2、Al_2O_3、CaO 和 MgO 四种氧化物。我国直接入炉的富块矿(例如海南矿)和富选所得精矿粉的脉石主要是 SiO_2，成为决定渣量的关键因素，因为每 kg SiO_2 在高炉内要形成2kg炉渣，每吨生铁消耗的含铁矿石中，每增加1%SiO_2，将使渣量增加35~40kg，这不仅使焦比升高，而且还降低了软熔带和滴落带的透气性和透液性，影响高炉顺行和喷吹燃料。因此相同含铁量的矿石，应优先使用低 SiO_2 的。SiO_2 含量过高的矿石甚至没有使用价值。例如前面已提到的重钢对含 Fe 53%、SiO_2 18.96%的某种矿石进行评价，结果使用价值比该矿石的报价低109元/t，可见在现有重钢条件下这样高 SiO_2 的矿石根本不能使用。

降低入炉矿 SiO_2 含量的途径一是使用 SiO_2 含量低的优质矿(例如进口矿)，淘汰劣质矿，另一是选矿厂细磨精选，既提高了精矿粉的含 Fe 量，也大幅度地降低了 SiO_2 含量，采取这些途径后，烧结矿的 SiO_2 可降到4.5%。

从东半球(澳大利亚、印度等国)进口的铁矿石中 SiO_2 含量都较低，但是大部分含有较多的 Al_2O_3。过高的 Al_2O_3 将影响高炉渣的流动性。在现代炼铁技术的条件下，渣中 Al_2O_3 含量不宜超

过15%～16%。使用这类进口矿要通过配矿来控制其入炉量。应当指出，烧结矿中含有一定数量的Al_2O_3（$Al_2O_3/SiO_2=0.1\sim0.3$），有利于低温烧结时，四元系针状铁酸钙（SFCA）的生成，可提高烧结矿的强度，改善其还原性能。

富块矿和精矿粉如含有CaO或MgO（例如河北涞源矿，浙江绍兴矿等），将提高它们的使用价值，因为这些矿中的CaO和MgO可以减少造渣所要外加的石灰石或白云石熔剂量。

(2) 杂质含量

原料的杂质含量少是冶炼优质生铁的基础。而杂质含量少的优质生铁是炼纯净钢和生产球墨铸件的必要条件。

常见的有害杂质为硫和磷的化合物，我国南方的铁矿中还含有As、Cu、Pb，包头矿中含有F等，其他的有害杂质还有碱金属氧化物（K_2O，Na_2O）锌等。S、P、As和Cu都易还原进入生铁，对生铁及以后的钢和钢材的性能有很大危害。碱金属、Zn、Pb和F等虽不进入生铁，但对高炉的炉衬起破坏作用，或在冶炼过程中循环累积，严重时造成结瘤，或污染环境。冶炼前采用选矿或脱除等方法除去这些矿石中的有害杂质，或困难很大，或代价太高，从而降低了这些矿石的使用价值，迫使高炉限制含有这些杂质矿石的使用量。

各种有害杂质的界限含量见表1-3。

表1-3　铁矿石中有害杂质的危害及界限含量

元　素	允许含量/%		危　害　及　某　些　说　明
S	≤0.3		使钢产生“热脆”，易轧裂
P	≤0.3	对酸性转炉生铁	磷使钢产生“冷脆”；
	0.03～0.18	对碱性平炉生铁	烧结及炼铁过程皆不能除磷；
	0.2～1.2	对碱性转炉生铁	矿石允许含P量可按下式计算
	0.05～0.15	对普通铸造生铁	$P_{矿}=\dfrac{(P_{铁}-P_{熔焦附})\times Fe_{矿}}{Fe_{铁}}$
	0.15～0.6	对高磷铸造生铁	
Zn	≤0.1～0.2		Zn900℃挥发，上升后冷凝沉积于炉墙，使炉墙膨胀，破坏炉壳。烧结时可除去50%～60%的Zn
Pb	≤0.1		Pb易还原，比重大与Fe分离沉于炉底，破坏砖衬，Pb蒸气在上部循环累积，形成炉瘤，破坏炉衬
Cu	≤0.2		少量Cu可改善钢的耐腐蚀性，但Cu过多使钢热脆，不易焊接和轧制；Cu易还原并进入生铁
As	≤0.07		砷使钢“冷脆”不易焊接。生铁含[As]≤0.1%。炼优质钢时，铁中不应有[As]
Ti	(TiO_2)15～16		钛降低钢的耐磨性及耐腐蚀性；使炉渣变黏易起泡沫；含(TiO_2)过高的矿应作为宝贵的Ti资源
K，Na			易挥发，在炉内循环累积，造成结瘤，降低焦炭及矿石的强度
F			氟高温下气化，腐蚀金属，危害农作物及人体，CaF_2侵蚀破坏炉衬

日本某高炉少量杂质元素在铁水、炉渣和煤气（含瓦斯灰）三者之间的分配示于表1-4[4]。

表1-4　日本某高炉各元素分配实例

元素分配比例/%	Bi	Zn	S	Si	Ti	Sb	Pb	Mn	Sn
生铁中的量	—	1.3	6.2	9.7	32.4	40.0	62.8①	71.7	84.0
煤气和瓦斯灰中的量	13.0	45.6	1.5	1.4	—	—	—	—	1.7
炉渣中的量	87.0	53.1	92.2	88.9	67.6	60.0	37.2	28.3	14.3

续表 1-4

元素分配比例/%	As	Cr	TFe	V	Co	Ni	P	Cu	Mo
生铁中的量	84.0	88.8	97.9	98.4	98.4	98.7	98.8	99.5	100.0
煤气和瓦斯灰中的量	1.7	0.1	1.1	1.6	1.6	1.3	—	0.5	—
炉渣中的量	14.3	11.1	1.0	—	—	—	1.2	—	—

① Pb 与铁水分离,沉于炉缸底部。

1.1.1.3 做好入炉料成分稳定的工作

入炉料成分稳定对高炉行程稳定、稳产高产、降低焦比等至关重要,对增产和降焦影响的程度见表 1-5。

表 1-5 入炉矿成分波动对高炉冶炼的影响

入炉矿成分波动		高炉增产/%	焦比降低/%
TFe 波动减少 ±0.1% (从 ±1.0% 降至 ±0.5% 时)	前苏联 5 厂	0.39~0.97	0.25~0.46
	中国 7 厂	0.33~0.40	0.20~0.26
$m(CaO)/m(SiO_2)$ 波动减少 ±0.01 (从 ±0.10 降至 ±0.05 时)	前苏联 8 厂	0.20~0.40	0.12~0.20

入炉料成分波动的描述有两种方式,分述如下。

(1) 用某一成分在某范围内的百分数表示。我国与前苏联(现独联体)主要使用此法,如 TFe ± 0.5%、$m(CaO)/m(SiO_2)$ ± 0.05。实例见表 1-6。

表 1-6 一些厂烧结矿成分波动

厂 别	TFe(±0.5%)/%	$m(CaO)/m(SiO_2)$ (±0.05)/%	FeO (±1%)/%
中国			
宝钢 1 号机 (1997 年)	97.12	98.27	99.90
首钢一烧车间 (1997 年)	97.62	94.17	83.41
鞍钢新烧分厂 (1997 年)	90.67	89.03	—
攀钢烧结厂 (1997 年)	96.40	93.84	90.61
梅山烧结厂 (1997 年)	96.37	91.39	87.45
武钢烧结厂 (1998 年)	86.00	85.20	90.90
前苏联			
西西伯利亚 烧结厂	94.70	98.10	—
卡拉干达 烧结厂	77.2	90.8	—
切列波维茨 烧结厂	63.7	71.5	—
卡其卡纳尔采选公司	90.0	78.2	—
马格尼托哥尔斯克四厂	62.5	97.6	—
新利佩茨克 烧结厂	48.0	60.3	—

(2) 用某一成分的标准偏差表示。

这在日本、澳大利亚、英、法等国广泛使用,如 S.D. 或 σ_{n-1} 实例见表 1-7。

表 1-7 一些厂烧结矿成分的标准偏差

厂 别		TFe S.D.	$m(CaO)/m(SiO_2)$ S.D.	FeO S.D.
中国	宝钢	0.257	0.029	0.363
	首钢	0.279	0.025	

续表 1-7

厂	别	TFe S.D.	$m(CaO)/m(SiO_2)$ S.D.	FeO S.D.
日本	君津 3 号机	0.167	0.035	
	鹿岛 3 号机	0.25	0.07	0.39
	水岛	0.23	0.02	1.04
	和歌山	0.21	0.04	
澳大利亚	堪培拉港 3 号机	0.32	0.04	0.52
英国	雷德卡 1 号机	0.15	0.03	0.58
德国	斯威尔根 1 号机	0.32	0.05	—
法国	福斯 1 号机	0.18	—	0.32
	敦刻尔克	0.39	0.062	0.408
前苏联	切列波维茨	0.40	—	—
美国	伯恩斯港	0.65	0.08	0.41

上述两种表示方法之间的关系,可通过实际统计用标准正态分布曲线公式计算,例如据统计,宝钢烧结矿 TFe±0.5%的稳定率为95.53%时,其标准偏差 S.D.为0.256。用标准正态分布曲线计算结果为 TFe±0.5%的稳定率达到96%时 S.D.为0.242。计算结果与实际统计值基本一致。

达到入炉料成分稳定的手段是混匀或称中和。

近年来我国一些企业先后建成混匀料场,为入炉料成分稳定奠定良好的基础,也取得了明显的效益。例如邢台钢铁厂投资3000万元,建设了具有较先进的堆取料机的混匀料场[5],从1999年1月1日起,100%使用混匀料,混匀前后烧结与高炉指标见表1-8。

表 1-8 邢钢混匀前后烧结与高炉生产指标

混匀情况	烧结指标				高炉指标		
	FeO 含量 /%	合格率 /%	$m(CaO)/m(SiO_2)$ 稳定率/%	工序能耗 $/kg\cdot t^{-1}$	利用系数 $/t\cdot(m^3\cdot d)^{-1}$	入炉焦比 $/kg\cdot t^{-1}$	优质生铁率/%
混匀后 1999年1~3月	13.19	87.08	89.80	61.48	2.84	479	74.26
混匀前 1998年1~3月	15.20	74.51	82.37	64.48	2.68	523	63.62
差 值	−2.01	+12.57	+7.43	−3.00	+0.16	−44	+10.64

据计算,混匀料场的年经济效益为1208万元,2.5年即可收回投资。应当指出,要充分发挥混匀料场的作用,还必须做好料场的管理工作,要在一次料场上科学合理地堆放进料,混匀料场中保证每个料堆的成分稳定外,还必须控制料堆与料堆之间成分的差异。例如日本最好的厂可确保相邻料堆铁含量波动值小于0.1%。我国宝钢混匀矿铁的标准偏差($S.D._{TFe}$)在0.45左右,SiO_2 的标准偏差($S.D._{SiO_2}$)在0.3左右,经过自动化配料后生产出来的烧结矿的 $S.D._{TFe}$、$S.D._{SiO_2}$ 与 $S.D._{m(CaO)/m(SiO_2)}$ 分别为0.256、0.087与0.029,达到世界先进水平。

1.1.1.4 提高入炉料的强度和优化粒度组成

炉料强度好,可以减少炉料在转运、贮存和冶炼过程中所产生的破碎,最终达到改善高炉料柱透气性的目的。意大利冶金试验中心和意大利冶金公司联合研究的结果示于表1-9。

表 1-9　高炉内各区及对原料性能的要求

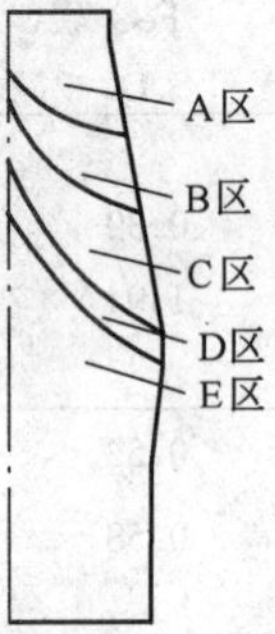

区　名	主要功能	对原料的基本要求
A区	400℃预热	良好的粒度组成、冷强度、透气性
B区	400～700℃还原	良好的透气性、低温还原粉化率
C区	700～1100℃还原	良好的透气性、还原性、部分还原后强度、荷重软化性
D区	1100～1300℃还原	良好的透气性、荷重软化性、高温还原性
E区	1300～1500℃熔融,渣、铁分离,渗碳	熔融性能良好

入炉料的强度常用转鼓指数来表示,国际上通用的是ISO转鼓指数(+6.3mm,%),日本则用JIS转鼓指数(+10mm,%)。生产表明,随着转鼓指数的升高,高炉生产的技术经济指标得到改善,例如德国克虏伯厂8号高炉的试验结果是烧结矿ISO转鼓指数每升高1%高炉产量提高1.95%。我国YB/T 421—92规定高碱度烧结矿ISO转鼓指数一级品≥66.0%,优质烧结矿≥70%,鞍钢新烧在1997年就达到78.8%,宝钢3号机开工9个月该值达到81.92%。

我国对球团矿的强度指标尚未作出统一标准。国外一般要求抗压强度≥2000N/个,转鼓指数(+6.3mm,%)≥92%,抗磨指数(−0.5mm,%)<5%。1998年鞍钢球团矿的这3个指标分别达到2604N/个,93.4%和5.90%,达到了较好的水平。

优化粒度组成的关键是:筛除小于5mm的粉末;一般<5mm的应不超过3%～5%;控制粒度上限烧结矿不超过50mm,块矿不超过30mm。控制烧结矿的粒度组成中的5～10mm的不大于30%。因为国内资料统计表明,入炉料粉末降低1%,高炉利用系数提高0.4%～1.0%,焦比降低0.5%。炉料中大小粒度尺寸的比例与大小粒级所占%对炉料在炉内的透气性起着决定性的作用,图1-1是不规则料块组成混合料层的空隙度变化规律,它告诉我们,混合料中大粒级和更小的粒级的增加,都会使混合料层的空隙度变小使煤气通过料层的阻力增加,影响高炉炉况顺行。优化的粒度组成应是粗细粒级的粒级差别越小越好。

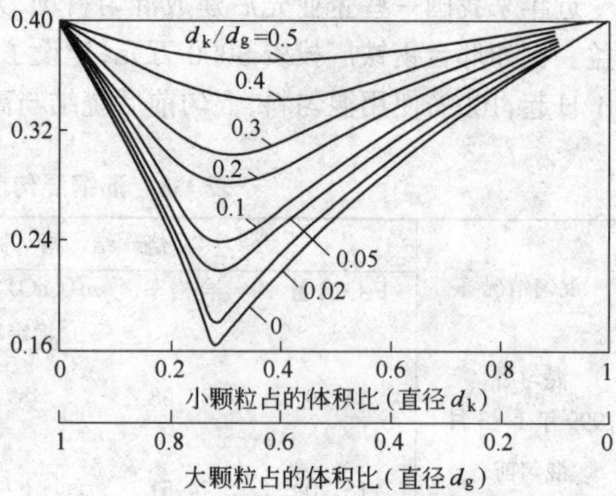

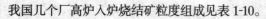

图1-1　不同粒级物料混合时的空隙度变化

我国几个厂高炉入炉烧结矿粒度组成见表1-10。

表 1-10　高炉入炉烧结矿粒度组成

厂　别	粒度组成/%					备　注
	>40mm	40～25mm	25～10mm	10～5mm	<5mm	
鞍　钢10、11号	0.98	6.72	57.93	32.19	2.63	1998年
梅　山	15.78	11.76	39.19	29.02	4.25	1999年
包　钢	6.90	11.42	35.27	40.62	5.80	1998年
首　钢	14.46	17.21	40.43	23.90	4.00	1985年

1.1.1.5　提高入炉料的冶金性能

(1) 还原性能(RI)

入炉矿石的还原性好，就表明通过间接还原途径从矿石氧化铁中夺取的氧量容易，而且数量多，这样使高炉煤气的利用率提高，燃料比降低。

矿石还原性取决于铁矿物的性质，矿石种类，所具有的气孔度及气孔特性等。从矿物的特性来说Fe_2O_3易还原，而Fe_3O_4难还原，$2FeO \cdot SiO_2$就更难还原，所以天然矿中褐铁矿还原性最好，其次是赤铁矿，而磁铁矿就难还原。就人造富矿来说球团矿是 Fe_2O_3，而且微气孔度比烧结矿高得多还原性好，高碱度烧结矿中的铁酸钙还原性好，酸性烧结矿和自熔性烧结矿中的铁橄榄石和钙铁橄榄石还原性就差。FeO 在烧结矿中赋存形式主要是 Fe_3O_4，$2FeO \cdot SiO_2$ 和 $CaO_x \cdot FeO_{2-x} \cdot SiO_2$，这三种矿物都属于难还原的矿物，烧结矿中 FeO 高，还原性就差，因此人们常将烧结矿中 FeO 含量与烧结矿的还原性联系在一起。大多数企业都用控制 FeO 含量及其波动范围来满足高炉炼铁的要求，我国主要企业生产的高碱度烧结矿，FeO 的含量一般在 6%～10%之间，其波动范围在 ±1%～1.5%。例如武钢二烧的烧结矿 FeO 含量 8.8%，还原度 74.38%，鞍钢新烧 FeO 含量 8.6%还原度 75.5%。

(2) 低温还原粉化性能(*RDI*)

高炉原料特别是烧结矿，在高炉上部的低温区还原时严重破裂、粉化，使料柱的空隙度降低透气性恶化。日本神户 3 号高炉取样结果[6]示于图 1-2。距料面 10m 处，烧结矿粒径小于 3mm 的部分竟高达 60%。意大利冶金公司试验表明含铁炉料的 *RDI* 每增加 5% 产量降低 1.5%(图 1-3)。高炉的 η_{CO}也随之下降(图 1-4)。

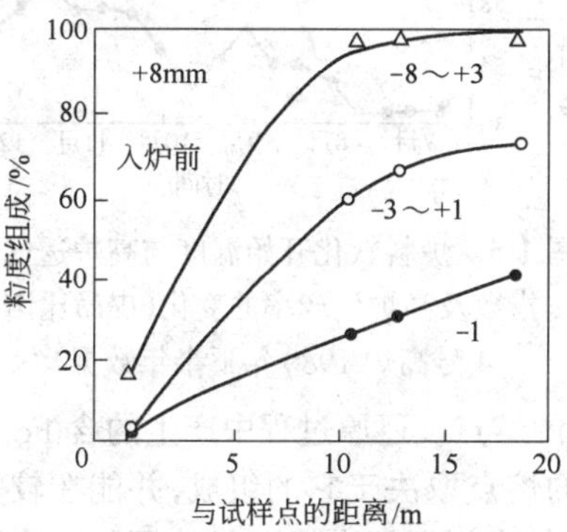

图 1-2　神户 3 号高炉距炉墙 1.2m 处烧结矿粒度组成

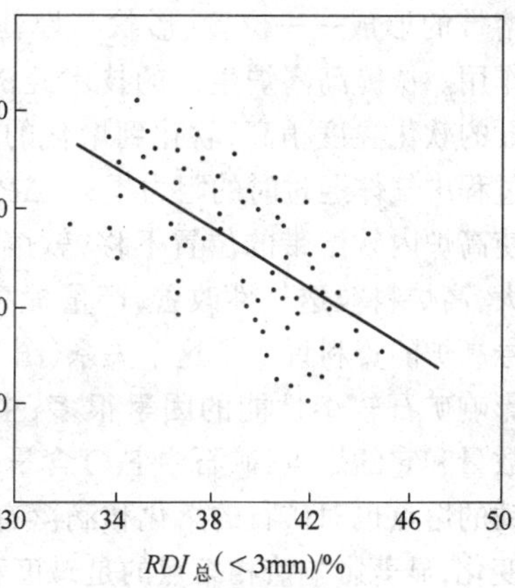

图 1-3　炉料低温还原粉化指数 $RDI_{总}$ 对校正后生铁产量的影响($Y=0.62$)

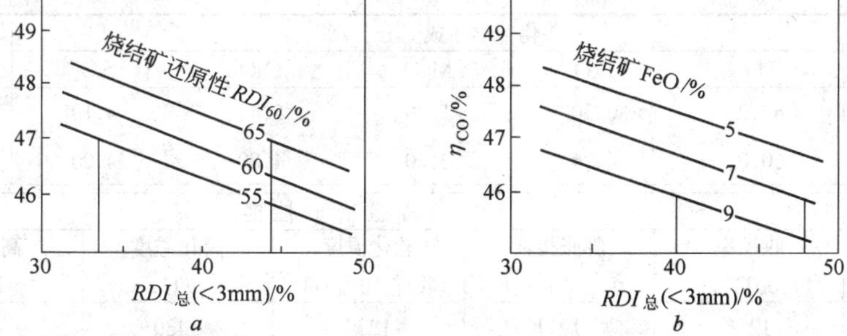

图 1-4　炉料低温还原粉化指数 $RDI_{总}$、烧结矿还原性 RDI_{60}及烧结矿 FeO 含量对 CO 利用率的影响

入炉料的低温还原粉化与生产烧结矿使用的矿粉种类有关,使用 Fe_2O_3 富矿粉生产出的烧结矿 *RDI* 高,含 TiO_2 高的精矿粉生产的烧结矿 *RDI* 也高,而磁精矿粉生产的就低。例如日本烧结矿生产使用富矿粉其平均 *RDI* 达到 36%以上最高的达到 47%,我国宝钢使用进口富矿粉生产烧结矿,它的 *RDI* 也在 36%~37%最高时也达到 40%。攀钢使用钒钛磁精矿粉生产烧结矿的 *RDI* 高达 60%以上。其他厂如果用磁精矿粉生产烧结矿的 *RDI* 都较低,一般不超过 20%。例如鞍钢烧结矿的 *RDI* 在 17.3%~20.5%,这也是我国多数厂仍未将 *RDI* 纳入常规检验项目的原因之一。但随着烧结料中配入的进口赤铁矿富矿粉量的增加,或因高炉护炉需要在烧结料中配入含 TiO_2 精粉或富粉,烧结矿的 *RDI* 将升高必须引起生产者注意。

降低 *RDI* 的措施是设法降低造成 *RDI* 升高的骸晶状菱形赤铁矿的数量,一般是适当提高 FeO 含量和添加卤化物(CaF_2,$CaCl_2$)等。例如武钢二烧工业性试验结果表明,当 FeO 含量控制在 7.4%~7.8%时 *RDI* 高达 39.9%~40.6%,当 FeO 含量提高到 8.8%时,*RDI* 值降到 29.5%。但 FeO 的提高使还原性降低了 3.58%。在烧结矿成品矿表面喷洒 3%的 $CaCl_2$ 溶液能降低 *RDI*,武钢和柳钢喷洒 $CaCl_2$ 溶液的效果明显:武钢 *RDI* 下降了 10.8%使高炉产量提高 4.2%~7.9%,焦比降低 1.3~1.4 kg/t,柳钢 *RDI* 值降低 15%左右,高炉增产 4.6%,焦比降低 2.4%。

(3) 荷重还原软熔性能

入炉矿石的荷重还原软熔性能对高炉冶炼过程中软熔带的形成——位置、形状与厚薄起着极为重要的作用。从提高高炉生产的技术经济指标角度要求矿石的软化温度稍高,软化到熔化的温度区间窄,软熔过程中气体通过时的阻力损失(Δ*P*)小。因为这样可使高炉内软熔带的位置下移,软熔带变薄,块状带扩大,高炉料粒透气性改善,产量提高。皮昂比诺厂 4 号高炉的资料说明了这个关系(图 1-5)。

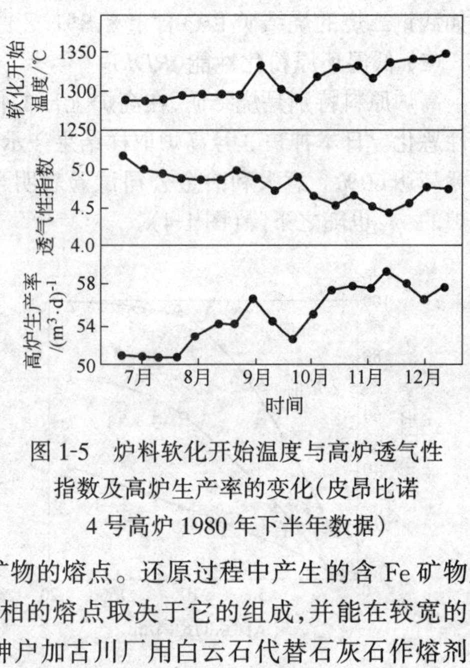

图 1-5 炉料软化开始温度与高炉透气性指数及高炉生产率的变化(皮昂比诺 4 号高炉 1980 年下半年数据)

影响矿石软熔性能的因素很多,主要是矿石的渣相数量和它的熔点,矿石中 FeO 含量及与其形成的矿物的熔点。还原过程中产生的含 Fe 矿物及金属铁的熔点也对矿石的熔化和滴落有重大影响。渣相的熔点取决于它的组成,并能在较宽的范围内变化,显著影响渣相熔点的是碱度和 MgO。日本神户加古川厂用白云石代替石灰石作熔剂生产球团矿取得的效果列于表 1-11[7],而北京科技大学对鞍钢、首钢、酒钢等厂烧结矿所作研究的结果列于表1-12[8]。

表 1-11 日本加古川厂白云石球团与石灰球团性能比较

项目	化学成分/%					抗压强度/N·个⁻¹
	TFe	FeO	MgO	CaO	SiO_2	
白云石球团	60.2	0.30	1.40	5.41	4.10	3156
石灰球团	60.8	0.26	0.40	4.80	4.00	2940~3430

项目	高温冶金性能				
	收缩率(1100℃)/%	膨胀指数/%	软化温度(收缩 10%)/℃	熔化温度/℃	高温(1250℃)还原度/%
白云石球团	12.6	10.1	1230	1430	70
石灰球团	35.6	8~12	1155	1380	25

表 1-12 烧结矿碱度与氧化镁含量对软熔性能的影响

烧结矿		荷重软化性能/℃			熔滴性能/℃		
$m(CaO)/m(SiO_2)$	MgO/%	软化开始	软化终了	软化区间	T_s	T_m	ΔT
首钢烧结矿							
1.34	1.40	1040	1215	175	1390	1465	69
1.68	2.02	1150	1360	210	1480	1495	15
2.00	2.74	1140	1400	260	1525	1575	50
酒钢烧结矿							
1.32	2.98	1155	1275	120	1240	1515	275
1.31	3.87	1175	1285	110	1200	1465	265
1.21	4.08	1185	1315	130	1300	1520	220
1.37	6.32	1190	1320	130	1330	1535	205

注：T_s—压差开始陡升时的温度；T_m—开始滴落温度；ΔT—熔滴温度区间。

从两个表中的数据可以看出 MgO 含量的提高对球团矿和烧结矿的软熔性能都有提高，高炉使用软熔性能提高后的炉料，指标得到改善，例如加古川 1 号高炉（$3090m^3$）使用 39.5%的白云石球团矿代替石灰球团矿。高炉利用系数提高 12.9%，燃料比降低 37kg/t。

碱度和 Al_2O_3 对脉石熔点的影响示于图 1-6[9]。

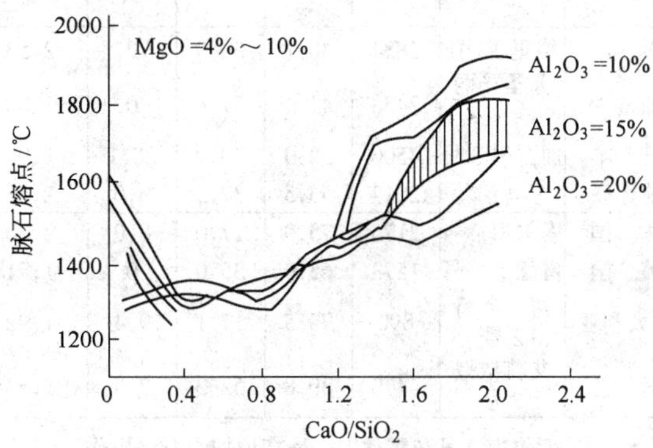

图 1-6 烧结矿 MgO 含量一定时，碱度和 Al_2O_3 含量对脉石熔点的影响

从图中看到，在当前广泛使用澳矿和印度矿，使脉石中的 Al_2O_3 大幅度提高的情况下，将 MgO 控制在 4%～10%，提高碱度有利于提高脉石的熔点，相应也就提高了矿石的软熔性能。

烧结矿中 FeO 含量及脉石熔点对高炉料柱阻力系数的影响示于图 1-7[9]。

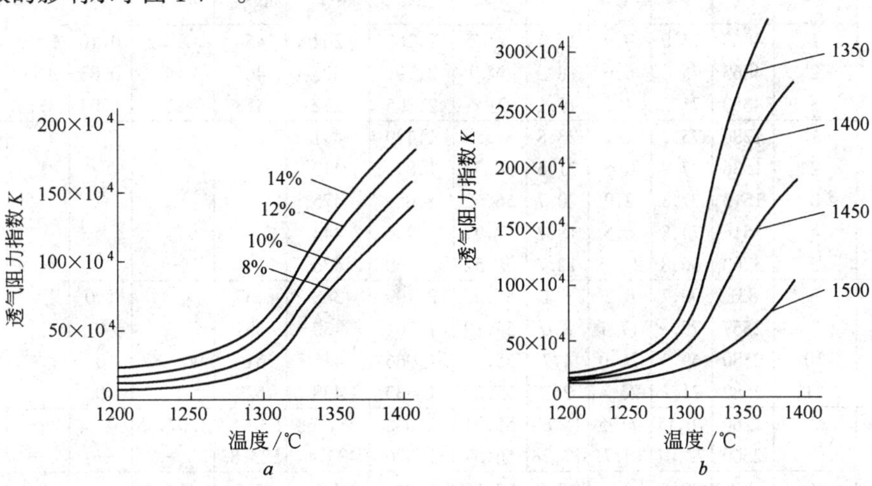

图 1-7 烧结矿中 FeO 含量（a）及脉石熔点（b）对料层阻力系数的影响

由此可见要改善入炉料的软熔性能一定要提高脉石熔点和降低其 FeO 含量。

1.1.2 高炉炉料结构合理化

目前,国内外大多数高炉都是采用 2～3 种炉料进行冶炼,并取得了较好的技术经济效果。炉料中大部分为烧结矿,约占 60%以上,主要是高碱度烧结矿,只有前苏联还生产较多的自熔性烧结矿。其次是球团矿,约占 20%～25%,主要是酸性球团矿,日本、巴西、前苏联等还生产少部分低碱度或自熔性球团矿。天然块矿约占 15%～20%,天然矿配比较高的是出产高品位天然块矿较多的澳大利亚等国。

国外部分使用球团矿高炉的炉料结构见表 1-13。国内部分大中型高炉典型的炉料结构见表 1-14。

表 1-13 国外部分使用球团矿高炉的炉料结构

国别	高炉号	高炉容积/m^3	炉料结构/%			利用系数/t·$(m^3·d)^{-1}$	入炉焦比/kg·t^{-1}	喷吹物	喷吹量/kg·t^{-1}	燃料比/kg·t^{-1}	炉顶压力/MPa	风温/℃	渣量/kg·t^{-1}
			烧结矿	球团矿	天然块								
美国	格里 13 号	2834	40.1	59.9	0	2.53	475	—	15	490	0.21	1046	—
加拿大	苏圣马丽 7 号	2438	42.1	57.9	0	1.85	390	—	44	434	0.10	1153	—
日本	加古川 3 号	4500	50.0	29.9	20.1	1.99	421	油	42	463	0.23	1202	281
前苏联	马钢	2014	53.5	37.5	9.0	2.35	413	天然气	107(m^3)	497	0.15	1179	311
法国	索尔梅 2 号	2175	75.0	17.0	8.0	2.33	447	—	0	—	0.16	1205	337
英国	雷德卡 1 号	1573	65.0	35.0	0	1.71	492	—	0	—	0.21	1077	302
澳大利亚	纽卡斯特 2 号	890	73.5	17.1	9.4	1.92	483	油	31	514	0.02	760	260
荷兰	艾莫依登 7 号	4470	39.8	52.3	7.9	1.63	405	油	58	463	0.18	1280	298

注:1. 索尔梅 2 号和雷德卡 1 号高炉均为全焦操作。

2. 艾莫依登 7 号高炉由于市场的原因,产量未达最高值。

表 1-14 1999 年我国部分高炉炉料结构及技术经济指标

企业名	炉号	容积/m^3	炉料结构/%			入炉矿品位/%	利用系数/t·$(m^3·d)^{-1}$	入炉焦比/kg·t^{-1}	折算综合焦比/kg·t^{-1}	生铁成本/元·t^{-1}	熔剂消耗/kg·t^{-1}			
			烧结矿	球团矿	块矿						石灰石	硅石	转炉渣	白云石
宝钢	1	4063	74.0	9.9	16.1	60.2	2.263	264	454		0.16	3.48		
	2	4063	75.2	6.6	18.2	59.9	2.197	325	465		0.03	3.06		
	3	4350	75.2	7.7	17.1	60.4	2.305	292	458		1.04	3.10		
武钢	1	1386	75.2	1.1	23.8	56.33	1.429	491						
	2	1536	77.9	0.5	21.6	56.58	1.899	449						
	3	1513	77.3	2.0	20.7	56.62	1.659	475						
	4	2516	74.8	6.5	18.7	57.97	1.966	444						
	5	3200	66.8	17.5	12.7	58.52	2.160	436						
鞍钢	3	831	98.7	0.2	1.1	52.95	2.109	388	537		1.0			
	7	2557	79.3	17.1	3.6	54.19	1.764	430	551		0			
	10	2580	69.3	26.0	4.7	55.86	1.966	416	516	965.72	0			
	11	2580	71.3	26.4	2.3	55.89	1.833	428	529		0			
唐钢	2	1260	76.17	7.95	15.88	55.01	2.035	381.68	531.67	1007.03		—	—	—
	3	2560	72.01	10.71	17.28	56.37	1.826	483.44	523.83	—	—	—	—	
柳州	4	306	82.5	—	17.5	55.29	2.849	462	525	964.9			13.0	
昆明	6	2000	84.1	—	15.9	55.94		535	539		0.04			

续表 1-14

企业名	炉号	容积/m^3	炉料结构/%			入炉矿品位/%	利用系数/$t\cdot(m^3\cdot d)^{-1}$	入炉焦比/$kg\cdot t^{-1}$	折算综合焦比/$kg\cdot t^{-1}$	生铁成本/元$\cdot t^{-1}$	熔剂消耗/$kg\cdot t^{-1}$			
			烧结矿	球团矿	块矿						石灰石	硅石	转炉渣	白云石
邯郸	3	294	84.2	13.2	2.6	57.72	2.955	428	530			26.8		
	4	900	74.0	17.4	8.6	58.55	2.118	413	517			8.0		
	5	1260	78.2	3.1	18.7	58.06	1.983	394	510			7.5		
	6	2000	82.2	3.4	14.4	58.14	2.798	436	530			30.9		
济南一铁	1~6	350	76.2	21.6	2.2	57.69	2.754	438	510	94.70				
莱芜	2	750	68.2	15.4	16.4	55.82	2.252	492	534	964.6				
凌源	4	380	58.5	40.2	1.3	55.19	2.500	459	542	880.43	13.0		6.2	
安阳	3	300	82.3	8.9	8.8	57.76	2.85	427	526		0.07			
	5	300	82.5	6.8	10.7	57.73	2.87	428	534	918.08	0.01			
	6	380	84.9	—	15.1	57.82	2.95	556	556		0.04			
承德	5	300	66.5	24.3	9.2	53.74	2.344	483	571	1000.02	74.0		15.0	2.0
通化	4	350	79.3	17.9	2.8	54.85	2.660	556	560	956.7			4.2	
略阳	3	300	93.6	—	6.4	49.68	1.903	547	612	1055.55				
川威	2	318	69.3	—	30.7	49.49	1.761	670	667	1022.14	6.9			
南昌	2	300	79.5	13.1	7.4	56.99	2.875	457	524	1011.58				
邢台	4	300	82.1	9.9	8.0	57.74	2.990	452	540	827.83				
新余	1~2	600	64.0	11.8	24.2	56.29	2.080	527	589	1001.32				8.0
合肥	4	349	66.4	4.0	26.4	54.79	2.251	574	594	1069.2	0.27			
鄂城	2	620	82.8	—	17.2	53.78	2.131	456	528					
	3	380	78.9	—	21.1	54.34	2.145	478	545		6.63			
成都	3	350	61.8	—	38.2	52.84	1.630	738	735					
南京	3	350	76.8	15.8	7.4	57.87	2.564	447	518		3.0	0.8		
临汾	5	311	66.2	20.4	13.4	55.55	1.952	560	574	889.0	12.0		34.0	

目前国内外高炉炉料结构大致分为以下几种类型：

1）以单一自熔性烧结矿为原料；

2）以自熔性烧结矿为主，配少量球团矿或天然块矿；

3）以高碱度烧结矿为主，配天然块矿；

4）以高碱度烧结矿为主，配酸性球团矿；

5）以高碱度烧结矿为主，配酸性炉料（包括硅石、天然块矿或球团矿）；

6）高、低碱度烧结矿搭配使用；

7）以球团矿为主，配高碱度烧结矿或超高碱度烧结矿；

8）以单一球团矿为原料。

此外还有自熔性烧结矿配自熔性球团矿或低碱度球团矿等多种炉料结构。

1.1.2.1 几个主要国家高炉炉料结构的特点

（1）日本高炉炉料结构

日本高炉原料以高碱度烧结矿为主。1989 年烧结矿用量达 76.9%，并配以 15.6% 的块矿和 7.5% 的球团矿。1979 年球团矿配比最高，达 14.0%，故熟料比也最高，达 89.8%。1980 年后，由于重油价格上涨，球团矿售价高，为降低生铁成本，而逐年减少球团矿用量，增加天然块矿用量，至 1985 年熟料比降至 83.7%，并维持在 84% 左右的水平，从而导致澳大利亚罗布河球团厂停产，参见表 1-15。

表 1-15　1994 年日本进口铁矿石价格

项　目	价格/美分·(长吨·Fe1%)$^{-1}$	
	离岸价范围	平 均 价
2 种球团矿	38.85～39.45	39.15
7 种块矿	29.46～35.34	32.63
14 种粉矿	22.12～30.50	27.42
7 种精矿、球团料	19.69～27.57	23.76

同时,日本又开发了球团烧结法,即 HPS 法,大量使用价格便宜的细精矿作为烧结原料,1989 年于改造后的福山 5 号烧结机上正式投产,取得了较好的技术经济效果。

(2) 美国高炉炉料结构

北美的铁矿石主要是嵌布粒度极细的铁燧岩,经精选后为小于 270 网目的细粒精矿,适用于生产球团矿。且酸性球团矿又利于长期贮存和远距离运输,故美国高炉以球团矿为主要原料。1981～1988 年高炉炉料中球团矿比例达 75%左右,不片面追求低焦比操作,而是以最低成本为主要目标。近年来,由于高碱度烧结矿性能好,不少高炉用高碱度或超高碱度烧结矿与酸性球团矿搭配使用,有的月份球团矿配比达 40%以上的高炉仅占 55%,但仍有少数高炉使用 100%的酸性球团矿进行冶炼。

(3) 前苏联高炉炉料结构

前苏联高炉炉料中 74%为烧结矿,其中大部分为自熔性烧结矿,与 22%左右的低碱度或自熔性球团矿配合冶炼,天然块矿用量很少,仅 4%左右,是熟料比较高的国家。近年来,发展高碱度烧结矿,与酸性球团或低碱度烧结矿配合冶炼。

(4) 澳大利亚高炉的炉料结构

澳大利亚具有得天独厚的资源优势,高炉炉料中主要是高碱度烧结矿和天然块矿,块矿比达 27.2%。所产块矿还大量出口到日本、中国和欧洲。

(5) 德国高炉炉料结构

德国高炉炉料也以高碱度烧结矿为主,但球团矿配比较高,达 30%左右,天然块矿比率小于 10%,有的高炉甚至不配块矿。如蒂森公司大于 1800m^3 的高炉炉料为 75%的烧结矿加 25%的球团矿。

1.1.2.2　我国高炉炉料结构的优化

我国高炉炉料结构的变化分以下几个阶段。

第一阶段:1955 年以前,主要是低碱度烧结矿、国产的低品位(TFe 含量 55%左右)天然块矿及少量方团矿。

第二阶段:1956～1960 年,大力发展自熔性烧结矿;并着手将方团矿炉改造成为隧道窑式的球团矿焙烧炉,以消石灰做黏结剂,生产碱度为 0.7 左右的球团矿;天然块矿的比率逐渐减少。

第三阶段:1961～1980 年,高炉原料仍以自熔性烧结矿为主。开始研究与生产高碱度烧结矿;开始重视烧结矿的冷却整粒工艺;淘汰隧道窑式球团矿炉;发展竖炉球团和带式机球团;少量进口高品位(TFe>60%)块矿。

第四阶段:1981～1999 年,是我国高炉炉料结构优化的重要阶段。全部淘汰了自熔性烧结矿,生产高碱度或超高碱度烧结矿。大量进口高品位(TFe 含量大于 64%)块矿,少量进口酸性球团矿。大力发展竖炉、带式机和链箅机—回转窑球团。开发新型酸性炉料——酸性球团烧结矿。个别高炉加入少量硅石。使我国形成了以高碱度烧结矿为主(约 82%),块矿(约 11%)和酸性球团矿(约 7%)为辅的新型炉料结构。由于各企业的资源、地理位置和设备等条件的不同,为了获得较好的技术经济指标和较低的生铁成本，在烧结矿化学成分和碱度的选择，以及酸性炉料的种类和配比的选择上各不相同。比较典型的高炉炉料结构有以下几种主要类型。

1）宝钢型：典型的日本高炉炉料结构，酸性炉料以块矿为主、球团为辅是为了降低进口原料的单价。唐钢二铁厂基本上也属于此类型。

2）梅山型：与澳大利亚的部分高炉炉料结构类似。酸性炉料只用天然块矿，为了提高人造富矿率，必须降低烧结矿碱度至1.6左右，同时对入炉块矿的冶金性能要求较高。

3）包钢型：酸性炉料以球团矿为主，辅以少量天然块矿。该炉料结构在人造富矿质量较好的情况下，对天然块矿冶金性能的要求不必太高。本钢二铁厂、太钢也属此类型。

4）鞍钢冷矿型(2000年前)：酸性炉料为球团矿，配比以25%～30%为佳。由于球团矿质量较好，打破了前苏联马钢认为酸性球团矿配比不宜超过20%的论点。

5）酒钢型：酸性炉料为低碱度球团烧结矿，该炉料结构为国内首创，1999～2000年鞍钢热矿高炉亦属此类型。需进一步改善酸性球团烧结矿的高温冶金性能。

6）杭钢型：球团矿配比超过50%，故生产超高碱度烧结矿搭配入炉。

7）原上钢一厂型：以天然块矿为主。

8）原凌钢型：全部使用球团矿进行冶炼。

9）原鞍钢热矿型：全部使用热自熔性烧结矿冶炼。

1.2 天然块矿

1.2.1 含铁矿物的分类及铁矿石工业类型的划分

含铁矿物的分类及其主要性质见表1-16。

根据原地矿部、原冶金部《铁矿地质勘探规范(试行)》规定，铁矿石工业类型以其中含铁量占全铁(Fe)85%以上的该种含铁矿物来命名，磁铁矿占全铁85%以上为磁铁矿，但磁铁矿中也包括具有强磁性的γ-Fe_2O_3；若用磁性率法来划分，则$TFe/FeO \leqslant 2.7$为磁铁矿，纯Fe_3O_4该比值为2.33。磁铁矿占全铁15%以下的为赤铁矿，介于15%～85%之间的为混合矿石。

根据高炉冶炼的要求，对造渣组分按碱度划分：$m(CaO+MgO)/m(SiO_2+Al_2O_3)$的比值＞1.2为碱性矿石；0.8～1.2者为自熔性矿石；0.5～0.8者为半自熔性矿石；＜0.5者为酸性矿石。

矿石品位低于理论品位70%为贫矿，应进行选矿、烧结、球团后才能入炉，以确保高炉冶炼获得最好的技术经济指标和最佳的经济效益。我国有95%以上的矿石是贫矿，不能直接入炉冶炼，需进行选矿或冶炼前的预处理。根据矿石的性质可采用磁选、强磁选、焙烧磁选、浮选、反浮选、重选等单一或综合流程进行选矿以提高品位。在原料条件，选矿技术与装备、造块工艺、焦炭价格等一定的情况下，确定合理精矿品位，以求最大限度地降低生铁成本和减少资源流失。

矿石品位虽高，但有害杂质含量超过规定，或矿石中伴生有用组分时，也需要进行选矿后才能使用。

某些碳酸盐含量高或硫高的矿石需进行焙烧后才能入炉，也可破碎后作为烧结原料。

1.2.2 天然矿石的冶炼性能

1.2.2.1 强度与粒度组成

天然矿石由于生成条件和矿物组成、结构构造的不同，强度和粒度组成差异较大。鞍钢弓长岭井下开采的磁铁矿硬度大、强度好，粉末少。而宝钢从巴西进口的里欧杜西(RiO DoCe)原矿，硬度

表 1-16　含铁矿物分类及其主要性质

分类			分子式	TFe /%	结晶水 /%	形状	密度 /g·cm^{-3}	条痕	颜色	磁性	强度及还原性	成因
氧化铁矿		磁铁矿	$Fe_2O_3·FeO$	72.4		块状	5.18	黑	铁黑	强	坚硬、致密，难还原	火成
氧化铁矿	赤铁矿	磁赤铁矿	γFe_2O_3	70.0		粉状、块状	4.9	黑褐	黑	强	较易破碎，软，易还原	火成及水成
		假象赤铁矿	αFe_2O_3	70.0		八面体	4.8～5.3	赤褐	铁黑，古铜	弱		
		镜铁矿	αFe_2O_3	70.0		片状	5.2～5.25	赤褐	钢灰	弱		
		云母状赤铁矿	αFe_2O_3	70.0		磷片状	5.2～5.25	赤褐	钢灰	弱		
		致密质块状赤铁矿	αFe_2O_3	70.0		块状	5.2～5.25	赤褐	赤褐	弱		
		鲕状赤铁矿	αFe_2O_3	70.0		鱼卵状	4.9～5.25	赤褐	赤褐	弱		
		纤维状赤铁矿	αFe_2O_3	70.0		放射纤维状	4.9～5.25	赤褐	赤褐	弱		
		层状赤铁矿	αFe_2O_3	70.0		层状	4～4.5	赤褐	钢灰，赤褐	弱		
		代赭石	αFe_2O_3	70.0		土状	4～4.5	赤褐	赤，赤褐	弱		
含水氧化铁矿	褐铁矿	水赤铁矿	$2Fe_2O_3·H_2O$	66.2	5.3	纤维状	4.3～4.5	赤	赤	弱	疏松，大部分属软矿石，易还原	水成
		针铁矿	$\alpha Fe_2O_3·H_2O$	62.9	10.1	放射纤维状	4.28	黄褐	黄褐、黑褐、赤褐	弱		
		漆状褐铁矿	$\alpha Fe_2O_3·H_2O$	62.9	10.1	散点状、块状	4.28	黄褐	黑褐	弱		
		磷铁矿	$\gamma Fe_2O_3·H_2O$	62.9	10.1	鳞片状	4.09	桔黄	黄赤	弱		
		褐铁矿	$2Fe_2O_3·3H_2O$	59.8	14.5	块状、土状	3.6～4.0	黄褐	黄褐、赤褐、黑褐	弱		
		黄褐铁矿	$Fe_2O_3·2H_2O$	57.1	18.7	细针状、同心圆状	3.6～4.0	黄	金黄	弱		
		氢氧化铁	$Fe_2O_3·3H_2O$	52.3	25.3			黄		弱		
		黑铁矿	$Fe_2O_3·4H_2O$	48.2	31.3	棒状	2.58	黄褐	黑	弱		
		豆状褐铁矿	$Fe_2O_3·nH_2O$			豆状	3.6～4.0	黄褐		弱		
		沼铁矿	$Fe_2O_3·nH_2O$			土状、多孔状		黄	黄褐	弱		
碳酸盐铁矿		菱铁矿	$FeCO_3$	48.2		块状、细粒状、葡萄状、纤维状	3.7～3.9	白、淡、黄	灰、黄灰、赤褐、白	弱	焙烧后易碎，易还原	水成

低，强度差、易粉碎，粉矿率达48%～50%，再加上块矿的热裂性差，故不宜直接入炉冶炼，而是采取将块矿破碎成粉作为烧结原料。

鞍钢从澳大利亚进口的库里拉比块矿 ISO 转鼓指数(+6.3mm)87.7%，抗磨指数(-0.5mm)7.7%，但由于该矿热爆裂指数(-5mm)偏高，达6.8%，以及来料含粉率达10%以上，在入炉前又无法进行筛分，故高炉的使用率不得超过5%，即使原料准备很好的10号、11号高炉，其使用量也不得超过10%。

梅山高炉使用20%的澳大利亚块矿，由于小于5mm粉末量高达13%，故增设了一套筛分装置，使入炉块矿的粒度组成明显改善，参见表1-17。

表1-17　澳大利亚块矿过筛前后的粒度组成

粒度组成/mm	-5	5～10	10～25	25～40
过筛前/%	12.84	26.16	44.10	16.90
过筛后/%	3.12	24.42	57.86	14.60

实践证明，矿石的粒度宜小而均匀。济南铁厂进行过不同粒度天然矿的冶炼试验，全部使用粒度20～35mm的中块代替35～50mm的大块时，降低焦比51kg/t，而全部使用粒度8～20mm的小块代替中块时，降低焦比130kg/t。

现代高炉使用的铁矿石，都必须严格进行整粒，大中高炉的适宜粒度为8～25mm，小高炉的适宜粒度为5～20mm，其小于5mm的粉末含量都应小于5%。

1.2.2.2　热爆裂性能

天然矿中含有带结晶水和碳酸盐的矿物，在高炉上部加热时，气体逸出而使矿石爆裂，影响高炉上部的透气性。太钢与首钢用澳大利亚块矿进行不同升温速度和不同原始粒度的热爆裂性测试结果见表1-18与表1-19。鞍钢钢研所在还原气氛(CO30%、$N_2$70%)下测定的5种粒度为20～25mm与15～20mm块矿的热爆裂性与低温还原粉化性能结果见表1-20。

表1-18　澳矿块矿低温爆裂性①

序　号	加　热　方　式	爆裂后筛分量/g			现　　象
		>10mm	10～5mm	<5mm	
1	快速升温至300℃，恒温40min	～300		微	刚发现有爆裂
2	快速升温至400℃，恒温40min	285	5	5	恒温10～15min爆裂最甚，20min爆完
3	快速升温至500℃，恒温40min	273	8	17	恒温5～10min爆裂最甚，15min爆完
4	缓慢升温至400℃，恒温30min	292	4	3	升温速度约5℃/min，310℃开始爆裂
5	缓慢升温至500℃，恒温30min	292	3	3	升温速度约25℃/min，310℃开始爆裂，495℃爆完

① 太钢测试。试样重300g，>10mm，试验在箱式电炉中进行。爆裂始于300℃，390～400℃时最甚，500℃结束。

表1-19　澳矿块矿低温爆裂性①

粒度/mm	升温区/℃	升温速度/℃·min^{-1}	爆裂温度区/℃	爆裂后<5mm/%
>10	0～700	25	445～550	10.11
10～15	0～700	17～18	365～610	4.59
20～30	0～700	17～18	410～450	0.91

① 首钢测试。

表 1-20 五种块矿的热爆裂与低温还原粉化性结果

块矿名称	热爆裂性(700℃,30min)/%				低温还原粉化率(550℃)/%		
	+5mm	5～3mm	3～1mm	−1mm	−1mm	−3mm	−5mm
澳大利亚扬皮①	84.2	2.8	1.0	12.0	50.0	50.3	50.7
巴　西	96.4	1.5	0.8	1.3	10.3	11.3	12.9
印　度	69.3	13.1	42.0	13.4	30.3	38.9	44.4
鞍钢弓长岭	99.5	0.1	0.1	0.3	4.5	4.7	5.0
海　南	99.4	0.1	0.2	0.3	15.3	16.5	18.4

① 澳大利亚扬皮矿是品位高达68%的镜铁矿。而鞍钢进口的澳大利亚扬皮矿,粉化严重,高炉少量使用即影响料柱透气性,后全部破碎作为烧结原料。

1.2.2.3 高温冶金性能

(1) 还原性能

天然块矿的还原性能相差较大。组织结构疏松,气孔度较高、气孔表面积大,铁氧化物主要以Fe_2O_3状态存在,氧化度高、呈化合物状态(如$2FeO·SiO_2$)的铁含量低的铁矿石还原性能较好。脉石的性质与赋存的状态也影响块矿的还原性。对于致密、强度好、难还原的块矿,可降低粒度上限,以提高冶炼效果。

天然块矿中一般含有少量烧损,在还原过程中,水蒸气或CO_2逸出阻碍还原气体的渗入而影响还原度,但去除烧损后的块矿,结构发生变化而有利于还原。在此情况下,采用减重法测定还原度会产生较大误差。可采取还原气体成分分析法或还原产品在惰性气体中冷却后进行化学分析以计算还原度的方法来确定还原度。若要利用减重法测定块矿的还原特性曲线,则必须将块矿在中性气氛中加热和冷却,去除烧损后再进行还原度测定。三种块矿与秘鲁球团的还原度比较见表1-21。

表 1-21 块矿的还原性能

矿石种类	化学成分/%						还原度/%
	TFe	FeO	SiO_2	Al_2O_3	CaO	MgO	
秘鲁球团矿	65.34	1.84	4.42	0.46	0.61	0.89	69.8
澳大利亚块矿	66.17	0.54	2.22	1.45	0.048	0.035	55.98
南非块矿	65.62	0.45	4.26	1.43	0.028	0.018	62.98
海南块矿	51.87	1.30	20.84	1.86	0.85	0.04	57.22

(2) 软熔性能

一些矿石的开始软化温度见表1-22。鞍钢钢研所测定的几种国内外块矿的荷重还原软熔温度与烧结矿、球团矿的对比结果见表1-23。块矿的软熔性能与酸性球团相近,但软熔温度均低于烧结矿。

表 1-22 一些铁矿石的开始软化温度

矿石名称	开始软化温度/℃	矿石名称	开始软化温度/℃	矿石名称	开始软化温度/℃
武安赤铁矿	785	马鞍山矿	860	磁山矿	955
七道沟磁铁矿	865	八盘岭矿	950	应城子矿	985
弓长岭贫矿	832	龙烟赤铁矿	890	通远堡矿	935
弓长岭富矿	940	海南岛矿	940	鄂城矿	955
鞍山烧结矿	1045	和平门矿	975	尖山矿	955
樱桃园赤铁矿	1030	孤山矿	975	本溪烧结矿	1020

表 1-23 铁矿石的荷重还原软熔温度

矿石名称	化学成分/%					$m(CaO)/m(SiO_2)$	荷重还原软熔温度/℃	
	TFe	FeO	CaO	SiO_2	MgO		软化	熔化
烧结矿	53.61	8.90	12.76	8.22	1.86	1.55	1185	1520
秘鲁球团	65.65	1.08	0.29	4.13	0.96	0.07	1060	1325
印度块	69.24	0.13	—	0.46			1010	1340
巴西块	68.55	0.13	0.30	1.03			1120	1370
澳大利亚块①	70.29	0.13	0.22	0.28			1090	1280
海南块	60.17	0.35		13.94			1150	1420

① 澳大利亚扬皮矿为镜铁矿。

1.2.3 天然矿石的综合评价

优选某种块矿或淘汰某种正在使用的块矿，必须对它的质量进行全面的评价，同时结合它的到厂价格和冶炼前的加工工艺，与其它块矿、球团矿和烧结矿进行比较及技术经济论证，必要时可进行工业性试验，来决定取舍，使高炉炉料结构进一步优化。

1980 年前后，由于石油涨价，球团矿价格上升，日本高炉大量减少球团矿配比，增加价格较低的优质块矿，使块矿率从 10.2% 上升至 16.3%，球团率从 14.0% 下降至 7.5%。致使不少球团厂停产。

宝钢进口的巴西里欧杜西块矿和鞍钢进口的澳大利亚扬皮块矿，由于强度差、易碎及热爆裂严重，不能直接入炉冶炼，只能破碎后做烧结原料。

鞍钢弓长岭井下矿开采的品位为 60% 左右的磁铁矿块矿，虽强度好，但还原性能极差，900℃ 还原度仅 37.5%（印度块矿为 66.4%），冶炼效果不好，只得破碎后作为烧结原料。

鞍钢品位为 52% 左右的弓长岭磁铁矿，SiO_2 含量超过 20%，经技术经济评价和选矿试验，决定作为选矿原料，取得了高炉精料与企业创效的双重效果。

重钢对年供货能力 20 万 t、品位为 53%、SiO_2 含量 18.9% 的块矿进行技术经济评价，由于该矿价格太高，每使用 1t 该矿石，将使总成本升高约 100 元，从企业效益出发，只能停止使用。

1.2.4 部分国内与进口天然矿的理化性能。

武钢、北科大、鞍钢测定的部分国内与进口天然块矿的理化性能见表 1-24、表 1-25、表 1-26。

表 1-24 几种铁矿石理化性能[42]①

块矿名	化学成分/%											
	TFe	FeO	SiO_2	Al_2O_3	CaO	MgO	K_2O	Na_2O	Zn	P	S	Cu
澳 块	66.24	0.50	2.42	0.51	0.14	0.045	0.028	0.04	0.004	0.046	0.012	
印 度	63.94	0.63	6.26	1.99	0.07	0.04	0.01	0.025	0.048	0.011	—	
南 非	66.71	0.45	3.64	0.66	0.27	未测	0.039	0.130	0.01	—	0.010	
海 南	57.17	0.35	17.08	0.36	0.125	0.045	0.03	0.05	0.004	0.024	0.011	
清 路	47.69	9.35	15.60	7.40	0.105	1.27	0.16	0.06	0.06	0.658	0.019	
黄 梅	54.72	0.30	6.50	0.51	0.095	0.315	0.128	0.05	0.013	0.613	0.168	0.611
文 竹	53.58	5.60	8.24	5.40	1.40	0.305	0.09	0.06	0.01	0.686	0.29	
鄂 城	47.05	0.10	31.00	0.15	0.095	0.04	0.01	0.06	0.004	0.010	0.01	

续表 1-24

块矿名	热爆裂率(-5mm)/%	ISO 还原度/%	荷重还原软熔性能/℃				
			软化开始	软化终了	熔　滴	软化区间	熔融区间
澳　块	1.49	55.98	1230	1428	1499	198	71
印　度	1.32	57.22	1196	1398	1482	202	84
南　非	1.18	62.68	1205	1404	1485	199	81
海　南	0.02	60.88	1225	1426	1500	201	74
清　路	1.05	61.22	1065	1309	1428	244	119
黄　梅	0.92	64.35	1002	1323	1450	321	127
文　竹	14.07	50.17	1084	1320	1432	236	112
鄂　城	0.84	60.25	1150	1359	1468	209	109

① 武钢测试。

表 1-25　块矿的冶金性能[43]①

块矿名	化学成分/%								
	TFe	FeO	CaO	MgO	SiO_2	Al_2O_3	TiO_2	S	P_2O_5
澳纽块	65.09	1.17	—	0.18	2.84	0.66	0.11	0.01	0.02
澳哈块	66.17	0.54	0.05	0.04	2.22	1.45			
南　非	65.62	0.45	0.03	0.02	4.26	1.43			
印　度	66.21	—	0.12	0.13	2.45	0.96	0.11	0.01	0.04
海　南	51.87	1.30	0.04	0.04	20.84	1.86			

块矿名	900℃还原度/%	低温还原粉化率(-3.15mm)/%	热爆裂率(-5mm)/%	荷重还原软熔性能/℃				
				软化开始	软化终了	熔　融	软化区间	熔融区间
澳纽块	73.0	13.8		1017	1318	1512	301	194
澳哈块	56.0	19.8	1.56	959	1187	1455	228	268
南　非	62.7	15.1	1.18	1115	1220	1425	105	205
印　度	73.0	15.7		997	1267	1447	270	180
海　南	57.2	12.7	0.1	1187	1219	1256	32	37

① 北京科技大学测定。

表 1-26　鞍钢用高炉块矿的冶金性能①

块矿名	化学成分/%						900℃还原度/%	低温还原粉化(-3mm)/%	热爆裂率(-5mm)/%	软熔温度/℃	
	TFe	FeO	CaO	SiO_2	P	Al_2O_3				收缩 10%	收缩 100%
印　度	69.24	0.13	痕	0.46	0.079	0.39	66.4	38.9	30.7	1010	1340
巴　西	68.55	0.13	0.30	1.03	0.019	1.06	47.4	11.3	3.6	1120	1370
澳扬皮	70.29	0.13	0.22	0.28	0.003	0.14	54.0	50.3	15.8	1090	1280
石　录	60.17	0.35	痕	13.94	0.03	0.42	56.1	16.5	0.6	1150	1420
弓长岭	69.17	30.53	0.22	1.55	0.004	0.92	37.5	4.7	0.5	1125	1425
寒　岭	56.79	12.63	痕	16.95			47.6	12.7		1170	1510

① 鞍钢钢研所测定。

1.3 烧结矿

烧结矿是我国高炉的主要原料(约占重点企业含铁原料的84%),且绝大部分是高碱度烧结矿,只有少量的酸性球团烧结矿和自熔性烧结矿。因此其质量的好坏对高炉生产起着非常重要的作用。

1.3.1 烧结矿矿物组成与显微结构

烧结矿是一种有许多矿物组成的多孔集合体,它是混合料经干燥(水分蒸发)、预热(结晶水和碳酸盐分解)、燃料燃烧(产生还原氧化和固相反应)、熔化(生成低熔点液相)和冷凝(铁矿物和黏结相结晶)等多个阶段后生成的。气孔率约40%~50%,大部分是直径大于0.15mm的开口气孔,直径小于0.15mm的微气孔约占全部气孔的10%~20%。从微观看,铁矿物和黏结相分布很不均匀。铁矿物中有被黏结相固结的原生矿颗粒,有从液相中析出的次生磁铁矿、赤铁矿或铁浮氏体,甚至还会有极少量的金属铁。由于温度制度的不同,分别呈自形晶、半自形晶或他形晶,晶体的大小在0~50μm之间,大部分为10~30μm的晶粒。黏结相主要有铁酸盐和硅酸盐黏结相两大类,此外还有钙钛矿、枪晶石等。黏结相一般占矿物体积总量的30%~45%。黏结相的晶形有板状、柱状、针状、片状、树枝状、锯齿状、橄榄状等多种。由于成分及温度条件的限制,约有20%~60%的硅酸盐呈玻璃质状态存在。有的烧结矿还含有反应不完全的游离石英或游离氧化钙、氧化镁存在。由铁矿物和黏结相组成的几种常见的显微结构详见表1-27、图1-8。

表1-27 烧结矿常见的镜下显微结构

斑状结构(图1-8*a*)	首先结晶出自形、半自形晶的磁铁矿,呈斑晶状与较细粒黏结相或玻璃质结合而成
粒状结构(图1-8*b*)	首先结晶出的磁铁矿晶粒,因冷却较快,多呈半自形或他形晶,与黏结相结合而成
骸晶结构(图1-8*c*)	早期结晶的磁铁矿,呈骨架状的自形晶,内部常为硅酸盐黏结相充填
共晶结构(图1-8*d*)	1)磁铁矿呈圆点状或树枝状,分布于橄榄石中,赤铁矿呈细点状分布于硅酸盐晶体中,构成圆点或树枝状共晶结构 2)磁铁矿、硅酸二钙共晶结构 3)磁铁矿与铁酸钙共晶结构,多在高碱度烧结矿中
熔蚀结构(图1-8*e*)	在高碱度烧结矿中,磁铁矿多被熔蚀成他形晶或浑圆状,晶粒细小
针状交织结构(图1-8*f*)	磁铁矿颗粒被针状铁酸钙胶结

铁矿石烧结时可能形成的低熔点化合物及共熔混合物见表1-28。

表1-28 铁矿石烧结时可能形成的低熔点化合物及共熔混合物

体系组分	熔融相特性	熔化温度/℃
$FeO\text{-}SiO_2$	$2FeO\cdot SiO_2$ $2FeO\cdot SiO_2\text{-}SiO_2$,共熔混合物 $2FeO\cdot SiO_2\text{-}FeO$	1205 1178 1177
$Fe_3O_4\text{-}2FeO\cdot SiO_2$	$2FeO\cdot SiO_2\text{-}Fe_3O_4$,共熔混合物	1142
$MnO\text{-}SiO_2$	$2MnO\cdot SiO_2$,异成分熔化	1323
$MnO\text{-}Mn_2O_3\text{-}SiO_2$	$MnO\text{-}Mn_2O_3\text{-}2MnO\cdot SiO_2$,共熔混合物	1303
$CaO\text{-}Fe_2O_3$	$CaO\cdot Fe_2O_3 \rightarrow$熔体$+2CaO\cdot Fe_2O_3$,异成分熔化 $CaO\cdot Fe_2O_3 \rightarrow CaO\cdot 2Fe_2O_3$,共熔混合物	1216 1200
$Fe\text{-}Fe_2O_3\text{-}CaO$	$(18\%CaO+82\%FeO)\text{-}2CaO\cdot Fe_2O_3$,共熔混合物	1140
$2FeO\cdot SiO_2\text{-}2CaO\cdot SiO_2$	$(CaO)_x\cdot(FeO)_{2-x}\cdot SiO_2\cdot SiO_2$,钙铁橄榄石 $x=0.19$	1150
$2CaO\cdot SiO_2\text{-}FeO$	$2CaO\cdot SiO_2\text{-}FeO$,共熔混合物	1280
$Fe_3O_4\text{-}Fe_2O_3\text{-}CaO\cdot Fe_2O_3$	$Fe_3O_4\text{-}CaO\cdot Fe_2O_3$,共熔混合物 $Fe_3O_4\text{-}2CaO\cdot Fe_2O_3$,共熔混合物	1180
$Fe_2O_3\text{-}SiO_2\text{-}CaO$	$2CaO\cdot SiO_2\text{-}CaO\cdot Fe_2O_3\text{-}CaO\cdot 2Fe_2O_3$,共熔混合物	1192

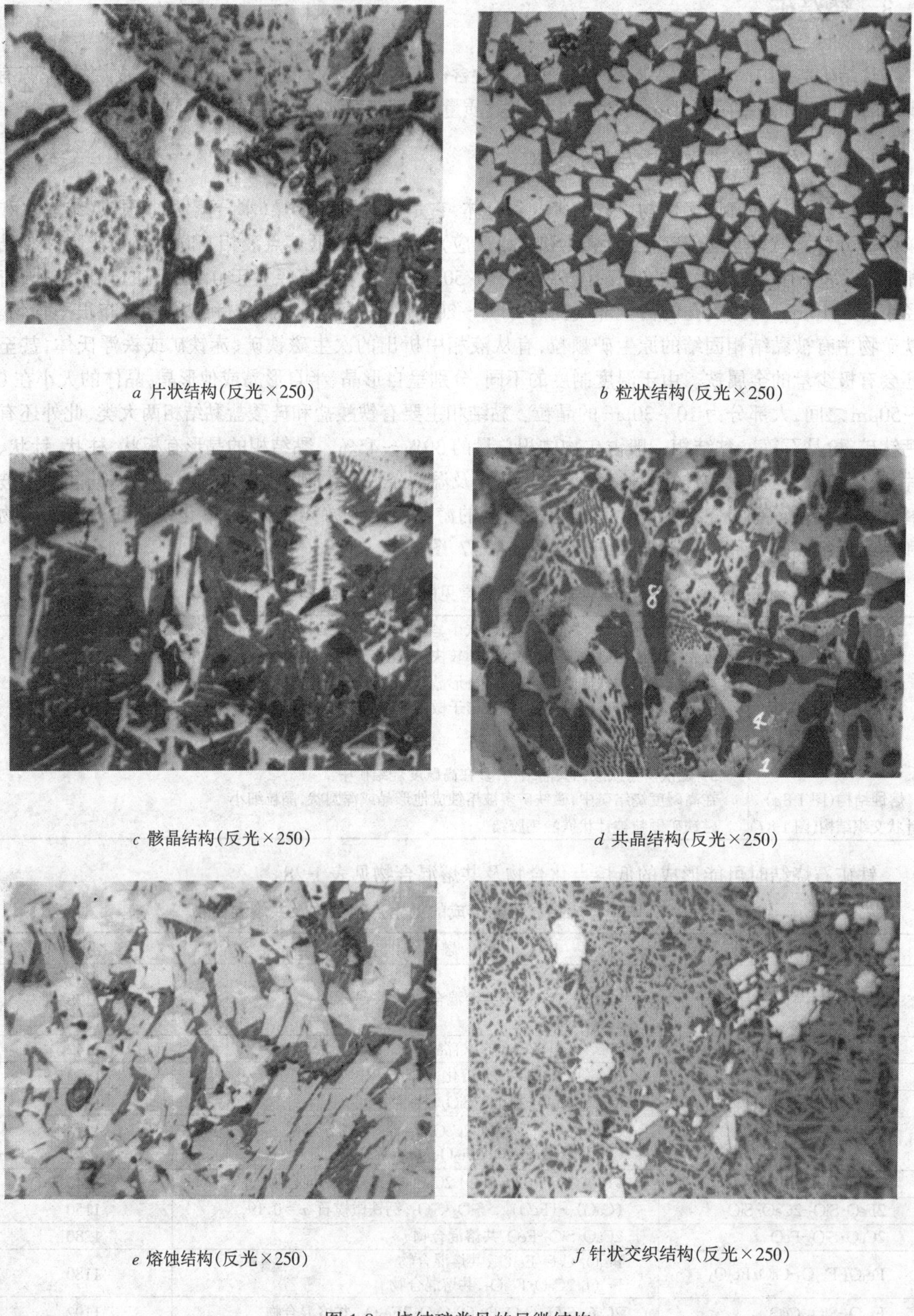

a 片状结构(反光×250)　　*b* 粒状结构(反光×250)

c 骸晶结构(反光×250)　　*d* 共晶结构(反光×250)

e 熔蚀结构(反光×250)　　*f* 针状交织结构(反光×250)

图 1-8　烧结矿常见的显微结构

碱度为0.5～5.0的烧结矿矿物组成见表1-29。

表1-29 烧结矿的矿物组成(CaO/SiO_2 0.5～5.0)

矿物名称	化学式	附注
铁矿物		
磁铁矿	Fe_3O_4	
钙磁铁矿	$(Fe,Ca)Fe_3O_4$	
赤铁矿	α-Fe_2O_3	
磁赤铁矿	γ-Fe_2O_3	
浮氏体	Fe_xO	随用碳量增加而增多
黏结相		
铁橄榄石	$2FeO \cdot SiO_2$	
钙铁橄榄石	$(CaO)_x(FeO)_{2-x}SiO_2$ ($x=0.25 \sim 1.5$)	
假硅灰石	α-$CaO \cdot SiO_2$	
硅灰石	β-$CaO.SiO_2$	
硅钙石	$3CaO \cdot 2SiO_2$	
硅酸二钙	α'-$2CaO \cdot SiO_2$	单体矿物冷却至830～850℃时，α'-$2CaO \cdot SiO_2$转变为γ-$2CaO \cdot SiO_2$，体积增大约12%；冷却至675℃时，β-$2CaO \cdot SiO_2$转变为γ-$2CaO \cdot SiO_2$，体积增大10%
	β-$2CaO \cdot SiO_2$	
	γ-$2CaO \cdot SiO_2$	
硅酸三钙	$3CaO \cdot SiO_2$	
铁酸钙(二元)	$CaO \cdot Fe_2O_3$	
	$2CaO \cdot Fe_2O_3$	
	$CaO \cdot 2Fe_2O_3$	
铁酸钙(三元)	$3CaO \cdot FeO \cdot 7Fe_2O_3$	
	$CaO \cdot FeO \cdot Fe_2O_3$	
	$4CaO \cdot FeO \cdot 4Fe_2O_3$	
	$CaO \cdot 3FeO \cdot Fe_2O_3$	
钙铁辉石	$CaO \cdot FeO \cdot 2SiO_2$	
透辉石	$CaO \cdot MgO \cdot 2SiO_2$	
硅酸盐玻璃质		
含Al_2O_3物相		脉石中Al_2O_3或矿石中Fe_2O_3较多时
铁铝黄长石	$2CaO \cdot (Al,Fe)_2O_3 \cdot SiO_2$	
铝黄长石	$2CaO \cdot Al_2O_3 \cdot SiO_2$	
铁黄长石	$2CaO \cdot Fe_2O_3 \cdot 2SiO_2$	
铁铝酸四钙	$4CaO \cdot Al_2O_3 \cdot Fe_2O_3$	
堇青石	$Mg_2Al_3[Si_5AlO_{18}]$	
钙铁榴石	$3CaO \cdot Fe_2O_3 \cdot 3SiO_2$	
含MgO物相		MgO含量较多时
镁橄榄石	$2MgO \cdot SiO_2$	
钙镁橄榄石	$CaO \cdot MgO \cdot SiO_2$	
镁黄长石	$2CaO \cdot MgO \cdot 2SiO_2$	
镁蔷薇石	$3CaO \cdot MgO \cdot 2SiO_2$	
铁酸镁	$MgO \cdot Fe_2O_3$	
其他物相		
萤石	CaF_2	脉石中含萤石时
枪晶石	$3CaO \cdot 2SiO_2 \cdot CaF_2$	
钙钛矿	$CaO \cdot TiO_2$	烧结含钛矿石时

续表 1-29

矿物名称	化学式	附注
钛榴石	$Ca_3(Fe,Ti)_2[(Si,Ti)O_4]_3$	
硝石	$CaTi[SiO_4]O$	
磷酸三钙	$3CaO\cdot P_2O_5$	烧结料中有磷酸盐矿物时
斯氏体	$3.3(3CaO\cdot P_2O_5)\cdot 2CaO\cdot SiO_2\cdot 2CaO$	
多麻西石	$6CaO\cdot P_2O_5\cdot 2FeO\cdot SiO_2$	
游离石英	SiO_2	反应不完全的残余
游离氧化钙	CaO	反应不完全的残余

烧结矿中主要矿物的强度、还原性和低温还原粉化性见表 1-30、表 1-31、表 1-32 和表 1-33。

表 1-30 烧结矿中常见硅酸盐矿物的抗压强度

矿物名称	抗压强度①/MPa	矿物名称	抗压强度①/MPa
亚铁黄长石	2.930	铝黄长石	1.271
镁黄长石	2.337	钙长石	1.210
镁蔷薇辉石	1.943	钙铁辉石	1.165
钙铁橄榄石	1.907	硅灰石	1.114
钙镁橄榄石	1.589	枪晶石	0.660

① 样品为合成单矿物，18mm 立方体，在 30t 万能试验机上测压。

表 1-31 烧结矿中主要矿物的机械强度及还原度

矿物名称	瞬时抗压强度/MPa	显微硬度/MPa	还原度①/%
赤铁矿	2.6	98	49.9
磁铁矿	3.6	49～58.8	26.7
铁橄榄石($2FeO\cdot SiO_2$)	1.96～2.55	58.8～68.6	1.0～13.2
钙铁橄榄石 $(CaO)_x\cdot(FeO)_{2-x}\cdot SiO_2$		—	
$x=0.25$	2.6		2.5
$x=0.50$	5.55		2.7
$x=1.0$	2.3		6.6
$x=1.0$(玻璃)	0.45		3.1
$x=1.5$	1.0		4.2
铁酸一钙	3.6	78.5～88.3	40.1
铁酸二钙	1.39	—	28.5

① 1g 试样 700℃、1.8dm^3 发生炉煤气还原 15min。

表 1-32 烧结矿中各种矿物的相对还原性

矿物名称	还原度/%			
	在氢气中还原 20min			在 CO 中还原 40min
	700℃	800℃	900℃	850℃
赤铁矿	91.5	—	—	49.4
磁铁矿	95.5	—	—	25.5
铁橄榄石	2.7	3.7	14.0	5.0
钙铁橄榄石 $(CaO)_x\cdot(FeO)_{2-x}\cdot SiO_2$				
$x=1.00$	3.9	7.7	14.9	12.8
$x=1.2$	—	—	—	12.1
$x=1.3$	—	—	—	9.4

续表 1-32

矿物名称	还原度/%			
	在氢气中还原 20min			在 CO 中还原 40min
	700℃	800℃	900℃	850℃
(Ca,Mg)O·FeO·SiO$_2$ CaO/MgO=5	5.5	10.0	18.4	
(Ca,Mg)O·FeO、SiO$_2$ CaO/MgO=3.5	4.8	6.2	14.1	
CaO·FeO·2SiO$_2$	0.0	0.0	0.0	
2CaO·FeO·2SiO$_2$	0.0	0.0	6.8	
2CaO·Fe$_2$O$_3$	20.6	83.7	95.8	25.5
CaO·Fe$_2$O$_3$	76.4	96.4	100.0	49.2
CaO·2Fe$_2$O$_3$	—	—	—	58.4
CaO·FeO·Fe$_2$O$_3$	—	—	—	51.4
3CaO·FeO·7Fe$_2$O$_3$	—	—	—	59.6
CaO·Al$_2$O$_3$·2Fe$_2$O$_3$	—	—	—	57.3
4CaO·Al$_2$O$_3$·Fe$_2$O$_3$	—	—	—	23.4

表 1-33 各种形态赤铁矿的低温还原粉化率

赤铁矿的种类	低温还原粉化率/%	赤铁矿的种类	低温还原粉化率/%
斑状赤铁矿(烧结矿中大约 70%)	2.7	骸晶状菱形赤铁矿(烧结矿中大约 7.9%)	46.5
线状赤铁矿(烧结矿中大约 5%)	17.8	晶格状赤铁矿(矿石中约 100%)	17.7
(球团矿中大约 90%)	22.4	粒状赤铁矿(某些矿石中几乎 100%)	10.3
树枝状赤铁矿(烧结矿中大约 20%)	18.0		

武钢与日本福山厂不同碱度烧结矿矿物组成见表 1-34、表 1-35。

表 1-34 武钢不同碱度烧结矿矿物组成

烧结矿碱度 $m(CaO)/m(SiO_2)$	矿物组成/%(体积)									
	磁铁矿	赤铁矿	铁酸一钙	铁酸二钙	铁黄长石	硅酸钙	铁橄榄石	浮氏体	金属铁	玻璃质
0.8	57.5	6.2	2.7	—	13.1	—	2.73	0.18	—	17.4
1.3	48.3	2.9	14.4	—	15.3	0.92	—	—	0.1	18.0
2.4	34.6	0.2	29.1	4.4	10.9	4.44	—	—	—	16.2
3.5	27.6	0.2	39.3	9.3	10.7	7.51	—	—	0.3	7.3

表 1-35 日本福山不同碱度烧结矿矿物组成

烧结矿碱度 $m(CaO)/m(SiO_2)$	化学成分/%						矿物组成/%(体积)			
	TFe	FeO	SiO$_2$	CaO	MgO	Al$_2$O$_3$	赤铁矿	磁铁矿	铁酸钙	硅酸盐渣相
1.32	57.8	6.93	5.86	7.74	1.53	1.94	45.4	25.6	12.8	16.2
1.59	56.8	6.63	5.81	9.23	1.48	1.97	33.4	24.6	26.3	15.7
1.91	55.3	6.25	5.86	11.17	1.54	1.93	30.4	18.6	34.8	16.2
2.13	54.2	5.82	5.88	12.50	1.47	1.97	23.2	15.5	45.1	16.2

含氟铁精矿和钒钛磁铁精矿制造的不同碱度烧结矿的矿物组成变化见图 1-9 和图 1-10[10]。

1.3.1.1 高碱度烧结矿矿物组成与显微结构

我国和日本几种高碱度烧结矿的矿物组成见表 1-36[11,12]。与日本比较，我国高碱度烧结矿中赤铁矿和铁酸钙含量偏低，日本神户烧结矿赤铁矿含量少的原因是氧化亚铁含量偏高(10.29%)所致。

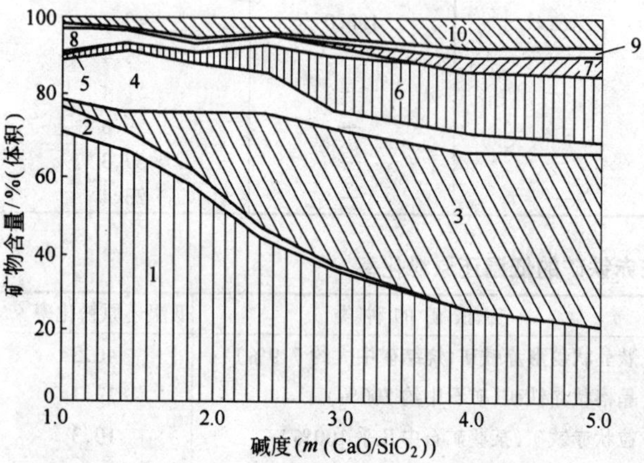

图 1-9　含氟铁精矿不同碱度烧结矿矿物组成变化

1—磁铁矿+浮氏体；2—赤铁矿；3—铁酸钙；4—枪晶石；5—钙铁橄榄石；6—β-硅酸二钙；7—硅酸三钙；8—玻璃质；9—萤石；10—其他

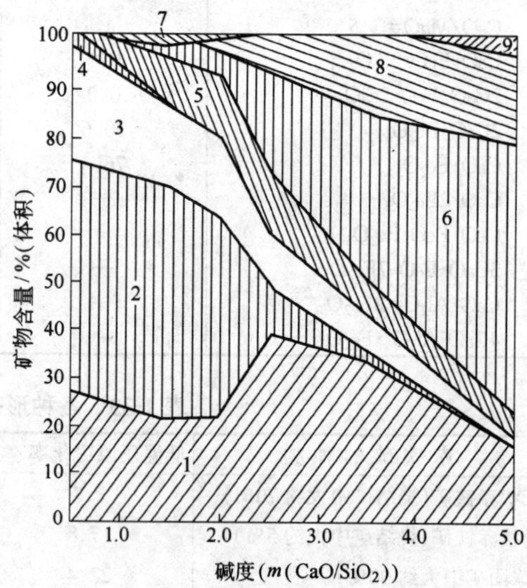

图 1-10　某钒钛磁铁矿不同碱度烧结矿的矿物组成

1—钛磁铁矿；2—钛赤铁矿；3—硅酸盐相；4—假板钛矿(包括铁黑钛石)；5—钙钛矿；6—铁酸钙；7—钛榴石；8—硅酸二钙；9—硅酸三钙

表 1-36　高碱度烧结矿矿物组成

厂　别	矿物组成 /%(体积)						
	磁铁矿	赤铁矿	铁酸钙	正硅酸钙	玻璃质	黄长石	其　他
鞍钢新烧	35	15	35	3	10	少	2
宝　钢	25	25	30～35	3	10	3	2
首　钢	35	15	35	3	10	少	2
梅　山	45	15	25	3	12	—	—
马　钢	35	20～25	25～30	3	12	少	—
武钢二烧	35	15	35	3	10	—	—
柳　钢	40.7	17.7	30.3	5.0	4.5	1.8①	—
包　钢	50	10	25	3	10	2	少(枪晶石)
本　钢	33	16	44	2	5	—	—
日本(9种平均)	13.3	30.4	42.4			14(硅酸盐)	
日本神户②	43.2	6.8	44.4			5.8(硅酸盐)	

① 其中黄长石 0.2%，钙铁橄榄石 1.6%；

② 该烧结矿 FeO 含量 10.29%。

对1999年柳钢厚料层高碱度烧结矿进行扫描电子显微镜分析，其中的针状铁酸钙为四元系铁酸钙，即SFCA，据定量分析结果换算成分子式为$[(Ca,Mg)_5Si_3(Fe_{0.95},Al_{0.05})_{16}O_{36}]$。而晶体较粗大的板状、柱状铁酸钙中很少有$SiO_2$，有的属二铁酸钙$(CaO \cdot 2Fe_2O_3)$，有的属铁酸一钙$(CaO \cdot Fe_2O_3)$。硅酸盐渣相则属含$Al_2O_3$、MgO的钙铁橄榄石$(CaO_x \cdot FeO_{2-x} \cdot SiO_2, x \approx 1)$。

日本对高碱度烧结矿中各矿物的X射线微区分析结果见表1-37。

表1-37 X射线微区分析结果

矿物名称	成分/%（体积）						
	FeO	Fe_2O_3	Fe_3O_4	CaO	Al_2O_3	SiO_2	MgO
赤铁矿		98.3			0.8		
磁铁矿			96.7	0.8	1.1		0.5
浮氏体	96.1			0.6			2.3
铁酸钙		69.0		15.0	7.6	7.3	0.7
黄长石		19.9		35.7	21.2	22.0	
正硅酸钙	7.8			52.6		33.2	1.6
硅酸盐渣相（与黄长石共存）	16.4			34.7	10.3	36.8	0.5
硅酸盐渣相（与磁铁矿共存）	22.3			36.7	3.0	34.6	0.1

高碱度烧结矿外观一般呈致密块状，大气孔少，气孔壁厚，熔结较好，断面呈青灰色金属光泽。

微观结构：赤铁矿、磁铁矿多呈他形晶和半自形晶，被铁酸钙固结形成板状熔蚀结构、柱状熔蚀结构和针状交织结构，当进行低温烧结时，则以后种结构为主。局部区域磁铁矿被硅酸盐黏结相固结形成粒状结构和斑状结构。也有周围被黏结相固结的原生赤铁矿颗粒。

显微粒度一般比自熔性和低碱度烧结矿粗，小于0.01mm的晶粒数量较少，大部分在0.01～0.03mm之间。

由于烧结温度较低，正硅酸钙的晶体较小，且因大量铁酸钙存在，故最终以β-$2CaO \cdot SiO_2$存在于烧结矿中，不致因冷却变态成γ-$2CaO \cdot SiO_2$，造成体积膨胀而引起烧结矿碎裂。

高碱度混合料中石灰石粉配比高，如果石灰石粒度粗（+3mm部分大于10%），将使烧结矿中游离氧化钙含量升高，而降低烧结矿的贮存强度。

1.3.1.2 自熔性烧结矿的矿物组成和显微结构

我国曾以自熔性烧结矿作为高炉的主要炉料，最高配比达99%以上，此种单一炉料的冶炼，曾为高炉操作的稳定创造了较好的外部条件，并取得过较好的技术经济指标。但由于自熔性烧结矿有其固有的弊病，以致于在近20年内被逐步淘汰。

自熔性烧结矿黏结相量不足，且黏结相主要是质脆且难还原的硅酸盐和玻璃质，故烧结矿强度差、还原性能差、软熔温度低，当进行冷却、整粒处理时，返矿率高、粉末多、粒度小。特别是生产高品位烧结矿、钒钛烧结矿和含氟烧结矿时，烧结与炼铁的技术经济指标更差。

国内4种自熔性烧结矿的矿物组成见表1-38[13]。

生产自熔性烧结矿需要在较高的温度条件下才能生成足够的液相，故液相的粘度小，冷却后的烧结矿呈大孔薄壁结构，当采取厚料层低碳操作时，结构有所改善。

铁矿物以磁铁矿为主，有少量的次生赤铁矿，多呈半自形晶，部分自形晶和他形晶，晶粒较小，小于0.01mm晶粒能达20%～40%。

表1-38　自熔性烧结矿的矿物组成

项　　目	首　钢	武　钢	本　钢	鞍　钢
烧结矿化学成分/%				
TFe	53.62	52.64	49.57	49.99
FeO	12.60	14.30	16.50	11.70
SiO_2	8.10	9.02	12.16	12.14
CaO	10.04	12.51	14.92	13.18
MgO	4.58	1.89	2.82	3.02
Al_2O_3	1.46	2.94	1.15	0.96
S	0.097	0.072	—	0.046
烧结矿碱度 $m(CaO)/m(SiO_2)$	1.24	1.30	1.23	1.10
烧结矿矿物组成/%(体积)				
磁铁矿	50.0	55.6	53.5	51.2
赤铁矿	11.0	7.2	3.9	9.15
铁酸钙	9.59	14.7	2.44	4.02
铁钙橄榄石	14.8	4.5	16.6	14.5
α硅石英	0.53	0.45	0.42	0.41
石　英	0.33	(少)	0.58	1.67
浮氏体	0.23	0.31	0.21	0.26
正硅酸钙	0.53	0.72	0.32	0.52
玻璃质	9.60	15.99	11.71	17.68
其　他	3.39	0.53	10.32	0.59

黏结相以硅酸盐为主,只有少量的铁酸钙。柱状集合体的钙铁橄榄石中有针状和柱状的正硅酸钙,并与铁矿物形成粒状结构。铁酸一钙多为板状晶体与磁铁矿形成熔蚀结构。

当烧结矿中磷、硼等元素含量少时,常伴有β-$2CaO·SiO_2$在冷却过程中转变成γ-$2CaO·SiO_2$,体积膨胀10%,而造成烧结矿碎裂,甚至产生银灰色粉末,其冷却粉化率(−5mm部分)最高可达20%以上。

当炉料结构从自熔性烧结矿逐步转变成高碱度烧结矿和酸性氧化镁球团矿时,鞍钢钢研所曾将两种炉料合成为一种新型的自熔性烧结矿,即双碱度球烧结矿(简称双球烧结矿)。它是将精矿粉与细磨石灰石粉混合后制成$m(CaO)/m(SiO_2)$为2.6左右的3～8mm的碱性球,及精矿粉和细磨菱镁石粉混合制成$m(MgO)/m(SiO_2)$大于0.4的3～8mm的酸性球。两种球按比例配合成$m(CaO)/m(SiO_2)$为1.30的自熔性料,再外配返矿和燃料,经混匀后,点火烧结,即生产出双球烧结矿。

双球烧结矿矿物组成和微观结构均较复杂。工业试验所获得的双球烧结矿,呈球团矿结构特征的酸性球结构约占22%,矿物组成以赤铁矿为主,少量磁铁矿、铁酸镁、硅酸盐渣和极少量的残余菱镁矿。断面微气孔多、晶粒间主要以铁晶桥形式固结。碱性球结构约占35%,矿物组成主要是多元素铁酸钙、赤铁矿,有少量磁铁矿和硅酸盐渣相。铁酸钙多为针状交织结构和板状熔蚀结构,赤铁矿呈再氧化假象型和次生骸晶状菱形。返矿和酸碱球交界处呈自熔性烧结矿结构,约占43%,硅酸盐黏结相明显增加,赤铁矿多呈骸晶状菱形,磁铁矿呈骨架状,铁矿物被柱状集合体的钙铁橄榄石、树枝状黄长石、柱状钙铁辉石、硅酸二钙及细针状硅灰石等固结[14]。

双球烧结矿的矿物组成及双球烧结矿中典型矿物的扫描电镜检测结果见表1-39与表1-40[15]。和普通自熔性烧结矿比较,双球烧结矿具有FeO含量低、铁酸钙含量高、还原性能好等特点。

表 1-39 双球烧结矿的矿物组成/%(体积)

烧结矿	铁矿物						铁酸钙
	磁铁矿	浮氏体	赤铁矿			总量	
			菱形	粒状	小计		
双球	22.7	0	10.1	21.4	31.5	54.2	25.0
基准	30.2	5.6	8.1	9.8	17.9	53.7	13.0

烧结矿	硅酸盐粘结相					总黏结相量
	CWS	C_2FS CWS_2	CS C_2S	玻璃质	小计	
双球	4.4	4.3	5.2	6.9	20.8	45.8
基准	15.8	6.2	4.0	7.3	33.3	46.3

注:CWS—钙铁橄榄石;C_2FS—铁黄长石;CWS_2—钙铁辉石;CS—硅灰石;C_2S—硅酸二钙。

表 1-40 双球烧结矿中典型矿物的扫描电镜检测结果

矿物名称	成分/%(体积)						
	Fe_2O_3	Fe_3O_4	FeO	MgO	Al_2O_3	SiO_2	CaO
菱形 Fe_2O_3	95.39			1.04	1.39	1.53	0.66
粒状 Fe_2O_3	95.70			0.69	1.58	1.46	0.56
假象 Fe_2O_3	95.53			0.82	1.86	1.31	0.49
Fe_3O_4	.	94.25		0.44	1.97	2.10	1.24
板状 CF	67.98			2.17	3.60	11.27	14.48
针状 CF	74.93			1.35	1.42	11.20	11.11
MF	80.68			12.16	2.63	2.29	2.21
CWS			22.14	1.85	3.31	40.73	31.97
CWS_2			26.53	1.75	2.58	53.54	15.60
C_2FS	20.83			2.21	1.57	23.22	52.25
CS			11.15	0.42	0.20	49.49	38.74

注:CF—铁酸钙;MF—铁酸镁。

1.3.1.3 酸性烧结矿矿物组成和结构构造

我国在 1955 年前曾生产碱度为 0.8 以下的低碱度烧结矿供高炉冶炼,后逐渐被自熔性烧结矿取代。1961~1983 年我国不少企业都进行过高、低碱度烧结矿的试验与生产,替代强度较差的自熔性烧结矿,由于冶炼效果不太明显,未得到推广。

1991 年北京钢铁研究总院与酒钢合作开发了酸性球团烧结矿这种新型的酸性炉料,已在酒钢和鞍钢得到应用和推广。

与高碱度烧结矿搭配使用的低碱度烧结矿,其碱度值一般选择在 0.8~1.0 之间。该碱度的烧结矿中铁矿物主要为磁铁矿、少量赤铁矿,黏结相为钙铁橄榄石、铁黄长石、钙铁辉石、硅灰石和玻璃质等硅酸盐,一般不含铁酸钙,总黏结相量为 25%~30%,强度好于自熔性烧结矿,但还原性能较差。在高、低碱度烧结矿搭配冶炼时,由于其配比高而影响冶炼效果。

酸性球团烧结矿的碱度值一般在 0.3~0.5 之间,它克服了普通酸性烧结矿还原性能差,垂直烧结速度慢、燃料消耗高等问题。两种酸性烧结矿的矿物组成见表 1-41[16]。普通酸性烧结矿为典型的熔融型结构。磁铁矿多为自形晶、半自形晶,颗粒粗大,还有部分骸晶状赤铁矿。铁矿物被玻璃质、橄榄石胶结,形成斑状结构。浮氏体与硅酸盐矿物形成共晶结构。

表 1-41　两种酸性烧结矿矿物组成

工艺类型	碱　度	矿物组成/%(体积)							还原度/%
		磁铁矿	赤铁矿	浮氏体	铁橄榄石	黄长石	玻璃质	硅酸盐黏结相	
球团烧结矿	0.3	65	17	—	2	4	12	18	77.2
普通烧结矿	0.3	66	2	8	9	5	10	24	42.7

酸性球团烧结矿外观呈葡萄状块、单体球和熔结块。固结方式为铁矿物再结晶固结和渣相固结。单球与葡萄状球具有明显的带状构造(即外部带、过渡带和中心带)。磁铁矿、赤铁矿多为再结晶长大固结,颗粒为细粒扩散型结构。部分铁矿物与硅酸盐渣相胶结成粒状结构。介于球团矿与烧结矿两种微观结构之间。

1.3.2　烧结矿化学成分与冶金性能的关系

1.3.2.1　烧结碱度与冶金性能的关系

北京科技大学、鞍钢钢研所与日本测定的不同碱度烧结矿的冶金性能见表 1-42[17,18]、表 1-43、表 1-44[19]。

表 1-42　不同碱度烧结矿冶金性能①

编　号	$m(CaO)/m(SiO_2)$	化　学　成　分/%						备　注
		TFe	FeO	CaO	SiO_2	MgO	Al_2O_3	
1	0.13	56.41	21.50	1.46	11.37	3.33		酒　钢
2	0.32	55.29	18.74	3.48	11.02	3.67		
3	0.47	54.08	18.18	5.16	11.02	3.23		
4	1.79	46.82	14.25	17.05	9.52	2.98		
5	2.10	45.05	12.73	19.60	9.34	2.76		
6	2.25	44.21	11.08	20.61	9.18	2.88		
7	1.63	55.20	9.12	11.20	6.89			鞍　钢
8	1.89	54.60	9.27	12.90	6.81	0.73		
9	1.98	53.20	8.84	14.20	7.16	0.79		
10	2.27	52.20	7.48	15.50	6.82			
11	2.67	55.10	8.91	12.91	4.83	1.55	1.74	杭　钢
12	3.09	53.39	8.47	15.22	4.93	1.64	1.74	
13	3.19	51.80	10.96	16.99	5.32	1.91	1.74	
14	3.52	51.46	10.96	18.35	5.22	0.82	1.61	
15	3.99	48.05	8.47	21.61	5.41	0.55	1.74	
16	1.80	52.68	9.80	11.47	6.38	3.04	1.90	武　钢
17	1.75	56.99	6.45	9.35	5.34	1.54	1.77	宝　钢
18	1.35	53.66	15.80	11.92	8.83	2.39		莱　钢
19	1.60	51.88	14.60	14.11	8.82	2.43		
20	1.80	50.34	10.70	15.81	8.78	2.45		
21	2.10	48.38	10.50	18.45	8.78	2.50		

编　号	$m(CaO)/m(SiO_2)$	900℃还原性/%	低温还原粉化性/%			荷重还原软化性能/℃		
			RDI (+6.3mm)	*RDI* (+3.15mm)	*RDI* (−0.5mm)	开始软化	软化终了	软化区间
1	0.13	29.9	96.5	97.2	1.7	1026	1183	157

续表 1-42

编号	m(CaO)/m(SiO$_2$)	900℃还原性/%	低温还原粉化性/%			荷重还原软化性能/℃		
			RDI (+6.3mm)	RDI (+3.15mm)	RDI (-0.5mm)	开始软化	软化终了	软化区间
2	0.32	42.6	91.8	95.2	3.2	1038	1155	117
3	0.47	47.1	92.1	95.4	1.7	1045	1144	99
4	1.79	86.9	94.8	97.6	0.8	1079	1236	157
5	2.10	90.3	96.6	97.7	1.4	1035	1215	180
6	2.25	91.4	90.2	97.8	2.7	1024	1200	174
7	1.63	86.2	49.7	72.6	3.2	1097	1271	174
8	1.89	88.4	53.9	77.6	3.9	1114	1297	183
9	1.98	95.0	61.1	80.9	2.0	1115	1333	218
10	2.27	92.5	55.6	80.3	2.5	1084	1267	183
11	2.67	81.4	64.5	81.2	3.0	1076	1300	224
12	3.09	85.1	60.4	80.6	3.0	1026	1240	214
13	3.19	83.5	73.9	85.6	2.4	1053	1235	182
14	3.52	85.0	73.5	85.7	2.4	1023	1225	202
15	3.99	82.1	82.6	89.6	2.9	1038	1225	187
16	1.80	69.8	—	71.3	—	1265	1385	120
17	1.75	73.6	—	59.4	—	1204	1370	166
18	1.35	60.7	—	74.1	—	1127	1200	73
19	1.60	70.1	—	71.8	—	1082	1245	163
20	1.80	79.4	—	85.3	—	1073	1214	141
21	2.10	88.1	—	86.7	—	1100	1236	136

① 北京科技大学测定数据。

表 1-43　几种不同碱度烧结矿的冶金性能①

厂　名	烧结矿碱度 m(CaO)/m(SiO$_2$)	还原率/%	低温还原粉化率(-3mm)/%	荷重还原软熔温度/℃		
				软化开始(收缩10%)	熔化温度	软熔区间
太　钢	1.84	63.82	7.34	1210	1500	290
武钢一烧	1.54	69.52	18.45	1170	1505	335
武钢三烧	1.41	59.36	25.86	1190	1480	290
马钢一烧	1.49	61.51	40.24	1180	1490	310
杭　钢	2.58	75.44	4.10	1155	1530	375
本钢二铁	1.65	58.42	25.22	1170	1480	310

① 鞍钢钢研所测定数据。

表 1-44　日本不同碱度烧结矿冶金性能

m(CaO)/m(SiO$_2$)	化学成分/%						低温还原粉化率(-3mm)/%	还原度①/%
	TFe	FeO	CaO	SiO$_2$	MgO	Al$_2$O$_3$		
1.32	57.8	6.93	7.74	5.86	1.53	1.94	41.5	72.0
1.59	56.8	6.63	9.23	5.81	1.48	1.97	40.5	75.5
1.91	55.3	6.25	11.17	5.86	1.54	1.93	37.8	78.3
2.13	54.2	5.82	12.50	5.88	1.47	1.97	25.7	79.6

① 试料粒度 16～19mm。

一般情况下，碱度为1.8～2.0的高碱度烧结矿与低碱度和自熔性烧结矿比较，具有强度好、还原性能好、低温还原粉化率低、软熔温度高等特点。国内多年研究表明，当原料品位低，烧结温度高时，在碱度1.6～2.0的范围内，有一个强度最低点，这是由于大量正硅酸钙生成，且冷却时转变成γ-$2CaO \cdot SiO_2$，体积增大10%，造成烧结矿碎裂所引起的。有些烧结矿在碱度1.5～1.7的范围内，低温还原粉化率偏高，这与结晶颗粒粗大的骸晶状菱形赤铁矿有关。

关于高碱度烧结矿适宜碱度值的选择应考虑以下几个方面的因素：

1）根据所使用的原燃料，选择最佳操作制度，研究不同碱度烧结矿的矿物组成、结构构造、高温冶金性能与其他技术经济指标。

2）根据酸性炉料的种类、性质、供应量与价格，确定和高碱度烧结矿搭配使用的方案。

3）研究酸碱炉料混合物的软熔特性，参照焦比（包括煤比）、焦炭和煤的灰分、炉渣碱度等指标，确定最佳烧结矿碱度值，以求获得较好的高炉冶炼技术经济指标和最低的生铁成本。

1.3.2.2 烧结矿品位、二氧化硅含量与冶金性能的关系

实验室研究与长期生产实践证实，低品位、高二氧化硅原料，适宜于生产低碱度烧结矿。自熔性烧结矿主要依靠硅酸盐固结，适宜的烧结矿品位为54%左右，当其他氧化物含量较少时，SiO_2含量在9%左右。自熔性烧结矿品位大于56%，由于黏结相量不足而引起烧结矿强度下降，若依靠增加燃料用量、提高烧结矿氧化亚铁含量来提高强度时，将使烧结矿还原性能恶化，影响高炉煤气能利用。

高品位、低二氧化硅原料适宜于生产高碱度烧结矿。随着SiO_2含量的降低，为了满足铁酸钙生成的需要，应不断提高碱度，确保烧结矿冶金性能不断改善。日本全国烧结矿平均指标见表1-45。

表1-45 日本全国烧结矿质量指标

编号	年 月	化学成分/%						$m(CaO)/m(SiO_2)$	低温还原粉化率(-3mm)/%
		TFe	FeO	SiO_2	CaO	MgO	Al_2O_3		
1	1989.1～12	56.93	6.70	5.26	9.80	1.39	1.82	1.87	37.2
2	1999.1～3	57.36	6.71	5.00	9.70	1.30	1.80	1.93	36.3

编号	成品粒度组成(mm)/%						平均粒度/mm	JIS转鼓指数(+10mm)/%	JIS落下指数(+10mm)/%	JIS还原度/%
	+75	50～75	25～50	10～25	5～10	-5				
1	0.1	2.2	22.1	43.1	26.0	6.5	19.4	70.9	89.2	66.1
2	0.1	2.2	22.2	43.5	24.7	7.4	19.5	71.9	90.1	67.3

宝钢3号烧结机开工后，于1998年12月成功地生产出品位达59.02%、$SiO_2$4.54%、$m(CaO)/m(SiO_2)$1.8的优质烧结矿，ISO转鼓指数高达81.92%。与1971年2号机比较，品位提高了2.31%，SiO_2含量降低了1.18%，$m(CaO)/m(SiO_2)$提高了0.1。

北京科技大学研究结果指出，要实现低温烧结工艺，烧结矿中必须有一定量的二氧化硅及适宜的Al_2O_3/SiO_2比值(0.1～0.3)，确保生成大量针状交织结构的四元系铁酸钙，即SFCA，以提高烧结矿强度和改善还原性能。

瑞典还研究出强度、还原性等冶金性能均很好的高钙与高镁型含铁很高的烧结矿，TFe含量达64.9%～65.4%，SiO_2含量仅1.0%～2.3%。

1.3.2.3 烧结矿氧化亚铁含量与冶金性能的关系

烧结矿氧化亚铁含量的高低，在一定条件下反映出烧结过程的温度水平和氧位的高低。当原

料和工艺条件不变时，有一个烧结矿氧化亚铁含量的适宜值，当偏重于降低燃料消耗和改善还原性能时，该值则偏低一些；当偏重于改善烧结矿粒度组成和低温还原粉化性能时，则该值应控制偏高一些。武钢二烧车间烧结矿氧化亚铁适宜含量的研究[19]指出，生产上适宜 FeO 含量为 8.4%，试验室结果偏高约 1%，参见表 1-46。试验时烧结矿 TFe 为 53.5%，$m(CaO)/m(SiO_2)$为 1.65，采用机上冷却工艺。

日本研究的结果见表 1-47。

表 1-46　烧结矿氧化亚铁含量与冶金性能的关系

烧结矿 FeO/%	垂直烧结速度 /mm·min⁻¹	成品率 /%	烧结利用系数/ $t\cdot(m^2\cdot h)^{-1}$	烧结矿燃耗 /kg·t⁻¹	ISO 转鼓指数 (+6.3mm)/%	平均粒度 /mm	JIS 还原度 /%	低温还原粉化率 (-3mm)/%
6.50	21.49	52.76	1.162	80.63	56.3	11.41	63.0	46.5
7.50	21.77	62.77	1.390	75.60	63.0	13.80	78.2	43.5
8.40	21.00	68.19	1.408	81.38	65.0	15.37	75.0	40.1
10.05	22.03	73.89	1.526	82.63	65.0	15.69	71.9	31.7
11.00	21.33	73.36	1.487	92.52	64.3	15.96	68.7	26.8
12.20	21.68	76.51	1.540	98.58	64.3	14.57	64.1	22.2
13.80	21.33	77.13	1.528	108.35	65.3	14.65	53.1	19.6
15.15	22.81	77.90	1.639	120.8	64.0	13.33	52.7	20.5
16.40	23.32	77.23	1.622	124.0	65.0	13.52	48.9	17.9

表 1-47　不同碳量对烧结矿 FeO 含量与冶金性能的影响

碳比 /%	化学成分/%				碱度 $m(CaO)/m(SiO_2)$	矿物组成/%(体积)				低温还原粉化率 (-3mm)/%	还原度 /%
	TFe	FeO	Al_2O_3	MgO		赤铁矿	磁铁矿	铁酸钙	硅酸盐渣相		
4.4	59.0	4.35	2.08	1.36	1.59	45.3	15.0	24.6	15.1	45.4	64.8
5.0	57.3	6.41	1.96	1.32	1.56	41.1	22.2	29.2	15.5	38.9	63.2
5.5	56.9	8.22	1.99	1.35	1.56	35.4	30.4	17.3	16.9	35.8	60.1
6.0	57.1	10.22	1.99	1.18	1.54	28.4	40.4	13.6	17.6	30.0	60.9

1980 年前后，日本曾致力于降低烧结矿氧化亚铁含量的研究与生产实践，1982 年 4 月新日铁广畑 3 号机($480m^2$)烧结矿 FeO 含量仅 3.91%。但至 1989 年却提高到 6.65%，落下强度和平均粒度等指标均有所改善(落下强度从 90.9%提高到 91.7%，平均粒度从 20.73mm 提高到 21.7mm，烧结矿中 5～10mm 部分从 25.0%减少到 21.5%)。

原冶金部优质烧结矿标准规定，烧结矿 FeO 含量应小于 10%。鞍钢新烧分厂烧结矿标准规定 FeO 含量 8.5%±1.5%为合格品，当采用厚料层烧结和热风烧结工艺时则修订为 7.5%±1.5%。宝钢、攀钢等企业也都制订了稳定烧结矿氧化亚铁的指标和措施。

1.3.2.4　烧结矿中氧化镁、三氧化二铝含量与冶金性能的关系

烧结矿中增加氧化镁的含量，主要是为了满足高炉造渣的需要，同时可改善烧结矿强度、低温还原粉化性能和软熔性能。含氧化镁的硅酸盐液相粘度大，因而烧结矿呈中小气孔结构，烧结矿气孔表面积大。含氧化镁的硅酸盐熔点高、结晶能力强、可减少玻璃质含量。高氧化镁烧结矿游离氧化钙含量少，可提高贮存强度。但由于高氧化镁烧结矿中赤铁矿量减少、镁磁铁矿增加，总的来说，对还原性能的影响不明显。日本不同氧化镁烧结矿的矿物组成与冶金性能见表 1-48[20]。

表 1-48　日本不同氧化镁烧结矿的矿物组成与冶金性能

烧结矿化学成分/%					$m(CaO)/m(SiO_2)$	矿物组成/%(体积)				低温还原粉化率(-3mm)/%	还原度/%
MgO	TFe	FeO	SiO_2	CaO		赤铁矿	磁铁矿	铁酸钙	硅酸盐渣		
1.3	57.0	5.64	5.75	9.17	1.58	39.6	20.9	24.1	15.4	41.2	62.3
2.1	56.3	6.10	5.68	9.55	1.68	29.4	22.0	33.5	15.1	36.9	61.7
2.9	56.0	6.19	5.68	9.58	1.69	26.0	27.8	30.0	16.2	34.2	63.5

重钢的研究结果指出，在重钢的原料条件下高镁(MgO6%～8%)高碱度($m(CaO)/m(SiO_2)$ 2.5～3.2)烧结矿的综合冶金性能最好。

根据X射线微区分析结果，烧结矿中的Al_2O_3主要存在于黄长石、铁酸钙和硅酸盐渣相中。烧结矿中含有一定量的Al_2O_3($m(Al_2O_3)/m(SiO_2)$0.1～0.35)有利于四元系针状交织结构的铁酸钙(SFCA)的形成，可提高烧结矿强度；Al_2O_3含量太高时，有助于玻璃质的形成，使烧结矿强度和低温还原粉化性能变坏，参见图1-11、图1-12。因此用东半球高Al_2O_3富矿粉烧结时，宜加低Al_2O_3精矿粉或西半球低Al_2O_3富矿粉。

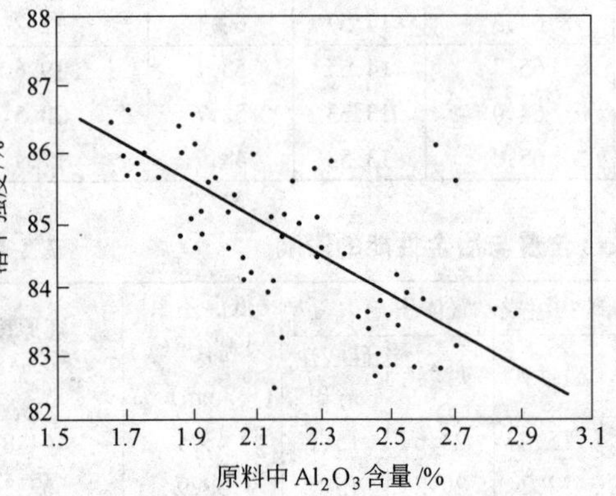

图 1-11　烧结原料中Al_2O_3含量与烧结矿落下强度的关系

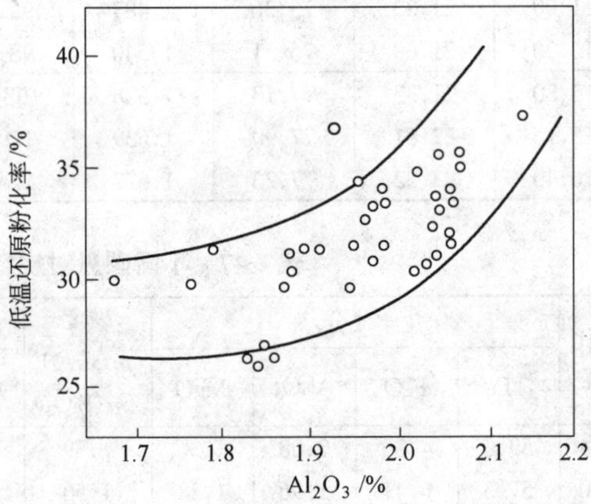

图 1-12　烧结矿Al_2O_3含量与低温还原粉化率的关系

1.3.2.5　烧结矿中氟化钙和二氧化钛含量与冶金性能的关系

包钢精矿属高氟低二氧化硅精矿，其含量分别为2.10%与5.56%，氟以CaF_2的形式存在。当以含氟精矿为主要原料生产碱度为1.3的自熔性烧结矿时，烧结矿含氟将达到1.6%，烧结矿中的氟以枪晶石($3CaO\cdot 2SiO_2\cdot CaF_2$)形态存在，其体积含量可达15%以上。枪晶石的耐磨和抗压强度均远低于钙铁橄榄石，再加上黏结相量少、液相流动性好，表面张力低，易形成大孔薄壁结构，故烧结矿强度差。当烧结矿氟含量小于1%、并提高碱度达2.0时，其强度明显改善。枪晶石的强度见表1-49。

表 1-49　枪晶石强度表

矿物名称	耐磨指数/g			抗压强度/MPa
	3～1mm	1～0.1mm	<0.1mm	
枪晶石	7	2	21	0.66
钙铁橄榄石	10	2	8	1.91

包钢为减少氟对烧结、高炉冶炼及环境保护的影响，在降低精矿含氟量的同时，减少其配用量，使烧结矿含氟量逐渐降低，1980 年为 1.94%、1985 年为 1.44%、1990 年为 1.29%、至 1995 年降到 0.56%。

攀钢钒钛磁铁精矿为高二氧化钛(12.6%)低二氧化硅(5.1%)精矿。当以钒钛精矿为主要原料生产碱度为 1.77 的高碱度烧结矿时，烧结矿中 TiO_2 含量达 9.1%，攀钢生产烧结矿的矿物组成见表 1-50。

表 1-50 攀钢含 TiO_2 烧结矿矿物组成

烧结矿矿物组成/%(体积)								备 注
钛赤铁矿	钛磁铁矿	铁酸盐	钛榴石	钙钛矿	钛辉石	玻璃质	钙铁辉石	
28.0	36.0	9.0	8.5	1.5	7.0	10.0	—	1997 年
38.0	32.0	3.0	—	8.0	—	6.0	12.0	

烧结矿中钛赤铁矿较高，故烧结矿具有较好的还原性。烧结矿中无正硅酸钙生成，不出现冷却碎裂和粉化现象。当提高烧结矿碱度达 2.0～2.2、$m(Al_2O_3)/m(SiO_2)$为 0.47～0.37，控制烧结温度在 1250℃左右，可以获得 40%细针状结构的“富钛 SFCA”，以生产出优质的钒钛低温烧结矿。钙钛矿在烧结矿中不起黏结作用，相反有削弱铁氧化物的连晶作用，应尽量减少其生成量。

1.3.3 改善烧结矿冶金性能的技术措施

1.3.3.1 烧结精料

烧结精料是高炉炼铁精料的基础。近 10 多年来，烧结工作者改变了以往有什么料用什么料的传统作法，而是精心备料，对提高烧结矿质量起了重要作用。

(1) 适量进口富矿粉

根据各企业的具体情况，适量进口不同性质，不同价格的粉矿，不但可以提高烧结矿品位，还可以改善混合料粒度组成和成球性为厚料层、低温烧结创造条件。

几种进口烧结用富矿粉的成分列于表 1-51。

表 1-51 几种进口烧结用富矿粉性能

名 称	化学成分/%(干基)											
	Fe	SiO_2	Al_2O_3	CaO	MgO	TiO_2	Mn	P	S	K_2O+Na_2O	烧损	H_2O
澳哈粉	63.6	3.45	2.0	0.04	0.08	0.12	0.19	0.072	0.017	0.042	3.2	
巴西 SSF	64.2	5.10	1.0	0.02	0.03	0.08	0.20	0.045	0.007	0.013	1.5	
巴西高硅粉	60.0	12.0	0.80	0.02	0.02	0.04	0.10	0.035	0.004	0.011	1.0	
巴西 CJF	67.2	0.60	0.94	0.01	0.02	0.03	0.45	0.037	0.01	0.020	1.5	
澳 BHP 纽曼山粉	63.4	4.2	2.35	0.06	0.10	0.10	0.06	0.069	0.015	0.030	2.4	5.2
澳 BHP 哥粉	64.6	4.7	1.60	0.03	0.03	0.09	0.03	0.040	0.006	0.080	1.2	4.9
澳 BHP 扬迪粉	58.5	4.9	1.30	0.05	0.07	0.06	0.03	0.041	0.012	0.012	9.9	7.8
澳 BHP 混粉(70%扬迪，30%纽曼山)	60.0	4.7	1.61	0.06	0.08	0.07	0.05	0.049	0.013	0.020	7.4	7.0
印度果阿粉Ⅰ	67	1.2	0.9					0.05	0.010		—	8.0
印度果阿粉Ⅱ	65～66	2～2.5	2～2.5					0.06	0.020		—	6.0
印度果阿粉Ⅲ	62～65	3.0～3.5	3.0					0.05～0.06	0.02		—	6.0～8.0
印度果阿粉Ⅳ	56～58	6.0～7.0	5.0					0.05～0.08	0.02		—	8.0
南非 ISCOR 粉Ⅰ	65.72	3.39	1.23	0.102	0.04	0.051	0.03	0.050	0.012	0.22	—	1.50max
南非 ISCOR 粉Ⅱ	65.47	3.34	1.45	0.102	0.04	0.051	0.03	0.053	0.012	0.18	—	1.98

(2) 优化烧结原料结构

优化烧结原料结构,实行物理性能、化学成分和烧结性能的合理配矿,淘汰质量差、价格高的品种,实现优质、高产、低成本。如鞍钢弓长岭矿山公司,将年产 80 万 t 重选精矿的车间全部改造为磁选车间,不但大幅度降低了精矿成本,还解决了重选精矿长期影响烧结矿质量(主要是强度)的问题。又如宝钢提高南非粉矿配比,减少巴西粉矿,在保证烧结矿质量的基础上,大幅度降低了原料成本。南京钢铁公司等企业,部分使用从澳大利亚进口的罗布河褐铁矿粉做原料,实现了低温烧结新工艺。安阳等钢铁企业禁止品位低于合同的原料入厂。

(3) 稳定原料化学成分和粒度组成

强调含铁原料入厂时化学成分的稳定性和粒度组成等质量指标。鞍钢过去外购铁精矿没有品位上限的要求,铁的标准偏差远大于自产精矿,对稳定烧结矿化学成分极为不利。

(4) 选择优质燃料和熔剂

使用含固定碳高,灰分、挥发分和硫含量低的宁夏太西洗煤代替山西阳泉原煤做烧结燃料,可提高烧结矿品位和强度,并降低硫含量,还可减少烧结废气的排硫量,改善环保。强调生石灰的活性度和粒度,提高生石灰的强化效果。

1.3.3.2 原料中和混匀

我国以往只利用一次料场或精矿槽进行一些简单的混匀作业,效果较差。自从 1984 年 6 月马钢一烧建有堆取料机的混匀料场竣工之后,宝钢、唐钢、广钢、鞍钢、武钢等 20 多家企业又相继建成现代化混匀料场。冬季气温低达零下 20 多度的鞍钢和新抚钢建成了大型室内中和料仓。为了保证雨季能正常进行混匀作业,湖北鄂钢也建成了室内混匀仓。

为提高混匀效率,采取了分小条多层堆料方式与分块(Block)堆料法;加强一次料场的管理,进行预配料并稳定预配料比例;减少端料量并将端料返回重铺;保证铺料层数达 600 层以上;用滚筒式取料机或双斗轮取料机截取;对原料和混匀料进行机械化取样化验;用计算机进行控制等措施。中和混匀料的质量达到了较高的水平。以 1999 年 1~11 月马钢港务原料厂混匀矿为例,共混匀 27 堆,平均每堆 89170t,总计 240.76 万 t。铁品位的目标值为 62.95%,计算值为 62.96%,实际化验值为 62.86%。相邻两堆料平均品位差值小于 0.1% 的次数占一半,达 13 次,差值的平均值为 0.164%。平均每堆取样 76 次,铁的标准偏差最小值为 0.109,最大值为 0.350,平均值 0.290。铁的混匀效率达 90% 以上,70% 的料堆达到了企业规定的特级水平。

宝钢混匀矿堆 A39 与 B40 两堆中和料,铁的标准偏差 0.384~0.442,SiO_2 标准偏差 0.293~0.373。其生产的烧结矿,铁的标准偏差 0.232~0.237,SiO_2 标准偏差 0.082~0.084。1988 与 1989 年烧结矿质量指标见表 1-52。

表 1-52 宝钢烧结矿质量指标

年份	合格率/%	一级品率/%	稳定率/%			烧结矿化学成分/%							
			TFe (±0.5%)	$m(CaO)/m(SiO_2)$ (±0.05)	FeO (±1%)	TFe		FeO		SiO_2		$m(CaO)/m(SiO_2)$	
						$\bar{x}$	σ_{n-1}	$\bar{x}$	σ_{n-1}	$\bar{x}$	σ_{n-1}	$\bar{x}$	σ_{n-1}
1988	99.32	88.60	94.79	92.74	97.68	56.61	0.245	6.80	0.353	5.70	0.095	1.65	0.028
1989	99.69	91.18	95.53	94.83	97.20	56.40	0.256	6.41	0.355	5.67	0.087	1.70	0.029

注:σ_{n-1}为标准偏差;$\bar{x}$ 为平均值。

1.3.3.3 配料自动化

配料工序是稳定烧结矿化学成分、提高质量的又一个重要环节。现各企业基本上实现了以电子秤或核子秤进行重量配料,使配料误差从过去的 5%~10% 降至 1%~2%,如果设备选型合理,加强维护和实物校对,其误差还可小于1%。在重量配料的基础上,不少企业又实现微机自动控制,使烧结矿成分进一步稳定。太钢实行自动配料后,烧结矿一级品率由50%提高到75%。

鞍钢新烧分厂采用德国生产的热返矿冲击秤,配合热返矿称量矿槽,对于控制和稳定热返矿量、稳定混合料水分和固定碳、稳定烧结矿化学成分也起着重要的作用。

自从采用冷却整粒工艺后,从配料到烧结矿成品取样化验,需要4～5h,给及时调整化学成分(特别是碱度值)带来困难。为此,中南工业大学采用系统辨识法建立烧结矿化学成分预测模型[21],超前2h进行成分预报,其预报的命中率可达85%～90%,为烧结矿化学成分的前馈控制建立了基础,并开发了自适应预报的以碱度为中心的智能控制系统,给出智能调整措施[22]。东北大学利用前馈神经网络,建立了烧结矿化学成分超前预报模型[23],通过对现场实际运行数据分析表明,碱度的预测值与实际值比较,最大偏差值为0.1915,最小偏差值为0.0033,10组偏差数平均值为0.0723;对铁和氧化亚铁的预报偏差也较小,预报模型具有很好的预报结果和实际应用前景。

目前正在开发混合料在线成分分析,为更准确及时地调整配料比、稳定化学成分创造了条件。

1.3.3.4 均匀烧结

均匀烧结就是指台车上整个烧结饼纵截面左中右、上中下各部位的温度制度趋于均匀,最大限度地减少返矿和提高成品烧结矿质量。

左中右的不均匀性问题是混合料在矿槽内偏析造成的,主要依靠梭式布料器来解决。而上中下层的不均匀性则是由烧结过程的特点决定的。上层料层温度低,高温带窄,黏结相量不足、冷却快、玻璃质含量高,因而强度差、粉末多。下层则由于自动蓄热作用,料层温度高、高温带宽,烧结饼过熔化、氧化亚铁含量高、气孔度低、微气孔少,故还原性能差;有时甚至大量生成正硅酸钙,在冷却过程中由$\beta 2CaO\text{-}SiO_2$转变成$\gamma 2CaO\cdot SiO_2$,体积膨胀10%,而造成烧结矿粉化。

解决上中下层温度制度不同的主要措施之一,是在布料时让混合料产生合理偏析,即下层的粒度大于上层,而下层的碳含量低于上层,控制偏析的程度,即可达到均匀烧结的目的。在以往采用反射板,辊式布料器产生自然偏析的基础上,国外又开发出条筛溜槽布料,反吹风偏析布料、料流稳定器布料、电振布料、磁辊布料与强化筛分布料(ISF布料)等多种布料法。ISF布料装置已推广应用于日本新日铁,我国攀钢也引进了该技术。以日本广烟3号机为例,该装置为1台电动机通过挠性轴和齿轮驱动220根棒条转动,由于棒条筛的松散和分级作用,提高了料层透气性并增强了混合料粒度和碳的偏析。ISF与溜槽布料比较,透气性指数提高13.4%,火焰前沿速度加快3.1mm/min,各层烧结反应都处于较佳状态,成品率提高3.3%～3.8%,焦粉用量减少2.2～2.3kg/t,电耗降低1.6kW.h/t,还可减少废气中NO_x含量[24]。

1.3.3.5 烧结过程自动控制

烧结过程的优化控制是提高烧结矿产质量和降低能耗的关键。在连续检测混合料水分、料层厚度、烧结机机速、主管负压、风箱温度等参数的情况下,中南工业大学与鞍钢合作进行了烧结过程透气性模糊综合评判的研究,建立了综合评判模型,并开发出以透气性为中心的智能控制系统[25,26],建立了知识库(包括数据库、事实库,模型库和规则库)和推理机,对料层透气性状态进行判断和控制,并预报烧结终点,达到稳定与优化烧结过程的目的。

为了稳定烧结生产,很多企业还成功地使用红外水分计或中子水分计进行混合料水分自动检测与反馈控制;在烧结饼表层进行烧结矿FeO含量自动检测。北京科技大学进行了基于烧结机尾断面图像的质量预报系统研究[27],根据所取得的烧结机尾断面图像特征,利用人工神经元网络对烧结矿质量指标进行识别,其识别值与实际值基本吻合,对FeO含量的识别误差一般小于0.8%。

日本川崎制铁公司千叶厂和水岛厂,1985年开发出诊断用的烧结操作指导系统(OGS),1986～1990年又开发出控制用的烧结能量控制系统和烧结作业专家系统。专家系统的控制功能包括烧结终点控制、设备管理、烧结生产率控制及质量(碱度、强度、粒度、返矿率及低温还原粉化率)控制。此专家系统使烧结终点分散度下降50%,烧结矿质量高度稳定。

1.3.3.6 厚料层烧结

我国烧结原料以细粒精矿为主,料层透气性差,料层厚度较薄,烧结矿粉末多、强度低、还原性差、能耗高。自1978年起,首钢、本钢、鞍钢率先将料层厚度提高到300、340、375mm以后,全国各企业均相应采取措施,逐年提高料层,取得了明显的技术经济效果。到目前为止,年平均料层厚度超过500mm的有宝钢、首钢、鞍钢新烧、唐钢、重钢三烧、柳钢、济钢等企业,其中宝钢、柳钢、济钢等超过600mm。

提高料层所采取的技术措施主要有:

1) 优化原料品种结构,适量增加富矿粉,配用成球性好的原料。

2) 使用生石灰、消石灰、轻烧白云石粉等强化剂;改善生石灰粒度、提高生石灰活性度;使用生石灰配消器;采用热水消化生石灰。

3) 加强燃料的破碎,采用外滚燃料工艺,减少下层燃料量。

4) 改变混合机参数和结构,延长混料造球时间,提高成球率。

5) 稳定混合料水分和碳含量,并采用低水、低碳操作。

6) 采用橡胶衬板或含油稀土尼龙衬板做混合机内衬;采用雾化水、有机黏结剂(如丙烯酸酯等)等,强化混合料成球。

7) 用蒸汽预热混合料。

8) 改善布料条件,松散混合料,采用松料器;加强燃料的合理偏析;减少表层的压料量;保证料层铺平,减轻边沿效应。

9) 适当降低1号和2号风箱负压;加强表面点火和上部供热。

10) 提高风机负压;减少烧结抽风系统的阻力损失;降低抽风系统的漏风率;采用合理的抽风制度。

11) 严格控制烧结终点,稳定与提高冷、热返矿的质量。

12) 降低事故率,采用各种自动化工艺,创造一个稳定生产的良好环境。

对于原料条件较差、装备水平较低且烧结机面积较小的中小企业来说,采用厚料层烧结的难度更大一些。以柳钢二烧2台50m^{2}烧结机为例,在短短的一年多时间里,采取大量技术和管理措施,把烧结料层厚度从1996年7~12月份的460mm提高到1998年1~9月份的598mm,在保持垂直烧结速度基本不变的情况下,由于提高成品率而使烧结机利用系数提高0.194t/(m^2·h),达到了1.626t/(m^2·h),即提高13.5%;烧结矿FeO含量从11.40%降低到8.27%,还原性能大幅度改善;高炉返矿率从15.04%降低到12.34%;烧结矿燃料消耗、点火煤气消耗、电耗分别降低了12.14kg/t、29.0%、14.89kW·h/t(其中电耗降低值有一半是作业率提高所带来的效果);烧结厂环境大为改善;烧结与高炉冶炼年经济效益达3480万元。2000年6月在进一步强化混合料制粒和降低烧结机漏风率的情况下,结合采用预热—点火—热风烧结新工艺,将料层厚度稳定地提高到800mm以上,并获得了更好的技术经济效益。

1.3.3.7 低温烧结法

低温烧结就是指控制烧结温度在1200~1280℃的范围内,适当增宽高温带,确保生成足够的黏结相的一种烧结新工艺。低温烧结矿中铁矿物以赤铁矿为主,且多呈原生颗粒状;黏结相以针状交织结构的四元系铁酸钙(SFCA)为主,SFCA的一般结构式为$Ca_mSi_n(Fe_{1-x},Al_x)_yO_z$。与普通熔融型(烧结温度大于1300℃)烧结矿比较,低温烧结矿具有强度高、还原性能好、低温还原粉化率低等特点,是一种优质的高炉炉料。

实现低温烧结需采取以下措施：

1）原燃料粒度要细，富矿粉粒度最好小于6mm，石灰石粉粒度最好小于2mm。

2）尽量提高优质赤铁富矿粉的配比。

3）烧结矿碱度以1.8～2.0较为适宜，SiO_2含量不低于4.0%、$m(Al_2O_3)/m(SiO_2)$为0.1～0.35。

4）在混合料充分混匀和强化造球的情况下，采用低碳厚料层操作工艺。

5）适当降低点火温度和垂直烧结速度。

北京钢铁研究总院与天津铁厂合作，进行了低温烧结工业试验（参见表1-53），烧结矿质量改善，高炉产量提高4%～9%，焦比降低6～15kg/t。

表1-53 低温烧结工业试验结果

项目	料层厚度/mm	烧结层温度/℃	料层中1100℃以上保持时间/min	焦粉消耗/$kg \cdot t^{-1}$	垂直烧结速度/$mm \cdot min^{-1}$
低温烧结	380～400	1245～1276	5～7	49.36～50.4	16.63～16.93
普通烧结	350	1300～1337	4.7	58.24	18.36

项目	利用系数 $t \cdot (m^2 \cdot h)^{-1}$	烧结矿			
		TFe/%	FeO/%	$m(CaO)/m(SiO_2)$	转鼓指数(+5mm)/%
低温烧结	1.209～1.326	51.9～51.92	8.85～9.12	1.78	80.07～80.17
普通烧结	1.244	52.15	10.5	1.73	80.30

项目	烧结矿						
	筛分(-5mm)/%		矿物组成/%(体积)			低温还原粉化率(-3mm)/%	还原度/%
	出厂	沟下	赤铁矿	铁酸钙	硅酸盐		
低温烧结	4.86～6.61	7.76～7.83	7.0	43.5	11.0	7.60	73.43～85.51
普通烧结	7.08	7.89	2.0	14.0	23.0	7.37	69.20

北京科技大学研究用100%的磁铁精矿进行低温烧结，当采取强化混合料制粒，外滚燃料、低碳厚料层操作等技术措施，生产碱度为2.0的高碱度烧结矿时，虽然烧结矿FeO含量偏高，为9.4%（主要存在于磁铁矿中）、烧结矿中赤铁矿含量20%～25%、铁酸钙含量35%；转鼓指数(+6.3mm)达69%，还原度92.06%，低温还原粉化率(-3.15mm)23.8%；利用系数达1.8t/($m^2 \cdot h$)，燃耗降到37kg标煤/t，取得了较好的技术经济指标[28]。

1.3.3.8 热风烧结

热风烧结就是在烧结机点火器后面，装上保温炉或热风罩，往料层表面供给热废气或热空气来进行烧结的一种新工艺。热废气温度可高达600～800℃，也有使用200～250℃的低温热风烧结。热废气来源有煤气燃烧的热废气、烧结机尾部风箱或冷却机的热废气，也有用热风炉的预热空气。热风罩的长度可达烧结机有效长度的三分之一。

采用热风烧结工艺可增加料层上部的供热量，提高上层烧结温度，增宽上层的高温带宽度，减慢烧结饼的冷却速度，提高硅酸盐的结晶程度。减少玻璃质的含量和微裂纹、减轻相间应力，提高成品率和烧结矿强度。在相应减少固体燃料用量的同时，可提高烧结废气的氧位，消除料层下部的过熔现象，改善磁铁矿的再氧化条件，可降低烧结矿氧化亚铁含量，改善烧结矿还原性能。当烧结矿总热耗量基本不变时，重点是提高烧结矿强度，但料层阻力有所提高，需依靠提高成品率来维持烧结机利用系数不致降低。当适当降低总热消耗量时，可以做到在保证烧结矿强度基本不变的情况下，降低烧结矿氧化亚铁含量，改善烧结矿还原性能，且大量节省固体燃料用量，降低烧结矿成本和少量提高烧结矿品位。

鞍钢新烧分厂2台265m^2烧结机，采用鼓风环冷机二段的热废气进行烧结（一段350℃的高温热废气用于余热锅炉产生蒸汽），原始热废气平均温度309℃，经掺入冷风调整与稳定后的热废气温度为252.5℃，热风用量为219400m^3/h。工业试验结果见表1-54[29]。结果指出，由于大幅度降低了烧结矿固体燃料消耗，在保证烧结矿强度和返矿率基本不变的情况下，烧结矿FeO含量降低了1.2%，还原度提高了3.0%，烧结和炼铁工序年经济效益达533万元。

表1-54 鞍钢新烧热废气烧结工业试验结果

项目	混合料碳含量/%	料层厚度/mm	主管负压/kPa	主管温度/℃	点火温度/℃	垂直烧结速度/mm·min^{-1}	热返矿率/%	冷返矿率/%	台时产量/t·h^{-1}
基准	2.70	490	10.99	164.5	1147	19.00	14.31	12.99	307.9
试验	2.40	489	11.36	161.0	1156	19.21	14.69	11.44	319.6

项目	焦粉消耗/kg·t^{-1}			烧结矿					
	湿焦	干焦	标煤	TFe/%	FeO/%	$m(CaO)/m(SiO_2)$	ISO转鼓指数(+6.3mm)/%	出厂粒度(mm)/% 10～5	出厂粒度(mm)/% −5
基准	73.40	62.96	50.62	52.55	8.78	1.80	79.4	35.77	3.68
试验	63.78	54.25	43.61	52.21	7.58	1.80	79.06	37.15	4.06

项目	矿物组成/%(体积)					还原度(900℃)/%	低温还原粉化率(−3.15mm)/%
	磁铁矿	赤铁矿	铁酸钙	钙铁橄榄石	正硅酸钙		
基准	30.9	10.5	43.5	7.1	8.8	75.5	17.95
试验	24.1	19.4	44.6	1.9	10.2	78.5	29.26

1.3.3.9 小球烧结与球团烧结法

我国大多数烧结厂都以细精矿为主要原料，鞍钢、本钢、包钢、酒钢、首钢矿业等企业的部分烧结厂精矿粉率达80%以上。因而强化造球、提高烧结矿产质量，尤为重要。

小球烧结和球团烧结法就是将烧结混合料用改进后的圆筒造球机或圆盘造球机制造出粒度为3～8mm或5～10mm的小球，然后在小球表面再滚上部分固体燃料，布于烧结台车上点火烧结。由于料层透气性好，可大幅度提高料层厚度，再加燃料分布合理及燃烧条件的改善，可降低固体燃料消耗。烧结矿呈轻度熔融小球黏结的葡萄状结构，还原性能、强度等冶金性能优良，烧结机利用系数高、能耗低，经济效益显著。

应用该技术的关键是选择合适的造球设备和参数，确保足够的造球时间；控制好混合料水分，制造出粒度合格的小球；添加生石灰等强化剂，提高小球的强度以及采用合理的运输与布料设备，保证小球不被破坏并形成粒度与碳的合理偏析。

采用该技术生产自熔性或高碱度烧结矿，都可以取得良好的技术经济效果。特别是应用该技术生产酸性球团烧结矿，与普通酸性烧结矿比较，其利用系数、强度与还原性能等指标改善的幅度更大，为高炉提供一种新型的酸性炉料。

安阳钢铁公司水冶铁厂新建2台24m^2烧结机，与北京钢铁研究总院合作，采用球团烧结法新工艺，用圆盘造球机造出的小球，+3mm部分达84.3%，经过外滚燃料后，小球粒度达到+3mm部分89.5%，在运输与布料过程中，小球料仅少量被挤坏，达到台车上的平均粒度+3mm部分仍有

81.6%，料层具有良好的透气性。试验期间料层厚度达474mm，垂直烧结速度为23.7mm/min。1996年1月(投产6个月)生产碱度为2.10的高碱度球团烧结矿，烧结机利用系数达1.8t/(m^2·h)，固体燃料消耗降到49.7kg/t，烧结矿ISO转鼓指数(+6.3mm)达72.96%，FeO含量降到8.35%，900℃还原度84.44%，低温还原粉化率(-3.15mm)仅12.08%。高炉使用60%的球团烧结矿和40%的竖炉球团矿冶炼，与过去使用土烧结矿加球团矿比较，高炉利用系数提高0.305t/(m^3·d)，焦比降低47.7kg/t，优质生铁率提高13.21%，经济效益十分显著。

酒钢烧结厂1995年前一直生产自熔性烧结矿，烧结和高炉冶炼指标均较差。为改善高炉炉料结构，与北京钢铁研究总院、鞍山冶金设计研究院等合作，研究出酸性球团烧结矿。设计建成的130m^2的3号烧结机于1996年投产，经攻关后，用圆盘造球机制造出+5mm部分达91.0%的球团烧结料，外滚80%的固体燃料，料层厚度达550mm，生产出碱度为0.3～0.6的酸性球团烧结矿，与1号和2号机生产的高碱度烧结搭配入炉，高炉冶炼指标明显改善。冶炼试验得出，以碱度为0.35的酸性球团烧结矿与碱度1.75的高碱度烧结矿搭配入炉的效果最好[30]。

不同碱度球团烧结矿冶金性能见表1-55。

表1-55　不同碱度球团烧结矿冶金性能

碱　　度	0.27	0.36	0.52	0.61	0.69
900℃还原度/%	48.5	56.8	69.3	78.8	69.0
低温还原粉化率(-3.15mm)/%	4.5	4.3	35.3	19.8	11.8
还原软化开始温度/℃	1088	1041	1043	1045	1058
还原软化终了温度/℃	1152	1156	1164	1176	1188

鞍钢东烧厂4台75m^2烧结机长期使用粒度极细的浮选赤铁精矿生产自熔性烧结矿，产量、质量、能耗等指标均较差。于1999年改造后，生产碱度为0.3～0.5的酸性球团烧结矿。成功地采用了ϕ3.2m×12m的圆筒造球机制造出粒度合格的球团烧结料，+3mm部分达80%以上，内外燃料配比为3比7，为生产酸性球团矿奠定了良好的基础。

日本福山5号机采用球团烧结法(HPS法)主要是为了在烧结料中增加价格便宜、品位高、SiO_2含量低的细粒精矿的用量，最高配比可达40%～60%。混合料用直径为7.5m的圆盘造球机造出5～10mm的小球，经外滚焦粉后，在烧结机上预热干燥、点火和烧结，取得了提高烧结矿品位达58.22%、降低SiO_2含量至4.21%、提高还原度6.4%及降低成本的显著效果。

1.3.3.10　双层布料、双碱度料烧结与双球烧结

双层布料技术最早是作为均匀上下层烧结矿质量、降低能耗的一项重要措施，让上层的燃料量高于下层。前苏联的一些厂已推广这一技术，取得大幅度降低固体燃料消耗的效果。有时也将某些难烧的矿粉配入下层的混合料中以提高烧结矿产质量。后来又发展成为不同碱度的双层布料烧结，将高、低两种碱度(碱度为0.9与1.8)的混合料，分层布料，点火烧结，其经过破碎，筛分后的烧结矿是高低两种碱度烧结矿的混合物，可以在一台设备上实现炉料结构的优化。该技术也曾用来处理高硫原料、提高烧结过程中的脱硫率，即将高硫原料配入低碱度烧结料中，布于下层，大幅度提高脱硫率，降低整个产物的含硫量。

日本鹿岛厂曾研究氧化钙分别制粒法，即双碱度料烧结。在2号烧结机增加一条配料造球生产线，用石灰石粉、澳大利亚富矿粉和轧钢皮配成高氧化钙料，经混合—圆筒造球后，以20%的比例与配入返矿和焦粉的80%的低氧化钙料混合进行烧结。1987年进行了工业试验与生产，工业试验得出，料层透气性改善，烧结负压降低0.45kPa，利用系数提高1.6%，低温还原粉化率(-3mm)从

34.4%降低到28.7%，焦粉消耗降低0.3kg/t。1987年1～5月工业生产指标与1986年9～11月比较，料层厚度从450mm提高到480mm，焦粉消耗降低4kg/t，JIS转鼓指数（+10mm）提高2%，JIS还原度提高2%，低温还原粉化率（-3mm）降低1%。高炉冶炼有效果，但不很明显。

1982年鞍钢钢研所开发了双球烧结新工艺。针对鞍钢东鞍山浮选精矿细而黏难以烧结的特点，结合鞍钢新开发出来的高碱度烧结矿加酸性氧化镁球团矿的新型炉料结构，采取合二而一的方法，在一台烧结机上将酸、碱两种小球混合烧结。营鞍铁厂工业试验结果证明，双球烧结矿具有高碱度烧结矿、自熔性烧结矿和酸性氧化镁球团矿3种微观结构，与普通自熔性烧结矿比较，具有产量高，能耗低、冶金性能优良等特点，在55m^{3}高炉冶炼效果良好，见表1-56[15]。

表1-56　双球烧结工业试验结果

项　目	料层厚度/mm	烧结负压/kPa	垂直烧结速度/$mm \cdot min^{-1}$	返矿率/%	烧结机利用系数/$t \cdot (m^{-2} \cdot h^{-1})$	煤耗/$kg \cdot t^{-1}$	烧结矿化学成分		
							TFe/%	FeO/%	$m(CaO)/m(SiO_2)$
双　球	390	7.35	13.18	14.90	1.286	53.03	53.22	7.03	1.29
基　准	300	8.17	9.54	21.50	1.005	81.49	52.72	12.21	1.30

项　目	转鼓指数		还原度(900℃)/%	低温还原粉化率(-3mm)/%	荷重还原软熔温度/℃			
	YB(+5mm)/%	ISO(+6.3mm)/%			收　缩 4%	收　缩 10%	收　缩 40%	收　缩 100%
双　球	79.84	72.49	69.3	21.3	1125	1180	1310	1490
基　准	77.51	69.42	58.3	26.9	1135	1170	1250	1480

项　目	高炉冶炼指标						
	利用系数/$t \cdot (m^{-3} \cdot d^{-1})$	入炉焦比/$kg \cdot t^{-1}$	校正焦比/$kg \cdot t^{-1}$	冶炼强度/$t \cdot (m^{-3} \cdot d^{-1})$	煤气中CO_2/%	入炉矿成分/%	
						TFe	FeO
双　球	2.283	739.2	744.1	1.386	14.67	53.33	7.86
基　准	1.955	795.0	795.0	1.294	12.95	52.92	13.89

双球烧结的关键是碱性料中的石灰石粉和酸性料中的菱镁石粉必须细磨至小于0.5mm；最大限度地提高酸、碱球的成球率，减少-3mm部分；提高酸、碱球的强度，重点提高酸性球的强度，确保两种球在贮存、配料、外滚燃料和返矿，以及运输布料过程中的破坏率最小；大量减少返矿，减少烧结矿中的自熔性结构。由于双球烧结的工业性试验时间较短，而工业性生产工艺流程复杂，有些问题需要进一步完善，因此目前尚未能得到推广。

1.3.3.11　*改善入炉烧结矿粒度组成的措施*

（1）提高烧结矿强度，改善出厂烧结矿粒度组成

采取优化烧结原料结构、稳定烧结操作指标、选择合理热工制度、生产高碱度烧结矿，实现厚料层烧结工艺等措施，减少烧结总产物中5～0mm与5～10mm部分。

（2）加强烧结矿的冷却与整粒

避免在冷却机后的皮带上打水，适当加大双齿辊破碎机的开口度，提高冷矿筛的筛分效率。

（3）减轻烧结矿从出厂到高炉矿槽的破碎

国内外生产实践得出，转运过程增加的粉末（-5mm部分）量为2.6%～10.3%，高炉矿槽贮存增加的粉末量为3.3%～4.2%。因此，提高烧结矿强度、减少转运次数，降低转运落差、改进皮带漏嘴的形式和内衬等都可减少高炉槽下筛分前烧结矿粉末的含量。日本千叶厂在菲律宾建设面积为

450m^2 的烧结机，生产的烧结矿运送到千叶厂 6 号高炉（4500m^3，无料钟炉顶），用量为 40%～50%。投产初期，烧结矿贮存运输的粉化率为 25%左右，当采取船上设滑动溜槽、采用小直径皮带轮，尽量减少皮带条数和提高烧结矿强度等措施后，使粉化率保持在 17%～18%，且槽下烧结矿落下强度（+10mm）提高 2.8%，达到 92.9%。经高炉槽下筛分后，烧结矿 -5mm 部分为 1.4%，5～10mm 部分为 30.2%，平均粒度 17.4mm，完全满足了大高炉冶炼的要求。

（4）尽量避免建设烧结矿缓冲矿槽

武钢三烧与高炉矿槽之间有一个贮存量为 3400t，贮存时间为 7.5h 的矿槽，由于增加转运次数。矿槽内落差高、烧结矿滚动挤压与自然风化，贮存 3 天后烧结矿粉末（-5mm）增加 8.9%，贮存 5 天增加 9.8%。高炉使用贮存矿，明显减产。最好是加大高炉栈桥矿槽，而不专门设置缓冲矿槽。如必须设置缓冲槽，则应增设筛分装置。宝钢落地后的烧结矿取用时，其筛出的返矿量达 25%左右。

（5）提高槽下振动筛筛分效率

槽下未经过筛的烧结矿粉末（-5mm）量达 10%以上，不宜直接入炉，因此大部分高炉槽下都设置有振动筛。筛分效率较高的振动筛有三轴传动的椭圆等厚筛和双层振动筛等。筛孔尺寸一般在 4.5～7.0mm 之间，选择较大的筛孔可以提高 0～5mm 部分的筛分效率，但将造成小粒烧结矿的损失，鞍钢 10 号高炉槽下振动筛筛缝为 6.3mm，高炉返矿中 +5mm 部分达 35%左右。个别厂为了改善入炉烧结矿粒度组成，将筛缝扩大到 8mm，不仅筛除 0～5mm 粒级的粉末，还大量筛去 5～10mm 的小粒烧结矿，高炉返矿量达 250kg/t 矿，是否合算，应进行技术经济论证。

1.3.3.12 降低烧结矿低温还原粉化率的措施

我国宝钢、攀钢、武钢等部分企业生产的烧结矿低温还原粉化率较高，一般小于 3.15mm 达 30%～40%，接近日本全国的平均水平（-3mm 部分为 36.3%）。

据攀钢研究[31]得出，钒钛烧结矿低温还原粉化的主要原因是烧结矿中钛赤铁矿含量高达 40%以上，其中晶粒粗大的骸晶状菱形赤铁矿占赤铁矿的一半左右。且由于黏结相含量低、有 4%～8%的钙钛矿分散于钛赤铁矿与钛磁铁矿连晶及黏结相之间，使钒钛烧结矿结构不均匀，强度差。适当提高烧结矿 FeO 含量达 6%～8%，在烧结料中添加萤石或 $CaCl_2$ 等，均可降低低温还原粉化率。如添加 2.5%的萤石，可降低矿物熔点，增加液相量，大幅度减少骸晶状菱形赤铁矿的含量，使低温还原粉化率从 50.06%降到 21.22%；而添加 1%的 $CaCl_2$，其低温还原粉化率可降到 8.01%。

宝钢前期生产的烧结矿，低温还原粉化率（-3mm，%）波动较大。如 1988 年 1 月份平均值仅 27.2%，而 1990 年 6 月份平均值却高达 39.1%。为此，宝钢对可能影响低温还原粉化率的 10 多个因素进行了两组多元线性回归分析[32]，结果指出，在波动范围内，烧结矿的 Al_2O_3、TiO_2、MgO 含量、烧结机机速及烧结矿 SiO_2 含量、碱度等 6 项与低温还原粉化率有较强的相关关系。前 4 项是正相关，后 2 项是负相关。对烧结矿低温还原率影响最大的因素是烧结矿 SiO_2、FeO 含量、点火煤气消耗和烧结机机速，其他的因素影响较小。降低烧结矿低温还原粉化率的措施是严格控制混匀矿中 TiO_2 和 Al_2O_3 的含量；提高烧结矿中 SiO_2 和 FeO 含量；适当提高机速，在保证烧好的前提下，使烧结终点后移；提高点火强度和提高机头、机尾风箱负压等。通过试验，将烧结料中蛇纹石的平均粒度从 2.68mm 降到 1.20mm，可使低温还原粉化率从 41.4%降到 35.9%。

武钢二烧（机上冷却工艺）烧结矿 FeO 含量 8%左右时，其低温还原粉化率为40.15%～43.5%，给高炉冶炼带来影响。武钢开发了往烧结矿表面喷洒氯化钙溶液的新工艺[33]，在成品皮带的头部安装可调张角的喷嘴，对喷嘴的数量、型式、张角和安装位置以及 $CaCl_2$ 溶液的浓度、数量和喷洒方式等进行了全面研究。1991 年转入正式生产，当喷洒浓度 3%的 $CaCl_2$ 溶液时，低温还原粉化率平均降低 10.78%，取样测定烧结矿水分仅为 0.2%，高炉槽下烧结矿粒度组成无明显变化。在 3 号与 4 号两座高炉进行 2 个月的工业试验表明，校正后的产量分别提高 7.94%和 4.22%，校正焦比分别下降 2.36kg/t 和 1.31kg/t。攀钢、柳钢等企业也进行了喷洒 $CaCl_2$ 溶液的试验与生产。柳钢试生产得出，烧结矿低温还原粉化率降低（从 15%～20%降至 3%以下），高炉增产 4.6%（校正后高炉增产 3.7%），焦比降低 15.3kg/t，相当 2.4%。

除以上几个方面的技术措施外，国内外还进行了以下试验与生产：烧结使用复合熔剂；熔剂分加技术；混合料预压烧结；煤气无焰烧结；富氧点火；富氧烧结与富氧双层烧结等。

1.3.4 近年来主要重点企业与典型地方骨干企业烧结矿产质量及主要技术经济指标

1.3.4.1 我国主要重点企业烧结矿产质量及主要技术经济指标

我国主要重点企业烧结矿产质量及主要技术经济指标见表 1-57。

表 1-57 1999 年重点企业烧结技术经济指标

企业名称	年产量 $/10^4t$	利用系数 $/t\cdot(m^2\cdot h)^{-1}$	烧结矿化学成分					转鼓指数（+5mm）（+6.3mm）/%	出厂筛分（-5mm）/%
			TFe	FeO	MgO	S	$m(CaO)/m(SiO_2)$		
鞍钢新烧	460.39	1.237	53.30	8.98	2.38	0.03	1.83	78.80	4.89
马钢三烧	299.11	1.251	56.68	7.86	—	0.019	2.00	77.86	8.49
首钢	724.21	1.289	56.94	9.98	—	0.016	1.60	(85.53)	1.28
梅山	308.29	1.571	56.60	9.99	2.67	0.026	1.70	80.38	—
湘钢	172.15	1.600	51.58	9.76	3.54	0.063	2.39	67.25	7.88
重钢	251.63	1.374	—	—	—	—	—	—	—
唐钢	358.76	0.93	53.37	9.81	2.97	0.023	1.74	76.56	—
酒钢	252.01	1.43	48.02	10.74	—	0.080	1.73	(80.11)	—
武钢	970.11	1.354	56.24	9.05	2.93	0.026	1.76	71.96	—
宝钢	1390.3	1.238	58.85	7.32	1.74	0.012	1.80	77.18	4.4
攀钢	834.81	1.275	47.32	7.35	—	0.034	1.72	68.70	8.4
太钢	366.29	1.411	54.82	10.47	2.50	0.038	1.54	(78.3)	16.99
包钢 二烧	344.76	1.38	55.46	9.36	2.79	0.040	1.59	65.76	—
水钢	216.94	1.53	52.81	6.74	—	0.033	1.97	(79.58)	6.07

企业名称	碱度稳定率（±0.05）/%	固体燃耗 $/kg\cdot t^{-1}$	点火热耗 $/GJ\cdot t^{-1}$	电耗 $/kWh\cdot t^{-1}$	综合能耗标煤 $/kg\cdot t^{-1}$	料层厚度/mm	日历作业率/%	加工费/元	成本/元
鞍钢新烧	91.95	64.0	0.090	46.92	72.12	558	80.17	72.21	336.98
马钢三烧	85.29	65.0	0.112	47.41	81.93	546	91.00	55.82	363.2
首钢	96.0	46.6	0.069	42.75	60.51	546	94.77	42.54	275.5
梅山	91.79	58.1	0.092	21.86	67.73	423	86.17	47.36	318.86
湘钢	63.6	76.7	0.190	37.68	84.46	—	89.74	34.44	344.4
重钢	50.61	46.0	0.078	37.54	82.0	425	79.11	—	—
唐钢		57.0	($49m^3$)	47.5	—		70.97	—	—
酒钢	83.63	67.2	0.069	24.83	78.5	492	77.3	36.21	283.66
武钢	88.82	53.8	0.076	39.85	66.12	503	71.35	53.21	316.51
宝钢	96.17	49.08	($3.15m^3$)	42.21	59.54	623	95.0	—	—
攀钢	93.67	66.0	0.095	27.0	75.01	479	95.8	—	—
太钢	85.12	60.1	0.098	32.66	70.62	490	78.0	—	—
包钢二烧	93.29	66.15	($6.39m^3$)	53.95	88.59	550	79.12	—	359.1
水钢	81.11	73.0	0.072	34.68	78.0	486	82.98	—	325.11

1.3.4.2 我国典型地方骨干企业烧结矿产质量及主要技术经济指标

我国典型地方骨干企业烧结矿产质量及主要技术经济指标见表 1-58。

表 1-58　1999 年地方骨干企业烧结生产技术经济指标

企业名称	烧结机台×面积/m^2	年产量/万 t	利用系数/t·$(m^2·h)^{-1}$	烧结矿化学成分 TFe	FeO	SiO_2	CaO	MgO	S	$m(CaO)/m(SiO_2)$
柳州二烧	2×50	127.19	1.549	54.33	6.25	6.05	10.36	2.94	0.050	1.71
昆明三烧	2×130	236.37	1.23	55.03	8.61	6.02	9.89	1.90	0.020	1.64
通化	3×64	224.57	1.533	52.48	10.86	7.82	13.90	2.72	0.047	1.78
略阳	3×26	55.69	1.28	49.50	14.78	10.73	12.78	3.90	0.070	1.19
川威	1×24	40.32	2.04	47.09	11.11	8.07	16.90	4.26	0.110	2.09
南昌 1 号	1×24	30.02	1.872	55.45	10.93	5.59	9.80	3.48	0.006	1.75
西林	1×24	29.22	1.573	52.51	10.64	8.53	14.53	1.69	0.044	1.70
邢台	4×24	193.83	2.450	57.26	12.72	5.92	9.86	2.53	0.032	1.67
承德	3×50	115.55	1.112	50.28	15.65	5.42	11.82	—	—	2.18
凌源	2×29	69.69	1.582	50.74	10.82	7.54	17.33	—	0.045	2.30
涟源二烧	1×40	122.96	1.93	53.54	10.23	5.74	11.42	3.65	0.03	1.99
济南一烧	2×90	261.75	1.794	56.27	6.71	5.78	10.49	1.60	0.025	1.82
邯郸二烧	2×90	183.0	1.247	56.80	10.70	—	—	—	0.020	1.76
莱芜	2×105	234.70	1.46	54.29	9.10	6.17	10.89	1.67	0.024	1.82
安阳一烧	5×28	226.10	2.014	57.28	10.61	5.60	9.45	1.96	0.014	1.69
新余	3×27	123.87	2.124	53.88	12.24	6.11	12.36	3.42	0.048	2.02
合肥一烧	2×18	46.41	1.725	51.79	15.18	7.36	13.59	2.74	0.147	1.85
鄂城一、二烧	3×24+2×75	303.43	2.086	52.88	11.43	6.84	11.49	4.28	0.046	1.68
成都	2×24	58.00	1.690	50.48	11.38	6.82	11.94	1.92	0.07	1.75
南京一烧	2×39	150.46	2.480	56.37	12.43	5.74	9.13	2.50	0.03	1.59
韶关一烧	2×24	83.00	2.155	54.70	11.16	4.86	10.92	3.60	0.028	2.25
临汾	2×24	89.38	2.277	52.25	12.62	7.15	13.38	2.35	0.057	1.87

企业名称	转鼓指数(+5mm)(+6.3mm)/%	出厂筛分/% 5~10mm	0~5mm	固体燃耗/kg·t^{-1}	点火热耗/GJ·t^{-1}	电耗/kWh·t^{-1}	综合能耗(标煤)/kg·t^{-1}	料层厚度/mm	垂直烧结速度/mm·min^{-1}	日历作业率/%	加工费/元	成本/元
柳州二烧	69.25	25	4	59.31	0.104	37.58		620	25.28	95.26	87.20	354.68
昆明三烧	69.12	—	8.2	71.96	0.207	39.29	80.87	520	19.10	90.96	—	329.20
通化	73.92	25.08	7.61	61.06	0.146	41.05	72.0	450	18.14	88.25	75.05	286.67
略阳	63.28	9.0	6.0	87.60	0.148	43.15	100.30	354	34.99	68.90	69.01	309.80
川威	(73.98)	52.45	4.08	49.50	0.128	37.56	69.22	400	34.0	94.0	56.47	—
南昌 1 号	68.61	13.36	9.39	55.58	0.184	34.35	70.89	400	28.3	95.37	78.79	331.43
西林	(71.89)	—	—	76.01	0.143	31.66	93.09	333	33.3	88.35	57.03	275.69
邢台	61.17	12.99	12.31	53	0.21	19.74	61.81	423	20.13	94.08	57.32	300.23
承德	(76.42)	—	7.09	79.56	0.299	45.90	96.43	354	—	79.07	—	—
凌源	74.15	—	—	51.0	0.467	49.0	92.0	360	35.46	88.64	93.41	236.69
涟源二烧	63.76	—	—	81.11	0.14	23.67	87.99	460	26.87	91.13	84.51	354.86
济南一烧	73.8	23.78	13.24	41.0	0.162	31.09	59.62	658	23.93	91.76	23.57	306.35
邯郸二烧	77.62	—	7.5	69.85	(19.1m^3)	49.02	—	—	—	93.12	—	—
莱芜	78.18	—	—	59.0	0.117	37.34	80.10	600	17.86	89.27	28.76	316.51
安阳一烧	(82.94)	22.16	14.47	51.20	0.153	23.18	56.75	340	29.49	91.55	41.02	281.29
新余	74.94	24.70	4.8	58.0	0.219	33.37	66.62	468	29.55	96.44	88.95	361.40
合肥一烧	71.22	—	11.8	62.81	0.142	40.97	67.31	400	—	87.76	61.09	343.24
鄂城二烧	70.75	—	5.4	40.36	0.043	30.23	63.37	440	—	80.92	—	306.82
成都	(86.50)	—	6.24	69.43	—	37.69	—	470	38.78	82.11	—	—
南京一烧	80.59	36.52	9.22	43.64	0.100	20.48	55.34	500	28.90	88.62	—	313.10
韶关一烧	73.82	—	—	62.0	0.150	29.0	74.84	500	28.13	94.59	—	—
临汾	68.22	—	—	58.65	—	20.94	—	380	34.43	93.35	40.0	286.0

1.3.4.3 日本部分企业烧结矿产质量及主要技术经济指标

日本部分企业1998年1～3月烧结矿产质量及主要技术经济指标见表1-59。

表1-59 1998年1～3月日本部分企业烧结生产技术经济指标

厂 名	烧结机面积/m^2	料层厚度/mm	利用系数/t·$(m^2·h)^{-1}$	作业率/%	返矿量/kg·t^{-1}	固体燃耗/kg·t^{-1}	点火热耗/MJ·t^{-1}	电耗/kWh·t^{-1}	成品粒度 5～10 mm/%	成品粒度 0～5 mm/%	成品粒度 平均/mm
水岛4	410	560	1.47	98.3	235	48.5	24.5	33.2	21.7	4.9	21.7
加古川1	262	628	2.12	97.0	146	51.0	29.7	38.1	30.2	11.1	16.4
君津3	500	610	1.64	96.6	251	46.9	35.1	32.4	26.5	6.3	19.2
广畑3	480	545	1.12	97.1	217	47.4	57.0	28.2	18.6	4.0	21.1
大分2	600	461	1.18	95.7	328	55.2	21.4	28.6	21.2	5.7	18.7
鹿岛3	600	534	0.98	97.1	233	51.8	27.5	29.3	19.3	6.7	20.5
吴厂1	330	552	1.37	91.9	188	45.7	64.4	22.2	28.9	6.3	19.3
京滨1	450	486	1.32	69.8	163	41.3	40.0	50.2①	29.4	8.6	17.5
福山5	530	650	1.85	89.8	131	36.2	20.7	30.7	29.8	9.6	17.6

厂 名	落下强度(+10mm)/%	转鼓强度(+10mm)/%	低温还原粉化率(-3mm)/%	还原率/%	成品化学成分/% TFe	FeO	SiO_2	CaO	MgO	S	$m(CaO)/m(SiO_2)$
水岛4	91.5		38.9	63.6	57.58	6.17	4.88	9.56	1.38	0.004	1.97
加古川1	89.1	72.2	24.1	67.4	55.87	7.50	5.60	11.80	0.53	0.021	2.11
君津3	89.3		33.4	66.0	56.71	7.83	5.28	9.88	1.65	0.008	1.87
广畑3	91.7		35.1	62.2	57.64	5.83	5.19	9.14	1.47	0.007	1.76
大分2		78.6	35.7	64.6	57.13	6.19	5.40	9.78	1.41	0.008	1.81
鹿岛3		77.7	36.7	66.4	58.38	6.46	4.55	9.16	1.15	0.026	2.01
吴厂1	91.0		34.2	71.0	57.95	5.37	4.99	9.02	1.38	0.010	1.81
京滨1		67.1	37.8	64.7	56.49	7.11	5.13	10.13	1.55	0.010	1.98
福山5		66.7	47.0	72.7	58.22	5.60	4.21	9.27	1.11	0.014	2.20

① 原数据可能有误。

1.3.5 YB/T 421—92铁烧结矿行业标准中的技术要求

铁烧结矿的技术要求应符合表1-60规定。

表1-60 铁烧结矿技术要求

类 别		品 级	化学成分/% TFe	CaO/SiO_2	FeO	S	物理性能/% 转鼓指数(+6.3mm)	抗磨指数(-0.5mm)	筛分指数(-5mm)	冶金性能/% 低温还原粉化指数 *RDI* (+3.15mm)	还原度指数 *RI*
			允许波动范围		不大于						
碱 度	1.50～2.50	一级品	±0.5	±0.08	12.0	0.08	≥66.0	<7.0	<7.0	≥60	≥65
		二级品	±1.0	±0.12	14.0	0.12	≥63.0	<8.0	<9.0	≥58	≥62
	1.00～<1.50	一级品	±0.5	±0.05	13.0	0.06	≥62.0	<8.0	<9.0	≥62	≥61
		二级品	±1.0	±0.1	15.0	0.08	≥59.0	<9.0	<11.0	≥60	≥59

注：1. TFe,CaO/SiO_2(碱度)的基数由企业自定；

2. 允许中小企业FeO含量增加2.0%；

3. 当铁烧结矿的碱度为1.50～2.00时,二级品S含量不得超过0.15%；

4. 冶金性能指标暂不考核,但生产厂应进行检验,报出数据。

1.4 球团矿

世界上生产的球团矿有酸性氧化性球团、白云石熔剂球团和自熔性球团三种，但目前高炉生产普遍应用的是酸性氧化性球团矿。焙烧球团矿的设备有竖炉、带式焙烧机、链箅机—回转窑等三种类型，我国只生产酸性球团年生产能力在1300万t以上，1999年实际生产球团矿1224万t，仅占高炉炉料的7%左右，缺口部分从巴西、秘鲁、印度、独联体国家等国进口。

球团矿为较多微孔的球状物，与烧结矿比较有以下特点：

1）可以用品位很高的细精矿来生产，其酸性球团的品位可达68.0%，SiO_2含量仅1.15%。

2）气孔度低，最低可达19.7%，且全部为微气孔。假密度大，可达3.8g/cm³，堆积密度大，可达2.27t/m³。

3）矿物主要为赤铁矿，FeO含量很低(1%左右)。主要依靠固相固结—即铁晶桥固结，硅酸盐渣相量少，只有碱度较高的石灰熔剂球团矿才有较多的铁酸盐。

4）冷强度好，运输性能好，ISO转鼓指数(+6.3mm)可高达95%。粒度均匀，8～16mm粒级可达90%以上。

5）自然堆角小，仅24°～27°，而烧结矿自然堆角为31°～35°。

6）还原性能好。但酸性球团矿的还原软熔温度一般较低。个别品种的球团矿在还原时出现异常膨胀或还原迟滞现象。

1.4.1 球团矿矿物组成与显微结构

1.4.1.1 球团矿的固结

磁铁精矿粉焙烧球团矿的固结键见表1-61；固相反应产物开始出现的温度见表1-62；球团矿焙烧时可能生成的易熔化合物见表1-63；球团矿的主要矿物成分及熔点见表1-64。

表1-61 磁铁精矿粉焙烧球团矿的固结键

名称	说明
Fe_2O_3微晶键	氧化温度低(大于200℃)且时间短，颗粒表面氧化为Fe_2O_3，其核心或远离氧气的部分仍为原生Fe_3O_4。新生赤铁矿晶体保持细小晶粒，无晶体长大现象，强度较差
Fe_2O_3再结晶键	氧化焙烧温度约1000℃，大约90%～95%的Fe_3O_4氧化成Fe_2O_3微晶键。在最佳高温中焙烧，晶体完全氧化，发生再结晶和晶体长大。由聚结再结晶及非单个晶体的长大再结晶固结，强度高
Fe_3O_4再结晶键	温度高于900℃，在中性或弱还原性气氛中焙烧，出现Fe_3O_4再结晶。焙烧升温过快、温度过高时，也会形成Fe_3O_4再结晶
渣相键	温度高于1000℃，渣相为液相，冷却成固相时起固结键作用。液相发展有两个阶段；①600～1000℃预热氧化，二元及二元以上的成分通过固相反应生成低熔点化合物如$2FeO\cdot SiO_2$，$CaO\cdot Fe_2O_3$，$CaO\cdot 2Fe_2O_3$等。②高于1000℃，残余的粗粒核心继续完成固相反应，并与已完成固相反应的颗粒一同在高温中熔化成液相。 某些固相反应物的熔化温度超过焙烧温度，其联结只能靠固相反应，如$CaO\cdot SiO_2$1544℃，$3CaO\cdot 2SiO_2$1478℃，$2CaO\cdot SiO_2$2130℃，$2CaO\cdot Fe_2O_3$1449℃等

表1-62 固相反应产物开始出现的温度

反应物	固相反应产物	反应产物开始出现温度/℃
$CaO+Fe_2O_3$	$CaO\cdot Fe_2O_3$	500 520 600 610 650 675①
$CaCO_3+Fe_2O_3$	$CaO\cdot Fe_2O_3$	590
$2CaO+SiO_2$	$2CaO\cdot SiO_2$	500 610 690①

续表 1-62

反应物	固相反应产物	反应产物开始出现温度/℃
$2MgO+SiO_2$	$2MgO\cdot SiO_2$	680
$SiO_2+Fe_2O_3$	Fe_2O_3 在 SiO_2 中的固熔体	575
$SiO_2+Fe_3O_4$	$2FeO\cdot SiO_2$	990 1100①
$MgO+Fe_2O_3$	$MgO\cdot Fe_2O_3$	600

① 不同研究者的数据。

表 1-63 铁矿球团焙烧时可能生成的易熔化合物

体系组成	熔融相特征	熔化温度/℃
$CaO\text{-}Fe_2O_3$	$CaO\cdot Fe_2O_3$→熔体 + $2CaO\cdot Fe_2O_3$ 异成分熔化	1216
	$CaO\cdot Fe_2O_3\text{-}CaO\cdot 2Fe_2O_3$ 共熔混合物	1205
	$CaO\cdot 2Fe_2O_3$→熔体 + Fe_2O_3 异成分熔化	1226
$CaO\cdot SiO_2\text{-}2CaO\cdot Fe_2O_3$	$CaO\cdot SiO_2$ $2CaO\cdot Fe_2O_3$ 共熔混合物	1185
$2FeO\cdot SiO_2\text{-}2CaO\cdot SiO_2$	$(CaO)_x\cdot(FeO)_{2-x}\cdot SiO_2$ 钙铁橄榄石 $x=0.19$	1150
$Fe_2O_3\text{-}SiO_2\text{-}CaO$	$CaO\cdot SiO_2$ $2CaO\cdot Fe_2O_3$ 共熔混合物	1180
	$2CaO\cdot SiO_2$ $CaO\cdot Fe_2O_3$ $CaO\cdot 2Fe_2O_3$ 共熔混合物	1192
$Fe_3O_4\text{-}Fe_2O_3\text{-}CaO\cdot Fe_2O_3$	Fe_3O_4-{$CaO\cdot Fe_2O_3$, $CaO\cdot 2Fe_2O_3$} 共熔混合物	1180
$2CaO\cdot SiO_2\text{-}FeO$	$2CaO\cdot SiO\text{-}FeO$ 共熔混合物	1280
$FeO\text{-}Fe_2O_3\text{-}CaO$	$(CaO18\%+FeO82\%)\text{-}2CaO\cdot Fe_2O_3$ 共熔混合物	1140
$FeO\text{-}SiO_2$	$2FeO\cdot SiO_2$	1205
	$2FeO\cdot SiO_2\text{-}SiO_2$ 共熔混合物	1178
	$2FeO\cdot SiO_2\text{-}FeO$ 共熔混合物	1177
$FeO\text{-}Fe_3O_4$	$FeO\text{-}Fe_3O_4$ 共熔混合物	1220
$Fe_3O_4\text{-}2FeO\cdot SiO_2$	$2FeO\cdot SiO_2\text{-}Fe_3O_4$ 共熔混合物	1142
$FeO\text{-}Al_2O_3$	$FeO\text{-}FeO\cdot Al_2O_3$ 共熔混合物	1305
$4CaO\cdot Al_2O_3\cdot Fe_2O_3\text{-}2CaO\cdot SiO_2$	$4CaO\cdot Al_2O_3\cdot Fe_2O_3\text{-}2CaO\cdot SiO_2$ 共熔混合物	1340
$FeO\text{-}SiO_2\text{-}Al_2O_3$	$2FeO\cdot Al_2O_3\text{-}FeO\cdot Al_2O_3\text{-}SiO_2$ 共熔混合物	1073
$CaO\cdot SiO_2\text{-}CaO\cdot FeO\cdot SiO_2$	$CaO\cdot SiO_2\text{-}CaO\cdot FeO\cdot SiO_2$ 共熔混合物	1190

表 1-64 球团矿的主要矿物成分

矿物名称	分子式	熔点或熔化温度/℃	矿物名称	分子式	熔点或熔化温度/℃
赤铁矿	Fe_2O_3	1457(分解温度)	铝黄长石	$Ca_2Al(SiAlO_7)$	1590
磁铁矿	Fe_3O_4	1597	铁黄长石	$2CaO\cdot FeO\cdot 2SiO_2$	1220
铁酸一钙	$CaO\cdot Fe_2O_3$	1216	镁橄榄石	$2(Mg、Fe)O\cdot SiO_2$	1255～1400
铁酸二钙	$2CaO\cdot Fe_2O_3$	1436	钙镁辉石	$CaO\cdot MgO\cdot 2SiO_2$	1390
铁酸半钙	$CaO\cdot 2Fe_2O_3$	1206	钙铁辉石	$CaO\cdot FeO\cdot 2SiO_2$	1320
硅灰石	$CaO\cdot SiO_2$	1540	铁酸镁	$MgO\cdot Fe_2O_3$	1720
硅酸二钙	$2CaO\cdot SiO_2$	2130	斜顽辉石	$MgO\cdot SiO_2$	1525
硅酸铁	$2FeO\cdot SiO_2$	1205	玻璃质	—	

1.4.1.2 国外几种球团矿的矿物组成

酸性球团、石灰熔剂球团、白云石熔剂球团的矿物组成、化学成分与冶金性能见表1-65。

表 1-65 国外几种球团矿的矿物组成

球团产地及性质	矿物组成/%(体积)						
	赤铁矿	铁酸镁	铁酸钙	中碱度渣	高碱度渣	石 英	高岭土
澳大利亚怀阿拉酸性球团	94.8					0.9	4.3
日本加古川石灰熔剂球团	65.9		31.2	2.9			
日本加古川白云石熔剂球团	72.9		22.0	5.1			
日本加古川白云石熔剂球团	71.5	9.4	8.6	10.5			
瑞典 LKAB 白云石熔剂球团	85.5	6.3		8.2			
瑞典 LKAB 白云石熔剂球团	72.0	15.0		10.2	2.8		

化学成分/%						$m(CaO)/m(SiO_2)$	JIS还原度/%	熔滴温度/℃
TFe	FeO	CaO	SiO_2	Al_2O_3	MgO			
64.82	0.14	0.55	3.59	1.81	0.24	0.15	64.4	1346
60.81	0.25	5.38	4.38	1.96	0.50	1.23	91.0	1361
60.38	0.40	5.55	3.92	1.47	1.77	1.41	87.4	1389
60.56	0.79	5.39	4.01	1.45	1.79	1.34		1389
63.90	0.64	3.40	2.81	0.50	1.20	1.21	79.7	1373
60.01	1.23	5.96	5.04	0.83	1.82	1.18	81.0	1380

用品位为67.5%,$SiO_2$4.7%的磁铁精矿制成的 MgO 含量1.5%,$m(CaO)/m(SiO_2)$1.3 的自熔性球团矿中的主要物相的成分见表1-66。

表 1-66 自熔性球团矿中主要矿物相的成分

矿 物 相	化 学 成 分/%					
	Fe_2O_3	FeO	SiO_2	CaO	MgO	合计
赤 铁 矿	94.3		1.9	4.2	2.0	102.4
铁 酸 钙	76.5		7.6	14.2	1.8	100.1
硅酸盐渣相		4.5	48.4	46.5	0.1	99.5

1.4.1.3 鞍钢氧化镁酸性球团矿矿物组成与结构构造

鞍钢磁铁精矿用带式球团焙烧工艺生产的氧化镁酸性球团矿的矿物组成以赤铁矿为主。球团矿周边的赤铁矿与铁酸镁呈不规则连晶和格子状结构,晶粒细小。一般为0.0046~0.0098mm,连晶间以带状晶桥连接,间隙中有少量液相充填;球团矿核心(特别是焙烧时间稍短,焙烧温度稍低的下层球)的磁铁矿或镁磁铁矿呈圆形颗粒,有的颗粒间形成磁铁矿晶桥固结,渣相量稍多,局部区域形成渣相固结,残余石英颗粒较多,从周边向中心逐渐减少,石英边缘有熔蚀现象;由于磁铁矿氧化放热,球中心温度稍高,故中心渣相量增加,结晶较好,气孔也明显增大。氧化镁酸性球团矿的化学成分与矿物组成见表1-67。氧化镁酸性球团矿中矿物的扫描电镜分析结果见表1-68。高氧化镁酸性球团矿在高温还原过程中生成的含 MgO3.1%~3.8%的镁浮氏体和含 MgO7.2%~12.3%的铁镁橄榄石等硅酸盐渣都具有较高的熔化温度(>1390℃),因而其软熔性能和高温还原性能均优良。

表 1-67　氧化镁酸性球团矿的化学成分与矿物组成

化学成分/%						$m(CaO)/m(SiO_2)$	$m(MgO)/m(SiO_2)$	矿物组成/%(体积)					
TFe	FeO	SiO_2	CaO	MgO	Al_2O_3			赤铁矿	磁铁矿或镁磁铁矿	铁酸镁	硅酸盐渣相	残余石英	残余方镁石
61.56	0.90	7.80	0.65	3.56	0.60	0.08	0.46	74.8	2.8	14.0	7.3	1.3	0.2
61.63	0.72	7.50	0.54	3.84	0.51	0.07	0.51	77.0	2.2	11.3	4.5	4.3	0.5

表 1-68　氧化镁酸性球团中矿物的扫描电镜分析结果(平均值)

矿物名称	成分/%						
	Fe_2O_3	Fe_3O_4	FeO	MgO	CaO	SiO_2	Al_2O_3
赤铁矿	98.63			0.52	0.10	0.65	0.01
磁铁矿与镁磁铁矿		93.39		5.93	0.08	0.46	0.02
铁酸镁	85.29			14.08	0.20	0.44	—
硅酸盐渣相			48.27	3.03	2.54	41.86	4.31

1.4.1.4　含硼自熔性球团矿的矿物组成

用保国等磁铁精矿制造的自熔性球团矿的矿物组成见表 1-69[34]，球团矿 $m(CaO+MgO)/m(SiO_2)$为 1.55，MgO 含量为 2.5%。球团矿中赤铁矿的不规则集合体和细粒级的自形晶，半自形晶互相掺杂，随着硼泥的添加，晶粒尺寸增大。铁酸盐以自形晶、半自形晶为主，少量呈集合体，球团中心区域较多。添加硼泥的球团矿铁酸盐含量增多。硅酸盐充填在赤铁矿颗粒和铁酸盐之间。铁酸盐和硅酸盐的电子探针定量分析结果见表 1～70。由表可知铁主要集中在赤铁矿和铁酸盐中，硅钙集中于渣相中，镁集中于铁酸盐相中。边缘的铁酸盐 MgO 含量高于中心，添加硼泥，使铁酸盐中的 MgO 含量降低。

表 1-69　自熔性球团矿矿物组成

硼泥配比/%	抗压强度/N·个$^{-1}$	矿物组成/%(体积)		
		赤铁矿	铁酸盐	硅酸盐
0	3155	71.5	16.5	12.0
2	3966	67.8	20.3	11.9

表 1-70　铁酸盐硅酸盐电子探针分析结果

硼泥/%	矿物名称	测定位置	化学成分/%					
			Fe_2O_3	FeO	CaO	MgO	SiO_2	Al_2O_3
0	铁酸盐	中　心	76.88	4.67	0.26	16.61	1.58	微量
		边　缘	77.77	1.43	1.09	18.04	1.67	微量
	硅酸盐	中　心		1.52	42.08	1.39	54.31	0.71
		边　缘		3.34	47.58	0.92	47.62	0.55
2	铁酸盐	中　心	75.36	9.29	0.82	13.22	1.32	微量
		边　缘	76.34	5.93	0.95	15.26	1.52	微量
	硅酸盐	中　心		2.64	42.32	0.37	53.93	0.72
		边　缘		2.25	47.49	0.42	49.25	0.60

1.4.2 球团矿冶金性能及其影响因素

1.4.2.1 不同品种精矿制造的球团矿的冶金性能

不同品种精矿制造的球团矿的冶金性能见表 1-71。表中所列三种球团矿是用鞍山地区三种矿石所选的精矿制成的,编号 1 为齐大山假象赤铁矿,编号 2 为东鞍山赤铁矿,编号 3 为大孤山磁铁矿。

表 1-71 不同品种精矿球团矿的冶金性能

		1	2	3
化学成分/%	TFe	68.08	65.06	64.84
	FeO	0.24	0.19	1.01
	SiO_2	2.15	5.26	5.72
	Al_2O_3	0.16	0.13	0.12
	CaO	0.09	0.14	0.32
	MgO	0.05	0.04	0.60
真密度/$g\cdot cm^{-3}$		5.12	4.91	4.85
假密度/$g\cdot cm^{-3}$		3.52	3.24	3.81
气孔率/%	总气孔	31.25	34.01	21.44
	开口气孔	30.66	33.40	17.32
	闭口气孔	0.59	0.61	4.12
抗压强度/N·个$^{-1}$		2018	2031	4757
还原度/%	900℃(中温)	57.99	64.39	54.86
	1250℃(高温)	49.12	20.85	11.48
还原膨胀指数/%		27.7	22.4	12.5
荷重还原温度/℃	软化开始	1000	1000	1000
	软化终了	1390	1340	1330
	熔化	1498	1490	1490

1.4.2.2 不同焙烧方式对球团矿冶金性能的影响

瑞典 LKAB 公司三种高炉球团生产设备所生产的球团矿的冶金性能见表 1-72[35]。链算机回转窑法焙烧时间长,故球团矿强度稍好,但还原性略差。竖炉球团强度差是由于不均匀焙烧所致。

表 1-72 三种焙烧方式球团矿冶金性能

焙烧方式	竖炉	带式焙烧机	链算机回转窑
化学成分/%			
TFe	66.2	66.3	65.9
SiO_2	3.8	3.7	4.1
Na_2O+K_2O	0.1	0.1	0.14
抗压强度/N·个$^{-1}$	2548	2450	2744
转鼓强度(+6.3mm)/%	92	94	95
还原特性			
压力降(1050℃时)/Pa	39	39	59
还原度(1000℃ R_{40})/$O_2\cdot min^{-1}$	0.5	0.7	0.6
最大膨胀率(1000℃)/%	15	15	15
低温还原粉化率(600℃)			
(+6.3mm)/%	90	95	95
(−0.5mm)/%	6	3	1

1.4.2.3 不同品位商品球团矿的冶金性能

不同品位商品球团矿的冶金性能见表1-73。均为链箅机回转窑与带式机生产的酸性球团。

表1-73 不同品位商品球团矿冶金性能

厂 别	化学成分/% TFe	FeO	SiO_2	Al_2O_3	CaO	MgO	真密度/$g\cdot cm^{-3}$	气孔度/%
A	67.86	0.79	1.41	0.20	0.18	0.69	5.06	22.3
B	67.86	0.57	1.56	0.52	0.35	0.35	5.11	26.5
C	66.74	0.14	3.61	0.40	0.41	0.15	5.01	22.6
D	66.12	0.47	3.40	0.75	0.44	0.67	4.95	23.9
E	65.90	0.21	3.10	0.30	0.09	0.07	4.89	24.9
F	65.20	0.17	5.74	0.22	0.42	0.28	4.88	27.9
G	64.58	0.65	6.97	0.41	0.20	0.16	4.85	28.1
H	62.41	0.14	7.68	1.90	0.12	0.11	4.66	27.3

厂别	抗压强度/N·个$^{-1}$	JIS还原 还原度/%	JIS还原 抗压/N·个$^{-1}$	膨胀率/%	高温(1250℃)还原度/%	荷重还原软熔温度/℃ 软化开始	收缩60%	滴 落
A	1558	68.7	510	13.0	86.1	1175	1290	1402
B	3910	63.0	147	23.1	82.4	1159	1338	1360
C	1999	46.7	470	14.3	26.1	1179	1267	1328
D	1803	54.1	431	15.8	21.0	1160	1268	1331
E	—	70.1	519	10.5	13.6	1112	1288	1318
F	2372	69.9	167	21.2	14.7	1150	1225	1304
G	1989	67.2	137	19.1	16.7	1146	1206	1285
H	1637	62.2	833	6.1	15.1	1087	1161	1241

1.4.2.4 含氧化钙、氧化镁球团矿的冶金性能

不同企业含氧化钙、氧化镁球团矿的冶金性能分别见表1-74～表1-78所示。

表1-74 日本神户不同碱度球团矿性能

$m(CaO)/m(SiO_2)$	化学成分/% TFe	FeO	SiO_2	CaO	Al_2O_3	气孔率/%	抗压强度/N·个$^{-1}$	转鼓指数(+5mm)/%	还原度/%	压力降①/Pa
0.15	62.3	0.4	5.9	0.9	1.0	21.7	4165	98.1	58.5	78
0.49	61.5	1.8	4.1	2.0	1.0	23.2	4008	96.5	64.0	568
1.01	60.5	1.1	4.2	4.2	0.8	23.9	4557	97.9	73.8	892
1.30	61.1	0.7	3.5	4.5	1.3	26.9	4057	97.0	77.6	2900
1.39	61.3	0.4	3.3	4.8	1.5	26.9	3900	96.3	79.0	3038

① 球团矿还原软化时，还原气体最终压力降。

表1-75 济钢不同碱度球团矿冶金性能

$m(CaO)/m(SiO_2)$	抗压强度/N·个$^{-1}$	转鼓指数/%	筛 分(-5mm)/%	低温还原粉化率(-3.15mm)/%	还原膨胀率/%	还原度/%	荷重还原软化温度/℃ 开 始	终 了
0.28	2530	89.42	3.60	8.0	6.69	48.05	988	1111
0.82	2010	88.07	4.61	33.1	14.17	60.81	900	1185

表 1-76　前苏联工业试验的白云石球团矿的林德装置试验结果

球团矿 $m(CaO)/m(SiO_2)$	0.31	0.53	0.59	0.73	0.83	0.96	1.10	1.49
SiO_2/%	4.71	4.27	4.44	4.58	3.60	3.54	3.49	3.36
MgO/%	0.96	1.36	1.60	—	1.95	2.11	2.38	3.26
林德试验结果								
还原球团成分/%								
TFe	73.4	71.4	70.4	70.8	71.7	71.8	73.6	—
FeO	57.7	60.6	65.3	56.6	56.6	57.6	41.3	—
MFe	27.4	24.0	18.2	26.8	27.0	26.4	38.1	—
还原度/%	56.8	54.2	48.8	57.7	57.8	56.9	66.8	—
完整球团数/%	26.5	1.7	3.5	0	5.1	3.9	5.8	5.1
粒度(-3mm)/%	5.7	7.8	11.1	14.5	9.0	17.0	21.3	22.5
还原后抗压/N·个$^{-1}$	425	147	252	—	424	359	337	337

表 1-77　鞍钢菱镁石球团矿冶金性能

球团矿 $m(MgO)/m(SiO_2)$	0.06	0.32	0.41	0.48	0.63
TFe/%	63.84	61.14	60.87	61.39	60.10
SiO_2/%	8.70	8.92	8.64	8.45	8.10
MgO/%	0.48	2.82	3.55	4.03	5.12
CaO/%	0.50	0.79	1.23	0.90	2.24
气孔率/%	17.0	21.2	21.2	18.1	20.7
抗压强度/N·个$^{-1}$	2958	1801	1590	1516	1960
转鼓指数(+5mm)/%	94.67	92.67	92.67	94.00	94.67
抗磨指数(-1mm)/%	4.66	5.73	6.00	4.00	—
低温还原粉化率(-3mm)/%	17.01	17.33	6.57	5.08	6.27
还原率(900℃)/%	76.04	71.24	65.59	60.56	61.95
高温还原率(1250℃)/%	14.70	15.28	17.22	28.13	59.50
还原膨胀率/%	16.51	14.01	6.65	7.68	5.50
还原后抗压强度/N·个$^{-1}$	168	203	244	306	449
荷重还原软熔温度/℃					
软化开始	1090	1100	1125	1140	1180
收缩 40%	1225	1215	1250	1260	1300
熔化	1500	1485	1470	1500	1525

表 1-78　橄榄石球团矿与酸性球团冶金性能

球　团	还原速率 R_{40}/%·min^{-1}	软化温度/℃	熔化温度/℃	滴落开始温度/℃
橄榄石	0.36～0.45	1350～1365	1355～1380	1380～1395
酸　性	0.23～0.45	1210～1230	1250～1290	1255～1305

球　团	熔化温度/℃		直接还原		滴落物料量/%	初渣量/%
	渣	铁	开始温度/℃	终了温度/℃		
橄榄石	1350～1380	1420～1455	1220～1340	1485～1540	55～77	3～8
酸　性	1250～1290	1305～1350	1240～1290	1360～1420	87～95	23～35

德国、法国等几个国家为了改善球团矿冶金性能，在球团料中加入橄榄石（含 MgO 48.4%、SiO_2 41.5%），生产橄榄石球团矿。瑞典 LK 公司生产的橄榄石球团矿 TFe 66.0%、FeO 0.34%、MgO 2.0%、SiO_2 2.7%、$m(MgO)/m(SiO_2)$ 0.74、ISO 转鼓指数（+6.3mm）95%，抗磨指数（-0.5mm）4%，抗压强度 2450N/个，质量优良。瑞典钢铁公司吕勒欧厂 2 号高炉（1696m^3）使用 100% 马姆贝里耶特带式焙烧机生产的橄榄石球团，焦比降低 14kg/t。

1.4.2.5　球团矿的还原膨胀性能

球团矿在还原过程中体积膨胀，结构疏松并产生裂纹，其抗压强度大幅度下降。日本对外购球团矿的技术要求为还原膨胀率小于 20%，还原后抗压强度大于 250N/个。曾对 17 种商品球团矿进行测定，其还原膨胀率最高为 23.1%，最低为 6.1%，平均值 14.4%。还原后的抗压强度最高为 862N/个，最低为 98N/个，平均值 379N/个。大部分球团矿都达到了日本的技术要求。

我国普通酸性球团矿的膨胀率一般均较低，而用攀钢精矿加 5% 消石灰制成的球团矿，其膨胀率高达 33.6%～35.6%，用包钢含氟精矿制成的球团矿（F0.7%～1.8%，K_2O+Na_2O0.48%～0.51%）其还原膨胀率达 31.8%～35.5%。

引起球团矿还原膨胀的原因很多，如 Fe_2O_3 还原成 Fe_3O_4，再还原成 Fe_xO 所引起的晶形和晶格常数的变化；Fe_xO 还原成金属铁时铁晶须的生成；球团矿中铁矿物的结晶形状与连接键的形式，渣相的性质及数量；K_2O、Na_2O、Zn、V 等杂质或有色金属的含量；还有还原时气体逸出的压力及碳素沉积等。有关研究成果[36][37]指出，正常膨胀（一般＜20%）主要发生在 Fe_2O_3 还原成 Fe_3O_4 阶段。而异常膨胀则往往归因于 Fe_xO 还原成金属铁时铁晶须的形成和长大。当纯赤铁矿或含有难熔物质的球团矿还原时，不能有效地阻止铁晶须的生成与发展，使球团矿的还原膨胀率大于 30%，甚至高达 100% 以上。当球团矿中含有易熔物质时，黏结相的形成对铁晶须的发展起物理阻滞作用，不致产生异常膨胀，有时甚至因熔结而收缩。当有 K_2O、Na_2O 等低熔点物质存在时，在 900～1000℃ 的还原温度下，生成黏度低，表面张力小的液相，不能阻止铁晶须的生成与发展，使球团矿还原时产生异常膨胀。包钢试样的最高膨胀率曾高达 161.5%。

抑制球团矿还原膨胀的措施有：进行含铁原料的合理搭配，适当添加 CaO、MgO 熔剂或无烟煤粉及提高焙烧温度等。

1.4.3　提高球团矿质量的技术措施

1.4.3.1　球团矿生产对铁精矿和熔剂添加剂质量的要求

对铁精矿和熔剂添加剂有以下质量要求：

1）最好选用品位较高的磁铁精矿，化学成分稳定，水分小于 10%。

2）粒度要细。-0.074mm 达 90% 以上，-0.043mm 达 60% 以上，极细粒级（-10μm）最好达 15% 左右，比表面积达 1800cm^2/g。

3）矿物的成球性好，生球的爆裂温度高，适宜焙烧温度低，焙烧温度范围宽。

4）熔剂添加剂有消石灰、石灰石粉、白云石粉、菱镁石粉、菱苦土、轻烧白云石、蛇纹石、橄榄石、硼泥、平炉尘及其他复合添加剂等。要求粒度细、水分小、易于运输、贮存和配料。鞍钢用烘干细磨的菱镁石粉，其水分小于 1%，-0.074mm 达 95%，比表面积达 3800cm^2/g。平炉电除尘灰品位高，粒度极细（-20μm），少量配入即可提高生球强度和减少黏结剂用量，但运输和贮存困难。

1.4.3.2　黏结剂品种与质量

为了提高生球的强度，满足焙烧工序的要求，并相应提高成品球的强度，必须在球团料中加入一定量的黏结剂。目前使用最普遍的黏结剂是膨润土，包括钙质土、天然钠质土和人工钠化的膨润土等，此外还有消石灰与多种有机黏结剂（已应用于工业生产的有佩利多等羧甲基纤维素、丙烯酯胺、丙烯酸钠异分子聚合物与KLP球团黏结剂等）。还有的厂使用有机和无机黏结剂混合的复合黏结剂。

膨润土含$SiO_2$65%～70%、$Al_2O_3$12%～18%，大量加入使球团矿品位明显下降，选择优质膨润土是球团生产的重要环节之一，对膨润土的主要技术要求是：蒙脱石含量>80%，2h吸水率>150%，粒度－0.074mm≥98%。湿度≤10%，碱性系数$(Na^+ + K^+)/(Ca^{2+} + Mg^{2+}) > 1$，膨胀倍数>15。使用优质钠土代替劣质钙土，其用量可减少50%～80%。

使用有机黏结剂代替膨润土不但可以提高球团矿品位，还可改善球团矿的还原性。每减少1%（占球团料的百分数）的膨润土可提高球团矿品位约0.55%，按自熔性炉料计算可提高品位1%以上。有机黏结剂的用量约为膨润土的10%～15%，由于用量很少，必须有良好的载体和配料及混料设备，才能充分发挥有机黏结剂的使用效果。鞍钢多次工业试验指出，尽管有机黏结剂价格昂贵，但效益计算到炼铁工序可基本持平，如果进一步提高有机黏结剂的质量和降低成本。则具有良好的推广前景。

我国生产球团矿的精矿大部分粒度较粗，－0.074mm仅60%～80%，且焙烧设备多数为竖炉和链箅机—回转窑，对生球和干球的强度要求较高，再加上膨润土质量较差，所以膨润土的用量较多，平均为31.4kg/t，为国外的4～5倍。在此情况下，不能全部用有机黏结剂代替膨润土。使用复合黏结剂就是用部分膨润土作为有机黏结剂的载体，有利于配料与混匀，该部分膨润土还可起到充填剂的作用，有利于提高干球与焙烧球的强度。

1.4.3.3 酸性球团矿质量的优化

加拿大铁矿公司卡罗尔球团厂为了改善酸性球团矿的强度和低温还原粉化性能，往球团料加入1%湿式细磨石灰石[38]，结果见表1-79。与酸性球团相比，转鼓指数提高0.5%～0.6%，抗压强度提高500～600N/个，动态试验低温还原粉化指数（+6.3mm）提高13%～15%。经欧洲和北美的高炉试验证明，使用这种新型球团矿使炉况改善。

表1-79 加拿大卡罗尔厂外运球团矿质量指标

指标	1.0%石灰石		酸性	
	1991年	1992年	1991年	1992年
化学成分/%				
SiO_2	4.73	4.78	4.77	4.75
CaO	0.92	0.97	0.60	0.59
MgO	0.34	0.36	0.39	0.37
$m(CaO)/m(SiO_2)$	0.19	0.20	0.12	0.12
转鼓强度（+6.3mm）/%	96.43	95.84	95.81	95.36
抗压强度/$N·个^{-1}$	2980	2920	2470	2480
强度低于910$N·个^{-1}$球的数量/%	0.1	0.2	0.2	0.4
粒度(mm)组成/%				
－16.0～+12.5	12.05	13.26	12.59	13.46
－12.5～+9.5	75.27	76.20	74.76	75.04
－6.3	1.55	1.46	1.72	1.52
气孔率/%	28.68	29.04	29.03	29.14
膨胀率/%	17.23	17.65	17.47	17.75
还原速率R_{40}/%·min^{-1}	0.65	0.68	0.65	0.65
低温还原粉化				
静态（+6.3mm）/%	94.88	93.43	91.15	91.67
(ISO4696)（－0.5mm）/%	3.06	3.64	4.47	4.69
动态（+6.3mm）/%	91.42	89.56	76.62	—
(SEP1771)（－0.5mm）/%	5.49	6.84	12.28	—

1.4.3.4 焙烧过程均匀化与质量的严格控制

巴西尼布拉斯科球团厂通过提高生球质量，改进烧嘴和控制合适的加热制度等，解决带式焙烧机台车两边的下部球团料层焙烧不充分的问题，同时加强原料、矿浆、滤饼、生球、干球、焙烧球等31项质量指标的日检验，用标准偏差代替变化幅度进行控制，产品质量逐年上升，装船运往日本的球团矿平均质量指标见表1-80[39]。

表1-80 巴西尼布拉斯科厂装船运往日本的球团矿质量指标

指标	1978	1979	1980	1981	1982	1983	1984
抗压强度/N·个$^{-1}$	4057	4528	4528	4714	4733	4792	5223
抗磨指数(-1mm)/%	3.7	3.8	3.6	2.7	2.8	2.5	2.6
粒度组成(-5mm)/%	1.1	2.0	1.2	0.9	0.7	0.8	0.8
还原度/%	67.5	67.8	66.7	65.9	67.6	67.4	68.1
还原后抗压强度/N·个$^{-1}$	686	706	666	862	1058	1098	1088
膨胀率/%	11.6	11.1	12.2	10.6	10.2	9.1	8.6

高炉冶炼试验证明，改进后的球团矿在高温性能方面与烧结矿类似，可使用至40%左右，对高炉煤气分布没有不利影响，每增加1%的球团矿代替块矿，可使焦比下降0.8kg/t。

1.4.3.5 多孔球团与破碎球团

日本加古川球团厂为了改善酸性球团矿冶金性能，生产了石灰石球团矿、白云石球团矿、新型多孔球团矿和破碎球团矿。

新型多孔球团矿就是在球团料中加入2.5%的锯木屑这种可燃物质生产出来的，与普通酸性球团比较具有气孔度高，还原性能好，软熔温度高等优点，见表1-81。高炉使用100%的新型多孔球团矿代替54%的白云石球团矿与酸性球团矿和矿石的混合炉料，可增产40%，燃料比降低13%。在球团料中添加2%的-0.5mm的高沼泥炭也可提高球团矿的孔隙度8%～10%。阻碍多孔球团大面积推广的问题是大生产中锯木屑等可燃物质的供应。

表1-81 日本加古川厂多孔球团矿的高温冶金性能

项目	全气孔度/%	JIS还原度/%	1100℃荷重还原		软化温度/℃	熔滴温度/℃
			收缩率/%	还原度/%		
酸性球团	28.3	63.1	43.2	58.2	1150	1260
多孔球团	34.7	90.3	9.9	90.5	1230	1410

球团矿的缺点之一是它的球体形状。当球团矿作为高炉主要炉料时，会引起高炉料层分布不均匀，而使气孔分布不均匀。炉内所堆积的球团矿在料层中的定位能力很小，并且很不稳定，使冶炼操作产生困难。破碎球团矿就是改善球团矿形状的方法之一。

球团矿破碎后，其安息角与烧结矿的安息角相近，见表1-82[40]。破碎球团矿的气流阻力系数介于球形球团矿与烧结矿之间。破碎球团矿的性能，特别是JIS还原度随粒度的变化而变化。但是，在破碎球团矿的粒度均匀且与球形球团矿粒度相似的情况下，其性能是相同的。见表1-83。高炉使用破碎球团矿能够提高焦炭负荷，实现高效率操作。

表1-82 四种高炉原燃料的安息角

原料种类	安息角	在炉内的倾角
球形球团矿	25°～28°	20°～25°
破碎球团矿	28°～35°	25°～30°
烧结矿	31°～35°	29°～31°
焦炭	30°～35°	33°～38°

表 1-83　破碎球团矿的冶金性能

项　目	破碎球团矿			球形球团矿
	5～10mm	10～15mm	>15mm	10～13mm
孔隙率/%		24.4		25.1
JIS 还原度/%	92.5	87.3	60.7	88.9
低温还原粉化率(−3mm)/%	12.2	11.6	16.7	10.0
还原膨胀率/%	12.9	12.9	12.7	12.4
高温还原度/%				
1200℃时	65.8	70.3	67.7	67.7
1250℃时	38.0	24.6	16.8	25.0

1.4.3.6　内燃球团矿

内燃球团矿就是在球团混合料中加入少量含碳添加剂,在干球预热和焙烧过程中,所含的碳或将赤铁矿先还原成磁铁矿,或直接氧化放热,以减少焙烧用燃料(重油、天然气)的耗量,并均匀球团矿的质量。巴西、加拿大等很多球团厂均将该技术应用于工业生产[41]。

内配的燃料有木炭、焦粉、无烟煤、烟煤、高炉灰等多种,一般需细磨至 0.1mm 以下。赤铁精矿球团料中的配入量为含碳 1.0%～1.2%,磁铁精矿球团料中的适宜量为含碳 0.5%～0.8%,在调整焙烧制度的情况下,可以获得较好的效果。

使用内燃球团矿有以下优点:

1) 节省燃油或天然气消耗,有的厂可达 52.4%～54.5%,并降低总热消耗量及成本中的燃料费用。

2) 提高球团矿产量 9%～18%,工艺风机的电能消耗减少 15%。

3) 虽然球团矿平均抗压强度有所下降,但由于均匀了焙烧过程,故抗压强度的标准偏差减小。赤铁精矿球团矿在少量配入燃料(碳 0.5%)的情况下,还可提高球团矿的强度。

4) 减少了球团矿的高温焙烧时间和提高了球团矿的孔隙度,球团矿还原性能改善。西得贝克球团矿的还原速率 DR/DT_{40} 大约提高 10%。

北京科技大学用鞍钢磁精矿配加 0.8%的煤粉,在实验室条件下进行造球和焙烧试验,也获得了节约热能消耗,改善还原性能的良好结果。抗压强度有所下降,但转鼓强度基本不变。

其他如球团料中加入硼泥,含硼精矿等也可提高球团矿质量。

1.4.4　近年来我国主要带式机、链箅机—回转窑、竖炉球团厂产质量及主要技术经济指标

1999 年带式机、链箅机—回转窑球团厂指标见表 1-84;1999 年竖炉球团厂指标见表 1-85;我国部分球团矿冶金性能见表1-86[42]。

表 1-84　1999 年我国带式机、链箅机—回转窑球团厂技术经济指标

厂别	焙烧设备			产量/万 t	日历作业率/%	膨润土消耗/$kg \cdot t^{-1}$	电耗/$kW \cdot h \cdot t^{-1}$	工序能耗/标煤 $kg \cdot t^{-1}$
	带式机/m^2	链箅机宽×长/m	回转窑直径×长/m					
鞍钢	321.6			211.59	84.12	13.00	48.25	44.18
包钢	162.0			114.00	89.74	15.02	65.90	64.33
承钢		2.4×28.9	3.5×30.0	32.15	89.19	81.37	39.43	82.66
首钢		4.0×48.0	4.7×74.0	72.23	80.07	24.65	50.79	63.54

续表 1-84

厂别	成品球性能							加工费/元·t^{-1}	成本/元·t^{-1}
	TFe/%	FeO/%	S/%	$m(CaO)/m(SiO_2)$	抗压/N·个$^{-1}$	转鼓(+6.3mm)/%	筛分(−5mm)/%		
鞍钢	62.93	0.52		0.050	2360	93.03	3.32	94.56	347.50
包钢	62.03	3.67		0.130		87.36			
承钢	55.79			0.107	1650	89.55		70.86	314.66
首钢	64.31	7.08	0.005	0.045	1650		4.22	122.99	398.20

表 1-85 1999 年部分竖炉球团厂技术经济指标

厂 别	台数×面积/m^2	产量/万 t	日历作业率/%	利用系数/t·$(m^2·h)^{-1}$	膨润土消耗/kg·t^{-1}	电耗/kW·h·t^{-1}	工序能耗标煤/kg·t^{-1}	加工费/元·t^{-1}	成本/元·t^{-1}
杭 州	1×8	43.06	96.11	6.391	26.0	34.00	42.21	45.61	362.92
济 南	1×(8+10)	81.77	95.21	5.167	34.0	17.32	29.36	48.06	346.78
凌 源	2×8	53.05	93.63	4.459	36.0	26.00	47.00	59.44	284.06
通 化	2×8	60.18	92.11	4.661	35.19	20.03	31.41	60.79	257.74
本 溪	1×16	58.16		4.782	56.0	29.87			
宣 化	1×8	32.19	89.98	5.110	62.0	45.19	38.58		369.01
长 治	1×8	35.05	88.32	5.670	47.47	29.74		37.50	402.72
南 京	1×8	44.14	93.55	6.406	17.82	37.74	38.00		335.76
唐 山	1×8	49.18	95.10	7.410	56.91	29.24	65.91		280.59
密 云	1×8	31.77	84.96	5.250	30.96	27.81	46.15		
新 疆	1×8	30.73	84.07	5.220	48.34	32.31	45.57	47.68	361.54

厂 别	燃烧室温度/℃	成品球团矿性能							
		TFe/%	FeO/%	S/%	$m(CaO)/m(SiO_2)$	抗压/N·个$^{-1}$	转鼓(+6.3mm)/%	筛分(−5mm)/%	粒度(10~16mm)/%
杭 州	1117	57.17	0.92	0.013	0.28	2810	93.79		87.00
济 南	1083	63.30	0.58	0.008	0.15	3310	91.27	2.22	
凌 源	1045	62.17	0.47	0.013	0.09	2200	84.63		
通 化	928	62.26	1.08	0.021		2020	82.71	3.00	
本 溪		62.34	0.44		0.04	1370	92.25	2.00	
宣 化	1030	60.96	3.16	0.030		2740	88.00	8.08	
长 治	913	62.23	1.92	0.051	0.33		85.15		83.77
南 京	1021	61.85	0.55	0.019	0.31	2290	96.53	3.20	
唐 山	949	61.42	0.74		0.15	900	91.66		81.60
密 云	1150	64.56	0.57			1610		4.78	
新 疆	1030	62.06	1.40	0.031	0.40	2210	90.51	1.11	

表 1-86　我国部分球团矿冶金性能

厂　别	化学成分/%						m(CaO)/m(SiO_2)	抗压强度/N·个$^{-1}$
	TFe	FeO	CaO	SiO_2	MgO	Al_2O_3		
鞍　钢Ⅰ	61.51	0.50	0.70	8.82	2.62	—	0.08	2047
鞍　钢Ⅱ					0.67			
包　钢	62.90	—	0.95	7.42	0.60	—	0.11	2381
本　钢	62.00	1.04	0.67	6.70	1.11	1.94	0.10	1921
太　钢	62.58	0.91	0.39	8.49	0.22	0.43	0.05	2018
杭　钢	55.50	1.08	2.09	8.20	6.04	2.45	0.31	2435
安　阳	62.30	1.71	1.75	5.51	1.72	0.69	0.32	2984
济　钢	64.40	0.39	3.80	2.90	—	—	1.30	2013
莱　钢	60.64	0.96	1.30	6.29	1.94	—	0.21	

厂　别	900℃还原度/%	低温还原粉化/%			还原抗压/N·个$^{-1}$	膨胀指数/%	荷重还原软熔性能/℃		
		+6.3mm	+3.15mm	−0.5mm			软化开始	软化终了	熔滴
鞍　钢Ⅰ	76.2					11.3	855	1172	1484
鞍　钢Ⅱ	78.7		90.1					1128	1343
包　钢	69.1					13.3	1086	1136	
本　钢	74.5		85.4	12.5		16.9	1075	1168	
太　钢	79.5		50.9				937	1185	1440
杭　钢	71.9		94.6		640	9.3	1092	1225	1450
安　阳	66.0	80.1	80.4	10.6			875	1170	1362
济　钢	77.0		82.75		320	19.3	1120	1230	
莱　钢	80.5		72.6				1031	1197	1419

1.4.5　部分国外及进口球团矿理化性能

表 1-87　部分国外及进口球团矿理化性能

国　别	化 学 成 分/%						m(CaO)/m(SiO_2)	抗压强度/N·个$^{-1}$
	TFe	FeO	CaO	MgO	SiO_2	Al_2O_3		
巴　西	66.21	0.63	0.08	0.97	3.02	0.12	0.03	3939
印　度	65.89	0.36	1.23	0.60	3.08	0.50	0.32	2387
	66.80	0.90	0.84	0.09	3.67	0.52	0.23	2246
加拿大	65.17	0.09	1.14	0.45	4.80	0.29	0.24	2891
秘　鲁	65.11	2.09	0.60	0.87	4.36	0.52	0.14	2275
澳大利亚	63.39	0.40	0.55	0.09	5.40	2.84	0.10	2530
美　国	62.70	1.75	3.10	1.96	4.68	0.46	0.66	3217
前苏联	62.07	1.45	4.43	1.29	3.99	1.39	1.11	2370
	59.59	3.00	3.90	—	3.50	2.10	1.11	2018
	61.70	2.15	5.07	0.75	4.00	1.37	1.27	—

续表 1-87

国别	900℃还原度/%	还原膨胀率/%	500℃低温还原粉化/%			荷重软熔性能/℃		
			+6.3mm	+3.15mm	−0.5mm	软化开始	软化终了	熔滴
巴西	75.8	9.2	90.0	92.0	7.2	889	1196	1371
印度	72.2	17.9	90.0	94.5	4.5	1012	1397	1502
	71.3	23.2	77.9	93.1	3.9	843	1176	1445
加拿大	72.5	16.6	96.2	96.6	3.3	948	1190	1462
秘鲁	62.2	17.1	75.2	90.6	5.7	875	1188	1423
澳大利亚	63.5	18.3	—	85.2	—	1014	1170	1359
美国	75.6	—	93.8	94.3	5.2	783	1227	1463
前苏联	93.6	—	66.9	77.3	14.5	692	1211	1419
	80.8	—	—	53.8	—	1060	1200	—
	92.51	15.07	—	72.2	—	615	1139	—

表 1-88 美国三种链回球团矿理化性能

球团种类	化学成分/%						$m(CaO)/m(SiO_2)$	$m(MgO)/m(SiO_2)$	粒度组成/%	
	TFe	FeO	SiO_2	CaO	MgO	Al_2O_3			9.5～12.3mm	−6.3mm
恩派尔 1	65.37	0.45	5.56	0.27	0.29	0.41	0.05	0.05	86.0	8.3
恩派尔 2	59.32	0.71	5.48	7.09	2.12	0.37	1.29	0.39	86.7	10.2
蒂尔顿	61.60	—	4.90	4.52	1.85	0.44	0.92	0.38	88.0	2.6

球团种类	转鼓指数(+6.4mm)/%	抗压强度/N·个$^{-1}$	总气孔率/%	低温还原粉化率(+6.4mm)/%	还原速率 R_{40} /%·min^{-1}	还原膨胀率/%	1100℃荷重还原	
							还原率/%	收缩率/%
恩派尔 1	96.54	2270	27.41	86.1	0.70	22.3	78.1	—
恩派尔 2	97.15	2420	28.42	86.4	1.32	8.8	88.8	—
蒂尔顿	96.30	2660	30.10	89.3	1.23	15.8	86.0	16.8

1.4.6 部分国内外球团矿质量标准

表 1-89 部分国内外球团矿质量标准

国别	TFe/%	TFe波动范围/%	FeO/%	$m(CaO)/m(SiO_2)$波动	S/%	K_2O+Na_2O/%	粒度组成(mm)/%		转鼓指数(+6.3mm)/%	抗磨指数(−0.5mm)/%
							10～16	−5		
中国		±0.5	≤1.0	±0.05	≤0.05		≥90	≤5	≥90	≤6
		±1.0	≤2.0	±0.10	≤0.10		≥80	≤5	≥86	≤8
日本	≥61.0		≤2.0				≥85	≤1	≥95.5	≤4.5
前西德	≥61.0						≥85	≤1		≤5
巴西	≥65.0		≤0.5		≤0.05		≥90		≥94.5	≤5
前苏联		±0.5		+0.05			≥90	≤3	≥95	≤5
美国	≥62.5		≤1.5		≤0.08	≤0.5	≥85		≥92	≤6
加拿大						<0.13	>95	<1	>95	

续表 1-89

国　别	抗压强度/N·个$^{-1}$	900℃还原度/%	还原速率/%·min^{-1}	还原粉化率/%		还原后强度/N·个$^{-1}$	膨胀率/%
				+6.3mm	−0.5mm		
中　国	≥2000	≥65					≤15
	≥1500	≥65					≤20
日　本	2450	≥60				≥441	≤14
西　德	≥1960		0.5	≥60	≤15		≤20
巴　西	≥2940		1.0	≥80	≤15		≤20
前苏联				>70	≤10		≤20
美　国	≥2060			>80	≤5	≥390	
加拿大	>2000						

注：1. 粒度组成有 10～16mm、9～15mm、9～16mm 等几种范围；
2. 转鼓强度前苏联为 +5mm；
3. 抗磨指数日本为 −1.0mm，美国为 −0.6mm。

1.5 原料的理化与冶金性能及检测方法

1.5.1 常规化学成分

常规化学成分包括：TFe、FeO、SiO_2、CaO、MgO、Al_2O_3、S、P 等。通常用化学分析法进行分析，但由于该法速度慢，误差大，于 20 世纪 80 年代起，鞍钢、宝钢等企业采用国外进口的 X 射线荧光分析仪分析，除了 FeO 与 Ig 外，其余成分皆可在 5min 之内得出准确结果。鞍钢使用荷兰产的 PW-1606 型多通道自动 X 射线光谱仪，进行烧结矿分析时，其误差管理值见表 1-90。同一试样经 10 次压样化验的 TFe 的标准偏差，荧光法仅 0.0629，而化学分析法为 0.174；SiO_2 的标准偏差分别为 0.0258 与 0.1976。

表 1-90　烧结矿成分分析的误差管理值

项　目	化学成分/%						$m(CaO)/m(SiO_2)$
	TFe	CaO	SiO_2	MgO	Al_2O_3	S	
范　围	>50	10～30	<15	≤5	≤5	≤0.05	1.2～2.0
化学法	±0.5	±0.5	±0.35	±0.30	±0.25	±0.006	
荧光法	±0.15	±0.04	±0.16	±0.05	±0.16	±0.002	±0.01

1.5.2 其他元素

攀钢、包钢、酒钢等企业使用特殊矿冶炼，需要分析 TiO_2、V_2O_5、F、BaO 等成分。有些矿石根据需要应分析 Mn、Cu、Ni、Cr、Co、Sb、Bi、Sn、Mo 等成分。对于新使用的原料必须进行有害元素的分析，以便在配矿、造块、高炉冶炼、炼钢等各工艺环节采取相应措施。这些项目包括 Pb、As、Zn、K_2O、NaO 等。微量元素的分析一般采用色谱分析法。

1.5.3 粒度组成

通常使用标准方孔板筛进行筛分，常用的筛有 5、10、16、25 和 40mm 几种，个别的有用 3 和

50mm 筛进行筛分。炼铁原料在烧结厂出厂前与高炉入炉前进行筛分。筛分后,还需计算出平均粒度。

1.5.4 物理性能

炼铁原料物理性能主要有:真密度、视密度、堆积密度、微气孔率、开口气孔率、全气孔率、气孔表面积与自然堆角等。视密度的测定一般采用石蜡法。微气孔率一般用显微镜测定。气孔表面积有用压汞法、液态氮吸附法或化学吸附法测定的。

1.5.5 特殊检验

特殊检验有如下几种。

(1) 矿相鉴定

矿相鉴定可用于鉴定铁氧化物的形态、结晶的完整程度、结晶颗粒的大小;脉石或黏结相的种类与性质、赋存状态;各种矿物的数量检测。还可鉴定还原产物的性质。

(2) 对某种矿石需用物理和化学方法进行物相分析

如用磁性吸附法配合测定金属铁、磁铁矿;用化学法测定游离 CaO;用还原法测定酸性烧结矿中难还原的 $2FeO\cdot SiO_2$;用加热法测定结晶水含量;还可进行 S 的形态分析,判定是硫酸盐还是硫化物;也可用重液分离法分离不同密度的矿物。

(3) 用电子探针或扫描电子显微镜进行矿物鉴定或微区分析。

1.5.6 冶金性能检测

为了满足高炉冶炼要求,对入炉铁矿石的冶金性能需做多种检测,如常温强度性能检测有转鼓指数、抗磨指数、落下指数、抗压强度、贮存强度等;高温冶金性能有天然块矿的热爆裂性能、低温还原粉化率、中温(900℃左右)还原度、高温(1250℃左右)还原度、在还原度 40%(或 60%)时的还原速率、还原膨胀率、还原后的抗压强度、还原软熔性能(软化开始、软化终了、熔融滴落开始及熔化终了温度、软化区间及熔化区间温度、软熔时的矿层差压等)。

1.5.6.1 转鼓强度检测

我国从 1953 年开始,采用前苏联的鲁滨转鼓检验,并正式颁布 YB 421—77 标准,有部分厂矿一直沿用至今。1987 年 9 月参照 ISO 国际标准制定并发布 GB 8209—87《烧结和球团矿—转鼓强度的测定》,自 1988 年 10 月 1 日起实施,至今已有大部分厂矿采用。此外,宝钢 1 号、2 号烧结机从开工之日起,采用日本工业标准 JISM 8712—77 的检验方法。

国外的转鼓检验方法有美国的 ASTM、德国的米库姆、前苏联的 ΓOCT 15137—77、日本的 JISM 8712—77 和国际标准化组织的 ISO 3271—1975 等。今将国内外有关的 5 种方法列于表 1-91。

表 1-91 国内外几种转鼓试验方法

项 目	美国 ASTM	前苏联 ΓOCT	日本 JISM	中国 GB 8209—87	中国 YB 421—77
转鼓:					
长度/mm	457	500	457	500	
直径/mm	914	1000	914	1000	1000
隔板数/个	2	2	2	2	3
隔板高/mm	50.8	50	50	50	250
转速/$r\cdot min^{-1}$	24±1	25	25	25±1	25
转数	200	200	200	200	100

续表 1-91

项目	美国 ASTM	前苏联 ГОСТ	日本 JISM	中国 GB 8209—87	中国 YB 421—77
试样粒度/mm					
烧结矿	9.52~50.8	5~40	10~50	10~40	25~150(热矿)
球团矿	6.35~38.1	5~25	+5	10~40	
试样重量/kg	11.3	15	23	15	
鼓后筛分/mm	9.52	5	10		
	6.35		5	6.3	5
	0.595	0.5	1	0.5	
转鼓指数/mm%	+6.35	+5	烧结+10 球团+5	+6.3	+5
抗磨指数/mm%	-0.595	-0.5	-1	-0.5	—

通过转鼓检验后,可得出烧结矿、球团矿的转鼓指数和抗磨指数。此指数已于1992年正式纳入YB/T 421—92烧结矿行业标准进行考核。

1.5.6.2 落下指数

1949年鞍钢就使用落下指数来评价方团矿的强度,直至1958年将方团矿炉改为球团矿炉后,该方法才废止。该法系将方团矿从2m高处落于铸铁板上,共4次,然后用10mm筛子筛分,用10mm或(-10mm)部分的百分数作为落下指数。

日本工业标准(JISM)中有落下强度的检验标准,用+10mm烧结矿于2m高落下4次,用粒度为+10mm的部分的百分数表示。1998年日本千叶、水岛、君津等厂仍采用落下指数来表示烧结矿的强度;而加古川、神户、船町等厂则对烧结矿的转鼓和落下指数都进行测定。1998年1~3月加古川等厂平均落下指数为88.9%,平均转鼓指数为70.2%。

1.5.6.3 抗压强度

取规定直径(一般为12.5mm)的球团矿在压力试验机上测定每个球的抗压强度,即破裂前的最大值,用平均值"N/个球"表示;有的厂还用低强度球的百分数作为强度的附加指标,如用小于800N/个的球团矿个数占被测定球团矿总数的百分数表示。

对于方团矿、天然矿或烧结矿则加工成正方形、再测定抗压强度、用"N/cm^2"表示。

当在显微镜下鉴定矿物时,还可测定某一矿物的瞬时抗压强度和显微硬度,用"MPa"表示。

1.5.6.4 贮存强度

普通酸性球团矿其贮存和运输性能都是较好的,而高碱度或自熔性烧结矿则较差。由于烧结机与高炉的日历作业率和检修周期相差较大,故必须有烧结矿的缓冲矿槽,有时甚至要在露天料场较长时间贮存。为了掌握烧结矿在贮存过程中因自然风化而引起的碎裂情况,将成品烧结矿在大气中贮存1~7天,测定粒度组成的变化,来衡量烧结矿的贮存性能。日本为了稳定"环境大气"的参数,将烧结矿置于一容器内,控制该容器内的温度为恒温,湿度为饱和湿度,便于比较各次的测定结果。

生产热烧结矿的工厂还测定烧结矿在冷却过程中的粉化程度,这是由于高温下的β-$2CaO \cdot SiO_2$在冷却至525℃以下时转变为γ-$2CaO \cdot SiO_2$。体积膨胀10%,而引起的烧结矿粉化。很多烧结厂曾在烧结料中加含P、B的原料来抑制β-$2CaO \cdot SiO_2$变态,取得了较好的结果。一般冷却粉化后的-5mm部分的百分数为0~3%,最高可达20%以上。

1.5.6.5 热爆裂性能

该性能仅对天然矿而言。由于块矿致密程度、矿物组成和结晶水含量等不同,在入炉受热后引起不同程度的爆炸,而产生粉末。我国尚无测定标准,一般模拟高炉内的升温速度将块矿从常温加热至 700℃,以测定爆裂后小于 5mm 部分的百分数来表示。

日本工业标准(JIS)测定澳大利亚哈默斯利块矿的热爆裂指数为 -5mm 部分占 5.5%。

1.5.6.6 低温还原粉化性能

低温还原粉化率(*RDI*)是烧结矿重要的冶金性能指标之一。日本各烧结厂以及我国的宝钢等均与常规化学成分一样按批检验。

低温还原粉化率的测定分动态法和静态法两种。采用动态法的有前苏联、英国钢铁研究协会、法国钢铁研究所等。我国参照 ISO 4696—1984(E)《铁矿石—低温粉化试验—静态还原后使用冷转鼓的方法》,于 1991 年制订出中华人民共和国国家标准 GB/T 13242—91"铁矿石低温粉化试验静态还原后使用冷转鼓的方法"。我国宝钢引进日本钢铁厂低温粉化方法及德国钢铁厂的方法均为静态法。今将我国的两种方法列于表 1-92。

表 1-92 铁矿石低温还原粉化率测定方法

项目	国标	宝钢	项目	国标	宝钢
试样粒度/mm	10~12.5	15~20	转鼓:		
试样量/g	500±1	500±1	直径×长度/mm	ϕ130×200	ϕ130×200
还原气体成分/%			转速/r·min^{-1}	30±1	30
CO	20±0.5	30	试验时间/min	10	30
CO_2	20±0.5		试验结果:		
N_2	60±0.5	70	还原粉化指数	*RDI*+3.15	*RDI*-3.0
还原气流量/L·min^{-1}	15±1	15	还原强度指数	*RDI*+6.3	
还原温度/℃	500	550	磨损指数	*RDI*-0.5	
还原时间/min	60	30			

该方法是将 500g 粒度一定的天然矿、烧结矿或球团矿放于还原炉内,在 500℃(或 550℃)温度条件下,通入还原气体还原 30min(或 60min),在 N_2 气流中冷却至常温后,将还原产物装入 ϕ130mm×200mm 的转鼓内,以 30r/min 的转速转 10min(或 30min)。将产品用 6.3、3.15 和 0.5mm 筛子进行筛分,以 +3.15mm(或 -3.15mm)的百分数作为还原粉化指数,即 $RDI_{+3.15}$(或 $RDI_{-3.15}$),并列入质量考核指标。而 $RDI_{+6.3}$ 与 $RDI_{-0.5}$ 则作为参考指标。

1.5.6.7 还原性能

还原性是指用还原气体从铁矿石中排除与铁相结合的氧的难易程度的一种量度,是最重要的高温冶金性能指标。我国参照 ISO 4695—1984《铁矿石—还原性的测定》于 1991 年制订出中华人民共和国国家标准 GB/T 13241—91"铁矿石还原性的测定方法"。宝钢引进日本的 JIS 法进行测定。这两种测定法见表 1-93。

表 1-93 我国的两种还原性测定法

项目	国标	宝钢	项目	国标	宝钢
还原管直径/mm	ϕ75	ϕ75	N_2	70±0.5	70±1
试样粒度/mm			还原气体流量/L·min^{-1}	15±1	15
矿石、烧结矿	10~12.5	20±1	还原温度/℃	900±10	900±10
球团矿	10~12.5	9~16	还原时间/min	180	180
试样重量/g	500	500	还原减重的记录时间/min	10	5
还原气体成分/%			还原度指数	RI	RI
CO	30±0.5	30±1	还原速率指数	RVI	

注: $RI=\left[\dfrac{180\text{min还原的失重量(g)}}{\text{还原前矿样中铁以高价氧化物存在时的总氧量(g)}}+\dfrac{0.11\times\text{试验前试样的 FeO 含量}}{0.43\times\text{试验前试样的 TFe 含量}}\right]\times100$;

RVI——以三价铁状态为基准,当原子比为 0.9(相当于还原度为 40%)时的还原速率,以质量百分数每分钟表示。

国外还原性测定方法有：日本 JIS 法、比利时 CNRM 法、德国升温法、林德法、前苏联 ГОСТ 17212—71 法。德国钢铁协会是参照 ISO 1974 标准法等。按温度分有 800℃、900℃、950℃或 1000℃的中温还原 1250℃的高温还原和 20～930℃或 20～1000℃的升温还原等方法。林德法在矿石中加入木炭，再用还原气体进行还原。有的用固定还原时间时的还原度 RI 表示还原性；也有的用还原度 40％时的还原速率——即$\frac{dR}{dt_{40}}$表示还原性；还有的用还原度达 60％时的还原时间表示还原性的好坏。

我国鞍钢曾模拟日本的方法进行含 MgO 酸性球团矿的高温(1250℃)还原性测定。试样先在中温条件下将铁氧化物还原成 FeO，即浮氏体状态。然后在 1250℃的高温条件下，用 CO 将 FeO 还原成金属铁 MFe。在规定时间内还原成 MFe 的百分数即是高温还原度。高氧化镁酸性球团矿的高温还原度可达 60％；而普通酸性球团矿的高温还原度则小于 20％。

1.5.6.8 铁矿球团还原膨胀性能

具有一定粒度范围的球团矿，在 900℃的温度下等温还原，自由膨胀。测定还原前后球团矿体积的变化来表示球团矿的还原膨胀性。

我国于 1991 年制定了中华人民共和国国家标准 GB/T 13240—91《铁矿球团相对自由膨胀指数的测定方法》。选取粒度为 10～12.5mm 的球团矿块 18 个，用水浸法先在球团矿表面上形成疏水的油酸钠水溶液薄膜，测定试样的总体积，然后烘干进行还原膨胀试验。球团矿分 3 层放置，每层 6 个。还原管直径 ϕ75mm，还原温度为 900℃ ± 10℃。还原气体含 CO30％、$N_2$70％，流量为 15L/min。还原时间为 60min。在惰性气体中将还原球团冷却至 100℃以下。再用水浸法测定还原后球团的总体积。用还原前后球团矿体积的变化，计算出还原膨胀指数 *RSI*。还可根据质量的损失计算还原度。

国外测定的方法有瑞典 LK 公司试验法、比利时国家研究中心试验法、日本工业标准协会试验法等。他们都采用排汞法测定还原前后球团矿的体积来计算膨胀率，还原温度为 1000℃或 900℃。美国德腊沃法则是在还原过程中用膨胀仪连续测定球团矿体积的变化，通过吸收 CO_2 的量换算各时期的还原度。其优点为膨胀率与还原度同时测定，可得出还原度与膨胀率之间的关系，且膨胀率还包括了受热膨胀所形成的体积变化。

我国也普遍采用线性膨胀仪测定球团直径的变化，或采用摄影法测定球团圆截面面积的变化来连续测定还原膨胀率，但误差较大。

1.5.6.9 荷重还原软化性能和熔滴性能

国外测定荷重还原软化性能的方法有德国研究协会 Burghardt 法、瑞典 Lulea 冶金研究中心测定法与日本钢铁工业测定法等，荷重在 0.5～2kg/cm^2 之间。国外熔滴性能测定的方法有意大利 Peiluigi Barnaba 法、德国研究协会 BFB 设备、比利时冶金研究中心 C. R. M、日本测定法等。

我国尚无统一的标准，现将应用较多的北京科技大学设定的方法列于表 1-94[47]。

表 1-94 铁矿石荷重软化和熔滴性能测定方法的工艺参数

工艺参数	荷重软化性能测定	熔融滴落性能测定
反应管尺寸/mm	ϕ19×70(刚玉质)	ϕ48×300(石墨质)
试样粒度/mm	2～3(预还原后破碎)	10～12.5
试样量	反应管内 20mm 高	反应管内 65mm ± 5mm 高
荷重/N·cm^{-2}	0.5×9.8	9.8
还原气体成分	中性气体(N_2)	30％CO + 70％N_2

续表 1-94

工艺参数	荷重软化性能测定	熔融滴落性能测定
还原气体量/L·min^{-1}	1(N_2)	12
升温速度/℃·min^{-1}	10(0～900℃) 5(>900℃)	10(950℃恒温 60min) 5(>950℃)
过程测定	试样高度随温度的收缩率	试样的收缩值、差压、熔滴带温度、滴下物
结果表示	T_{BS}:开始软化温度(收缩 4%) T_{BE}:软化终了温度(收缩 40%) ΔT_B:软化温度区间	T_S:开始熔融温度 T_D:开始滴落温度 $\Delta T = T_D - T_S$:熔滴区间 ΔP_{max}:最大差压值(×9.8Pa) S:熔滴性能特征值。 $S = \int_{T_S}^{T_D}(P_m - \Delta P_S)\cdot dT$ 残留物重量

此外,日本神户钢铁公司专门设计一种测定高温还原荷重下透气性的方法,测定出不同碱度(0.3～1.5)、不同焙烧温度(1200～1300℃)的球团矿高温还原荷重下的压力降,对强化高炉冶炼有较好的指导意义。

1.6 熔剂

近代高炉大多使用高碱度烧结矿加酸性炉料。当烧结矿碱度适宜,酸性炉料配比准确,铁料的化学成分波动较小时,调节炉渣碱度所需加入的熔剂量则较少。1992 年全国重点企业熔剂用量为 8.1kg/t,鞍钢、本钢、马钢等企业小于 1kg/t,上钢一厂较高,达 76.6kg/t,重钢、宜钢分别为 34kg/t 与 49.0kg/t。所使用的熔剂绝大部分为石灰石、白云石等碱性熔剂,宝钢、本钢等也用少量硅石等酸性熔剂。

1.6.1 石灰石

石灰石的主要成分为碳酸钙($CaCO_3$),碳酸钙的 CaO 含量为 56%,而石灰石的 CaO 实际含量为 50%左右。石灰石中除含有少量的 $MgCO_3$ 外,还含有少量 SiO_2 和 Al_2O_3 等。扣除中和 SiO_2 所需的 CaO 后,石灰石中有效的 CaO 含量一般为 45%～48%。高炉用石灰石的化学成分要求及部分企业 1997 年的石灰石化学成分见表 1-95 与表 1-96。从各企业的实际成分看,不少石灰石 MgO 含量偏高,通钢的石灰石则为白云石化石灰石。有的石灰石 SiO_2 含量偏高,如莱钢达 4.93%,泰钢为 4.41%。有的石灰石 CaO 含量太低,如八钢为 42.58%,临钢为 45.89%。

表 1-95 高炉用石灰石的化学成分要求

项　目	化学成分/%				
	CaO	MgO	$Al_2O_3+SiO_2$	P_2O_5	SO_3
石灰石　Ⅰ级	≥52	≤3.5	≤2.0	≤0.02	≤0.25
石灰石　Ⅱ级	≥50	≤3.5	≤3.0	≤0.04	≤0.25
石灰石　Ⅲ级	≥49	≤3.5	≤3.5	≤0.06	≤0.35
白云石化石灰石	35～44	6～10	≤5	—	—

表 1-96　各企业石灰石化学成分

项　目	化学成分/%						
	Fe_2O_3	SiO_2	Al_2O_3	CaO	MgO	烧损	S
鞍　钢	1.76	3.37	0.56	50.60	1.92	41.15	0.103
唐　钢		1.16		48.59	5.11		
太　钢	2.22	2.58	0.84	50.78	1.43	42.79	
天　铁		4.14		46.07			
本　钢		4.03	1.04	49.58	3.90	40.60	
马　钢		2.29		49.89	0.67	41.79	0.056
梅　山		1.99		52.13	1.76	42.10	
徐　钢		2.67		48.69	3.90	38.25	
临　钢		3.38		45.89	3.69	40.49	
通　钢		2.50		47.00	8.19	42.50	
莱　钢		4.93		49.21			
柳　钢				51.88	3.34		
广　钢		1.34		50.10	3.39	42.63	0.03
泰　钢		4.41		48.13	2.04		0.122
八　钢		3.00		42.85	4.20		

直接装入高炉的石灰石粒度上限，以其在达到900℃温度区能全部分解为准，大于 $300m^3$ 的高炉，石灰石的粒度范围应为20～50mm；小于 $300m^3$ 的高炉，其石灰石粒度范围为10～30mm。入炉前应筛除粉末及泥土杂质。

1.6.2　白云石、菱镁石和蛇纹石

为了调整高炉渣的MgO含量，改善炉渣的流动性，提高脱硫能力，有时在炉料中加入含镁熔剂。一般常用的含镁熔剂为白云石，其理论成分为 $CaCO_3$54.2%，$MgCO_3$45.8%。各级白云石的化学成分要求列于表1-97。白云石与石灰石的物理性质差别列于表1-98。部分企业的白云石实际成分列于表1-99。直接装入高炉的白云石粒度要求同石灰石。

表 1-97　各级白云石的化学成分

级　别	特　级	Ⅰ　级	Ⅱ　级	Ⅲ　级
MgO/%	≥19	≥19	≥17	≥16
SiO_2/%	≤2	≤4	≤6	≤7
酸不溶物/%	≤4	≤7	≤10	≤12

注：酸不溶物包括 Al_2O_3、Fe_2O_3、Mn_2O_3 及 SiO_2。

表 1-98　白云石、菱镁石和石灰石的物理性质

名　称	莫氏硬度	密度/$g\cdot cm^{-3}$	耐压强度/MPa
白云石	3.5～4	2.8～2.9	294.2
菱镁石	4～4.5	2.9～3.1	
石灰石	3.0	2.6～2.8	98.07

表 1-99　部分企业的白云石化学成分

企　业	化学成分/%						
	FeO	SiO_2	Al_2O_3	CaO	MgO	烧损	S
唐　钢		1.18		29.80	21.12		
太　钢	3.15	4.16	5.81	32.77	14.22	42.56	

续表 1-99

企业	化学成分/%						
	FeO	SiO_2	Al_2O_3	CaO	MgO	烧损	S
马钢		2.07		28.17	19.61	42.64	0.051
梅山		3.85		30.33	20.22	43.25	
徐钢		3.04		29.21	19.09	41.94	
合钢		7.04		31.07	18.06	40.42	
长治		7.01		29.35	17.36		
柳钢				32.20	20.30		
广钢		0.98		31.54	18.67	45.57	0.035
八钢		2.01		34.12	17.41	37.34	

我国少数企业以菱镁石($MgCO_3$)或蛇纹石($3MgO·2SiO_2·2H_2O$)做含镁熔剂,后者可同时作为酸性熔剂。在国外(如日本、欧洲许多国家)以蛇纹石、橄榄石做含镁熔剂较为普遍。菱镁石和橄榄石的化学成分见表 1-100。

表 1-100 菱镁石和蛇纹石化学成分

名称	化学成分/%							
	Fe_2O_3	CaO	MgO	SiO_2	Al_2O_3	S	P	烧损
鞍钢菱镁石		2.29	42.65	1.45	0.19	0.006	0.042	48.85
东海蛇纹石	6.39	0.48	39.10	37.18	0.51	0.083	0.024	14.59
弋阳蛇纹石	8.92	0.95	36.27	36.40	0.64	0.024	0.024	13.60
宝钢用蛇纹石	5.86	0.76	37.94	37.81	0.73			14.18

1.6.3 硅石

本钢一铁 1993 年曾以碱度为 1.58 的高碱度烧结矿配加少量硅石进行冶炼,获得了高炉利用系数 $2.362t/m^3·d$,综合焦比 534kg/t 的较好指标。在冶炼铸造铁时效果尤佳。宝钢等企业则是用硅石来调节炉渣碱度。1993 年宝钢 1 号高炉吨铁熔剂消耗为 4.3kg/t,其中硅石为 2.5kg/t,石灰石为 1.8kg/t。而开工不久的 2 号高炉吨铁熔剂消耗为 18.3kg/t,其中硅石 5.4kg/t,石灰石 12.9kg/t。

要求硅石的 SiO_2 含量大于 90%,粒度上限不超过 30mm,不含小于 10mm 粉末。一般成分范围及实例见表 1-101。

表 1-101 硅石一般成分范围及实例

项目	化学成分/%						
	SiO_2	Al_2O_3	Fe_2O_3	CaO	MgO	S	烧损
一般范围	90~98	0.1~2.5	0.4~2.0	0.01~0.5	0.1~0.5		
本钢用	97.40	0.41	1.68	0.22	0.32		0.52
	94.98	2.65	1.94	0.27	0.16		
梅山用	88.84			0.97	2.27	0.019	
宝钢用	97						

1.6.4 转炉钢渣

转炉钢渣系碱性渣。1997~1998 年 7 个企业平均的钢渣成分含 CaO 39.94%,有效 CaO

25.2%，还有 MgO 7.37%，TFe 19.23%，有较好的利用价值。钢渣经热泼破碎、筛分后，小于 8mm 部分可作为烧结熔剂，8～30mm 部分可用于高炉代替石灰石做熔剂。部分企业转炉钢渣的化学成分见表 1-102。攀钢钢渣中还含有 V_2O_5 2.38%，TiO_2 2.12%

表 1-102　部分企业转炉钢渣的化学成分

企业	化学成分/%								
	TFe	FeO	SiO_2	Al_2O_3	CaO	MgO	MnO	S	P
安　阳	14.07		16.83	3.05	44.80	10.74	0.705	0.125	
临　钢	24.28	15.69	13.45	2.92	37.63	5.62			
重　钢	22.81	12.58	11.45	3.82	35.61	5.32	2.61	0.194	0.46
攀　钢	17.60	3.09	8.69	3.35	41.81	4.61		0.224	0.318
鞍　钢	18.45	16.50	12.28	2.85	42.48	7.86	0.17	0.14	0.38
首　钢	22.63		12.74		31.70	10.06	1.10	0.10	0.21
莱　钢	14.75		18.35		45.57				
平　均	19.23		13.40		39.94	7.37			0.34

转炉钢渣的矿物组成，主要是含有 Fe 和 Al 的 $3CaO·SiO_2$ 和 $2CaO·SiO_2$，10%左右为 FeO、MgO、CaO、MnO 等氧化物的单相或固溶体，20%左右为铁酸盐，还夹有少量铁粒。视密度约 $3g/cm^3$，强度好，有的钢渣测定其转鼓指数(+6.3mm)达 92.6%，抗磨指数(−0.5mm)仅 3.3%。开始熔化温度为 1320～1340℃。

我国太钢、广钢、八钢等企业均进行过用转炉钢渣代替石灰石做高炉熔剂的工业试验与生产，取得了节焦和降低成本的良好效果。对于含钒、铌等元素的钢渣，烧结和炼铁使用后还可起到富集后回收的作用。

按表 1-102 所列的平均钢渣成分，当使用量为 100kg/t 时，经粗略分析计算其效果为：

1）相当于回收品位 55%。碱度为 1.3 的自熔性烧结矿 35kg。但渣中铁氧化物的还原性较差，参见表 1-103[48]，需增加直接还原的碳量。当粒度小时，则影响减轻。

表 1-103　转炉钢渣的还原性能

项　目	粒　度/mm	还原度/%	项　目	粒　度/mm	还原度/%
转炉钢渣	44～76	8	转炉钢渣	6～12	40
转炉钢渣	19～32	13	酸性球团矿	10～16	59
转炉钢渣	6～25	20	自熔性烧结矿	6～12	55

2）可代替石灰石 56kg。同时节约碳酸盐在炉内的分解热及减少分解产物 CO_2 的影响，可降低焦比 16.8kg/t。

3）由于钢渣 SiO_2 含量较高，相当于多带入渣量 29kg/t，将使焦比升高 5.8kg/t。

4）锰、磷等化合物还原还需消耗少量焦炭。磷的富集，将使生铁含磷升高。

综合结果，所回收的铁氧化物和氧化钙、氧化镁等，可节约价值约 12 元/t，并可降低焦比约 8kg/t。国内外 5 个厂高炉冶炼结果表明，当吨铁用钢渣 100kg/t 时，降低焦比 3～10kg/t，平均为 5.9kg/t。

入炉钢渣的适宜粒度为 10～30mm。当用量较少时，钢渣在矿槽内长期贮存会有风化现象。转炉钢渣的化学成分波动很大，应混匀后方可使用。

1.7 辅助原料

1.7.1 碎铁

碎铁包括废弃铁制品，机械加工的残屑、余料，钢渣加工线回收的小块铁，铁水罐中的残铁。以及不合格的硅铁、镜铁等，铁分在50%～90%之间。几种碎铁的参考成分如表1-104。

表1-104 几种碎铁的参考成分

碎铁种类	化学成分/%										
	Fe	Fe_2O_3	FeO	SiO_2	Al_2O_3	CaO	MgO	MnO	P	S	C
罐铁Ⅰ	44.85			15.44	3.42	10.67	1.55	0.30	0.017	0.155	10.67
罐铁Ⅱ	54.00	0.44		16.84	3.40	8.46	1.17	0.32	0.021	0.130	11.52
罐铁Ⅲ	65.20	0.34		10.68	2.91	5.53	0.71	2.96			
渣　铁	65.30	13.84	13.98	5.21	1.93	8.93	6.88		0.118	0.025	
旋　屑	67.50		9.0	10.5	3.26	2.05	0.91	0.63	0.045	0.123	
镜　铁	85.40	1.0	31.0	0.42	0.38	0.04	0.03	Mn 10.65	0.18	0.015	4.65
硅　铁				Si 71.23	Al 1.88			0.395	0.030	0.027	0.963

所有碎铁必须进行加工处理，防止大块造成装料和布料设备故障，清除残渣，破砖等杂物。渣铁的粒度为5～50mm占97.5%，堆积密度为2.08～2.28t/m^3。因为渣铁中有45.8%的金属铁，高炉冶炼结果表明，每使用100t渣铁可节省焦炭19.3t。

1.7.2 轧钢皮与均热炉渣

轧钢皮是钢材轧制过程中所产生的氧化铁鳞片，其大部分为小于10mm小片，在料场筛分后，大于10mm部分可作为炼铁原料。

均热炉渣（包括加热炉渣）是钢锭、钢坯在均热（或加热）炉中的熔融产物，有时混有少量耐火材料。

这类产物致密、氧化亚铁含量很高，在高炉上部很难还原。集中使用时，可起洗炉剂的作用。其参考成分见表1-105。

表1-105 轧钢皮与均热炉渣的化学成分

项　目	化学成分/%								
	TFe	FeO	SiO_2	Al_2O_3	CaO	MgO	MnO	P	S
轧钢皮Ⅰ	61.60	66.40	15.40	3.29	0.34	0.32	0.82	0.014	0.15
轧钢皮Ⅱ	64.20	52.04	4.05		0.26	1.62	0.52		0.139
均热炉渣Ⅰ	59.55	53.67	11.52	3.21	1.26	0.70			0.039
均热炉渣Ⅱ	70.30	54.80	3.14	2.11	0.58	0.73	0.745	0.018	0.011

1.7.3 天然锰矿石

天然锰矿石用以满足冶炼铸造生铁或其他铁种的含锰量的要求，也可用做洗炉剂。当冶炼锰铁时才对锰铁比有较高要求。锰矿石强度较差,其入炉粒度以10～40mm为宜。天然锰矿石参考成分见表1-106。

表1-106　锰矿石的化学成分

产　地	化　学　成　分/%						
	Mn	Fe	SiO_2	Al_2O_3	MgO	P	S
柴家屯	32.06	8.52	22.54	2.24	1.63	0.036	0.008
瓦房子	23.63	14.90	20.46	2.43	2.46	0.076	0.086
遵　义	21.78	8.80	10.00	2.10	1.85	0.031	4.08
木　圭	28.92	14.26	9.10	12.89			
马　山	31.31	5.89	25.25			0.167	
乐　华	32.22	21.59	10.30			0.062	
荔　浦	27.38	10.85	9.40			0.101	
湘　潭	30.26	3.23	27.30			0.165	
东　兴	36.96	11.53	9.50	5.51		0.267	
零　陵	32.04	10.94	17.40	7.31		0.172	
八　一	29.40	9.68	15.10	14.05		0.042	

1.7.4　萤石

萤石是高炉洗炉用的原料,因它对炉衬侵蚀严重,已不常用。其参考成分见表1-107。

表1-107　萤石的化学成分

萤石种类	化　学　成　分/%						
	CaF_2	SiO_2	Al_2O_3	Fe	P	S	MgO
卧龙泉萤石Ⅰ	32.44	57.38	1.04	2.46	痕迹	0.225	痕迹
卧龙泉萤石Ⅱ	60.41					0.050	

1.7.5　钛渣及含钛原料

含钛原料为高炉的护炉料。鞍钢7号高炉护炉曾加入承德钛铁矿石,其用量为吨铁耗$TiO_2$12kg/t。当对炉缸局部区域护炉时,可从对应的风口喷入钛精矿粉,在出铁后,间断喷入[49]。钛渣及含钛原料的化学成分见表1-108。

表1-108　钛渣及含钛原料的化学成分

项　目	化　学　成　分/%						
	TFe	TiO_2	SiO_2	CaO	Al_2O_3	MgO	FeO
承德钒钛矿	46.33	12.06	6.96				
承德钛精矿	30.21	49.51	5.45				
钒钛精矿	51.56	12.73	4.64	1.57	4.69	3.91	30.51
承德钛渣		18.16	24.46	33.46	15.45	5.02	
攀钢钛渣		25.19	23.21	23.52	10.20	8.46	
冷固钛球团	29.60	39.64	9.40	1.60	8.96	2.30	21.40
承德钒钛球团	57.87	6.71	5.78	1.12	3.96	0.91	5.5

莱芜钢厂用冷固钛球团做护炉料，球团抗压强度为3300N/个，还原膨胀率仅2.22%，加热时不爆裂，低温还原粉化率(-3.15mm)8.21%，还原度28.13%。高炉用量为吨铁$TiO_2$6~7kg/t。起到了护炉作用，与基础比较，焦比下降8~17kg/t，增产1%~3%，高炉炉缸炉皮温度下降了12~35℃[50]。

宝钢1号高炉曾用钛物料维护铁口区侧壁，干钒钛精矿：炮泥=1:9。

参考文献

1 成兰伯主编.高炉炼铁工艺及计算，北京：冶金工业出版社，1991

2 单亦和.以精料为基础，全面优化炼铁生产技术，即能降低成本，提高经济效益，中国冶金

3 李剑，肖华高.重钢铁矿石技术经济评价方式探讨，炼铁，1999，18(5)

4 吾妻潔等.金属工学講座，製煉编Ⅱ，製銑·製鋼，朝倉書店，1960

5 赵平水.邢钢混匀料场工艺装备及生产效果，1999年全国烧结球团技术交流会论文集，1999

6 杉山健等.根据高炉取样分析结果评价烧结矿质量，烧结球团，1998，13(6)

7 佐伯等.加古川高炉使用白云石熔剂球团矿的实践，第二届国际造块会议论文选，北京：冶金工业出版社，1980

8 许满兴.几种人造富矿冶金性能的评价，烧结球团，1990，15(1)

9 铁矿石造块理论及工艺，北京：冶金工业出版社，1989

10 任允芙.钢铁冶金岩相矿相学，北京：冶金工业出版社，1982

11 1998年烧结情报交流会论文集，66

12 烧结矿结构与还原性能的关系，鉄と鋼，1982(15)

13 北京钢铁学院，炼铁学(原料部分)，1974

14 付金兰.双球烧结矿的固结机理，第二届全国精料会论文集，1990.10.鞍山

15 杨世农，双球烧结技术，烧结技术，昆明：云南人民出版社，1993

16 冶金工业部钢铁研究总院，酒泉钢铁公司，酒钢铁精矿球团烧结矿工艺矿物学研究，1991

17 第三届全国炼铁精料会论文集，重庆，1992

18 第四届全国炼铁精料学术会论文集，马鞍山，1994

19 丁矩.武钢二烧烧结矿FeO适宜含量的研究，1991年全国炼铁学术年会论文集，1991

20 山岡洋次郎.CaO/SiO_2和MgO对烧结矿高温性能的影响，鉄と鋼，1981，67(4)

21 范晓慧等.用系统辨识法建立烧结矿化学成分预测模型，炼铁学术年会论文集，1993

22 范晓慧等.以碱度为中心的烧结矿化学成分控制专家系统，烧结球团，1997，22(4)

23 郭文军等.基于神经网络的烧结矿化学成分超前预报，烧结球团，1997，22(5)

24 谢良贤.布料原理与工艺设备，烧结技术，昆明：云南人民出版社，1993

25 范晓慧等.烧结过程料层透气性模糊综合评判的研究，第四届全国炼铁精料学术会议论文集，1994

26 黄天正等.烧结生产控制专家系统，烧结球团，1997，22(5)

27 刘克文等.基于烧结机尾断面图像的质量预报系统研究，第四届全国炼铁精料学术会议论文集，1994，56~61

28 高为民等.全精矿低温烧结最佳工艺制度的研究，烧结球团，1996，21(4)

29 杨世农.鞍钢新烧热废气用于烧结的实践，第四届全国炼铁精料学术会议论文集，1994

30 付光军.酸性球团烧结矿工业生产和合理炉料结构研究与实践，烧结球团情报交流会论文集，1998

31 包毅成等.钒钛烧结矿低温还原粉化性能的研究，烧结球团，1991，16(2)

32 谭立新.宝钢烧结矿*RDI*的影响因素及改进措施，烧结球团，1991，16(4)

33 丁矩等.武钢烧结矿喷洒$CaCl_2$溶液新工艺，第三届全国炼铁精料会论文集，1992

34 刘秉铎等.竖炉加硼碱性球团矿性能研究,第一届中澳双边技术交流会炼铁原料准备技术论文集,1987
35 P.A.Ilmoni,LKAB公司三种球团法比较,第三届国际造块会议论文选,1983
36 M.雅鲁利(Jallouli)等,铁矿球团还原时的熔结与膨胀,第三届国际造块会议论文选,1983
37 许斌.球团矿还原膨胀特性的研究,第六届全国炼铁精料学术会议论文集,1998
38 T.I.Martinovic等,卡罗尔球团矿质量的优化,第六届国际造块会议论文选,1994
39 海尔德,泽诺比等.尼布拉斯科球团厂生产六年,第四届国际造块会议论文选,1986
40 I.Fujita等.关于高炉要求的人造富矿及块矿性能评价,第三届国际造块会议论文选,1982
41 J.E.阿普尔比等,用于球团生产的含碳添加剂,第四届国际造块会议论文选,1986
42 许满兴.国内外几种球团矿质量评述,第四届全国炼铁精料学术会议论文集,1994
43 许满兴.国内外几种酸性炉料的质量及分析,烧结球团,1998,23(2)
44 袁廷健.优化炉料结构生产白云石熔剂球团,第三届全国炼铁精料会论文集,1992
45 郑修悦.几种铁矿石的性能及其使用,炼铁学术年会论文集,1993
46 许满兴.宝钢高炉炉料的冶金性能及分析,炼铁学术年会论文集,1991
47 许满兴等.国外几种酸性炉料的质量分析,烧结球团,1998,23(3)
48 卓悌帮等.钢渣在冶金生产中的再利用,冶金工业废渣处理工艺与利用科技成果汇编(四)。1984,240~259
49 苗增积.鞍钢7号高炉护炉实践,辽宁省炼铁学术年会论文集,1992
50 周渝生等.含碳球团在中国的应用,1999年度全国烧结球团技术交流会论文集

2 高炉燃料

2.1 焦炭

焦炭是高炉冶炼的重要燃料，其作用有：热源；还原剂与渗碳剂；料柱骨架等。由于高炉采用喷吹燃料技术，焦炭已不是炉内惟一的燃料。随着风温水平的提高，高炉热量收入中，焦炭燃烧所占份额明显减小，作为还原剂与渗碳剂的功能亦部分地为喷吹燃料所替代而相对降低，但随着喷吹燃料的增加，焦比的降低，焦炭作为料柱骨架的作用却越来越重要。因此，了解焦炭性质、提高焦炭质量和合理使用焦炭等成为高炉炼铁工作者必须掌握的知识。

2.1.1 高炉焦炭的理化性质[1,2]

2.1.1.1 高炉焦炭的结构性质

(1) 焦块

炼焦煤料在由两侧加热的炭化室的焦炉内经高温干馏形成成熟焦饼推出时，沿炭化室中心线及焦饼的纵、横裂纹分开形成块状焦炭，经熄焦、筛分等工艺过程得到高炉冶炼所需粒度的焦块。

(2) 焦炭裂纹

炼焦煤料在焦炉炭化室内的结焦过程中，由半焦的不均匀收缩产生的应力超过焦饼的强度时，焦炭产生裂纹。垂直于炭化室墙面的焦炭裂纹称纵裂纹，平行于炭化室墙面的裂纹称横裂纹。这两种裂纹均影响焦炭的块度和焦炭的转鼓强度。

(3) 焦炭的气孔结构

焦炭是一种多孔脆性炭质材料，气孔的形状、大小、数量和壁厚等气孔结构参数影响着焦炭机械强度和焦炭反应性。在同一块焦炭中，气孔的大小、壁厚各不相同，分布也极不均匀。气孔结构取决于煤料性质（如挥发分、黏结性、流动性和活性组分含量等）以及炼焦煤准备和炼焦工艺（如装炉方式、炭化终温和结焦时间等）。由于焦炉炭化室中不同部位的加热速度、煤料散密度、煤气析出途径等多种因素的差异，所生成的焦炭气孔结构亦不同。实测的一例示于表 2-1。

表 2-1 焦炭气孔分布

焦炭粒度级别/mm	焦炭在炭化室内的部位	气孔含量/%					
		>500μm	500～300μm	300～100μm	100～50μm	<50μm	气孔率 ε/%
>80	边	24.8	4.4	18.3	18.1	34.4	54.9
	边与中心之间	39.1	3.6	16.5	19.5	21.3	59.9
	中心	57.2	2.9	15.9	10.7	13.3	72.2
80～60	边	23.2	5.8	20.0	20.6	32.4	50.9
	边与中心之间	25.6	3.0	21.9	14.0	35.5	51.9
60～40	边	18.9	4.7	23.4	18.2	34.8	46.6
	边与中心之间	24.3	5.9	24.8	17.1	27.9	53.3

焦块中 90% 以上的气孔与外表面相通，称为开气孔，其余的为闭气孔。

焦块的气孔体积与焦块体积之比，称为焦炭气孔率。它分为总气孔率和显气孔率两种。总气孔率为焦块的开气孔与闭气孔体积之和与焦块总体积的比率，以百分数表示，它可用焦炭的真密度 ρ 和视密度 ρ_a 计算求得 $\varepsilon = \frac{\rho - \rho_a}{\rho} \times 100\%$。大多数焦炭总气孔率为 45%～56%。

(4) 焦炭的光学组织

焦炭光学组织是用光学显微镜或电子显微镜对焦炭中碳分子结构的定向程度所做的定性和定量描述。用反光显微镜在插入 1/4 或 1/2 波长补偿器后，可对抛光的焦炭试样进行观察和测定。当载物台旋转时，由于焦炭组织的消光现象而呈现出紫、红、蓝、黄、绿的色泽，并随载物台所转角度周而复始地出现和消失，因而反映出光学的各向异性。与此同时，可对不同形状、不同大小的各向异性组织做出定量测定，计算各个类别光学组织所占的百分比，称为光学组织的组成。

光学组织的基本定义

1) 各向同性　无光学活性，旋转载物台无消光现象。

2) 镶嵌结构　旋转载物台有消光现象。其各向异性光学效应随颗粒增大而加强。进一步划分是按颗粒直径大小分为粗、中、细等级，不同分类的划分尺寸有时相差很大。

3) 流动型　各向异性的光学效应很明显，是不同程度的拉长状。

4) 惰性物　各向同性，来自煤中惰性残留物，包括丝炭及矿物质。

光学各向异性组织的形成

炼焦煤加热后能软化和熔融是形成各向异性组织的基本条件，凡是在加热后不软化不熔融的煤，其焦化后固体产物大多是光学各向同性的，它的碳分子也多属不可石墨化或难石墨化的，反之亦然。炼焦煤焦化时有相似的光学组织发展过程，但不同变质程度的煤所炼得的焦炭也有其各自的特征。

焦炭光学组织的意义

1) 推断煤质　用不同煤化度的煤所炼制的焦炭中存在着与之相对应的光学组织结构，因此可由焦炭各光学组织的含量推断煤的变质程度和惰性组分含量。

2) 评定所得焦炭的各向异性程度。

3) 深入了解焦炭反应性　焦炭与 CO_2 反应过程中，各光学组织有不同的反应程度，通过研究各光学组织的反应率和反应比，可进一步深化改进对焦炭的反应性的认识。

4) 预测焦炭的机械强度　优质冶金焦的光学组织主要由粗粒镶嵌组织、纤维状组织及少量片状组织、适量的丝质状和破片状组织组成。

5) 观察煤的改质效果　往煤中加入某些有机物质，可使所形成的焦炭的各向异性组织含量增加或使各向异性等色区尺寸增大，从而对煤起到改质作用。

6) 检验高炉喷吹煤粉的燃烧效果或燃烧率。

(5) 焦炭显微分析

焦炭的性能与其微观结构有着密切的关系。为了深入了解焦炭的性能，改善焦炭质量，有必要通过显微分析对焦炭的微观结构进行观察，测定有关技术参数。所采用的仪器是：光学显微镜、X 射线衍射仪和扫描电子显微镜。

光学显微镜分析：主要用于观察和测定焦炭气孔结构，测定焦炭气孔分布、气孔率、气孔平均尺寸和孔壁平均厚度等。

X 射线衍射仪分析：用于判定焦炭石墨化度，焦炭中晶体的定量、测定焦炭中无机硫的赋存状态。

扫描电子显微镜分析：在不制备样品的情况下，可对许多固体样品直接进行观测、检验和分析。对焦炭样品，取其新鲜断面用溶剂在超声波清洁器中清洗后即可进行测定。可观测：焦炭的光学组织；高炉风口焦中碱金属（钾和钠）的赋存状态；了解焦炭的气孔和气孔壁分布情况；研究多晶矿物的结构；以及不同煤化度煤在炭化过程中所形成中间相的动态及其对焦炭孔壁光学组织的影响。

(6) 焦炭石墨化度

焦炭石墨化度即焦炭在高温下或二次加热过程中，其非石墨碳转变为类石墨碳的程度。焦炭的结构介于无定形结构和石墨结构之间，为无序叠合的乱层结构，其石墨化度只有在1000℃以上时才能用X射线衍射仪进行检验。焦炭在加热过程中，逐渐向石墨化碳转化。随着焦炭石墨化度的增高，焦炭电阻率、焦炭热膨胀系数和焦炭机械强度下降，而密度和热导率增加。焦炭的石墨化度虽然与原料煤性质和炭化温度有关，但当焦炭加热至1300℃以上时，用不同煤化度的煤炼制的焦炭，在石墨化度上差异缩小，并趋于一致。重庆大学炼铁教研室曾对我国重点企业使用的焦炭进行了测定[3]，结果表明碳在焦炭中的石墨化程度为45%～55%，平均为50%。

焦炭在高炉冶炼过程中，由炉喉至炉缸不断经受热冲击，其石墨化度逐渐增高。因此，可根据焦炭石墨化度过程中所发生的微晶参数变化与温度的关系，推断高炉各部位的温度。

2.1.1.2 焦炭分析

(1) 焦炭工业分析

焦炭水分、灰分和挥发分的测定以及焦炭中固定碳的计算，称为焦炭的工业分析。按GB/T 2001—91进行测定。

1) 水分测定　焦炭试样在一定温度下，干燥后的失重占焦样干燥前质量的百分比。它包括全水分 M_t 测定和分析试样水分 M_{ad} 测定两种。

焦炭水分主要因熄焦方式而异，同时与焦炭块度、焦粉含量、取样地点、取样方法和焦样处理方式等因素有关。湿法熄焦的焦炭水分约4%～6%，干法熄焦的焦炭水分，一般为0.5%左右。高炉焦炭水分应保持稳定，水分波动会引起称量不准而影响高炉炉况的稳定，并导致铁水中硅、硫含量变化。水分过高，焦粉粘附在焦块上，影响焦炭强度和筛分检验结果，并将焦粉带入高炉。

2) 灰分的测定　灰分指焦炭试样在850±10℃温度下灰化至恒重，其残留物的质量占焦样质量的百分比。中国国家标准GB/2001—91规定了冶金焦分析试样灰分 A_{ad} 的测定方法。

灰分是焦炭中的惰性物，为有害杂质，主要成分是高熔点的 SiO_2 和 Al_2O_3，它们在高炉冶炼过程中同 $CaCO_3$ 等熔剂生成低熔点化合物，以熔渣的形式排出。渣中 Al_2O_3 含量会影响渣的黏度，并影响铁水与渣的分离。焦炭在高炉中加热到高于炼焦温度时，会在灰分颗粒周围产生裂纹，使焦炭加快碎裂或粉化。灰分中的碱金属对焦炭与 CO_2 的反应起催化作用，也会加速焦炭的破坏。

3) 挥发分测定　挥发分（V_{ad}）是指焦炭试样在900±10℃温度下隔绝空气快速加热后，焦样质量失重的百分比减去该试样水分后得到的数值。

分析试验的挥发分计算：

$$V_{ad}=\frac{m-m_1}{m}\times 100-M_{ad} \tag{2-1}$$

式中　V_{ad}——分析试样的挥发分含量，%；

m——试样的质量，g；

m_1——加热后焦炭残焦的质量，g；

M_{ad}——分析试样的水分含量，%。

干燥无灰基挥发分计算：

$$V_{daf} = \frac{V_{ad}}{100 - (M_{ad} + A_{ad})} \times 100 \tag{2-2}$$

焦炭挥发分同原料煤的煤化度和炼焦最终温度有关,可作为焦炭成熟度的标志,一般成熟焦炭的挥发分低于1%,在配煤中气煤量多时,可达1%~2%。

挥发分主要由碳的氧化物、氢组成,也有少量的CH_4和N_2,它的组成与炼焦配煤和炼焦工艺有关,一般情况下,生产厂是不分析挥发分组成的,只是在科研和精确的高炉物料平衡和热平衡计算才分析。据现有资料,挥发分中CO—25%~50%;CO_2—10%~40%;H_2—5%~30%;CH_4—1%~3.5%;N_2—3%~15%。

4) 固定碳计算 固定碳指煤经高温干馏后残留的固态可燃性物质,其值为:

$$FC_{ad} = 100 - M_{ad} - A_{ad} - V_{ad} \tag{2-3}$$

这一数值高于焦炭元素分析的碳含量。

焦炭工业分析数值除全水分(M_t)外均以分析试样为基准,称为分析基,可通过下列算式换算成干基(X_d)或可燃基(X_{daf})(又称干燥无灰基)。式中各量的单位均为%。

$$X_d = \frac{X_{ad}}{100 - M_{ad}} \tag{2-4}$$

$$X_{daf} = \frac{X_{ad}}{100 - M_{ad} - A_{ad}} \tag{2-5}$$

式中下角标ad,d和daf分别表示分析基、干基和可燃基,X为某个需换算的指标,M和A分别为水分和灰分。

(2) 焦炭元素分析

焦炭所含碳、氢、氧和硫等元素的测定。中国国家标准GB 2286和GB 2287规定了焦炭的全硫含量的测定方法,其他元素分析沿用煤的元素分析(GB 476)方法。

1) 碳和氢的测定 将焦炭试样在氧气流中燃烧,生成的水和二氧化碳分别用吸收剂吸收,由吸收剂的增重计算出焦样中的碳和氢的含量。

碳是构成焦炭气孔壁的主要成分和焦炭的重要质量指标,而氢存在于焦炭的挥发分中。由不同煤化度的煤制取的焦炭,其碳含量基本相同,但碳结构则有差异,各种结构形式的碳同CO_2反应的能力也不相同。煤结焦过程中氢含量随温度升高而降低的变化比挥发分随温度升高而降低的变化大,同时测量误差也小,因此以氢含量作为判断焦炭成熟程度的标志更为可靠。焦炭中氢含量约为:$H_{daf} = 0.4\% \sim 0.6\%$,高时可达1.0%。

2) 氮的测定 将焦炭加入混合催化剂和硫酸,加热分解,使其中氮转化为硫酸氢铵,加入适量的氢氧化钠后,把氮蒸发出并吸收到硼酸的溶液中,再用硫酸标准液滴定。根据硫酸耗量计算焦样的氮含量,焦炭中氮在焦炭燃烧时会生成氮氧化物污染环境。焦炭中氮含量$N_{daf} = 0.7\% \sim 1.5\%$。

3) 硫的测定 焦炭中的硫包括无机硫化物、硫酸盐硫和有机硫三种形态。这些硫的总和称全硫(S_t)。

全硫的测定方法有质量法、库仑滴定法和高温燃烧中和法。

硫是焦炭中的有害杂质。在炼焦过程中煤所含硫的73%~95%转入焦炭,其余进入焦炉煤气中。焦炭含硫增加,高炉渣量亦增加。

4) 氧的测定 焦炭中的氧含量很少,一般通过减差法计算得到,即:

$$O = 100 - C - H - N - S_t - M - A \tag{2-6}$$

式中各量的单位均为%；M 和 A 分别为焦炭的水分和灰分，对于可燃基(以下标 daf 表示)，则

$$O_{daf} = 100 - C_{daf} - H_{daf} - N_{daf} - S_{t,daf} \tag{2-7}$$

举例　已知焦炭主要元素组成为：　$S_{t,daf}$　0.57；H_{daf}　0.3；N_{daf}　1.0；C_{daf}　97.83，试求其氧元素含量。

解　$O_{daf} = 100 - 0.57 - 0.3 - 1.0 - 97.83 = 0.3\%$

目前由于 GB 1996—80 和 GB/2001—91 并行，符号时有混用，为了概念明确，特对照如下。

表 2-2　冶金焦炭工业分析名词符号对照

指　标	GB 1996—80	GB/T 2001—91
水　分	① 操作水分 W_Q ② 分析试样水分 W^f	① 全水分 M_t ② 分析试样水分 M_{ad}
灰　分	① 分析试样灰分 A^f ②干燥试样灰分 A^g	① 分析试样灰分 A_{ad} ② 干燥试样灰分 A_d
硫　分	① 分析试样含硫量 S_Q^f ② 干燥试样含硫量 S_Q^g	① 分析基全硫 $S_{t,ad}$ ② 干燥基全硫 $S_{t,d}$
挥 发 分	① 分析试样挥发分 V^f ② 可燃基挥发分 V^r	① 分析试样挥发分 V_{ad} ② 干燥无灰基挥发分 V_{daf}
固 定 碳	分析样固定碳 $C^f = 100 - W^f - A^f - V^f$	分析样固定碳 $FC_{ad} = 100 - M_{ad} - A_{ad} - V_{ad}$

(3) 焦炭灰成分

焦炭灰化后，其固体残留物中各种氧化物(SiO_2、Fe_2O_3、Al_2O_3、CaO、MgO、SO_3、P_2O_5、TiO_2、K_2O 和 Na_2O 等)的含量。焦炭灰成分并不是这些成分在焦炭中的原始形态，它基本上与炼焦装炉煤的灰成分相当，是焦炭质量的一个重要参数。我国焦炭灰分含量属偏高类，一般含量在 11%以上。

中国国家标准(GB 1574)规定了焦炭灰成分的分析方法。

2.1.1.3　焦炭的化学性质

(1) 焦炭反应性

焦炭与二氧化碳、氧和水蒸气等进行化学反应的能力。焦炭在高炉冶炼过程中，与 CO_2、O_2 和水蒸气发生化学反应：

$$C + O_2 \longrightarrow CO_2 \quad +393.3(kJ\cdot mol^{-1})$$

$$C + \frac{1}{2}O_2 \longrightarrow CO \quad +110.4(kJ\cdot mol^{-1})$$

$$C + CO_2 \longrightarrow 2CO \quad -172.5(kJ\cdot mol^{-1})$$

$$C + H_2O \longrightarrow CO + H_2 \quad -131.3(kJ\cdot mol^{-1})$$

由于焦炭与 O_2 和 H_2O 的反应有与 CO_2 反应相类似的规律，大多数国家都用焦炭与 CO_2 间的反应特性评定焦炭反应性。焦炭反应性与焦炭块度、气孔结构、光学组织、比表面积、灰分的成分和含量等有关；还因测定时所采用的条件，如反应温度、反应气组成、反应气流量和压力等因素而改变。所以，评定焦炭的反应性必须在规定的条件下(GB 4000—83)进行试验，以反应后失重百分数作为反应指数(C_r)。反应后的焦炭在直径 130mm，长 700mm 的 Ⅰ 型转鼓中以 20r/min 速度转动 600r，然后用 10mm 筛子筛分，测量筛上物占装入转鼓的反应后焦炭量的百分数作为反应后强度 S_{ar}，多数国家要求 $C_r < 30\% \sim 35\%$，$S_{ar} > 48\% \sim 50\%$。在反应条件一定的情况下，焦炭反应性主

要受炼焦煤料的性质、炼焦工艺、所得焦炭的结构以及焦炭灰成分的影响。

降低焦炭反应性的措施。一般认为，在炼焦配煤中适当多用低挥发分煤和中等挥发分煤，少用高挥发分煤；提高炼焦终温；闷炉操作；增加装炉煤散密度，调整装炉煤的粒度组成；干法熄焦；提高焦炭光学各向异性组织含量；降低气孔比表面积；降低焦炭灰分（金属氧化物具有正催化作用，B_2O_3具有负催化作用）。

有的学者[4]认为，配用低变质程度、弱黏结性的气煤类煤炼成的焦炭含有大量的各向同性结构，有着良好的抗高温碱侵蚀性能。

(2) 焦炭的燃烧性

作为燃料是焦炭的主要用途，发热量、着火温度等是焦炭的重要参数。

1) 焦炭的发热量　焦炭的发热量是用氧弹量热计测定的，按 GB—213 标准进行，操作精细，误差可在 125 J/g 以内。

焦炭中的碳、氢、硫、氮都能与氧化合，由其反应热可以计算出焦炭的发热量，其值在 33400～33650 J/g。

对焦炭 CO_2 反应性有影响的各因素对焦炭的燃烧性也具有相同的影响。

2) 焦炭的着火点　焦炭的着火点是指焦炭在干燥的空气中产生燃烧现象的最低温度。测定焦炭着火点的方法，习惯上采用 1943 年布莱登和赖利等人设计的方法，高炉焦着火温度为 550～650℃。

(3) 焦炭抗碱性

它是焦炭在高炉冶炼过程中抵抗碱金属及其盐类作用的能力。虽然焦炭本身的钾、钠碱金属含量很低（约 0.1%～0.3%），但在高炉冶炼过程中，由矿石带入大量的钾、钠，并富集在焦炭中（可高达 3%以上），对焦炭反应性、焦炭机械强度和焦炭结构均会产生有害的影响，危及高炉操作。

提高焦炭抗碱能力的措施：

1) 采取各种措施降低焦炭与 CO_2 的反应性，提高反应后强度。

2) 从高炉操作采取措施，降低高炉炉身上部温度，减少碱金属在高炉的循环，从而降低焦炭中的钾、钠富集量。

3) 炼焦煤料适当配用低变质程度弱黏结性气煤类煤。

2.1.1.4　焦炭的物理性质

(1) 焦炭比热容

焦炭比热容即为单位质量的焦炭温度升高 1 度所需的热量数值，以 $kJ\cdot(kg\cdot K)^{-1}$表示。

焦炭比热容与温度、原料煤的煤化度，以及焦炭的挥发分和灰分等因素有关。

1) 焦炭在 0～1000℃范围内瞬时比热容的变化关系：

$$c_c = 0.836 + 1.53\times10^{-3}(T-273) - 5.4\times10^{-7}(T-273)^2 \tag{2-8}$$

2) 随着原料煤的煤化度提高，焦炭比热容下降。

3) 焦炭比热容随焦炭挥发分的升高而增加：

$$c_{c(20℃)} = 0.795 + 0.05V_{daf} \tag{2-9}$$

式中　V_{daf}——焦炭干燥无灰基挥发分，%。

4) 焦炭中灰分提高，焦炭比热容降低，焦炭中灰分的瞬时比热容：

$$c_A = 0.795 + 5.06\times10^{-4}(T-273) + 1.338\times10^{-7}(T-273)^2 \tag{2-10}$$

含有灰分（干基）的焦炭，其比热容可由灰分和碳的比热容加和计算：

$$c=c_A\cdot A_d+c_c(1-A_d) \tag{2-11}$$

式中　A_d——焦炭干基灰分，%。

一般工业焦炭的灰分范围为5%～15%，比热容总变化量不大于1%。

(2) 焦炭热导率

热量从焦炭的高温部位向低温部位传递时，单位距离上温差为1开氏温度的传热速率以W·(m·K)$^{-1}$表示。焦炭热导率：

$$\lambda=\frac{dQ}{dt\cdot\delta} \tag{2-12}$$

式中　δ——高温点与低温点间的距离，m；

dt——高温点与低温点间的温度差，K；

dQ——传热速率，J·s^{-1}。

与此有关的热扩散率a(m^2·s^{-1})，可根据热导率λ和比热容c[kJ·(kg·K)$^{-1}$]确定，即

$$a=\frac{\lambda}{1000\rho c} \tag{2-12a}$$

式中　ρ——密度，kg·m^{-3}。

室温下焦块的热导率大致为0.58～0.81 W·(m·K)$^{-1}$，并随温度的升高呈近似直线地增加。

焦炭的热导率和热扩散率随视密度和灰分的增加、气孔率的降低以及裂纹的减少而增大。原料煤的煤化度提高时，因含碳量增加，所制得的焦炭热导率和热扩散率也增高。

(3) 焦炭热膨胀系数

棒状焦炭试样在受热过程中，温度每升高1度(K)的伸长量与试样原长的比值。焦炭线膨胀系数

$$\alpha=\frac{1}{L}\left(\frac{dL}{dt}\right) \tag{2-13}$$

式中　L——试样原长，m；

dt——温度增加量，K；

dL——试样伸长量，m。

在20～1000℃范围内焦炭随温度的升高而膨胀，加热温度超过炼焦终温时，焦炭将呈现出某些收缩。

焦炭的热膨胀系数，与生产焦炭的原料煤种类、加热速度和与焦样在炭化室内经历的热流方向有关。焦炭加热时所产生的破坏，主要取决于焦炭本身结构的不均一性和加热速度。

由各单种煤炼得的焦炭在100～1000℃范围内的平均线胀系数为：$(4.8\sim6.7)\times10^{-6}(K^{-1})$。

(4) 焦炭收缩率

焦炭试样重新加热到高于炼焦终温后产生的收缩量占原来长度的百分率。

焦炭受热时先发生膨胀，继续加热到炼焦终温后，焦炭开始收缩。焦炭加热到1400℃以上时，收缩率极小，这时焦炭呈现出热稳定性。

焦炭试样加热到1400℃时的平均收缩率为0.3%～1.4%，焦炭的收缩率与原料煤的组成有关。

(5) 焦炭的热应力

焦炭受热时，因内部结构和性质不均一，以及各部位的温度梯度而产生的应力。焦炭热应力：

$$\sigma_T=0.444\alpha\cdot E\cdot\Delta t \tag{2-14}$$

式中　α——焦炭线胀系数，K^{-1}；

E——焦炭杨氏模量,MPa;

Δt——焦块表面与中心之间的温度差,℃。在高炉中因焦块大小和所在部位而异,一般可达100~300℃。前苏联曾测得工业焦炭在不同加热温度下的焦炭热膨胀系数和焦炭杨氏模量:

表 2-3 焦炭在不同温度下的热膨胀系数和杨氏模量

焦炭温度/℃	500	750	1000	1250	1500
线膨胀系数/K^{-1}	6.0×10^{-6}	6.0×10^{-6}	6.0×10^{-6}	4.5×10^{-6}	2.3×10^{-6}
杨氏模量/MPa	3650	3650	3720	3730	3840

高炉内焦炭热应力因所处位置和块度大小不同,在0.3~2.9 MPa范围内波动。焦炭内的热应力是粒度大于60mm的焦炭在高炉内破碎的原因之一。

(6) 焦炭电阻率

电阻率又称比电阻:

$$\rho = R\frac{S}{L} \tag{2-15}$$

式中 R——材料的电阻,Ω;

S——测量电阻率试样的断面积,m^2;

L——试样的长度,m。

其值取决于制备焦炭所用原料煤的煤化度、焦炭灰分含量和炭化温度以及焦炭结构,焦炭电阻率是焦炭的重要特性之一,可用于评价焦炭成熟度,也可用于评定焦炭的微观结构。

(7) 焦炭筛分组成

中国国家标准(GB 2005—80)规定,用25、40、60和80mm的一组标准方孔筛对块焦进行筛分后,称量各个筛级的焦炭,以所得各筛级焦炭质量占试样总量的百分率,表示焦炭的筛分组成。用10mm和40mm直径的圆孔筛测定焦炭转鼓试验后焦炭粒级的组成。

根据筛分组成,可以确定焦炭的平均粒度和焦块均匀系数,估算焦炭比表面和焦炭堆积体的空隙体积等焦炭物理特性。

1) 计算平均粒度

算术平均粒度

$$d_m = \Sigma a_i d_i/100 \tag{2-16}$$

式中 a_i——各粒级的质量百分数,%;

d_i——各粒级的平均尺寸,mm,用相应粒级的上、下限的平均值计算。

调和平均粒度

$$d_h = 100/\Sigma\left(\frac{a_i}{d_i}\right) \tag{2-17}$$

d_h是根据焦块的表面积与相应球体表面积相等为条件得出的平均直径。d_h与焦炭表面积有关,常用以计算焦炭层的阻力和透气性。

2) 计算焦炭粒度均匀性系数$K_{均}$

大型高炉用焦炭的

$$K_{均} = \frac{a_{40\sim80}}{a_{>80} + a_{25\sim40}} \tag{2-18}$$

式中 $a_{25\sim40}$,$a_{40\sim80}$和$a_{>80}$表示各相应粒级(mm)焦炭的质量百分含量,%。

中、小型高炉用焦炭的

$$K_{均} = \frac{a_{25\sim40}}{a_{>40} + a_{10\sim25}} \tag{2-19}$$

3) 估算焦炭的比表面

如焦炭筛分组成用80、60、40、25和10mm五级筛测得,则焦炭的比表面:

$$S = 6.7a_{>80} + 8.6a_{60\sim80} + 12.0a_{40\sim60} + 18.5a_{25\sim40} + 34.3a_{10\sim25} + 120.0a_{<10} \tag{2-20}$$

式中　S——焦炭的比表面，$cm^2 \cdot kg^{-1}$；

　　a——各相应粒级的质量百分率，%。

4) 估算焦炭堆积体的空隙体积

若焦炭筛分组成用 80、60、40、25 和 10mm 五级筛测定，则空隙体积

$$V = 15.5a_{>80} + 11.3a_{60\sim80} + 9.1a_{40\sim60} + 7.6a_{25\sim40} + 6.7a_{10\sim25} + 6.3a_{<10} \tag{2-21}$$

式中　V——焦炭的空隙体积，$cm^3 \cdot kg^{-1}$。

(8) 焦炭堆积密度

它是单位体积内块焦堆积体的质量，$kg \cdot m^{-3}$。测量焦炭堆积密度是用一定容积的箱子，将焦炭自由地放入，顶面持平，然后称量焦炭净重并除以容积，即为堆积密度 ρ_b。

焦炭堆积密度(ρ_b)取决于焦炭视密度(ρ_a)和焦块之间的空隙体积 V，三者之间存在以下关系：

$$V = 1 - \frac{\rho_b}{\rho_a} \tag{2-22}$$

ρ_b 值在 400～520($kg \cdot m^{-3}$)范围之内。焦炭堆积密度对焦炭透气性影响很大。随着焦炭平均块度的增加，焦炭堆积密度成比例地减少。大块焦掺入小块焦，则焦炭的空隙降低。焦炭的平均块度下降，堆积密度 ρ_b 增加。

(9) 焦炭透气性

焦炭透气性表示气流通过焦炭料柱的难易程度。它与焦炭筛分组成和焦炭堆积密度有关，通常以一定流速的气体通过焦炭料柱时的阻力系数来衡量。这个阻力系数随焦块之间空隙体积的增加和焦块堆积体总表面的减小而降低。焦炭透气性的测量通常在实验室中以特定的条件进行，测定焦炭料柱的阻力，计算阻力系数 K_r(m^{-1})。

$$K_r = \frac{\Delta p}{h} \Big/ \rho_{ai} \cdot w^2 \tag{2-23}$$

式中　Δp——焦炭料柱的阻力，Pa；

　　h——焦炭料柱的高度，m，一般在 1.5m 以上；

　　ρ_{ai}——试验条件下的空气密度，$kg \cdot m^{-3}$；

　　w——空气的流速，$m \cdot s^{-1}$。

阻力系数 K_r 与焦炭的调和平均粒度有关，当焦炭的调和平均粒度 d_h 小于 40～50mm 时，K_r 急剧增加，因此在高炉内当焦炭粒度低于此范围时，即使粒度有很小的变化，也会对高炉透气性产生很大影响。此外，当不同粒度的焦炭混合时，使焦炭间的空隙体积减小，K_r 将增大。焦炭在运输和使用过程中，由于受到机械力、热应力和化学作用而碎裂，使焦炭表面积增加，筛分组成变化，导致焦炭透气性变差。

K_r 一般在 100～1200 范围内。

(10) 焦炭真密度

焦炭真密度即焦炭去除孔隙后单位体积的质量。焦炭的真密度一般为 1.80～1.95 ($g \cdot cm^{-3}$)。焦炭真密度主要受炭化温度、结焦时间和元素组成的影响。

(11) 焦炭视密度

焦炭视密度即为干燥块焦单位体积的质量。焦炭的视密度为 0.88～1.08($g \cdot cm^{-3}$)。焦炭的视密度随原料煤的煤化度、装炉煤散密度、炭化温度和结焦时间的不同而变化。

(12) 焦炭着火温度

焦炭在空气或氧气中加热时达到连续燃烧的最低温度。同一焦炭的着火温度，因测定方法和

实验条件不同,差异很大。焦炭在空气中的着火温度为450~650℃。焦炭的化学活性越高,其着火温度越低。

焦炭着火温度主要取决于原料煤的煤化度、炼焦终温和助燃气体中氧的浓度。随着原料煤的煤化度和炼焦终温的提高。采用煤料预热和捣固等方式提高所得焦炭的视密度,降低气孔率,可使焦炭着火温度升高。采用富氧空气可以降低焦炭着火温度。据试验,空气中氧的浓度每增加1%,着火温度大致可降低6.5~8.5℃。

2.1.1.5 焦炭机械强度

(1) 焦炭落下强度

焦炭落下强度表征焦炭在常温下抗碎裂能力的焦炭机械强度指标,它以块焦试样按规定高度重复落下四次后,块度大于50mm(或25mm)的焦炭量占试样总量的百分率表示。(见GB 4511.2—84)

焦炭的落下强度与焦炭筛分组成和焦炭转鼓强度均有良好的相关关系,分别见表2-4,表2-5。

表2-4 筛分试验指标与落下试验指标的相关系数

筛分试验指标	落下试验		相关系数
	指标	指标范围/%	
>50mm粒级的百分率	>50mm粒级的百分率	38~78	0.97
	>38mm粒级的百分率	58~92	0.96
	>13mm粒级的百分率	92~98	0.89

表2-5 落下试验指标与转鼓指标的相关系数

落下试验指标	转鼓指标	相关系数
>50mm粒级的百分率	ASTM转鼓试验的稳定性指标	0.85
	100转后,>50mm粒级的百分率	0.98
	100转后,>27mm粒级的百分率	0.99

(2) 焦炭转鼓强度

焦炭转鼓强度表征常温下焦炭的抗碎能力和耐磨能力的焦炭机械强度重要指标,做转鼓强度试验时,将焦炭置于特定的转鼓内转动,借助提升板反复地提起、落下,使焦炭受到撞击、摩擦。焦炭强度即指焦炭转鼓试验后,用大小两个粒级的焦炭量各占入鼓焦炭量的百分率分别表示的抗碎能力和耐磨能力。

一些国家使用的转鼓试验及其主要特点和各种转鼓强度指标间的换算分别见表2-6,表2-7。

表2-6 一些国家使用的转鼓试验及其主要特点

序号	转鼓名称	焦炭入鼓粒度/mm	转鼓直径/mm	转鼓宽度/mm	旋转次数	转速/$r\cdot min^{-1}$	国家	指标
1	ASTM转鼓	50-75	914	457	1400	24	美	*SF*(稳定因子) *HF*(改变因子)
2	JIS转鼓	>50	1500	1500	30或50	15	日	
3	ГОСТ转鼓	>25	1000	1000	100	25	俄	M_{25}、M_{10}
4	米库姆转鼓	>60	1000	1000	100	25	德	M_{40}、M_{10}
5	法国钢铁研究院的IRSID转鼓	>20	1000	1000	500	25	法	I_{20}、I_{10}
6	ISO转鼓的IRSID转鼓	>20	1000	1000	100	25	国际	M_{40}、M_{10}、I_{20}、I_{10}
7	GB/T 2006—94	>25(圆孔)	1000	1000	100	25	中国	M_{25}、M_{10}
8	GB 2006—80	>60(圆孔)	1000	1000	100	25	中国	M_{40}、M_{10}

表 2-7　各种转鼓强度指标间的换算式[5]

编号	关系式	数据量 n，相关系数 r	发表者	发表时间
1	$DI_{15}^{150}=47.755+0.4489M_{40}$	$n=2601$　$r=0.676$	宝钢技术处	1983
2	$DI_{25}^{150}=29.935+0.5912M_{40}$	$n=2601$　$r=0.717$	宝钢技术处	1983
3	$DI_{15}^{150}=95.71-1.673M_{10}$	$n=2601$　$r=-0.663$	宝钢技术处	1983
4	$DI_{25}^{150}=89.70-1.783M_{10}$	$n=2601$　$r=-0.567$	宝钢技术处	1983
5	$DI_{15}^{150}=1.69DI_{15}^{30}-76.6$	—　—	N.NaKamura 等	1977
6	$DI_{15}^{150}=0.68M_{40}+26.07$	$n=29$　$r=0.90$	国际标准组织	1974
7	$DI_{15}^{150}=0.605M_{40}-0.666M_{10}+39.1$	$n=29$　$r=0.92$	国际标准组织	1978
8	$DI_{15}^{30}=0.30M_{40}+70.07$	$n=90$　$r=0.81$	国际标准组织	1978
9	$DI_{15}^{30}=0.243M_{40}-0.481M_{10}+78.8$	$n=90$　$r=0.87$	国际标准组织	1978
10	$DI_{15}^{30}=-0.97M_{10}+102.4$	$n=90$　$r=0.68$	国际标准组织	1978
11	$S=59.7-\dfrac{(3.55-0.03784DI_{15}^{30})^{0.5}}{0.01892}$	$n=182$　$r=0.94$	J.F.Grausden 等	1979
12	$S=1.32M_{40}-43.9$	—　—	W.R.Leader 等	1979
13	$S=-2.62M_{10}+73.9$	$n=30$	城博，井田等	1960
14	$H=-0.549M_{10}+74.4$	—　—	英国炭化研究所	1976

(3) 焦炭热强度

焦炭热强度是反映焦炭热态性质的一项焦炭机械强度指标。它表征焦炭在使用环境温度和气氛下，受到外力作用时，抵抗破碎和磨损的能力。焦炭在高温下的热破坏和碳溶损，是焦炭强度降低的主要原因。

焦炭热强度的测量方法有焦炭的 CO_2 反应后强度测定和用充有 N_2 和 CO_2 的热转鼓强度测定。但根据现有标准测定出的焦炭反应后热强度数值，其准确性、重复性较差，主要是采样、制样、检验等各环节都存在一定的问题，代表性差，检验方法不能准确模拟焦炭在高炉内的实际状态，测定出的焦炭反应后热强度数值很难对生产起指导作用。

一般情况下，正常使用的冷态强度好的冶金焦，特别是 M_{10} 指标好的焦炭，其热转鼓强度和 CO_2 反应后强度也好，冷态强度仍是评定焦炭机械强度的重要方法，它具有试验简单易行，试样量大、代表性好等优点。

2.1.1.6　焦炭力学性质

焦炭在外力作用下产生形变与断裂的特性，即焦炭的力学性质可用焦炭抗压强度、焦炭抗拉强度、焦炭显微强度和焦炭杨氏模量等来表述。

(1) 焦炭抗压强度

焦炭抗压强度即是焦炭在压力作用下断裂时，单位面积上所能承受的最大压应力。室温下焦炭抗压强度大约为 12～30MPa，在 1500℃ 高温下测量时，抗压强度将增大 20% 左右。抗压强度的高低与气孔率大小有关，焦炭抗压强度比焦炭抗拉强度大一个数量级，它比焦炭在高炉内实际承受的压应力(约 0.2MPa)大两个数量级，即焦炭的抗压强度远大于焦炭在高炉内承受的料柱压力，故压应力不是焦炭破坏的主要原因。

(2) 焦炭抗拉强度

焦炭抗拉强度是指焦炭在拉力作用下断裂时，单位面积上所能承受的最大拉应力。直接测定焦炭的抗拉强度十分困难，一般用径向压缩试验间接测定，所测得的值称为焦炭间接抗拉强度。

大多数高炉焦炭抗拉强度值约在 3～5MPa 左右。抗拉强度与焦炭气孔率、焦炭视密度和焦炭显微强度指标相关，视密度大的焦炭抗拉强度高。对于一个整块焦炭，焦头部分的抗拉强度高于焦根部分；对于大量不同来源的焦炭，尤其反映出抗拉强度与焦炭视密度的关系，见图 2-1。

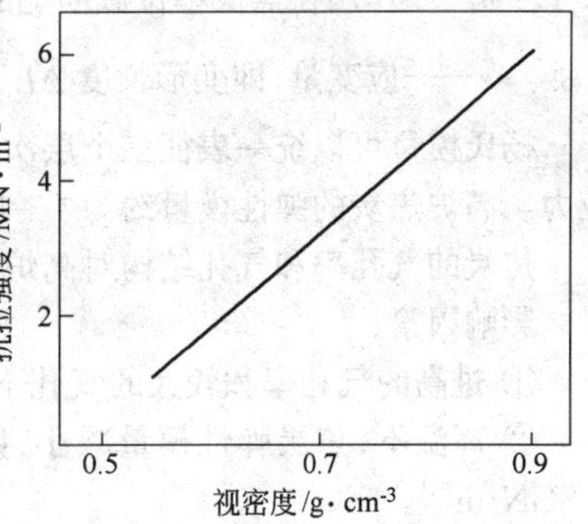

图 2-1　抗拉强度与焦炭视密度的关系

(3) 焦炭显微强度

焦炭显微强度系焦炭气孔壁抵抗磨损的能力，是焦炭力学性质的主要指标之一，用来表征焦炭的气孔壁强度。

测量方法：

将两根或多根内径为 25.4mm，长 305mm，互相垂直且两端装有带密封垫圈盖子的不锈钢管，通过支架和电机—减速机系统，以管长中心为轴进行旋转。每根管内装入 2g 粒度为 0.6～1.18mm 的焦样，称准至 0.0001g，同时装入 12 粒直径为 8mm 的钢珠，一般以 25r/min 的转速旋转 400～1500r，旋转后将管内焦样倒出、刷净，然后筛分。评定焦炭的显微强度可采用减小指数 R 和显微强度指标 MSI。

1) 减小指数 R。包括 R_1、R_2、R_3 三个指标。

$$R_1=\frac{W_1}{W}\times 100 \tag{2-24}$$

$$R_2=\frac{W_2}{W}\times 100 \tag{2-25}$$

$$R_3=\frac{W_3}{W}\times 100 \tag{2-26}$$

式中　W——装入钢管中的焦样量，g；

W_1、W_2、W_3——分别为旋转后筛分组成中＞0.6mm，0.6～0.2mm 和＜0.2mm 的焦样量，g。

R_3 愈小，则焦炭显微强度愈高。

2) 焦炭显微强度指标 MSI。

$$MSI=\frac{M_x}{W}\times 100 \tag{2-27}$$

式中　M_x——旋转后大于某一粒级的焦样数量，g。可用 0.15mm、0.2mm 或 0.3mm 筛子上的筛上物量计算，并分别表示为 $MSI^{0.15}$、$MSI^{0.2}$和 $MSI^{0.3}$。多以 $MSI^{0.2}$表示显微强度。

影响因素：

① 中等煤化度、结焦性好的煤制成的焦炭的显微强度高；

② 显微强度随焦炭中各向同性组织的增加而降低；

③ 试样粒度越小，越能将焦炭中微裂纹和气孔等因素的影响消除；

④ 炼焦终温高时，所得焦炭的显微强度也大；

⑤ 焦炭的显微强度与焦炭气孔率、焦炭抗拉强度有很好的相关关系。

(4) 焦炭杨氏模量

焦炭杨氏模量即为对焦炭单向拉伸或压缩时，在弹性区域使焦炭产生单位应变量需施加的正应力。杨氏模量的计算式为

$$E=\frac{\sigma}{\varepsilon} \tag{2-28}$$

式中　σ——作用在焦炭单位截面上的力，MPa；

　　ε——应变量，即变形长度 ΔL 与试样原长 L 的比值，即 $\varepsilon=\frac{\Delta L}{L}$ 或 $\varepsilon=\frac{\Delta L}{L}\times 100$，%。

杨氏模量可以统一表征三个层次的强度。根据杨氏模量可以估算焦炭在高炉内不同部位的热应力。高炉焦炭的弹性模量约为 $1\sim10(\mathrm{GN\cdot m^{-2}})$。

焦炭的气孔率和气孔结构对高炉焦炭弹性模量影响较大，见表 2-7。

影响因素：

① 过高的气孔率和较大的气孔不规则性使弹性模量降低；

② 高温下，焦炭弹性模量减小，如焦炭的弹性模量在常温下为 $3.2\mathrm{GN\cdot m^{-2}}$，在 800℃ 时则为 $1.8\mathrm{GN\cdot m^{-2}}$。

表 2-8　几种焦炭的气孔率、弹性模量和泊松比

气孔率/%		35	38	45	48
弹性模量/$\mathrm{GN\cdot m^{-2}}$	E	10.5	6.5	5.2	5.2
	标准差	1.5	1.5	0.9	1.2
泊松比	μ	0.20	0.21	0.22	0.21
	标准差	0.07	0.07	0.07	0.05

2.1.1.7　其他

(1) 我国冶金焦炭质量有关标准

1)《冶金焦炭试样的采取和制备》GB 1997—89 或 GB 1997—80。

2)《冶金焦炭》GB/T 1996—94 或 GB 1996—80，见表 2-9、表 2-10。

表 2-9　我国冶金焦炭技术指标（GB/T 1996—94）

<table>
<tr><td colspan="3">指标 ＼ 粒度/mm ＼ 牌号</td><td>>40</td><td>>25</td><td>25~40</td></tr>
<tr><td colspan="2">灰分 A_d/%</td><td>Ⅰ
Ⅱ
Ⅲ</td><td colspan="3">不大于 12.00
12.01~13.50
13.51~15.00</td></tr>
<tr><td colspan="2">硫分 $S_{t,d}$/%</td><td>Ⅰ
Ⅱ
Ⅲ</td><td colspan="3">不大于 0.60
0.61~0.80
0.81~1.00</td></tr>
<tr><td rowspan="2">机械强度</td><td>抗碎强度
M_{25}/%</td><td>Ⅰ
Ⅱ
Ⅲ</td><td colspan="2">大于 92.0
92.0~88.1
88.0~83.0</td><td rowspan="2">按供需双方协议</td></tr>
<tr><td>耐磨强度
M_{10}/%</td><td>Ⅰ
Ⅱ
Ⅲ</td><td colspan="2">不大于 7.0
8.5
10.5</td></tr>
<tr><td colspan="3">挥发分 V_{daf}/%　不大于</td><td colspan="3">1.9</td></tr>
<tr><td colspan="3">水分含量 M_t/%</td><td>4.0±1.0</td><td>5.0±2.0</td><td>不大于 12.0</td></tr>
<tr><td colspan="3">焦末含量/%　不大于</td><td>4.0</td><td>5.0</td><td>12.0</td></tr>
</table>

注：水分只作为生产操作中控制指标，不做质量考核依据。

3)《冶金焦炭的焦末含量及筛分组成的测定方法》GB/T 2005—94。

4)《冶金焦炭机械强度的测定方法》GB/T2006—94。

5)《焦炭全硫含量的测定方法》GB/T 2286—91。

表 2-10　我国冶金焦炭技术指标（GB 1996—80）

种类	灰分(A^g)/%			硫分(S^g_Q)/%			机械强度/% 抗碎强度 M_{40}			
	牌号Ⅰ	牌号Ⅱ	牌号Ⅲ	Ⅰ类	Ⅱ类	Ⅲ类	Ⅰ组	Ⅱ组	Ⅲ组	Ⅳ组
大块焦（大于 40mm）										
大中块焦（大于 25mm）	不大于 12.00	12.01～13.50	13.51～15.00	不大于 0.60	0.61～0.80	0.81～1.00	不小于 80.0	不小于 76.0	不小于 72.0	不小于 65.0
中块焦（25～40mm）										

种类	机械强度/% 耐磨强度 M_{10}				挥发分 (V^r)/%	水分 (W_Q)/%	焦末含量 /%
	Ⅰ组	Ⅱ组	Ⅲ组	Ⅳ组			
大块焦（大于 40mm）						4.0±1.0	不大于 4.0
大中块焦（大于 25mm）	不大于 8.0	不大于 9.0	不大于 10.0	不大于 11.0	不大于 1.9	5.0±2.0	不大于 5.0
中块焦（25～40mm）						不大于 12.0	不大于 12.0

(2) 高炉焦炭堆积安息角

高炉焦炭堆积安息角一般为 40°～43°。

2.1.2　高炉冶炼对焦炭质量的要求

2.1.2.1　焦炭在高炉内的变化[5]

国内外的高炉解剖研究工作对焦炭在高炉内的性状变化获得了一致的认识。从图2-2、图 2-3 可见，自炉身中部开始，焦炭平均粒度变小，强度变差，气孔率增大，反应性、碱金属含量和灰分都增高，含硫量降低。各种变化的程度以外圈（较靠近炉墙）焦炭最剧烈，并与炉内的气流分布和温度分布密切相关。

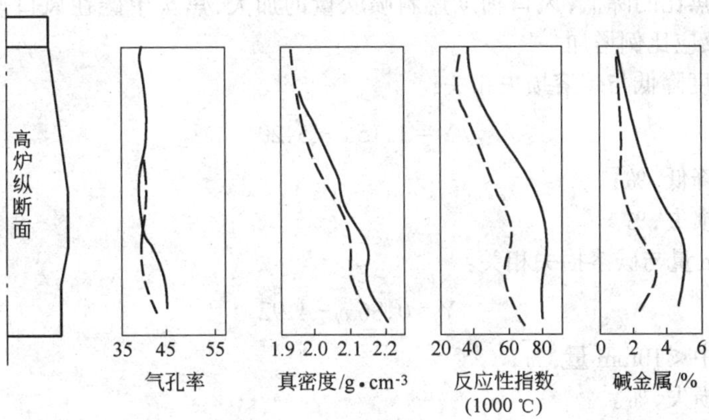

图 2-2　高炉中焦炭反应性、气孔率、碱金属含量等性质的变化

由图 2-3 可见，焦炭从料线到风口，平均粒度减小 20%～40%。在块状带，粒度无明显变化；在软熔带焦炭粒度都有很大变化，这是剧烈碳溶反应的结果。焦炭在高炉内粒度变化的实测结果示于表 2-11。

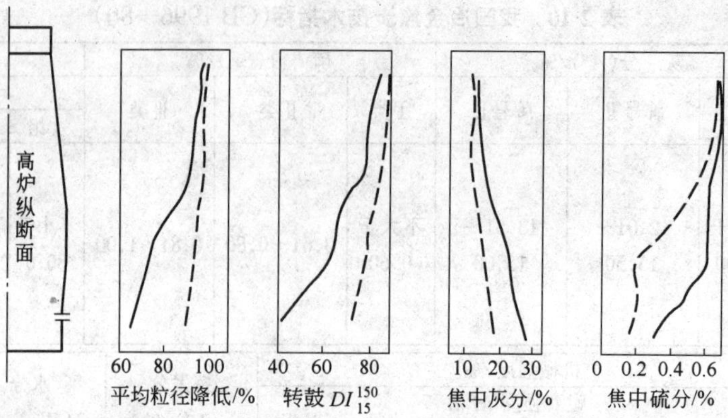

图 2-3 高炉中焦炭块度、强度、灰分、硫分的变化

表 2-11 焦炭在高炉内的粒度变化

焦炭种类	取样地点	粒度组成/%					
		>80mm	60～80mm	40～60mm	25～40mm	25～15mm	<15mm
一般焦炭	料　车	11.0	20.2	49.5	16.8	1.1	1.4
	风　口			22.8	42.2	17.8	17.2
小粒级焦　炭	料　车			29.3	62.6	6.8	1.3
	风　口			12.1	61.2	19.6	7.1

焦炭中碳含量大约在85%～90%之间，除不到1%的碳随高炉煤气逸出外，全部碳均消耗于高炉中，其大致比例为：风口燃烧55%～65%，料线风口间碳溶反应25%～35%，生铁渗碳7%～10%，其他元素还原反应及损失2%～3%。

随着高炉冶炼焦比的降低，风口辅助燃料喷吹量的加大，焦炭中碳在风口燃烧的比例相对减少，而消耗于碳溶反应比例增加。

高炉中焦炭块度降低与碳溶损失相关：

$$Y=1.15x-5.20 \tag{2-29}$$

式中　Y——块度降低，%；

x——碳溶损失，%。

焦炭中<10mm量与碳溶损失相关：

$$Y=0.86x-4.92 \tag{2-30}$$

式中　Y——焦炭中<10mm量，%；

x——碳溶损失，%。

焦炭转鼓指数 DI_{15}^{30} 降低与碳溶损失相关：

$$Y=1.43e^{0.093x} \tag{2-31}$$

式中　Y——转鼓指数降低，%；

x——碳溶损失，%。

2.1.2.2 高炉冶炼对焦炭质量的要求

(1) 焦炭质量指标对高炉生产的影响

1) 灰分　焦炭增加灰分即意味着减少碳含量，增加熔剂造渣量。生产实际证明，焦炭灰分每增加1%，将使高炉焦比升高1%～2%，产量减少2%～3%。

如果焦炭灰分高，硫含量也高，若焦炭灰分每增加1%，焦比将增加2%以上，高炉产量下降2%～3%。

2) 硫分　根据生产实际，焦炭中硫每增加0.1%，焦比会增加1%～3%，生铁减产2%～5%。

3) 水分　焦炭水分对高炉生产的影响表现在水分波动而引起的炉况波动，从而使焦比升高，每增加1%的水分约增加焦炭用量1.1%～1.3%。采用干熄焦和中子测水，自动补偿技术后水分对高炉冶炼的负面影响基本消除。

4) 焦炭块度　焦炭块度均匀使高炉透气性良好，但块度稳定与否决定于焦炭强度。

有些国家选用焦炭块度虽小，但焦炭强度极好，M_{40}在80%以上，而M_{10}在7%以下；有些国家焦炭强度较差，则提高块度下限，因此选择适当块度时应以焦炭强度为基础。

5) 焦炭强度　高炉冶炼是一个多变量的生产过程，炉况的好坏取决于炉料各成分的性质和相互作用，因此要求得到焦炭最佳块度和最佳强度的完全统一也是不可能的。

但焦炭M_{40}、M_{10}指标对高炉冶炼的影响是无可置疑的[6]，M_{40}指标每升高1%，高炉利用系数增加0.04，综合焦比下降5.6kg；M_{10}改善0.2%，利用系数增加0.05，综合焦比下降7kg。

M_{40}、M_{10}与风口焦组成中大于40mm粒度含量相关，与风口焦平均粒度及<10mm含量亦有良好的相关关系。这就说明了M_{40}、M_{10}指标从总体上反映了焦炭在高炉冶炼过程中粒度保持的能力，M_{40}、M_{10}指标好的焦炭，特别是M_{10}指标好的焦炭，就能较好地抵抗高炉中各种因素的侵蚀和作用，使高炉的技术经济指标提高。

焦炭热态强度对高炉炉况的影响程度，看法不一。不少试验曾证明热强度高的焦炭其冷态强度M_{10}或焦炭气孔结构致密程度也是很好的。因此人们认为即使焦炭热态强度与高炉炉况有关，那也是M_{10}或其他因素的反映。

很多冶金工作者要求焦炭在进入回旋区前在块度和耐磨性方面必须符合一定要求，这可以通过风口取样加以监测，判定焦炭质量符合高炉生产的程度。

在一定的焦炭质量和高炉冶炼强度下，随着喷煤量的提高，入炉焦比降低，入炉焦比的降低值和喷吹煤量基本呈线性关系。但是当喷吹煤量增加到某一临界值时，入炉焦比的降低值与喷煤量的增加值间已不再呈线性关系，入炉焦比降低幅度减少，喷吹煤置换比下降，焦炭破损率增加，未燃煤聚积，风量减少，顺行变差……。此时，应进一步提高焦炭质量(既要有足够的冷态强度，又要有充足的反应后热态强度)、优化炉料，改进工艺参数，强化标准化操作使炉况顺行，将喷吹煤粉量提高到一个新的水平[7]。

(2) 优化高炉操作缓解焦炭劣化[8]

在现代高炉冶炼条件下，随着焦比的降低，冶炼强度的提高，焦炭负荷增加，焦炭在高炉内的滞留时间延长，溶损率增加，焦炭质量劣化。如果优化高炉冶炼操作，优化含铁炉料和工艺参数，可缓解焦炭在高炉内的劣化过程，其措施有：

1) 采用高还原性矿石与高热流比操作，使大量的气体产物CO_2在中温区释出，避免与高温焦炭接触，以降低焦炭的溶损反应；

2) 使用合理的风速和鼓风动能以避免风口区粉焦上升；采用中心加焦和矿石混装焦丁等疏松中心的装料制度，使料柱的透气性得到改善；

3) 采用低碱、低硫、高品位矿石及有效的排碱、排硫措施，以利稳定骨架区焦炭的强度。高品位矿石还可以减少渣量，缓解焦炭的劣化；

4）采用适宜的理论燃烧温度。理论燃烧温度过高，回旋区的焦炭温度亦过高，因而促使 SiO_2 大量挥发，甚至焦炭灰分中的 CaO、MgO 及 Al_2O_3 亦有部分被还原，使焦炭变得更为疏松易碎，因此，应当将理论燃烧温度维持在一个适度的水平。

(3) 焦炭质量指标

1）几个国家的冶金焦炭质量指标对比示于表 2-12。

表 2-12　几个国家冶金焦炭质量指标

指　标	中国 Ⅰ级	中国 Ⅱ级	中国 Ⅲ级	美 国	德 国	法 国	英 国	日 本	俄罗斯（大高炉）
含硫 S_t/%	≤0.6	0.61～0.80	0.81～1.0	0.6	0.9	0.8	0.6	0.6	0.6
焦炭块度/mm		25～75		25～70	25～70	25～70	25～70	25～70	25～60
抗碎强度 M_{40}/%	≥80.0	≥76.0	≥72.0	≥80	≥80	≥75	≥75	DI_{15}^{150}>80 或 DI_{15}^{30}>93	M_{25}≥90
耐磨强度 M_{10}/%	≤8.0	≤9.0	≤10.0	≤7.0	≤6	≤7	≤6.0		M_{10}≤6
灰分 A_d/%	≤12.0	12.01～13.50	13.51～15	7.0	8.0	9.0	8.0	9.0	10.0

2）DI_{15}^{30}、DI_{15}^{150}、M_{40} 和 ASTM-S 几种转鼓指标当量见表 2-13。

表 2-13　几种转鼓指标的当量[9]

DI_{15}^{30}	DI_{15}^{150}	M_{40}	ASTM-S
89	74	60	38
90	75.5	66	43
91	77	69	51
92	78.5	72	54
93	80	75	57
94	81.5	78	60

3）我国 2000m³ 以上高炉冶炼用焦炭质量指标列于表 2-14。

表 2-14　我国 2000m³ 以上高炉用焦炭质量指标

高炉容积/m³		2000	2000～3000	>4000
焦炭强度	M_{40}/%	>78	>80	DI_{15}^{150}>82
	M_{10}/%	<8	<8	
灰分 A_d/%		<13	<13	<12
硫分 $S_{t,ad}$/%		<0.7	<0.7	<0.6
焦炭粒度/mm		20～75	20～75	25～75
>75mm 含量/%		<10	<10	<10

4）我国十家钢铁企业冶金焦炭质量状况列于表 2-15。

表 2-15 我国十家钢铁企业冶金焦炭质量状况(1999.1～6)

指标		首钢	太钢	邯钢	武钢	攀钢	宝钢	鞍钢	唐钢	包钢	马钢
焦炭质量	M_{40}/%	89(M_{25}) 76	79.5	78.9	78.8	81.4	89.9	78.4	78.4	78.37	92.5 (M_{25})
	M_{10}/%	7.4	7.3	7.45	7.7	7.5	4.9	7.48	8.0	7.77	5.95
	A_d/%	12.4	12.77	12.39	12.57	12.43	11.38	12.72	13.23	13.25	12.52
	$S_{t,ad}$/%	0.60	0.52	0.50	0.51	0.49	0.46	0.55	0.70	0.70	0.61
配煤质量	A_d/%	9.6～9.7	8.5～9.0	<9.5	9～10	10.0	8.5	9.25	10.84	10.21	9.64
	V_{daf}/%	24	25.50	25	25	21.0	27～28	27.28	26.55	25.92	26.93
	$S_{t,ad}$/%	0.66	0.59	0.45	<0.5	<0.5	0.51	0.61	0.81	0.77	0.72
	G	55	85	70	70	65	79	70	70.7		
	Y/mm	19	22	16	17	16	15	13～16	17.11	20.29	19.70

注：各企业焦炭 M_{40}、M_{10}指标由于取样地点，取样方式的不同，可比性较差，最好取高炉入炉焦炭检验其 M_{40}、M_{10}指标。

2.1.3 提高焦炭质量的措施

为适应高炉大型化和高炉喷吹的需要，必须改进炼焦工艺条件，提高焦炭质量，其主要措施分述如下。

(1) 提高煤料的堆积密度

焦炭的硬度、反应后强度都与装炉煤的堆积密度呈正相关关系，即煤料堆积密度越大，焦炭强度越高。而焦炭反应性却与煤料堆积密度呈负相关。提高煤料堆积密度的工艺有：捣固炼焦、型块配煤、风选调湿粉碎、大容积焦炉、煤压实、煤掺油等。

1) 捣固炼焦[10]　捣固炼焦生产出的焦炭，耐磨性指标有明显的改善，可降低 5%～6%，焦炭机械强度 M_{40}不低于常规顶装焦炉生产的焦炭指标，装炉煤堆积密度可达$0.95\sim1.15t\cdot m^{-3}$，还可增配气煤，比顶装煤工艺少用强黏结煤 20%～25%。

2) 配型煤炼焦[11]　煤料的堆积密度随型煤配入量的增加而增加，当配入量为 40%～70%时，煤料的堆积密度可达最大值($>800\ kg\cdot m^{-3}$)。一般而言，焦炭质量在一定范围内随型煤配入量的增加而提高。型煤配比每增加 10%，焦炭强度指标 DI_{15}^{150}提高 0.7%～1.1%，配比增加到 30%，DI_{15}^{150}指标可改善 2%～3%。在炼焦装炉煤配比不变的条件下，配型煤炼焦 M_{40}、M_{10}、DI_{15}^{150}分别改善 3%～4%、1%～1.5%和 2%～3%，在保持机械强度不变的情况下，可增加 10%～15%的弱黏结性煤的用量。

鞍钢于 1994 年进行住友型煤工艺生产实验，不但焦炭强度 M_{40}指标提高 1.7%，M_{10}改善 1%，还能在配煤中多配入 12%的低灰低硫鹤岗煤，使焦炭的灰分、硫分得以降低，焦炭质量指标可达到 M_{40} 80%左右，M_{10}<7%，硫分 0.65%，还可多使用东北资源丰富的 1/3 焦煤。

3) 采用炭化室高 6m 以上大容积焦炉　由于采用大容积焦炉，入炉煤堆密度增大，有利于焦炭质量的提高或多配弱黏结性煤。一般情况下，6m 焦炉的焦炭比 4.3m 焦炉的焦炭 M_{40}提高 3%～4%，M_{10}低 0.5%左右。

4) 风选调湿粉碎工艺[12]　风选调湿粉碎工艺与常规粉碎工艺相比(水分控制在 6%～8%)，装炉煤堆积密度提高 4.0%～6.1%，60～40mm 块焦率有不同程度的提高，M_{40} 提高 0.5%～2.5%，M_{10}改善 0.5%～1.5%，焦炭反应性下降 0.7%～2.6%，反应后强度提高0.2%～2.4%。当多配用12%鹤岗煤,相应减少焦煤和肥煤用量5.3%时,焦炭质量仍有所提高,M_{40}提高0.5%,M_{10}改善0.9%,焦炭反应性和反应后强度均有所改善。

5) 入炉煤水分控制工艺　正常装炉煤水分为7%~12%,采用水分控制工艺将装炉煤水分降为6%,堆积密度提高4%~6%,其效果有:DI_{15}^{150}提高0.3%~0.4%,生产率提高4.5%,炼焦耗热量降低197 kJ/kg,炉温降低20~25℃,NO_x 排出量减少22%。

6) 煤预热工艺　根据鞍钢1975年煤预热试验结果,装炉煤预热到150~200℃,煤料堆密度增加8%~10%,M_{40}没有变化,M_{10}改善2%~4%,焦炭反应性不变,反应后强度有一定程度的提高,结焦时间缩短25%~30%。

7) 选择性粉碎工艺　对炼焦煤料中,起黏结作用的活性组分与起骨架作用的惰性组分,分别进行粉碎,得到合适的粒度,以求惰性组分均匀地分布在焦炭气孔壁上,为活性组分牢固地黏结成为高强度焦炭。选择性粉碎可使配煤堆积密度提高5%~10%。

(2) 提高焦饼中心温度和进行闷炉操作改善焦炭的热性能[13]

当焦饼中心温度由944℃提高到1075℃时,>80mm焦率下降了13.4%,而80~60mm及60~40mm粒度的焦炭分别上升了8.5%和3.5%,M_{10}下降了2.5%,M_{10}指标改善了1.6%,DI_{15}^{150}指标增加了0.80%,反应性降低了7.2%,反应后强度增加了12.6%。结焦时间延长1h,M_{40}值提高1%。

(3) 提高配煤质量

配煤就是将两种以上的炼焦煤均匀地按适当比例配合,使各种煤之间取长补短,以生产优质冶金焦炭,合理利用煤炭资源,增产炼焦化学产品。炼焦煤分为气煤、肥煤、焦煤、瘦煤、1/3焦煤等类别,性质各异,在成焦过程中作用不同。

1) 气煤　属煤化度较低的烟煤,在中国煤炭分类国家标准中,气煤由两部分煤组成:第一类是干燥无灰基挥发分 $V_{daf}>37\%$,黏结指数 $G>35$,胶质层最大厚度 $Y\leqslant25$mm的煤,这类煤的特点是,挥发分特别高、黏结性强弱不等。第二类是 V_{daf}28%~37%,G 50~65的煤,其特点是挥发分高、黏结性中等。气煤在干馏时,产生的胶质体热稳定性差,气体析出量大,单独炼焦时能形成焦炭,但焦饼收缩大,焦炭纵裂纹多,焦块细长而易碎,气孔大而不均匀,反应性高,但有较好的抵抗碱金属的侵蚀能力。在配合煤中配入气煤后,焦炭块度变小,机械强度变差,但可以降低炼焦过程中炭化室内的膨胀压力,增加焦饼收缩度,并能增加煤气和炼焦化学产品的产率。

2) 肥煤　煤化度中等,黏结性极强的烟煤,按中国煤炭分类国家标准规定,肥煤的干燥无灰基挥发分 V_{daf}10%~37%,胶质层最大厚度 $Y>25$mm,肥煤加热时产生大量胶质体,单独炼焦时所得焦炭熔融良好,但焦炭横裂纹多,气孔率高,在焦饼根部有蜂窝状焦。肥煤是炼焦配合煤中的重要组分,借助肥煤使焦炭熔融良好,从而提高焦炭的耐磨强度,并为配加黏结性差的煤或瘦化剂创造条件。

3) 焦煤　属煤化度较高,结焦性好的烟煤,按中国煤炭分类国家标准规定,焦煤由两部分组成,第一类焦煤的干燥无灰基挥发分 V_{daf}10%~28%,黏结指数 $G>65$,胶质层最大厚度 $Y\leqslant$25mm,这部分煤的结焦性特别好,可以单独炼出合格的高炉焦。另一类焦煤的干燥无灰基挥发分 V_{daf}20%~28%,黏结指数 G50~65,结焦性比前者差。焦煤具有中等挥发分和较好的黏结性,是典型的炼焦煤,在加热时能形成热稳定性很好的胶质体,单独炼焦时所得焦炭块大,裂纹少,机械强度高,但由于收缩度小,膨胀压力大,可能造成推焦困难,甚至引起炉体的损坏,在炼焦配合煤中焦煤可以起到焦炭骨架和缓和收缩应力的作用,从而提高焦炭机械强度,是优质的炼焦原料。从世界范围来说,焦煤的资源比较匮乏,是必须加以保护的宝贵资源,所以已很少用焦煤单独炼焦。

4) 瘦煤　属煤化度较高的烟煤。按中国煤炭分类国家标准规定,瘦煤的干燥无灰基挥发分 V_{daf}10%~20%,黏结指数 G20~65。瘦煤在加热时产生的胶质体少,能单独结焦,所得焦炭块度大,裂纹少,耐磨强度不好。在炼焦配合煤中,瘦煤可以起到骨架和缓和收缩应力,从而增大焦炭块度的作用,是配合煤的重要组分。

5) 1/3 焦煤 是介于焦煤和气煤之间的烟煤。按中国煤炭分类国家标准规定,1/3 焦煤的干燥无灰基挥发分 V_{daf}28%~37%,黏结指数 $G>65$,胶质层厚度 $Y\leqslant25$mm。该煤单独炼焦时,可以生成一定块度和强度的焦炭,1/3 焦煤的性质并不完全一样。其中 $G>75$ 的煤加热时能产生较多的胶质体,结焦性好,可单独炼出强度较高的焦炭,为配合煤中的主要组分,而 $G\leqslant75$ 的 1/3 焦煤结焦性较差,单独炼焦时,不能得到高强度的焦炭,在配合煤中的用量也不宜过多。在中国,1/3 焦煤的资源较为丰富,在炼焦工业中使用也较为广泛。

为了提高焦炭质量,必须提高炼焦配煤的质量,使一些配合煤指标达到一定的范围[1]。常见的配合煤指标有:挥发分(V);胶质层最大厚度(Y);奥亚膨胀度(b 或 $a+b$);基氏最大流动度(MF);黏结指数(G);镜质组最大平均反射率($\overline{R}_{max}^{\circ}$)等。这些指标的适用范围是:

1) 配合煤挥发分(干燥无灰基)以 25%~30% 较适当,高于 30% 也可获得强度良好的焦炭,但焦炭反应性较高。配合煤的挥发分高于 35% 时,就难以获得中等强度的焦炭。配合煤挥发分接近 25% 的低限时,可获得强度高,结构致密的焦炭。挥发分低于 25% 的配合煤,往往在炼焦时产生较大膨胀压力,应采取降低膨胀压力的措施,以免对炉墙造成危害并引起焦饼难推。在保证焦炭质量的前提下,适当提高配合煤的挥发分以增加焦炉煤气和化学产品的产率。

2) 配合煤应有足够的黏结性和良好的结焦性。配合煤的这些指标的适宜范围为:胶质层厚度 Y 值为 14~18mm;基氏流动度 MF 为 50~1000 ddpm 或奥亚膨胀度 $b>20\%$。在保证焦炭质量的前提下,应尽量节约强黏结性煤,合理利用炼焦煤资源。

3) 为了保证煤粒熔融结合良好,除了要求配合煤具有足够的黏结性外,还应使配入煤的软固化温度区间较大。一种软化点很高的煤和另一种固化点很低煤不宜同时配入,也不宜同时配入两种煤化度相差很大而奥亚膨胀度试验中表现为只收缩不膨胀的煤。

4) 配合煤中煤岩组分的比例要适当。配合煤的显微组分中的活性组分应占主要部分,但也应有适当的惰性组分作为骨架,以利于形成致密的焦炭,同时也可缓解收缩应力,减少裂纹的形成。惰性组分的适宜比例因煤化度不同而异,当配煤的平均最大反射率 $\overline{R}_{max}^{\circ}<1.3$时,以 30%~32% 较好;当 $\overline{R}_{max}^{\circ}>1.3$ 时,以 25%~30% 为好。当采用高挥发分煤时,要考虑稳定组含量。

5) 配合煤的灰分、硫含量、磷含量均应符合使用要求,降低灰分亦是提高焦炭质量的有效措施,根据鞍钢生产经验,配煤灰分每降低 1%,M_{40} 指标增加 1.8%。有时还应考虑灰分中 Al_2O_3、Na_2O 和 K_2O 等的含量。

为了使配合煤符合上述基本要求,从而保证焦炭质量,并有利于焦炉操作和合理地利用炼焦煤资源,在配合煤中,挥发分为 20%~30% 的强黏结性煤不能低于 55%~60%,这是生产优质高炉焦的必要条件,是配合煤的基础煤,当炼焦用煤的资源受到限制影响配煤质量时,可在炼焦煤准备过程中采用某些预处理技术,以改善装炉煤的性质或改善结焦条件,从而提高焦炭质量。

(4) 焦炭整粒

利用焦炭在筛焦、转运过程中,增加摔打,使焦炭承受撞击、摩擦,焦块裂纹减少,棱角变圆,达到整粒和调质的目的。在常规配煤的基础上,采用焦炭整粒均匀性系数提高 0.65,25~80mm 焦率提高 8%~9%,>80mm 焦率降低约 10%。

(5) 干法熄焦

干法熄焦和湿法熄焦相比,一般认为可使 M_{40} 指标提高 3%~5%,M_{10} 指标降低 0.3%~0.8%,焦炭块度趋于均匀。

(6) 掺加添加物炼焦

配煤中掺加黏结剂或瘦化剂,以使配合煤中黏结成分与瘦化成分配合适当,配合煤掺油炼焦可提高化学产品产率和增加煤料堆积密度,改善耐磨强度。配入焦粉或无烟煤等瘦化剂炼焦,主要为扩大炼焦煤源或减缓半焦收缩,增大焦炭块度。

(7) 采用各种现代化的测温手段和炉温计算机管理

以保证焦炉上、中、下,纵向和横向温度分布均匀,焦饼均匀成熟。

(8) 合理使用优质炼焦煤

炼焦煤的品种、质量直接影响冶金焦炭的质量,特别是中等变质程度的强黏结煤对提高焦炭质量至关重要,而资源有限,因此必需合理使用它,其途径有:

1) 不同容积的高炉使用不同质量的冶金焦　对具有不同容积高炉群的钢铁企业,按不同焦炭质量标准安排生产。对大型高炉,多配优质炼焦煤;对中小型高炉,适当少配优质炼焦煤,生产出质量满足中小型高炉需要的焦炭。

2) 利用高炉检修空隙和剩余的生产能力炼制商品焦,节省出黏结性好的焦肥煤,以炼出高质量的焦炭供高炉使用。

2.1.4 焦炭质量与经济效益

焦炭必须符合精料方针和强化冶炼的要求,特别是为了加大高炉富氧喷吹煤粉量,为了保证高炉状态良好,指标先进,优良的焦炭质量是非常必要的。优良的焦炭质量可以通过提高配煤质量和采用各种先进的配煤、炼焦工艺来达到,但成本也随着提高。降低炼焦配煤的硫分、灰分、多配低挥发分强黏结性煤要增加成本;提高焦饼中心温度和闷炉操作要多烧煤气,减少产量;采用先进的配煤、炼焦、熄焦、筛焦工艺要增加投资,增加折旧费用……,总之要提高焦炭质量必然要提高成本。

当然,焦炭质量的提高,保证了高炉顺行,休风及风口烧损减少,焦比降低,高炉利用系数增加,炉体寿命提高……,高炉生产在经济上的效益是很明显的。

冶金企业应根据本地区、本单位高炉喷吹及生产指标等实际情况,结合资源的合理利用,制定本企业的焦炭质量指标;炼铁工序应选择最优工艺参数,强化操作,将高炉操作提高到一个新水平。炼焦和炼铁工序通力合作,使焦炭质量功能既充分,又不过剩浪费,以求得焦炭质量成本、高炉炉况和高炉经济效益之间的协调统一,以最低的成本获得最大的经济效益。

2.2 煤　粉

现在,我国冶金企业多数高炉都采用喷吹煤粉工艺,以节约焦炭,降低生铁成本。炼铁工艺对高炉喷吹用煤有特定的要求。

2.2.1 高炉喷吹用煤的工艺性能

2.2.1.1 煤的孔隙率

煤的孔隙率可根据视(相对)密度和真(相对)密度计算得出:

$$\text{煤的孔隙率} = \frac{\text{真(相对)密度} - \text{视(相对)密度}}{\text{真(相对)密度}} \times 100\% \tag{2-32}$$

式中,煤的真(相对)密度是指20℃时煤(不包括煤的孔隙)的质量与同体积水的质量之比;煤的视(相对)密度是指20℃时(包括煤的孔隙)煤的质量与同体积水的质量之比。

孔隙率大的煤其比表面积大,反应性能好,强度较小。这种煤可磨性和燃烧性好,炉内未燃煤气化反应好。有利于高炉稳定顺行和提高煤焦置换比。

煤的孔隙率与煤化程度有关，褐煤、无烟煤孔隙率高，中变质程度的烟煤孔隙率低。

2.2.1.2 煤的比表面积

单位质量的煤粒，其表面积的总和，叫做这种煤在该粒度下的比表面积，单位为$mm^2 \cdot g^{-1}$。

煤的比表面积是煤的重要性质，对研究煤的破碎、着火、燃烧反应等性能均具有重要意义。比表面积大的煤容易着火。

比表面积的测定是用透气式比表面积测定仪测定。其测定原理是根据气流通过一定厚度的煤层受到阻力而产生压力降来测定的。

不同煤化度煤的比表面积是两头大，中间小，即褐煤和无烟煤比表面积大，中等变质程度的烟煤比表面积小。

2.2.1.3 煤的可磨性

煤的可磨性可用来评定煤研磨成煤粉的难易程度。一般来说，烟煤可磨指数高，即易碎。无烟煤和褐煤可磨指数较低，即不易磨碎。此外同一种煤的可磨指数，随煤的水分和灰分增加而降低。

可磨性指数表示方法：某一种煤的可磨性指数是将此种煤磨碎到与标准煤同一细度所消耗电能的比值(K)：

$$K = \frac{\text{标准煤磨碎到一定细度所消耗的电能}}{\text{某种煤磨碎到一定细度所消耗的电能}}$$

工业上常采用的有苏式可磨性指数 K^{BT}及哈德格罗夫法可磨系数(HGI)两种。HGI 是以美国宾夕法尼亚州某煤矿易磨烟煤作为标准煤，并规定其可磨指数为 100。K^{BT}是用前苏联顿巴斯无烟煤作为标准煤样，并规定其可磨指数为 1。两种可磨性指数互换关系为：

$$HGI = 70K^{BT} - 20 \tag{2-33}$$

现在国际规定使用哈氏指数。我国部分喷吹用煤的可磨性列于表 2-21。

2.2.1.4 煤的着火温度

在氧气(空气)和煤共存的条件下，把煤加热到开始燃烧的温度，叫做煤的燃点或着火温度。

煤的着火温度与煤的变质程度相关。一般变质程度高的煤，挥发分低，着火温度比较高；变质程度低的煤，挥发分高，着火温度比较低。我国各类煤的着火温度范围如表 2-16。

表 2-16 我国各类煤的着火温度范围

煤 种	褐 煤	长焰煤	不粘煤	弱粘煤	气 煤	肥 煤	焦 煤	贫瘦煤	无烟煤
着火点/℃	267～300	275～330	278～315	310～350	305～350	340～365	355～365	360～390	365～420

煤被空气中氧气氧化是煤自燃的根本原因。煤中碳氢等元素，在常温下都会发生氧化反应，生成可燃物 CO、CH_4 及其他烷烃物质，并同时放出热量，如果热量不能及时散发，就会越积越多，使煤的温度升高，煤的温度升高反过来又会加速煤的氧化，放出更多的可燃物质和热量，当温度达到一定值时，这些可燃物质就会燃烧而引起自燃。一般说来，煤的着火温度越低越容易自燃。

2.2.1.5 煤灰熔融性

煤的灰分是由 SiO_2、Al_2O_3、Fe_2O_3 和 CaO 等多种金属氧化物及化合物构成的复杂混合物。当其加热到一定温度时就开始局部熔化，随温度升高，熔化部分增加，到某一温度时全部熔化。以这种逐渐熔化过程使煤灰试样产生变形、软化和流动变化的相应温度来表征煤灰的熔融性，或者说煤灰熔融性就是出现变形、软化和流动物理状态时的温度。

一般固态排渣的燃烧炉或气化炉，要求使用灰的熔融温度较高的煤，以免炉内结渣，影响生产正常运行。而液态排渣炉则要求使用灰熔融温度低的煤。高炉属于液态排渣的设备，炉内温度较高，灰熔融温度高低的煤一般都能适应。但喷吹灰熔融温度低的煤会造成风口挂渣，喷枪堵塞，燃烧不充分，影响喷吹效果。

煤灰熔融温度通过测试得出，但也可根据煤灰成分数值（质量分数）计算灰熔融温度。常用的经验公式有下列两个：

$$FT = 200 + 21Al_2O_3 + 10SiO_2 + 5[Fe_2O_3 + CaO + MgO + Na_2O + K_2O] \quad (2\text{-}34)$$

$$FT = 200 + (2.5b + 20Al_2O_3) + (3.3b + 10SiO_2) \quad (2\text{-}35)$$

式中　$b = Fe_2O_3 + CaO + MgO + Na_2O + K_2O$

式 2-34 适用于以 Al_2O_3 和 SiO_2 含量为主（两者之和＞70％）的煤灰；式 2-35 适用于 b＞30％的煤灰。

我国部分喷吹用煤的灰熔融温度列于表 2-21。

2.2.1.6　胶质层厚度 Y 值

Y 值低的烟煤可作为高炉喷吹用煤。如 Y 值太高，风口容易结焦，造成喷枪堵塞。因此高炉喷吹用煤要求 Y 值小于 10mm。

2.2.1.7　煤的 CO_2 反应性

煤对 CO_2 的化学反应性是在一定温度下煤中碳与 CO_2 进行反应的能力，或者说将 CO_2 还原成 CO 的能力，它以被还原成 CO 的 CO_2 量占参加反应的 CO_2 总量的百分数 a％来表示，通常也称为煤对 CO_2 的反应性。

反应性强的煤在气化和燃烧过程中，反应速度快，效率高。高炉喷吹反应性强的煤，不仅可提高煤粉燃烧率，扩大喷吹量，而且未燃煤粉在高炉内参与 CO_2 的气化反应，减少了焦炭的气化反应，有利于提高炉料的透气性。

煤的反应性与煤的挥发分含量有相关关系，挥发分高的褐煤反应性最强，烟煤居中，无烟煤反应性最小。褐煤、烟煤及无烟煤的反应性见图 2-4。

2.2.1.8　煤粉的流动性

煤粉吸附气体，在煤粒表面形成气膜，使煤粉颗粒之间摩擦力减小。另外煤粒均为带电体，且都是同性电荷，具有相斥作用，所以煤粉具有流动性能，具体表现为安息角很小。

高炉喷吹要求煤粉流动性好，如煤粉停放时间很长，煤表面气膜减薄，静电逐渐消失，煤粉流动性能就逐渐变差。所以鞍钢规定煤粉停放时间要小于 8h。另一方面也是从安全方面考虑，防止煤氧化自燃。

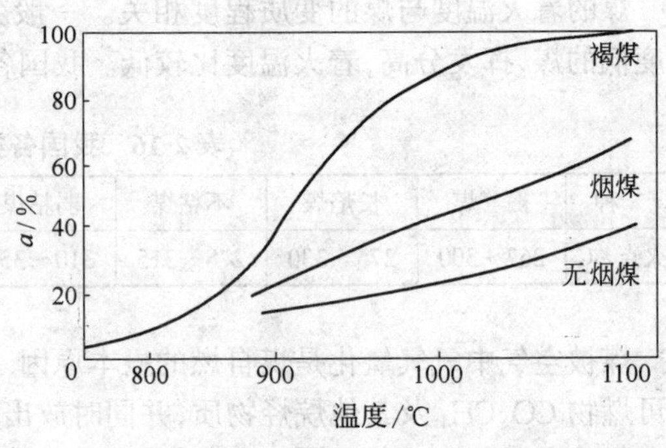

图 2-4　褐煤、烟煤及无烟煤的反应性

2.2.1.9　煤的细度（粒度）

煤的细度也叫粒度。煤的粒度对制粉的电能消耗和高炉风口前的燃烧速度，具有重大影响。此特性一般采用筛分分析来表示。目前世界各国采用的筛分分析法有公制和英制两种。

公制是用筛上剩余量 R％来表示，剩余量越多，煤粉粒度就越粗。表示方法：

$$R = \frac{a}{a+b}100 \quad (2\text{-}36)$$

式中　a——筛上剩余煤粉量；

b——筛下煤粉量。

常用的筛号规格如表 2-17，筛网的号数相当每平方厘米筛网上的格孔数。

表 2-17 筛号规格

筛 号	每平方厘米内的筛孔数	筛孔的内边长/μm	筛 号	每平方厘米内的筛孔数	筛孔的内边长/μm
10	100	600	70	4900	90
30	900	200	80	6400	75
50	2500	120	100	10000	60

英制是用网目表示，网目数是该筛 1in(25.4mm)长度上的筛孔数，例如喷煤常用来判别煤粉磨细程度的 -200 目，就是 1in 长度上有 200 个筛孔，用该筛的筛下物%作为筛分分析结果。如果筛下物达到 80%，就表明为 -200 目 80%。国内外喷煤制粉作业中常以 -200 目或 -170 目说明煤粉磨细程度。英制与公制的对比列于表 2-18。

表 2-18 常见筛制

泰勒标准筛		美国标准筛		上 海 筛		沈 阳 筛		日本 T_{15}	国际标准筛
网目孔/in	孔/mm	筛号	孔/mm	网目孔/in	孔/mm	网目孔/in	孔/mm	孔/mm	孔/mm
2.5	7.925	2.5	8					7.93	8
3	6.68	3	6.73					6.73	6.3
3.5	5.691	3.5	5.66					5.66	
4	4.699	4	4.76	4	5			4.76	5
5	3.962	5	4	5	4			4	4
6	3.327	6	3.36	6	3.52			3.36	3.35
7	2.794	7	2.83					2.83	2.8
8	2.262	8	2.38	8	2.616			2.38	2.3
9	1.981	10	2					2	2
10	1.651	12	1.68	10	1.98			1.68	1.6
12	1.397	14	1.41	12	1.66			1.41	1.4
14	1.168	16	1.19	14	1.43			1.19	1.18
16	0.991	18	1	16	1.27			1	1
20	0.833	20	0.84	20	0.995	20	0.92	0.8	0.8
24	0.701	25	0.71	24	0.823			0.71	0.71
28	0.589	30	0.59	28	0.674			0.59	0.6
32	0.495	35	0.5	32	0.56			0.5	0.5
35	0.417	40	0.42	36	0.50			0.42	0.4
42	0.351	45	0.35	42	0.452	40	0.442	0.35	0.355
48	0.295	50	0.297	48	0.376			0.297	0.3
60	0.246	60	0.25	60	0.295	60	0.272	0.25	0.25
65	0.208	70	0.21	70	0.251			0.21	0.2
80	0.175	80	0.177	80	0.2	80	0.196	0.177	0.18
100	0.147	100	0.149	90	0.18	100	0.152	0.149	0.15
115	0.124	120	0.125	110	0.139	140	0.101	0.125	0.125
150	0.104	140	0.105	130	0.114	160	0.088	0.105	0.1
170	0.088	170	0.088	180	0.09	180	0.08	0.088	0.09

续表 2-18

泰勒标准筛		美国标准筛		上海筛		沈阳筛		日本 T_{15}	国际标准筛
网目孔/in	孔/mm	筛号	孔/mm	网目孔/in	孔/mm	网目孔/in	孔/mm	孔/mm	孔/mm
200	0.074	200	0.074	200	0.077	200	0.066	0.074	0.075
230	0.062	230	0.062	230	0.065			0.062	0.063
270	0.053	270	0.052	280	0.056			0.053	0.05
325	0.043	325	0.044	320	0.044			0.044	0.04
400	0.038								

2.2.1.10 煤粉爆炸性

(1) 煤粉爆燃的必要条件

煤粉爆燃的必要条件如下：

1) 要有氧气存在，含氧浓度≥14%。

2) 要具有一定的煤粉浓度，并形成空气和煤粉的混合云。煤尘爆炸浓度的上下限，因煤种不同而异。下限：褐煤为 $45 \sim 55 g \cdot m^{-3}$，烟煤 $100 \sim 335 g \cdot cm^{-3}$；上限：褐煤为 $110 \sim 335 g \cdot cm^{-3}$，烟煤为 $1500 \sim 2000 g \cdot cm^{-3}$。爆炸威力最强的含量是 $300 \sim 400 g \cdot m^{-3}$[14]。

3) 要具有火源。

4) 煤粉处于分散悬浮状态。

(2) 煤粉爆炸的必要条件

除应具备上述爆燃前 3 个条件外，空气和煤粉混合云必须处于密闭的或部分密闭的空间内，这样压力才会急剧增大，使包围体有被爆破的危险。

高炉喷煤各种煤仓、仓式泵、布袋箱、喷吹罐组等，都属于可燃煤粉云存在的空间。

煤粉爆炸性与煤挥发分相关，随挥发分含量增加，其爆炸性也增大。一般认为煤粉无灰基(可燃基)挥发分 $V_{daf} < 10\%$，为基本不爆炸煤，$V_{daf} > 10\%$ 为有爆炸性煤，$V_{daf} > 25\%$ 为强爆炸性煤。

(3) 测量煤粉爆炸方法

测量煤粉爆炸方法很多。我国使用长管测示仪(北京科技大学开发)，试验用 1g－200 目煤粉，喷入设在玻璃管内 1050℃ 火源上，视其返回火焰长度来判断它的爆炸性。一般认为，仅在火源出现稀少的火星或无火星，属于无爆炸性煤。若产生火焰并返回喷入一端，其火焰长度＜400mm 为易燃而有爆炸性煤；若返回火焰长度＞400mm 的为强爆炸性煤。表2-19为我国几种高炉喷吹用煤的爆炸性能。

表 2-19 几种煤的火焰返回长度

爆炸性	煤种							
	晋华官	马武山	庞庄	夹河	城子河	峻德	神府	阳泉、大西、安子、晋城
无灰基挥发分 V_{daf}/%	34.2	37.48	33.80	35.46	29.92	34.54	36.05	<10
返回火焰长度/mm	115	640	682	700	580	800	647	0

(4) 煤粉粒度对爆炸的影响

煤粉粒度增大，爆炸性减弱，主要是煤的比表面积减小的缘故。表2-20是测定抚顺烟煤不同粒度时爆炸火焰返回长度。随着煤粉粒度增大爆炸返回火焰长度减少，粒度>100目时爆炸火焰返回长度降至200～300mm。

表 2-20　抚顺煤粉爆炸返回长度与粒度的关系

煤粉粒度/目	<200	150～200	100～120	>100	混合粒度
返回火焰长度/mm	700～750	650	570	200～300	500

(5) 控制适宜的含氧浓度

高炉喷煤工艺，控制系统内部适宜的含氧浓度是防止煤粉着火爆炸的关键，若系统含氧低于一定浓度，就可避免着火爆炸。能引起爆炸的含氧浓度随煤种的特性而变化，如图2-5是鞍钢测定的烟煤和无烟煤按不同比例混合喷吹，随着烟煤配比增加，能引起煤粉爆炸的气氛含O_2浓度降低。测定使用煤能引起爆炸的气氛含O_2浓度值，可用来确定制粉系统、输送系统、喷吹系统及受压容器中气氛含O_2浓度的依据。

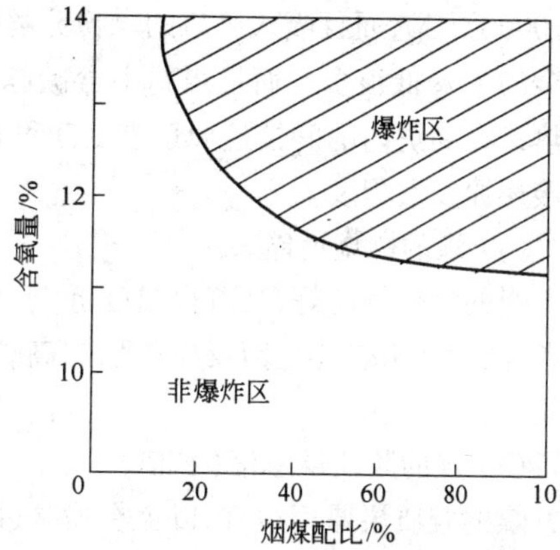

图2-5　不同烟煤配比时煤粉爆炸含氧值

2.2.2　高炉对喷吹煤的性能要求

高炉喷吹用煤应能满足高炉工艺要求，有利于扩大喷煤量和提高置换比。为此，要求煤的发热值高，易磨和燃烧性能好，灰分和硫分低等。我国部分喷吹用煤的工业分析等工艺性能列于表2-21。

表 2-21　中国部分喷吹用煤的工艺性能①

产　地	工　业　分　析/%					哈氏可磨性	着火温度/℃	煤灰熔融温度/℃
	挥发分	灰　分	固定碳	硫	水　分			
阳泉(洗)	5.81	10.73	82.21	0.68	1.25	74.46	390～410	>1550
阳泉(原)	8.22	13.00	77.30	0.66	1.48	54	390～410	>1550
宁　夏	8.96	3.53	86.02	0.12	1.44	56.78	431	1280
宁　夏	6.54	9.31	81.70	0.16	2.45	64.07	431	1290
大　同	26.75	8.84	62.81	0.95	1.60	58.60	—	1310
京　西	4.48	14.24	78.48	0.18	2.80	68.35	—	1210
神　府	35.50	4.91	51.31	0.34	8.28	66.78		1240
东　胜	31.43	6.34	54.23	0.43	8.04	60.23	317	1180
天　铁	10.62	7.22	70.91	0.32	0.75	81.02	431	>1550
三　湘	6.60	8.40	84.20	0.63	0.80	128	—	1480
湘　潭	7.74	11.20	80.21	0.84	0.85	164	—	1300
永　丰	9.12	11.30	78.84	0.60	0.74	102	—	1300
白　沙	7.66	12.51	78.97	0.74	0.86	172	—	1560
涟　邵	7.53	9.57	81.25	0.57	1.62	90	—	1600
长　治	12.96	11.25	75.00	0.33	0.80	120	400～420	—
安　阳	11.20	12.0	76.0	0.37	0.80	120	390	—

① 北京科技大学炼铁所提供。

(1) 煤的灰分

煤的灰分越低越好,一般要求煤的灰分低于或接近焦炭灰分,最高不大于15%。

(2) 煤的硫分

为改善生铁质量,煤的硫分越低越好,一般要求小于0.7%,最高不大于0.8%。

(3) 煤的发热量

单位煤完全燃烧所放出的热量称该种煤的发热量,但是喷入高炉的煤粉在风口前并不是完全燃烧,由于风口前碳多氧少,温度很高超过CO_2稳定存在的温度,因此喷入的煤粉是不完全燃烧,煤中的碳的最终燃烧产物只能是CO,而煤中H_2不能燃烧,所以每kg煤粉燃烧放出的热量只有(9800~10000)·$C_{煤}$,而且喷入风口的煤粉分解还要吸热,这样喷入高炉的煤粉在风口前燃烧放出的热量比煤的$Q_{低}$低很多。而且煤粉中含碳越高,放热量越高,含氢越高,则放热量越低。风口前未放出的热量在高炉内的间接还原区随CO和H_2的氧化而部分放出,其放出程度取决于高炉冶炼过程中间接还原发展程度。

(4) 煤的燃烧性能

煤的燃烧性能好,其着火温度低,反应性强。燃烧性能好的煤在风口有限的空间、时间内能充分燃烧,少量未燃煤也因反应性强与高炉煤气中的CO_2和H_2O反应而气化,不易造成炉料透气性恶化。

(5) 煤的胶质层厚度(*Y*值)

煤的胶质层厚度适宜,以免在喷吹过程中风口结焦和堵塞喷枪,一般要求*Y*值<10mm。

(6) 煤的可磨性

煤的可磨性好,磨煤机台时产量高,电耗低,可降低喷吹成本。要求哈氏可磨系数*HGI*>30。

(7) 煤的灰熔点温度

煤的灰熔点要求高些为佳。因为灰熔点温度太低时,风口容易挂渣和堵塞喷枪。灰熔点温度主要取决于Al_2O_3含量。当其含量>40%时,煤灰的软化温度都会超过1500℃。

(8) 配煤

配煤即两种或三种煤,根据高炉喷煤质量要求,按不同比例混合在一起,磨到一定粒度向高炉喷吹。

任何单一种煤都不可能满足高炉喷煤要求,另一方面各种煤由于产地远近、运输方式等不同,为了获得最好经济效果,高炉应喷吹配合煤。国内外通常采用含碳量高和发热值高的无烟煤同挥发分高和燃烧性好的烟煤配合,使配煤的平均挥发分控制在20%左右,灰分<15%以下,充分发挥两种煤的优点,可获得良好的喷吹效益。

2.3 气体燃料

气体燃料在高炉冶炼中起着重要作用,热风炉离不开它,高炉亦可应用。气体燃料具有输送方便、控制和计量准确、燃烧装置简单和热效率高等优点。

高炉炼铁生产使用的气体燃料分为两类:一类是喷入高炉的喷吹燃料,它们是天然气和焦炉煤气,另一类是加热热风炉使用的燃料,它们是高炉生产本身已产生并经清洗后的高炉煤气,氧气转炉生产中回收的转炉煤气,以及炼焦生产回收的焦炉煤气。

高炉炼铁常用的气体燃料的成分和它的特性列于表2-22和表2-23。

表 2-22　高炉炼铁常用气体燃料的成分

气体名称		产地	组分								备注
			H_2	CO	CH_4	C_nH_m	O_2	N_2	CO_2	H_2O	
天然气	气井	四川	—	—	98.0	0.6～1.0	—	1.0	—	—	
	油井	大庆	—	—	81.7	10～15	0.2	1.8	0.7	—	
		前苏联	—	—	95～98	0～2.0	—	1.0～3.8	0.1～1.0	—	
		前苏联	—	—	60～84	6.5～9.0	—	7.0～30	0.2～4.2	—	高炉风口喷吹
	转化气	前苏联	50.0	31.3	—	3.0	—	0.5	2.3	12.9	氧气转化供炉身喷吹
	转化气	前苏联	30.2	16.7	—	1.5	—	45.7	1.0	4.9	空气转化供炉身喷吹
焦炉煤气		北京	59.2	8.6	29.4	2.0	1.2	3.6	2.0	—	
高炉煤气		鞍钢	1.5～3.0	23～24	—	—	—	54～56	18～20	—	
转炉煤气		鞍钢	1.0～2.0	50～60	—	—	0.4～0.8	25～35	15～18	—	

表 2-23　我国高炉生产常用气体燃料的特性

气体燃料名称		高热值 Q_n/kJ·m^{-3}	低热值 Q_L/kJ·m^{-3}	重度 γ_0/kg·m^{-3}	定压热容 C_p/kJ (m^3·℃)$^{-1}$	运动黏度 $\nu\times10^6$/m^3·s^{-1}	爆炸极限 L (上/下)空气中的体积/%
天然气	气井	40403	36442	0.7435	1.5600	13.92	15.0/5.0
	油井	52833	48383	1.0415	1.8116	8.36	14.2/4.2
焦炉煤气		19820	19618	0.4686	1.3900	24.76	35.8/4.5
高炉煤气		3214	3170	1.363	1.3528	11.60	92.13/31.65
转炉煤气		6300	6262	1.351	1.3470	11.35	85.71/20.71

气体燃料名称		燃烧时的理论空气量 V_0/m^3·m^{-3}	燃烧产生的理论烟气量 V_f(湿/干)/m^3·m^{-3}	干烟气最大 CO_2 含量/%(体积)	理论燃烧温度 $t_{理}$/℃	最大燃烧速度 u/m·s^{-1}
天然气	气井	9.64	10.84/8.65	11.8	1970	0.380
	油井	12.52	13.73/11.33	12.7	1986	0.380
焦炉煤气		4.21	4.88/3.76	10.6	1998	0.857
高炉煤气		0.59	1.522/1.441	42.1	1450	0.414
转炉煤气		1.165	1.990/1.898	65.1	1700	0.707

参 考 文 献

1　中国冶金百科全书,炼焦化工卷,北京:冶金工业出版社,1992.12
2　傅永宁编著.高炉焦炭,北京:冶金工业出版社,1995
3　重庆大学炼铁教研室,冶金焦炭石墨化程度的测定研究报告,重庆大学,1986
4　周师庸.传统配煤技术概念更新的必要性,1998
5　成兰伯主编.高炉炼铁工艺及计算,北京:冶金工业出版社,1991

6　张孝天.焦炭质量对高炉冶炼的影响,论文,1994.8
7　袁庸夫.高炉喷吹与焦炭质量问题的探讨,燃料与化工,第28卷第3期第140页,1997.3
8　糜克勤.最大喷煤量与焦炭质量问题,华东冶金学院,1994.8
9　R.C.斯坦莱克.焦炭性质及其对高炉操作的影响(高炉炼铁技术讲座),北京:冶金工业出版社,1980
10　冶金部炼焦技术考察组,捣固炼焦技术考察报告,1985.5
11　鞍山焦化耐火材料设计研究院,采用炼焦新技术满足现代化高炉的需要,1994.8
12　鞍山热能研究院,鞍山钢铁集团公司,风选调湿粉碎工艺……200kg焦炉半工业试验研究,1999.11
13　何慧群.高炉用焦热性质的初步探讨,炼焦化学,1981第四期
14　杨金和等.化工百科全书,第11卷第364页,北京:化学工业出版社,1996

3 高炉冶炼的基本理论

3.1 炉料还原过程

高炉是一种竖炉型逆流式反应器。在炉内堆积成料柱状的炉料,受逆流而上的高温还原气流的作用,不断地被加热、分解、还原、软化、熔融、滴落,并最终形成渣铁融体而分离。高炉活体取样和解剖研究证明,冶炼过程中炉内料柱基本上是整体下降的,称为层状下降或活塞流。而产生上述一系列炉料形态变化的区域,基本上取决于温度场在料柱中的分布。习惯上将其分为以下五个区域(见图 3-1)。

1) 块状带或称干区　即炉料软熔前的区域。这里主要进行氧化物的热分解和气体还原剂的间接还原反应;

2) 软熔带　炉料从软化到熔融过程的区域。随着冶炼控制因素的变化,其纵剖面可形成倒 V 形、W 形或 V 形等分布。在软熔过程中,由于料块气孔和料块间空隙急骤减少,还原过程几乎停顿,同时煤气流经软熔带的阻力也大增。因此,软融带在料柱中形成的位置高低、径向分布的相对高度、厚度及形状,对冶炼过程有极大影响。例如,当软熔带位置较低时,能扩大块状带区域,使间接还原充分进行,提高了煤气利用率,从而减少了高炉下部耗热量很大的直接还原量。

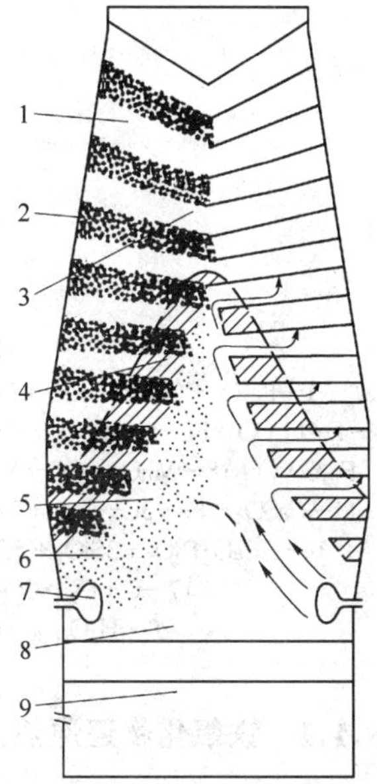

图 3-1　高炉内各区域分布示意图

1—矿石;2—焦炭;3—块状带;4—软熔带;5—滴落带;6—焦炭疏松区;7—风口带;8—炉芯死料柱;9—渣铁贮存区

3) 滴落带　渣铁完全熔化后呈液滴状落下穿过焦炭层进入炉缸之前的区域。含铁炉料虽已熔化,但焦炭尚未燃烧,因而该区料柱是由焦炭构成的塔状结构,并可分为下降较快的疏松区和更新很慢的中心死料柱两部分。渣铁液滴在焦炭空隙间滴落的同时,继续进行还原、渗碳等高温物理化学反应,特别是非铁元素的还原反应。

4) 风口燃烧带　是燃料燃烧产生高温热能和气体还原剂的区域。风口前的焦炭在燃烧时能被高速鼓风气流所带动,形成一个“鸟窝”状的回旋区,焦炭是在回旋运动的气流中悬浮并燃烧的。回旋区的径向深度达不到高炉中心,因而炉子中心仍然堆积着一个圆丘状的焦炭死料柱,构成了滴落带的一部分,这里还有一定数量的液体渣铁与焦炭间的直接还原反应在进行。

5) 渣铁贮存区　由滴落带落下的渣铁融体存放的区域。渣—铁间的反应主要是脱硫和硅氧化的耦合反应。

图 3-2 是高炉内还原过程和主要反应进行区域沿高度上的分布示意图。按温度区间和还原的主要反应划分,≤800℃ 为间接还原区;≥1100℃ 为直接还原区;800 ~ 1100℃ 为两种还原共存区。

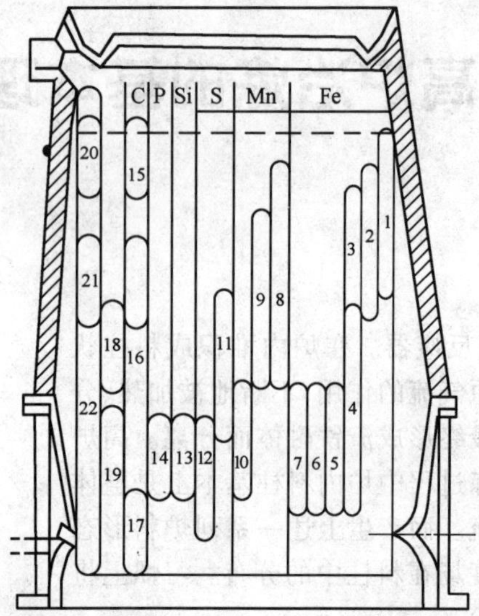

图 3-2　高炉内各种反应进行区域示意图

1—$Fe_2O_3 + CO \rightarrow 2FeO + CO_2$；2—$Fe_3O_4 + CO \rightarrow 3FeO + CO_2$；3—$FeO + CO \rightarrow Fe + CO_2(2CO \rightarrow C + CO_2)$；4—$FeO + CO \rightarrow Fe + CO_2(CO_2 + C \rightarrow 2CO)$；5—$FeO + C \rightarrow Fe + CO$；6—$3FeO + 5CO \rightarrow Fe_3C + 4CO_2$；7—$3FeO + 2CO \rightarrow Fe_3C + CO_2$；8—$MnO_2 + CO \rightarrow MnO + CO_2$；9—$Mn_3O_4 + CO \rightarrow 3MnO + CO_2$；10—$Fe + MnO + C \rightarrow Fe + Mn + CO$；11—$CaSO_4 + Fe + 3C \rightarrow CaO + FeS + 3CO$；12—$CaO + FeS + C \rightarrow CaS + Fe + CO$；13—$SiO_2 + 2C + Fe \rightarrow FeSi + CO$；14—$3CaO \cdot P_2O_5 + 3SiO_2 + 5C + 6Fe \rightarrow CaO \cdot SiO_2 + 2Fe_3P + 5CO$；15—$2CO \rightarrow CO_2 + C$；16—$CO_2 + C \rightarrow 2CO$；17—$C + O_2 \rightarrow CO_2$；18—$CaCO_3 \rightarrow CaO + CO_2$；19—$CaO + Al_2O_3 + SiO_2 \rightarrow$ 硅酸盐渣；20—$H_2O_{(吸附)} \rightarrow H_2O_{(g)}$；21—$H_2O_{(化合)} + C \rightarrow H_2 + CO$；22—$H_2O + C \rightarrow H_2 + CO$

3.1.1　铁氧化物还原热力学

铁氧化物由于与氧结合的数量不同而有 Fe_2O_3、Fe_3O_4 和 Fe_xO 三种形式。其中 Fe_2O_3 和 Fe_3O_4 它们的氧铁原子比例是固定的，分别为 1.5 和 1.33，即理论含氧量分别是 30.06% 和 27.64%。而 Fe_xO 则是氧铁比例不固定的缺位氧化物，即在晶体结构上缺少一些铁的二价离子 Fe^{2+}，造成氧铁原子比在 1.05～1.13 之间波动，但在讨论问题和生产上都简化写为 FeO，并称为浮氏体。而且 FeO 在低温下不能稳定存在，在低于 570℃ 时将分解为 $Fe_3O_4 + \alpha - Fe$。

高炉中有气体 CO、H_2 和固体 C 三种还原剂。已经证明无论是何种还原剂还原铁氧化物，都是由高级(含氧量高)向低级(含氧量低)氧化物逐级变化的。并以 570℃ 为界，其变化的顺序分别为：

$>570℃$　$Fe_2O_3 \longrightarrow Fe_3O_4 \longrightarrow FeO \rightarrow Fe$

$<570℃$　$Fe_2O_3 \longrightarrow Fe_3O_4 \longrightarrow Fe$

(1) 用气体还原剂还原(间接还原)

其还原反应式为：

$>570℃$ 时：

$$3Fe_2O_3 + CO = 2Fe_3O_4 + CO_2 + 37112kJ \tag{3-1}$$

$$Fe_3O_4 + CO \rightleftharpoons 3FeO + CO_2 - 20878kJ \tag{3-2}$$

$$FeO + CO \rightleftharpoons Fe + CO_2 + 13598kJ \tag{3-3}$$

$<570℃$ 时：

$$3Fe_2O_3 + CO = 2Fe_3O_4 + CO_2 + 37112kJ \tag{3-1a}$$

$$Fe_3O_4 + CO \rightleftharpoons 3Fe + 4CO_2 + 17154kJ \tag{3-4}$$

除反应 3-1 是不可逆的之外，其余均为可逆反应。在 Fe-O-C 体系中，上述诸可逆反应的平衡常

数 K_P 可用下式表示：

$$K_P = \frac{p_{CO_2}}{p_{CO}} = \frac{(\%CO_2)}{(\%CO)} \tag{3-5}$$

上述各反应达到平衡时的气相组成可表示为：

$$(\%CO) = \frac{100}{1+K_P} = f(T) \tag{3-6}$$

据此可以得到Fe-O-C系的平衡气相组成与温度的关系，见图3-3。图中的4条曲线分别表示了上述各反应在不同温度下的气相平衡组成，而被它们分割的4个区域则是 Fe_2O_3、Fe_3O_4、FeO和Fe能够稳定存在的区域。这是因为各区域内任何一点的气相组成都不是平衡气相组成，都会引起平衡的移动，且距平衡组成曲线越远移动越快，直到Fe-O系氧化物全部转化为可以稳定存在的反应产物。

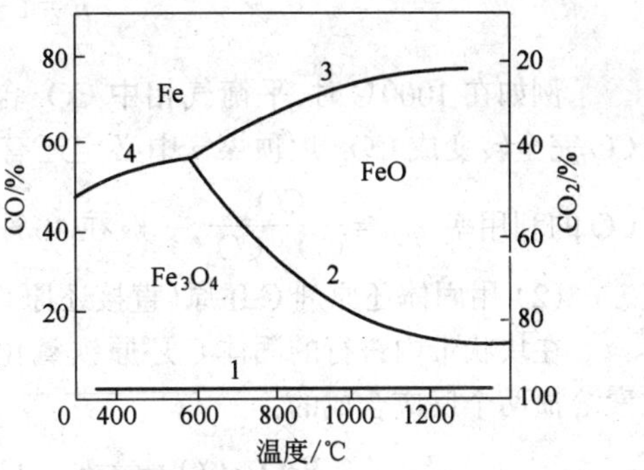

图3-3　Fe-O-C系气相平衡组成

1—$3Fe_2O_3 + CO = 2Fe_3O_4 + CO_2$；

2—$Fe_3O_4 + CO \rightleftharpoons 3FeO + CO_2$；

3—$FeO + CO \rightleftharpoons Fe + CO_2$；

4—$Fe_3O_4 + 4CO \rightleftharpoons 3Fe + 4CO_2$

但是在高炉条件下还存在着碳素溶损反应（贝—波反应），即：

$$CO_2 + C \rightleftharpoons 2CO - 165686\text{kJ} \tag{3-7}$$

由于料柱中焦炭的固定碳总是存在的，Fe-O-C系的气相组成就力图达到碳素溶损反应的平衡浓度，结果使铁的各级氧化物稳定存在区域发生了变化，如图3-4所示。以该反应平衡气相曲线与铁氧化物还原气相平衡曲线的两个相交点为分界，划分出各级铁氧化物稳定存在的温度区域。不过实际上在高炉内发现：在700℃以下当CO浓度远高于碳素溶损反应平衡组成的情况下，仍然有Fe被还原出来；在700～1100℃之间，当冶炼强度低而焦比高时，气相组成才接近碳素溶损反应的平衡成分，而冶炼强度高焦比低时，则接近FeO还原的平衡成分；当>1100℃时由于碳素溶损反应速度极快，使 CO_2 不能存在。

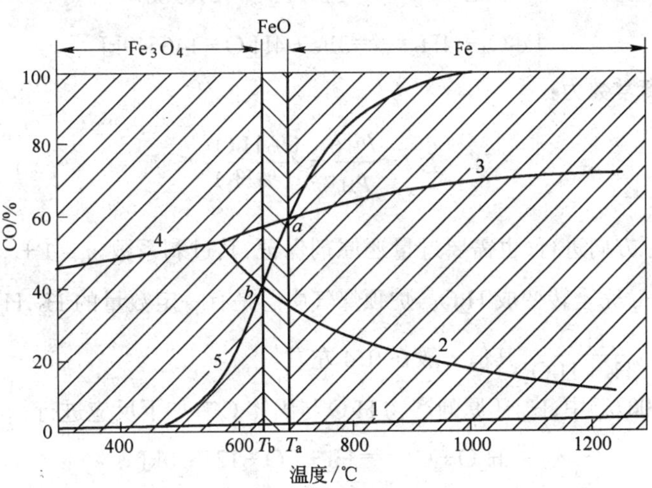

图3-4　存在碳素溶损反应时铁氧化物的稳定存在区域

高炉冶炼过程中，为了使铁氧化物能还原到铁，使上述可逆反应能向还原方向进行，就需要有超过平衡组分浓度的过量还原剂，以 FeO 还原到 Fe 为例：

$$FeO + nCO \longrightarrow Fe + (n-1)CO + CO_2 \tag{3-8}$$

式中　n 称为过剩系数，可根据平衡常数 K_P 或平衡气相成分中的 CO_2 含量求得：

$$n = 1 + \frac{1}{K_P} \quad 或 \quad n = \frac{100}{CO_{2平}} \tag{3-9}$$

例如在 1000℃ 时，平衡气相中 CO_2 含量为 29%，则 $n = 3.45$。正因为如此，高炉中不可能将 CO 完全转变成 CO_2，炉顶煤气中必定还有一定数量的 CO 存在。CO 转变成 CO_2 的程度称为煤气 CO 的利用率 $\eta_{CO} = \frac{CO_2}{CO + CO_2}$，一般在 40%～50% 左右。

(2) 用固体还原剂 C 还原（直接还原）

在块状带内进行的固体 C 还原铁氧化物反应，实际上是由气体还原剂 CO 还原铁氧化物和碳素溶损两个反应合成的：

$$\begin{array}{rl} & FeO + CO = Fe + CO_2 + 13598kJ \\ +) & CO_2 + C = 2CO - 165686kJ \\ \hline & FeO + C = Fe + CO - 152088kJ \end{array} \tag{3-10}$$

显然 CO 只是中间物，最终消耗的是固体 C。由于反应进行需要很大热量，所以在低温区固体碳的还原反应很难进行。

固体 C 与铁氧化物直接接触进行真正的固体碳直接还原反应，一般只有在铁矿石软熔、熔融滴落时或呈液态的铁氧化物才有机会发生。

(3) 用气体还原剂 H_2 还原

与 CO 还原反应相同，当温度＞570℃时，有：

$$3Fe_2O_3 + H_2 = 2Fe_3O_4 + H_2O + 21798kJ \tag{3-11}$$

$$Fe_3O_4 + H_2 \rightleftharpoons 3FeO + H_2O - 63555kJ \tag{3-12}$$

$$FeO + H_2 \rightleftharpoons Fe + H_2O - 27698kJ \tag{3-13}$$

＜570℃时：

$$Fe_3O_4 + 4H_2 \rightleftharpoons 3Fe + 4H_2O - 146649kJ \tag{3-14}$$

上述反应的平衡常数为：

$$K_P = \frac{p_{H_2O}}{p_{H_2}} = \frac{(\%H_2O)}{(\%H_2)} \tag{3-15}$$

为使反应向还原方向进行，也需要过量还原剂保证，其过剩系数 $n = 1 + \frac{1}{K_P}$ 或 $n = 100/H_2O_{平}$。高炉内也不可能将 H_2 完全转变成 H_2O。炉顶煤气中总是有一定数量的 H_2，H_2 转变成 H_2O 的程度称为 H_2 利用率 $\eta_{H_2} = \frac{H_2O}{H_2 + H_2O}$，其值一般在 0.4 左右。

在高温区（＞1000℃）中，H_2 还原的产物 H_2O 与固体 C 有如下反应进行：

$$H_2O + C = H_2 + CO - 124390kJ \tag{3-16}$$

此时 H_2 参与还原，同 CO 一样只是中间媒介物，相当于碳的直接还原。

在高炉内还存在着 810℃ 达到平衡的水煤气反应：

$$H_2 + CO_2 \rightleftharpoons H_2O + CO - 41162kJ \tag{3-17}$$

因此用 H_2 还原铁氧化物，相当于用 CO 还原铁氧化物和水煤气反应二者的合成，所以 H_2 参与还原起到了 CO 还原铁氧化物的催化剂作用，提高了 CO 的利用率。直接参与还原的 H_2 量一般为总 H_2 量的 30%～50%。

H_2 的还原能力在高于 810℃时大于 CO 的还原能力，而低于 810℃时则相反，这是因为 810℃是水煤气反应的平衡点所决定的。比较图 3-5 中 Fe-O-C 系和 Fe-O-H 系平衡图不难看出：810℃是两个体系平衡组成曲线的交点，即在该处有 $(\%H_2)/(\%H_2O)=(\%CO)/(\%CO_2)$；而 > 810℃时，则有 $(\%H_2)/(\%H_2O)<(\%CO)/(\%CO_2)$；< 810℃则相反。该比值越小表明达到平衡气相组成所需要的还原剂越少，即还原能力越强。

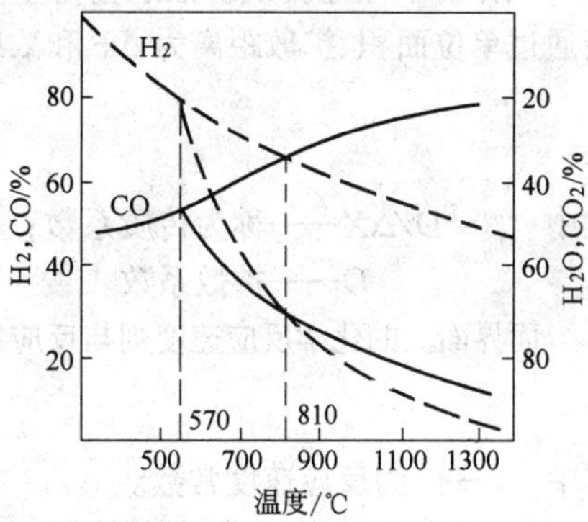

图 3-5 Fe-O-C 系和 Fe-O-H 系气相平衡组成的比较

高炉内 H_2 的来源主要是风口喷吹燃料中的碳氢化物分解、焦炭中有机氢和鼓风湿分分解产生的。

3.1.2 铁氧化物还原的动力学

3.1.2.1 还原机理

铁氧化物的气固相还原过程可以分为以下步骤：

1) 气相中还原剂(CO、H_2)穿过边界层向铁矿物表面的外扩散，然后穿过还原产物层向反应界面的内扩散；

2) 还原剂与铁氧化物发生界面化学反应；

3) 还原产物气体(CO_2、H_2O)通过还原产物层和边界层向气相扩散。

其中还原剂与铁氧化物界面化学反应的机理，包括如下的变化过程：

1) 还原剂的表面吸附　CO 和 H_2 都能在固体铁氧化物表面上被吸附，但 H_2 被吸附的能力比 CO 的大。高炉中的 N_2 也能被吸附，它减少了还原剂的被吸附点，因而对还原过程不利。

2) 吸附的还原剂与铁氧化物的晶格发生作用，改变了铁离子价位　铁氧化物首先是在吸附有还原剂的界面上(包括多孔结构的内表面上)失去氧，吸收还原剂释放的电子使铁离子价位降低，如三价铁离子转变为二价铁离子，这些电子不断充填原三价铁离子的空位，形成一种过饱和状态，使晶格发生畸变和重建。当矿石铁氧化物为 Fe_3O_4 或 $\gamma-Fe_2O_3$ 时，它们与 Fe_xO 和 α-Fe 均为立方晶系，晶格转变和重建并不困难，因而还原初期孕育的时间也不长。若氧化物为 α-Fe_2O_3 时，尽管其向 Fe_3O_4 转变时晶格变化较大，但因在固相内 $Fe^{2+}\cdot Fe^{3+}\cdot 4O^{2-}$ 离子团有较大的过饱和度，且易于形成裂纹和孔隙，所以 Fe_2O_3 的还原反而比 Fe_3O_4 更容易些。

3) 通过离子扩散，使反应界面向未反应区推移　在界面上形成的二价铁离子能通过固相晶格向未反应区扩散，使 O^{2-} 离子暴露在表面与还原剂作用；同时未反应区的 O^{2-} 离子也能向反应界面扩散，并不断被还原剂除去，直到整个矿物被还原完了。

当反应界面逐渐向未反应的矿块核心推移的过程中，其还原速度具有自动催化特性。即还原开始期，由于新相生成困难，还原速度很慢；中期，新相界面不断扩大，对晶核长大有催化作用，使还原速度达到最大；末期，新相汇合成整体，界面缩小，还原速度下降。

3.1.2.2 还原反应速度

还原过程的总速度是由气相(还原剂及还原产物)的扩散速度和界面上的化学反应速度中速度慢者所决定的。

气体的扩散速度或扩散通量与垂直于扩散方向上的通过面积及扩散物质的浓度梯度成正比。当通过单位面积、扩散距离为 Δx 和浓度差为 ΔC 时，扩散速度 J 可表示为：

$$J = D\frac{\Delta C}{\Delta X} = \beta\Delta C \tag{3-18}$$

式中 $\beta = D/\Delta X$——称为传质系数；

D——扩散系数。

而界面上的化学反应速度则与反应物浓度成正比，对于一级反应的化学反应速度 v_h 可表示为：

$$v_h = k \cdot C \tag{3-19}$$

式中 k——为反应速度常数。

D 与 k 都是与温度有关的常数，其与温度变化的关系见图 3-6。

由于总的反应过程是由扩散—化学反应—扩散等过程串联组成的，因此总的反应速度总是与其中最慢的一个环节相同。当化学反应速度处于限制环节（最慢）时，反应过程总速度等于化学反应速度，称为反应过程处于动力学范围；同理，当扩散速度成为过程限制环节时，过程处于扩散范围。当二者相差不大时，对过程总反应速度都有较大影响，则称为过渡范围。反应过程范围可由下式判别：

$$S = \sqrt{\frac{\alpha \cdot k}{\varepsilon \cdot D}} \times r_0 \tag{3-20}$$

式中 α——为被还原矿块中单位体积的孔隙表面积；

ε——为矿块中的体积气孔率；

r_0——为矿块的半径。

当 $S>10$ 时为扩散范围；$S<0.1$ 时为动力学范围；$S=0.1\sim10$ 时则为过渡范围。在图 3-6 上我们可以看到温度对反应速度范围的转变发生的影响。k、D 随温度变化的曲线在某一温度下有一个相交点。低于此温度 $k<D$，即处于动力学范围；反之亦然。

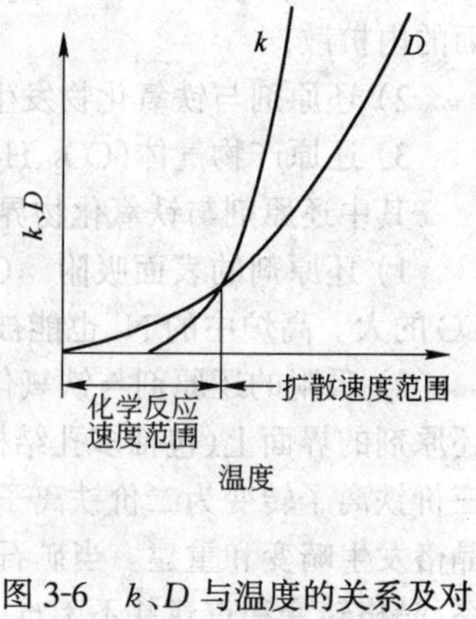

图 3-6 k、D 与温度的关系及对反应速度范围的影响

如果将传质系数和速度常数的倒数 β^{-1} 和 k^{-1} 看作是各个反应环节的阻力，那么还原过程的总速度 v_Σ 可用下式表述：

$$v_\Sigma = \frac{\Delta C_\Sigma}{\beta_1^{-1} + k^{-1} + \beta_2^{-1} + \cdots} \tag{3-21}$$

式中 ΔC_Σ——还原剂浓度的总差值。

3.1.2.3 *影响铁矿石还原的因素*

(1) 还原剂的气相浓度

气相中 CO 和 H_2 浓度提高对化学反应速度和扩散过程都是有利的。因为初始浓度提高后，它使扩散速度加快，界面上还原剂浓度也提高了，与平衡浓度的差值增大，从而使化学反应速度也加快。

(2) 温度

在较高温度下，速度常数 k 和扩散系数 D 都会急剧增大，因为它们与温度都成指数或幂数关系：

$$k = A \cdot e^{-\frac{E}{RT}} \tag{3-22}$$

$$D = D_0 \cdot T^n \tag{3-23}$$

式中　A、D_0——常数；

E、R——分别为活化能和气体常数。

在温度为800～1000℃范围内，温度对反应的加速作用最为重要。因为高出此范围如矿球达到软化、熔融温度后，将引起体积收缩和孔隙度减少，反应过程也转入扩散范围，此时总反应速度反而会减慢。

(3) 煤气流速

当反应处于边界层扩散范围时，增加煤气流速会使边界层减薄，从而使反应速度加快。当反应过程向内扩散或动力学范围过渡时，再增大煤气流速将不再起作用，此时的煤气流速称为"临界流速"。高炉生产中煤气流速远超过"临界流速"，因此煤气流速对炉内的铁矿石还原过程没有影响。

(4) 煤气压力

压力是通过对气体浓度的影响而起作用，因而当反应过程处于内扩散或动力学范围时，提高压力有利于还原。同时提高压力还使C的溶损气化反应变慢，使CO_2消失的温度区域，由800℃提高到1000℃左右，有利于中温区间接还原的发展。此外，在压力低时提高压力的效果比压力高时明显。

(5) 矿石粒度、组成与孔隙度

减少矿石粒度，即r_0变小，将降低内扩散的阻力，同时还使单位体积料层内矿石与气体还原剂的接触表面积增大，结果反应速度增加，还原时间缩短。但是当粒度缩小到一定程度后，使反应过程转变到动力学范围时将不再起作用，此时的粒度称为"临界粒度"，高炉冶炼条件下约为3～5mm。

矿石的孔隙度在很大程度上决定了矿石的还原性，因为在很多情况下，内扩散往往成为反应过程的限制环节。孔隙度大，开放型孔隙多，以及还原产物层产生裂缝等均会加速内扩散过程促进还原进行。反之，结构致密，孔隙度小或多为封闭型的，还原性显著降低。

FeO的性状和形态对还原产物金属铁层的结构有很大影响。当浮氏体的纯度高及还原温度较高，生成的金属铁层则较为疏松，内扩散阻力小。此外铁矿物结构不同，其还原的难易程度有很大差别，一般由易到难的顺序为：球团矿—褐铁矿—高碱度烧结矿—菱铁矿—赤铁矿—磁铁矿（包括钛磁铁矿）—均热炉渣等。

铁的复合化合物，如烧结矿及均热炉渣中的硅酸铁（Fe_2SiO_4），钛磁铁矿中的钛铁矿（$FeO\cdot TiO_2$）、钛尖晶石（$2FeO\cdot TiO_2$）和钛磁铁矿（$Fe_3O_4\cdot TiO_2$）等的还原，首先要分解成自由的铁氧化物才能被还原，因此要在高温区进行，属于难还原的铁矿物。

(6) 煤气成分

高炉煤气是由CO、H_2和N_2组成的。由于H_2的扩散系数和反应速度常数都比CO大，所以提高H_2含量将加快还原反应速度。而N_2在反应界面吸附过程中，占据了活性点，减少了CO和H_2气体还原剂的吸附量，从而阻碍还原过程的进行。

3.1.3　直接还原度及其发展程度对还原剂消耗量的影响

3.1.3.1　直接还原度

(1) 铁的直接还原度 r_d

根据铁氧化物还原的热力学分析，可认为：在高炉内高价铁氧化物还原到FeO完全是通过间接还原完成的。而FeO还原到Fe则既有间接还原也有直接还原。判别其直接还原的发展程度大小，通常用铁的直接还原度r_d指标。其定义为：经直接还原途径从FeO中还原出的铁量与被还原的全部铁量的比值。即：

$$r_d = \frac{Fe_d}{Fe_T - Fe_L} \times 100\% \tag{3-24}$$

式中 Fe_d——由直接还原出的金属铁量；

Fe_T、Fe_L——生铁和入炉料中的金属铁量。

(2) 高炉直接还原度

其定义为：高炉冶炼过程中，直接还原夺取的氧量 O_d（包括还原 Fe、Mn、Si、P…及脱 S 等）与还原过程夺取的总氧量 O_z 之比值，以 R_d 表示：

$$R_d = \frac{O_d}{O_z} = \frac{O_d}{O_d + O_i} \times 100\% \tag{3-25}$$

式中 O_d、O_i——分别为直接还原和间接还原所夺取的氧量；

O_z——还原夺取的总氧量。

上述两个指标都可以评价冶炼过程直接还原发展程度。r_d 虽然没有包括非铁元素的直接还原和高价铁氧化物的直接还原，但在冶炼条件较稳定时能灵敏反映出还原过程的变化，应用较为广泛。关于 r_d 的计算和应用，详见本书第 10 章等部分。

3.1.3.2 直接及间接还原发展程度及对还原剂消耗的影响

(1) 直接还原反应消耗的碳量与 r_d 的关系

按冶炼 1kg 生铁计算，直接还原消耗碳量 C_d，包含非铁元素直接还原消耗碳量 C_F 与铁还原消耗碳量两部分：

$$C_d = C_F + [Fe] \cdot r_d \times \frac{12}{56} = C_F + 0.214[Fe] \cdot r_d \tag{3-26}$$

式中 $C_F = [Si] \times \frac{2\times12}{28} + [Mn] \times \frac{12}{55} + [P] \times \frac{5\times12}{2\times31}$——非铁元素 Si、Mn、P 直接还原消耗碳量；

[Fe]、[Si]、[Mn]、[P]——生铁中该元素的含量。

在冶炼生铁品种稳定条件下 C_F 与[Fe]可视为常数，因而 C_d 与 r_d 成正比关系。

(2) 间接还原反应消耗碳量与 r_d 的关系

由于 Fe_3O_4 和 FeO 的间接还原反应是可逆的，反应平衡时的气相组成中 CO/CO_2 保持有一定比例。为了使还原反应不断进行下去，必须使气相 CO 浓度超过平衡浓度才行，也即需要过量的 CO 才行。即：

$$FeO + n_1CO = Fe + CO_2 + (n_1 - 1)CO \tag{3-27}$$

$$Fe_3O_4 + n_2CO = 3FeO + CO_2 + (n_2 - 1)CO \tag{3-28}$$

高炉是一个逆流反应器，FeO 来自炉子上部 Fe_3O_4 的间接还原，而还原 Fe_3O_4 的气相成分则来自炉子下部还原 FeO 后的气相组成，因此该气相组成应满足 Fe_3O_4 还原所需 CO 过剩量的要求，此时的碳素消耗量 C_i 为间接还原理论上最低的需求量。当 CO 过剩系数为 n 时，有：

$$C_i = 0.214n \cdot [Fe] \cdot (1 - r_d) \tag{3-29}$$

(3) r_d 对碳素消耗量的影响

当生铁的成分已知时，可将式 3-26 和式 3-29 做图如图 3-7。由图可见，碳素作为还原剂消耗，随着 r_d 的增加 C_i 下降而 C_d 上升，显然，碳素消耗量必须满足 C_i 或 C_d 二者中较高者的需求，还原反应才能完成。因此图中由 ABC 表示的 C_i—C_d 折线是不同 r_d 时还原剂消耗的最低消耗线。其中交点 B 处，$C_i = C_d$，是碳素消耗最低点。该点的 r_d 是理论上最低还原剂消耗的最适宜 r_d。

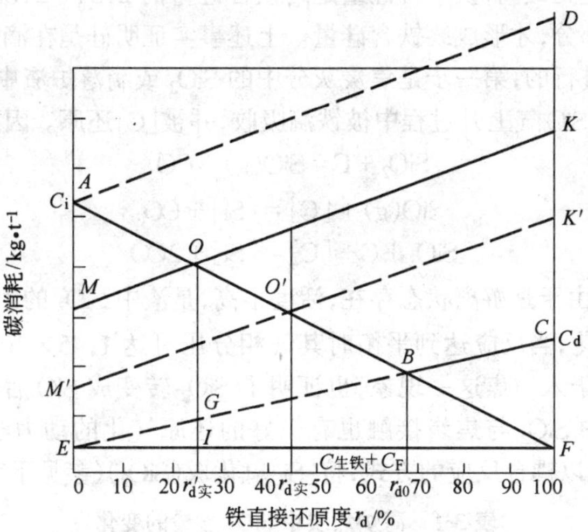

图 3-7 碳素消耗与直接还原度 r_d 的关系

然而，伴随还原过程还有热量的需求，碳素作为发热剂消耗的碳量 C_R，可由下式求得：

$$C_R = \frac{Q - 23613 \times ([Fe] - Fe_L)(1.5 - r_d) \times 0.214}{9797 + q_F + q_z} \tag{3-30}$$

式中 q_F、q_z——为鼓风带入热量和成渣热；

Q——为冶炼每吨铁的总热量消耗；

Fe_L——炉料中金属铁量；

9797——每 kg 碳素燃烧生成 CO 时的发热量，kJ/kg；

23613——每 kg 碳素燃烧生成 CO_2 和生成 CO 时的发热量差值，kJ/kg。

上式即图 3-7 中的 MK 线，显然与 r_d 也成正比关系，随 r_d 的增加 C_R 也升高。该线与还原最低消耗线的交点 O，是可以同时满足两种需求的最低耗碳量，该点对应的 r'_d 就是该条件下的适宜还原度。此外，当冶炼单位生铁的热量消耗 Q 变化时，MK 线将上下移动，例如 Q 降低，MK 线下移，适宜的 r'_d 也随之升高。高炉冶炼的实际 r_d 往往高出适宜还原度 r'_d 很多。因此若想降低碳素消耗，使燃料比最低，一是降低 r_d，发展间接还原提高煤气利用率，使燃料消耗沿 MK 线下降；二是降低总热量消耗，改善冶炼条件使 MK 线下降。此时适宜的 r'_d 将随之增大，理论上最低燃料消耗点将沿 C_i 线下降。总之，最终结果都是使实际的 r_d 尽量接近适宜的 r'_d，使燃料比接近理论上的最低燃料比。有关后者的计算请参见本书第 10 章。

3.1.4 非铁元素的还原

3.1.4.1 硅

硅是难还原元素，还原硅消耗的热量是还原相同数量铁耗热的 8 倍，因而常常把还原出硅素的多少作为判断高炉热状态的标准。此外，由于铁中含硅量的高低对生铁的物理性能有重大影响，生铁品种和牌号是以含硅量来划分的。所以高炉冶炼中要依据冶炼品种的要求，严格控制硅素的还原过程。

(1) 硅还原的机理与途径

根据高炉解剖研究和高炉生产中取样测定，都表明硅在炉腰或炉腹上部才开始还原，达到风口水平面时还原出的硅量达到最高,铁中含硅量是终铁含硅量的 2.34～3.87 倍[2]。随后在风口区和渣铁界面上又被氧化一部分,才形成终铁含硅量。上述事实证明硅是在滴落带内被大量还原的。

硅的还原也是逐级进行的,第一步是焦炭灰分中的 SiO_2 或滴落炉渣中 SiO_2 进行液态的还原并产生 SiO 蒸气,第二步是 SiO 气上升过程中被铁滴吸收,并被[C]还原。因而其还原过程为:

$$SiO_2 + C = SiO(g) + CO \tag{3-31}$$

$$SiO(g) + [C] = [Si] + CO \tag{3-32}$$

$$SiO_2 + C + [C] = [Si] + 2CO \tag{3-33}$$

焦炭灰分中的 SiO_2,由于是游离状态存在,活度很高,是渣中 SiO_2 的 10～20 倍。在风口前燃烧时,SiO 在 1600℃开始气化,当反应达到平衡时其气相分压可达 1.45×10^2Pa。从铁口和风口取出的焦炭中 SiO_2 量明显低于入炉焦这一现象,也证明了 SiO_2 转变成 SiO 后的气化量是相当大的(见表 3-1)。在滴落带中渣中 SiO_2 与焦炭接触也有极好的还原气化的动力学条件,不过渣中 FeO 和 MnO 含量高,在高温下又以耦合反应的方式,将[Si]氧化成(SiO_2)(参见下节)。

表 3-1　高炉焦炭中 SiO_2 含量的变化

取样地点	样焦 SiO_2/%	入炉焦 SiO_2/%	冶炼铁种	取样时间及地点
风　口	4.81	7.13	炼钢铁	1982.03,鞍钢
铁　口	3.80	6.00	铸造铁	1981.10,首钢

(2) 影响硅还原的因素

当反应 3-33 达到平衡时,铁中硅含量[Si]%可由下式表示:

$$[Si]\% = K \frac{a_{SiO_2}}{f_{Si} \cdot p_{CO}^2} \tag{3-34}$$

式中　K——平衡常数,　$\lg K = -\dfrac{29246}{T} + 18.03$;

T——温度;

a_{SiO_2}——SiO_2 的活度;

f_{Si}——生铁中[Si]的活度;

p_{CO}——气相中 CO 的分压。

显然硅还原量与温度和 SiO_2 的活度成正比;而增大[Si]的活度系数或 CO 气体的分压,都会使[Si]%下降。

温度的升高对 SiO_2 还原的两个阶段反应都明显增强,实验室试验表明,温度由 1480℃提高到 1580℃时,生铁含 Si 量增加 13.3%。因此凡是有利于提高高炉下部温度的措施都有利于提高生铁含硅量。

SiO_2 的活度与 SiO_2 的存在形态有关。焦炭灰分中 SiO_2 的活度可认为是 1,即呈自由状态存在;炉渣中 SiO_2 的活度只有焦炭中的 1/10～1/20。所以炼钢生铁生产中,生铁中的 Si 主要来自焦炭灰分,因此在冶炼低硅生铁时,使用高灰分焦炭和喷吹高灰分燃料,以及渣量很大、初渣碱度太低都是不适宜的。相反,使用高碱度烧结矿及提高初渣中 MgO 含量,都可以降初渣中 a_{SiO_2},减少硅的还原。在冶炼铸造生铁时,焦炭灰分带入的 SiO_2 量是有限的,不及渣中带入量的 1/5～1/6,实际上硅的还原来自焦炭和来自炉渣几乎各占一半,不过前者稍多些。

硅还原与 p_{CO}成平方关系,其受压力的影响是很明显的。大型高炉炉内压力大,顶压高,p_{CO}也大,有利于降低生铁含硅量,降低能耗;而小高炉则相反,因此冶炼含硅高的铸造铁就比大高炉更为经济合理。

上述各因素表明了它们对反应平衡移动的影响，但从首钢试验高炉解剖的结果看，实际的含硅量远未达到其平衡值，表明硅的还原仍然受到动力学条件的控制。其还原反应速度与温度（速度常数）、反应接触面积及时间，和 SiO 的气相分压等有关。其中反应接触面积和时间可以通过对初渣性能的调整和对滴落带高度的调整加以控制。例如，增加 MgO 含量减少炉渣对焦炭的润湿性，减少接触面积可以有效地抑制硅的还原；强化冶炼加快料速，降低软熔带位置，减少滴落带高度和液体渣铁在滴落带的滞留时间，都会减少硅的还原。因此，不仅在冶炼低硅铁时要控制炉温水平，还要控制高温区的范围，通过降低焦比，减少煤气量，使高温区缩小和下降也是十分重要的。

(3) 铁水中硅的再氧化

前已述及，风口水平面铁水中硅含量比终铁高出许多，这是因为炉缸中存在着硅氧化的耦合反应：

$$[Si] + 2(FeO) = (SiO_2) + 2[Fe] \tag{3-35}$$

$$[Si] + 2(MnO) = (SiO_2) + 2[Mn] \tag{3-36}$$

$$[Si] + 2(CaO) + 2[S] = (SiO_2) + 2(CaS)$$

使[Si]重新氧化成(SiO_2)。这是在铁滴穿过渣层时和在炉缸贮存的渣铁界面上发生的。在此二处被氧化的硅量 $N_{[Si]}$ 和 $N'_{[Si]}$ 可由下式给出：

$$N_{[Si]} = \frac{180 \cdot n_{[Si]} \cdot l \cdot \eta}{d^3 \cdot \rho(\rho - \sigma) \cdot g} \times 100\% \tag{3-37}$$

$$N'_{[Si]} = \frac{n_{[Si]} \cdot A \cdot \tau}{P} \times 100\% \tag{3-38}$$

式中 $n_{[Si]}$——铁中[Si]向渣中迁移的速度；

d、ρ——铁滴的直径和密度；

l、η——渣层的厚度及黏度；

σ、A、τ——渣铁界面上炉渣张力、接触面积和接触时间；

P——高炉日产铁量；

g——重力加速度常数。

利用解剖试验高炉的数据按上二式计算发现，$N_{[Si]}$ 即在铁滴穿过渣层时氧化的硅量占总氧化量的 95%，因此可以认为[Si]的再氧化主要是在铁滴穿过渣层时发生的。

在高炉中硅的再氧化，受迁移速度（它与温度、Si 在铁水中的扩散条件、渣中 FeO、MnO 等的浓度和渣碱度等有关）、渣层厚度和渣黏度等影响，也受接触时间、接触面积等动力学因素的影响。

3.1.4.2 锰

锰的还原也是按照氧化物的含氧量由高到低逐级还原的，用气体还原剂很容易把各级高价氧化物还原到 MnO，而且都是放热反应：

$$2MnO_2 + CO = Mn_2O_3 + CO_2 + 226689kJ \tag{3-39}$$

$$3Mn_2O_3 + CO = 2Mn_3O_4 + CO_2 + 170121kJ \tag{3-40}$$

$$Mn_3O_4 + CO = 3MnO + CO_2 + 51882kJ \tag{3-41}$$

而 MnO 则只能是直接还原，吸热反应，而且 MnO 还多呈 $MnO \cdot SiO_2$ 状态存在，因而[Mn]是从炉渣中还原出来的。当有 CaO 存在时：

$$(MnO \cdot SiO_2) + CaO + C = Mn + CaSiO_3 + CO \tag{3-42}$$

Mn 的还原与 Si 还原相似，也是在滴落带大量被还原出来，在滴落带下部铁中含锰量是终铁的

1.88～3.4倍[2]，表明在风口区以下也被再氧化一部分。实际上，在渣铁共存条件下，在1400～1450℃范围内，由焦炭或铁中[C]还原(MnO)，与渣中(FeO)氧化溶入铁中[Mn]是同时存在的：

$$(MnO) + C = [Mn] + CO - 261291kJ \tag{3-43}$$

$$(FeO) + [Mn] = [Fe] + (MnO) - 147904kJ \tag{3-44}$$

根据计算，后一反应的自由能小于前者，可优先进行。因而可以认为：渣中(MnO)是在滴落带中被还原后生成了单独的金属锰液滴，然后与铁滴或铁水会聚后才进入生铁的，而不是一还原出来就溶入生铁的。在金属锰液滴或含锰铁滴穿过渣层时，以及在炉缸贮存的渣铁界面上，[Mn]将被再氧化。

高炉冶炼锰铁时，为促进锰的还原，要控制较高的炉温水平，提供足够的热量；扩大滴落带的高度和高温区的范围以增加反应的接触时间和润湿面积；提高炉渣碱度以增大MnO的活度等等。

3.1.4.3 磷

磷的存在形态主要是磷酸盐，如$(CaO)_3 \cdot P_2O_5$、$[(FeO)_3 \cdot P_2O_5] \cdot 8H_2O$等。当有$SiO_2$存在时，硅酸根可以取代出磷的氧化物$P_2O_5$，从而使磷的还原变得容易：

$$2(CaO)_3 \cdot P_2O_5 + 3SiO_2 = 3(2CaO) \cdot SiO_2 + 2P_2O_5 - 917468kJ \tag{3-45}$$

$$2P_2O_5 + 10C = 4P + 10CO - 1921293kJ \tag{3-46}$$

$$2(CaO)_3 \cdot P_2O_5 + 3SiO_2 + 10C = 4P + 3(CaO)_2 \cdot SiO_2 + 10CO - 2838761kJ \tag{3-47}$$

磷酸铁($(FeO)_3 \cdot P_2O_5$)比磷酸钙更易还原，在900～1100℃时即可进行。由于还原出来的P可以生成Fe_3P和Fe_2P等化合物并溶于铁水，因而更加有利于P的还原。

P_2O_5很容易挥发，从而使其与C接触的条件非常好，还原很快；同时还原出来的P也极易挥发，使反应3-46不断向还原方向进行；另一方面P蒸气在上升过程中又极易被海绵铁吸收，最后进入生铁，所以，在高炉中P几乎是100%被还原并进入生铁，冶炼中无法控制它。

3.1.4.4 硫

矿石中硫主要是硫化物(如FeS_2、FeS等)和硫酸盐($CaSO_4$等)等形态存在；在焦炭中除灰分中有上述含硫物质外，还有有机硫。进入高炉中的硫主要来自焦炭及含硫喷吹燃料。

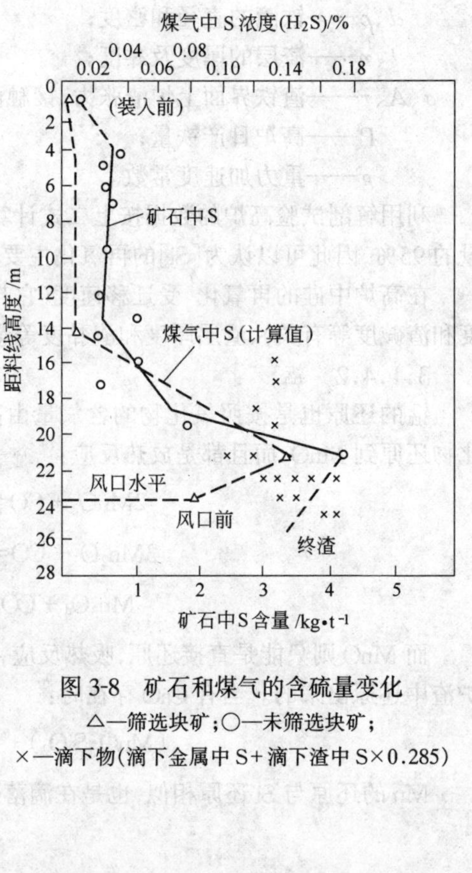

图3-8　矿石和煤气的含硫量变化

△—筛选块矿；○—未筛选块矿；

×—滴下物(滴下金属中S+滴下渣中S×0.285)

随着炉料的下降，硫化物还不到600℃就可以分解成单质S或SO_2进入煤气。$CaSO_4$等盐类则与SiO_2作用生成SO_3或与C作用生成SO_2进入煤气。焦炭中有机硫在到达风口区之前就几乎全部挥发了；而焦炭灰分中的硫和喷吹燃料中的硫则在风口前燃烧时生成SO_2进入煤气。

煤气中的SO_2在高温下与C接触可被还原成单体S或H_2S、COS等化合物。随煤气上升的硫，大部分被炉料中的CaO、FeO和还原出来的海绵铁所吸收，分别进入炉渣和生铁。只有一小部分被煤气带走，冶炼炼钢生铁时约占5%～15%；冶炼铸造生铁最高可达30%。图3-8是日本广烟一座高炉中矿石和煤气含硫量的变化。入炉料中硫负荷仅为3.23kg/t，在炉身中下部开始大量吸收炉内的硫，在风口水平的滴下物中硫含量已增加到5.15kg/t。其中有37%的硫再度气化随煤气上升，而气化硫中又有65%在软熔带被炉料和滴下物吸收[3]，因而在高炉的中下部有相当数量的硫，进行被气化—吸收—再气化—再吸收的循环过程。

控制生铁含S量主要是调整S在渣铁间的分配比（详见脱硫部分），其次调整料柱结构，让更多的硫在软熔带附近被CaO吸收进入炉渣；或者在炉缸喷吹石灰粉或其与煤粉的混合物吸硫后直接进入炉渣，减少炉内硫的循环量。前苏联彼得洛夫斯基厂曾在1033m^{3}高炉上试验，通过布料控制将熔剂覆盖在焦炭层上，使焦炭中硫首先被熔剂所吸收，结果铁水中含硫由0.037%降至0.027%，渣铁间硫分配系数L_S则由53提高到74。顿涅茨厂高炉喷吹石灰与煤粉混合物，生铁[S]平均降低38%，L_S提高70%[2]。

3.1.4.5 其他元素

(1) 碱金属

碱金属还原进入生铁的数量并不多，但因其在炉内能够循环富集。给冶炼过程带来很大影响而备受重视。碱金属矿物主要是以硅铝酸盐和硅酸盐形态存在。前者如长石类$K_2O·Al_2O_3·6SiO_2$、霞石类$K_2O·Al_2O_3·2SiO_2$和白云母$KAl_2(AlSi_3O_{10})(OH)_2$等；后者如钾钙硅石$2K_2O·CaO·3SiO_2$和钠闪石$Na_2Fe^{2+}Fe^{3+}(Si_4O_{11})OH$等。这些碱金属矿物熔点都很低，在800～1100℃之间就都熔化了。进入高温区时，一部分进入炉渣，一部分则被C还原成K、Na元素。由于金属K、Na的沸点只有799℃和882℃，因而还原出来后立即气化随煤气上升，在不同的温度条件下又与其他物质反应转化为氰化物、氟化物和硅酸盐等，但大部分被CO_2氧化而成为碳酸盐。例如：

$$2K(g) + 2CO_2 = K_2CO_3 + CO \tag{3-48}$$

产物K_2CO_3在<900℃时是固体，>900℃将熔化。当其随炉料下降到温度>1050℃时，反应向逆方向进行即K、Na重新被还原。因而在高炉上部的中低温区K、Na是以金属和碳酸盐形式进行循环和富集。

K、Na的氰化物是在>1400℃的高温区生成的，例如：

$$3C + N_2 + K_2O·Al_2O_3·2SiO_2 = 2KCN(g) + Al_2O_3 + 2SiO_2 + CO \tag{3-49}$$

气态的氰化物上升到<800℃区域时液化；<600℃区域时则转变为固体粉末。它们再度随炉料下降，再度被还原生成氰化物。因而钾钠的氰化物是在600～1600℃范围内进行循环和富集的。

碱金属在高炉中的危害很大。它能降低矿石的软化温度，使矿石尚未充分还原就已熔化滴落，增加了高炉下部的直接还原热量消耗；它能引起球团矿的异常膨胀而严重粉化；它能强化焦炭的气化反应能力，使反应后强度急剧降低而粉化；造成料柱透气性严重恶化，危及生产冶炼过程进行；液态或固态碱金属粘附于炉衬上，既能使炉墙严重结瘤，又能直接破坏砖衬。

目前控制炉内碱金属量主要靠降低炉料带入的碱量和在操作中降低渣碱度、控制较低炉温及适当增加渣量，从而增加随炉渣排走的碱金属量。国内一些高炉常周期性地采用上述操作措施，进行定期地集中排除碱金属。表3-2列出了一些国外厂家限制入炉碱金属量的要求。国内鞍钢、首钢、武钢和包钢等大企业均可以控制碱负荷在此范围内。而一些中小型企业的高炉则常受到碱金属问题的困扰。如20世纪80年代初，酒钢、昆钢碱负荷达10～15kg/t、新疆八一钢厂为17kg/t，而宣钢高达23.4kg/t。其中绝大部分碱金属是K_2O。

表 3-2 国外高炉对入炉碱金属负荷的限额

厂 名	碱金属(K_2O+Na_2O)限额/$kg \cdot t^{-1}$	厂 名	碱金属(K_2O+Na_2O)限额/$kg \cdot t^{-1}$
日本新日铁公司	2.5	美国 J&L 阿里奎帕厂	5.0
日本川崎制铁公司	3.1	德国 ATH Schwelgen 工厂	4.0
加拿大 Dofasco 工厂	2.8	瑞典 Granges Steel 工厂	7.0
加拿大 Steelco 工厂	3.0		

(2) 钒、钛、镍、铬

这是钢铁中有益的微量元素。其中:

钒的氧化物已知有 V_2O_5、VO_2、V_2O_3、VO 和 V_2O 五种,但多以 V_2O_3 与其他元素化合物组成复杂化合物形态存在,如与钛磁铁矿共生矿中以钒尖晶石 $FeO \cdot V_2O_3$、$FeO \cdot (FeV)_2O_3$ 等状态存在。其还原反应是在铁氧化物还原之后才开始的,且钒的氧化物比 MnO 更难还原。主要是在滴落带,从液态炉渣中由碳还原出钒,由于它能与铁无限互溶,因此反应式

$$(V_2O_5) + 5C = 2[V] + 5CO \tag{3-50}$$

进行顺利。此外,在渣铁界面也可以进行硅热还原反应得到钒:

$$2(V_2O_5) + 5[Si] = 4[V] + 5(SiO_2) \tag{3-51}$$

但在含 V 铁滴穿越渣层时,也会被 FeO 再氧化。在高炉内最终能有 70%~80% 的钒转入生铁。提高炉温、生铁含[Si]较高、减少渣中 FeO 等有利钒还原。此外,钒的低价氧化物如 V_2O_3、V_2O、VO 等在渣中具有碱性性质,因而适当提高碱度也会促进钒还原。

钛的氧化物有 TiO_2、Ti_3O_5、Ti_2O_3、TiO 等形式,其还原时是从高价氧化物向低价氧化物逐级进行的。尽管钛氧化物在烧结矿中以钛赤铁矿 $Fe_2O_3 \cdot TiO_2$、钛磁铁矿 $mFe_3O_4 \cdot nFe_2TiO_4$、钛铁矿 $FeO \cdot TiO_2$ 或钛铁晶石 $2FeO \cdot TiO_2$ 等形态存在,但也像钒一样在<1350℃软熔滴落之前铁氧化物首先还原分离出去。因而钛也是从自由氧化物状态还原出来的。其还原比硅还原还要困难,由 C 直接还原出 Ti,还能与 C、N 结合生成 TiC 和 TiN,促使 Ti 还原加速:

$$TiO_2 + 2C \longrightarrow [Ti] + 2CO \tag{3-52}$$

$$TiO_2 + 3C \longrightarrow TiC + 2CO \tag{3-53}$$

$$TiO_2 + \frac{1}{2}N_2 + 2C \longrightarrow TiN + 2CO \tag{3-54}$$

由于 TiC 和 TiN 熔点极高,呈固体颗粒状态存在于液体渣中使其粘度急剧增加,被称为炉渣变稠,造成冶炼困难。因此炉温越高、还原气氛越强,炉渣与铁中[C]或焦炭接触时间越长,变稠现象越厉害。因此高炉冶炼钛铁矿物时,根据渣 TiO_2 含量要控制铁水中[Si]量;当 TiO_2>20%时,还要注意渣中 $SiO_2/TiO_2 \approx 1.0$,$CaO/TiO_2 = 1.07 \sim 1.13$,使炉渣熔化性温度降低。

冶炼普通矿的高炉,利用钛渣变稠特性,可进行炉缸炉底的自然结厚,进行保护高炉炉缸炉底被侵蚀部位,延长高炉寿命。

镍可以 100%还原进入生铁;而铬元素大约有 45%可被还原出来。

(3) 铅、锌、砷

这些都是有害元素。其中:

铅在炉料中以 $PbSO_4$、PbS 等形态存在,可以被 C 和 Fe 还原:

$$PbSO_4 + 4C = PbS + 4CO - 277985kJ \tag{3-55}$$

$$PbS + Fe = FeS + Pb - 544kJ \tag{3-56}$$

PbS亦可与CaO作用成为PbO,然后被CO还原:

$$PbO + CO = Pb + CO_2 + 64141kJ \tag{3-57}$$

金属Pb密度大(11.34g/cm³)、熔点低(327℃),可以沉积在炉底砖衬缝隙中,造成炉底的破坏。Pb的沸点为1540℃,在高温区部分Pb能气化进入煤气中,上升到低温区时又被氧化为PbO再随炉料下降,因Pb在高炉内也形成循环积累,使沉积炉底的铅也愈来愈多。高炉内无法控制Pb的还原,只能定期排除沉积的铅。如在炉底设置专门的排铅口和出铁时降低铁口高度或提高铁口角度等。

锌常以ZnS状态存在;以硫酸盐或硅酸盐形式存在的锌矿物,入炉后很快分解成ZnO。在≥1000℃的高温区还原成Zn。由于其沸点很低(907℃),还原出来的Zn立即气化进入煤气,上升过程中有一部分随煤气逸出炉外,但易在管道中凝集;大部分又被氧化成ZnO并被炉料吸收再度下降还原,形成循环。若Zn蒸气沉积在炉子上部砖衬缝隙中或墙面上,当其氧化后体积膨胀会损坏炉衬或造成结瘤。

砷在矿石中有硫化物As_2S_3、AsS、FeAsS、氧化物As_2O_3及砷酸根$FeAsO_4 \cdot H_2O$等形式存在。后者在入炉后分解或还原出As_2O_3,并气化随煤气上升。其中大部分又被炉料中铁氧化物和CaO吸收,形成稳定化合物下降到高温区被还原成As,其溶入铁水中生成砷化铁,对生铁质量造成很大损害。砷在高炉内同磷一样很容易被还原和进入生铁。

对于含铅、锌、砷的原料可采用氯化焙烧等预处理方法将其分离出去,但工业上实施尚有一定困难,所以常用配矿办法控制它们的入炉数量。

3.1.5 铁中渗碳过程及生铁的形成

碳溶解在固态或液态铁中的过程称渗碳。高炉中的CO、焦炭和喷吹燃料未燃碳,均能产生渗碳反应。当铁氧化物刚刚还原出海绵铁时就开始渗碳了。在400~600℃时CO发生烟碳析出反应:$2CO \rightarrow CO_2 + [C]$,由于海绵铁的催化作用反应十分激烈。烟碳一部分参与还原,一部分附在海绵铁上形成渗碳体进入生铁,即$2CO + 3Fe = Fe_3C + CO_2$。根据计算,当上反应达到平衡时,海绵铁中含碳最高可达1.5%。但实际取样表明,未熔化的海绵铁含碳量小于1%。当其熔化后,在滴落过程中与焦炭等有良好的接触反应条件,渗碳则迅速进行:

$$3Fe_{(L)} + C = Fe_3C_{(L)} \tag{3-58}$$

在炉腰部位含碳量可达2.5%~3.0%;在滴落带下部达到最大,近乎饱和;在风口区又被氧化一部分,但在炉缸仍有少量渗碳过程。

生铁中的最终含碳量与温度有关。在Fe-C平衡相图上1153℃共晶点饱和碳量为4.3%,随着温度的提高其饱和含碳量将升高,有如下关系:

$$\%[C] = 1.3 + 2.57 \times 10^{-3} t \tag{3-59}$$

式中 t——铁水温度,℃,t在1153~2000℃范围内适用。

此外,碳在铁中的溶解度还受铁中其他元素的影响。由于Mn、Ti、V、Cr等元素也能与C生成化合物并溶于铁,因而提高了碳的溶解度。如冶炼含[Mn]15%~20%的镜铁时,[C]常在5%~5.5%左右;冶炼含[Mn]80%的锰铁[C]可达7%。相反,Si、P、S等元素能使Fe_3C等碳化物分解使[C]量降低,如冶炼铸造铁[C]一般低于3.9%;而炼钢铁[C]则在4%以上。冶炼普通生铁含[C]计算可用J.F.Eilliott提出的经验式[4]:

$$\%[C] = 1.34 + 2.54 \times 10^{-3} t - 0.35[P] - 0.30[Si] - 0.54[S] + 0.04[Mn] + 0.17[Ti] \tag{3-60}$$

人们一直认为从高炉内放出的铁水为碳所饱和,所有介绍的计算式算出的也是饱和碳含量,实际上放出的铁水通常是不饱和的，这与热铁珠通过滴落带时焦炭床被粉末污染的情况有关。如果焦炭床被过多的粉末所填充，则铁珠穿过的时间延长，渗碳反应趋向于平衡，如果焦炭床洁净，则铁珠在重力作用下很快通过而流入炉缸，铁水中的渗碳量就达不到饱和，其偏离程度 $\Delta C = \%C_{饱和} - \%C_{实}$ 可达 0.2%或更大。偏离平衡状态程度的分析技术可以得到滴落带内焦炭床状况的有价值信息，并可用来分析炉况，例如澳大利亚肯布拉港厂就用这个偏离程度与铁水温度和炉渣碱度等一起建立了清洁度指数用于监测焦炭床的穿透性的变化。

3.2 炉料在高温下的性状变化及造渣过程

3.2.1 炉料的分解与挥发

3.2.1.1 炉料的水分蒸发与水化物分解

炉料中的吸附水在105℃就可蒸发出来，对冶炼过程影响很小，因此在炉顶温度过高时，往往通过向炉顶喷水来降低煤气温度。

炉料中的化合水一般以铁的含水矿物如 $2Fe_2O_3·3H_2O$ 等和高岭土($Al_2O_3·2SiO_2·2H_2O$)等状态存在。在 200～400℃时含水矿物开始分解；在 500℃～600℃分解激烈进行；有一部分化合水进入高温区分解，并发生下列大量耗热的反应：

$$\leqslant 1000℃ \qquad 2H_2O + C = CO_2 + 2H_2 - 83094kJ \tag{3-61}$$

$$> 1000℃ \qquad H_2O + C = CO + H_2 - 124390kJ \tag{3-62}$$

一般参与上述反应的化合水约占 30%～50%；当矿石块度大，气孔率低或发生崩料等情况下，化合水进入高温区的数量会增大。

3.2.1.2 燃料中挥发分的逸出

焦炭中约含挥发分 0.7%～1.3%，有时也达到 2%。在 1400～1600℃时可全部逸出，因其数量很少，对煤气组成影响不大。但从风口喷入高挥发分燃料，如喷长焰烟煤粉时其挥发分可达 35%～42%，因此炉缸煤气的成分会发生很大变化。

3.2.1.3 碳酸盐分解

高炉炉料中的碳酸盐，有菱铁矿 $FeCO_3$、菱锰矿 $MnCO_3$、石灰石 $CaCO_3$ 和白云石 $MgCO_3·CaCO_3$ 等。在其随炉料下降温度升高的过程中，当其分解压 p_{CO_2} 超过炉内 CO_2 气体分压时就开始分解释放出 CO_2；当其分压达到炉内总压力时，就会像水沸腾那样激烈分解，称为化学沸腾。

$FeCO_3$ 和 $MnCO_3$ 属于易分解碳酸盐，在 570℃时就开始分解，到 630～760℃时 $FeCO_3$ 沸腾分解，720～800℃时 $MnCO_3$ 沸腾分解。白云石的分解分为两个阶段在 1000℃以下 $MgCO_3·CaCO_3$ 分解为 $CaCO_3$ 和 MgO 及 CO_2，第二阶段是 $CaCO_3$ 分解，石灰石是碳酸盐中难分解的化合物，开始分解温度 740～800℃沸腾分解温度达 970～1200℃碳酸盐分解还受压力、气相中 CO、N_2、H_2 含量和粒度的影响。随着压力的升高。沸腾分解温度升高(20～30℃/100kPa)，CO，N_2，H_2 含量的增加降低沸腾分解温度，石灰石、白云石中的杂质(SiO_2，Al_2O_3 等)也有利于降低沸腾分解温度，碳酸盐完全分解的时间与它们的粒度平方成正比。

从高炉上活体取样表明石灰石在炉内的分解程度(%)：炉顶料面以下为 0；炉身中部 6.5，炉身下部 35，炉腰 55，风口区 89.5。高炉解剖也说明大块(>50mm)的石灰石要到炉缸才分解完。一般认为进入高温区分解的石灰石约占 65%～75%，并与石灰石粒度(D>15mm)有关，%：

$$\psi_{CO_2} = 107\lg D - 125 \tag{3-63}$$

式中 ψ_{CO_2}——石灰石进入高温区分解的份额，%；

D——石灰石粒度，mm。

碳酸盐在炉内分解出大量CO_2，显然对低温区铁氧化物的还原产生不利影响。特别是像石灰石分解时，其表面分解后生成的CaO层导热极差，中心部分尚未分解便进入高温区。其结果是：不仅其本身分解吸热，而且产物CO_2发生焦炭溶损反应也吸热；如果进一步考虑这部分碳量未在风口区燃烧放热，那么石灰石每100kg/t铁入炉会使焦比升高30kg/t铁。为节焦应将入炉石灰石的粒度控制在40mm以下，最好将所需CaO都转移到烧结过程去解决。小型高炉甚至可以直接用石灰块入炉代替石灰石，避免碳酸盐在高炉内分解造成的不良影响。

3.2.1.4　其他物质的挥发

碱金属、铅、锌、砷等元素或化合物伴随还原过程的挥发现象已如前述。在冶炼含氟矿时，有少量氟以HF形态挥发，其对冶炼过程虽无大碍，但其腐蚀设备及危害人体健康方面问题较多。在冶炼锰铁和镜铁时，也有少量Mn蒸气挥发。

3.2.2　炉料的高温性状变化及软熔滴落过程

炉料在下降过程中温度不断升高，除了各种化学反应相继进行之外，其物理性状也在不断改变。在低温区炉料在还原进行时会发生粉化现象，炉料平均粒度会明显下降；在中温区炉料开始软化和相互黏结，并形成软熔层及软熔带；温度进一步提高炉料将完全熔化而滴落。炉料这些性状变化都对冶炼过程产生重大影响。

炉料的低温还原粉化一般在400～600℃区间内发生，即大约开始于料线下3～5m处，在7m处基本停止。所谓粉化即指生成大量-5mm的粉末，它对块状带料柱的透气性危害极大，它将导致炉况不顺、产量下降和焦比升高。烧结矿的粉化主要是由于$\alpha-Fe_2O_3$还原成$\gamma-Fe_2O_3$时，发生了由三方晶系六方晶格向等轴晶系立方晶格的转变，晶格扭曲的巨大内应力使其破裂和粉碎，特别是烧结矿中由磁铁矿再氧化而形成的骸晶状菱形赤铁矿粉碎更为严重。因此粉化率与Fe_2O_3的含量和晶状形态有密切关系，其含量愈高、α-Fe_2O_3晶态量愈多，粉化愈烈。此外，还与烧结碱度，其他脉石成分，以及在炉内低温还原区停留的时间等因素有关。球团矿则在温度570～1000℃区间内还原粉化较严重。随着氧化物还原各阶段的进行，一般正常情况下有20%～25%的体积膨胀率，造成的粉化率大约30%～35%，低碱度或自熔性球团比酸性球团更容易产生高粉化率。某些球团在浮氏体被还原成金属铁时会产生异常膨胀，体积膨胀率可高达80%，这种灾难性的膨胀会导致球团爆裂而粉碎。产生异常膨胀的原因，主要有：铁氧化物膨胀的各向异向性、金属铁出现时迅速形成铁晶须以及高品位低SiO_2球团中CaO等杂质形成低熔点铁钙橄榄石共晶体等因素和球团焙烧工艺方面等原因有关。某些天然块矿入炉时也有不同程度的膨胀爆裂和粉化现象（其原因是内含水分迅速蒸发和各向热膨胀不均造成的）。对人造富矿可以通过生产工艺和成分调整，改善其抗粉化性能；对天然矿则往往限制其入炉配比量。另外，像烧结矿喷洒氯化物的入炉前处理工艺，能延缓600℃以下的还原速度而减少粉化，但不能从根本上减除粉化的发生。

当温度达到900～1100℃时，炉料开始软化黏结。其软黏过程参见示意图3-9。当还原出部分金属铁后，矿块表面包围一些软化的渣相膜，它可以成为粘结剂使炉料彼此粘结和溶合在一起。当炉料中含有碱金属一类物质时，会同SiO_2组成低熔点化合物，将使软化粘结开始温度降低到700～800℃的范围。当温度达到1200℃左右时，金属铁间虽已牢固结合，但仍能辨别出不同种类的矿石。随着温度继续升高和还原反应的继续进行，矿石中心残存的浮氏体也逐渐消失，此时成为渣铁共存的十分致密的整体，矿石层中凡处于同一等温线的部分几乎黏结成一个整块，即形成了软熔层。

由于高炉内煤气和温度分布的特点，在高炉横断面上分布具有对称性，因而这些软熔层基本上成为环状形态；但在纵断面其分布却有相当差异，可以有若干个矿石层在不同部位同时形成软熔层，它们与相应的焦炭层构成了一个软熔带，按其形状可分为倒V形、W形、V形等（图3-10）。上述情况是炉料分层装入的情况，已被高炉解剖研究所证实。但当采用完全的混合装料时，软熔带虽然依旧存在，但是已经没有矿石软熔层和焦炭层的区别了。

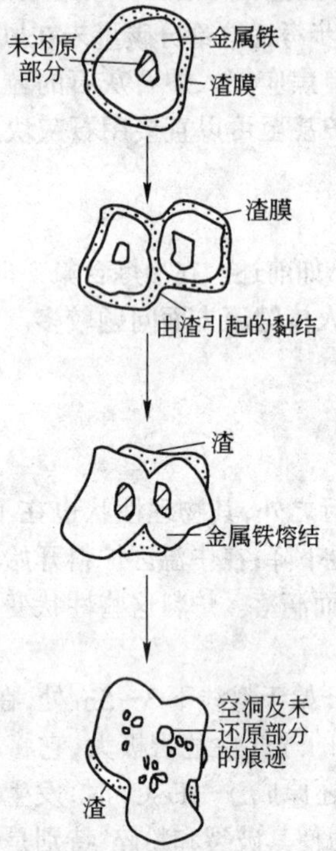

图 3-9　矿石软化黏结过程示意图

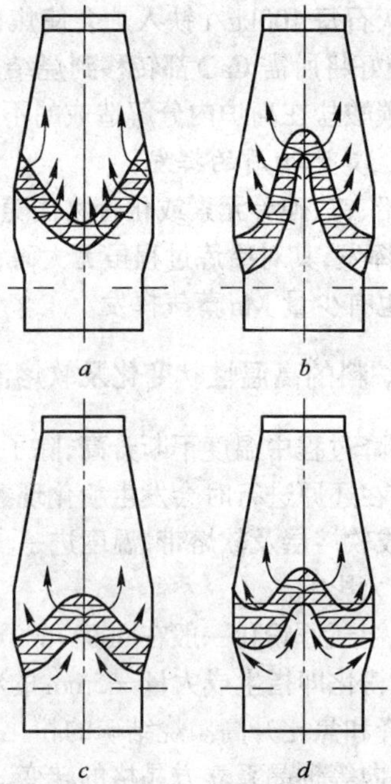

图 3-10　软熔带形状和位置
a—V形；*b*、*c*—倒V形；*d*—W形

当温度高于1400～1500℃时，软熔层开始熔化，渣铁分别聚集并滴落下来，炉料中铁矿石消失。此时料柱完全由尚未到达风口燃烧的焦炭组成。焦炭在其下降过程中，由于在1100℃附近碳的溶解损失气化反应十分激烈，使其孔隙壁不断减薄，造成强度下降也会粉化。降低焦炭的气化反应能力，即降低其反应性，主要是提高其石墨化程度。这对保持滴落带以下的焦炭骨架具有良好的透气性十分重要。

3.2.3　造渣过程及炉渣性能

3.2.3.1　高炉的造渣过程

高炉造渣过程是将炉料不进入生铁和煤气的其他成分，溶解、汇合并熔融成为液态炉渣和与生铁分离的过程，因此从矿石中固相矿物组分的相互作用开始，到软化粘结，到风口区焦炭燃烧后剩余灰分的溶入，造渣过程一直在进行。炉料在软粘之初，在 CaO 与 SiO_2，SiO_2 与 Fe_3O_4，CaO 与 Fe_2O_3，SiO_2 与 FeO 以及 CaO 与 Al_2O_3 等脉石成分之间就进行着固相反应，其生成的低熔点化合物随着温度的进一步升高首先发生少量的局部熔化，这就是矿石软粘颗粒外面的渣膜，当进一步熔化就汇聚成为初渣。

初渣中 FeO 和 MnO 的含量很高，这是因为铁、锰氧化物还原出来的 FeO 和 MnO 与 SiO_2 结合后能生成熔点很低的硅酸盐，如 $2FeO \cdot SiO_2$ 在1100～1209℃即可熔化。当矿石的还原性差或高炉上部还原过程不充分时，FeO 就会更高。在初渣吸收矿石或熔剂中的碱性氧化物的同时，FeO 被不断的还原，初渣成分的变化是十分剧烈的，特别是使用天然块矿加石灰石熔剂冶炼时更是如此。表 3-3 是冶炼天然块矿和人造富矿时，在高炉中取样得到的初渣成分波动情况的对比。

表 3-3 冶炼不同矿石的初渣成分波动情况的对比

矿石种类	初渣成分/%					
	SiO_2	Al_2O_3	CaO	MgO	FeO	MnO
天然块矿	25.3～52.1	5.78～16.9	9.81～53.3	3.48～11.06	1.40～35.05	1.08～4.12
人造富矿	31.68～41.12	4.85～5.79	35.19～42.98	4.77～7.29	2.69～19.78	—

在滴落过程中的中间渣，FeO 和 MnO 等不断被还原而下降，随温度升高流动性也逐渐增大。但是由于焦炭灰分尚未生成和进入炉渣、中间渣碱度往往很高，当炉温波动或冶炼天然块矿时 CaO 的剧烈波动，会造成中间渣的熔化性和粘度的剧烈变化，从而导致炉况不顺、难行悬料等失常现象。在冶炼人造富矿没有石灰石入炉时情况就大为改善。当在风口带炉渣吸收了焦炭和喷吹燃料的灰分后，SiO_2 和 Al_2O_3 的含量上升，炉渣碱度达到规定范围，此时除了脱 S 过程和 FeO 被继续还原外，其他成分均无大变化，进入炉缸成为终渣。

3.2.3.2 成渣过程对高炉冶炼的影响

成渣过程也是矿石软化粘结、形成软熔层和转变为液相渣滴落的过程，因此它对高炉中下部的顺行和冶炼过程具有重大影响。其主要有以下几方面：

1) 初渣形成时期由于矿石软熔性能的差异，受软熔带形成的位置、软熔层厚度和软熔带的形状影响，对炉况顺行及煤气流动阻力损失与分布会产生巨大影响。测定数据表明，煤气在料柱内流动的阻力损失 60%～80%发生在这里。当软熔带根部出现的位置较低、软熔层较薄和软熔带形状相对高度较高时，煤气阻力便大大降低，显然有利于高炉顺行和强化冶炼。因此使用冶金性能较好的人造富矿，特别是使用高品位低 SiO_2 的高碱度烧结矿时，其低熔点化合物量少，软熔位置较低；而软熔区间较窄，软熔层较薄，非常有利于透气性的改善、冶炼的顺行和强化。相反，如果形成高 FeO 的低熔点化合物量很大，不仅会使软熔带出现位置升高，软熔区间拉大，软熔层变厚，引起煤气流动阻力增加；而且还会造成大量未被充分加热的高 FeO 初渣迅速落入下部高温区，造成大量直接还原耗热，引起焦比升高或导致炉凉失常。

2) 造渣过程的稳定性十分重要。无论是原燃料性质、性能、品种配比等的波动或变化，还是操作制度的改变与调节失误，都会影响到成渣过程的变化，轻则影响炉况的顺行和煤气流的分布失常，重则造成炉况难行和下部崩悬料现象等发生。特别是高 FeO 和高 CaO 的初渣稳定性很差，当温度波动急剧升高时，使 FeO 急速被还原时，炉渣的熔化温度会急剧升高、已熔化的初渣甚至会重新凝固，其粘于炉墙上就会形成局部结厚，甚至结成炉瘤。

3) 造渣数量多少是直接影响冶炼过程强化的根本因素。当矿石品位低时，冶炼单位生铁的渣量大，焦比高而产量低。渣量大不仅使软熔带的透气阻力增大；同时还使滴落带中渣焦比增大，造成渣液在焦炭孔隙中的滞留量升高，增加了发生液泛现象的危险，成为限制高炉冶炼强化的主要原因之一。

3.2.3.3 炉渣结构及矿物组成

关于炉渣结构理论存在两种理论学说：分子理论和离子理论。

分子理论是根据固体渣的化学、岩相和 X 射线分析，以及在状态图研究的基础上建立的。认为炉渣是由自由氧化物及其形成的复杂化合物分子所组成的。由于高炉渣主要是由 CaO、SiO_2、Al_2O_3 和 MgO 等 4 种氧化物组成，加上少量的 FeO、MnO、CaS 及碱金属氧化物等。因此，高炉渣形成的矿物组成如表 3-4 所列。当冶炼特殊矿石例如钒钛磁铁矿时，还会有 $CaO\cdot TiO_2$、$MgO\cdot TiO_2$ 和 $Al_2O_3\cdot TiO_2$ 等含 TiO_2 矿物，冶炼含氟矿时会有较高的 CaF_2 矿物等。在冶炼特种生铁如锰铁、镜铁时，还会有较多的 $MnO\cdot SiO_2$ 等锰矿物。

表 3-4　高炉渣中各种矿物的组成

矿物种类	分子式	化学成分/%				熔化温度/℃
		CaO	SiO_2	Al_2O_3	MgO	
假硅灰石	$CaO\cdot SiO_2$	48.2	51.8	—	—	1540
硅钙石	$3CaO\cdot SiO_2$	58.2	41.8	—	—	1475 分解
甲型硅灰石	$2CaO\cdot SiO_2$	65.0	35.0	—	—	2130
尖晶石	$MgO\cdot Al_2O_3$	—	—	71.8	28.2	2135
钙镁橄榄石	$CaO\cdot MgO\cdot SiO_2$	35.9	38.5	—	25.6	1498
镁蔷薇辉石	$3CaO\cdot MgO\cdot 2SiO_2$	51.2	36.6	—	12.2	—
钙长石	$CaO\cdot Al_2O_3\cdot 2SiO_2$	20.1	43.3	36.6	—	1550
黄长石	$m(2CaO\cdot MgO\cdot 2SiO_2)$ $n(2CaO\cdot Al_2O_3\cdot SiO_2)$	—	—	—	—	—
镁方柱石	$2CaO\cdot MgO\cdot 2SiO_2$	41.2	44.1	—	14.7	1458
铝方柱石	$2CaO\cdot Al_2O_3\cdot SiO_2$	40.8	22.0	37.2	—	1590
辉石	$m(MgO\cdot SiO_2)$ $n(CaO\cdot MgO\cdot 2SiO_2)$	—	—	—	—	—
斜顽辉石	$MgO\cdot SiO_2$	—	60.0	—	40.0	1557
透辉石	$CaO\cdot MgO\cdot 2SiO_2$	25.9	55.6	—	18.5	1391

分子结构理论认为：渣中复杂的矿物组成，随温度的升高而逐渐解离成为自由的氧化物，而自由的氧化物才能参与各种化学反应，例如渣铁间脱硫反应，看成是铁中 FeS 分子与渣中自由 CaO 分子间发生反应的结果。矿物的解离度随温度的升高而增大，但各种矿物在液态渣中解离度不同，因而可以利用这一差别控制有利或不利于某一反应的进行。

炉渣离子理论认为：炉渣是由带正负电荷的离子或离子团构成的，这从炉渣融体能导电和被电解的事实得到证明。所谓离子团是指某些阳离子与氧离子构成复杂程度不同的复合阴离子团，如 SiO_4^{4-}，AlO_3^{3-}，PO_4^{3-} 等等。炉渣在结晶状态时每一个带正电荷的阳离子从属于带负电荷的阴离子；但在其熔化后，当温度超过熔点温度不很高时，仍保持着单体结构的有序排列状态；当温度足够高时则完全解离成离子状态。而参与化学反应过程，则认为是离子间电荷的转移和离子的迁移过程。仍以上述渣铁脱硫反应为例，认为脱 S 是铁中 S 获取电子变成 S^{2-} 离子并向渣中迁移，而渣中 O^{2-} 离子则向金属中迁移并失去电子的过程。

离子间的作用力属电化学的离子键力 P，它具有如下关系：

$$P=\frac{Z^{+}\cdot e\cdot Z^{-}\cdot e}{(r_{+}+r_{-})^{2}} \tag{3-64}$$

式中　Z^{+}、Z^{-}——为正负离子的电荷数；

r_{+}、r_{-}——为正负离子的有效半径；

e——电子电荷常数。

即离子的电荷愈多、有效半径愈小则相互间的键力愈大。从表 3-5 中列出高炉熔渣离子电荷和有效半径不难看出：离子有效半径小、电荷多的 Si^{4+} 和 Al^{3+} 正离子，与负离子中半径最小的 O^{2-} 离子之间会产生很大的作用力，相互吸引组成多种复合的负离子体，如 $(SiO_4)^{4-}$、$(SiO_3)^{2-}$ 和 $(AlO_2)^{-}$ 等等，并具有相当大的稳定性。硅氧离子体的结构与渣中的 O/Si 比值有关。当 O/Si = 4 时结构最为简单，$(SiO_4)^{4-}$ 具有四面体结构；随着 O/Si 比值的降低，$(SiO_4)^{4-}$ 离子体可以聚合成环状、链状或网状等复杂的结构。例如有如下反应：

$$(SiO_4)^{4-}+(SiO_4)^{4-}+(SiO_4)^{4-}\underset{\text{解体}}{\overset{\text{聚合}}{\rightleftharpoons}}(Si_3O_9)^{6-}+3O^{2-} \tag{3-65}$$

O/Si 比实际上就是炉渣碱度，因为氧离子是由碱性氧化物提供的。显然，提高碱度会使 O^{2-} 离子增多,能使复杂结构的硅氧离子体解体为简单的$(SiO_4)^{4-}$离子体。因此渣中硅氧离子体结构的复杂程度对炉渣性质有巨大影响。

表 3-5 高炉渣熔体中的离子电荷及有效半径

离　子	Si^{4+}	Al^{3+}	Mg^{2+}	Fe^{2+}	Mn^{2+}	Ca^{2+}	O^{2-}	S^{2-}
有效半径/nm	0.039	0.057	0.078	0.083	0.091	0.106	0.132	0.174

3.2.3.4 高炉渣的物理性质及其影响因素

炉渣的物理性能是指炉渣熔化性、流动性(粘度)、表面性能及上述特性的稳定性等。

(1) 炉渣的熔化性及其影响因素

熔化性是指炉渣熔化的难易程度,可用熔化温度和熔化性温度两个指标来衡量。熔化温度是炉渣固液相间的转化终了温度,即状态图中的液相线温度。但是一些炉渣在达到熔化温度后却不具备良好的流动性,因而高炉冶炼中还要求炉渣可以自由流动的最低温度即熔化性温度指标。一般是根据炉渣粘度—温度曲线的45°切线切点温度来确定;或者取高炉渣适宜粘度范围上限即粘度为2.0 Pa·s~2.5Pa·s时的温度。由于高炉渣主要成分是由CaO-SiO_2-Al_2O_3-MgO四元系组成的,因而高炉渣的熔化性基本上取决于它们的组成比例和存在状态,图3-11是高炉渣的三元系状态图。从图中等熔

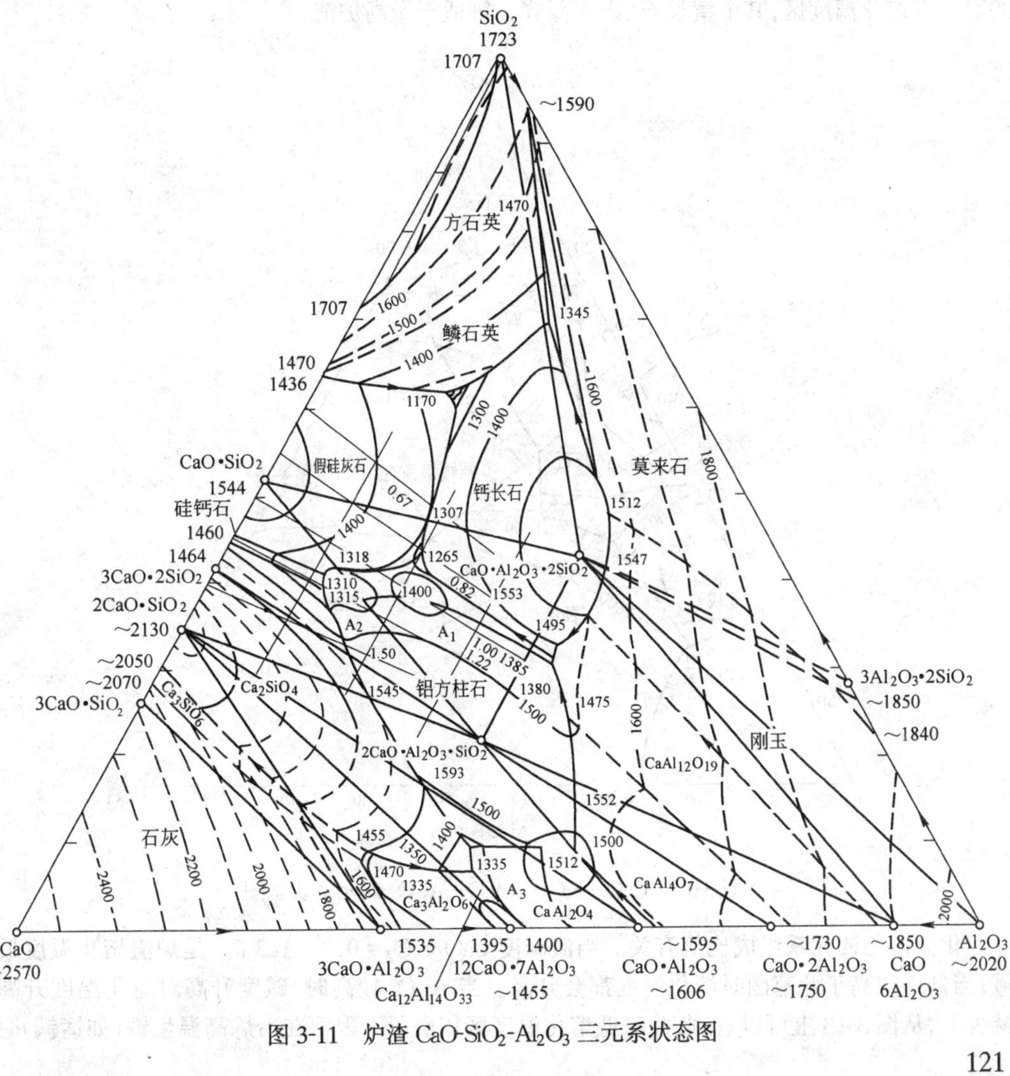

图 3-11 炉渣 CaO-SiO_2-Al_2O_3 三元系状态图

化温度线的分布可知，在假硅灰石（$CaO \cdot SiO_2$）—钙长石（$CaO \cdot Al_2O_3 \cdot 2SiO_2$）—铝方柱石（$2CaO \cdot Al_2O_3 \cdot SiO_2$）—硅钙石（$3CaO \cdot SiO_2$）区域内有较多和较大范围的低于1500℃的共晶区，因此高炉渣均选用此区域内组成成分。表3-6是冶炼各种生铁时炉渣成分的范围。国内外高炉生产的实际炉渣成分见第5章造渣制度一节。

表3-6 高炉渣主要成分的典型范围

冶炼铁种	主要成分/%				CaO/SiO_2	备注
	CaO	SiO_2	Al_2O_3	MgO		
炼钢生铁	38~44	30~38	8~15	5~10	1.05~1.20	
铸造生铁	37~41	35~40	10~17	2~5	0.95~1.05	
锰铁	38~42	26~30	11~19	2~9	1.30~1.50	含MnO 5~10
硅锰铁	43~45	43~45	8~10	约2	约1.0	

表达四元系炉渣的熔化温度特性，一般是选取四元系的锥体（正四面体）状态图中Al_2O_3含量5%、10%、15%和20%的平面，形成$CaO—SiO_2—MgO$构成的伪三元系（假象三元系）状态图。如图3-12，当Al_2O_3为10%时，图中MgO<20%、CaO 20%~45%和SiO_2 30%~65%的区域都是低于1400℃的低熔化温度区，其中黄长石、镁蔷薇辉石等适于做高炉渣。

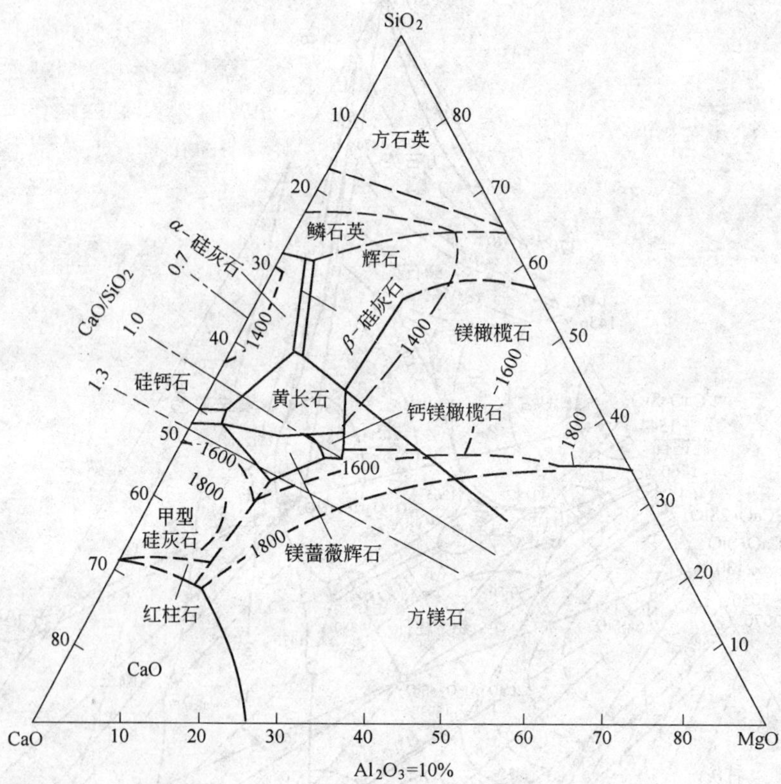

图3-12 $CaO—SiO_2—MgO—Al_2O_3$四元系状态图

熔化温度与四元系组成比例有关。当渣碱度$CaO/SiO_2 = 0.7 \sim 1.3$时，是炉渣熔化温度最低的区域；当低于或高于此范围时熔化温度都会升高。当Al_2O_3较高时，碱度升高对熔化温度升高的影响减少了，从图3-13上可以看到，此时低熔化温度区扩展了。因而在冶炼高温生铁（如锰铁）时适当

提高 Al_2O_3 含量是有好处的。

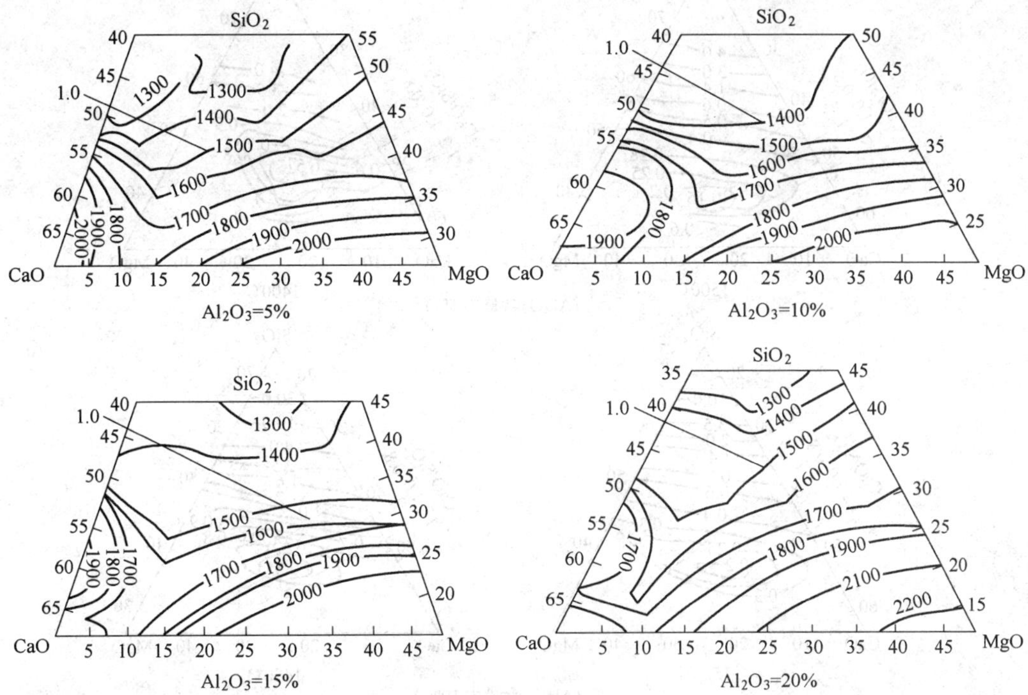

图 3-13　四元系炉渣的等熔化温度图

实际炉渣中还因含有其他成分，因而其熔化温度往往比四元系渣低 100～200℃，如 FeO、MnO、CaF_2 等都会使熔化温度降低。其中 CaF_2 作用最甚，常利用这一特点来清洗高炉下部黏结物或堆积物，但也容易造成带入炉缸的热量不足、烧坏大量风口问题。冶炼钒钛矿石渣中含 TiO_2 可达 20%～25%，与其他成分不同，它可使熔化温度升高约 100℃。

(2) 炉渣粘度及其影响因素

炉渣黏度是炉渣流动速度不同的相邻液层间产生的内摩擦力系数，即在单位面积上相距单位距离的两个相邻液层间产生单位流速差时的内摩擦力，用 η 表示，单位 Pa·s。炉渣的流动性与 η 成反比，在高炉正常生产时炉缸温度条件下，高炉渣的适宜黏度范围在 0.5～2.0Pa·s 之间，其四元系渣的等黏度曲线示于图 3-14。同熔化温度适宜区域的分布相比较，黏度适宜区的分布与之基本一致，但范围稍小。黏度随温度的升高而下降，图中 1500℃ 的粘度比 1400℃ 降低一半左右。其影响如下式：

$$\eta = B_0 \exp\left(\frac{E_\eta}{RT}\right) \tag{3-66}$$

式中　B_0、R 和 T——分别为常数，气体状态常数和温度；

E_η——称为黏流活化能，是液体质点从一个平衡位置移向另一个平衡位置所需的活化能。它与渣中复合阴离子团结构有关。

硅氧离子团结构复杂、数量多，E_η 就增加。因此炉渣在可流动的温度下，酸性渣比碱性渣黏度大。在 CaO<50% 的情况下，随着碱度 CaO/SiO_2 的升高 η 不断下降。此外，当渣中产生不能完全熔化的固相颗粒时 E_η 也会升高使 η 增大，如当 CaO 含量过高时和含 TiO_2 炉渣生成 TiC、TiN颗粒

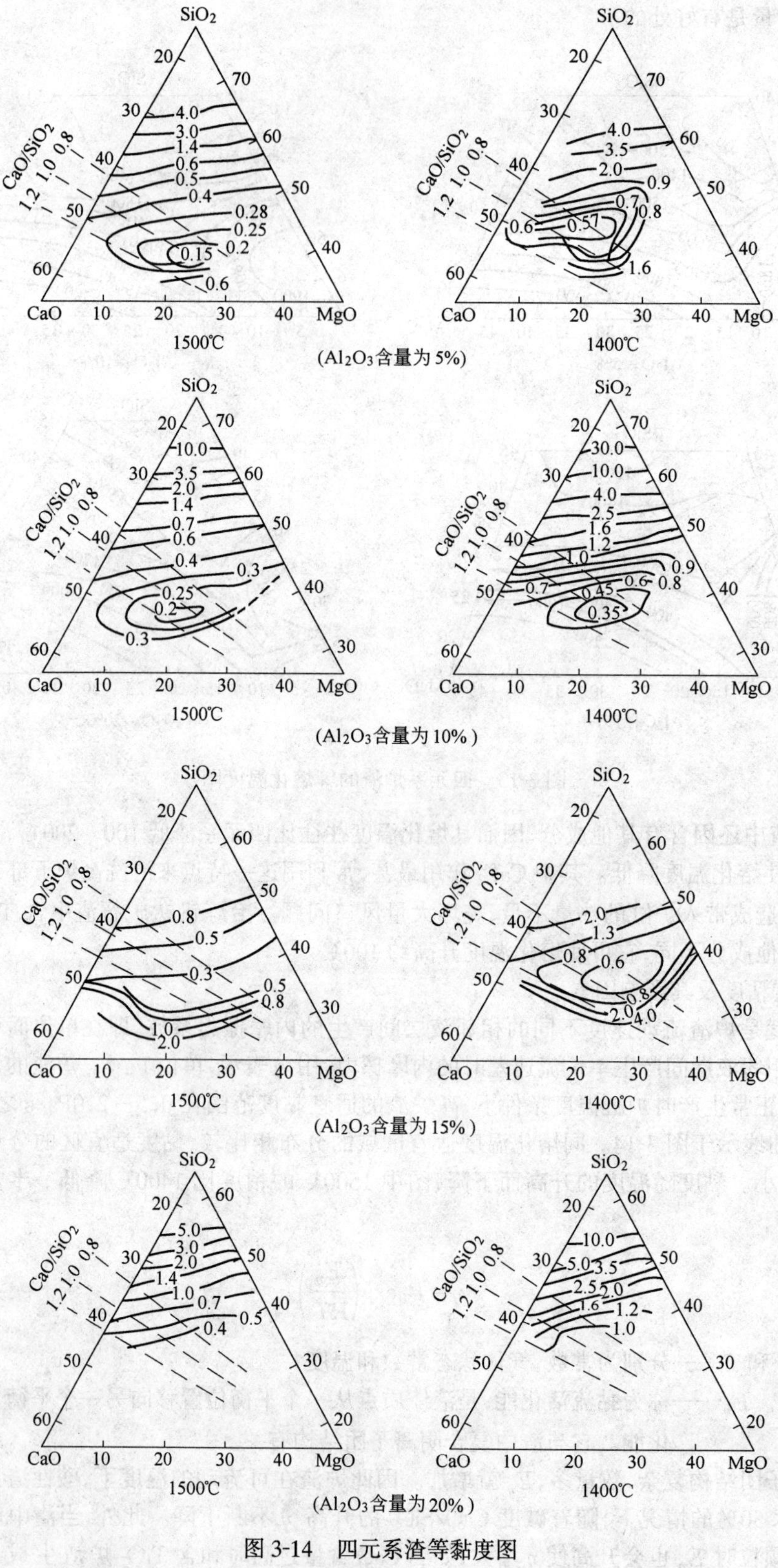

图 3-14 四元系渣等黏度图

时都会出现这种情况。因而从炉渣黏度合适的角度出发，渣碱度合适范围应在0.8～1.25之间。

MgO含量对炉渣黏度影响很大，在MgO<20%范围内，其含量增加都使 η 下降。当碱度不变时MgO在5%左右时可以使CaO<35%的酸性渣或低碱度渣黏度明显下降，而且其熔化性温度也明显降低，这在图3-15的实验结果中十分明显。当MgO超过9%～10%时，可以看到炉渣低黏度区明显扩大。但同时 $\eta-t$ 曲线转折点明显，具有所谓"短渣"特征，且熔化性温度也开始升高。不过若以MgO含量替换CaO使碱度改变，上述作用就减弱了。渣中 Al_2O_3 含量增加，当碱度一定时会使黏度升高。只有当 $Al_2O_3/CaO>1$ 的情况下，才会使酸性渣的黏度下降，并且使低黏度区有所扩大。

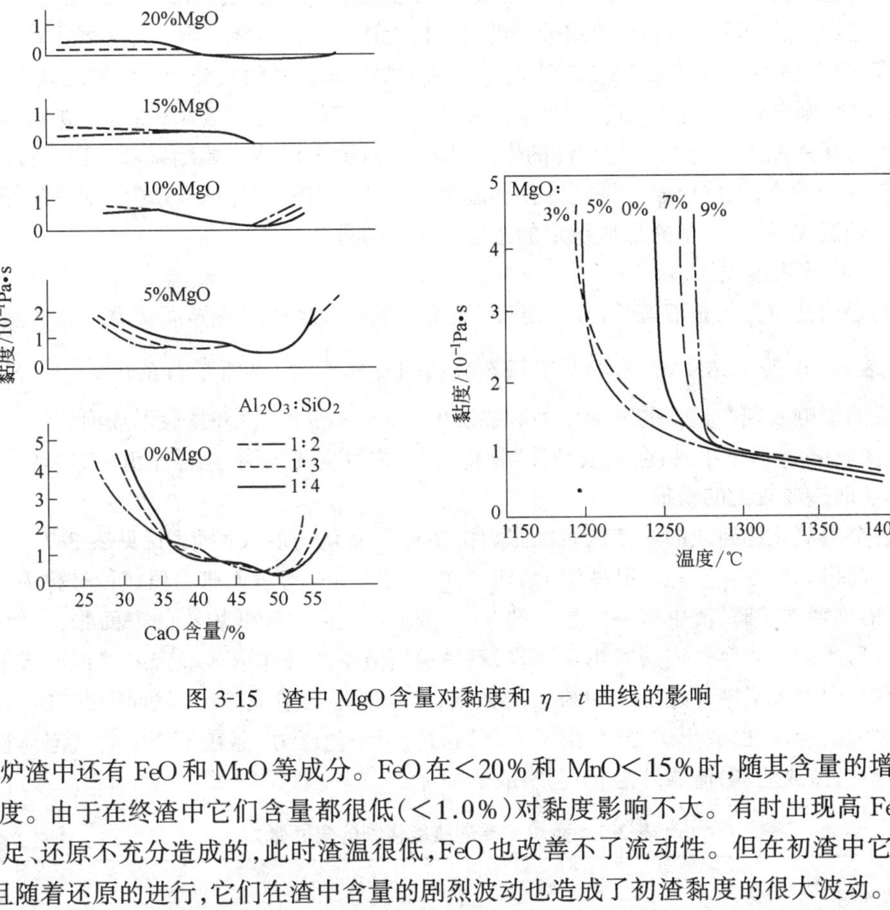

图3-15 渣中MgO含量对黏度和 $\eta-t$ 曲线的影响

实际炉渣中还有FeO和MnO等成分。FeO在<20%和MnO<15%时，随其含量的增加能显著降低渣黏度。由于在终渣中它们含量都很低(<1.0%)对黏度影响不大。有时出现高FeO渣往往是炉温不足、还原不充分造成的，此时渣温很低，FeO也改善不了流动性。但在初渣中它们影响却很大，而且随着还原的进行，它们在渣中含量的剧烈波动也造成了初渣黏度的很大波动。在冶炼钒钛矿时渣中的 TiO_2 并不影响炉渣黏度，例如在1450℃时都小于0.5Pa·s。但在高炉的强还原气氛下由于生成TiC、TiN的固体颗粒，却会使炉渣变稠甚至完全失去流动性。此外，这些碳、氮化物还常以网络状结构聚集在铁滴表面，使铁滴难以聚合和与炉渣分离，进一步造成黏度增高和形成渣中带铁，增加铁损失。这些颗粒还往往成为尖晶石、钙钛矿等高熔点矿物的结晶中心，提前析出固相使炉渣失去流动性。因此必须控制 TiO_2 的还原，或采取氧化措施使已形成的TiC、TiN等物质消失。当矿石含有 $BaSO_4$ 时，渣中有BaO存在，当其<7%时对渣黏度影响不大，含量增高时其影响与CaO相近，因而此时可适当降低碱度和提高MgO含量。渣中 CaF_2 能显著降低炉渣黏度和熔化温度。这是由于 F^- 离子能代替 O^{2-} 离子，促进硅氧复合阴离子解体和结构变简单，并能消除含高CaO

的难熔质点。冶炼含氟矿时，CaF_2 可达15%～40%，在1250℃就有良好的流动性，因而允许造高碱度渣。

炉渣黏度对冶炼行程影响很大。黏稠的初渣和中间渣，阻塞料柱中焦炭孔隙的气流通道，妨碍顺行和冶炼强化，容易引起难行和下部悬料；而黏稠的终渣，则易造成炉缸堆积、烧坏风口、渣中带铁等影响高炉正常生产。而黏度过低的炉渣，容易造成炉缸热量不足和高炉下部炉衬的剧烈冲刷侵蚀。因此，黏度适中的炉渣是保持高炉具有良好透气性，有利各种还原反应顺利进行、炉况顺行、冶炼强化、保护炉衬、活跃炉缸，获得良好技术经济指标的重要保证。

(3) 炉渣稳定性

这是炉渣的综合性能，是在温度或成分波动时其熔化性温度和黏度保持稳定的能力。例如当炉缸温度在正常范围内波动时，炉渣黏度不会进入 $\eta-t$ 曲线的转折区或保持熔化性温度无明显变化，被称为热稳定性好的炉渣。而能在渣成分波动时保持上述特性稳定能力则称化学稳定性。从四元系等熔化温度(图3-13)和等黏度(图3-14)图可见，曲线间隔愈疏即其随成分变化的梯度愈小，其化学稳定性愈好；反之，则愈差。前述的适宜碱度范围和 Al_2O_3＜15%、MgO在5%～10%的炉渣都是稳定性很好的渣。尤其是MgO含量对渣稳定性的作用很大，这从图3-15中实验结果可得到证明。

稳定性好的炉渣，抵抗原燃料性能变化和温度波动的能力强，能减少或避免发生难行、悬料、崩料和结瘤等炉况失常，尤其是能形成稳定的渣皮保护炉衬最为重要。

(4) 炉渣的表面性质

炉渣的表面性质指的是液态炉渣与煤气间的表面张力和渣铁间的界面张力。高炉渣的表面张力(以 σ 代表)在0.2～0.6N/m之间，只有液态金属的 $\frac{1}{3}\sim\frac{1}{2}$，而界面张力在0.9～1.2N/m。它们对高炉冶炼的影响表现在过低的表面张力和黏度偏高，即 σ/η 值过小时，会形成泡沫渣。而界面张力低，黏度高时 σ/η 值过小时，会造成铁珠“乳化”为高弥散度的细滴，悬浮于渣中，出现很大的渣中带铁现象，从而造成较大的铁损。

由多种金属氧化物组成的炉渣的表面张力由多种纯氧化物的表面张力(见表3-7)按各自摩尔分数值加权而得。即 $\sigma=\sum x_i\sigma_i$，某些组分，如 SiO_2、TiO_2、CaF_2 等表面张力值较低被称为“表面活性物质”。在冶炼特殊矿时，渣中有一定数量的 TiO_2 或 CaF_2，它们降低炉渣的表面张力，使高炉内发生气体反应形成的气体穿过渣层时出现困难，不易逸出渣层的气体形成稳定的气泡而成泡沫渣，这类泡沫渣在炉内加大了液体在焦床中滞留的数量，严重时还会造成液泛，从而引起难行、悬料等给操作带来很大的麻烦，而放出炉外时，由于大气压力低于炉内压力，存在于渣中的气泡体积膨胀，泡沫现象更严重，造成渣沟，渣罐外溢，引起事故。

表3-7 高炉主要造渣氧化物的表面张力

氧化物	$\sigma/(N\cdot m^{-1})$		
	1400℃	1500℃	1600℃
CaO	614×10^{-3}	586×10^{-3}	
MnO	653×10^{-3}	641×10^{-3}	
FeO	584×10^{-3}	560×10^{-3}	
MgO	512×10^{-3}	502×10^{-3}	
Al_2O_3	640×10^{-3}	630×10^{-3}	$448\sim602\times10^{-3}$
SiO_2	285×10^{-3}	286×10^{-3}	223×10^{-3}
TiO_2	380×10^{-3}		

3.2.3.5 炉渣的化学性质

炉渣碱度是炉渣碱性和酸性氧化物的比值。除前面提到的 $m(CaO)/m(SiO_2)$ 被称为二元碱度之外,在碱性氧化物中加入 MgO,则 $m(CaO+MgO)/m(SiO_2)$ 称为三元碱度,如果再在酸性氧化物中加入 Al_2O_3,则 $(CaO+MgO)/(SiO_2+Al_2O_3)$ 称为四元碱度。由于炉渣的化学功能主要作用是脱硫,以及控制某些金属氧化物在渣中的活度,促进或抑制其还原过程。而温度和碱度正是控制上述功能的最基本因素。例如控制某些元素还原过程方面,在冶炼锰铁时要造高碱度渣,提高 MnO 的活度以利还原;在冶炼含 K_2O、Na_2O 较高炉料时,适当降低碱度以利于炉渣排碱;等等。

炉渣的脱硫能力和作用,就是将铁中的硫转移到渣中去,并尽量保持硫在渣铁间的高分配比例。原燃料带入高炉的硫 80%~95%是靠炉渣脱除的。如果单位生铁的渣量 n,生铁中[S]含量有如下关系:

$$[S]=\frac{S_L-S_g}{1-n\cdot L_S} \tag{3-67}$$

式中 S_L、S_g——为单位生铁炉料带入的总硫量(称硫负荷)和进入煤气的硫量;

$L_S=\frac{(S)}{[S]}$——分配系数,渣中硫与铁中硫的分配比。

显然,提高 L_S 和减少入炉硫负荷,特别是在渣量 n 不断下降的情况下,是在炉内获得低硫生铁的根本途径。

炉渣脱硫反应可写成:

$$[FeS]+(CaO)+[C]=(CaS)+[Fe]+CO \tag{3-68}$$

实际上脱硫是渣铁界面上的离子迁移过程,即:

$$[S]+(O^{2-})=(S^{2-})+[O] \tag{3-69}$$

和

$$[O]+[C]=CO \tag{3-70}$$

若将铁水看成是稀溶液,反应(3-69)平衡时铁水中硫的浓度为:

$$[\%S]=\frac{N_{S^{2-}}\cdot[\%O]}{N_{O^{2-}}\cdot K_S} \tag{3-71}$$

式中 $N_{S^{2-}}$、$N_{O^{2-}}$——渣中 S^{2-} 离子和 O^{2-} 离子浓度;

[%O]——铁中氧的百分浓度;

K_S——硫、氧离子迁移反应的平衡常数。

因此,若想提高 L_S,必须提高渣中 CaO 的活度,同时减少 FeO 的含量,以提高渣中氧离子浓度和减少铁中氧浓度。因此碱度必须足够高。

为推动脱硫过程还必须改善动力学条件,为使硫离子和氧离子能顺利扩散到渣铁反应界面上去,必须控制炉渣粘度,保持良好的流动性。提高温度不仅使 K_S 增大,促进脱硫反应进行;而且能改善渣的物理性能有利于扩散或增大、更新渣铁界面。实验表明,炉渣的溶解硫能力也随温度升高而增加。

3.3 高炉内的煤气、炉料及渣铁的运动

高炉是气体、固体和液体三相流共存的反应器,携带热能和化学能的煤气流,在与固体料流和

渣铁液流的逆向运动中完成了动量传递、传热、传质过程，而其中以动量传递为特征的三相流体的力学过程乃是冶炼的基础过程。它决定了高炉冶炼能否稳定顺行和热能与化学能的充分利用等这些冶炼强化的核心问题。

3.3.1 料柱中煤气流的运动

3.3.1.1 料柱的多孔介质特性

高炉内整个料柱都是散料体床层，煤气是在堆积颗粒的空隙间曲折流动的。因此散料床层的空隙度、粒度组成与形状等特性对煤气流流动发生重大影响。

(1) 空隙度 ε

其定义是单位体积的散料体床层中空隙的比例：

$$\varepsilon = 1 - \frac{\rho}{\rho_s} \tag{3-72}$$

式中 ρ、ρ_s——是散料体床层密度和散料颗粒的密度，kg/m^3。

ε 与颗粒的排列状态有关。例如均匀的圆球堆积成正立方体时，床层最疏松 ε=0.476；而堆成斜方六面体时则最密实 ε=0.260。

ε 还与粒度组成有关。当两种或多种粒度散料混合时，床层的 ε 会下降，且粒径差别愈大，下降愈烈。在图 3-16 上可见，两种粒级混合料床层中，当大粒级含量占 60%～70% 时 ε 最低；且小粒直径与大粒直径比值愈小，即粒度差别愈大，在上述含量范围内 ε 下降愈厉害。图中 *b* 则是三种球形颗粒混合后床层中 ε 的等值线分布，其最小粒径与最大粒径的含量比例对 ε 影响最大，而且符合图中 *a* 的变化规律；而中间粒径散料的含量增加则可以使 ε 增大。因此要求高炉入炉料，要筛除 -5mm 粉末和缩小粒度范围，使最大和最大粒径比及含量比，都能避开 ε 最低的区域。

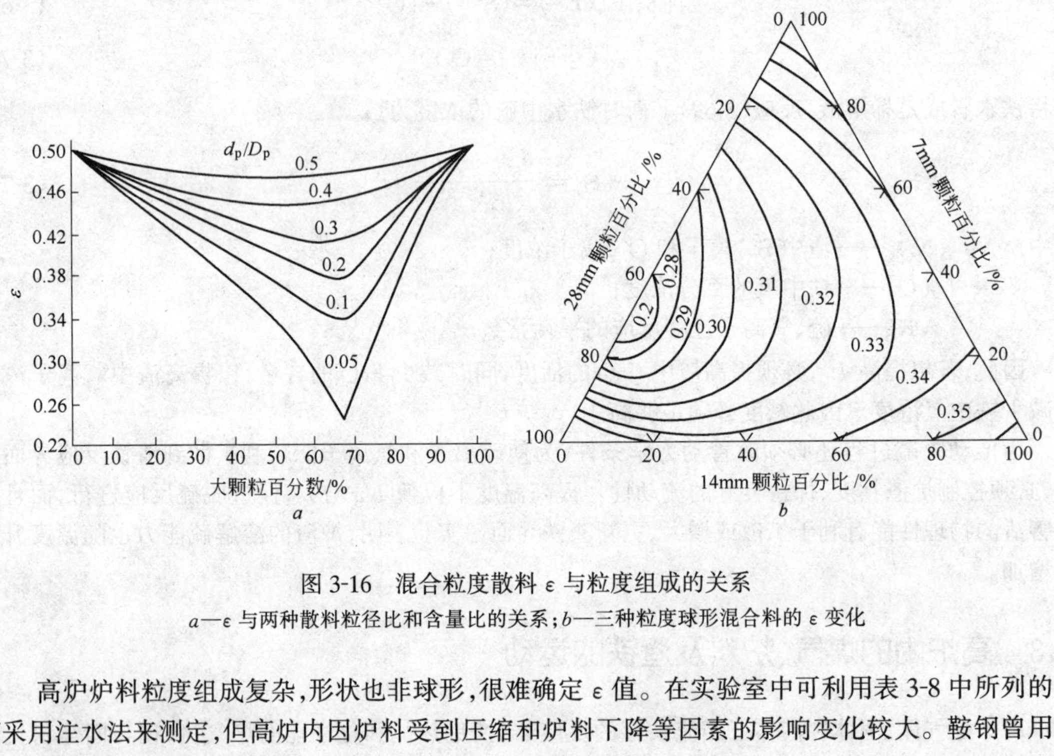

图 3-16 混合粒度散料 ε 与粒度组成的关系

a—ε 与两种散料粒径比和含量比的关系；*b*—三种粒度球形混合料的 ε 变化

高炉炉料粒度组成复杂，形状也非球形，很难确定 ε 值。在实验室中可利用表 3-8 中所列的量筒采用注水法来测定，但高炉内因炉料受到压缩和炉料下降等因素的影响变化较大。鞍钢曾用同

位素 K_r^{85} 示踪剂测量过 2580m^3 高炉，从料面到风口间的平均空隙率在 0.231～0.426 之间，一般认为高炉散料层的 ε 在 0.35～0.46 之间。计算时往往采用经验公式来确定。如根据筛分曲线得到如下经验式[5]：

表 3-8 测量散料层空隙率用的量筒

最大粒径/mm	量筒容积/L	量筒尺寸/mm×mm
<5	0.5	ϕ86.1×86.1
5～10	5	ϕ185.5×185.5
10～40	10	ϕ234×234
40～80	20	ϕ294×294
>80	50	ϕ400×400

烧结矿： $\varepsilon=(0.530\sim0.0019)\cdot(6.75-\delta)\quad(0.50\leqslant\delta\leqslant4.00)$ (3-73)

块　矿： $\varepsilon=(0.440\sim0.0080)\cdot(7.00-\delta)\quad(1.30\leqslant\delta\leqslant4.75)$ (3-74)

球团矿： $\varepsilon=(0.366\sim0.0132)\cdot(6.25-\delta)\quad(1.50\leqslant\delta\leqslant5.25)$ (3-75)

式中 $\delta=\dfrac{1.146}{\lg d_{(70)}-\lg d_{(5)}}$；

$d_{(70)}$、$d_{(5)}$——为筛下物占 70%和 5%时的最大粒径。

八木等根据实验提出[6]：

烧结矿： $\varepsilon=0.403(100d_p)^{0.14}$ (3-76)

焦炭： $\varepsilon=0.153\lg d_p+0.724$ (3-77)

式中 d_p——颗粒的平均粒度。

(2) 平均粒径 d_p 与形状系数

炉料的粒度组成中，在每个粒级范围内的平均粒径一般采用筛孔的算术平均值来表示；而由多粒级组成的混合散料平均直径则可采用“等比表面积”的平均直径。

$$d_p=\frac{\Sigma y_i}{\Sigma \dfrac{y_i}{d_i}} \tag{3-78}$$

式中 y_i、d_i——为第 i 粒级的散料质量和算术平均直径，如果 y_i 用百分比表示，则 $\Sigma y_i=100\%=1$。

所谓比表面积是指单位体积床层内颗粒总表面积与其总体积之比。当混合粒度散料的平均粒径为 d_p 则可导出比表面积 S 为：

$$S=\frac{6}{\phi d_p} \tag{3-79}$$

式中 ϕ——称为形状系数，其定义是与散料颗粒体积相同的球的表面积同散料颗粒表面积之比。

根据 ϕ 的定义，其值可表示为：

$$\phi=\frac{\pi d_0^2}{A} \tag{3-80}$$

式中 d_0——为与颗粒体积相等的球的直径，对于炉料可用 d_p 代替；

A——为颗粒表面积。

对一般形状和某些材料的形状系数 ϕ 列于表 3-9 中。

表 3-9　一般形状及某些材料的形状系数

形　状[1]	形状系数	材料名称	形状系数
球, d	1.000	砂, 圆形的	0.806
圆柱体, $d=h$	0.873	有棱角的	0.671
立方体, $d=\sqrt[3]{\frac{\pi}{6}}d$	0.805	粗糙的	0.595
		煤粉	0.730
方柱体, $d=\frac{1}{10}h$	0.610	煤粒(≤10mm)	0.649
		筛下矿石	0.571
圆盘, $\delta=\frac{1}{10}d$	0.472	石灰石	0.455
方板, $\delta=\frac{1}{10}d$	0.431	焦炭	0.72
		球团矿	0.92
		烧结矿	0.65
		白云石	0.87

① 以直径为 d 的球, 制成各种形状。

(3) 散料层通道的水力学直径

通道的水力学直径 d_h 等于 4 倍湿润周长与流通面积之比, 在散料床层中则是 4 倍空隙的体积与润湿的颗粒表面积之比。若空隙体积为 ε, 则散料颗粒总体积为 $(1-\varepsilon)$, 根据比表面积定义颗粒的总表面积 A_s 为:

$$A_s=S\cdot(1-\varepsilon)=\frac{6(1-\varepsilon)}{\phi d_0} \tag{3-81}$$

则水力学直径

$$d_h=4\cdot\frac{\varepsilon}{A_s}=\frac{2}{3}\cdot\frac{\varepsilon\phi d_0}{(1-\varepsilon)} \tag{3-82}$$

水力学通道直径 d_h 与颗粒直径 d_0 成正比, 因此散料粒度大, 煤气通道直径大, 阻力损失小。

3.3.1.2　煤气在料柱中运动的阻力损失

(1) 基本运动方程

煤气在料柱中的运动克服阻力会产生压力损失。如果把散料床层的空隙看成是一组平行的均一直径的管束, 且其总体积等于 ε, 则压力损失梯度可由下式表示:

$$\frac{\Delta p}{\Delta L}=\Psi\frac{\rho v^2(1-\varepsilon)}{\phi d_p\cdot\varepsilon}=\Psi\frac{\rho U^2(1-\varepsilon)}{\phi d_p\cdot\varepsilon^3} \tag{3-83}$$

式中　v、U——煤气流经散料床层的实际平均流速和表观(空炉)平均流速, 且有 $U=v/\varepsilon$;

ρ——煤气流体密度;

Ψ——常数, 可由实验求得。

(2) 压力损失的各种经验式

因实验方法及材料的不同, 得到 Ψ 的不同表达式。其中 Ergun 实验确定:

$$\Psi=\frac{150}{Re}+1.75 \tag{3-84}$$

式中　$Re=\frac{\rho\phi d_p U}{(1-\varepsilon)\mu}$ 为雷诺数;

μ——流体粘性系数(动力黏度)。

因而得到 Ergun 方程:

$$\frac{\Delta p}{\Delta L}=150\frac{\mu U(1-\varepsilon)^2}{(\phi d_p)^2\varepsilon^3}+1.75\frac{\rho U^2(1-\varepsilon)}{\phi d_p\varepsilon^3} \tag{3-85}$$

式中右侧第一项表示粘性力造成的压力损失,与 U 的一次方成正比,在层流状态区起支配作用;第二项则表示由运动动能引起的压力损失,与 U 的二次方成正比,在紊流状态区起支配作用。

Carman 由实验确定:

$$\Psi=\frac{C}{Re^{\beta}}\quad(0\leqslant\beta\leqslant1) \tag{3-86}$$

因而得到 Carman 方程:

$$\frac{\Delta p}{\Delta L}=C\frac{\mu^{\beta}\rho^{1-\beta}(1-\varepsilon)^{1+\beta}U^{2-\beta}}{(\phi d_p)^{1+\beta}\varepsilon^3} \tag{3-87}$$

式中 C、β——为常数。

当 $\beta=0$ 时,$\frac{\Delta p}{\Delta L}\propto\rho U^2$,表明流动处于紊流状态,与 Ergun 方程中的第二项相同。当 $\beta=1$ 时,$\frac{\Delta P}{\Delta L}\propto U$,表明流动处于层流状态,与 Ergun 方程第一项相同。高炉中一般为过渡紊流区,对于炉料整粒处理较好的高炉 β 值较大,常取 0.36;国内一般常用 0.30;在解剖首钢试验高炉时实际测算 β 值在 0.14~0.23 之间。故常采用下式计算压力损失:

$$\frac{\Delta p}{\Delta L}=C\frac{\mu^{0.3}\rho^{1.7}(1-\varepsilon)^{1.3}U^{1.7}}{(\phi d_p)^{1.3}\varepsilon^3} \tag{3-88}$$

在分析应用中常将上式中各项较固定因素合并为常数,而有:

$$\frac{\Delta p}{\Delta L}=\alpha\cdot k\cdot U^{2-\beta} \tag{3-89}$$

式中 $\alpha=\mu^{\beta}\cdot\rho^{1-\beta}$——与气体特性有关的常数;

$k=C\frac{(1-\varepsilon)^{1+\beta}}{(\phi d_p)^{1+\beta}\varepsilon^3}$——与炉料特性有关的常数。

Жаворонков 也通过实验得到如下公式:

层流时,$Re_m<(50\sim60)$:

$$\frac{\Delta p}{\Delta L}=200\frac{\mu U}{d_h\varepsilon}=300\frac{\mu U(1-\varepsilon)}{\phi d_p\cdot\varepsilon^2} \tag{3-90}$$

过渡紊流时,$(50\sim60)<Re_m<7000$:

$$\frac{\Delta p}{\Delta L}=7.6\frac{\mu^{0.2}\rho^{0.8}U^{1.8}}{d_h^{1.2}\varepsilon^{1.8}}=12.4\frac{\mu^{0.2}\rho^{0.8}U^{1.8}(1-\varepsilon)^{1.2}}{(\phi d_p)^{1.2}\varepsilon^3} \tag{3-91}$$

紊流时,$Re_m>7000$:

$$\frac{\Delta p}{\Delta L}=1.3\frac{\rho U^2}{d_h\cdot\varepsilon}=1.95\frac{\rho U^2(1-\varepsilon)}{\phi d_p\cdot\varepsilon^2} \tag{3-92}$$

式中 $Re_m=\frac{\rho U d_h}{\mu\varepsilon}=\frac{2}{3}\frac{\rho U\phi d_p}{\mu(1-\varepsilon)}$——称为修正雷诺数。

显然，在层流和紊流状态区其压力损失公式与 Ergun 方程极为相似；而在过渡紊流区则与 Carman 公式相同。因此如果采用式 3-89 表达方式，也有$\frac{\Delta p}{\Delta L}\propto U^n$ 的关系。曼钦斯基研究得出，在同样粒度和压力下的 n 值：矿石 1.755，焦炭 1.655 和烧结矿 1.588，并建议高炉炉料取 1.68，这与 $\beta=0.30\sim0.36$ 时的 Carman 公式几乎相同。

上述各经验式还有许多变型和修正式，对不同的流动状态，即在 Re 等准数的不同范围里有较好的符合性，偏差较小。由于 Ergun 方程可以包含各种流动状态，加之近年来在许多模型计算中将其矢量化了，因而应用较为普遍。

3.3.1.3 煤气在块状带中的流动特点及影响因素

(1) 料柱的透气性

料柱的透气性实际上是料柱通道阻力的反定义，因此可以从煤气流动的压力损失来判断透气性。在高炉中接近紊流的情况下，可忽略 Ergun 方程中的黏性阻力项，并将工况下的流体参数变为标准状况下表达方式，可以得到：

$$\frac{\Delta p}{\Delta L}=1.75\frac{(1-\varepsilon)}{\phi d_{\mathrm{p}}\varepsilon^3}\rho_0 U_0^2\cdot\frac{p_0}{p}\cdot\frac{T}{T_0} \tag{3-93}$$

式中 p、T 为流体工况下的压力与温度；脚标 0 代表标准状态。

如果料柱微元上的压强梯度为$\frac{\mathrm{d}p}{\mathrm{d}L}$，在高度为 H 的料柱中有等温流动时，可将上式两端分别对 $\mathrm{d}p$ 和 $\mathrm{d}L$ 积分，得到：

$$p_2^2-p_1^2=3.50\frac{(1-\varepsilon)}{\phi d_{\mathrm{p}}\varepsilon^3}\frac{p_0 T}{T_0}\rho_0 U_0^2 H=KU_0^2 \tag{3-94}$$

式中 p_2、p_1 是料柱底面和顶面处煤气的压力；K 称为透气阻力指数，它包含了炉料粒度、料柱空隙率、气体密度及工况温度等诸多因素。取其倒数就是料柱透气性的表达式：

$$\Phi=\frac{1}{K}=\frac{U_0^2}{p_2^2-p_1^2} \tag{3-95}$$

在生产中常常用鼓风流量 Q_{F} 来代替 U_0，以鼓风压力 P_{B} 和炉顶压力 P_{T} 之差，即全压差 Δp 来代替 $p_2^2-p_1^2$，因此透气性指数 Φ' 变为：

$$\Phi'=\frac{Q_{\mathrm{F}}^2}{\Delta p} \tag{3-96}$$

当炉内煤气流速较低时，甚至常用

$$\Phi''=\frac{Q_{\mathrm{F}}}{\Delta p} \tag{3-97}$$

若想改善料柱透气性，显然必须降低料柱的透气阻力、减少煤气压力损失。就炉料性质而言，增大粒径和使粒子接近球形可以降低阻力，但颗粒太大与还原的要求相矛盾，应适当兼顾。更主要的着眼点是在提高料柱的空隙率 ε 上。从图 3-17 中可以看出高炉内的 ε 正处于变化极为敏感的区域。在 $\varepsilon<0.45$ 时随 ε 的降低，

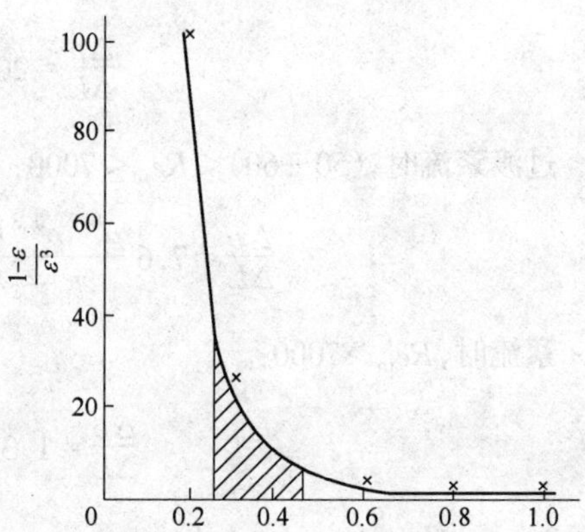

图 3-17 $\frac{1-\varepsilon}{\varepsilon^3}$与 ε 的关系

$\frac{1-\varepsilon}{\varepsilon^3}$升高极快。例如当矿石中粉末含量由5%增加到10%和15%时,因 ε 降低使透气阻力系数 K 增加了22.6%和50%。因此,炉料入炉前应尽量筛除粉末、缩小最大粒度与最小粒度的差距,加强整粒,实现粒度分级入炉、以及提高矿石的抗粉化能力和焦炭的反应后强度等等改善料柱空隙率的措施是极为重要的,对高炉顺行、强化和改善冶炼指标是十分有利的。

(2) 料柱结构对煤气流动的影响

高炉料柱的形成是由布料方式、布料制度及炉料物理特性所决定的。料柱中炉料品种、粒度、不同品种炉料的混合状态和矿焦比的分布等都是不均匀的,因而在横截面上,无论是圆周还是径向上对煤气流形成的阻力也是不同的。但高炉生产经验证明:高炉内的煤气流不可能也不要求绝对的均匀分布,特别是在径向上,相反要求从边缘到中心有不同比例的煤气流通过。为此目的要通过调整料柱结构来实现。

粒度分布

当炉料中粒度范围较大,布料时会产生严重的粒度偏析,小粒级多的地方流通阻力大。假若在同一高度上煤气的压力相同,则在该截面上任意两点间的流速比为:

$$\frac{U_1}{U_2}=\sqrt{\frac{\phi_1 d_1(1-\varepsilon_2)\varepsilon_1^3}{\phi_2 d_2(1-\varepsilon_1)\varepsilon_2^3}} \tag{3-98}$$

因此将不同粒级炉料布入不同的径向位置,调节煤气流的合理分布,这就是分级入炉的理论基础。例如将3~5mm的烧结矿单独装入高炉边缘区,能有效地抑制边缘煤气流。与粒度分布类似的还有矿石品种偏析,球团矿比烧结矿平均粒度大,形状好且均匀性好,透气性就高于烧结矿。

矿焦层厚比分布

当分层装料时,矿石厚 L_o 和焦炭层厚 L_c 之比为 E,当煤气流过 $L_c+L_o=L$ 厚料层的总阻力损失可表示为:

$$\frac{\Delta p}{L}=\alpha\cdot k\cdot U^{2-\beta}$$

如果透气阻力系数 k 是由矿石层阻力系数 k_o 和焦炭层阻力系数 k_c 叠加而成,而且有 $k_o \gg k_c$,则不难导出:

$$k=\frac{1}{1+E}(k_o E+k_c)\approx\frac{E}{1+E}k_o \tag{3-99}$$

也即 $\frac{\Delta p}{L}\propto\frac{E}{1+E}$,矿焦层厚比大的地方煤气流通阻力大、流量少。因此控制层厚比的分布是最常用的控制手段。一般当一批装入量较大时径向分布的均衡度较好,而批重小于极限值时能造成径向层厚比的巨大差异。

料层的分层状态

普遍采用的炉料分层装入时,料柱中矿焦层是交替堆叠的,但在上矿下焦的界面上会形成混合渗入层,使煤气流通阻力要增加20%~30%[7]。其附加的阻力损失可由下式估算:

$$\Delta P_J=3.4R^{2.7}\rho U^2 \quad (1<R<6) \tag{3-100}$$

式中 R——焦炭和矿石的平均粒径比。

显然,焦矿粒径比 R 越大,附加阻力损失 ΔP_J 就越大。特别是矿石中的粉末量越多,渗入焦炭层形成混合层的危害越大。因此筛除粉末、并且采用较大批重减少界面数量,都是有利提高料柱透气性的。

但是在另一种情况下，若矿石与焦炭完全混装不分层装入，料柱的透气性也可以改善，尤其是烧结矿粒度偏小、粉末较多时更为明显。其原因可能是：一是将原透气性极差的矿石层消除了，完全混合的料层阻力小于矿焦分层的阻力叠加；二是根据三种粒度混合料层的 ε 分布（图 3-16 中 b），矿焦界面混合层中是由最大粒级的焦炭与最小粒级的矿石粉末组成，阻力最大。如果混入中间粒级的比例愈大，ε 也随之增加。完全混装对这一混合层而言就相当于这种情况。

(3) 高压操作对煤气流动的影响

高压操作是提高炉顶煤气压力 p_T，使煤气在炉内的平均压力 $\bar{p}_m$ 增加，煤气体积受到压缩，流速降低，使风口至料面间的全压差降低。借助(3-93)式可以导出：

$$p_2^2-p_1^2=(p_2+p_1)(p_2-p_1)=2\bar{p}_m\Delta p \tag{3-101}$$

$$\Delta p=\frac{p_2^2-p_1^2}{2\bar{p}_m}=1.75\frac{(1-\varepsilon)}{\phi d_p\varepsilon^3}\cdot\frac{p_0T}{\bar{p}_mT_0}\cdot\rho_0U_0^2H \tag{3-102}$$

因此高压操作后由于 $\bar{p}_m$ 增大和 U_0 下降，Δp 会下降；此时若保持原 Δp 不变，允许增加风量来提高高炉的生产率。

俄国学者 A.H. 拉姆和澳大利亚学者 A.K. 比斯瓦斯对高压的效果进行了计算分析结果示于图 3-18 和表 3-10。

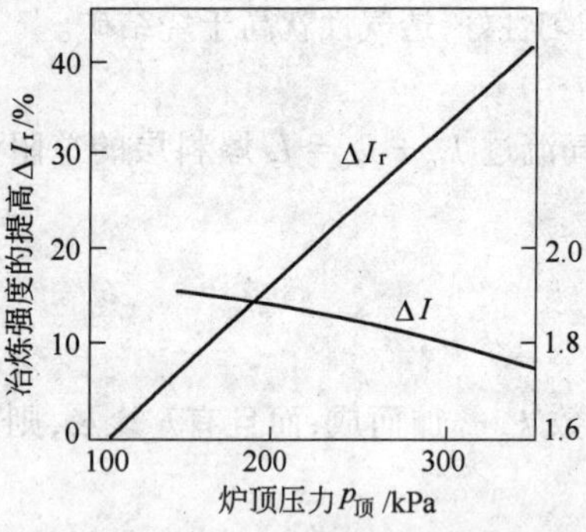

图 3-18　炉顶压力提高以后可增大的冶炼强度（A.H. 拉姆计算结果）

表 3-10　风压 Δp 和煤气线速度在高压后下降的百分数

$p_{顶压}$ /kPa	$p_{风压}$ /kPa	Δp /kPa	Δp /%	煤气线速度下降的%（近似值）
110	250	140	100	0
150	270	120	85.7	14.3
200	300	100	72.1	24.9
250	336	86	61.4	38.6
300	375	75	53.6	46.4

这些数据与早期由常压改为高压操作的生产数据是相近的，即顶压每提高 10kPa，冶强可提高 1.6%～2.0%，在超过 100kPa 后，这个数值有所减少，顶压提高 10kPa，冶强升高 1.1% ±0.2%。

3.3.1.4　煤气在软熔带和滴落带的流动

(1) 煤气通过软熔带的阻力损失

当炉料开始软化时，随着体积的收缩，空隙率不断下降，煤气阻力也急剧升高，当软熔层完全形成在开始滴落前达到最大值。图 3-19 是鞍钢烧结矿的软熔过程测定的温度—压差曲线，可明显看出上述压差变化过程。在开始软熔前 Δp 随温度升高而缓慢增加区段，主要是体积收缩引起的；当一旦开始软化，就会使 ε 剧烈降低而导致压差迅速上升。滴落前的最大值 Δp_m 是开始软熔时的 4 倍多，约为原矿石层的 8.5 倍。开始滴落后 Δp 急速下降。为了定量描述软熔层的阻力损失变化过程，在原 Ergun 方程中引入了修正阻力系数 f_b，并用软熔层的空隙率 ε_b 替换散料层的 ε。当软熔时层厚为 L 时，有：

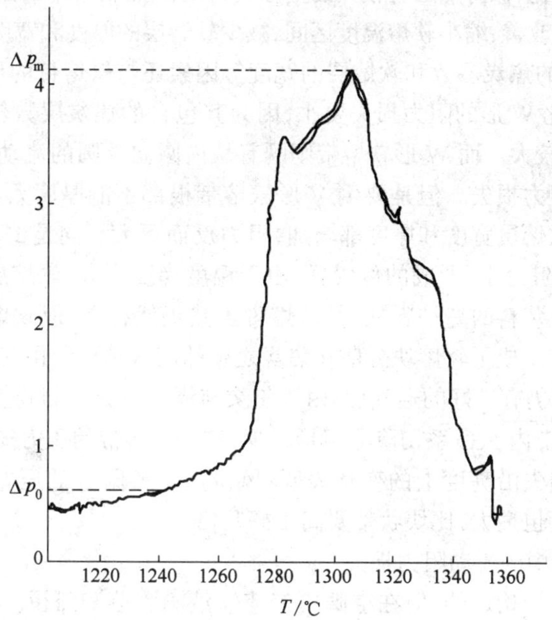

图 3-19 鞍钢烧结矿软熔滴落过程的温度-压差曲线

$$\frac{\Delta p}{L} = f_b \frac{\rho_b U^2}{2\phi d_p} \frac{(1-\varepsilon_b)}{\varepsilon_b^3} \tag{3-103}$$

式中 $f_b = 3.5 + 44 S_r^{1.44}$——软熔层阻力系数；

$S_r = 1 - \dfrac{L}{L_p}$——软熔时矿石层的收缩率；

L、L_p——软熔时与软熔前矿石层的厚度；

$\varepsilon_b = 1 - \dfrac{\rho_b}{\rho_p}$——软熔层的空隙率；

ρ_b、ρ_p——软熔时与软熔前的矿石层密度。

当 $S_r = 0$ 时，$f_b = 3.5$ 即为原 Ergun 式；当 $S_r = 0.4$ 时，f_b 增大 3.5 倍多，这与图 3-19 所示实验结果基本相符。

由于软熔层阻力很大，因而煤气流绝大部分是从软熔层之间的焦炭层穿过软熔带的。煤气流在绕过软熔层时产生了横向流动。由于软熔带构成形状不同和焦炭层厚度等透气因素的不同，使煤气穿过软熔带时沿高度上各层焦炭层流出的方向和数量均有差别，即使煤气流在此处分布发生了很大变化。这从根据首钢试验高炉解剖实际料柱中煤气流速场的计算结果（参见 3.3.1.5 图 3-20）[8]，可以明显看出流速矢量、流线和径向上流速分布在软熔带附近发生的变化。实验室模拟表明：煤气流经软熔带的阻力损失，与软熔层径向宽度 B、焦炭层厚度 h_c、层数 n 和空隙率 ε_c 等有关。当软熔带总高度为 L 时有[9]：

$$\frac{\Delta p}{L} = K\rho U^2 \frac{B^{0.183}}{n^{0.46} h_c^{0.93} \varepsilon_c^{3.74}} \tag{3-104}$$

可见软熔带中的焦炭层性质对压力损失起决定性作用。因而增大焦炭批重使其层厚增高，改善焦炭热态强度减少破碎和粉化,保持焦层有较大的空隙度等对降低软熔带的阻力都是至关重要的。同时也不应忽视原料性能的改善,缩小软熔温度区间,减少软熔层的厚度和宽度。

此外,软熔带包含的焦炭层数和软熔层的宽度等因素还与软熔带的形状、位置和高度有关。一般说来倒V形软熔带比W形的阻力损失要小,因为其包含的焦炭层数较多,而且其径向流动是由内圆向外圆流动,空间较大。而W形软熔带则既有从内圆向外圆的流动,也有外圆向内圆的流动,流向的冲突也会增加阻力损失。但是要倒V形软熔带根部不能厚度太大,即变成所谓的倒U形,这会使高炉边缘区的软熔层宽度和厚度都增加,阻力反而更大。同是倒V形软熔带,若其高度高,则包含的焦炭层数多、阻力小;形成的位置低,由于温度梯度增大,软熔层的宽度和厚度都减少、阻力也小。对于完全混合装料的高炉料柱,其软熔带虽然仍然存在,但软熔层消失了,由软熔层与焦炭层叠加构成的软熔带变成了软熔块分散在焦炭之中的网状结构。用X射线观察混装炉料的软熔过程[10],证明此时料层仍有较好的透气性,由于焦炭与周围软化炉料产生强烈的还原反应,很快渗碳熔化和滴落,使软熔带内FeO系初渣滞留量减少,整个软熔带的压力损失减少。

高炉中煤气压力损失沿高度上的变化表明:风口至炉腰附近的压差最大,约占全炉总压差的30%。该段的压强梯度也最大,比块状带要高出好几倍。

(2) 煤气在滴落带中的流动阻力损失

滴落带是由焦炭床层构成的,但在空隙中有渣铁液滴滴落和滞留。由于煤气和渣铁液滴相向运动而且共用一个通道,因此煤气流通阻力显然会随着渣铁滞留量的增加而升高。因为滞留的渣铁占据了空隙的一部分,因而可以在Ergun方程中的 ε 项里减去滞留率 h_t,即得到所谓"湿区"的Ergun方程:

$$\frac{\Delta p}{\Delta L} = k_1 \frac{(1-\varepsilon+h_t)^2}{d_w^2}\mu U + k_2 \frac{(1-\varepsilon+h_t)}{d_w(\varepsilon-h_t)^3}\rho U^2 \tag{3-105}$$

式中 h_t——为渣铁液滴在焦炭中的总滞留率;

d_w——是焦炭平均粒度 d_p 与渣铁液滴平均直径 d_l 二者的调和平均直径。

实验表明,h_t 与煤气流速、与渣铁液滴的密度、粘度、表面张力和对焦炭的润湿性等特性,以及与焦炭床层的平均粒度和空隙率等特性有关。在焦炭床层特性不变的情况下,h_t 与液滴的特性关系最大。此时液体的滞留量随着粘度的增大、表面张力的降低和润湿角的减少而增加。当液滴下降与上升煤气流相遇时,气流的浮力和与液滴的摩擦力会抵消一部分液滴的重力,使其下降缓慢,滞留率增加,煤气流动阻力损失增大。当液滴的下降力完全被抵消时,液滴会停止下降甚至被反吹向上运动,即发生液泛现象(参见3.3.3节)。此时煤气阻力损失急剧升高,会导致顺行的破坏和高炉行程的失常。焦炭床层如果粉焦数量较少、平均粒度较大,既可保持较高的空隙率,又能使 d_w 增加,对改善其透液性和透气性都有好处,会大大降低煤气流经滴落带时的压力损失。

3.3.1.5 煤气在高炉内的流动与分布的理论解析

(1) 煤气流的流速场和压力场的计算

高炉料柱中的空隙是一个三维空间,前面讨论的煤气流动特性和阻力损失,都是把它看成是一维的平行管束。然而在径向上和圆周上气流的阻力分布并不均匀,因此煤气的流速场、压力场及流线分布都是三维的。但在高炉生产过程中,煤气流动在纵向和径向上的二维分布最为重要,因此二维的流速场、压力场和流线分布计算较为常用。

在高炉条件下,把煤气流动看成是不可压缩流体的稳定流动,如果不考虑温度变化(即等温流动过程),其流速场和压力场分布可由连续性方程和粘性流体的运动方程联立求解。即:

$$
\begin{cases}
-\dfrac{1}{\rho}\operatorname{grad} p = \nu \nabla^2 \boldsymbol{v} & (3\text{-}106) \\
\nabla \boldsymbol{v} = \boldsymbol{W} & (3\text{-}107)
\end{cases}
$$

式中 $\operatorname{grad} = \frac{\partial}{\partial x} i + \frac{\partial}{\partial y} j + \frac{\partial}{\partial z} k$——梯度算符；

$\nabla = i\frac{\partial}{\partial x} + j\frac{\partial}{\partial y} + k\frac{\partial}{\partial z}$——耐普拉算子；

$\nabla^2 = \frac{\partial^2}{\partial x^2} + \frac{\partial^2}{\partial y^2} + \frac{\partial^2}{\partial z^2}$——拉普拉斯算子；

ρ、p、$\boldsymbol{v}$——煤气的密度(常数)、压力和流速矢量；kg/m^3、N/m^2、m^3/s；

W——流场中有汇或源时的涌出量，m^3/s；

$\nu = \frac{\eta}{\rho}$——运动黏度，m^2/s。

在高炉中其运动方程常采用 Ergun 方程的扩展形式，在二维坐标系中有：

$$
\begin{cases}
-\dfrac{\partial p}{\partial z} = f_1 G_z + f_2 G_z |\boldsymbol{G}| \\
-\dfrac{\partial p}{\partial r} = f_1 G_r + f_2 G_r |\boldsymbol{G}|
\end{cases}
\tag{3-108}
$$

式中 G_z、G_r——气体质量流速矢量 $\boldsymbol{G}$ 在 z 和 r 坐标上的分量，kg/s；

$|\boldsymbol{G}| = \sqrt{G_z^2 + G_r^2}$——质量流速 $\boldsymbol{G}$ 的模，kg/s；

$f_1 = 150\,\frac{\mu(1-\varepsilon)^2}{(\phi d_p)^2 \varepsilon^3 \rho}$——粘性阻力系数；

$f_2 = 1.75\,\frac{(1-\varepsilon)}{\phi d_p \varepsilon^3 \rho}$——惯性阻力系数。

此时的连续性方程为：

$$
\frac{\partial}{\partial z}(rG_z) + \frac{\partial}{\partial r}(rG_r - W) = 0 \tag{3-109}
$$

式中 W——因还原反应和焦炭气化反应引起的气体质量变化，kg/s。

引入一个可满足连续性方程的流函数 ψ，且有：

$$
\begin{cases}
\dfrac{\partial \psi}{\partial z} = rG_r - \mathrm{W} \\
\dfrac{\partial \psi}{\partial r} = -rG_z
\end{cases}
\tag{3-110}
$$

将其代入 Ergun 方程，并利用关于压力的二阶混合偏微分 $\frac{\partial(\partial p/\partial r)}{\partial z} = \frac{\partial(\partial p/\partial z)}{\partial r}$ 的关系消去压力项，得到流函数的基本方程：

$$
\frac{\partial^2 \psi}{\partial r^2}\cdot\left[\frac{f_1}{f_2} r\xi + \left(\frac{\partial \psi}{\partial r}\right)^2 + \xi^2\right] + \frac{\partial^2 \psi}{\partial z^2}\cdot\left[\frac{f_1}{f_2} r\xi + \xi^2 + \left(\frac{\partial \psi}{\partial z} + W\right)^2\right]
$$

$$
+ \frac{\partial^2 \psi}{\partial r \partial z}\left[2\frac{\partial \psi}{\partial r}\left(\frac{\partial \psi}{\partial z} + W\right)\right] + \frac{\partial \psi}{\partial r}\cdot\left\{\frac{f_1}{f_2} r\xi\left[\frac{\partial(\ln f_1)}{\partial r} - \frac{1}{r}\right] + \left[\frac{\partial(\ln f_2)}{\partial r} - \frac{2}{r}\right]\cdot\xi^2\right\}
$$

$$
+ \left(\frac{\partial \psi}{\partial z} + W\right)\cdot\left[\frac{f_1}{f_2} r\xi\,\frac{\partial(\ln f_1)}{\partial z} + \frac{\partial(\ln f_2)}{\partial z}\cdot\xi^2\right] + \frac{\partial W}{\partial r}\cdot\left[\left(\frac{\partial \psi}{\partial r}\right)^2 + \frac{r}{f_2}\left(\frac{\partial \psi}{\partial z} + W\right)^2\right]
$$

$$+\frac{\partial W}{\partial z}\cdot\left[\frac{f_1}{f_2}r\xi+\xi^2+\left(\frac{\partial\psi}{\partial z}+W\right)^2\right]=0 \tag{3-111}$$

式中　$\xi=\sqrt{\left(\frac{\partial\psi}{\partial r}\right)^2+\left(\frac{\partial\psi}{\partial z}+W\right)^2}$。

如果忽略 f_1 项和因反应引起的气体质量变化 W,则上式可以大大简化:

$$\frac{\partial^2\psi}{\partial r^2}\left[2\left(\frac{\partial\psi}{\partial r}\right)^2+\left(\frac{\partial\psi}{\partial z}\right)^2\right]+\frac{\partial^2\psi}{\partial z^2}\left[\left(\frac{\partial\psi}{\partial r}\right)^2+2\left(\frac{\partial\psi}{\partial z}\right)^2\right]+2\frac{\partial^2\psi}{\partial r\partial z}\left(\frac{\partial\psi}{\partial r}\right)\left(\frac{\partial\psi}{\partial z}\right)$$

$$+\frac{\partial\psi}{\partial r}\left[\frac{\partial(\ln f_2)}{\partial r}-\frac{2}{r}\right]\cdot\left[\left(\frac{\partial\psi}{\partial r}\right)^2+\left(\frac{\partial\psi}{\partial z}\right)^2\right]+\frac{\partial\psi}{\partial z}\left[\frac{\partial(\ln f_2)}{\partial z}\right]\cdot\left[\left(\frac{\partial\psi}{\partial r}\right)^2+\left(\frac{\partial\psi}{\partial z}\right)^2\right]=0 \tag{3-112}$$

采用差分或有限元方法进行数值计算可求得流函数 ψ、质量流速 $\boldsymbol{G}$ 和压力 P 的分布。在求解压力场时,直接利用(3-108)式积分误差较大,利用其散度可得到下式:

$$\frac{\partial^2P}{\partial r^2}+\frac{1}{r}\frac{\partial P}{\partial r}-\frac{\partial^2P}{\partial z^2}=-G_r\frac{\partial}{\partial r}(f_1+f_2|\boldsymbol{G}|)-G_z\frac{\partial}{\partial z}(f_1+f_2|\boldsymbol{G}|)-W(f_1+f_2|\boldsymbol{G}|) \tag{3-113}$$

在得到质量流速后,仍用数值计算方法求解上式各点的压力值。

为了计算方便和使计算结果具有普遍意义,可将上式中的 r、z 和待求的变量 ψ、$\boldsymbol{G}$、G_r、G_z 和 P 等全部无因次化。

除此之外,还要确定相应的初始条件和边界条件。一般假定边界条件为:

1) 认为高炉纵剖面中,中心线是对称轴线,因此气流不穿过中心线。即当 $r=0$ 时,有 $G_r=0$ 和 $G_z=\boldsymbol{G}$;

2) 假定气流不能穿过炉墙,且与炉墙平行流动。当炉墙与水平夹角为 α 时,有 $r=R_0$, $G_r\sin\alpha+G_z\cos\alpha=0$;

3) 假定料面上为等压面,根据流线与等压面正交的原则,当料面倾角为 θ 时,有 $G_r\cos\theta+G_z\sin\theta=0$;

4) 关于炉子下部煤气入口处,既可选取炉缸截面也可设定为风口截面,一般着重于了解整个料柱的气流分布(特别是软熔带以上)大多选择前者;而着重于了解风口至软熔带间气流分布则选择后者。不论选取哪个截面,都假定其为等压面,煤气流速 $\boldsymbol{G}$ 垂直于等压面。同时还假定入口截面上的煤气流量都是均匀分布的,或者采用该截面上的煤气流速有某种分布函数。例如鞍钢利用 $2580m^3$ 高炉 1/25 模型测定的炉缸径向分布函数[8]:

$$G_r=\begin{cases}ar^2+br+c & (r/R_0<0.82)\\ -dr+e & (r/R_0\geqslant0.82)\end{cases} \tag{3-114}$$

式中　a、b、c、d、e——均为实验常数;

　　　R_0——为炉缸截面的半径。

当采用差分方法计算时,先将高炉剖面划分为若干正方网格,然后可按 9 点差分格式将流函数基本方程离散化。一般采用收敛速度较快超松弛法迭代解算。采用有限元法时,其划分网格为三角形且网格大小可按炉内实际情况而改变,因此对软熔带或料层形状变化能较细致的描述气流流动和分布的变化,但计算过程较为复杂。图 3-20 是根据首钢试验高炉解剖资料,在实际料柱结构中计算的流函数和煤气质量流速的分布情况。

(2) 煤气与炉料温度场分布的计算

为了计算温度分布需要引入能量方程。在稳定态传热情况下,对煤气热积蓄衡算有:

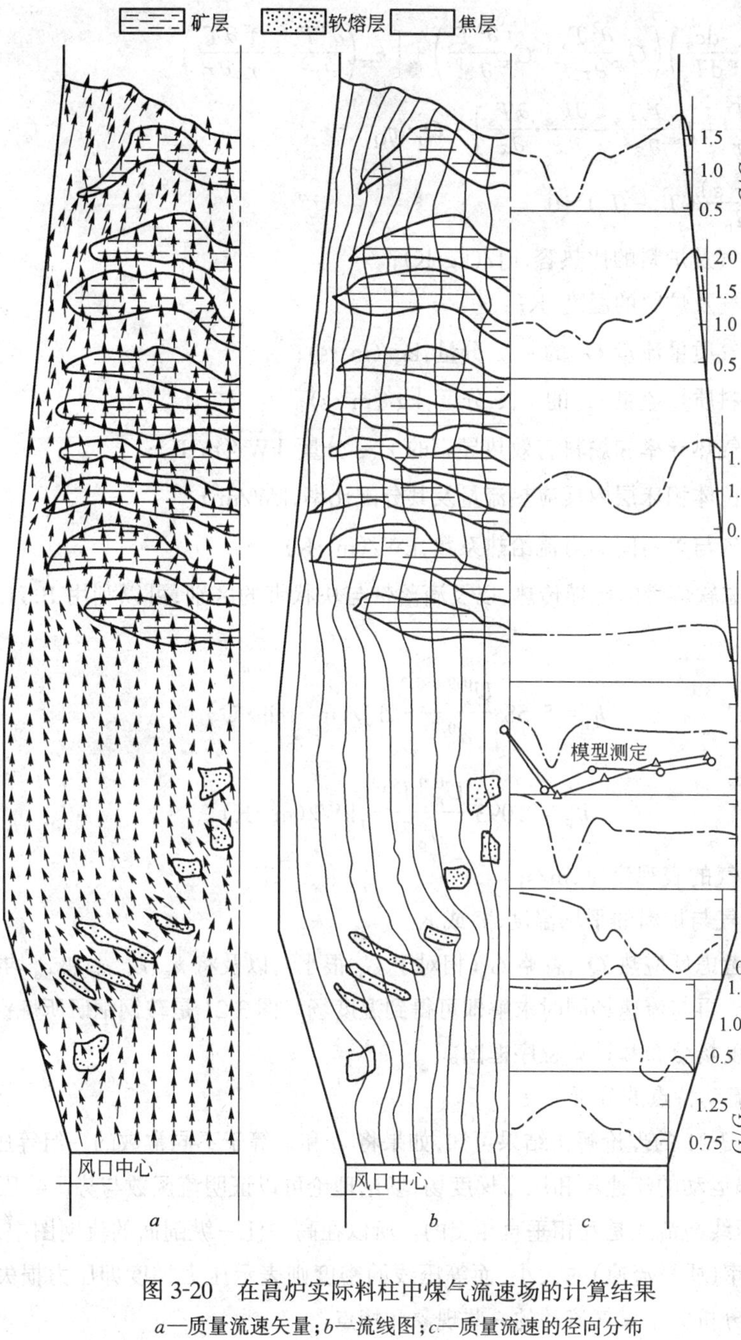

图 3-20　在高炉实际料柱中煤气流速场的计算结果

a—质量流速矢量；*b*—流线图；*c*—质量流速的径向分布

$$-\left(c_{\mathrm{g}}+T_{\mathrm{g}}\frac{\mathrm{d}c_{\mathrm{g}}}{\mathrm{d}T_{\mathrm{g}}}\right)\cdot\left(G_{\mathrm{gr}}\frac{\partial T_{\mathrm{g}}}{\partial r}+G_{\mathrm{gz}}\frac{\partial T_{\mathrm{g}}}{\partial z}\right)+\left[k_{\mathrm{g}}\left(\frac{\partial^2 T_{\mathrm{g}}}{\partial r^2}+\frac{\partial^2 T_{\mathrm{g}}}{\partial z^2}+\frac{1}{r}\frac{\partial T_{\mathrm{g}}}{\partial r}\right)\right.$$

$$\left.+\frac{\partial k_{\mathrm{g}}}{\partial r}\cdot\frac{\partial T_{\mathrm{g}}}{\partial r}+\frac{\partial k_{\mathrm{g}}}{\partial z}\cdot\frac{\partial T_{\mathrm{g}}}{\partial z}\right]-Q_{\mathrm{r}}(1-\eta_{\mathrm{Q}})$$

$$-h_{\mathrm{p}}\frac{6(1-\varepsilon)}{\phi d_{\mathrm{p}}}(T_{\mathrm{g}}-T_{\mathrm{s}})=0 \tag{3-115}$$

对于凝固相炉料则有：

$$-\left(c_s+T_s\frac{dc_s}{dT_s}\right)\left(G_{sr}\frac{\partial^2 T_s}{\partial r^2}+G_{sz}\frac{\partial^2 T_s}{\partial z^2}\right)+\left[k_{sr}\left(\frac{\partial^2 T_s}{\partial r^2}+\frac{1}{r}\frac{\partial T_s}{\partial r}\right)\right.$$

$$\left.+\frac{\partial k_{sr}}{\partial r}\cdot\frac{\partial T_s}{\partial r}+k_{sz}\frac{\partial^2 T_s}{\partial z^2}+\frac{\partial k_{sz}}{\partial z}\cdot\frac{\partial T_s}{\partial z}\right]-Q_r\cdot\eta_Q$$

$$+h_p\frac{6(1-\varepsilon)}{\phi d_p}(T_g-T_s)=0 \tag{3-116}$$

式中 c_g、c_s——煤气及炉料的比热容，kJ/(kg·K)；

T_g、T_s——煤气及炉料的温度，K；

G_{gr}、G_{gz}——煤气质量流量 G_g 的 r、z 分量，kg/(m²·s)；

G_{sr}、G_{sz}——炉料质量流量 G_s 的 r、z 分量，kg/(m²·s)；

k_g、k_{sr}、k_{sz}——煤气热导率和炉料有效热导率的 r、z 分量，kW/(m·K)；

Q_r、η_Q——单位体积床层内反应热流量及其分配比率，kW/m³；

h_p——煤气与炉料间的对流给热系数，kW/(m²·K)。

如果不单独考虑软熔带的传导传热，以及滴落带与块状带的区别，可以利用 Б. И. Китаев 的经验公式[66]来计算 h_p：

$$h_p=5.58\frac{U_g^{0.9}T^{0.3}}{d_p^{0.75}},\text{kJ/(m}^2\cdot\text{min}\cdot℃)$$

或

$$h_p=0.093\frac{U_g^{0.9}T^{0.3}}{d_p^{0.75}},\text{kW/(m}^2\cdot\text{K)} \tag{3-117}$$

式中 U_g——为煤气的表观流速，m/s；

T——为煤气与炉料的平均温度，℃或K。

如果进一步不考虑反应热 Q_r、忽略 G_s（相对于 G_g 很小），以及将 k_g、k_s、c_g 和 c_s 均视为常数，可以使计算大为简化。再与流速场同时求解即可得到温度场。图3-21是鞍钢钢研所炼铁室根据模型试验结果计算的温度场分布和计算程序框图。

(3) 关于煤气流动特点的分析

从图3-20和图3-21的理论解析结果可知，如果将 p 和 ψ 等于不同常数的一组等压线和流线组成流网图，对于无涡运动的流速场和压力梯度场，场论理论可以证明流函数与势函数压力 p 之间具有正交性，因而等压线与流线是互相垂直相交的。所以在高炉任一纵剖面的流网图中，流线的疏密程度表示了煤气流率（质量流速）的大小；而等压线的密度则表示压力梯度即压力损失的大小。利用流网图可以直接分析关于煤气流动的一些现象和特点。

在高炉的块状带，由于高炉的截面积从下到上逐渐缩小，加上料面是按炉料堆角向炉中心倾斜，在这种不等截面又不等高的料柱中，由于煤气流过的距离不同，即使料柱是均一的散料层，煤气流线也会向炉中心倾斜，料面低处流速增大、流线变密。同时流出煤气方向与料面垂直，使料面附近的流线朝向炉中心发生弯曲。从前述的煤气流动阻力损失的公式中，不难导出径向不同位置上的两点流速比 $\frac{v_2}{v_1}$ 与其流经的距径长度 $(L_1/L_2)^{\frac{1}{2}}$ 成反比。煤气流向和流速的变化，可以将部分小颗

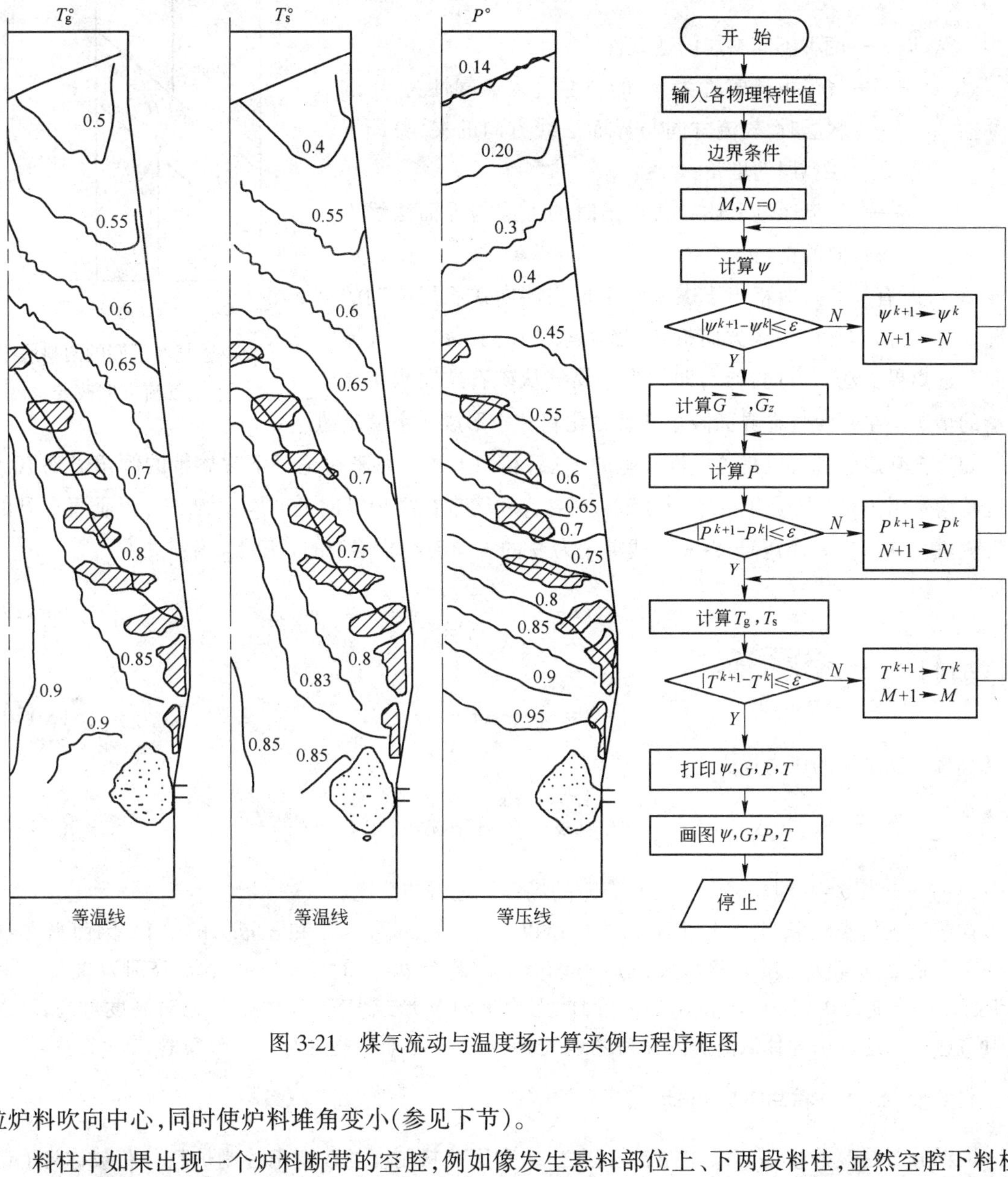

图 3-21 煤气流动与温度场计算实例与程序框图

粒炉料吹向中心，同时使炉料堆角变小(参见下节)。

料柱中如果出现一个炉料断带的空腔，例如像发生悬料部位上、下两段料柱，显然空腔下料柱中的煤气会向空腔较低位置处流入，即流线向该处密集和弯曲；空腔内可认为是流动阻力极小的等压空间，因此腔中煤气会从空腔较高位置流出进入上段料柱。高炉煤气在空腔中的这种流动，减少了煤气与炉料的接触机会，特别是这种空腔接近于垂直状态，即发生管道失常现象时，煤气的热能与化学能的利用会极大下降，严重影响高炉生产。

高炉料柱是分层装入焦炭与矿石组成的，它们的透气阻力差别很大，一般相差 3～4 倍；同时它们在炉内形成的堆角 θ 也不同。因此煤气流经料层界面时，流向会发生改变。有如下规律(参见图 3-22)。

$$\mathrm{tg}\alpha=\left(\frac{\phi_2}{\phi_1}\right)^{\frac{1}{1.8}}\cdot\mathrm{tg}\theta \tag{3-118}$$

式中　ϕ_1、ϕ_2——两种不同料层的透气性；

θ——气流由透气性为 ϕ_1 的料层进入透气性为 ϕ_2 的料层时，气流方向与界面法线方向的夹角；即下层料层的堆角；

α——气流通过上述界面流出时的方向与界面法线方向的夹角。

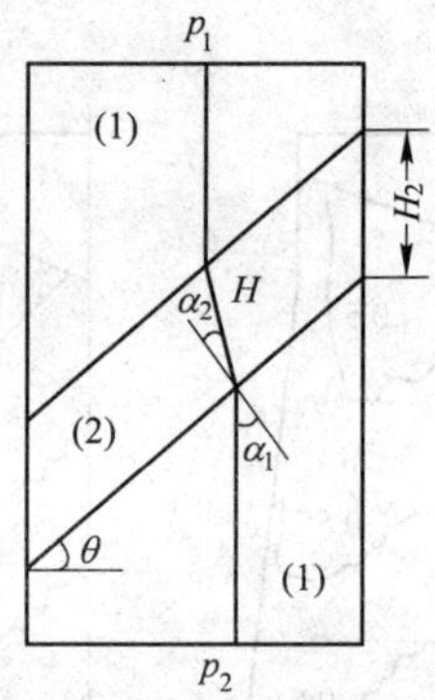

图 3-22　透气性不同的两料层界面上的气流方向改变

当 $\phi_1>\phi_2$ 时有 $\alpha<\theta$，即相当于煤气流由焦炭层向矿石层流动的情况，气流方向向界面法线方向折转；当 $\phi_1<\phi_2$ 时有 $\alpha>\theta$，气流方向向远离界面法线方向折转，即相当于煤气从矿石层向焦炭层流动的情况。结果煤气在界面倾角交替变化料柱中形成之字形流动。

如果把软熔带也看成是透气性极差的一层，利用上述关系来讨论一下软熔带的倾角 θ 对气流穿过软熔带阻力损失的影响。如图 3-22 所示，若软熔带在高炉纵向上的厚度为 H_2，当垂直上升的煤气流进入软熔带后，沿着与界面法线夹角为 α 的方向流经软熔带的长度 L_2 为：

$$L_2=H_2\cdot\frac{\cos\theta}{\cos\alpha} \tag{3-119}$$

而该方向上的煤气流速 v_2 为：

$$v_2=v_0\cdot\cos(\theta-\alpha) \tag{3-120}$$

则煤气流过软熔层的压力损失为：

$$\Delta p_2=k\cdot\frac{v^{1.8}}{\phi_2}\cdot L_2=k\cdot\frac{v_0^{1.8}}{\phi_2}\cdot \mathrm{H}_2\cdot\cos^{1.8}(\theta-\alpha)\cdot\frac{\cos\theta}{\cos\alpha} \tag{3-121}$$

式中　v_0——当 $\theta=0$ 即软熔带水平状态时的煤气穿过时的流速。

由于软熔带下是滴落带，$\phi_1\ll\phi_2$，因而 $\alpha\ll\theta$，所以有 $\cos^{1.8}(\theta-\alpha)<1$ 和 $\cos\theta/\cos\alpha<1$。因而当 $\theta=0$ 时，$\alpha=0$，而 Δp_2 最大。随 θ 角增大，Δp_2 逐渐降低。若令 $\theta=0$ 时 $\Delta p_2=1$，则 θ 分别为 30°、45°和 60°时，Δp_2 分别为 0.65、0.35 和 0.125。因此无论是倒 V 形或 W 形软熔带其相对高度愈高，其透气阻力愈小。这也是为什么高炉要保持两道气流、开放中心而不能绝对均匀分布的原因之一。

3.3.2　炉料分布与下降运动

炉料分布是高炉重要的操作控制内容之一，利用装料制度的改变来控制炉料分布被称为上部调剂。其基本原理是利用炉顶装料装置的功能和炉料特性，控制炉料装入炉内时的落点位置、堆积厚度、径向剖面形状、粒度及品种等的径向分布和圆周分布，来满足高炉冶炼过程的根本需求（详见高炉操作一章），也即达到既能控制煤气流分布合理，使其热能化学能得到最大限度利用，又能保证炉料的顺利下降，维持高炉冶炼过程的稳定进行。

3.3.2.1　*炉料落点位置及轨迹计算*

刘云彩、安云沛等对钟式和无钟装料时炉料分布规律都作了详细、深入的研究[1,11,12]，得出相同的规律。现以安云沛的研究结果来介绍。

(1) 钟式炉顶

炉料装入炉内是从钟斗装料装置的环形缝隙流出的，当大钟完全开启后，炉料沿大钟表面下滑到边缘与之垂直的截面处时，炉料将开始做斜下抛落体运动，其落入炉内位置可由其运动轨迹方程求出[11]。参照图 3-23，有：

$$y-y_0=(x-x_0)\tan\alpha+\left(1-\frac{p}{q}\right)\left[\frac{(x-x_0)^2}{4E_c\cos^2\alpha}\right] \tag{3-122}$$

或

$$x-x_0=\frac{2E_c\cos\alpha}{\left(1-\frac{p}{q}\right)}\left[\sqrt{\sin^2\alpha+\left(1-\frac{p}{q}\right)\frac{(y-y_0)}{E_c}}-\sin\alpha\right] \tag{3-123}$$

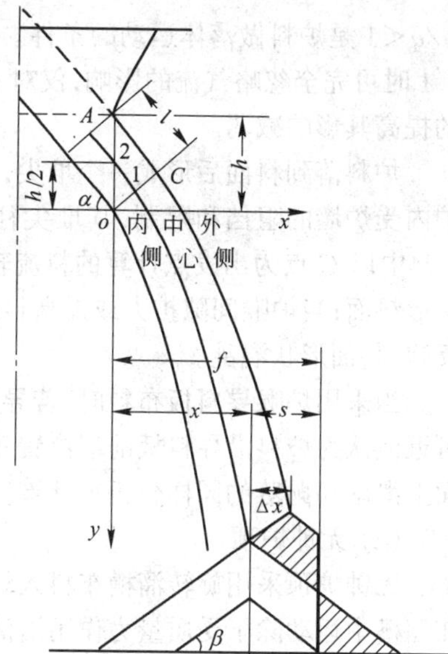

图 3-23　钟式布料落点位置轨迹的计算

式中　y、x——以大钟下沿开启位置的端点为原点直角坐标系中，炉料落下轨迹的下降距离和水平距离；

y_0、x_0——炉料开始做斜下抛落体运动的起始位置坐标，对料流中心点有：$y_0=-\frac{h}{2}\cdot\cos^2\alpha$ 和 $x_0=\frac{h}{4}\cdot\sin^2\alpha$；

h、α——料钟开启行程及钟倾角；

$E_c=\frac{v_c^2}{2g}$——单位质量炉料离开料钟时的动能；

v_c——炉料脱离料钟时的速度，且有：

$$v_c=\sqrt{v_a^2+2gl(\sin\alpha-\mu\cos\alpha)} \tag{3-124}$$

v_a——炉料开始沿料钟斜面下滑的初速度，可由漏口流出公式计算：

$$v_a=\lambda\cdot\sin\alpha\cdot\sqrt{1.61gh\cos\alpha} \tag{3-125}$$

$l=h\cdot\sin\alpha$——炉料沿钟斜面滑动的距离；

λ、μ——炉料的流动系数和与料钟的摩擦系数，见表 3-11；这是根据 1∶1 模型实验和高速摄影分析结果推算的。

p、q——料块下降时受到的煤气流阻力和下降质量力；

表 3-11　炉料的 λ 值和 μ 值

项　目	烧结矿/mm			焦炭/mm	球团/mm	正　装	倒　装
	100～50	50～25	25～0	100～40	20～15	烧结＋焦炭	焦炭＋烧结
λ	0.74	0.64～0.66	0.45	0.90～0.96	0.74～0.84	0.69	0.89
μ	0.52	0.52	0.52	0.30	0.58	0.44	0.30

料块落下时煤气阻力与下降力之比可由下式给出：

$$\frac{p}{q}=\frac{6\Psi\rho_g\omega_g^2}{\pi d_p\rho_s g} \tag{3-126}$$

式中　Ψ——煤气流对料块的阻力系数；

ρ_g、ρ_s——煤气和料块的密度；

ω_g——煤气与料块间的相对流速。

$p/q<1$ 是炉料做落体运动的条件。根据计算当常压高炉炉喉平均煤气流速为 1.8m/s 时，$p/q \leqslant 0.1$ 时可完全忽略气流的影响，仅对 -25mm 焦炭和 -10mm 烧结矿有微小的影响。随着炉顶压力的提高其影响减弱。

炉料落到料面后形成一个堆尖，在自由堆积空间里，其位置基本与料流中心轨迹重合。但在高炉内受炉墙的阻挡和限制，其堆尖往往移向炉墙，一般会移至料的上表面流落点轨迹处，也即图 3-24中以 C 点为出发点计算的料流轨迹。因此当料流中心落点距炉墙较近或碰撞炉墙时总是形成 V 形料面；当炉喉间隙扩大或提高料线时则形成 M 形料面。而料线在炉墙碰撞点以下时由于料流反弹，料面形状混乱。

当采用炉喉导料板布料时，若导料板水平夹角较大，炉料碰撞后反转 180°的水平分速度很小，可近似认为炉料沿导料板前端位置垂直落下。当导料板水平夹角处在较小的位置上，可按大钟表面上滑动和抛落的同样分析来计算。

(2) 无钟炉顶

无钟炉顶采用旋转溜槽布料入炉，其与钟式布料的最大区别在于溜槽以 ω 角速度旋转，使炉料在溜槽中运动除了受质量力作用沿溜槽向下滑动之外，还受离心力和柯氏惯性力作用沿溜槽截面做横向运动。结果使炉料在溜槽截面上的质心位置偏离垂直轴线方向与之成一 θ 角（参见图3-24 b）。根据鞍钢 11 号高炉 1/5 模型实验结果，在溜槽出口端面上该 θ 角在 30°～45°之间[12]。

如图 3-24a 所示，当炉料质点落入溜槽底面中心 O'处，受上述各种力的作用运动到 C 点时，按着达朗倍尔原理可列出该质点的运动方程，得出其在溜槽 l 方向和 τ 方向上的加速度 a_l 和 a_τ：

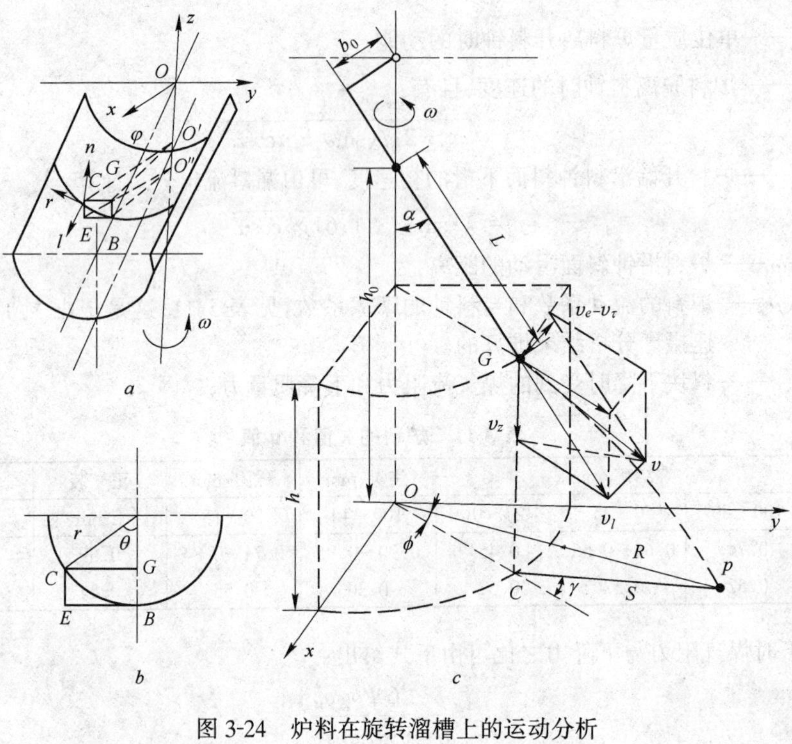

图 3-24　炉料在旋转溜槽上的运动分析

$$a_l = g\cos\alpha - 2\omega v_\tau \cdot \cos\theta \cdot \sin\alpha + \omega^2 \overline{O'C} \cdot \cos\Psi \cdot \cos\alpha \cdot \sin\theta - \mu \cdot N \frac{v_l}{\sqrt{v_l^2 + v_\tau^2}} \tag{3-127}$$

$$a_\tau = -g\sin\alpha\cdot\sin\theta + 2\omega v_l\cdot\sin\alpha\cdot\cos\theta + \omega^2\,\overline{O'C}\cdot\cos\Psi\cdot\cos\alpha\cdot\sin\theta - \mu\cdot N\frac{v_\tau}{\sqrt{v_l^2+v_\tau^2}} \quad (3\text{-}128)$$

式中　N——炉料的质量力对溜槽底面的正压力；

α、ω——溜槽轴向 l 与 z 轴间的倾角及旋转角速度；

Ψ——质点横向移动的水平距离对 Z 轴的张角；

μ——炉料质点与溜槽间的摩擦系数。

由于速度分量 v_l 与 v_τ 包含在式中，很难直接求解。可将溜槽分成若干小段，分段迭代计算其近似解，并将计算结果作为下一段的初始条件，直到得溜槽端的末速度，计算较为繁琐。亦可采用如下简化算法。

首先，假定计算 v_l 时可忽略 v_τ。因为根据实验结果 $\theta = 30^\circ \sim 45^\circ$时，$v_\tau/v_l \approx r\cdot\tan\theta/l = 1/15 \sim 1/8$，$v_l \gg v_\tau$。因而，当炉料落入流槽后获得开始下滑的初速度 v_0 已知时，其末速度 v_l 可由(3-127)式解出：

$$v_l = \sqrt{v_0^2 + 2gl(\cos\alpha - \mu\sin\alpha) + \omega^2 l^2\sin\alpha\cdot(\sin\alpha + \mu\cos\alpha)} \quad (3\text{-}129)$$

式中　l——炉料在溜槽中滑动在 l 方向上的距离；

$$l = l_o - b_o/\tan\alpha$$

l_o、b_o——溜槽长度及溜槽底面中心点距倾动旋转中心的距离。

其次，假定炉料横向运动是沿着溜槽底半圆做匀速圆周运动，即 $a_\tau = 0$，且不考虑摩擦力，可由(3-128)式导出：

$$\theta = \arctan\left[\frac{2\omega v_l}{g - \omega^2 l\cos\alpha}\right] \quad (3\text{-}130)$$

$$v_\tau = \frac{\pi\theta r}{180}\left(\frac{v_l + v_0}{2l}\right) \quad (3\text{-}131)$$

式中　r——溜槽横截面上底面半圆的半径。

最后，当炉料脱离溜槽时，因其随溜槽旋转还产生一个牵连速度 v_e，其值为：

$$v_e = \omega\sqrt{l^2\cdot\sin^2\alpha + r^2\cdot\sin^2\theta} \quad (3\text{-}132)$$

以上三个速度分量合成就是炉料脱离溜槽时的速度矢量。其大小与方向就决定了炉料脱离溜槽后的下抛距离与方向。为了计算方便，在以溜槽倾动旋转中心为原点的静坐标系中，速度矢量在三个坐标轴上的分量为：

$$\begin{cases} v_x = v_l\cdot\sin\alpha + v_\tau\cdot\sin\alpha\cdot\sin\theta + \omega r\sin\theta \\ v_y = \omega_l\cdot\sin\alpha - v_\tau\cos\theta \\ v_z = v_l\cdot\cos\alpha - v_\tau\cdot\sin\alpha\cdot\sin\theta \end{cases} \quad (3\text{-}133)$$

炉料沿 Z 向落下至料面距离为 h，则做自由落体运动的时间为：

$$t = \frac{1}{g}\left[\sqrt{v_z^2 + 2gh} - v_z\right] \quad (3\text{-}134)$$

在此 t 时间内炉料还沿着 x、y 方向上均速前进，使其坐标位置变为：

$$\begin{cases} S_x = x_0 + v_x t \\ S_y = y_0 + v_y t \end{cases} \quad (3\text{-}135)$$

则炉料落在炉内的径向位置 R 为：

$$R=\sqrt{S_{x}^{2}+S_{y}^{2}} \tag{3-136}$$

式 3-134 中　$h=H+(h_0-z_0)$——炉料落下高度距离；

H、h_0——料线深度和零料线的 Z 坐标值；

x_0、y_0、z_0——炉料脱离溜槽时的位置坐标。

上述计算中，炉料落入溜槽的初始下滑速度 v_0，与无钟的结构形式有关。如料仓闸门形式、向中心喉管供料方式以及中间流动过程等对串罐式和并罐式无钟炉顶中都有很大差别。在计算中要考虑料流方向折转、碰撞和阻滞运动对速度的影响需要测定许多速度衰减系数，使计算误差增大。鞍钢根据 11 号高炉串罐式无钟炉的实测结果[12]，得到以下经验式：

$$v_0=1.70-0.0179\alpha \tag{3-137}$$

或者直接采用 v_1 的经验式：

$$v_1=2.88+2.37\sin\left(\pi\frac{\alpha-8.75}{52}\right) \tag{3-138}$$

上式在溜槽倾角＜14°时误差较大。

利用炉料落下点轨迹计算除了控制布料操作应用之外，还可以用于溜槽长度设计时确定和选择其与炉喉直径的最佳匹配。目前无钟炉顶设备只有几种规格的定型产品可供选用，为使其与不同炉喉直径高炉相匹配，一般在开炉时要调整溜槽角位设定值。以鞍钢 11 号高炉为例其调整步骤如下：

1）利用装开炉充填料的机会在炉喉处测量各种溜槽倾角位置时的炉料落点位置；

2）利用炉料落下轨迹计算经验式修改可变参数，求出与实测值拟合误差最小的经验式，如像 v_1 经验式等；

3）根据布料要求设定炉喉径向上炉料落点的位置，一般根据划分炉喉截面为若干个等圆环面积求出每环中心半径 $\overline{r}_i$，要求的落点位置：

$$\overline{r}_i=\frac{R}{2}\left(\sqrt{\frac{i}{n}}+\sqrt{\frac{(i-1)}{n}}\right)\quad(i=1,2,\cdots,n) \tag{3-139}$$

式中　R——炉喉半径；

n——炉喉截面划分成等圆环面积的个数。

4）根据落点位置 $\overline{r}_i$ 和已修正的落点轨迹计算经验式，求出不同料线范围的溜槽倾角角位设定值，一般设定三套值。

进行上述调整后，在一般料线正常或低料线 4～6m 时，利用自动控制选定相应的角位设定值，可基本上保证炉料在径向上的落点位置不变，维持炉内气流的稳定分布。

3.3.2.2　炉料的堆角

炉料落入炉内后料面形成的堆角都小于其自然堆角，二者有如下的经验关系式：

$$\tan\phi=\tan\phi_0-k\frac{h}{r} \tag{3-140}$$

式中　ϕ、ϕ_0——炉料在炉内的堆角和自然堆角；

h、r——料线深度和炉喉半径；

k——实验常数，与炉料品种及粒度范围有关。

上式适合于无气流时钟式布料的情况，而无钟炉顶布料时炉内的堆角要比钟式布料时大 4.5°～6.5°。

当高炉生产时由于煤气流的作用其炉料堆角还要进一步降低。从理论上分析，若炉料在料面上不产生流动的必要条件是剪应力 τ 应该小于临界应力值。即：

$$\tau \leqslant \sigma \cdot \tan\phi_i \tag{3-141}$$

式中 $\tau = \rho_s \cdot g \cdot L \cdot \cos\beta$——由质量力产生的剪应力；

$\sigma = \rho_s \cdot g \cdot L \cdot \sin\beta - \Delta p$——由质量力和垂直流出料面的煤气流阻力合成的压应力；

ρ_s、L、β——炉料堆积密度、堆积厚度和实际堆角 β；

ϕ_i——炉料的内摩擦角，这里可以认为是无气流时炉料在炉内的堆角。

当应力平衡时可以导出：

$$\frac{\tan\beta}{\tan\phi_i} = 1 - \frac{\Delta p/L}{\rho_s \cdot g \cdot \cos\beta} \tag{3-142}$$

当无气流时：$\Delta p = 0$，则 $\beta = \phi_i$；当气流阻力 $\Delta p/L = \rho_s \cdot g$ 时，即炉料达到失重状态，有 $\beta = 0$。一般情况下可表示为：

$$\frac{\tan\beta}{\tan\phi_i} = 1 - 1.75\frac{(1-\varepsilon)}{\phi d_p \varepsilon^3} \cdot \frac{\rho_g U^2}{\rho_s g \cos\beta} \tag{3-143}$$

显然，随着煤气速度的增加 β 角是减小的。但是由于装料装置的不同和炉料条件不同，β 角减小的程度有显著区别。图 3-25 是不同实验的结果。新日铁公司根据实验数据得到以下经验式。

$$\beta = \beta_0\sqrt{1 - \frac{24.5\rho_g U^2}{D_p(\rho_s - \rho_g) \cdot g}} \tag{3-144}$$

式中 β_0——无气流时的炉料堆角；

U——煤气流速；

D_p——炉料颗粒直径；

ρ_s、ρ_g——炉料和气体的密度。

图 3-25 是西尾浩明等人利用(3-143)式，对一座顶压为 0.196MPa、炉顶煤气温度为 120℃ 的高炉料面堆角与煤气流速关系的计算结果[13]。其计算条件如表 3-12。

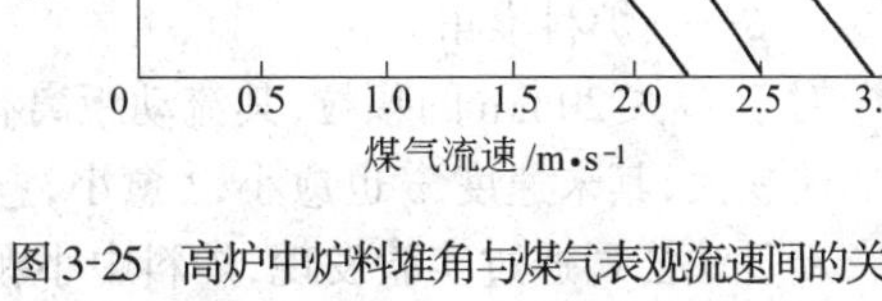

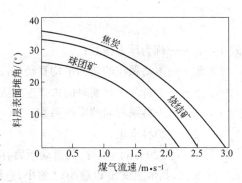

图 3-25 高炉中炉料堆角与煤气表观流速间的关系

表 3-12 计算生产高炉的炉料性能数据

炉料名称	堆积密度 ρ_s/kg·m^{-3}	空隙度 ε	平均粒度 $\overline{d}_p$/mm	形状系数 ϕ	阻力系数 $f_2$①/m^{-1}	最小流化速度 u_{mf}/m·s^{-1}	自然堆角 ϕ_i/(°)
焦 炭	525	0.51	50	0.63	205	2.9	35
烧结矿	1660	0.45	18	0.67	876	2.5	33
球团矿	2150	0.41	12	0.85	1469	2.2	26

① $f_2 = 1.75\frac{(1-\varepsilon)}{\varepsilon^3} \cdot \frac{1}{\phi \overline{d}_p}$。

由图可见，当煤气流速<0.3m/s时对堆角几乎没有什么影响；当达到1m/s时，焦炭堆角变小了3°，而矿石堆角则变小了4°～5°。此后随流速的增大，堆角迅速变小。利用堆角 β 与煤气 $\rho_g u^2$ 做图具有直线关系，其斜率取决于 f_2。因此同一煤气流速下其阻力系数越大，其堆角变小越快。结果导致焦炭堆角与矿石堆角变化不同，引起径向上层厚比的变化，和气流分布的变化。

炉料下降过程中，由于炉身直径的逐渐扩大和炉墙附近下料速度较快，堆角进一步变小而趋于平坦。根据福山5号高炉实测和计算，每下降一批料，堆角约小了2°～2.5°。鹤见1号高炉解剖测量焦炭堆角，从料线4m处至10m处其堆角由31°降到20°左右。至14m处时由于炉墙侵蚀直径更加扩大，其堆角已降至5°～8°。因此控制炉墙侵蚀保持合理炉型可避免料层过于平坦所造成的料柱阻力增大。

堆角还与装料方式有关。例如倒分装时矿石堆角随着矿批增大而减小，但当达到某最低值之后，批重再增大则堆角又逐渐回升。如果将同样批重的矿石分两次装入时，其堆角则持续降低。此外，当球团配比增加时，约每增加10%矿石堆角约降低1°。因此钟式布料操作应注意矿石品种变化，以及焦炭与矿石粒度配合变化对实际堆角的影响。例如在使用天然块矿时炉内堆角往往大于焦炭，正倒装的效果较为明显；而使用烧结矿时其炉内堆角与焦炭十分接近，甚至会小于焦炭堆角，正倒装的效果、特别是分装的时候就不很显著甚至相反。

3.3.2.3　炉料粒度的径向分布

当炉料落到料面上之后，炉料将沿着料面斜坡滚动或滑动，但是粒度不同的颗粒其滚动的距离不同，结果造成径向上粒度分布的偏析。假若炉料颗粒的滚动或滑动是在摩擦力的作用下终止的，则颗粒移动的距离 l 可由下式给出：

$$l = -\frac{[e_p \cdot v \cdot \cos(\gamma - \beta)]^2}{2g(\sin\beta - \mu_a\cos\beta)} \tag{3-145}$$

$$e_p = 1 - \frac{1}{\exp(0.2D_p - 0.1)} \tag{3-146}$$

式中　e_p——称为斥力指数；

D_p——滚动颗粒的调和平均直径，mm；

v、γ——炉料落到料面时的末速度和入射方向的水平夹角；

μ_a——炉料颗粒间的摩擦系数；

β——炉料堆角。

对于 $D_p \leqslant 20$mm 的颗粒，其流动距离有很明显的差别。粒度愈小，不仅 e_p 小，而且因受气流阻力影响愈大，其末速度 v 也愈小，l 愈小，愈积聚在落点附近。

新日铁公司通过实验发现，炉料中小颗粒部分，即焦炭≤50mm和矿石≤20mm部分，在炉内径向分布比例有如下关系[14]：

$$\ln\left(\frac{x_n}{1-x_n}\right) = -\alpha \cdot l_n + \beta \tag{3-147}$$

式中　l_n——小粒度炉料离开落点在料面上移动的距离，m；

$x_n/(1-x_n)$——炉料的小粒度部分在 l_n 位置处分布的重量比例；

α、β——比例常数。

从炉料落点至炉中心侧的 α_c 和至炉墙侧的 α_w 可按下式计算：

$$\alpha_c \cdot L = 8.70\times10^{-3}\left(\frac{v_s^2}{gL}\right)^{-0.50}\left(\frac{d_p}{L}\right)^{-0.59}\left(\frac{H}{L}\right)^{0.17}(\tan\phi)^{0.46}\left(1-\frac{u}{u_{mf}}\right)^{0.46} \tag{3-148}$$

$$\alpha_w \cdot L = 4.59 \times 10^{-3}\left(\frac{v_s^2}{gL}\right)^{-0.57}\left(\frac{d_p}{L}\right)^{-0.58}\left(\frac{H}{L}\right)^{0.19}(\tan\phi)^{0.69}\left(1-\frac{u}{u_{mf}}\right)^{0.69} \tag{3-149}$$

式中 L——炉料平均层厚,m;

$v_s = W/(2\pi RL)$——向落点供料速度,m/s;

W——体积供料速度,m^3/s;

R——炉料落点位置的半径距离,m;

d_p——炉料的算术平均粒度,mm;

H——料线深度,m;

u, u_{mf}——煤气空炉速度及流化开始时的速度,m/s。

一般情况下取料流中心落点处作为两侧的分界点,也即小颗粒分布比例最高点。不过无钟布料时,炉料粒度在溜槽中就开始偏析,小颗粒靠近溜槽底部,因此小粒度比例最高点偏向中心一侧,可以选用底表面料流落点位置做分界点。串罐式结构比并罐式结构的无钟炉顶偏析要小。当采用多环或螺旋方式布料时情况较为复杂,因为径向上每一点的小粒度比例都是由不同落点位置的炉料滚动结果叠加而成。而且此时对料罐流出先后的粒度差异也应予以考虑。

采用上式计算时,如无法实测 β 值,建议采用如下算法:首先将炉喉截面划分成若干个等面积的圆环,然后分别计算各圆环中小颗粒分布的比例相对值,令其总和等于筛分组成的含量。图 3-26 是实验测定和计算的炉料粒度分布。

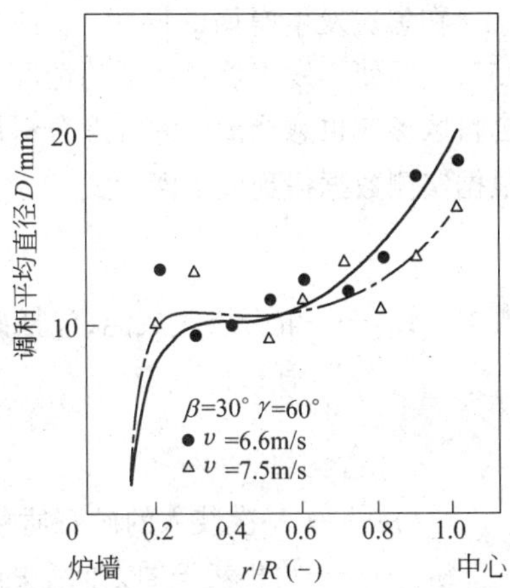

图 3-26 径向粒度分布实测与计算的结果

3.3.2.4 混合料区的形成与焦炭料层的崩塌现象

形成焦炭与矿石的混合料区和发生焦炭层的崩塌现象,都是在焦炭层上装入矿石时发生的。其产生的原因仍然是焦炭层的剪切应力超过了临界应力的结果。根据式 3-141 定义一个安全因子 SF,令:

$$SF = \frac{\sigma \cdot \tan\phi_i}{\tau} \tag{3-150}$$

显然,当矿石装入时落到焦层上,在其重力和冲击力的作用下,焦炭层中会产生一个滑动面,如果此滑动面上的切应力 τ 小于临界应力,也即 $SF \geqslant 1$,焦炭层不会产生滑动,是安全的;相反,当 $SF < 1$ 时焦炭层便会沿滑动面移动。

根据地质力学斜坡稳定理论,假定滑移面是一段圆弧或者由圆弧和堆角斜线组成的,来讨论焦炭层崩塌现象是如何发生的(参见图 3-27)。如果把焦炭层在径向上分成 n 个小段,分别计算各小段上的压应力 σ_i 和剪切应力 τ_i,则总的安全因子为:

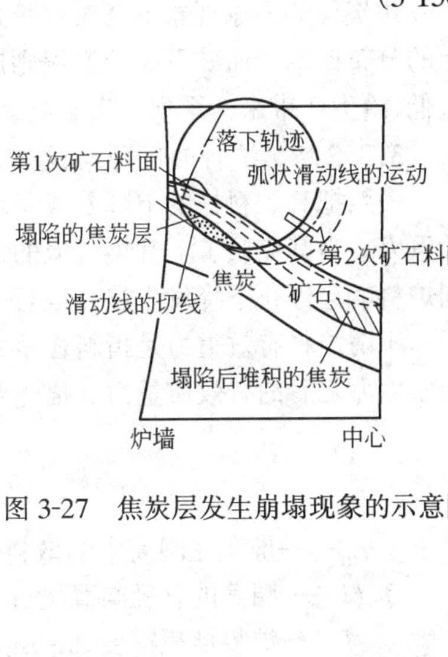

图 3-27 焦炭层发生崩塌现象的示意图

$$SF = \frac{\sum R(W_i\cos\beta_i - \Delta p_i) \cdot \tan\phi}{\sum RW_i\sin\beta_i} \quad (i = 1,2,\cdots,n) \tag{3-151}$$

式中 R——滑动面圆弧的半径,m;

W_i——第 i 段上的静、动荷载，kPa。

其崩塌过程往往是一个传递过程。当矿石刚刚落在焦炭层上，在荷载中心最近的一个小段中 SF 值会小于界限值而崩塌，焦炭层沿滑动面向炉中心移动。其原来位置被矿石填充，荷载中心也随之向炉中心方向移动，使下一个相邻小段的焦炭层的 SF 值改变。如果连续发生 SF 值小于临界值的情况，崩塌现象就传递下去。实验表明，SF 的临界值比理论值的 1 要小些，大约是 0.8 左右。

钟式布料并且使用炉喉导料板布料时焦炭崩塌现象很严重，因为矿石落至料面的入射方向使焦炭层的剪切应力增大。但是在焦炭层料面在靠近炉墙处即矿石落点处有一平台时，崩塌现象几乎不发生。在无钟单环布料时，矿石集中布在外环位置上也会引起焦炭崩塌；而采用多环或螺旋方式布料时则几乎可以完全避免。根据机械式料面探尺和电极式层厚仪测定结果，一般情况下焦炭层崩塌被矿石推移的焦炭量占焦层总重量的 4%～16%。

在焦炭发生崩塌的同时，该处还会与矿石层产生混合料区，实验表明混入的矿石体积约占 15%。即使不发生焦炭崩塌的情况下，由于矿石在流动过程中也会造成混合料区，随料批的加大混合料区形成也愈严重。评价混合料层形成程度可采用焦炭层在炉中心处厚度的增量 ΔL_c 来表示，根据实测数据得到以下回归式[15]：

$$\Delta L_c = 3.49 \times 10^{-4} E_M - 139 \tag{3-152}$$

式中 E_M——混合层生成能，包括矿石的冲击能（动能）和矿石落点处的势能两部分，$kg \cdot m^2/s$，即有：

$$E_M = \frac{1}{2} m v^2 + mgh$$

m——一次装入的矿石质量，kg；

v——沿焦炭表面方向上的矿石运动速度，m/s；

h——矿石落点位置与炉中心料面位置的垂直高差，m。

在特定的条件下矿石层也会崩塌[16]，它是后装入的矿石把先装入的料层冲击下去。当矿石粒度与焦炭粒度差别太大，或矿石粉末太多时就容易发生。实验表明，当矿石层中煤气平均流速 $\bar{u}$ 与开始流化速度 u_{mf} 之比 $\bar{u}/u_{mf} > 0.5$，而此时在焦炭层中该比值却很小（在 0.1～0.3 时）的情况下，矿石层就会崩塌。

焦炭层的崩塌现象不会对高炉造成不良影响，但是应在布料时考虑其作用，控制好焦炭在径向上的分布比例。而矿石层的崩塌则应尽量避免，因为它会造成中心气流不足和炉缸死料堆的温度过低，给生产带来一系列不良影响。

3.3.2.5 炉料的下降与流化

一般把高炉料柱的下降看成是保持层状状态整体下降的活塞流。炉料下降的动力是炉料的有效重力。当其克服了上升煤气流的浮力也即煤气穿过料柱的运动阻力损失时料柱就顺利下降；否则炉料就会停止下降发生悬料或者发生流态化现象。

所谓炉料有效重力是指料柱重力克服散料层内部颗粒间的相互摩擦和由侧压力引起的对炉墙的摩擦力之后的有效质量力。描述圆筒内有效质量力的雅森（Janssen）公式为：

$$q_{eff} = \frac{\rho_s D}{4fn}\left[1 - \exp\left(-\frac{4fnH}{D}\right)\right] \tag{3-153}$$

式中 q_{eff}——堆积在圆筒中的散料体的有效质量力，kg；

D、H——圆筒的直径与高度，m；

ρ_s、f——炉料堆积密度，kg/m^3；及与器壁的摩擦系数；

n——侧压系数,即任意一点的水平侧压力与垂直压力之比。

显然,q_{eff}随着 H 的增加而减少,当 $H\to\infty$时,q_{eff}趋于一个定值,即 $q_{eff}=\rho_s D/(4fn)$。即 H 足够大时 q_{eff}与 H 无关。在高炉模型中实测的 q_{eff}值比上式计算值大很多,其原因是由于炉身形状呈倒圆锥形 D 不断扩大,而且其侧压力系数 n 也小,与炉墙的摩擦力比圆筒容器也小。此外,当炉料下降运动时,其内摩擦力减少会使 q_{eff}比静态时的要增大许多。

从式 3-153 可知高炉中对 q_{eff}的影响因素有以下几点:

1) 炉身角愈小和炉腹角愈大,炉墙的摩擦力愈小,q_{eff}愈大;

2) 高炉 H/D 比值愈小,即高炉愈是矮胖炉型,q_{eff}愈大;

3) 炉料平均密度大有效重力也大,有利于炉料顺利下降。高炉采用矿焦完全混合装料时可使堆密度增加 10%,这是这种装料方法能够增产的原因之一;

4) 风口数目多及风口前焦炭燃烧区靠近边缘或水平投影面积扩大会使炉料活动区靠近炉墙,减少了下降的摩擦力,使 q_{eff}增大;

5) 保证适当的冶炼强度,也即保证有相当数量的焦炭被燃烧产生一定的空间,使料柱保持适当的下降速度也会增加其有效重力;当然排放渣铁等扩大高炉下部空间的措施也都是有利于顺行的。

当然使炉料顺利下降还应减少煤气的阻力,最重要的是煤气的流速应该被控制在与料柱透气性相适应的范围里。因为当煤气流速达到一定程度时,如果 $\Delta p/L$ 与颗粒重力相平衡,炉料将产生流化现象。其临界条件是:

$$\frac{\Delta p}{L}=(\rho_s-\rho_g)(1-\varepsilon)g \tag{3-154}$$

此时的煤气流速就是开始流化的最小流速 U_{mf},根据卡曼方程有:

$$U_{mf}=\sqrt[2-\beta]{(\rho_s-\rho_g)g\cdot c\,\frac{d_p^{\,1+\beta}\cdot\varepsilon^3}{\mu^\beta\rho_g^{1-\beta}\cdot(1-\varepsilon)^\beta}} \tag{3-155}$$

当紊流时 $\beta=0$,有:

$$U_{mf}=\sqrt{(\rho_s-\rho_g)\cdot g\cdot c\,\frac{d_p\cdot\varepsilon^3}{\rho_g}} \tag{3-156}$$

当层流时 $\beta=1$,有:

$$U_{mf}=c(\rho_s-\rho_g)\cdot g\cdot\frac{d_\rho^2\cdot\varepsilon^3}{\mu(1-\varepsilon)} \tag{3-157}$$

式中　c、g——常数和重力加速度常数;

不论是哪种情况,都是具有最小的 ρ_s 和 d_p 的炉料颗粒最先开始流化。实验表明,当焦炭层中截面平均表观流速与最小流化速度之比 $\overline{U}/U_{mf}>0.5$ 时焦炭即可流化。例如大型高炉在向焦炭层上布矿石,当首先落在边缘的矿石能使煤气流向尚未布到矿石的炉中心处转移,造成中心部煤气流速增大、焦炭流化上浮,阻挡了矿石流向中心。这种局部的流化只是影响炉料的径向分布,若整个料柱流化则顺行将被破坏。

对炉料的下降过程亦可以假定其为连续流体,即像计算煤气流动一样,计算炉料下降的流线。同样利用连续性方程和运动方程可以导出关于流函数的基础方程:

$$K\frac{\partial^2\psi_s}{\partial z^2}+\frac{\partial K}{\partial z}\cdot\frac{\partial\psi_s}{\partial z}-\frac{K}{r}\left(\frac{\partial\psi_s}{\partial r}-M_s\right)$$
$$-K\frac{\partial}{\partial r}\left(\frac{\partial\psi_s}{\partial r}-M_s\right)+\frac{\partial K}{\partial r}\left(\frac{\partial\psi_s}{\partial r}-M_s\right)=0 \tag{3-158}$$

而：
$$\begin{cases}\dfrac{\partial \psi_s}{\partial r}=rG_{sr}+M_s \\ -\dfrac{\partial \psi_s}{\partial z}=rG_{sz}\end{cases} \tag{3-159}$$

式中　G_{sz}、G_{sr}——炉料下降质量流速在 z、r 方向的分量；

M_s——焦炭燃烧、气化、渗碳和还原消失的量及矿石软熔滴落而消失的固体量；

K——炉料下降阻力。

在适当的边界条件下，采用差分等数值计算方法可求得其数值解。其中料面处炉料下降速度的径向分布可采用如下函数：

$$v(r)=\frac{1}{R_1-\dfrac{2}{3}R_0}\left[\left(\bar{v}R_1-\frac{2}{3}v_1R_0\right)+(v_1-\bar{v})r\right] \tag{3-160}$$

式中　R_0、R_1——炉喉半径和探尺位置半径，mm；

$\bar{v}$、v_1——料柱下降的平均速度和探尺位置下降速度，mm/min。

其下部边界，对矿石而言应为滴下之前的软熔带，开始滴下就成为液态渣铁的液滴运动了。为此，应该先计算出煤气和炉料的温度场（参见 3.3.1.5 节）分布，确定熔化线的位置，炉料中矿石的流线到此截止。而焦炭的运动则有如图 3-28 所示的模式和流动特征区，其中 A 区焦炭由于风口前燃烧空间需填充因而下降最快；而 C 区焦炭基本上不能参与燃烧，主要是渗碳溶解、直接还原及少部分在被渣铁浮起挤入燃烧带气化消耗，因而更新很慢，大约需 7～10 天。该区域被称为死料堆或炉芯。而 B 区焦炭则沿着死料堆形成的斜坡滑入风口区，其速比 A 区要慢得多。一般 A、B 区圆锥界面的水平夹角 θ_1 为 60°～65°；而 C 区圆锥表面的 θ_2 角则约为 45°。由于三个区域流速相差很大，因此焦炭流线的计算可以取风口回旋区边界和 C 区顶表面为下边界。

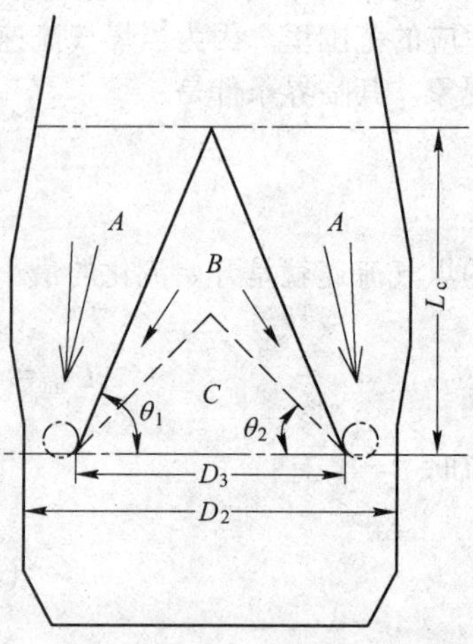

图 3-28　高炉下部炉料运动模式及流动特征区

A—焦炭向风口区下降的主流区；

B—滑移区；C—死料堆

风口回旋区大小对炉料下降有决定性影响。根据鼓风穿透力、焦炭重力和回旋区壁（即死料堆焦炭层）的反力分析，以及实验室和高炉实测数据进行回归分析，得到回旋区深度即回旋区在高炉径向上距风口前端的最大水平距离 D_R，有[17]：

$$\frac{D_R}{D_T}=0.315[pf]^{0.567} \tag{3-161}$$

而
$$pf=\frac{\rho_0}{\rho_s\cdot g\cdot D_p}\left(\frac{V_g}{S_T}\right)^2\cdot\frac{T_r}{p_b\cdot 298} \tag{3-162}$$

式中　pf——称为穿透因子；

D_T、S_T——为风口直径（m）及风口总面积，m^2；

ρ_s、D_p——为焦炭粒子密度（kg/m^3）及粒径，m；

ρ_0、V_g——炉腹煤气在标准状况下的密度（kg/m^3）及体积流率，m^3/s；

p_b——鼓风压力,kPa;

T_r——回旋区的煤气温度,K。

由此可估算出回算区的宽度 W_R、高度 H_R 和体积 V_R:

$$\frac{W_R}{D_T}=2.631\left(\frac{D_R}{D_T}\right)^{0.331} \tag{3-163}$$

$$\frac{4H_R^2+D_R^2}{H_R D_T}=8.780\left(\frac{D_R}{D_T}\right)^{0.721} \tag{3-164}$$

$$V_R=0.53D_R\cdot W_R\cdot H_R \tag{3-165}$$

B 和 C 区的圆锥面假定与回旋区壁相切,如图 3-28 中所标示的符号 B 区锥顶距风口中心平面的高度 L_c:

$$L_C=0.534D_2\left(2.0\frac{D_R}{D_2}\right)^{-0.356} \tag{3-166}$$

式中 D_2——炉缸直径,m;

而 C 区的高度 H_C,按照 θ_2 常在45°左右可直接取 $H_c=D_3/2=(D_2-2D_R)/2$;亦可根据名古屋1号高炉解剖实测数据是按式 3-166 计算的 L_C 的 0.5 倍这一事例,取 $H_C=0.5L_C$。

考察固体炉料下降运动时不能忽视死料堆的运动,它在液态渣铁的浸泡中受到很大的浮力,因而随着出铁周期的变化会有一定幅度的"浮起"和"沉降"运动。随着渣铁积蓄量的增加其受到浮力也愈来愈大,在渐渐浮起的过程中使滴落带焦炭疏松区的空隙度被压缩而减小,加之风口区煤气在死料堆中可流动区域的缩小,因而出铁前出现风压升高、回旋区缩短和风口区焦炭回旋运动不活跃等常见现象。相反在出铁后,死料堆的沉降,减少了浮力的挤压作用、滴下带焦炭空隙度增大而使炉缸异常活跃。

3.3.3 高炉内的渣铁液体运动

3.3.3.1 渣铁液体在滴落时液泛现象和流化现象

当渣铁液滴在软熔带生成并滴落时,液体在焦炭空隙中是贴壁流动的,而煤气则在剩余的中间通道中流过。当空隙中的液体滞留量愈多,气体的通道越小,阻力损失就越大,液体受到的浮力也越大。达到某一界限点时,煤气阻力急剧增大,使液体也被吹起,这就是液泛现象。根据模型实验Sherwood 确定,液泛的发生与液体的灌入量、煤气流量与流速,以及液体与气体性质等因素有关,并将上述因素归纳为液泛因子 $f\cdot f$ 和液气流量比 $f\cdot r$ 两个因子:

$$f\cdot f=\left(\frac{V_g^2\cdot s}{g\cdot\varepsilon^3}\right)\cdot\left(\frac{\rho_g}{\rho_L}\right)\cdot\mu_L^{0.2} \tag{3-167}$$

$$f\cdot r=\left(\frac{G_L}{G_g}\right)\cdot\left(\frac{\rho_g}{\rho_L}\right)^{0.5} \tag{3-168}$$

在高炉条件下,$f\cdot r=0.001\sim0.01$,并且有:

$$f\cdot f=(f\cdot r)^{-0.38}\times0.081 \tag{3-169}$$

式中 V_g——煤气流动的实际流速,m/s;

s——焦炭粒子的比表面积,m^2/m^3;

ρ_g、ρ_L——煤气和液体的密度,kg/m^3;

G_L、G_g——液体和煤气的质量流量,kg/s;

μ_L——液体的黏度，Pa·s。

图 3-29 的曲线被称为 Sherwood 线，超过该线之上区域就是液泛发生区即高炉不可操作区。实际上，$f \cdot f$ 是气体浮力与液体下降力的比值。因此降低煤气流速和体积、改善焦炭强度以提高滴落带的空隙率，以及降低炉渣黏度、减少渣量以降低 $f \cdot r$ 等等，会使液泛发生的机会大大减少。

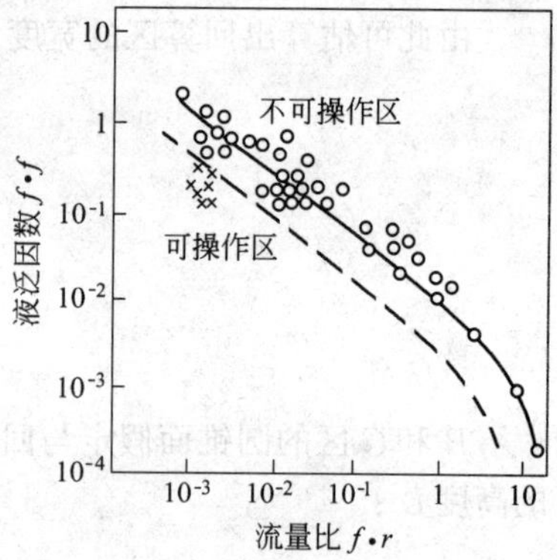

图 3-29　高炉内的液泛线
○—模型实验(Sherwood)；
×—高炉(Elliot)

Standish 采用更接近于高炉的实验条件(从模型侧面风口送风、8～16mm 的焦炭)试验结果认为，发生液泛的曲线比 Sherwood 曲线高很多，同样滴落带高度下煤气流动压差只有 Sherwood 试验的 1/5，因此认为高炉内实际上不会发生典型的液泛。日本东北大学在试验小高炉也发现发生流化、管道和崩料更容易出现。当煤气阻力与固、液体下降重力平衡时，可导出下式：

$$\frac{\rho_s(1-\varepsilon)}{\rho_L} = \frac{\Delta p/L}{\rho_L \cdot g} - h_t \tag{3-170}$$

式中　h_t——为液体在焦炭层中的滞留率，%。

当 ρ_s/ρ_L 比值较大，上式左侧大于右侧时将会产生液泛。而在高炉滴下带则恰相反，ρ_s/ρ_L 比值很小，上式左侧项小于右侧项，应首先发生流化。图 3-30 是考虑了液体对固相焦炭的润湿角，提出的无因次灌液量 $\sqrt{\frac{\mu_L}{\rho_L \cdot g^2} \cdot \frac{u(1-\varepsilon)}{d_p \cdot \varepsilon} \cdot \left(\cos\frac{\theta}{2}\right)^2}$ 与上式左侧无因次床层密度作图[18]，假定上式两侧都取决于无因次灌液量，图中表示了发生液泛、流化和两者同时发生的范围和界限。显然发生流化的煤气流速比液泛时要小很多，当高炉下部炉料和煤气流不均匀分布时就有产生局部流化的可能。例如风口区燃烧的焦炭量若得不到滴落带焦炭的足量补充，就会使其上部的补充路径上产生较大的流化空间，产生不稳定的流化状态。当其受到各种因素的干扰随时可能消失，这就是造成高炉下部崩料的发生。

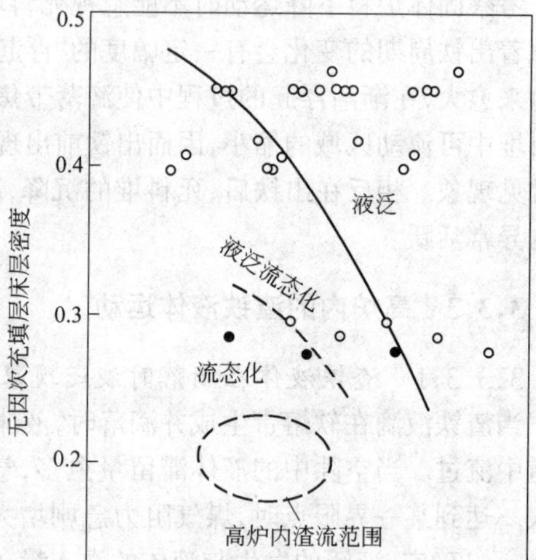

图 3-30　灌液充填层中液泛与流化的识别图
○—液泛；●—流态化

3.3.3.2　渣铁液滴的滴下运动

滴下的渣铁液滴在脱离软熔层时，由于受到煤气流穿过焦炭夹层时的径向运动影响，而产生偏流，其偏流方向与软熔带的形状有关。例如为倒 V 形软熔带时，液流由炉中心向边缘偏流；对正 V 形软熔带则恰相反，液流向中心偏流；而 W 形软熔带则是中心和边缘的液流从两个方向中间环区偏流。

当进入风口平面时，倒 V 形软熔带使液流进入回旋区，受回旋区气流的作用沿着其四周和前端流下。由于和煤气接触条件好，渣铁温度高、炉缸煤气热能利用最好。相反，V 形软熔带使液流直接穿过死料堆而进入炉缸，渣温常常不足，煤气热能利用不好，出现铁温高、渣温低、生铁高 Si 高 S 现象，炉衬也易侵蚀。而 W 形软熔带则介于上述二者之间。

关于液体偏流问题东北大学曾利用模型实验证明[19]，其偏流角 θ：

$$\theta=78.02\left[\frac{(\Delta p/L)_{g}}{\rho_{L}}\cdot(1+f)\right]^{0.69} \tag{3-171}$$

而

$$f=6.06\left(\frac{u_{L}\cdot G_{g}\cdot s^{2}}{\rho_{L}^{2}\cdot\varepsilon^{3}}\right)^{0.51}\cdot\left(\frac{G_{L}}{G_{g}}\right)^{0.62} \tag{3-172}$$

式中 $(\Delta p/L)_{g}$——为无液流存在时干料层中煤气流动阻力损失；

u_{L}、s、ρ_{L}——液滴下降速度、比表面积（假定为球形）和密度；

G_{L}、G_{g}——液体和气体的质量流速。

显然，ρ_{L} 小的液体偏流角度大，渣流和铁流的偏流角大约是 13∶1 的关系。其次影响最大的是焦炭粒度和空隙度，粒度愈小比表面积愈大，θ 增大。当焦炭破碎较多粉末、粒度不均，使 ε 剧烈降低，偏流 θ 加大。当倒 V 形软熔带使渣铁液体强烈偏流向炉墙时，会进入温度较低区域凝结引起炉况不顺，甚至可能粘到炉墙上形成结瘤。图 3-31 是渣液滴下时在软熔带附近偏流的流线分布。

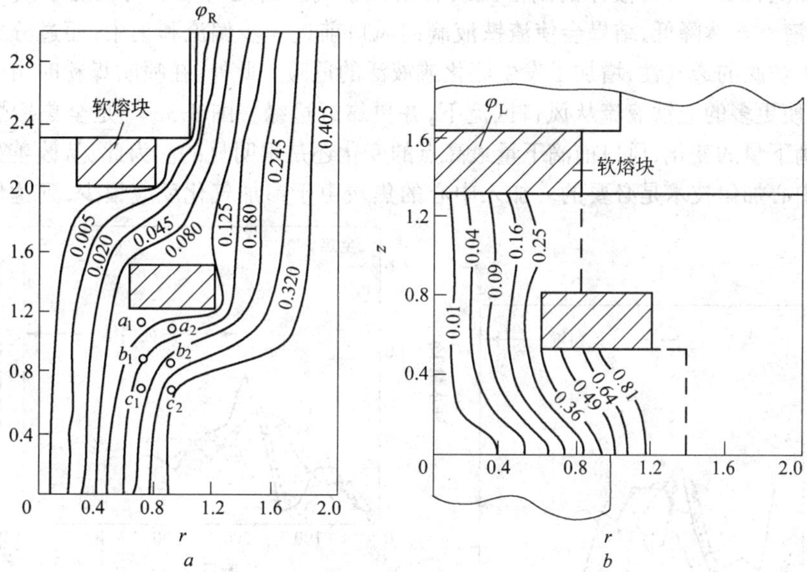

图 3-31 渣液滴在软熔带附近下降的偏流现象

a—气体流线（$Q_{g}=40\text{m}^{3}/\text{h}$，$Q_{L}=6.55\text{L/h}$）；$b$—液体流线（$Q_{g}=60\text{m}^{3}/\text{h}$，$Q_{L}=6.55\text{L/h}$）

对于渣铁液滴在滴下带的下降流动，可以利用多孔介质中液体流动达西(Darcy)公式来描述其流动[20]。即有：

$$-\operatorname{grad}p_{L}=F\cdot\boldsymbol{G}_{L}+S\cdot\boldsymbol{G}_{g}-\rho_{L_{0}}\cdot\boldsymbol{g} \tag{3-173}$$

而

$$F=\left(180\,\frac{(1-\varepsilon)^{2}}{\varepsilon^{3}}\cdot\frac{1}{D_{p}^{2}}\cdot\frac{\mu_{L}}{\rho_{L_{0}}}\right)\cdot\left(\frac{h_{t}}{\varepsilon}\right) \tag{3-174}$$

$$S=f_{1}\left(\frac{3h_{t}}{\varepsilon^{3}\cdot D_{L}\cdot\rho_{g}}\right)\cdot|\boldsymbol{G}_{g}| \tag{3-175}$$

式中 F——液滴与固体颗粒间作用力，N·s/(N·m)；

S——液滴受气体流动摩擦力，N·s/(N·m)；

μ_L、ρ_{L_0}———液体黏度，Pa·s；及液体在基准温度下的密度，kg/m^3；

h_t——液体的滞留率，可认为是常数 0.4；

D_L——液滴平均直径，可用固体颗粒直径 D_p 来表示：

$$D_L=\left(\frac{2\sqrt{3}}{3}-1\right)\cdot D_p\approx 0.155D_p$$

液体流动的连续性方程和流函数定义如下：

$$\frac{\partial}{\partial z}(rG_{Lz})+\frac{\partial}{\partial r}(rG_{Lr})=0 \tag{3-176}$$

$$\frac{\partial \psi_L}{\partial z}=-rG_{Lr},\frac{\partial \psi_L}{\partial r}=rG_{Lz} \tag{3-177}$$

利用适当的边界条件可以求得液体流动的流线。图 3-31 是与气体流场同时解析得到的结果，可以看到气体流场对液体流场的影响，可以指导建立合适的软熔带。此外亦可研究流化与液泛问题。

死料堆焦炭粒度大小对液体的滴落流线有很大影响。当死料堆平均粒度小或含有破碎的粉焦，其透气透液性显然降低，结果会使渣铁液滴向风口前进一步偏流和集中，而过分集中的液流则进一步恶化了炉腹的透气性，增加了发生流化或液泛的危险。此外，在喷吹煤粉时由于风口前煤气量的增大，也使更多的渣铁液流从风口区流下，并更靠近边缘。图 3-32[21] 是全焦冶炼与喷吹煤粉时对比测试滴下量的变化，风口前滴下量最高点的变化还是很明显的。为此，从改善死料柱透气角度出发采用中心加焦技术是必要的。加入中心的焦炭由于参加气化反应很少，到达炉缸后强度仍

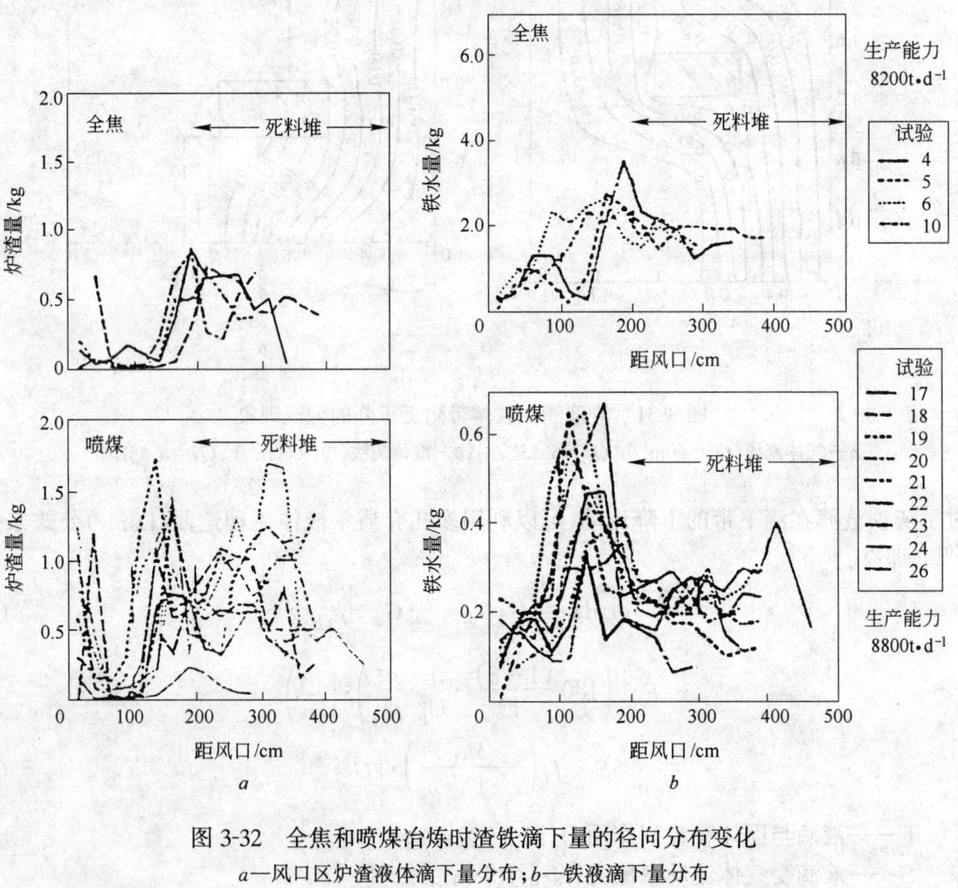

图 3-32　全焦和喷煤冶炼时渣铁滴下量的径向分布变化

a—风口区炉渣液体滴下量分布；*b*—铁液滴下量分布

然较好，不会产生粉焦；另外中心加焦用的焦炭应该使用大粒度焦炭。

3.3.3.3　炉缸中的渣铁运动

在出渣出铁过程中，渣铁流动状态对炉缸工作有两方面的影响，一是渣铁残留量，影响炉缸工作状态、产品质量及炉况顺行等冶炼过程；二是渣铁流动方式，对炉缸墙衬的侵蚀产生不同影响。

在出铁出渣的后期渣铁液面接近渣铁口时，由于煤气压力的作用和渣铁液面的倾斜，炉缸内将残留一部分渣铁。根据模型实验[13]，残留率 α 与无因次滞留系数 F_L 有关。F_L 的定义是：

$$F_L = 180\,\frac{(1-\varepsilon)^2}{\varepsilon^3}\cdot\frac{1}{(\phi d_p)^2}\cdot\frac{\mu_L v_0}{\rho_L g}\cdot\left(\frac{D}{H}\right)^2 \tag{3-178}$$

式中　v_0——出渣出铁时炉缸液面的平均下降速度，m/s；

H——开始出渣出铁时的渣铁层厚度，m；

D——炉缸直径，m。

也即滞留系数 F_L，一方面是受液体特性的影响，如黏度大、密度小和出渣速度快，滞留系数大；另一方面则是受死料堆焦炭层特性的影响，如焦炭粒度小，空隙低，则滞留系数大。此外还与操作条件因素有重大关系，如对一定的炉缸直径 D，出渣出铁前要有适当的液层厚度有利于减少炉缸的滞留系数。炉缸渣铁滞留率 α 与 F_L 有明显的正相关关系，而且当渣铁同时从铁口排放时 α 值比单独放渣时要高。图 3-33 是模型实验得到的结果。

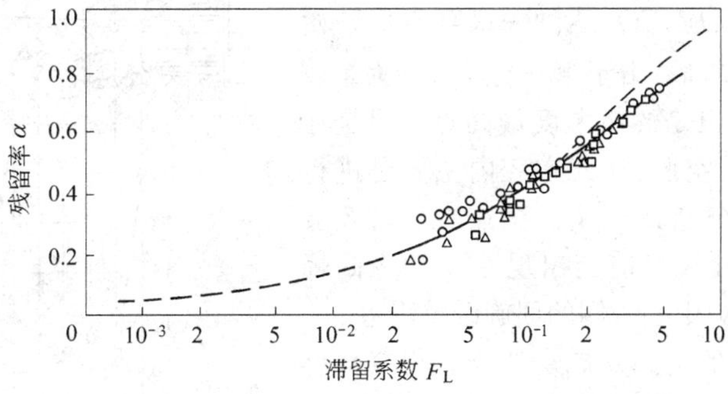

图 3-33　炉缸液体残留率 α 与滞留系数 F_L 的关系

出铁时炉缸内的铁水有两种流动方式：当焦炭死料柱直接落于炉底时，铁水流是一个有势流，以铁口为中心点，半径距离愈小愈先流出，愈远流出愈慢，在纵向上的流线也是从垂直下降逐渐转向铁口流出。因铁水积存量足够大时，铁水浮力可以将焦炭死料柱浮起，在炉底和焦炭柱之间形成贯通的铁液池，此时上面的铁液首先垂直下落进入铁池后再流向铁口。

在焦炭柱浮起的情况下铁水流速很快，比前一种情况快 20～30 倍，加速了炉底耐火材料的侵蚀；同时由于焦炭柱的底面呈球状突起，致使铁水沿炉缸壁做环形流动，形成了炉缸与炉底的角部的严重侵蚀(即所谓蒜头状侵蚀)。因而近年来的炉底炉缸设计中都加大了死铁层深度、降低焦炭柱下的铁水流速，并且在出铁作业中要控制出铁速度，减少对炉缸炉底的冲刷侵蚀。

炉缸中残留液体，在正常炉况时主要是炉渣，因为其黏度比铁水大 100 倍以上。但在异常炉况时铁水也会残留，因此利用炉缸渣铁残留率可作为判断炉缸工作状况的一个指数，用于数学模型中。

3.4　高炉内的热量传递与平衡

3.4.1　风口前燃料燃烧及理论燃烧温度

高炉风口前燃料燃烧是在空气量一定而有过剩碳存在的条件下进行的。其反应为：

$$C+O_2+\frac{79}{21}N_2=CO_2+3.762N_2+33388\quad kJ/kgC$$
$$C+CO_2=2CO-23597kJ/kgC$$
$$2C+O_2+\frac{79}{21}N_2=2CO+3.762N_2+9791\quad kJ/kgC \tag{3-179}$$

鼓风中的水分与 CO_2 有相似的反应：

$$C+H_2O=H_2+CO-124\quad kJ/(mol\ H_2O) \tag{3-180}$$

由于喷吹燃料中含有较高的 H_2，在喷煤＜200kg/t 和富氧＜3%的情况下，最终的煤气成分大约是：含 CO 为 33%～36%、$H_2$1.6%～5.6%和含 $N_2$58%～62%的高温还原气体。

风口前径向上煤气成分及温度变化见图 3-34。鼓风中氧进入风口后其浓度迅速下降与 C 燃烧生成 CO_2；随后进行第二步反应，CO_2 达到一最高点后开始下降，而 CO 含量迅速增高。由于第一步反应的大量放热，因而 CO_2 含量最高也是燃烧温度最高点。但是在风口前存在一个回旋区空腔，在此空腔内主要是进行第一步反应，只有当煤气进入回旋区壁焦炭层时才会进行第二步反应。因此风口前会出现 CO_2 两个高峰点，最高点则更接近于炉中心一侧的回旋区壁附近。

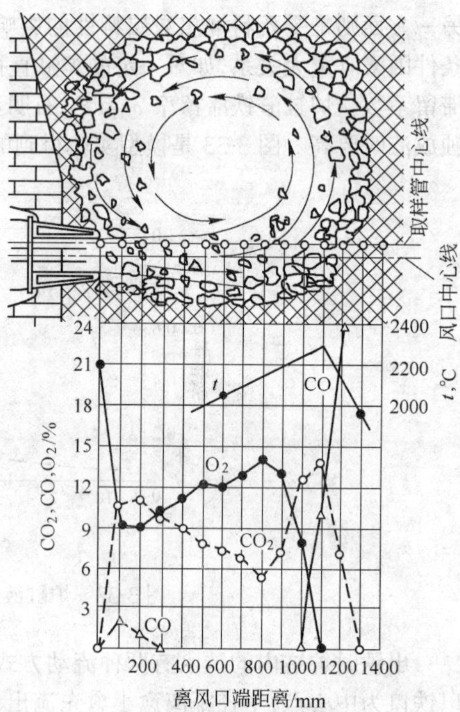

图 3-34　风口前径向煤气成分及温度的变化

理论燃烧温度 T_L 的定义是燃烧产物获得全部燃烧生成热以及鼓风和燃料带入的物理热时所能达到的温度。因而有：

$$T_L=\frac{Q_C+Q_F+Q_R-Q_X}{V_g\cdot c_p^t} \tag{3-181}$$

式中　Q_C——碳素在风口前燃烧成 CO 放出的热量，kJ/t；

Q_F——鼓风及喷煤载气带入的物理热，kJ/t；

Q_R——焦炭进入燃烧带时带入的显热；kJ/t；

Q_X——鼓风中水分分解和喷吹燃料的分解吸热，kJ/t；

V_g、c_p^t——燃烧生成煤气体积及其在 T_L 温度时的比热容，m^3/t 和 kJ/(m^3·℃)。

显然 T_L 受鼓风和喷吹燃料的影响最大。当风温在 1100℃左右时其带入的显热约占总热量的 40%；而喷吹燃料的分解吸热和风中湿分分解吸热将会使 T_L 降低，一般需要提高风温来补偿。例如在风温 1000～1200℃时，喷吹 1kg 无烟煤需 1.6～2.0℃的风温补偿；烟煤稍高需 2.0～2.5℃风温补偿；而鼓风湿分分解，当 H_2 的利用率为 40%时，大约 1g/m^3 的湿分需要 5.5～6℃的风温补偿。当然

随着喷吹煤种、成分和数量，以及鼓风中富氧率等对 T_L 都会有不同的影响(详细计算请见第 10 章)

实践证明，保持适当的 T_L 温度是高炉顺行的基础。过高的 T_L 容易造成 SiO 的大量挥发气化，造成悬料等事故；而过低的 T_L 又使炉缸热量不足。一般控制在 2000～2350℃之间。但近年来在高喷煤量条件下(>200kg/t)采用上式计算 T_L 发现偏低。因此文献[24]认为，在 Q_R 项中应增加煤粉带入的显热，而原 Q_X 中水分分解吸热改为水与焦炭发生水煤气反应的吸热，并考虑了粉煤的不完全燃烧问题，其计算结果均比按上式计算的 T_L 高，对高挥发分煤种高 70～110℃，对低挥发分煤种高 110～160℃。

在风口前燃料燃烧生成的煤气量 $V_g(m^3/t)$，在无富氧全焦冶炼时，$V_g \approx 1.21 V_b$；喷煤时 $V_g \approx (1.25 \sim 1.35) V_b$。(式中 V_b 为单位生铁消耗的风量，m^3/t)。喷吹高挥发分煤时，V_g 还要大一些。因此在大量喷煤时，煤气体积量增大很多，这是造成 T_L 下降的重要原因。当采用富氧措施时，可以减少煤气量。但从成本和实践效果考虑，目前低富氧(<3%)即可满足喷煤 250kg/t 的要求。更重要的一条道路是降低单位生铁的风量消耗，这就要求降低高炉燃料比(提高矿石品位、降低渣量、改善原燃料性能等)、提高煤气利用率。

3.4.2 高炉内的热交换过程

高炉内的热量传输以对流传热为主，只是在高温区才考虑辐射传热；在凝聚相内(如软熔层、料块内部等)则进行传导传热。因此在气相与固相间的热交换，按对流传热在 $d\tau$ 时间内传递的热量 dQ 可表为：

$$dQ = \alpha \cdot F(t_g - t_s) \cdot d\tau \tag{3-182}$$

式中 α、F——传热系数和传热面积，$W/(m^2 \cdot K)$ 和 m^2；

t_g、t_s——煤气与炉料温度，℃。

也即：煤气向炉料传递的热量与气、固两相间的温度差、传热面积和传热系数成正比；而传热系数又与煤气流速、温度和炉料性质(如粒度等)有关。利用 3.3.1.5 节中对煤气和炉料温度场的计算可以得到它们的温度分布和差值，以及交换的热量。

重点考察沿高炉高度上热交换变化的规律，引入水当量(或热流)的概念。其定义是：单位时间内通过高炉某一截面的炉料和煤气，其温度变化 1℃时所吸收或放出的热量(包括化学反应热、相变热和热损失等)。即有：

$$\begin{cases} \text{炉料水当量：} W_s = G_s \cdot c_s \\ \text{煤气水当量：} W_g = V_g \cdot c_g \end{cases} \tag{3-183}$$

式中 G_s、V_g——炉料的质量流速和煤气的质量流速，kg/s；

c_s、c_g——炉料和煤气的比热容，$kJ/(kg \cdot K)$。

$W_s/W_g = \beta$ 称为热流比，沿高炉高度的变化见图 3-35。在高炉的上部 $W_s < W_g$，炉料升高 1℃所吸收的热量少于煤气降低 1℃放出的热量，二者温差较大传热较快，炉料被迅速加热；在高炉下部则恰相反，$W_s \gg W_g$，尽管炉料升温不高，但直接还原和渣铁熔化等过程吸热量特别大，煤气温度迅速降低，热交换也十分激烈。在高炉中部有一段 $W_s/W_g \approx 1$，热交换过程几乎停滞下来，但此时一些放热和吸热过程同时激烈进行，维持了炉料温度不变化。实际测量和理论计算都证明高炉纵向上煤气和炉料温度都呈反 S 形曲线，上下两部分温差较大，而中间一段温度相差仅有 20℃左右。由于这段区域热换量很小，因而被称为热贮备区。在各种类型的高炉上测量还证明，热贮备区的存在与高炉高度无关，只不过是该区的大小有差异罢了(参见图 3-36)。

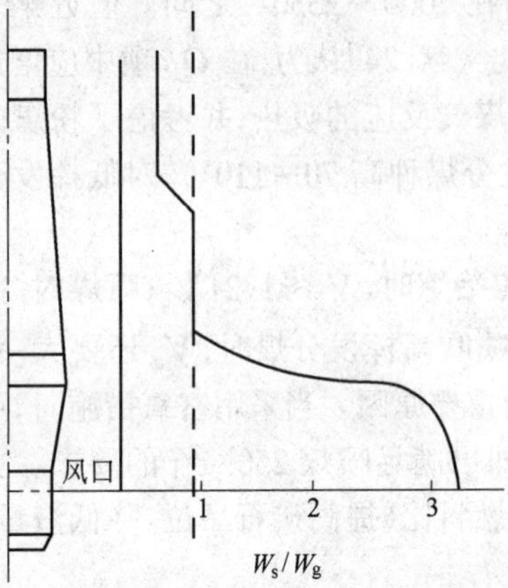

图 3-35　W_s/W_g 沿高炉高度上的变化

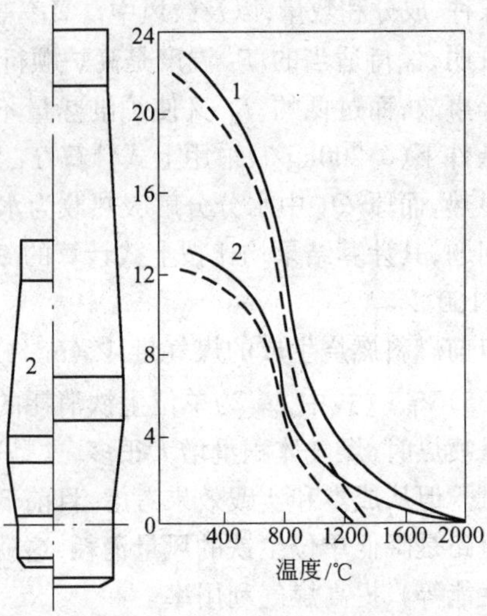

图 3-36　高炉内炉料和煤气温度沿高度的变化

——煤气；------炉料；1—下塔吉尔厂 3 号高炉；2—谢罗夫厂高炉

改变 β 值能促进热交换和改善煤气热能利用。例如在高炉上部热交换区中，下降炉料和炉顶煤气带走的热量应等于煤气和炉料带入的热量。也即有如下平衡关系：

$$W_s \cdot (t_R - t_0) = W_g \cdot (t_R - t_D) \tag{3-184}$$

式中　t_D、t_R——为炉顶煤气温度和热贮备区温度，℃；

t_0——为炉料入炉时的温度，℃。

由此可以导出：

$$t_D = t_R \cdot \left[1 - \beta \frac{(t_R - t_0)}{t_R}\right] \tag{3-185}$$

当使用热矿入炉时 $t_0 \approx 350 \sim 400$℃，因 t_D 很高，煤气中的热能带走量很大，交换给炉料的热则减少。这就是热矿入炉带入的热量，并不能被高炉利用的原因。在冷料入炉时 t_0 可忽略，当 t_R 一定时 t_D 只与 β 有关。因此，富氧鼓风和降低高炉燃料比等能使 W_g 减少（即 V_g 减少）的措施和增大焦炭负荷等使 W_s 增大的措施，都会使炉顶温度下降，一些燃料比很低的大型高炉，其炉顶温度已降到 100℃左右甚至更低，使 β 值达 0.8～0.9 已接近负荷的极限。喷吹煤粉可使 W_s 增大，t_D 降低，但是如若喷煤的置换比不高，喷煤后高炉的燃料比没有降低，则由于 W_g 的增加而使 t_D 反而升高。

在高炉下部区域的热交换过程，也有如下的平衡关系：

$$W_s(t_G - t_R) = W_g(t_g - t_R) \tag{3-186}$$

由于　$W_s \cdot t_R \approx W_g \cdot t_R$，因此由上式可导出：

$$t_G = \frac{1}{\beta} t_g \tag{3-187}$$

式中　t_G、t_g——分别为炉缸中炉料和煤气的温度，℃。

因此，当提高风温时，如果焦比不变，显然 t_G 会升高，只有相应降低焦比使 β 增大，维持 t_G 不变，才能使铁水质量稳定。喷吹煤粉对高炉下部的影响远比对上部的大，尽管 β 有所降低，但因煤气量增加而碳氢化物净放热量低，t_g 明显下降，因此喷煤时要有热补偿以维持 t_G 稳定。富氧鼓风时则与喷煤恰相反，β 稍有升高而 W_g、t_g 则显著升高。因此把富氧与喷煤结合起来可以达到最佳控制。

高炉实测表明，β 值还影响软熔带的位置。β 增大、软熔带下移，t_D 下降，煤气热能和化学能利用同时改善。

若提高热交换的效率，要改善传热的条件，例如有足够的传热面积和接触时间，保证上、下热交换区有一定的高度 H_i[66]：

$$H_i=\frac{3\cdot P\cdot c_{料}\cdot(1-\varepsilon)}{\alpha_F\cdot F\cdot V_{料}\cdot|1-\beta|} \tag{3-188}$$

式中 H_i——$H_上$是指煤气温度由 t_g 降至 t_R 的高度；$H_下$是指炉料温度 t_s 上升到 $0.95t_R$ 时的高度，m；

P——炉料下降速度，m/h；

F、$c_{料}$、$V_{料}$——分别为炉料的比表面积，每 m^3 的炉料比热容和单位生铁的炉料体积，m^2/m^3、kJ/(m^3·℃)和 m^3/t。

现代高炉 W_s 在上部约为(1800～2500)kJ/(t·℃)；下部：(5000～6000)kJ/(t·℃)；而 W_g 上、下部基本相同，在(2000～2500)kJ/(t·℃)。

3.4.3 高炉内的热量平衡与利用

研究热平衡能够了解高炉冶炼过程中热量收支的分配情况，找出提高热量利用率和降低燃料消耗的途径。

编制热平衡的方法有两种：

(1) 建立在盖斯定律基础上的计算方法

即只考虑各种物质进出高炉的始末状态，而不考虑它们在高炉内的实际反应过程。例如把铁氧化物直接还原耗热，看成是铁氧化物分解耗热与还原剂氧化放热两个独立的过程，分别列入热支出和热收入项，二者合成才是直接还原耗热。但这样一来，收支平衡的总热量值被夸大了，收支分配的比例关系也不真实了。例如热收入中鼓风带入热量的比例和热支出中热损失项的比例都被缩小了，因而热量利用系数值也被夸大了。虽然如此，它在热平衡计算发展过程中起了很好的作用，至今仍被广泛用于分析高炉冶炼过程。

(2) 按高炉中实际发生的过程计算

其最大特点是：1) 直接还原过程合成为一个耗热过程；2) 风口前喷吹燃料及鼓风湿分的分解等耗热过程认为是燃烧过程的中间环节，在燃烧放热中被扣除。

表 3-13 是通过一个计算实例说明两种计算方法差异及结果的比较。详细计算见 10 章 3.2 节。

表 3-13 两种计算方法总热平衡的对比

第一种方法		第二种方法	
项目及热量/kJ	%	项目及热量/kJ	%
热收入项			
1. 燃料中碳素氧化放热		1. 燃料碳素燃烧放热	
C→CO 及 CO→CO_2		C→CO 并扣除 C_mH_n 及 H_2O 分解	
$Q_1=7899820$	77.70	$Q_1=3800576$	67.24
2. 鼓风物理热		2. 鼓风物理热(扣除湿分分解)	
$Q_2=1981488$	19.49	$Q_2=1808172$	31.99

续表 3-13

第一种方法		第二种方法	
项目及热量/kJ	%	项目及热量/kJ	%
3．氢氧化放热 $Q_3=236079$	2.32	3．无此项(包括在还原耗热项中)	
4．成渣热 $Q_4=6632$	0.06	4．无此项(包括在炉渣显热项中)	
5．炉料物理热 $Q_5=43357$	0.43	5．炉料物理热 $Q_5=43357$	0.77
热收入总计 $\sum Q=10167376$	100.00	热收入总计 $\sum Q=5652105$	100.00
热支出项			
1．氧化物分解及脱硫 $Q'_1=6850387$	67.38	1．氧化物还原及脱硫 用 C、CO 和 H_2 还原 $Q'_1=2678014$	47.38
2．碳酸盐分解 $Q'_2=6597$	0.06	2．碳酸盐分解 $Q'_2=6597$	0.12
3．鼓风、喷吹燃料及炉料水分分解 $Q'_3=213447$	2.10	3．无此项(已在鼓风物理热和燃烧放热项中扣除)	
4．炉料游离水蒸发 $Q'_4=51333$	0.51	4．炉料结晶水分离及蒸发 $Q'_4=51333$	0.91
5．附加物熔化热 $Q'_5=0$	0	5．附加物熔化热 $Q'_5=0$	0
6．喷吹燃料分解 $Q'_6=122819$	1.21	6．无此项(已在燃烧放热中扣除)	
7．铁水显热 $Q'_7=1214000$	11.94	7．铁水显热 $Q'_7=1214000$	21.48
8．炉渣显热 $Q'_8=564381$	5.55	8．炉渣显热 $Q'_8=557749$	9.87
9．煤气物理热 $Q'_9=446737$	4.39	9．煤气物理热 $Q'_9=446737$	7.90
10．冷却设备及炉体(炉壳、炉底及热风围管等)散热、计算差值 $Q'_{10}=697675$	6.86	10．各种热损失 $Q'_{10}=697675$	12.34
热支出总计 $\Sigma Q'=10167376$	100.00	$\Sigma Q'=5652105$	100.00
有效热量利用系数			
$K_T=\sum_{i=1}^{8}Q'_i\Big/\sum Q'$	88.75	$K_T=\sum_{i=1}^{8}Q'_i\Big/\sum Q'$	79.76

上面介绍的高炉总热平衡不能反映出高炉不同温度区域内热量的价值和需求。例如炉料带入炉内的热量和鼓风带入的热量其价值完全不同，前者使 t_D 升高结果是煤气带走的热量损失增加；而后者则提高炉缸温度能够降低焦比。因此建立高温区域的热平衡更有意义。对于煤气温度 >1000℃ 和炉料温度 >950℃ 的高炉下部区域做热平衡，能反映出高炉下部热贮备情况，它决定了炉缸的热状态、铁水的过热程度和铁中难还原元素(例如 Si)含量的高低、以及铁水中脱硫的情况等

等。因此根据高炉下部的热贮备情况可以建立高炉热状态及生铁含硅量预报和控制模型。

例如 Staib 等人的 W_u 指数模型，把鼓风显热和焦炭燃烧热作为热收入项，而热支出为 FeO 直接还原和炉缸热损失，平衡差值即为 W_u。它与生铁[Si]%量有很好的线性关系，因而可用 W_u 来预报含硅量。W_u 代表了渣铁显热和非铁元素还原消耗的热量。而 Poos 等人的 E_c 指数模型则在热收入项中增加了 1000℃焦炭带入的显热和某些放热反应，而在支出中增加了 1350℃炉渣和 1300℃铁的熔化热、水分分解热、1000℃煤气带走的显热和除硅以外的各元素还原耗热。收支热量之差即为 E_c，它代表了硅的还原耗热和使渣铁过热的热量。宝钢 1 号高炉的炉热控制模型，是以风口带和直接还原带热平衡求得焦炭到达风口前的温度 T_c，作为指数，而铁水温度和生铁[Si]%量均与 T_c 有较好的线性关系。

区域热平衡一般均采用第二种热平衡计算方法，详细计算参见第 10 章 3.2 节。

衡量高炉热能利用程度的指标是热量有效利用系数 K_T 和碳素热能利用系数 K_c。前者，是在高炉总热消耗中除去煤气带走的显热和其它热损失后的有效热量消耗占的百分比。后者，是碳素氧化成 CO 和 CO_2 放出的热量与假定碳素全部氧化成 CO_2 放出的热量之比。也即：

$$K_T = \frac{\sum_{i=1}^{8} Q'_i}{\sum Q'_i} \tag{3-189}$$

$$K_c = \frac{9797(C - C_{CO_2}) + 33411 C_{CO_2}}{33411 C} = 0.293 + 0.707 \frac{C_{CO_2}}{C}$$

$$= 0.293 + 0.707 \eta_{CO} \tag{3-190}$$

式中 Q'_i——高炉全热平衡的各项热消耗，参见表 3-13；

C、C_{CO_2}——单位生铁氧化成 CO 和 CO_2 的总碳量和氧化成 CO_2 的碳量，kg/t；

η_{CO}——煤气 CO 利用率，%。

上式表明，间接还原愈发展，生成的 CO_2 愈多，煤气利用率愈高，K_c 就愈高；总碳量消耗愈少，K_c 也愈高。一般 K_c 在 50%～60%左右。而 K_T 则在 80%～90%（按第一种热平衡算法）。

在热平衡的基础上可以计算出理论最低碳比（详见第 10 章），并找出实际碳比高于理论碳比的原因及降低焦比的方向。增加除碳素燃烧以外的热源，如提高风温、提高喷吹燃料的 H_2 含量和其利用率，改善原燃料条件提高碳素的利用率和减少直接还原发展间接还原等；在减少带出炉外的热量中，最大潜力是减少渣量及其带出的显热，其次是减少各种热损失和煤气带走的显热。

3.5 高炉冶炼过程计算机控制与数学模型

3.5.1 高炉过程计算机控制系统的功能与结构

3.5.1.1 计算机系统功能与配置

高炉冶炼过程作为被控制对象，是一种时间常数非常大的非线性系统，因此根据控制目标将控制过程分为长期、中期和短期三种。长期控制主要是针对原燃料供应或钢铁产品市场需求的变化，调整企业经营方针或生产计划，或者是针对企业内部总体需求的平衡变化等等，对高炉生产效率、消耗、质量和成本等发生的影响，进行分析和评估，作出高炉操作制度等方面的重大变更决策。中期控制则主要是某一时期内高炉状态的趋势变化预测和分析，如炉热水平发展趋势、软熔带及异常炉况变化和发生的趋势进行预测和预报等等，使操作人员及时调整炉况。此外，还根据高炉作业条件对高炉冶炼操作参数和技术经济指标进行优化，使高炉处于最佳状态下运行。而短期控制则是根据炉况的动态变化，随时调节，消除各种因素对炉况的扰动，保证生产过程稳定顺行和产品质量合格。

现代高炉的计算机系统为实现上述控制内容，要担负起基础自动化、过程控制和生产管理三方面功能。

基础自动化即设备控制器，主要由分散控制系统(DCS)和可编程序逻辑控制器(PLC)构成。其完成的职能是：

(1) 矿槽及上料系统控制

矿槽及上料系统控制包括：

1) 矿槽贮料分配及槽存情况、物料称量及水分补正控制；从矿槽至炉顶的料批跟踪；

2) 上料及炉顶装料顺序控制：均压、装料制度及常规探尺作业控制；

3) 原料及装料情况显示及报表打印。

(2) 高炉操作控制

高炉操作控制包括：

1) 高炉检测信息的数据采集及预处理：报表生成与打印，存贮与显示；

2) 送风系统操作与控制，如风温、湿分及风量等的调节与控制；

3) 喷吹燃料系统操作与控制，如煤粉喷吹系统操作，喷吹量的调节与控制；

4) 出铁场控制，如出铁量、渣铁温度测量、铁水罐液位测量及控制；炉渣粒化处理控制及出铁场除尘等。

(3) 热风炉操作控制

热风炉操作控制包括：

1) 热风炉操作控制及工作方式控制，如换炉作业、并联送风及各种休风作业；

2) 热风炉燃烧控制，如燃烧调整及预热换热控制；

3) 燃烧及传热数学模型计算。

(4) 煤气系统控制

煤气系统控制包括：

1) 炉顶压力控制与调整；

2) 余压发电系统运行控制；

3) 煤气清洗系统控制，如洗涤塔喷水及水位控制、文氏管压差控制、比肖夫洗涤塔环缝控制等；

4) 炉顶煤气成分综合分析与运行控制。

(5) 高炉冷却水系统控制及冷却设备监控；

高炉冷却水系统控制及冷却设备监控包括：

1) 软水闭路循环控制；

2) 工业水系统控制；

3) 冷却设备工作监测及冷却负荷的调整控制。

高炉过程控制则由各种配置的计算机完成，其承担的职能是：

1) 采集冶炼过程的各种信息数据、整理加工、存贮显示、通讯交换、以及报表生成与打印等。

2) 对高炉冶炼过程全面监控，通过数学模型计算对炉况进行预测预报和异常状况报警。其主要有：

① 铁水温度及生铁含硅量的数值预报，炉热状态的监控；

② 煤气流分布及布料控制；

③ 炉况诊断及综合评价；

④ 炉况顺行及异常炉况的监控与报警；

⑤ 炉衬侵蚀及热损失的监控；

⑥ 软熔带状况的监测。

3）炼铁工艺计算及离线模拟计算。

4）高炉冶炼技术经济指标、工艺参数及条件参数的计算与统计分析、优化统筹及规化等。

在高炉的计算机系统中一般不配置管理计算机，对生产计划编制、工序间协调与调度、以及对市场需求变化与营销策略变化和生产经营经济分析等功能，一般由厂级管理计算机完成。

为了完成上述职能，计算机控制主要采取功能分散操作集中的方式，配置上主要有以下两种形式：

(1) 分级系统

即以各种分散控制系统 DCS 和程控 PLC 完成各局部子系统的操作控制；而过程计算机则作为上位机，集中处理和显示各种参数对其实时监控、通过数模计算发出操作指令等，以及进行数据通讯控制等。图 3-37 是宝钢 3 号高炉计算机系统分级配置的情况。

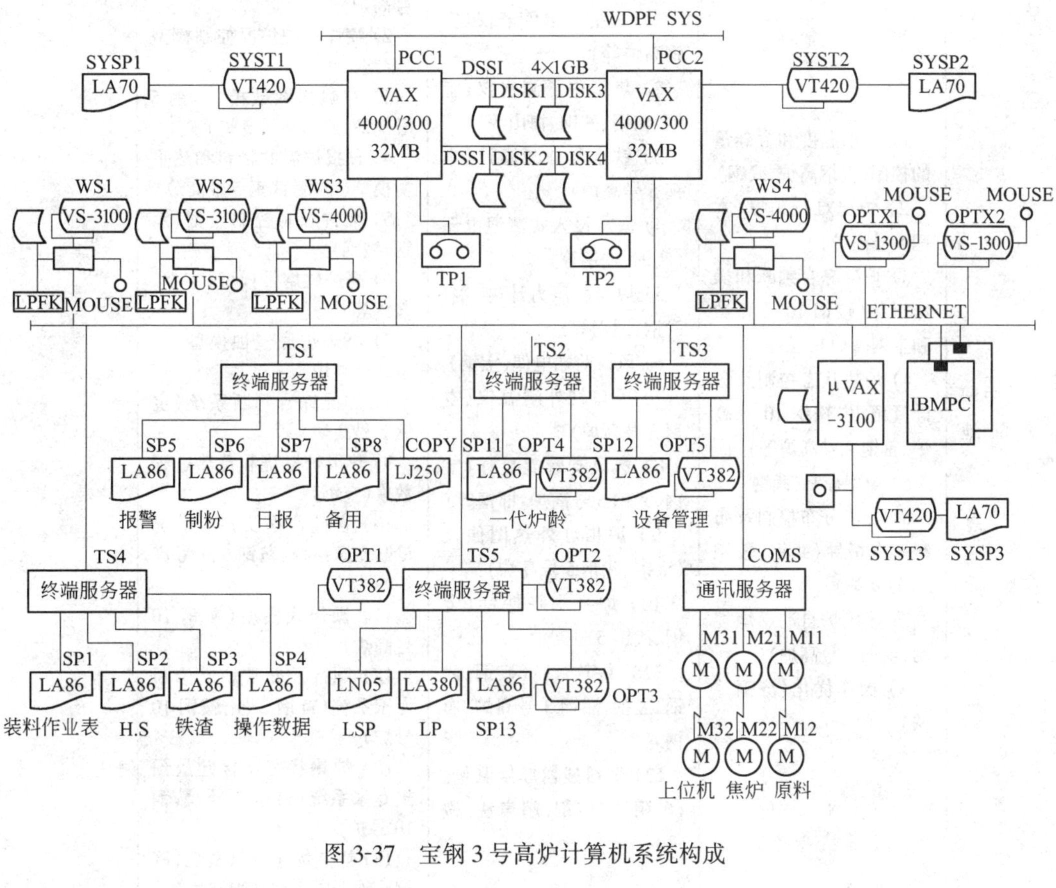

图 3-37　宝钢 3 号高炉计算机系统构成

(2) 分布系统

是一种网络结构，特点是没有过程计算机，将其功能分散到局部网络工作站或集散系统工作站中。随着网络技术和微机性能的迅速提高，以多台微机为核心的分布式系统配置应用愈来愈广泛。

3.5.1.2　数学模型的发展与建立

高炉冶炼是一个极为复杂的过程，在高温高压下进行着气、固、液三相间的传热、传质和动量传递和各种化学物理变化。但是炉内过程难以直接测量和控制,是典型的“黑箱”作业,操作者完全凭借经验的积累去控制。同时高炉又是一个巨大吞吐量的反应器,极大的输入量就很难保证条件的恒定,加上高炉各影响因素变化的长时间延迟特性和相互间强耦合作用造成的非线性特性,更增加过程控制的难度。

计算机通过数学模型控制高炉过程始于20世纪50～60年代,初期研制的数学模型是把高炉过程作为恒稳态来描述的,控制应用效果很不理想。但是这类静态模型可用来描述、模拟和分析高炉某一时期的平均状态,进行中长期控制。在70年代中期数学模型开发取得长足的进步,在大量解剖研究基础上,应用动态模型在线控制成为主流。表3-14列出了各国高炉使用的数学模型的情况[25~34]。近十几年来,在数学模型的基础上,高炉过程控制已进入了专家系统和人工智能控制的新阶段。

表3-14　高炉过程计算机控制功能及数学模型

国别	过程控制功能	特殊检测仪表	数学模型	备　注
1. 中国(大陆地区)	1) 铁水温度和含硅量的控制(宝钢高炉、武钢) 2) 炉况难行预报(本钢5号高炉) 3) 炉况综合判断和操作指导(鞍钢10号高炉和宝钢高炉) 4) 炉热状态控制及含硅量预报(鞍钢10号高炉、首钢2号高炉等) 5) 炉型控制(武钢) 6) 气流分布控制及布料操作指导(武钢、鞍钢10号高炉) 7) 热风炉自动燃烧控制(宝钢2号高炉) 8) 操作优化(济钢一铁)	1) 工业气相色谱仪(宝钢高炉等) 2) 焦炭中子测水仪(宝钢、鞍钢、湘钢、梅山等) 3) 铁水红外测温计(本钢5号高炉) 4) 铁水浸入式测温电偶(武钢、宝钢等) 5) 炉身静压力计(宝钢、武钢、湘钢等) 6) 风口前端电偶(宝钢) 7) 风口红外测温仪(本钢3号高炉) 8) 送风支管流量计(宝钢、武钢5号高炉、邯钢等) 9) 炉顶红外热图像仪(宝钢、武钢5号高炉) 10) 炉身水平探针(宝钢、武钢5号高炉) 11) 十字测温(鞍钢、武钢、宝钢、湘钢3号高炉、唐钢等) 12) 炉衬残留厚度测量。(电阻法:宝钢;超声法:鞍钢)	1) GO-STOP系统(宝钢2号高炉) 2) 喷煤高炉炉况控制模型(宝钢) 3) 炉热指数数模(本钢5号高炉、武钢4号高炉) 4) 预报炉温的物料和热平衡模型(宝钢、武钢5号高炉) 5) 无钟布料控制模型(宝钢、鞍钢) 6) 高炉软熔带模型(宝钢、鞍钢等) 7) 高炉炉底侵蚀模型(宝钢3号高炉) 8) 炉况综合判断系统(宝钢2号高炉) 9) 热风炉燃烧和蓄热过程数模(宝钢) 10) 含硅预报及异常炉况诊断专家系统(鞍钢9、4号高炉) 11) 操作线模型(鞍钢10号高炉) 12) 顺行及异常炉况诊断专家系统(首钢2号、鞍钢10号炉) 13) 炉热状态及含硅量预报专家系统(首钢2号、鞍钢10号炉) 14) 炼铁优化专家系统(济钢一铁等中小型高炉)	
中国(台湾地区)	1) 高炉操作指导 2) 异常炉况的诊断 3) 炉热水平控制	1) 风口循环区测温仪 2) 料层厚度电磁测量仪	1) 高炉操作专家系统 2) 含硅预报时序模型及统计模型	均指中钢2号高炉情况

续表 3-14

国别	过程控制功能	特殊检测仪表	数学模型	备　注
2. 日本	1) 铁水温度及生铁含硅量控制 2) 布料控制 3) 出铁场操作管理 4) 料柱透气性及下料速度控制 5) 炉况综合诊断及控制 6) 炉热监测及控制 7) 异常炉况预报及控制 8) 热风围管噪声控制(新日铁公司) 9) 热风炉自动燃烧控制 10) 高炉设备维修管理	1) 焦炭中子测水仪 2) 铁水含硅量探头 3) 熔渣流量计 4) 铁水温度连续测定仪 5) 料层厚度磁性仪 6) 料层厚度电阻仪 7) 炉体微压振动仪 8) 纤维镜式垂直探针 9) X 波段微波炉料探测仪 10) 炉顶红外热图像仪 11) 炉顶十字测温 12) 炉身上部水平探针 13) 炉身中部水平探针 14) 炉身下部水平探针 15) 炉身短探针 16) 料面上煤气流速仪 17) 料面下煤气流速仪 18) 炉身静压力计 19) 刚性和柔性垂直探尺 20) 高炉软熔带探测仪 21) 机械式料面仪 22) 微波式料面仪 23) 激光式料面仪 24) 下部炉料运动探测仪 25) 炉腰探针 26) 风口前端热电偶 27) 熔渣和铁水氧探头 28) 风口工业电视 29) 风口探针 30) 循环区高速摄像机 31) 文氏管风口流量计 32) 风口漏水检测仪 33) 精密多头电偶(神户) 34) 炉顶炉料粒度仪	1) 高炉一维静态数学模型 2) 高炉一维动态数学模型 3) 铁水含硅量预报时间序列模型(神户) 4) 铁水含硅量一维动态预报模型(川崎) 5) 铁水含硅和炉热一维准动态模型(住友) 6) 高炉二维静态模型(BRIGHT,新日铁) 7) 炉顶布料模型 8) 高炉三维气体流动模型(日本钢管) 9) GO-STOP 系统(川崎) 10) AGOS 系统(新日铁) 11) 炉热和异常炉况预报和控制专家系统 12) 热风炉模糊控制系统(川崎) 13) 高炉原料矿仓计划专家系统(川崎) 14) 高炉水渣脱水槽分配专家系统(川崎) 15) 炉热预报神经网络模型(川崎) 16) 高炉设备维修信息系统	关于日本高炉专家系统情况见表 3-18
3. 韩国	1) 异常炉况的诊断和操作指导 2) 布料控制 3) 炉热状态及含硅量控制 4) 出铁控制	1) 料面下探针(浦项公司) 2) 炉身静压力计(光阳公司) 3) 炉顶十字测温 4) 微波料面仪 5) 炉顶煤气连续分析 6) 焦炭中子测水	1) 炉况诊断模型(CDM) 2) 炉况检测模型(VIM) 3) 高炉操作指导模型(AGM) 4) 炉况综合估计模型 5) 风压波动预报的专家系统 6) 炉热监测和控制专家系统 7) 异常炉况预报和控制专家系统	

续表 3-14

国别	过程控制功能	特殊检测仪表	数学模型	备　注
4．瑞典	1）煤气流分布和布料控制 2）全炉物料平衡和直接还原度计算 3）炉况综合分析 4）碱金属平衡监控 5）出铁场操作控制 6）炉热水平监测和控制，预报含硅量 7）炉体热损失监控	1）高精度炉顶煤气成分连续分析仪 2）焦炭和矿石中子测水仪 3）炉顶十字测温 4）料面红外热图像仪 5）γ射线料面仪 6）送风支管流量计 7）炉身静压力计 8）炉缸液位测量（电动势法） 9）红外铁水温度测量	1）高炉喷煤的 Englund 模型 2）KTH 高炉模拟和预报模型 3）无料钟布料模型 4）GO-STOP 系统 5）碳比-直接还原度图（C-DRR 图） 6）炉热监测和控制专家系统（MASMESTER） 7）含硅量预报神经网络模型	为瑞典钢铁公司律勒欧厂 2 号高炉的情形
5．芬兰	1）炉况综合分析 2）全炉物料平衡和直接还原度计算 3）炉缸渣铁液面管理 4）炉体热损失监控 5）炉热和异常炉况的预报和控制	1）高精度炉顶煤气成分连续分析仪 2）焦炭中子测水仪 3）炉顶十字测温 4）炉身水平探针 5）炉身静压力计	1）高炉喷煤的 Englund 模型 2）KTH 高炉模拟和预报模型 3）炉缸平衡模型 4）高炉熔化带模型 5）铁水含硅量预报模型 6）技术计算模型 7）GO-STOP 系统 8）高炉配料模型 9）物料和能量平衡模型 10）C-DRR 图 11）热风炉模拟模型 12）生铁成本最佳化模型	为罗塔鲁基公司拉赫厂的情形
6．奥地利	1）布料控制 2）炉热状态及含硅量控制 3）炉缸侵蚀控制 4）渣铁平衡控制 5）热风炉燃烧控制 6）高炉操作分析及指导建议 7）最低成本炉料优化控制	1）炉顶煤气工业分析 2）炉身上部水平探针	1）炉料优化模型 2）炉料分布模型 3）高炉监测（软熔带、渣铁积存量）模型 4）含硅预报模型 5）炉缸侵蚀模型 6）二维动力学高炉模型 7）高炉专家系统 8）热风炉控制模型	为林茨厂的情形
7．比利时	1）炉热预测及铁水含硅量预报及控制 2）炉顶布料控制 3）防止结瘤、崩料及炉缸冻结事故控制 4）高炉操作指导 5）休风或停煤时变料操作控制	1）炉顶十字测温 2）炉顶红外热图像仪 3）炉顶水平探尺 4）炉身上部水平探针	1）ACCES 高炉控制模型 2）E_c 炉热指数模型 3）含硅量预报 COR 模型 4）炉顶布料模型 5）MODTT 高炉专家系统 6）决策支持 HORA 及 HO-CALC 咨询系统 7）COBRA 休风和停煤时炉温控制操作模型	马里蒂姆厂情形

续表 3-14

国别	过程控制功能	特殊检测仪表	数学模型	备　注
8．英国	1）喷煤量控制 2）炉热监测和控制 3）异常炉况的预测和控制 4）炉衬侵蚀监测 5）渣铁平衡控制 6）热风炉自动燃烧控制	1）多功能料面上探尺 2）料线监测仪 3）炉身静压力计 4）料流轨迹仪 5）风口双色高温计 6）风口前端电偶 7）料面下探尺 8）炉身小水平探针	1）铁水温度和含硅量预报模型 2）高炉热状态计算模型 3）布料模型 4）冷却壁/砖衬温度校正模型 5）区域热平衡模型 6）大高炉模拟模型（目前仅有气体流动） 7）高炉咨询控制专家系统（Redcar 高炉） 8）热风炉燃烧模型	为英国钢铁公司的情形
9．意大利	1）高炉炉况分析 2）煤气流分布控制	1）料面上水平探尺 2）料面上煤气取样装置 3）机械式料面仪 4）炉身水平探针 5）炉身静压力计	1）炉身多环二维模型 2）炉顶布料模型	为意大利钢铁公司塔兰托厂的情形
10．德国	1）鼓风条件控制 2）高炉软熔带控制 3）炉顶布料控制 4）炉况综合判断和控制	1）炉顶煤气成分分析气相色谱仪 2）料面上十字测温探尺 3）料面上煤气取样装置 4）炉身水平探尺 5）炉顶红外热图像仪 6）雷达料面仪 7）雷达探料尺 8）机械式料面仪 9）风口探尺	1）高炉上部数学模型 2）高炉下部数学模型 3）高炉熔化线模型 4）炉顶布料模型 5）高炉煤气流分布模型 6）KDS 一维动态模型 7）炉身静压力估算软熔带数学模型 8）GO-STOP 系统 9）THYBAS 高炉专家系统	
11．法国	铁水含硅量闭环控制	1）机械式料面仪 2）炉身上部水平探尺 3）炉身静压力计 4）多功能垂直探尺 5）炉身下部水平探尺 6）风口/死料柱探尺	1）炉顶布料模型 2）CLEF 热化学模型 3）DEFIS 气体力学模型 4）炉缸热状态模型 5）炉缸内渣铁液面估算模型	为索尔梅，索拉克，乌西诺，阿西埃尔厂的情形
12．俄国	1）鼓风/天然气比例调节 2）炉况控制	1）炉缸测温磁性仪（马格尼托哥尔斯克厂） 2）Cnekpomp-10 型铁水测温仪 3）炉身静压力计 4）炉体自动振动仪（其中压电式在下塔吉尔公司） 5）加热电偶式煤气流速仪 6）喷嘴法流量计 7）风口摄像仪（土拉厂）	1）高炉最佳控制专家系统 2）高炉控制专家系统	

续表 3-14

国别	过程控制功能	特殊检测仪表	数学模型	备　注
13．澳大利亚	1）炉热预测和控制 2）异常炉况的预测和控制 3）炉缸渣铁液面的管理 4）炉体管理	1）炉喉一组用角钢保护的热电偶 2）激光雷达风口探测仪 3）激光料面仪 4）激光焦炭粒度仪 5）炉缸液位检测（电动势法）	1）高炉二维综合模型 2）炉顶布料模型 3）以动态物料和热平衡为基础的高炉操作指导专家系统	为 BHP 公司怀阿拉厂 2 号高炉和堪培拉港厂 5 号高炉的情形
14．巴西	高炉炉况综合分析和控制	DDS 型炉身水平探尺	GO-STOP 系统	为图巴雷欧钢公司的情形
15．美国	1）鼓风温度、鼓风湿度和燃料喷吹量的控制 2）全炉物料平衡和热平衡的分析 3）炉顶布料控制	1）焦炭红外线测水仪 2）炉身静压力计 3）风口漏水检测仪	1）铁水含硅量预报时间序列模型 2）简易高炉专家系统	为内陆钢铁公司琼斯—劳林公司的情形
16．加拿大	1）监测高炉检测仪表的工作状况 2）高炉操作效果分析	高精度炉顶煤气成分连续分析仪	1）C-DRR 图 2）两段式物料和热平衡模型	为多法斯科公司的情形

建立数学模型主要有以下三种方法：

1）研究炉内物理化学变化过程建立机理模型　如根据热平衡计算的含硅量及铁水温度预报模型、基于冶炼过程动力学宏观过程的动力学动态模型、煤气流动—传热综合模型、布料模型等等；

2）将高炉视为一个多输入单输出或多输出系统建立输入输出变量间关系的统计模型　例如按含硅量时序数据的含硅预报动态模型；

3）根据高炉从非稳态到恒稳态的过渡过程传递函数建立动态控制模型。

高炉控制的主要任务之一是前馈控制，即控制输入量的恒定、消除各因素的干扰量，如称量补正、水分补正、风温、湿度、风量以及喷吹量控制等等。其次是反馈控制，即对一些因素的随机干扰造成炉况的波动与变化进行纠正性的控制或优化性控制。图 3-38 是高炉冶炼过程控制方式的示意图。

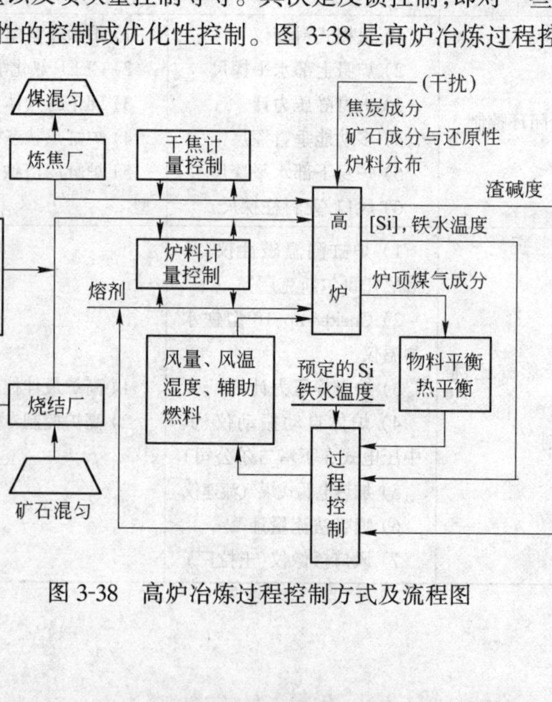

图 3-38　高炉冶炼过程控制方式及流程图

3.5.1.3 计算机控制对检测信息的要求

由于采用的数学模型不同对信息数据要求的种类和精度也不同。一般要求信息量如下：

(1) 高炉输入物质特性数据

1) 原燃料供料系统提供

① 矿石种类、化学成分、含水量、粒度组成、机械强度、还原性、低温还原粉化指数(*RDI*)、高温软熔性能和矿石品种配合比例等；

② 焦炭品种、化学成分、含水量、粒度组成、机械强度、反应性、反应后强度和灰分等；

③ 熔剂种类、成分及粒度组成。

2) 装料系统提供

① 料批组成、矿石、焦炭和熔剂的批重；

② 每批料装入的起止时间及累计批数；

③ 装入制度，即装入方式、顺序及料线深度等；

④ 探尺深度、下降速度及装入前后的探尺深度差。

3) 送风系统提供

① 冷风及热风的流量、温度、压力及其变动情况；

② 鼓风中湿分及富氧量，及其变动情况；

③ 各风口的支管流量、风口直径及数量；

④ 热风炉拱顶温度、废气温度及换热器出口温度等；

⑤ 热风炉燃烧煤气的流量、温度及压力及化学成分；助燃空气流量、温度及空气过剩系数等。

4) 煤粉等燃料喷吹系统提供

① 煤粉种类、配合比例、化学成分、灰分及粒度等；

② 煤粉喷吹量、喷吹速率；

③ 喷吹载气(压缩空气或氮气的压力、流量及温度)。

(2) 高炉输出物质特性数据

1) 渣铁系统提供

① 每次出铁的起止时间、出铁重量、出铁速度及见渣铁量；每次出铁的出渣量；

② 每次出铁的生铁及炉渣成分、及铁水温度；

③ 每次出铁的铁口深度、角度、开口直径及打泥量；铁口的开口和堵口方式。

2) 煤气清洗系统提供

① 炉顶煤气压力、温度；以及混合煤气成分及利用率；

②炉尘吹出量、洗涤塔尘泥量。

3) 高炉炉体及冷却系统提供

① 炉身、炉腰、炉腹、炉缸及炉底等部位的炉衬温度；

② 各部位冷却器壁体温度；

③ 各冷却器进出口水温差及流量；漏水量及破损情况；

④ 炉墙残存厚度。

(3) 高炉内过程进行特征信息数据

1) 料面形状、矿石焦炭层厚度及其径向分布；

2) 炉料下降速度及径向分布；下料异常信息(如声波信息)；料面温度分布图像信息等等；

3) 炉顶煤气温度及圆周方向上的分布；煤气成分；

4) 炉喉煤气温度及径向分布；煤气成分及流速的径向分布；

5) 炉身煤气温度及成分的径向分布；

6) 沿高炉高度方向上煤气的静压力分布；

7) 软熔带的位置、形状及厚度；

8) 风口回旋区亮度、深度；焦炭及渣铁液滴运动情况；喷吹物燃烧情况；

9) 风口回旋区及死料柱的温度、渣铁成分、焦炭粒度及强度的径向分布；

10) 风口前端温度；

11) 炉缸温度、渣铁液面高度。

现代化大高炉总的检测点在2000个左右。为了检测这些信息，需要安装一些特殊检测装置。同时要求达到一定的检测精度，满足控制要求的最大误差范围。该范围可采用以下两种方法确定：

1) 根据高炉操作的实际参数进行物料平衡和热平衡计算，找出由于信息波动所引起的偏差；对波动值较大的各个参数再进行各种平衡计算，并将其偏差值折算成可供调节的当量值(如折算成焦炭量)；然后按照测量装置的精度来确定各项平衡计算的最大误差，评定每项参数和信息总和对各项平衡误差的影响；最后按生铁质量特性当量或冶炼指标来确定各项参数的最大允许误差。

2) 根据指标值的最大允许波动范围来确定。而这个范围是根据生铁质量特性当量与评价指标间相关的动态传递函数推算来的。参数的最大允许偏差必须小于所确定的允许波动范围。例如满足炼钢生铁含硅量改变±0.05%范围内，要求配料及鼓风参数允许偏差范围如下：

矿石装入量±0.5%；含铁量±0.15%；氧化铁量±0.25%；粉矿量±0.35%；碱度±0.025%；焦炭水分±0.15%；灰分±0.2%；含硫量±0.025%；含碳量±0.15%；强度±0.25%；风温±7.5℃；湿分±1g/m^3；含氧量±0.25%；风量±0.25%；等等。

表3-15是分析或测量误差对高炉静态和动态数学模型计算结果的影响[35]。例如CO和CO_2分析有0.1%的误差，将相应引起含硅量预报值有0.025%和0.05%的误差。因此要求煤气成分分析系统的误差应小于0.05%。表3-16是保证计算机控制命中率95.4%±1%时检测数据应达到的精度[36]。

表3-15　分析和测量误差对数学模型计算结果的影响

项目	误差 /%	铁水产量 /%		焦比 /%		直接还原度 /%		煤气利用率 /%	
		动态	静态	动态	静态	动态	静态	动态	静态
CO	+0.1	0.66	0.41	−0.19	−0.10	1.34		−0.54	−0.30
CO_2	+0.1	0.98	0.40	−0.49	−0.10	1.02		0.01	0.10
H_2	+0.1	0.02	0.18	0.15	0.00	0.83		−0.67	0.10
风量	+1.0(相对%)	0.94	0.54	0.11	0.60	0.15		−0.07	0.03
Fe^{2+}	+1.0	0.57	—	−0.51	—	−0.02		0.98	

表3-16　高炉某些测量参数的精度要求

测量项目	测量方式	测量上限	A/%(±)	C/%(±)
料面形状及料线	非接触式测量	5m	0.02(m)	0.02(m)(a)
炉料下降速度	磁测量	0.25m/min	1.0	1.0(a)
炉内煤气流速	热线风速计	15m/min	2.0	3.0(a) 2.0(b)
炉喉温度分布	红外热图像仪	800℃	—	−(b)
径向温度及煤气中CO、CO_2、H_2等含量	热电偶和气体分析器	1000℃ 35%、25%、15%	2.0	2.5~4.0(a)

续表 3-16

测量项目	测量方式	测量上限	A/%(±)	C/%(±)
高度方向温度分布	热电偶或光纤窥镜	2200℃	2.0	2.0(b)
风口区温度	热传感器或高温计	2200℃	1.0	2.0(a)
局部压差和总压差	差压计	0.45MPa	1.5	1.5(a)
炉内煤气和炉料压力波动	接触式或非接触式	1 Hz 5 kPa	2.0	3.0(a)
炉缸铁水液面高度	电磁式	—	2.0	3.0(a,b)
热风压力	压力计	0.5MPa	1.0	1.0(a)
风中含氧量	气体分析器	35%	0.5	0.5(a)
风中湿分	湿度计(电解氯化法 镜面式湿度计)	$50g/m^3$	2.0	2.0(a)
各风口风量	流量计("局部"测量法)	$350m^3/min$	3.0	3.0(a)
各风口天然气量	流量计	$50m^3/min$	3.0	3.0(a)
风中煤粉浓度	非接触式	$60kg/m^3$	2.0	4.0(a)
炉顶煤气成分 CO、CO_2、H_2、N_2	色谱仪	35%、25%、15%、60%	0.3	0.05~0.15(b) 0.30~0.50(a、c、d)
炉顶煤气温度(总管、支管)	热电偶	500℃	1.0	1.0(a)
炉顶煤气量	流量计	$14000m^3/min$	1.5	3.0(a)
炉顶煤气压力	压力计	0.25MPa	1.0	1.0(a)
炉顶煤气湿度	湿度计	$100g/m^3$	2.0	—
炉顶煤气密度	密度计	$1.6kg/m^3$	1.0	—

注：A—最大允许误差；C—高炉生产实际误差，其中：a—前苏联；b—日本；c—德国 d—法国。

任何测量数据均有系统误差和偶然误差。不准确的数据可能导致数学模型得出荒谬的结果，因此对数据的有效性应该进行检验。图3-39是对数据可靠性和一致性的检验过程，这是一种基于人工智能的两步检验法[37]。第一步是利用一组彼此独立的规则检查每次采样数据的偶然误差。如果发现数据有误，将视其为不可靠报警，或者舍弃、或者进行平滑处理削去峰值或采用内插法进行校正处理。第二步则是检验某一组数据的系统误差，即数据的一致性。通过物质平衡或能量平衡可以得某种数据的一致性判据。当任何一种判据超出给定允许范围，系统将启动查找误差来源和严重程度。由于寻找系统误差需要足够长的时间期内的平均值，同时又希望能尽快找出原因，因而最短时间需要 24h。

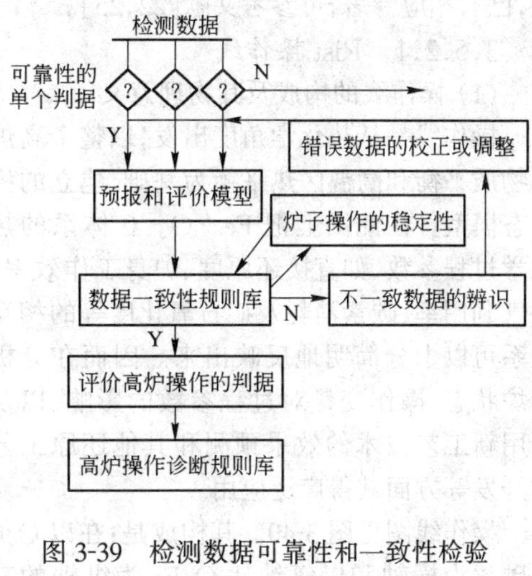

图 3-39　检测数据可靠性和一致性检验

此法只适用于有限个数的数据检验，因此将那些对高炉控制至关重要的数据，例如：铁水重量、入炉矿石和焦炭重量、矿石品位和焦炭灰分及固定碳含量、风温、风量及燃料喷吹量、炉顶煤气成分等等进行数据一致性检验。

系统误差检验是比较困难的，采用自适应滤波方法对检测数据进行动态校正也是一种有效的方法。可以选择几种可能存在较大系统误差的检测项目，分别乘以校正系数 k，使得在 $t_0 \sim t$ 时间内某几种元素（例如 Fe、O、C 等）的输入量 X_{in} 和输出量 X_{out} 相等，建立一组联立方程，通过求解以下约束最小值问题，求出各自的校正系数 k：

$$\min \sum_{i=1}^{p} v_i (\ln k_i)^2 \tag{3-191}$$

$$\int_{t_0}^{t} [X_{in}(Yk) - X_{out}(Yk)] \mathrm{d}t = 0 \tag{3-192}$$

式中 v_i——权重向量；即对某元素 X 平衡的作用大小；

k_i——校正系数向量；

p——数据向量的维数；

Y——检测数据向量。

这种方法适用于时间区间较短（例如 10d），而发生收支不平衡的量相对于总收支量很小的情况。一般校正数据用于风量、焦炭重量、铁水重量和煤气成分（CO、CO_2、H_2）。在各个校正系数 k_i 随时间变化曲线发生突然的较大变化时，就应去查找相关的因素是否有误差增大或数据发生错误。

3.5.2 高炉中长期控制的模拟模型

用于计算机中长期控制的数学模型大多作为离线分析使用。例如统计优化类模型，根据一个时期的生产条件变化，对工艺参数、技术指标和生产成本等进行优化，使冶炼过程在效率最高、消耗最低、质量合格和稳定长寿状态下运行。而机理类模型通过对高炉过程的模拟计算，找出各种参数以及操作变量对冶炼过程的影响，帮助操作人员制定改善操作指标的策略，以及进行开发新技术、新工艺等的仿真试验等等。关于高炉模型，已有相应专著，可参考文献[22,25]。

3.5.2.1 Rist 操作线

(1) 操作线的构成及其物理意义

操作线是从热化学角度出发，以整个高炉的物质平衡和高温区热平衡为基础，建立的稳定态模型。在此图上把 Fe－O－C 体系的热化学过程参数，如直接还原度、炉身工作效率、煤气利用率、碳素消耗及矿石氧化度等的相互关系可以十分简明地反映出来。因而在分析高炉状态、操作变量对过程参数的影响、以及采用新工艺技术的效果预测和其他还原工艺的开发等方面获得广泛应用。

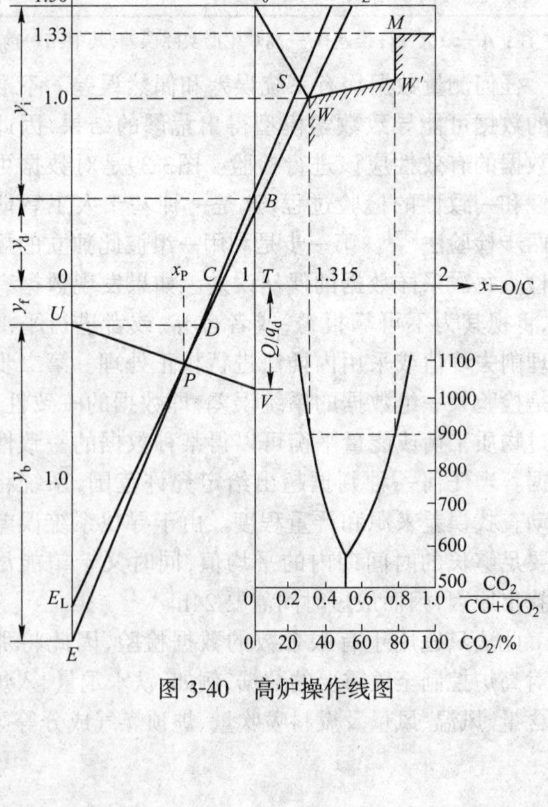

图 3-40　高炉操作线图

操作线图见图 3-40。其构成是：在以 O/C 氧碳比为横轴和以氧铁比 O/Fe 为纵轴的直角坐标系中，y_d 和 y_i 分别代表铁氧化物被 C 夺取的氧原子数和被 CO 夺取的氧原子数，二者之和应等于铁氧化物中与一个 Fe 原子结合

的氧原子数即 y_A。由于铁氧化物 Fe_2O_3 的 O/Fe 最高为 1.50，而 Fe_3O_4 为 1.33，故 y_A 在 1.33～1.50 之间。横轴实质上是与 C 结合的氧原子数，在 $x \leqslant 1$ 区间，表明 C 与各种来源氧结合成的 CO 量；而在 $1 < x \leqslant 2$ 区间，表明 CO 与氧结合转变成 CO_2 的程度。因此高炉煤气中 O/C 比即 x_A，在 1～2 之间。高炉中氧除来自铁氧化物，还有 Si、Mn、P、S 等非铁元素氧化物和鼓风中的氧，如果把这些氧折算成相当于在铁氧化物中的氧，就可以在纵坐标轴上表示出来。因此：

$$y_f = \frac{C_{dF}}{12} \cdot \frac{56}{[Fe]} \cdot \frac{1}{1000} \cdot 100 \tag{3-193}$$

$$y_b = \frac{C_\phi}{12} \cdot \frac{56}{[Fe]} \cdot \frac{1}{1000} \cdot 100 \tag{3-194}$$

式中　C_{dF}——非铁元素还原耗碳量，kg/t；

　　　C_ϕ——到达风口前燃烧的碳量，kg/t。

结果 $y_f + y_b = y_E$。从高炉内氧的迁移来说 E 点坐标是冶炼过程的初始状态，到 $y = 0$ 时，鼓风中氧和与少量元素结合的氧已迁移与 C 结合成 CO，而从 $y = 0$ 开始，矿石中与 Fe 结合的 O 与 C，然后又与 CO 结合，直到 A 点，与 Fe 结合的 O 全部被夺取，所以 A 点则是结束状态，AE 直线即是操作线。其斜率为(O/Fe)/(O/C) = C/Fe，其物理意义是还原 1kg 原子 Fe 消耗的 kgC 原子数可代表焦比、单位生铁的煤气量以及煤气利用率等。操作线反映了冶炼过程氧的来源、通过与 C 结合进入煤气的转移过程。

在 $x = 1 \sim 2$ 区域内，当 $FeO + CO = Fe + CO_2$ 还原反应达到平衡时，其气相组成中 $CO_2/(CO + CO_2)$ 比值即为图中 W 点的横坐标 x_W，它与高炉热贮备区的温度有关，一般认为 T_R 在 1000℃ 时 x_w 在 1.29～1.32 之间，而 W 点的纵坐标是浮氏体中氧原子与铁原子的比值 $y_w = 1.0 \sim 1.05$。当高炉操作达到此点时，即操作线通过此点时，该还原反应达到热力学上允许的最高程度—平衡状态，所以此时的煤气利用率最高，该操作线即为“理想操作线”。至今高炉实际操作还没有达到浮氏体间接还原的化学平衡，操作线是偏离 W 点的，实际操作线与 W 点接近的程度被称为炉身效率。实际操作线必然与图中 A_0W 连线相交于 S 点，则炉身效率 k_s 可由 $\overline{A_0S}/\overline{A_0W}$ 线段比值来表示：

$$k_s = \frac{\overline{A_0S}}{\overline{A_0W}} = \frac{x_s - x_{A_0}}{x_W - x_{A_0}} = \frac{x_s - 1}{x_w - 1} \tag{3-195}$$

式中　x_s、x_w——即为 S 点和 W 点的横坐标 O/C 值。

而 x_s 值根据 AE 和 A_0W 两条直线方程不难导出：

$$x_s = \frac{[y_w - x_w y_A + (x_w - 1) y_E] \cdot x_A}{(y_w - y_A) x_A - (x_w - 1)(y_A - y_E)} \tag{3-196}$$

现代大型高炉 k_s 已达 0.95 以上，一般高炉也在 0.85～0.95 之间。

与操作线 AE 相交的另一条线是反映高炉高温区热状态的 UV 线。鼓风中氧 y_b 燃烧 C 发出的热量，消耗在 FeO 的直接还原和其他元素的还原、脱 S、渣铁热函及热损失等项，其热平衡可简单表示为：

$$y_b \cdot q_b = y_d \cdot q_d + Q = \left(y_d + \frac{Q}{q_d}\right) \cdot q_d \tag{3-197}$$

式中　q_b——为鼓风中氧燃烧 1mol C 放出的热量和带入高温区的显热；

q_d——为铁直接还原耗热和碳气化溶损反应的耗热；

Q——铁直接还原耗热以外的其他有效热消耗，即非铁元素还原、脱S及渣铁过热等有效热消耗。

式中导出的 Q/q_d 的物理意义是：把除FeO直接还原以外的高温区有效耗热量，折算成有多少mol Fe原子被还原时可以放出的氧量，它可以用 y_v 来表示，即 V 点纵坐标。图中 UV 线与 AE 线的交点 P，其横坐标：

$$x_p = \frac{q_d}{q_d + q_b} = \frac{1}{1 + \frac{q_b}{q_d}} \tag{3-198}$$

当生铁成分、鼓风参数、渣铁过热程度和煤气利用率不变时，由它们决定的 U、E、A 和 V 点也不变；此时的 q_b、q_d、Q 和 y_f 也都是常数，P 点位置也是常数，故把 P 点称为高炉的操作点。当 q_b 变化时，x_p 将随其增大而减少或相反随其减小而增大；当 y_f 和 Q 变化时将会改变 y_p，此时若煤气利用率不变（A 点不变），操作线斜率将改变，即影响焦比的改变。如果间接还原发展改变了煤气利用率，操作线将以 P 点为中心旋转，斜率也随之改变。

操作线与 $x=1$ 线的交点 B，其纵坐标 y_B 即是 y_d，它代表了铁的直接还原度 r_d。由于FeO被直接还原出来的铁 Fe_d，与被C夺走的氧mol数是相同的。因此，根据定义有 $r_d = Fe_d/Fe = O_d/Fe = y_d$。利用操作线的方程很容易求得 y_B，即：

$$r_d = y_B = \frac{1}{x_A}(y_A - y_E) + y_E \tag{3-199}$$

如果改善煤气利用情况，使 x_A 增大，则 r_d 将减小。

当高炉喷吹燃料时煤气中 H_2 的含量增高其还原作用不可忽视。因而在操作线图坐标轴上考虑 H_2 的作用，将纵坐标 O/Fe 变为 $(O+H_2)/Fe$；横坐标则变为 $(H_2+O)/C$；而斜率也变为 $(C+H_2)/Fe$。H_2 参与还原夺取氧量在 y 轴上为 y_{H_2}；而 H_2 的利用率 η_{H_2}，一般均假定与 η_{CO} 相同。

(2) 操作线的计算与应用

为了得到操作线，一般可利用 A、E 两点坐标的计算得到，X_A 利用炉顶煤气成分中的CO和 CO_2 含量，y_A 利用入炉矿石中的TFe、Fe_2O_3 和FeO含量按下式算出。

$$A\text{点：}\quad \begin{cases} x_A = \dfrac{CO + 2CO_2}{CO_2 + CO} = 1 + \eta_{CO} \\ y_A = \dfrac{56}{16} \cdot \dfrac{Fe_2O_3 \times 0.30 + FeO \times 0.22}{TFe} \end{cases} \tag{3-200}$$

$$E\text{点：}\quad \begin{cases} x_E = 0 \\ y_E = y_f + y_b \end{cases} \tag{3-201}$$

而 $$y_f = \left(\frac{O}{Fe}\right)_{Si} + \left(\frac{O}{Fe}\right)_{Mn} + \left(\frac{O}{Fe}\right)_{P} + \left(\frac{O}{Fe}\right)_{S} = \frac{1}{[Fe]}[4[Si] + 1.02[Mn] + 4.52[P] + 1.75n_z(S)] \tag{3-202}$$

和 $$y_b = \frac{V_b \cdot O_b \cdot 2}{22.4} \times \frac{56}{1000[Fe]} = 0.005\frac{V_b \cdot O_b}{[Fe]} \tag{3-203}$$

式中 Fe_2O_3、FeO、TFe——为铁矿石的百分含量，%；

[ ]、( )——分别为铁中成分和渣中成分含量，%；

n_z——单位生铁的渣量，t/t；

V_b、O_b——单位生铁的鼓风量，m^3/t 及其含氧量，%；

CO、CO_2——炉顶煤气中 CO 和 CO_2 含量，%。

由于操作线同时描述了高炉过程中氧的传递过程和热平衡两个基本现象，因而在下述几方面得到广泛应用：

1）分析风温、铁矿石预还原度、喷吹燃料量等高炉输入变量对利用系数、焦比等作业指标的影响，寻找冶炼最佳条件和降低燃耗的新途径。如使用高还原性的球团烧结矿、以及喷吹不同燃料品种和数量的效果分析等；

2）分析采用不同冶炼工艺操作、改变炉内过程参数对燃料比的影响。例如将高炉分成边缘、中间区和中心区三部分计算它们的操作线，证明"开放中心，加大矿批"的操作方法，能改善间接还原并降低焦比。

3）在计算机控制系统中，可用来发现和校正检测仪表和称量设备的系统误差，以及为其他数模提供计算参数或其变化的影响。

4）探索进一步降低焦比的新途径。例如目前炉身效率已经很高，但是如果能把热贮备区温度降低到670℃，而炉身处 FeO 的还原仍能达到平衡状态，则 W 点可以向 $x=2$ 方向移动，操作线斜率降低，相当于燃料比下降 60kg/t。日本钢管公司开发一种高反应性的中温焦[38]，目的就是降低 T_R 从而降低焦比。当然，实现上述新思路的前提条件是要有还原极其优良的铁矿石，并且焦炭强度也不能下降。

关于操作线应用的具体计算和分析请见第 10 章。

3.5.2.2 碳比—直接还原度模型[25]

此模型就是碳比与最适宜直接还原度关系折线的一部分，图 3-41 是该模型显示图。具体计算方法见文献[25]。图中最下面的折线就是化学平衡和热平衡最低碳比消耗线。并同时给出：由于煤气利用率变化引起的化学平衡线的变化；由于冶炼吨铁热消耗量水平和风量变化引起的热平衡线的变动。图中阴影区是律勒欧厂 2 号高炉超强化冶炼期的实际操作点。

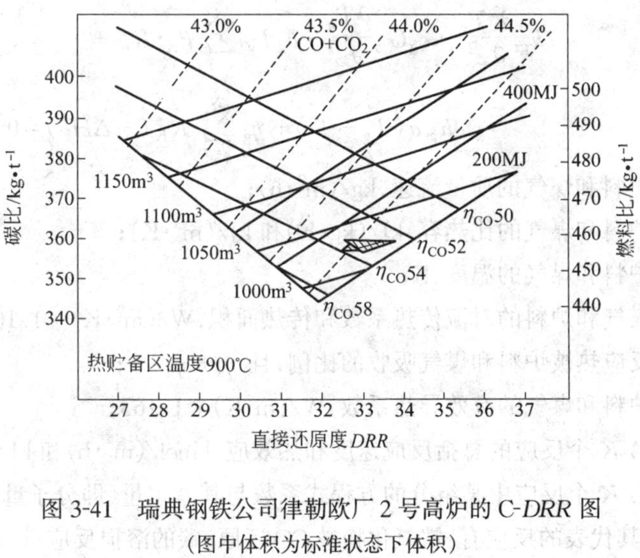

图 3-41 瑞典钢铁公司律勒欧厂 2 号高炉的 C-DRR 图

（图中体积为标准状态下体积）

3.5.2.3 软熔带模型

软熔带的位置、形状对高炉内的气流分布、热交换和还原过程的影响是很大的，因此国外研究了各种测试软熔带位置的方法和设备，并开发了各种数学模型。例如依靠炉顶料面上取样测温装置(TDP)或炉身煤气取样装置(SDP)，测得煤气温度及成分分布、流速及炉料下降速度等数据，以简化方法推算软熔带的模型，如堺厂2号高炉和宝钢2号高炉使用的模型[39]较为实用。而新日铁的BRIGHT模型[40]则是模拟全高炉过程的二维模型，它需更多更全的检测数据，因而在欧洲、北美和澳大利亚等国家上也有较广泛的应用。

这里介绍的鞍钢10号高炉的软熔带推断模型，其特点是针对鞍钢高炉只有料面上十字测温和料面下炉喉半径，煤气取样装置(人工分析)的特定条件开发的。在我国具有一定的代表性。

(1) 模型的构成及基础方程式

模型的原理是利用炉料的物理化学数据和鼓风参数等，通过物质平衡和热平衡计算出炉顶煤气的干量及水分、生铁量、熔损碳量和风口区生成的CO量；并求得煤气与炉料的流通量；最后得到煤气温度场和炉料温度场在料柱内的分布。结合鞍钢炉料的软熔滴落特性，即可推断出软熔带的位置与形状。

为了简化计算，将高炉按半径 n 个等分点将料柱划分为 n 个同轴圆筒体，在各圆筒体之间忽略径向的煤气流动、传热及物性变化。因而在每个圆筒体中可以只做 Z 方向的分布计算，然后把 n 个圆筒的计算结果加合起来就得到全炉的二维参量变化。其基础方程是质量传输方程和热量传输方程所构成。

对于炉料有：

$$\frac{\partial G_{sz}}{\partial z} + \sum_{k=1}^{N} \beta_k \cdot R_K^* = 0 \tag{3-204}$$

$$k_{sz} \cdot \frac{\partial^2 T_s}{\partial z^2} - c_s G_{sz} \frac{\partial T_s}{\partial z} - c_s T_s \sum_{k=1}^{N} \beta_K \cdot R_K^* + h_{gs} a (T_g - T_s) + \eta_s \sum_{k=1}^{N} R_K^* (-\Delta H_K) = 0 \tag{3-205}$$

对煤气有：

$$\frac{\partial G_{gz}}{\partial z} - \sum_{k=1}^{N} \beta_K \cdot R_K^* = 0 \tag{3-206}$$

$$k_{gz} \frac{\partial^2 T_g}{\partial z^2} - c_g G_{gz} \frac{\partial T_g}{\partial z} - c_g T_g \sum_{k=1}^{N} \beta_K \cdot R_K^* + h_{gs} a (T_g - T_s) + \eta_g \sum_{k=1}^{N} R_K^* (-\Delta H_K) = 0 \tag{3-207}$$

式中 G_{sz}、G_{gz}——炉料和煤气的质量流速，kg/(m^2·h)；

c_s、c_g——炉料和煤气的比热容，kJ/(kg·K)和kJ/(m^3·K)；

T_s、T_g——炉料和煤气的温度，K；

h_{gs}、a——煤气和炉料的对流传热系数和传热面积，W/(m^2·K)×1.163和m^2；

η_s、η_g——反应热被炉料和煤气吸收的比例，且 $\eta_s + \eta_g = 1$；

k_{sz}、k_{gz}——炉料和煤气的有效导热系数，W/(m·K)×1.163；

R_K^*、ΔH_K——第 K 个反应的总括反应速度和热效应，kmol/(m^3·h)和kJ/kmol(反应物)

β_K——第 K 个反应中某组分的方程式系数与其摩尔量(即分子量)的乘积。

脚标 $k = 1 \sim N$，其代表的反应有：铁氧化物被CO还原；碳的溶损反应；铁氧化物被 H_2 还原；CO与 H_2O 反应；炉料中 H_2O 蒸发；C与 H_2O 反应；渣中FeO被C还原；$CaCO_3$ 分解反应。

在计算中为简化起见，只选用前3个反应。

(2) 各圆筒中参数的计算

为了求出各圆筒炉顶煤气和炉料流通量，首先要计算炉料的下降速度、物质平衡及热平衡。为此假定：

1）每个圆筒中进入煤气温度均为1600℃，流量待求；

2）炉料层状下降，径向上速度分布与距离炉中心半径成正比。每个圆筒横截面上，以面积重心位置的下降速度代表截面平均下降速度。面积重心半径位置为：

$$R(i)=\frac{2}{3}\cdot\frac{r^2(i)+r(i)\cdot r(i-1)+r^2(i-1)}{r(i)+r(i-1)} \tag{3-208}$$

平均下降速度为：

$$V_s(i)=v_s+A\left[R(i)-\sum_{i=1}^{n}R(i)\frac{s(i)}{s}\right] \tag{3-209}$$

式中 $r(i)$、$r(i-1)$——第 i 个圆筒的外圆和内圆半径；

v_s、A——炉喉截面上总的平均下降速度和速度参数；

s、$s(i)$——炉喉截面积和第 i 圆筒截面积。

3）各圆筒中炉顶处的煤气温度和煤气成分，分别按十字测温径向6点和煤气取样径向5点值，线性内插求得。

4）假定各圆筒中铁水温度与成分都是相同的。

然后，以1000m^3 鼓风为单位、分别做C、H_2、O_2 和 N_2 及热平衡，求出炉顶煤气干量及水分、铁水生成量、熔损碳量和从炉缸进入各圆筒的CO量等5个未知量。即物质平衡有：

$$\frac{12}{2240}(CO+CO_2)V_g-C_d\cdot R_p-C_R-\frac{12}{22.4}CO_{in}=C_b \tag{3-210}$$

$$\frac{2}{18}H_2O\frac{\eta_{H_2}\cdot H_C}{C_C}[(C_T+C_d)R_p+C_R]=H_b\cdot\eta_{H_2} \tag{3-211}$$

$$\frac{16}{2240}(CO+2CO_2)V_g+\frac{16}{18}H_2O-(O_K+O_d)R_p-\frac{16}{22.4}CO_{in}=O_b \tag{3-212}$$

$$\frac{28}{2240}(100-CO-CO_2)\cdot V_g+\frac{28}{18}H_2O-\frac{14H_C+N_C}{C_C}[(C_T+C_d)R_p+C_R]=N_b+14H_b \tag{3-213}$$

式中 V_g——炉顶干煤气量；

H_2O、CO、CO_2——炉喉煤气中实测的各成分含量；

C_d、C_R、C_b——还原非铁元素、熔损反应和鼓风燃烧的碳量；

CO_{in}——炉缸中CO进入该圆筒的量；

R_p、C_T——生铁生成量及铁水中渗碳量；

C_c、H_c、N_c——焦炭中碳、氢和氮含量；

H_b、N_b——鼓风带入、煤粉带入和风口前燃烧焦炭带入的总氢量和总氮量；

O_K、O_d、O_b——铁氧化物还原和非铁元素还原夺取的氧量；以及鼓风带入的氧量。

而热平衡有：

$$Q_b+Q_m+Q_{CO}+Q_j=Q_{zT}+Q_d+Q_R+Q_{sh}+Q_{cs}+Q_g+Q_{id}+Q_l \tag{3-214}$$

式中 Q_b、Q_{CO}、Q_m、Q_j——鼓风显热、CO显热、煤粉及焦炭燃烧放热；

Q_{zT}——渣铁带有显热；

Q_d、Q_{id}——铁及非铁元素直接及间接还原耗热；

Q_R、Q_{sh}——熔损反应和水煤气反应耗热；

Q_{cs}——焦炭水分蒸发耗热；

Q_g、Q_l——煤气带走显热及炉墙冷却热损失。

当进行计算时定义一个误差函数：

$$E(A)=\left(1-\frac{T_j}{T}\right)^2+\left[1-\frac{(CO+CO_2)_j}{CO+CO_2}\right]^2\rightarrow \min \tag{3-215}$$

即计算值 T_j 和 $(CO+CO_2)_j$ 与实测值相对误差最小，否则将修正各圆筒的计算值。

由于炉喉煤气取样只有 CO_2 分析值，一般不做 CO 分析。为此应用一个由 CO_2 值推断 CO 值的前馈神经网络。这是一个三层网络，训练时要使输出值各分量 y_k，与期望的输出值分量 d_k 的误差最小，即误差 E_p 为：

$$E_p=\sum_k (d_k-y_k)^2\rightarrow \min\ (k=0,1,2,\cdots,M-1) \tag{3-216}$$

否则要调整隐含层和输出层的输出权重 W_{ij} 和 W_{ki}，当取输出函数为 $f_m[x]=\dfrac{\exp(2\beta x)-1}{\exp(2\beta x)+1}$ 和 $f_0[x]=x_0$ 时，则权重调整量分别为：

$$\Delta W_{ij}=\alpha[\Sigma 2(d_k-y_k)W_{ki}]\cdot\beta(1-S_i^2)x_j \quad (i=0,1,2,\cdots,L-1;j=0,1,2,\cdots,N) \tag{3-217}$$

$$\Delta W_{ki}=\alpha\cdot 2(d_k-y_k)\cdot s_i \quad (k=0,1,\cdots,M-1;i=0,1,\cdots,L-1) \tag{3-218}$$

取学习步长 $\alpha=0.001$；隐含层输出函数斜率 $\beta=1$；允许误差 $E_p\leqslant 0.001$。

(3) 模型计算结果及应用

由炉顶煤气温度和炉料入炉温度为边界条件，先计算出炉料和煤气的导热系数，然后用超松弛迭代法求基本方程的数值解。在屏幕上画出炉料软化和滴落的等温线(二维)、软熔带的形状和位置。其计算过程框图见图 3-42。表 3-17 是鞍钢 4 号高炉运行该模型在 1994～1995 年几个典型期的主要指标和软熔带计算的结果(图 3-43)。由图可见，当使用自熔性热烧结矿时，软熔带呈 W 形，而且边缘的高度位置与中心相同甚至高于中心，这是为保证炉况顺行不得不发展边缘气流的结果。在使用高碱度冷烧加酸性球团的时期，虽然仍呈 W 形软熔带，但中心位置已高于边缘。随着风温的提高、渣量的减少和焦比的降低，软熔带位置下降；炉顶温度下降使温度梯度增大，软熔带厚度也减薄了。

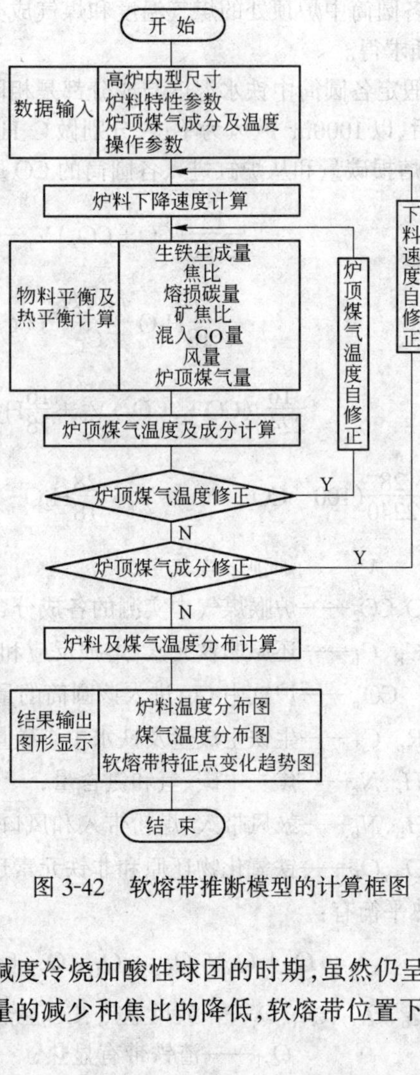

图 3-42 软熔带推断模型的计算框图

表 3-17　鞍钢 4 号高炉几个典型期的主要指标

指　　标	自熔性热烧结矿		高碱度冷烧结矿＋酸性球团	
	Ⅰ期	Ⅱ期	Ⅲ期	Ⅳ期
日产量/$t\cdot d^{-1}$	1747	1841	1968	2074
综合/入炉焦比/$kg\cdot t^{-1}$	569/507	562/491	522/-	489/-
利用系数/$t\cdot(m^3\cdot d)^{-1}$	1.75	1.841	1.97	2.07
渣量/$kg\cdot t^{-1}$	549	570	460	465
风温/℃	920	936	976	1000
风量/$m^3\cdot min^{-1}$	2028	2115	2170	2023
焦炭负荷/$t\cdot t^{-1}$	3.63	3.80	3.81	3.77
炉顶煤气温度/℃	400	390	200	163
煤气 CO_2/%	15.2	16.3	18.9	16.8
[Si]/%	—	—	0.520	0.472
铁水温度/℃	—	—	1450	1450

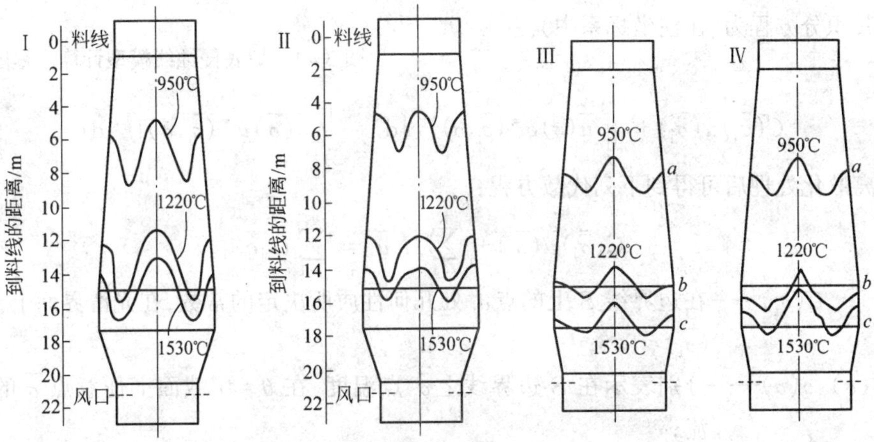

图 3-43　鞍钢 4 号高炉几个典型期的软熔带计算结果

该模型由于采用了微元解法，把二维问题简化为一维，计算速度快。计算结果与实际高炉分析相当符合，有足够的精度。尤其是按现有常规检测数据计算，无特殊检测项目要求，在装备不高的高炉上运行也可以，因为鞍钢 4 号高炉就是装备十分落后的 1000m^3 级的中型高炉。

3.5.2.4　高炉炉缸炉底侵蚀线推定模型

高炉炉缸炉底是决定高炉一代寿命的关键部位，连续地掌握炉缸炉底的侵蚀情况、及时采取保护措施，才能实现长寿稳定的生产。宝钢 2 号高炉引进的川崎模型中，采用边界元素法（BEM）推定炉底炉缸侵蚀的效果较好。它不仅比差分法计算精度高，而且比有限元方法简单，计算量大大减少。

模型首先假定侵蚀线即为铁水凝固的等温线，一般取 1150℃。然后通过热传导计算得到炉底砖衬外表面的温度分布$\mathbb{Y}\ (=y_1,y_2,\cdots,y_m)$；采用回归分析方法使其与实测值$\mathbb{Y}$的误差最小，这样可以得到侵蚀剖面变量$\mathbb{X}\ (=x_1,x_2,\cdots,x_n)$。其与温度分布$\mathbb{Y}$之间可找到如下函数关系：

$$\mathbb{Y}=\mathbb{F}(\mathbb{X})\quad (\mathbb{A}\leqslant\mathbb{X}\leqslant\mathbb{B}) \tag{3-219}$$

式中　A、B——由经验确定的侵蚀线剖面的存在范围；

图 3-44 是实验回归分析的流程图。初期范围设定值是由经验预测给定的初始值。在(A、B)范围内设定变量X的水平，然后由边界元素法传热计算求得剖面线，再反复做X各水准间的误差检验（评价函数）就可以得到X的适当范围值。

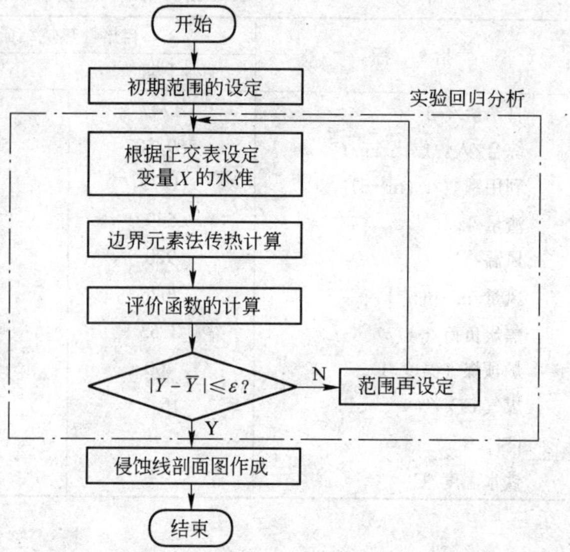

图 3-44　炉底侵蚀线模型计算流程图

边界元素法解轴对称场稳定态传热可认为是二维问题。在一个绕 Z 轴旋转体 Ω 区域内，其边界 J(＝顶面 J_1＋侧面 J_2＋底面 J_3)与过 Z 轴的 $\theta=0°$ 平面的交线为 S。将热传导微分方程在边界面 J 上做积分变换，并对该积分方程做数值解析，这样实质上就将问题简化为一维了。其积分方程为（在柱坐标系中）：

$$C(\bar{\sigma}_j)\bar{u}(\bar{\sigma}_j)+\iint_J \bar{u}(\bar{\sigma})q^*(\bar{\sigma}_j,\sigma)|J|\,dJ=\iint_J \bar{q}(\bar{\sigma})u^*(\bar{\sigma}_j,\sigma)|J|\,dJ \tag{3-220}$$

将其离散化处理后可得到下列代数方程：

$$C(\bar{\sigma}_j)\bar{u}(\bar{\sigma}_j)+\sum_{j=1}^{N}\hat{H}_{ij}\bar{u}_j=\sum_{j=1}^{N}G_{ij}\bar{q}_j \tag{3-221}$$

式中　$C(\bar{\sigma}_j)$——在边界线 S 上的点 $\bar{\sigma}_j$ 处几何性质所决定的常数，在光滑界面上 $C(\bar{\sigma}_j)=0.5$；

$\bar{u}(\bar{\sigma}_j)$、$\bar{u}(\bar{\sigma})$、$\bar{q}(\bar{\sigma})$——分别表示在 S 边界线上 σ_j 点温度、在 $\theta=0°$ 截面上任意点 $\bar{\sigma}$ 的温度和热流；

$u^*(\bar{\sigma}_j,\sigma)$、$q^*(\bar{\sigma}_j,\sigma)$——满足热传导微分方程的一个特解及该特解在 $\bar{\sigma}_j$ 点法线方向上的导数；

$|J|$——曲面积分坐标变换的雅可比函数；

$\hat{H}_{ij}$、G_{ij}——系数。

对于边界元素的中点，上述 $\hat{H}_{ij}$、G_{ij}系数有：

$$\hat{H}_{ij}=\frac{\Delta r_j(Z_0-Z')}{4\pi}\int_0^{2\pi}d\theta\int_0^1\frac{\Delta r_j t+r_j}{R^3}dt \tag{3-222}$$

$$G_{ij}=-\frac{|\Delta r_j|}{4\pi}\int_0^{2\pi}d\theta\int_0^1\frac{\Delta r_j+r_j}{R}dt \tag{3-223}$$

且
$$R=[(\Delta r_j t+r_j)^2-2r'(\Delta r_j t+r_j)\cos\theta+(Z_0-Z')^2]^{\frac{1}{2}} \tag{3-224}$$

式中　r_j——元素 S_j 中间点的径向坐标；

Δr_j——元素 S_j 两端点的 r 坐标差；

r'、Z'——单位集中场作用点的坐标；

Z_0——与 Z 轴正交边界面元素 J_{ij}的坐标。

对上面二式中对 θ 的积分时，可采用插值 $\xi=\cos\theta$ 的高斯—车比雪夫数值积分。当将全部节点值代入式 3-220 之后，可得到 N 个方程，可将其表示为：

$$HU = GQ \tag{3-225}$$

这里 U 和 Q 是节点温度和热流量组成的列矢量；H 和 G 则是 H_{ij} 和 G_{ij} 组成的系数矩阵，且有：

$$\begin{cases} H_{ij} = H_{ij} & (i \neq j \text{ 时}) \\ H_{ij} = H_{ij} + C(\overline{\sigma}_j) & (i = j \text{ 时}) \end{cases} \tag{3-226}$$

而系数 $C(\overline{\sigma}_j)$ 则可在整个边界温度都相同、热流为零的条件下求得。

当给定边界面上 J_1 的温度值、J_2 的热流值和 J_3 上的热传导条件时，有：

$$\begin{cases} u(\sigma) = u_0 \\ q(\sigma) = k\dfrac{\partial u(\sigma)}{\partial n} = q_0 \\ q(\sigma) = h[u_a - u(\sigma)] \end{cases} \tag{3-227}$$

式中 u_a——周围环境温度；

k、h——热传导率和传热系数。

此时即可解出 N 个节点的温度和热流值。

在 Ω 区域上任意一点 x 的温度值，则可由边界上节点的温度和热流值计算出来：

$$\overline{u}(x) = \sum_{j=1}^{N} G_{ij} \cdot \overline{q}_j - \sum_{j=1}^{N} H_{ij} \cdot \overline{u}_j \tag{3-228}$$

当 N 取 13 个节点时，大约需做 36 次边界元传热计算即可求得侵蚀线剖面；大约需做 5 次误差检定即可收敛。

图 3-45 是日本水岛 1 号高炉用此模型推断的侵蚀线与钻孔实测的侵蚀线的比较。表明推定的结果还是相当符合的。

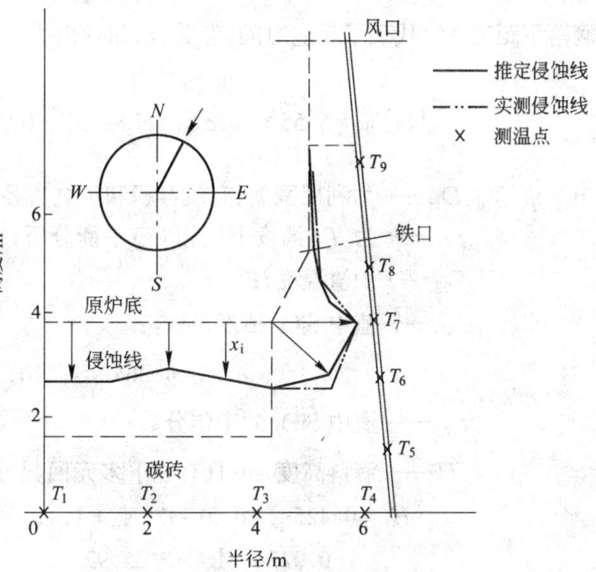

图 3-45　用侵蚀线推定模型计算和实测侵蚀线的对比

3.5.3　高炉短期控制的数学模型

高炉操作过程中最经常的短期控制是炉热水平的跟踪与调控、防止炉料下降与煤气流分布失常的调控和生铁质量的控制。要求控制模型对炉况变化能做出快速反应、结构较简单、计算时间短而涉及的输入参数则尽量少些。实践证明，建立顺行方面的数学模型很难达到这个要求，因此往往采用各种逻辑判断类型的控制模型，像日本的 GO-STOP 和 AGOS 等模型的顺行部分就是如此，目前更主要是依赖专家系统。因此目前高炉应用的控制模型大多是高炉热水平控制方面的，尤其是各种含[Si]预报模型最为广泛。

3.5.3.1　炉热指数模型

炉热指数模型大多是根据高温区域热平衡计算的理论模型，如 W_u、E_c 和 T_c 指数模型等。由于建立在高炉静态基础上的计算，很难适应高炉的瞬时变化，这类模型已完成历史使命。今天已被人工智能专家系统所取代。具体介绍见文献[22]、[25]、[41～44]。

3.5.3.2 含硅量预报模型

含硅量预报是高炉过程控制中最基本的模型，应用最早、种类最多，利用各种建模方法开发的模型都有较广泛的应用。但都不同程度的存在两个问题：一是炉况平稳时命中率高，而炉况波动时则迅速降低，甚至失去预报意义；二是预报滞后，在含[Si]量升降转折处往往有一个铁次的滞后量，如果是连续转折变化时就更显得跟踪不紧。因此早期应用时为提高命中率大多采用多模型同时运行的结构，综合进行预报。例如宝钢 1 号高炉的含硅预报模型，就包含了：按风口前端温度测量值构成的统计模型、理论 T_c 模型加统计回归的混合模型和[Si]量时序统计模型等 3 个模型。在单个模型只有 60%～70%命中率基础上综合预报命中率可提高到 80%左右。近几年则考虑其增加非线性项或通过神经网络、专家系统来解决上述问题。

(1) 理论模型

除了前节提到的依热平衡得到的各种热指数直接与[Si]联系起来的理论模型之外，亦可根据 Si 还原的理论直接建模。高温区硅还原主要是 SiO 蒸气与 C 的还原反应，而 SiO 蒸气又是液态渣中 SiO_2 被 C 还原产生的。因硅还原量与 p_{CO}(或 p_{SiO})分压、SiO_2 在渣中活度 a_{SiO_2}、炉渣温度 T_s(K)和熔滴落下距离 H_c(代表了反应时间)有关，从而导出[45]：

$$[Si]\% = 5.55\times10^6 a_{SiO_2}\cdot H_c\cdot \exp(-109580\,T_{SL}^{-1})\frac{1}{p_{CO}}\cdot\left(\frac{\eta_v V_u}{D_H^2}\right)^{-\frac{2}{3}} \tag{3-229}$$

式中 η_v、V_u、D_H——为利用系数、有效容积和炉缸直径，t/(m³·d)、m³ 和 m；

p_{CO}——为 T_{SL}温度下气相 CO 平衡分压；

T_{SL}——炉渣温度，K；

a_{SiO_2}——渣中 SiO_2 活度，且有：

$$a_{SiO_2} = 4.364N_{SiO_2}^3 - 0.7552N_{SiO_2}^2 \tag{3-230}$$

N_{SiO_2}——渣中 SiO_2 的摩尔分数；

H_c——滴落高度，m；且有以下多元回归方程。

$$H_c = 0.425\eta_v - 0.01537(K_c + 1.4u) + 0.00185T_f - 0.0244T_p - 0.0234(MgO) + 25.92 \tag{3-231}$$

式中 K_c、u——焦比和喷油比，kg/t；

T_f、T_p——理论燃烧温度和铁水温度，℃；

(MgO)——渣中该成分浓度，%。

对 H_c 亦可以根据生产数据统计再按理论计算或取用软熔带模型的计算结果。

(2) 时序动态数据模型

这类模型中以自回归移动平均模型即 ARMAX 模型应用最为广泛。其构成原理是把高炉过程看成是多输入单输出系统。主要输入变量有：风温、风压、燃料喷吹量及鼓风富氧量、焦炭负荷及入炉焦比，炉料下降速度、煤气利用率、炉顶煤气温度和炉墙各部温度等，自适应控制输出则为生铁含[Si]量。为了找出对[Si]量影响最大的输入变量，可先进行多元相关分析，按相关系数来判定该变量对[Si]的影响程度。其方法是对某变量的相关系数做统计量显著性下检验，将不显著的变量一一剔除。或者采用下式来衡量：

$$K_i(\tau) = c_i(\tau)[c_i(0)\cdot c_{Si}(0)]^{-\frac{1}{2}} \tag{3-232}$$

式中 $K_i(\tau)$——时间延迟为 τ 的第 i 个输入变量与[Si]的相关系数；

$c_i(\tau)$、$c_i(0)$——分别为时间延迟为 τ 和 0 的第 i 个输入变量与[Si]的互相关系数；

$c_{Si}(0)$——[Si]的自相关系数。

$K_i(\tau)$值大的就是对[Si]影响大的输入变量。

当系统处于相对稳定时，若已按 $K_i(\tau)$确定了一组输入变量 u，那么就可以根据[Si]的时序数列，做出 $t+1$ 时刻的估计值 $\hat{y}(t+1)$：

$$\hat{y}(t+1)=a_1y(t)+a_2y(t-1)+\cdots+a_ny(t-n_a+1)$$
$$+b_1u(t)+b_2u(t-1)+\cdots+b_nu(t-h_b+1)$$
$$+c_1e(t)+c_2e(t-1)+\cdots+c_ne(t-n_c+1) \quad (3\text{-}233)$$

式中 e——估计误差；

a、b、c——模型参数；

n_a、n_b、n_c——y、u、和 e 的响应阶数。

当给定 y、u、e 的响应阶数就可以对模型进行辨识。也即寻找出可以使误差函数为最小时的模型参数 a、b、c 即：

$$\frac{1}{KK}\sum_{t=1}^{KK}[e(t)\cdot e(t)]\to\min \quad (3\text{-}234)$$

式中，KK 为样本总量。

在给定响应阶数不同时模型参数也不同，可以不断调整使模型阶数最佳。

在辨识过程中，采用递推最小二乘法收敛速度快，且不会发散，被普遍应用。其公式如下：

$$\theta(t)=\theta(t-1)+P(t)\phi^{T}[y(t)-\phi^{T}\theta(t-1)] \quad (3\text{-}235)$$

式中 $\theta(t)$、$\theta(t-1)$——t 和 $t-1$ 时刻的模型参数向量矩阵；

$P(t)$——t 时刻的一个矩阵，可以由 $t-1$ 时刻值推算：

$$P(t)=\frac{1}{\mu}\left[P(t-1)-\frac{P(t-1)\phi^{T}}{1+\phi^{T}P(t-1)\phi}\phi P(t-1)\right] \quad (3\text{-}236)$$

μ——遗忘因子，使较近的数据对预报值有较大的影响；

ϕ、ϕ^{T}——控制变量按其响应阶数构成的向量矩阵，ϕ^{T} 为 ϕ 的转置矩阵。

当炉况较平稳时，上述模型预测含[Si]量有较好的命中率，因而国内除鞍钢曾在 9、4、10 号高炉上应用外，首钢 2 号高炉、湘钢 2 号高炉及本钢 5 号高炉等都应用过。一般情况下命中率可达 80%左右。

为了提高模型的性能，提高炉况波动情况下的命中率，可考虑在控制变量中加入非线性项。

3.5.3.3 布料控制模型

(1) 炉料分布 RABIT 模型[46]

这是建立在模型实验和理论分析基础上的机理模型。它能把炉料布入高炉后形成的料面形状、堆角、粒度分布、矿焦层厚比、焦炭层的崩塌及混合料层的形成，以及料层中煤气流分布等结果计算出来。基本假定是：

1) 计算以一批料为周期，并将炉料在料面上的堆积分割成若干个单位量，例如无钟每环的布料量；

2) 粒度偏析只发生在径向上；

3) 煤气流动为纵向流动，不考虑径向流动。

模型的计算项目包括：

1）料流轨迹计算，求出料面上炉料落点；

2）料面形状计算，根据堆角沿径向上的变化及料层厚度得到料面形状；

3）粒度偏析计算，得到<10mm的矿石和<20mm的焦炭在堆尖到炉中一侧的径向分布，以及<20mm矿石和<50mm的焦炭在堆尖到炉墙一侧的径向分布；

4）焦炭崩塌及混合料层的计算，首先计算矿石装入前焦炭的料面形状，即考虑了煤气流速对堆角的影响和下料速度径向上的差异造成堆角的变化；然后计算装入矿石的重量和冲击作用；最后根据地质力学斜坡稳定理论，计算焦炭层中产生的圆弧形滑动面，其切线方向应等取焦炭的内摩擦角；当滑动面上达到临界安全系数时焦炭将发生崩塌。其圆弧的作图方法是在料面上做一个网格图以每个网格节点为圆心作安全因子圆弧，要求圆弧起点必须在焦炭层表面承受矿石荷载中心线作用点上；

5）煤气流速计算，根据粒度分布、料层厚度和空隙度计算出料层透气阻力系数的径向分布（按Ergun公式），煤气流速分布。

上述计算内容可参见3.3.2节。在日本新日铁开发此模型时，均采用了模型模拟实验的经验公式，由于装料装置结构尺寸及炉料性质不同高炉有很大差异，因而应用时应进行修正。澳大利亚BHP公司引进了此模型后，利用在线实测料流轨迹等参数，改进了RABIT模型，在6座高炉上用来预测煤气流分布状况，证明其预报精度较高，使用很成功。

图3-46是模型计算框图。在室兰1号高炉和4号高炉应用此模型计算的料面形状和径向矿焦比分布，与料面探测仪的实测结果基本吻合；计算的径向煤气流速分布与料面下炉身探测器测得的煤气温度和η_{CO}的分布十分对应。因此当确定高炉中心区（炉喉半径0～0.19R区）、中间环区（半径0.44R～0.63R区）和边缘区（半径0.81R～R区）三部分煤气平均流速的比例关系在某一适宜范围后，就能找出所需要的装入方法和布料制度，维持稳定合理的煤气流分布。室兰1号高炉因此提高了炉料顺行情况和煤气利用率，使高炉焦比降低了5kg/t。

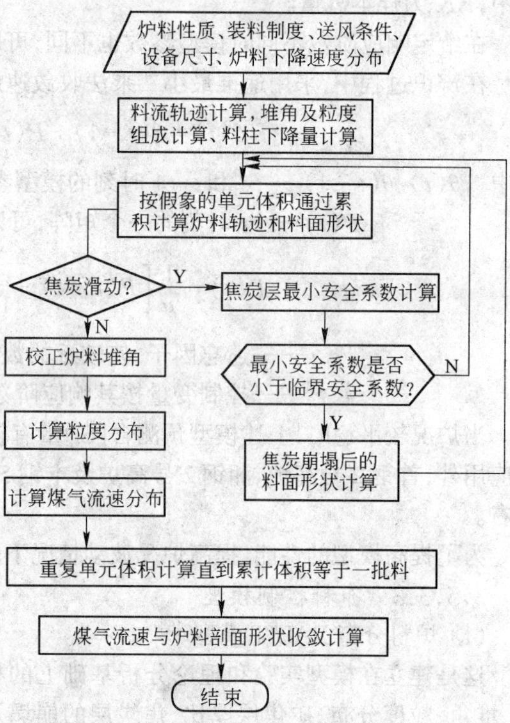

图3-46　RABIT布料控制模型计算流程图

（2）无钟布料方式推定模型[47]

这是日本川崎公司高炉使用的步进式推定模型（图3-47）。它根据高炉内煤气流分布的指数测定结果，步进式改变布料方式，使煤气流在中心区、中间环区和边缘区的流速分布比例，始终被控制在最佳的范围内。模型基本上有三部分构成：

1）布料矩阵表　对于无钟高炉首先规定调整布料制度时，选择一个比较理想的焦炭分布布料制度不变，只改变矿石的布料制度；其次是采用分装矿石每批料布14圈的多环布料方式。所谓布料矩阵表，就是将布矿的制度按着一定变化规律排列起来，调整布料时则依照表上布矿制度依次步进改变。当溜槽倾角有11个位置时，将每批料的前7圈安排在倾角较大的环位上布入；而将后7

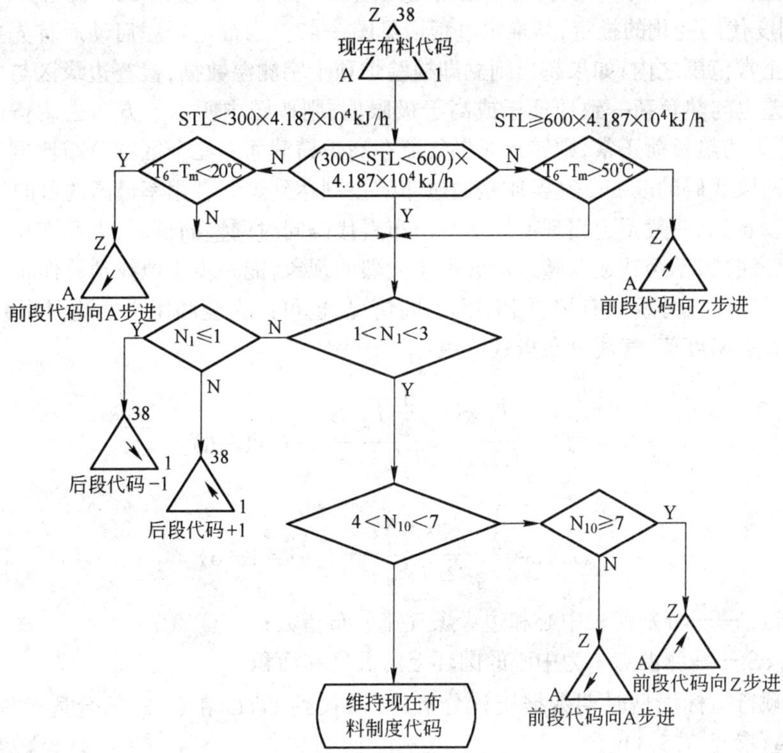

图 3-47　川崎公司无钟布料推定模型

圈安排在倾角较小的位置上布入；并分别按矿石布入边缘料量的多少(即边缘负荷程度)，用字母代码 A→Z 来表示，和按布入中心矿石的多少(中心负荷程度)，用数字代码 1→38 来表示。将前后两段代码组合起来就是一个完整的布矿制度。

这些布矿制度的排列原则是按着矿石落入炉内的半径位置和料量，采用如下指数排序：

$$p_i = \frac{\sum T_i \cdot \sin\theta_i}{\sum T_i} \tag{3-237}$$

式中　θ_i——溜槽第 i 个位置的倾角，°；

T_i——矿石在该位置上的布入圈数。

当只改变前半段代码时，主要调整边缘矿石量，而只改变后半段代码时，则使中心负荷变化。

2) 气流分布判断指数，这是利用煤气利用率构成的经验指数，有如下形式：

$$N_i = \left(\frac{CO_2}{CO + CO_2}\right)_i \cdot 18 - 3, (i = 1 \sim 10) \tag{3-238}$$

式中　i——径向上煤气取样点编号。$i = 1$ 为中心点；$i = 10$ 为边缘点；

CO、CO_2——料面下炉身上部径向探针取样分析煤气成分，%。

对川崎高炉而言：N_1(中心区) = 1～3，N_{10}(边缘区) = 4～7，是煤气流分布的最佳比例范围。

此对气流分布判断还有两个辅助指标：一是炉体冷却壁的热负荷，正常范围在(300～600)×4.187×10⁴kJ/h 之间，低于下限或高于上限都表明气流分布需要调整。另一个是炉顶十字测温径向分布曲线，认为大型高炉合理的温度曲线应为 L 形，即中心煤气温应≥400～450℃，中间环区温度应平坦且最低在 100～120℃左右；而炉墙附近则应比中间环区温度高 20～50℃。

3）布矿制度代码变化的推定，其推定过程请见图 3-47。当推定程序启动后首先判定炉体冷却热负荷是否在正常范围之内；如果超出则立即检验炉顶十字测温数据，检查边缘区与中间环区的温度差。若此温差也与热负荷一致地低于或高于极限值，则按图中所示的方向去调整边缘矿石布料代码。相反，若炉墙热负荷正常，则转入对煤气流在高炉横截面上三个区域分布比例是否合理的判断和推定布矿两段代码的改变。其实质是通过布矿控制达到煤气利用率最高的目的。

从图也可以看到，一般不会出现前后两半段布料代码同时调整的情况，因而布矿代码变化前后煤气流变化十分缓慢，不会造成调整过量或过于激烈的现象，能一步步地找到最佳布料制度。

对于没有径向煤气分析只有炉顶十字测温的情况，也可以完全利用十字测温指数代替 N_i。例如半径上如有 6 点温度值，气流分布指数可用：

$$GTC=\frac{T_1\cdot S_1+\frac{1}{2}T_2\cdot S_2}{\sum T_iS_i},(i=1\sim6) \tag{3-239}$$

$$GTP=\frac{\frac{1}{2}T_5S_5+T_6S_6}{\sum T_iS_i},\ (i=1\sim6) \tag{3-240}$$

式中 GTC、GTP——分别代表中心和边缘煤气流分布指数；

T_i、S_i——测温点 i 为中心的圆环上的温度和面积。

选择炉况顺行指标优良时期数据统计分析，可以找到 GTC 和 GTP 的合适范围，代替 N_1 和 N_{10}判断界限值(参见 3.5.4)。

3.6 高炉过程的人工智能控制和专家系统

3.6.1 人工智能技术和专家系统在高炉上的应用

3.6.1.1 概况

人工智能 AI(Artifical Intelligence)是模拟人类思维方式去认识和控制客观对象的技术，如用神经网络技术去辨识客观事物的隐含规律，用模糊理论去处理过程很复杂的控制问题。专家系统 ES (Expert System)是人工智能技术的一个分支，主要由包含大量规则的知识库和模拟人类推理方式的推理机组成。近年来在高炉上应用的 ES 中也大量应用神经网络和模糊数学方法，因此与 AI 系统并无严格区分。

高炉专家系统自 1986 年日本钢管公司在福山 5 号高炉首先应用后，在不到 3 年的时间里日本各大钢铁公司相继运行了各自开发的 ES 系统。表 3-18 列举了其功能特点及使用效果[48～54]。此后，世界各主要产钢国家都相继开发了专家系统或AI系统。1989 年英国 Redcar 高炉应用可预报崩料悬料等异常炉况的 ES 系统；比利时冶金研究中心(CRM)开发出预防炉缸冻结、诊断炉瘤或渣皮脱落的 ACCES 系统[37]；1991 年澳大利亚 BHP 公司 Newcastle 厂 3 号高炉操作指导 ES 系统；韩国浦项光阳厂高炉运行了炉况顺行与稳定及炉况诊断 ES 系统，可防止高炉下部产生不活跃区和不稳定的煤气流；1992 年瑞典律勒欧厂高炉的 ES 系统中，除热状态控制、异常炉况预测和控制外，还包括了设备故障诊断功能[55]，并采用了事例学习法获取知识；1993 年芬兰拉赫厂在引进 GO-STOP 系统基础上增加约 600 条规则开发出全面炉况监测 ES 系统[56]；1996 年奥地利林茨厂高炉将原来的咨询式专家系统升级为“闭环式”控制专家系统[57]，对入炉焦比、炉渣碱度和鼓风湿分等控制可实现闭环自动控制，无需操作人员介入。总之，根据各自高炉的装备水平和技术条件、信息检测种类与数量、生产条件及可使用的调节控制手段，尤其是掌握的生产经验和技术诀窍等具体情况，开发独具特色的高炉专家系统，尽管功能和水平层次不同，但都取得了良好的使用效果。

表 3-18　日本主要大钢铁公司高炉的专家系统

序号及名称	应用高炉及时间	主要功能	主要特点	使用效果
BAISYS	钢管福山5号高炉，1986.2	1. 炉况监测诊断与控制 2. 异常炉况预报及控制 3. 布料控制 4. 热状态预测	1. 判断周期：炉热 20min，异常炉况 2min，紧急情况立即进行 2. 知识表达：产生式规则，框架和 LISP 函数三种形式；有 400 条规则和 130 个框架；对不确切知识用模糊集合的资格函数来确定置信度 3. 推理方式：数据驱动前向推理；采用黑板结构管理，选择知识源 4. 自学习修正规则、资格函数等 5. 炉热状态可自动控制	异常炉况预报准确率 85%以上； 炉热状态自动控制铁水温度目标值 ±15℃内约 83%
Advanced GO-STOP System	川崎水岛4号高炉，1987.11. 水岛3号高炉，1990.6	1. 高炉炉况诊断与控制 2. 异常炉况预报与控制 3. 炉热控制 4. 布料控制 5. 出铁操作控制 6. 热风炉燃烧控制	1. 判断周期：炉热 15min，异常炉况 5min 2. 知识库规则：产生式规则 600 条；并按照炉况分析、现象确认，动作确认等分组；有解释规则 3. 根据炉热指数可对风温自动控制 4. 热风炉模糊系统控制热值 5. 无钟布料制度由神经网络确定 6. 模拟专家思维方式建立对策矩阵	4号高炉炉热控制命中率 94.9% 3号高炉为 96.8% 热风炉控制热效率提高 2%
智能炉热控制系统	神户3号高炉，1988.7	1. 炉热预报及控制 2. 炉况诊断	1. 炉内状态推定以历史知识库为基准；使用模糊规则；有自学习功能 2. 对炉况变化有原因解释及采取对策 3. 使用多头电偶连续检测数据	炉热预报命中率为 100%
综合高炉专家系统(HYBRID)	住友鹿岛1号高炉，1988.10	1. 控制低铁温 2. 控制失常炉况	1. 正常炉况调用 T_s 模型 2. 人机对话方式诊断高炉失常原因，并确定长期对策 3. 知识规则有 1200 条；有自学习功能	铁水温度命中率(±20℃) 90.4%；[Si] 预报命中率(±0.1%) 95.5%
SAFAIA	新日铁大分2号高炉，1989	1. 炉况判断及控制 2. 非稳定期(开炉及休风恢复)操作指导 3. 设备故障诊断与处理指导	1. 异常炉况判断 5s 一次；正常 30min 2. 利用神经网络在线估计软熔带；类型，诊断炉况，预报趋势；8 种模式 3. 知识库规则有 5850 条；并有解释功能；将推理过程及结果同时显示出来	命中率 98%
ALIS	新日铁君津3号高炉和4号高炉，1989	功能同上	1. 有 1030 条规则 2. 进行启发式搜索推理过程为 信息现象分析—对引起现象发生的假定—最终原因推定—动作种类与动作量 3. 紧急炉况动作推论及指导方式与正常方式分开	离线模拟知识准确率为 94%

我国在1986年鞍钢9号高炉开发含硅量预报专家系统[30]，主要是为了提高炉况波动或异常时[Si]预报的命中率；在4号高炉时则具备了崩料、管道、难行与悬料等顺行异常预测的初步功能。1988年台湾中钢公司2号高炉的ES系统，已具有炉热监测与控制、透气性与出渣出铁异常炉况预测，以及冷却设备漏水等故障诊断功能[58]。1991年首钢2号高炉和1994年鞍钢4、10号高炉先后开发出了具有：炉况评价诊断、异常炉况预测和炉热 状态预测，控制操作指导及解释、以及知识获取和模型自学习系统等较完备的专家系统。特别是这两个系统都是在没有特殊检测手段、信息检测装备水平很一般的情况下运行的，并取得很好的效果，很有特色。1995年宝钢在引进的GO-STOP系统基础上完成了炉况诊断专家系统的开发。1999年武钢4号高炉成功地引进了RAUTARUUKKI高炉操作专家系统，实现了对炉温、顺行、炉型管理和炉缸渣铁平衡的ES控制。近年来国内一批中小型(300～1500m^3)高炉技术、装备水平进步很快，在济钢一铁的高炉上也运行了以优化为核心的智能控制软件[32]，初具炉热管理与预测和异常炉况的预测等控制功能。

定量评价AI或ES系统的经济效益较为困难，但运行专家系统后指标改善却是不争的事实。据奥钢联林茨厂高炉(工作容积2459m^3)分析[29]，采用专家系统后产量增加5%，燃料比降低3kg/t(1996年上半年燃料比478.8kg/t水平)；芬兰拉赫厂高炉采用计算机监控系统使燃料比降低10kg/t(1992年燃料比就已降至445kg/t水平)，预计使用ES系统后燃料比还可降低4kg/t[56]。鞍钢10号高炉1996年专家系统运行考核期(4～9月)与上年同期对比，生铁[Si]量降低0.128百分点，σ_{Si}下降0.039，结果焦比降低5.1kg/t，产量增高1.03%[59]。武钢4号高炉2000年上半年统计，校正焦比降低了17.7kg/t。

我国高炉由于信息检测技术与装备等诸多方面原因，高炉ES和AI系统运行很难坚持到一代炉龄。因此一方面要在信息检测可靠性、准确性和长期工作的可维护性上增加投入；另一方面在ES或AI系统开发中尽量利用常规检测信息资源，而不依赖于特殊检测信息。另外，注意到高炉装备技术和生产条件的不同，开发满足不同层次需求的ES系统也是很必要的。开发能实现闭环自动控制的ES或AI系统则是发展的进一步目标。

3.6.1.2　专家系统控制的基本方式

专家系统的核心问题是对知识的处理，即知识的表达、推理方式和知识的获取等。

(1) 知识的表达方式及知识库

知识的表达方式应该有足够的表达能力、推导新知识的能力、获取新知识的能力和能将启发性知识附加到知识结构中去的能力，甚至联想能力。

一般可将表述知识分为规则和事例两类。最有代表性的产生式规则的形式为：

IF(条件或前提)…THEN(结论或行动)…ES系统运行中一旦满足该规则的应用先决条件，就将触发该规则，并对数据库进行规定的操作。而在AI中最常用的知识表示方法是谓词演算，例如表达综合数据库、规则集的描述等。

框架是用来描述事物特征的，通常由描述事物各个方面的槽组成；每个槽又可分为若干个侧面，每个侧面有若干描述特征的值。将许多框架可组成一个框架系统，其中某个框架可以是另一个框架或几个框架的槽值，这样可以不必重复存贮同一信息节省空间，因而框架间具有知识继承性特点。

此外，还用LISP函数形式记述一些程序型的知识，例如某些计算CF值的程式或过去已采取的动作量进行补正计算的程式等。

为了表述不确切的知识，引入了模糊理论的置信度CF和资格函数的概念。CF值在0～1之间，在使用每一条规则时都要判定其可信度。利用资格函数来确定CF值。例如当利用铁水温度来判断炉热状态时，在铁水温度—炉热水平等级—不确定因素分布频率三维资格函数坐标系统中，统计不同炉温水平中的铁水温度分布频率,并依据其大小来确定 CF 值。对不同的对象如非统计型不确定性知识,如对状态和属性定义的不确定性,可以定义隶属函数来描述。例如对高炉某些上升型参数可定义:

$$f(x)=\begin{cases}0 & x\leqslant x_1\\ \dfrac{x-x_1}{x_2-x_1} & x_1\leqslant x\leqslant x_2\\ 1 & x\geqslant x_2\end{cases} \tag{3-241}$$

x_1 和 x_2 是由专家给定的 x 参数的左、右边界值,并且可以在运行中修正。

高炉 ES 系统绝大多数知识是用产生式规则表达的,整个系统的规则就是知识库。为保证知识库的有效使用,可将其分为判定知识库和控制知识库。在知识库中进一步把知识按信息属性(如温度、压力等)或规则的功能进行分类和分级,将其单元化。这些单元化的知识可以组合成各种知识源 KS。例如炉热控制系统中铁水温度水平知识源,就是利用铁水温度推断炉热水平的 10 条规则组成的。而在控制知识库中,在一些框架中把一些作为推论材料的数据和调节控制变量的动作量等置入,以备推论时使用。对知识库的管理与维护,主要是保证知识的一致性、完整性和无冗余性,不能有相互矛盾的规则、重复的或过时的规则。

(2) 推理方式

AI 和 ES 技术中的推理机包含有演绎逻辑推理和归纳法推理方法。前者应用时要求的前提条件是不能有错误知识或不完整的知识。而后者用于高炉 ES 系统中常采用“中间假说”形式对炉况进行推理。

其推理方式可分为正向(前向)和后向推理两种。正向推理是从前提条件或子目标出发向主要目标推进,图 3-48 是鞍钢 4 号高炉炉况异常诊断悬料采用的推理树[30]。首先逐一处理信息数据,然后按其置信度找出为真的节点,并向上逐级推理,直到找到根目标。因此正向推理也称数据驱动推理方式。后向推理时则先提出几种中间假设,依次进行推理,如果结论不能被接受则退回到出发点按另一假说去推理。这两种推理方式往往同时使用。

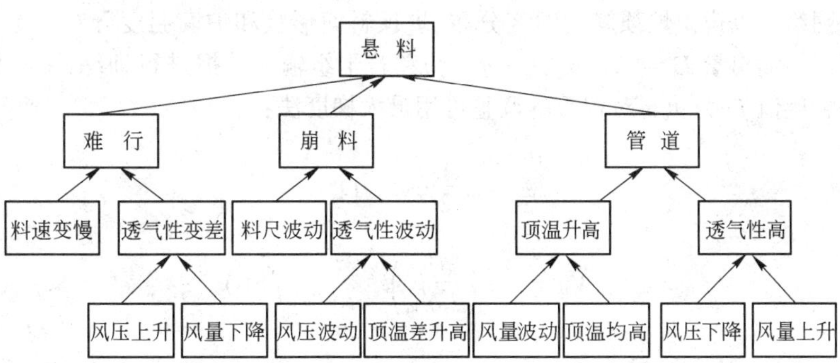

图 3-48 正向推理推理树的一个例子

在推理过程中经常采用“黑板”结构或称 BB 模型。在 AI 系统壳管理下,当信息数据被送入推论领域后,实时调度程序将启动“推论控制知识源”,把中间结论写入黑板,结合其他信息(如事实数据等)决定是否启动下一个包含评价规则的知识源。这比全面搜索规则的办法效率要高。鞍钢 10

号高炉ES系统中采用了两块黑板，在领域黑板里描述问题的状态，记录领域知识推理的结果；在控制黑板里记录控制知识源推理的结果。

(3) 知识的获取及数据的处理

ES使用的知识主要是专家经验和工艺理论知识。但专家知识中常常是以高炉冶炼常识为前提条件，在形成ES知识时要注意这些隐含条件。利用高炉各种操作事件发生前后的信息动态来构成知识，专家系统对这类知识应有自动获取的能力。

ES系统要像冶炼专家那样根据检测信息进行分析、判断和综合，必须从这些数据中提取变化特征值。除了根据不同目的对数据首先进行平滑滤波处理外，提取特征值有如下几种：参数平均值、时序趋势梯度值、波动量的标准方差、波动偏差的积分值，以及参数规整化处理等等。

高炉中连续检测的参数都是时间序列数据，它既有短周期的波动，也有长周期的发展趋势。采用"变时间区间的动态平均方法"或采用低通滤波处理，能把"载波"的波动规律分离出来，更清楚地反映出长周期趋势和特点。例如瑞典律勒欧厂采用前述方法对炉顶煤气温度时序数据平滑处理，以一批料间隔时间动态平均构成新的时序数据做进一步分析。在济钢一铁高炉上运行的优化系统中，也利用所谓"变频统计"方法，分离出长波规律用于趋势预报。

(4) 神经网络

是模拟人脑思维过程的模型，它是由若干神经元、各神经元间的连接权重、单元特性和训练规则等构成。神经元间的不同连接方式可形成不同类型的神经网络，在高炉AI系统中以反向传播BP网络模型应用最广泛。例如，一个由输入层、输出层和隐含层构成的BP网络，若输入神经元 j 向隐含层 i 输出为 x_j，连接权重为 W_{ij}，而隐含层又输入给输出层，若权重为 W_{ki}，则神经网络的输出 y_k 有：

$$Z_k = \sum_i W_{ki} \cdot S_i \tag{3-242}$$

$$y_k = \frac{1}{1+\exp[-(Z_i-\theta_i)]} \tag{3-243}$$

式中 θ_i——是输入值与连接权重之积 Z 的临界值。

同样，隐含层的输出 S_i 同 y_k 一样计算。当然，其输出的函数形式可以不同。

利用神经网络可以辨识炉顶煤气温度分布、炉顶料面形状和炉墙温度分布等等。在使用之前应该利用希望网络输出量 $D=(d_0, d_1, \cdots, d_{m-1})$ 和若干组输入数据进行训练，不断修改连接权重直到输出接近希望值 D 为止。对权重的调整可用最大梯度法：

$$E = \Sigma \frac{1}{2}(y_k - D_k)^2 \tag{3-244}$$

$$\Delta W_{ki} = -\eta\left(\frac{\partial E}{\partial W_{ki}}\right) \qquad (\eta > 0) \tag{3-245}$$

3.6.1.3 高炉ES系统的构成

图3-49是福山5号高炉的ES系统构成图。其特点是：

1) 为了提高运行速度ES系统是在原高炉过程计算机监控系统中配备专用的AI计算机；

2) 数据采集与处理在过程计算机上进行；只有少量需要进行二次处理的在AI计算机上进行；

3) 程序以功能模块组成，如数据采集、为推理机数据处理、过程数据库、推理机、知识库及AI工具(包括自学习、知识获取、置信度计算、推理结论及人机界面等)等模块。

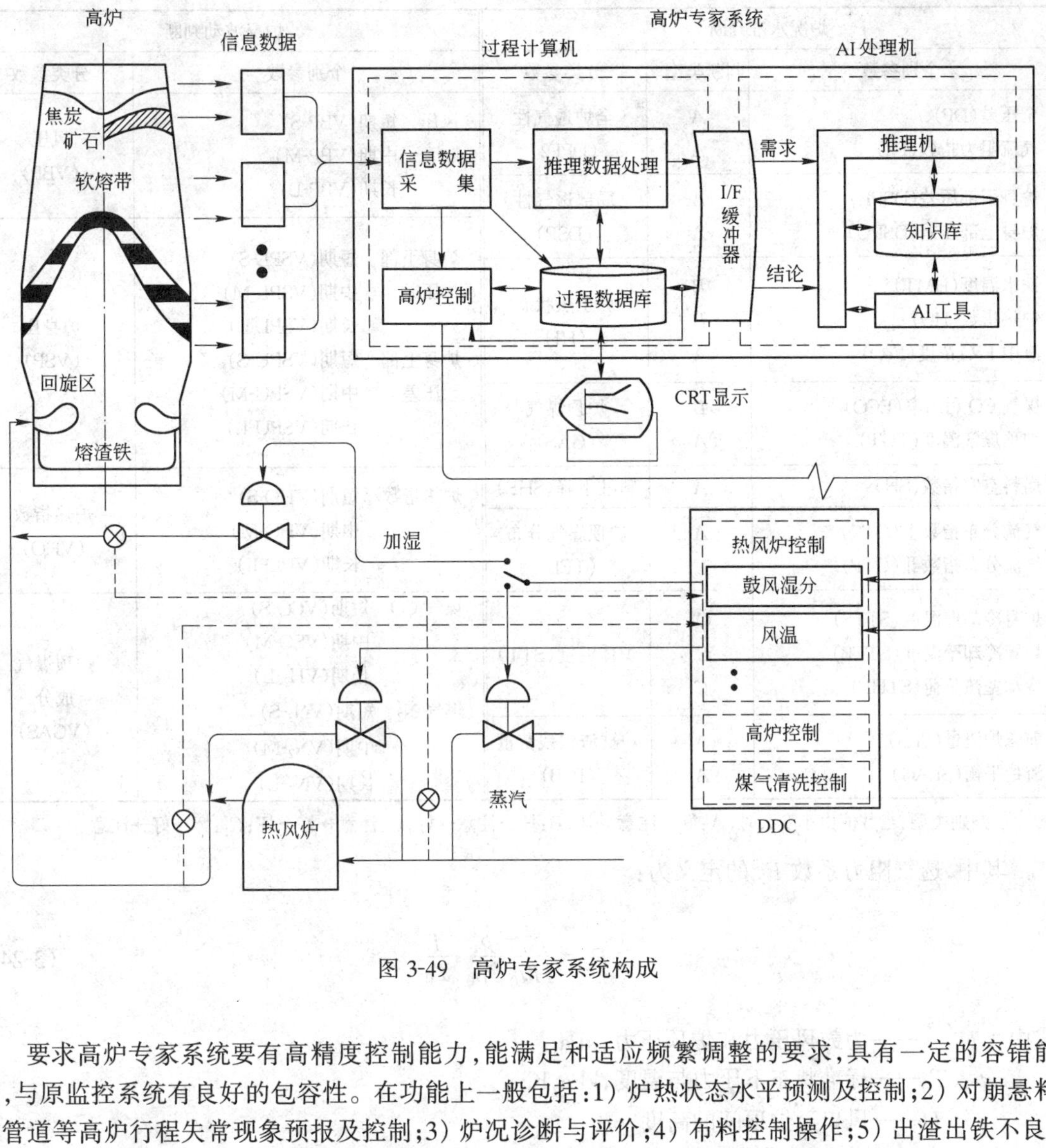

图 3-49 高炉专家系统构成

要求高炉专家系统要有高精度控制能力,能满足和适应频繁调整的要求,具有一定的容错能力,与原监控系统有良好的包容性。在功能上一般包括:1) 炉热状态水平预测及控制;2) 对崩悬料和管道等高炉行程失常现象预报及控制;3) 炉况诊断与评价;4) 布料控制操作;5) 出渣出铁不良、炉瘤生成与脱落、炉凉及冷却设备漏水等异常的诊断与处理;6) 出铁操作控制功能等。

3.6.2 炉况诊断与评价 ES 系统

这个子系统绝大多数是在原来炉况监测系统,如 GO-STOP、AGOS 和 PILOT 等系统基础上增加专家知识规则形成的。例如 GO-STOP 系统是以高炉操作诸多因素的定量分析,将其控制在最佳范围内,并以此来检验、评价和诊断高炉过程的状态。后来抽取 230 个检测信息用于推理机,并建立起有 600 条知识规则的知识库,而发展成为用于川崎水岛 4 号高炉的 Advanced GO-STOP 专家系统(AGS 系统)[56,60,61]。现简介如下:

(1) AGS 系统的参数与炉况评价判断过程

该系统采集的数据和计算指数见表 3-19。并将其归纳为用于炉况水准判断的分类参数 8 个和用于炉况变动判断的分类参数 4 个。

表 3-19　GO-STOP 系统炉况判断的参数

炉况水准判断

个别参数	判断类型[①]	分类参数
全压差(DP)	*A*	全炉透气性(DPF2)
气流阻力指数(F2)	*A*	
炉身下部压差(DSPL)	*A*	局部透气性(DSP)
炉身上部压差(DSPU)	*A*	
铁水温度(HMT)	*B*	炉子热状态(HI)
炉热指数(HO)	*B*	
渣中 FeO 浓度(FeO)	*A*	
煤气 CO 利用率(ECO)	*B*	炉顶煤气(GAS)
炉顶煤气温度(TGT)	*A*	
崩料空穴指数(SH)	*A*	料柱下降(SHE)
气流分布指数Ⅰ(GTC)	*A*	炉顶煤气分布(TED)
气流分布指数Ⅱ(GTP)	*C*	
炉身冷却壁温度(STTS)	*C′*	炉体温度(STT)
炉腹冷却壁温度(STTB)	*C′*	
冷却壁热负荷(STHL)	*C*	
前三炉渣量(SR3)	*A*	炉缸渣铁残留量(PSB)
渣量平衡(SLAG)	*A*	

炉况波动判断

个别参数		分类参数
风压	短期(VBP-S)	风压(VBP)
	中期(VBP-M)	
	长期(VBP-L)	
炉身下部压差	短期(VSPL-S)	炉身压(VSP)
	中期(VSPL-M)	
	长期(VSPL-L)	
炉身上部压差	短期(VSPU-S)	
	中期(VSPU-M)	
	长期(VSPU-L)	
炉热指数	短期(VHO-S)	炉热指数(VHO)
	中期(VHO-M)	
	长期(VHO-L)	
煤气 CO	短期(VCO-S)	炉顶煤气成分(VGAS)
	中期(VSO-M)	
	长期(VH_2-L)	
煤气 N_2	短期(VN_2-S)	
	中期(VN_2-M)	
	长期(VN_2-L)	

① 判别类型：当数值由小变大时，*A*：好→注意→坏；*B*：坏→注意→好；*C*：注意→好→坏；*C′*：坏→好→注意。

其中，透气阻力系数 F_2 的定义为：

$$F_2=\frac{p_b^2-p_t^2}{Hu_0^{1.7}p_0}\cdot\frac{T}{T_0} \tag{3-246}$$

式中　p_b、p_t——为鼓风压力和炉顶压力，kPa；

p_0、T_0——标准状态下压力与温度，kPa，K；

H——风口至炉顶间的高度，m；

u_0——标准状态下的煤气平均流速，m/min；

T——高炉内平均温度，K。

煤气分布指数 GTC 和 GTP 按料面上十字测温值计算；崩料空穴指数 SH 计算炉内产生空穴的大小。因为炉料下降的速度应该与鼓风中氧消耗掉的炉料体积相适应，如果前者低于后者，料柱中就会产生空穴，且空穴愈大愈易发生崩料现象。系统判定空穴是累积 5 批料，按风量计算的每批料下降的间隔时间与实际间隔时间的差值。炉热指数 HO 是按炉子下部区域热平衡计算出来的。SR3 是指最近前三炉吨铁出渣量的平均值，可代替理论出渣量计算实际出渣量的差值 SLAG。

该系统判断炉况的流程和步骤见图 3-50。

1）第一步个别参数判断　各参数的判定标准可由对操作数据的统计分析确定上下两个边界值，将实时参数与之比较判定属于好(Good)、注意(Caution)和坏(Bad)三个范围，对水准判断参数分别用 2、1、0 数值代表上述判定结果；而变动判断参数则用 0、−1、−2 来表示，这些值均称为 GS 数，

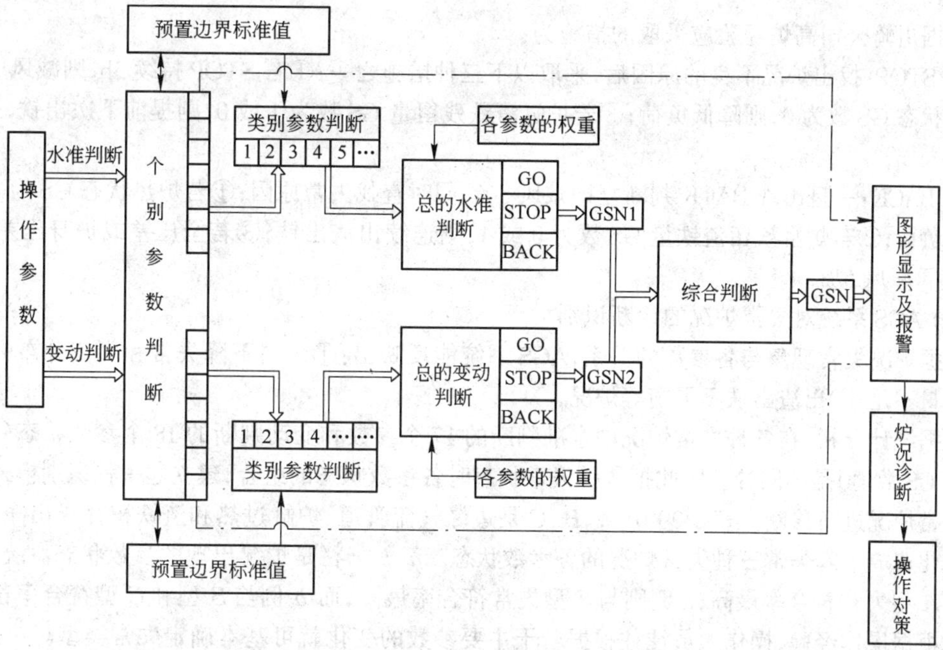

图 3-50　GO-STOP 系统判断程序框图

如果某参数判断结果为“坏”，系统将立即报警。

2）第二步分类参数判断　首先计算分类参数的 GS 数 P_{wj}：

$$P_{wj}=\sum W_{ij}\cdot P_{ij} \tag{3-247}$$

式中　W_{ij}，P_{ij}——第 j 个分类参数中各参数的权重与 GS 数。

对水准判断的 8 个分类参数和变动判断的 4 个分类参数也同样设置上、下边界值进行判断，并将结果显示在屏幕上，用 8 个半径和 3 个同心圆的交点从外至内分别代表 8 个水准分类参数的好(GO)、注意(STOP)和坏(BACK)，即八角图。

3）第三步是进行总的水准判断和变动判断

将上述判定结果的 GS 数累加起来分别为：

$$\mathrm{GSN1}=\sum_{j=1}^{8}P_{wj} \tag{3-248}$$

$$\mathrm{GSN2}=\sum_{j=1}^{4}P_{wj} \tag{3-249}$$

得到的 GSN1 和 GSN2 就是总的水准判断和总的变动判断的依据，按其累加值的范围，同样判定出：好、注意和坏。调整各参数的权重，使得 GSN1＝0～100，其值愈大炉况愈好；使 GSN2＝0～－30，其值愈接近于零，炉况波动愈小，反之亦然。可将 GSN1 和 GSN2 做成实时参数曲线，像其他高炉操作参数一样显示在屏幕上。

4）第四步是对炉况综合评价和给出操作指导

将 GSN1 与 GSN2 之和 GSN 作为对炉况综合评价的结果。例如：将 GSN＞70 时判为 GO，即高炉状态良好，可维持现状“前进”；当 GSN＝50～70 时判为 STOP，即高炉进程出现问题应“停止前进”，进行微调；当 GSN＜50 时为 BACK，表明高炉已经失常，必须立即采取进一步措施使高炉“返回”正常。

根据川崎公司高炉经验应采取的措施为：

1) STOP：找出炉况不良的原因后，采取以下三种措施之一：①若 STOP 持续 3h，则减风 3%；②若炉热状态 GS 数为 0，则降低负荷；③若炉缸渣铁残留量 GS 数为 1 或 0，则提前下次出铁，强化出渣出铁操作；

2) BACK：一旦出现 BACK 判断立即减风 5%，同时查找失常原因：①若炉热状态 GS 为 1 或 0，则降低负荷；②若炉缸残留渣铁量 GS 数为 0 或 1，则连续出渣出铁；③若全压差或炉身压差 GS 数为 0，则再减风 5%。

(2) AGS 系统对失常炉况的诊断识别

根据炉况失常现象与各参数的关系，AGS 系统能反映出：①炉料下降失常和气流分布失常；②炉缸热量不足；③出渣出铁不平衡等炉况；

根据统计分析，在各种失常炉况中水准判断的 17 个参数和变动判断的 18 个参数状态(即前述判定的 GS 数值)是不同的。因此把各种失常状态时各参数状态的组合，建立起一种识别模式，就可以对失常炉况进行诊断。表 3-20 中 *A*、*B*、*C* 是边缘气流管道、炉缸过热和渣铁积存未出净和炉料性质恶化造成下降失常三种失常炉况的各参数状态。*a*、*b*、*c* 栏是炉况出现的参数状态。统计判定 *a* 例与 *A* 型失常符合率最高；*c* 例则与 *C* 型失常符合率最高；而 *b* 例与 *B* 型和 *C* 型符合率都很高。实际上根据操作经验，操作人员往往根据若干主要参数的变化就可基本确定失常类型。AGS 系统炉况诊断正是利用或模仿了这一特点。

表 3-20　GO-STOP 系统的失常炉况诊断

参　数	失常炉况类型			判定失常炉况例子(3 次判断/h)		
	A	*B*	*C*	*a* 例	*b* 例	*c* 例
DP		× 或 △	× 或 △	△ ○ ○	○ △ ○	○ × ○
F2		× 或 △	× 或 △	○ ○ ○	○ △ ○	○ × ○
DSPL			× 或 △	△ ○ ○	△ ○ ○	○ ○ △
DSPU			× 或 △	○ ○ △	○ ○ ○	× △ ○
HMT	× 或 △	○		△ △ △	○ ○ ○	○ ○ ○
HO	× 或 △	○		× × ×	○ ○ ○	○ ○ ○
FEO	× 或 △	○		× × ○	○ ○ ○	○ ○ ○
ECO	×	× 或 △	× 或 △	○ ○ ×	△ × ○	△ × △
TGT	× △	× 或 △	× 或 △	○ ○ △	○ × ○	△ × △
SH		× 或 △	× 或 △	○ ○ △	△ × ×	△ × ×
GTC			× 或 △	○ ○ △	○ ○ ○	△ × ×
GTP	×		× 或 △	△ △ ×	○ × ○	△ × ×
STTB				○ ○ ○	○ ○ ○	△ △ △
STTS				○ ○ ○	○ ○ ○	○ ○ ○
STHL				○ ○ ○	○ ○ ○	△ △ △
SR3		× 或 △		○ ○ ○	○ × ×	○ ○ ○
SLAG		× 或 △		○ ○ ○	○ × ×	○ ○ ○

续表 3-20

参数	失常炉况类型 A	失常炉况类型 B	失常炉况类型 C	判定失常炉况例子(3 次判断/h) *a* 例	判定失常炉况例子(3 次判断/h) *b* 例	判定失常炉况例子(3 次判断/h) *c* 例
VBP-S	× 或 △		×	× × ×	△ △ △	△ × ×
VBP-M		× 或 △	× 或 △	△ ○ ○	○ × ○	× × ○
VBP-L				△ ○ ○	○ △ ○	× × ○
VSPL-S	× 或 △		×	× × ×	○ ○ ○	○ △ △
VSPL-M		× 或 △	× 或 △	△ ○ ○	○ △ ○	△ △ ○
VSPL-L				△ ○ ○	○ ○ ○	○ ○ ○
VSPU-S	× 或 △		×	× △ △	○ ○ ○	△ △ ×
VSPU-M		× 或 △	× 或 △	△ ○ ○	△ △ △	○ △ ○
VSPU-L				○ ○ ○	○ ○ ○	○ ○ ○
VHO-S				× × ×	× △ △	○ ○ ○
VHO-M	×			× × ×	△ △ △	○ ○ ○
VHO-L	×			× × ×	△ ○ △	○ ○ ○
VCO-S	×		× 或 △	× × ×	○ ○ ○	× × ×
VCO-M	×	× 或 △	× 或 △	× × ×	× × ×	× × ×
VCO-L				○ △ ×	△ △ △	○ ○ △
VN_2-S	×			× × ×	△ △ △	○ △ ○
VN_2-M				○ △ ×	○ ○ ○	○ ○ ○
VN_2-L				○ ○ ×	○ ○ ○	○ ○ ○
对策	BV↓ O/C↓ BT↑ OIL↑	BV↓ BT↓ OIL↑ 强化出铁	BV↓ O/C↓ 加强筛分	BV↓ BV↓ O/C↓ BT↑ BT↑ BT↑ OIL↑ OIL↑ OIL↑	BV↓ BT↓ 强化出铁	BV↓ 加强筛分
判断结果 a				79 79 93	29 7 29	59 24 59
判断结果 b				14 36 14	50 99 57	29 59 18
判断结果 c				36 57 50	64 86 50	59 82 59

注：×—代表“坏”；△—代表“注意”；○—代表“好”；表中参数的中文名称见表 3-19。

日本千叶工厂应用 AGS 系统证明，其对炉况评价的准确率为 93.9%。

(3) 对炉况中长期状态的评价

AGS 系统中期(2h)和长期(4h～8h)变动量为：

$$V=\sqrt{\frac{1}{m}\sum(\tilde{X}_i-X_{i,m})^2} \tag{3-250}$$

式中 m——中期或长期的时间；

$\tilde{X}_i$——最小二乘法求得的平滑值；

$X_{i,m}$——中期或长期时间内的平均值。

其判断形式与过程与短期评价是一样的。

除上述 AGS 炉况推断系统外，即基于逻辑的数值判断和基于经验设立的门槛值构造的系统外，为了对生产条件如原燃料条件等的剧烈变化能做出相应反映，大分厂 2 号高炉的 SAFAIA 专家系统通过对软熔带形状的在线估计来预测炉况的变化趋势、掌握各种炉况现象间的必然联系[51]。图 3-51 是作为中期(1d～14d)控制和预测软熔带形状的知识结构。根据该厂经验把软熔带形状分为8种模式,其中K型操作最稳定、燃料比最低。操作指导选择操作参数将使软熔带尽量接近K型。该系统还利用炉身上部和炉身中部的水平探测器和冷却壁纵剖面温度分布等数据,通过神经网络对软熔带形状进行识别。

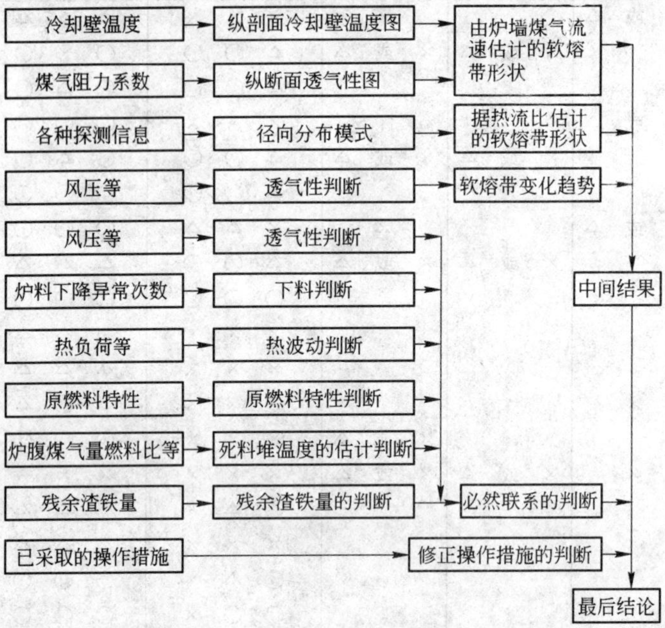

图 3-51　控制软熔带形状的知识结构

对于更长期(如1月至1年)炉况评价,各专家系统多采用优化策略指导提高产量、扩大喷煤量及原燃料结构等等。

3.6.3　炉况顺行及异常预报与控制ES系统

该子系统一般包括炉料下降失常的崩料、悬料、难行、管道和煤气流分布失常等两部分。图3-52是其判断的知识源构成。

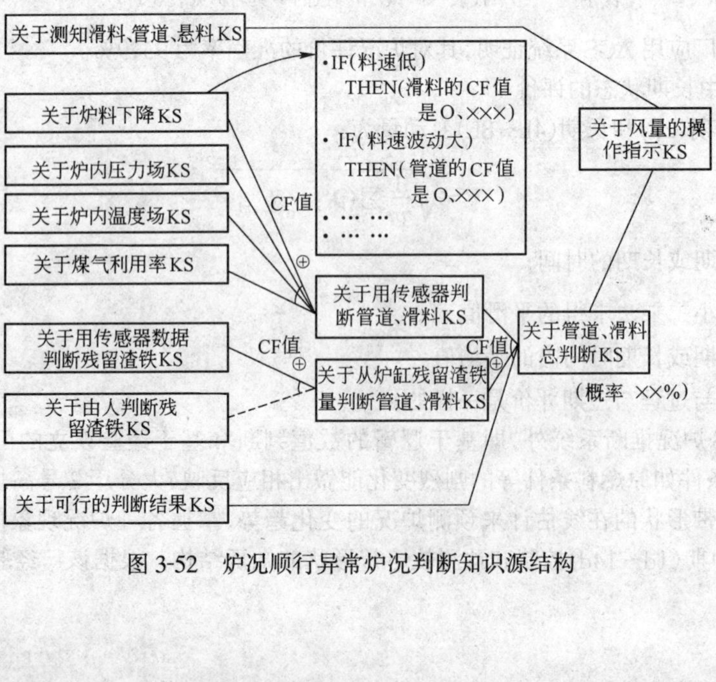

图 3-52　炉况顺行异常炉况判断知识源结构

在浦项高炉的ES中[55]，认为崩料的产生主要诱因是高炉下部不活区的形成和煤气流分布失常。因而系统推理由两步骤构成。首先对不活区的形成进行早期诊断，如炉身温度高低变化、中心或边缘气流强弱变化以及软熔带根部位置升降等等；而后对煤气流圆周平衡和高度上平衡变化诊断气流分布稳定性。图3-53是两步推理的知识结构。

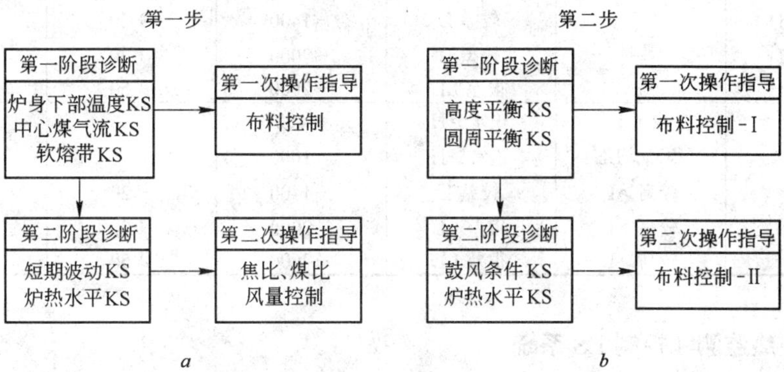

图3-53　不活动区和不稳定气流诊断知识结构

a—不活动区；*b*—不稳定气流

作为崩料、管道预报的诊断项目有：

1) 炉顶煤气的温度、压力和CO利用率的水平和变化量；

2) 炉顶煤气在炉喉截面上温度分布类型；

3) 炉墙高度方向上温度及热负荷分布类型；

4) 炉腰炉墙温度最低位置4点的平均值；

5) 炉身静压力、压差及压差梯度水平及变化量；

6) 鼓风风压及风量的水平和变化量；

7) 炉料密度指数或崩料指数；

8) 关于渣铁滞存量的有关指数或数据。

对分布类型的辨识可采用指数化和神经网络技术。通过对大量操作数据的分析，建立上项目与崩料或管道发生可能性和程度的关系。在福山高炉BAISYS中的异常炉况预报子系统FLAG，则依靠煤气利用率、炉喉与炉身上部温度、炉身三层静压力和风压等参数，将其按4种类型指数化并组合成6个判断参数，判断崩、悬料和管道等的发生并及时报警。

上述子系统根据异常情况的严重程度和发生概率的大小，推理过程中给出操作指导：

1) 对各个诊断项目如热状态、透气性、崩料指数等，单独进行评价并提出相应操作措施；

2) 综合考虑异常情况严重程度和过去已采取措施效果，对上述按单项评价提出的措施手段(风温、风量及焦比等)及调整量重新评价；

3) 在第二步确定的调整措施中，选择调整动作量最大的，作为最终结论提供操作指导。

表3-21是确定崩料和管道发生的对策规则[50]。

表 3-21　崩料或管道发生的对策规则

项目	偏离程度					
	料线深度	炉顶温度	炉内反应	风量(标态) /$m^3\cdot min^{-1}$	焦比 /$kg\cdot t^{-1}$	加空料 /批
崩料	较低＞L	—		－600		
	很低＞LL	—	—	－1000		
	正常＞H	—	较差 L	－1400	＋20	＋1
	正常＞H	—	较差 L	－2000	＋30	＋2
	正常＞H	—	很差 LL	－2000	＋50	＋3
管道	—	较高 L	正常＞H	－600		
	—	很高＞LL	正常＞H	－1000		
	—	较高＞L	较差 L	－1400	＋20	＋1
	—	较高＞L	很差 LL	－2000	＋30	＋2
	—	较高＞L	很差 LL	－2000	＋50	＋3

3.6.4　炉热监测和控制 ES 系统

一般炉热监测和控制的 ES 决策过程可分为当前炉热水平判断、变化趋势和措施决策三个阶段。

(1) 炉热水平的判断

炉热水平判断可使用以下 6 种指数：1)实测铁水温度；2)生铁含硅量；3)铁水温度变化量；4)焦比；5)预报的铁水温度；6)实测风口前端温度等。有关知识库构成见图 3-54。[49]

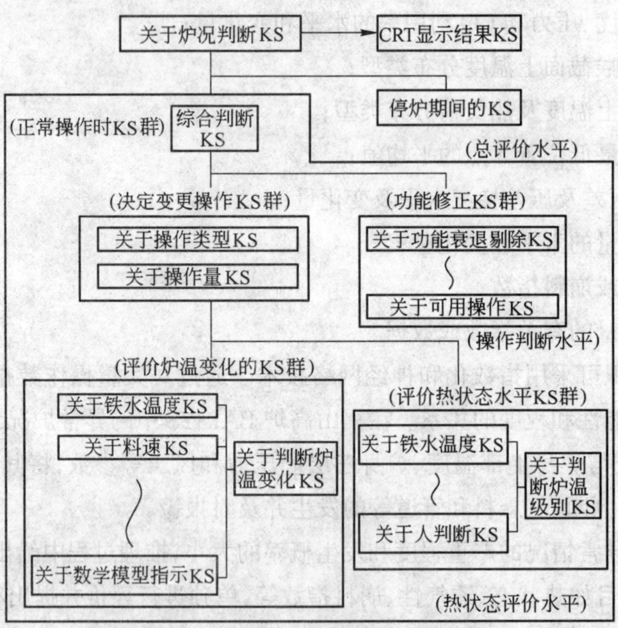

图 3-54　炉温控制专家系统的知识构成

对上述指数与炉热水平的关系可用资格函数表示(2 维的或 3 维的)，并可由此求得 CF 值。按模糊处理方法将当前值与界限值比较判断属于“炉热很低”、“低”、“正常”、“高”和“很高”5 个水平范围，可以选取 *CF* 值最大的指数判断结果作为最终输出值。但是，每种指数的 *CF* 值应该是乘以权重之后的。例如铁水温度正常情况下权重为 0.4，但当两个铁口同时出铁、换铁口后首次出铁或长期休风后的首次出铁时权重降为0。特别是在单独使用铁水温度作为炉热水平指数时,更应考虑诸多因素的影响,此时可使用估计值代替实测值或者放弃这一指数。

(2) 炉热趋势预报

炉热趋势预报可用几种方法:1)按物质和热平衡模型计算铁水温度;2)利用各种炉热指数;3)采用时序模型或神经网络技术;4)根据某些特殊炉况的规律(如炉瘤脱落)知识规则进行判断。

采用热平衡计算铁水温度,如澳大利亚的BHP公司堪培拉港5号高炉每30min计算一次,对模型中使用的炉墙热损失、Si、Mn等元素的分配比、风量及焦炭量等的校正系数,每天都要按操作数据进行校核标定。

采用炉热指数,除前3.5.3节介绍的之外,还有TQ热指数,它是根据高炉下部区域热平衡计算的炉缸剩余热量;关于其使用情况请见3.6.7节。

利用神经网络技术预报炉热趋势即ANN(Artifical Neuron Network)模型,是一个输入层有12个神经元(风口前端温度、装料时间、η_{CO}、炉顶煤气N_2量、炉热指数、熔损反应碳量、冷却壁热负荷、炉身下部压差、风温变动量、风量变动量、鼓风湿分变动量及负荷变动量等),输出层为3个神经元,即变热、不变和变凉。隐含层为5个,此时模型训练的时间最短。选择热趋势变化非常明显的大量操作数据对模型训练,得到21种炉热趋势类型,见表3-22。

表3-22 炉热趋势类型

序号	输入												输出		
	偏料指数	装料批数	N_2量	η_{CO}	热指数	熔损碳量	冷却壁热负荷	压差变动	风量变动	风温变动	湿度变动	负荷	变热	不变	变凉
1					0.9	−0.9							0.9	0.1	0.1
2						−0.9	0.9						0.9	0.1	0.1
3	0.5	−0.5	0.5	0.5	0.5	−0.5	−0.5	0.5	−0.3	0.3			0.9	0.1	0.1
4			0.7	0.7	0.7	−0.7							0.9	0.1	0.1
5	0.9	−0.9											0.9	0.1	0.1
6			0.9	0.9									0.9	0.1	0.1
7												−0.9	0.7	0.3	0.1
8									−0.7	0.7			0.6	0.2	0.1
9											−0.9		0.5	0.25	0.1
10	0.1	0.1	0.1	−0.1	0.1	0.1	−0.1	−0.1	−0.1	−0.1			0.1	0.9	0.1
11	−0.1	−0.1	−0.1	0.1	−0.1	−0.1	0.1	0.1	0.1	0.1			0.1	0.9	0.1
12									0.9				0.1	0.25	0.5
13									0.7	−0.7			0.1	0.1	0.6
14								0.9					0.1	0.3	0.7
15			−0.7	−0.7	−0.7	0.7							0.1	0.2	0.9
16	−0.3	0.9											0.1	0.1	0.9
17			−0.9	−0.9									0.1	0.1	0.9
18	−0.5	0.5	−0.5	−0.5	−0.5	0.5	0.5	−0.5	0.3	−0.3			0.1	0.1	0.9
19					−0.9	0.9							0.1	0.1	0.9
20							0.9	−0.9					0.1	0.1	0.9
21													0.1	0.3	0.1

一般利用神经网络预报铁水[Si]量,大多为三层前馈神经网络。当输入层的分量x_j,隐含层分量S_i的输出为:

$$S_i = f_m\left[\sum_j W_{ij} \cdot x_j\right] \tag{3-251}$$

当输出层分量为y_k时,有:

$$y_k = f_0\left[\sum_i W_{ki} \cdot S_i\right] \tag{3-252}$$

式中　W_{ij}、W_{ki}——两个层间神经元联系的权重；脚标 ij 表明是隐含层与输入层间；ki 表明是输出层与隐含层间；

$f_m[\,]$、$f_0[\,]$——输出函数形式，一般可取 $f_0[x]=1/(1+e^{-x})$形式。

如果不采用BP算法，而是采用另外一种 Levenberg-Marquardt 方法计算权重，其收敛性比前者好[55]。其输入层有：风压Ⅰ(30min 前的 15min 平均值)、风压Ⅱ(1h 前的 15min 平均值)、炉体热损失Ⅰ(1h 前的小时平均值)、炉体热损失Ⅱ(7h 前的小时平均值)、风量(5h 前的小时平均值)、喷油量(5h 前的小时平均值)、$[Si]_1$、(前一炉铁)和$[Si]_2$(前两炉铁)。其预报结果比 ARMA 模型要好，最大预报误差从 0.19 降至 0.11，预报滞后现象大为减少。

根据特殊炉况的规律的知识规则主要是防止炉凉、炉瘤(渣皮)脱落和结瘤的预报。根据冷却壁热负荷、炉墙热损失、煤气流边缘和中心分布指数，煤气成分、崩料及管道发生次数及炉身各部温度分布等参数，当某种或某几种组合参数超过边界值或持续超过规定时间时，系统将报警。根据炉凉的严重程度报警分为 1、2 或 3 级。即分为：1)铁水温度低于 1440℃；2)铁水温度低于 1400℃；3)铁水温度低于 1400℃ 且[C]小于 4%。

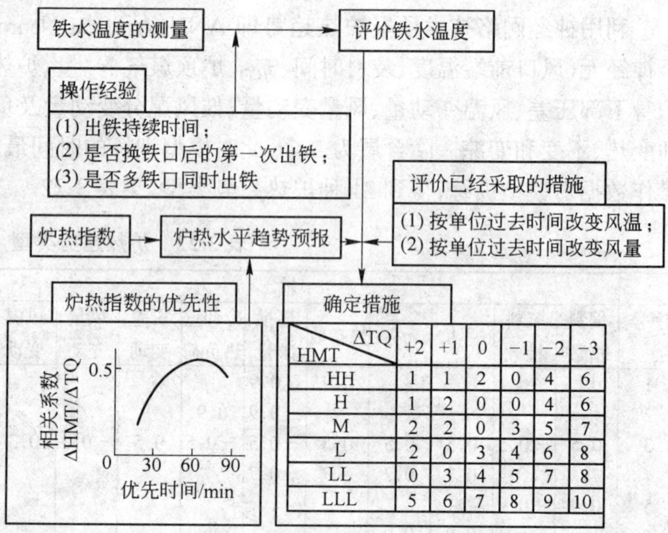

图 3-55　铁水温度 HMT 和炉热指数 TQ 组合控制炉热和确定对策

对炉墙温度和冷却壁温度设立门槛值来检验炉瘤(渣皮)的脱落与生成(结厚)。指数>30%即可预报脱落，经过几小时的时间延迟，铁水温度才会下降，因而可以提前采取措施。当预报结瘤时，要结合全压差和碱金属循环计算结果，当指数>30%时预报命中率达 70%；当指数>50%时预报，命中率达 100%。

(3) 调整炉热的动作决策

为了将炉热趋势判断准确以便正确决策，往往将不同判断方法所得结果综合考虑。例如可以把炉热指数(长期预报)、炉墙温度指数(短期预报)和炉料下降指数组合为"炉热水平推理指数"。又如：按时序模型预报的铁水温度 HMT 和炉热指数 TQ 的组合，如果将其变化趋势和程度划分为：变热剧烈、变热、不变、变凉、变凉剧烈和变凉甚剧六种模式(分别用 H、M、L 和 2、1、0 正负值表示)，则可利用 HMT 和 TQ 趋势变化的组合来确定控制对策方式：图 3-55 是控制概念和确定对策的办法[50]；表 3-23 则是对策方式的措施内容。

表 3-23　炉热控制对策

措施类型	0	1	2	3	4	5	6	7	8	9/10
风温/℃	−20	−10	+10	+20	+20	+20	+20	+20	+20	+20
风量/$m^3 \cdot min^{-1}$						−300	−600	−1000	−1000	−1400
焦比/$kg \cdot t^{-1}$									+10	+20

3.6.5 炉顶布料控制的 AI 系统

布料控制对径向煤气流分布及软熔带的形状有重大影响。因此利用与煤气流分布和软熔带相关的各参数检测数据,可以开发基于规则的专家系统、基于事例的自学习 AI 系统和神经网络系统。

(1) 基本规则的 ES 系统

以福山 5 号高炉的 ES 系统为例[49]。该炉为钟式炉顶以大钟加 20 块可调炉喉导料板(MA)布料,其 ES 系统功能结构见图 3-56。

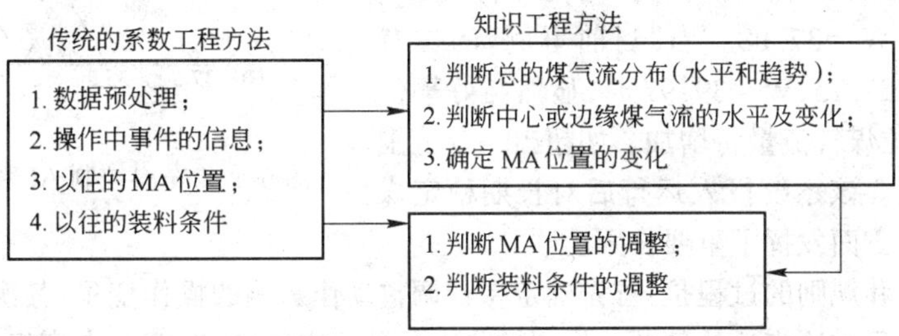

图 3-56 福山 5 号高炉布料控制 ES 系统的功能结构

在 ES 系统中判断中心煤气流强度是利用炉喉煤气取样器测得的中心煤气流温度;而边缘气流强度则用固定探测器测得的炉墙煤气流温度。为了消除加料时煤气流温度的周期性变化,均采用平滑处理。在计算中心气流强度时还考虑了减风的影响。即:

$$中心气流强度 = \frac{1}{\sum_{i=1}^{m} a_i}\left[\sum_{i=1}^{n} a_i f_i(x_i - \overline{x}_i) - \sum_{i=n+1}^{m} a_i f_i(x_i - \overline{x}_i)\right] \tag{3-253}$$

式中 a_i——数据的可信度($0 \leqslant a_i \leqslant 1$);

f_i——与待料或减风有关的修正系数($0 \leqslant f_i \leqslant 1$);

x_i、$\overline{x}_i$——平滑数据与作业正常时的日平均值;

n——与煤气温度有关的检测数据数目;

$(m-n)$——与煤气成分有关的检测数据数目。

将气流强度分成:“很弱”、“弱”、“良好”、“强”、“很强”五种形式,并依据水平和趋势的组合,确定布料制度或 MA 位置的调整量。最终决定调整量时还要考虑:1)以前 MA 调整的作用,因为布料改变的作用大约延迟一个冶炼周期;2)短期减风及风压升高等对气流分布的影响;3)炉料性质有明显的、可预见性的变化。

(2) 基于事例的自学习 AI 系统

该系统能自动从生产数据中归纳并提取知识和规则。日本钢管京滨 1 号高炉的布料 AI 系统由基于事例的指导和自动获取知识两部分组成[62,63]。

事例由 1000 个左右的特征值组成。这些特征值是由操作数据整理出来的 $-1 \sim +1$ 的规整化值。以当前操作条件下的特征值与最接近事例的相似性,由其距离方程确定:

$$J_j = \sqrt{\sum W_i (x_i - R_{ij})^2} \tag{3-254}$$

式中 J_j——与事例 j 的距离;

x_i、R_{ij}——当前的和事例 j 的规整化值;

W_i——权重。

将距离最近的事例作为调整操作条件的依据，并将调整前后的数据都存贮起来，用于评价“好事例”或“坏事例”。图 3-57 是以煤气流速与最小流态化速度比值 v/U_{mf} 为指数，三个顶点 C、M、W 分别代表炉中心、中间和炉墙处该指数分布的相对比例。符号○和×分别代表“好事例”和“坏事例”，而 G 代表两种事例的平均位置。其中“好事例”时该指数平均位置为：C = 32.39，M = 28.38，W = 39.22；而“坏事例”时 G 点为：C = 32.48，M = 30.44，W = 37.08。当“当前事例”的位置为：C = 32.38，M = 27.75，W = 39.97 时，显然与好事例接近，但其炉墙部位煤气流量将增加。如超出一定范围时将改变布料制度。该系统投入运行后对长期稳定煤气温度分布和组成方面发挥了重要作用。

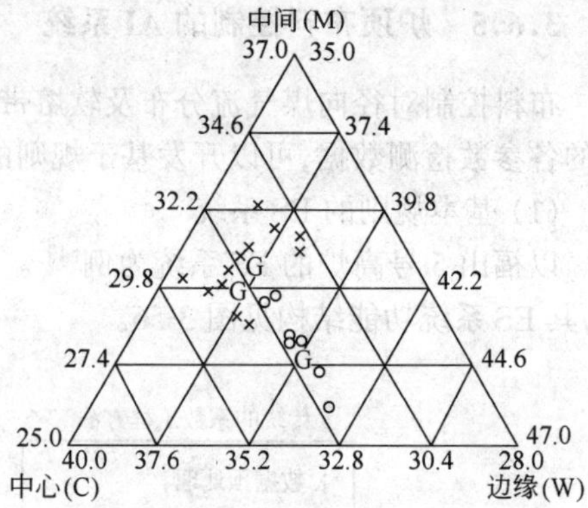

图 3-57　布料控制 AI 系统气流分布图

系统提取知识和规则的过程是：首先确定受到调整动作影响的操作变量；其次利用提取的变量构造一个用知识工程方法表达的例题。模拟操作人员的思考方法、数模和专家经验，对变量和操作效果的因果关系进行检验，构造推理关系树和检验数据的有效性。最后，比较各变量的权重，将相似变量归类处理，再将生成的规则翻译成自然语言。图 3-58 是确定受调整动作影响的操作变量的方法流程图。

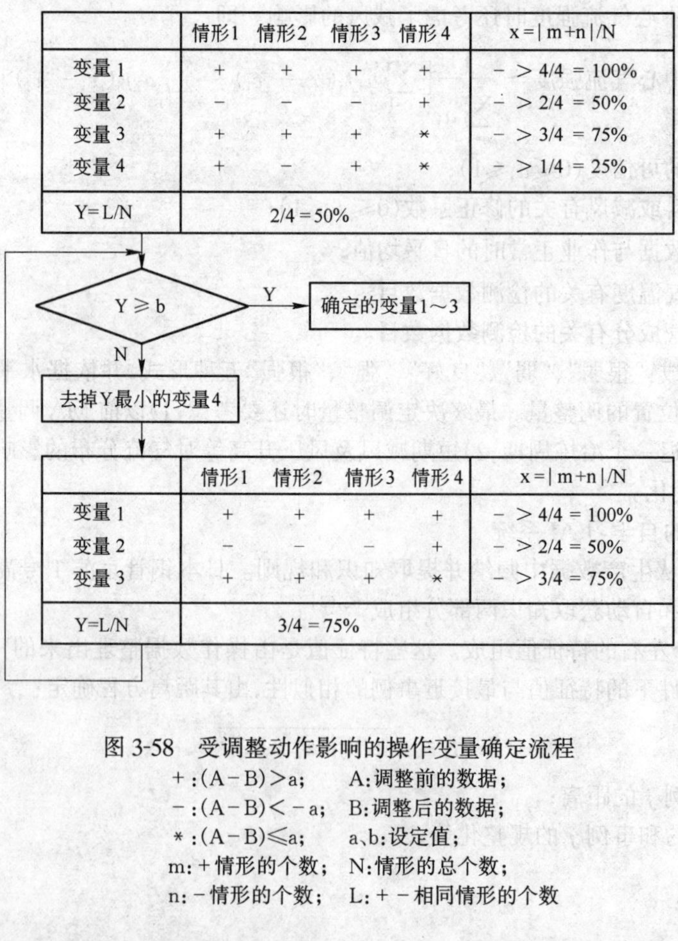

图 3-58　受调整动作影响的操作变量确定流程

+：(A－B)＞a；　A：调整前的数据；

－：(A－B)＜－a；　B：调整后的数据；

*：(A－B)≤a；　a、b：设定值；

m：+情形的个数；　N：情形的总个数；

n：－情形的个数；　L：+－相同情形的个数

基于事例的自学习 AI 系统在 J≤0.4 的情况下给出的操作建议，100%收到了炉况改善的效果。

(3) 神经网络无钟布料控制系统

水岛厂 3 号高炉应用了一个由 3 个神经网络串起来的 AI 系统，其结构见图 3-59[64]。其目的是通过布料控制尽量减少因炉料质量和操作因素变化造成的煤气流分布和炉况的波动。控制的第一步，是输入与煤气流分布有关的操作数据，如煤气温度、成分径向分布，炉身静压力及炉衬温度等，通过第一个神经网络，输出气流分布的 3 种形式；第二步，以前面的 3 个输出值，加上原燃料状况、焦比及风量等操作条件为输入层，由第二个神经网络输出无钟布料方式改变的方向(如加重或减轻边缘等)；第三步，则以改变无钟布料方式后的布矿和布焦的溜槽倾角位置及中心加焦量等参数，将对煤气流分布的变化做出预报，并根据改变 4 批料后的气流分布实际变化情况，判断布料改变动作量是否恰当。

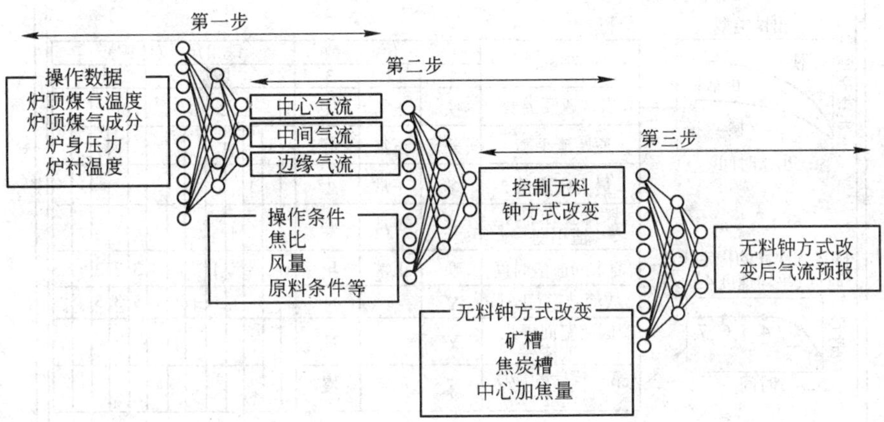

图 3-59　神经网络无钟布料控制系统结构

3.6.6　出铁操作指导 ES 系统[65]

该系统用于铁口深度、铁口泥烘烤时间和铁口尺寸的控制。在每个控制项目中都有一个总规则，规定了其判断标准和操作方法。

(1) 铁口深度指导

其主要规则是控制打泥量保持铁口深度，如前次堵口打泥量低于标准值，本次堵口打泥量将增加，反之亦然。此外还有一些例外规则，如：1)打泥时炮头与泥套间漏泥；2)用该铁口连续出铁；3)更换泥套；4)持续出铁时间；5)打泥压力，判断是否将泥打穿等，决定是否补充或减少泥量。

打泥量的标准值是由炉缸温度决定的，若炉缸温度低则需要增加铁口深度。

(2) 确定铁口烘烤时间指导

铁口泥的烘烤时间即是炮泥在铁口中保持的时间。它与(打泥压力/装泥量)比值有密切关系(见图 3-60)。在打泥时有否炮泥从泥套中挤出、泥套是否更换及是否连续出铁等特殊情况也有附加规则。

(3) 铁口尺寸控制

铁口尺寸的逻辑判断方法见图 3-61。其控制的依据主要是炉缸渣铁排放的平衡。当其以前次铁为标准判断出铁口尺寸的增减后，则依照表 3-24 给出的开孔规定出本次铁。

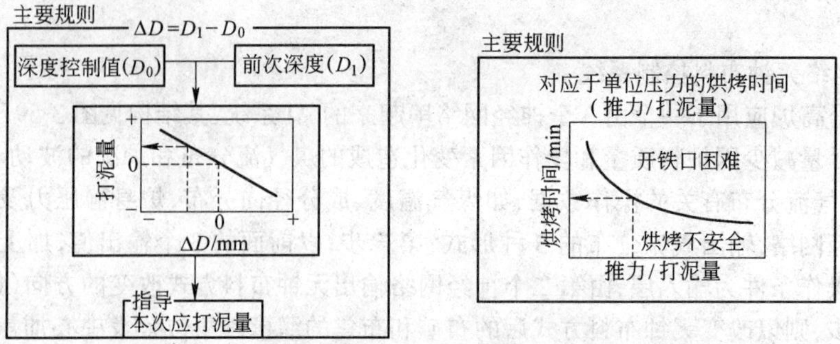

图 3-60 铁口烘烤与打泥量和打泥压力的关系

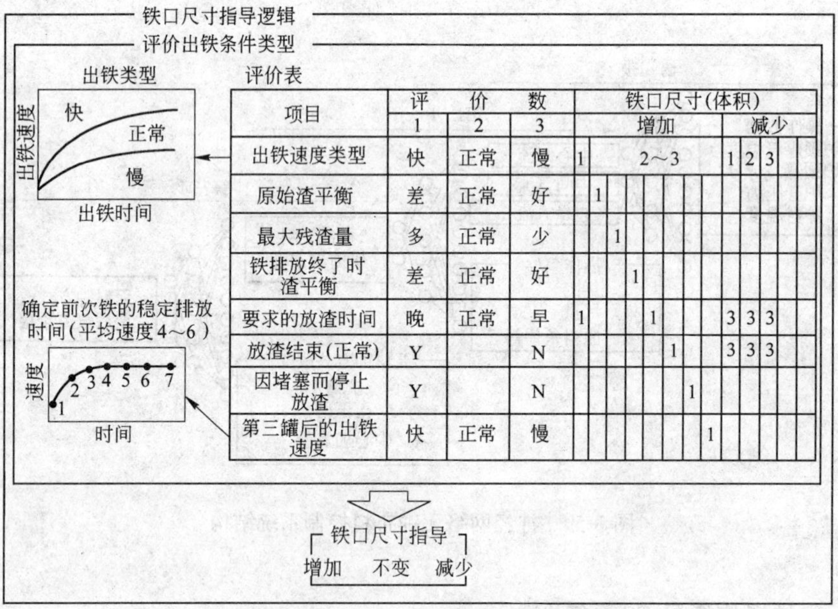

图 3-61 铁口尺寸指导逻辑图

表 3-24 铁口尺寸增减的钻杆尺寸和钎子尺寸类型

项 目	增加←铁口尺寸→减少								
	1	2	3	4	5	6	7	8	9
第一次钻孔 直径×深度/mm×mm	65×3300	65×3000	65×2000	65×1500	65×1000	65×300	65×300	55×300	55×3300
第二次钻孔 直径×深度/mm×mm			55×1000	55×1500	55×2000				
开口钎子 直径/mm	46	46	46	46	46	50	46	50	46

该ES系统投入使用后加强了标准化作业的效果,铁口稳定性由178mm/次减少到126mm/次;拉风次数由11次/月减少到4.5次/月;泥量消耗和钻杆消耗量也都下降了。而且排除了人员技能差异的影响。

出铁操作指导ES系统应进一步考虑从开铁口到堵铁口时刻的判断,以及与铁水罐车调度衔接等内容。

3.6.7 大型高炉(武钢 4 号)专家系统应用实例简介

武钢 4 号高炉冶炼专家系统是与芬兰 Rautaruukki 公司联合开发的[67]。该系统构成与前面介绍的专家系统相同。主要的功能模块有：

1) 知识库　存贮和管理获取的高炉冶炼知识和操作经验；

2) 推理机　采用搜索式算法。根据参数变化搜索推理炉内现象并确认,查询各现象的处理对策及优先级别和历史,最终做出动作决策；

3) 数据库　为 Oracle 关系型数据库。存贮由高炉过程计算机传送过来的已经预处理过的检测数据、二次处理的结果、复合参数计算结果、通过人机界面手工输入的数据,以及推理的结果用于显示的画面数据等；

4) 人机界面　完成读取数据库中所需数据,在下拉式菜单中有趋势曲线、数据录入、模型显示、信息提示、统计及参数等画面。运用十几幅趋势图给操作人员提示当前炉况。将专家系统的分析结果及行动建议显示出来。在主画面上将最重要的风温、风量、炉顶煤气成分、炉热状态、铁水含[Si]及温度等参数的曲线和数字形式显示。下面的提示栏有专家系统对炉况分析和操作建议文字显示；

5) 知识获取子系统　用于对知识库的编辑、修改和更新；

6) 解释子系统　对高炉现象产生的原因和推理结果进行解释；

该系统是一种基于规则的专家系统。从控制内容上共分为:炉温控制、炉型管理、顺行控制及炉缸中渣铁平衡管理等四部分。现分别予以介绍。

3.6.7.1 高炉热状态控制

专家系统的控制策略,就是通过炉热指数、炉料下降指数、直接还原度及碳溶损反应指数,煤气成分波动指数、渣皮脱落指数、透气性指数、阻力系数及操作线分析等等,找到这些参数变化对炉温的影响。从这些参数变化识别出其对炉温的影响并且及早加以控制。炉热控制的有关规则约占总量 1/3 近 300 条。

炉热指标 TQ 是引起炉温变化的最重要的参数,它是根据高炉下部区域热平衡计算的炉缸剩余热量。使用中发现炉热指数 TQ 与炉温[Si]的变化完全一致,而且比[Si]的变化要早出现 2h 左右。当炉热指数 TQ=1350MJ/h 时,对应的炉温为[Si]=0.50%;TQ 波动 130MJ/h 时,相应地[Si]波动 0.1%。

直接还原及碳熔损反应 SLC 指数,表示在高炉下部发生熔损反应消耗的碳量。可通过氧平衡和还原反应计算出来。每 15min 计算--次。分析表明 SLC 指数与[Si]变化有负相关关系,而且比[Si]变化早 2.5～3h。日常操作中 SLC 在 80～130kg/THM 之间,对应的直接还原度为 0.38～0.63,[Si]=1.20%～0.25%。

炉料下降指数 Cbci 与煤气成分波动指数 N2 被认为是与炉热指数同步变动的。因此,反映炉况顺行及渣铁管理对炉温影响的下料指数,和反应原料波动、化学反应及气流分布变化的煤气成分波动指数对炉温的影响,最终都可用 TQ 指数变化作为炉温走向标志。

渣皮脱落指数 Sflag 是炉型管理中的重要参数(见下节)。通过对炉墙温度和冷却壁体温度监控来确定是否发生渣皮脱落。实际上边缘气流发展和边缘管道也会引起炉墙处温度升高,专家系统也均视为渣皮脱落。当发生渣皮脱落时,大约在 5.5h 后可使[Si]含量下降到最低点。一般渣皮脱落可影响炉热 TQ 值波动达 300MJ/h,大约使[Si]下降 0.25%左右。

上述 5 个指数均不能直接控制,但其波动对炉温影响最大。尽早识别出这些指数的变化,结合出渣出铁温度和[Si]含量等信息，就可以及时准确地做出炉温走向判断并提出下一炉预报，通过上下部调剂，达到控制炉热稳定的目标。图3-62是一个实例，由图可见专家系统对炉温的分析和控制是有效和正确的。

3.6.7.2　对高炉操作炉型的管理

正常的操作炉型应该是既能维持生产高效，稳定、低耗、优质，又能长寿的炉型，内壁表面光洁，下料顺畅，渣皮稳定。专家系统则是通过：

a）对炉体热负荷监控　冷却壁热负荷及炉墙热损失；炉墙衬及冷却壁体温度纵向分布等；

b）对渣皮形成与脱落情况监控　冷却壁体及炉衬温度变化点；炉顶煤气中成分变化；

c）对气流分布监控　中心气流和边缘气流分布指数。按十字测温值，F_{ZC}（中心）＝中心温度/中间环温度，F_{ZW}（边缘）＝边缘温度/中间环温度；

d）对管道发生情况管理　管道发生次数；

e）对滑(崩)料情况管理　滑料次数；

专家系统的上述管理方法的实时性和敏感性很高。根据一年左右的统计，上述指数的正常范围、炉墙粘结和渣皮脱落时的波动范围见表3-25。4号高炉1998.10.20～11.5发生炉墙黏结(见图3-63)，下料不稳，时有管道和滑料出现，冷却壁5～9段温度全面下降均低于50℃，无渣皮脱落，F_{ZC}偏大，F_{ZW}偏小，热负荷日平均值在23000MJ/h以下。随后在1998.11.20～11.27发生渣皮脱落，边缘气流偏旺，渣皮不稳，高炉操作很困难，大滑料繁频，时常出现管道。冷却壁热负荷15min平均值在28000～58000MJ之间波动，日均值在42000MJ/h以上。

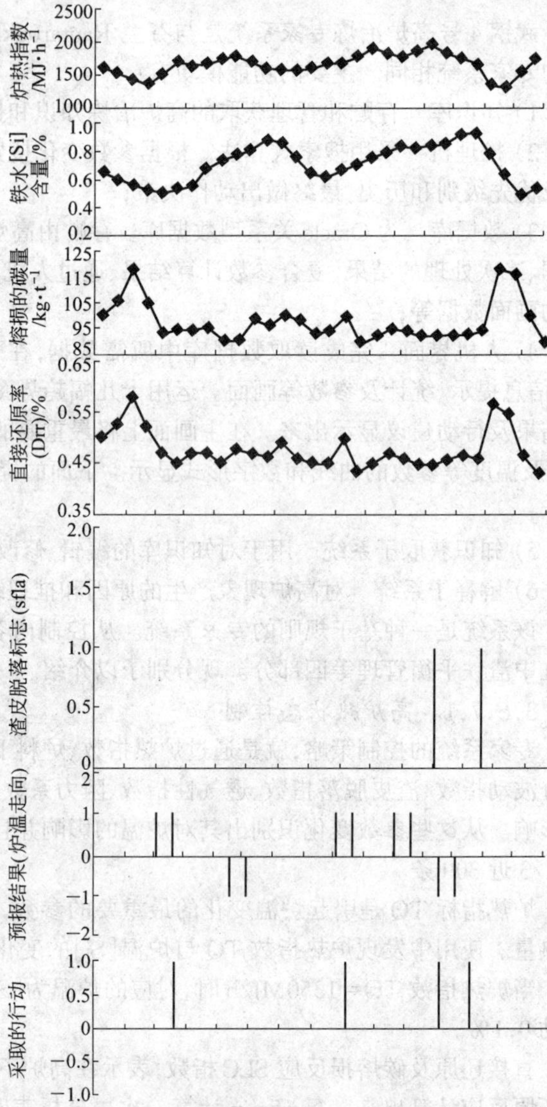

图3-62　武钢4号高炉ES系统对炉温的分析与控制（1998.09.20～10.05）

表3-25　专家系统操作炉型管理主要指数经验值

指标名称代号	炉墙粘结	正　常	渣皮脱落
渣皮脱落 Nscab	0次/天	≤2次/天	≥3次/天～5次/天
热负荷 Stvtd	＜23000MJ/h	23000～38000MJ/h	＞42000MJ/h
中心气流 F_{ZC}	＞10.0	6.7～9.5	＜6.7
边缘气流 F_{ZW}	＜2.0	2.0～3.4	＞3.5
滑料 Nslip	≥3次/天，小滑料频繁	小滑料偶尔出现	≥5次/天，频繁，时有大滑料
管道 Nchan	≥2次/天，小管道频繁	小管道间或发生	≥4次/天，时有大管道发生

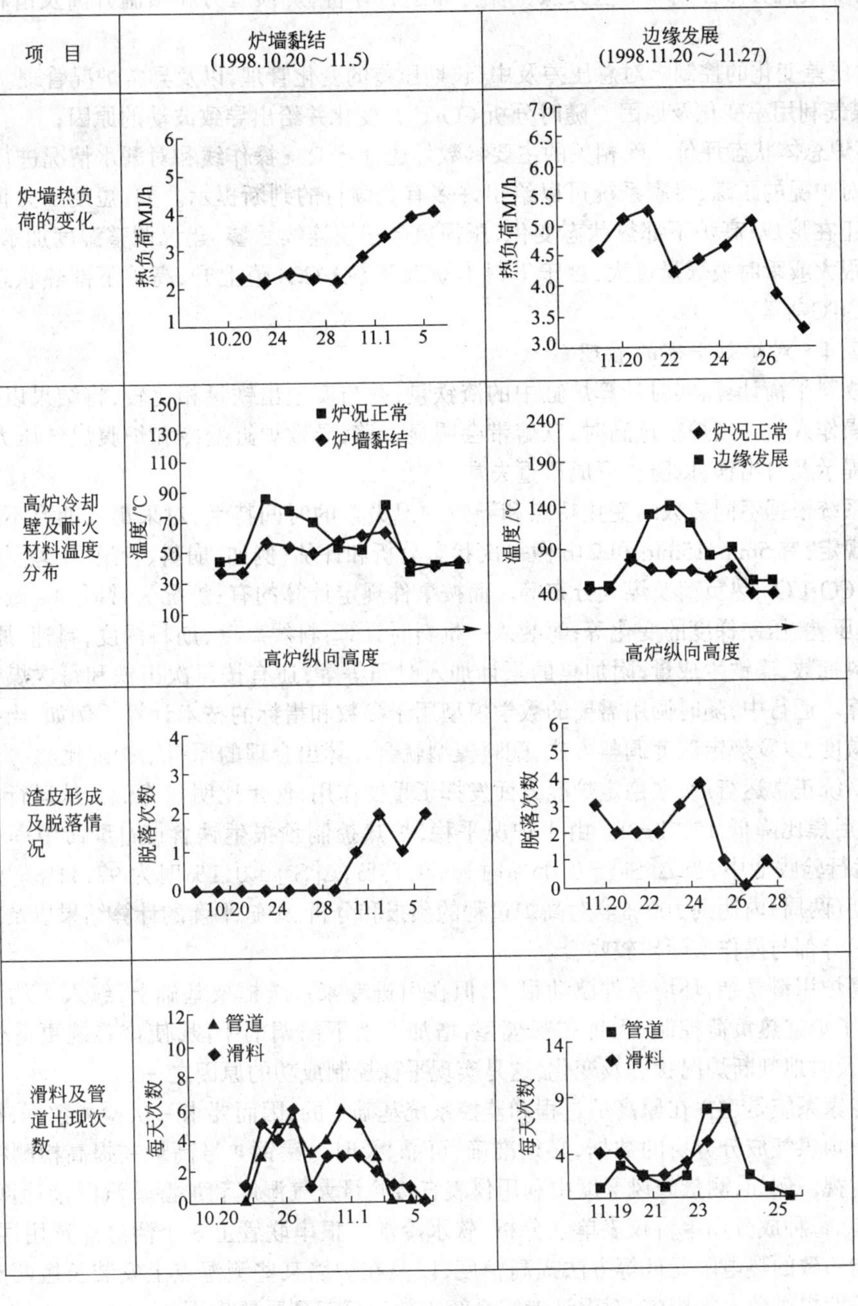

图 3-63　武钢 4 号高炉炉型指数及变化特征

针对上述情况，专家系统的处理对策认为，布料特性决定了煤气流分布，进而决定了炉内温度场分布和软熔带的形状与位置，特别是炉墙处炉料的软熔行为会引起炉墙渣皮结厚或脱落。通过无钟布料制度的调整，有效地控制了气流分布，很快使高炉恢复正常炉型和操作。

3.6.7.3　专家系统的顺行控制

专家系统通过规则对炉况进行分析判断，并提出提示和指导。对顺行控制主要有 5 个方面：

a）对下料情况控制　对滑料管理；对滑料发生可能性预报；监视顶压、顶温突然升高等；

b）对煤气流分布控制　对全天煤气流分布进行评价；炉顶压力和顶温升高及滑料、管道异常炉况；

c）对压差变化的控制　对总压差及中、长期压差的变化管理，以及异常炉况管理。

d）煤气利用率变化及原因　随时分析 CO/CO_2 变化并给出导致波动的原因；

e）高炉总体状态评价　除相关的主要参数外还计算 Rist 操作线和对漏水情况进行管理。

通过对炉况的跟踪，专家系统可以给出许多有关顺行的判断提示。如：短期压力损失增加，小滑料危险正在形成；高炉下部热状态变化，压损提高很快连续示警，建议调整湿度加水 $3g/Nm^3$；漏水可能性很大或瞬时喷煤量过大，由于下料不规则使 CO/CO_2 值上升，高炉下部热状态改变，建议调整风温 30℃ 等等。

3.6.7.4　对炉缸平衡的管理

通过物料平衡计算，实时计算炉缸中的渣铁量，并与安全出铁量相比较，将结果以规则形式显示给高炉操作人员。当炉缸过满时，软熔带会明显上移，导致炉缸变冷和炉腹煤气压力损失增加。专家系统提示及时出铁，以防止形成严重失常。

专家系统根据不同参数的变化特点和导致炉况失常的时间特性，对采集周期有不同规定。按时间周期规定：有 5min、15min 和 24h 做一次状态分析和评估，例如、崩料、管道、压差、炉缸平衡，高炉热状态、CO/CO_2、热负荷及煤气分布等。而按事件规定计算的有：炉况失常时 30s 做一次分析和评估，如全压差、压差梯度的变化等；每装入一批料时计算：料线高度，崩料深度，料速，原料干重，到达风口的料批数，渣铁生成量，附加焦的累计加入时间等等；还有按每次出铁和每次煤气取样时进行技术计算。运行中，随时调用需要的数学模型用于参数和指标的技术计算。例如，当确定目标焦比值和渣碱度，以及规定碱度调整方法，配料模型就会计算出合理的原料结构配比。

专家系统正常运行后，在稳定炉况方面发挥了重要作用，使焦比明显降低。从运行前后两期对比，经校正后焦比降低 17.7kg/t。由于炉况平稳，炉热控制预报生铁含[Si]量命中率也很高。在 72h 连续运行验收期中，当 Δ[Si] ± 0.05% 时为 89.75%，Δ[Si] ± 0.1% 时为 97.44%。炉温趋势预报在试验期（两周）内达到 100%。对高炉过程的预报和分析、炉缸平衡的计算结果以及对炉型变化给出的提示等都与操作实际比较吻合。

武钢高炉用料复杂，环境条件波动很大，但在引进专家系统框架基础上，编入了约 200 条经验规则，增加了炉缸热负荷控制、无钟布料模型，增加了上下部调剂手段，使该系统更适合武钢的情况，能准确及时地判断炉况状态及变化，这是实现平稳控制成功的原因之一。

由于专家系统是建立在原高炉过程和监控系统基础上的，因而要求一次检测数据，特别是像原料成分和炉顶煤气成分分析的数据，必须准确、可靠、及时。武钢 4 号高炉在提高检测精度方面的经验值得重视。例如，测量鼓风湿度中利用仪表直接测量大气湿度和加湿蒸汽间接计算、煤气成分 CO、CO_2、H_2、每种成分用单台仪表单独分析、软水冷却一根串联管上 8 个测温点选用误差 < 0.1℃ 且漂移方向一致的热电阻元件等方法提高精度，以及在炉墙某些测温点上安装长短两支热电偶来保证该点长期提供数据等措施，对保证专家系统正常运行起到重要作用。

3.6.8　在小型高炉（300m³ 级）上过程监控系统的应用实例介绍

上世纪 90 年代中期，国内一批小型高炉技术装备和生产技术经济指标有了长足的进步，冶炼过程的计算机监控问题已经提到日程上来。济钢一铁 1 号高炉在 1998 年应用了“炼铁优化专家系统”的过程监控系统取得了很好的效果[68]，由于该系统包括了生产过程监控、炉温预测与控制、参数优化以及生产统计、管理与决策优化等功能，很适合小型高炉管理、控制一体化的要求，因而在一些小高炉中得到推广应用。现将其简介如下：

该系统的构成见图 3-64，系统采用功能模块结构，通过人机会话界面调用各种功能，其主要有：

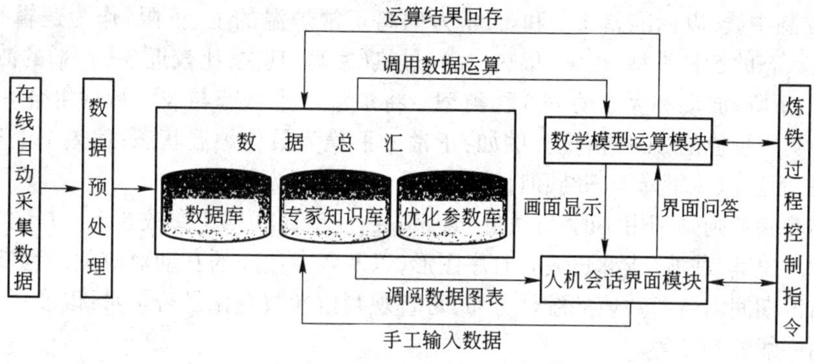

图 3-64 济钢 1 号高炉过程监控系统的构成

(1) 数据处理与存贮

把高炉操作和生产管理等全部有关数据，分别归纳为 13 个类别，并建立了相应的数据库。其主要的有：

1) 原燃材料库　不仅包含生产原燃料，也包括炮泥等消耗辅助材料及其价格等；

2) 高炉常规作业数据库　高炉作业参数、出渣出铁及煤气等有关数据及喷煤作业等；

3) 作业变更数据库　主要是上料、布料有关数据、配料布料变更、炉料跟踪、调剂指令及故障记录等；

4) 专家知识库　包括规则库、控制方案知识库等；

5) 风、渣口及冷却设备工作数据库；热负荷、工作与损坏情况等；

其他还有热风炉、成本核算、生产统计及管理等方面数据库；

(2) 炉温控制功能

包括中长期(5d)发展趋势、最近 3 炉变化趋势和下一炉生铁[Si]、[S]预报三部分：

生铁[Si]量预报采用的是时序自回归滑动平均 ARMAX 模型做数值预报。为了增强预报值的时效性，即尽可能早的做出下一炉[Si]预报，把当次出铁时操作人员的目测估计值[$\hat{Si}$]和[$\hat{S}$]也纳入模型中，可以在出铁后立即对下一炉铁进行预报，为尽早采取调控措施争得时间。在炉况波动时，数值预报的可信度降低，要求操作人员参照炉温中长期变化趋势和炉况诊断去把握炉温水平。济钢高炉[Si]、[S]预报命中率情况见表 3-26。

表 3-26　济钢 1 号高炉[Si][S]预报命中率情况

1999 年 1 月～8 月	变 动 范 围	平　均
[Si]预报命中率(±0.1)/%	69.1～86.7	82.1
[Si]预报成功率①/%	85.4～94.6	91.8
[S]预报命中率(±0.015)/%	95.4～97.9	96.8
[S]预报成功率①/%	97.7～99.1	98.6

① 预报成功率包括预测值命中率和预测变动方向命中率两部分之和。

最近3炉(上炉、本炉和下一炉预测)热水平变动趋势主要按[Si]变化来确定,首先确定最佳炉温水平的标准,统计分析利用系数 U_t 和[S]两项指标与[Si]和炉渣碱度(R)相关关系。利用 U_t 对[Si]、(R)回归的拟合曲线可选出系数高、焦比低、[S]满足质量要求的[Si]、(R)最佳范围。以其中心值 $[Si]_0$ 为控制中线,以标准差 $\pm\sigma$ 和 $\pm 2\sigma$ 为偏离正常炉温的上、下限,作为逻辑智能判断的依据。对应炉温状态的5种类型:正常、偏热(凉)、过热(凉)。其次,比较近3炉[Si]的波动特性,划分为:平稳、上升、下降、波动和大波动等5种类型。将炉温水平状态与波动特性组合一起,可得到炉温趋势判断有实用价值的21种情况。例如:正常+平稳为最佳炉温状态;偏热+上升及偏凉+下降为预警状态;而过凉+下降≈冻结和过热+上升≈悬料则为危险态势。

中长期趋势判断则是利用小时 出铁量 Fe_h 和[Si]、[S]、(R)四个参数5天~7天内的时序值,通过平滑滤波分离出其"载波(或称长波)"时序图形,以及各参数间的互动对应关系判断其发展趋势。同时还计算出该期间内各参数值的统计分布,可直观判定参数变化是否正常,以及频数高发处的均值线偏离控制中线的程度等。

炉温判断后,根据预测值与控制中线的偏差,通过人机对话方式指导操作人员调控方向。调整操作变量若为煤粉喷吹量,则可按预先制定的方案表进行调整;若调整焦炭负荷、炉渣碱度和料批组成等操作变量,系统将调用配料计算给出新的配比和料批组成。炉温调控流程见图3-65。

(3) 炉况诊断功能

炉况诊断包括正常情况下的炉况等级判断、以及异常炉况的状态(悬料、崩料及煤气流管道等)诊断、炉墙结厚、结瘤诊断和冷却壁热负荷状态与漏水推断四部分。

炉况等级综合判断,选择了风量、鼓风动能,透气性、焦炭负荷、[Si]、(R)、煤气利用率与综合冶炼强度等8个参数,通过优化决策功能得到各自的优化范围,亦确定出上限、中线和下限值。当各参数均在中线时炉况最好,等级最高;当某些参数超出上下限时,炉况等级将下降。8个参数状况用八角图画面显示出来。提醒操作者使高炉运行保持在优化区域内。

顺行状态诊断,则是利用包含有风压、风量、全压差、透气性指数、料速、炉体各部温度、冷却器水温差、煤气利用率和煤气分布等14个参数的变动情况,由专家知识制定出诊断表,用来判断可能发生的异常炉况并及时报警。

对炉墙结厚、结瘤的诊断是以炉体各部温度及冷却水温差是否异常来判别是否结厚;然后利用炉顶煤气曲线形状和[Si]量波动大小等情况,推断炉瘤是否已生成;最后以是否发生炉凉、高[S]、频繁发生崩悬料等现象,确定是否已形成顽固性瘤和炉瘤脱落,并按圆周上4个方向进行推断和报警。

冷却壁热负荷及漏水推断则主要依据水温差是否超常、对可能烧坏或漏水提示报警。

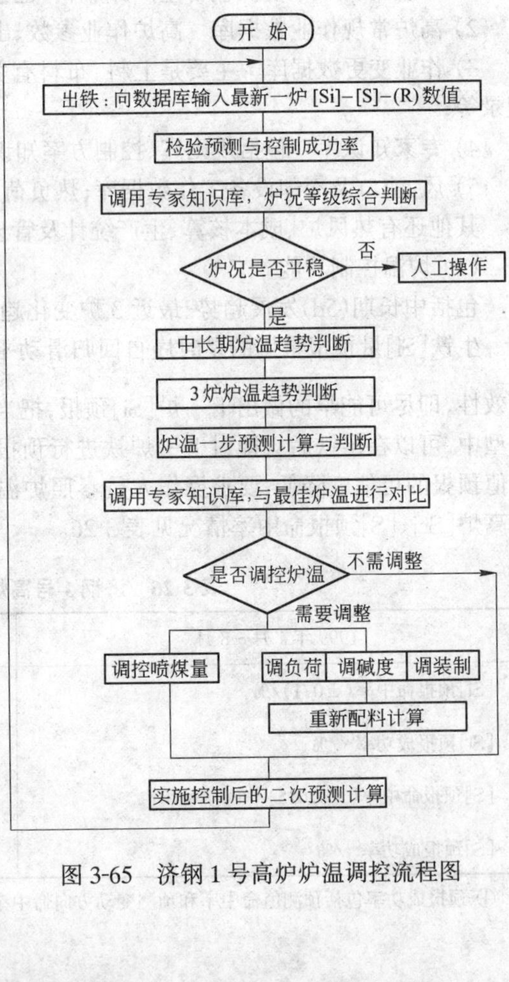

图3-65 济钢1号高炉炉温调控流程图

(4) 操作参数优化与系统优化决策功能

系统优化是采用“样本空间模型”进行数理统计分析，寻求高炉生产过程工艺参数的最佳范围和各参数间的最佳组合。这是该系统最重要的核心功能。

系统优化为了能真实反映高炉冶炼过程各参数的非周期波动特点，采用了变频（即变步长）统计算法，以每炉铁为周期。同时将时序数据滤波处理找出“载波”的变动规律，并以此来划分样本空间，样本容量可以不等，但对最小容量有要求（济钢条件下≥13 炉）。通过样本差异显著性检验，能够找出生产技术经济指标与条件参数和工艺操作参数的复杂关联规律，以及关键参数间的组合匹配规律和优化，形成高炉生产某一时期的目标决策。这是济钢等厂应用此系统取得大幅度降低焦比的效果的主要原因。

操作工艺参数的优化一般根据统计特征值（如均值、方差等）制成优化分析图表，例如产量U_t—质量，[S]、[Si]—(R)、风量V_b—透气性K，焦炭负荷Q—鼓风动能E等的双因素优化，以及利用系数η_v—焦比K_c—冶炼强度i三者间的二元分布和炉况等级判别等，从这些图上的聚类规律可以找出最优区和临界值。

由于冶炼强度对高炉利用系数和焦比的重要影响，因此对此参数设立了优化的特殊模块。分别以利用系数和焦比为目标，用变频统计和常规等步长统计两种方法求得与焦炭冶炼强度、综合强度及鼓风动能的关系等等，并按一元回归的拟合曲线直观得出其优化范围。例如从焦比—综合强度统计回归 4 次方拟合曲线图上，可以直观地确定出“两头翘”焦比曲线的中段为该炉条件下最适宜的冶炼强度，也即在 1.35～1.40 之间，此时利用系数也是较高的。进一步提高冶炼强度，利用系数的增长已经变缓了。

在操作参数优化中，煤气分布曲线和布料制度优化很受操作人员的重视。对一座高炉的某一时期最佳煤气分布曲线形状，可通过大量生产数据统计找出系数高、焦比低时的煤气曲线作为标准。同时也找出系数低、焦比高时的最差煤气曲线与之对比，找出中心、边缘和最高点的差异规律。在考察当前煤气分布的合理性时运用这些规律可很快找到改善的方向。

在布料优化中，依靠煤气利用率与风量、风压和透气性的关系去调整布料；依靠数学规划方法可以对已优化的渣碱度进行配料优化计算。这对于高碱度烧结矿加酸性料的炉料结构（无熔剂入炉）在调整批重、负荷和矿批组成等计算非常方便。

(5) 生产管理功能

反映高炉生产情况的各类报表均能自动生成与打印，由于全部作业数据都在各个数据库中（包括通过人机界面手工输入的数据和文字信息），因此实现了值班室办公自动化。此外，质量控制、成本分析等也可随时调用和分析。

济钢 1 号高炉应用该系统后炉温控制水平明显提高。以 1998 年 1～2 月历史最好水平时期，操作炉温[Si]在 0.35%～0.55%区间的炉数占 46.7%，(R)在 1.12～1.21 区间的占 55.7%，同时满足上述两区间的炉数占26.1%。而使用该系统后的 1999 年 1～3 月，相应的炉数占 58.7%、55%和 32.7%。炉温平稳程度大大提高。表 3-27 是济钢 1 号高炉使用前后技术经济指标的对比。

表 3-27　济钢 1 号高炉试验前后指标对比表

指　标	基准期 1998.4～9	试验期 1999.4～9	增　减 (+、-)
月均产量/t			
日均产量/t	939	964	+25
利用系数/t·(m³·d)⁻¹	2.701	2.755	+0.054

续表 3-27

指　　标	基准期 1998.4～9	试验期 1999.4～9	增　减 （+、-）
冶炼强度/t·$(m^3·d)^{-1}$			
入炉焦比/kg·t^{-1}	442	427	-15
煤比/kg·t^{-1}	92	103	+11
一级品率/%		60.38①	
[Si]/%		0.462①	
(R)		1.19①	
入炉品位/%		58.60①	
风温/℃		1085①	
CO_2/%	18.66	18.80	+0.14
风口烧损/个	37	9	-28
悬料/次	9	2	-7
崩料/次	2	0	-2
休风率/%	0.697	0.385	-0.312

① 为 1999 年 7~8 月平均指标。

该系统对高炉装备条件要求不高，具有基本的检测和基础自动化即可，所配置的计算机系统投资也很少。数学模型结构是通用的，很容易在各高炉间移植。同时，软件开发的模块结构，也很容易根据不同高炉的装备水平、操作经验和技术要求，增加和开发新的模块，扩展功能方便灵活。对小型高炉而言，系统能满足作业管理方面的各种需要，也是不容忽视的特点。

参 考 文 献

1　刘云彩．高炉布料规律．北京：冶金工业出版社，1984 第一版，1993 修订版

2　邓守强等．高炉炼铁技术，北京：冶金工业出版社，1990

3　神原健二郎等．鉄と鋼，1974(11)

4　中国冶金百科全书总编辑委员会，中国冶金百科全书：钢铁冶金卷，北京：冶金工业出版社，2001

5　成兰伯主编．高炉炼铁工艺及计算，北京：冶金工业出版社，1991

6　八木顺一郎等．鉄と鋼，1982(4)：100

7　傅世敏等．钢铁，1981(9)：10～17

8　傅世敏，刘子久，安云沛．高炉过程气体动力学．北京：冶金工业出版社，1990

9　杜鹤桂等．钢铁，1981(7)：34

10　杨兆祥等．炼铁，1985(1)：5～7

11　安云沛．钢铁，1981(7)：1～8

12　安云沛．中国金属学会炼铁专业委员会，1991 年炼铁学术年会论文集（中册），鞍山

13　鞍钢钢铁研究所译，高炉内现象的解析，北京：冶金工业出版社，1985

14　奥野嘉雄等．鉄と鋼，1987(1)：91～98

15　Yoshimasa K et al. Trans. ISIJ. 1983；23：1045～1052

16　武田幹治等．鉄と鋼，1987(15)：2084～2091

17　Nomura S. et al. Trans. ISIJ，1986，26：107

18 福武剛等. 鉄と鋼,1980(13):1937～1955
19 王国雄,李永镇. 钢铁.1987(7):3～9
20 Szekely J. et al. Trans ISIJ,1979:19:76
21 Beppler E. et al. In: Ironmaking Conference Proceedings.1992:139～147
22 张玉柱,艾立群. 钢铁冶金过程的数学解析与模似. 北京:冶金工业出版社,1997
23 章天华,鲁世英. 现代炼铁工业,北京:冶金工业出版社,1986
24 张寿荣等. 钢铁,2000;35(增刊上):1～7
25 毕学工. 高炉过程数学模型及计算机控制,北京:冶金工业出版社,1996
26 Brämming M et al. In: Ironmaking Conference Proceedings,1995:271～279
27 Vandenberghe D et al. In:Ironmaking Conference Proceedings,1995:249～257
28 Warren P W et al. In: Ironmaking Conference Proceedings, 1995:281～284
29 Druckenthaner H et al. Steel Times International,1997(1):16～18
30 戴嘉惠. 炼铁,1994(1):25～28
31 安云沛,车玉满等. 鞍钢技术,1997(8):6～11
32 刘祥官等. 钢铁,1999,34(增刊上):152～158
33 Karilainen L et al,Steel Technology International, 1995/96:54～60
34 吕同冈. 宝钢技术,1996(6):34
35 Luckers J et al. In: Ironmaking Conf. Proc. 1993:583～594
36 Серов ю в et al. Сталь,1980(4):9
37 Poghis N et al. In: Ironmaking Conference Proceedings, 1989:523～527
38 Iwakiri H et al. In: Ironmaking Conference Proceedings, 1992:581～586
39 吴学贤.宝钢技术,1992(6):51～57
40 杉山喬等. 製鉄研究,1987(第 325 號):34～43
41 Staib C et al. J Metals, 1965(1):33,1965(2):165
42 Langen J V et al. J Metals, 1965:17:1379
43 阪本等. Trans ISIJ .1982: 22: 782,524
44 金国范等. 炼铁,1986(2):8～16
45 田村健二等.鉄と鋼,1979:65:527
46 Okuno Y et al. In: Ironmaking Conference Proceedings, 1985:543～552
47 现代炼铁工业技术——炼铁,北京:冶金工业出版社,1986
48 Yoshio T et al. NKK 技報,1987(119):1～8
49 Ryuichi N et al. 鉄 と鋼,1987(15):2100～2107
50 Tetsuya Y et al. In: Proceedings of the Sixth International, Iron and Steel Congress, Nagoya. 1990;2:364～372
51 Kanoshima H et al,In: Proceedings of the Sixth International, Iron and Steel Congress, Nagoya, 1990;2:387～394
52 Sakura M et al. Trans ISIJ,1989(29):59
53 櫻井雅昭等. CAMP-ISIJ,1989(2):22
54 雉田博司等. CAMP-ISIJ.1989(2):16～21
55 Gyllenram R et al. In:Ironmaking Conf. Proc. 1991:747～752
56 Haimi S et al. In: Ironmaking Conference Proceedings, 1992:149～158,1993:1～10
57 Druckenthaner H 等. 钢铁,2000,35(8):13～17
58 Chen Chengliang et al, J of The Chin I Ch E,1989(4):201～208
59 安云沛等. 见:1998 炼铁学术年会论文集,本溪:辽宁省金属学会炼铁学术委员会,1998

60 Nagai T et al. In：Ironmaking Conference Proceedings，1977：326～336
61 安云沛．国外钢铁，1985(1)：14～17
62 Inaba M et al. NKK 技报，1991(137)：1
63 Ryosuke K et al. NKK 技报，1993(142)：46
64 Hirose S et al. In：Ironmaking Conference Proceedings，1992：163～170
65 Takihira K et al. In：Ironmaking Conference Proceedings，1993：107～113
66 陈令坤等．高炉智能化操作技术文集，中国金属学会，武汉：2000：1～22
67 刘祥官等．钢铁，1998(1)：14～17
68 Б. И. КИтаев Теплообмен в доменной печи. металлургия. Москва 1966

4 高炉炉体结构及维护

高炉炉体结构主要包括炉顶装料设备、炉体内型结构、炉体内衬结构及炉体冷却结构等。

4.1 高炉炉顶装料设备

高炉炉顶装料设备，是把高炉所需要的原、燃料按其数量合理地装入炉内的设备。炉顶装料设备要满足如下条件：1)布料均匀、调剂灵活；2)密封好，能承受较高的炉顶压力；3)设备简单便于维修；4)运行平稳、安全可靠；5)寿命长。

装料设备从一开始就兼有布料和密封炉顶回收煤气两个重要作用。早期的钟式炉顶是巴利式和布朗式，是单钟结构，密封炉顶的作用不佳，而且布料也达到“均匀”的目的。20世纪初出现了马基式双钟装料设备(图4-1)，利用双钟双斗克服加料时煤气漏出的缺陷；利用旋转布料器，将小钟，小斗连同装入的炉料一起旋转，按6站把料放到大料斗内，使炉料在小料斗内形成的堆尖和粒度偏析比较均匀地分布在大料斗上，它较好地解决了常压高炉的密封和布料问题，成为广泛使用的装料设备。随着高炉炼铁的发展，特别是高压炉顶的应用和高炉容积的扩大，马基式双钟装料设备就不能满足密封和布料的要求了，大小钟及钟杆磨损严重，炉子中心布矿过少，中心和边缘料面高度差增大，这就不能适应现代高炉生产需要。为解决出现的问题就要将装料设备的两大作用分开，做到布料的不密封，密封的不布料。在解决密封问题方面出现了三钟、双钟双阀式炉顶(图4-2)等多种结构，在解决布料问题方面则出现了变径炉喉(图4-3)。这些新的炉顶装料设备在一些高炉上使用效果较马基式双钟装料设备要好。但是设备复杂，炉顶高度增加，没有完全去掉钟斗，变径炉喉又增加了炉料粉碎的机会，所以它们并没有得到广泛应用。20世纪70年代出现的无钟溜槽装料设备(图4-4)，解决了密封和布料完全分开的问题：利用上下密封阀密封，利用溜槽布料，因此它一出现就受到普遍欢迎，现在无钟装料设备已在全世界推广，不仅新建的大中型高炉普遍采用，而且原有高炉大修时也都将钟式改成无钟。

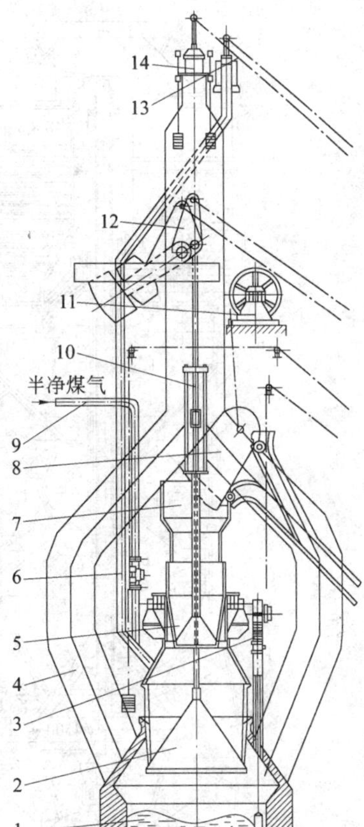

图4-1　马基式双钟装料设备
1—料面；2—大钟；3—探料尺；4—煤气上升管；5—布料器；6—大钟均压阀；7—受料漏斗；8—料车；9—均压煤气管；10—料钟吊架；11—绳轮；12—平衡杆；13—放散阀；14—大气阀

现将仍然使用着的钟式装料设备和无钟装料设备介绍如下：

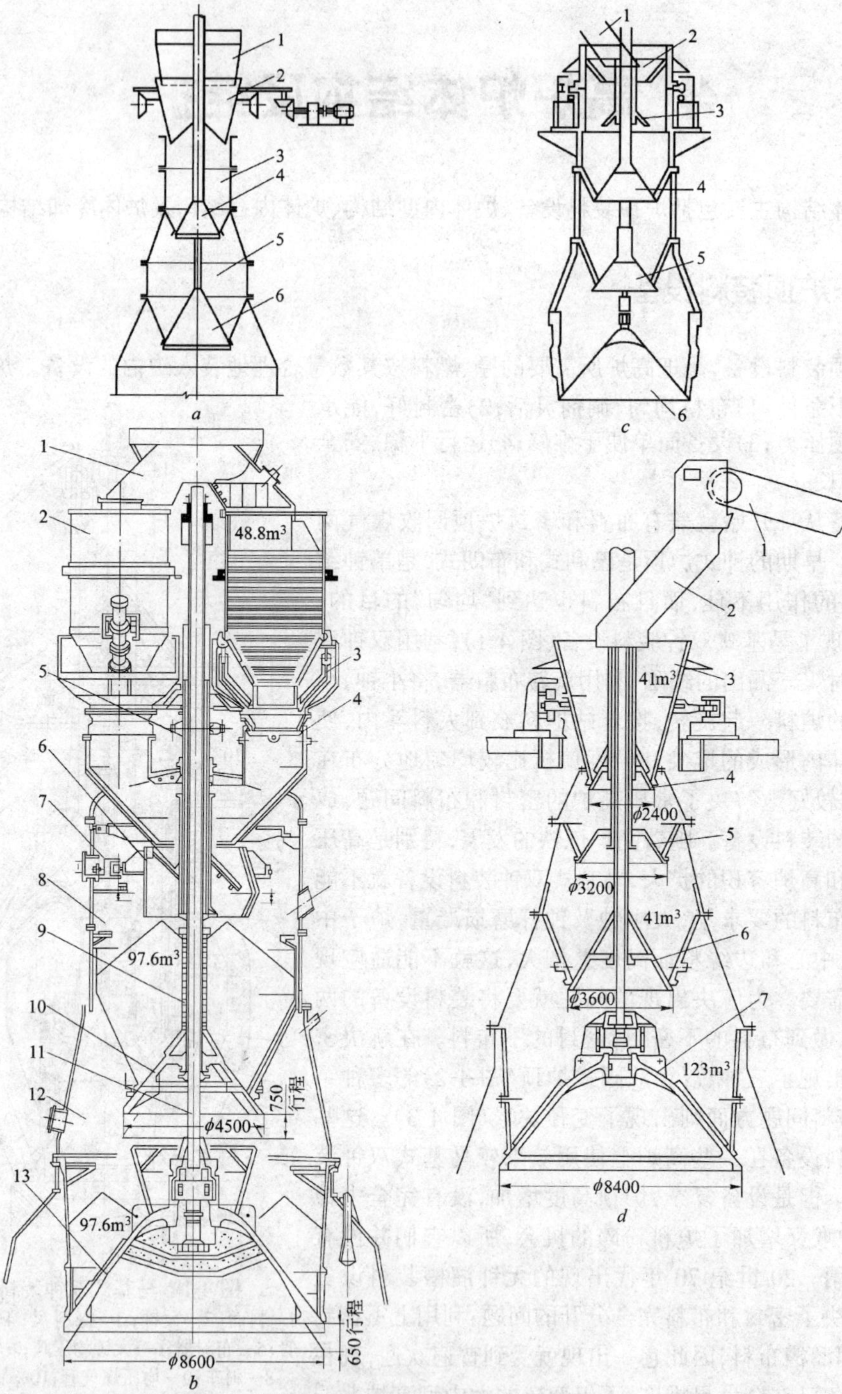

图 4-2　各种改进型钟式装料设备

a—带有快速布料器的双钟炉顶：1—固定受料斗；2—快速布料器；3—小料斗；4—小钟；5—大料斗；6—大钟；*b*—双钟双阀炉顶：1—皮带溜槽；2—贮料斗；3—闸门；4—盘式阀；5—布料器传动装置；6—布料器；7—挡辊；8—小料斗；9—小钟杆；10—小钟；11—大钟杆；12—大料斗；13—大钟；*c*—三钟炉顶：1—受料漏斗；2—旋转漏嘴；3—炉料分布器；4—小钟；5—中钟；6—大钟；*d*—四钟炉顶：1—皮带；2—卸料溜槽；3—旋转布料器；4—旋转钟；5—小钟；6—中钟；7—大钟

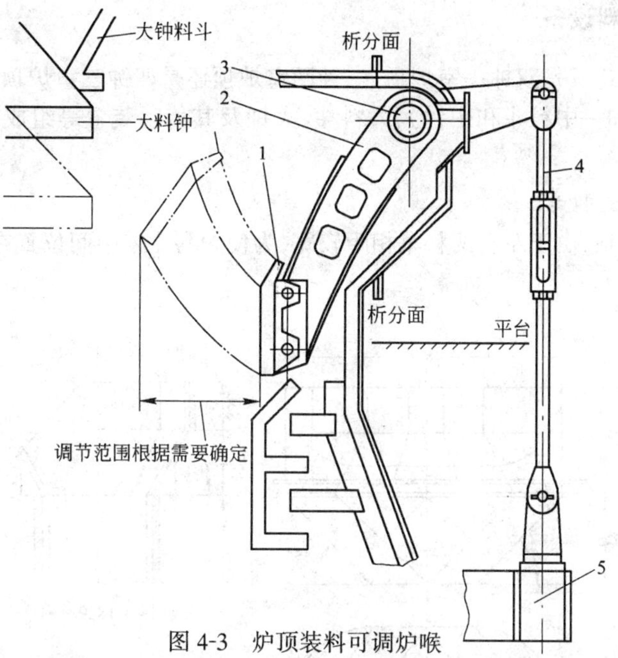

图 4-3　炉顶装料可调炉喉

1—护板；2—转臂；3—转轴；4—连杆；5—环形托梁

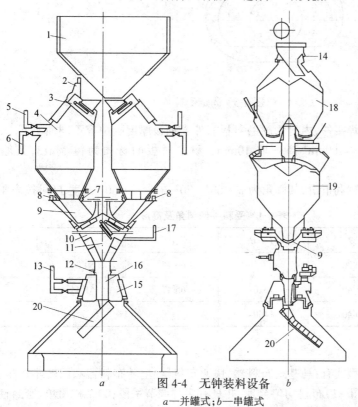

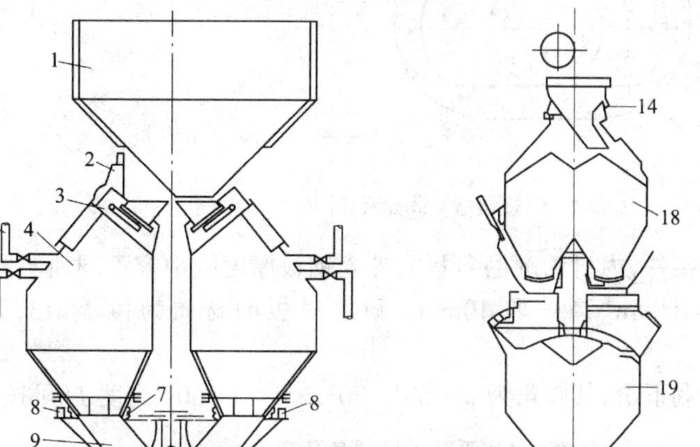

图 4-4　无钟装料设备

a—并罐式；*b*—串罐式

1—受料漏斗；2—液压缸；3—上密封阀；4—料仓；5—放散管；6—均压管；7—波纹管弹性密封；8—电子秤；9—节流阀；10—下密封阀；11—气封漏斗；12—波纹管；13—均压煤气或氮气；14—溜槽；15—布料器传动气密箱；16—中心喉管；17—蒸气管；18—上罐；19—下罐；20—旋转溜槽

4.1.1 钟式装料设备

钟式装料设备不论其是双钟一室炉顶、三钟两室炉顶还是四钟三室炉顶均由固定受料斗、布料器、小料斗、小钟(或加一中料斗和中钟)、大料斗、大钟及其传动装置等组成,在高压操作的高炉上还设有均压设施。

4.1.1.1 固定受料斗

由料车上料的炉顶,由于左右两料车相距较宽,为使炉料流入中间位置在布料器上方设有固定受料斗,见图 4-5。

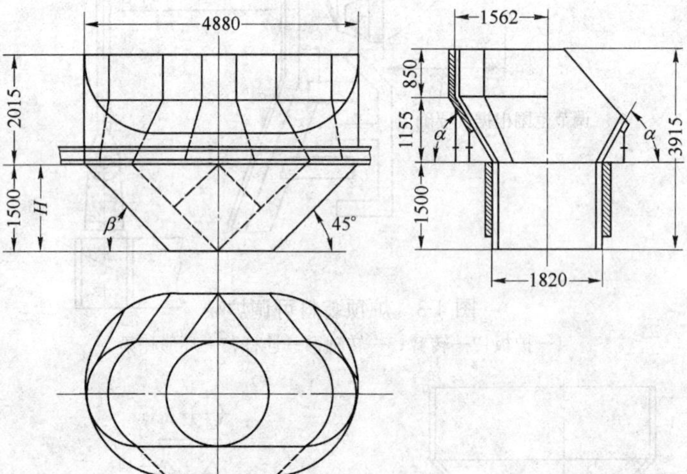

图 4-5 固定受料斗

受料斗外壳为钢板焊接件,内衬为耐磨衬板。外壳钢板厚度随炉容不同而不同。$>1000m^3$高炉一般取 12 ~ 15mm;$< 1000m^3$ 高炉取 10mm。耐磨衬板的材质为铸 Mn13,其厚度为 50 ~ 80mm。

为了使炉料在斗内顺利下滑,其倾角为 $\alpha = 60° \sim 70°$、$\beta = 45° \sim 60°$、高度 H 可按表 4-1 选用。

表 4-1 受料斗倾斜角及高度

α	β	H/mm	α	β	H/mm
70°40′	58°30′		66°45′	50°34′	1620
60°40′	45°40′	1310	65°47′	51°44′	1650
65°15′	50°40′	1450			

4.1.1.2 布料器

目前国内外布料器型式有:马基式布料器、快速布料器、空转布料器和回转斗布料器等。对布料器的工艺技术要求如下:1)布料均匀合理,并具有多种调节手段;2)结构简单、密封性好、维护检修方便;3)运转平稳可靠、振动小。

(1) 马基式布料器

马基式布料器曾是料车式高炉上普遍采用的结构型式,如图 4-6。

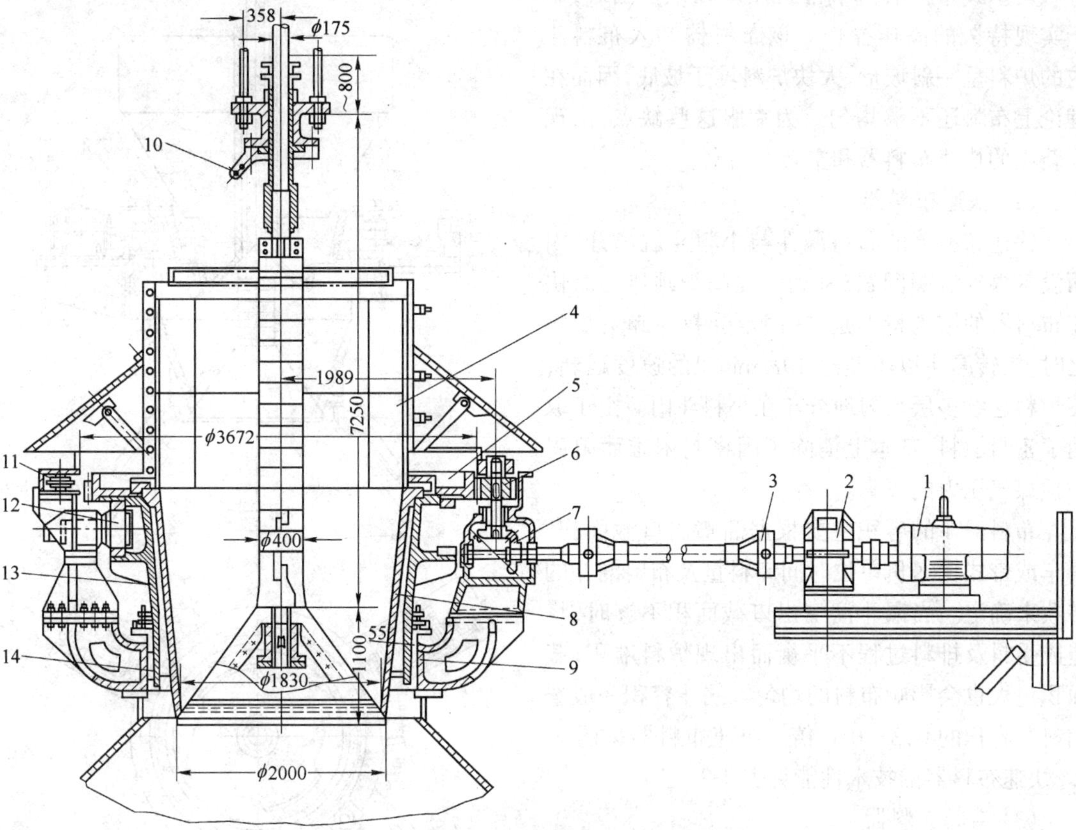

图 4-6　马基式布料器

1—电动机；2—减速器；3—十字联轴器；4—上料斗；5—大齿轮；6—小齿轮；7—圆锥齿轮减速器；8—小料斗；9—环形支座；10—防转架；11—定心辊；12—支持辊；13—外料斗；14—填料密封

马基式布料器的旋转角度，大型高炉选用15°角、24个正反旋转点为基本参数，中型高炉选用60°角、6个正反旋转点为基本参数，且带料旋转，旋转速度约为3r/min，布料器有效容积为料车有效容积的1.1倍。马基式布料器的技术性能见表4-2。

表 4-2　马基式布料器技术性能

项　目	高炉有效容积/m³					
	255	620	1053	1513	2025	2516
布料器有效容积/m³	2.0	4.5	7.5	10	13	15
小钟直径/mm	1300	1500	2000	2000	2000	2500
小钟行程/mm	650	900	900	900	850	900
小钟角度/mm	51	55	51	51	51	51
布料器料斗上口直径/mm	1210	2000	2300	2300	2885	2800
布料器高度/mm	2300	2710	3180	3800	3920	3800
布料器旋转速度/r·min⁻¹	2.788	2.60	3.499	3.499	3.84	3.449
电动机功率/kW	11	11	28	28	30	28
转数/r·min⁻¹	920	953	970	970	725	980
小钟拉杆直径/mm	168	245	241	241	200	273
保护罩直径/mm	3400	3700	~4800	~4800	4800	4800
布料器重量/kg	14000	25900	55200	57200	69259	62726

马基式布料器由于密封性差和维护困难，难于实现持久的高压操作。该布料器卸入布料斗内的炉料呈一斜坡形，大块炉料堆于坡底，因而在理论上布料还不够均匀。为克服这些缺点，出现了新型的快速布料器和空转布料器。

(2) 快速布料器

快速布料器的布料漏斗与小料斗脱离开，因而没有煤气泄漏问题，有利于提高炉顶压力。快速布料器的结构特点是：在固定受料斗卸下炉料之时，旋转漏斗以不超过 $19r \cdot min^{-1}$ 的速度运转，使炉料连续多层均匀地分布在小料斗内。由于取消了密封填料，基本上消除了因密封困难而阻碍炉顶煤气压力的提高。

布料漏斗的容积主要根据溜嘴出口截面积、料车或带式输送机单位时间卸料量及布料漏斗的转数来确定。当漏斗溜嘴出口截面积不够时，将造成受料及排料过程不平衡而出现炉料堆积，截面积过大也会影响布料的均匀。漏斗容积一般选用料车容积的 0.3～0.6 倍。快速布料器见图 4-7。快速布料器的技术性能见表 4-3。

(3) 空转布料器

具有两个卸料口的快速布料器不能任意定点布料。为扩大布料手段，把快速布料器改进成单溜嘴的空转布料器。空转布料器利用角度控制机构，能够准确地实现定点布料，即能无定点布料又可任意定点布料。空转布料器见图 4-8。

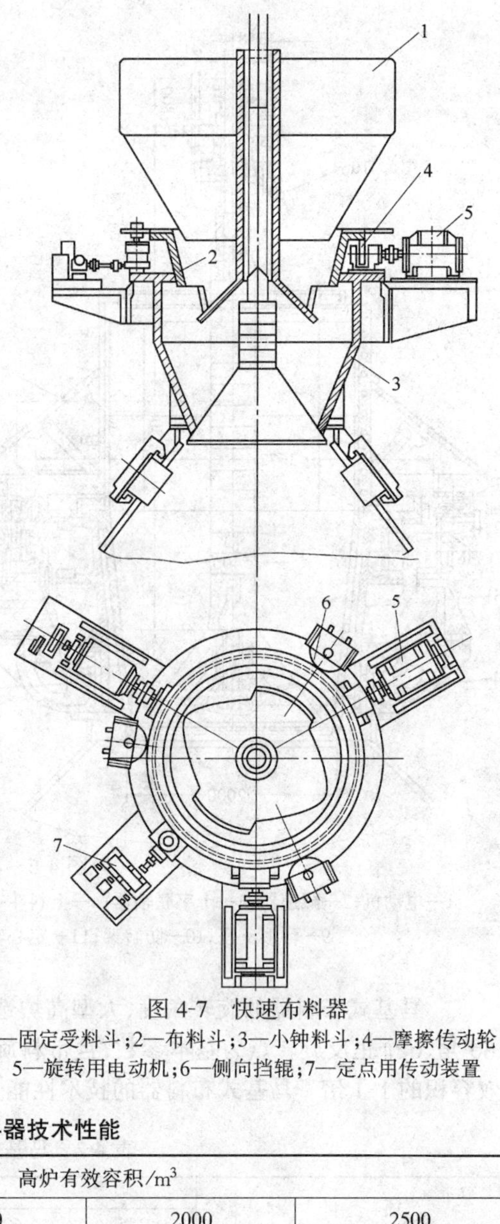

图 4-7 快速布料器

1—固定受料斗；2—布料斗；3—小钟料斗；4—摩擦传动轮；5—旋转用电动机；6—侧向挡辊；7—定点用传动装置

表 4-3 快速布料器技术性能

项　目	高炉有效容积/m^3			
	300	1800	2000	2500
旋转漏斗容积/m^3	1.6	2.0	3.6	3.6
旋转漏斗转数/$r \cdot min^{-1}$	0.94	21～25	15～25	8.07
传动方式	齿　轮	齿　轮	齿　轮	齿　轮
支承辊与传动辊数/个	3	3	3	3
电动机功率/kW	6.3	10	19	17.5
转数/$r \cdot min^{-1}$	690	710	605	690
布料器上口直径/mm	3900×2040	2000	2300	2300
布料器卸料口尺寸/mm	D1600	750×600	800×450	800×450
布料器重量/kg	5468	25762	64233	

无定点布料时，在整个冶炼周期以炉内炉料堆尖的位置不重复为原则。当定点布料时，回转角度选30°或60°。

旋转漏斗的容积为料车有效容积的0.4～0.3倍，旋转漏斗的转数一般为3～4r/min。空转布料器，在国内小于620m³高炉上用得较广，而在＞1000m³高炉则采用快速布料器。空转布料器的技术性能见表4-4。

4.1.1.3　小钟及小料斗

(1) 小钟

大中型高炉的小钟一般采用两半体合成。主要目的是便于拆卸和更换。为延长一代料钟寿命，也有小钟做成整体的。为了适应新小钟结合面的密合在小料斗下部也有采用可更换的短环结构形式。

小钟材质一般采用ZGMn13、ZGMn2。日本高炉小钟采用高镍铸铁并用硅橡胶密封。鞍钢、本钢等多年来的实践和研究，采用了高铬铸铁小钟，生产实践表明效果良好。高铬铸铁的化学成分见表4-5。

为了增加密合面的密封和寿命，小钟与小料斗接触面均堆焊3Cr2W8等硬质合金并加以磨光。

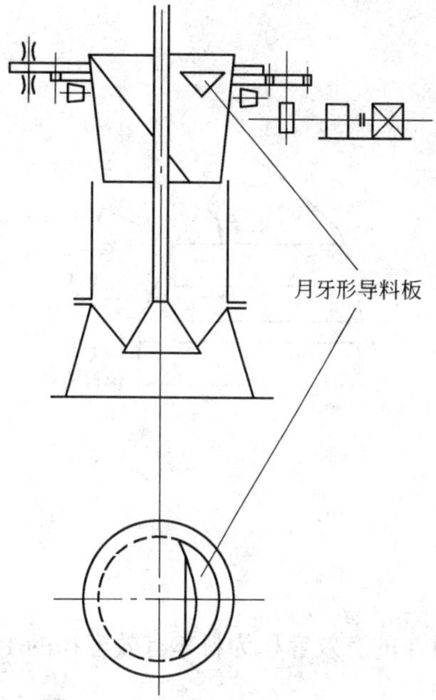

图4-8　空转布料器

表4-4　空转布料器技术性能

项　目	高炉有效容积/m³		
	255	300	620
旋转漏斗容积/m³	0.8	1.2	1.8
旋转漏斗转数/r·min⁻¹	3.2	0.94	3.0
旋转漏斗开口尺寸/mm	400×1050	450×1600	600×800
无定点布料角度/°	63	53	50、53、55
定点布料角度/°		30	30、60
电动机功率/kW	11	6.3	7.5
布料器总重/kg	6800	5468	10600

表4-5　高铬铸铁化学成分

元　素	C	Si	Mn	Cr	Ni	Mo	Ti	V	W
成分/%	2.2～2.8	1.5	0.6～1.5	22～28	1.5～3.0	0.3～1.0	0.03～0.12	0.1～0.4	0.2～1.0

小钟倾角也称布料角即钟面与水平面的夹角为50°～55°，一般为53°。为了减少炉料对密封面的磨损可采用单折角及双折角的，见图4-9。

不同级别的小钟直径和倾角见表4-6。

(2) 小料斗

小料斗一般由上下料斗组成以便快速更换。上料斗为焊接结构，内衬为铸锰钢板Mn13；下料斗为ZG35或ZG50Mn2铸钢。接触面应堆焊硬质合金。小料斗直径不宜过大以减少炉料偏析。小

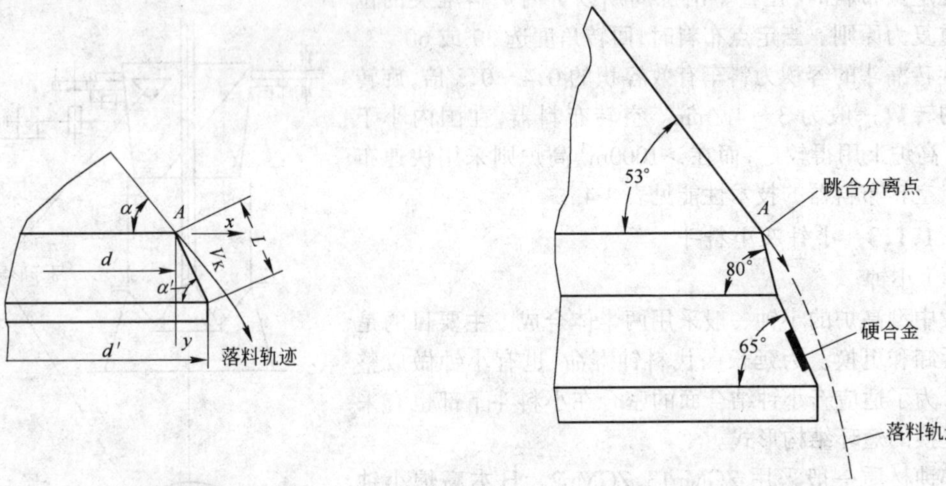

图 4-9 双折角小钟

料斗的有效容积为料车有效容积的 1.1 倍。

表 4-6 不同级别高炉小钟直径和倾角

高炉有效容积/m^3	300	620	1000	1513	1800	2000	2025	2516	2580
小钟直径/mm	1300	1500	2000	2000	2000	2400	2000	2500	2000
小钟倾角/(°)	53	55	51	51	51	50	51	51	51

4.1.1.4 大钟及大料斗

(1) 大钟

炉料在炉喉处的布料情况与大钟直径有密切的关系。大钟直径的选择应与高炉内型尺寸一起考虑。大钟直径可按下式的比例关系选择：

$$A=\frac{d_1-d_0}{2} \tag{4-1}$$

式中 d_1——炉喉直径，m；

d_0——大钟直径，m；

A——大钟与炉喉间隙，m。

大钟与炉喉间隙 A，不同国家其经验数据是不同的。德国 $A\approx1.2$；日本 $A\approx1.15$；美国 $A=0.6\sim0.8$；前苏联 $A=0.95\sim1.0$。

我国大型高炉 $A>0.8$；中型高炉 $A=0.6\sim0.8$；小型高炉 $A=0.25\sim0.55$。

大钟直径与炉喉直径的比例关系为：

$$B=\frac{d_0}{d_1} \tag{4-2}$$

大钟直径与炉喉直径之比值，不同国家所选用的数据也不同。

德国 $B=0.7\sim0.8$；日本 $B=0.76$；美国 $B=0.74$；前苏联 $B=0.68$。

我国大型高炉 $B=0.69\sim0.75$；中型高炉 $B=0.69\sim0.73$；小型高炉 $B=0.52\sim0.70$。按经验数据计算后，应与同类型高炉比较后确定。

大钟角度必须大于50°，一般为52°～53°，大部分高炉均采用53°。

目前大型高炉普遍采用双倾角大钟，其接触面倾角为60°～65°。这种结构的优点为：减少炉料滑下时对接触面的磨损作用；可增加大钟关闭时大钟与大料斗的压紧力，从而使钟和斗之间的密合更好。双倾角大钟见图4-10。

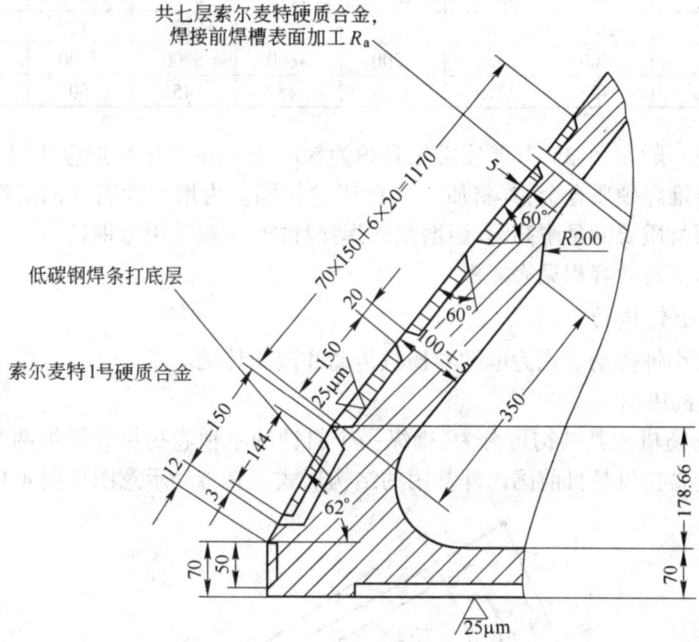

图4-10　双倾角大钟

大钟材质一般用碳素钢铸成。为了防止在堆焊硬质合金过程中出现局部的硬化区，所以，选择ZG35，其含碳量最好控制在0.21%～0.38%范围内。大钟与大料斗接触面要堆焊一层硬质合金并加以磨光。其硬质合金的焊条牌号和化学成分见表4-7。

表4-7　硬质合金化学成分

牌　号	化学成分/%									
	Cr	C	Ni	Mn	Si	S+P	Fe	V	W	其他
堆667-1号	25～31	2.5～3.3	3.9～5.0	≤1.5	2.8～4.2	≤0.08	76～78	—	—	
堆667-2号	13.5～17.5	1.5～2.0	1.3～2.5	1.0	1.5～2.2	≤0.07	71～73	—	—	
堆337号	1.46～2.25	0.06～0.26	—	2.0～3.4	3.2～5.1	0.55～0.76	—	0.25～0.37	6.5～8.5	
日本硬质合金	19	0.03	9.0	2.0	5.5	—	60	—	2.0	<4.0

采用堆667和堆337时，工件必须先经过500～600℃的预热，并将工件表面上的氧化物铲除干净后进行堆焊。焊后应在600～700℃回火一小时，而后缓冷。日本采用氩弧焊后，作失效处理。在600℃以下的硬度高达HRC60，我国类似的产品为堆557。

(2) 大料斗

当炉顶压力为常压时，考虑大料斗加工及运输方便，大型高炉采用竖分两段。目前大中型高炉已发展成高压炉顶将两段改成整体铸造，并且将大料斗设计成下缘无水平加强环，纵向无垂直方向加强筋，下部具有良好弹性的结构，在刚性强的大钟作用下使之具有较好的密封性。

确定大料斗最大直径时应尽量避免探尺穿过大料斗及其封罩。确定大料斗高度时，应考虑大料斗的有效容积和倾角。其倾角一般大于70°。大料斗的有效容积见表4-8,一般规律为:料车有效容积的4~5倍($V_u=300\sim1513m^3$);和料车有效容积的4倍($V_u>2000m^3$);在胶带上料时,大料斗有效容积应大于一批料的重量所占有的体积。

表4-8　部分高炉大料斗有效容积

高炉有效容积/m^3	300	620	1000	1513	2000	2025	2516	2580
料车有效容积/m^3	2.5	4.5	6.5	10	12	12	15	15
大钟直径/mm	2600	3500	4200	4800	5400	5400	6200	6200
大料斗有效容积/m^3	12	22.5	33.5	45	45	50	60	65

大料斗的材质一般为ZG35,其厚度常压高炉为50~55mm;高压高炉应达到80mm以上。大料斗与大钟接触亦要堆焊硬质合金,其材质与大钟用的相同。为增加大料斗的耐磨性在易磨部位加焊衬板保护。衬板材质要满足耐高温、耐磨损和焊接性能,一般采用锰钢板。

部分高炉大料斗有效容积见表4-8。

4.1.1.5　大小钟传动

当前常用的大小钟传动形式为电动卷扬机传动和液压传动。

(1) 电动卷扬机传动

大小钟电动卷扬机按其结构可分为:操纵一个料钟的单独卷扬机和操纵两个料钟的复合式卷扬机。复合式电动卷扬机是目前国内外常用的结构形式。其传动示意图见图4-11。

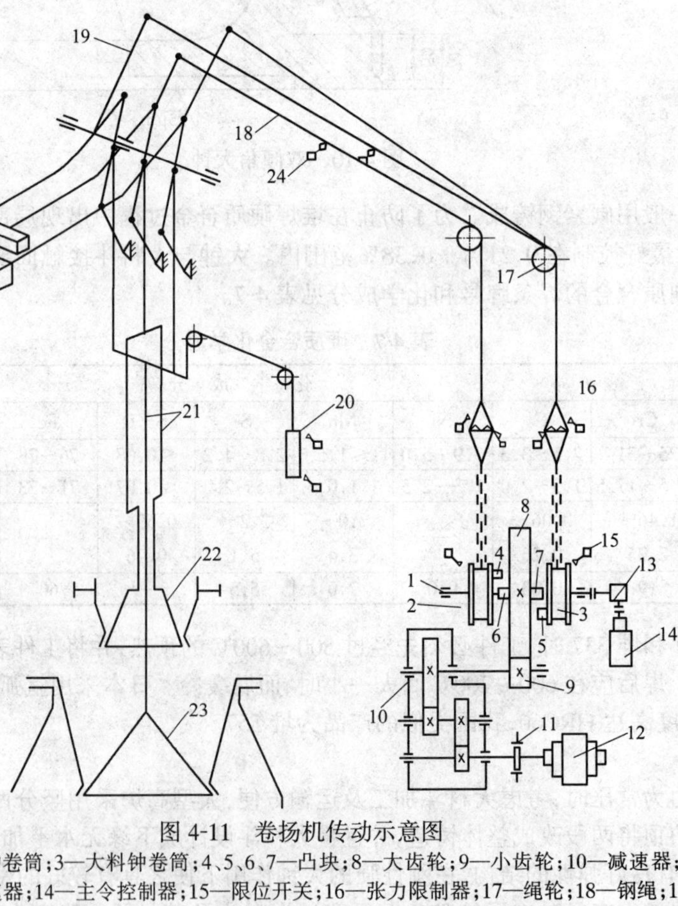

图4-11　卷扬机传动示意图

1—载重轴;2—小料钟卷筒;3—大料钟卷筒;4、5、6、7—凸块;8—大齿轮;9—小齿轮;10—减速器;11—制动器;12—电动机;13—减速器;14—主令控制器;15—限位开关;16—张力限制器;17—绳轮;18—钢绳;19—平衡杆;20—大料钟防止假开装置;21—大小料钟拉杆;22—小料钟;23—大料钟;24—钢绳防松装置

大小钟传动的工艺要求：大小钟的上下运动要垂直、并保证启闭时间的要求；传动装置应允许前、后、左、右方向有调整的可能性；料钟开关要准确、平稳；结构力求简单，运行安全可靠，并便于检修。

大小钟电动卷扬机有如下缺点：冲击力大不利于料钟的密封；牵引钢绳时，对炉顶框架产生有害的水平分力；运行不平稳等。

大小钟电动卷扬机技术性能见表 4-9。

表 4-9　大小钟电动卷扬机技术性能

高炉有效容积/m^3		300	620	1053～1513	2025	2500
钢绳工作压力/kN	小/大	60	90	100/180	140/200	140/200
钢绳最大拉力/kN		80	180	350	350	350
钢绳最大速度/$m \cdot s^{-1}$		0.45	0.55	0.58～0.683	0.467	0.467
钢绳直径/mm		22	32.5	28～39	28～39	28～39
卷筒直径/mm		800	1100	1100	1100	1100
电动机功率/kW		22	45	155	160	160

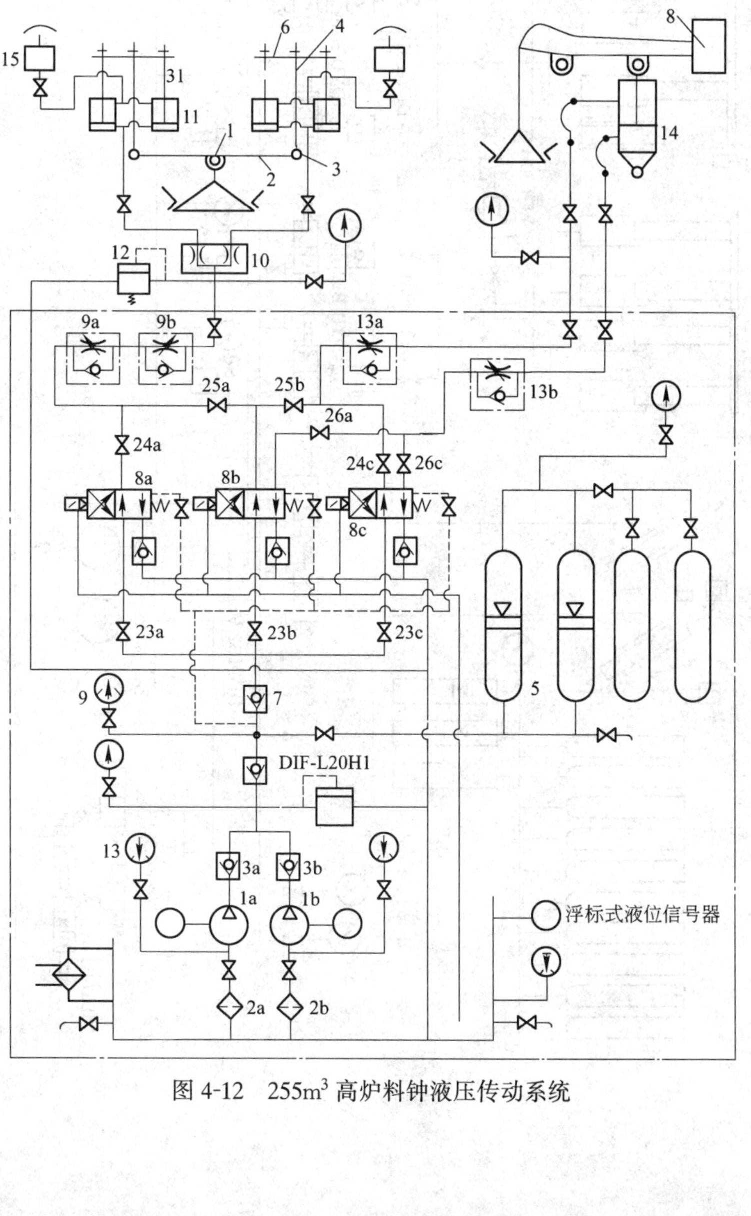

图 4-12　255m^3 高炉料钟液压传动系统

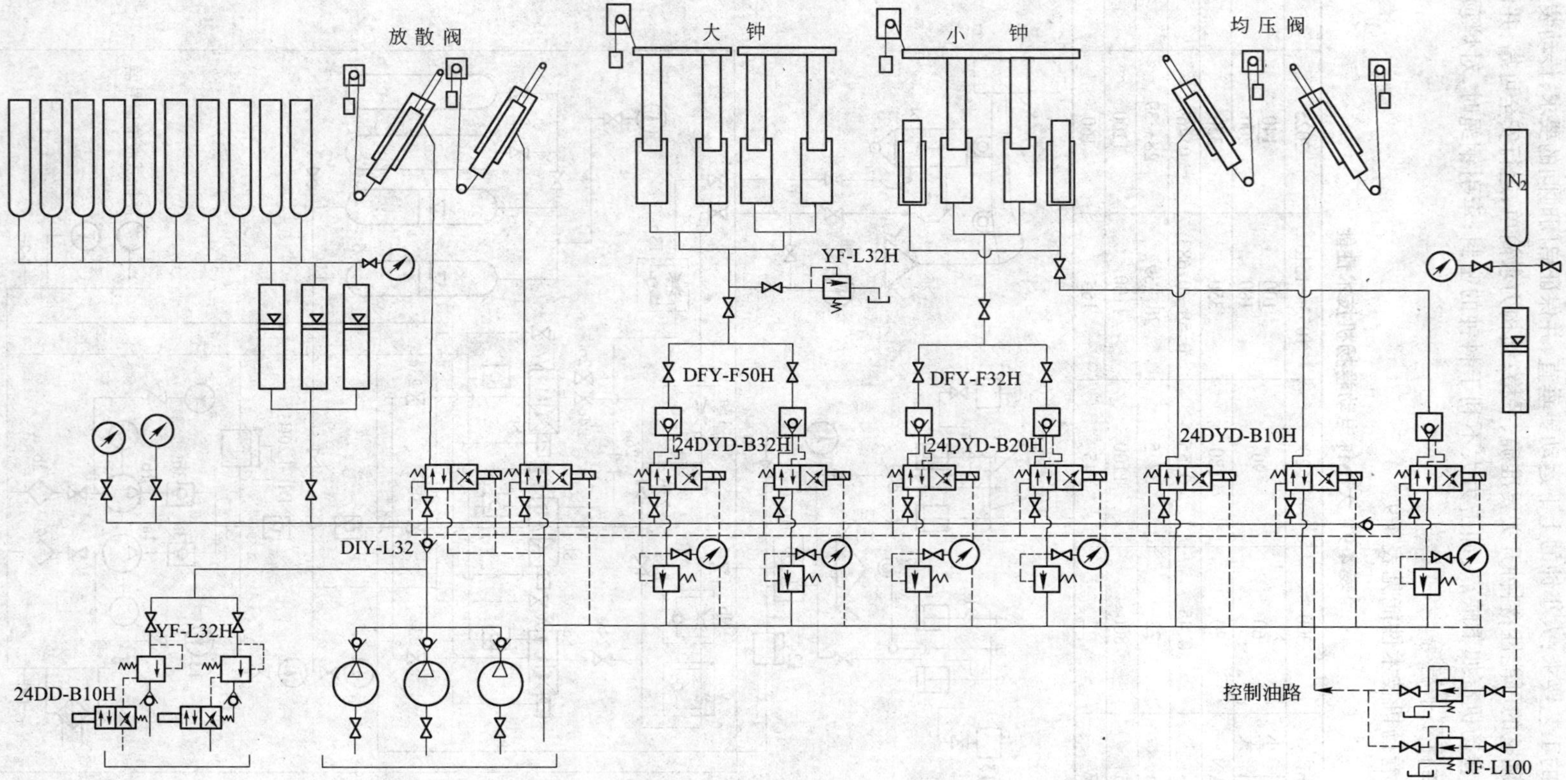

图4-13 首钢4号高炉料钟液压传动系统

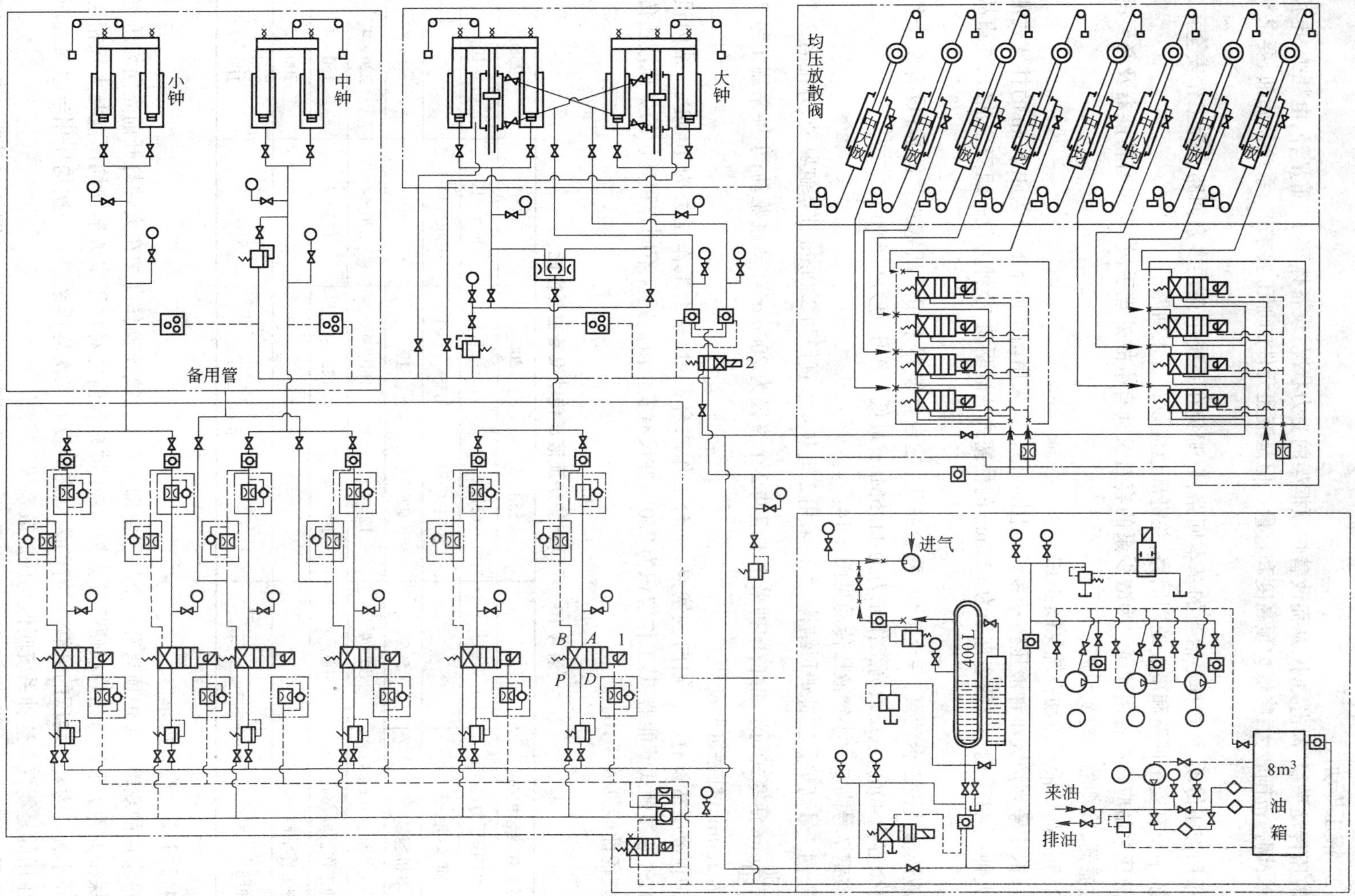

图 4-14 鞍钢7号高炉料钟液压传动系统

为克服电动卷扬机的不足，开发了液压传动。

(2) 液压传动

液压传动平稳、冲击力小，从而改善炉顶框架的受力状况；设备体积小、重量轻、电耗少、电控设备简单；调速范围较大；降低炉顶高度和重量。但是液压元件的加工要求严、系统易漏油、要求精心维护。

采用液压传动，要选择最恰当的基本回路，以避免在系统中存在多余回路。为工作安全可靠，在系统中要有安全回路和事故处理回路，关键部位应设有备用回路。

液压泵站应设有备用油泵。为减少泵的容量及拥有事故处理手段，应设有蓄能器及必要的油箱、过滤器、冷却器等附属设施。

255m^3 高炉液压传动系统见图 4-12。

首钢 4 号高炉大小钟液压传动系统见图 4-13。它采用两组四个直径为 125mm 的柱塞式油缸驱动大钟；小钟采用一组两个直径为 125mm 的柱塞式油缸驱动，小钟另设一组安全油缸，在事故时使用。

液压站共设三台油泵，一台工作，两台备用；三台蓄能器采用了活塞式蓄能器；设有 9 个氮气瓶，每个容积 40kg；系统最高工作压力为 11.5MPa，最低工作压力为 9.5MPa。

鞍钢 7 号高炉大小钟液压传动见图 4-14。

鞍钢 7 号高炉是三钟炉顶结构，大钟采用 2 组共 4 个直径为 220mm 柱塞缸驱动，并配有 2 个直径为$\frac{250}{180}$mm 活塞式同步油缸；中钟采用 1 组共 2 个直径为 200mm 柱塞缸驱动；小钟采用 1 组 2 个直径为 150mm 柱塞缸驱动。

炉顶液压站设有三台轴向柱塞泵，一台工作二台备用，最大工作压力为 10MPa。站内设有 4000L 气液接触式蓄能器，其工作容积为 260L，并设有安全溢流阀。不同容积高炉的炉顶液压传动主要设备性能见表 4-10。

表 4-10　不同高炉炉顶液压传动设备主要性能

高炉有效容积/m^3	255	550	1200	2000	2580
系统工作压力/MPa	9～11	12.5	11～11.5	8.5～11	10
油泵型号		CB-F18C-FL	63SCY14-1	100CY14-1	
电机容量/kW	5.5	22	17	40	
大钟工作油缸/mm×n	80×4	125×4	160×4	220×4	220×4
小钟工作油缸/mm×n	100×4	100×4	125×4	125×4	150×4
中钟工作油缸/mm×n					200×2
大钟同步油缸/mm×n					$\frac{250}{180}\times 2$

4.1.1.6　均压设施

最常用的双钟一室炉顶只有一个均压室即大料斗。高压操作高炉在大钟打开前先向均压室冲压以保持大钟上下压力相等以便打开大钟；在小钟打开前先对均压室放散使均压室与大气相连以便打开小钟。为提高均压的可靠性，有的大型高炉设有二次均压系统。一次均压用半净煤气而二次均压用的是氮气。这种系统叫做均压放散系统。

均压系统主要由均压阀、均压放散阀及其传动装置和管道组成。不同炉容的高炉采用不同直径的均压阀和均压放散阀。不同炉容的高炉均压阀和均压放散阀的配置见表 4-11。

表 4-11　不同炉容高炉均压阀和均压放散阀配置

高炉有效容积/m³	300	620	1000～1500	>2000
均压阀直径/mm	300	300	400	500～600
放散阀直径/mm	250	250	300	400～600

均压时间要求在 3～5s 内完成，布置均压装置时应注意通入均压室的均压管不要正对高炉中心线以免带尘煤气冲刷料钟及其拉杆，设备安装位置应便于检修。均压系统安装形式见图 4-15、图 4-16。

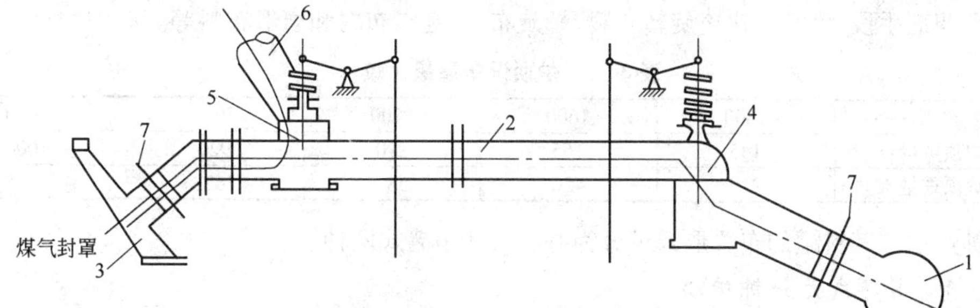

图 4-15　炉顶均压系统(一)

1—充压管道；2—均压管道；3—煤气封罩；4—大钟均压阀；5—小钟均压阀；6—排压用管；7—安装检修均压阀用插板阀

4.1.1.7　可调炉喉

大型高炉的大钟直径虽然增加很多，但仍不能满足布料之要求，为此在炉料沿大钟表面以抛物线向下落料的过程中设有可调炉喉装置，用以改变落料位置以达到要求的分布状态。可调炉喉见图 4-3。

可调炉喉由 24 块护板、转臂、转轴、连杆、环形托梁以及传动装置组成。共用 3 台 15kW 电机驱动。护板材质为高锰铬铸钢，炉喉的调整范围为 0～2000mm，共 9 点变化位置。

4.1.2　无钟装料设备

钟式炉顶和钟阀式炉顶虽然基本满足高炉冶炼的需要，但仍由小钟、大钟布料。随着高炉的大型化和炉顶压力的提高，使炉顶装料设备日趋庞大和复杂。首先是大型高炉大钟直径 6000mm 以上，大钟和大料斗重达百余吨，使加工、运输、安装、检修带来极为不便；其次是为了更换大钟，在炉顶上设有大吨位的吊装工具使炉顶钢结构庞大；其三是随着大钟直径的日益增大，在炉喉水平面上被大钟遮盖的面积愈来愈大，布往中心的炉料就减少，因而在高炉大型化初期出现了不顺行、崩料多等现

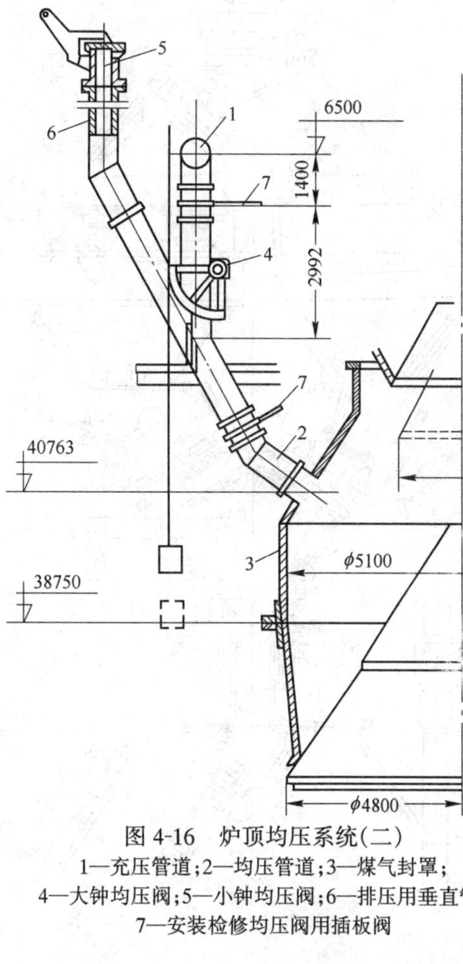

图 4-16　炉顶均压系统(二)

1—充压管道；2—均压管道；3—煤气封罩；4—大钟均压阀；5—小钟均压阀；6—排压用垂直管；7—安装检修均压阀用插板阀

象。在60年代末通过使用可调炉喉才使上述现象得以好转,但炉顶装置却进一步复杂化,可是还不能满足大型化高炉进一步强化所需要布料手段。为了进一步简化炉顶装料设备、改善密封状况、增加布料手段,卢森堡PW公司于20世纪70年代初推出了无料钟炉顶装置,彻底解决了布料和密封问题。无料钟炉顶的特点是:1)建设投资低。无料钟炉顶的高度较钟阀式炉顶低$\frac{1}{3}$,设备重量比钟阀式炉顶减少$\frac{1}{2}\sim\frac{1}{3}$。无料钟炉顶与钟阀式炉顶重量比较见表4-12。2)密封阀代替料钟,密封性能得到改善可进一步提高炉顶压力和延长炉顶寿命。3)布料采用可摆动旋转溜槽,提高了布料的多样化和调剂手段,可实现快速旋转布料、螺旋布料、定点布料和扇形布料等。

表4-12　炉顶设备重量比较

高炉有效容积/m^3	1300	1600	2200	3000	4000
无料钟炉顶重量/t	145	165	210	920	1004
钟阀式炉顶重量/t	210	456	580	1623	2155

无料钟炉顶按其料罐的布置形式可分为并罐式和串罐式两种。

4.1.2.1　并罐式无料钟炉顶

并罐式炉顶由受料漏斗(包括上部闸门)、料罐(包括上下密封阀及下部闸门)、叉形管和中心喉管、旋转溜槽及其传动以及均压、冷却系统等组成。并罐式炉顶装料结构见图4-17。

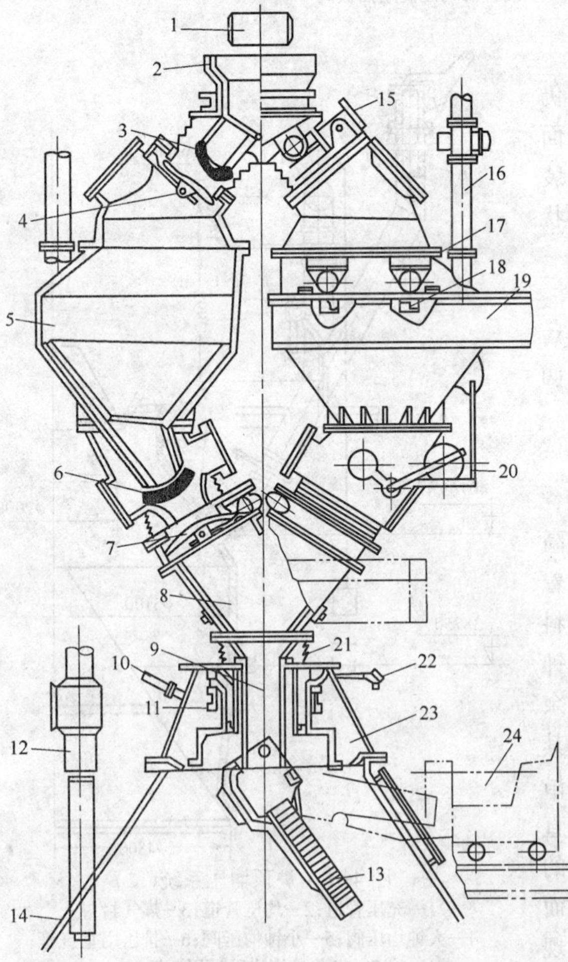

图4-17　并罐式无料钟炉顶装置

1—皮带;2—受料漏斗;3—上闸门;4—上密封阀;5—料仓;6—下闸门;7—下密封阀;8—叉形漏斗;9—中心喉管;10—冷却气体导管;11—传动齿轮机构;12—探尺;13—旋转溜槽;14—煤气封盖;15—闸门传动液压缸;16—均压放散管;17—料仓支撑轮;18—电子秤压头;19—梁;20—下闸门传动机构;21—波纹管;22—热电偶;23—气密箱;24—更换溜槽小车

(1) 受料漏斗

受料漏斗的形式有两种，一种是料车上料的漏斗，一种是胶带上料的漏斗。受料漏斗应把炉料迅速地漏给料罐内。受料漏斗放料口的大小为以所接受的炉料迅速漏给料罐为原则。

漏斗外壳为钢板焊接而成，内衬为含铬25%的高铬铸铁衬板。受料漏斗的移动和隔板的换向均采用液压传动。它不起贮料而起过料作用。

(2) 料罐

并罐式无料钟炉顶有两个并列设置的料罐，两个料罐交替使用。料罐起贮存炉料和均压室的作用。每个料罐的有效容积为最大矿石批重或最大焦炭批重所占容积的1.0～1.2倍。常用的国内外焦炭批重计算式为：

日本：
$$W_J=(0.03\sim0.04)d_1^3 \tag{4-3}$$

欧美：
$$W_J=\frac{\pi}{4}d_1^3(0.62\sim0.82)\cdot r_J \tag{4-4}$$

式中 W_J——焦炭批重，t；

d_1——炉喉直径，m；

r_J——焦炭堆比重，$t\cdot m^{-3}$。

从两公式计算结果来看欧美公式所得料批偏大，所以国内使用日本计算公式较普遍。

料罐材质系用压力容器材质焊接而成。内壁设有耐磨衬板，衬板材质为G—X300CrMo15.3，退火后的硬度HRC<45，淬火后的硬度HRC=57～60。其化学成分见表4-13。

表4-13 衬板材质化学成分

元 素	C	Si	Mn	P	S	Cr	Mo
含 量/%	2.2～2.8	<1.0	<1.0	<0.025	<0.025	>14	2.2～2.5

在料罐上部装有上密封阀，下部装有下密封阀，在上密封阀的上部设有调节料流用闸门。密封阀和调节料流闸门的启闭均采用液压传动。

上密封阀直径可以取大些，因为主要考虑把受料漏斗接过来的炉料尽量在30s内装入料罐内以缩短装料时间，但过大时密封、传动等带来困难。一般取1400～1800mm。

下密封阀直径尽可能小为宜。其大小是以炉料粒度，下料速度以及在旋转溜槽上不堆料为原则。过大易于堆料造成布料偏析，过小布料层不均匀。不同容积高炉的下密封阀直径见表4-14。

表4-14 不同容积高炉下密封阀直径

高炉容积/m^3	约1500	2500	3000	4000
下密封阀直径/mm	700～800	800～900	900～1000	900～1000

(3) 叉形管和中心喉管

中心喉管是料罐内炉料入炉的通道，它上面设有一叉形管，与上面两料罐相连。中心喉管和叉形管内均设有衬板，其材质与料罐衬板相同。为减少料流对中心喉管衬板的磨损及防止炉料将中心喉管磨偏，在叉形管下部焊一定高度的挡板使形成死料层以保护衬板。

中心喉管是无料钟炉顶中炉料入炉惟一通道，又是工作在炉喉部位，因此必须是耐高温、耐磨损、寿命要长，所以在中心喉管内壁焊接特殊的硬质合金A45合金。其化学成分见表4-15。

表 4-15　A45 硬质合金化学成分

元　素	C	Cr	Mo	W	Nb	V
含量/%	5.5	22.0	7.0	2.0	7.0	1.0

中心喉管长度通常取大一些以免从中心喉管流出的炉料发生偏行。中心喉管的直径应大于焦炭最大粒度的 5 倍,一般取 $D600 \sim D900$mm。为了合理确定中心喉管尺寸,并防止卡料实现均匀布料,一般按下式计算中心喉管尺寸。以 1450m^3 高炉为例中心喉管计算式和结果见表 4-16。

表 4-16　中心喉管计算式和计算结果

D/mm	$L=\pi D$ /m	$F=\frac{\pi D^2}{4}$ /m^2	$R_d=\frac{F}{L}$ /m	$v=\lambda\sqrt{3.2gR_d}$ /$m\cdot s^{-1}$	$Q=v\cdot F$ /$m^3\cdot s^{-1}$	V/m^3	$t=\frac{V}{Q}$ /s	n/$r\cdot min^{-1}$	$N=\frac{t\cdot n}{60}$ /圈
600	1.89	0.283	0.15	焦炭 0.867	0.246	20	81	8	≈11
				烧结矿 1.302	0.368	20	55.3	8	≈7.4

表中　D——中心喉管直径,mm;

L——中心喉管内径周边长,m;

F——中心喉管截面积,m^2;

R_d——水力半径,m;

v——原料通过中心喉管的速度,$m\cdot s^{-1}$;

λ——原料流动系数,焦炭 0.4~0.5;烧结矿 0.5~0.6;

Q——原料通过中心喉管的流量,$m^3\cdot s^{-1}$;

V——料罐有效容积,m^3;

t——一次布料时间,s;

n——布料器转数,$r\cdot min^{-1}$;

g——自由落体加速度,$g=9.80665m\cdot s^{-2}$;

N——一次布料达到的料层数目,圈;

π——圆周率,3.1416。

中心喉管直径与料流调节阀直径的关系是:$\frac{\text{中心喉管截面积}}{\text{料流调节阀截面积}}=0.5\sim0.6$。中心喉管直径的选择原则是:以称量料罐上的炉料在 30s 内装入到炉内为原则。

(4) 旋转溜槽及传动装置

旋转溜槽也叫布料溜槽,它用于炉内的合理布料。溜槽由本体和衬板组成。本体一般为耐热合金铸钢件,能在 600℃下正常工作。首钢第一座无料钟炉顶的溜槽材质为 4Cr10Si2Mo、衬板材质为 ZGCr9Si2,其上面堆焊 8mm 厚度 7 号高铬合金,在 600℃的温度下其硬度为 RC=45。

鞍钢 11 号高炉旋转溜槽衬板材质的化学成分见表 4-17。

表 4-17　衬板材质化学成分

元　素	C	Mn	Cr	Mo	Ni	S	P	最高硬度	最低硬度
含量/%	<0.21	≥0.7	≥1.3	0.2	0.3	≤0.005	≤0.015	400HB	340HB

旋转溜槽长度由如下原则确定:1)炉喉半径的 0.9~1.0 倍;2)当溜槽最大倾角时炉料能到达炉喉边缘;3)溜槽不被料线埋下。国内几座高炉溜槽长度见表 4-18。

表 4-18　不同容积高炉溜槽长度

炉　别	首钢 2 号	鞍钢 10 号	鞍钢 11 号	宝钢 2 号	宝钢 3 号
炉容/m^3	1327	2580	2580	4063	4350
溜槽长/m	3000	4000	4000	4500	4500

溜槽传动装置通常叫传动齿轮箱，由主传动齿轮箱、上部齿轮箱、倾动齿轮箱、中间齿轮箱、中心喉管、布料溜槽、水冷却系统、氮气密封及机电元件等组成。传动装置见图 4-18。

旋转溜槽的转速为 8～10$r \cdot min^{-1}$；倾动速度为 1.5$° \cdot s^{-1}$；倾动角度为 2°～53°；摆动速度为 0.0283～0.283$r \cdot min^{-1}$。旋转溜槽的旋转、倾动由两台电动机驱动。

首钢 2 号高炉旋转电动机为 $N=12kW$，$n=3000r \cdot min^{-1}$；倾动电动机为 $N=8kW$、$n=1500r \cdot min^{-1}$。

鞍钢 10 号、11 号高炉旋转电动机为 $N=15kW$、$n=1500r \cdot min^{-1}$；倾动电动机为 $N=10kW$、$n=1500r \cdot min^{-1}$。

齿轮箱是按炉顶温度 200～250℃ 设计的(短时间内最高可达 600℃)炉顶温度一般在 200℃，若是通水冷却，齿轮箱温度不超过 50℃。冷却采用工业水闭路循环冷却，耗水量为 20$t \cdot h^{-1}$，为防止齿轮箱积灰要吹入 200～500$m^3 \cdot h^{-1}$ 氮气进行密封。在炉顶设有打水装置用于炉顶出现升温事故时降温。齿轮箱内的压力应比炉顶压力高 0.01～0.015MPa。

无料钟炉顶的炉顶压力经常达到 0.25MPa 左右故均设有均压放散装置，除半净煤气冲压外，还设有氮气补压措施，其设置同钟式炉顶。

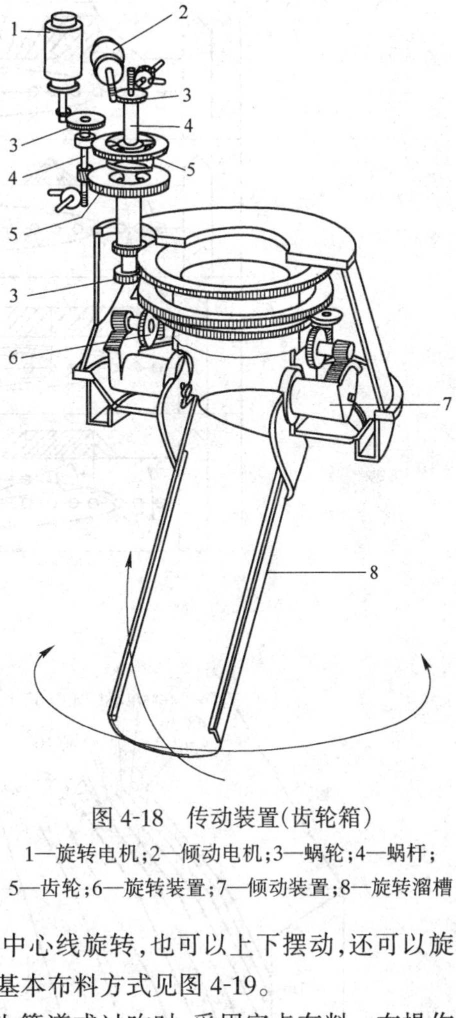

图 4-18　传动装置(齿轮箱)

1—旋转电机；2—倾动电机；3—蜗轮；4—蜗杆；5—齿轮；6—旋转装置；7—倾动装置；8—旋转溜槽

(5) 无料钟炉顶的布料方式及特点

无料钟炉顶由旋转溜槽代替大钟，溜槽可以绕高炉中心线旋转，也可以上下摆动，还可以旋转和摆动同时进行，所以布料灵活手段多。无料钟炉顶的基本布料方式见图 4-19。

1) 定点布料　高炉截面某一个点或某一个部位发生管道或过吹时，采用定点布料。在操作时溜槽 α 角和定点方位由手动控制。

2) 环形布料　类似于钟式布料。环形布料因为能自由选择溜槽倾角，可在炉喉任一部位做，单、双、多重环形布料。随着溜槽倾角的改变可将矿石和焦炭布在距高炉中心不同的部位上，借以调整边缘或中心气流。

3) 扇形布料　因为溜槽可在任意半径和角度向左右旋转，所以，在产生偏析或局部崩料时可采用这种布料方式。

4) 螺旋布料　这种布料是溜槽作匀速的回转运动，同时作径向运动而形成的变径螺旋形炉料分布。其径向运动是溜槽由外向里改变倾角而获得的，摆动速度由慢变快。这种布料方式能把炉料分布到炉喉截面的任何部位，也可调整料层的厚度。

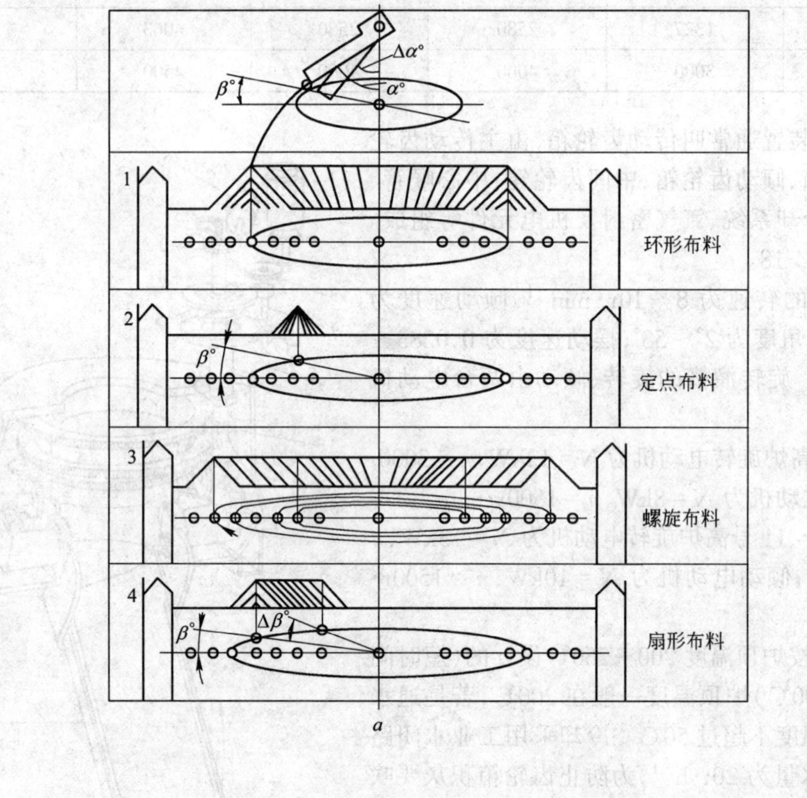

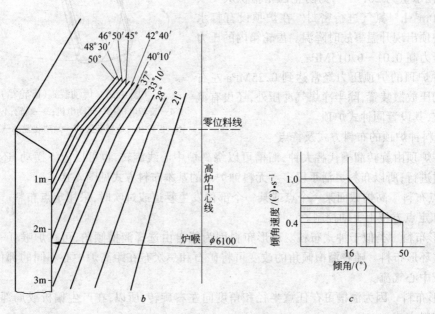

图 4-19　无料钟炉顶几种布料方式

a—往高炉内装料的基本方式；*b*—无料钟炉顶螺旋布料曲线；*c*—溜槽倾角速度曲线

由于无料钟炉顶的布料方式灵活多样能够根据工艺操作的要求进行布料，从而充分利用煤气的热能和化学能，起到了稳定、增产节焦的作用。

并罐式无料钟炉顶从布料的多样性和灵活性、设备本身的结构、维护等诸方面都比钟式炉顶和钟阀式炉顶优越得多。但是，经过对布料和实际煤气利用情况的大量分析和研究发现，从理论上看并罐式无料钟炉顶有以下不足：1）由于两个料罐布置在偏离高炉中心，导致炉料偏心、布料不对称、径向矿焦比不对称；2）由于下料口是倾斜的，料流斜向与中心喉管相撞，出现“蛇形动”现象，从而导致炉料在炉喉断面圆周方向分布不均匀；3）当溜槽的倾斜方向与料流方向一致时炉料抛得较远，而垂直时则较近，所以，在炉喉断面实际得到的布料形状不是圆形而是椭圆形，矿焦两个料层形状也不吻合。由于以上布料不均匀现象直接影响了煤气的利用率。为克服并罐式无料钟炉顶的上述不足，在80年代初卢森堡PW公司在并罐式的基础上开发了串罐式无料钟炉顶。

4.1.2.2 串罐式无料钟炉顶

1989年鞍钢11号高炉（$V_u=2580m^3$）在国内首次引进卢森堡PW公司的串罐式无料钟炉顶以后，先后在鞍钢10号高炉（$V_u=2580m^3$）、武钢5号高炉（$V_u=3200m^3$）、2号高炉（$V_u=1536m^3$）、宝钢2号高炉（$V_u=4063m^3$）、3号高炉（$V_u=4350m^3$）、酒钢2号高炉（$V_u=750m^3$）、梅山1号高炉（$V_u=1080m^3$）、2号高炉（$V_u=1250m^3$）等高炉上采用了串罐式无料钟炉顶装料设备。

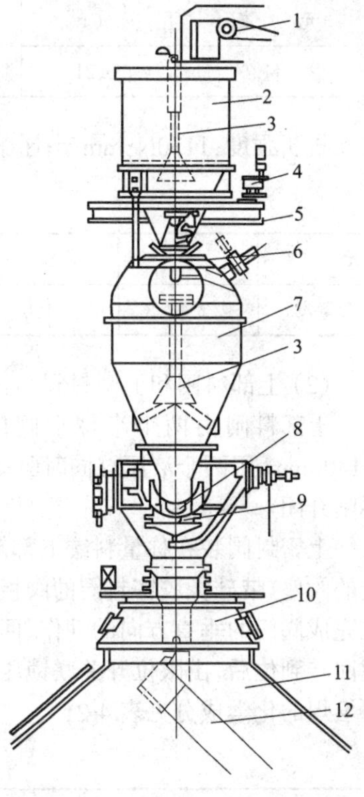

图4-20 串罐式无料钟炉顶装置

1—胶带机；2—旋转料罐；3—插入件；4—驱动装置；5—上部料闸；6—上密封阀；7—称量料罐；8—料流调节阀；9—下密封阀；10—齿轮箱；11—高炉；12—旋转溜槽

串罐式无料钟炉顶与并罐式比较有两点不同：1）两个料罐布置形式是上下串联型的，所以叫做串罐式无料钟炉顶；2）上料罐是带旋转的，所以叫做旋转料罐，而下料罐是带称量的，所以叫做称量料罐。料罐起贮存炉料和均压室的作用。串罐式无料钟炉顶见图4-20。

串罐式无料钟炉顶同并罐式无料钟炉顶相比有如下优点：1）由于料罐与下料口均在高炉中心线上，所以在下料过程中不出现“蛇形动”现象，从而进一步改善布料效果，同时减轻了中心喉管磨损；2）串罐式无料钟炉顶在胶带机头部装有挡料板，又由于在装料时上罐旋转，从而克服了炉料粒度偏析。旋转罐和称量罐内装有导料器，改善了下料条件，消灭了下料堵塞现象；3）进料口和排料口高度要比并罐式低，从而降低了炉顶高度，旋转罐为常压罐，从而节省一套上下密封阀、料流调节阀和均压放散设施，可节省投资15%～20%。

串罐式无料钟炉顶的各部件与并罐式炉顶相似，由受料斗、旋转料罐、料流调节阀、下密封阀、传动齿轮箱、中心喉管、旋转溜槽、均压设施、冷却设施及其测量元件等组成。

以鞍钢11号高炉（$V_u=2580m^3$）为例介绍串罐式无料钟炉顶各部位的技术性能。

（1）旋转料罐

在料罐内设有防止炉料偏析的插入件，插入件固定在料罐内壁上部，同料罐一起旋转。料罐有效容积为$55m^3$、直径为$D4750mm$、高度为$H5232mm$、料罐转速为$6r\cdot min^{-1}$，用2台功率为18.5kW电动机驱动。

料罐材质为42CrMo4V制成。料罐的圆柱段和圆锥段的衬板均由卢森堡PW公司提供。其化学成分见表 4-19、表 4-20。

表 4-19　圆周段衬板化学成分

元　素	C	Mn	Si	Cr	Mo	Ni
含　量/%	0.21	1.5	0.35	1.5	0.2	0.8

抗折强度：$1130N·mm^{-2}$；屈服点：$830N·mm^{-2}$；布氏硬度：320～350HB。

表 4-20　圆锥段衬板化学成分

元　素	C	Si	Mn	P	S	Cr	Mo
含量/%	2.2～2.8	<1.0	<1.0	<0.025	<0.025	>14	2.2～2.5

(2) 上部料闸和上密封阀

上部料闸由两个半球形闸门组成，用耐磨材料或衬有耐磨衬板制作。上部料闸直径为 D1400mm，用两个液压缸同时驱动一个半球形闸门，通过连杆传动机构带动另一个半球形闸门使料闸开闭。

上密封阀装在称量料罐上部罐头内，直径为 D1600mm。阀的壳体焊在罐头上，由堆焊硬质合金的阀座、带硅橡胶密封圈的阀板及传动装置组成。密封阀用两个液压缸驱动完成两个动作，压紧缸完成阀门的垂直方向的动作、回转缸完成阀板的旋转动作。当关闭阀板时，首先回转缸动作使阀板回转到位后，由限位开关联锁压紧缸动作使阀板压紧密封，开启时则相反。密封阀的硬面焊接材料堆焊的化学成分见表 4-21。

表 4-21　堆焊材料化学成分

元　素	C	Si	Mn	Cr	Mo	Ni
含　量/%	0.10	1.5	40	19.5	0.6	8.5

硅橡胶密封材质为：型号：60±5Shore；抗拉强度：60±5Shore；拉伸实验：$10.5N·mm^{-2}$；硬度：$6.5N·mm^{-2}$；极限延伸率：300%；弹性：39%；表面安全力：2MPa；密度：$1.8kg·m^{-3}$。

(3) 称量料罐

称量料罐既起称量作用也起钟式炉顶中的均压室作用，设有均压管和均压放散管。罐内上部装有上密封阀，罐中心设有防止炉料偏析改善下料条件的插入件(导料器)固定在料罐壁上，它可以上下调整高度。料罐下部设有三个防扭转装置、两个抗震装置和三点吊挂装置并用三个电子秤称量料罐重量。内有耐磨材料铸造衬板，其材质同旋转料罐衬板。

称量料罐是属压力容器，应用压力容器钢板焊接而成，按压力容器的标准加工验收。

称量料罐有效容积为 $55m^3$；直径 D 为 5600mm；高度 H 为 7097mm；工作压力 p 为 0.25MPa。旋转料罐和称量料罐容积应大于最大矿批或最大焦批重量所占有的容积，才能满足最大矿批又能满足最大焦批。

(4) 料流调节阀和下密封阀

料流调节阀和下密封阀均装在阀箱内，箱内设有耐磨锥形漏斗。阀箱是属压力容器用压力容器钢板焊接而成。阀箱上装有称量用的压力传感器和测温用的温度传感器等。

料流调节阀直径 D 为 750mm，由两个带有耐磨衬板的半球形闸门组成，由一个液压缸驱动一个半球形闸门，通过连杆机构带动另一个半球形闸门。料流调节阀为方形开口，其开口度大小决定其布料量和布料时间，并且与旋转溜槽配合实现合理布料。开口度由液压比例阀控制。

下密封阀直径为900mm，由焊接硬质合金的阀座、带有硅橡胶密封的阀板组成。密封阀由两个液压缸完成两个动作使阀门开闭。其动作原理同上密封阀。料流调节阀和下密封阀的材质同上部料闸和上密封阀材质。

(5) 水冷式传动齿轮箱

水冷式传动齿轮箱是由主传动齿轮箱、上部齿轮箱、倾动齿轮箱、旋转溜槽、水冷设施，密封及机电元件等组成。

旋转溜槽(布料溜槽)转速为$8r\cdot min^{-1}$，倾动速度为$1.5°\cdot s^{-1}$，倾动角度为2°～53°，拆卸操作时可达75°。旋转溜槽的长度选择原则同并罐式溜槽，溜槽长度为$L=4000mm$。溜槽的旋转用电动机功率为$N=15kW$；转速为$n=1500\sim500r\cdot min^{-1}$。倾动电动机功率为$N=10kW$；转速为$n=1500r\cdot min^{-1}$。通过上部齿轮箱、旋转齿轮箱、倾动齿轮箱分别完成旋转和倾动。旋转溜槽的本体是由耐高温、耐磨的不锈钢制成。内衬焊有硬质合金的鱼鳞板和耐热层。堆焊硬质合金的化学成分见表4-22。

表4-22 堆焊硬质合金化学成分

元 素	C	Cr	Mo	W	Nb	V
含 量/%	5.5	22.0	7.0	2.0	7.0	1.0

中心喉管是在恶劣的环境里工作，其设备必须是耐高温、耐磨。因此，在中心喉管内壁要焊接耐高温、耐磨的硬质合金。硬质合金材质同旋转溜槽。中心喉管的直径为750mm，直径选择原则同并罐式炉顶的中心喉管。

为保证齿轮正常工作温度45～50℃，采用工业水闭路循环冷却，由二台F65-25(E)型泵供水、流量为$20m^3\cdot h^{-1}$、扬程为20m、电动机功率为$N=4kW$。水冷却系统设有必要的过滤器、热交换器、贮水箱等设施。

为防止齿轮箱内积灰吹入$200\sim500m^3\cdot h^{-1}$氮气进行密封，并设有二台$40m^3$的氮气罐和流量为$500m^3\cdot h^{-1}$的通风机及必要设施。

(6) 均压设施

鞍钢11号高炉无料钟炉顶均压系统采用两次均压，一次均压用半净煤气，二次均压为氮气。一次均压阀和均压放散阀直径为500mm，采用液压传动。该阀由焊接的阀箱壳体、带硅橡胶密封的球面阀板和焊有硬质合金的阀座组成，其硬质合金材质和硅橡胶密封材质同密封阀材质。二次均压阀直径为250mm，其结构同一次均压阀，二次均压用氮气由二台$40m^3$氮气罐供给。此氮气罐供二次均压和齿轮箱用氮气。

(7) 炉顶液压站

炉顶液压站设在炉顶平台上。液压系统压力为18～20MPa，在站内设有容积为2000L的油箱一个；容量为$70L\cdot min^{-1}$的轴向柱塞泵二台，电动机功率为30kW；容量为$90L\cdot min^{-1}$的循环泵一台，电动机功率为4kW以及必要的过滤器、蓄势器、冷却设施、电加热器及机电元件等。上料闸、上下密封阀、料流调节阀、眼镜阀、一二次均压阀等的油缸均由本站供压力油。

串罐式无料钟炉顶具有结构简单、布料灵活多样、密封性能好、重量轻、维修方便、投资省等优点，但也需要进一步改进和完善。如：1)对料流调节阀缺乏调节手段，需要建立完整的料流调节模型；2)在环形布料时出现首尾接不上现象；3)建立必要的完整的布料模型。

(8) 部分国内外无料钟炉顶高炉统计

国内部分无料钟炉顶高炉见表4-23。

表4-23 国内部分无料钟炉顶高炉

序号	厂名	炉号	炉容/m³	炉顶压力/MPa	炉顶型式	上料型式	开炉时间
1	昆钢	2	300		并		1981.5
2	攀钢	4	1350		并		1989.9
3	重钢	5	1200		并		1989.4
4	宝钢	2	4063	0.25	串	胶带	1991.6
5	宝钢	3	4350	0.25	串	胶带	1994
6	酒钢	1	1513		并		1984.1
7	酒钢	2	750		串		1989.12
8	梅山	1	1080		串		1988
9	梅山	2	1250		串		1989
10	鞍钢	10	2580	0.25	串	胶带	1990
11	鞍钢	11	2580	0.25	串	胶带	1989
12	武钢	5	3200		并		1991
13	唐钢	1	1260		并		1989
14	杭钢	1	320				
15	包钢	1	1513		并		1985
16	湘钢	1	1000		并		1996
17	首钢	2	1327		并		
18	唐钢	3	2500		并		1998
19	唐钢	2	1260		并		
20	武钢	2	1536		串		1998
21	邯钢	4	900		并		1997
22	莱钢	2	750		并		1993

国外部分无料钟炉顶高炉见表4-24。

表4-24 国外部分无料钟炉顶高炉

序号	厂名	炉号	炉容/m³	炉顶压力/MPa	上料型式	改扩建	开炉日期
1	德国汉堡	4	1445	0.12	料车	改	1972.1.7
2	德国凤凰	5	1460	0.01	料车	改	1973.11.4
3	南非新卡索尔			0.15	料车	改	1973.9
4	南非新卡索尔	5		0.17	胶带	新	1977.7.15
5	日本室兰	1	1249	0.11	胶带	改	1973.9.28
6	德国迪林根冶金厂	4	1790	0.25	胶带	新	1974.10.1
7	比利时根特厂		1790	0.175	料车	改	1974.12.1
8	比利时蒙梯格尼斯厂	3	1650	0.175	料车	新	1975.10.9
9	加拿大索圣马丽厂	7	2438	0.15	胶带	新	1975.5.28
10	英国雷德卡厂	1	3833	0.25	胶带	新	

续表 4-24

序号	厂　名	炉　号	炉容 /m^3	炉顶压力 /MPa	上料型式	改扩建	开炉日期
11	法国帕杜雷尔厂		1275	0.15	料车	改	1976.1.14
12	墨西哥拉卡德那斯厂			0.15	胶带	新	1976.10.2
13	墨西哥蒙特雷厂	3	1648	0.05	料车	改	1975.11.1
14	美国雀点厂	L	3692	0.15	胶带	新	1978.11.6
15	日本广烟	3	1691	0.11	料车	改	1974.5.17
16	日本釜石厂	1	1150	0.1	料车	改	1976.1.8
17	墨西哥孟卡罗华厂	5	2700	0.15	胶带	新	1976.12.4
18	波兰卡托维茨厂	1	3200	0.25	胶带	新	1976.12
19	波兰卡托维茨厂	2	3200	0.25	胶带	新	1978.1
20	加拿大斯蒂尔可厂		2504	0.17	胶带	新	
21	卢森堡阿尔拜托-科尔瓦尔厂		1785	0.17	料车	改	1975.5
22	德国凤凰厂	3	1550	0.10	料车	改	1976.1
23	法国帕秋雷尔厂	3		0.15	料车	改	1976.12.14
24	西班牙维列那厂	1	1718	0.15	料车	改	1977.2.8
25	西班牙维列那厂	2	1713	0.15	料车	改	1977.9.19
26	德国施韦尔根厂	1	3482	0.22	胶带	改	1976.4.22
27	德国威斯特法伦冶金厂	7	1796	0.15	料车	改	1977.6.21
28	英国雷文斯克雷格厂	3	1413		料车	改	1978.2.15
29	美国菲尔弗尔德厂	6	2195	0.211	胶带	新	1978.1.12
30	西班牙阿维莱斯	2		0.15	料车	改	1977
31	日本千叶	6	4540	0.25	胶带	新	1977.6.17
32	德国萨尔茨吉特冶金厂	A		0.20	胶带	新	1977.11.10
33	意大利塔兰托厂	2		0.17	胶带	新	1978
34	意大利塔兰托厂	1	2026	0.10	胶带	改	1976.6.17
35	奥地利林茨厂	A	2504	0.25	料车	新	1977.7.13
36	日本千叶	2	1380	0.10	料车	改	1976.7.26
37	美国东芝加哥厂	7	4175	0.25	胶带	新	1980.10.7
38	前苏联克里沃罗格厂	9	5026	0.25	胶带	改	1980
39	意大利皮昂比诺厂	4		0.25	胶带	改	1978.7.25
40	意大利塔兰托厂	4		0.10	胶带	改	1978.3.6
41	意大利科里利亚诺厂	2		0.15	料车	改	1978.8
42	法国帕秋雷尔厂	4		0.17	料车	新	1978.3
43	德国不来梅厂	3		0.15	料车	改	1977.6.16
44	卢森堡埃施-贝尔瓦尔厂	C		0.25	胶带	新	1978.7.1
45	日本名古屋	1	3890	0.25	胶带	新	1979.3.29
46	卢森堡埃施-贝尔瓦尔厂	D		0.25	胶带	新	
47	英国雷文斯克雷格厂	1	1414		料车	改	1978.10
48	日本滩滨	2	1618	0.01	胶带	改	1977.12
49	澳大利亚堪培拉港	5		0.25	胶带	改	1978.12.13
50	前苏联新利佩茨克	6	3200	0.25	胶带	新	1978.11.6

续表 4-24

序号	厂　　名	炉　号	炉容 /m³	炉顶压力 /MPa	上料型式	改扩建	开炉日期
51	巴西沃尔塔雷东达	1	1160	0.04	料车	改	1980.12
52	巴西沃尔塔雷东达	2	1378	0.04	胶带	改	1980.10
53	美国沃伦	1			胶带	改	
54	法国敦刻尔克厂	4		0.20	胶带	改	1978.12.26
55	加拿大哈密顿厂	4	1576	0.10	胶带	改	
56	意大利塔兰托厂	3		0.10	胶带	改	
57	西班牙阿维累斯	1		0.15	料车	改	
58	英国雷文斯克雷格厂	3		0.10		改	1978.2
59	巴西阿尔米拉斯厂			0.20		新	1980
60	日本神户厂	3		0.15		改	1983.4.5
61	日本福山厂	2	2828			改	1983.11.1
62	日本君津厂	3	3455			改	1986.4
63	日本君津厂	4	4284			改	1988.7
64	韩国浦项厂	3	3795			改	1989.1

4.2 高炉内型

高炉内型对高炉冶炼起着重要作用。合理的内型能促使冶炼指标的改善；反之会受到影响。合理内型必须和炉料条件、送风制度、习惯性操作制度以及炉内运动规律相适应才能获得最佳冶炼效果。

4.2.1 高炉内型计算

4.2.1.1 高炉内型尺寸符号

高炉内型各部位采用的符号见图 4-21。

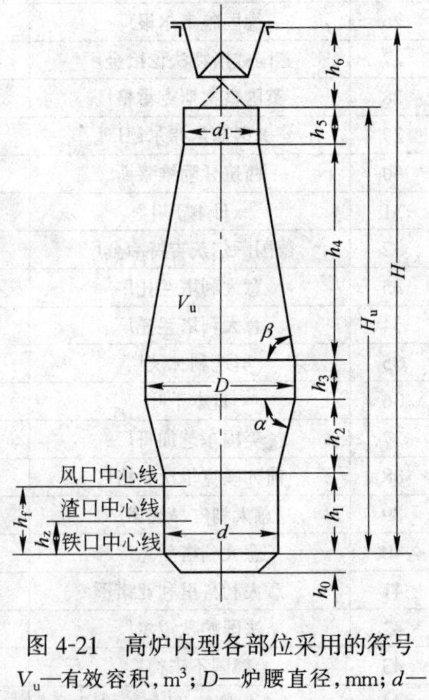

图 4-21　高炉内型各部位采用的符号
V_u—有效容积，m³；D—炉腰直径，mm；d—炉缸直径，mm；d_1—炉喉直径，mm；d_0—大钟直径，mm；H—高炉全高，mm；H_u—有效高度，mm；h_0—死铁层高度，mm；h_z—渣口高度，mm；h_f—风口高度，mm；h_1—炉缸高度，mm；h_2—炉腹高度，mm；h_3—炉腰高度，mm；h_4—炉身高度，mm；h_5—炉喉高度，mm；h_6—炉顶法兰盘至大钟下降位置的底面高度，mm；α—炉腹角，(°)；β—炉身角，(°)；A—炉缸断面积，m²

(1) 我国高炉料线零位是指大钟开启时，下底位置的底面标高；对无料钟而言，旋转溜槽垂直状态的下端标高或炉喉高度上沿。料线零位至铁口中心线之间的容积为高炉有效容积。

(2) 日本高炉料线零位是取大钟开启时，底面下1000mm处；料线零位至铁口中心线之间的容积为内容积；料线零位至风口中心线之间的容积为有效容积。

(3) 美国料线零位是取大钟开启时底面下915mm处；料线零位至风口中心线之间的容积为工作容积；料线零位至铁口中心线之间的容积为内容积。

4.2.1.2 高炉内型各部尺寸间的关系

合理的高炉内型应与所使用的原燃料条件及冶炼铁种的特性相适应。实际上各厂高炉内型各部尺寸的选择是计算结果和同类型高炉的内型分析比较的基础上，根据本厂的具体条件而选定。不同容积的高炉各部尺寸范围见表4-25。

表4-25 不同容积的高炉各部尺寸范围

V_u/m^3	<600	>600~1000	>1000~2000	2000~3000	4000
$V_u \cdot A^{-1}$	11~15	15~22	22~27	26~27.5	~28.8
$D \cdot d^{-1}$	1.15~1.40	1.10~1.20	1.06~1.11	1.08~1.10	~1.09
$H_u \cdot D^{-1}$	3.0~4.2	2.9~3.3	2.7~3.1	2.1~2.28	~2.23
d/m	1.3~6.0	6.0~7.6	7.2~9.8	9.8~12.2	~13.4
D/m	1.8~6.8	6.6~8.4	10.2~10.9	~13.4	~14.6
α/(°)	80~83	80~83	80~83	80~82	81~82 79°36′~81
β/(°)	84~85	84~85	84~85	83~84	81~82
h_1/m	<3.2	3.0~3.2	3.0~3.9	3.9~4.8	~4.9
h_2/m	1.4~3.0	2.8~3.2	3.0~3.4	3.4~3.8	~4.0
h_3/m	<1.8	1.2~2.5	1.4~2.8	1.5~2.0	~3.1
h_4/m	3.7~10.6	10.6~14.5	13.6~17.9	17.0~17.9	~18.5
h_5/m	0.8~2.0	1.7~2.2	2.0~2.8	~2.4	~2.5
a/m	0.4~1.1	1.15~1.4	1.17~1.6	1.18~1.7	
b/m	0.2~0.35	0.35~0.5	0.4~0.6	0.6~0.8	
h_z/m	<1.4	1.3~1.65	1.4~1.8	1.6~2.0	
h_f/m			2.65~3.6		
f/个	<12	12~16	16~28	32~34	~36

注：a—风口中心至渣口中心距离；b—为方便安装风口和砌砖的结构尺寸；f—风口数目。

我国常用的高炉内型尺寸计算经验公式和统计数据见表4-26。

表4-26 高炉内型尺寸计算经验公式和统计数据

名 称	经 验 公 式	统 计 数 据
1	2	3
炉缸直径 d/m	$d=1.13(i \cdot V_u \cdot J_A^{-1})^{\frac{1}{2}}$或用 $V_u \cdot A^{-1}$ 值计算时先求 A，而后用如下公式 $d=1.13 \cdot A^{\frac{1}{2}}$	i—冶炼强度，$t \cdot m^{-3} \cdot d^{-1}$； J_A—燃烧强度，$t \cdot m^{-2} \cdot d^{-1}$；取24~28.8； $V_u \cdot A^{-1}$见表4-25
炉腰直径 D/m	D值按$D \cdot d^{-1}$来确定	$D \cdot d^{-1}$值如下：大型高炉1.1~1.15；中型高炉1.15~1.25；小型高炉1.25~1.50
有效高度 H_u/m	H_u值按$H_u \cdot D^{-1}$来确定	$H_u \cdot D^{-1}$值见表4-25
全高 H/m	$H=H_u+H_6$	H_6值取1.5~3.0
炉喉直径 d_1/m	d_1值按 $d \cdot D^{-1}$来确定	$d_1 \cdot D^{-1}$值一般在0.65~0.7； 大中型高炉取0.7；小型高炉取0.67左右
炉身高度 h_4/m	$h_4=(D-d_1) \cdot 2^{-1} \cdot \mathrm{tg}\beta$	β值见表4-25
大钟直径 d_0/m	d_0值按$(d_1-d_0) \cdot 2^{-1}$来确定	$(d_1-d_0) \cdot 2^{-1}$值如下： 大型高炉>0.8；中型高炉：0.6~0.8； 小型高炉：0.25~0.55

续表 4-26

名称	经验公式	统计数据
炉腹高度 h_2/m	$h_2=(D-d)\cdot 2^{-1}\cdot \text{tg}\alpha$	α 值见表 4-25；h_2 一般大中型高炉为 2.8～3.4；小型高炉为 2.0～2.5
炉缸高度 h_1/m	$h_1=h_f+b$	b：安装风口和砌砖方便的结构尺寸；大中型高炉 $b=0.35\sim0.50$；小型高炉 $b=0.2\sim0.3$
渣口高度 h_z/m	h_z 值按 $h_z\cdot h_1^{-1}$ 来确定	大中型高炉 $h_z\cdot h_1^{-1}=0.44\sim0.47$； 小型高炉 $h_z\cdot h_1^{-1}=0.40$； h_z—下渣口高度；上下渣口高差一般在 0.100～0.200； 日本＞2000m³ 高炉 $h_z\cdot h_1^{-1}=0.55\sim0.57$
风口高度 h_f/m	$h_f=h_z+a$	a：风口与渣口中心线高差： 大型高炉 $a=1.25\sim1.45$； 中型高炉 $a=1.00\sim1.25$； 小型高炉 $a=0.4\sim0.8$
死铁层高度 h_0/m	按经验数据确定	大型高炉 $h_0=1.2\sim2.0$； 中型高炉 $h_0=0.5\sim0.8$； 小型高炉 $h_0=0.3\sim0.5$
炉腰高度 h_3/m	参照同类型高炉而定	大型高炉 $h_3=2.0\sim2.8$； 中型高炉 $h_3=1.5\sim2.0$； 小型高炉 $h_3=0.8\sim1.0$； 特大型高炉 $h_3=3.0\sim3.5$
炉喉高度 h_5/m	参照同类型高炉而定	大型高炉 $h_5=2.5\sim3.0$； 中型高炉 $h_5=1.5\sim2.0$； 小型高炉 $h_5=1.0\sim1.5$

注：国内曾采用过 $f=2d+1$ 计算风口，结果风口数偏少；国外一般采用 $f=\pi d\cdot(1.0\sim1.2)^{-1}$ 或 $f=3d$ 计算。目前各厂高炉风口数增多的趋势。风口数目确定原则是：1)先选择偶数；2)两个相邻风口法兰间留有 0.3m 的间距而布置风口为宜。

反映日本大型高炉内型尺寸间关系的经验式见表 4-27。

表 4-27 日本大型高炉内型尺寸间关系的经验式

名称	经验公式
炉缸截面积 A/m²	$A=4+0.036V$
炉缸直径 d/m	$d=1.13(i\cdot V\cdot J_A^{-1})^{\frac{1}{2}}$ 或 $d=6.6+0.00175V$
炉喉直径 d_1/m	$d_1=4.9+0.00125V$(适合于 2000～4000m³)
炉腰直径 D/m	$D=7.316+0.001842V$(适合于 2000～4000m³)
各部位高度/m	$h_1=2.955+0.000454V$；$h_2=2.7+0.00025V$；$h_3=2.5\sim3.0$； $h_4=16.5\sim18.0$；$h_5=1.5\sim3.0$；$h_f=2.54+0.0004V$； $h_z=1.457+0.0003572V$；$h_0=0.0004545V$

续表 4-27

名　称	经 验 公 式
炉身角 $\beta/(°)$	$\beta=86.584-0.001177V$
有效高度 H_u/m	$H_u=26.333+0.001177V$
内容积与各部直径比例	$D^2\cdot d^{-2}=1.235-0.0000125V$；$d_1^2\cdot d^{-2}=0.57-0.00001V$
风口数 f/个	$f=15+0.00625V$

注：V—高炉内容积。

高炉内型计算应该遵循合理内型来源于生产实践的原则。因此，按公式计算各部尺寸后与同类型高炉的生产效果比较后调整各部尺寸。

国内外若干高炉的内型尺寸见表 4-28。

4.2.1.3　内型设计不合理影响高炉冶炼的例子

(1) 风口数目偏多

为了进一步强化冶炼，当前高炉风口数目增多是一种趋势，它有利于强化冶炼，但是风口数目偏多不仅得不到强化反而影响强化。鞍钢 8 号高炉（$V_u=975m^3$、$d=7.05m$）于 1960 年大修时由 12 个风口增加到 18 个风口，投产后不能达到预期的冶炼强度，经常堵两个风口操作，炉役后期冶炼强度更为低，经常发生出铁、出渣困难。在 1968 年大修时将风口改为 16 个，开炉后经常堵 1 个或 2 个风口。

(2) 渣口高度偏高

鞍钢 6 号高炉（$V_u=939m^3$），在 1967 年大修时为便于提高冶炼强度，渣口高度由 1.4m 改为 1.7m、1.8m，开炉后遇到了放上渣困难、下渣过多，影响了铁口维护和炉况顺行。于 1976 年扩容到 $1050m^3$ 时恢复了原来高度，开炉后达到了预期的效果。

(3) 炉身高度偏低

首钢 1 号高炉（$V_u=576m^3$，$d=6.1m$，$H_u=18.3m$，$h_4=8.5m$，$f=15$ 个）的炉身高度比同类型高炉低约 3m，开炉后出现炉顶温度高危害炉顶设备，容易发生管道形成，后改富氧鼓风才把炉顶温度降至 500℃ 左右。虽然利用系数高，但是，高炉焦比较比其他高炉高 $20kg\cdot t^{-1}$ 或 $30kg\cdot t^{-1}$。因此，认为合理的高炉内型对高炉冶炼效果的好坏起着重要的作用。

4.2.2　高炉内型演化

我国高炉内型，由于原燃料条件和操作的改善，由 50 年代的较细长高炉逐步演化成符合原料条件和操作制度的较矮胖内型发展。$H_u\cdot D^{-1}$值由 3.0～4.0 到 80 年代和 90 年代降至 2.5～3.0，$V_u\cdot A^{-1}$值根据强化和顺行需要也趋向于下降。如：鞍钢 4 号高炉（$V_u=786m^3$）$H\cdot D^{-1}=2.89$，到 70 年代扩容到 $1000m^3$ 而 $H\cdot D^{-1}=2.8$；首钢原 1 号高炉（$V_u=576m^3$），$H\cdot D^{-1}$由 4.26 改为 2.61；鞍钢 10 号高炉（$V_u=1800m^3$），$H\cdot D^{-1}=2.7$，均收到稳定、顺行、高产、低耗的效果。随着原料条件和操作水平的进一步改善高炉内型继续向矮胖、横向扩大的趋势。

随着内型的演化高炉本体结构也有了很大演变。高炉炉体结构的演变，可分为四个阶段：

第一阶段：50 年代至 60 年代，渣口以下用光板冷却壁，渣口以上为冷却板。内衬为以黏土砖为主，炉底厚度达 2700～3200mm，炉腰以上内衬厚度为 900～1150mm。

第二阶段：60 年代至 70 年代，渣口以下采用高铝砖，炉底用碳砖或碳捣加高铝砖加风冷的综合炉底，炉腹砖衬厚为 345mm，炉身为 920mm。风口以下采用光板冷却壁，炉腹采用镶砖冷却壁，炉腰、炉身采用镶砖冷却壁结合支梁式水箱或偏水箱结合支梁式水箱等。

表 4-28　国内外若干高炉的内型尺寸

项　目	凌钢 3 号	通钢 3 号	通用设计	上钢 3 号	鞍钢 3 号	鞍钢 2 号	鞍钢 4 号	攀钢 3 号	唐钢 1 号	首钢 2 号	武钢 2 号	包钢 1 号	本钢 5 号	武钢 4 号
V_u/m^3	306	350	620	750	831	900	1004	1200	1260	1327	1436	1513	2000	2516
d/mm	4700	5000	6000	6800	6500	6800	7200	8200	8000	8400	8400	8600	9800	10800
D/mm	5450	5800	7000	7800	7500	7850	8200	9200	9100	9300	9500	9600	10900	11900
d_1/mm	3750	4100	5000	5400	5500	5760	5700	6000	6400	6100	6500	6600	7300	8200
d_0/mm	2600	2900	3500	3900	4000		4200	4200			4800	4800	5400	6200
H/mm	19700		24250	24700	27160		27850	27850			30050	30750	31750	32665
H_u/mm	17600	17700	21400	21900	24500	24050	25039	25039	25800	26500	27300	28000	29200	30000
h_0/mm	616	550	700	800	450	593	875		1000			724	1000	700
h_z/mm	1200	1200	1400	1400	1400		1300	1400	1500		1400	1400	1500	1600
h_f/mm	2300	2500	2800	2700	2800		2700	2700	3100		2800	2800	3200	3200
h_1/mm	2700	2900	3200	3200	3200	3200	3200	3200	3500	3500	3200	3200	3800	3700
h_2/mm	2800	3000	3000	3100	3200	3000	3000	3000	3200	3200	3200	3200	3100	3500
h_3/mm	1300	1000	2000	1200	2250	2250	2200	2200	2000	1800	2000	1800	1500	2200
h_4/mm	9200	9000	11000	12000	12950	13400	14200	14200	15300	15000	16200	17300	18500	1800
h_5/mm	1600	1600	2200	1800	2500	2200	2000	2000	1800	2000	2700	2500	2000	2600
α	82°22′18″	82°24′19″	80°32′	80°50′16″	81°07′	80°04′25″	80°32′	80°32′	80°14′51″		80°15′	81°07′	79°57′	81°04′25″
β	84°43′07″	84°36′17″	84°48′	84°17′22″	85°35′	85°32′27″	85°05′	83°34′	84°57′21″	84°18′	85°	85°03′	84°26′30″	84°07′54″
$(d_1-d_0)\cdot 2^{-1}$/mm			750		750	780	780	900			850	900	950	1000
A/m^2	17.35	19.63	28.27	36.30	33.20	36.3	40.6	58.83	50.26	55.40	55.5	38.1	75.4	91.5
$V_u\cdot A^{-1}$	17.63	17.82	21.93	20.66	25.0	24.79	24.7	20.39	25.06	23.94	23.9	26.04	26.6	27.5
$H_u\cdot D^{-1}$	3.22	3.05	3.06	2.80	3.26	3.06	3.04	2.72	2.83	2.85	2.83	2.92	2.68	2.52
$D\cdot d^{-1}$	1.15	1.18	1.17	1.14	1.15	1.15	1.14	1.12	1.137	1.107	1.13	1.12	1.11	1.10
$d_1\cdot D^{-1}$	0.688	0.70	0.715	0.69	0.733	0.733	0.70	0.65	0.70	0.66	0.69	0.687	0.67	0.69
$d_1\cdot d^{-1}$	0.797	0.82	0.83	0.79	0.843	0.847	0.799	0.73			0.77	0.766	0.74	0.76
f/个	12	14	14	18	14		14	16	20		16	18	22	24
铁口/个	1	1	1	1	1									

续表 4-28

项　目	鞍钢 7 号	武钢 5 号	宝钢 1 号	前苏联新利佩茨克 6 号	前苏联克里沃罗格 9 号	加拿大阿尔戈玛 7 号	美国加里 13 号	意大利塔兰托 5 号	法国敦刻尔克 4 号	日本洞岡 4 号	日本和歌山 2 号	日本君津 2 号	日本加古川 3 号	日本水岛 3 号	日本福山 5 号	日本大分 2 号
V_u/m^3	2580	3200	4063	3200	5026	2670	3293	4128	4580	1540	2100	2884	3090	3363	4617	5070
d/mm	11000	12200	13400	12000	14600	10668	12192	14000	14200	8800	10000	11600	11900	12400	14400	14800
D/mm	12200	13400	14600	13100	16100	12000	13005	15130	15400	9700	11000	12750	12800	13600	15900	16000
d_1/mm	8200	9000	9500	8900	10800	7950	9068	10000	11000	6800	7900	8400	8800	9600	10700	10500
d_0/mm	6200		7300									6100	6600	7400	8400	8000
H/mm																
H_u/mm	29900	30600	32600	32190	33500	29481	30963	29500	30950	27100	27900	29900	32950	29800	30500	33500
h_0/mm	1200	1900	1800							1500	1250	1300	1535	2240	1500	3000
h_z/mm																
h_f/mm				3500		2850	3886									
h_1/mm	3700	4800	4900	3900	4400	4650	5715	5700	5600	3800	3700	4400	4415	5000	6700	6200
h_2/mm	3600	3500	4000	3400	3700	3519	4267	3700	4000	3100	3200	3300	3400	3100	4300	3800
h_3/mm	2000	2000	3100	2300	1700	3009	3048	3000	3000	2700	3000	2400	3000	2200	2500	2500
h_4/mm	1800	17900	18100	19600	20700	18700	18898	16100	17000	16000	16800	18300	16900	18000	17000	18400
h_5/mm	2600	2400	2500	2990	3000	797		1000		2500	2452	2000	4700	2500	3000	3600
α	80°33′		81°28′09″	80°49′	79°17′	85°	84°56′	81°32′	81°47′	81°44′	81°07′10″	80°07′	82°40′25″	80°03′	80°06′	81°52′
β	83°39′		81°58′50″	83°53′	82°51′	84°34′	84°51′	80°59′	82°59′	84°49′	84°43′43″	83°22′	83°17′24″	83°39′	80°18′	82°20′
$(d_1-d_0)\cdot 2^{-1}$/mm	1000		1100													
A/m^2	95.03	116.90	141.03	113	167	89.37	116.74	153.93	158.36							
$V_u\cdot A^{-1}$	27.15	27.37	28.81	27.8	30	29.87	28.20	26.81	28.92							
$H_u\cdot D^{-1}$	2.45	2.28	2.23	2.46	2.08	2.45										
$D\cdot d^{-1}$	1.11	1.098	1.09	1.09	1.10	1.12										
$d_1\cdot D^{-1}$	0.67	0.67	0.65	0.68	0.67	0.66										
$d_1\cdot d^{-1}$	0.75	0.74	0.71	0.74	0.74											
f/个	26		36	28	36							29	34	36	42	40
铁口/个	2	4	4	4								3	3	3	3	5

第三阶段:70 年代至 80 年代,由于高效耐火材料的出现,炉体结构更加符合强化和长寿。但是这一阶段出现了一种盲目采用高级耐火材料的倾向,结果投资大,效果不明显。国外冷却壁虽然出现第二代、第三代,但是国内高炉没有多大变化。高炉内衬采用了硅线石砖、石墨化或半石墨化碳砖、氮化硅结合的碳化硅砖等。炉底由水冷代替了风冷。

第四阶段:80 年代以后,高炉长寿的矛盾由炉底转移到炉身下部,开始重视炉身下部的寿命。由于炉底采用了石墨化、半石墨化碳砖和高铝砖或铝碳砖配合水冷炉底能够保持一代炉龄甚至更长。所以一代寿命突出的问题出现在炉身下部,因此,为了延长炉身下部寿命,出现了第四代冷却壁、铜冷却壁和冷却板,软水闭路循环冷却等新设备、新工艺等新技术。高炉内衬发生了很大的变化,炉底采用水冷综合炉底;炉缸采用刚玉砖;铁口、风口、渣口区域采用大块异型砖;炉腰、炉身采用碳化硅砖、铝碳砖、Si_3N_4 结合的碳化硅砖等不同部位采用不同材质的耐火材料。镶砖冷却壁由镶高铝砖、黏土砖发展到镶铝碳砖、高效捣打料等,不少高炉采用了第三代冷却壁或铜冷却器从而进一步提高了一代炉龄寿命。但是,由于高炉的进一步强化炉身中下部的内衬严重破损等现象不断出现,这是炼铁工作者亟待解决的问题。

4.2.3 合理的高炉内型

4.2.3.1 合理的高炉内型原则

合理的高炉内型,应适合在一定的原料条件和操作制度下"稳定、顺行、高产、低耗、长寿"的十字方针。因此,计算出的各部尺寸与同类型高炉比较分析后,在砌筑时把炉腹、炉腰、炉身下部的横向尺寸适当扩大,以冷却结构的形式适当提高炉腹高度,适当缩短炉身高度,这样把设计炉型调整到更接近于操作炉型,从而获得较理想的冶炼效果。这种炉型才称得上合理的高炉内型。

4.2.3.2 合理的高炉内型各部位尺寸关系

炼铁工作者根据本厂的具体情况各自提出了合理内型各部位的尺寸比例关系。不同容积的高炉内型各部尺寸比例关系选择范围见表 4-29。高炉内型各部计算式如下。

表 4-29 不同容积的高炉内型各部尺寸比例关系

有效容积/m^3	300～620	800～1050	1300～2000	2500～4000
d/mm	4200～5700	6500～7300	8400～9800	10000～13400
$D \cdot d^{-1}$	1.32～1.16	1.15～1.13	1.12～1.08	1.11～1.09
$d_1 \cdot d^{-1}$	0.98～0.77	0.84～0.79	0.69～0.67	0.67～0.65
$H_u \cdot D^{-1}$	3.22～3.06	3.10～3.04	2.85～2.65	2.52～2.23
α/(°)	82～80	81～80	80.5～79.5	81.5～80.5
β/(°)	85.5～84.5	85～84.5	84～83.8	83.5～82

(1) 死铁层高度 h_0

$h_0 \geqslant 0.0937V_u \cdot d^{-2}$;$h_0 = 0.0004545V$;大型高炉 $h_0 = 1.5\sim2.0$m;中型高炉 $h_0 = 0.8\sim1.0$m;小型高炉

$$h_0 = 0.5\sim0.8\text{m}$$

(2) 炉缸直径 d

$$d = 0.4087V_u^{0.4205};d = 1.13(i \cdot V \cdot J_A^{-1})^{\frac{1}{2}};d = 6.6 + 0.00175V;d = (20 + 0.04V)^{\frac{1}{2}}$$

(3) 炉缸高度 h_1

$$h_1 = 1.4206V_u^{0.159} - 34.8707V_u^{-0.841};h_1 = 2.955 + 0.0004545V$$

(4) 炉腰直径 D

$$D = 0.5684V_u^{0.3724};D = 7.316 + 0.001842V;D^2 = 24 + 0.048V;D^2 \cdot d^{-2} = 1.235 - 0.000125V$$

(5) 炉腹高度 h_2

$$h_2=(1.6818V_u+63.5879)(V_u^{0.7848}+0.7190V_u^{0.8129}+0.5170V_u^{0.841})^{-1};h_2=2.7+0.00025V$$

(6) 炉腰高度 h_3

$$h_3=0.3586V_u^{0.2152}-6.3278V_u^{-0.7848}$$

(7) 炉身高度 h_4

$$h_4=(6.3008V_u-47.7323)(V_u^{0.7848}+0.7833V_u^{0.7701}+0.5769V_u^{0.7554})^{-1}$$

(8) 炉喉直径 d_1

$$d_1=0.4317V_u^{0.377}$$

$$d_1=4.9+0.00125V\text{（适用于 2000～4000m}^3\text{ 高炉）}$$

$$d_1^2\cdot d^{-2}=0.57-0.00001V$$

(9) 炉喉高度 h_5

$$h_5=0.3527V_u^{0.2446}+28.3805V_u^{-0.7554}$$

(10) 高径比 $H_u\cdot D^{-1}$

$$H_u\cdot D^{-1}=9.98V_u^{0.2058}\times V_u^{-0.3924}$$

式中 V_u——高炉有效容积,m^3;

V——高炉工作容积,m^3;

H_u——高炉有效高度,m。

4.3 高炉炉体内衬结构

高炉内衬能否适应高炉冶炼对炉衬的破损,对高炉长寿至关重要。

4.3.1 高炉对耐火材料的基本要求

4.3.1.1 高炉内衬的基本要求

对高炉内衬的基本要求如下:

1) 高炉各部位内衬应与各部位的热流强度相适应,以保持在强热流的冲击下内衬的整体性和稳定性。

2) 高炉各部位内衬应与各部位的侵蚀破损机理,即炉料的磨损、煤气的冲刷、碱金属的侵蚀、渣铁水的熔蚀等相适应,以缓解和延缓内衬破损速度,达到高炉长寿。

4.3.1.2 高炉常用耐火材料理化性能

(1) 高铝砖和黏土砖

我国常用的高铝砖和黏土砖理化指标见表 4-30。

表 4-30 黏土砖高铝砖理化指标

指 标	粘土砖 GB3417—88	高铝砖 GB2989—87	
	GN-42	GL-65	GL-48
Al_2O_3/%	42	≥65	≥48
Fe_2O_3/%	≤1.7	≤2.0	≤2.0
耐火度/℃	≥1750	≥1790	≥1750
0.2MPa 荷重软化温度/℃	≥1340	≥1500	≥1450
重烧线变化 1400℃×3h/%	0～0.3	0～0.2	0～0.2
显气孔率/%	≤16	≤19	≤18
常温耐压强度/MPa	≥49.0	≥58.8	≥49.0
透气性	必须实测,并在质量说明书中注明		

侵磷酸黏土砖的物理性能为:抗压强度:63.8MPa;气孔率:13.5%,抗碱实验后强度(1000℃):57.8MPa;线胀系数:3.5×10^{-6}/℃。

(2) 碳素材料

国内几家碳素厂的碳砖理化指标见表 4-31。

表 4-31 几种碳砖理化指标

指标		兰州碳砖	贵阳碳砖	吉林碳砖	宝钢用碳砖	石墨化碳砖
抗压强度/MPa		45.51	27.26	23.83	32.33	
体积密度/$g\cdot cm^{-3}$		1.4	1.55	1.55	1.55	
显气孔率/%		16.80	13.15	14.40	16.68	19.20
灰分/%			6.97	8.24	4.25	
氧化速率	/%·h^{-1}	19.44	10.50	7.45	14.80	16.55
	/$mg\cdot cm^{-3}\cdot h^{-1}$	154.3	118.1	62.0	126.80	152.8
抗碱性	强度降低/%	51.4	23.3	55.3	12.40	
	体积膨胀/%	11.3	4.85	15.4	2.07	
透气率/mD		横向 609 纵向 1611	151~185	325~720	23~35	
孔径分布	76~6μm/%	48.1	37.9	33.7	5.7	
	6~2.5μm/%	14.1	31.0	39.0	27.5	
	2.5~100nm/%	13.5	20.7	18.8	45.3	
	<100nm/%	14.3	8.4	8.3	21.6	
热导率	25℃/W·(m·℃)$^{-1}$	4.50	29.1	2.52	10.0	
	300℃/W·(m·℃)$^{-1}$	3.67	4.79	3.41	14.4	
	900℃/W·(m·℃)$^{-1}$	5.49	7.05	3.73	17.2	
	1200℃/W·(m·℃)$^{-1}$	9.54	7.43	3.78	22.3	
石墨化程度/%		50	55~63	60	59	

(3) 国内厂家实际用的碳砖

国内实际用的碳砖理化指标见表 4-32。

表 4-32 实际用碳砖指标

厂 名	含碳量/%	灰分/%	耐压强度/MPa	气孔率/%	体积密度/$g\cdot cm^{-3}$
鞍 钢	92.08	7.92	41.58	17.62	1.57
首 钢	90~92	8~10	不小于 24.5	不大于 24	
武 钢	92	8	>24.5	<24	

4.3.1.3 特种耐火材料

特种耐火材料是指从前高炉常用的高铝砖、粘土砖之外并具有特殊理化性能的耐火材料统称为特种耐火材料。

(1) 几种碳化硅砖理化性能

几种碳化硅砖理化性能见表 4-33。

表 4-33　碳化硅砖理化指标

指　标	氮化硅结合碳化硅砖				氧氮结合碳化硅砖	自结合碳化硅砖	氧化物结合碳化硅砖
	美　国		中　国				
体积密度/$g\cdot cm^{-3}$	2.63	2.65	2.62	2.61	2.53	2.63	2.60
显气孔率/%	16	16	17	19	20	16	15
耐压强度/MPa	304	304	186	162	147	137	103
常温抗折强度/MPa	39	39	—	48	34	50	30
高温抗折强度/MPa	1350℃ 43	1350℃ 43	1400℃ 58	1400℃ 48	1400℃ 38	—	1350℃ 14
线胀系数/$℃^{-1}$	4.7×10^{-6}	4.7×10^{-6}	4.8×10^{-6}	4.2×10^{-6}	4.5×10^{-6}	5.5×10^{-6}	4.7×10^{-6}
热导率/$W\cdot(m\cdot℃)^{-1}$	16.4	—	—	—	—	17.4	15.7
SiC/%	75	79	>70	>75	86	94	89
Si_3N_4/%	23	15	>22	>20	2～4	—	—
$SiON_2$/%	—	1.3	<1	—	10	—	—
SiO_2/%	0.5	0.5	<0.5	—	1～2	3	7～8

(2) 耐火材料组分在炉内反应的最低温度

耐火材料组分在炉内反应的最低温度见表 4-34。

表 4-34　耐火材料组分在炉内反应最低温度

耐火材料组分	破坏反应	反应最低温度/℃	耐火材料组分	破坏反应	反应最低温度/℃
Al_2O_3，$Al_2O_3\cdot Cr_2O_3$，$Al_2O_3\cdot SiO_2$	溶于炉渣	1182	碳	碱性崩溃	593
碳和碳化硅	溶于炉渣	1149	所有组分	CO 崩溃	482
碳化硅	溶于碱性溶液	871			

需要说明，碳砖在下述情况下被侵蚀和溶解：

在 700℃开始和 CO_2 作用，在 1000℃作用迅速即 $C+CO_2 \longrightarrow 2CO\uparrow$；

在 400℃以上则被 O_2 烧损，即 $C+O_2 \longrightarrow CO_2\uparrow$；

在 500℃时和 H_2O 作用，即 $C+H_2O \longrightarrow CO+H_2\uparrow$。

因此，对碳砖内衬应尤为注意防止漏水以防碳砖被侵蚀。

(3) 碳砖的特殊性能

几种碳砖的特殊性能见表 4-35。

表 4-35　几种碳砖特殊性能指标

品　种	侵碱强度降低/%	侵碱后外观	导热系数/$W\cdot(m\cdot K)^{-1}$			透气度均值/mD	平均孔径/μm	铁水渗透性	铁水熔蚀指数/%	抗氧化性均值/%
			20℃	200℃	600℃					
吉林碳砖	−55	裂纹多且大	1.86	2.58	2.72	522	—	0.5MPa 严重	55.67	7.52
兰州碳砖	−70	裂纹多且大	3.46	4.45	5.00	151	2.195	0.8MPa 严重	25.12	20.68
贵州碳砖	−23.5	有裂纹	4.35	3.78	6.15	168	1.92	0.8MPa 严重	—	10.68
日本 BG-5	+16.7	无裂纹	1.35	17.3	23.2	37.89	—	0.8MPa 严重	29.0	7.85

续表 4-35

品　种	侵碱强度降低/%	侵碱后外观	导热系数/W·(m·K)$^{-1}$			透气度均值/mD	平均孔径/μm	铁水渗透性	铁水熔蚀指数/%	抗氧化性均值/%
			20℃	200℃	600℃					
日本 BC-7	+9.77	无裂纹	12	10.4	11.95	5.98	1.399	0.8MPa 不渗透	15.79	2.58
日本 C-12	+9.77	无裂纹	8.14	24.5	24.8	200	1.63	0.8MPa 轻度	27.96	9.91
自焙碳砖	−68.9	松散	20.25	1.57	3.06	—	—	0.8MPa 轻度	—	30.1
氮结合 SiC 砖	−1.33	表面光洁无裂纹	12.7	—	15.1	0	—	0.5MPa 严重	>100	1.32
铝碳砖	+5.54	表面光洁无裂纹	11.8	—	10.76	0.076	0.65	0.8MPa 不渗透	2.81	0.317

4.3.2　高炉耐火材料的技术要求和选择原则

4.3.2.1　高炉耐火材料的技术要求

对高炉耐火材料的技术要求如下：

1) 在长期高温下的热稳定性好；

2) 常温和高温下的机械强度和耐压强度要高，耐磨性能要好；

3) 抗热震稳定性要好；

4) 抗渣性、抗氧化性要好；

5) 组织要致密、微气孔(孔径≤1nm)要多；

6) 导热性能要好、线膨胀和体积膨胀率要低；

7) 在常温和高温下抗碱金属蒸汽性能要好；

8) 抗渣性、抗铁水渗透和抗铁水熔蚀性能要好。

4.3.2.2　高炉耐火材料选择原则

在高炉内不同部位砌体承受着下述破坏因素中的多个组合作用；下降炉料的摩擦和撞击的机械作用；上升煤气流的冲刷和磨损作用；碱金属和锌氧化物蒸气的侵蚀作用；在 400～600℃一氧化碳分解的碳的沉积作用；温度变化引起的热震作用以及 CO_2、O_2、H_2O 的氧化作用等等。因此，高炉选择耐火材料，是根据高炉各部位的热流强度、侵蚀和破损机理，以延缓或防止破损为原则。不应盲目选用高级别的耐火材料。

4.3.2.3　高炉各部耐火材料的选择

(1) 炉身上部

该部位内衬破损的主要原因是：1)炉料在下降过程中对内衬的冲击和磨损；2)煤气流在上升过程中的冲刷；3)碱金属、锌蒸气和沉积碳的侵蚀等。

炉身上部应该选择抗磨损、抗冲刷以及抗碱金属蒸气侵蚀的耐火材料。该部位是碳沉积适合的 400～700℃的温度范围。可选择高致密度的黏土砖或浸磷酸黏土砖或高铝砖。

(2) 炉身中下部及炉腰

该部位内衬破损的主要原因是：1)碱金属、锌蒸气和沉积碳的侵蚀；2)初成渣的侵蚀；3)热震引起的剥落；4)高温煤气流的冲刷等。

选择耐火材料，既要考虑抗渣性、防热震，又要防高温煤气流的冲刷。这一部位正好是碳对CO_2、O_2、H_2O等的反应温度区范围，所以不宜使用碳砖（包钢含F炉料冶炼时例外）。在条件允许时，这一部位建议采用半石墨化碳—碳化硅砖，这种砖抗碱侵蚀能力强、稳定性好，气孔率低、导热性能好。也可选用氮结合的碳化硅砖或烧成铝碳砖。

(3) 炉腹

该部位内衬破损的主要原因是：1)渣铁水的冲刷；2)高温煤气流的冲刷等。炉腹主要靠渣皮工作，选择耐火材料应考虑耐冲刷和容易挂渣皮的耐火砖。这一部位建议采用刚玉莫来石砖、铝碳砖或高铝砖。这些砖耐火度高、荷软温度高、体积密度大且致密。

(4) 炉缸风口带

该部位内衬破损的主要原因是：1)渣铁水的侵蚀；2)碱金属的侵蚀；3)高温煤气流的冲刷等。该部位采用刚玉莫来石砖或棕刚玉砖，或者采用热压碳砖NMA或NMD砖。

(5) 铁口以上炉缸

该部位内衬破损的主要原因是：1)碱金属的侵蚀；2)热应力的破坏；3)CO_2、O_2、H_2O的氧化；4)渣铁水的溶蚀和流动冲刷等。这一部位内衬破损是多种因素综合作用的结果，既有化学的、热力的，也有机械的作用。在渣铁水接触的热面建议选用陶瓷耐火材料即刚玉莫来石砖或棕刚玉砖，在冷面选用致密碳砖或石墨化、半石墨化碳砖。也可选用小块微孔碳砖。

(6) 铁口以下的炉缸及炉底

这一部位内衬破损的主要作用是铁水的冲刷、渗透侵蚀等。选择耐火材料时，应重点考虑防止铁水的溶蚀和渗透侵蚀。建议在铁口以下的炉缸部位选用刚玉莫来石砖或棕刚玉砖；炉底上层应该用铝碳砖保护；在炉底选用致密碳砖，接近炉底冷却层，铺一层石墨化碳砖。

4.3.3 高炉内衬耐火砖结构

4.3.3.1 20世纪80年代高炉内衬结构

20世纪80年代，随着高炉冶炼的强化，新型耐火材料的问世，对研究内衬破损机理的进一步深入，许多厂家尝试延缓内衬破损的耐火砖结构以延长高炉寿命，这一时期使用的各种耐火砖的性能如下。

(1) 几种耐火砖性能比较

几种耐火砖性能比较见表4-36。

表4-36 各种耐火砖性能比较

性　能	高铝砖	黏土砖	硅线石砖	浸磷酸黏土砖	氮化硅结合SiC砖	铝碳砖	半石墨碳—SiC砖
抗压强度/MPa	≥50	≥40	≥55	≥60	145	≥70	44.2
显气孔率/%	≤19	≤18	≤17	≤13	13.6	≤18	12.7
体积密度/$g\cdot cm^{-3}$	2.8	2.2		2.4	2.73	2.69	1.83
荷重软化温度/℃	≥1500	≥1430	≥1550	≥1430		>1650	1700
耐火度/℃	>1770	>1330	≥1790	≥1730		≥1770	1790
透气度/mD	34.5	25.95	79	15.54			≤20
氧化率/%					0.97	0.3	5.62
抗铁水溶蚀指数/%	优		优		20	2.8	50
抗渣性能	很差	很差	很差	很差	优	优	优
平均孔径/m	—				0.65	0.656	0.6952
热震稳定性1100℃,冷	8	12	12	12	>42	>100	

(2) 几种碳砖性能比较

几种碳砖性能比较见表4-37。

表 4-37　几种碳砖性能比较

性　　能	兰州碳砖	吉林碳砖	日　本 BC-7碳砖	日　本 BC-5碳砖	法　国 AM-102碳砖	美　国 NMA碳砖
抗压强度/MPa	≥30	≥30	46.58	38.27	29.44	26.93
显气孔率/%	≤20	≤20	17.99	17.45	17.02	18.86
体积密度/g·cm^{-3}	1.57	1.55	1.6	1.53	1.58	1.62
耐火度/℃	>1770	≥1330	≥1790		≥1730	≥1770
透气度/mD	609	522	5.95	37.39	0.276	4.44
氧化率/%	20.63	7.81	2.5	5.78	8.09	18.05
抗铁水溶蚀指数/%	25.12	55.67	15.79	29	13.46	28.18
抗渣性	优	优	优	优	优	优
平均孔径/m	2.175		1.63	1.399	0.258	1.083
热震稳定性 1000℃,冷						

(3) 石墨化自焙碳块与国外几种碳砖性能比较

石墨化自焙碳块与国外几种碳砖性能比较见表4-38。

表 4-38　自焙碳块与国外碳砖性能比较

性　　能		石墨化自焙碳块	宝钢1号高炉碳块	美国UCA公司			法　国		日本加古川3号高炉
				NMA	NMD	NMS	AM-101	AM-102	
体积密度/g·cm^{-3}		1.61	1.55	1.62	1.85	1.88	1.54	1.56	1.71
耐压强度/MPa		39.0	32.33	41.55	34.19	45.57	31.34	37.24	67.0
显气孔率/%		14.1	16.68	22.12	13.05	11.3	14.4(总)	17.5(总)	18.5(总)
氧化速度	/%	12.4	14.80				10	1.0	
	/mg·cm^{-2}·h^{-1}		126.8				20.0	0.5	
抗碱强度降低/%		7.52	12.40	U或LC	U	U	微裂	微裂	U
体积膨胀率/%		5.23	2.07						
透气率/mD		11.54	23～35	9	10	9.9	2000	20	0
孔径分布/%	75～6μm	平均 1.502μm	5.70						平均0.05
	6～2.5μm	1μm 占61.33	27.50						
	2.5μm～100nm		45.30						
	100～30nm		21.60						
导热系数/W·(mK)$^{-1}$	25℃	3.05	10.00		45	45	6.5	10.0	18.4
	300℃	6.84	14.40	600℃ 18.4					
	900℃	8.12	17.20	1000℃ 19.3					
	1200℃	9.18	22.30	19.7					

(4) 耐火砖抗碱性能比较

耐火砖抗碱性能比较见表 4-39。

表 4-39　耐火砖抗碱性能比较

性　能	高铝砖	黏土砖	硅线石砖	浸磷酸黏土砖	氮化硅结合 SiC 砖	铝碳砖
原耐压强度/MPa	82.25	65.08	79.27	69.98	145	70.3
抗碱耐压强度/MPa	18.28	40.36	15.92		148	64.99
强度变化/%	↓77.78	↓38	↓79.92	↓15.20	↑2.4	↓7.68
体积膨胀率/%	38.15	11.45	25.68	7.05	2.7	5.72
增重/%	7.2		8.51			5.72
抗碱后/%	7.08	11.80	7.14	4.75	1.8	1.28
抗碱后试样外观	呈疏松状膨胀严重	断口变黑色	呈疏松状掉边角	表面光洁无裂纹	表面光洁无裂纹	表面光洁无裂纹
评　价	差	差	差	良好	优	优

(5) 碳素制品抗碱性能比较

碳素制品抗碱性能比较见表 4-40。

表 4-40　碳素制品抗碱性能比较

性　能	兰州碳砖	吉林碳砖	日本 BC-7 碳砖	日本 BC-5 碳砖	法国 AM-102 碳砖	美国 NMA 碳砖
原耐压强度/MPa	28.94	34.3	46.58	38.27	29.44	26.93
抗碱后耐压强度/MPa	17.06	15.3	51.13	44.63	37.1	46.86
强度变化/%	↓75.5	↓55.4	↑9.77	↑16.67	↑26.06	↑74
体积膨胀率/%	18.51	11.84	6.32	4.83	3.23	2.84
增重/%			15.63	7.23	16.24	10.9
抗碱后/%	3.2		6.76	4.10	7.88	9.8
抗碱后试样外观	呈疏松状严重开裂	呈疏松状严重开裂	表面光洁无裂纹	表面光洁无裂纹	表面光洁少有裂纹	表面光洁无裂纹
	差	差	优	优	优	优

(6) 耐火砖导热系数比较

耐火砖导热系数比较见表 4-41。

表 4-41　耐火砖导热系数比较

品　种	导热系数/W·(mK)$^{-1}$			
	室　温	300℃	600℃	900℃
黏土砖	2.08	1.89	1.49	2.01
Si_3N_4 结合 SiC 砖	8.72	9.94	12.7	17.4
铝碳砖	16.0	15.5	14.8	19.9
兰州碳砖	3.46	4.45	5.00	5.00
吉林碳砖	2.52	3.41	2.72	73

续表 4-41

品　种	导热系数/W·(mK)$^{-1}$			
	室　温	300℃	600℃	900℃
日本 BC-5 碳砖	11.8	19.5	23.2	23.5
日本 BC-7 碳砖	7.55	11.3	12.4	12.4
法国 AM-102 碳砖	8.85	11.8	14.0	15.9
美国 NMA 碳砖	4.96	11.3	16.1	16.6

(7) 耐火材料铁水渗透性能比较

耐火材料铁水渗透性能比较见表 4-42。

表 4-42　抗铁水渗透性能比较

压　力	吉林碳砖	兰州碳砖	日本 BC-5 碳砖	日本 BC-7 碳砖	贵州碳砖	法国 AM-102 碳砖	铝碳砖
常　压	轻度渗透	无渗透			无渗透		
0.5MPa	严重渗透	轻度渗透	无渗透	无渗透	轻度渗透	无渗透	无渗透
0.8MPa		严重渗透	严重渗透	轻度渗透	严重渗透	轻度渗透	无渗透

(8) 耐火砖剥落临界温度波动速度

耐火砖剥落临界温度波动速度见表 4-43。

表 4-43　耐火砖剥落临界温度波动速度

耐火砖品种	黏 土 砖	高 铝 砖	铬 刚 玉 砖	碳化硅砖	半石墨化碳砖	石墨化碳砖
温度波动速度/℃·min^{-1}	4	5	5	50	250	500

从上述耐火砖的各种性能来看,20 世纪 80 年代高炉内衬耐火砖结构以高铝砖、碳化硅砖、棕刚玉砖、刚玉莫来石砖、石墨化碳砖及水冷炉底为主。其寿命可达 8 年至 10 年。

4.3.3.2　*砌砖厚度*

(1) 炉身

由于高档耐火材料的问世,有些高炉曾采用过薄壁内衬结构。如:鞍钢在 20 世纪 70 年代至 80 年代曾尝试过炉身、炉缸的薄壁结构,结果未能得到好的效果。吸取这一教训后在炉身砌砖厚度一般保持在 690～920mm,这样就易于在离炉壳 300～400mm 处形成 300～400℃的等温线使内衬破坏作用限制在这一等温线界面之内,结果取得了预期的效果。因此,建议炉身砌砖厚度为 690～920mm 为宜。

(2) 炉腹、炉缸

炉腹主要靠渣皮工作,一般砌砖厚度为 345mm。炉缸砌砖厚度一般在 1050～1150mm,保证足够的铁口深度。

(3) 炉底

炉底砌砖厚度由于死铁层高度的进一步加高,水冷炉底或风冷炉底的广泛应用,使 1150℃铁水等温线上移,炉底侵蚀深度一般在 800～1200mm 左右,所以,炉底厚度由 20 世纪 60 年代的 4000mm 以上,缩小到现今的 2800～3200mm 左右。

炉底侵蚀深度计算公式,目前各高炉一般采用两种:

1) 第一种计算公式:

$$X = K \cdot d \cdot \log 10^{\frac{t_0}{t}} \tag{4-5}$$

式中 X——炉底剩余厚度,m;

d——炉缸直径,m;

t_0——炉底侵蚀面上的铁水温度,取1200℃;

t——炉底底面中心温度,℃;

K——系数,当 $t<1000$℃时,取 $K=0.0022t+0.2$;

当 t 为1000～1100℃时,取 $K=2.5\sim4.0$。

2) 第二种计算公式:

$$X = 1 \cdot N^{-1}(1350 - t) \tag{4-6}$$

式中 X——炉底剩余厚度,m;

t——炉底底面中心温度,℃;取决于停炉大修前温度,一般在1000～1100℃。

N——温度系数,24～27℃·cm^{-1}。炉役初中期,炉底温度稳定时取上限 $N=27$℃·cm^{-1};炉底温度较高时取下限 $N=24$℃·cm^{-1}。

4.3.3.3　*20世纪90年代以后高炉内衬结构*

20世纪90年代开始高档耐火材料在高炉上广泛应用,高炉寿命已打破了10年,但是,高档耐火砖的应用并不等于能保证高炉长寿,因为高炉长寿是一个综合因素的反映。90年代开始高炉内衬耐火砖结构发生了很大的变化,逐步选用了适合于各部位工作条件的耐火砖。国内若干高炉内衬耐火砖结构见表4-44。

表4-44　若干高炉内衬耐火砖结构

炉容/m^3	炉底	炉缸	炉腹	炉腰	炉身		
					下部	中部	上部
633	高铝	黏土	黏土	黏土	高铝	黏土	黏土
831	自焙碳砖	铝碳砖 棕刚玉	铝碳砖	Si_3N_4 结合 SiC砖	Si_3N_4 结合 SiC砖	高铝砖	高铝砖
900	碳砖 高铝砖	铝碳砖 棕刚玉	铝碳砖	铝碳砖	碳化硅 高铝砖	铝碳砖 高铝砖	黏土砖
985	碳砖	铝碳砖 棕刚玉	铝碳砖	高铝砖 铝碳砖 Si_3N_4-SiC砖	高铝砖 铝碳砖	铝碳砖 高铝砖	高铝砖
1000	碳砖	铝碳砖 棕刚玉	半石墨碳化硅砖	SIALON结合高铝砖	SIALON结合高铝砖	高铝砖	SIALON结合SiC砖
1050	碳砖	硅线石砖 黏土砖	黏土砖	黏土砖	氮结合SiC砖	高铝砖氮结合SiC砖	黏土砖
2580	焙烧碳块	刚玉莫来石,半石墨碳结合SiC砖,铝碳砖	刚玉莫来石砖	半石墨化SiC砖	NMD碳块,半石墨化SiC砖	铝碳砖	高铝砖

续表 4-44

炉容/m³	炉 底	炉 缸	炉 腹	炉 腰	炉 身		
					下 部	中 部	上 部
2580	石墨化碳砖, NMD 碳块	碳砖, 高铝砖	高铝砖	高铝砖 Si_3N_4-SiC 砖	高铝砖 Si_3N_4-SiC 砖	高铝砖	黏土砖
2580	石墨化自焙碳块	黄刚玉砖, 刚玉莫来石砖, 铝碳砖, 半石墨化自焙碳块	铝碳砖	Si_3N_4-SiC 砖	Si_3N_4-SiC 砖	铝碳砖	高铝砖
4063	微孔碳砖	刚玉莫来石砖, Si_3N_4-SiC 砖	碳化硅砖	碳化硅砖	碳化硅砖	碳化硅砖	高铝砖
4350	微孔碳砖	刚玉莫来石砖, Si_3N_4-SiC 砖	碳化硅砖	碳化硅砖	碳化硅砖	碳化硅砖	高铝砖

高炉内衬典型结构见图 4-22，耐火砖衬见表 4-45。

4.3.4 高炉炉体耐火砖的砌筑

4.3.4.1 炉体耐火砖衬标准砖型砌筑

高炉炉体使用的耐火砖分为两种砖型，直形砖和楔形砖，其形状和尺寸示于表 4-46。

应用两种砖型的配合可砌成不同直径的圆环以适应炉子大小和炉子直径随高度的变化。

利用 $a=345$mm 标准砖砌筑时，内径适用范围见表 4-47，而利用 $a=230$mm 标准砖砌筑时，适用范围见表 4-48。

砌筑不同环状砌体所需用砖量可用图 4-23 的砖量计算尺确定。

高炉炉体内衬砌筑，其环缝要求全部错缝砌筑，要求不砍砖，如不得已一定要砍砖，必须将被砍面磨平，砌体的厚度和错缝是通过砖长 230mm 和 345mm 的不同砖型组合而成的，通过配合砌体厚度能增减 115mm，并达到错缝，在厚度变化不足 115mm 时，可利用砌体与炉壳或砌体与冷却壁之间的填料缝来调整。

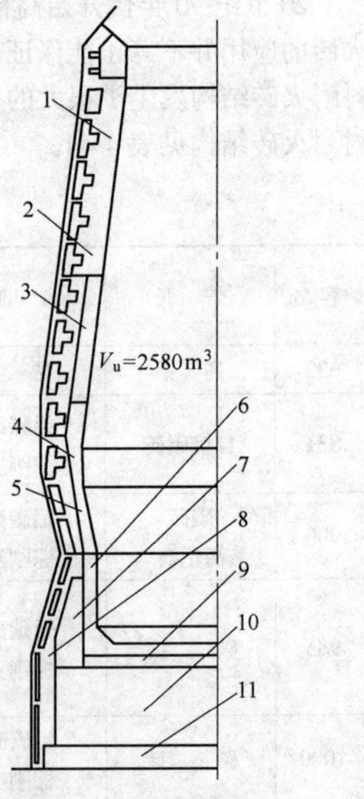

图 4-22 高炉内衬结构
1—高铝砖；2—铝碳砖；3—半石墨化 SiC 砖；4—NMD 碳砖；5—半石墨化 SiC 砖；6—刚玉莫来石砖；7—半石墨化碳砖；8—半石墨化 SiC 砖；9—铝碳砖；10—石墨化碳砖；11—焙烧碳砖

4.3.4.2 非标准砖型砌筑

表 4-46 所列标准砖以外的砖统称非标准砖，常见的是综合炉底中立砌的陶瓷质砖（400mm×150mm×90mm），铁口异型组合砖，以及不同尺寸的炉底炉缸碳砖等。

铁口区砖衬的砌筑示于图 4-24。

表 4-45　建议采用的内衬耐火砖结构

炉容/m³	炉底	炉缸	炉腹	炉腰	炉身		热面
	热面	热面		热面			冷面
	冷面	冷面		冷面	下部	中部	上部
300	高铝砖	铝碳砖	黏土砖或高铝砖	铝碳砖	铝碳砖	铝碳砖	高铝砖或黏土砖
	自焙碳砖	自焙碳砖		SiC 砖	SiC 砖	SiC 砖	
600	铝碳砖	棕刚玉砖	高铝砖或 SiC 砖	铝碳砖	铝碳砖	铝碳砖	高铝砖或浸磷酸黏土砖
	半石墨化碳砖或半石墨化自焙碳块	半石墨化碳砖或半石墨化自焙碳砖		SiC 砖	SiC 砖	SiC 砖	
1000	铝碳砖	刚玉莫来石或棕刚玉砖	SiC 砖或高铝砖	铝碳砖	铝碳砖	铝碳砖	高铝砖或 SiC 砖
	半石墨化碳砖或石墨化碳砖	石墨化碳砖		Si_3N_4-SiC 砖或 SiC 砖	Si_3N_4-SiC 砖或 SiC 砖	Si_3N_4-SiC 砖或 SiC 砖	
1500	铝碳砖	刚玉莫来石或棕刚玉砖	半石墨化 SiC 砖	铝碳砖	铝碳砖	铝碳砖	高铝砖或 SiC 砖
	NMA 碳砖或石墨化碳砖	石墨化碳砖或半石墨化 SiC 砖		Si_3N_4-SiC 砖或 SiC 砖	Si_3N_4-SiC 砖或 SiC 砖	Si_3N_4-SiC 砖或 SiC 砖	
2000	铝碳砖	刚玉莫来石砖	NMD 碳砖或半石墨化 SiC 砖	铝碳砖	铝碳砖	铝碳砖	高铝砖或 SiC 砖
	NMA 碳砖或石墨化碳砖	石墨化碳砖或半石墨化 SiC 砖		半石墨化 SiC 砖或 Si_3N_4-SiC 砖	SiC 砖或 NMD 碳砖	SiC 砖或 NMD 碳砖	
2500	铝碳砖	刚玉莫来石砖	NMD 碳砖或半石墨化 SiC 混砌	铝碳砖	铝碳砖	铝碳砖	高铝砖或 SiC 砖
	NMA 碳砖或石墨化碳砖	NMA 碳砖或半石墨化 SiC 砖		Si_3N_4-SiC 砖或 SiC 砖	NMD 碳砖 SiC 砖	NMD 碳砖 SiC 砖	
3000	铝碳砖	刚玉莫来石砖	NMD 碳砖或半石墨化碳化硅砖	铝碳砖	铝碳砖	铝碳砖	高铝砖或 SiC 砖
	NMA 碳砖或石墨化碳砖	NMA 碳砖或石墨化碳砖		Si_3N_4-SiC 砖或 SiC 砖	NMD 碳砖或 SiC 砖	NMD 碳砖或 SiC 砖	
4000	铝碳砖	刚玉莫来石砖	NMD 砖或半石墨化 SiC 砖	铝碳砖	铝碳砖	铝碳砖	高铝砖或 SiC 砖
	NMA 或石墨化碳砖	NMA 或半石墨化碳砖		Si_3N_4-SiC 砖或 SiC 砖	NMD 或 SiC 砖	NMD 或 SiC 砖	

表 4-46　耐火砖形状尺寸

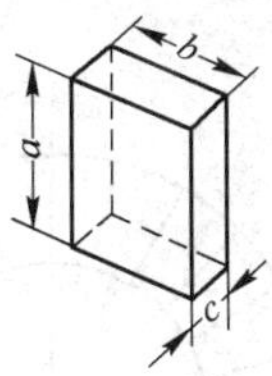

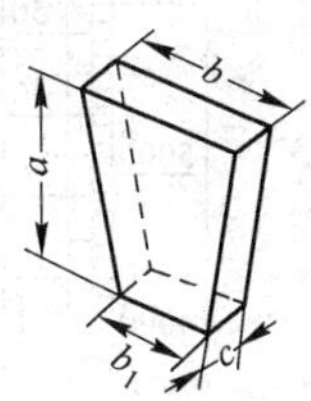

砖　号	尺　寸/mm				砖号	尺　寸/mm			
	a	*b*	*c*			*a*	*b*	b_1	*c*
G-1	230	150	75		G-5	230	150	120	75
G-2	345	150	75		G-6	345	150	110	75
G-3	230	150	135	75	G-7	230	115	75	
G-4	345	150	125	75	G-8	345	115	75	

注：允许尺寸偏差为±1.5mm。

表 4-47　利用 $a=345$mm 砖砌筑适合范围

适　合　范　围	砖　形　配　合			
	G-2 和 G-4	G-2 和 G-6	G-4	G-4 和 G-6
内径适合范围 d/mm	>5000	5000～3000	3450	3000～1900

表 4-48　利用 $a=230$mm 砖砌筑适合范围

适 合 范 围	砖　形　配　合			
	G-1 和 G-3	G-1 和 G-5	G-3	G-3 和 G-5
内径适合范围 d/mm	>5000	5000～3500	4140	3500～1840

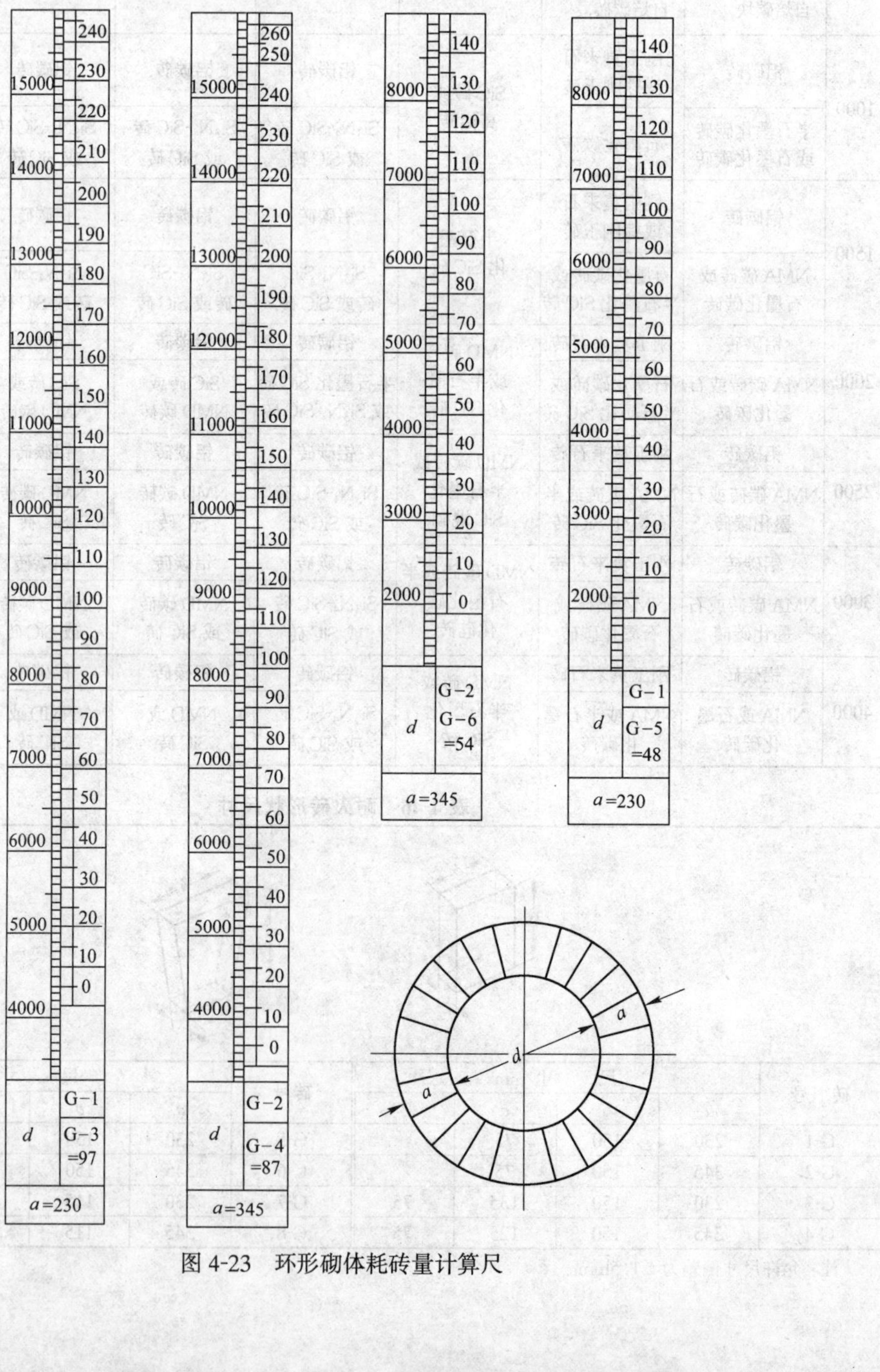

图 4-23　环形砌体耗砖量计算尺

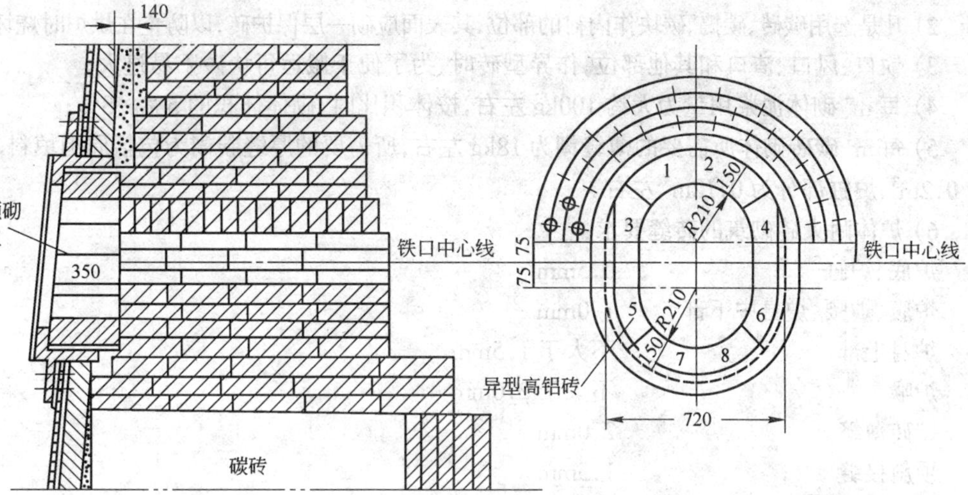

图 4-24　铁口套异型砖砌筑图

炉底、炉缸四周环形碳砖砌筑示于图 4-25。

炉底碳砖砌筑有竖砌和平砌两种。在我国普遍采用无水碳素胶泥平砌。图 4-26 示出一种常见的平砌炉底，炉底碳砖上下两层的厚缝要交错成 90°角，最上层碳砖厚缝应与出铁口中心线交成 90°角。

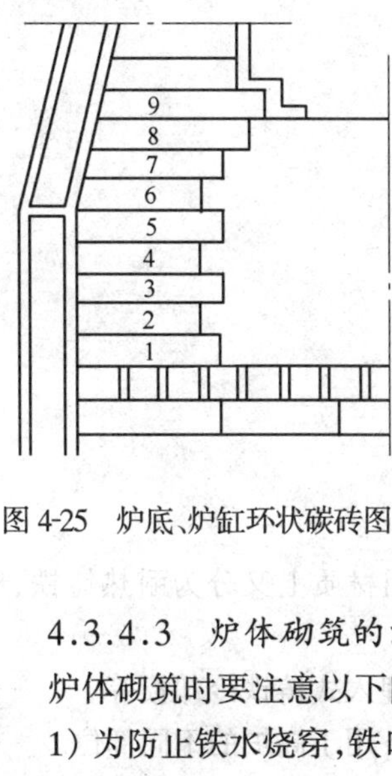

图 4-25　炉底、炉缸环状碳砖图

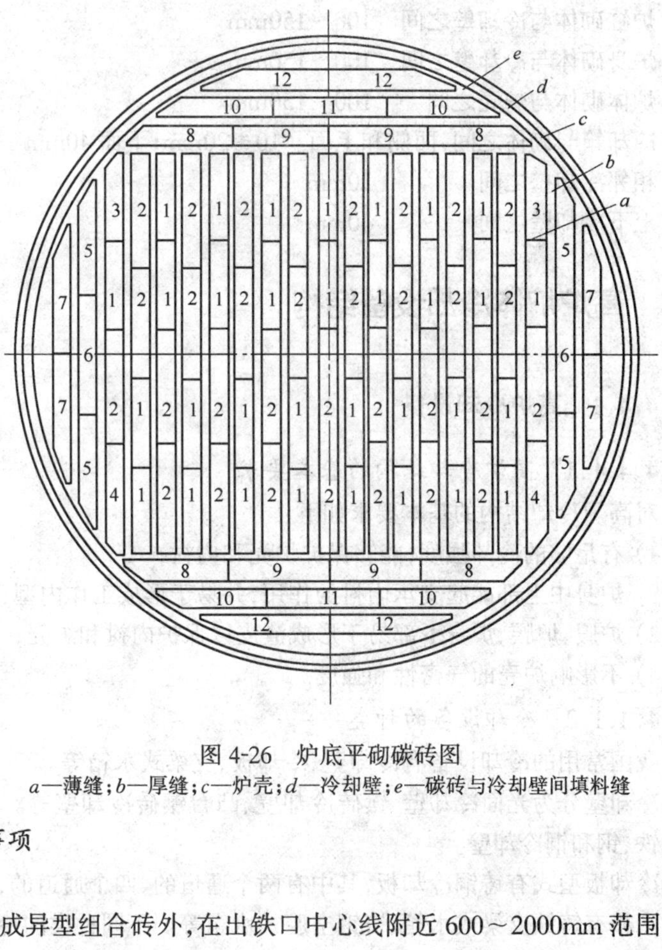

图 4-26　炉底平砌碳砖图

a—薄缝；*b*—厚缝；*c*—炉壳；*d*—冷却壁；*e*—碳砖与冷却壁间填料缝

4.3.4.3　炉体砌筑的注意事项

炉体砌筑时要注意以下问题：

1) 为防止铁水烧穿，铁口区作成异型组合砖外，在出铁口中心线附近 600～2000mm 范围内的

各种材质的耐火砖应紧贴冷却壁砌筑;

2) 凡是选用碳砖、碳捣、碳块作内衬的部位,其表面应砌一层保护砖,以防止在烘炉时烧坏;

3) 铁口、风口、渣口和其他部位,作异型砖时,为了便于搬运每块砖不易过大;

4) 每 m^3 砌体泥浆用量为大约 100kg 左右,按体积比时,砌体体积的 5%~8%;

5) 每 m^3 碳砖砌体所需要的薄缝糊为 18kg 左右,所需要的厚缝碳糊为包括周围填料、炉底部分为 0.2m^3、炉缸部分为 0.12m^3 左右。

6) 炉体耐火砖砌筑的砖缝要求:

炉底、炉缸	0.5mm
炉腹、炉腰、炉身中下部	1.0mm
炉身上部	不大于 1.5mm
炉喉	不大于 2.0mm
碳砖薄缝	2.0mm
顶斜接缝	1.5mm

7) 砌体各部位填料缝要求:

耐热混凝土基墩与炉壳之间	50~100mm
碳砖砌体厚缝、环状碳砖与非碳砖之间	34~45mm
炉底砌体与冷却壁之间	100~150mm
炉缸砌体与冷却壁之间	100~150mm
炉身砌体与冷却壁之间	100~150mm
炉体砌体与炉壳之间	100~150mm
冷却箱与砌体之间,两侧和上面	10~20mm;下面 40mm
相邻冷却壁之间	20mm
上下冷却壁之间	40mm

4.4 高炉炉体冷却设备结构

4.4.1 高炉冷却设备

4.4.1.1 高炉冷却结构的基本要求

对高炉冷却结构的基本要求如下:

1) 有足够的冷却强度,能够保护炉壳和内衬;

2) 炉身中上部能起支承内衬的作用,并易于形成工作内型;

3) 炉腹、炉腰、炉身下部易于形成渣皮以保护内衬和炉壳;

4) 不影响炉壳的气密性和强度。

4.4.1.2 冷却设备的种类

我国常用的冷却设备有冷却壁、冷却板、支梁式水箱等。

冷却壁分为光面冷却壁、镶砖冷却壁、凸台镶砖冷却壁等。在使用材质上又分为耐热铸铁、球墨铸铁、钢和铜冷却壁。

冷却板型式有铸铜冷却板,其中有两个通道的、四个通道的,还有埋入式铸铁冷却板等。

水箱有铸铁支梁式水箱、铸钢空腔式水箱等。不同种类的冷却设备用于高炉的不同部位。

4.4.1.3 常用冷却设备性能

(1) 冷却板

冷却板分为铸铜冷却板、铸铁冷却板、埋入式铸铁冷却板等。

铸铜冷却板在局部需要加强冷却时采用。铸铁冷却板在需要保护炉腰托圈时采用。埋入式铸铁冷却板是在需要起支承内衬作用的部位采用。冷却板的型式不同，其作用也有所不同，使用的部位也就不同。各种型式的冷却板见图 4-27。各种冷却板性能及使用部位见表 4-49。

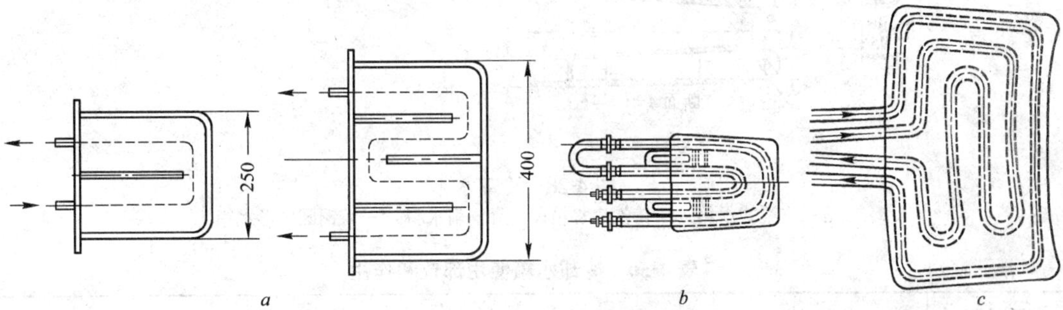

图 4-27 冷却板

a—铸铜冷却板；*b*—埋入式冷却板；*c*—铸铁冷却板

表 4-49 几种冷却板使用部位

名 称	铸铜冷却板二通道	铸铜冷却板四通道	铸铁冷却板	埋入式冷却板
使用部位	炉身中下部	炉身中下部及炉腰	托圈部位及炉腰	炉身下部及炉腰
性能及作用	冷却强度较大，支承砖衬，能够维持较厚的砖衬，便于更换，能抵抗局部强大热流，炉壳开孔多	冷却强度大，支承砖衬，能够维持较厚的砖衬，便于更换，能抵抗局部强大热流，炉壳开孔多	冷却强度一般，支承砖衬，能够维持较厚的砖衬，冷却水管易折断，炉壳开孔多	炉腰、炉身中下部可与冷却壁配合使用，冷却强度大，能维持较好的砖衬，但内衬破损不规则，炉壳开孔多
长/mm×宽/mm×高/mm	$(500\sim600)\times25\times\frac{80}{75}$	$(500\sim600)\times250\times\frac{100}{90}$	$(500\sim1000)\times\frac{390}{320}\times\frac{260}{200}$	$(500\sim1000)\times\frac{600}{400}\times\frac{100}{90}$

(2) 冷却水箱

目前常用的冷却水箱有铸铁支梁式水箱、铸铜圆柱形水箱、青铜扁水箱、铸铁扁水箱等。冷却水箱见图 4-28。冷却水箱的使用部位和作用见表 4-50。

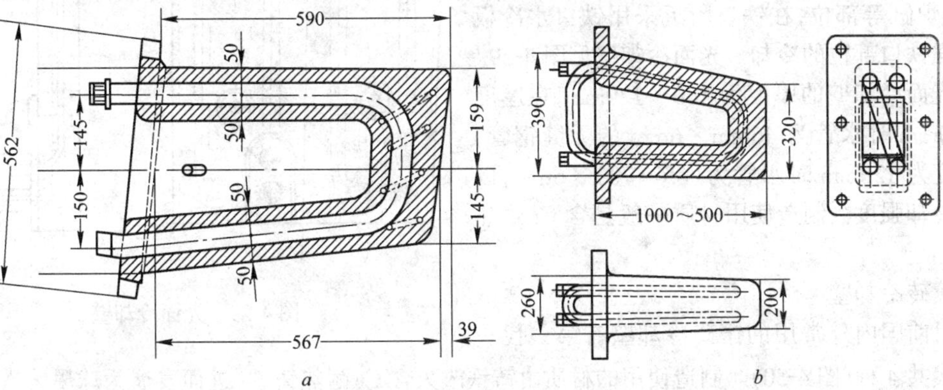

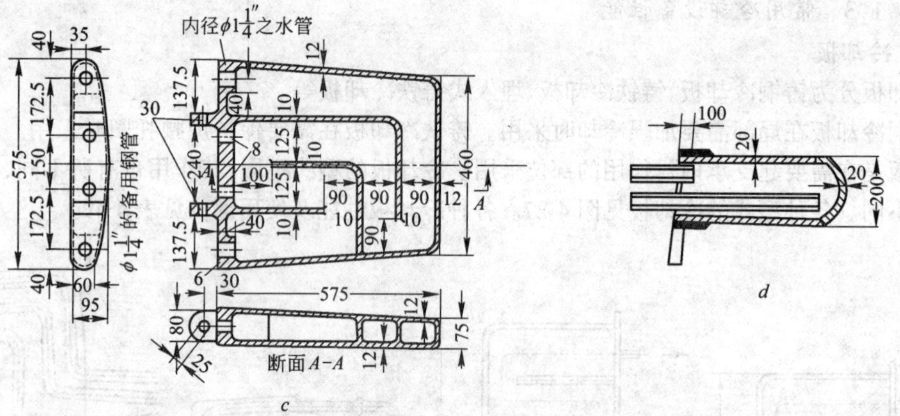

图 4-28　冷却水箱

a—支梁式水箱；*b*—铸铁扁水箱；*c*—青铜扁水箱；*d*—铸铜圆柱形水箱

表 4-50　冷却水箱使用部位和作用

水箱名称	支梁式水箱	铸铜圆柱形	青铜扁水箱	铸铁扁水箱
使用部位	炉身上部	冷却壁损坏时修补用	炉身中下部及上下冷却壁之间	炉身中下部及上下冷却壁之间
性能及作用	冷却强度较低，托砖作用好，能维持较厚的内衬	冷却强度大，能起托砖作用，局部冷却效果好	冷却强度较大，能起托砖作用，局部冷却效果好	冷却强度较低，能起托砖作用，局部冷却效果好
长/mm×宽/mm×厚/mm	(600～1000)×$\frac{390}{320}$×$\frac{260}{200}$	$D\times a$ (110～200)×300	(500～700)×$\frac{200}{160}$×$\frac{100}{75}$	(500～1000)×$\frac{390}{320}$×$\frac{200}{160}$

(3) 冷却壁

目前常用的冷却型式有光面冷却壁、镶砖冷却壁。镶砖冷却壁已发展到第四代。

光面冷却壁

光面冷却壁的特点是冷却强度大，一般用于炉底、炉缸等部位，在铁口附近采用铁口水冷板以加强铁口部位的冷却。光面冷却壁见图 4-29。

光面冷却壁的厚度为 100～120mm，在厚度为 100mm 时水管为 46mm×6mm 的无缝钢管，在厚度为 120mm 时水管为(65～70)×6mm，以提高冷却强度。制造使用材质一般是含 Cr 耐热铸铁。

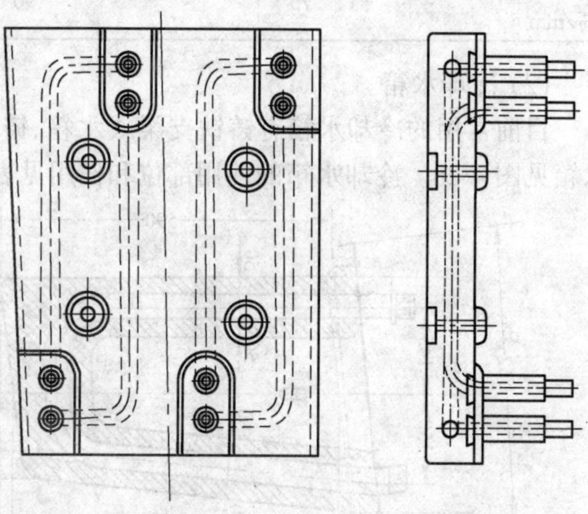

图 4-29　光面冷却壁

镶砖冷却壁

目前国内外常用的镶砖冷却壁有第一代～第四代共 4 种(图 4-30)。制造使用的材质由铸铁改为含 Cr 耐热铸铁，进而发展为球墨铸铁和铜质的。

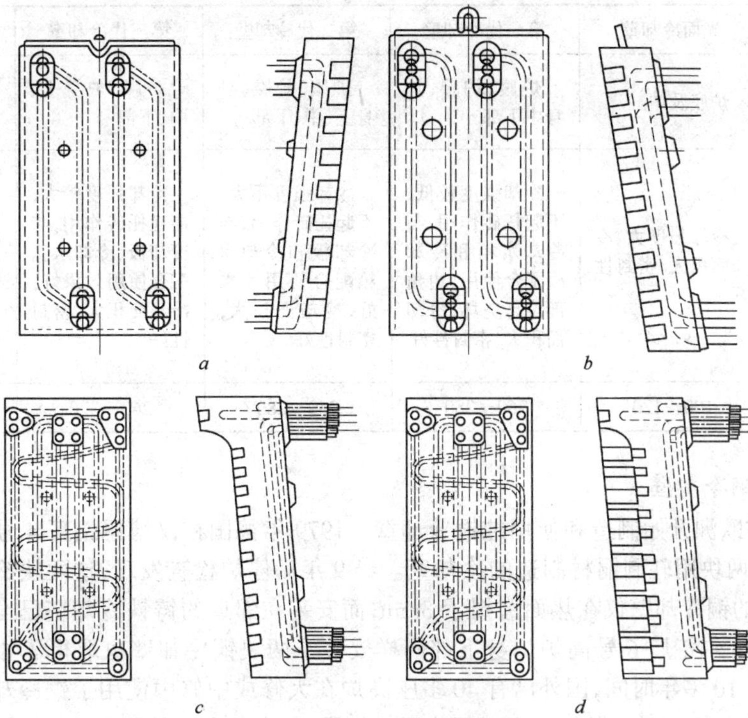

图 4-30　高炉镶砖冷却壁

a—第一代；*b*—第二代；*c*—第三代；*d*—第四代

1) 第一代冷却壁　这种冷却壁的缺点是，冷却壁的四个角部位冷却强度低易于破损。第一代镶的是高铝砖或黏土砖，有的采用了碳捣等。砖厚为115～150mm。这种冷却壁强度较低，容易挂渣皮，一般用于炉腹、炉腰等部位。冷却壁的长度是根据具体情况而定，但不宜过长，厚度一般在260mm左右。水管直径为45×6～70×60mm。

2) 第二代冷却壁　第二代冷却壁是在第一代冷却壁的基础上为加强边角部位的冷却强度，原斜线布置的水管改为90°角布置。这种冷却壁冷却强度不高，一般用于炉腹、炉腰、炉身中下部。用于炉身中下部时与扁水箱配合使用效果更好。冷却壁厚度为260～280mm，水管直径为46×6～70×6mm。砖厚为75～150mm。

3) 第三代冷却壁　第三代冷却壁是在第二代冷却壁的基础上为了使冷却壁能起到支承砖衬的作用，增加了凸台，凸台有设在上部的，也有设在中部的，而且在凸台处设两路水管冷却，以保护凸台，在边角部位设一路水管以加强冷却。在本体冷却水管由原来一路水管的基础上在背面增设一路水管，以强化冷却效果。冷却壁厚度由260mm增加到320mm，砖厚为75～150mm。镶砖的材质由高铝砖、黏土砖改为SiC砖、铝碳砖等性能好的耐火材料。

4) 第四代冷却壁　第四代冷却壁是在第三代冷却壁的基础上，将冷却壁与部分或全部耐火砖衬结合在一起构成的，冷却壁厚度达600～800mm左右，镶砖厚度增加到345～460mm以上。镶砖材质为SiC砖、Si_3N_4-SiC砖、半石墨化SiC砖、铝碳砖等。冷却水管的布置形式同第三代冷却壁。

4.4.1.4　各种冷却壁的使用部位及作用

每种冷却壁由于它的性能和作用有差异，故所使用的部位就不同。各种冷却壁的使用部位及作用见表4-51。

表 4-51 各种冷却壁使用部位及作用

型 式	光面冷却壁	第一代冷却壁	第二代冷却壁	第三代冷却壁	第四代冷却壁
使用部位	炉底及炉缸	炉腹、炉腰、炉身中下部	炉腹、炉腰、炉身上、中、下部	炉腰、炉身上、中、下部	炉腰、炉身上、中、下部
性能及作用	冷却强度大、冷却面积大、密封性好	冷却强度较低，不起托砖作用，与冷却水箱和冷却板配合使用，边角部位易烧坏，冷却面积大，密封性好	冷却强度不大，不起托砖作用，与冷却板和冷却水箱配合使用效果好，冷却面积大，密封性好	冷却强度较大，能起托砖作用，与冷却板、冷却水箱配合使用效果好，冷却面积大，密封性好	冷却强度较大，能起托砖作用，与冷却板、冷却水箱配合使用效果好，冷却面积大，密封性好，可代替部分内衬
冷却壁厚度/mm	100～120	260～280	260～280	260～320	600～800

4.4.1.5 铜冷却壁

70 年代末在欧洲开始制造和使用纯铜冷却壁。1979 年德国在汉博恩钢厂 4 号高炉($2101m^3$)炉身中部安装了两块用轧制铜材制造的冷却壁。经 9 年后停炉检查发现，这两块冷却壁仍然保持完好，150mm 厚的铜冷却壁仅在热面磨损了 3mm，而安装在邻近的铸铁冷却壁已全部开裂。1988 年蒂森公司在鲁罗尔特厂 6 号高炉炉身下部同样安装了两块铜冷却壁也取得了相同的效果。从 1989 年开始至今 10 多年时间，国外已有 40 多座高炉在大修或中修中使用了铜冷却壁。国内也有一些高炉如武钢、首钢、宝钢、鞍钢等也试用着铜冷却器，实践证明效果是明显的。国外使用铜冷却壁的高炉见表 4-52。

表 4-52 国外安装 SMS 铜冷却壁的高炉

厂名及炉号	炉缸直径/m	冷却区域	冷却壁数量	安装年份	喷吹情况
汉博恩钢厂 4 号高炉	10	炉身中部	2 块	1979	
鲁罗尔特厂 6 号高炉		炉身下部	2 块	1988	
蒂森公司施韦尔根厂 2 号高炉	14.9	炉腹、炉腰	1 段	1993	喷煤
德国普劳萨格萨尔茨吉特厂 B 高炉	11.2	炉腹、炉腰、炉身下部	3 段	1993	
瑞典通普拉特刘里厂 2 号高炉	8.5	炉腹、炉腰、炉身下部	3 段	1995	喷煤
比利时西德玛钢铁厂 B 高炉	10.5	炉腰	1 段	1995	喷煤
西班牙 CSI 钢铁公司 B 高炉	11.3	炉腹、炉腰、炉身	4 段	1996	喷煤
蒂森公司施韦尔根厂 1 号高炉	13.6	炉腹、炉腰	3 段	1996	喷煤
德国柯克尔内 EKO 厂 5A 高炉	9.75	炉腹、炉腰、炉身	4 段	1996	
LTV 印第安纳哈博厂 4 号高炉	10	炉腹、炉身下部	3 段	1996	
比利时西德玛钢铁厂 B 高炉	10.5	炉腹、炉身下部	3 段	1996	喷煤
西班牙 CSI 厂 A 高炉	11.3	炉腹、炉腰、炉身	4 段	1997	喷煤
德国布雷门钢厂 2 号高炉	12.0	炉腹、炉身下部	4 段	1996	喷塑料

续表 4-52

厂名及炉号	炉缸直径/m	冷却区域	冷却壁数量	安装年份	喷吹情况
伊斯帕特印度都维厂1号高炉	10.8	炉腹、炉腰、炉身下部	2段	1996	喷煤
法国敦刻尔克索拉克厂3号高炉	10.2	炉身下部	4块	1996	
巴西图巴朗西德鲁季亚厂2号高炉	8.0	炉腹、炉腰、炉身下部	3段	1997	
德国迪林根罗杰沙厂5号高炉	12.0	炉缸下部	3段	1997	喷煤
德国克虏伯荷西公司西法仑休特厂4号高炉	9.7	炉腹、炉腰	3段	1997	喷煤
智利托恰阿诺豪奇帕托厂2号高炉	7.0	炉腹、炉腰	2段	1997	喷煤
德国蒂森公司汉博恩厂4号高炉	10.7	炉腹、炉腰、炉身下部	3段	1997	喷煤
日本NKK公司京浜厂1号高炉	14.8	炉身下部	15块	1997	喷塑料
美国钢铁公司格里厂4号高炉	8.8	炉身下部	2块	1997	
德国普劳萨格钢厂B高炉	11.2	炉身下部	1段	1998	
日本住友金属公司和歌山厂5号高炉	11.1	炉身下部	5块	1998	
德国蒂森克虏伯公司西法仑休特厂7号高炉	9.8	炉腰、炉身下部	2段	1998	
巴西蒙力维达钢铁厂A高炉	8.0	炉腹、炉腰、炉身下部	4段	1999	喷煤
捷克特内尼克厂6号高炉	8.2	炉腹、炉腰、炉身下部	3段	1999	
比利时柯克内尔舍姆波厂6号高炉	9.3	炉腹、炉腰、炉身	6段	1999	
美国钢铁公司不拉多克爱德加托马斯厂ET-3高炉	8.0	炉腹	1段	1999	
美国国家钢铁公司格里尼特城钢铁厂A高炉	8.3	环梁	1段	1999	
美国国家钢铁公司大湖钢厂B高炉	8.76	炉腹、炉身下部	2段	1999	
西班牙希洪Aceralia公司5、6高炉	11.3	炉腹、炉腰、炉身下部	4段	1998	
比利时柯克内尔舍姆波厂B高炉	9.75	炉身下部	3段	1996	喷煤

(1) 铜冷却壁的结构

比利时马里蒂姆钢铁公司西德玛钢铁厂在1995年、1996年只花了26天时间分两次采用更换的方式在B高炉炉腹、炉腰及炉身下部安装了四段铜冷却壁。美国LTV钢铁公司印第安纳哈博厂H-4高炉1998年停炉大修时，在炉腰及炉身下部安装了三段铜冷却壁。两座高炉的铜冷却壁均由SMS公司的曼恩·好希望冶金公司用纯铜(99.5%)连铸板坯经轧制钻孔加工制成，铜的导热性能高于国际退火铜标准(IACS)90%以上。铜冷却壁水管与铸铁冷却壁相同的材质，铜密封塞子焊在冷却进水管，均通过一个膨胀补偿盒与炉壳连接。每块冷却壁均开有2～6个螺栓孔，用来与炉壳固定。热电偶安装在铜冷却壁离受热面18mm处，壁体厚度为88mm(不包括凸槽)，冷却壁中心线上方留有1个悬挂孔，用于安装时定位。铜冷却壁的结构见图4-31，其主要尺寸见表4-53。

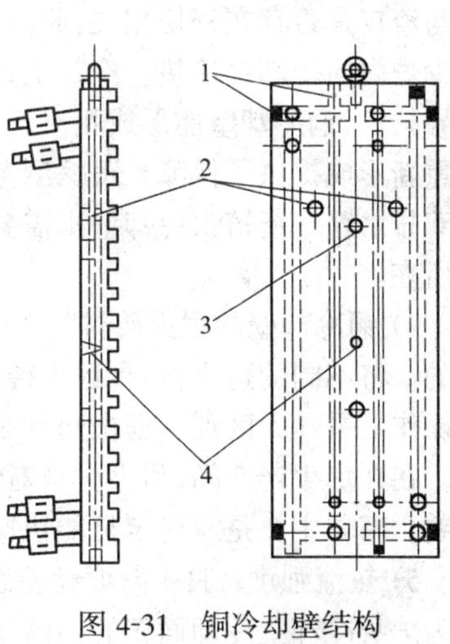

图 4-31 铜冷却壁结构

1—铜塞子；2—螺栓孔；3—销钉孔；4—热电偶位置

表 4-53　铜冷却壁外形尺寸

项　目	B高炉				H高炉
	第六段	第七段	第八段	第九段	炉腰炉身下部
高度/mm	1780	1738	2000	1582	1980
上边宽度/mm	923	923	890	892	762
下边宽度/mm	897	923	920	865	
有槽厚度/mm	143	143	143	143	143
无槽厚度/mm	88	88	88	88	88
孔径/mm	55	55	55	55	55
固定螺栓数/个	2	2	2	2	3

B高炉炉身下部的96块铜冷却壁单独组成一个冷却回路,设计循环流水量为$16.35m^3 \cdot min^{-1}$。H-4高炉铜冷却壁热面砌砖厚度为:最下面一段铜冷却壁砌筑34mm高导热能力的半石墨砖,上面两段铜冷却壁外砌34mm优质耐火砖。而B高炉铜冷却壁外只喷涂一层耐火混凝土。

(2) 铜冷却壁的使用情况

1) 冷却壁温度　H-4号高炉大修后于1998年7月26日开炉。开炉后测出的铜冷却壁温度与前一代炉役1991年开炉后测得的球墨铸铁冷却壁日平均温度相比,铜冷却壁不仅壁体温度(约27℃)比球墨铸铁冷却壁(约43℃)低10~16℃,而且温度波动也比球墨铸铁冷却壁小,铜冷却壁的小时标准偏差仅1.1℃,而球墨铸铁冷却壁超过2.2℃。高炉生产一段时间后(冷却壁前砖衬出现破损),铜冷却壁与球墨铸铁冷却壁之间的温度差及温度小时标准偏差变大,这与欧洲同期安装的铜冷却壁高炉的观测结果是一致的。

2) 高导热率对冷却壁损失的影响　B高炉更换冷却壁后,对各段冷却炉墙平均热损失进行了统计。1996年7月1日~1997年8月31日,高炉在较高煤比情况下,铜冷却壁部位热损失为$11.5kW \cdot m^{-2}$,铜冷却壁以上的铸铁冷却壁部位热损失为$21.5kW \cdot m^{-2}$,以下为$8.0kW \cdot m^{-2}$。使用铜冷却壁后,使用部位的热损失大幅度减少,究其原因主要是铜冷却壁可以使形成的渣皮更稳定。

3) 低热负荷与渣皮重建的关系　观测发现冷却壁的热损失,出现峰值温度的时间及峰值的高低与渣皮是否存在密切相关,原因是炉渣(渣皮)导热率低(约$2W \cdot (mK)^{-1}$),是传热的限制环节,可减少炉内向冷却壁传热。冷却壁壁体温度低是渣皮形成和稳定存在的必要条件,由于铜具有良好的导热性,铜冷却壁能形成相对较冷的表面,从而为渣皮的稳定存在以及渣皮脱落后,在较短时间内重新形成提供了保障。跟踪测量冷却壁壁体温度表明,铜冷却壁能在15min内完成渣皮的重建,而双排水管球墨铸铁冷却壁则需要4h。容易快速形成导热率很低的渣皮是铜冷却壁热损失低的原因所在。

4) 铜冷却壁的耐火砖衬　B高炉使用经验表明,在冷却壁砌筑很厚或优质的耐火材料是不必要的。将不同的耐火材料(耐火砖、浇注料、喷涂料、耐热混凝土等8种)用于铜冷却壁上,经观察,其操作结果并无区别。据报道西班牙两座高炉铜冷却壁前的耐火炉衬经6个月操作后即消失殆尽。在开炉生产期间,耐火材料对铜冷却壁有保护作用,但这些耐火材料的耐久性能力及质量并不重要。高炉主要是靠稳定且能快速重新形成的渣皮来实现长寿的。

5) 热流强度　H-4高炉经验表明,高炉炉腹和炉身部位的热负荷相近,因炉腹冷却壁冷却面积仅为炉身冷却壁冷却面积的40%,所以安装铸铁冷却壁的炉腹部位的热流强度比安装铜冷却壁的炉身部位要高2~2.5倍。目前高炉尚处于炉役初期,炉身、炉腹热流强度较低,随着炉龄的延长和耐火材料的蚀损,热流强度还会逐渐升高。

4.4.1.6 冷却壁材质

50年代至60年代冷却壁的材质是灰口铸铁，即HT15-33，蛇形管的材质为20g冷拔无缝钢管。灰口铸铁由于延伸性差，不能适应其工作环境，影响了使用寿命。70年代，为提高灰口铸铁的使用性能，加入了Cr、Mo等合金元素，虽然铸铁性能有所改善，但效果仍不理想。到了80年代，以性能良好的低铬铸铁或球墨铸铁逐步代替了灰口铸铁，到了90年代铜冷却壁又应用在高炉上。

冷却壁使用后铸铁性能的变化见表4-54。铸铁性能比较见表4-55。

表4-54 冷却壁使用后铸铁性能变化

指　标	C/%	Si/%	Mn/%	P/%	S/%	σ/MPa	HB
HT15-33	3.2～3.9	1.5～2.5	<1.0	<0.3			
背　面	3.03	1.99	0.76	0.05	0.048	1.47	163～229
受热面		0.44	0.57	0.036	0.025	0.46	97.7～99.5

表4-55 几种铸铁的性能比较

性　　能	HT20-40	QT50-5	日本低铬铸铁	日本球墨铸铁
σ/MPa	>1.76	>4.9	1.47	3.92
$\sigma_{0.2}$/MPa		>3.73		
δ_5/%		>5		
HB	207～285	181～204		
抗热震次数	30～40	480	30～40	600
高温强度/MPa	1.48	3.36		
高温延伸率/%	2.0	17.1		
抗氧化	400℃，0.3592	800℃，0.2517		
热导率/W·(m·℃)$^{-1}$	0.093	0.105	40.7～46.5	29.1～34.9

从表4-55中可见球墨铸铁的性能比灰口铸铁优越得多。铸铁冷却壁材质应采用球墨铸铁。

4.4.1.7 冷却壁水管防渗碳

试验研究表明，冷却壁断裂的主要原因是除了材质本身外，在铸造过程中水管渗碳使水管性能发生变坏而引起的。武钢使用后取样分析表明，水管渗碳深度达4.64mm，梅山冶金公司高炉冷却壁水管含碳量达0.45%～1.0%。为了延长冷却壁的使用寿命，防止水管渗碳，应在铸造前涂上防渗碳涂料。防渗碳涂料见表4-56。

表4-56 防渗碳涂料配方

品　种	铝粉/%	水玻璃/%	水/%	Al_2O_3/%	SiO_2/%	SiC/%	硅酸钾/%
前苏联涂料	20	8	70				
日本涂料			18.6	29.6	22.2	22.2	7.4

在冷却壁外部水管安装时，应采用波纹膨胀器以防止水管断裂。

4.4.2 冷却设备结构选择

冷却设备结构的合理性表现在冷却壁的几何尺寸、冷却面积、镶砖的材质及厚度、水管直径及其布置等。在一定的热流强度下，应选择适合该热流强度的冷却面积、冷却强度、镶砖厚度，使冷却壁热面温度低于铸铁相变温度400℃，以保护冷却壁从而保护炉壳提高寿命。

4.4.2.1 冷却壁几何尺寸

冷却壁长度一般取 1.2～2.5m;风口区冷却壁块数为风口数目的 2 倍;两个渣口一般在 4 块冷却壁(上下段各两块);为便于计算每段块数尽量取偶数;宽度一般取 0.7～1.5m,尽量考虑炉壳开孔处能运进炉内。

冷却壁厚度是根据铸入水管的外径、水管排数、铸铁保护层以及镶砖的厚度而定。光面冷却壁厚度一般在 80～120mm;镶砖冷却壁一般在 260～350mm;第四代冷却壁取 600～800mm,其镶砖厚度大于 345mm。

4.4.2.2 冷却壁传热计算

要选择合理的冷却结构,就要通过传热计算。冷却壁的热面温度应控制在低于 400℃ 的铸铁相变温度。根据通过冷却壁的热流密度,选择合理的冷却面积和冷却强度。冷却传热见图 4-32。

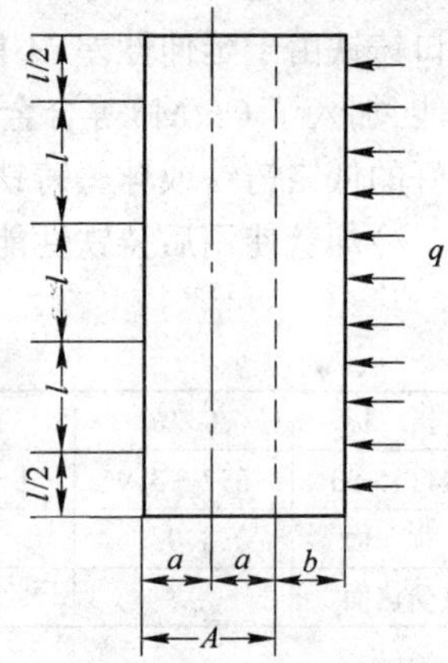

图 4-32 冷却传热图

通过冷却壁的传热密度计算 q:

$$q=\frac{t-t_{\mathrm{j}}}{\dfrac{2b}{\lambda+\lambda_{\mathrm{s}}}+\dfrac{aL}{\pi\lambda d}+\dfrac{L}{\pi d\alpha}} \tag{4-7}$$

式中 q——通过冷却壁热面的热流密度,$\mathrm{W\cdot m^{-2}}$;

t——冷却壁受热面的平均温度,℃;

t_{j}——冷却介质温度,℃;

d——冷却壁水管直径,m;

b——镶砖厚度,m;

a——冷却铸体厚度之半(不包括镶砖),m;

L——水管中心线间距,m;

α——冷却介质传热系数,$\mathrm{W\cdot(m^2\cdot ℃)^{-1}}$;

λ——铸铁热导率,$\mathrm{W\cdot(m\cdot ℃)^{-1}}$;

λ_{s}——耐火砖热导率,$\mathrm{W\cdot(m\cdot ℃)^{-1}}$。

将上式整理得出冷却壁热面温度的计算公式为:

$$t=q\left[\frac{2b}{\lambda+\lambda_{\mathrm{s}}}+\left(\frac{a}{\lambda}+\frac{1}{\alpha}\right)\cdot\frac{L}{\pi d}\right]+t_{\mathrm{j}} \tag{4-8}$$

冷却壁冷面和热面的温度差会引起挠度变形,甚至断裂,其变形量按下式计算:

$$h=\frac{A(1+\alpha t)}{\alpha(t-t_0)}\left(1-\cos\frac{(t-t_0)L_0}{2A}\right) \tag{4-9}$$

式中 h——冷却壁挠度,mm;

t——冷却壁热面温度,℃;

t_0——冷却壁冷面温度,℃;

A——冷却壁厚度$=2a$,mm;

L_0——冷却壁长度,mm。

以首钢高炉为例,计算结果表明,热流密度在 $34.9\mathrm{kW\cdot m^{-2}}$、镶砖厚度 345mm 时,无论水冷或汽化冷却其冷却壁的热面温度都超过铸铁允许温度 400℃;而镶砖厚度为 55mm 时,即使热流密度尖峰值58.2kW·m^{-2}时，其冷却壁热面温度低于400℃，仍处于安全范围之内。首钢高炉计算结果见表4-57。

表4-57 首钢高炉冷却壁热面温度挠度计算结果

炉号	冷却方式	热流密度 q/kW·m^{-2}	传热系数 α/kW·(m^2·℃)$^{-1}$	介质温度，t_j/℃	冷却水管直径 d/mm	水管间距 L/mm	铸板厚度 A/mm	镶砖厚度 b/mm	背面温度 t_0/℃	热面温度 t/℃	冷却壁长度 L_0/mm 1400	1700	2000	2900
											挠度 h/mm			
2	汽化冷却	23.3	3.016	100	39(D51×6)	230	125	230	50	393	8.72	12.85	17.79	37.39
		34.9	4.005	100	39(D51×6)	230	125	230	70	534	11.81	17.41	24.10	50.63
		58.2	5.728	100	39(D51×6)	230	125	230/138	90	815/600	18.52	27.30	37.79	79.40
3	水冷	23.3	2.326	40	33(D45×6)	210	130	55	45	179.5	3.28	4.84	6.69	14.10
		34.9	2.326	40	33(D45×6)	210	130	55	60	249.4	4.60	6.81	9.43	19.82
		58.2	2.326	40	33(D45×6)	210	130	55	75	389	7.67	11.31	15.65	32.91
4	水冷	23.3	2.326	40	33(D45×6)	220	220	345	20	450	13.67	20.15	27.12	58.62
		34.9	2.326	40	33(D45×6)	220	220	345	30	655	19.91	29.36	40.63	85.37
		58.2	2.326	40	33(D45×6)	220	220	345	40	1065	32.82	48.37	66.92	140.49
	汽化冷却	23.3	3.016	100	48(D60×6)	230	230	345	30	505	10.07	14.85	20.56	43.21
		34.9	4.005	100	48(D45×6)	230	230	345	40	703	14.09	20.78	28.76	60.45
		58.2	5.728	100	48(D45×6)	230	230	345/140	50	1009/600	22.41	45.72	45.72	96.04

4.4.2.3 冷却设备结构选择

炉体冷却设备应把传到冷却壁的热量迅速带出炉外，使在离炉壳400mm左右区域要形成300～400℃的稳定的温度界面，使一切破坏作用限制在这一等温线界面之内，从而保护内衬、冷却壁和炉壳。

选择冷却壁结构型式，要以热负荷为基础，以防止内衬侵蚀和脱落为目的，以防止冷却壁破损为措施，以高炉长寿作为根本的原则。

(1) 炉体各部位热负荷计算：

$$Q = M \cdot c(t - t_0) \tag{4-10}$$

式中 Q——热负荷，kJ·h^{-1}；

M——冷却水量，kg·h^{-1}；

c——水的比热容，kJ·(kg·K)$^{-1}$；

t_0——进水温度，℃；

t——出水温度，℃。

(2) 炉体冷却水带出热量估算

$$Q = 0.12n + 0.0045V_u \tag{4-11}$$

式中 n——风口数目；

V_u——高炉有效容积,m^3;

Q——冷却水带走的热量,$4.18\times10^6 kJ\cdot h^{-1}$。

高炉各部位热负荷见表4-58。

表4-58　高炉各部位热负荷

部　位	热负荷/$kJ\cdot(m^2\cdot h)^{-1}$		
	最　小	平　均	最　大
炉底四周	1675	5862	25125
下部炉缸	2512	14654	50242
风口带	5024	12560	102577
炉　腹	20934	85830	207246
炉　腰	8374	73269	188825
炉身中下部	3140	20934	50242
风　口	1046700	1674720	2093400
风口二套	167472	418680	628020

重钢炼铁厂对高炉热负荷计算和实测数据见表4-59。

表4-59　重钢高炉各部位热负荷

炉容/m^3	热负荷/$MJ\cdot(m^3\cdot h)^{-1}$				
	炉底侧壁	炉　缸	炉　腹	炉腰炉身下部	炉身中上部
>1000	5000	1000～2000	3000～4000	5000	1500～40000
1200实测	～2200	～5500	～22000	～25000	～15000
620实测	～1000	～6000	～16000	～12000	～5000

本钢1号高炉热负荷控制界限见表4-60。

表4-60　本钢一铁1号高炉热负荷

指　标	炉　底	炉　缸	炉　腹	炉　腰
正常热负荷/$kJ\cdot(m^2\cdot h)^{-1}$	6280	14654	83736	73269
最大热负荷/$kJ\cdot(m^2\cdot h)^{-1}$	25131	46055	209340	188406

不同的高炉由于原料条件、操作制度以及高炉服务年限的不同,传给冷却的热负荷也有所不同,所以,在确定热负荷时应对本厂高炉各部位的热负荷进行实测或计算数据为依据。

(3) 高炉各部位冷却设备结构型式选择

高炉炉底四周,炉缸各部位应选用冷却强度大的光面冷却壁;炉腹部位主要靠渣皮工作,所以,应选择冷却强度较低易挂渣皮的镶砖冷却壁较为合理;炉腰、炉身中下部由于高炉冶炼条件和工作环境所决定,热负荷波动大、热震现象严重加上高温煤气流的冲刷等综合因素的影响下内衬容易侵蚀、剥落或脱落,因此,该部位应选择带凸台冷却壁,铜冷却壁,或与能起托砖作用的冷却水箱、冷却板配合使用为宜。部分高炉冷却结构见表4-61。

表4-61 部分高炉冷却结构

炉容/m^3	炉 底	炉 缸	炉 腹	炉 腰	炉 身		
					下 部	中 部	上 部
300	光面	光面	镶砖	带凸台镶砖	带凸台镶砖	带凸台镶砖	三层支梁式
633	光面	光面	镶砖	镶砖	镶砖扁水箱	镶砖扁水箱	三层支梁式
883	光面	光面	镶砖	镶砖	镶砖扁水箱	镶砖扁水箱	四层支梁式
970	光面	光面	镶砖	镶砖	板壁结合	板壁结合	三层支梁式
1000	光面	光面	镶砖	镶砖	板壁结合	带凸台镶砖	三层支梁式
2580	光面	光面	镶砖	三代冷却壁	三代冷却壁	三代冷却壁	三代冷却壁
2580	光面	光面	镶砖	三代冷却壁	三代冷却壁	三代冷却壁	三代冷却壁
2580	光面	光面	镶砖	带凸台冷却壁	带凸台冷却壁	带凸台冷却壁	带凸台冷却壁
3250	光面	光面	镶砖	三代冷却壁	三代冷却壁	三代冷却壁	三代冷却壁
4350	光面	光面	镶砖	四代冷却壁	四代冷却壁	四代冷却壁	四代冷却壁

4.4.3 合理冷却结构

4.4.3.1 合理冷却结构的条件

冷却结构的合理与否对高炉长寿影响巨大。合理的冷却结构应该满足下列条件:

1) 冷却效果要好而均匀,冷却面死角要少;

2) 要具有承受热流强度的功能,根据测试冷却设备最大热流承受能力为200000~400000$kJ\cdot(m^2\cdot h)^{-1}$,若超过400000$kJ\cdot(m^2\cdot h)^{-1}$冷却设备就烧坏;

3) 炉腰和炉身具有一定的托砖功能;

4) 容易形成渣皮等。

冷却结构的合理性也应表现在冷却壁的热面温度能控制在<400℃,因为冷却壁温度超过400℃就发生相变从而加速冷却的破损。

4.4.3.2 国外高炉冷却结构

国外高炉都根据各自的情况采用了适合本高炉的冷却型式。欧美以铜冷却壁为主,而日本以第三代第四代冷却壁为主并出现了冷却壁与炉壳之间加铜质薄冷却水箱等结构。

日本川崎设计了双重冷却壁系统,这一结构是在冷却壁与炉壳之间增加铜质薄冷却夹套,在两段冷却壁之间插入一层冷却板改善冷却壁边角处的工作条件。这一冷却结构在水岛4号高炉($4323m^3$)上所采用。其结构型式见图4-33。

近年来日本大多数高炉采用板壁或箱壁结合的复合式冷却结构和第三代冷却壁,有少数高炉采用了第四代冷却壁。日本部分高炉冷却结构及使用寿命见表4-62。

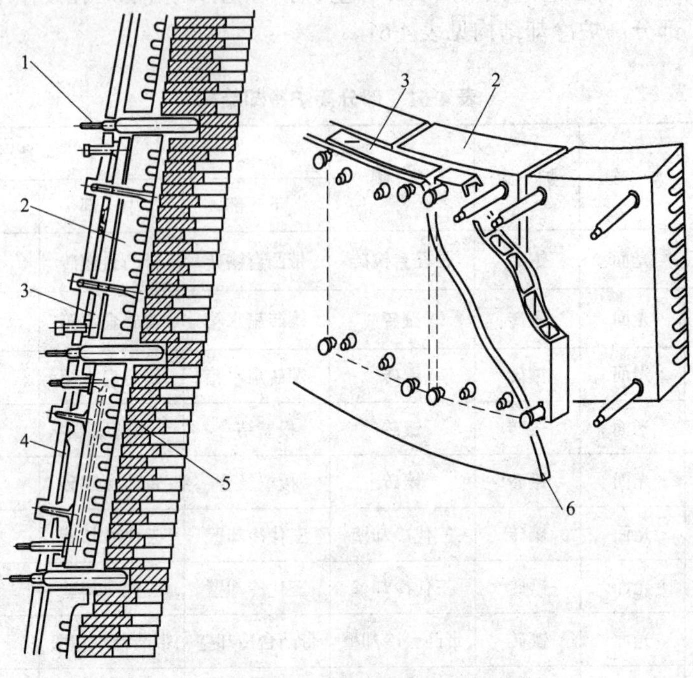

图 4-33　水岛 4 号高炉冷却结构

1—铜冷却板；2—灰铸铁冷却壁；3—铜冷却夹套；
4—铜冷却夹套支撑；5—SiC-Si_3N_4 砖；6—炉壳

表 4-62　日本高炉冷却结构使用年限

冷却结构型式	厂名炉号	炉容/m^3	使用年限	冷却结构型式	厂名炉号	炉容/m^3	使用年限
第一代冷却壁	名古屋 3 号	2924	5.4	第二代冷却壁	鹿岛 1 号	3680	11.6
	室兰 4 号	1921	5.7		加古川 2 号	3850	11～
	广畑 4 号	3799	6.1		堺 2 号	2620	9.4
	名古屋 1 号	2847	6.5		名古屋 2 号	2518	6.4
	洞冈 4 号	1540	6.8		室兰 1 号	1249	9.2
	大分 1 号	4158	6.9		加古川 3 号	4500	10
	广畑 4 号	3799	5.6		广畑 1 号	4140	10.4
第二代冷却壁	广畑 3 号	1691	8.5	第三代冷却壁	广畑 4 号	3799	12.6
	釜石 2 号	1730	11.1		广畑 4 号	3799	10.5
	名古屋 3 号	2922	9.7		名古屋 1 号	2847	12.7
	广畑 1 号	4140	10.4		大分 1 号	4158	13.4
	室兰 4 号	1921	10.2		名古屋 3 号	2922	4.7～
	大分 1 号	5070	11.8		室兰 2 号	1249	4.1～
	大分 2 号	5070	11.8		名古屋 1 号	3890	11.6～
	水岛 3 号	3363	11.8		大分 1 号	4158	11.2～
					广畑 4 号	4250	10.4

续表 4-62

冷却结构型式	厂名炉号	炉容/m^3	使用年限	冷却结构型式	厂名炉号	炉容/m^3	使用年限
第四代冷却壁	釜石 1 号	1150	3.7 计划停炉	冷却板	鹿岛 1 号	4052	12.6
	广畑 1 号	4140	3.7～		鹿岛 2 号	4052	11
	大分 2 号	5070	0.7～		福山 3 号	3233	11.1
第二代冷却壁与冷却板配合	鹿岛 3 号	5050	13.4		福山 4 号	4288	12.05
	千叶 6 号	4500	13.3		君津 4 号	4930	10.8
					君津 3 号	4063	10.6

注：表列是 1989 年 11 月数据。

4.4.4 建议采用的冷却结构

目前国内炼铁界，对合理冷却结构看法各不一致，但单靠冷却设备的合理结构来实现高炉长寿是很难的。因为长寿是一个综合因素的集中反映。所以，应对内衬、冷却结构、冷却方式、操作制度等诸方面综合治理的同时必须加强生产管理，在生产中冷却壁的热流强度控制在冷却壁所能承受的范围之内。建议采用的冷却结构见表 4-63。

表 4-63 建议采用的冷却结构

炉容/m^3	炉底	炉缸	炉腹	炉腰	炉身		
					下部	中部	上部
300	光面冷却壁	光面冷却壁	镶砖冷却壁，镶 SiC 或高铝砖捣打料	凸台镶砖冷却壁	凸台镶砖冷却壁	凸台镶砖冷却壁	支梁式水箱
				板、壁结合	板、壁结合	板、壁结合	箱、壁结合
600	光面冷却壁	光面冷却壁	镶砖冷却壁，镶 SiC 或高铝砖、铝碳砖	凸台镶砖冷却壁	凸台镶砖冷却壁	凸台镶砖冷却壁	箱、壁结合
				板、壁结合	板、壁结合	板、壁结合	凸台镶砖冷却壁
1000	光面冷却壁	光面冷却壁	镶砖冷却壁，镶 SiC、铝碳砖或捣打料	凸台镶砖冷却壁	凸台镶砖冷却壁	凸台镶砖冷却壁	箱、壁结合
				板、壁结合或箱、壁结合	板壁结合或箱、壁结合	板、壁结合或箱、壁结合	凸台镶砖冷却壁
1500	光面冷却壁	光面冷却壁	镶砖冷却壁，镶 SiC 或铝碳砖	凸台镶砖冷却壁	凸台镶砖冷却壁	凸台镶砖冷却壁	箱、壁结合
				板、壁结合或箱、壁结合	板、壁结合或箱、壁结合	板、壁结合或箱、壁结合	凸台镶砖冷却壁
2000	光面冷却壁	光面冷却壁	镶砖冷却壁，镶 SiC 砖或铝碳砖	凸台镶砖冷却壁	凸台镶砖冷却壁	凸台镶砖冷却壁	箱、壁结合
				板、壁结合或箱、壁结合	板、壁结合或箱、壁结合	板、壁结合或箱、壁结合	凸台镶砖冷却壁
2500	光面冷却壁	光面冷却壁	镶砖冷却壁，镶 SiC 砖或铝碳砖	凸台镶砖冷却壁	凸台镶砖冷却壁	凸台镶砖冷却壁	箱、壁结合
				板、壁结合或箱、壁结合	板、壁结合或箱、壁结合	板、壁结合或箱、壁结合	凸台镶砖冷却壁

续表 4-63

炉容/m^3	炉 底	炉 缸	炉 腹	炉 腰	炉 身		
					下 部	中 部	上 部
3000	光面冷却壁	光面冷却壁	镶砖冷却壁	凸台镶砖冷却壁	凸台镶砖冷却壁	凸台镶砖冷却壁	箱、壁结合
			镶 SiC 砖或铝碳砖	板、壁结合或箱、壁结合	板、壁结合或箱、壁结合	板、壁结合或箱、壁结合	凸台镶砖冷却壁
4000	光面冷却壁	光面冷却壁	镶砖冷却壁	凸台镶砖冷却壁	凸台镶砖冷却壁	凸台镶砖冷却壁	箱、壁结合
			镶 SiC 砖或铝碳砖	板、壁结合或箱、壁结合	板、壁结合或箱、壁结合	板、壁结合或箱、壁结合	凸台镶砖冷却壁

注：1. ——上、下为两种不同的结构型式；

2. 凸台镶砖冷却壁是指第三代冷却壁；

3. 板壁结合是指冷却板与第三代冷却壁结合、箱壁结合是指冷却水箱与第三代冷却壁结合型式；

4. 镶砖的耐火材料除了表所示以外还可镶其他耐火砖或捣打料，但要考虑到挂渣皮性能；

5. 炉腰、炉身中下部建议采用铜冷却壁。

4.4.5 高炉炉体冷却方式

目前国内外对高炉的冷却方式曾经有过工业水冷却、汽化冷却、软水(或纯水)闭路循环冷却，温水冷却、炉皮喷水冷却、炉底通风冷却、炉底通水冷却等。

4.4.5.1 高炉冷却水质要求

高炉冷却水质总的要求是：悬浮物要少、硬度要低，其水质应控制在一定范围内。

(1) 高炉工业水冷却水质要求

高炉工业水冷却水质要求见表 4-64。

表 4-64 高炉冷却用水质

指 标	小型高炉	大中型高炉
进水温度/℃	<40	<35
悬浮物/$mg \cdot L^{-1}$	<200	<200
暂时硬度(德国度)	<10	<10

(2) 宝钢高炉用冷却水质

宝钢高炉用冷却水质要求见表 4-65。

表 4-65 宝钢高炉用冷却水质

指 标	原 水	工业净水	仪表用水	软 水	纯 水
pH	8.5~10	7~8	7~8	7~8	7~9
悬浮物/$mg \cdot L^{-1}$	150	10	2		
全硬度/$mg \cdot L^{-1}$	150	100	100	2	微量
钙硬度/$mg \cdot L^{-1}$	100	50	50	2	微量
碱度/$mg \cdot L^{-1}$	115	60	60	60	1
氯离子/$mg \cdot L^{-1}$	50	60	60	60	1

续表 4-65

指　标	原　水	工业净水	仪表用水	软　水	纯　水
硫酸离子/$mg \cdot L^{-1}$	50	100	100	100	
全铁/$mg \cdot L^{-1}$		2	2	2	微量
可溶性 SiO_2/$\times 10^{-4}$%		6	6	6	0.1
蒸发残渣/$\times 10^{-4}$%	300	300	300		
电导率/$\mu V \cdot cm^{-1}$	400	500	500	500	10
进水温度/℃		≤33			

4.4.5.2　工业水冷却

当前国内大部分高炉均采用工业水冷却，其给水、排水管的布置要适合炉体的总体布置及检修方便。

(1) 对给排水管的要求

大中型高炉的给水主管应选用 2～3 根，并设两套供水管网，在停水事故状态下，能保证 0.5h 以上的供水措施，供水主管应设有滤水器，每根给水主管应设两个滤水器以便检修时互换用。大中型高炉炉体应设 2～3 层给水环管，在炉腰、炉腹下部、风口带，炉缸下部等部位应设置 2～3 层排水槽和二层排水环管。

炉底下部排水环管距炉壳净空不得小于 1000mm，环管不得设在地坪上，其中心线距炉基平台高 2000mm 以上。环管在铁口中心线两侧各 20°～30°角范围应断开。高炉给排水特性见表 4-66。

表 4-66　高炉给排水管特性

炉容/m^3	100	300	620	1000	1800	2500
给水主管/mm	1×*D*250	2×*D*300	2×*D*426	2×*D*468	3×*D*500	3×*D*600
给水环管/mm	2×*D*50 1×*D*200	1×*D*200 1×*D*159	1×*D*219 1×*D*377	1×*D*318 2×*D*368	1×*D*263 1×*D*418 1×*D*368	1×*D*318 1×*D*368 1×*D*468
排水环管/mm		1×*D*350 1×*D*290	1×*D*618 1×*D*318	1×*D*500 1×*D*418	1×*D*668 1×*D*468	1×*D*668 1×*D*500
排水槽		三层排水槽	三层排水槽	三层排水槽	三层排水槽	三层排水槽
排水主管	地沟	1×*D*426	1×*D*618	2×*D*720	2×*D*800	2×*D*1000

(2) 给排水管上水头数量的确定

在给排水环管上应留有必要的水头数，以便在生产过程中根据生产需要改变冷却器的串联数目。备用水头数按冷却器数目、型式及使用水质而不同。高炉各部使用水头和备用水头数见表 4-67。

表 4-67　高炉各部使用水头和备用水头数

炉容/m^3		100	300	620	935	1000	1513	1800
炉腰上部	使用数		38	78	165	186	136	130
	备用数		26	54	99	110	176	178
	小计		64	132	264	296	312	308
风渣口及炉缸	使用数		62	132	111	165	149	110
	备用数		15	18	112	73	91	84
	小计		77	150	223	238	240	194
合　计	使用数	34	115	210	276	351	285	240
	备用数	54	41	72	211	183	267	262
	小计	88	156	282	487	534	552	502

(3) 给排水管的安装

安装冷却设备的给排水管时，应采用上下之间串联安装。冷却壁串联个数见表4-68。

表4-68 冷却壁串联个数

炉容/m^3	炉身		炉腰	炉腹	风口带	炉缸
	上部	下部				
<100	—	3~4	2	2	2	1~2
300	4	4	2~4	2	2	1~2
620	3~4	3~4	2~3	2	2	1~2
>1000	4~6	3~4	2	2	1~2	1~3

(4) 对冷却水压的要求

由于高炉冶炼的进一步强化，炉内热流强度的波动也频繁，热震现象也较严重，所以，为了加强冷却，对水压的要求也越高。风口冷却水压力要求1.0~1.5MPa，其他部位冷却水压力应比炉内压力至少要高0.05MPa。这是为了避免水管破裂后高炉煤气窜到水管里发生重大事故。高炉冷却水最低压力参考值见表4-69。

表4-69 冷却水最低压力

炉容/m^3	≤100	300	620	>1000
主管及风口/MPa	0.18~0.25	0.25~0.30	0.3~0.34	0.34~0.4
炉体中部/MPa	0.12~0.20	0.15~0.20	0.20~0.25	0.25~0.30
炉体上部/MPa	0.08~0.098	0.10~0.14	0.14~0.16	0.16~0.20

国内许多高炉实践表明，炉体冷却水压力要比炉内压力高0.1MPa为宜，也就是<300m^3高炉的给水主管压力为0.4~0.6MPa；>300m^3高炉为0.6~0.8MPa；>1000m^3高炉为0.8~1.0MPa为宜。风口冷却水建议采用单独供水方式其压力为1.0~1.6MPa为宜。

(5) 冷却器配管管径与冷却水流速

为了防止悬浮物在冷却器水管里出现沉淀，当滤网孔径为4~6mm时，最低流速不低于0.8$m\cdot s^{-1}$。高炉冷却器配管管径及水流速见表4-70（我国多数高炉未达到表中的流速）。

表4-70 冷却壁配管直径与流速

部位	炉容/m^3									
	<100		300		600		1000		>2000	
	管径/mm	流速/$m\cdot s^{-1}$	管径/mm	流速/$m\cdot s^{-1}$	管径/mm	流速/$m\cdot s^{-1}$	管径/mm	流速/$m\cdot s^{-1}$	管径/mm	流速/$m\cdot s^{-1}$
炉缸	25.4	1.5	32.5	1.5	44.5	2.0	60	2.5	70	3.5
风口附近	25.4	1.5	32.5	1.5	44.5	2.0	60	2.5	70	3.5
炉腹	25.4	1.2	32.5	1.5	44.5	2.0	60	2.5	70	3.5
炉腰	25.4	1.2	32.5	1.3	44.5	2.0	60	2.5	70	3.5
炉身	25.4	1.0	32.5	1.5	44.5	1.5	60	2.0	70	3.0
风渣口大套	25.4	2.0	32.5	2.0	32	2.0		2.5		3.0
风渣口中套		2.5		3.0		3.0		3.5		4.0
风渣口小套		2.5	32.5	3.0		3.0		3.5		4.0

(6) 风口冷却水流速

风口冷却水速，根据新日铁公司试验得出，炉容与风口冷却水流速的关系式为：

$$v_L = 0.31\left(\frac{V_u}{1000}\right)^2 + 7.2 \tag{4-12}$$

$$v_H = 0.47\left(\frac{V_u}{1000}\right)^2 + 11.6 \tag{4-13}$$

式中 v_L——最低流速，$m \cdot s^{-1}$；

v_H——最高流速，$m \cdot s^{-1}$；

V_u——炉容，m^3。

选择风口冷却水流速 v_s 时，应该是 $v_L < v_s < v_H$，才是既安全又经济。按上式计算的风口冷却水流速见表 4-71。

表 4-71 风口冷却水流速

炉容/m^3	100	300	620	1000	1500	2000	2500	3000	4000
风口冷却水流速/$m \cdot s^{-1}$	$7.2 < v_s < 11.6$	$7.23 < v_s < 11.64$	$7.32 < v_s < 11.78$	$7.50 < v_s < 12.1$	$7.90 < v_s < 12.66$	$8.44 < v_s < 13.48$	$9.14 < v_s < 14.54$	$9.99 < v_s < 15.83$	$12.16 < v_s < 19.12$

从上表可以看出，高炉风口的冷却水流速应 $> 7.2 m \cdot s^{-1}$，而 $2000m^3$ 以上的高炉应 $> 9.0 m \cdot s^{-1}$ 才能使风口长寿，这就要求供给风口的冷却水压力要高、水量要多。有条件的高炉应考虑风口不仅单独供水而且加压供水。

(7) 冷却设备进出水温差

高炉冷却设备进出水温差应控制在一定范围之内，以保证其冷却强度，从而保护冷却设备。用工业水冷却时冷却设备进出水温差参考值见表 4-72。鞍钢三座高炉(9 号高炉 $980m^3$ 第二代、7 号高炉 $2580m^3$ 第三代、2 号高炉 $900m^3$ 第三代)的耗水量、水流速、水温差见表 4-73。

表 4-72 冷却设备进出水温差参考值(℃)

炉容/m^3		100	300	600	>1000
炉身	上部	喷水冷却	10～14	10～14	10～14
	下部	10～14	10～14	10～14	8～12
炉腰		10～14	8～12	8～12	7～12
炉腹		10～14	10～14	8～12	7～10
风口附近		4～6	4～6	3～5	3～5
炉缸		<4	<4	<4	<4
风渣口大套		3～5	3～5	3～5	5～6
风渣口二套		3～5	3～5	3～5	7～8

表 4-73 鞍钢高炉耗水量、水流速、水温差统计

高炉部位			炉底	炉缸	炉腹	炉腰	炉身	风渣口	总计
9号高炉	耗水量	$t \cdot h^{-1}$	316.8	374.5	208.6	383.5	262.1	289.0	1834.5
		%	17.3	20.4	11.4	20.9	14.3	15.7	100
	流速/$m \cdot s^{-1}$		1.49～1.94	1.73～1.80	1.7	1.54～2.75	1.34～1.37		
	水温差/℃		0.29～0.47	0.64～1.60	9.3～11.6	0.9～3.2	0.9～1.6		

续表 4-73

高炉部位			炉 底	炉 缸	炉 腹	炉 腰	炉 身	风渣口	总 计
7号高炉	耗水量	$t\cdot h^{-1}$	282.1	384.4	400.5	110.2	386.1	466.3	2029.6
		%	13.9	18.9	19.8	5.4	19.0	23.8	100
	流速/$m\cdot s^{-1}$		1.5~2.0	1.28~2.0	2.25~2.33	1.87	1.15~2.00		
	水温差/℃		0.17~0.19	1.3~1.4	4.9~8.6	4.7~6.4	4.5~7.6		
2号高炉	耗水量	$t\cdot h^{-1}$	354.2	205.9	403.5	232.8	666.8		1863.2
		%	19.0	11.0	21.6	12.5	35.8		
	水速/$m\cdot s^{-1}$		1.43~2.16	1.0~1.96	1.70~1.82	2.03	0.9~1.98		
	水温差/℃		0.9~1.7	0.8~1.9	1.5~4.6	3.9~4.4	4~8.5		

(8) 日本君津 3 号高炉水温实测结果

日本君津 3 号高炉 4063m^3 水温实测结果见表 4-74。

表 4-74 君津 3 号高炉水温实测数据

高炉部位		开炉后 2 年 9 月		开炉后 6 年 6 月		开炉后 7 年 11 月	
		水温差/℃	排水温度/℃	水温差/℃	排水温度/℃	水温差/℃	排水温度/℃
炉身	上部	1.7	34.7	1.2	26.2	1.2	29.7
	中部	1.4	34.4	2.6	27.6	2.5	31.0
	下部	6.3	39.5	2.7	27.7	3.5	32.0
炉腰	上部	11.3	44.3	2.8	27.8	2.5	31.0
	中部	9.5	42.5	2.7	27.7	1.8	30.0
	下部	12.1	45.1	2.6	27.6	3.3	31.8
炉腹	上部	10.0	43.0	3.6	28.6	2.5	31.0
	下部	5.2	38.2	5.4	30.4	2.3	30.8
平均温度/℃		7.2		3.0		2.5	
给水温度/℃		33		25		28.5	

(9) 冷却水耗量

冷却水耗水量按下式计算：

$$M=\frac{Q}{c(t-t_0)\times 10^3} \tag{4-14}$$

式中 M——冷却壁耗水量，$t\cdot h^{-1}$；

Q——冷却水带走的热量，$kJ\cdot h^{-1}$；

t——出水温度，℃；

t_0——进水温度，℃；

c——水的比热容，$kJ\cdot(kg\cdot K)^{-1}$。

冷却水带走的热量按式 4-11 估算。

在利用式 4-14 计算耗水量时，根据各部位的冷却壁热负荷分段计算。

(10) 冷却水在管道内的体积流量

冷却水在管道内的体积流量按下式计算：

$$M=3600\mu A\sqrt{2gp} \tag{4-15}$$

式中 M——体积流量，$m^3\cdot h^{-1}$；

μ——水流量系数，取 0.6；

A——水流出截面积，m^2；

g——重力加速度，$m·s^{-2}$；

p——冷却水压力，MPa。

国内某些高炉冷却水实测耗水量见表 4-75。

表 4-75　某些高炉冷却水实测耗水量

炉容/m^3	84	250	620	975	1513	2580
风渣口/$t·h^{-1}$	115	215	90	240	396	1037
炉体总量/$t·h^{-1}$	219	572	1396	2202	3157	2900
合计/$t·h^{-1}$	334	987	1486	2442	3553	3937

(11) 高炉冷却用水原则

高炉用水以节约为原则合理利用。为节约用水量、用药量和用电量以及减少水污染应采用串级循环用水法，即高一级的排水作低一级的供水。如：宝钢 1 号高炉用纯水冷却炉底、用工业净水冷却风口和炉体，炉缸喷水冷却用炉身排水，高炉排水供煤气清洗，清洗后的污水再供给冲渣。这样串级循环可使水尽其用且无污水排放，既节约了新水用量也不设水处理设施。

4.4.5.3　*炉底冷却*

炉底冷却目前常用的有两种：一是通风冷却，二是通水冷却。前者叫风冷炉底，后者叫水冷炉底。

(1) 风冷炉底

风冷炉底型式很多，常用风冷炉底结构见图 4-34。

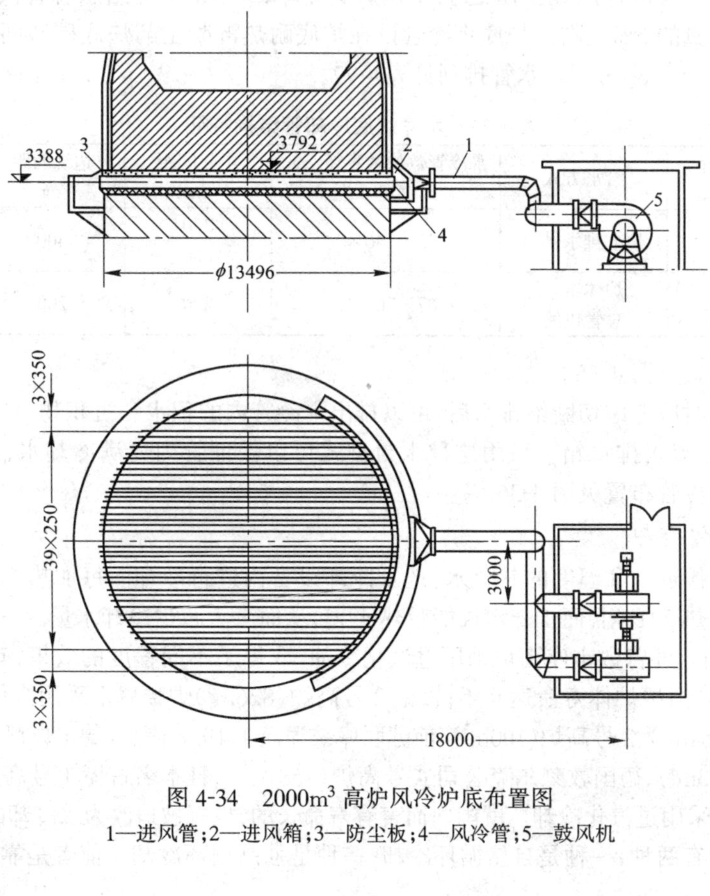

图 4-34　$2000m^3$ 高炉风冷炉底布置图

1—进风管；2—进风箱；3—防尘板；4—风冷管；5—鼓风机

风冷炉底的风冷管间距一般的靠炉底中心较密 200～300mm，而外边较疏 350～500mm，风冷管一般采用 146×(10～14)mm 无缝钢管。风冷管以下为耐热混凝土二次浇灌层，中心以上为碳素填料层，其厚度为 300～400mm。风冷管要求整管不得有接头。炉壳的转折点和焊接处不得安风管，为了使冷却均匀，进风要设风箱，而排风可设可不设。某些高炉风冷炉底结构特征见表 4-76。

表 4-76　风冷炉底结构特征

特征		炉容/m^3			
		2000	1513	1000	635
炉底风冷管	数量×管径×厚度/mm	46×D146×10	40×D146×10	34×D146×14	30×D146×14
	中心管距/mm	250	250	250	250
	边缘管距/mm	350	350	350	350
风量/$m^3 \cdot h^{-1}$		40400～58200	18000～40000	29900～34800	16000～18000
风压/kPa		3.158～2.317	1.765～3.04	2.363～2.985	0.98～1.47
进风管数量×管径/mm		1×D712	1×D700	1×D712	1×D700
进风口数×进风箱尺寸/mm		1×600×1000	1×500×1000	1×650×480 2×350×480	1×500×1000
排风管数量×管径/mm			3×D700		2×D700
排风口数量×排风箱尺寸/mm			3×500×1000		2×500×1000

(2) 水冷炉底

水冷炉底较比风冷炉底冷却强度大、能耗低。目前国内外大中型高炉普遍采用这种冷却型式。水冷炉底的供水方式有两种：一是用炉缸排水供炉底冷却；二是由炉体给水总管供水。水冷炉底耗水量为炉体总耗水量的 5%左右。炉底水冷管设在炉底耐热混凝土与炉底碳砖间的夹层中。冷却水管内的流速应大于 $0.8m \cdot s^{-1}$。水管排列见表 4-77。

表 4-77　水冷炉底冷却管结构特征

炉容/m^3	给水总管直径/mm	给水方式	水冷管数量×直径/mm×壁厚/mm	中心间距/mm	边缘间距/mm	串联管数/根
620	478	炉缸排水供给	23×146×7	350 300	400	1
2516		炉体给水总管供给	67×76×12	200	200	3～5

炉底水冷管布置见图 4-35。

在水冷管布置时应考虑切断给排水后，可以排出水冷管内的积水和沉积物，排水管口应高于水冷管平台以上，然后流入排水箱。采用这种水封型式可以保证管内充满冷却水，从而提高冷却效果。日本某高炉水冷管布置见图 4-36。

4.4.5.4　汽化冷却

汽化冷却是将接近饱和温度的软化水，送入冷却设备内进行冷却。每加热 1kg 饱和温度的软化水变为蒸汽约吸热 2219kJ，而 1kg 水仅能吸热 42kJ，从而大大减少冷却水量。

1966 年以来国内外曾数十座高炉采用过汽化冷却，取得了不同程度的效果，有的成功、有的失败。如：阳泉 100m^3 高炉炉体寿命达 9 年；鞍钢 2 号高炉(826m^3)炉腰以上采用汽化冷却寿命达 5.5 年；济铁 3 号高炉(84m^3)、2 号高炉(100m^3)、前苏联库兹涅茨 1719m^3 高炉、德国凤凰 5 号高炉、加拿大公司 D 号高炉(1743m^3)、德国教刻尔克公司 4 号高炉(4587m^3)、日本名古屋 1 号高炉(2518m^3)、3 号高炉(2924m^3)等都采用过汽化冷却。就国内而言有寿命长的，也有被迫改为水冷却的。

汽化冷却型式有两种：一种是自然循环冷却，一种是强制循环冷却。前者是靠上升下降管路中

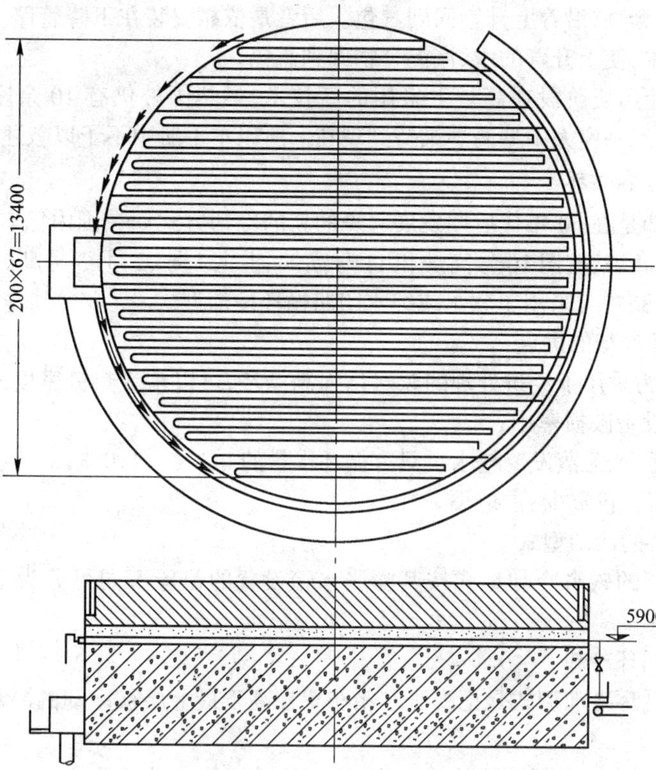

图 4-35　炉底水冷管布置图

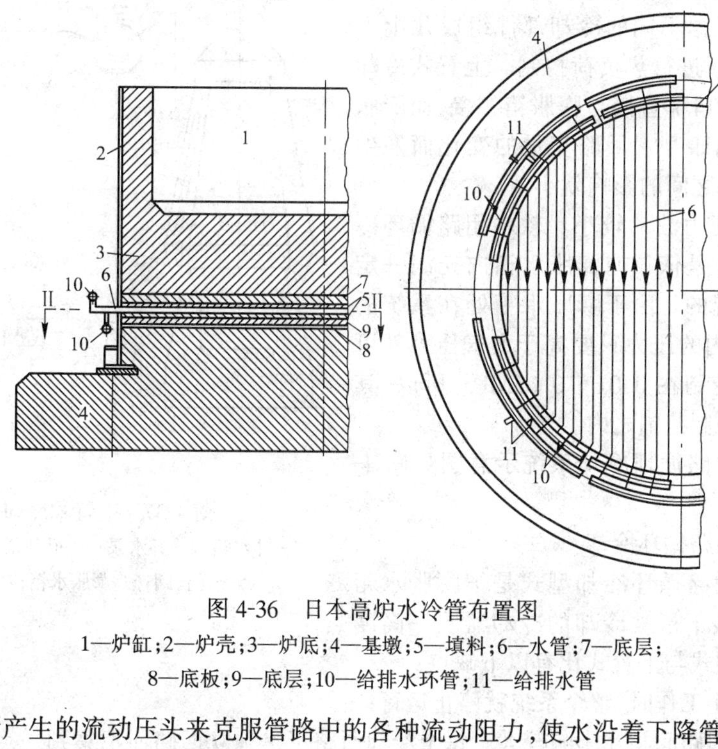

图 4-36　日本高炉水冷管布置图

1—炉缸；2—炉壳；3—炉底；4—基墩；5—填料；6—水管；7—底层；
8—底板；9—底层；10—给排水环管；11—给排水管

的介质比重差所产生的流动压头来克服管路中的各种流动阻力，使水沿着下降管往下流动，水经过冷却器后变成水、汽混合物，沿着上升管回到汽包。后者是依靠安装在下降管路上的水泵所产生的动力推动下降管内的水，使上升管的水、汽混合物回到汽包。

汽化冷却是在一个历史阶段在高炉上采用的新技术，虽然国外仍有10余座高炉使用汽化冷却，但到目前为止国内无一座大中型高炉维持到现在。所以本手册中不予以叙述。

4.4.5.5 软水闭路循环冷却

软水闭路循环冷却是在60年代后期发展起来的新的冷却方式。在国内已有太钢3号高炉、宣钢8号高炉、唐钢1号高炉、鞍钢10号高炉和11号高炉、宝钢1号、2号、3号高炉、武钢3号高炉以及部分300～700m^3级高炉均采用了软水或纯水闭路循环冷却型式。

(1) 软水闭路循环冷却的优点

1) 安全可靠。因为采用了经过处理的软水且强制循环，可以承受热流密度的大波动，无结垢、无腐蚀、寿命长、冷却设备破损率小；

2) 耗水量少、能耗少、无蒸发。耗水量只有循环水量的0.1%～1.0%；

3) 给排水系统简化、投资少、占地小。

(2) 软水闭路循环的冷却型式

目前国内外所使用的软水冷却型式按其膨胀水箱设置的位置不同可分为上置式和下置式两种。

上置式软水闭路循环冷却

上置式软水闭路循环冷却型式是把膨胀水箱布置在高于最上层被冷却的冷却器位置。上置式比下置式有以下优点：

1) 系统运行安全可靠。当循环泵停止工作时，冷却系统能自动的从软水的强制循环转化为汽化冷却的自然循环，膨胀水箱就变成汽包。

2) 系统内各回路间相互影响小。软水闭路循环的冷却系统是根据不同的冷却部件组成几个不同的冷却回路，以便进行热负荷控制。上置式冷却系统中各回路的出口都直接与膨胀箱相接，而膨胀箱内的压力不会由于某一回路流量的变化而发生变化，所以，各回路之间的影响就小。

3) 系统内的压力波动较小。软水闭路循环冷却型式的定压工作是依靠向膨胀水箱内充满一定压力的氮气来实现的。由于膨胀水箱处在系统的最高点，膨胀水箱内的压力只要高于大气压力就可以。其压力一般控制在0.01～0.05MPa，所以，其压力波动只是在控制范围之内。

上置式软水闭路循环冷却系统示意图见图4-37。

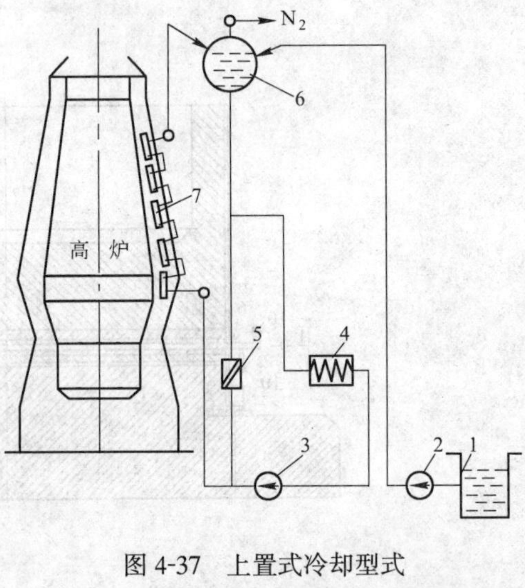

图4-37 上置式冷却型式

1—补水箱；2—补水泵；3—循环泵；4—热交换器；5—逆止阀；6—膨胀水箱；7—冷却壁

下置式软水闭路循环冷却

下置式软水闭路循环冷却型式是把膨胀水箱位置布置在大约最下层被冷却的冷却器同一高度上。下置式冷却型式与上置式比有以下缺点：

1) 循环泵停止工作时，整个系统就停止运行；

2) 系统内各回路间相互影响较大。每个冷却回路不是独立回路而汇集到一点，汇集点的压力

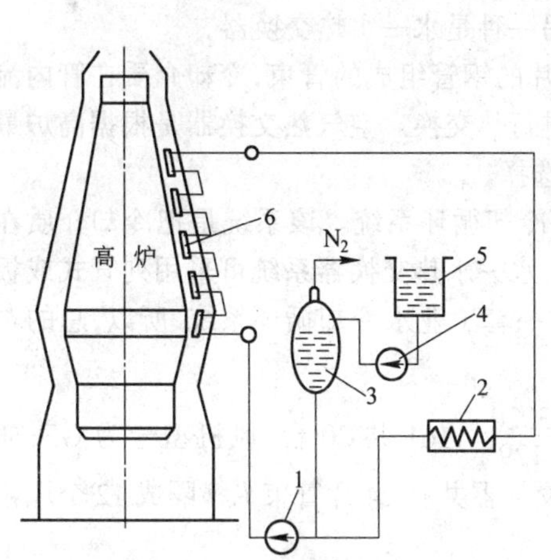

图 4-38　下置式冷却型式

1—循环泵；2—热交换器；3—膨胀水箱；4—补水泵；5—补水箱；6—冷却壁

有可能随某一流量较大回路的流量变化而变化，即某一回路的流量变化可能导致另一回路流量变化，所以，系统中各回路间的相互影响较大；

3）系统压力波动较大。下置式膨胀水箱冷却系统的定压，要考虑一旦循环泵停止工作时系统的最高点不能出现负压，即膨胀水箱内氮气压力要高于系统最高点的静压力，所以，箱内要保持较高的氮气压力。这样当箱内压力发生较大波动即氮气体积发生较大变化时，其压力的变化就很大，一般可达 0.3～0.5MPa，所以，下置式膨胀水箱冷却系统各点的压力波动就大可达 0.3～0.5MPa。下置式冷却型式系统见图 4-38。

4）德国一座炉缸直径为 $d = 10.3\mathrm{m}$ 的高炉热水闭路循环冷却见图 4-39。

（3）软水闭路循环系统的主要设备

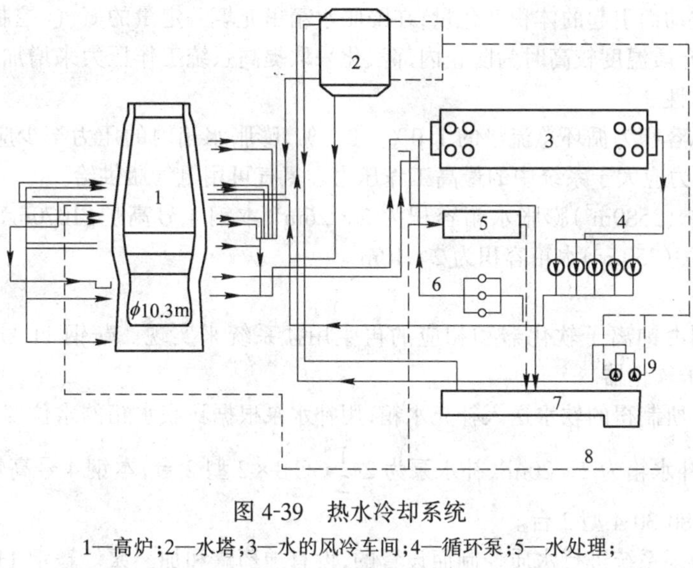

图 4-39　热水冷却系统

1—高炉；2—水塔；3—水的风冷车间；4—循环泵；5—水处理；6—部分过滤；7—泵下水池；8—河水；9—补水泵

软水闭路循环冷却系统主要由循环泵、热交换器、膨胀水箱、氮气罐、软水制造设施、补水泵及加药系统等组成。

循环泵

软水（或纯水）闭路循环冷却系统的冷却介质是靠循环泵的动能在系统内强制循环。循环流量的选择目前有两种：一种是，各冷却回路管内充满水的总量及冷却壁管内的流速以 1.2～1.3m/s流出的总量之和来选择；另一种是根据最大热负荷、出水与回水温差为 10℃、每 m^2 炉壳表面积耗水量为 2～3m^3/h 来选择循环水量。

循环泵应设 4 台，2 台生产 2 台备用。鞍钢 11 号高炉（2580m^3）循环泵流量为 2500m^3/h、扬程为 50m 的循环泵 4 台，循环总流量为 4647m^3/h。本钢二铁 4 号高炉（1070m^3）循环泵流量为 1763m^3/h、扬程为 42m 的循环泵 4 台，循环总流量为 3254m^3/h。

热交换器

目前常用的热交换器有两种：一种是空气热交换器；另一种是水—水热交换器。

1) 空气热交换器　空气热交换器是由一系列外缠翅片的钢管组成的管束，冷却介质在管内流动，空气用风机强制吹入管束，空气在管外翅片间流动而进行热交换。空气热交换器是根据高炉最大热负荷和夏季气温并把介质的进出口水温差按10℃来选择。

2) 水—水热交换器　该热交换器是一个开式工业水冷却循环系统。该系统是把冷却介质在运行中带来的热量用工业水冷却循环系统来带出系统外。水—水热交换器系统可采用列管式或板式热交换器。与空气热交换器相比本体体积小，但应设有一套工业水冷却循环系统，所以，总的费用要高。

鞍钢11号高炉的空气热交换器型号为 $P\,9\times3-4\,\frac{3020}{129}-161$ 共20台，风机型号为GF-SF 36W6-e22，电动机功率为22kW。本钢4号高炉的空气热交换器共有24片管束纵横隔成12个风箱用12台风机供风。

膨胀水箱(或称氮气定压罐)

软水闭路循环冷却系统内的冷却介质，随着温度变化体积也有相应的变化，为了保证系统压力的稳定和正常运行，应设有膨胀水箱即氮气定压罐。膨胀水箱在系统中所起的作用是：吸收系统中由于介质的温度波动而引起的体积变化量；在膨胀水箱里充填一定量的氮气，控制氮气的工作压力来对系统定压，当介质温度较高时为防止内部汽化采取提高系统工作压力来增加介质的欠热度，从而保证冷却的可靠性。

膨胀水箱的总容积为循环总流量的1.0%～2.0%，膨胀水箱内的压力至少应大于炉内压力的0.05MPa。氮气压力应大于系统中的最高工作压力。氮气可用氮气瓶供给。

鞍钢11号高炉($2580m^3$)膨胀水箱容积为 $2\times26m^3$；本钢4号高炉($1070m^3$)水箱容积为 $2\times23m^3$；济钢3号高炉($350m^3$)水箱容积为 $2\times10m^3$。

其他附属设备

软水制备采用由钠离子软化器和相应的再生用盐系统来实现。鞍钢11号高炉选用了3台D2000mm的钠离子软化器。

补水系统是将所制得的软水送入补充水箱，用补水泵根据膨胀水箱的水位变化情况自动补水。鞍钢11号高炉的补水箱为 $2\times20m^3$，补水泵为 $2\frac{1}{2}$GC-8×2型2台，本钢4号高炉的补水箱为 $2\times15m^3$，补水泵为D-80-30-4型2台。

加药系统是为了系统进行水质控制而设置的，设有加药罐和加药泵。鞍钢11号高炉的加药罐容积为 $1.0m^3$。

热负荷选择

热负荷是高炉冷却的主要依据，同一座高炉内各部位热负荷是不同的，同一部位的热负荷高炉服役期不同也有很大的差异。

济钢 $350m^3$ 高炉热负荷选择方法是，最大热负荷时进出水温差为10℃、冷却水量为每 m^3 炉壳表面积 $2\sim3m^3/h$ 确定热负荷。

鞍钢11号高炉热负荷见表4-78。

表4-78　$2580m^3$ 高炉软水闭路循环冷却部位热负荷

冷却区段	冷却壁个数	凸台及扁水箱个数	冷却面积/m^2	热流强度/$kW\cdot m^{-2}$	热负荷/MW
1	48		58.8	41.9	2.47

续表 4-78

冷却区段	冷却壁个数	凸台及扁水箱个数	冷却面积/m^2	热流强度/$kW\cdot m^{-2}$	热负荷/MW
2	48		70	41.9	2.93
3	48	96	68	48.8	3.33
4	48	96	74.2	48.8	3.63
5	48	96	82.3	41.9	3.44
6	48	96	79	37.2	2.93
7	48	96	98	30.2	2.97
8	48	96	92.4	23.3	2.15
9	48	96	87.3	17.4	1.52
总计	432	672	710		25.37
炉底水冷			154	7.83	1.20

循环流量选择

参见本手册 4.5.5.5,(3)循环泵章节。鞍钢 11 号高炉根据热负荷选择循环流量见表4-79。

表 4-79 热负荷及循环流量

部位＼指标	热负荷/MW	循环流量/$m^3\cdot h^{-1}$	部位＼指标	热负荷/MW	循环流量/$m^3\cdot h^{-1}$
炉腹以上冷却壁	25.37	2739	热风炉	3.83	750
炉底水冷	1.20	374	合计		4647
凸台及扁水箱	4.01	784			

水质要求

软水闭路循环冷却用什么样的水才能既保证冷却水管不结垢又能保证管路不腐蚀。目前国外也有争论。日本各高炉普遍采用的是纯水(除盐)。由日本引进的宝钢高炉也是用纯水。德国 GHH 公司认为在高炉软水闭路循环冷却系统中用低压锅炉软水亦可满足生产要求。他们的根据是迪林根 4 号高炉已运行 11 年没有出现腐蚀问题。该公司认为脱氧处理是缓蚀处理方案之一,所以,德国几座高炉均用脱氧方法消除系统中的氧腐蚀。

鞍钢认为,纯水的水质要比低压锅炉软水好。但是,制造工艺复杂、成本高,而高炉闭路循环冷却系统中的冷却介质温度在 55～65℃之间。因此,低压锅炉软水能够满足正常运行的要求。

4.4.5.6　武钢 5 号高炉软水闭路循环冷却

武钢 5 号高炉($3200m^3$)软水闭路循环冷却技术是引进卢森堡 PW 公司的高炉冷却技术,它吸取了西欧、北美等国近 20 座高炉的成功经验设计出来的,具有良好的冷却效果。

高炉冷却工艺流程包括:供水泵组、供回水干管、冷却器冷却分路、脱气罐和膨胀罐、水—水换热器、各种控制阀门和元件、PC-S5-115U 自动控制系统等组成。其工艺原理见图 4-40。

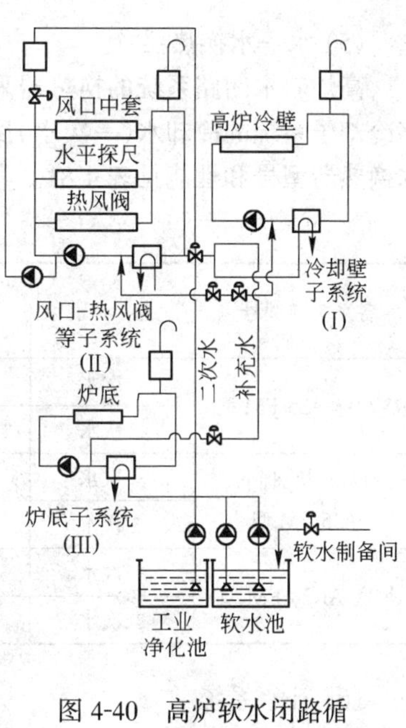

图 4-40　高炉软水闭路循环冷却系统原理图

高炉软水闭路循环冷却系统主要有三个子系统，即冷却壁系统、风口热风阀等系统和炉底系统；设有共同的补水和水—水换热器；二次冷却水辅助系统及PC自动控制系统等组成。

(1) 循环泵组

循环泵组由3台电动泵和1台柴油泵组成，在正常情况下2台电动泵运行，1台电动泵和1台柴油泵备用。由PLC控制，保证水能正常运行。

(2) 供水回水干管

各个软水闭路冷却子系统的供水干管和回水干管均采用两路，当一路干管发生故障时另一路干管仍可达正常供水量的70%以上。

(3) 冷却器冷却分路

高炉软水闭路冷却子系统的冷却器冷却分路，主要由冷却器、供水回水连管、集水管、连接球阀和调节阀、监测仪表元件等所组成。水在冷却壁直管和蛇形管中的流速为$\geqslant 1.5m \cdot s^{-1}$，水在钩头中的流速为$\geqslant 2.0m \cdot s^{-1}$，水在炉底水冷管中的流速 为$\geqslant 2.0m \cdot s^{-1}$，风口小套中的流速为$\geqslant 15m \cdot s^{-1}$，风口二套中的冷却水流速为$\geqslant 5m \cdot s^{-1}$。

(4) 脱气罐与膨胀罐

高炉软水闭路冷却系统的冷却介质从冷却器出来之后经回水总管进入脱气罐，在脱气罐中由于冷却水流速急剧下降使介质中气体分离而溢出达到脱气之目的。膨胀罐除了承受系统中冷却介质热膨胀及收缩功能之外主要用于软水闭路系统的水位控制、超压控制、罐体安全压力控制、排放分离出的气体及氮气压力控制等，并与TDC-3000主机和PC-S5-115U机组成自动联锁控制系统。脱气罐和膨胀罐的容积见表4-80。

表4-80　软水密闭冷却系统的罐容积

系　统	脱气罐容积/m^3	膨胀罐容积/m^3	系　统	脱气罐容积/m^3	膨胀罐容积/m^3
冷却壁	20	20	炉　底	3	7
风口及热风阀	10	15			

(5) 水—水换热器

高炉软水闭路系统的换热器采用了瑞典LALFA-LAVAL公司的高效水—水换热器。将软水闭路冷却子系统的冷却水(一次水)回水温度冷却到规定的进水温度，以便循环使用。各子系统水—水换热器型号和性能见表4-81。

表4-81　水—水换热器主要性能

各系统的型号	组　别	入口流量 /$m^3 \cdot h^{-1}$	入口温度 /℃	出口温度 /℃	Δt/℃	Δp/MPa
冷却壁-A35-FM型	一次水	1472×3	51.12	45	6.12	5.0×10^{-2}
	二次水	978.5×3	35	44.2	9.2	2.3×10^{-2}
风口、热风阀-A35-FM型	一次水	1040×2	53.17	45	8.17	5.0×10^{-2}
	二次水	849.6×2	35	45	10.00	3.6×10^{-2}
炉底-AK20-FM型	一次水	220×2	47.5	45	2.5	5.0×10^{-2}
	二次水	8.23×2	35	41.7	6.7	6.9×10^{-2}

(6) 补水系统

软水闭路冷却系统的补充水量，主要是以各子系统中冷却器可能破损时的最大消耗量和其他可能泄漏量来考虑。补充水由3台电动水泵和1台柴油水泵，分别或集中供给三个子系统和事故水塔补水，它受制于各个子系统的水位变化情况。

(7) 自动控制系统

它由主控室的TDC-3000主机和设在软水泵房的PLC过程控制机所组成。前者主要是通过膨胀罐的压力监测器和TDC-3000的定值设定实施自动超压排放控制，而后者主要进行三个子系统的52种基本功能控制和补充水子系统的基本功能控制。

(8) 水质稳定与管理

水质稳定与管理包括以下内容：

1) 定期检查水质，保证软水中缓蚀剂浓度达到规定要求。水质要满足如下条件：全硬度≤0.035mgN·L^{-1}；全碱度≤2.0mgN·L^{-1}；Cl^- = 10mg·L^{-1}～15mg·L^{-1}；缓蚀剂W655的浓度应维持在0.04%以上；水冷管管壁腐蚀速度应<0.002mm·a^{-1}。软水水质分析见表4-82。

表4-82 软水水质分析

pH	全固形物 /mg·L^{-1}	悬浮物 /mg·L^{-1}	烧损 /mg·L^{-1}	全硬度 /mgN·L^{-1}	全碱度 /mgN·L^{-1}	耗氧量 /mg·L^{-1}	Fe^{3+} /mg·L^{-1}	Ca^{2+} /mg·L^{-1}	Cl^- /mg·L^{-1}	SO_4^{2-} /mg·L^{-1}	Na^+ /mg·L^{-1}	电导率 /μs·cm^{-1}	水温/℃
8.5		2.5	55	0.03	2.1	0.96	0.024	0.03	10～15	10.0	65	270～300	15～32

2) 检查冷却壁及炉底温度变化情况。检查冷却壁及炉底第一层碳砖下热电偶温度是否处在控制范围之内，一般情况，炉底第三层热电偶温度应<450℃，冷却壁温度不允许超过200℃。如果冷却壁温度大于200℃，该冷却壁热面温度就>400℃，而400℃正是球墨铸铁冷却壁耐热疲劳性、延伸率、抗拉强度等性能变差的温度，有可能造成冷却壁烧坏。由于冷却壁的温度点很多，根据操作经验，第五段、第八段温度较敏感，因此，规定第五段、第八段冷却壁控制温度分别为80～100℃，70～95℃，使各区域冷却壁热流强度达到规定要求。冷却壁各区域热流强度设计值见表4-83。

表4-83 冷却壁各区域热流强度设计值

区　段	热流强度 /kJ·(m^2·h)$^{-1}$	水温差 /℃	热负荷 /kJ·h^{-1}	冷却面积 /m^2
炉身上部	29268	0.442	3782900	129.27
炉身中部	100328	2.241	29907900	289.07
炉身下部及炉腰	167200	3.173	51259340	306.58
炉腹	125400	1.174	15035460	119.93
风口带	83600	0.370	3849780	46.06
炉缸区	16720	0.591	6224020	372.28
合计			110059400	

3) 检查冷却壁、风口和炉底三个子系统的水量、水压、进水温度、水温差、热负荷等参数的变化情况。在正常情况下这些参数的设计值与控制范围见表4-84。

表4-84 三个供水子系统相关参数控制范围

子系统	水量/m^3·h^{-1}		进水温度/℃		水压/MPa		水温差/℃		热负荷/kJ·h^{-1}	
	设计值	控制值	设计值	控制值	设计值	控制值	设计值	控制值	设计值	控制值
冷却壁系统	4410	4800	40	37～39	0.83	0.80	7.9	2.0～3.0	110×10^6	$(42～54)\times10^6$

续表 4-84

子系统		水量/$m^3 \cdot h^{-1}$		进水温度/℃		水压/MPa		水温差/℃		热负荷/$kJ \cdot h^{-1}$	
		设计值	控制值	设计值	控制值	设计值	控制值	设计值	控制值	设计值	控制值
风口、热风阀系统	高压	1100	1150	40	37～39	1.70	1.60～1.68	8.5	3.0～4.0	67.7×10^6	$(18.0 \sim 19.6) \times 10^6$
	中压	750	1000	40	37～39	1.08	1.0～1.05	8.5	3.0～4.0		
炉底系统		450	510	40	37～39	0.45	0.48	1.9	0.5～0.6	31.4×10^6	$(10.5 \sim 13.0) \times 10^6$

4) 检查冷却壁各区、各组冷却水量差别、各子系统的补水情况、冷却设备及管路是否有外漏现象。在正常情况下各子系统的补水时间为:冷却壁系统 10～16h、风口热风阀系统 8～12h、炉底系统 10～30 天。根据各子系统补水曲线斜度,可及时发现外漏、操作失误、风口及其二套的损坏情况等。

5) 定期检查各系统、尤其是冷却系统的排气阀门,观察排气阀中是否集气,如有集气则说明水流速度偏低。此时应及时查漏并适当增加水量,使水管内的水流速>$2.0m \cdot s^{-1}$以避免产生气泡和气膜。同时检查各系统对冷却介质的脱气功能是否正常、脱气罐和膨胀罐的工作是否正常、氮气压力是否处在受控制范围之内。各系统水流速控制范围为:冷却壁系统$2.0 \sim 2.5m \cdot s^{-1}$;风口前段水流速为 $10 \sim 15m \cdot s^{-1}$;炉底系统为 $1.5 \sim 2.0m \cdot s^{-1}$。

6) 水量、水温调剂原则。在一般情况下不允许随便调节水量,高炉处于下列状态时可适当调剂水量:一是高炉长时间休风时(休风时间大于 36h)要降低水压、减少水量,冷却壁系统可停转一台水泵;二是炉墙结厚或侵蚀严重,改变操作参数无多大用处时可减少冷却壁供水量、增加供水温度或增加水量、降低水温;三是炉缸、炉底侵蚀严重时应把水量调至最大、水温调至最低。正常情况下每次水温调节 1～2℃。

7) 供水厂定期检查水—水换热器、备用泵确保在紧急情况下仍能保证高炉冷却系统不断水以避免事故的发生。

武钢 5 号高炉软水闭路冷却系统运行效果良好,运行 9 年只有 9 根冷却壁凸台水管被烧坏,冷却壁垂直管只有两根烧坏,但仍未断水。实践证明软水闭路冷却系统是先进的高炉冷却方式。有条件的高炉可采用这种冷却方式。

4.4.5.7 *炉壳喷水冷却*

炉壳喷水冷却是一种古老的冷却型式,但这种冷却型式由于简单实用,至今有的高炉在炉缸风口带以下仍然采用,大部分中小高炉,甚至大高炉在炉役后期也采用,直到停炉为止。炉壳喷水冷却,是用工业水直接喷到炉壳上,把传到炉壳上的热量带走。目前我国大、中、小型高炉上多设有炉壳喷水装置。

炉壳喷水冷却型式的优点如下:

1) 对水质要求不高。对水的硬度要求不严,水中的悬浮物不至于堵塞 $D5 \sim D8$mm 的喷嘴就可以使用;

2) 设备简单。只设喷嘴、防溅板、集水槽及排水管即可实现冷却;

3) 投资少。由于不需要冷却设备,可节省每座高炉上百吨的冷却设备投资;

4) 直接用于冷却的水量少、水压要求不高,从而节省能源。

但是由于炉壳喷水冷却型式是开式冷却,在回收的水里粉尘多,容易堵塞喷嘴;水容易喷溅,炉台工作环境较差。

炉壳喷水冷却的基本要求如下:

1）为了必要时在炉壳上喷水冷却，设计时在炉身中下部、炉喉、炉腰、炉腹、炉底等部位应留有喷水冷却的可能。在施工时，喷水冷却用环管、防溅板、喷水用集水槽、排水管等应与其他给排水同时安装，并留有足够的水头数。

2）炉壳喷水冷却，一般在炉喉设一层、炉身中下部设三层、炉腹设二层、炉缸设一层喷水环管。根据具体情况以喷水冷却时方便为原则。

3）炉缸由于选用耐侵蚀的耐火材料和冷却强度大的光面冷却壁，大大减少了烧穿事故的发生，为了防止意外设一层喷水环管和集水槽。

4）喷嘴设置。建议采用孔径为5～8mm的喷嘴；喷嘴孔间距为100mm；喷水管与炉壳间的净空为100mm。

不同炉容的高炉炉壳喷水冷却管管径和喷嘴孔径见表4-85。

表4-85　喷水冷却管径及喷嘴孔径

炉容/m^3		1513	1000	935	620	100	50
炉身	层数	2	1	1	1	1	1
	管径/mm	*D*60	*D*108	*D*60	*D*60	*D*60	*D*60
炉腹	层数	2	1	1		4	3
	管径/mm	*D*60	*D*108	*D*60		*D*60 *D*48	*D*60
喷嘴孔径/mm		*D*8	*D*5	*D*5	*D*8	*D*6	*D*6
喷水管中心距炉壳间距/mm		155	95	130	200		
喷嘴孔间距/mm		100	100	100	100	40	40

4.4.6　高炉合理用水

钢铁企业中高炉是用水大户，占整个钢铁工业用水量的25%～30%。我国缺水，合理用水、节约用水，对钢铁工业乃至整个国民经济意义重大。

4.4.6.1　选用合理的冷却型式

目前高炉冷却有三种类型。这三种冷却类型中，以节约用水的程度依次是：炉壳喷水、软水闭路循环、工业水冷却，因此，根据本厂的具体情况可选用软水闭路循环冷却或软水闭路循环冷却与炉壳喷水冷却相结合的冷却结构型式，既保证高炉生产又节约用水。

4.4.6.2　选择合理的用水方法

用水的合理性表现在用少量的水满足高炉冷却的需要及其他生产需要。高炉冷却合理用水量的基础是合理选择各冷却部位的热负荷大小，在选择热负荷时，应在计算或实测数据的基础上，采用平均偏上为好。在此基础上选用水量，同时要考虑炉壳喷水冷却的可能以便必要时炉壳喷水冷却。几种合理的用水方法如下：

（1）串级循环用水法

串级循环用水法是，把高一级的排水作为低一级的补水或者是供水。宝钢1号高炉（4063m^3）就是这种用水法，详见图4-41。

（2）污水冲渣法

国内大部分高炉的煤气清洗污水排至水处理厂沉淀处理，既占地又增加了瓦斯泥处理工序。用煤气清洗污水作为冲渣用水的补充水，不影响水渣质量，节约了新水量。

(3) 冲渣水循环法

目前国内大部分高炉都已采用了冲渣水循环法。这种方法既减少污水排放、也节约了用水。这种方法补充水量只有冲渣用水量的10%。采用这种方法，在冲渣池内应设多级沉淀池，使水渣充分沉淀，以保护循环泵。冲渣水循环法示意见图4-42。

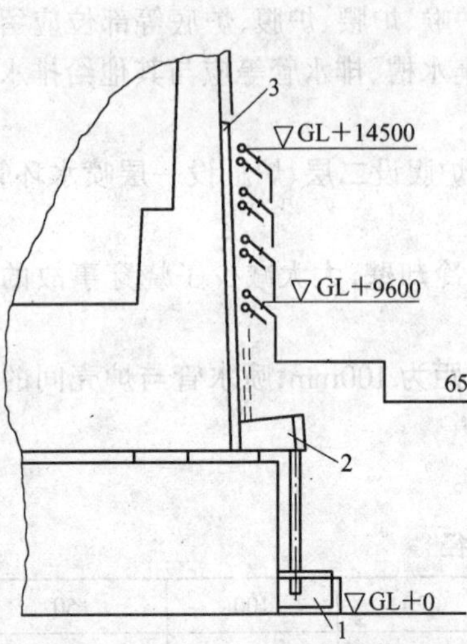

图4-41 串级用水法示意图
1—集水坑；2—排水槽；3—炉缸喷水；
4—喷水环管（也是炉体排水环管）

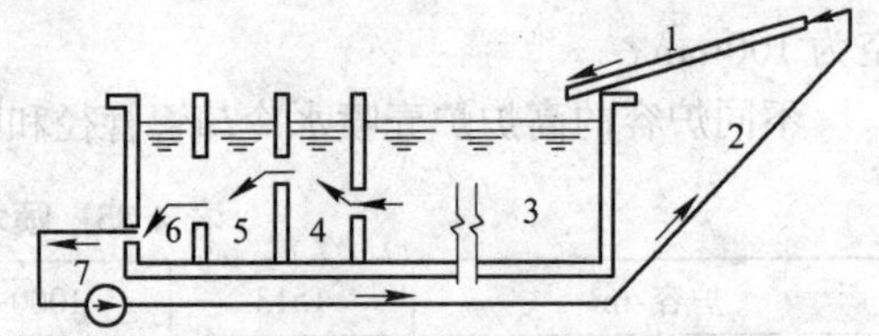

图4-42 冲渣水循环法
1—冲渣槽；2—水管；3—冲渣池；
4、5—沉淀池；6—吸水井；7—循环泵

4.5 炉体维护

目前国内外采用监测、控制边缘气流，喷补炉衬和维护等手段，加强炉体维护，实现长寿目标。

4.5.1 建立完善的监控设施

监控设施是了解和掌握炉况变化情况的基础，也是处理炉况异常现象的依据，所以，必须建立完善的监控设施。

4.5.1.1 高炉冷却水水温差监测

冷却水水温差监测十分重要。现在，大部分高炉均用人工监测。水温差直接反映了该冷却壁承受的热负荷状况。因此，应加强检查各段冷却壁的水温差，每班至少检查一次，若超过允许范围应及时采取措施，尤其是炉缸水温差升高时应采取清洗冷却壁、提高给水压力、增加冷却水量、减少冷却壁串联块数等措施。冷却壁的水温差超过规定值时，应采用堵塞超过水温差冷却壁上方的风口、适当加重边缘、对水温差超过的冷却壁改用新水强制冷却等方法保证冷却水温差控制在允许范围之内。

在给水主管、给水环管上应设有流量、温度、压力等的监测设施。

4.5.1.2 高炉各部温度监测

高炉各部位的温度直接反映了炉内温度分布情况并间接地反映了内衬侵蚀情况，因此，应设有炉体各部位的温度监测装置。随着高炉冶炼强化以及高炉长寿的需要，了解掌握高炉各部位的温度变化尤为重要。目前每座现代化高炉均设有几百个温度检测装置，并输入计算机巡回检测。

炉底、炉缸、炉腹、炉腰、炉身等内衬应设有温度检测装置，用它来了解内衬温度、侵蚀情况，其灵敏度和可靠性优于冷却水温度差。高炉炉体各部位测温装置布置见表4-86。

表 4-86 炉体各部位测温装置布置

测温装置部位			测温装置层数	每层圆周上测温装置数	每个测温装置测温点	测温点总数
炉底		内 衬	2	4	5	40
		冷 却 壁	2	8	1	16
炉缸		内 衬	2	4	3	24
		冷 却 壁	2	8	1	16
炉腹		内 衬	2	4	3	24
		冷 却 壁	2	8	1	16
炉腰		内 衬	1	4	3	12
		冷 却 壁	2	8	1	16
炉身	下部	内 衬	3	4	3	36
		冷 却 壁	3	8	1	24
	中部	内 衬	2	4	3	24
		冷 却 壁	2	8	1	16
	上部	内 衬	2	4	3	24
		冷 却 壁	2	8	1	16
炉顶径向			1	4	5	20
合 计			30			324

我国第一套本钢 5 号高炉炉顶径向测温装置见图 4-43，测温装置外套管中心线离炉顶钢壳转折处下方 215mm，与水平面成 20°角。

测温装置由固定保护罩和可更换的测温枪两部分组成。保护罩外端焊在钢套上，以防止炉料对测温枪的冲击和磨损。

测温枪由支撑管和测温管两部分组成。考虑到高温时的热强度，支撑管通水冷却。

热电偶套管由不同长度的 5 根不锈钢管组成。测温点间距离为 1～2 点 957mm；2～3 点 957mm；3～4 点 962mm；4～5 点 870mm。为了使测温点不受冷却水管的影响和焊接方便，支撑管和测温管间保持 20mm 的间距。在测温管内插入铠装热电偶，通过补偿导线引入高炉值班室的 XWC-301 仪表，打点显示温度。利用这种装置既了解炉顶温度分布情况又可判断煤气流分布情况。获得较满意的效果。

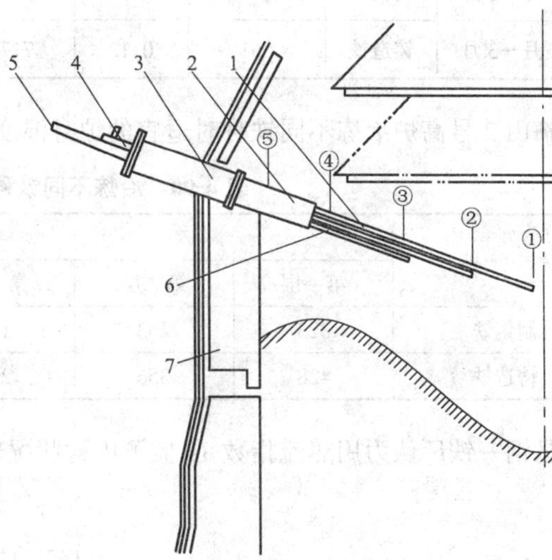

图 4-43 炉顶径向测温装置

1—支撑管；2—保护罩；3—外套管；4—冷却水管；5—铠装热电偶；6—电偶套管；7—料面；①～⑤—测温点

4.5.1.3 高炉各部热流强度监测

热负荷大小是高炉冷却的依据，它能及时反映内衬、冷却壁所承受的热流强度，进而采用有效措施控制热流，以保护冷却壁和炉壳。

武钢 2 号高炉炉身下部不同情况的内衬时热流密度实测见表 4-87。

表 4-87　武钢 2 号高炉热流实测数据

指　标	内衬完整时	内衬侵蚀后	渣皮脱落后	结瘤时
热流密度/$kW \cdot m^{-2}$	<11.63	23.26	58.15~81.41	3.57

武钢 3 号高炉各部位热流密度见表 4-88。武钢 3 号高炉 10 个月不同装料制度，对炉体热负荷的调查表明：分装和同装两种装料制度的热负荷极小值和平均值相似，分装时总热负荷的平均值为 5.95kW；同装时为 5.42kW；分装时总热负荷的极大值为 8.14MW；同装时为 10.00MW；同装时的热负荷波动范围大于分装。

表 4-88　武钢 3 号高炉不同时期各部位的热流密度

部　位	炉　腹	炉　腰	炉身上部	炉身下部
开炉后的天数	15	80	100	140
热流密度/$kW \cdot m^{-2}$	0.9	0.35	1.08	1.2

梅山 2 号高炉冶炼不同铁种时，炉腹、炉腰热流密度见表 4-89。

表 4-89　冶炼不同铁种时热流密度

时　期	铁　种	综合焦比/$kg \cdot t^{-1}$	炉腹			炉腰		
			水压/MPa	水温差/℃	热流密度/$kW \cdot m^{-2}$	水压/MPa	水温差/℃	热流密度/$kW \cdot m^{-2}$
85.1 月~3 月	制钢铁	493	0.09	5.5	8.988	0.09	5.0	8.267
85.1 月~3 月	铸造铁	561	0.12	7.7	12.359	0.12	6.9	10.676

梅山 2 号高炉冶炼不同铁种时适宜的炉身温度见表 4-90。

表 4-90　冶炼不同铁种时炉身的适宜温度

铁　种	适宜温度/℃					
	第一层	第二层	第三层	第四层	第五层	第六层
制钢铁	323	263	153	161	197	197
铸造铁	428	356	297	279		

马钢一铁厂认为用热流指数 I_R 监测内衬状况较比用水温差简便及时而全面。I_R 由以下式计算：

$$I_R = \Delta t \sqrt{H} \tag{4-16}$$

式中　I_R——热流指数；

Δt——每段冷却壁的水温差，℃；

H——每段冷却壁的供水压力，MPa。

马钢 5 座高炉热流指数的测定结果见表 4-91。

在热流指数测定的基础上，马钢认为综合冶炼强度 $1.1t \cdot (m^3 \cdot d)^{-1}$ 左右时，高炉各部位的水温差和热流指数的适宜值见表 4-92。

表 4-91　马钢高炉热流指数测定结果

冷却部位	热流指数 I_R	9号高炉			10号高炉			11号高炉			12号高炉			13号高炉		
		最大	最小	平均	最大	最小	平均	最大	最小	平均	最大	最小	平均	最大	最小	平均
炉身	测定值范围	21.8	15.0	18.2	24.1	13.3	20.5	19.9	13.1	16.6	16.2	8.8	12.3	22.6	13.7	18.4
	$\frac{I_R最大}{I_R最小}$	1.45			1.81			1.52			1.84			1.65		
炉腰	测定值范围	14.8	9.8	12.1	16.9	11.3	14.5	10.7	7.9	9.4	12.6	7.6	10.4	12.6	8.8	10.99
	$\frac{I_R最大}{I_R最小}$	1.51			1.50			1.35			1.66			1.42		
炉腹	测定值范围	20.7	14.2	17.5	25.2	17.1	20.5	24.6	16.5	19.4	17.8	14.1	15.7	20.7	15.3	17.8
	$\frac{I_R最大}{I_R最小}$	1.45			1.47			1.49			1.26			1.35		

注：统计时间：12号高炉为14个月外，其余均为16个月。

表 4-92　马钢水温差和热流指数控制指标

炉　号	炉容/m^3	炉身冷却壁		炉腰冷却壁		炉腹冷却壁	
		水温差/℃	热流指数	水温差/℃	热流指数	水温差/℃	热流指数
9	300	12～14	17～20	8～10	11～14	11～13	16～19
10	300	12～14	17～20	9～11	12～15	12～14	17～20
11	300	9～11	14～17	6～8	10～13	11～13	17～20
12	300	9～11	13～16	7～9	10～13	10～12	14～17
13	250	12～14	17～20	7～9	10～13	12～14	17～20

要经常监测各部位的热流强度，对了解和掌握炉况有着重要的意义。所以，各高炉都应建立定期监测高炉各部位热流强度的操作制度和根据本厂的具体情况规定热流强度控制指标。

4.5.1.4　冷却壁破损监测

国内冷却壁监测方法普遍采用水温差和水的流量来测定，这种方法，一是反映不准，二是往往出现滞后现象。

为了及时而准确的掌握冷却壁的工作状况，不少高炉在冷却壁壁体内埋设测温元件与相应部位的内衬温度对比分析更有效地了解冷却壁的工作状况。

设有测温点的冷却壁应在铸造时留有测温孔，其直径根据测温元件而定。

4.5.1.5　冷却壁水管结垢监测

冷却壁水管结垢是冷却壁破损的重要原因。一般冷却壁水管结垢物厚度为3～5mm，个别部位达7mm。对结垢物进行化验分析其化学成分为：CaO41.89%；MgO2.86%；$Fe_2O_3$14.89%；$SiO_2$3.9%；$Al_2O_3$1.04%。结垢物北方地区主要是钙垢和锈垢，而南方地区大都是工业水中的悬浮物沉积垢。结垢物使水管面积缩小、导热性变坏。

水在管道内的体积流量可按式4-17描述，即：

$$M=3600\mu A\sqrt{2gp} \tag{4-17}$$

式中　M——体积流量，$m^3\cdot h^{-1}$；

μ——水流量系数，取0.6；

A——水流出截面积，m^2；

g——重力加速度，$m\cdot s^{-2}$；

p——冷却水压力，MPa。

从上式可看出：在水压一定的条件下，流量仅与流通面积有关，即与流通半径 R^2 成正比，由上式可得出结垢的水量变化：

$$\frac{\Delta M}{M}=1-\frac{(R-S)^2}{R^2},\% \tag{4-18}$$

式中 ΔM——结垢后冷却水减少量，$m^3\cdot h^{-1}$；

R——水管内径，mm；

S——结垢层厚度，mm；

M——不结垢时水流量，$m^3\cdot h^{-1}$。

利用上式可以计算出结垢层的厚度。结垢层对冷却水量和水管的传热影响很大，结垢物的导热系数约 $0.58W\cdot(m\cdot K)^{-1}$，是钢管的$\frac{1}{87}$，结垢使冷却壁的冷却强度迅速降低冷却壁的热面温度上升，超过冷却壁铸铁相变温度就发生破损。天津铁厂 3 号高炉（$550m^3$）结垢厚度对水量、传热及温差的影响见表 4-93。

表 4-93 天铁高炉结垢层厚度对水量、传热面、温差的影响

结垢层厚度/mm	1	2	3	4	5
定压下水量减少/%	14.26	27.43	39.51	50.48	60.35
水管传热面减少/%	7.41	14.81	22.22	29.62	37.04
每 mm 钙垢产生温差/℃	65	69	73	79	85
每 mm 锈垢产生温差/℃	57	54	51	49	47
实际钙垢厚度下温差/℃	65	138	219	316	425
实际锈垢厚度下温差/℃	57	108	153	196	235

天津铁厂水量检测采用了华东冶金学院开发的专用复合探头检漏仪。把检测数据送到接口箱用计算机巡回检测水的流量和温度。冷却壁未漏而水量下降就应及时用高压水、砂子冲洗或酸洗。在正常情况下，每年对冷却水管应进行酸洗 1～4 次。复合探头见图 4-44。

4.5.1.6 高炉内衬侵蚀监测

高炉内衬侵蚀是高炉短寿的主要原因之一，监测内衬侵蚀仪器有：

(1) B_I-KDO 传感器

这种传感器是于 1984 年 3 月本钢研制成功的。是一种双铠装多点镍铬—镍硅热电偶传感器，简称 B_I-KDO 传感器，用温度变化规律判断内衬侵蚀情况。在本钢 5 号高炉上经工业性实验和吸收日本技术后，1984 年又研制了 B_{II}-KDO 传感器，这种传感器能够满足一次信号采集和向计算机的传送，确保了温度信号长期不中断地监测要求。

安装方法是，距测温点距离为 50mm，B_{II}-KDO 传感器用镍铬—镍硅热电偶、其补偿导线与一次仪表室的遥控数据采集站相接 GSZ-IA 由双绞线接通到 8084 接受发送器上，GSZ-ⅡB 同主机相连，主计算机同时与 CRT、打印机相连。系统流程见图 4-45。

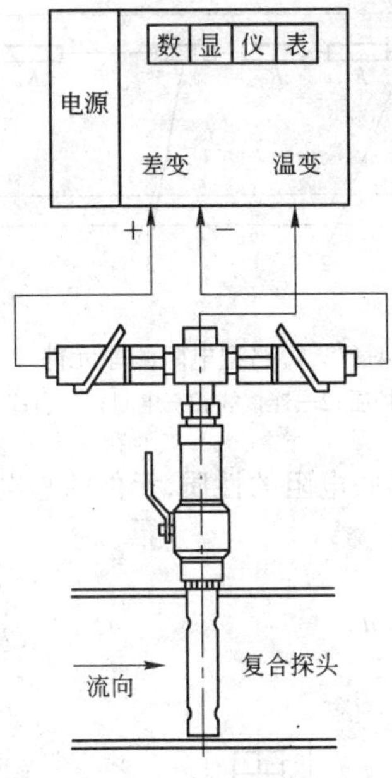

图 4-44　复合探头测漏装置

用本装置测温表明：内衬烧损前温度变化是有规律的逐渐升高，并比较平稳，在传感器前的内衬完全侵蚀掉时温度变化幅度大并且无规律，B_{II}-KDO 传感器热电偶自身烧损后，可再二次偶线接合，但是初期其温度严重漂移，也无规律，经过一段时间后才能稳定地传输。根据温度变化规律判断内衬侵蚀规律。本装置有待于进一步开发软件，通过温度变化规律来显示内衬侵蚀规律。

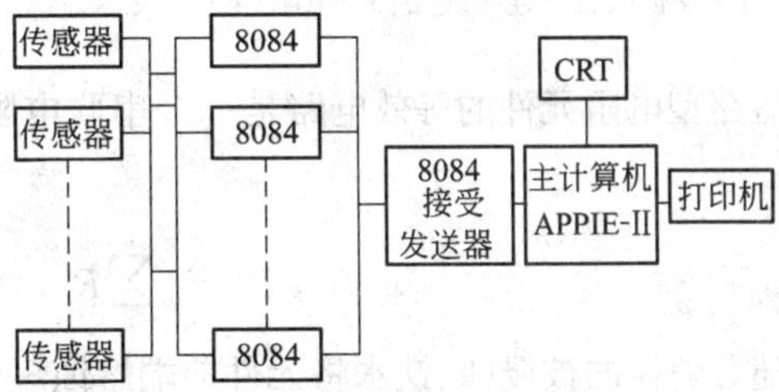

图 4-45　B_{II}-KDO 传感器测温流程图

(2) 炉缸 SHM 法监测

首钢 1 号高炉于 1989 年 4 月 4 日利用大修机会进行了 SHM 法监测炉缸侵蚀情况的实验。该监测方法是，在炉缸侵蚀最严重的部位安装多层次多个测温元件，用微机自动巡回检测了解炉缸侵蚀情况，每 3 秒钟显示一次，每 5 分钟巡检一周，自动定时打印报警。根据温度升温情况，利用极坐标法判断炉缸侵蚀情况。监测结果表明，炉缸部位升温速度最快为 25.8℃ · d^{-1}，最慢为 9.0℃ · d^{-1}。开炉一年冷却壁水温差只增加了 0.13℃，而通过 SHM 法测试结果 4 层 5 层碳砖温度升高了 100～200℃左右。说明利用 SHM 法监测比冷却壁水温差监测具有较高的灵敏度。

(3) 电阻法测定炉衬厚度

1989 年 1 月 17 日宝钢 1 号高炉安装了电阻法高炉炉衬测厚装置。炉身部位采用断路型电阻测厚元件。断路型电阻测厚元件见图 4-46。

测厚原理：电阻元件的电阻值与其长度具有相关关系。随着高炉生产的进行，电阻元件与炉衬同步损耗，元件长度变化将引起元件电阻的变化，其输出电信号也相应变化。利用相应的测量仪表测得元件输出的电信号，即可知元件长度测知炉衬的现有厚度。

断路型电阻元件的等效电路是一个并联电阻网络，根据并联电阻的性质，元件的总电阻值 R_{si} 为：

$$R_{si} = \frac{1}{\sum_{i}^{n}} \cdot \frac{1}{R_i} \; (i = 1, 2, 3, \cdots, n) \tag{4-19}$$

随着炉衬的被侵蚀，元件损耗，其长度缩短，前端电阻断路损坏，元件总电阻值增大。元件长度 L 与其总电阻值有对应关系 $L = f_1(R_{si})$。通过测量元件电阻增大值可知其长度即炉衬的现存厚度。

炉缸采用短路型电阻测厚元件。短路型测厚元件见图 4-47。

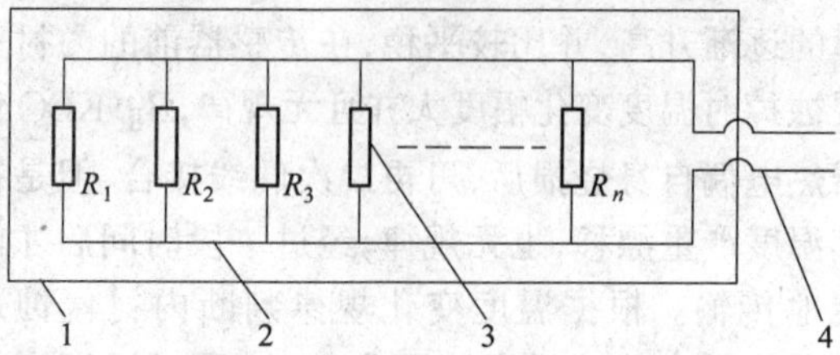

图 4-46 断路型电阻测厚元件

1—保护层；2—连接线路；3—电阻；4—引线

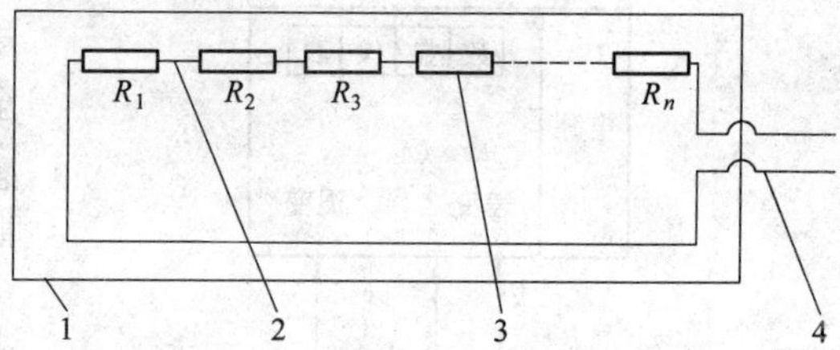

图 4-47 短路型电阻测厚元件

1—保护层；2—连接线；3—电阻；4—引线

短路型电阻元件的等效电路是一个串联电阻网络，根据串联电阻的性质，元件的总电阻值 R_{si} 为：

$$R_{si}=\sum_{i}^{n}R_i \quad (i=1,2,3,\cdots,n) \tag{4-20}$$

随着炉衬的被侵蚀、铁水将元件前端熔蚀短路，元件长度减少，元件总电阻值减少。元件长度 L 与其总电阻有对应关系 $L=f_2(R_{si})$。通过测厚元件电阻的减少，可知其长度即炉衬的现存厚度。

复合式电阻测厚元件是上述两种组合而成。它适合于炉腹、炉腰、炉身等部位。电阻元件埋在炉衬内，两种元件的埋设方向均垂直于炉衬引线，通过法兰上的接线端子引出通过测量线路与测量系统相连接。根据使用要求可采用两种系统配置，即计算机测厚系统和仪表测厚系统。

计算机高炉内衬测厚装置是由电阻测厚元件、引线、信号变换器、直流电源、计算机主机、CRT 显示器、打印机等组成。计算机高炉内衬测厚装置见图 4-48。

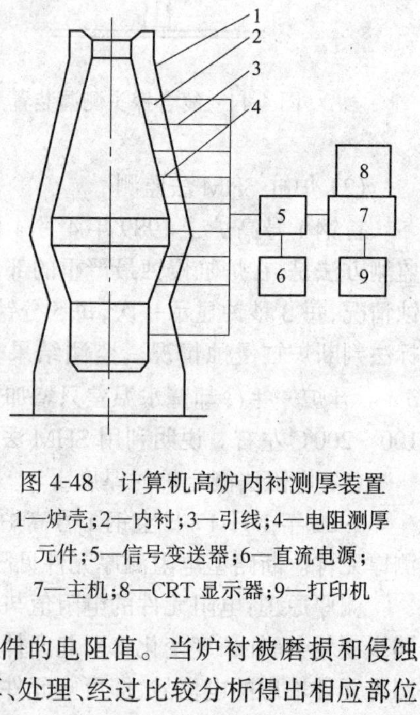

图 4-48 计算机高炉内衬测厚装置

1—炉壳；2—内衬；3—引线；4—电阻测厚元件；5—信号变送器；6—直流电源；7—主机；8—CRT 显示器；9—打印机

电阻元件通过各自的引线与测厚系统相连接。测量电路中采用直流电源和信号变换器，把电阻元件的电阻值转换成直流电压信号输入计算机。在计算机中预先存储了各类电阻元件的电阻值与其长度的关系曲线、高炉内型和内衬的各项参数。在高炉生产过程中计算机在线连续检测各部位电阻元件的电阻值。当炉衬被磨损和侵蚀时，电阻元件的电阻发生变化。计算机对这一信号值进行运算、处理、经过比较分析得出相应部位炉衬的现存厚度值。

(4) GCH-2000 型高炉炉衬监测仪

该监测仪是由鞍山美斯探伤设备有限公司和鞍钢钢铁研究所合作开发的炉衬测厚仪。该装置采用超声波连续测距的方法与单片机配合实现，一次信号和数据处理的闭环跟踪控制，它设有波形显示、数据显示、RS232 串行通讯接口、计算机、打印机等。能够做到连续监视高炉炉衬厚度的变化，并 CRT 显示，壁体实施画剖面图并积累检测数据。

GCH-2000 炉衬检测仪为小型分体式结构，整个系统由主机、显示器、数据采集组成。一次数据采集采用了比例采集技术及温度补偿方法，确保系统精度为 ±10mm+0.5%，配有自动变增益衰减及手动衰减装置。在微机控制下，获取标准回波和待测端面回波，经触发器形成标准回波及待测回

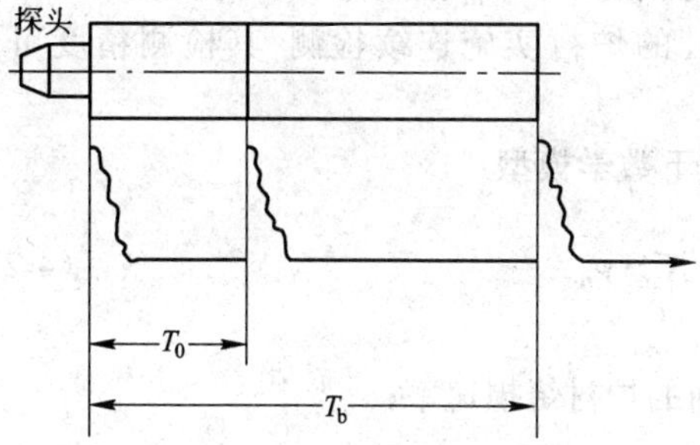

图 4-49　标准回波及待测回波

波的时间方波，经多路开关按顺序送往微机计算系统。每一检测点有一根100mm长的信号电缆与二次仪表相连，每根信号电缆传送两种信号，一是二次仪表发出的高压脉冲信号，它激励一次传感器产生超声波；二是超声传感器接受到标准回波信号和待测端面回波信号，把信号送到二次仪表进行放大和处理后显示出待测长度。该监测装置在鞍钢先后使用过多座高炉，能够及时掌握炉衬侵蚀状况。标准回波和待测回波见图4-49。

待测厚度与标准长度的关系式为：

$$L_b = L_0 \frac{T_b}{T_0} \tag{4-21}$$

式中　L_b——待测长度；

L_0——标准长度；

T_b——待测回波渡越时间；

T_0——标准回波渡越时间。

待测长度减去砖衬外的传感器长度便知砖衬厚度。GCH-2000型炉衬测厚仪见图4-50。

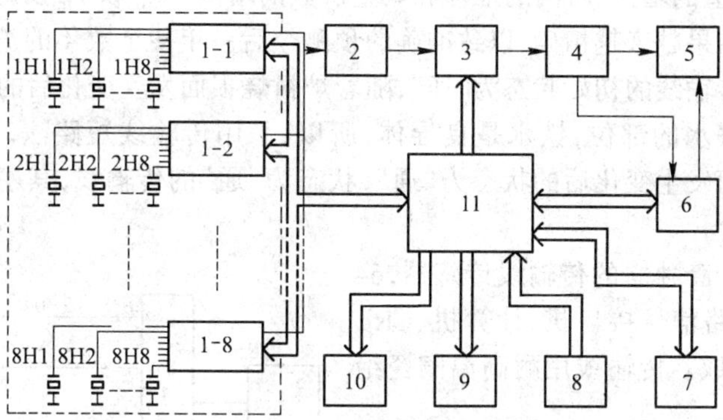

图 4-50　炉衬测厚仪

1—系统；2—前置放大器；3—电子衰减器；4—固定增益放大器；
5—衬形显示器；6—比例采集器；7—计算机；8—键盘；
9—打印机；10—数码显示；11—单片机

(5) 高炉炉衬烧损连续监测装置❶

该监测装置是，采用一组长度不同的耐高温导电传输线，以其"通"、"断"作为状态信号，组成简便可靠的传输线传感器，埋入被检测的高炉炉衬内，每个传输线连接一个固态继电器，这些继电器受单片微机最小系统控制并按顺序动作，循环检测每根传输线的"通"和"断"状态，把"通"、"断"状态转换成数值信号送入计算机系统，从而确定炉衬烧损到达的位置，编制模糊控制应用软件，使计算机系统进一步提高测量精度并保证测量的连续性。

---

❶　该装置是鞍山市超声仪器厂新开发的专利技术，已获得专利权。其专利号为"97103824·4"。各用户望严格按专利法和产权保护法行事。现经拥有专利权当事人的同意编入本手册。

该装置采用计算机系统和编制模糊控制应用软件，对相当于 ΔL_m 范围内的炉衬烧损进行连续模糊预测，用 8 根传输线均匀分布的情况下，对 800mm 的炉衬实施连续检测，其检测精度可达 ±20mm或更高。

在分析炉衬烧损规律和总结经验的基础上可建立如下数学模型：

$$\frac{\Delta L_m}{\Delta T_m}=\frac{\Delta L_m-1}{\Delta T_m-1}\cdot C_m\cdot K_m\cdot \phi_m \tag{4-22}$$

式中 $\frac{\Delta L_m}{\Delta T_m}$——从第 m 号传输线到 $m+1$ 号传输线之间的炉衬烧损速率；

$\frac{\Delta L_m-1}{\Delta T_m-1}$——前一阶段已测得的从第 $m-1$ 传输线到第 m 号传输线之间的炉衬烧损速率；

C_m——经验函数，一般 $K_m<1$，且 m 越大，则 K_m 越小，因为越近冷却壁，炉衬烧损率减慢的缘故；

ϕ_m——同一层不同部位的类同函数，一般 $\phi_m=1$，因为同一层炉衬处于相同的环境，其烧损率大致相同。当某一部位的烧损率大于模糊运算所预测的烧损率时，立即调整其他部位的 ϕ_m，令其 $\phi_m>1$；当同一层所有部位的烧损率都低于模糊运算所预测的烧损速率时，应立即调整所有部位的 ϕ_m，令其 $\phi_m<1$。

这是一个连续不断的自调整过程。第一阶段烧损速率 $\frac{\Delta L_0}{\Delta T_0}$ 是实测值，从第二阶段开始模糊控制发挥作用，随着 m 值的增大、时间的推移和调整次数的增多、K_m 和 ϕ_m 所修正的烧损速率越接近实际状态，烧损预测结果越来越精确，以致准确的预测今后一年甚至数年的炉衬烧损趋势。以上是传输线断路方法，即传输线的初始状态为"通"，随着炉衬烧损而发生变化后的状态为"断"。

对炉缸、炉底有铁水的部位，铁水是良导体，所以，采用传输线短路法，即传输的初始状态为"断"，随着炉衬烧损而发生变化后的状态为"通"，状态为"通"的传输线，其序号即代表炉衬烧损到达的位置。

该测厚装置由 64 套独立的传输线传感器，64 根三芯屏蔽电缆，多路信号接口机、计算机、CRT 显示器和打印机等组成。传输线用耐高温陶瓷绝缘套管保护。

传输线传感器发出的信号、经接口机按顺序输出给计算机系统，计算机接受信号后进行模糊控制运算，并其结果绘制出反映整个炉衬状态的纵、横剖面图，并预测内衬寿命。传输线法连续炉衬测厚仪原理见图4-51。

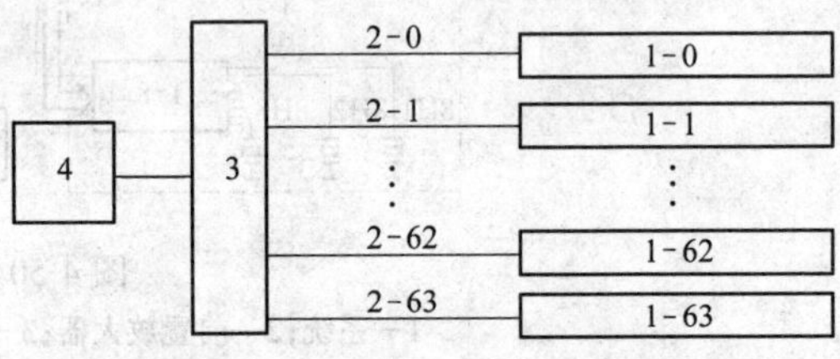

图 4-51 传输线法测厚原理

1—传输线传感器；2—三芯屏蔽电缆；
3—多路信号接口机；4—计算机

传输线传感器断路法原理见图 4-52。

传输线传感器短路法原理见图 4-53。

传输线传感器及其安装见图 4-54。

以上介绍的几种监测方法和手段虽然在运行的基础上经过技术鉴定，但是长期、稳定运行还有待于进一步完善。

4.5.2 加强高炉操作，控制边缘气流

煤气流分布是否合理，要看是否满足以下条件：

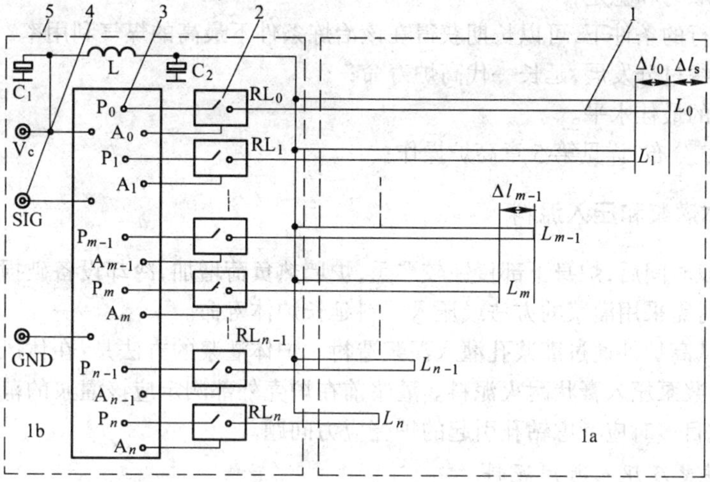

图 4-52　传输线传感器断路法

1—传输线传感器；2—继电器；3—单片机；4—三芯电缆；5—铁匣

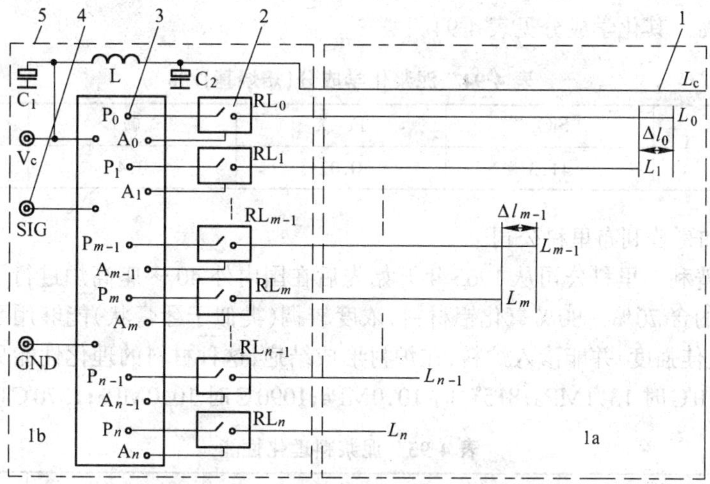

图 4-53　传输线传感器短路法

1—传输线传感器；2—继电器；3—单片机；4—三芯电缆；5—铁匣

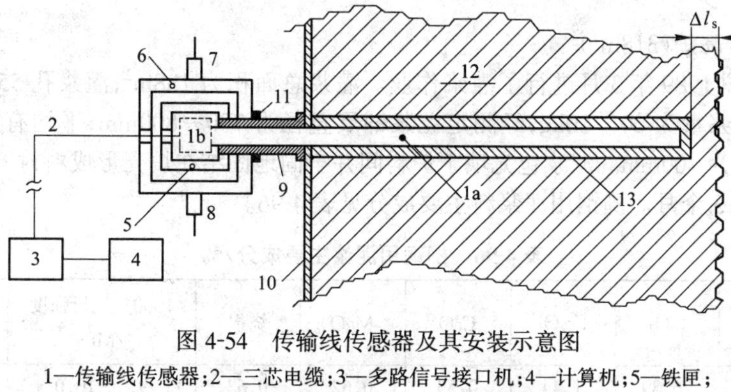

图 4-54　传输线传感器及其安装示意图

1—传输线传感器；2—三芯电缆；3—多路信号接口机；4—计算机；5—铁匣；

6—冷却外壳；7—进水管；8—出水管；9—传感器固定管；

10—炉壳；11—焊缝；12—炉衬；13—安装孔

1) 保证炉况顺行和稳定；

2) 在保证顺行的条件下，可以长期获得在该冶炼条件下最高的煤气利用率；

3) 能防止边缘过分发展，延长一代高炉寿命；

4) 保证生产的最佳水平。

有关合理煤气分布，详见第5章高炉操作。

4.5.3 炉体灌浆和压入泥料

高炉投产一段时间后，炉身下部侵蚀较严重，炉墙热负荷增加，冷却设备破损，炉壳产生红点或者鼓包破裂。这时需采用灌浆的方法或压入泥料延长炉体寿命。

炉体灌浆是从高炉外通过灌浆孔灌入泥浆造衬。炉体灌浆的方法是：在休风时，从炉壳外面钻孔插入喷嘴，用泥浆泵压入膏状耐火泥料。灌浆前在炉壳外部测定应该灌浆的范围、确定喷嘴数及其位置，在喷嘴数目多时应考虑钻孔引起的炉壳应力问题。

4.5.3.1 灌浆及压入所用泥料

(1) 加拿大阿尔果马厂7号高炉

加拿大阿尔果马厂7号高炉（$d=10.668$m）炉身下部灌浆料是用泥料和水混合，其质量比为：泥料80%、水20%。其化学成分见表4-94。

表4-94 泥浆化学成分（焙烧基）/%

Al_2O_3	SiO_2	Fe_2O_3	碱	烧 损
49.08	41.3	0.02	3.4	6.02

(2) 美国芝加哥普利布里科公司

美国芝加哥普利布里科公司从1963年开始先后在国内外40多座高炉进行了灌浆操作。泥浆料是一种热硬化的含70%～80%氧化铝材料，浓度较稠（类似于牙膏状）能够用泵输送。稠度要稳定，以利于形成最佳强度，并能渗入炉料，在炉衬形成结疤，这种材料的理化性能见表4-95。该泥浆料抗折强度为：110℃时13.1MPa；815℃时10.0MPa；1090℃时10.0MPa；1370℃时11.1MPa。

表4-95 泥浆料理化性能

Al_2O_3/%	SiO_2/%	Fe_2O_3/%	碱/%	水分/%	使用密度(kg·m^{-3})
78～81	11～13	1.1～1.7	1.8～2.0	13～15	2150～2305

(3) 柳钢2号高炉（318m^3）

柳钢2号高炉1989年3月进行了灌浆作业。灌浆总面积为138m^2，灌浆孔554个，每m^2设4个孔，每个喷嘴灌浆量为60～80kg，经测定泥浆铺展直径为700～800mm，平均有效厚度为250～300mm，最大厚度为400mm。泥浆包充填于炉料间并牢固地固结在炉壳形成料衬，而且空间搭接良好，料衬有效期达3个月。柳钢用泥浆料主要成分见表4-96。

表4-96 柳钢用泥浆主要成分/%

成 分	Al_2O_3	SiO_2	Fe_2O_3	CaO	MgO	烧损	1000℃抗折强度/MPa	体积密度/g·cm^{-3}
含 量	69.31	26.39	1.44	0.53	0.62	0.63	9.0～10.0	1.90～1.95

(4) 马钢2500m^3高炉

马钢2500m^{3}高炉于1994年开炉后运行情况良好，但自1995年发现第一块炉腰冷却板破损以来，冷却设备的破损日趋严重，1995年破损4块，1996年破损13块、1997年73块、1998年34块共计破损124块，占总数的25%还多，严重影响高炉正常生产。为了高炉正常生产从1998年12月开始采用了压入泥料造衬技术，对炉腰、炉腹部位进行了多次造衬取得了较好的效果。

冷却设备的破损主要集中在炉腰、炉腹部位，根据该部位对耐火材料性能的要求，自行开发了以碳化硅为主骨料、以树脂为结合剂（无水结合剂），牌号为BI9901的压入料。其各项理化指标见表4-97。

表4-97　BI9901压入料性能

指　　标	性　　能	指　　标	性　　能
SiC/%	89.1	体积密度（110℃×24h）/$t\cdot m^{-3}$	1.74
烧减量（1000℃）/%	29.8	最大粒径/mm	1.0
耐压强度 110℃×24h/MPa	31.45	导热系数（400℃）/$W\cdot(m\cdot K)^{-1}$	0.99
1000℃×3h（还原）/MPa	11.00	保存期（20℃）	3个月

部分国外压入料性能见表4-98。

表4-98　国外部分压入料性能

矿物组织	化学成分/%			
	Al_2O_3	SiO_2	Fe_2O_3	SiC
二氧化硅	10	27	0.6	23
碳质铝矾土	65	30	2.5	28
碳　　质	30			
碳化硅				87

马钢造衬时选用了高压力值、低流量的法国造P13型双活塞泵。该泵可通过压缩空气的气压变化进行遥控操作并带有过载保护装置。其主要性能如下：1）输送压力：4.0MPa（短时间内达6.0MPa）；2）输送距离：垂直：60～100mm；水平：300～500mm；3）排量：15～80$L\cdot min^{-1}$；4）电机功率：7.5kW（电压380V）。

每孔所需要的压入量按如下计算：

每孔所需要的压入量=（该部位冷却板表面积×造衬厚度×压入料密度）÷灌浆数量+损耗。

压入造衬应与安装圆柱形冷却箱配合以恢复炉腹等部位破损冷却壁的功能；对每个冷却器进行压力灌浆使冷却器之间形成造衬以保护冷却器。截至2000年5月无一冷却器损坏，其效果是明显的。

(5) 攀钢3号高炉

攀钢3号高炉（2000m^3）第三代炉役于1994年6月投产，只生产3.5年时间，炉衬局部严重破损，炉腹至炉腰的炉壳转折点处局部变形、开裂、严重危及高炉正常生产，经检查发现，冷却设备损坏主要集中在第五段至第八段，炉壳破损较严重的部位是集中在第6段至第7段的3号至18号冷却壁之间。1997年3月发现宽约5mm，长约300mm的裂缝；1997年11～12月间发现约700×500mm的炉壳已烧坏。于是1998年元月19日至25日借更换大钟的机会对炉壳进行了焊补和喷补造衬。其主要作法如下：

1）第6段3号至18号冷却壁之间的旧炉壳上贴焊新炉壳，材质为SM50B，面积为35m^{2}并焊

23块竖筋板加固。

2）安装小型冷却器使喷补料更好地粘结。共安装了31块小型冷却器，其长度为500mm、直径为120mm、壁厚为20mm、插入深度为240～340mm。

3）安装造衬枪。共安装77个造衬枪。其长度为320mm、直径为60mm、壁厚为10mm。

1998年元月24日开始造衬（包括焊补新炉壳）共花16小时，用63支造衬枪造衬，用14支造衬枪灌浆填补新旧炉壳之间的缝隙，共压入21.68t干料，于元月25日中班开始送风至元月29日炉况基本恢复正常，但造衬厚度不均匀。

根据压入造衬的实际经验，造衬时要注意两点：a）造衬孔分布要均匀合理。根据需要造衬的面积、造衬厚度、每孔喷补量来确定造衬孔数，并要求均匀分布；b）需要造衬的部位要安装小型圆柱冷却器，以铜质为佳。

4.5.3.2 灌浆孔和压入孔

灌浆孔和压入孔是根据修补炉衬所需要的面积而定。一般在每m^2设2～4个孔。孔是用风钻或凿岩机将耐火砖—炉料结合体打穿。钻孔深度应大于300mm。通过孔测量厚度，然后将一闸阀连接至喷嘴口；闸阀另一侧连接快速连接器，以便软管快速连接或松脱，不灌浆时应紧闭。

喷嘴一般安装在冷却器之间，喷嘴内径为12～50mm，内径小于25mm时，不宜灌入粗颗粒料。在炉壳上钻一喷嘴孔，将一端带有螺纹的管子插入孔中并焊在炉壳上，不用时将喷嘴盖住，灌浆时将盖取下。

在灌浆操作时，打开闸阀，从最低位置往高水平灌浆，灌浆取决于喷嘴间距，一般每米中心距要喷灌浆料360kg，可达250～500mm厚，作业完毕即卸下闸阀，盖上喷嘴。因灌浆料是热固硬化，在高炉送风前争取硬化，所以，灌浆完毕后须有2～3h的硬化时间。

4.5.3.3 灌浆和压入机械

柳钢、美国伯利恒公司、日本鹿岛3号高炉等均用泥浆泵直接将泥浆料注入泥浆孔。

柳钢用的灌浆机是石家庄建筑机械厂生产的UH4.5型灰浆联合机。该机集搅拌机、泵送、空气压缩为一体的灌浆机械。最大排浆量为$45m^3 \cdot h^{-1}$，最大工作压力为6MPa。

泥浆喷补机是，由搅拌机、过渡箱、泥浆泵、喷补机、软管和喷枪等组成。泥浆喷补机见图4-55。

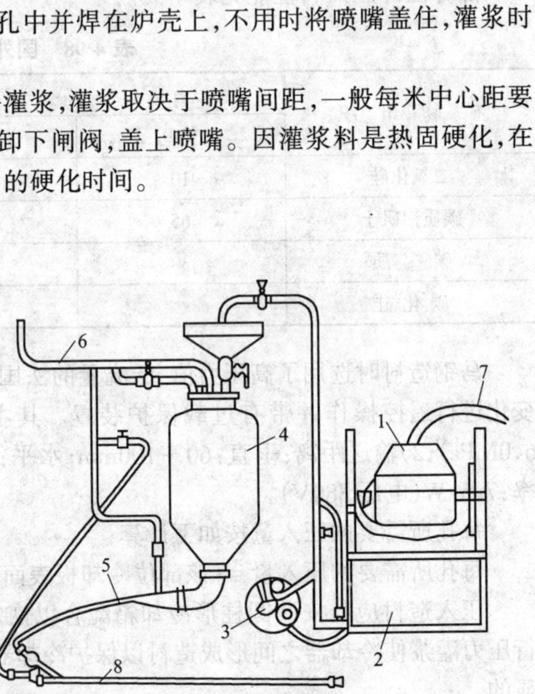

图4-55　泥浆喷补机

1—搅拌机；2—过渡箱；3—泥浆泵；4—喷补机；5—泥浆输送软管；6—空气管道；7—水管；8—喷枪

操作方法是向搅拌机加水、开动搅拌机、加入增塑剂、混合10～15min后加入喷粉剂，继续搅拌成均匀的泥浆，倒入有起泡器的过渡箱；用泥浆泵送到喷补机的罐内，用软管联结喷补出口与喷枪。

贮泥罐有效容积要根据受喷高炉的数量和受喷面积而定，一般在$1.0m^3$左右，工作压力为0.6MPa，料中含水为25%～30%。

硬质泥料压入机是住友公司设计开发的。吐出压力为30～40MPa，用油压泵作为动力，手动操作，每孔压入量300kg，需要90～150min。

树脂系泥料压入机，是住友金属公司开发的，该机吐出压力为14～18MPa，每孔压入300kg需要20～30min。

1981年小仓2号高炉采用树脂泥浆进行压泥补衬，经过10年生产，内衬厚度仍维持在约400mm。树脂系泥浆压入机原理见图4-56。

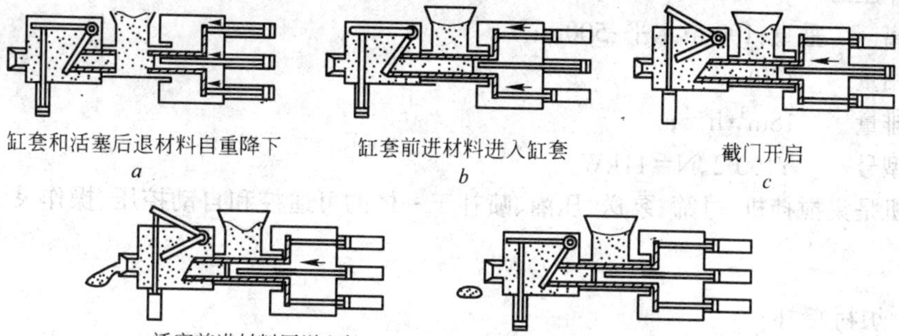

图4-56　树脂系泥浆用压入机

小仓2号高炉第二代内衬厚度变化和压入树脂系泥浆量的变化见图4-57。

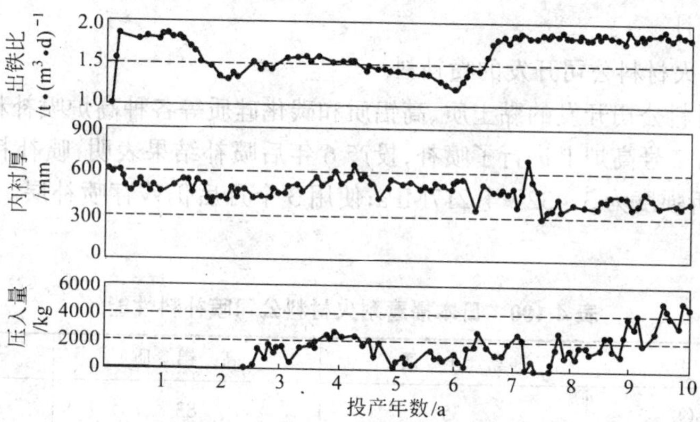

图4-57　小仓2高炉(2次)炉壁的变化

硬质树脂系泥浆性能见表4-99。

表4-99　硬质树脂系泥浆性能

种　类		硬质泥浆	树脂泥浆A	树脂泥浆B
化学成分/%	SiO_2	12.5	22.6	18.4
	Al_2O_3	65.7	66.4	70.1
	F·C	12.3	6.5	7.0
热间接着强度 500℃/kN·mm^{-2}		5.9	13.2	31.4
热间弯曲强度 1500℃/kN·mm^{-2}		17.7	53.0	59.8
压缩强度 1000℃/kN·mm^{-2}		18.6	107.9	117.7
稠度		70	420	420

4.5.3.4　高压喷灌造衬机

高压喷灌造衬机型号有GJ6-2、GJ6-2Y两种均由石家庄市军威高新技术研究所开发研制的，它是高炉、热风炉、管道等进行压力灌浆、造衬、喷补的专用设备。该造衬机在宣钢、南钢、广钢、天铁、首钢、攀钢及新兴铸管等钢铁企业的灌浆造衬中应用取得了较好的效果。

主要技术参数如下：

泵排量　　$3\sim6m^3\cdot h^{-1}$；

最大工作压力　　7.5MPa；

输送距离　　垂直:100m;水平:500m;

搅拌器用量　　170L;

空压机排量　　$18m^3\cdot h^{-1}$；

电动机型号　　Y160-2、N=11kW。

该造衬机是集搅拌机、过筛、泵送、压灌、喷补于一体的可遥控和自动控压、操作灵活，安全可靠的造衬设备。

4.5.4 炉衬喷补

喷补是修补炉衬的另一种工艺，是在炉内向损坏处喷补不定型耐火材料。

喷补一般是在残存的炉衬上进行，必须仔细清理炉衬表面，打掉渣皮、粘附的炉料用清砂机清扫，然后安装锚固件，锚固件长度应占厚度的一半，喷补厚度为200～300mm。喷补料是专门用于高炉喷补的耐火材料，按规定要求使用。

4.5.4.1 喷补料

(1) 日本播磨耐火材料公司开发的喷补料

日本播磨耐火材料公司开发的黏土质、高铝质和碳化硅质等各种高炉喷补料，使用效果良好。

该喷补料在釜石2号高炉上进行了喷补，投产6年后喷补结果表明：喷补料附着率为70%；喷补层在1200℃的抗折强度为3.432～4.217MPa；使用3个月后仍残存喷补层。日本播磨喷补料性能见表4-100。

表4-100 日本播磨耐火材料公司喷补料性能

项目		黏土质	高铝质	碳化硅质
化学成分/%	Al_2O_3	35	83	37
	SiO_2	51	7	4
	CaO	7	5	5
	SiC	5	5	51
粒度组成/%	>1.00mm	40	40	40
	<0.297mm	40	40	40
喷补结果附着率/%		>80	>80	>80
使用部位		3000～5000m^3炉身	1000～3500m^3炉身	3500m^3炉身
使用寿命		良好	良好	良好

(2) 新疆钢铁公司1号高炉使用的喷补料

新疆钢铁公司1号高炉($255m^3$)，于1980年8月喷补时所使用的喷补料为河南沁阳产的高铝熟料块，人工挑选后加工成骨料，以水玻璃作结合剂、硅酸盐水泥作促凝剂。各种物料成分及性能见表4-101。

表 4-101 喷补料化学成分及特性

成分/%	SiO_2	Al_2O_3	Fe_2O_3	CaO	MgO	K_2O	Na_2O	烧损
高铝骨料	26.65	67.32	1.33	0.73	0.31	0.58	0.26	0.74
高铝粉料	23.67	71.71	1.27	0.62	0.42	0.58	0.22	0.25
硅酸盐水泥	20.26	5.93	TFe:3.61	64.96	1.81	0.64	1.04	1.00
水玻璃	模数=2.94				密度=$1.38g\cdot cm^{-3}$			

选择喷补料粒度应考虑喷补层有较大的体积密度和低的气孔率，而且具有一定的强度。喷补料原料粒度组成见表 4-102。

表 4-102 喷补用原料及混合料粒度组成

名　称	粒　度/mm							
	5～2.5	2.5～1.2	1.2～0.6	0.6～0.3	0.3～0.15	0.015～0.088	<0.088	>5
骨料/%	15.39	31.10	20.50	10.45	9.34	3.20	9.93	0.09
混合料（骨料 60%，粉料 40%）	9.23	18.66	12.30	6.27	5.60	4.06	43.82	0.06
粉料/%						>0.088 5.34	94.66	
混合料（骨料 65%，粉料 35%）	10.00	20.22	13.33	6.79	6.07	4.22	39.31	0.06

新疆钢铁公司对喷补料作成试样进行试验，由于试样荷重软化点较低，实际喷补料改为骨料65%；粉料 35%、外加水玻璃 12%和硅酸盐水泥 4%。试样制备情况见表 4-103。

表 4-103 喷补料试样制备情况

项　目	试　样　(Ⅰ)	试　样(Ⅱ)	试　样　(Ⅲ)	说　明
骨料配比/%	60	60	60	试样Ⅲ为旧耐火材料与喷补料混配振动而成
粉料配比/%	40	40	40	
硅酸盐水泥(外加)/%	4	5	4	
水玻璃(外加)/%	9	9	9	
水玻璃(外加二次)/%	4	4	4	
室温/℃	23	22.5	23	
成型方法	振动	振动	振动	
凝固时间/min	3.5	2.7	3.6	

喷补料试样进行了性能检测，其性能见表 4-104。

表 4-104　喷补料试样性能

项　　目		试　样　Ⅰ	试　样　Ⅱ	试　样　Ⅲ
抗压强度/MPa	110℃烘干	9.826	17.20	0.703
	600℃烧后	18.044	16.883	0.260
	900℃烧后	20.088	15.200	0.235
	1200℃烧后	29.616	22.065	1.010
	600℃热态	33.539	28.439	
	900℃热态	26.576	15.102	
	1200℃热态	13.293	13.043	
热稳定性/次		>20	>20	上述数据是不同温度下的抗剪强度
残余强度/MPa		13.925	5.394	
荷重软化温度(0.6%)/℃		1150	1180	
荷重软化温度(4%)/℃		1180	1250	
耐火度/%		>1730	1690	
气孔率/%		31.5	33.5	
体积密度/$g \cdot cm^{-3}$		2.1	2.0	

(3) 山东张店钢铁厂 $100m^3$ 高炉炉身喷补料

山东张店钢铁厂 $100m^3$ 高炉炉身喷补料采用了河南巩义市联合耐火材料厂生产的 XA-1 喷补料,其化学成分见表 4-105。

表 4-105　XA-1 喷补料化学成分

组　成	Al_2O_3	SiO_2	CaO	MgO	Fe_2O_3	烧损
含量/%	70～74	18～22	0.4～0.6	0.5～0.7	1.3～1.58	0.68
耐压强度/MPa	110℃烘干 19.8		800℃烧后 28.5		1300℃烧后 62	

注:耐火度:1770～1790℃;容重:$2.23g \cdot cm^{-3}$;气孔率:1200℃×2h,29%。

1988 年 4 月用 XA-1 喷补料修补炉衬,喷补总高度为 8778mm,用料 42t,自然干燥 10 天,常规烘炉。生产 20 多个月炉喉、炉身部位的炉壳无过热和发红现象,效果良好。

(4) 大连钢铁厂使用的喷补料

大连钢铁厂于 1991 年使用河南省巩义市联合耐火材料厂生产的 XA-3 喷补料,对炉腰、炉身下部进行了喷补造衬。其喷补料性能见表 4-106。

表 4-106　XA-3 喷补料性能

组　成	Al_2O_3	SiO_2	Fe_2O_3	CaO	MgO	烧　减	耐火度/℃
高铝粉/%	73.85	15.76	1.51	1.14	微量	0.61	1770
骨料/%	75.94	15.76	1.93	1.60	微量	0.67	1790

大连钢铁厂喷补操作是,以压缩空气为载体,将散状料输送到喷枪,在喷枪里与高压水混合,混合后喷射到指定的部位层层积累成型。在炉壳上焊上锚固件,先喷较深部位,填平补齐后沿圆周均匀喷 40～50mm,恢复原炉型。预计寿命可达 8 年。

(5) 新日铁公司使用的喷补料

新日铁公司认为，高级耐火材料喷补料，其使用效果反而不如普通耐火材料喷补料好。所以，他们使用黏土质喷补料。在喷补料中含 Al_2O_3 为 36%～39%，水泥为结合剂、显气孔率为 30%～32%，添加钢纤维，寿命可达 6 个月。

日本鹿岛 3 号高炉($5050m^3$)一代寿命达 13 年 5 个月。其长寿措施是：一方面控制炉衬热负荷抑制内衬侵蚀，另一方面更换小型冷却器为代表的采用喷补造衬工艺，预计寿命可达 15 年。

为了在低温内硬化，又开发了树脂黏结剂，其配比为 $Al_2O_3$78.2%；$SiO_2$12.7%，用树脂作为黏结剂。

(6) 首钢 2 号高炉使用的喷补料

首钢 2 号高炉($1726m^3$)1991 年 5 月开炉以来到 1998 年 2 月冷却壁钩头水管已全部损坏，水箱前排管损坏 51 根占前排管总数的 28.3%，炉皮时常冒火已严重影响了正常生产，于是 1998 年 2 月和 12 月先后两次进行了喷补造衬。其主要作法如下：

喷补造衬前需要造衬的部位共安装 13 个简易小炮弹水箱、20 根立管，为检验喷补层厚度在不同部位安装测杆，喷补后检查结果喷补层厚度分别是炉腹、炉腰为 200mm；炉身下部约为 200mm，炉身上部为约 200～300mm；消耗喷补料 210t。

造衬后采取合适的装料制度、调整送风制度、坚持稳定操作方针取得了较好的效果。

(7) 本钢 4 号高炉使用的喷补料

本钢 4 号高炉($1070m^3$)第七代炉役于 1992 年 11 月 3 日开炉投产后连续生产 6.5 年时间没有进行中修，于 1997 年 8 月 11 日借更换大钟的机会，深空料线至风口，将风口以上部位炉衬进行了喷补造衬，喷补后生产 13 个月。1998 年 11 月 9 日和 1999 年 5 月 12 日先后进行了两次炉喉喷补造衬。其主要作法如下：

1) 把料线降至 7m，停炉后开人孔进入炉内平整压料，使料面达到平整，然后用喷枪喷一层 200～300mm 的覆盖料，共用量为 10t 左右。

2) 把喷射装置送入炉内，安装调试后，从下至上逐步提升喷射装置来完成喷补作业。总的喷补时间为 41h、封人孔 8h。

3) 喷补工艺流程是输料→预混→压送→二次混合→喷射等。输料装置连续不间断均匀稳定的送料；预混装置将喷补料预混合水，水含量控制在 6%；压送装置利用高压风(压力为 0.6～0.7MPa)将喷补料送进二次混合装置，再次加水，水含量控制在 6%～13%；喷枪可实现定点或局部喷补也可旋转 360°均匀喷补；喷枪与界面距离约 1.5～2.0m。

4) 选用大连摩根耐火材料有限公司生产的 GUNCRETE160 喷补料，订购 100t(包括覆盖料 10t)，总喷补量为 80t。喷补料性能见表 4-107。

表 4-107　GUNCRETE160 喷涂料性能(大连摩根产品)

耐火度/℃	体积密度(110℃)/kg·m^{-3}	耐压强度/MPa					线收缩率/%				
		110℃	800℃	1000℃	1300℃	MST	110℃	800℃	1000℃	1300℃	MST
1690	2020	34.5	27.6	24.15	31.00	34.50		0.2	0.3	0.6	1.2

导热系数 600℃/W·(m·K)$^{-1}$	化学成分/%				加水量/%	使用温度/℃
	Al_2O_3	SiO_2	CaO	Fe_2O_3		
0.79	50.3	40.8	5.3	1.0	12.4	1600

5) 喷补高度为 3.8m，喷补平均厚度为 400～500mm，最厚处为离钢砖下沿 200～300mm 处圆

周厚度为1000mm。造衬后于1999年5月14日投产，15天后生产达到了正常水平。造衬前后炉喉形状见图4-58。

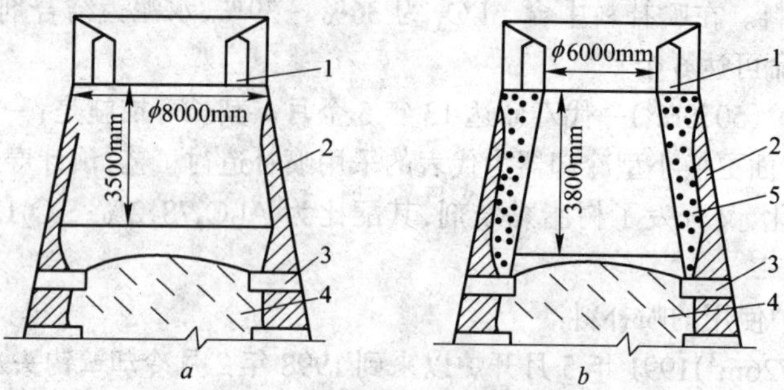

图4-58 造衬前后炉喉形状

a—炉喉破损示意；*b*—炉喉喷涂后炉型示意

1—炉喉钢砖；2—剩余炉衬；3—第三层方水箱，4—压料料面；5—喷涂料

4.5.4.2 喷补装置

为了提高喷补效率，近年来开发了各种喷补机，在我国均广泛应用。

新日铁釜石厂开发的从炉顶插入式喷补机具有代表性。其特点是，能够使喷嘴上下移动及转动；可对炉体全面喷补；能够精确测出喷嘴位置；能测出喷补料在输送料软管内的压送状态；插入件装置设有工业电视观察炉墙状况，操作完全在炉内进行。该装置见图4-59。

主要性能见表4-108。

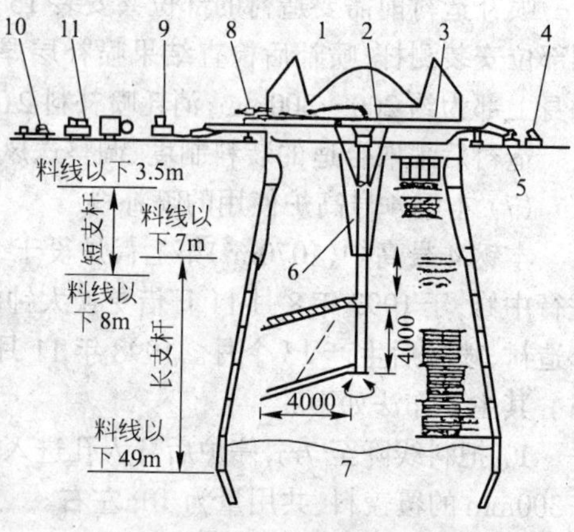

图4-59 耐火材料喷补装置

1—大钟；2—小车；3—横梁；4—传送小车；5—支杆升降齿轮装置；6—喷嘴；7—炉料；8—回转装置；9—物料输送器；10—喷补料；11—水泵

4.5.5 含钛矿护炉

在炉料中加入适量的含钛矿物，可使侵蚀严重的炉底、炉缸转危为安。

表4-108 喷补机主要性能

喷补能力	旋转范围	升降速度	旋转速度	软管直径	压送机类型
最大：$7t\cdot h^{-1}$	360°	$2.35m\cdot min^{-1}$	$1.1\sim4.0m\cdot min^{-1}$	*D*50mm	干式回转型 （空气压送）

4.5.5.1 含钛炉料护炉原理

生产实践表明，在含钛炉料中起护炉作用的是炉料中的TiO_2的还原生成物。TiO_2在炉内高温还原气氛条件下，可生成TiC、TiN及其连接固熔体Ti(CN)。

这些钛的氮化物和碳化物在炉缸炉底生成发育和集结，与铁水及铁水中析出的石墨等凝结在离冷却壁较近的被侵蚀严重的炉缸、炉底的砖缝和内衬表面。由于Ti的碳、氮化物的熔化温度很高，纯TiC为3150℃，TiN为2950℃，Ti(CN)是固熔体，熔点也很高，从而对炉缸、炉底内衬起到了保护作用。

如：梅山1号、2号高炉生产分别进入第八和第七个年头，1990年1号高炉二、三段冷却壁水温差上升超过2℃,铁口边二段冷却壁热流强度达62367kJ·$(m^2·h)^{-1}$;2号高炉第二段冷却壁有几个水头温差达1.2℃,最高热流强度达34747kJ·$(m^2·h)^{-1}$,为延长高炉寿命,除了采取增加冷却水压、清洗冷却壁等措施外,利用含钛矿护炉技术对炉缸、炉底进行了保护,起到了良好的效果。国内几座高炉使用含钛矿维护炉底情况见表4-109。

表4-109 国内使用含钛矿维护炉底情况

厂名炉号	开炉时间	炉衬侵蚀监测情况	开始使用时间	使用量/kg·t^{-1}	恢复正常时间
柳钢2号255m^3	1981	铁口水平线内衬温度达745℃	开炉后2年3个月	14	20d
湘钢2号750m^3	1982	Ⅱ段27号冷却壁水温差3.5℃	开炉后22个月	12～15	7d
武钢3号1513m^3	1984.9	Ⅱ段9号冷却壁水温差4.1～5.3℃	开炉后6个月	10	7d

4.5.5.2 含钛矿加入方法及其用量

(1) 用配加钒钛铁精矿粉的烧结矿入炉

在烧结矿配料中加入3%左右的钒钛精矿粉进行高炉生产。加入量按TiO_2入炉量6～8kg/t较为适宜。

(2) 钒钛块矿直接入炉

这种方法方便灵活,不会像钒钛精矿粉加入烧结矿时影响烧结矿质量。梅山高炉钒钛块矿加入量按TiO_2入炉量5～7kg/t得到了较好的效果。

(3) 向风口喷吹钒钛矿粉

梅山1号高炉于1981年5月、6月、7月共三次进行了向风口喷吹钒钛矿粉的试验。试验风口为水温差较高冷却壁的两个风口,结果水温差下降0.38℃。说明向风口喷吹钒钛矿粉是可行的。平均喷吹量为每小时220～300kg。

喷吹用钒钛矿粉见表4-110。

表4-110 喷吹用钒钛矿粉成分/%

成　分	TFe	TiO_2	V_2O_5	SiO_2	Al_2O_3	MgO	CaO
钒钛精矿粉	59.17	10.50	0.46	7.99	13.86	5.44	2.02
钛精粉	31.03	47.51	0.13	2.68	1.23	7.32	0.62

(4) 炮泥中加入钒钛精矿粉

这种方法是将含钛铁精矿粉烘干,以10%配比加入炮泥泥料中,碾制工艺不变,使用同正常使用量相同。实验证明铁口附近炉缸侧壁的水温差明显下降。

(5) TiO_2加入量实例

1) 武钢3号高炉炉缸冷却壁水温差突然升高,于是1985年3月配加钒钛块矿TiO_2量为每吨铁10.3kg,9天后炉缸冷却水水温差下降到正常水平。又在2号、4号高炉配加钒钛块矿,17天后热流强度降到正常水平。武钢的经验是,在高炉冶炼时配加用量为每吨铁$TiO_2$10～15kg的钒钛矿,使用3～7天后炉缸冷却壁热流强度降到正常水平值后,把钒钛矿用量减到每吨铁$TiO_2$5～7kg,热流强度稳定后停用。

2) 钒钛矿的用量是根据不同高炉内衬侵蚀情况不同其加入量也不同。根据日本君津4号高炉经验,平常每吨铁TiO_2量维持在5kg,炉底侵蚀较严重时每吨铁TiO_2量增加到9～10kg。

3) 湘钢750m^3高炉的经验是,将5%～7%钒钛精矿配入烧结矿中,平均使用量为每吨铁TiO_2

7～12kg。

4) 梅山的经验是,钒钛矿加入量为每吨铁平均 $TiO_2$7～12kg。

5) 龙岩钢铁厂 120m^3 高炉的经验是,钒钛矿加入量为每吨铁 $TiO_2$6～8kg,在生铁中[Ti]为0.15%左右时炉况稳定顺行。

6) 本钢 5 号高炉(2000m^3),于 1985 年 2 月 4 日开始到 1987 年 4 月停炉为止每批料烧结矿重量为 33～37t、钒钛球团 3～7t 相当于每吨铁加入量为 $TiO_2$6.23～23.3kg,结果取得了预期的效果。本钢认为每吨铁加入量为 $TiO_2$5～20kg。

在使用钒钛矿护炉时,应根据高炉的侵蚀情况,因地制宜地加入 TiO_2 量,过少起不到护炉作用,过多炉渣会变稠对操作带来困难。因此,应通过试验、摸索确定 TiO_2 加入量。根据许多高炉经验证明,正常 TiO_2 加入量维持在每吨铁 5kg 左右,不仅不影响高炉冶炼而且起到护炉效果。有关具体操作详见第 5 章高炉操作。

参 考 文 献

1 成兰伯主编.高炉炼铁工艺及计算,北京:冶金工业出版社,1991

2 炼铁设计参考资料编写组.炼铁设计参考资料,北京:冶金工业出版社,1975

3 冶金工业部重庆钢铁设计研究院主编.炼铁机械设备设计,北京:冶金工业出版社,1985

4 周传典主编,鞍钢炼铁技术的形成和发展,北京:冶金工业出版社,1998

5 建网二十周年文集,冶金工业部炼铁信息网出版,1993

6 炼铁学术年会论文集,中国金属学会炼铁专业委员会,1991

7 李永镇编著.高炉长寿理论和实践,东北工学院,1992

8 炼铁学术年会论文集,辽宁省金属学会,1994

9 国外现代炼铁工业编写组,国外现代炼铁工业,北京:冶金工业出版社,1981

10 新日鉄にすける高炉技術の進歩,新日本製鉄株式会社,1986

11 炼铁编辑委员会,炼铁,1996.6,炼铁编辑部,1999

12 炼铁编辑委员会,炼铁,2000.1,炼铁编辑部,2001

5 高炉冶炼操作

5.1 高炉操作制度

高炉操作制度包括送风制度、装料制度、造渣制度和热制度。选择合理的操作制度必须依据原燃料的理化性能;各种冶炼技术特征;炉顶装料设备结构型式;高炉内型特征;大气温度和湿度变化;冶炼生铁品种等。

各操作制度之间既密切相关,又互有影响。合理的送风制度和装料制度,能够实现煤气流合理分布,炉缸工作良好,炉况稳定顺行。而造渣制度和热制度不合适时,也会影响气流分布和炉缸工作状态,从而引起炉况不顺。生产过程常因送风和装料制度不当,而引起造渣制度和热制度波动,导致炉况不顺。因此选择合适的送风制度和装料制度更为重要。

5.1.1 送风制度

送风制度主要作用是保持适宜的风速和鼓风动能以及理论燃烧温度,使初始煤气流分布合理,炉缸工作均匀活跃,热量充沛、稳定。控制方式为选用合适的风口面积、风量、风温、湿分、喷吹量、富氧率等参数,并根据炉况变化对这些参数进行调节,以达到炉况稳定和煤气利用改善的目的。这些通常称为下部调节。

5.1.1.1 正确选择风速或鼓风动能

高炉鼓风通过风口时所具有的速度,称为风速,它有标准风速与实际风速两种表示方法,而所具有的机械能,叫鼓风动能。鼓风具有一定的质量,而且以很高的速度通过风口向高炉中心运动,因此它具有一定的动能。风速和鼓风动能与冶炼条件相关,它决定初始气流分布情况。所以,根据冶炼条件变化,选择适宜风速或鼓风动能,是改善合理气流分布的关键。

(1) 控制适宜的回旋区深度(即长度)

鼓风离开风口时所具有的速度和动能,吹动着风口前焦炭,形成一疏松且近似椭圆形的区间,焦炭在这个区间进行回旋运动和燃烧,这个回旋区间称回旋区。

回旋区形状和大小,反映了风口进风状态,影响气流和温度的分布,以及炉缸的均匀活跃程度。回旋区形状和大小适宜,则炉缸周向和径向的气流和温度分布也就合理。回旋区的形状与风速或鼓风动能有关,鞍钢2580m³高炉炉身下部径向测温表明,鼓风动能由8800 kg·m/s❶增至10000kg·m/s,回旋区

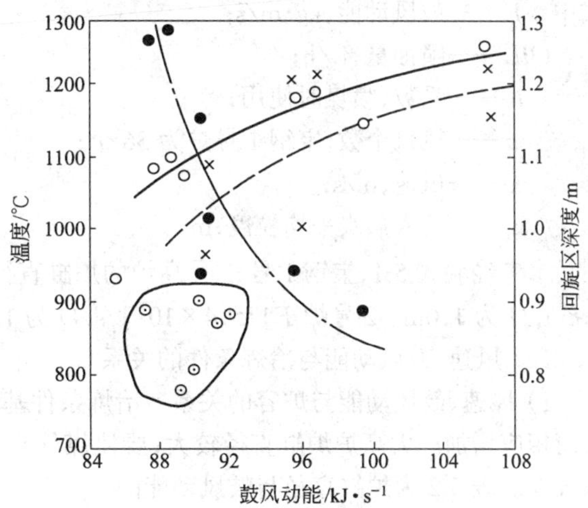

图 5-1 鞍钢高炉鼓风动能与回旋区深度、软熔区径向温度的关系

×—中心温度; ●—边缘温度;
○—回旋区深度;⊙—中间区温度

---

❶ 1kg·m=9.8J,图表中数据亦按此换算。

深度增加，边缘煤气温度下降450℃，中心上升约200℃。随着回旋区深度增加，边缘煤气流减少，中心气流增强，如图5-1和表5-1所示。

回旋区有个适宜深度，过大或过小将造成中心或边缘气流发展。炉缸直径越大，回旋区应该越深，以使煤气流向中心扩展，使中心保持一定温度，控制焦炭堆积数量，维持良好的透气和透液性能。但回旋区面积与炉缸面积之比 A_1/A，随炉缸直径增大而减小。适宜的回旋区深度如表5-1。

表5-1 不同炉缸直径的回旋区深度

炉缸直径/m	4.7	5.2	5.6	6.1	5.55	6.80	7.2	7.7	9.8	9.4
回旋区深度/m	0.784	0.949	0.950	0.90	0.902	1.118	1.033	0.965	1.302	1.211
A_1/A	0.556	0.596	0.563	0.503	0.541	0.547	0.508	0.44	0.46	0.47
燃料比/$kg \cdot t^{-1}$	582		680	587	611	562	632	526	513	564
利用系数/$t \cdot (m^3 \cdot d)^{-1}$	2.16		1.227	1.97	1.822	2.12	1.40	1.863	1.87	1.534
炉缸直径/m	10.0	11.0	8.8	9.8	9.8	10.3	11.60	12.5	13.4	
回旋区深度/m	1.11	1.28	1.36	1.20	1.41	1.29	1.450	1.70	1.88	
A_1/A	0.392	0.411	0.520	0.43	0.493	0.45	0.438	0.47	0.48	
燃料比/$kg \cdot t^{-1}$	545	562	505	491	495	520	562	444	431	
利用系数/$t \cdot (m^3 \cdot d)^{-1}$	1.59	1.56	1.92	1.90	2.342	2.24	1.84	2.00	2.29	

宝钢经验：鼓风动能(E)和回旋区的长度(D)和高度(H)关系如下：

$$E=\frac{1}{2}mv^2 \tag{5-1}$$

$$D=0.88+0.29\times10^4E-0.37\times10^{-3}OIL\cdot K/n \tag{5-2}$$

$$H=22.856(v^2/9.8d_c)^{-0.404}/d_c^{0.286} \tag{5-3}$$

式中 E——鼓风动能，kg·m/s；

OIL——喷油量，L/h；

K——系数，喷煤时使用；

n——风口个数，宝钢1号炉为36个；

v——风速，m/s；

d_c——装入焦炭平均粒度，m。

参考经验式5-1，宝钢1号、2号高炉的炉缸直径13.4m，求出动能 E 为 125×10^3 J/s，D 的值为1.8m，H 为1.0m。2号炉 $E115.4\times10^3$ J/s，D 为1.74m，H 为0.98m，与经验相差不大。

(2) 风速、鼓风动能与冶炼条件的关系

1) 风速、鼓风动能与炉容的关系 冶炼条件基本相同时，高炉适宜的风速、鼓风动能随炉容扩大而相应增加。大高炉炉缸直径较大，要使煤气合理分布，应提高风速或鼓风动能，适当增加回旋区长度。表5-2为炉缸直径与鼓风动能的关系。

表5-2 炉缸直径与风速和鼓风动能的关系(冶炼强度0.9～1.2)

高炉容积/m^3	100	300	600	1000	1500	2000	2500	3000	4000
炉缸直径/m	2.9	4.7	6.0	7.2	8.6	9.8	11.0	11.8	13.5
鼓风动能/$kJ \cdot s^{-1}$	15～30	25～40	35～50	40～60	50～70	60～80	70～100	90～110	110～140
风速/$m \cdot s^{-1}$	90～120	100～150	100～180	100～200	120～200	150～220	160～250	200～250	200～280

炉容相近，矮胖多风口的高炉风速或鼓风动能要相应增加。因在同一冶炼强度时，多风口的高炉每个风口进风量少，故需较小的风口直径，以提高风速和鼓风动能。表 5-3 为首钢高炉内型与鼓风动能的关系。

表 5-3　首钢高炉内型与鼓风动能的关系

炉　别	高炉容积 /m^3	风口个数 /个	冶炼强度 /$t \cdot m^{-3} \cdot d^{-1}$	高径比 H_u/D	实际风速 /$m \cdot s^{-1}$	鼓风动能 /$kJ \cdot s^{-1}$
原 1	576	15	1.45～1.60	2.61	208	51.34
原 3	1036	15	1.1～1.20	2.972	150	43.57
原 4	1200	18	1.1～1.20	2.792	165	44.46
2	1327	22	1.1～1.20	2.850	192	52.17

在同一冶炼条件下，高炉运行时间较长，剖面侵蚀严重，相对炉缸直径扩大，为防止边缘发展，需适当提高风速和鼓风动能。

2）风速、鼓风动能与冶炼强度关系　风口面积一定，增加风量提高冶炼强度，风速或鼓风动能相对加大，促使中心气流发展。为保持合理的气流分布，维持适宜的回旋区长度，必须相应扩大风口直径，降低风速、鼓风动能。鞍钢通过较长时间的高、中、低冶炼强度实践，得出其变化规律为：随着冶炼强度提高，风速、鼓风动能相应降低。否则反之。表 5-4 为鞍钢 3 号高炉（831m^3）冶炼强度与风速、鼓风动能的关系。

表 5-4　鞍钢 3 号高炉（831m^3）冶炼强度与鼓风动能关系

试验阶段	1	2	3	4	5
冶炼强度/$t \cdot (m^3 \cdot d)^{-1}$	0.800	0.911	1.020	1.149	1.230
冶强提高/%	0	14.0	27.5	44.5	54.0
风口（直径×风口数）	130×12	130×14	130×7 140×7	160×14	160×6 180×8
风口面积/m^2	0.160	0.186	0.239	0.281	0.313
风口面积扩大/%	0	11.6	51	76	96
实际风速/$m \cdot s^{-1}$	263	251	223	196	182
鼓风动能/$kJ \cdot s^{-1}$	67.50	61.40	55.30	48.70	44.30

3）风速、鼓风动能与原料条件关系　原燃料条件好，如强度高、粉末少、渣量低、高温冶金性好等，都能改善炉料透气性，允许使用较高的风速和鼓风动能，利于高炉强化冶炼。反之，原燃料条件差，透气性不好，则只能维持较低的鼓风动能，图 5-2 为梅山高炉（1060～1250m^3）烧结粉末含量与风速和鼓风动能的关系。

4）风速、鼓风动能与喷吹燃料关系　高炉喷吹燃料，炉缸煤气体积增加，中心气流趋于发展，需适当扩大风口面积，降低风速和鼓风动能，以维持合理的煤气分布。图 5-3 为鞍钢高炉冶炼强度一定时，喷吹量与鼓风动能的关系。表 5-5 为首钢 1 号炉和鞍钢 2 号炉喷吹量和冶炼强度的关

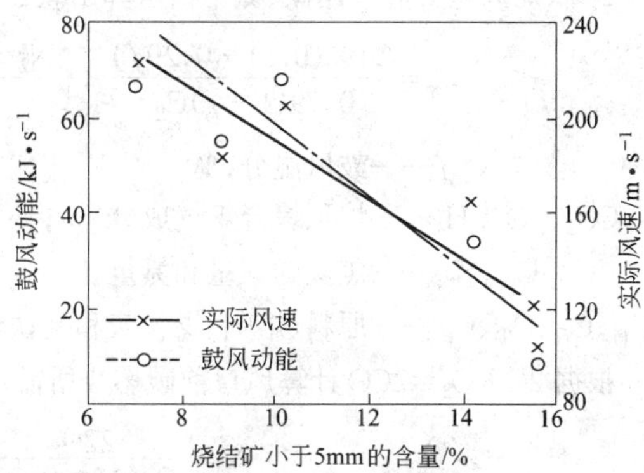

图 5-2　梅山高炉烧结＜5mm 粉末含量与鼓风动能的关系

系，即随喷吹量增加风速与鼓风动能相应降低，同全焦冶炼的差别，只是曲线的斜率减小。

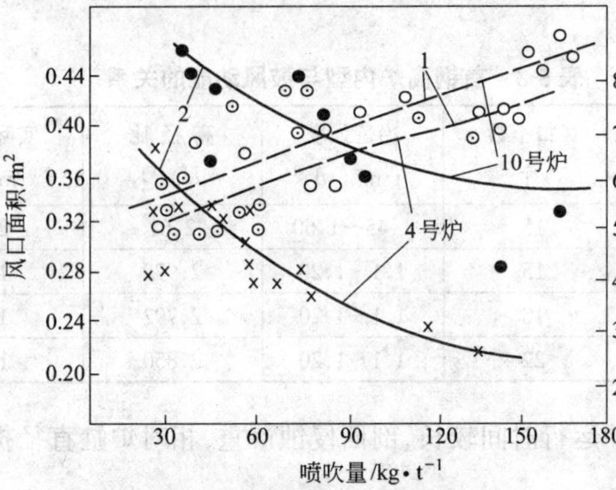

图 5-3　鞍钢高炉喷吹量与冶炼强度的关系

1—风口面积；2—鼓风动能

表 5-5　高炉不同喷吹量时的冶炼强度和鼓风动能

炉　别	首钢1号高炉					鞍钢2号高炉				
冶炼强度/$t\cdot(m^3\cdot d)^{-1}$	1.027	1.173	1.03	1.10	1.235	1.08	1.129	1.142	1.121	1.205
喷吹量/$kg\cdot t^{-1}$	0	0	23.5①	24.8①	26.6①	51	59	64	69	114
实际风速/$m\cdot s^{-1}$	252	229	215	213	191	194	187	183	177	156
风口面积/m^2						0.2731	0.2753	0.2764	0.2974	0.2853
鼓风动能/$kJ\cdot s^{-1}$	5770	5040	4256	4348	3852	4788	4717	4322	4019	2275

① 喷吹率，%。

近几年随着冶炼条件的变化，出现了相反的现象，即随着喷吹煤粉量增加，边沿气流增加了。这时，不但不能扩大风口面积，反而需缩小风口面积。因此，煤比变动量大时，鼓风动能和风速的变化方向应根据实际情况决定。

(3) 风速和鼓风动能计算

全焦冶炼风速与鼓风动能计算

1) 入炉风量计算。用碳、氮平衡法算出碳在风口区域的燃烧率，然后计算风量。

$$C_{\phi}=\frac{24\times(0.21+0.29f)}{0.79(1-f)C_{焦}}\times\left[\frac{N_2\cdot(C_{焦}+C_{料}+C_{石}-C_{尘}-C_{铁})}{12\times(CO_2+CO+CH_4)}-\frac{N_{焦}}{28}\right] \tag{5-4}$$

式中　f——鼓风湿分，%；

N_2、CO_2、CO、CH_4——炉顶综合煤气成分，%；

$C_{焦}$、$N_{焦}$——焦炭的碳量和氮量，kg/t；

$C_{料}$、$C_{石}$、$C_{尘}$、$C_{铁}$——原料、熔剂、煤气灰和生铁含碳量，kg/t。

根据 $2C+O_2=2CO$ 计算风口前碳燃烧所需风量：

$$V_C=\frac{22.4}{2\times12\times0.21}=4.4m^3\text{ 干风/kgC} \tag{5-5}$$

$$V_b=\frac{w}{0.324}\cdot V_u\cdot i\cdot C_k\cdot C_{\phi},m^3/min \tag{5-6}$$

式中　V_u——高炉有效容积，m^3；

i——冶炼强度，$t/m^3 \cdot d$；

C_k——焦炭含碳量，kg/kg；

w——干湿风换算系数，见表 5-6。

表 5-6　干湿风换算系数 w

湿分/$g \cdot m^{-3}$	1	2	3	4	5	6	7	8	9	10
w	0.9983	0.9966	0.9948	0.9931	0.9914	0.9897	0.9881	0.9864	0.9847	0.9830
湿分/$g \cdot m^{-3}$	11	12	13	14	15	16	17	18	19	20
w	0.9814	0.9797	0.9781	0.9764	0.9748	0.9731	0.9715	0.9699	0.9682	0.9666
湿分/$g \cdot m^{-3}$	21	22	23	24	25	26	27	28	29	30
w	0.9650	0.9634	0.9618	0.9602	0.9586	0.9570	0.9555	0.9539	0.9523	0.9508
湿分/$g \cdot m^{-3}$	31	32	33	34	35	36	37	38	39	40
w	0.9492	0.9477	0.9461	0.9446	0.9430	0.9415	0.9400	0.9384	0.9369	0.9354

注：换算系数 $w = \frac{0.21}{0.21 + 0.29f} = \frac{V_{湿}}{V_{干}}$，式中 $f = \frac{含湿分数}{8}$，%。

2）风速的计算　标准风速是指标准状态下的鼓风通过风口时达到的速度：

$$v_0 = \frac{V_{b0}}{A} = \frac{V_{b0}}{60 \cdot n} \bigg/ \frac{\pi d_0^2}{4}, m/s \tag{5-7}$$

实际风速是高炉生产实际情况下（$t_{风}$、$P_{风}$）的鼓风通过风口时所达到的风速，也就是将风温和风压对鼓风体积的影响计入算式：

$$v_{实} = v_0 \frac{(273 + t_b) \cdot 101.325}{(101.325 + P_b) \cdot (273 + t_{冷风})}, m/s \tag{5-8}$$

在计算时，常将 $t_{冷风} = 0$ 代入以简化计算过程。

式中　V_{b0}——标准状态下的鼓风量，m^3/min；

d_0——工作风口的平均直径，m；

t_b，P_b——分别为热风温度和热风压力；

$t_{冷风}$——风机进口处的冷风温度，℃；

n——工作风口数目。

3）鼓风动能 E

$$E = 3.25 \times 10^{-8} \times \frac{(1.293 - 0.489f) \cdot (273 + t)^2 \cdot V_b^3}{n^3 \cdot S^2 (101.325 + P_b)^2}, kg \cdot m/s \tag{5-9}$$

式中　t——热风温度，℃；

n——工作风口数目，个；

S——工作风口平均面积，m^2/个；

P_b——热风压力，kPa；

其余符号同前。

喷吹燃料鼓风动能计算

1）风量计算　喷吹燃料后高炉风口区域碳的燃烧率计算与式 5-4 同理，只需以 $C_{总}$（入炉燃料总碳量）代替 $C_{焦}$，以 $N_{总}$（入炉燃料总氮量）代替 $N_{焦}$ 即可。

$$V_b=\frac{w}{0.324}\cdot[V_u\cdot i\cdot C_k+24(G_M\cdot C^M+G_y\cdot C^y)]\cdot C_\phi,\text{m}^3/\text{min} \tag{5-10}$$

或
$$V_B=\frac{0.933\cdot[(K\cdot C_K+M\cdot C^M+y\cdot C^y)\cdot C_\phi-C_{OF}]-b_{输}\cdot y\cdot O_{输}}{0.21+0.29f+\Delta O_B},\text{m}^3/\text{t} \tag{5-11}$$

即
$$V_b=\frac{V_B\cdot P_{产}}{1440},\text{m}^3/\text{min} \tag{5-12}$$

其中
$$C_{OF}=3/4(M\cdot O^M+y\cdot O^y)+2/3\cdot(M\cdot H_2O^M+y\cdot H_2O^y) \tag{5-13}$$

式中 G_M、G_y——单位时间内燃油和煤粉的喷吹量，t/h；

K、M、y——分别为焦比、油比、煤比，kg/t；

C^M、O^M、H_2O^M——燃油中碳、氧、水分的含量，kg/kg；

C^y、O^y、H_2O^y——煤粉中碳、氧、水分的含量，kg/kg；

$b_{输}$、$O_{输}$——输送煤粉的载气量（m^3/kg）及其中氧含量，m^3/m^3；

$P_{产}$——高炉生铁产量，t/d；

其余符号同前。

式 5-9 中 ΔO_B 为富氧率或鼓风中（与大气相比）的增氧率。其氧气用量（V_y）为：

$$V_y=\frac{\Delta O_B\cdot V_B}{O_y-(0.21+0.29f)},\text{m}^3/\text{t} \tag{5-14}$$

式中 O_y 为氧气中氧的含量，m^3/m^3，一般 O_y 取 0.995。

2）风口内混合气体量 $V_{混}$ 计算

$$V_{混}=\Big[V_B+b_{输}\cdot y+1.244\cdot(M\cdot H_2O^M+y\cdot H_2O^y)+5.6\times (M\cdot H^M\cdot b_M+y\cdot H^y\cdot b_y)\cdot\frac{H_2O_{燃}+2H_2}{H_2+H_2O_{燃}}+0.933\times (M\cdot C^M\cdot b_M+y\cdot C^y\cdot b_y)\cdot\frac{CO}{CO_2+CO}\Big]\times \frac{1}{1-H_2O_{燃}-CH_4-C_mH_n},\text{m}^3/\text{t} \tag{5-15}$$

式中 b_M、b_y——分别为燃油和煤粉在风口的气化和燃烧比率；

CO、CO_2、$H_2O_{燃}$、H_2、CH_4、C_mH_n——风口取样分析的气体组成，m^3/m^3；

H^M、H^y——分别为燃油和煤粉中氢的含量，kg/kg。

3）混合气体密度 $\gamma_{混}$ 计算

$$\gamma_{混}=\frac{(1.293-0.489f)\cdot(V_B-V_y)+\gamma_y\cdot V_y+\gamma_{输}\cdot b_{输}\cdot y}{V_{混}}+\frac{M\cdot b_M+y\cdot(1-A)\cdot b_y+M\cdot H_2O^M+y\cdot H_2O^y}{V_{混}},\text{kg/m}^3 \tag{5-16}$$

式中 A——煤粉中灰分含量，kg/kg；

γ_y、$\gamma_{输}$——分别为氧气和输送煤粉的载气密度，kg/m^3。

4）混合气体温度计算

① 混合气体热含量 $W_{混}$：

$$W_{混}=\frac{(V_B-V_y)\cdot c_P^B\cdot t_B+V_y\cdot c_P^y\cdot t_B+b_{输}\cdot y\cdot c_P^{输}\cdot t_{输}}{V_{混}}$$

$$+\frac{M\cdot b_m\cdot Q_{低}^{M}+y\cdot b_y\cdot Q_{低}^{y}}{V_{混}},\text{kJ/m}^3 \tag{5-17}$$

式中　t_B、$t_{输}$——分别为热风温度和输煤载气温度,℃;

c_P^B、c_P^y、$c_P^{输}$——分别为 t_B 时鼓风、氧气和 $t_{输}$ 时煤粉载气的比热容,$kJ/m^3\cdot℃$;

$Q_{低}^M$、$Q_{低}^y$——燃油、煤粉的低发热量,kJ/kg。

上式还可考虑喷吹燃料带入炉内的物理热。

② 混合气体组成。混合气体由 CO_2、H_2O 及其他双原子气体组成。

其中:
$$CO_2=\frac{22.4}{12}\times\frac{M\cdot C^M\cdot b_M+y\cdot C^y\cdot b_y}{V_{混}}\times\frac{CO_2}{CO_2+CO}\times100,\% \tag{5-18}$$

$$H_2O=\Big[11.2\cdot(M\cdot b_M\cdot H^M+y\cdot b_y\cdot H^y)\cdot\left(1-\frac{H_2}{H_2+H_2O_{燃}}\right)+1.24\cdot(M\cdot H_2O^M+y\cdot H_2O^y)+(V_B-V_y)f+b_{输}\cdot y\cdot f\Big]\Big/V_{混}\times100,\% \tag{5-19}$$

其他双原子气体组成为 $100-CO_2-H_2O$。

③ 混合气体温度计算。混合气体的热含量及组成已知后,其温度可按内插法计算或根据比热容和温度的关系建立方程进行求解。例如

$$t_{混}=t+\frac{w_{混}-w_t}{w_{t+100}-w_t}\times100℃ \tag{5-20}$$

要求 $w_{t+100}>w_{混}>w_t$,具体计算法见实例。

5) 鼓风动能 E

$$E=3.25\times10^{-8}\frac{\gamma_{混}\cdot V_b^3}{n^3\cdot S^2}\cdot\left(\frac{273+t_{混}}{101.325+P_b}\right)^2\quad \text{kg}\cdot\text{m/s} \tag{5-21}$$

式中 V_b 由 $V_{混}$ 根据式 5-10 计算。其余符号及其意义同式 5-7。

国外简易计算法

日本多用下述方法计算鼓风动能:

$$E=\frac{1}{2}\frac{[4\times(0.21+x_{O_2})+28]\div22.4+f\div1000}{9.8}\times\left(\frac{V_b+O_2\div60}{60}\right)^3\times\left(1+\frac{22.4f}{18000}\right)^2\times\left(\frac{1033}{1033+P_b}\right)^2\cdot\left(\frac{273+t_b}{273}\right)^2\times\frac{1}{n^3(\pi/4d^2)^2},\text{kg}\cdot\text{m/s} \tag{5-22}$$

式中　x_{O_2}——富氧率,%;

f——鼓风湿分,$g/m^3_{干风}$;

O_2——喷吹氧量,m^3/h;

d——风口平均直径,m;

n——工作风口数量,个;

V_b——干风量,m^3/min;

P_b——热风压力,kg/cm^2;

t_b——鼓风温度,℃。

计算实例

假定喷吹燃料有 20% 在风口内完全燃烧,产物为 CO_2 和 H_2O。已知 $C_K=0.879$,$C_\phi=0.65$,$t_{输}$

$=100℃$，$b_{输}=0.06$（压缩空气）。

产量 9570t/d，焦比 292kg/t，煤比 207kg/t，风温 1220℃，湿分 13.6g/m^3，风压 380kPa，富氧率 2.749%，风口 38 个，面积 0.585m^2。

煤粉的理化性能

化学成分 /%							$Q_{低}$/MJ·t^{-1}
C	H	O	N	S	A	H_2O	
83.03	3.38	1.39	1.17	0.39	10.19	0.45	30.975

1）风量计算

$$V_B=\frac{0.933\times[(292\times0.879+207\times0.8303)\times0.65-0.75\times207\times(0.0139+16/18\times0.0045)]}{0.21+0.29\times0.017+0.02749}-$$

$$\frac{0.06\times207\times(0.21+0.29\times0.017)}{0.21+0.29\times0.017+0.02749}=1050.7(\mathrm{m^3/t})$$

$$V_{混}=1050.7+0.06\times207+5.6\times207\times0.0338\times0.2\times\frac{22.4}{18}\times207\times0.0045$$

$$=1072.1(\mathrm{m^3/t})$$

$$V_b=\frac{1072.1\times9570}{1440}=7125(\mathrm{m^3/min})$$

2）$\gamma_{混}$ 计算

$$V_y=\frac{0.02749\times1050}{0.995-(0.21+0.29\times0.017)}=37.0(\mathrm{m^3/t})$$

$$\gamma_{混}=\frac{(1.293-0.489\times0.017)\times[(1050.7-37.07+0.06\times207)]+37\times1.4277}{1072.1}$$

$$+\frac{207\times[(1-0.1019)\times0.2-0.0045\times0.8]}{1072.1}=1.314(\mathrm{kg/m^3})$$

3）$W_{混}$ 计算

$$W_{混}=\frac{(1050.7-37)\times1220\times1.4451+37\times1220\times1.5051+0.06\times207\times100\times1.3084}{1072.1}+$$

$$\frac{207\times0.2\times30975}{1072.1}=2928(\mathrm{kJ/m^3})=2.928(\mathrm{MJ/m^3})$$

$$CO_2=\frac{207\times0.2\times0.8303\times\frac{22.4}{12}}{1072.1}=0.0599=5.99\%$$

$$H_2O=\frac{(1050.7-37)\times0.017+0.06\times207\times0.017+\frac{22.4}{18}\times0.0045\times207+11.2\times0.0338\times207\times0.2}{1072.1}$$

$$=0.0320=3.20\%$$

4）$t_{混}$ 计算

根据 $w_{混}$ 数值，$t_{混}$ 处于 1800～1900℃之间，即：

$$w_{1800}=4331.3\times0.0599+3420.2\times0.032+2683.2\times0.9081=2805.5$$

$$w_{1900}=4603.5\times0.0599+3646.7\times0.032+2846.1\times0.9081=2977.0$$

满足 $w_{1900}>w_{混}>w_{1800}$，于是

$$t_{混}=1800+\frac{2928.0-2805.5}{2977.0-2805.5}\times 100=1871℃$$

5) 鼓风动能计算

$$E=3.25\times 10^{-8}\times\frac{(273+1871)^2\times 1.314\times 7125^3}{(101.325+380)^2\times 38\times 0.585^2}=23567(\mathrm{kg\cdot m/s})$$

若不考虑喷吹燃料及其在风口内燃烧，则

$$\gamma=\frac{(1.293-0.489\times 0.017)\times(1050.7-37.0+0.060\times 20)+37\times 1.4277}{1050.7+0.06\times 207}$$

$$=1.290(\mathrm{kg/m^3})$$

$$V_b=\frac{(1050.7+0.06\times 207)\times 9570}{1440}=7059(\mathrm{m^3/min})$$

$$E=3.25\times 10^{-8}\times\frac{(273+1220)^2\times 1.290\times 7059^3}{(101.325+380)^2\times 38\times 0.585^2}=10911(\mathrm{kg\cdot m/s})$$

风口面积和长度的选择和调整

根据前述鼓风动能与各种冶炼条件的关系，各高炉应经常分析研究，找出各种不同冶炼条件、获得最好冶炼效果的鼓风动能，来计算风口面积，再选用相应直径和长度的风口。计算风口面积公式为：

$$S=1.803\times 10^{-4}\times\frac{273+t}{101.325+P_b}\times\sqrt{\frac{\gamma\cdot V_b^3}{n^3\cdot E}},\mathrm{m^2}/个 \quad (5\text{-}23)$$

当喷吹燃料时，以 $V_{混}$（换成 $\mathrm{m^3/min}$）代替 V_b，用 $t_{混}$ 代替 t 即可。

炉缸中心堆积或炉况严重失常，上部调剂无效时，应缩小风口面积，或堵部分风口，以提高鼓风动能，活跃炉缸，可迅速消除炉况失常。但堵风口的时间不宜太长，以免产生炉缸局部堆积和炉墙局部结厚。

为保持合理的初始气流分布，应尽量使用等径的风口，大小风口混用时，力求均匀分布。特殊情况如纠正炉型或煤气流偏行除外。

风口长度为 420～550mm，小高炉（300m³）为 300mm 左右。长风口回旋区向中心延伸，较长风口所需鼓风动能偏小，故风口直径可偏大些。长风口适于低冶炼强度操作，有利于炉墙保护。

5.1.1.2 控制适宜的理论燃烧温度

(1) 适宜的理论燃烧温度（$t_{理}$）

风口前焦炭和喷吹物的燃烧，所能达到的最高绝热温度，即假定风口前燃料燃烧放出的热量全部用来加热燃烧产物时所能达到的最高温度，叫做风口前理论燃烧温度，有人也称它为燃烧带火焰温度。

适宜的理论燃烧温度，应能满足高炉正常冶炼所需的炉缸温度和热量，保证液态渣铁充分加热和还原反应的顺利进行。理论燃烧温度对渣铁温度的影响如图 5-4，即 $t_{理}$ 提高，渣铁温度相应增加。高炉炉容与 $t_{理}$ 的关系如图 5-5，即大高炉炉缸直径大，炉心温度低，为保持其透气性和透液性，要求较高的理论燃烧温度。日本高炉炉容较大，一般 $t_{理}$ 控制 2100～2400℃，我国喷吹燃料的高炉控制在 2000～2300℃。$t_{理}$ 过高，压差升高，炉况不顺；过低渣铁温度不足，严重时会导致风口涌渣。

(2) 影响理论燃烧温度的因素

1) 鼓风温度。鼓风温度升高，则带入炉缸的物理热增加，从而使 $t_{理}$ 升高。一般每 100℃风温可影响理论燃烧温度 80℃。

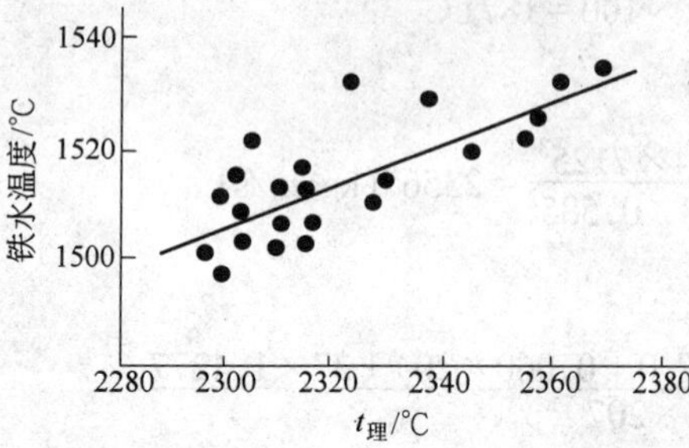

图 5-4　理论燃烧温度 $t_{理}$ 与铁水温度关系

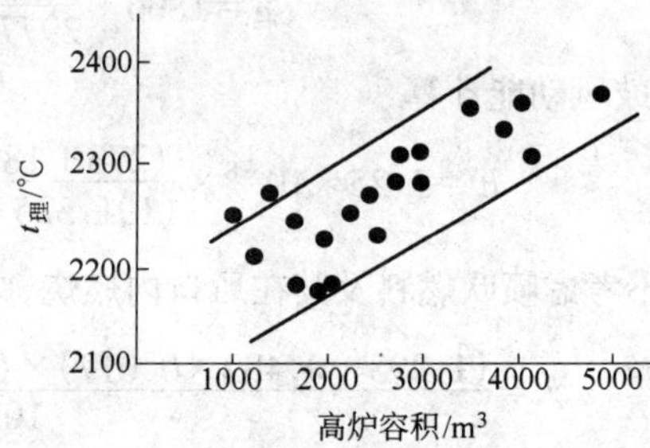

图 5-5　炉容与理论燃烧温度 $t_{理}$ 关系

2）鼓风湿分。鼓风湿分提高，由于水分分解吸热，从而使 $t_{理}$ 降低。根据 $H_2O = H_2 + \frac{1}{2}[O_2] - 10836kJ/m^3$ 反应，粗略计算：鼓风中每增加 $1g/m^3$ 湿分相当降低 9℃风温。

3）鼓风富氧率。鼓风含氧量提高、N_2 含量相应减少，从而使 $t_{理}$ 升高。鼓风含氧量每增减 1%，影响 $t_{理}$ 增减 35～45℃。

4）喷吹燃料。高炉喷吹燃料后，由于喷吹物加热、分解和裂化使 $t_{理}$ 降低。各种燃料由于分解热不同，对 $t_{理}$ 的影响差别很大。含 H_2 22%～24%的天然气分解吸热为 $3350kJ/m^3$；含 H_2 11%～13%的重油分解吸热为 1675kJ/kg；含 H_2 2%～4%的无烟煤分解吸热为 1047 kJ/kg；烟煤比无烟煤高出 120 kJ/kg。即喷吹天然气 $t_{理}$ 降低幅度最大，依次为重油、烟煤、无烟煤。每喷吹 10kg 煤粉 $t_{理}$ 降低 20～30℃，无烟煤为下限，烟煤为上限。

(3) 理论燃烧温度（$t_{理}$）计算

常规计算法

以每吨铁作为基础进行计算。

1）炉缸煤气量 $V_{气}$

① 大气鼓风

$$CO = \frac{22.4}{12}C_{燃} = \frac{22.4}{12}(K \cdot C_K \cdot K_{\phi} + M \cdot C^M \cdot b_M + y \cdot C^y \cdot b_y) \tag{5-24}$$

$$H_2 = \frac{0.933 \times (C_{燃} - C_{OF}) - b_{输} \cdot y \cdot O_{输}}{0.21 + 0.29f} \cdot f + b_{输} \cdot y \cdot f + 11.2(M \cdot H^M \cdot b_M + y \cdot H^y \cdot b_y) + \frac{22.4}{18}(M \cdot H_2O^M \cdot b_M + y \cdot H_2O^y \cdot b_y) \tag{5-25}$$

$$N_2 = 0.79(1-f) \times \frac{0.933(C_{燃} - C_{OF}) - b_{输} \cdot y \cdot O_{输}}{0.21 + 0.29f} + b_{输} \cdot y \cdot N_{输} + \frac{22.4}{28}(M \cdot N^M \cdot b_M + y \cdot N^y \cdot b_y) \tag{5-26}$$

令

$$11.2 \times (M \cdot H^M \cdot b_M + y \cdot H^y \cdot b_y) = 11.2H_{吹}$$

$$\frac{22.4}{18} \times (M \cdot N^M \cdot b_M + y \cdot N^y \cdot b_y) = 0.8N_{吹}$$

$$\frac{22.4}{18} \times (M \cdot H_2O^M + y \cdot H_2O^y) = 1.24\ H_2O_{吹}$$

则

$$V_{气} = \frac{22.4}{2 \times 12} \times \left(\frac{1.21 + 0.79f}{0.21 + 0.29f} \cdot C_{燃} - \frac{0.79 + 0.21f}{0.21 + 0.29f} \cdot C_{OF}\right)$$

$$-\frac{0.79+0.21f}{0.21+0.29f}\cdot b_{输}\cdot y\cdot O_{输}+(0.79+0.21f')\cdot b_{输}\cdot y+$$

$$11.2H_{吹}+\frac{22.4}{18}\cdot H_2O_{吹}+0.8N_{吹} \quad (5\text{-}27)$$

式中，$b_{输}$、$O_{输}$、$N_{输}$、f'分别为输送煤粉的载气量(m^3/kg)及其中氧、氮和水分的含量(m^3/m^3)；当 $N_{输}=0.79(1-f')$时，可得式 5-27。b_M、b_y为燃料油和煤粉在炉内的利用率；K_ϕ 为焦炭在风口区域的燃烧率，其余符号同前。当输送煤粉的载气为压缩空气时，则有：

$$CO=\frac{22.4}{12}\cdot C_{燃} \quad (5\text{-}28)$$

$$H_2=\frac{0.933(C_{燃}-C_{OF})\cdot f}{0.21+0.29f}+11.2H_{吹}+\frac{22.4}{18}H_2O_{吹} \quad (5\text{-}29)$$

$$N_2=\frac{0.79(1-f)\times 0.933(C_{燃}-C_{OF})}{0.21+0.29f}+0.8N_{吹} \quad (5\text{-}30)$$

$$V_{气}=\frac{0.933}{0.21+0.29f}\times[(1.21+0.79f)\cdot C_{燃}-(0.79+0.21f)\cdot C_{OF}]+$$

$$11.2\,H_{吹}+\frac{22.4}{18}H_2O_{吹}+0.8\,N_{吹} \quad (5\text{-}31)$$

② 富氧鼓风(见式 5-24)

$$CO=\frac{22.4}{12}\cdot C_{燃}$$

$$H_2=(V_B-V_y)f+b_{输}\cdot y\cdot f'+11.2\,H_{吹}+\frac{22.4}{18}H_2O_{吹} \quad (5\text{-}32)$$

$$N_2=0.79(1-f)\cdot(V_B-V_y)+V_y\cdot N_y+b_{输}\cdot y\cdot N_{输}+0.8\,N_{吹} \quad (5\text{-}33)$$

$$V_{气}=\frac{22.4}{12}\cdot C_{燃}+(V_B-V_y)(0.79+0.21f)+b_{输}\cdot y(f+N_{输})+$$

$$V_y\cdot N_y+11.2\,H_{吹}+\frac{22.4}{18}H_2O_{吹}+0.8N_{吹} \quad (5\text{-}34)$$

式中，V_B 和 V_y 的计算见鼓风动能的有关表述式，符号和意义同前。

2）理论燃烧温度

$$t_{理}=\frac{Q_{碳}+Q_{焦}+Q_{风}-Q_{吸}}{V_{气}\cdot c_p^t},℃ \quad (5\text{-}35)$$

式中

$$Q_{碳}=q_{CO}\cdot C_{燃}\quad kJ/t \quad (5\text{-}36)$$

$$Q_{焦}=q_k\cdot K\cdot K_\phi\quad kJ/t \quad (5\text{-}37)$$

$$Q_{风}=(V_B-V_y)c_p^B\cdot t_B+V_y\cdot c_p^y\cdot t_B+b_{输}\cdot y\cdot c_p^{输}\cdot t_{输}\quad kJ/t \quad (5\text{-}38)$$

$$Q_{吸}=q_M\cdot b_M\cdot M+q_y\cdot b_y\cdot y+\cdots\cdots+q_{H_2O}[(V_B-V_y)f+b_{输}\cdot y\cdot f']\quad kJ/t \quad (5\text{-}39)$$

式中 q_{CO}——1kg 碳氧化成 CO 时放出的热量，kJ/kg；

q_k——1kg 焦炭在 1500℃ 时带入炉缸的物理热，kJ/kg；

q_M、q_y——燃油和煤粉在高炉的分解热，kJ/kg；

q_{H_2O}——鼓风和输送煤粉载气中水分的分解热，kJ/kg；

t_B、$t_{输}$——鼓风和煤粉载气的温度，℃；

c_p^B、c_p^y、$c_p^{输}$——在 t_B 时大气、氧气和 $t_{输}$ 时煤粉载气的比热容，kJ/m³·℃；

c_p^t——炉缸煤气在 $t_{理}$ 时的比热容，kJ/m³·℃。

K_ϕ——焦炭在风口区域的燃烧率,即

$$K_\phi = \frac{C_{燃} \cdot C_\phi - M \cdot C^M \cdot b_M - y \cdot C^y \cdot b_y}{K \cdot C_K} = \frac{C_{燃} \cdot C_\phi - C_{吹}}{C_{燃} - C_{吹}} \tag{5-40}$$

或

$$K_\phi = C_\phi + \frac{C_{吹}}{C_{焦}} \times (C_\phi - 1) \tag{5-41}$$

由式 5-41 可见当喷吹燃料为零时,即全焦冶炼时风口燃烧碳率为:$K_\phi = C_\phi$。

经验计算法

1)澳大利亚布罗希尔(B.H.P)公司的经验式

$$t_{理} = 1570 + 0.808 t_{风} + 4.37 W_{氧} - 5.85 W_{湿} - 4.44 W_{油} - 2.56 W_{煤} \tag{5-42}$$

2)日本君津钢铁厂的经验式

$$t_{理} = 1559 + 0.839 t_{风} - 6.033 W_{湿} - 4.972 W_{油} + 4.972 W_{氧} \tag{5-43}$$

式中 $t_{风}$——热风温度,℃;

$W_{氧}$——富氧量,$m^3/km^3_{风}$;

$W_{湿}$——鼓风湿分,g/m^3;

$W_{油}$、$W_{煤}$——喷吹燃料油和煤粉的数量,$kg/km^3_{风}$。

3)包钢高炉的经验式

$$t_{理} = 1560.2 - 2.04M + 37.1\Delta Q_2 + 0.76t - 38.9W, ℃ \tag{5-44}$$

式中 M——煤比,kg/t;

ΔQ_2——富氧率,%;

t——风温,℃;

W——鼓风湿度,%。

应当指出的是这些经验计算式是该厂在其具体冶炼条件下通过实践对生产结果统计回归而得出的,冶炼条件不同,经验计算式也有差别。因此在使用上有局限性,在有必要使用时,应对比冶炼条件作一定的修正。

计算实例

已知:焦比 $K = 264$,焦炭含碳量 $C_K = 0.879$,煤比 $y = 238$,碳在风口前的燃烧率 $C_\phi = 0.65$,鼓风中含氧量 $O_B = 0.24242$,大气湿度 $f' = 0.017$,风温 $t_B = 1220℃$,$t_{输} = 100$,$b_M = b_y = 1.0$,$b_{输} = 0.06$,煤粉的有关成分(%)为:

C	H	O	N	H_2O
80.83	4.11	4.83	1.15	0.63

1)常规计算法

① 炉缸煤气量

$$C_{燃} = (264 \times 0.879 + 238 \times 0.8083) \times 0.65 = 275.880(kg)$$

$$C_{OF} = 0.75 \times 238 \times \left(0.048 + \frac{16}{18} \times 0.0063\right) = 9.621(kg)$$

$$b_{输} \cdot y \cdot O_{输} = 0.06 \times 238 \times (0.21 + 0.29 \times 0.017) = 3.069(m^3)$$

$$V_B = \frac{0.933 \times (275.880 - 9.621) - 3.069}{0.24242} = 1012.5(m^3)$$

$$V_y = \frac{[0.24242 - (0.21 + 0.29 \times 0.017)] \times 1012.5}{0.995 - (0.21 + 0.29 \times 0.017)} = 35.7(m^3)$$

$$CO = \frac{22.4}{12} \times 275.880 = 515.0(m^3)$$

$$H_2 = (1012.5 - 35.7 - 0.06 \times 238) \times 0.017 + 238 \times \left(11.2 \times 0.0411 + \frac{22.4}{18} \times 0.0063\right) = 128.3(m^3)$$

$$N_2 = (1012.5 - 35.7 + 0.06 \times 238) \times 0.79 \times (1 - 0.017) + 35.7 \times 0.005 + 238 \times 0.0115 \times 0.8 = 772.0(m^3)$$

$$V_{气} = 515 + 123.8 + 772.0 = 1415.3(m^3)$$

其中

$$CO = 515.0 \div 1415.3 = 36.4\%$$

$$H_2 = 128.3 \div 1415.3 = 9.1\%$$

$$N_2 = 772.0 \div 1415.3 = 54.5\%$$

② 理论燃烧温度

$$Q_{碳} = 9797 \times 275.880 = 2702796(kJ)$$

$$K_{\phi} = \frac{275.880 - 238 \times 0.8083}{264 \times 0.879} = 36\%$$

$$Q_{焦} = 2300 \times 264 \times 0.36 = 218592(kJ)$$

$$Q_{风} = [(1012.5 - 35.7) \times 1.4451 + 35.7 \times 1.5051] \times 1220 + 0.06 \times 238 \times 100 \times 1.3084 = 1789541(kJ)$$

$$Q_{吸} = 1090 \times 238 + 10802 \times [(1012.5 - 35.7) + 0.06 \times 238] \times 0.017 = 441416(kJ)$$

$$W_{气} = \frac{2702796 + 218592 + 1789541 - 441416}{1415.3} = 3016.7(kJ/m^3)$$

根据 $W_{气}$ 数值，$t_{理}$ 处于 2000～2100℃之间，即：

$$w_{2000} = 3008.8(1 - 0.091) + 2811 \times 0.091 = 2990.8$$

$$w_{2100} = 3172.7 \times (1 - 0.091) + 2969.1 \times 0.091 = 3154.2$$

$$t_{理} = 2000 + \frac{3016.7 - 2990.8}{3154.2 - 2990.8} \times 100 = 2016℃$$

2）经验法

$$W_{氧} = V_y / (V_B \cdot 10^{-3}) = 35.7 \div 1.0125 = 35.3$$

$$W_{煤} = y / (V_B \cdot 10^{-3}) = 238 \div 1.0125 = 235.1$$

$$t_{理} = 1570 + 0.808 \times 1220 + 4.37 \times 35.3 - 5.85 \times 13.6 - 2.56 \times 235.1 = 2029℃$$

5.1.1.3 日常操作调节

送风制度的主要作用是保持风口工作均匀活跃，初始气流分布合理和充沛的炉缸温度。日常调节通过改变风量、风温、湿度、富氧量、喷吹量以及风口直径(即风口面积)和长度等来实现。

(1) 维持适宜的风口面积

在一定的冶炼条件下，每座高炉都有个适宜的冶炼强度和鼓风动能，根据后者确定风口面积。一般情况下，风口面积不宜经常变动，但生产条件波动较大时，可根据波动因素的特点，酌情调整风口面积。

有计划地提高冶炼强度,在炉顶压力不变的情况下,可适当扩大风口面积。反之亦然。在有计划地增减喷吹燃料数量时,也应相应地调整风口面积。

原燃料条件恶化或渣铁运输困难难以维持正常风量操作时,可根据情况,适当缩小风口面积。

较长时间炉况失常,慢风操作,炉缸不活跃,采取上部调节无效时,要及时缩小风口直径,或临时堵少量风口。

开炉和长期休风后送风,为加速炉况恢复可临时堵部分风口。但堵风口时间不宜太长,并尽量使用等径风口。

(2) 风量

在炉况稳定的条件下,风量不宜波动太大,严格控制料批稳定,料速超过正常规定要及时减少风量。否则相反。

处理崩料、悬料和低料线时,要及时减风到位,一次减到需要水平,恢复风量时要缓慢进行。

昼夜大气温度和湿度变化较大时,要适当调整风量,控制料批稳定。

原燃料质量恶化,顺行状况较差时,不得强行加风。

(3) 风温

鼓风带入炉内的热量是高炉主要热源之一。在设备允许的条件下,热风温度应控制在最高水平。风温使用不应大起大落,尽量用喷煤量或湿分调节炉温。

降低风温时应一次减到需要水平,恢复时视炉温和炉况接受程度,逐渐地提高到需要水平。速度每小时不大于50℃。

炉热料慢难行时,可适当降低风温,然后视炉温和料速情况,再逐渐恢复到需要水平。

处理低料线、崩料和悬料减风温较多,短时间又难以恢复时,要适当减轻焦炭负荷。

风温应力求稳定,换炉前后风温差应不大于30℃。

(4) 湿度

全焦冶炼的高炉,采用加湿鼓风最为有利,可控制适宜的理论燃烧温度,而使风温固定在最高水平。也能减少因四季大气湿度相差太大,影响高炉顺行。但喷吹燃料的高炉不宜采用加湿鼓风。相反,有条件的高炉应采用脱湿鼓风。

鼓风湿分在风口前分解出来的氧与碳燃烧,相当于鼓风中氧的作用。1kg湿分相当于干风量$2.963m^3$,即$1m^3$干风加10g湿分,约相当于增加风量3%。因此,调节湿分也起调节风量的作用,增加湿分料速加快,降低湿分料速减慢。

(5) 喷煤

高炉喷煤,不仅代替焦炭,而且也增加了一个下部调节手段。

喷吹燃料的高炉,尽量固定风温操作,炉温变化用煤量调节。调节幅度一般为0.5～1.0t/h,最多不超过2t/h。

高炉喷煤有热滞后现象,所以用煤量调节炉温没有风温或湿分来得快。故必须准确判断,及时动手。热滞后时间一般为3～4h,煤的挥发分越高,热滞后时间越长。

炉况不顺时要适当减少喷煤量。因此在突然大量减风时要停止喷煤并相应减轻焦炭负荷。

有计划扩大喷煤量时,应注意控制理论燃烧温度,一般不低于2000℃,如低于2000℃则应提高风温或增加富氧量以维持需要的理论燃烧温度。

(6) 富氧

富氧鼓风有利于提高冶炼强度和理论燃烧温度及增加喷煤量。同时也增加了一个下部调节手段。

富氧率低时要尽量采取固定氧量操作,较高时因料速过快而引起炉凉,首先要减少氧量。调节幅度 500～1000m^3/h,最多不超过 1500m^3/h。

因料慢而加风困难时,可适当增加氧量,待风压正常再适当增加风量。料速正常后将氧量减回到原来水平。

炉况失常时,首先减少氧量,并相应减少煤量。同样低压或休风时,首先停氧,然后停煤。

5.1.1.4 冶炼强度的选择

选择适宜的冶炼强度是稳定送风制度的基本前提,冶炼强度高低与产量、焦比、质量及休减风率等密切有关,也是制定设计高炉和冶炼方针的重要依据。为搞清冶炼强度与产量、焦比、质量等关系,1963 年至 1964 年鞍钢 3 号(831m^3)高炉曾成功地进行了两次冶炼试验,结果如表 5-7,可供选择冶炼强度时参考。

表 5-7 试验各阶段主要技术经济指标

试验阶段	1	2	3	4	5	6	7	8	9
冶炼强度/t·(m^3·d)$^{-1}$	0.806	0.855	0.920	0.980	0.800	0.911	1.021	1.149	1.230
日产量/%	100	102.44	112.6	118.0	100	115.8	127.3	140.8	149.5
利用系数/t·(m^3·d)$^{-1}$	1.378	1.413	1.540	1.625	1.383	1.575	1.740	1.924	2.040
焦比/kg·t^{-1}	574	589	589	591	563	569	573	587	588
校正焦比/kg·t^{-1}	564	580	588	592	562	569	584	591	595
生铁含[Si]/%	0.699	0.693	0.680	0.705	0.643	0.714	0.718	0.700	0.718
生铁含[S]/%	0.031	0.027	0.034	0.030	0.032	0.023	0.027	0.033	0.033
作业率/%	99.60	99.86	99.99	99.68	100	99.99	99.99	100	99.99
成本/%	100	100.25	100.27	100.35	100	99.36	98.79	98.66	98.50
焦炭负荷/t·t^{-1}	3.49	3.37	3.44	3.43	3.33	3.28	3.20	3.16	3.14
石灰石/kg·t^{-1}	27.11	28.44	30.29	41.21	5.26	0	0	14.0	18.3
渣量/kg·t^{-1}	713	691	710	701	628	619	588	597	601
煤气灰量/kg·t^{-1}	15.82	30.95	23.50	32.04	29.70	31.60	29.80	28.80	21.41
风压/kPa	137	136	135	137	122	130	131	142	150
炉顶压力/kPa	5	50	50	50	50	50	50	50	58
炉顶温度/℃	372	—	410	429	403	432	453	428	429
风温/℃	1034	1090	1098	1104	1098	1100	1080	1052	1049
湿分/g·m^{-3}	18	31.5	24.3	26.6	19.6	18.27	20.14	19.68	21.37
煤气 CO_2/%	17.16	16.87	16.58	16.81	17.14	16.77	16.75	16.66	16.36
悬料/次	0	1	1	1	0	0	0	0	0
崩料/次	0.25	0.10	0.41	1.45	2.0	0	0	1.31	0.73
风口破损/个	0	0	0	0	0	0	0	0	0
渣口破损/个	1	0	0	1	0	1	1	0	1

(1) 冶炼强度与产量关系

在焦比不变的条件下,提高冶炼强度可增加产量。3 号高炉冶炼强度由 0.8 升至 1.23,提高了 54%,产量增长 49.5%,即冶炼强度提高 1%,产量增长约 0.92%。这说明冶炼强度提高后,焦比略有升高，使产量的增长略低于冶炼强度的提高，如果在提高冶炼强度过程中焦比明显升高，则产量增长率将较大幅度地降低。

(2) 冶炼强度与焦比的关系

在一定的冶炼条件下，提高冶炼强度，则焦比升高。3号高炉第一次冶炼试验(全部自熔性烧结矿，Fe49%，焦炭灰分14%)，冶炼强度由0.85升至0.98，焦比升高2.07%，相当每提高冶炼强度10%，焦比升高1.4%。第二次冶炼试验(全部自熔性烧结矿，Fe51%，焦炭灰分14%)，冶炼强度由0.8升至1.23，冶炼强度每提高10%，焦比升高1.09%。其他非试验高炉提高冶炼强度，焦比也是升高的，如6号高炉冶炼强度由0.638升至0.90，冶炼强度每提高10%，焦比升高0.87%。8号高炉冶炼强度由0.838升至1.05，冶炼强度每提高10%，焦比升高1.26%。

提高冶炼强度焦比升高原因，主要是煤气在炉内停留时间减少了，3号高炉冶炼强度由0.8升至1.23，停留时间由5.8s减少到3.75s，煤气与矿石接触时间由2.75s减少到1.8s，因此煤气CO_2由17.4%降低至16.36%。其次是炉顶温升高了，热损失增多，瓦斯灰量也增加了，煤气带走的碳素增多，3高炉冶炼强度由0.80升至1.23，瓦斯灰含碳量由9.8%提高到22.1%，影响焦比升高3～4kg，约0.6%～0.7%。

(3) 冶炼强度与质量关系

炉渣碱度不良，提高冶炼强度，炉缸温度波动增大。为消除波动影响，要相应提高生铁含硅量。另一方面炉渣脱硫能力降低，生铁含硫微有增加，因而硫分配系数L_S相应降低。3高炉冶炼强度由0.8提高到1.23，生铁含硅由0.643%升高至0.718%，硫分配系数由30左右降低至22.42。其原因是冶炼强度提高，炉料和渣铁在炉内停留时间缩短，转入渣中硫减少，挥发硫也降低了。

(4) 冶炼强度与休风率的关系

设备材质不变，提高冶炼强度冶炼节奏加快了，因而设备的磨损和故障率增加，休减风率升高，寿命必然降低。冶炼强度小于1.1时，休风率一般在1%以下，大于1.1时休风率在1%以上。由此现有高炉冶炼强度应维持在1.1左右，作业率才有可能达到99%。

(5) 冶炼强度的选择

综上所述，在顺行的基础上，提高冶炼强度产量增加，焦比缓慢升高，L_S分配系数虽有所降低，但质量并不受太大影响。但冶炼强度太高甚至超过了一定极限，引起煤气分布严重失常，导致顺行破坏，则焦比会显著升高，质量大幅度下降，这时增产也受到了限制。如冶炼强度维持过低，影响产量太大，很不经济，不能采用。这就要求选择一个合适的冶炼强度，它应满足顺行要求和最佳的综合经济效益。从全国情况看，在现有冶炼条件下(Fe54%～60%，灰分11%～13%，焦炭转鼓M_{40} 78%～85%)，2000年实际的冶炼强度：大型高炉(＞2000m^3)为0.9～1.10，中型高炉(800～2000m^3)为0.95～1.25，小型高炉(300～800m^3)为1.1～1.8。铁水不够用、原燃料较好、炉顶压力较高、富氧鼓风及矮胖多风口的小型高炉，在燃料比不明显上升的情况下冶炼强度达到较高水平。将高冶炼强度和中等冶炼强度的高炉对比，明显看出：前者利用系数虽高，但焦比和燃料比也高，炉子寿命也短。因此高炉采用超高冶炼强度操作只能是铁水不够用时的权宜之计。从降低能耗和经济运营角度考虑，还是应通过结构调整使炼铁炼钢能力达到平衡，而将高炉冶炼强度置于合适的水平，以求达到高产、低耗、优质、长寿、低成本全面兼顾，综合效益最佳之目的。

5.1.2 装料制度

高炉上部气流分布调节是通过变更装料制度，即装入顺序、装入方法、旋转溜槽倾角、料线和批重等手段，调整炉料在炉喉的分布状态，从而使气流分布更合理，以充分利用煤气能量，达到高炉稳定顺行、高效生产的目的。

5.1.2.1 固定因素对布料的影响

(1) 炉喉和大钟间隙

在高炉正常料线范围内,炉喉与大钟间隙越大,炉料堆尖距炉墙越远,则边缘气流越发展。否则相反。

(2) 大钟倾角

大钟倾角大,炉料布向中心,否则相反如图5-6。小高炉炉喉直径小,边缘和中心的料面高度差别不大,大钟倾角可小些,以便于向边缘布料。一般大中型高炉大钟倾角多为50°～53°。

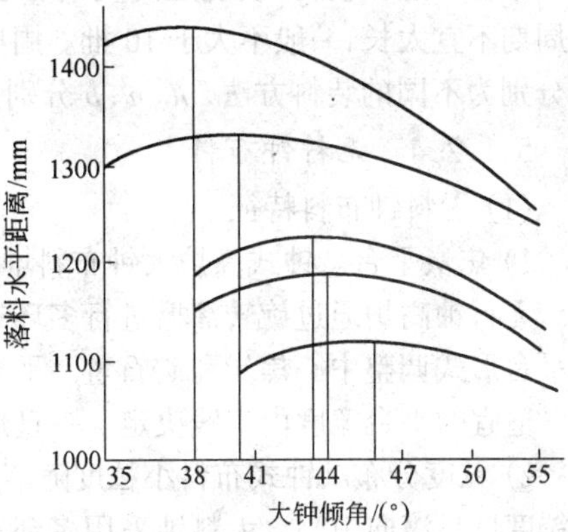

图 5-6 大钟倾角对布料的影响

(3) 大钟下降速度和行程

大钟下降速度和炉料滑落速度相等时,大钟行程大,则布料有疏松边缘的趋势。大钟下降速度大于滑料速度时,大钟行程大小对布料无明显影响。大钟下降速度小于炉料滑落速度时,则大钟行程大有加重边缘的趋势。

(4) 大钟边缘伸出大料斗外的长度

大钟边缘伸出大料斗外越长,炉料越易布向炉墙。否则相反。

5.1.2.2 原料装入顺序

一般希望废铁和石灰石装入炉子中心。因炉顶和装料设备结构不同,原料的装入顺序也不同。

罐式高炉原料装入顺序为:锰矿→矿石→石灰石→废铁。

料车式高炉原料装入顺序为:废铁→石灰石→矿石→锰矿。

无料钟皮带上料的高炉原料装入顺序为:锰矿→烧结矿→球团矿→石灰石。

5.1.2.3 钟式高炉装料方法

(1) 常规装料方法

炉料从大钟滑落到炉内,由堆尖两侧按一定角度形成料面。堆尖的位置与料线、批重、炉料粒度、堆密度以及煤气速度有关。当这些因素固定时,则不同的装料方法对气流分布有不同的影响。如图 5-7 所示,从上到下或从左到右逐渐发展边缘。

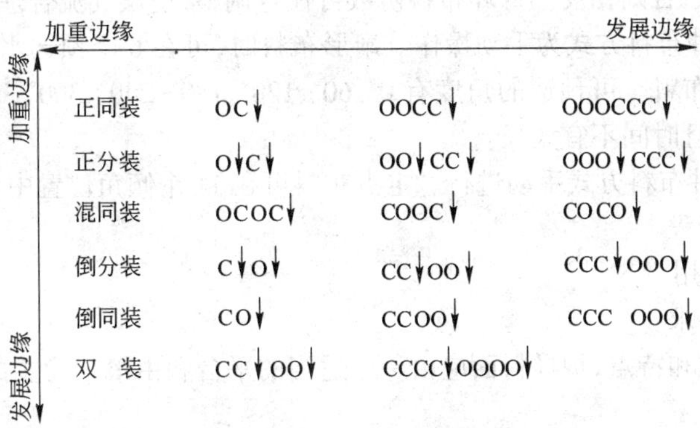

图 5-7 不同装料方法对煤气分布的影响

(2) 综合装料方法

在日常操作中,有些高炉往往根据各种装料方法的特点,采用两种程序,其一个程序边缘较重,另一个程序边缘较轻，按规定的周期综合装入炉内。这种装料方法加重边缘程度次于矿焦同装。但周期不宜太长，一般不大于10批。周期表现形式为：$mA+nB+pC$，或者 $mA+nB$。式中 A、B、C 分别为不同的装料方法，m、n、p 分别为不同装料方法的批数。

5.1.2.4 无料钟布料

(1) 无料钟布料特征

1) 焦炭平台。钟式高炉大钟布料堆尖靠近炉墙，不易形成一个布料平台，漏斗很深，料面不稳定。无料钟高炉通过旋转溜槽进行多环布料，易形成一个焦炭平台，即料面由平台和漏斗组成。通过平台形式调整中心焦炭和矿石量。平台小，漏斗深，料面不稳定。平台大，漏斗浅，中心气流受抑制。适宜的平台宽度由实践决定。一旦形成，就保持相对稳定，不作为调整对象。

2) 粒度分布。钟式布料小粒度随落点变化，由于堆尖靠近炉墙，故小粒度炉料多集中在边缘，大粒度炉料滚向中心。无料钟采用多环布料，形成数个堆尖，故小粒度炉料有较宽的范围，主要集中在堆尖附近。在中心方向，由于滚动作用，还是大粒度居多。

3) 气流分布。钟式高炉大钟布料时，矿石把焦炭推向中心，使边缘和中间部位O/C比增加，中心部位焦炭增多。无料钟高炉旋转滑槽布料时，料流小而面宽，布料时间长，因而矿石对焦炭的推移作用小，焦炭料面被改动的程度轻，平台范围内的O/C比稳定，层状比较清晰，有利于稳定边缘气流。

(2) 布料方式

无料钟旋转溜槽一般设置11个环位，每个环位对应一个倾角，由里向外，倾角逐渐加大。不同炉喉直径的高炉，环位对应的倾角不同，2580m^3 高炉第11个环位倾角最大(50.5°)，第1个环位倾角最小(16°)。布料时由外环开始，逐渐向里环进行，可实现多种布料方式。

1) 单环布料。单环布料的控制较为简单，溜槽只在一个预定角度作旋转运动。其作用与钟式布料无大的区别。但调节手段相当灵活，大钟布料是固定的角度，旋转溜槽倾角可任意选定，溜槽倾角 α 越大炉料越布向边缘。当 $\alpha_C>\alpha_O$ 时边缘焦炭增多，发展边缘。当 $\alpha_O>\alpha_C$ 时边缘矿石增多，加重边缘。

2) 螺旋布料。螺旋布料自动进行，它是无料钟最基本的布料方式。螺旋布料从一个固定角位出发，炉料以定中形式在 α_{11} 和 α_1 之间进行螺旋式的旋转布料。每批料分成12份(大高炉为14～16份)，每个倾角上份数根据气流分布情况决定。如发展边缘气流，可增加高倾角位置焦炭分数，或减少高倾角位置矿石份数，否则相反。每环布料份数可任意调整，使煤气流合理分布。

3) 扇形布料。这种布料方式为手动操作。扇形布料时，可在6个预选水平旋转角度中选择任意2个角度，重复进行布料。可预选的角度有0°、60°、120°、180°、240°、300°。这种布料方式只适用于处理煤气流分失常，且时间不宜太长。

4) 定点布料。这种布料方式手动进行。定点布料可在11个倾角位置中任意角度进行布料，其作用是堵塞煤气管道行程。

(3) 无钟炉顶的运用

无钟布料的基本要求

根据无钟布料方式和特点，炉喉料面应由一个适当的平台和由滚动为主的漏斗组成。为此，应考虑以下问题：

1) 焦炭平台是根本性的，一般情况下不作调节对象。

2) 炉中间和中心的矿石在焦炭平台边缘附近落下为好。

3) 漏斗内用少量的焦炭来稳定中心气流。

布料份数相近的连续档位是形成平台的基础。宝钢经验如图5-8，矿石布料档位相同，形成的

平台宽度|S|变化，是因焦炭布料的档位的不同所引起的。适宜的平台宽度，图 5-8a 为全焦冶炼时，焦炭平台宽度 1.2m；图 5-8b 为喷煤时焦炭平台宽度 1.5m；矿石平台大致在 1.4m 和 1.7m。

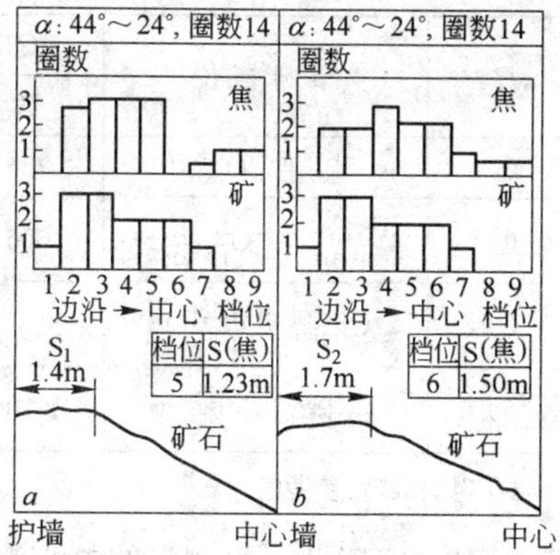

图 5-8　布料档位与平台的关系

a—全焦冶炼，焦炭平台宽度 1.2m；b—喷煤冶炼，焦炭平台宽度 1.5m

布料制度对气流分布的影响

为满足上述要求必须正确地选择布料的环位和每个环位上的布料份数。环位和份数变更对气流的影响如表 5-8，从 1→6 对布料的影响程度逐渐减小，1、2 变动幅度太大，一般不宜使用。3、4、5、6 变动幅度较小，可作为日常调节使用。

1）首钢实例。

首钢是我国高炉使用无料钟最早的冶金工厂，主要经验有：

开炉初期采用 $\alpha_O = \alpha_C = 30°$，后改为 $\alpha_O = \alpha_C = 34°$，解决中心气流不足问题。

表 5-8　环位和份数对气流分布影响

序　号	变 动 类 型	影　　响	备　　注
1	矿焦环位同时向相反方向变动	最大	不轻易采用，处理炉况失常选用
2	矿或焦环位单独变动	大	用于原燃料或炉况有较大波动
3	矿焦环位同时向同一方向变动	较大	用于日常调节炉况
4	矿焦环位不动时，同时反向变动份数	小	用于日常调节炉况
5	矿焦环位不动，单独变动矿或焦份数	较小	用于日常调节炉况
6	矿焦环位不动，向同方向变动矿焦份数	最小	用于日常调节炉况

矿、焦工作角度保持一定差别，即 $\alpha_O = \alpha_C + (2° \sim 5°)$ 对调节气流分布有利。布料 α_O 和 α_C 同时同值增大，则边缘和中心同时加重。反之 α_O 和 α_C 同时同值减小，将使边缘和中心都减轻。

单独增大 α_O 时，加重边缘，减轻中心，反之则相反。

单独增大 α_C 时，加重中心作用更大，控制中心气流非常敏感。否则，减小 α_C 时，则使中心发展。

炉况失常需要发展边缘和中心，保持两条气流通路时，可将焦炭一半布到边缘，另一半布到中心，而 α_O 不动，处理难行时取得成功。

2）宝钢实例。

宝钢高炉布料类型对气流分布的影响如表 5-9。

表 5-9　布料档位及气流分布状况

序　号	布 料 档 位	CCT	W	η_{CO}	K	W_1	W_2	W_3
		℃	—	%	—	℃	℃	℃
①	C^{1}_{14}　O^{12}_{68}	700	0.25	48.2	2.78	210	194	174
②	C^{34567}_{33233}　O^{34567}_{32333}	663	0.58	49.3	2.39	210	183	170
③	C^{2356}_{5522}　O^{2356}_{2444}	542	0.27	46.4	2.54	386	238	217
④	C^{23568}_{44222}　O^{23456}_{23432}	700	0.36	49.2	2.30	170	202	202

序	布料档位	CCT	W	η_{CO}	K	W_1	W_2	W_3
		℃	—	%	—	℃	℃	℃
⑤	$C^{2357910}_{333221}$ O^{123467}_{133322}	726	0.44	46.3	2.31	256	132	118
⑥	$C^{2345789}_{\substack{333311\times1\\2333311\times2}}$ $O^{123467}_{\substack{2233221\times2\\1333221\times1}}$	606	0.67	50.4	2.36	198	154	144
⑦	C^{234568}_{333221} $O^{23456}_{\substack{23333\times1\\24323\times3}}$	524①	0.63	49.3	254	199	127	126
⑧	$C^{2345678}_{3322211}$ $O^{23456}_{\substack{24323\times1\\24332\times3}}$	570	0.84	50.4	2.68	254	141	139

① 电偶故障,参考值。

表中,CCT 为十字测温的中心温度;W 为十字测温边缘 4 点温度平均值与炉顶温度的比值;η_{CO}为煤气利用率;K 为透气性指数;W_1、W_2、W_3 为炉腹、炉腰下部、炉腰上部炉墙的平均温度。

从①看出,单环布料集中在炉墙附近,气流分布不合理,边缘气流 W 值偏低,透气性不好,很少使用。

③和④的焦炭布料形成的平台较窄,边缘气流较弱,W 值小于 0.4。难以形成图 5-8 的分布曲线。

⑤焦炭平台加宽至 7 档附近,中心焦炭增多,结果中心气流较强,η_{CO}值下降。

⑥、⑦、⑧焦炭平台维持到 5 档或 7 档较好,矿石末档也在 6 档左右,W 值大于 0.6,η_{CO}较好,中心适中,风压和 K 值稳定,顺行进一步改善。

焦炭平台对控制炉内 O/C 比、粒度分布有重要作用,所以在日常操作中不宜多作变动。正常气流调节主要通过变更矿石环位和份数来完成。为减少波动,宝钢 2 号炉由每次调节一份改为 1/3 份,又进一步用到 1/4 份,并尽量保证周期内各料批的档位差别一致,以减少风压波动。

3) 包钢实例。

包钢 4 号高炉(2200m^3)于 1995 年 11 月开炉,无料钟炉顶结构。采用加权平均后的矿角、焦角及角度差控制气流分布,随着加权平均角度差的扩大,边缘气流的 CO_2 增加、中心 CO_2 呈减少趋势。角差在 3°~4°时生产指标较好,小于 2°时变差。

1997 年 12 月 4 号高炉采用了多、单环组合装料制度,即在每 10 个上料周期中用几种不同角度进行单、多环布料。这种单、多环组合装料制度特点是:炉料堆尖易于控制,有利于形成边缘与中心两股气流,也有利于改善软熔带透气性。调整方法是改变不同布料环带比例,以及调整矿、焦布料加权平均角差。通过多次调整,多单环组合装料制度模式得以确定,生产指标显著提高。

随着熟料率增加,炉料平均粒度减小,为打通中心气流,适当扩大矿、焦平均角差如表 5-10。

表 5-10　角差 $\Delta\alpha$ 与熟料率之间对应关系

时　间	5 月 22 日	6 月 1 日	6 月 18 日	7 月 18 日	7 月 25 日	8 月 26 日	11 月 10 日
配　料	烧:球:澳	烧:球:澳	烧:球:澳	烧:球:澳	烧:球:澳	烧:球	烧:球
配比/%	65:20:15	70:20:10	70:15:15	70:15:15	75:15:10	80:20	85:15
装料制度	A_1	A_2	A_3	A_4	A_5	A_6	A_7
加权角差	3.1°	3.4°	3.4°	3.9°	3.9°	4.0°	4.1°

表中：A_1——6C30°O33° + 3C27°O30° + C22°O26°

A_2——6C30°O33° + 3C26°O30° + C20°O26°

A_3——6C30°O33° + 3C26°O30° + C20°O26°

A_4——6C30°O33° + 3C26°O31° + C22°O28°

A_5——6C30°O33° + 3C26°O31° + C22°O28°

A_6——6C30°O33° + 3C25°O30° + C20°O27°

A_7——6C30°O33° + 3C25°O30° + C20°O28°

4）武钢实例。

武钢 5 号高炉（3200m³）布料矩阵的选择。武钢原料条件：入炉矿品位 Fe58%，烧结矿粒度＜10mm 比率 30%～35%，入炉料碱负荷 4～7kg/t，焦炭转鼓 M_{40} 75%～80%。为控制合理的气流分布，布料矩阵的选择特点为：矿石布料最大角位应该相同，中心加焦炭维持在 20%～25%。自 1993 年以来所采用的典型布料矩阵有：$C_{332213}^{876541}O_{33321}^{87654}$；$C_{322223}^{876541}O_{2661}^{8765}$；$C_{432213}^{876541}O_{5441}^{8765}$；$C_{332223}^{987651}O_{4631}^{9876}$；$C_{332223}^{987651}O_{4532}^{9876}$。这些布料矩阵的共同特点，体现了中心与边缘较发展的两股气流。

5.1.2.5 料线

(1) 料线深度

钟式高炉大钟全开时，大钟下沿为料线的零位。无料钟高炉料线零位在炉喉钢砖上沿。零位到料面间距离为料线深度。一般高炉正常料线深度为 1.5～2.0m，特殊情况需要临时开大钟或转动旋转溜槽时，应根据批重核对料层厚度及料线高度，严禁装料过满而损坏大钟拉杆和旋转溜槽。正常生产时两个探尺相差小于 0.5m，个别情况单尺上料应以浅尺为准，不许长期使用单尺上料。

图 5-9 料线深度对布料的影响

(2) 料线对气流分布影响

料线深度对布料的影响如图 5-9 所示。大钟开启时炉料堆尖靠近炉墙的位置，称为碰点，此处边缘最重。在碰点之上，提高料线，布料堆尖远离墙，则发展边缘；降低料线，堆尖接近边缘，则加重边缘。

料线在碰点以下时，炉料先撞击炉墙。然后反弹落下，矿石对焦炭的冲击作用增大，强度差的炉料撞碎，使布料层紊乱，气流分布失去控制。

碰点的位置与炉料性质、炉喉间隙及大钟边缘伸出漏斗的长度有关。开炉装料时应进行测定，计算方法比较复杂，可根据料流轨迹进行计算。

(3) 料面堆角

炉内实测的堆角变化，因设备和炉料条件不同，差别很大，如表 5-11、表 5-12、表 5-13 和表 5-14。但其变化有以下规律。

表 5-11 不同容积高炉的料面堆角（开炉前）

厂别炉号	有效容积/m³	大钟直径/mm	炉喉直径/mm	料线深度/m	装入顺序	炉料在炉内堆角		
						焦炭	球团	烧结
鞍钢 5	料罐式 939	4200	5760	3.6～4.4	C C	21°18′～27°37′		
				3.0～3.4	O O		25°48′～26°	
武钢 3	料车式 1386	4800	6500		O,15t			26°02′～27°43′
					C,8t	32°04′～34°32′		

续表 5-11

厂别炉号	有效容积/m^3	大钟直径/mm	炉喉直径/mm	料线深度/m	装入顺序	炉料在炉内堆角		
						焦炭	球团	烧结
鞍钢 10	料车式 1805	5200	7100	4.84～2.88	CCCC OOOOCC	21°51′～28°30′		
				4.6～3.46	OOOO CCOOOO		16°23′～21°30′	
鞍钢 7	料车式 2580	6200	8200	4.8～3.3	CCOOC COOCC OOCC	22°45′～36°07′		
				2.6	CC↓OO↓		25°06′～29°08′	

表 5-12　日本川崎钢铁公司不同炉容和设备的炉料堆角

炉　别	矿　石	焦　炭	备　注
千叶 6 号 4500m^3	32.5°	35.5°	钟式炉顶
千叶 4 号 1839m^3	27°～28°	29°～30°	钟式炉顶
千叶 2 号 1380m^3	37°	39°	无钟炉顶

表 5-13　武钢 1 号高炉不同料线深度时堆角

料线深度/m	块　矿	烧结矿	焦　炭
1.25	24°34′	21°45′	27°46′
1.25	15°52′	11°48′	29°45′
1.50	23°08′	19°22′	27°59′

表 5-14　前苏联库钢高炉内炉料堆角

条　件	焦　炭		矿　石	
	料线/m	堆角/(°)	料线/m	堆角/(°)
送风前	3.1	28°	3.0	29°
	0.65	33°	0.47	35°30′
	0.60	16°45′	0.60	15°30′
生产中	1.10	17°	1.10	12°45′
	1.30	14°	1.80	9°10′
	2.00	12°15′	2.00	7°20′
	2.80	16°15′	2.80	9°30′
	2.30	17°30′	2.30	11°00′

1) 炉容越大，炉料的堆角越大，但都小于其自然堆角。

2) 在碰点以上，料线越深，堆角越小。

3) 焦炭堆角大于矿石堆角。原因是近年来矿石平均粒度和粒度范围缩小，再加上矿石对焦炭的推移作用所致，特别是钟式高炉推移作用更大如图 5-10。

4) 生产中的炉料堆角远小于送风前的堆角。

为减小低料线时对布料的影响，PW 无料钟按料线＜2m、2～4m、4～6m 三个区间，以料流轨迹落点相同，求出对应的溜槽角 α 输入上料微机，在低料线时控制落点不变，以避免炉料分布变坏，见表 5-15。

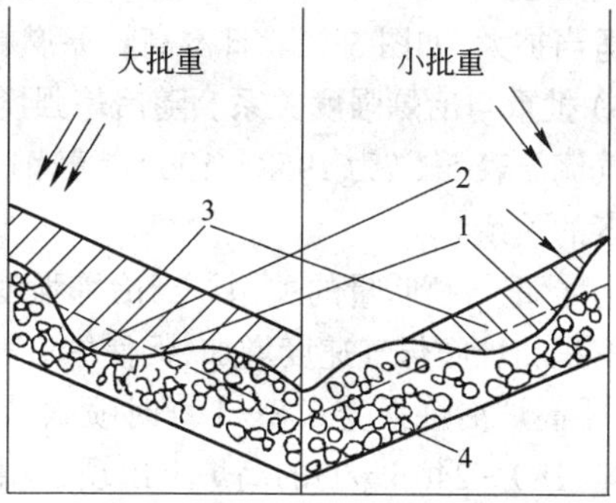

图 5-10 矿石对焦炭的推移作用

1—原焦炭料面；2—撞击后的焦炭料面；3—球团矿；4—焦炭

5.1.2.6 批重

(1) 批重对炉喉炉料分布的影响

表 5-15 溜槽倾角与位置

位 置	11	10	9	8	7	6	5	4	3	2	1
0 料线倾角/(°)	50.5	48.5	46.5	44.5	42.0	39.0	35.5	32.0	28.0	23.0	16.0
1m 料线倾角/(°)	46.5	44.0	42.0	40.0	37.5	35.0	32.5	29.5	25.0	21.0	15.0
2m 料线倾角/(°)	42.5	40.5	38.5	36.5	34.0	31.5	28.5	25.5	22.0	18.0	14.0
4m 料线倾角/(°)	37.0	35.5	33.5	31.5	29.5	27.5	25.0	22.5	19.5	16.0	13.0
落 点①/mm	4004	3808	3602	3383	3149	2896	2618	2307	1945	1492	618

① 落点指距中心距离。

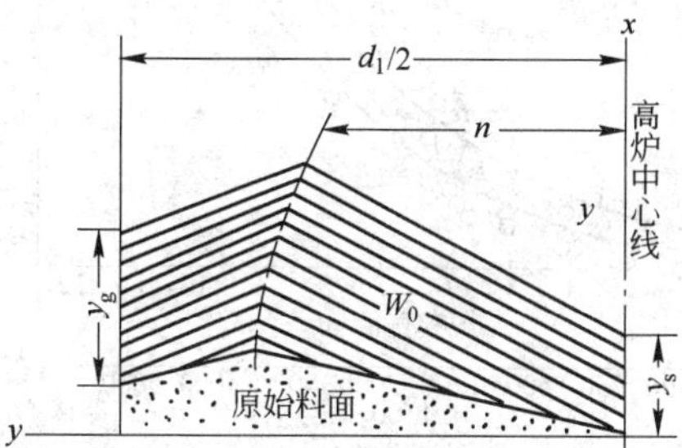

图 5-11 批重变化时炉料在炉喉的分布变化

批重对炉料在炉喉分布影响很大如图 5-11。批重小时布料不均匀，小到一定程度，将使边缘和中心无矿石。批重增大，则矿石分布均匀，相对加重中心而疏松边缘；而且软熔带气窗增大，料柱界面效应减小，有利改善透气性。但过分扩大批重，不但增大中心气流阻力，也增大边缘气流阻力，所以随批重增加压差有所升高。通过实践摸索，大中型高炉适宜焦批厚度 0.45～0.50m，矿批厚度 0.4～0.45m，随着喷吹物的增加焦批与矿批已互相接近。

(2) 影响批重的相关因素

1) 批重与炉容的关系。炉容越大，炉喉直径也越大，批重应相应增加如表 5-16。

表 5-16 不同炉容的适宜批重

炉喉直径/m	2.5	3.5	4.7	5.8	6.7	7.3	8.2	9.8
高炉容积/m^3	100	250	600	1000	1500	2000	3000	4000
矿石批重/批	＞4	＞7	＞11.5	17	＞24	＞30	＞37	＞56
矿石厚度/m	0.51	0.46	0.41	0.40	0.43	0.45	0.44	0.46
焦炭厚度/m	0.65	0.59	0.44	0.43	0.46	0.48	0.47	0.49

2) 批重与原燃料的关系。批重与原燃料性能有关，铁分越高，粉末越少，则炉料透气性越好，批重可适当扩大，如图 5-12。日本高炉原燃料条件好，批重普遍很大，如图 5-13。

3) 批重与冶炼强度关系。随冶炼强度提高，风量增加，中心气流加大，需适当扩大批重，以抑制中心气流。表 5-17 为 1958～1960 年鞍钢 9 号($980m^3$)和 10 号高炉($1513m^3$)全焦冶炼时批重与冶炼强度的关系。

4) 批重与喷吹量的关系。当冶炼强度不变，高炉喷吹燃料时，由于喷吹物在风口内燃烧，炉缸煤气体积和炉腹煤气速度增加，促使中心气流发展，需适当扩大批重，抑制中心气流。图 5-14 为鞍钢 10 号高炉冶炼强度 0.8～1.0 时喷吹量和批重的关系。但是随着冶炼条件的变化，近几年在大喷煤量(180～240 kg/t)的高炉上出现了相反的情况。随着喷吹量增加，中心气流不易发展，边缘气流反而发展。这时则不能加大批重。

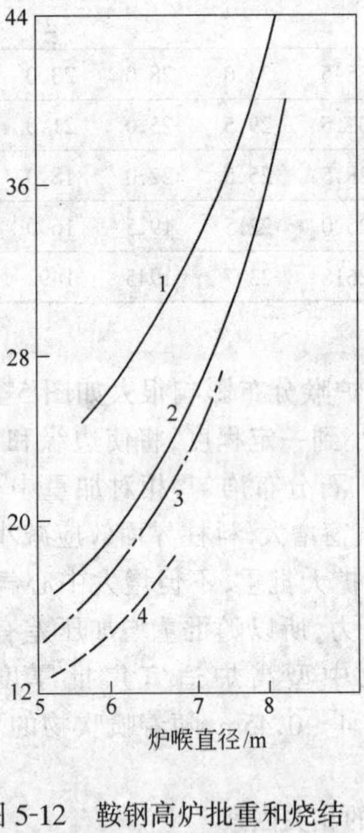

图 5-12　鞍钢高炉批重和烧结铁分及粉末含量的关系
1—喷吹燃料，TFe65%，<5mm 10%；2—喷吹燃料，Fe63%，<5mm 15%；3—喷吹燃料，Fe50%，<5mm >15%；4—不喷吹燃料

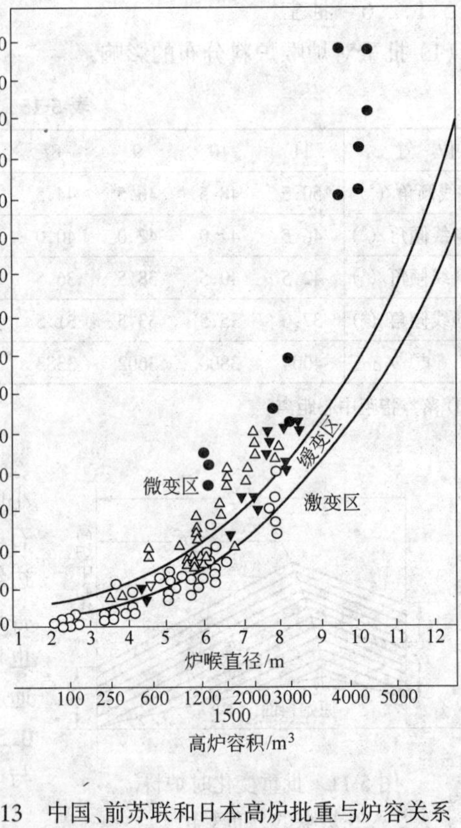

图 5-13　中国、前苏联和日本高炉批重与炉容关系
▼—前苏联近年数据；○—1966 年前的中国和苏联数据；△—中国近年数据；●—日本近年数据

表 5-17　鞍钢 9、10 号高炉冶炼强度与批重关系

冶强/t·$(m^3·d)^{-1}$	0.8	0.9	1.0	1.1	1.2	1.3	1.4	1.5	1.6
10 号高炉批重/t	15.5	16.5	17.5	18.5	18.5				
9 号高炉批重/t				13.5～14.0		14.0～14.5		14.5～15.0	15～16.0

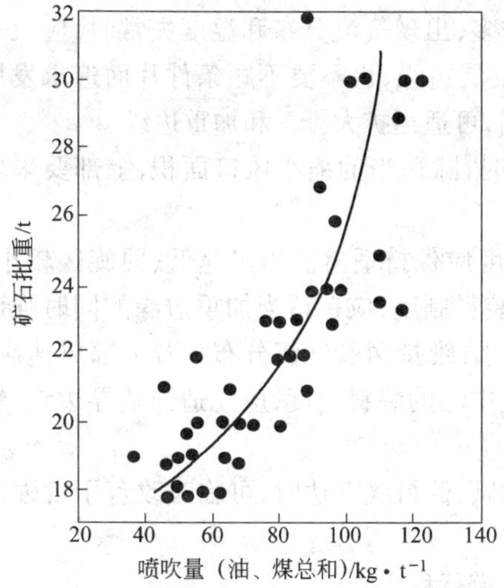

图 5-14　10 号高炉喷吹量与批重关系

(3) 按经验公式选择批重

各地高炉由于生产条件差别很大，选择适宜的批重也不尽相同，主要经验公式有：

1) 鞍钢高炉在 20 世纪 50～60 年代原料条件很差，矿石批重与炉喉直径 d_1 的统计关系为：

矿石批重 $W_0 = 0.43d_1^2 + 0.02d_1^3$，t/批

2) 日本高炉原燃料条件好，焦炭批重 W_C 与炉喉直径 d_1 和焦炭层厚度 y_C 与炉容 V_u 的关系分别如下：

$$W_C = (0.03 \sim 0.04)d_1^3 \tag{5-45}$$

$$y_C = 450 + (0.08875 \sim 0.125)V_u \tag{5-46}$$

3) 前苏联高炉在 20 世纪 50～60 年代的原料条件一般水平，焦炭层厚度 y_C 与炉容 V_u 的关系：

$$y_C = 250 + 0.1222V_u \tag{5-47}$$

5.1.2.7 控制合理的气流分布和装料制度的调节

合理气流分布规律

高炉合理气流分布规律，首先要保持炉况稳定顺行，控制边缘与中心两股气流；其次是最大限度地改善煤气利用，降低焦炭消耗。但它没有一个固定模式，随着原燃料条件改善和冶炼技术的发展而相应变化。50 年代烧结矿粉多，无筛分整粒设备，为保持顺行必须控制边缘与中心 CO_2 相近的“双峰”式煤气分布。60 年代以后，随着原燃料的改善，高压、高风温和喷吹技术的应用，煤气利用改善，炉喉煤气曲线上移，形成了边缘 CO_2 略高于中心的“平峰”式曲线，综合煤气 CO_2 达到 16%～18%。70 年代随着烧结矿整粒技术和炉料铁分的提高及炉料结构的改善，出现了边缘煤气 CO_2 高于中心、而且差距较大的“展翅”形煤气曲线，综合 CO_2 达到 19%～20%，最高达 21%～22%。但不管怎样变化，都必须保持边缘与中心两股气流，过分的加重边缘会导致炉况失常。

宝钢生产条件较好，炉喉气流、温度分布的基本模式如图 5-15。

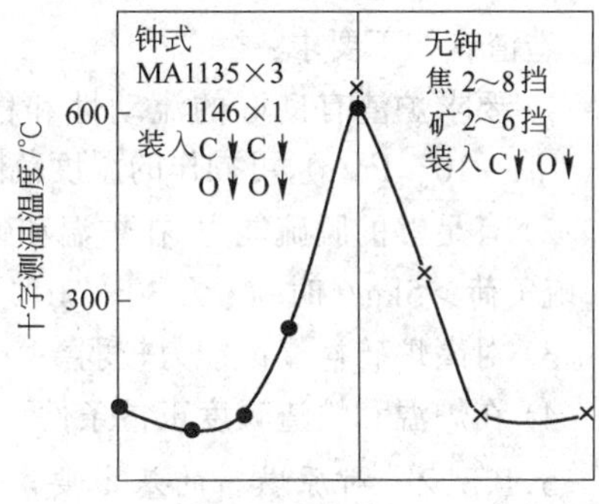

图 5-15　十字测温分布

炉子中心温值(CCT)约在 500～600℃，边缘温度值大于 100℃，宝钢 1 号高炉为钟式炉顶，临近边缘的温度点比其他高炉要低一点，一般边缘至中间的温度呈平缓的状态。超过 200℃ 的范围较窄，相邻中心点的温度在 200～300℃。高炉开炉初期中心温度可达 800℃，随着产量提高逐步下降。炉容小 CCT 值偏低。原燃料质量好，为了提高煤气利用率，CCT 值可适当降低。

CCT 值的波动反映了中心气流的稳定程度，高炉进入良好状态时，波动值小于 ±50℃。

控制边缘气流稳定非常必要，在达到 200℃ 时，将呈现不稳定或管道征兆。宝钢规定，波动值一般不大于 60℃。

装料制度的调节

高炉日常生产中，生产条件总是有波动的，有时甚至变化很大，从而影响炉况波动和气流分布失常。要及时调整装料制度，改善炉料和软熔带透气性，保持边缘与中心两股气流，以减少炉况波

动和失常。

1) 原燃料条件变化　原燃料条件变差，特别是粉末增多，出现气流分布和温度失常时，应及早改用边缘与中心均较发展的装料制度。但要避免过分的发展边缘，也不要不顾条件片面追求发展中心气流。原料条件改善，顺行状况好时，为提高煤气利用，可适当扩大批重和加重边缘。

2) 冶炼强度变化　由于某种原因被迫降低冶炼强度时，除适当的缩小风口面积，上部要采取较为发展边缘的装料制度，同时要相应缩小批重。

3) 装料制度与送风制度相适宜　装料制度与送风制度应保持适宜。当风速低、回旋区较小，炉缸初始气流分布边缘较多时，不宜采用过分加重边缘的装料制度，应在适当加重边缘的同时强调疏导中心气流，防止边缘突然加重而破坏顺行。可缩小批重，维持两股气流分布。若下部风速高，回旋区大，炉缸初始气流边缘较少时，也不宜采用过分加重中心的装料制度，应先适当疏导边缘，然后再扩大批重相应增加负荷。

4) 临时改变装料制度调节炉况　炉子难行、休风后送风、低料线下达时，可临时改若干批强烈发展边缘的装料制度，以防崩料和悬料。

改若干批双装、扇形布料和定点布料时，可消除煤气管道行程。

连续崩料或大凉时，可集中加 5～10 批净焦，可提高炉温，改善透气性，减少事故，加速恢复。

炉墙结厚时，可采取强烈发展边缘的装料制度，提高边缘气流温度，消除结厚。

为保持炉温稳定，改倒装或强烈发展边缘装料制度时，要相应减轻焦炭负荷。全倒装时应减轻负荷 20%～25%。

5.1.3　造渣制度

造渣制度应适合于高炉冶炼要求，有利于稳定顺行，有利于冶炼优质生铁。根据原燃料条件，选择最佳的炉渣成分和碱度。由于各厂资源和生产条件不同，可分为一般炉渣和特殊炉渣。

5.1.3.1　造渣制度的要求

造渣有如下要求：

1) 要求炉渣有良好的流动性和稳定性，熔化温度在 1300～1400℃，在 1400℃ 左右黏度＜10 泊(1 泊＝10^{-1}Pa·s)，可操作的温度范围大于 150℃。

2) 有足够的脱硫能力，在炉温和碱度适宜的条件下，硫负荷＜5kg/t 时，硫分配系数 L_s 为 25～30，硫负荷＞5kg/t 时，L_s 为 30～50。

3) 对高炉砖衬侵蚀能力较弱。

4) 在炉温和炉渣碱度正常条件下，应能炼出优质生铁。

5.1.3.2　对原燃料的基本要求

为满足造渣制度要求，对原燃料必须有如下基本要求：

1) 原燃料含硫低，硫负荷不大于 5.0kg/t。

2) 原料难熔和易熔组分低，如氟化钙、氧化钛越低越好。

3) 易挥发的钾、钠成分越低越好。

4) 原料含有少量的氧化锰、氧化镁对造渣有利。

5.1.3.3　一般(普通)炉渣

在高温下有良好的流动性和稳定性及较强的脱硫能力，且侵蚀性能较弱的炉渣，称为一般炉渣(或普通炉渣)。

1) 鞍钢炉渣。

鞍钢高炉炼铁在立足于本地区的矿石资源，入炉品位不很高的情况下，所得炉渣成分示于表5-18，从表中可以看出鞍钢炉渣属于一般炉渣，其特点是随着焦比降低，渣中 Al_2O_3 含量逐渐减少。如表5-18，由1952年的9.5%，逐渐下降到6%～7%，其流动性和稳定性变差。1959年以后，部分烧结矿中增加MgO至3%，炉渣中MgO相应提高到6.5%以上，炉渣流动性能和稳定性能改善。

表5-18　鞍钢高炉炉渣成分

年　份	成　分/%							CaO/SiO_2	(S)/[S]
	SiO_2	Al_2O_3	CaO	MgO	MnO	FeO	S		
1952	37.26	9.50	44.16	8.96	2.85	0.73	1.14	1.20	27.8
1955	38.93	8.40	44.55	3.84	2.07		1.02	1.15	21.3
1960	39.97	8.62	43.95	5.63	0.03	0.47	0.84	1.08	21.0
1965	40.39	6.18	44.97	6.53	0.04	0.41	0.66	1.11	26.4
1970	39.80	6.76	44.51	4.98		0.60	0.69	1.12	25.6
1975	40.30	7.70	40.85	6.74		0.64	1.64	1.01	51.25
1980	37.90	7.84	44.28	7.66		0.60	0.81	1.17	45.0
1985	38.07	8.60	41.07	8.02		0.55	0.88	1.08	40.0
1990	38.06	8.33	41.06	8.48		0.64	0.81	1.08	33.75
1995	38.10	8.22	41.68	7.43		0.47	0.81	1.09	36.82
1999	38.26	7.34	42.67	7.55		0.45	0.77	1.12	38.20

鞍钢于1958～1963年对炉渣曾进行温度与黏度测定，结果如下：

① 图5-16为不同碱度 CaO/SiO_2 时炉渣黏度与温度关系。炉渣碱度小于1.2时大部分的熔化性温度较低。

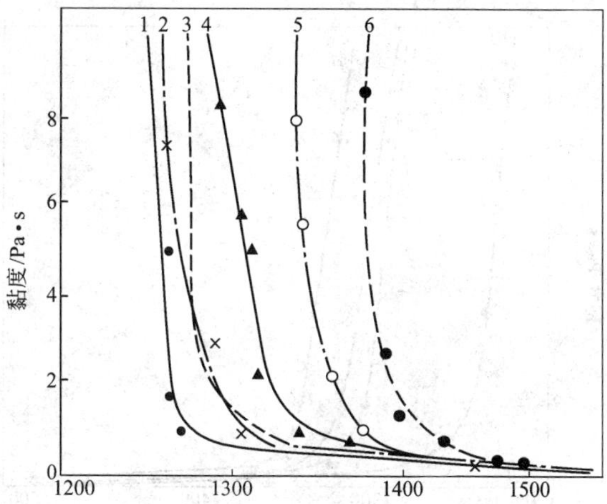

图5-16　不同碱度时炉渣黏度与温度的关系

编　号	1	2	3	4	5	6
CaO/SiO_2	1.11	1.14	1.18	1.30	1.34	1.40

② 图5-17为二元和三元碱度基本不变，增加MgO时炉渣黏度和温度关系。增加渣中MgO含量，温度和黏度曲线变化不大。

③ 图5-18为不同MgO、FeO、MnO含量时炉渣黏度和温度的关系。若渣中 Al_2O_3 含量降低时，渣稳定性变差，允许的碱度上限也降低。

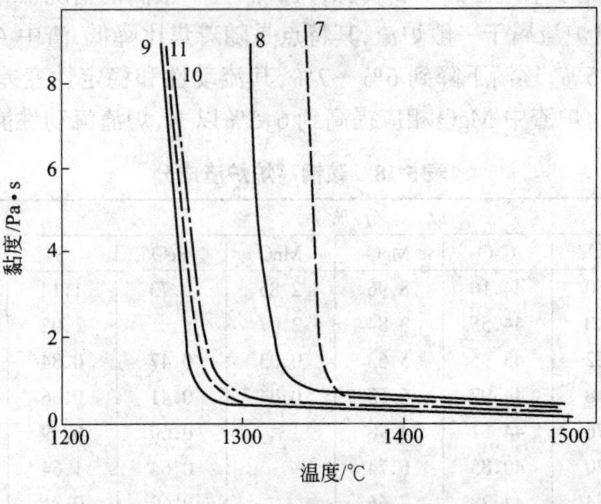

图 5-17　碱度基本不变，增加 MgO 时炉渣黏度和温度的关系

编号	CaO /%	SiO_2 /%	MgO /%	$\frac{CaO}{SiO_2}$	$\frac{CaO+MgO}{SiO_2}$
7	45.60	44.40	3.59	1.014	1.093
8	42.32	48.39	4.96	0.873	0.997
9	41.23	43.15	8.99	0.958	1.166
10	41.17	44.16	9.52	0.915	1.126
11	39.36	43.33	11.49	0.918	1.152

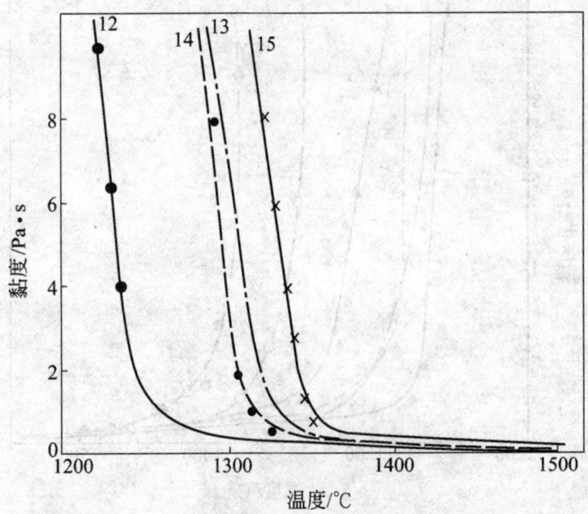

图 5-18　不同 MgO、FeO、MnO 含量时炉渣黏度与温度的关系

编号	SiO_2 /%	Al_2O_3 /%	CaO /%	MgO /%	FeO /%	MnO /%	S /%	$\frac{CaO}{SiO_2}$
12	39.14	8.23	45.45	6.56	0.182	0.18	0.311	1.161
13	36.72	8.06	47.37	7.42	0.199	0.24	0.429	1.290
14	37.44	7.67	45.75	8.26	0.129	0.18	0.507	1.220
15	36.42	7.70	44.30	10.73	0.362	0.28	0.491	1.215

④ 图 5-19 为二元和三元碱度基本不变,增加渣中 MgO 时炉渣黏度和温度的关系。增加 MgO 而减少 CaO 后,炉渣黏度和熔化温度均降低,且稳定性增强。特别是 16 号、17 号温度和黏度曲线,与鞍钢实际生产情况相近,渣中 MgO 7.79%～9.36%,碱度 CaO/SiO_2 为 1.12,三元碱度$(CaO+MgO)/SiO_2$ 为 1.31～1.32。流动性良好且稳定;脱硫能力较强,基本满足冶炼优质生铁要求。

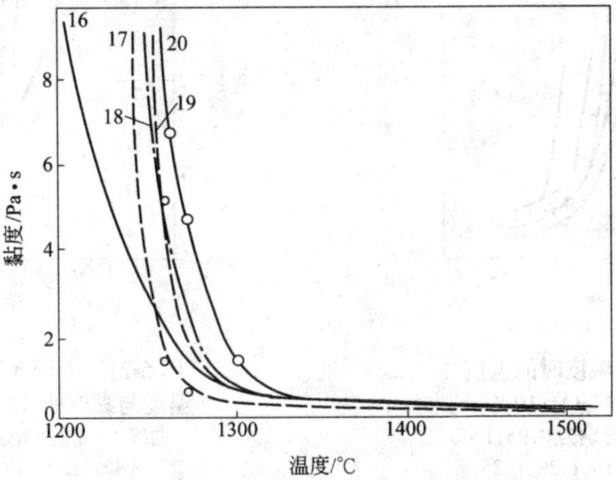

图 5-19　碱度基本不变,用 MgO 代替 CaO 时炉渣黏度与温度的关系

编号	MgO/%	$\frac{CaO}{SiO_2}$	$\frac{MgO+CaO}{SiO_2}$	CaO/%	SiO_2/%
16	6.86	1.10	1.28	42.66	38.78
17	7.79	1.12	1.326	42.58	37.98
18	9.36	1.12	1.337	41.16	36.66
19	11.90	1.069	1.425	39.59	36.10
20	12.02	1.125	1.47	39.22	34.86

2）武钢炉渣。

武钢炉渣也属于一般性炉渣,但 Al_2O_3 含量较高,一般为 13%～14%。脱硫效率试验结果如表 5-19,黏度和温度曲线示于图 5-20～图 5-23。主要特点如下。

表 5-19　脱硫效率试验结果

成分/% \ 编号	1	2	3	4	5	6	7	8	9	10	11	12
MgO	4	6	8	10	12	12	12	12	12	12	12	12
Al_2O_3	14	14	14	14	14	13	13	13	13	13	13	13
CaO	38.6	37.7	36.9	36.1	35.3	36.5	37.5	38.5	39.3	40.1	40.9	41.7
SiO_2	36.7	35.9	35.2	34.4	33.6	38.5	37.5	36.5	35.7	34.9	34.1	33.3
CaO/SiO_2	1.05	1.05	1.05	1.05	1.05	0.95	1.00	1.05	1.10	1.15	1.20	1.25
L_s	10.8	20.9	32.1	42.9	51.5	27.4	37.5	51.5	57.5	70.8	72.2	80.4

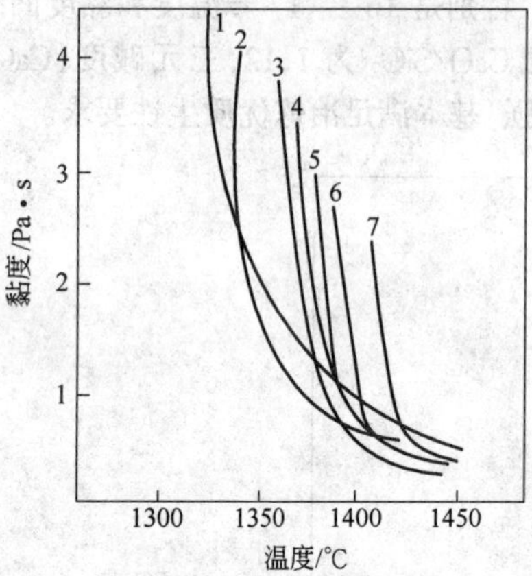

图 5-20 不同碱度时的温度与黏度曲线(MgO=10%)
曲线 1~7 的碱度分别为 0.95、1.00、1.05、1.10、1.15、1.20、1.25

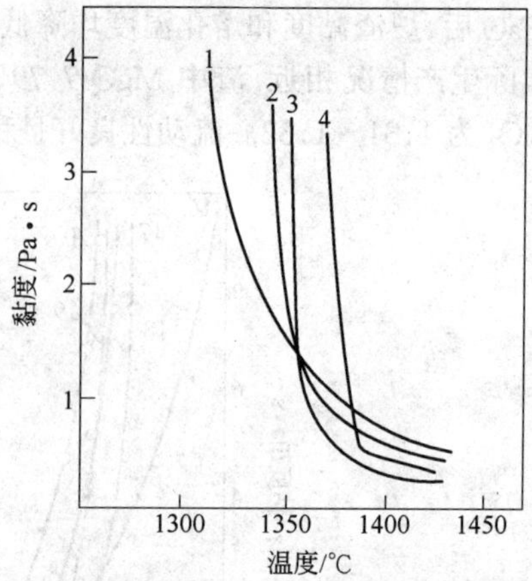

图 5-21 不同 MgO 含量时的温度与黏度曲线(碱度为 1.05)
曲线 1~4 的 MgO 含量分别为 8%、10%、12%、14%

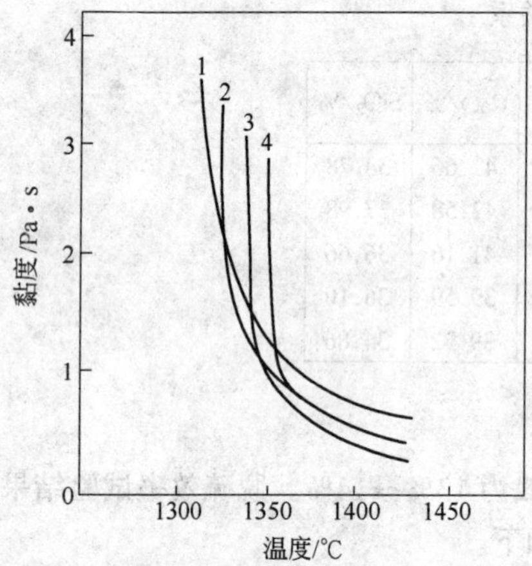

图 5-22 不同 MgO 含量时的温度与黏度曲线(碱度为 1.00)
曲线 1~4 的 MgO 含量分别为 8%、10%、12%、14%

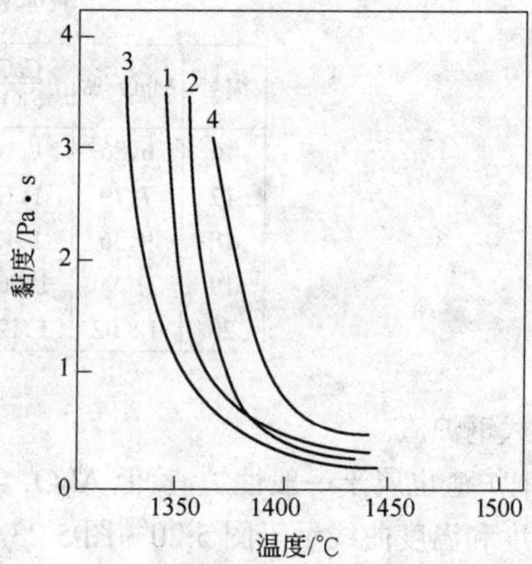

图 5-23 不同 Al_2O_3 含量时的温度与黏度曲线
曲线 1~4 的 Al_2O_3 含量分别为 10%、12%、14%、17%

① 武钢炉渣碱度对黏度影响,遵循一般规律,从图 5-20 看出,1 号曲线(碱度 0.95)和 6 号曲线(碱度 1.20)黏度曲线有明显差别,随碱度升高炉渣黏度和温度关系曲线由平滑逐渐变陡,即由“长渣”型转为“短渣”型。炉渣碱度 1.0~1.1 为宜,以 1.05 为好。

② 在武钢条件下,炉渣碱度与脱硫效率成正相关关系。但考虑到碱度太高对排碱和顺行不利。在炉况稳定顺行时碱度 CaO/SiO_2 可提高到 1.1。小于 1.0 时脱硫效率太低,不宜采用,综合考虑还是 1.05 为最好如图 5-21 和图 5-22。

③ 渣中 MgO 主要作用是降低炉渣黏度,改善流动性能。对脱硫作用远不及提高碱度的效果。根据脱硫试验 MgO 最佳含量为 10%~12%,不应超过 12%。

④ 渣中 Al_2O_3 含量相对比较稳定，对炉渣性能的影响较其他金属氧化物影响小。在武钢条件下，Al_2O_3 含量在10%～14%范围内，见图5-23。

3）国内部分高炉炉渣成分。

我国鞍钢、宝钢、武钢、首钢、安阳、济钢等大、中型钢铁厂的炉渣都属于一般炉渣。原燃料理化性能相差不大，炉渣成分也相差很小如表5-20。一般冶炼炼钢生铁二元碱度 CaO/SiO_2 1.05～1.15，铸造生铁0.95～1.05。

表5-20 国内一些高炉炉渣成分

厂别	日期	成分/%						CaO/SiO_2	$\frac{CaO+MgO}{SiO_2}$	其他
		CaO	SiO_2	Al_2O_3	MgO	FeO	S			
鞍钢	1998	42.56	37.90	7.96	7.40	0.44	0.78	1.12	1.32	
	1999	42.67	38.26	7.34	7.55	0.45	0.74	1.12	1.31	
首钢	1998	37.63	33.77	12.09	10.24	0.06	0.98	1.115		
	1999	37.63	36.17	11.27	10.55	0.43	0.93	1.032		
武钢	1998	36.98	35.10	14.76	11.11	0.52	0.86	1.05		
	1999	37.05	34.97	14.55	11.45	0.56	0.81	1.06		
宝钢	1999	40.5	33.3	14.70	8.52	0.23	0.99	1.22		TiO_2 4.3%
济钢	1998	39.87	34.08	12.44	8.81	1.21	0.76	1.17		
	1999	40.11	33.73	12.47	8.32	1.22	0.74	1.19		
安钢	1998	39.78	32.70	12.51	7.77		0.766	1.21		
	1999	38.74	32.76	11.97	7.58		0.791	1.19		

4）国外部分高炉炉渣成分。

① 日本高炉原燃料条件好，渣量300kg/t左右，硫负荷5～6kg/t，炉渣二元碱度都大于1.2，如表5-21。

表5-21 日本一些高炉的生铁及炉渣成分

成分/%		福山3号高炉 1981年11月	加古川3号高炉 1980年1月	千叶6号高炉 1983年10月	千叶2号高炉 1982年	大分1号高炉 1977年
生铁	[Si]	0.27	0.32	0.30	0.51	0.37
	[S]	0.045	0.049	0.03	0.031	0.029
炉渣	(Al_2O_3)	14.0	14.5	14.0	14.5	14.20
	(MgO)	7.3	5.0	6.6		7.57
	(S)	1.09				
	CaO/SiO_2	1.28	1.23	1.21	1.19	1.22
	渣量/$kg \cdot t^{-1}$	274			341	318

② 德国施韦尔根1号高炉，渣量300kg/t左右，二元碱度大于1.2，三元碱度1.45左右，如表5-22。

③ 前苏联一些高炉、如切钢、马钢、新利佩茨克三大钢铁公司炉渣成分与鞍钢和武钢接近，原料条件较好，渣量350kg/t左右，见表5-23。

表 5-22　德国施韦尔根 1 号高炉渣铁成分

成　分/%		1974 年 8 月	1974 年 9 月	1974 年 10 月	1979 年	1980 年 1～2 月
生铁	[Si]	0.67	0.63	0.77	0.39	0.29
	[S]	0.024	0.028	0.027	0.033	0.029
炉渣	CaO/SiO_2	1.18	1.23	1.23		
	$CaO+MgO/SiO_2$	1.44	1.45	1.46	1.35	1.42
	(S)	1.47	1.54	1.50		
	(S)/[S]	61	55	55		
	渣量/$kg \cdot t^{-1}$	319	317	307	297	324

表 5-23　前苏联一些高炉生铁和炉渣成分

成　分/%		切　钢	马　钢	新利佩茨克	卡拉干达	伊 里 苛
生铁	[Si]	0.63	0.53	0.60～0.70	0.97	0.77
	[S]	0.020	0.021	0.02～0.05	0.035	0.042
炉渣	(CaO)	40.72	39.4		37.17	47.63
	(SiO_2)	39.66	36.5		37.18	38.88
	(Al_2O_3)	8.41			10.88	6.13
	(MgO)	10.20	8.2	8.0	6.74	4.78
	(S)	0.61	0.89		1.30	
	CaO/SiO_2	1.03	1.08	1.0～1.05	1.0	1.23
	渣量/$kg \cdot t^{-1}$	322	357	500	460	
	(S)/[S]	32			37	

5）造渣制度选择规律。

通过国内外炉渣成分和碱度比较，造渣制度选择规律为：

① 若渣量少、Al_2O_3 偏高时，炉渣二元碱度应稍高些，一般为 1.15～1.20。相反，渣量大、Al_2O_3 偏低时，二元碱度应稍低些，一般为 1.05～1.10。

② 若渣量少、原燃料硫负荷偏高时，炉渣碱度应高些，一般为 1.20～1.25。相反，渣量大、硫负荷偏低时，炉渣碱度应偏低些，一般为 1.0～1.05。

③ 小高炉较大高炉在相同的条件下炉缸温度偏低，故小高炉炉渣碱度可相对偏高些。

④ 生铁含[Si]高（炉温高）时，炉渣碱度应低些，反之应高些。铸造铁比炼钢铁的炉渣碱度一般低 0.1～0.15。

⑤ 渣中 MgO 主要功能为改善炉渣流动性和稳定性，最佳含量为 7%～10%。但渣中 Al_2O_3 偏高时，其最高含量不宜超过 12%。否则，渣量增加，成本升高。

5.1.3.4　特殊炉渣

（1）含钡炉渣

酒钢矿石含有 $BaSO_4$ 和 $BaCO_3$，以 BaO 形态进入炉渣。为弄清 BaO 对炉渣黏度的影响，北京科技大学在试验室研究了不同 BaO 含量对炉渣黏度的影响。试验中根据酒钢矿的实际条件，把各试样中的 Al_2O_3 和 MgO 含量分别固定在 8% 和 7%。试验用合成炉渣的组分、碱度及温度和黏度列于表 5-24，并得出以下结论。

表 5-24 不同 BaO 含量的合成炉渣在不同温度下的黏度和熔化性

组别	炉渣组分/%					炉渣碱度		10Pa·s时的温度/℃
	SiO_2	Al_2O_3	CaO	MgO	BaO	CaO/SiO_2	$(CaO+0.4BaO)/SiO_2$	
1	35	8	50	7	0	1.43	1.43	1578
2	35	8	45	7	5	1.29	1.34	1440
3	35	8	40	7	10	1.14	1.25	1341
4	35	8	35	7	15	1.00	1.16	1345
5	35	8	30	7	20	0.86	1.07	1362
6	35	8	25	7	25	0.71	0.98	1374
7	35	8	20	7	30	0.57	0.89	1389

① 在炉渣中加入部分 BaO 时能使炉渣变得较为易熔和稳定。

② 根据炉渣成分不同，BaO 对炉渣的黏度和熔化性能的影响也不一样。对于进行试验的炉渣（$Al_2O_3=8\%$，$MgO=7\%$）当 $CaO/SiO_2=1.1\sim0.8$，渣中 BaO 在小于 15%的范围内变动时，炉渣黏度略有波动，但不很大。

③ $CaO/SiO_2<1.1$ 的炉渣都较稳定，$CaO/SiO_2>1.1$ 时，炉渣的稳定性较差。但与 $CaO-SiO_2-Al_2O_3$ 三元系炉渣相比，要稍稳定一些，这与渣中有 7%的 MgO 有一定关系。

④ 按重量以 BaO 代 CaO 时，随 BaO 量的增加，使酸性渣的黏度逐渐增大，碱性渣变得较为易熔。在渣中单纯加入 BaO 时（不替代 CaO），随 BaO 的增加 $CaO/SiO_2<0.85\sim0.95$ 的炉渣的黏度降低；$CaO/SiO_2>0.85\sim0.95$ 的炉渣的黏度则稍增高；而 $CaO/SiO_2=0.85\sim0.95$ 的炉渣的黏度则基本不变。

⑤ 冶炼时的炉渣碱度可以根据脱硫的需要，在含有一定量 MgO 的情况下，选用 $CaO/SiO_2=0.8\sim1.1$，或 $(CaO+0.4BaO)/SiO_2=0.9\sim1.2$ 的炉渣，在这种情况下，渣中 BaO 的含量达到 10%甚至达到 15%，不会由于黏度大而造成操作困难。

酒钢实际生产，配入部分普通矿冶炼，渣中除含有少量 BaO 外，与一般炉渣成分相近，高炉顺行状况良好。渣成分如下：

成分	CaO	SiO_2	Mn_2O_3	MgO	FeO	BaO	S	CaO/SiO_2
含量/%	37.46	36.76	9.81	7.26	1.12	3.29	1.03	1.02

（2）含氟炉渣

包头矿含氟和稀土金属氧化物（Re_xO_y）。含氟炉渣由于 F^- 离子较 O^{2-} 离子对 Si^{4+}、Ca^{2+} 离子作用力弱，故含氟炉渣熔化温度很低，一般熔化温度为 1170～1250℃，比普通炉渣低 100～200℃。

图 5-24 为包钢炉渣的温度和黏度曲线。炉渣随着 CaF_2 的增加，熔化温度降低，超过一定数量变化幅度减小。熔化区间很短，同不含氟的 1 号渣相比，曲线转弯处温度区间很小，一般在 50℃左右。因此含氟炉渣属于易熔易凝的"短渣"，高炉很容易结瘤。

含氟炉渣黏度很小。在一定温度下，炉渣黏度随 CaF_2 的增加而急剧下降，CaF_2 由零增至 5%时影响最大（$\Delta\eta$0.314Pa·s）；由 20%增至 25%时变化最小（$\Delta\eta$ 仅为 0.015Pa·s），如表 5-25 所示。

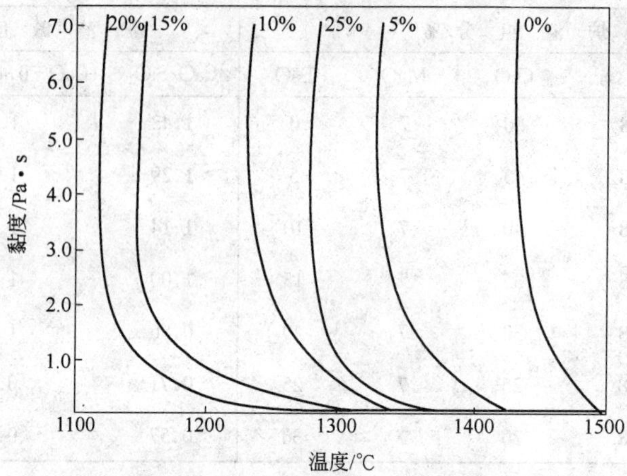

图 5-24　含氟炉渣黏度—温度曲线

（曲线旁百分数为 CaF_2 含量）

表 5-25　CaF_2 对炉渣黏度的影响

CaF_2/%	0	5	10	15	20	25
黏度/Pa·s	0.555	0.241	0.199	0.109	0.065	0.05
$\Delta\eta$/Pa·s	0.314		0.09		0.015	

炉渣碱度对黏度影响很小。渣中 CaF_2＜15%时提高碱度，炉渣黏度稍微降低；CaF_2＞15%时，碱度对黏度影响更小。实际生产反应也是提高碱度，并不提高黏度。

含氟炉渣有利于脱硫，由于 CaF_2 存在降低了炉渣黏度，改善了扩散条件，在相同碱度和生铁含硅量范围内，炉渣含氟量提高时硫分配系数增大。

含氟炉渣对硅铝质耐火材料有强烈的侵蚀作用，机理是：

$$2CaF_2 + SiO_2 \rightarrow 2CaO + SiF_4 \uparrow$$

$$3CaF_2 + Al_2O_3 \rightarrow 3CaO + 2AlF_3 \uparrow$$

上述反应生成的 SiF_4、AlF_3 以气体挥发，砖被熔化侵蚀，渣中 CaF_2 越高，这种熔化侵蚀越甚。

基于含氟炉渣冶炼特点。造渣制度的选择应有利于减轻对炉墙的侵蚀和风渣口大量破损，能保证生铁质量和强化冶炼。实践经验表明，在当前的生产条件下，冶炼生铁含硅量 0.8%～1.0%，炉渣碱度控制在 1.0～1.1，可保证铁水温度＞1310℃。含氟量升高，炉渣碱度要相应提高。

（3）高钛炉渣

高钛炉渣是一种熔化温度高、流动性区间窄小的“短渣”。液相温度 1395～1440℃，固相温度 1070～1075℃，可操作的渣铁温度范围只有 90℃左右，比冶炼普通矿的小 100℃。

炉渣中 TiO_2 未还原时，其熔化温度低，流动性良好。但随着 TiO_2 的还原，低价氧化物 Ti_2O_3、Ti_3O_5 等的生成和增加，并继续还原生成 TiC 和 TiN，其熔化温度随之提高。渣中 TiC 和 TiN 熔点很高，分别为 3150℃和 2950℃，在炉缸温度范围内不能熔化，以固态微粒悬于渣中，使炉渣流动性恶化，TiC 和 TiN 越多，炉渣越黏，严重时失去流动性。图 5-25 为生产现场取样测定的高钛渣温度和黏度曲线，碱度 1.1～1.15 的炉渣性能是比较好的，大于 1.3 时熔化温度超过 1430℃。所以目前攀钢实际炉渣碱度也控制在 1.1～1.15，生铁含硅量控制较低，硫分配系数 L_s 只有 8～10。

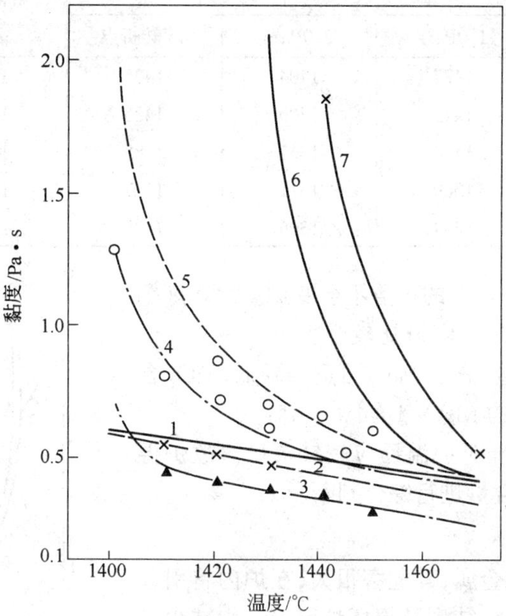

图 5-25　含 TiO_2 炉渣的碱度与温度、黏度的关系

编　号	1	2	3	4	5	6	7
TiO_2/%	27.85	27.10	28.75	25.85	25.50	24.88	24.55
CaO/SiO_2	1.02	1.05	1.15	1.24	1.26	1.31	1.36

1995 年以来，攀钢为降低炉渣熔化温度，烧结矿中配入部分普通富矿粉提高烧结含铁量，同时减少渣中 TiO_2 量，从而使炉渣熔化温度降低（如表 5-26），渣铁可操作的温度范围扩大，稳定性增强，为强化冶炼创造了条件，取得了显著的效果。

表 5-26　攀钢高炉炉渣成分及熔化温度的变化

年　份	成　份/%			SiO_2/TiO_2	CaO/SiO_2	熔化温度/℃
	CaO	SiO_2	TiO_2			
1995	27.50	24.51	23.20	1.06	1.12	1387
1996	27.89	24.70	22.30	1.11	1.13	1381
1997	28.61	25.01	21.63	1.15	1.14	1377
1998	28.32	25.08	22.14	1.13	1.13	1378

（4）低钛炉渣

重钢原料条件较差，入炉料铁分 42%～43%，硫负荷 10～11kg/t，渣量 900～1000kg/t，生产指标较低。1978 年以来，采用部分钒钛矿冶炼，渣中 TiO_2 含量 2%～3%，渣铁畅流，炉况顺行，取得了良好的经济效果。表 5-27 为 TiO_2 含量不同的炉渣黏度和温度，图 5-26 为温度和黏度关系曲线。

表 5-27　TiO_2 含量不同的炉渣黏度和熔化温度

TiO_2 含量/%	温度/℃				熔化温度/℃	备注
	0.5Pa·s	1.0Pa·s	2.0Pa·s	45°转折点		
0	1462	1427	1404	1435	1311	纯试剂配制
1	1542	1443	1400	1425	1319	
2	1524	1414	1367	1385	1311	
3	1504	1369	1311	1327	1313	
4	1508	1344	1306	1325	1303	

低钛渣冶炼，含 TiO_2≤4%的炉渣不会变稠。冶炼炼钢生铁，炉渣碱度控制在 1.25～1.30 比较合适。

含有少量 TiO_2 的炉渣，渣中 MgO 可适当降低，TiO_2 含量 2.5%～4%范围，适宜的 MgO 量为4%～6%。

低钛渣冶炼，生铁含硅对炉温反应较钛灵敏。故炉温判断应以硅为主，结合钛含量进行综合判断。

5.1.3.5　排碱

一些高炉原料含有碱金属，其危害很大，在炉内将引起炉缸堆积、炉料透气性恶化、结瘤及损坏炉墙等。为减少碱金属的危害，除降低原料的碱金属含量外，高炉冶炼过程的排碱具有重要意义。

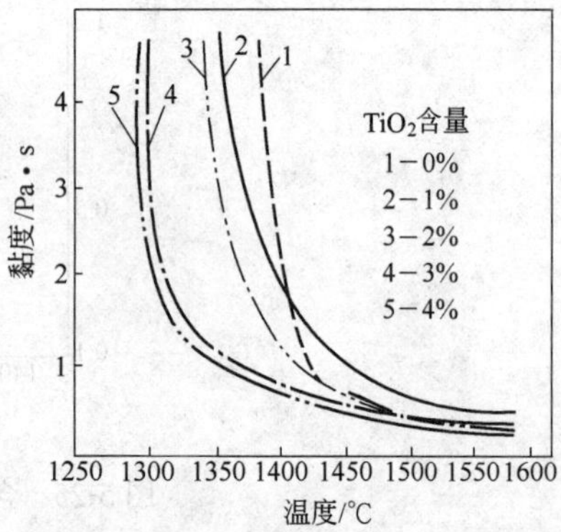

图 5-26　不同 TiO_2 含量炉渣黏度与温度关系

(1) 包钢排碱实例

包头矿碱金属含量较多，为解决冶炼过程的排碱问题，曾在 $55m^3$ 高炉上采用不同炉料配比，进行排碱研究，试验情况如表 5-28。

表 5-28　包钢 $55m^3$ 高炉不同炉料冶炼炉渣排碱情况

项目	硫负荷 $kg·t_{铁}^{-1}$	硫负荷 $kg·t_{渣}^{-1}$	炉渣碱度 $\frac{CaO}{SiO_2}$	炉渣碱度 $\frac{CaO+MgO}{SiO_2}$	渣铁比 $/kg·t_{铁}^{-1}$	排碱率 /%	炉渣 L_s	(K_2O+Na_2O) /%	(F) /%	(MgO) /%	[Si] /%
全部白云矿	11.66	13.78	1.23		847.0	70.34	93.1	0.961	11.05		1.027
烧结:澳矿:白云 70:20:10	8.94	17.81	1.11		488.5	79.37	85.7	1.380	7.49	3.8	0.97
高镁烧结:澳矿:白云 70:20:10	7.85	15.58	0.87	1.23	507.3	96.19	47.2	1.490	7.30	9～10	0.73
烧结:球团 70:30	9.69	20.08	1.03		484.0	51.18	39.2	1.010	7.28		1.03
太原烧结矿	4.08	6.7	1.07		628.0	94.60	52.3	0.630			1.23

主要经验有：

1) 降低炉渣碱度如图 5-27，在一定的炉温下，随着炉渣碱度降低，排碱率相应提高。自由碱度 ±0.1，影响渣中碱金属氧化物 ∓0.30%。

2) 降低炉渣碱度如图 5-27，或碱度不变，生铁含硅量降低如图 5-28，排碱能力提高。铁水含硅 ±0.1%，影响渣中碱金属氧化物 ∓0.045%。

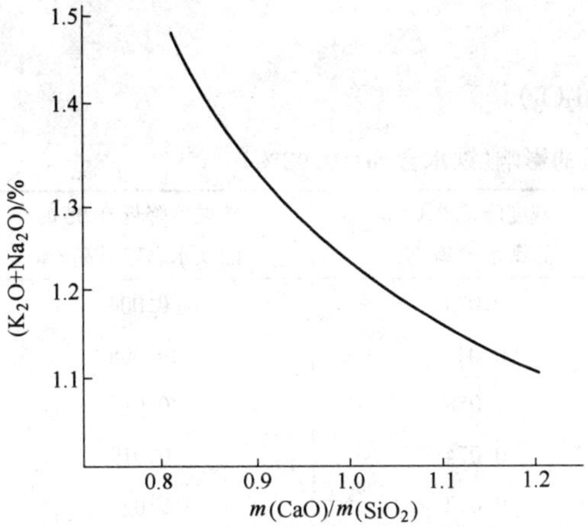

图 5-27　炉渣二元碱度与含碱量

3）提高渣中 MgO 含量，可降低渣中 K_2O、Na_2O 活度，故渣中 MgO 增加，排碱率提高如图 5-29。渣中 MgO ± 1%，影响渣中碱金属氧化物 ± 0.21%。

4）提高(MnO)/[Mn]比，可提高渣中碱金属氧化物如图 5-30。

5）渣中含氟量 ± 1%，影响渣中碱金属氧化物 ± 0.16%。

炉渣自由碱度的计算方法为 $[(CaO - 1.473F_2)]/SiO_2$。

(2) 美国共和钢铁公司排碱实例

美国共和钢铁公司采用酸性渣排碱，但铁水含硫升高甚至要进行炉外脱硫。表 5-29 为该公司用酸性渣排碱的数据。其经验公式如下所示。

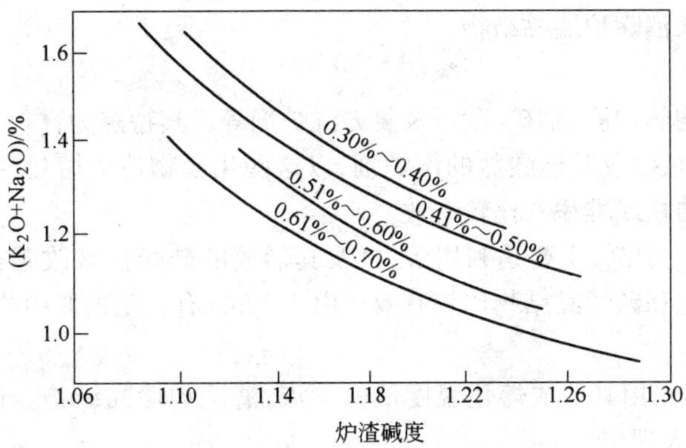

图 5-28　炉渣碱度、生铁含硅量与炉渣排碱能力的关系

（曲线旁百分数为生铁硅含量）

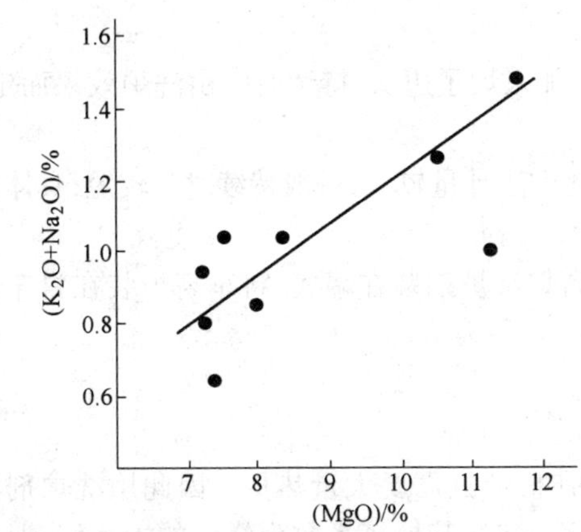

图 5-29　渣中 MgO 含量对排碱的影响

[Si]0.85%～0.95%；$CaO/SiO_2$0.95～1.05

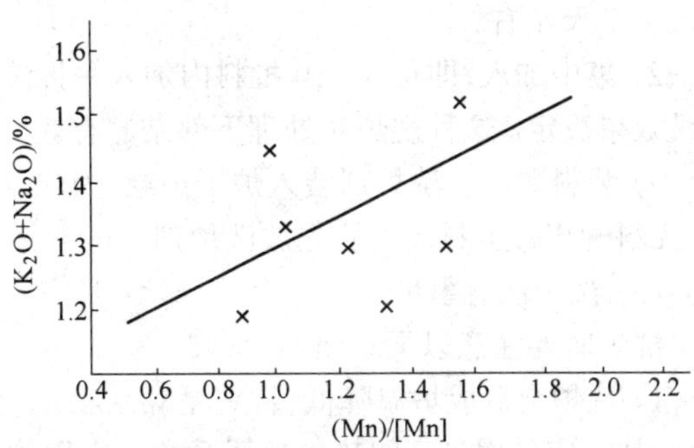

图 5-30　(Mn)/[Mn]比值与炉渣排碱能力的关系

$$K_2O = 1.44R^{-7.47} \tag{5-48}$$

式中 K_2O——渣中 K_2O 质量百分比，%；

R——渣碱度，$R = (CaO + MgO)/(SiO_2 + Al_2O_3)$。

表 5-29 降低渣碱度对铁水含硫量的影响(铁水含 Si = 0.98%)

铁水含硫 /%	渣碱度 R	渣碱度降低 0.05 时的铁水含硫/%	渣碱度降低 0.05 时的铁水含硫升高/%
0.025	1.32	0.029	0.004
0.035	1.22	0.043	0.008
0.045	1.15	0.058	0.013
0.055	1.11	0.074	0.019
0.065	1.05	0.092	0.027

5.1.3.6 洗炉

炉缸严重堆积、炉墙结厚或结瘤时，洗炉可改变炉渣化学组成，使其具有熔化温度低、流动性好、氧化性强的特点，来消除炉墙黏结物。

(1) 洗炉剂

常用的洗炉剂有均热炉渣、锰矿、萤石及复方洗炉剂等。其特点为：

1) 均热炉渣等含 FeO 及其硅酸盐的洗炉剂，以这些化合物造成熔化温度较低、氧化性较高的初、终渣，清洗碱性黏结物或堆积物比较有效。

2) 锰矿及含锰的洗炉剂，主要是利用 MnO 及其形成的硅酸盐来改善初、终渣的流动性，以消除石墨碳等招致的堆积和碱性黏结物比较有效。由于 MnO 有一定的脱硫作用，故可适当降低炉渣碱度，效果尤为显著。

3) 萤石或含氟矿石，用其造成熔化温度低的炉渣，清洗炉墙黏结物。这种洗炉剂对消除炉缸石墨碳形成的堆积，不太理想。

4) 复方洗炉剂。该洗炉剂由食盐、萤石、硅石和焦炭组成。可有效地降低炉瘤中枪晶石($3CaO$、$2SiO_2$、CaF_2)和钾霞石($K_2O \cdot Al_2O_3 \cdot 2SiO_2$)的熔点。包钢采用复方洗炉剂清洗下部炉瘤有一定效果。

(2) 加入方式

1) 分散均匀加入料批内，数量约占矿批的 5%左右，加入炉子边缘，持续时间由洗炉效果而定，一般为 7 天左右。

2) 集中加入，即每 5～10 批料内加入一批洗炉剂，此方法计量较大，一般持续时间较短，具体由清洗效果决定。这种洗炉对处理下部结瘤有效。

3) 装料顺序。洗炉剂装入炉子边缘，为此，料罐式高炉洗炉剂装在罐底，料车高炉装在料车上部，无料钟皮带上料高炉要先放洗炉剂。

(3) 洗炉注意事项

洗炉时要注意以下事项：

1) 洗炉会造成炉温降低，特别是黏结物熔化和脱落时，炉缸需要大量热量。因此用洗炉剂洗炉变料时，应采用最高的热量换算系数。应用均热炉渣洗炉时，其换算系数为烧结的 1.8 倍，即如果每批料加 500kg 均热炉渣，需相应减 500×1.8 = 900kg 烧结。

2) 洗炉过程应保持较高的炉温，一般控制在规定炉温上限操作。如炉温太低将失去洗炉作用，甚至造成风口涌渣。

3）洗炉过程要注意炉身温度变化，控制风量与风压对应关系。在顺行允许条件下，有步骤地恢复风量，避免强行加风，出现反复。

4）注意水温差变化，达到规定标准要停止洗炉。

5.1.4 热制度

热制度直接反映了炉缸工作的热状态。冶炼过程中控制充足而稳定的炉温，是保证高炉稳定顺行的基本前提，过低或过高的炉温都会导致炉况不顺。影响炉温变化的因素很多，变化幅度小时可通过风温、风量、煤量等进行调整，变化幅度较大时必须调整焦炭负荷。

5.1.4.1 热制度的选择

（1）冶炼炼钢铁

1）普通矿冶炼的高炉，目前原燃料条件下，一般生铁含硅量控制在0.3%～0.6%，生铁含硫量0.03%，铁水温度1450～1530℃。原燃料好的高炉可维持中下限，原燃料较差的高炉可维持中上限。

2）高钛渣冶炼的高炉，由于生铁中[Ti]含量与炉温相关性较[Si]与炉温相关性强，所以高钛渣冶炼的高炉，以生铁含[Ti]量作为衡量炉温的指标。在保证物理温度足够前提下，尽可能降低[Ti]含量，一般控制在[Ti]+[Si]=0.5%。

3）包钢含氟炉渣，矿石软化温度低，流动性能好，大量FeO流入炉缸进行直接还原，所以[Si]要比普通矿冶炼高些。如[Si]太低，由于热量不足而造成炉缸堆积，过高对排碱不利，且石墨碳析出多，也会造成炉缸堆积。一般生铁含硅量控制在0.6%～0.8%，近几年配用部分普通矿后降为0.55%～0.75%。

4）开炉与停炉，长期休风后送风，需要控制较高的炉温，开炉生铁含硅量控制在3%～3.5%，长期休风后送风生铁含硅量控制在0.8%～1.0%。

（2）冶炼铸造铁

铸造铁含硅比炼钢铁高，并根据[Si]含量决定其牌号。所以冶炼铸造铁时炉温比炼钢铁要高，应根据要求的牌号来控制[Si]含量的范围。

5.1.4.2 变料有关计算

（1）熔剂用量计算

1）石灰石有效熔剂性。

当炉渣碱度 $R=\dfrac{CaO}{SiO_2}$ 时，石灰石的有效熔剂性为：

$$(CaO)_{有效}=CaO-SiO_2\cdot R,\% \tag{5-49}$$

当炉渣碱度 $R=\dfrac{CaO+MgO}{SiO_2}$ 时，石灰石的有效熔剂性为：

$$(CaO+MgO)_{有效}=CaO+MgO-SiO_2\cdot R,\% \tag{5-50}$$

2）矿石需要的石灰石量。

硅还原消耗的 SiO_2：

根据 $$SiO_2+2C=Si+2CO$$

则 $$SiO_2/Si=60/28=2.14\text{kg }SiO_2/\text{kg Si} \tag{5-51}$$

生成 CaS 消耗的石灰石量：

根据 $$C + FeS + CaO = CaS + Fe + CO$$

则 $$CaO/S = 56/32 = 1.75\text{kg CaO/kg S} \tag{5-52}$$

单位矿石的出铁率 $e_{矿}$：

$$e_{矿} = \frac{Fe_{矿}}{Fe_{生铁}} \times 100\% \tag{5-53}$$

式中 $Fe_{矿}$、$Fe_{生铁}$——分别为矿石和生铁的含铁量(炼钢铁为94%，铸造铁为93%)。

矿石需要的石灰石量 $\phi_{矿}$：

$$\phi_{矿} = G_{矿}[(SiO_{2矿} - e_{矿}[Si]\cdot 2.14)R - CaO_{矿} + 0.8 \times 1.75\ S_{矿}]\frac{1}{(CaO)_{有效}} \tag{5-54}$$

式中 $G_{矿}$——每批料的该种矿石量，kg；

$SiO_{2矿}$、$CaO_{矿}$、$S_{矿}$——分别为该种矿石所含的 SiO_2、CaO、S 量，%；

0.8——设矿石含 S 的 80% 转入炉渣。

3) 焦炭需要的石灰石量 $\phi_{焦}$。

$$\phi_{焦} = G_{焦}[A(SiO_{2焦}\cdot R - CaO_{焦}) + 0.8 \times 1.75\ S_{焦}] \times \frac{1}{(CaO)_{有效}} \tag{5-55}$$

式中 $\phi_{焦}$——每批焦炭所耗石灰石量，kg；

$G_{焦}$——每批焦炭量，kg；

A、$SiO_{2焦}$、$CaO_{焦}$——分别为焦炭灰分及灰分中所含 SiO_2、CaO 量，%；

$S_{焦}$——焦炭所含全硫量(包括焦炭灰分中的硫和有机硫)，%。

5.1.4.3 炉渣碱度及成分的核算

为保持稳定的炉渣碱度，当原料成分(如碱度，MgO 等)波动时，须进行校核计算。

(1) CaO 平衡方程式

设原料为 100% 烧结，炉料中的 CaO 全部进入炉渣，于是 100kg 矿石及其出渣量的 CaO 平衡方程式为：

$$\begin{aligned} &CaO_{烧} + CaO_{熔} - 0.8 \times \frac{56}{32} \times (S_{烧} + e_{烧} \times K \times S_{焦}) \\ &= (SiO_{2烧} + e_{烧} \times K \times A\% \times SiO_{2焦} - 2.14\ e_{烧} \times [Si])R \end{aligned} \tag{5-56}$$

式中 $CaO_{烧}$、$SiO_{2烧}$——分别为 100kg 烧结矿中的 CaO 及 SiO_2 量，kg；

$CaO_{熔}$——100kg 烧结矿所需的熔剂的 CaO 量，kg；

K——焦比，kg/t 铁；

$S_{焦}$、A——分别为焦炭含 S 量及焦炭灰分，%；

$SiO_{2焦}$——焦炭灰分中 SiO_2 量，%；

2.14、$\frac{56}{32}$——分别为 $\frac{SiO_2}{Si}$ 及 $\frac{CaO}{S}$ 的分子量之比。

(2) 炉渣碱度计算

根据式 5-56 可得出炉渣碱度：

$$R = \frac{CaO_{烧} + CaO_{熔} - 0.8 \times \frac{56}{32}(S_{烧} + e_{烧}\cdot K\cdot S_{焦})}{SiO_{2烧} + e_{烧}\cdot K\cdot A\cdot SiO_{2焦} - e_{烧}\cdot 2.14[Si]} \tag{5-57}$$

因烧结矿度 $R_{烧}=\frac{CaO_{烧}}{SiO_{2烧}}$,即 $CaO_{烧}=SiO_{2烧}\cdot R_{烧}$,所以炉渣碱度亦可写成:

$$R=\frac{SiO_{2烧}\cdot R_{烧}+CaO_{熔}-1.4(S_{烧}+e_{烧}\cdot K\cdot S_{焦})}{SiO_{2烧}+e_{烧}\cdot K\cdot A\cdot SiO_{2焦}-e_{烧}\cdot 2.14[Si]} \tag{5-58}$$

式中 $1.4=0.8\times\frac{56}{32}$,其余符号意义同前。

(3) 不加熔剂时炉渣碱度与烧结碱度的关系

$$R_{烧}=\frac{R(SiO_{2烧}-e_{烧}\cdot 2.14[Si]+e_{烧}\cdot K\cdot A\cdot SiO_{2焦})}{SiO_{2烧}}+\frac{1.4(S_{烧}+e_{烧}\cdot K\cdot S_{焦})}{SiO_{2烧}} \tag{5-59}$$

(4) 理论渣量计算

根据式 5-56 计算冶炼 100kg 烧结矿的出渣量:

$$Q_{渣}(CaO)=CaO_{烧}+\frac{1}{n}\times 100A\cdot CaO_{焦}+CaO_{熔} \tag{5-60}$$

$$Q_{渣}=\frac{CaO_{烧}+\frac{1}{n}\times 100A\cdot CaO_{焦}+CaO_{熔}}{(CaO)} \tag{5-61}$$

式中 (CaO)——为炉渣中的 CaO 含量,%,由于生产中化验成分时,已将(CaS)中的 Ca 以 CaO 形式纳入(CaO)中,所以要换算 $(CaO)_{实}=(CaO)_{化验}-\frac{56}{32}(S)$,$(CaS)_{实}=\frac{72}{32}(S)$;

n——焦炭负荷;

$Q_{渣}$——100kg 烧结矿的渣量,kg。

(5) 烧结矿和炉渣中 MgO 含量的关系

炉料中的 MgO 全部进入炉渣,MgO 平衡方程为:

$$MgO_{烧}+MgO_{熔}+\frac{1}{n}\times 100A\cdot MgO_{焦}=Q_{渣}\cdot(MgO) \tag{5-62}$$

式中 $MgO_{烧}$——100kg 烧结矿中的 MgO 含量,kg;

$MgO_{熔}$——100kg 烧结矿所需熔剂中的 MgO 含量,kg;

$MgO_{焦}$——焦炭灰分中的 MgO 含量,%。

焦炭灰分中 MgO 含量很少,约 1.4%,而且波动不大,对渣中 MgO 影响很小(约 0.1%),计算时忽略不计,上式化简为:

$$MgO_{烧}+MgO_{熔}=Q_{渣}\cdot(MgO) \tag{5-63}$$

不加或加少量石灰石冶炼时,因石灰石含 MgO 量甚少,上式还可进一步简化为:

$$MgO_{烧}=Q_{渣}\cdot(MgO) \tag{5-64}$$

$$(MgO)=\frac{MgO_{烧}}{Q_{渣}}=\frac{MgO_{烧}[(CaO)+0.78(CaS)]}{CaO_{烧}+\frac{1}{n}\cdot 100\cdot A\cdot CaO_{焦}\%+CaO_{熔}} \tag{5-65}$$

于是烧结中 MgO 波动时,炉渣中 MgO 变化可按下式计算:

$$\Delta(MgO)=\frac{(MgO''_{烧}-MgO'_{烧})\cdot[(CaO)+0.78(CaS)]}{CaO_{烧}+\frac{1}{n}\times 100A\cdot CaO_{焦}+CaO_{熔}} \tag{5-66}$$

式中　$\Delta(MgO)$——炉渣中 MgO 的波动值,%;

$MgO''_{烧}$——变化后的烧结 MgO 含量,%;

$MgO'_{烧}$——变化前的烧结 MgO 含量,%。

(6) 焦比变动与炉渣碱度

焦比变化很大时须校核炉渣碱度,计算方法如下:

$$R_2 = \frac{1.4e_{矿} \cdot S_{焦} \cdot K_1}{SiO_{2矿} - e_{矿}(2.14[Si] - K_2 \cdot A \cdot SiO_{2焦})} + \frac{R_1[SiO_2 - e_{矿}(2.14[Si] - K_1 \cdot A \cdot SiO_{2焦})]}{SiO_{2矿} - e_{矿}(2.14[Si] - K_2 \cdot A \cdot SiO_{2焦})} \tag{5-67}$$

式中　R_1、R_2——分别为焦比改变前后的炉渣碱度$\left(\frac{CaO}{SiO_2}\right)$;

$e_{矿}$——100kg 矿石出铁量,kg;

K_1、K_2——改变前后的焦比,kg/t 铁;

SiO_2——100kg 矿石中 SiO_2 含量,kg。

(7) 生铁含硅波动与炉渣碱度

$$R_2 = R_1 \frac{SiO_{2矿} - e_{矿}(2.14[Si]_1 - K \cdot A \cdot SiO_{2焦})}{SiO_{2矿} - e_{矿}(2.14[Si]_2 - K \cdot A \cdot SiO_{2焦})} \tag{5-68}$$

式中　R_1、R_2——改变前后的炉渣碱度(CaO/SiO_2);

$[Si]_1$、$[Si]_2$——改变前后的生铁含硅量,%。

(8) 焦比变化与炉渣中 Al_2O_3 含量的变化

一般矿石含 Al_2O_3 较低,炉渣中 Al_2O_3 主要来自焦炭,焦比变化较大时,必然影响渣中 Al_2O_3 含量变化,可按下式计算:

$$(Al_2O_3) = \frac{\left(Al_2O_{3矿} + \frac{100}{n} \times A \times Al_2O_{3焦}\right)[(CaO) + 0.78(CaS)]}{CaO_{矿} + \frac{100}{n} \times A \times CaO_{焦} + CaO_{熔}} \times 100 \tag{5-69}$$

式中　(Al_2O_3)——炉渣中 Al_2O_3 含量,%;

$Al_2O_{3矿}$——100kg 矿石中 Al_2O_3 含量,kg;

$Al_2O_{3焦}$——焦炭灰分中 Al_2O_3 含量,kg;

$CaO_{矿}$——100kg 矿石中 CaO 含量,kg。

5.1.4.4　由炼钢铁改为铸造铁的变料计算

原始数据:

原燃料成分及其出铁率($e_{矿}$)等见表 5-30。有关数据列于表 5-31。生铁成分变化引起焦比变化的经验值如下:

[Si] + 0.1%,焦比 + 6.0kg/t 铁;[Mn] + 0.1%,焦比 + 2kg/t 铁

锰的还原率:炼钢铁 50%,铸造铁 60%

石灰石有效熔剂量:50%

焦炭灰分 14%,其中 SiO_2 45%,CaO 3%

表 5-30 矿石和焦炭成分及有关数据

原料名称		一 烧	二 烧	东烧	庞家堡	七道沟	锰 矿	焦 炭
TFe/%		49.0	49.0	48.5	48.65	47.0	8.52	
Mn/%		0.1	—	—	0.59	1.65	32.6	
SiO_2/%		14.11	12.26	15.40	13.35	9.0	22.54	
CaO/%		16.48	15.30	16.64	1.46	3.0	5.38	
MgO/%		1.5	2.5	3.5			1.63	
S/%		0.06	0.06	0.06	0.057	0.07	0.08	0.60
料批组成/kg		16000			2000	2000		5000
矿石换算系数		1	0.95	0.95	1.45	1.40	1.0	
$e_{矿}$	制钢铁	52.1	52.1	51.6	51.8	50		
	铸造铁	52.7			52.3		9.1	

表 5-31 计 算 用 数 据

铁 种	生 铁 成 分/%				炉渣碱度	每批矿石重/kg		焦批重/kg	焦 比/kg·t^{-1}铁
	Fe	Si	Mn	S	CaO/SiO_2	一 烧	庞家堡		
炼钢生铁	94	0.5	0.19	0.03		16000	4000	5000	480
铸造生铁	93	2.0	0.8	0.03	1.0			5000	

根据表 5-31,炼钢铁改铸造时其硅、锰增多,焦比升高。

焦比变化:

$$480+[(2.0-0.5)\times 60+(0.8-0.19)\times 20]=582\text{kg/t 铁}$$

矿石批重及一烧和庞家堡用量为:

$$(16000+4000)\times 480/580=16495\ \text{kg/批}$$

其中:一烧用量 = 16495×80% = 13196,取 13200kg

庞家堡用量 = 16495×20% = 3290,取 3300kg

锰矿用量及相应减去的矿石量:

设增加的锰矿量为 x,则

$$\frac{13200\times 0.1\%\times 60\%+3300\times 0.59\times 60\%+32.6\%\times 60\%\times x}{13200\times 52.7\%+3300\times 52.3+9.1\%\times x}=0.8\%$$

$x=255.8$kg;取 260kg/批

锰矿的互换系数与一烧相同,故加用锰矿时应减去等量一烧,即

一烧用量 13200 − 260 = 12940kg,取 12900 kg/批

熔剂用量:

$$\phi_{烧}=129[(14.11-2.14\times 52.7\times 2\%)\times 1.0-16.48+0.8\times 1.75\times 0.06]\frac{1}{0.5}$$
$$=-1172(\text{kg})$$

$$\phi_{庞}=33[(13.35-2.14\times 52.3\times 2\%)\times 1.0-1.46+0.8\times 1.75\times 0.057]\frac{1}{0.5}$$
$$=642(\text{kg})$$

$$\phi_{锰}=2.6[(22.54-2.14\times 9.1\times 2\%)\times 1.0-5.38+0.8\times 1.75\times 0.08]\frac{1}{0.5}$$

$=90(kg)$

$$\phi_{焦}=5000[0.14(0.45\times1.0-0.03)+0.8\times1.75\times0.006]\frac{1}{0.5}=672(kg)$$

$$\phi_{总}=642+90+672-1172=232(kg)\ 取\ 230kg/批$$

新料批组成,kg/批:

一烧	庞家堡	锰矿	石灰石	焦炭
12900	3300	260	230	5000

5.1.4.5 负荷调整

(1) 高炉休、减风的负荷调整

高炉休、减风的负荷调整见表 5-32、表 5-33。

表 5-32 高炉休风的负荷调整

日/d		1/3	2/3	1	2	3	4	5	6	7	8	9
小时/h		8	16	24	48	72	96	120	144	168	192	216
减轻负荷/%	经验数值	5	8	13	20	25	—	40	50	—	—	—
	计算值: $H=9.25t^{1/2}$	5	8	9	13	16	19	21	23	25	27	29

注: H—减负荷量,%;t—休风天数,d。

表 5-33 高炉减风的负荷调整

减风率/%	20	30	40	50	60	70
减轻负荷/%	5~10	10~15	15~20	20~25	25~30	30~35

休风时间 10d 以上,按长期封炉调整焦炭负荷。

休风时间低于 8h,相应减轻负荷 3%~5%,主要考虑炉温发展趋势和顺行状况,如顺行不好、炉温向凉可减轻负荷 5%,甚至还要高些。

临时减风操作,若减风率<10%,持续时间较短,不用调整焦炭负荷。如果时间较长仍需减轻负荷 5%左右。

(2) 低料线的负荷调整

低料线的负荷调整见表 5-34。

表 5-34 低料线的负荷调整

低料线时间/h	低料线深度/m	加焦量/%
0.5	2.5 左右	5~10
1	2.5 左右	8~12
1	3 左右	12~15
>1	>3	15~25

无料钟高炉料线 3~4m 范围,处于自动调节堆尖区域,可少减或不减焦炭负荷。

连续崩料产生的低料线,减轻焦炭负荷还要适当提高。

(3) 钟式炉顶布料器停转的负荷调整

钟式炉顶布料器停转的负荷调整见表5-35。

表5-35 布料器停转的负荷调整

停转时间/h	减轻焦炭负荷/%	停转时间/h	减轻焦炭负荷/%
4～8	2～3	>24	>5
8～24	3～4		

无料钟旋转溜槽停转时,要立即组织出铁,铁后进行休风,并增补适当量的焦炭。

(4) 改倒装的负荷调整

改倒装的负荷调整见表5-36。

表5-36 改倒装的负荷调整

改倒装批数	减轻焦炭负荷/%	改倒装批数	减轻焦炭负荷/%
20～40	10～15	>150	20～25
40～150	15～20		

(5) 降雨天的负荷调整

降雨天的负荷调整见表5-37。

表5-37 降雨天的负荷调整

降雨量(估计)	冷风温度下降/℃	焦炭水分(估计)/%	减轻焦炭负荷/%
大	>20	>10	4～6
中	10～20	5～10	3～4
小	<10	<5	1～2

(6) 喷吹燃料置换比和停喷时的负荷调整

喷吹燃料置换比和停喷时的负荷调整见表5-38、表5-39。

表5-38 喷吹燃料置换比

喷吹量/$kg\cdot t^{-1}$	20	40	60	80	100	120	140	160	180
重油置换比	1.35	1.25	1.15	1.10	1.0				
煤粉置换比	0.90	0.85	0.85	0.82	0.82	0.80	0.80	0.78	0.78

表5-39 停喷时的负荷调整

停喷时间/h	加焦率/%	停喷时间/h	加焦率/%
1～4	50～70	>6	100
4～6	70～90		

注:加焦量=减少喷吹燃料量×置换比×加焦率。

(7) 原燃料理化性能变化时负荷调整

原燃料理化性能变化时负荷调整见表5-40。

(8) 生铁含硅量变化的负荷调整。

生铁含硅量变化的负荷调整见表5-41。

表 5-40　原燃料理化性能对焦比的影响

变动因素	参数名称	变 动 量	影响焦比/%	影响产量/%	备　注
矿　石	含铁量/%	±1	∓1.5	±2.5	烧结率 100%
	粒度<5mm/%	±1	±2.0	—	
	人造富矿率/%	±10	∓3.0	±3.0	
	CaO/SiO_2	±0.1	±3.5	∓3.5	
	S/%	±0.1	±5		
焦　炭	灰　分/%	±1	±2.0	∓3.0	计算时需乘以(1—喷吹率)
	M_{40}/%	±1	∓0.75	±1.5	
	S/%	±0.1	±1.5	∓2.0	
煤　粉	灰　分/%		±1.5		计算时需乘以喷吹率
石灰石		±1kg	±0.3kg	—	
碎　铁	含铁量 60%	±100kg	∓20kg	±4%	
	含铁量 60%～80%	±100kg	∓30kg	±6%	
	含铁量>80%	±100kg	∓40kg	±8%	

表 5-41　生铁含硅量对焦比的影响

生铁含硅/%	变 动 量/%	影响焦比/kg	影响产量/%
<1.5	±0.1	±4	∓0.8
1.25～2.5	±0.1	±6	∓1.0
>2.5	±0.1	±8	∓1.0

(9) 风温变化的负荷调整

风温变化的负荷调整见表 5-42。

表 5-42　风温对焦比的影响

热风温度/℃	变 动 量/℃	影响焦比/kg	影响产量/%
>1100	±100	∓15	±2
1100～1000	±100	∓20	±4
1000～900	±100	∓25	±5
900～700	±100	∓30	±6

鼓风湿分 ±1g/m^3,影响风温 ∓6℃。

5.1.5　冶炼制度的调整

各种冶炼制度彼此互相影响。合理的送风制度和装料制度,可使煤气流合理分布,炉缸工作良好,炉况稳定顺行。若造渣制度和热制度不合适,也会影响煤气分布,引起炉况波动。生产过程也常因送风制度和装料制度不当,而引起造渣制度波动。所以,必须保持各冶炼制度互相适应,出现异常及时而准确地调整。

1) 正常时冶炼制度各参数,应选择在灵敏可调的范围,不得处于极限状态。

2) 调节方法,一般先进行下部调节,其后为上部调节,再后是调节风口面积。特殊情况可同时采用上、下部调节手段。

3) 恢复炉况，首先恢复风量，控制风量与风压对应关系，相应恢复风温和喷吹物，最后再调整装料制度。

4) 长期不顺的高炉，风量与风压不对应，采用上部调节无效时，应果断采取缩小风口面积，或临时堵部分风口。

5) 炉墙侵蚀严重、冷却设备大量破损的高炉，不宜采取任何强化措施，应适当降低炉顶压力和冶炼强度。

6) 炉缸周边温度或水温差高的高炉，应及早采用含 TiO_2 炉料护炉，并适当缩小风口面积，或临时堵部分风口，必要时可改炼铸造生铁。

7) 矮胖多风口的高炉，适于提高冶炼强度，维持较高的风速或鼓风动能和加重边缘的装料制度。

8) 原燃料条件好的高炉，适宜于强化冶炼，可维持较高的冶炼强度。反之则相反。

5.2 高压操作

5.2.1 高压操作简况

在高炉的净煤气管道上设调压阀组，依据阀组阀门关闭的程度来升高和调控炉顶压力，一般认为使高炉处于 0.03MPa 以上的高压下工作，叫高压操作。

国外高压操作起步较早，特别是前苏联和西欧各国，50 年代初就拥有很多高压高炉，当时炉顶压力一般为 0.06～0.08MPa。

我国高炉高压操作始于 50 年代中后期，第一座料罐式高压高炉为鞍钢 9 号高炉，1956 年 7 月投产，第一座料车式高压高炉为鞍钢 3 号高炉，1957 年 8 月投产，炉顶压力为 0.06～0.08MPa。紧接着鞍钢 10 号高炉、本钢、武钢、包钢等新建高炉全部采用高压操作，炉顶压力 0.1～0.15MPa。70 年代后新建的大中型高炉，特别是宝钢巨型高炉炉顶压力达到0.2～0.25MPa，跃居世界先进行列。

目前我国部分中型高炉的顶压已提到 0.08MPa 左右，由于种种原因，一部分 300～600m^3 高炉还没有采用高压操作技术，需有计划地改造为高压高炉，这是一项强化高炉冶炼，提高产量，降低焦比的重大措施。

随着炉顶压力提高，高炉冶炼进程和炉前工作节奏加快，必须采取一系列适应措施，才能保证高压操作顺利进行。

5.2.2 炉顶均压、放散工艺

5.2.2.1 钟式高炉炉顶均压、放散工艺

钟式高炉小钟向大钟放料时，大小钟间处于常压状态，接近大气压力；大钟向炉内装料时，大小钟间处于高压状态，略低于炉顶压力 0.001～0.002MPa。

均压方式只采用一次均压，均压介质为高炉半净煤气，含灰量＜0.5g/m^3，煤气温度＜50℃。

主要设备有：大钟均压阀 2 台，直径 250mm，电力驱动；小钟放散阀 2 台，直径 400mm，电力驱动。

均压监控设备一般为 YK-1 型压差监控器，它有两个压力传感器，即大小钟间和炉顶压力，将两

个压力信号(5～10mV)传给两个运算放大器反号端或同号端，同给定的端电压值进行比较，经过变算由晶体管 BG_1 和 BG_2 导通，分别带动继电器 JZ_1 和 JZ_2，如 JZ_1 吸合代表小钟均压到位，JZ_2 吸合代表大钟均压到位，分别用信号灯显示。

5.2.2.2 无料钟高炉炉顶均压、放散工艺

串罐式无料钟高炉炉顶均压、放散工艺如图 5-31，上罐向下罐漏料时，下罐处于常压状态，接近大气压力；下罐向炉内卸料时，罐内处于高压状态，略高于炉顶压力 0.001～0.002MPa。为此无料钟高炉装料时必须进行两次均压。

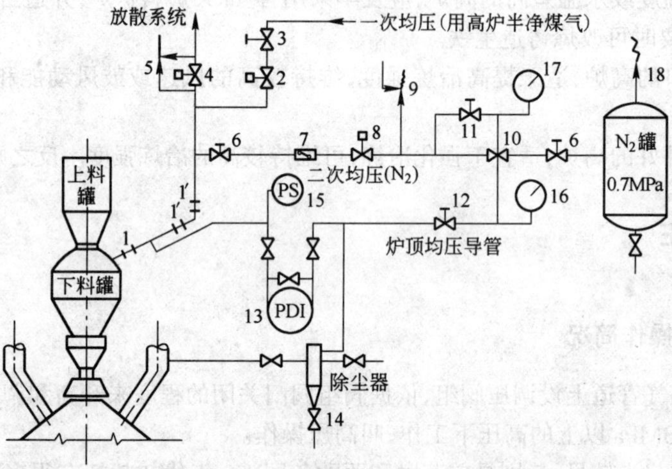

图 5-31 串罐式无料钟高炉炉顶均压、放散示意图

1—万向膨胀节；1′—单向膨胀节；2—一次均压阀；3—蝶阀；4—放散阀；5—安全阀；6—蝶阀；7—单向阀；8—二次均压阀；9—安全阀；10—差压调节阀；11—差压阀 N_2 入口阀；12—差压阀高炉煤气入口阀；13—差压器；14—除尘器放水阀；15—压力继电器；16—压力表(N_2 压力)；17—压力表(炉顶)；18—安全阀

一次均压介质为高炉半净煤气，含灰量＜$0.5g/m^3$，煤气温度＜50℃。罐压与顶压相差 0.0014MPa。均压阀直径 500mm，液压驱动，工作压力 18～20MPa。

二次均压介质为 N_2 气，压力 0.3MPa，最大含灰量 10～$15mg/m^3$，最大含水量 $20g/m^3$。如果没有 N_2 气，也可用加压后的高炉半净煤气。均压阀直径 250mm 液压驱动，工作压力 18～20MPa。

放散阀直径 500mm，液压驱动，工作压力 18～20MPa。

5.2.3 炉顶均压制度

5.2.3.1 两钟一室炉顶均压制度

(1) 正常均压制度

小钟均压阀在小钟开启之前打开，小钟开 1/3 后关闭。

大钟均压阀在大钟开启之前打开，大钟开 1/3 后关闭。

(2) 辅助均压制度

1) 小钟均压阀在小钟开启之前打开，小钟全开之后关闭；大钟均压阀在小钟关闭之后打开，并在小钟均压阀打开之前关闭。

2) 小钟均压阀在大钟开启之前关闭，在大钟关闭之后打开；大钟均压阀在开大钟之前小钟均压阀关闭之后打开，大钟开约 1/3 之后关闭。

上述几种工作制度，(2)-1)有利保护大钟，(1)和(2)-2)有利于保护小钟。

5.2.3.2 无料钟炉顶均压制度

(1) 正常工作制度

除往下罐装料时外,下罐总是充压。操作程序如下:

1) 料线到位后,关一次均压阀,开二次均压阀;

2) 开下密封阀,开料流调节阀向炉内布料;

3) 料布完后关料流调节阀,关下密封阀,同时关二次均压阀;

4) 开均压放散阀;

5) 开上密封阀,开上部料闸,向下罐漏料;

6) 料漏完后关上部料闸,关上密封阀及均压放散阀;

7) 开一次均压阀。

(2) 辅助工作制度

除往炉内布料外,下罐总不充压。操作程序如下:

1) 料线到位后关均压放散阀,开一次均压阀,下罐充满压后,关一次均压阀,开二次均压阀;

2) 开下密封阀,开料流调节阀,向炉内布料;

3) 料布完后关料流调节阀,关下密封阀;

4) 关二次均压阀;

5) 开均压放散阀;

6) 料漏完后关上部料闸,关上密封阀。

5.2.4 高压、常压转换程序

5.2.4.1 常压转高压操作程序

常压转高压操作程序如下:

1) 通知燃气、鼓风机等单位,并发出转高压信号。

2) 依次关闭 $\phi750$ 加压阀,使顶压逐渐达到指定水平。

3) 将压力定值器调到指定位置,而后将 $\phi400$ 或 $\phi750$ 调节阀改为自动调节。

4) 根据顺行情况,逐渐加风,保持略低于常压操作压差水平。

5.2.4.2 高压转常压操作程序

高压转常压操作程序如下:

1) 通知燃气、鼓风机等有关单位,并发转常压信号。

2) 将 $\phi400$ 或 750 调节阀由自动改为手动。

3) 适当减风,控制压差略高于常压操作压差水平。

4) 依次打开 $\phi750$ 加压阀。

5.2.5 高压操作冶炼特征

(1) 压头损失降低

提高炉顶压力,在冶炼强度不变的情况下,总压头损失降低,但沿高度方向各部位降低幅度并不一致,如图 5-32、表 5-43。下部风口至炉腰间增加,炉腰以上降低幅度较大。因此,生产过程产生的难行或悬料多发生在炉子下部。故高压操作时如何采取措施减少下部压头损失,对充分发挥高压效果具有重要意义。

(2) 边缘气流发展

提高炉顶压力，煤气速度降低，特别是边缘降低幅度较大，据日本福山高炉测定，炉顶压力每提高 0.01MPa，炉喉煤气速度降低 5.6%，从而促进边缘气流发展。所以，高压操作必须相应加风，特别是炉顶压力增加幅度较大时，应适当缩小风口面积。

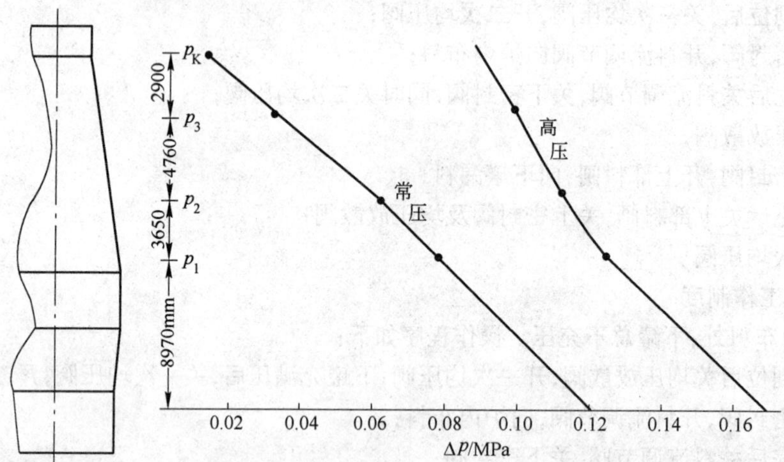

图 5-32　鞍钢 3 号高炉高压操作时沿高炉高度压头损失情况

表 5-43　鞍钢 3 号高炉各部分压头损失分布情况

部　　位	P_ϕ	P_1	P_2	P_3	R_6	总压头损失
常压时压力/MPa	0.12	0.076	0.060	0.034	0.15	
压头损失/MPa		0.044	0.016	0.026	0.019	0.105
各部压头损失占全部损失/%		42	15	25	18	100
高压时压力/MPa	0.170	0.123	0.109	0.094	0.081	
压头损失/MPa		0.047	0.014	0.015	0.013	0.089
各部压头损失占全部损失/%		53	15	17	15	100

(3) 煤气停留时间延长

提高炉顶压力，煤气在炉内停留时间延长，有利于还原反应进行，也有利于焦比降低。

(4) 有利稳定顺行

提高炉顶压力，由于压头损失降低，流速减慢，作用于炉料的浮力也相应降低，炉料比较容易下降，因而有利于炉况稳定顺行。

(5) 除尘器瓦斯灰量减少

早期(20 世纪 40 年代末和 50 年代)炉顶压力由常压转为 0.08MPa 时，炉尘量降了20%～50%，现代高炉炉顶压力提高到 0.15～0.25MPa，炉尘量常低于 10kg/t。

5.2.6　高压效果

5.2.6.1　对产量的影响

高压操作压头损失降低，有利于加风，因而有利于提高产量。早期研究高压对冶炼强度的影响时，许多人都推荐用 H. M. 查沃隆科夫(H. M. Жавронков)的计算压头损失来计算：

$$\frac{Q_{风2}}{Q_{风1}}=\left(\frac{P_{顶2}+P_{风2}}{P_{顶1}+P_{风1}}\right)^{0.56} \tag{5-70}$$

如提高炉顶压力前后保持压差不变,则:

$$(P_{风2}-P_{顶2})-(P_{风1}-P_{顶1})=0$$

$$P_{风2}=P_{风1}+(P_{顶2}-P_{顶1}) \tag{5-71}$$

将式 5-71 代入式 5-70,则:

$$\frac{Q_{风2}}{Q_{风1}}=\left[\frac{P_{顶2}+P_{风1}+(P_{顶2}-P_{顶1})}{P_{顶1}+P_{风1}}\right]^{0.56}=\left(\frac{2P_{顶2}-\Delta P_1}{P_{顶2}+P_{风1}}\right)^{0.56} \tag{5-72}$$

式中 $Q_{风1}$、$Q_{风2}$——提高顶压前后风量,m^3/min;

$P_{顶1}$、$P_{顶2}$——提高顶压前后炉顶压力,MPa;

$P_{风1}$、$P_{风2}$——提高顶压前后风压,MPa;

ΔP_1——提高顶压前后顶压之差,MPa。

根据上式计算,炉顶压力每提高 0.01MPa,大约可增加风量 3%,即可提高冶炼强度 3%,亦即在焦比不变的情况下增产 3%。而高压操作后,焦比总有所下降,增产效果应略高于 3%。但是随着炉顶压力的进一步提高,例如由 0.12 提高到 0.30MPa 时每提高 0.01MPa,冶炼强度只能提高 1.7%左右。

各高炉由于冶炼条件和操作指导思想不同,高压实际增产效果差别很大。1958~1959 年鞍钢 3 号和 9 号高炉侧重提高冶炼强度增产,顶压提高 0.01MPa,增产效果大于 3%。高压操作时压差高于常压操作压差,但炉况不顺。一般高炉每提高顶压 0.01MPa,增产率为 2%~3%,且随顶压提高增产率递减。在现代高炉上,顶压每提高 0.01MPa,增产率降为 1.1±0.2%。

5.2.6.2 对焦比的影响

高压操作可降低焦比,其主要原因有:

1) 提高炉顶压力,则煤气体积缩小,在风量大致不变的情况下,煤气在炉内停留时间延长,增加了矿石与煤气的接触时间,有利于矿石还原。

2) 由于现在使用的球团矿和烧结矿都具有微孔隙和小孔隙,存在着大量的内表面,高压加快了气体在这些微小孔隙内的扩散速度。

3) 气体扩散速度加快使得矿石还原速度加快,并且提高炉顶压力后,加速了 CO 分解($2CO \rightarrow CO_2+C$)反应,分解出碳存于矿石之间,也能加速矿石还原反应。

4) 提高炉顶压力后瓦斯灰吹出量降低,吹出的碳量也相应减少。

鞍钢早期进行高压操作的高炉,由于侧重提高冶炼强度,对焦比的影响不显著。60 年代以后统计每提高顶压 0.01MPa,焦比降低 0.5%~1.0%。首钢统计,每提高顶压 0.01MPa,降低焦比 9.66kg/t,相对百分比为 1.86%。梅山则降低 6.7kg/t,相对百分率为 1.27%。西欧和日本统计为 1.5%左右。在现代高炉上炉顶压力提高到 0.15~0.25MPa 时,每提高顶压 0.01MPa,降低焦比的幅度降到 1%以下。

5.2.6.3 对生铁成分的影响

提高炉顶压力,有碍硅还原反应进行($SiO_2+2C=[Si]+2CO$),因而高压操作有利于降低生铁含硅量。有利于获得低硅生铁。

首钢 2、4 号高炉统计顶压与生铁含硅量的关系如图 5-33 所示,顶压每提高 0.01MPa,生铁含硅量约降低 0.03%。

图 5-34 为俄国新利佩茨克高炉顶压与生铁含硅量关系,顶压每提高 0.01MPa,生铁含硅约降低 0.07%。

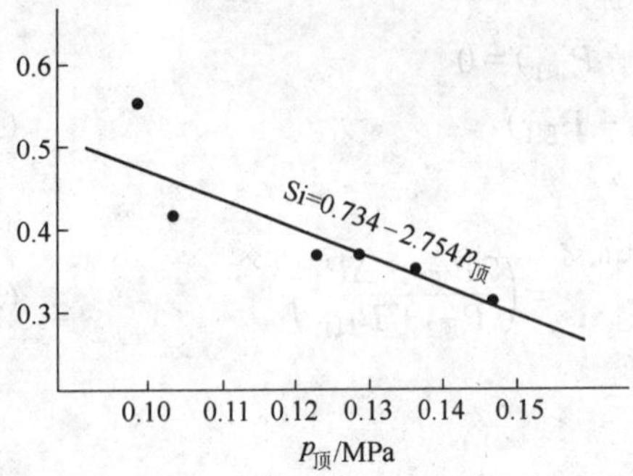

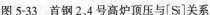

图 5-33　首钢 2、4 号高炉顶压与[Si]关系

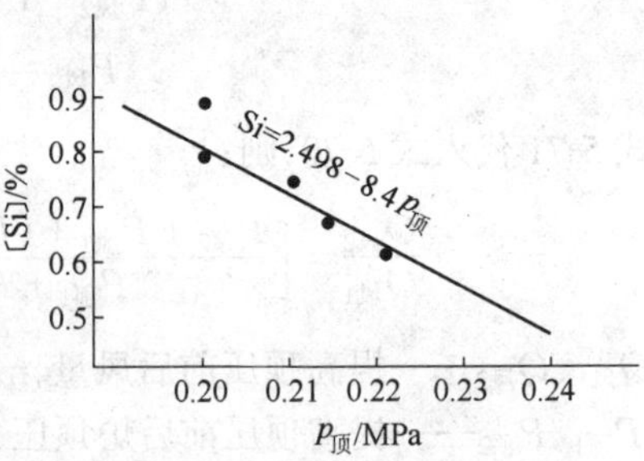

图 5-34　新利佩茨克高炉顶压与[Si]关系

高压操作以后，还观察到铁水中含碳量升高（约 0.4%～0.5%），这可能是高压后析碳反应（$2CO = CO_2 + C$）产生的烟碳量增加而使海绵铁渗碳量增多。在现代高炉上，炼钢生铁的含碳量与炉顶煤气中 CO 的分压有如下的统计关系：

$$[C] = -8.62 + 28.8\frac{CO}{CO + H_2} - 18.2\left(\frac{CO}{CO + H_2}\right)^2 - 0.244[Si] + 0.00143 t_{铁水} + 0.00278 p_{CO}$$

式中　CO、H_2——炉顶煤气中相应组分的含量，%；

$t_{铁水}$——出铁时的铁水温度，℃；

p_{CO}——炉顶煤气中 CO 分压，kPa。

5.2.7　高压操作

高压操作需注意以下事项：

1）提高炉顶压力，要防止边缘气流发展，注意保持足够的风速或鼓风动能，要相应缩小风口面积，控制压差略低于或接近常压操作压差水平。

2）常压转高压操作必须在顺行基础上进行。炉况不顺时不得提高炉顶压力。

3）高炉发生崩料或悬料时，必须转常压处理。待风量和风压适应后，再逐渐转高压操作。

4）高压操作悬料往往发生在炉子下部。因此，要特别注意改善软熔带透气性，如改善原燃料质量，减少粉末，提高焦炭强度等。操作上采用正分装，以扩大软熔带焦窗面积。

5）设备出现故障，需要大量减风甚至休风，首先必须转常压操作，严禁不改常压减风至零或休风。

6）高压操作出铁速度加快，必须保持足够的铁口深度，适当缩小开口机钻头直径，提高炮泥质量，以保证铁口正常工作。

7）高压操作设备漏风率和磨损率加大，特别是炉顶大小钟、料斗和托圈、大小钟拉杆、煤气切断阀拉杆及热风阀法兰和风渣口大套法兰等部位，磨损加重，必须采取强有力的密封措施，并注意提高备品质量和加强设备的检查、维护工作。

8）新建高压高炉，高炉本体、送风、煤气和煤气清洗系统结构强度要加大，鼓风机、供料、泥炮和开口机能力要匹配和提高，以保证高压效果充分发挥。

5.2.8　故障处理

（1）均压系统失灵

在均压系统失灵的情况下，禁止强制启动大小钟。若已查明原因(例如均压监控系统失灵)，而均压阀和均压放散阀工作正常，实际上已均压，确有安全把握，可以强制工作，料钟间压差不准大于0.015MPa，且时间不许太长。

(2) 高压阀组失灵

若调节阀自动系统失灵，可由自动改手动工作。若调压阀失灵，亦须由电动改为手动操作，但开关方向要有明确标记。若调压阀组突然全部关闭，则炉顶压力剧升，要立即放风到安全水平，并打开炉顶放散阀。

(3) 洗涤塔水位升高

洗涤塔水位升高象征：炉顶压力逐渐升高，塔后压力降低，用调节阀调节失效；风压升高，风量减少；料钟之间均压不足，大小钟不能正常工作；洗涤塔发出高水位报警。

处理方法：通知燃气部门和鼓风机站，高炉转常压并立即放风到安全水平，同时打开炉顶放散阀。联系有关单位排除故障。

5.3 富氧鼓风

高炉富氧鼓风有很长的历史，特别60年代以后由于高炉喷吹燃料技术的进步，富氧喷吹技术得到快速发展，现已成为提高产量和提高喷吹量降低焦比以提高综合经济效益的重要措施，因此富氧鼓风得到了国内外高炉普遍应用。

5.3.1 富氧鼓风工艺和设备

氧气加入方式有以下几种：

1) 鼓风机后加入。即将氧气厂送来的高压氧(1.6MPa)经减压后(0.6MPa)加入冷风管道，经热风炉进入高炉，鞍钢2号高炉富氧采用此种方法(图5-35)。这种供氧方式可远距离输氧，氧压高，管径小，在高炉放风阀前30m左右加入冷风管道，易于连锁控制，休减风前先停氧，保证供氧系统安全，被广泛应用。

2) 鼓风机入口加入。低压氧气或低纯度氧气，送到鼓风机入口混合，并经鼓风机加压后同冷风一起经热风炉加热后送入高炉。这种供氧方式，动力消耗最低，可低压送入鼓风机入口，操作控制由鼓风机站统一管理，前苏联高炉富氧鼓风大都采用这种方法。

3) 通过氧煤枪将高压氧气送入高炉。鞍钢3号高炉采用这种方法(图5-36)。这是一种经济的供氧方式，氧、煤在氧煤枪出口经过充分混合后送入高炉，可提高煤粉燃烧率和扩大喷煤量。缺点是氧气引至风口附近管线复杂，安全防护设施较繁琐。

从图5-35和图5-36看出供氧系统是由截止阀、均压阀、减压阀、快速切断阀、流量调节阀及相互连接管线构成。各阀的作用是：

减压阀：将氧气厂送来的1.6MPa高压氧，减压至0.6MPa；

快速切断阀：氧压或高炉冷风压力低于规定值时，快速切断阀自动关闭；

流量调节阀：调整氧气流量；

均压阀：送氧时降低氧的流速，缩小两阀间压差；

截止阀：切断氧气来源；

过滤器：除掉管路中铁皮。

各阀门均为铜质阀门，各阀间连接管均为不锈钢管。

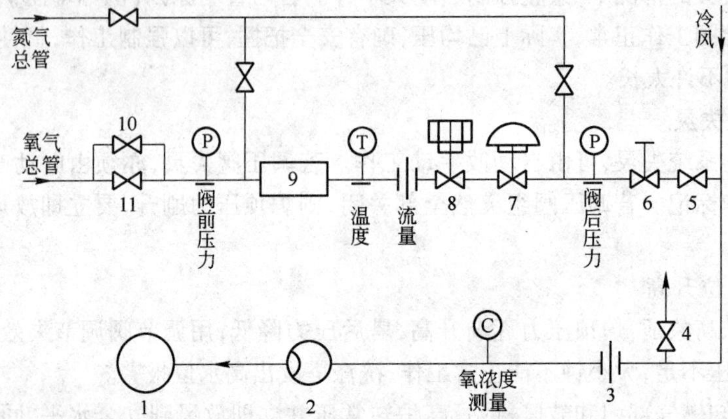

图 5-35 鞍钢 2 号高炉供氧工艺流程

1—高炉;2—热风炉;3—冷风流量计;4—放散阀;5—B 阀;6—调节阀;7—减压阀;8—快速切断阀;9—过滤器;10—均压阀;11—截止阀 A

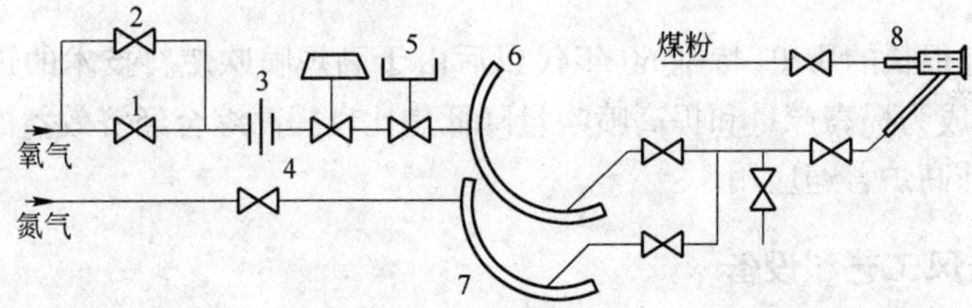

图 5-36 鞍钢 3 号高炉氧煤枪供氧工艺流程

1—总阀;2—旁通阀;3—流量计;4—流量调节阀;5—快速切断阀;6—氧气围管;7—氮气围管;8—氧煤枪

5.3.2 高炉富氧鼓风冶炼特征

(1) 理论燃烧温升高($t_{理}$)

富氧鼓风理论燃烧温度升高如表 5-44 所示,炉身和炉顶温度降低。如氧量超过一定限度,由于 $t_{理}$ 过高,则导致炉况不顺。故富氧鼓风必须与喷吹燃料配合,控制适宜的 $t_{理}$,才能发挥富氧鼓风的最佳效果。

表 5-44 鼓风中不同含氧量时的风量、煤气量和理论燃烧温度

干风含氧量 /%	风口前燃烧 1kg 碳所需鼓风量/m^3	风口前燃烧 1kg 碳生成煤气量/m^3	炉缸煤气中的 CO 含量/%	理论燃烧温度 /℃
21	4.27	5.46	34.3	2078
25	3.62	4.80	39.0	2211
30	3.03	4.21	44.5	2362
40	2.29	3.46	54.1	2628
60	1.54	2.70	69.4	3047
90	1.03	2.18	85.8	3942

注: 计算条件:焦比 460kg/t,无烟煤粉 100kg/t,风温 1050℃,鼓风湿分 2%。

(2) 煤气量减少

富氧鼓风由于氧浓度提高，N_2 量降低，单位生铁的煤气量减少，因而允许提高冶炼强度，增加产量。但是，如果冶炼强度不变，由于风量减少，影响风口前焦炭回旋区缩小，从而导致边缘气流发展。

(3) 间接还原基本不变

富氧鼓风因 N_2 量降低，炉内煤气 CO 浓度增加，在一定范围内有利于间接还原反应进行。但是 CO 浓度对氧化铁还原的影响是递减的，而且在焦比接近于不变的情况下，富氧并没有增加单位被还原 Fe 的 CO 量所以有利于间接还原的影响是有限的；而且富氧后由于温度场分布的改变，间接还原进行的温度带高度缩小，富氧后因产量提高使炉料在间接还原区停留时间缩短，这两方面都不利于间接还原的进行。所以间接还原基本上维持原来不富氧时的水平。在富氧量超过一定限度，风量降低幅度太大，鼓风带入炉内热量相对减少，影响炉料加热和还原，将使焦比升高。

(4) 煤气发热量提高

富氧鼓风由于 N_2 量减少，煤气发热量相应提高。根据鞍钢 2 号高炉试验数据，富氧 1%，煤气发热量提高 3.4%。

5.3.3 富氧鼓风对产量、焦比的影响

(1) 富氧鼓风对产量的影响

富氧鼓风对产量影响，可按下式计算：

$$\Delta V = \frac{a - a_0}{a_0} = \frac{\Delta a}{a_0} = \frac{0.01}{0.21} = 4.76\% \tag{5-73}$$

式中 ΔV——风量增加，%；

a——富氧后鼓风含氧量，%；

a_0——富氧前鼓风含氧量，%；

Δa——氧量增加值，%。

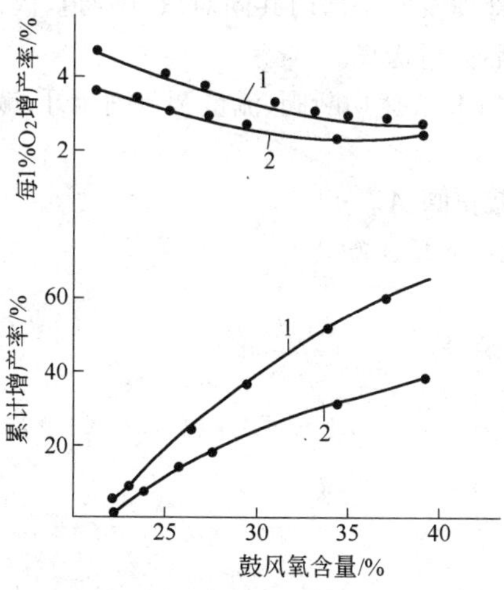

图 5-37 富氧鼓风与增产率的关系

1—总风量(风量＋氧量)不变；2—炉腹煤气量不变

即富氧前后如果风量不变，在焦比一定的条件下，每提高鼓风含氧 1% 可增产 4.76%，这是理论值，实际生产中由于影响因素很多，很难达到。且随富氧率提高，增产率递减如图 5-37。因为为了保持炉况稳定顺行，一般都控制炉腹煤气速度，在富氧前后保持相对稳定(速度 3m 左右)。为此富氧后应略减风量，以保持炉腹煤气量相对稳定。生产实践表明，在焦比基本保持不变的情况下富氧 1% 的增产效果为：风中含氧 21%～25%，增产 3.3%，风中含氧 25%～30% 增产 3%，冶炼铁合金时由于焦比下降增产效果提高到 5%～7%。

(2) 富氧鼓风对焦比的影响

富氧鼓风对焦比的影响，有利和不利因素共存。富氧鼓风由于鼓风量减少，带入炉内热量相对减少，不利于焦比降低。由于煤气 CO 浓度提高，煤气带走的热量减少，有利于焦比降低。一般，原来采用难还原的矿石冶炼、风温较低、富氧量少时，因热能利用改善，焦比将有所降低。否则，采用还原性好的矿石冶炼、

风温较高、富氧量很多时，热风带入炉内的热量大幅度降低，将有可能使焦比升高。

(3) 富氧鼓风有利于冶炼特殊生铁

富氧鼓风有利于锰铁、硅铁、铬铁冶炼。Si、Mn、Cr 直接还原反应在炉子下部消耗大量热量，富氧鼓风 $t_{理}$ 提高，且高温向下移，正好满足了 Si、Mn、Cr 还原反应对热量的需求。因此富氧鼓风冶炼特殊生铁，将会促进冶炼顺利进行和焦比降低。

5.3.4 富氧鼓风冶炼操作

富氧鼓风冶炼操作如下：

1) 富氧鼓风煤气体积减少，要相应缩小风口面积，富氧 1%，风口面积缩小 1%～1.4%，控制炉腹煤气速度接近或略高于富氧前水平。

2) 富氧鼓风 $t_{理}$ 提高，要相应增加喷煤量，鞍钢 2 高炉试验，富氧 1%，喷煤量增加 12～20kg/t 铁。

3) 高炉操作上，原则固定氧量，调整风量，但炉温较高，加风困难时，可加氧 500～1000m^3/h，正常后减回规定水平。

4) 炉况不顺，特别连续崩悬料时，要首先停氧停煤，并相应减轻焦炭负荷。

5) 高炉临时故障放风至 80%以下，或鼓风机突然停风时，要迅速关闭快速切断阀，然后依次关“*B*”和“*A*”阀，切断氧气来源。

6) 在氧气分配上，风温低或风机能力不足的高炉，可优先供氧。相反，喷煤量较少，风温较高的高炉，应减少氧量或停止富氧。

7) 富氧鼓风炉缸、炉腹部位冷却设备水温差稍有升高，炉身降低，注意冷却水量调整。

5.3.5 高炉送、停氧操作程序(鞍钢)

(1) 送氧操作程序

送氧操作程序(参见图 5-35)。

1) 经长期停氧后需要送氧时，必须事先与氧气生产和管理及安全部门共同对氧气管道、阀门、仪表等进行严格检查，认为达到送氧要求，并获得允许签证后方可送氧。

2) 送氧前要检查确认调节阀组前后的截止阀 *A* 和 *B* 关闭，快速切断阀、流量调节阀全开，减压阀处于运行状态。

3) 通知氧气生产主管单位，将氧气送至调节阀组前端截止阀 *A*。

4) 关闭流量调节阀，开调节阀组末端截止阀 *B*，使鼓风进入低压端。

5) 开充 N_2 阀，使两端压差<0.3MPa。

6) 开氧气均压阀向阀组系统通氧，再缓慢开 *A* 阀向高炉送氧。

7) 缓慢开流量调节阀，当氧量达到规定值，定值并改为自动调节。

8) 关 N_2 气阀和氧气均压阀。

(2) 长期停氧操作程序

1) 通知氧气生产和管理部门停氧。

2) 关流量调节阀和减压阀。

3) 关快速切断阀。

4) 关闭调节阀组前后的截止阀 *A* 和 *B*，并将 *B* 阀入口法兰堵盲板。

5) 用 N_2 气将阀组内部氧气吹扫干净，并用 N_2 气保持正压。

(3) 短期停氧操作程序(停氧时间＜8h,鼓风机不停)

短期停氧操作程序与长期停氧操作程序相同,首先关闭氧量调节阀,接着关闭减压阀,而后关闭快速切断阀。调节阀组前后的 A 阀和 B 阀可不关。

5.3.6 故障处理

故障处理如下:

1) 正常送氧时,氧气压力应高于冷风压力 0.1MPa,小于该值时应立即停止供氧。

2) 高炉突然发生事故,立即关闭快速切断阀和流量调节阀,然后按程序进行停氧操作。

3) 氧气管道着火时,应立即按停氧程序进行停氧操作,并通知有关单位和人员组织灭火。

4) 氧气来源突然中断时,应立即关闭快速切断阀和流量调节阀。若长时间不能供氧,应将 A 阀和 B 阀关闭,并在 B 阀入口法兰堵盲板,管道内部充 N_2 气保护,维持正压。

5) 氧气管道冻结时,严禁用火烤,可用不含油的热水或蒸汽解冻。

5.3.7 氧气管道维护及安全规定

氧气管道维护及安全规定如下:

1) 从事氧气操作人员,必须经过用氧知识、安全技术和操作规程教育,并经考试合格后方可上岗操作。

2) 负责氧气管道设计和施工部门,必须具有专业设计证和施工证。否则,不准开展设计和施工。

3) 氧气管道及所属设备应有特殊标志,管道外表面涂天蓝色涂料。

4) 氧气管道动火时,应对有关阀门进行彻底检查,确认不漏,并用干燥空气或 N_2 气置换管道内氧气,取样化验合格,经安全保卫部门批准,方可施工。

5) 氧气管道检修或长期停用,启用之前应彻底清扫、检查,符合规定方准送氧。

6) 氧气管道所属阀门、仪表和调节机构应有专人维修,定期检查,发现问题及时处理。

7) 氧气管道每 3～5 年测量壁厚一次,必要时应做探伤检查和强度试验。当腐蚀量大于 1mm 时,应予以更换。

8) 氧气管道每 3～5 年刷漆一次。

5.4 高炉喷煤

我国是开发高炉喷煤技术较早的国家之一。自 1964 年首钢和鞍钢高炉喷煤试验开始,至今已有三十多年历史,特别是近几年来高炉喷煤技术得到广泛应用和发展。70 年代末,马钢试喷了烟煤。1990 年鞍钢 4、5、6、9 号高炉(1000m^3)同时成功地完成了喷吹烟煤试验,平均挥发分 28%～31%,最高 38%。1994 年鞍钢 3 号高炉(831m^3)富氧 3%～4%,喷吹配煤(平均挥发分 20%左右),连续 3 个月喷煤量突破 200kg/t 铁。1999 年宝钢 1、3 号高炉(＞4000m^3)年平均喷煤量达到 238kg/t 铁和 207kg/t 铁,创造了国际先进水平。

由于高炉喷煤技术的应用和进步,促进了我国钢铁工业大发展,缓解了炼铁生产受到炼焦煤资源、投资、成本、环保、运输等多方面的限制和压力。在新世纪前几年,我国重点钢铁企业喷煤比将达到 150～200kg/t 铁。表 5-45 为我国部分钢铁企业高炉喷煤情况。

表 5-45 部分企业高炉喷煤情况

厂 别	炉 别	日 期 /a	煤 比 /kg·t^{-1}	入炉焦比 /kg·t^{-1}	风 温 /℃	富氧率 /%	渣 量 /kg·t^{-1}	铁 分 /%
鞍 钢		2000	133	432	1009	0.88	470	54.79
		1999	125	439	1016		497	54.26
首 钢		2000	116.6	387.5	1049		329	58.33
		1999	114.6	399.0	1049		320	58.6
武 钢		2000	111.8	410.9	1087	1.0	337	57.99
		1999	108.2	432	1088	1.027	339.5	57.72
宝 钢	1 号高炉	1999	238	264	1245	2.53		60.2
	2 号高炉	1999	175	325	1232	1.85		59.9
	3 号高炉	1999	207	292	1246	2.63		60.4
邯 郸		2000	124.6	413.7	1037	0.34	339	58.81
		1999	129	418.2	1019		375	57.86
马 钢		2000	123	402	1067	1.58	367	57.06
		1999	109	402	1068			57.09
安 阳		2000	104	443	1050	0.73	351	58.88
		1999	98	464	1022	1.21	416	57.81

5.4.1 高炉喷煤工艺流程布置

5.4.1.1 高炉喷煤工艺

从制粉和喷吹设施配置来分，高炉喷煤工艺可分为间接和直接喷吹两种模式见图5-38和图5-39。

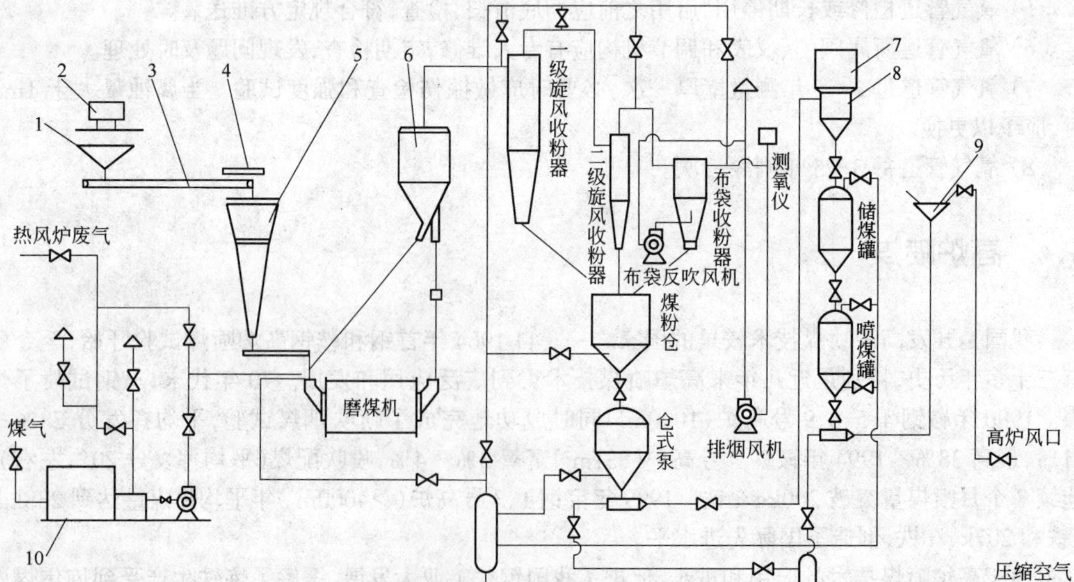

图 5-38 间接喷煤工艺流程图

1—原煤槽；2—卸煤机；3—皮带运输机；4—电磁分离器；5—原煤仓；6—粗粉分离器；7—布袋除尘器；8—收煤罐；9—分配器；10—燃烧炉

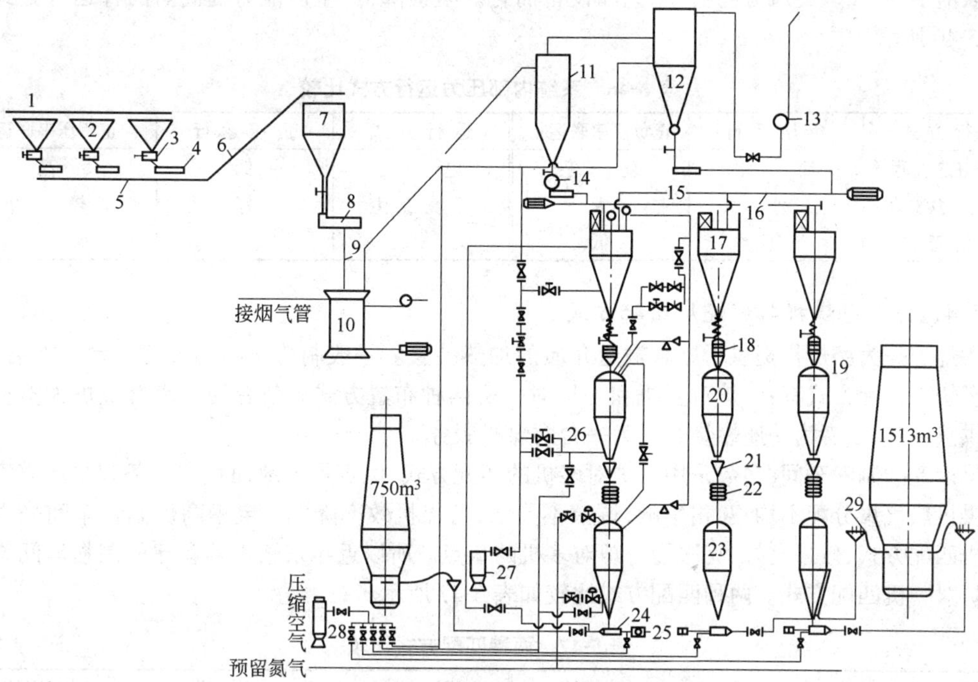

图 5-39　直接喷煤工艺流程图

1—PM_1 皮带机；2—配煤槽；3—可调式给料机；4—称量皮带；5—PM_2 皮带；6—PM_3 皮带；7—原煤仓；8—圆盘给料机；9—落煤管；10—中速磨煤机；11—旋风分离器；12—布袋收粉器；13—排烟风机；14—螺旋给料机；15、16—螺旋输送机；17—收粉罐；18—波纹管；19—钟阀；20—贮煤罐；21—钟阀；22—波纹管；23—喷煤罐；24—混合器；25—给料调节装置；26—快速切断阀；27—氮气罐；28—压缩空气罐；29—分配器

间接喷吹工艺，制粉系统和高炉旁喷吹站分开，通过罐车或仓式泵气力输送，将煤粉送至高炉喷吹站，再向高炉喷吹煤粉。这种模式亦称集中制粉，分散喷吹工艺。其主要特点：一是可充分发挥磨煤机生产能力，任一磨煤机均可向任一喷吹站供粉，临时故障也能保证高炉连续喷吹。二是喷吹站距高炉很近，可最大限度的提高喷煤能力。三是不易堵塞，适应性较强，可向多座高炉供粉，特别适于老厂改造新增制粉站远，高炉座数又多的冶金企业。其缺点是投资较高，动力消耗较大。这种喷吹工艺在国内外高炉都有使用的。

直接喷吹工艺，制粉系统与高炉喷吹站共建在一个厂房内，磨煤机制备的煤粉，通过煤粉仓下的喷吹罐组直接喷入高炉。这种模式亦叫集中制粉，集中喷吹工艺。其特点是取消了煤粉输送系统，流程简化。新建高炉大都采用这种工艺。该工艺尤其适用于单座高炉喷吹，多座高炉但高炉距制粉系统较近的情况也可采用。

5.4.1.2　制粉系统压力运行方式

制粉系统按内部压力，可分正、负压串联和全负压两种运行方式。

在布袋收煤装置前设置排煤机，在布袋后设引风机，系统内部有正压段，也有负压段，称为正负压串联运行。一般早期喷煤的制粉车间，因布袋收煤装置能力不足，均采用正负压串联运行方式。

排煤风机置于布袋收煤装置之后，系统内部呈全程负压状态、称为负压运行。优点是系统不漏粉，生产环境改善，系统压力波动小，生产能力提高，取消了引风机，流程简化。但必须加强密封，以免吸入空气影响系统内氧浓度升高。近几年来，由于新型高效布袋收煤装置的研制成功（布袋入口浓度达 300～600g/m³，最高达到 1000g/m³），鞍钢等单位新建的制粉车间均采用负压运行方式，而且还取消了一、二级旋风分离器,工艺和设备简化。阻损降低,生产能力提高。两种运行方式比较如表 5-46 所示。

表 5-46 系统内部压力运行方式比较

运行方式	负压运行	正负压串联运行	运行方式	负压运行	正负压串联运行
系统工艺流程	简　化	复　杂	电　耗	低	高
系统压力波动	小	大	环境卫生	好	较　好
风机寿命	高	低			

5.4.1.3　磨煤机与燃烧炉匹配方式

燃烧炉是为磨煤机提供干燥和输送介质的加热装置。一般制粉车间均设置 2 台以上磨煤机,其与燃烧炉匹配方式有:一炉对多机和一炉对一机两种布置方式。前者为一座燃烧炉为多台磨煤机提供热烟气,后者为一座燃烧炉只为一台磨煤机服务。

早期建的制粉车间,多数采用一炉对多机的匹配方式,优点是占地面积和设备较少。弊病是各台磨煤机热气量分配不均,互相影响,调节不灵活,磨煤机效率降低。宝钢高炉制粉车间采用一炉对一机匹配方式,效果良好,克服了一炉对多机的缺点。所以近年来鞍钢等新建的制粉车间均采用了一炉对一机匹配方式。两种匹配方式比较如表 5-47 所示。

表 5-47 两种匹配方式比较

匹配方式	一炉对一机	一炉对多机	匹配方式	一炉对一机	一炉对多机
烟气量分配	均匀稳定	不均匀且波动	设　备	偏　多	较　少
烟气量调节	灵活准确	调节不准,互相影响	投　资	偏　多	较　少
占地面积	多	少	设备检修	方　便	不方便

5.4.1.4　喷吹罐组布置方式

为实现高炉连续喷煤,喷吹罐组布置上有并列罐和串联罐两种方式。见图 5-40 和图 5-41。

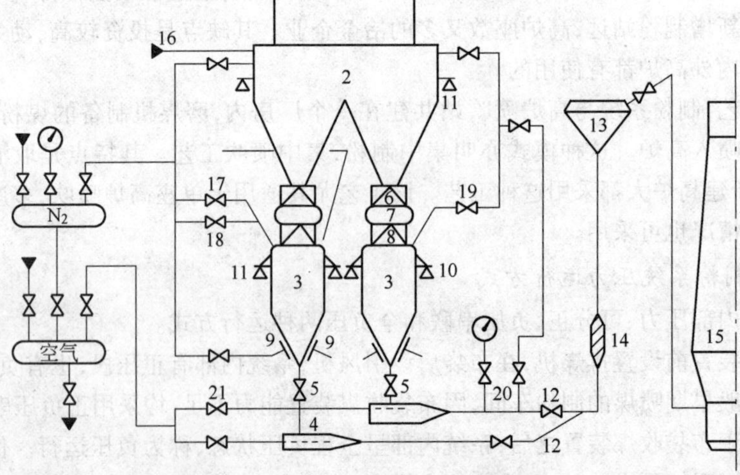

图 5-40　并罐喷吹煤粉工艺流程示意图

1—布袋收煤装置;2—煤粉仓;3—喷煤罐;4—混合器;5—下煤阀;6—回转式钟阀;7—软连接;8—升降式钟阀;9—流化装置;10、11—电子秤压头;12—快速切断阀;13—分配器;14—过滤器;15—高炉;16—输煤管道;17—补压阀;18—充压阀;19—放散阀;20—吹扫阀;21—喷吹阀

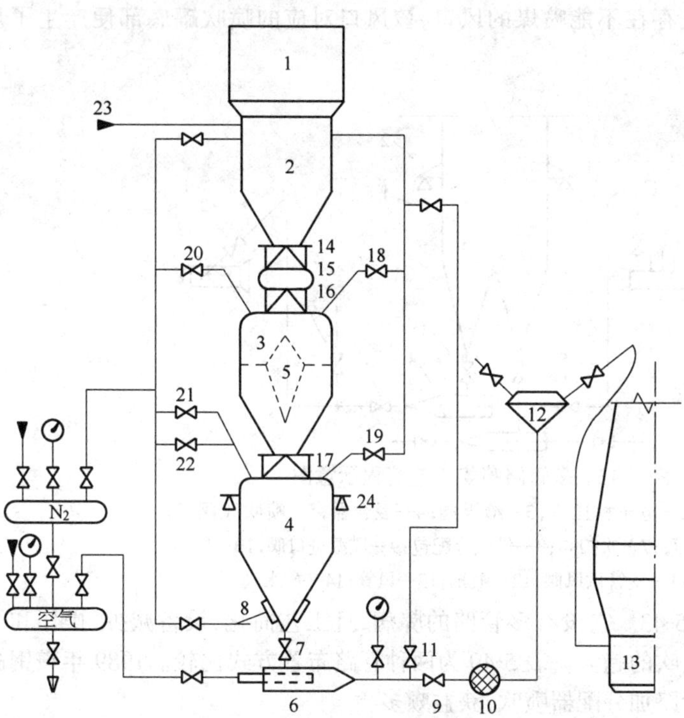

图 5-41　串罐喷煤工艺流程示意图

1—布袋收煤装置；2—集煤罐；3—储煤罐；4—喷煤罐；5—导料器；6—混合器；7—下煤阀；8—流化装置；9—快速切断阀；10—过滤器；11—吹扫阀；12—分配器；13—高炉；14—摆动钟阀；15—软连接；16—升降式钟阀；17—摆动钟阀；18—储煤罐放散阀；19—喷煤罐放散阀；20—储煤罐充压阀；21—喷煤罐充压阀；22—补压阀；23—输煤阀；24—电子秤压头

并列罐即两个喷煤罐在同一水平上并列布置，一个罐喷煤，另一个罐备煤，互相转换(有的厂 2 座高炉(容积较小)3 个罐并列，有的一个大型高炉 3 个罐并列)。这种布置方式占地面积大，但可降低喷吹设施高度，煤粉计量准确，有利于设备维护检查。早期并罐喷吹装备较差，倒罐时，煤粉波动较大，现在装备先进，可做到倒罐时煤粉基本不波动，为此种方式推广使用创造了很好的条件。

串联罐即三个罐串联起来与地面垂直布置，下罐为喷煤罐(高压)，中罐为储煤罐(高压)，上罐为集煤罐(常压)如果是直接喷吹，上罐即煤粉仓。当下罐煤粉喷至规定的下限数量，中罐用 N_2 气充压，开下钟阀，向下罐卸煤，装完后关下钟阀和均压阀；然后，开上放散阀和上钟阀，向中罐储煤；联系仓式泵向集煤罐装煤，如此循环工作，连续向高炉喷煤。一般大于 2000m^3 高炉采用两个系列。串联罐组占地面积较少，煤粉计量干扰较大，投资约比并罐高 20%～25%。两种布置方式比较如表 5-48 所示。

表 5-48　两种喷煤罐组布置方式比较

布置方式	并列罐组	串联罐组	布置方式	并列罐组	串联罐组
煤粉计量	较准确	难度较大	建筑高度	低	高
设备维护	方　便	不太方便	建设投资	较　低	较　高
占地面积	较　大	较　小			

5.4.1.5　喷吹管路布置方式

喷吹管路布置有多管路直接喷吹和单管路加分配器向高炉喷煤两种方式。前者只能应用于串联罐方式，后者则串联罐和并列罐都可用。

鞍钢、首钢等早期喷煤的高炉多采用多管路直接向高炉喷煤工艺，即喷煤罐底部设置多根管路直接向高炉喷吹如图 5-42 所示。这种喷吹管路布置方式弊病很多，首先设备量大，维修麻烦，管路直径较小，容易堵塞，各风口喷煤量差别很大，特别是喷吹罐底部容易产生局部积粉，很不安全。在生产过程中，由于某种原因总是存在不能喷煤的风口，该风口对应的喷吹罐底部便产生了局部积粉，极易发生煤粉着火爆炸事故。

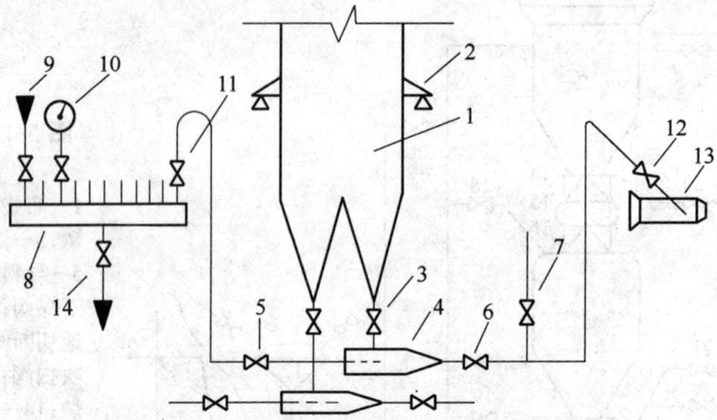

图 5-42　多管路喷煤工艺流程示意图

1—喷煤罐；2—电子秤压头；3—给煤阀；4—混合器；5—喷吹风阀门；6—快速切断阀；7—吹扫阀；8—供风分配包；9—风源进口阀；10—压力表；11—支管供风阀；12—喷枪；13—风管；14—放水阀

单管路加分配器喷吹如图 5-43。它没有多管路的弊病，且工艺简化，设备减少，操作和维修方便，近年来有逐步取代多管路喷吹的趋势。表 5-49 为两种管路布置方式比较。1989 年鞍钢高炉喷吹烟煤试验，将多管路改为单管路加分配器喷吹，获益颇多。

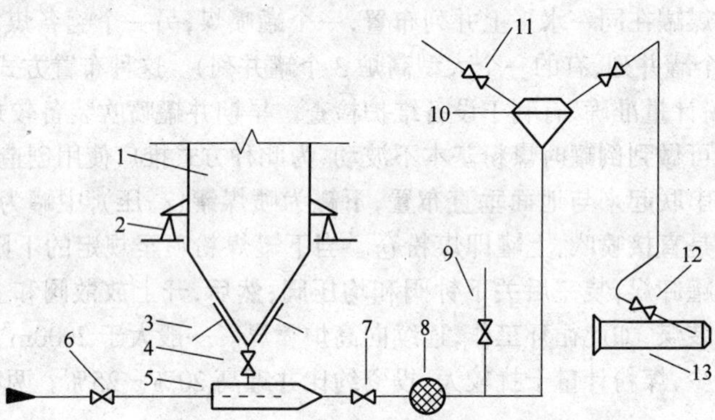

图 5-43　单管路喷煤工艺流程示意图

1—喷煤罐；2—电子秤压头；3—流化装置；4—下煤阀；5—混合器；6—喷吹风；7—快速切断阀；8—过滤器；9—吹扫阀；10—分配器；11—送煤阀；12—喷枪；13—风管

表 5-49　两种管路布置方式比较

管路布置方式	单管路加分配器	多　管　路
罐底煤粉状态	不 积 粉	局部积粉
工艺和设备	工艺简化，设备减少	工艺复杂，设备量多
生产和维护	方　便	麻　烦
工程投资	少	多

5.4.1.6　喷吹罐出粉方式

喷吹罐出粉有下出粉和上出粉两种方式。下出粉即煤粉从喷吹罐底部经混合器喷入炉内。早期喷煤的高炉均采用这种出粉方式,其优点是管路和设备布置在下边,易于操作和维护,且罐底不易积粉。

宝钢2高炉和石家庄等高炉采用上出粉喷煤技术如图5-44所示。在喷吹罐下部设置具有水平流化床的混合器,喷煤管线始端与流化板垂直安装,其间距一般为20~50mm,并沿圆周均匀排列煤粉自罐底向上导出,然后喷入高炉。其特点可实现浓相喷吹,通过二次风控制喷吹浓度。增加风量,浓度降低,则喷煤量减少。反之则相反。但这种出粉方式,罐内煤粉必须经过流化,流化装置比较复杂,有些高炉在喷吹罐底部还增设了煤粉搅拌装置,设备维护量增大。实践表明两种出粉方式均可采用。表5-50为两种出粉方式比较。

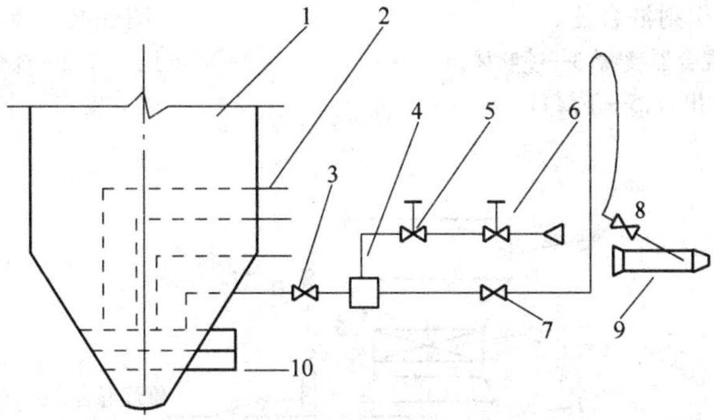

图5-44　多管路上出粉喷煤工艺示意图

1—喷吹罐;2—煤粉导出管;3—快速切断阀;4—合流管;5—二次风调节阀;6—二次风;7—合流管出口阀;8—喷枪;9—风管;10—流化管

表5-50　两种出粉方式比较

出粉方式	上出粉	下出粉
喷吹浓度	高	较高
流化设备	多而复杂	简单
罐内煤粉状态	流化不好便积粉	不积粉
设备维护量	大	小

5.4.2　高炉喷煤设备

5.4.2.1　混合器

(1) 引射混合器

喷射能力大小与喷嘴直径、气流速度、煤粉流化状态及喷嘴在混合器内的相对位置有关。其特点是结构简单,寿命很长,价格便宜,被广为利用。结构形式如图5-45所示。

(2) 流化混合器

流化混合器见图5-46,壳体底部为气室,上部设有流化板,可提高喷射能力和喷射浓度。混合器上部设置调节阀,通过开口度变化调节煤量。可手动操作,也可自动控制。这种调节器结构较为复杂,喷吹煤粉浓度较高,有利实现自动控制,多用于单管路加分配器喷吹方式。

(3) 流化罐混合器

混合器外观呈罐形,内设水平流化板,下部为气室,煤粉输出管道垂直于流化板,由上部插入,其距离高低可影响喷煤数量。这种混合器特点是通过二次风调节煤粉浓度,即风量增加,浓度降低,则喷煤量减少,反之则相反。适于浓相喷吹,且易于实现煤量自动控制,结构形式见图5-47。

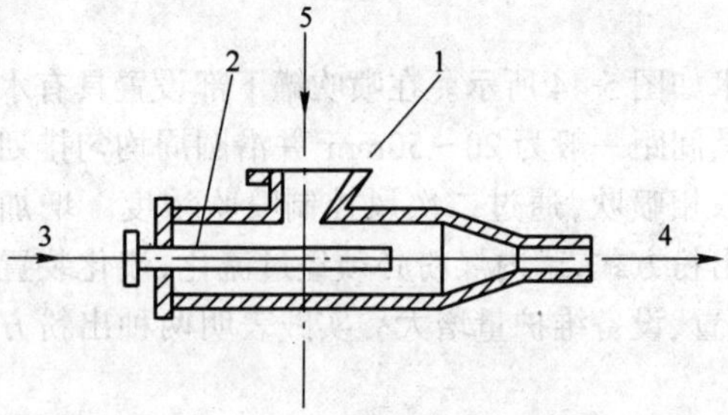

图 5-45 引射混合器

1—混合器外壳;2—混合器喷嘴;3—喷吹风;
4—煤风混合物出口;5—下煤口

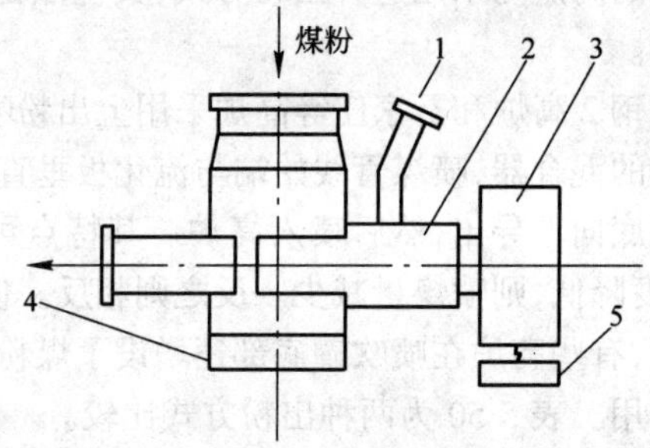

图 5-46 流化混合器

1—喷吹风入口;2—煤量调节;3—执行器;
4—流化室;5—计算机及控制器

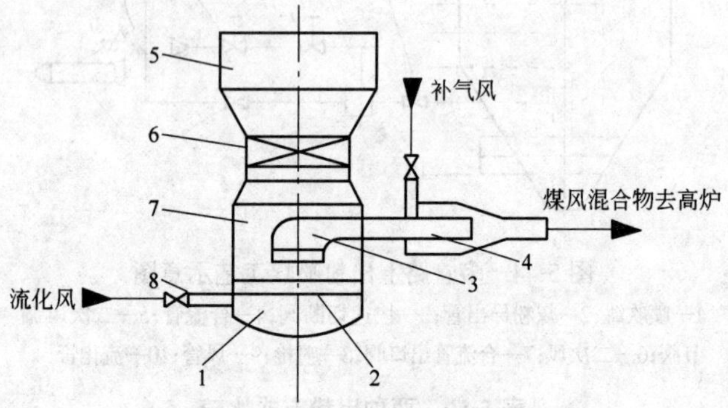

图 5-47 流化罐混合器

1—流化气室;2—流化板;3—排料口;4—补气装置;5—喷煤罐;6—下煤阀;7—流化床;8—流化风入口

5.4.2.2 分配器

(1) 瓶式分配器

瓶式分配器结构简单,造价较低。喷吹介质和煤粉在分配器内产生涡流,阻力大,易积粉,已被其他形式分配器逐步取代。结构形式见图 5-48。

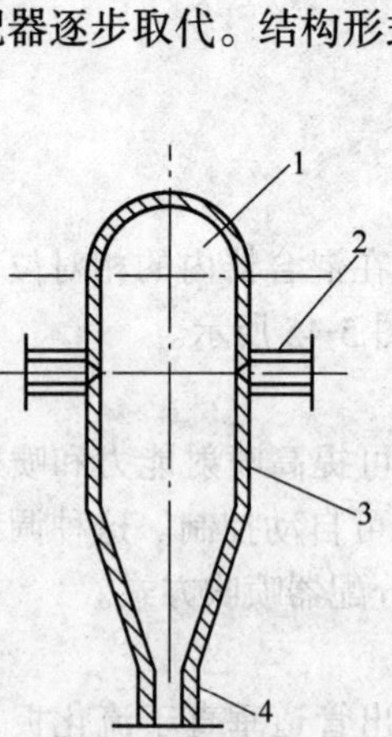

图 5-48 瓶式分配器

1—顶盖;2—喷嘴;3—瓶体;4—入口管

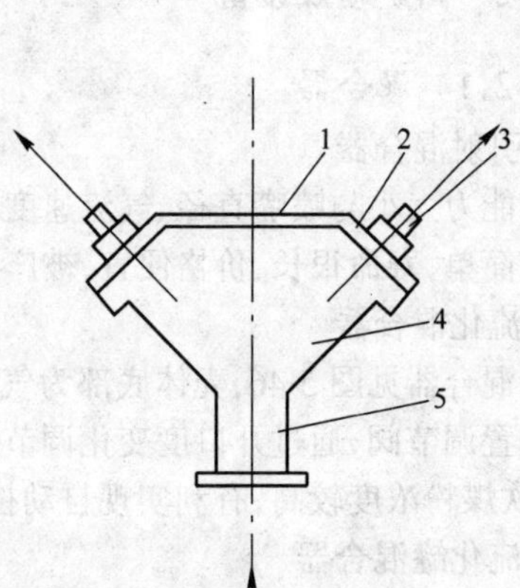

图 5-49 扬角分配器

1—顶盖;2—分配环;3—喷嘴;4—后盘;5—入口管

(2) 扬角式分配器

扬角式分配器消除了瓶式分配器缺点，喷吹介质和煤粉沿固定流向出入，所以阻力小，且不积粉，煤量分配均匀，误差小于 7%，寿命较高。所以这种分配器已被广为使用，结构形式如图 5-49。

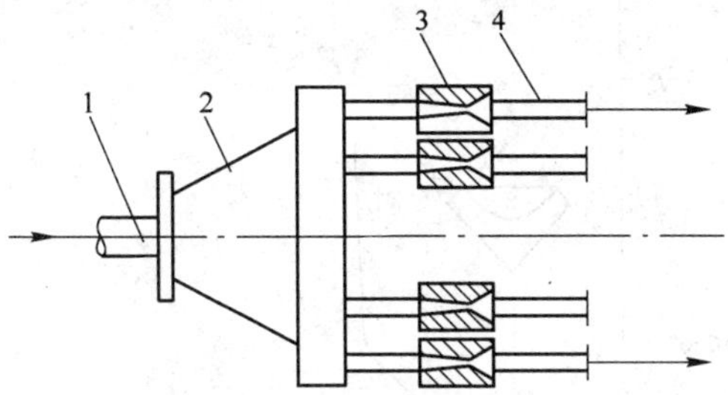

图 5-50 声速喷嘴示意图

1—输煤总管；2—分配器；3—声速喷嘴；4—喷煤支管

(3) 超声式分配器

应用拉瓦尔管原理，要求缩孔最小断面处的实际流速达到声速，这时气流通过喷嘴形成超临界膨胀，当喷嘴前后压力比达到一定值时，支管通过的煤粉质量不变，从而喷煤数量不变。它不受支管长度、炉内压力波动等引起阻力变化的影响，从而达到均匀分配的目的。但其阻损较大，结构复杂，国外有些高炉使用，结构形式如图 5-50。

5.4.2.3 防火防爆监控技术措施

1) 压缩空气和 N_2 气风包安装安全阀。避免因气源压力突然高于设备额定工作压力而造成设备损坏，以及由此而产生的对环境影响。

2) 压缩空气、N_2 气管道安装逆止阀。隔断因气源压力突然降低，煤粉倒流至风包内。

3) 原煤皮带系统安装除铁装置。防止铁器物质进入磨煤机产生火花和损坏磨煤机。

4) 原煤仓安装料位探测装置。防止漏空断煤突然引起磨煤机出口温度和氧浓度升高，而造成煤粉着火或爆炸事故。

5) 原煤仓给煤机应具有停转、断煤报警装置。断煤或停转时应发出报警信号。

6) 粉煤仓要安装料位、重量测定装置。当料位和重量超过规定范围时，发出报警信号。

7) 布袋箱灰斗下星形给料器，应安装停转报警信号，防止灰斗过满引起的布袋“灌肠”。

8) 制粉系统采用机械回转式反吹风布袋收煤装置时，要增设回转臂停转信号装置。防止布袋积粉或“灌肠”。

9) 粉煤仓安装 CO 测定仪。监视煤粉自燃情况。CO 超过规定发出报警信号，并自动打开充 N_2 阀，向煤粉仓内充 N_2 气。

10) 磨煤机入口和排煤机出口安装氧浓度分析仪。当氧浓度超过规定时发出报警信号，并自动打开充 N_2 阀，向煤粉仓内充 N_2 气。

11) 喷吹烟煤或烟煤与无烟煤的混合煤时，应采用热风炉烟气和燃烧炉烟气的混合气作载气，无条件采用热风炉烟气时，可采用自循环方式(即将主抽风机后的尾气返回作载气)，以降低系统氧浓度，喷吹罐仓式泵充压及各部流化用气，应采用氮气。

5.4.3 高炉喷煤与停煤操作程序

高炉喷煤与停煤操作程序参见图 5-51。

(1) 高炉喷煤操作程序

高炉喷煤操作程序如下：

1) 关下煤阀 1#，向下罐装煤并充压；

2) 关系统吹扫阀 3#、5#、8#；

3) 开喷吹风阀 2# 和快速切断阀 4#；

4) 开分配器出口阀 6# 和喷枪前后喷吹阀 7# 和 9#，通风扫线并确认管线畅通；

5) 调整喷吹罐压达到需要水平开下煤阀 1#；

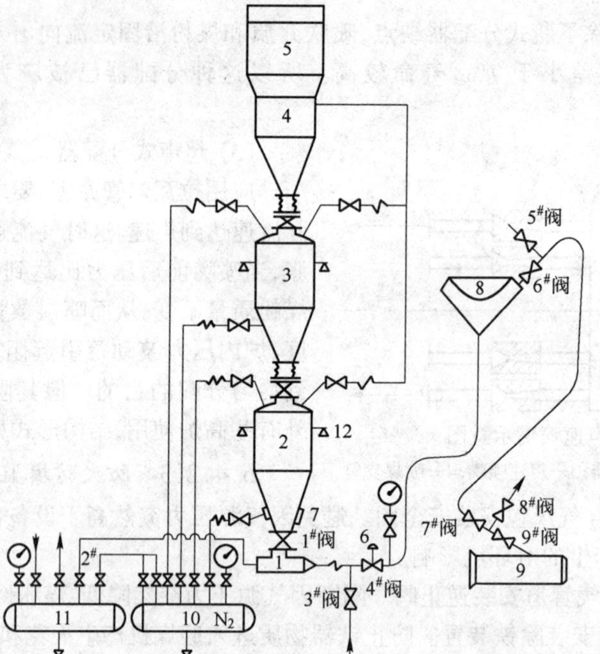

图 5-51 高炉喷吹罐组各阀门相对位置示意图

1—混合器；2—喷吹罐；3—贮煤罐；4—集煤罐；5—布袋箱；6—快速切断阀；7—氮气流化装置；8—分配器；9—风管；10—氮气分配器；11—压缩空气分配器；12—电子秤；1#—下煤阀；2#—喷吹风阀；3#—吹扫阀；4#—快速切断阀；5#—分配器出口支管吹扫阀；6#—分配器出口支管阀；7#、9#—喷枪喷吹阀；8#—喷枪吹扫阀

6）开补压阀进行自动补压；

7）检查各风口煤量是否均衡，对煤量少的要进行调整。

(2)高炉停煤操作程序

高炉停煤操作程序如下：

1）清扫布袋积粉；

2）停煤前 1h，将上、中、下罐内煤粉全部喷干净；

3）关下煤阀 1#；

4）关喷吹风阀 2#，分配器出口阀 6#、喷枪喷吹阀 7#、9#；

5）开均压和放散阀，喷吹罐转常压；

6）检查各喷枪，或将喷枪拔出，损坏的要更换。

(3) 高炉短期停煤操作程序(停煤时间＜8h)

1）关 1#阀停止给煤；

2）关快速切断阀 4#；

3）关喷吹风阀 2#，停止喷吹；

4）喷煤罐充 N_2，维持正压水平。

5.4.4 输煤及倒罐操作程序

(1) 仓式泵向集煤罐送煤

仓式泵向集煤罐送煤程序如下：

1）确认上罐是空罐，关上钟阀；

2）喷吹工联系仓式泵向上罐输煤；

3）仓式泵接到输煤通知后，倒正通往该煤粉罐的管路和阀门并全部开启，与此管路相联的其他阀门全部关闭；

4）关输煤阀，开扫线阀，并确认管路畅通；

5）开仓式泵充压阀，泵内压力达到正常压力下限时，关扫线阀后，开输煤阀；

6）当仓式泵电子秤回零，延时 30s 关输煤阀后开扫线阀；

7）开仓式泵放散阀；

8）管线扫净后，关扫线阀。

(2) 集煤罐向储煤罐装煤

集煤罐向储煤罐装煤程序如下：

1）开储煤罐放散阀；

2）开上钟阀；

3）监视煤粉已装入中罐，电子秤指示在规定的吨位；

4）关上钟阀；

5）关放散阀。

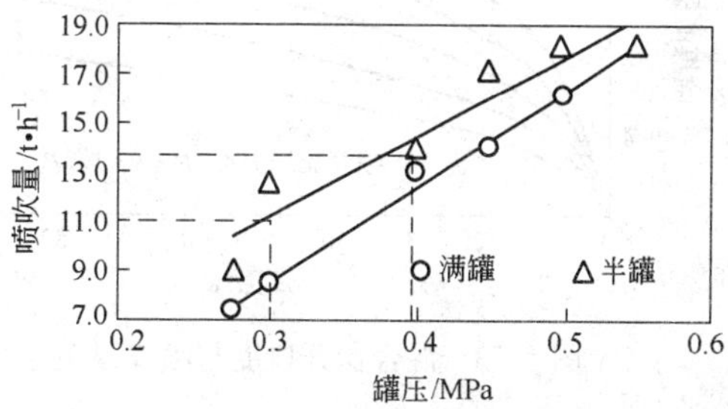

图 5-52　罐压与喷煤量的关系

(3) 储煤罐向喷吹罐装煤

储煤罐向喷吹罐装煤程序如下：

1）开中罐下充压阀和上充压阀；

2）开均压阀；

3）中罐压力达到或超过下罐压力时，开下钟阀同时关中罐上、下充压阀；

4）待中罐煤粉全部倒入下罐后，关下钟阀；

5）关均压阀；

6）关放散阀；

7）开补压阀，控制罐压在需要水平。

5.4.5 喷煤量调节

喷煤量调节方法与混合器结构有关，结构不同，调节方法也不同。

(1) 喷射型混合器

1）调节喷煤罐压力，罐压越高，喷煤量越多。罐压不变，料位越低，喷煤量越多，如图 5-52 所示。

2）调节喷吹风量，风量越大，煤粉浓度越低，喷煤量减少。

3）调节下煤阀开度，开度越大，浓度越高，喷煤量增加。

(2) 流化床混合器

1）喷煤量变动大时，调罐压。罐压高喷煤多，罐压低，喷煤少。

2）调节流化床气室风量，风量越大，煤粉浓度越小，则喷吹量减少。

3）调节下煤阀开度，开度越大，煤粉浓度增加，则喷煤量增大，见图 5-53。

(3) 流化罐混合器

1）喷煤量变动大时调罐压。罐压高，喷煤多；罐压低，喷煤少。

2）微调时，调节喷吹管路补气量，补气量越多，煤粉浓度越低，则喷煤量减少，见图 5-54。

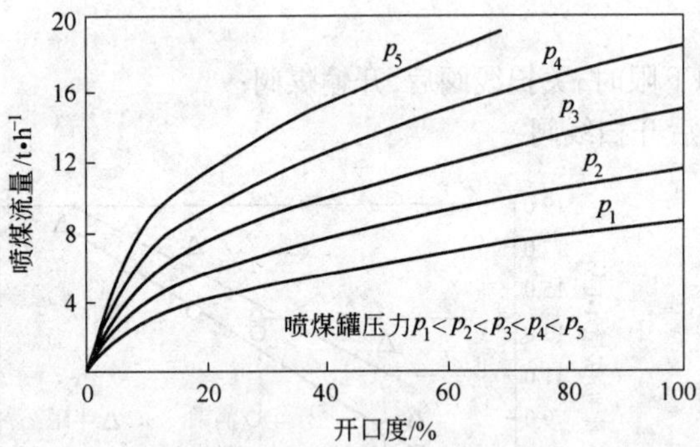

图 5-53　混合器开口度与喷煤量关系

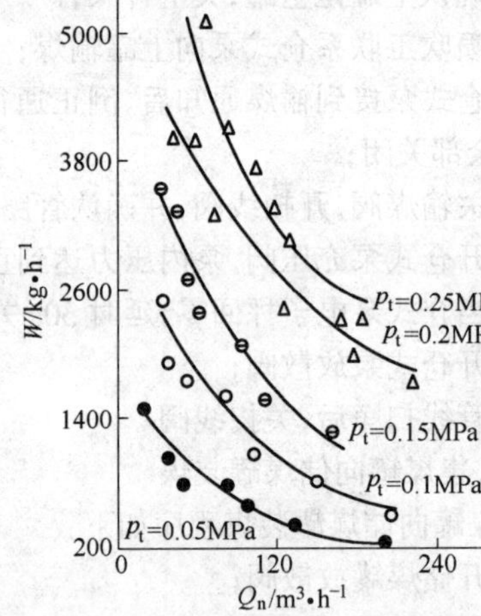

图 5-54　不同罐压补气量与喷煤量的关系

5.4.6　喷煤故障及事故处理

5.4.6.1　喷煤故障处理

喷煤故障处理见表 5-51。

表 5-51　喷煤故障处理

编　号	故　　障	现　　象	处　　理
1	倒罐时下钟阀打不开		1）检查机电设备极限位置和传动钢绳是否掉道； 2）如非机电问题，则开放散阀将储煤罐压力放掉0.2～0.25MPa，然后关闭。开储煤罐下充压阀，使其压力略高于喷煤罐压力0.03MPa，再开下钟阀。如此反复循环，直至打开为止
2	储煤罐过满上钟阀关不上		关放散阀，开储煤罐上充压阀 2～5s 如此反复多次，直至上钟阀关上为止
3	混合器堵塞	1）风口煤流消失； 2）喷吹管道压力下降至热风压力水平	停止喷煤，卸下混合器，清除其内部杂物
4	过滤器堵塞	过滤器前后压差增大，喷煤量降低	停止喷煤，清除其内部杂物
5	喷煤管路堵塞	1）风口煤流消失； 2）前端堵塞，喷吹压力接近输送介质压力； 3）后端堵塞喷吹风压力接近高炉热风压力	1）正吹法：关 1 号阀和 9 号阀，开 8 号阀及 3 号阀； 2）倒吹法：关 1 号阀和 9 号阀，将清扫风接 8 号阀管头上，开 8 号阀； 3）分段清扫：在喷吹支管中间的清扫阀接上清扫风，一段一段地清扫
6	喷枪堵塞	1）该风口没有煤流； 2）喷吹支管压力接近风源压力(多管路)	1）打开喷枪倒吹阀； 2）吹不通时更换喷枪

5.4.6.2 喷煤事故处理

(1) 常压倒罐

通知高炉常压倒罐,注意波动情况。

1) 关下煤阀1号,把管线内煤粉吹扫干净;

2) 关喷吹风阀2号、快速切断阀4号、喷枪进口阀7号和9号及补压阀;

3) 开喷吹罐放散阀和均压阀;

4) 喷吹罐压力下降至零时,开贮煤罐下钟阀向喷吹罐装煤;

5) 储煤罐煤粉卸完后,其电子秤为零,关下钟阀;

6) 关均压阀;

7) 开喷煤罐下充压阀,罐压正常后下充压阀关闭;

8) 开喷吹风阀、快速切断阀、喷枪进口阀及补压阀,恢复正常喷煤。

(2) 混合器前后软连接断开;

1) 关下煤阀1号,停止给煤;

2) 关喷吹风阀2号、快速切断阀4号和喷枪进口阀7号和9号;

3) 启动排气风机,吹净室内 N_2 气,清理场地,更换软连接;

4) 通知高炉正常喷煤。

(3) 防爆膜爆破

1) 非煤粉爆炸引起的集煤罐和储煤罐防爆膜爆破,喷煤罐可继续喷煤,通知设备检修人员更换防爆膜。

2) 由于煤粉爆炸引起的集煤罐和储煤罐防爆膜爆破,则将喷吹风改为 N_2 气,将喷吹罐煤粉处理干净后停止喷煤。

3) 若喷煤罐防爆膜爆破,则立即停止喷煤。检查分析爆破原因,通知高炉。如非煤粉爆炸引起,则待爆破膜更换完毕后,恢复正常喷煤。若由煤粉爆炸引起,则首先处理火源,待防爆膜换完后,全部转用 N_2 气喷吹。

(4) 煤粉罐内煤粉温度超过70℃

煤粉罐内煤粉温度超过70℃,则全部改为 N_2 气喷煤。待喷吹罐内煤粉全部喷净后,进行清罐检查和扑灭火源。

(5) 停电

维持继续喷煤。若罐内煤粉全部喷净后仍未送电,则停止喷煤。

(6) 压缩空气突然停风

充压、补压、流化和喷吹全部转为 N_2 气喷煤。如无供 N_2 气设施,则停止喷煤,并通知高炉。

(7) N_2 气压力突然降低

转为全用压缩空气喷煤。各煤粉罐内煤粉喷净后,N_2 气压力仍然不能恢复,则停止喷吹烟煤,如条件许可改为无烟煤喷吹。

5.4.7 高炉喷煤防火防爆技术安全要求

煤粉制备、输送和喷吹系统均属易燃易爆车间。在日常的生产、操作和管理上必须把安全放在首位,重点是控制系统含氧浓度和消除火源。为此做好以下各点。

(1) 消除系统内部积粉

1) 消除球磨机入口积粉。球磨机入口进煤管与水平夹角应大于58°;球磨机热风入口中心线与球磨机筒体中心线投影成一直线;生产管理上应尽量降低原煤水分,要求小于10%。

2）消除水平管道。制粉系统所有气粉混合物输送管道在设计上要尽量取消水平管道，即使有很短的水平管道，必须使气粉混合物流速大于25m/s，并设置吹扫装置。

3）输煤和喷吹管线布置应避免死角，设计和施工时，管道与水平夹角不应小于45°，输煤管线曲率半径应大于20倍管道直径。

4）制粉系统设计时应保持足够的风速，见表5-52。

表5-52 制粉系统管道推荐速度

管道部位	推荐速度/$m\cdot s^{-1}$	备注
通往磨煤机的风道	20～25	
下降干燥管段	16～25	
球磨机进口接管	25～35	
球磨机出口及其通往粗粉分离器管道	18～20	采用中速磨煤机时可参照选择
粗粉分离器及其通往细粉分离器管道	16～25	
由细粉分离器至主排煤机的管道	16～18	
由主排煤机排至大气的管道	25～30	

5）喷吹罐组、仓式泵、煤粉仓、原煤仓等设备内壁应保持光滑，下料锥体壁与水平夹角不应小于70°。原煤因含水分较高，下煤不顺，原煤仓锥体应做成双曲线形漏斗。

（2）消除静电和明火

1）系统电气、仪表、容器和管道法兰要安装接地保护设施。仪表应采用防爆型。

2）系统照明要采用防爆灯，并采用接零保护。开关也相应采用防爆型。

3）布袋收煤装置的过滤布袋，要采用防静电材质。

4）混合器出口安装快速切断阀，当喷吹风压力与高炉冷风压力差小于规定值时，快速切断阀自动切断，防止热风倒流。

5）粗粉分离器回粉管道锁气器，要灵活好用，动作协调，开关到位。防止热风直接进入布袋箱。

（3）控制系统含氧浓度

试验表明，空气中悬浮的煤粉浓度0.2～2kg/m³为煤粉的爆炸区。当气相中含氧浓度降至14%以下时，虽在上述煤粉浓度内，即使煤粉温度达到燃点以上，也不会引起煤粉爆炸。为确保安全，实际生产中控制含氧浓度比安全含氧浓度还要低，见表5-53。

表5-53 系统含氧量控制

部位	含氧浓度/%	惰化介质	惰化介质要求
制粉系统	布袋出口＜12	热风炉烟气加燃烧炉烟气	烟气含O_2＜4%
喷吹罐组	＜6	N_2气	干N_2
仓式泵	＜6	N_2气	干N_2
煤粉仓	＜12	N_2气	干N_2
布袋箱	＜12	N_2气	干N_2
输、喷煤管道	＜12	N_2气	干N_2

（4）防爆膜设置

1）煤粉系统仓式泵、喷吹罐组、磨煤机进出管道、粗粉分离器、细粉分离器进出口管道、布袋箱、煤粉仓等均应设置防爆膜。近几年在喷吹烟煤的设计中，贮煤罐（中间罐）、喷吹罐、仓式泵等容器因全用N_2冲压，已不设防爆孔。

2）防爆膜设计按GB/T 15605《粉尘爆炸泄压指南》规定内容进行。

3）泄压面积可按 VDI 诺汉图法确定，根据设计的容器体积，该容器爆炸后的最大爆炸压力（p_{red}）及设定的开启静压力（p_{stat}），通过查找诺汉图法，得出泄爆面积（A_V）。

泄爆面积也可采用辛蒲松回归公式进行计算：

$$A_V = a \cdot K_{st}^b \cdot p_{red}^c \cdot V^{2/3} \tag{5-74}$$

式中 A_v——泄爆面积，m^2；

V——包围体容积，m^3；

K_{st}——爆炸指数，$0.1MPa \cdot m \cdot s^{-1}$；

p_{red}——设计最大泄爆压力，$0.1MPa \cdot m \cdot s^{-1}$；

p_{stat}——开启静压力，$0.1MPa \cdot m \cdot s^{-1}$；

a——$0.000571 \exp[\alpha p_{stat}]$；

b——$0.978 \exp[-0.105\ p_{stat}]$。

4）爆破孔的泄爆片距管道或设备的距离，应小于爆破孔直径的 2 倍。如果需要装设爆破引出管，其长度应≤爆破孔直径的 10 倍。

5）爆破膜管口安装方向不朝向走人或附近有建筑物场所。

6）安装爆破膜时，法兰压垫在圆周方向应分布均匀，并要安装牢固。

7）爆破膜应定期检查和更换，不允许腐蚀变质变形，表面不允许沉积灰尘杂物。

（5）系统动火规定

煤粉制备、输送和喷吹系统所属设备，因进行检修需要动火时，应事先办理动火票，遵守程序见表 5-54。

表 5-54　系统动火程序

编　号	程　　序	内　　容
1	动火前办理动火票	按规定的格式和内容填写好动火票，然后到本厂安全保卫部门进行审批，否则严禁动火
2	制定动火方案和安全措施	做好动火前准备工作，制定好动火施工程序、作业方法和注意事项，并采取足够的安全措施
3	准备必须的灭火器材	动火现场要准备好消火栓和干粉灭火器，并放在规定位置
4	动火后打扫施工现场	动火后要清除施工现场一切脏物和残余火种
5	组织领导	大的动火作业要成立动火领导小组，专人负责，分工明确，任务清楚，统一在小组领导下进行工作

（6）消防设施

系统各部位消防设施如表 5-55。

表 5-55　系统各部位消防设施配备

部　　位	消　防　设　施
制粉车间	车间内外设置消火栓，保持消防通道畅通。车间每层楼均设置干粉灭火器（卤代烷或 CO_2 灭火装置）
煤粉仓、布袋箱	设置冲 N_2 气和过饱和蒸汽灭火设施，另外设置 CO_2 和磷酸盐类灭火装置
主电室和仪表室	干粉灭火器（卤代烷或 CO_2 灭火设备）
润　滑　站	干粉灭火器及消火栓

续表 5-55

部　位	消 火 设 施
主厂房安全通道	主厂房出口,厂房的地下室安全出口的数目不应少于两个;但 2 类厂房面积和地下室面积不超过 $50m^2$,且同一时间生产人员不超过 10 人的可设一个安全出口; 厂房内最远工作地点到外部出口楼梯的距离单层厂房不超过 75m,多层厂房不超过 50m,高层厂房不超过 30m

(7) 工业卫生

系统环境工业卫生标准如表 5-56。

表 5-56　工业环境卫生标准

工业卫生项目	卫 生 标 准	贯 彻 标 准
粉尘排放浓度	≤$100mg/m^3$	《工业"三废"排放试行标准》GBJ 4—73
岗位粉尘浓度	≤$10mg/m^3$	《工业企业设计卫生标准》TJ 36—79
工作环境噪声	≤85dB	《工业企业噪声卫生标准》
工作环境含氧浓度	≥19.5%	低于此值应采取通风等措施
工业废水排放	根据 DB 21—60—89《辽宁省污水与排放标准》	

5.4.8　高炉喷煤冶炼特征

(1) 煤气量和鼓风动能增加

煤粉含碳氢化合物远高于焦炭。无烟煤挥发分 8%～10%,烟煤 30%左右,而焦炭一般小于 1.5%。碳氢化合物在风口前气化产生大量氢气,使煤气体积增大。表 5-57 为风口前每公斤燃料产生的煤气体积,燃料中 H/C 比越高,增加的煤气量越多,其中天然气 H/C 最高,煤气量增加最多,其次为重油、烟煤,无烟煤最低。

表 5-57　风口前每公斤燃料产生的煤气体积

燃　料	H/C	CO/m^3	H_2/m^3	还原气体总和		N_2	煤气量	$CO+H_2$
				m^3	%	$/m^3$	$/m^3$	/%
焦　炭	0.002～0.005	1.553	0.055	1.608	100	2.92	4.528	35.50
无烟煤	0.02～0.03	1.408	0.41	1.818	113	2.64	4.458	40.80
鞍钢用烟煤	0.08～0.10	1.399	0.659	2.056	128	2.66	4.716	43.65
重　油	0.11～0.13	1.608	1.29	2.898	180	3.02	5.918	49.00
天然气	0.30～0.33	1.370	2.78	4.150	258	2.58	6.73	61.90

从煤枪喷出的煤粉在风口前和风口内就开始了脱气分解和燃烧,在入炉之前燃烧产物与高温的热风形成混合气流,它的流速和动能远大于全焦冶炼时风速或鼓风动能,促使燃烧带向纵深发展。又由于氢的黏度和密度小,扩散能力远大于 CO,无疑也使燃烧带向中心扩展。图 5-55 为鞍钢高炉在冶炼强度一定时,喷吹量与鼓风动能和风口面积关系。即随着喷煤量提高,应适当扩大风口面积,降低鼓风动能。

近几年在一些大喷煤量的高炉上出现了相反的情况。随着喷煤量增加超过 180kg/t 以后,边缘气流也增加,这时则应缩小风口面积。

(2) 间接还原反应改善,直接还原反应降低

高炉喷吹燃料时,煤气还原性成分(CO、H_2)增加,N_2 含量降低如表 5-58,特别是氢浓度增加,煤

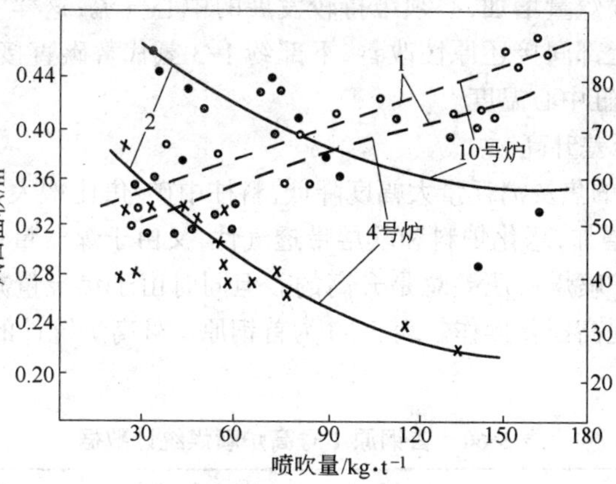

图 5-55　高炉喷吹量与鼓风动能和风口面积的关系

1—风口面积;2—鼓风动能

气黏度减小,扩散速度和反应速度加快,将会促进间接还原反应发展。喷吹燃料后单位生铁炉料容积减少,使炉料在炉内停留时间增长,也改善了间接还原反应。又由于焦比降低,减少了焦炭与 CO_2 的反应面积,也降低了直接还原反应速度。

表 5-58　高炉喷吹燃料炉缸煤气成分变化

项　　目	全焦冶炼	混合喷吹	喷吹煤粉	喷吹重油	喷吹天然气
喷吹量/kg·t^{-1}		煤 40,油 60	100	100	100m^3
炉缸煤气 H_2/%	1.63	6.72	3.96	8.37	10.93
炉缸煤气($CO+H_2$)/%	36.84	40.27	38.51	41.32	42.82
炉缸煤气 N_2/%	63.16	59.73	61.49	58.68	57.18
炉缸煤气$\frac{CO+H_2}{CO+H_2+N_2}$变化	1.0	1.040	1.047	1.068	1.104
理论燃烧温度/℃	2312	2033	2108	1990	1874

(3) 理论燃烧温度降低,中心温度升高

高炉喷吹燃料后,由于煤气量增多,用于加热燃烧产物的热量相应增加。又由于喷吹物加热、结晶水分解及碳氢化合裂化耗热,使理论燃烧温度降低。各种喷吹物分解热相差很大,含 H_2 22%～24%的天然气分解热为 3350kJ/m^3,含 H_2 11%～13%的重油为 1675kJ/kg,含 H_2 2%～4%的无烟煤为 1047kJ/kg,烟煤比无烟煤高 120kJ/kg,即喷吹天然气理论燃烧温度降低最多,依次为重油、烟煤,无烟煤降低最少,见表 5-59。

表 5-59　每喷吹 10kg 燃料对 $t_{理}$ 的影响

影　　响	重　油		无 烟 煤	
	℃	%	℃	%
煤气量增加影响	16.5	53	3.8	24
分 解 热 影 响	6.5	21	4.2	26
焦炭带入物理热减少	8.0	26	8.0	50
总降低温度/℃	31	100	16	100

根据实践经验，随着喷煤量增加，必须维持较发展的中心气流，这样中心温度必然升高。又由于还原性气体浓度增加，上部间接还原性改善，下部约 1/3 氢代替碳直接还原反应，减轻了炉缸热耗。这些都有利于提高炉缸中心温度。

(4) 料柱阻损增加，压差升高

高炉喷煤使单位生铁的焦炭消耗量大幅度降低，料柱中矿/焦比增大，使料柱透气性变差；喷吹量较大时，炉内未燃煤粉增加，恶化炉料和软熔带透气性；又由于煤气量增加，流速加快，阻力也要加大。综合上述因素，高炉喷煤后压差总是升高的。但同时由于焦炭量减少，则炉料重量增加，有利于炉料下降，允许适当提高压差操作。表 5-60 为首钢原 1 号高炉统计的数据，喷煤量对压差的影响。

表 5-60 首钢原 1 号高炉喷煤统计数据

喷 煤 率/%	0	26.60	35.9	40.50	45.20
煤占风口碳比例/%	0	35.90	49.2	54.50	60.20
占总热量收入/%	0	19.88	27.0	31.82	35.99
焦 炭 负 荷	3.3	3.48	4.91	5.11	5.43
焦炭在炉料中体积比/%	49.2	41.6	36.5	38.5	37.10
料柱重量增加比例/%	0	7	14	15	16
吨铁 H_2 收入/$kg \cdot t^{-1}$	5.441	9.340	12.873	13.945	15.950
Δp =(风压 - 顶压)/MPa	0.074	0.068	0.082	0.081	0.082

(5) 热补偿

高炉喷吹燃料后，$t_{理}$ 降低，为保持正常的炉缸热状态，这就要求进行热补偿，将 $t_{理}$ 控制在适宜的水平。补偿方法可采用提高风温、降低鼓风湿分和富氧鼓风等措施。如以提高风温进行热补偿，可根据热平衡计算，求出补偿温度。

$$V_{风} \cdot c_p^{风} \cdot t = Q_{分} + Q_{1500}$$

$$t = \frac{Q_{分} + Q_{1500}}{V_{风} \cdot c_p^{风}} \tag{5-75}$$

式中 t——喷吹煤粉时需补偿的热风温度，℃；

$V_{风}$——风量，m^3/t 铁；

$c_p^{风}$——热风在温度 $t_{风}$ 时的比热容，kJ/m^3·℃；

$Q_{分}$——煤粉的分解热，kJ/kg(或 m^3)。

$Q_{分}$ 的计算方法：

$$Q_{分} = 33411C + 12109H + 9261S - Q_{低} \tag{5-76}$$

式中 元素符号 H、C、S 是煤粉的化学组成，单位为 kg/kg。元素前面的系数是完全燃烧时产生的热量。$Q_{低}$ 为煤粉的低位发热值，kJ/kg。

Q_{1500}——煤粉升温到 1500℃ 时所需的物理热，kJ/kg。计算方法：

$$Q_{1500} = \Sigma c_p^i \cdot \Delta t \cdot i \tag{5-77}$$

式中 Δt——温度变化范围，℃；

i——单位煤粉中各组分含量，kg/kg；

c_p^i——各组分在 Δt 时的平均热容，kJ/kg·℃。

表 5-61　喷吹燃料的比热容

温度范围/℃	1～100	100～325	325～1500
重　油	2.09	2.81	1.26
温度范围/℃	0～500	500～800	800～1500
煤　粉	1.00	1.26	1.51

举例：已知 $t_{风}=1050℃$，$\phi=2\%$，$V_{风}=1400m^3/t$，喷煤量由 50kg/t 增加到 100kg/t，需要补偿风温多少？

煤粉的理化性能：

C 72.04%，H 4.42%，S 0.65%，温度 60℃，$Q_{低}$ 27795 kJ/kg，气化温度 500℃。

$Q_{分}=33411\times0.7204+121019\times0.0442+9261\times0.0065-27795=1349.41(kJ/kg)$

$Q_{1500}=1.0\times(500-60)+1.26\times(800-500)+1.51(1500-800)=1875(kJ/kg)$

喷煤带入压缩空气加热到 1500℃需热量 130kJ/kg 铁，则：

$$t=\frac{(1349.41+1875+130)\times(100-50)}{1400\times1.4256}=84℃$$

(6) 热滞后时间

增加喷煤量调节炉温时，初期煤粉在炉缸分解吸热，使炉缸温度降低，直至新增加煤粉量燃烧所产生的热量的蓄积和它带来的煤气量和还原性气体浓度的改变，而改善了矿石的加热和还原的炉料下到炉缸后，才开始提高炉缸温度，此过程所经过的时间称为热滞后时间。喷煤量减少时与增加喷煤量时相反。所以用改变喷煤量调节炉温，不如风温直接迅速。

热滞后时间与喷吹燃料种类和冶炼周期有关。喷吹物含 H_2 越多，在风口前分解耗热越多，则热滞后时间越长。重油比烟煤时间长，烟煤比无烟煤时间长，一般为 2.5～3.5h。

热滞后时间可按下式进行粗略估算：

$$\tau=\frac{V_{总}}{V_{批}}\cdot\frac{1}{n} \tag{5-78}$$

式中　τ——热滞后时间，h；

$V_{总}$——H_2 参加反应区起点平面（炉身温度 1100～1200℃）至风口平面之间容积，m^3；

$V_{批}$——每批料的体积，m^3；

n——平均每小时下料批数，批/h。

举例：某高炉炉缸直径 7m，炉腰直径 7.9m，炉腹、炉腰高度各为 3m，$V_{总}$ 约为 478m^3，焦炭批重 5.2t，矿石批重 20t，平均下料速度 6.6 批/h，求热滞后时间为多少？

$$\tau=\frac{478}{(5.2/0.45)+(20/1.64)}\times\frac{1}{6.6}=3.05(h)$$

(7) 冶炼周期延长

随着喷吹量增加，含铁炉料比例显著增长，相对地增加了含铁炉料和煤气接触时间，由于喷煤量大量代替焦炭，炉料的冶炼周期也相应延长，有利于还原反应进行。

$$t=\frac{24V}{\xi\left(\frac{1}{\gamma_k}+\frac{M}{\gamma_o}\right)i_{\Sigma}V_u(1-n)} \tag{5-79}$$

式中　t——冶炼周期，h；

V——从料线到风口中心线水平的高炉工作容积,m^3;

V_u——高炉有效容积,m^3;

$\gamma_k \cdot \gamma_o$——分别为焦炭和矿石的体积密度,t/m^3;

M——矿石负荷,O/C 重量比;

i_Σ——综合冶炼强度(焦+煤),$t/m^3 \cdot d$;

ξ——炉料压缩系数;

n——高炉喷煤率,吨铁煤量/吨铁燃料×100%。

(8) 未燃煤粉在高炉的行为

很多研究表明,煤粉在风口前燃烧带有限的空间和时间内完全燃烧是不可能的,喷吹量越大,未燃煤粉的绝对数量相应增大。未燃煤粉在炉内少量被有效利用,大量未被利用的煤,给高炉冶炼带来了一定困难。未燃煤在炉内的行为见图 5-56,少量未燃煤和碳黑在上升过程中,有可能在冶炼过程被吸收或进一步气化,主要途径:

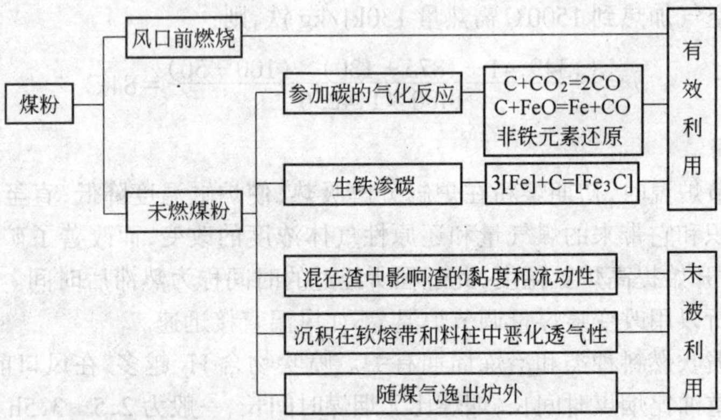

图 5-56 未燃煤在炉内的行为

遇滴落的炉渣进入炉缸渣层中煤粉或碳黑可参加直接还原反应:

$$FeO + C = [Fe] + CO$$
$$MnO + C = [Mn] + CO$$
$$P_2O_5 + 5C = 2[P] + 5CO$$

遇滴落的铁珠或未熔的海绵铁可被吸收渗碳而形成 Fe_3C。

吸附在炉料表面或空隙中,则可与煤气中 CO_2 反应而转变成 CO($CO_2 + C = 2CO$),降低了焦炭溶解损失,在某种意义上保护了焦炭。

吸附在熔剂表面也可发生 C 与熔剂中分解出的 CO_2 反应形成 CO($CO_2 + C = 2CO$)。

吸附在焦炭表面或空隙中,随焦炭进入燃烧带而被鼓风中氧氧化。

参与上述过程的未燃煤粉或碳黑基本上得到利用,不会给冶炼过程带来困难。但未气化的未燃煤粉进入料柱中,将会对顺行有不利影响。主要表现:

未燃煤进入炉渣中呈悬浮状态,会增加炉渣黏度,严重时造成炉缸堆积。

未燃煤和碳黑滞留在软熔带和滴落带,降低其透气性和透液性,造成下部难行或悬料。

大量未燃煤吸附在炉料表面和沉积在空隙中,特别是沉积中心部位,会严重恶化炉料透气性,导致压差升高,中心气流受阻,边缘气流发展和炉况不顺。

5.4.9 高炉富氧喷煤

5.4.9.1 国内外富氧喷吹基本情况

富氧喷煤是大幅度降低焦比、提高产量、降低成本和提高综合经济效益的重大措施。

80年代以后,世界各国根据资源情况,都分别进行了富氧喷吹强化冶炼,特别是前苏联拥有丰富的天然气资源,大多数高炉都采用了富氧喷吹天然气技术,并获得了良好的增产效果见表5-62。

表 5-62 前苏联高炉富氧增产效果

鼓风含 O_2 量/%	21~25	26~30	30~40
每富氧1%增产/%	2.5~3.0	2.0左右	1.0~1.8
每 $1m^3$ 氧增产/%	1.4~1.8	1.0~1.3	0.7~1.0

西欧和日本大多数国家主要是富氧喷煤,这些国家富氧2%~5%,喷煤量达到180~200kg/t铁,见表5-63。其中英国斯肯索普高炉喷吹含结晶水高的粒煤富氧率高达7%~8%。

表 5-63 西欧和日本富氧喷煤工业试验效果

国别	荷兰霍戈文	英国斯肯索普	德国蒂森	法国敦刻尔克	日本		
					钢管	神户	君津
富氧率/%	4.7	8.1	3.0	1.48	3.0	3.0	4.4
煤比/$kg\cdot t^{-1}$	212	213	221	180	230	207	203

我国部分企业在1985年以后也相继进行了富氧喷煤攻关试验,成功地开发一系列富氧喷煤技术,取得了良好的降焦增产效果如表5-64。特别是宝钢1号高炉1999年平均喷煤量达到238kg/t铁,达到了世界先进水平。

表 5-64 我国部分高炉富氧喷煤增产降焦效果

厂别	鞍钢2高炉	首钢4高炉	包钢1高炉	鞍钢2高炉	鞍钢3高炉	宝钢1高炉
富氧率/%	6~7	3.68	4.28	3.71	3.42	2.5~3.0
煤比/$kg\cdot t^{-1}$	170	143.3	160	161	203	238
焦比/$kg\cdot t^{-1}$	439	395.6	474	407	367	264
煤种	无烟煤	无烟煤	无烟煤	烟煤	配煤	配煤
试验时间	1987年	1989年	1992年	1993年	1995年	1999年

5.4.9.2 富氧喷煤冶炼特征

富氧喷煤冶炼特征是富氧和喷煤冶炼特征的综合。富氧和喷煤对冶炼过程的影响大部分是相反的如表5-65,两者有机结合,相辅相成,可产生最大的经济效益。

表 5-65 高炉富氧喷煤冶炼特征

喷吹方式	富氧鼓风	喷吹煤粉	富氧喷煤
碳素燃烧	加快	—	加快
理论燃烧温度	升高	降低	互补
燃烧1kgC的煤气量	减少	增加	互补
未燃煤粉	—	较多	减少
炉内高温区	下移	—	基本不变
炉顶温度	降低	升高	互补

续表 5-65

喷吹方式	富氧鼓风	喷吹煤粉	富氧喷煤
间接还原	基本不变	发　展	发　展
焦　比	基本不变	降　低	降　低
产　量	增　加	基本不变	增　加

5.4.9.3　富氧喷煤冶炼操作

(1) 控制适宜的风口面积,组织好煤气的初始分布

富氧鼓风单位生铁煤气体积缩小,喷煤则煤气体积增大,富氧喷煤则要求根据氧量和煤量变化,求出煤气体积的综合变化值。如综合煤气体积增大,则应适当扩大风口面积。如缩小则应适当缩小风口面积,以控制适宜的鼓风动能。根据鞍钢 2 高炉高富氧大喷煤工业试验,富氧 6%～7%,喷煤 170kg/t,则鼓风含氧每增加 1%,风口面积缩小 1%～1.4%。

(2) 维持适宜的理论燃烧温度

富氧喷煤维持适宜的理论燃烧温度,是保持炉缸正常工作的基本前提。富氧鼓风使 $t_{理}$ 提高,喷煤则 $t_{理}$ 降低,富氧喷煤则综合两者变化,维持一个适宜的 $t_{理}$。如果过低,则煤粉燃烧不完全,会导致炉凉。如果太高,将导致炉况不顺,产生崩料和悬料。根据鞍钢高炉富氧喷煤实践,适宜的 $t_{理}$ 为 2000～2300℃。控制手段为氧量固定,调节煤量,一般富氧率提高 1%,喷煤量可相应增加 13～23kg/t。

(3) 控制一定的氧过剩系数

碳的气化速度与气相中氧的浓度成正比,氧浓度的提高,加快氧向碳表面传递速度。因而反应速度加快。据鞍钢 2 高炉测定,大气鼓风时煤粉燃烧率不超过 70%,而富氧鼓风时迅速提到 80% 以上,最高达 90%。氧过剩系数和置换比及增产率有一定关系,如表 5-66,第 4、6 阶段由于氧过剩系数降低,置换比和增产率也相应降低。适宜氧过剩系数不低于 1.15。图 5-57 为首钢高炉喷煤氧过剩系数和置换比的关系,氧过剩系数越大,置换比越高。喷吹量一定时,喷煤的风口越多,则氧过剩系数越高,所以保持全风口喷煤是扩大喷煤量和提高置换比的重要措施。

表 5-66　鞍钢 2 高炉测定置换比与 O_2 过剩系数关系

试验阶段	基准期	1	2	3	4	5	6
鼓风含氧/%	21.55	23.97	24.82	26.35	27.02	27.52	28.39
喷煤量/$kg\cdot t^{-1}$	73	98	110	138	165	154	170.02
1%富氧喷煤/$kg\cdot t^{-1}$		11.26	11.31	13.54	16.82	13.57	14.48
喷枪数/支	7	10	12	14	14	14	14
氧过剩系数	1.25	1.277	1.386	1.268	1.150	1.178	1.130
置换比		0.836	0.809	0.849	0.727	0.844	0.695
富氧 1%增产/%		3.39	3.37	4.22	2.64	7.59	1.70

氧过剩系数可按下式计算:

$$E_{xo}=\frac{Q_{风}\cdot O_2\cdot 60/n_1}{(O_{煤}\cdot M+O_{油}\cdot y)/n_2} \tag{5-80}$$

式中　$Q_{风}$——风量,m^3/min;

O_2——鼓风含氧量,%;

$M \cdot y$——分别为煤粉量和重油量,kg/h;

$O_{煤}$、$O_{油}$——分别为煤粉和重油完全燃烧时的理论耗氧量,m^3/kg。

可按下式计算:

$$O_{煤}=22.4\left(\frac{1}{12}C_{煤}+\frac{1}{4}H^{煤}-\frac{1}{32}O_{煤}\right), m^3/kg$$

$$O_{油}=22.4\left(\frac{1}{12}C_{油}+\frac{1}{4}H^{油}-\frac{1}{32}O_{油}\right), m^3/kg$$

n_1、n_2——分别为送风风口数和喷吹燃料的风口数。

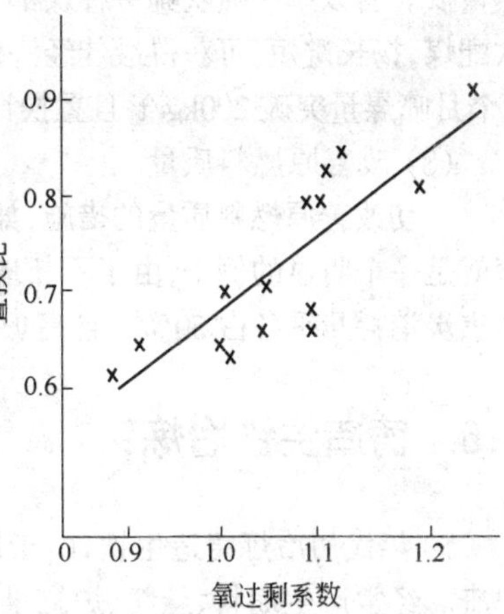

图 5-57　首钢高炉喷煤氧过剩系数和置换比关系

(4) 提高热风温度

提高热风温度可加快煤的挥发物挥发速度和燃烧速度。另方面由于煤的加热、气化和分解吸热反应,更有利接受高风温。1966 年鞍钢 9 号高炉在无富氧的情况下,热风温度 1200℃,年平均喷吹重油和煤粉 140kg/t 铁(其中重油 67kg,煤粉 73kg)。

宝钢 2 号高炉 1992 年 4 月前全焦冶炼,为平衡风口前的燃烧状况,风温只能用到 1050℃,鼓风湿分 40g/m^3。当煤粉量到 50～80kg/t 时,风温从 1050℃提高到 1200℃;喷煤量到 120kg/t 时,鼓风湿分由 40g/m^3 降低到 25～30g/m^3;喷煤量到 160kg/t 时,鼓风湿分降低至 25g/m^3,再提高喷煤量风温或湿分已没有潜力,只能靠富氧鼓风。1998 年 3 号高炉富氧 2.519%,喷煤量实现 198.9kg/t。

(5) 调整装料制度,改善气流合理分布

高炉喷煤增加后,炉料中起骨架作用的焦炭减少,及未燃煤粉的作用,使高炉透气性变差。但在大喷煤的情况下,通过调节装料制度,维持合理气流分布,改善炉料透气性,仍能保持高炉稳定顺行。鞍钢 2 高炉高富氧大喷煤冶炼试验,在喷煤量不超过 180kg/t 的情况下下部适当缩小风口面积,活跃中心气流,上部采用适当发展边缘的装料制度,正分装与倒同装比例由 80∶20 缩小到 40∶60,炉况稳定顺行。

宝钢高炉经验,当煤比上升后,随着矿焦比大幅度增长,焦炭批重不断缩小,块状带边缘 O/C 比加重,中心 O/C 比偏轻,使原来合理的气流受到破坏,透气性变差。采取发展边缘的装料制度,焦炭布料档位由 $\frac{2、3、4、5、7、9、11}{3、3、3、2、1、1、1} \rightarrow \frac{1、2、3、4、5、6、8}{1、3、3、3、2、1、1}$;矿石布料档位适当开放边缘,档位变动由 $\frac{1、2、3、4、5、}{4、3、3、2、2} \rightarrow \frac{2、3、4、6、5}{3、4、3、3、2}$。并适当降低料线以减少炉内料柱高度。宝钢 2 号高炉大喷煤后,料线由原 1.3m 降至 1.9m,同时将与之匹配的布料溜槽倾角减小 1°～2°。在批重方面,随着喷煤量提高,炉内矿焦比大幅度上升,最高超过 4.8。但由于设备和透气性的限制,批重不宜无限加大,但过小会造成焦炭层厚度不够,这就要求将批重控制在设备和透气性允许的范围内。当喷煤量增加到 180～200kg/t 以上时出现了相反的趋势,需要适当抑制边缘,发展中心。

(6) 控制适宜的煤粉粒度

从燃烧角度讲,煤粉粒度越小,燃烧率越高。但粒度过小,磨煤机产量降低,电耗升高。灰熔点低,黏度较大的煤粒度过细,渣化早,容易堵塞喷枪。故一般要求粒度 −200 目以下为 70%～80%。但对易磨、易燃(如烟煤)和结晶水较高的煤可控制在 50%左右。

(7) 喷吹配煤

无烟煤挥发分低,可磨性和燃烧性不好,但发热量很高。烟煤挥发分高,可磨性和燃烧性好,但发热量低。所以单一喷吹哪一种煤都不太经济。如果将这两种煤按一定比例配合起来喷吹，即所谓喷吹配煤，扬长避短，可获得最佳经济效果。鞍钢3号高炉喷吹配煤，在原燃料条件较差的情况下，连续3个月喷煤量突破200kg/t，且置换比维持在0.8以上。一般配煤的平均挥发分为20%左右。

(8) 改善原燃料质量

一切改善原燃料质量的措施，如提高焦炭强度、减少渣量、降低入炉粉末等都能扩大喷煤量。宝钢就是一个明显的例子，由于不断地改善原燃料质量，三座大型高炉喷煤比都先后突破200kg/t，煤粉和焦炭消耗几乎各占50%。且高炉利用系数高，一般都在2.2～2.3t/m³·d。

5.5 铸造生铁冶炼

50年代初冶炼铸造生铁，由于缺少经验，完全沿用西欧、前苏联和日伪的冶炼方法，采用高碱度炉渣。经常产生崩料、悬料、炉缸堆积、风渣口大量破损，甚至结瘤等，因此各项技术经济指标很低。

1954年开始，鞍钢一反国内外流行的传统方法，陆续降低炉渣碱度，提高热风温度，正确运用上、下部调剂手段，顺行状况显著改善，风渣口破损减少，消灭了结瘤。因而产量提高，焦比降低。且基本上实现了在1座高炉上，长期冶炼铸造生铁。见表5-67和表5-68。

表5-67　鞍钢铸造生铁冶炼主要数据

年　月	1950年	1953.11	1954.10	1955.8	1956.11
炉　别	2号高炉	1号高炉	1号高炉	1号高炉	4号高炉
高炉容积/m^3	620	596	596	596	800
炉渣成分/%					
CaO	43～48	49.8	44.58	43.29	43.71
SiO_2	31～38	36.84	39.56	40.47	38.19
MgO	3～3.58	4.91	5.22	4.96	4.00
Al_2O_3	9.7～11.6	10.07	8.39	9.63	11.47
CaO/SiO_2	>1.3	1.22	1.13	1.08	1.14
生铁成分/%					
Si	1.14～3.15	1.45～3.13		2.49	2.78
Mn	0.52～1.00	0.56～0.99		0.83	0.85
S	0.011～0.058	0.016～0.063		0.033	0.026
热风温度/℃	<600	721	683	823	902
渣铁比/$kg·t^{-1}$	940	790	773	650	
焦比/$kg·t^{-1}$	1070	984	902	845	791
系数/$t·(m^3·d)^{-1}$	1.05	1.15	1.17	1.24	1.52

表5-68　国外铸造生铁冶炼主要数据

厂　别	新利佩茨克(前苏联)	克里沃罗格(前苏联)	德　国	美　国	英　国
高炉容积/m^3	930	930	531	600	480
炉渣成分/%					
SiO_2	35.8	39.4	33.90	35.8	32.6
CaO	50.78	46.8	41.3	49.6	49.2
Al_2O_3	10.96	9.44	12.5	12.6	9.8
MgO			3.8		5.1

续表 5-68

厂　　别	新利佩茨克(前苏联)	克里沃罗格(前苏联)	德　　国	美　　国	英　　国
CaO/SiO_2	1.42	1.17	1.22	1.39	1.56
生铁成分/%					
Si	3.29	2.57	2.4	1.9	2.0
Mn	0.74	0.77	0.8	0.25	0.85
S	0.029	0.027	0.07	0.035	0.05
渣铁比/$kg\cdot t^{-1}$	620	860	550	1200	600
焦比/$kg\cdot t^{-1}$	1160	1150	1130	1180	1010
系数/$t\cdot(m^3\cdot d)^{-1}$	0.93	1.35	1.0	0.89	0.90

5.5.1 铸造铁冶炼特征

同冶炼炼钢铁相比,冶炼铸造生铁有以下特征:

(1) 炉缸温度高

硅比铁难还原,因此冶炼铸造铁需要较高的炉温。高炉内硅的还原与 SiO_2 在渣中的活度(有效浓度)相关,活度越高,越容易还原。焦炭灰分(包括喷吹物灰分)中 SiO_2 活度较渣中 SiO_2 活度大,渣中 SiO_2 以硅酸盐状态存在,还原时需要较高温度,图 5-58 为不同反应条件时,SiO_2 还原度与温度的关系。由此,可以认为生铁中硅素来源为焦炭灰分,因此冶炼铸造铁无须规定下限渣量。

(2) 炉渣碱度低

低碱度炉渣可提高 SiO_2 的活度和改善炉渣流动性能,有利于促进 SiO_2 的还原反应和炉况稳定顺行。鞍钢高炉冶炼铸造铁从 1954 年开始,陆续降低炉渣碱度,顺行改善,效益提高,系数由 $1.05t/m^3\cdot d$ 提高到 $1.52t/m^3\cdot d$。图 5-59 为鞍钢高炉冶炼铸造铁造渣制度的演化过程。

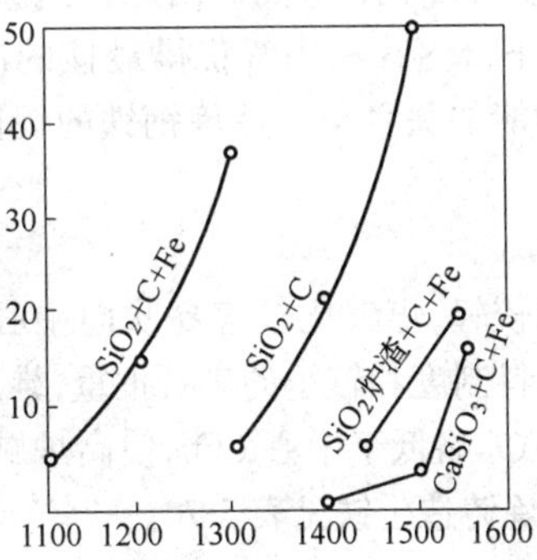

图 5-58　SiO_2 还原度与温度关系

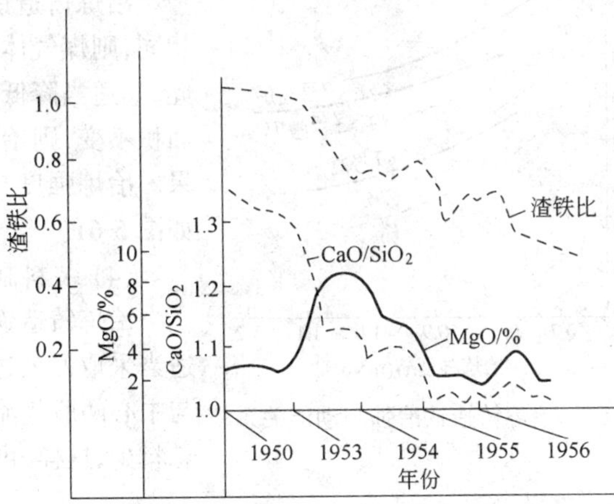

图 5-59　鞍钢冶炼铸造铁造渣制度演变

(3) 炉缸容易堆积

冶炼铸造生铁,由于硅含量高,析出的石墨碳增多,促进炉缸堆积,造成风渣口大量破损。又由于炉温较高,软熔带上移,SiO 升华,易造成炉况不顺,崩悬料增多,甚至结瘤。

5.5.2 操作制度的选择

(1) 造渣制度

在保证炉渣物理热和生铁脱硫的情况下，尽量降低炉渣碱度，生铁含硅量越高，炉渣碱度越低。图5-60为周传典同志总结的生铁含硅量与炉渣碱度的相对图。实线为1号高炉冶炼特号铸造铁，硅含量4%，炉渣碱度CaO/SiO_2 0.96，6号高炉冶炼炼钢铁，硅含量0.5%，碱度CaO/SiO_2 1.2（渣中MgO 3%～4%）。虚线为使用烧结矿冶炼，在生铁含硅量相同的条件下，炉渣碱度再相应降低0.05。一般冶炼铸造铁炉渣碱度比炼钢铁碱度低0.1左右。为消除炉缸堆积，可不定期用均热炉渣、锰矿等洗炉剂进行洗炉。

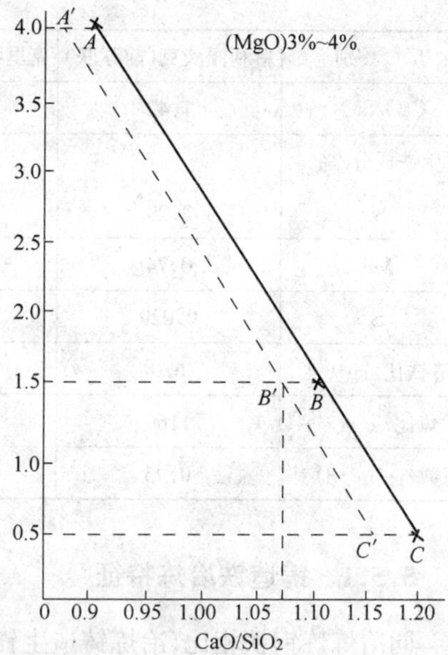

图5-60 生铁含硅量与炉渣碱度关系

(2) 热制度

维持比炼钢铁较高的炉缸温度和理论燃烧温度。为此，要大力提高热风温度，根据冶炼铸造铁的牌号相应减轻焦炭负荷。一般生铁含硅量升高1%，焦比要相对升高40～60kg/t铁见表5-69。

表5-69 国内外高炉冶炼铸造铁燃料消耗

炉别	鞍钢10号高炉	鞍钢2号高炉	鞍钢1号高炉	本钢5号高炉	千叶2号高炉	克里沃罗格3号高炉
炉容/m^3	1085	826	568	2000	1380	
[Si]升高1%多耗焦炭/$kg\cdot t^{-1}$	21.7	42.8	40.3	64.9	24.4	53.8

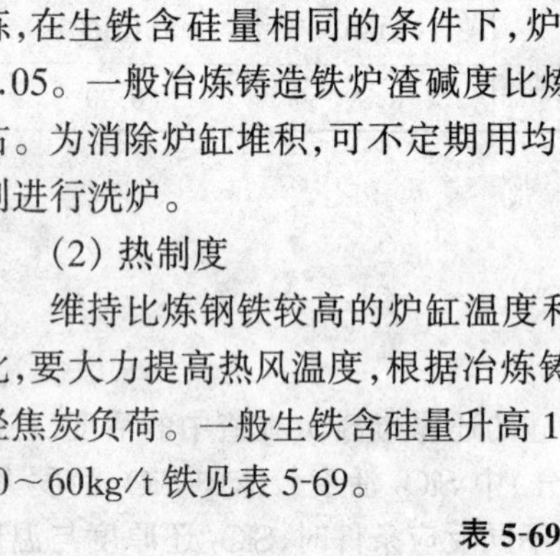

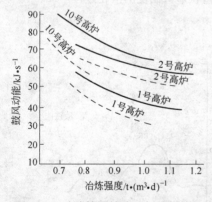

图5-61 冶炼铸造铁冶强与动能关系

(3) 送风制度

冶炼铸造铁炉缸温度较高，同炼钢铁相比，如冶炼强度相同，则煤气体积增大4%～9%，有碍于高炉稳定顺行。为此，应适当降低冶炼强度，鞍钢10号高炉冶炼铸造铁，风口面积不变，则冶炼强度下降8%～10%获得最佳的冶炼效果。冶炼强度与鼓风动能的关系与冶炼炼钢铁的规律相似如图5-61。

(4) 装料制度

冶炼铸造铁因负荷较轻，煤气比较容易吹向中心，故应适当采取发展边缘的装料制度和较小的矿石批重，维持边缘与中心两股气流，边缘CO_2略低于中心CO_2，使高炉顺行，崩悬料少，这样，可持续冶炼铸造生铁见表5-70。

表5-70 冶炼铸造铁气流分布与顺行关系

阶段	边缘CO_2/%	中心CO_2/%	崩料次数/次	悬料次数/次	冶炼天数/天
Ⅰ	9～10	7～8	40	37	6
Ⅱ	8	8	77	24	39
Ⅲ	7～8	9～10	61	5	90

5.5.3 配加硅石和炉外增硅

5.5.3.1 入炉料配加部分硅石

硅石含 $SiO_2 \geqslant 95\%$，入炉料配加部分硅石调整炉渣碱度，可改善 SiO_2 在炉内的活度，促进硅的还原。特别是使用自熔性或高碱度烧结矿和渣量较少时冶炼铸造铁，效果尤为显著。表 5-71 为首钢高炉冶炼铸造铁，炉料配加部分硅石的冶炼效果。本钢 2 号高炉 1981 年 9 月炉料配入 30.0kg/t 硅石，增产 2.99%，降焦 2.39%，成本降低 3.86 元/t 铁。

表 5-71 首钢高炉配加部分硅石冶炼铸造铁效果

日　期	硅石用量 /kg·t^{-1}	日　产 /t·d^{-1}	系　数 /t·(m^3·d)$^{-1}$	Z20/%	焦　比 /kg·t^{-1}	综合焦比 /kg·t^{-1}
1979.03.28～04.28	0	1764	1.876	29.7	448	574
1980.08.08～09.19	37.6	1781	1.971	42.0	442	558

5.5.3.2 炉外增硅

炉外增硅是指冶炼铸造铁，达不到用户含硅量要求，可在炉前出铁过程向铁沟内投放硅铁粉，使硅含量达到用户要求水平。硅铁粉粒度 0～150mm，含[Si]量 75%。出铁前将硅粉烘干，然后置于沟旁，出铁时按计划用量均匀加入沟内，使其充分熔化。硅铁用量按下式计算：

$$需用硅铁粉量=\frac{A\times\Delta[\mathrm{Si}]}{B\times C},\mathrm{kg/t} \tag{5-81}$$

式中 Δ[Si]——增硅前后生铁含硅量之差，%；

A——预测出铁量，kg；

B——硅铁粉含硅量，%；

C——硅铁中硅的回收率，%。

通化钢铁厂 1984 年 1～7 月采用炉外增硅，效果如表 5-72，说明炉前增硅可以做到生铁成分均匀，满足用户要求。且增产、降焦和经济效果显著。

表 5-72 通钢炉外增硅经济效益统计

增硅前[Si]/%	≤0.70	0.71～1.0	1.01～1.25	＞1.25
增硅量 ΔSi/%	0.86	0.59	0.46	0.44
硅铁消耗量/kg·t^{-1}	4660	34230	43660	16470
硅回收率/%	79.9	89.48	87.93	86.44
增硅铁水量/t	324.7	3893.6	6259.5	2426.9
增硅效益/元	1903	19162.2	61491.3	7170.7
吨铁效益/元	5.86	4.92	9.82	2.95

5.5.4 高纯铸造生铁

一般高炉冶炼的铸造生铁，虽然 C、Si、Mn、P、S 五项化学成分合格，还含有其他杂质，不适于生产球墨铸铁。只有含微量元素少且硫低的铸造铁(称纯铸铁)，无须热处理，即可产出高性能的球墨铸铁，其铸态珠光体球铁 $\sigma_b=9.32\mathrm{MPa}$，$\delta=9\%$。一般铸造生铁产生的铸态珠光球铁 $\sigma_b=5.88\sim6.37\mathrm{MPa}$，$\delta=3\%\sim5\%$，相差甚远。

(1) 对铸造生铁质量要求

对铸造生铁要求化学成分适当，波动小；引起冷硬化的有害金属元素及非金属夹杂少；析出石墨的形状正常，球化性能良好；块重适宜，误差小，杜绝气孔和裂纹；影响铁质量的微量元素之和 $\Sigma T<0.1\%$（$\Sigma T=Ti+Cr+V+As+Pb+Sn+Sb+Zn$）。

(2) 生铁中杂质元素对球墨形成的影响

Cu：含量在 2.5% 以下时没有影响；

Sn：促使珠光体形成，含量 0.2% 时没有影响；

V：促使碳化物形成，含量在 0.1% 以下时没有影响；

Mo、Co：影响生铁的机械性能，不影响球化质量；

Pb：含量超过 0.003% 时有害；

Zr：有利；

Zn：有害；

Ti：生铁中有其他某些元素时，Ti 的有害作用加剧，但含量在 0.15% 以下时没有影响；

As：促使珠光体形成，含量在 0.1% 以下时没有影响；

Cr：促使碳化物形成，降低抗拉强度，含量在 0.1% 以下时没有影响；

Al：含量在 0.15% 以下时没有影响；

Ni：有利；

Sb：含量在 0.01% 时有害作用大；

B：无影响，促进碳化物形成；

Ca：有利；

Te、Bi：含量很低时有害作用也很大。

(3) 生产高纯铸铁原料

原燃料（包括喷吹燃料）的选择，是调整铸铁成分和控制有害元素含量的重要环节。表 5-73 为日本千叶厂高炉冶炼铸造生铁使用的矿石成分和配比。

表 5-73　日本千叶高炉冶炼铸造铁矿石配比及成分

产地		澳洲		南美		印度		美洲	前苏联
矿别		A	B	C	D	E	F	G	H
配比/%		39.0	26.6	11.7	7.5	5.1	1.7	4.2	4.2
化学成分/%	Fe	64.1	62.4	65.4	65.8	65.9	67.2	55.3	56.9
	SiO_2	4.04	4.70	4.26	1.80	1.87	1.45	19.59	16.3
	TiO_2	0.06	0.13	0.1	0.06	0.14	0.05	0.04	0.04
	Mn	0.04	0.03	0.09	0.02	0.02	0.05	0.02	0.04
	P	0.038	0.053	0.044	0.025	0.038	0.027	0.014	0.025
	Cu	<0.001	0.002	0.001	0.025	<0.001	0.001	0.009	0.002
	Ni	0.002	0.003	0.003	0.005	0.003	0.003	0.005	0.004
	Cr	0.006	0.004	0.017	0.002	0.010	0.006	0.013	0.015
	As	0.001	0.001	0.001	0.001	0.001	0.001	0.002	0.002
	Sn	0.001	0.001	0.006	0.001	0.001	0.001	0.001	—
	Zn	0.002	0.003	0.002	0.006	0.002	0.003	0.004	0.004
	V	0.001	0.003	0.004	0.009	0.008	0.005	0.001	0.001
	Pb	0.001	0.001	0.001	0.003	0.003	0.001	0.003	—

(4) 铁块对铸造铁质量影响

铁水铸块前,应除去铁罐表面析出的石墨碳和炉渣,然后再均匀地浇入铁模,严格控制铁块重量。日本千叶厂的铸块单重为5kg,自然冷却3min达到凝固,再打水冷却,才能得到石墨形状良好的组织,而且防止出现裂纹。铸模表面涂石墨类物料较熟石灰好,铁块表面光滑。

(5) 国内外铸造铁质量

表5-74示出国内8家铁厂生铁中微量元素含量比较。表5-75出本钢与国外高纯铁中微量元素比较。表5-76,为日本高炉铸造生铁中杂质最大含量。通过比较看出,本钢生铁中的主要微量元素含量处于国内外高纯生铁的下限,甚至还低。其生产的球墨铸铁冲击性和韧性高,是国内外久享盛誉的高纯生铁,号称"人参铁"。

表5-74　国内8家铁厂生铁中微量元素含量比较

厂别		本钢一铁	本钢二铁	首钢	太钢	包钢	鞍钢	湘钢	武钢
化学成分/%	Pb	<0.0001	<0.0001	<0.0001	<0.0001	<0.0001	<0.0001	<0.0001	<0.0001
	Bi	0.00002	0.00004	0.0003	0.00002	0.00002	0.00002	0.00004	0.00003
	Sn	0.000108	0.000111	0.000114	0.00012	0.0123	0.000134	0.000115	0.000134
	Sb	0.000208	0.000206	0.000344	0.000428	0.00031	0.00067	0.00271	0.0005
	As	0.00016	0.00115	0.00120	0.00155	0.00220	0.00105	0.00220	0.00250
	CO	0.0008	0.0025	0.0038	0.0028	0.0036	0.0021	0.0018	0.0094
	V	0.0040	0.0062	0.0110	0.0079	0.0230	0.0170	0.0150	0.0280
	Cr	0.0050	0.0016	0.0086	0.0077	0.0043	0.0150	0.0053	0.0047
	Se	<0.0001	<0.0001	<0.0001	<0.0001	<0.0001	<0.0001	<0.0001	<0.0001
	Zn	<0.0001	<0.0001	<0.0001	<0.0001	<0.0001	<0.0001	<0.0001	<0.0001
	B	0.00073	0.00086	0.00074	0.00076	0.00085	0.00073	0.00083	0.00091
	Al	0.00180	0.00087	0.00380	0.00170	0.00080	0.01200	0.00120	0.00550
	Cu	0.0028	0.0025	0.0113	0.0059	0.0040	0.0035	0.0075	0.0101
	Ti	0.052	0.057	0.086	0.084	0.138	0.193	0.071	0.091
	Ni	0.003	0.0063	0.0072	0.0052	0.0076	0.0052	0.0023	0.0094
	Mo	0.00033	0.00051	0.00093	0.00117	0.00280	0.00035	0.00050	0.00097

表5-75　本钢与国外高纯生铁中微量元素含量比较

国别		瑞典木炭生铁	前苏联亚速钢厂	日本新日铁釜山	日本川崎千叶	德国莱茵铁厂	德国蒂森厂	本钢一铁厂	本钢二铁厂
化学成分/%	Pb	痕量	0.00015		痕量	≤0.001	0.001~0.002	<0.0008	<0.0003
	Bi	0.000					0.0001~0.0004	<0.0003	<0.0003
	Sn	0.000	0.0013	0.002	0.001~0.002		0.002~0.003	<0.0003	<0.003
	Sb	0.003			痕量~0.001		0.009~0.005	0.000186	0.000187
	As	0.001	0.002	0.002	0.002~0.003		0.002~0.004	0.00095	0.00109
	Te				0.002		<0.001	<0.00001	<0.00001
	Ti	0.036	0.046	0.003	0.071~0.072	≤0.04	0.00~0.01	0.045	0.051
	Se						<0.001	<0.00001	<0.00001
	V	0.009	0.032	0.002	0.010~0.015	≤0.020	0.030~0.010	0.0045	0.0074
	Cr	0.002	0.019	0.007	0.011~0.017	0.010	0.006~0.010	0.0074	0.0050

续表 5-75

国别		瑞典木炭生铁	前苏联亚速钢厂	日本新日铁釜山	日本川崎千叶	德国莱茵铁厂	德国蒂森厂	本钢一铁厂	本钢二铁厂
化学成分/%	Al		0.0012		0.001～0.002		0.001～0.003	0.0024	0.0040
	Mo		0.00034		0.001		0.0006～0.001	0.00040	0.00050
	B						<0.001	0.00073	0.00089
	Zn	0.001			痕量		0.001～0.002	<0.0003	<0.0003
	Cu	0.01	0.040	0.010	0.003～0.006		0.003～0.004	0.0026	0.0055
	Co						0.002	0.0016	0.0025
	W						0.001～0.002		
	Ni	0.002	0.022	0.009～0.013			0.003～0.000	0.032	0.0061

表 5-76 日本高炉铸造铁中杂质含量

最大含量/%	元素	最大含量/%	元素
约 0.1	Ti Cu Cr V	0.01～0.001	Zn Zr Pb Sb Cd B Mg
0.1～0.01	Sn As Mo Al Co (Cr、V)	痕量	W Gd Ta Ge Br Te Ga Be Ce

5.6 低硅铁冶炼

5.6.1 低硅铁冶炼发展情况

低硅生铁中的硅含量是相对的，随着冶炼条件的改善和炼铁技术的进步，低硅生铁中的硅含量逐步下降，到 20 世纪末，低硅生铁中的硅含量已降到 0.3%或更低。中国的低硅铁冶炼经过 3 个发展阶段。

(1) 第一个阶段(建国初期，1950 年前后)

鞍山地区铁矿资源丰富，但大多数为含 SiO_2 很高的贫矿，冶炼过程加入大量石灰石，焦炭强度差，灰分很高，所以敌伪时期和建国初期炼不出合格的平炉生铁，生铁含硅量大都在 1.5%左右。这种铁水先到预备精炼炉脱硅后，再送平炉炼钢，生产效率极低。

鞍山解放后，由于生产的迅速恢复和发展，从 1950 年 4 月起，在 4 号高炉进行试用烧结矿冶炼低硅铁试验，要求生铁含硅量降至 1.0%以下(按当时原燃料条件规定生铁含硅量≤1.0%，硫合格，即为低硅生铁)，试验获得成功。结果示于表 5-77。

表 5-77 1950 年 4 月 4～10 日低硅铁冶炼实绩

日期	出铁量/t	Si/%	Mn/%	S/%	风温/℃	风量/$m^3 \cdot h^{-1}$	碱度 CaO/SiO_2
4 日	674.5	1.11	1.00	0.029	560	101111	1.30
5 日	701.1	0.79	0.90	0.027	590	102000	1.53
6 日	690.6	1.12	0.91	0.033	570	102000	1.36
7 日	752.9	1.01	0.91	0.033	640	101000	1.45
8 日	744.8	0.81	0.93	0.030	570	99000	1.55

续表 5-77

日　期	出铁量 /t	Si /%	Mn /%	S /%	风　温 /℃	风　量 /$m^3\cdot h^{-1}$	碱　度 CaO/SiO_2
9日	692.1	0.86	1.05	0.035	750	94,000	1.48
10日	691.8	1.06	1.39	0.028	640	100,000	1.44
平　均	700.5	0.96	1.12	0.031	631	98,000	1.44

(2) 第二个发展阶段(1956～1966年)

继自熔性烧结矿的使用,高风温、高压和喷吹技术的发展,生铁含硅量逐年降低,1966年鞍钢10座高炉平均含硅量降至0.5%～0.6%,含硫量0.023%,个别高炉降至0.5%以下,创造了当时国内外最好水平,见表5-78。

表 5-78　鞍钢 1962～1966 年低硅铁冶炼指标

年份＼指标	焦　比 /$kg\cdot t^{-1}$	油　比 /$kg\cdot t^{-1}$	煤　比 /$kg\cdot t^{-1}$	顶　压 /MPa	风　温 /℃	灰　分 /%	TFe /%	人造富矿率 /%	碱度 CaO/SiO_2	Si /%	S /%
1962	649			0.06～0.08	877	15.20	48.66	99.15	1.10	0.796	0.035
1963	606	1.7		0.06～0.08	958	14.31	48.53	98.70	1.09	0.731	0.034
1964	547	21		0.06～0.08	1037	13.89	49.25	99.07	1.10	0.674	0.030
1965	527	36		0.06～0.08	1080	13.35	49.45	98.50	1.11	0.573	0.025
1966	482	62	18	0.06～0.08	1071	12.97	49.78	97.60	1.11	0.526	0.023

(3) 第三个发展阶段(1976年以后)

1976年以来,随着精料技术的发展,操作技术的进步,国内外高炉生铁含硅量又逐年降低。

1977年10月武钢3号高炉(1513m^3),生铁含硅量降至0.45%。

1978年唐钢两座100m^3 高炉,生铁含硅量降至0.31%～0.55%。

1980年杭钢两座255m^3 高炉,生铁含硅量0.55%,其中3号高炉5～10月降至0.38%～0.4%。

1984年6月首钢4号高炉,生铁含硅量降至0.29%。

1997～1998年宝钢高炉,年平均生铁含硅量已稳定在0.35%左右,硫0.018%～0.019%,见表5-79。

表 5-79　宝钢高炉 1998 年各月生铁含硅量和系数

指　标	5月	6月	7月	8月	9月	10月	11月	12月
[Si]/%	0.34	0.34	0.36	0.33	0.33	0.35	0.35	0.33
系数/$t\cdot(m^3\cdot d)^{-1}$	1.955	1.958	2.035	2.208	2.067	2.262	2.149	2.281

与此同时,国外生铁含硅量也大幅度降低,例如日本自1976以来,生铁含硅量从0.5%降至0.4%,其中水岛厂2号高炉,和歌山厂3号高炉含硅量降至0.18%～0.19%,名古屋厂1号高炉则更低,只有0.12%左右。德国汉博恩厂4号高炉1979年生铁含硅量为0.39%,1980年1～2月为0.29%。

5.6.2　冶炼低硅铁措施

(1) 保持炉况稳定顺行

保持炉况稳定顺行是冶炼低硅生铁的基本前提。宝钢高炉生产将稳定顺行列为重中之重。1998年高炉稳定顺行创历史最好水平见表5-80，3座高炉除3号高炉因定修长期休风，复风后出现过一次悬料外，全年消灭了悬料，煤气CO利用率平均51%，生铁含硅量0.33%～0.35%。

表5-80　1990～1998年宝钢高炉顺行状况比较

炉　别	指　标	1990	1991	1992	1993	1994	1995	1996	1997	1998
1　号	悬料/次	3	0	0	17	22	5	0	0	0
	崩料/次	85	17	56	35	21	21	2	102	57
	滑料/次	1574	668	945	1333	1164	891	119	208	77
	CO利用率/%	48.5	49.0	50.8	50.5	50.0	48.8	47.9	49.9	51.0
2　号	悬料/次		3	2	13	0	20	25	0	0
	崩料/次		61	58	42	32	42	68	6	5
	滑料/次		375	365	210	131	293	366	26	11
	CO利用率/%		48.3	49.0	48.7	50.1	48.5	48.3	50.4	50.5
3　号	悬料/次						22	5	0	1
	崩料/次						34	24	27	6
	滑料/次						125	244	282	45
	CO利用率/%						46.8	47.9	49.9	51.5

(2) 提高烧结矿铁分，改善炉料结构，增加熟料比

1978年以来，宝钢、武钢、梅山等厂从国外购入高铁富矿粉加入烧结配料，使烧结含铁提高至57%～59%，渣量减少至300～350kg/t，宝钢烧结矿SiO_2含量已由1997年的5.38%，降低至4.5%～4.6%。入炉粉末也不断降低，一般<5mm粉末都降低到5%以下。炉料结构普遍改善，大都采用高碱度烧结矿($CaO/SiO_2=1.8$)和酸性料（天然块矿和自然碱度的球团矿）组合结构，酸碱炉料配比一般为3∶7左右。杭钢烧结矿碱度3.0，球团碱度0.3两种料配比各占50%。

(3) 减少原料化学成分波动

宝钢烧结用含铁原料全部经过混匀处理，开发了混匀矿智能化堆积技术，使混匀矿化学成分波动值(σ_{SiO_2}、σ_{Fe})大幅度下降。1991年混匀矿大堆达到设计高度12.4m，总储量23.5万t。1998年烧结矿碱度偏差，1号烧结机为0.037%，2号烧结机为0.041%如图5-62、图5-63和图5-64，接近日本大分和韩国浦项水平(0.036%～0.040%)。

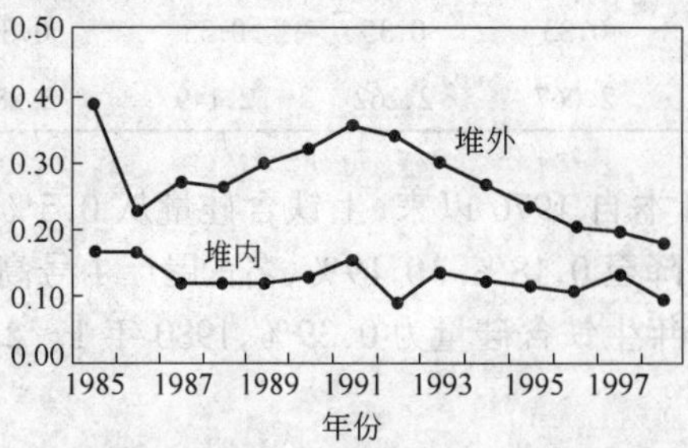

图5-62　宝钢混匀矿SiO_2波动(σ_{SiO_2})情况

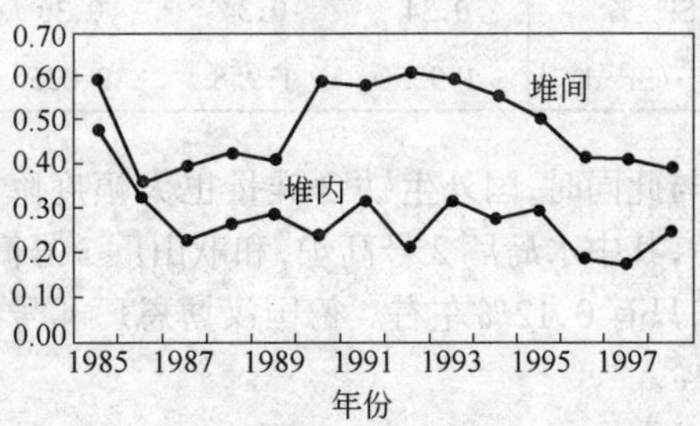

图5-63　宝钢混匀矿Fe波动(σ_{Fe})情况

杭州钢铁厂精矿与富矿粉在储矿场进行中和混匀处理，烧结铁分波动<1%占92%；球团矿铁

分波动<0.5%占38%,<1.0%占92%。烧结矿碱度波动<0.05占33%,<0.10占56.4%,<0.3占99%;球团碱度波动<0.05占62%,<0.07占81%。

(4) 提高焦炭强度

冶炼低硅铁以来,各厂焦炭强度普遍提高,灰分和硫分降低。焦肥煤配比达50%~60%。焦炭强度 M_{40} 提高至85%以上,M_{10} 减少到5%以下,灰分和硫分分别降到12%以下和0.5%~0.7%。

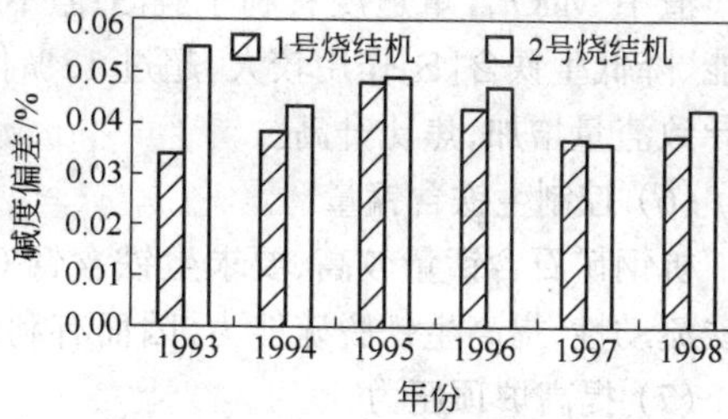

图5-64 宝钢烧结矿碱度波动(σ_R)情况

宝钢焦炭除灰分低外,其他指标如冷强度、反应性、耐磨性等质量指标继续保持世界领先水平,见表5-81。

表5-81 宝钢高炉焦炭质量(%)

灰 分	S	D_{15}^{150}	M_{40}	M_{10}	*CSR*	*CRI*	*MS*①
11.58	0.49	87.94	89.81	4.84	68.97	23.87	51.16

① *MS*—平均粒度,mm。

(5) 适当提高炉渣碱度

冶炼低硅铁,在保证顺行的基础上必须适当提高炉渣碱度,它不仅抑制 SiO_2 还原反应,而且能提高炉渣脱硫能力和熔化温度,有利于保持充足的炉缸温度。碱度控制水平应由原燃料条件决定,但也有操作习惯的影响,一般二元碱度 CaO/SiO_2 为1.05~1.20,三元碱度 $(CaO+MgO)/SiO_2$ 为1.30~1.35。参见5.1.3造渣制度中表5-19。有些厂因渣量低(250kg/t左右)及脱硫的需要,将炉渣二元碱度控制在1.2~1.25,三元碱度控制在1.4~1.55,如日本千叶6号高炉和水岛2号高炉及我国的杭钢高炉见表5-82和表5-83。

表5-82 千叶6号高炉与水岛2号高炉冶炼低硅生铁指标

时 间	利用系数	焦比	顶压	风温	湿分	$T_{理}$	$T_{铁}$	[Si]	[S]	SiO_2	CaO	MgO	二元碱度	三元碱度	CO_2	η_{CO}
千 叶 6 号 高 炉																
1984.2	1.96	494.8	2.457	1041	40.5	2170	1491	0.29	0.038	34.98	41.63	5.92	1.19	1.36	22.1	49.8
1984.3	1.92	497.4	2.453	1004	42.6	2170	1488	0.26	0.036	34.94	42.19	5.96	1.20	1.38	22.7	50.2
1984.4	1.89	498.0	2.404	1011	43.5	2194	1481	0.28	0.033	34.86	41.99	5.79	1.20	1.37	22.5	49.2
1984.5	2.03	489.8	2.487	1089	38.4	2292	1488	0.29	0.034	34.99	41.67	5.88	1.19	1.36	22.3	49.6
1984.6	2.04	471.3	2.476	1151	36.0	2260	1486	0.23	0.033	34.99	42.11	5.88	1.20	1.37	23.4	50.9
1984.7	2.09	486.9	2.470	1152	42.3	2317	1489	0.25	0.035	34.99	41.82	6.08	1.20	1.37	23.1	50.4
1984.8	2.04	492.1	2.490	1114	45.2	2264	1489	0.31	0.028	35.11	41.95	6.20	1.20	1.37	22.9	50.3
1984.9	2.05	486.3	2.495	1079	46.2	2221	1488	0.25	0.033	35.26	42.05	6.11	1.19	1.37	23.0	50.7
水 岛 2 号 高 炉																
1984.6	1.77	510	2.408	1055	38.7		1491	0.18	0.029	33.15	41.67	7.34	1.25	1.48	19.5	46.2
1984.7	1.86	531.8	2.469	1061	37.1		1490	0.19	0.031	32.89	41.00	7.71	1.24	1.48	19.7	46.5
1984.8							1485	0.169	0.03	33.56	41.59	7.39	1.23	1.46		

表5-83 杭钢高炉炉渣成分/%

CaO	SiO_2	Al_2O_3	MgO	FeO	MnO	S	CaO/SiO_2	$(CaO+MgO)/SiO_2$
38.03	33.65	12.59	11.89	0.74	1.0	1.13	1.13	1.49

渣中 MgO 含量适度有利于脱 S,但不是越高越好。一般渣中 MgO5%～10%对改善炉渣流动性能、降低生铁含[S]作用较大,超过 12%作用减弱,超过 15%就不利于脱硫了。MgO 含量过高还会导致渣量增加,焦比升高。

(6) 控制生铁含锰量

杭钢矿石含锰量较高,要求生铁含锰 0.6%以上,实际生铁含锰量大于 0.8%。锰有利于改善渣铁流动性,提高生铁脱硫能力,因而有利于低硅铁冶炼。

(7) 提高炉顶压力

提高炉顶压力,不利于 SiO_2 还原反应,有利于降低生铁含硅量,据首钢统计顶压对硅的影响为:$[Si]=0.734-2.75p_{顶}$,俄罗斯新利佩茨克厂高炉统计为$[Si]=2.498-8.4p_{顶}$。

(8) 控制合理的气流分布

运用上下部调节手段,保持炉缸工作均匀活跃,控制气流合理分布,是低硅铁冶炼的重要措施。杭钢高炉原来受风机能力限制,炉缸工作不活跃,于是将风口面积缩小 10%～16%,同时提高热风温度,鼓风动能提高 6%。特别是 3 号高炉使用 $750m^3/min$ 大风机以来,风量加至 $640m^3/min$ 热风炉采用助燃空气预热装置,风温提至 1000℃以上,风速达到 100～110m/s,鼓风动能 37～40kJ/s,活跃了炉缸,保证了渣铁温度充足见表 5-84。

表 5-84 杭钢 3 号高炉低硅铁冶炼渣铁温度

时 间	生铁含[Si]/%	铁水温度/℃	渣液温度/℃
1982.05.27	0.25	1415	1438～1502
1982.05.28	0.27	1422	1460～1485
1982.06.01	0.38	1435	1425～1502
1984.10.09	0.51	1435	1420～1519

上部调节在顺行基础上,需适当抑制边缘气流,疏通中心气流。杭钢 1979 年以前,装料制度以倒装或半倒装为主,炉喉煤气 CO_2 曲线呈"馒头型",边缘 CO_2 3%～5%,中心 CO_2 9%～11%,中心气流严重不足。1980 年以来,以正装和正分装为主,同时适当增加批重,炉喉煤气曲线提高,边缘 CO_2 达到 13±2.5%,中心比边缘低 1%～3%。但边缘气流不能被堵死,还是要保持边缘与中心两股气流,否则将导致炉况不顺。

5.6.3 冶炼低硅铁的经济效益和适宜的含硅量

建国以来,低硅铁冶炼得到长足的发展。1950 年鞍钢高炉生铁含硅量由 1.5%降至 0.8%～1.0%,铁水可直接送平炉炼钢,取消了预备精炼炉,生产效率显著提高。1956 年生铁含硅量降低到 0.5%左右,特别是 1979 年以来杭钢、首钢、宝钢等厂又逐渐降低到 0.3%～0.4%,推动了我国低硅铁冶炼技术迅猛发展,经济效益大幅度提高。

据杭钢统计,在杭钢生产条件下,铁水含硅量下降 1.33%,转炉利用系数提高 20%～18%,吨钢成本降低 72.9 元。对炼铁而言,生铁含硅量降低 1%,产量提高 5%～6%,焦比下降 48～75kg/t。

表 5-85 为杭钢统计:生铁含硅量从 1.18%降至 0.41%～0.54%,转炉废钢加入量增加 44kg/t,石灰降低 67kg/t。

在推行低硅铁冶炼技术时,要特别注意冶炼条件,不能忽视客观条件和铁水温度去片面追求铁水的过低含硅量这就是说低硅铁冶炼在一定的冶炼条件下有个低限范围。例如在杭钢生产条件下,生产实践归纳出的合适生铁含硅量为 0.3%～0.4%,低于 0.3%时铁水温度不足,生产难度增加,而且要求外部条件特别严格,困难很大。

表 5-85 杭钢转炉使用低硅铁水与废钢消耗量关系

年 份	铁水成分/%				废钢消耗 /kg·t^{-1}	石灰石单耗 /kg·t^{-1}	氧气单耗 /m^3·t^{-1}
	Si	Mn	P	S			
1979 年	1.18	0.54	0.085	0.027	87.15	137.54	64.87
1980 年	0.54	0.78	0.064	0.026	127.75	88.76	55.84
1981 年	0.54	0.87	0.071	0.029	140.06	88.06	51.35
1982 年	0.44	0.87	0.066	0.031	132.00	75.39	47.32
1983 年	0.41	0.92	0.055	0.034	122.86	66.68	49.24

5.6.4 铁水预脱硅

5.6.4.1 向炉内喷吹脱硅剂降硅

利用喷煤系统向高炉内喷吹脱硅剂，图 5-65 为日本千叶厂 5 号高炉的多功能的喷吹系统，可以同时喷吹煤粉和脱硅剂。

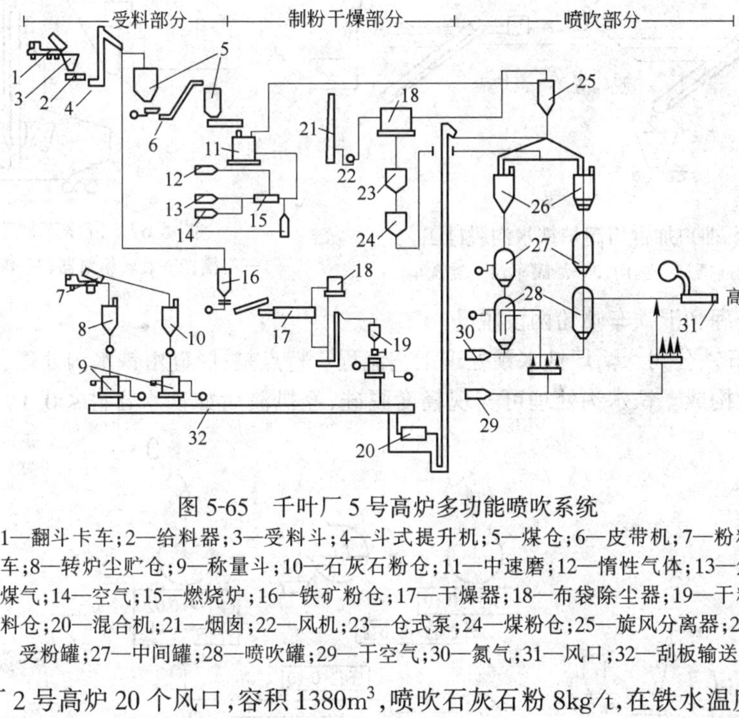

图 5-65 千叶厂 5 号高炉多功能喷吹系统

1—翻斗卡车；2—给料器；3—受料斗；4—斗式提升机；5—煤仓；6—皮带机；7—粉料货车；8—转炉尘贮仓；9—称量斗；10—石灰石粉仓；11—中速磨；12—惰性气体；13—焦炉煤气；14—空气；15—燃烧炉；16—铁矿粉仓；17—干燥器；18—布袋除尘器；19—干粉给料仓；20—混合机；21—烟囱；22—风机；23—仓式泵；24—煤粉仓；25—旋风分离器；26—受粉罐；27—中间罐；28—喷吹罐；29—干空气；30—氮气；31—风口；32—刮板输送机

1) 千叶厂 2 号高炉 20 个风口，容积 1380m^3，喷吹石灰石粉 8kg/t，在铁水温度 1490℃ 时，生铁含硅量下降约 0.1%。铁水温度低于 1470℃ 时，无效果。

2) 日本广畑厂 3 号高炉 23 个风口，容积 1619m^3，从 2 号风口附近的 4 个风口喷吹粒度＜3mm 的烧结矿粉，每次喷吹 20～45min，停 10min，反复 30 次，脱硅效率 50%，铁水含硫和温度基本不变。

3) 和歌山厂 4 号高炉 28 个风口，容积 2700m^3，12 个风口喷炉尘 10～30kg/t，试验 2 次共 9 天，喷入炉尘 1000t，喷吹量 10kg/t 即有效果，喷吹量 30kg/t 使生铁含硅量由 0.5% 降至 0.4%。

4) 千叶厂 2 号高炉，喷吹氧化铁皮(轧钢皮)，铁水温度在 1450～1480℃ 时，生铁含[Si]量下降 0.15%～0.2%，但硫升高 0.01%。

5.6.4.2 炉外脱硅

(1) 铁水沟脱硅

图 5-66 为日本神户钢铁公司加古川厂铁水沟脱硅设备工艺示意图。脱硅剂在沙口后加入，通过插入式喷枪喷入铁水中，再通过铁水流动过程的搅拌作用进行脱硅反应，然后再流入混铁车。

脱硅剂熔化速度与粒度有关，如粒度很小，则采用哪种脱硅剂都差别不大。如采用烧结矿返矿等大粒度矿粉，则不如粒度小的轧钢皮熔化速度快。小于 1mm 烧结粉尘 1s 内可熔，4mm 的返矿粒度则需 10s 以上。烧结粉、球团粉含脉石量较大，脱硅效果不及轧钢皮，但成本低。

(2) 混铁车脱硅

图 5-67 为加古川厂混铁车脱硅示意图，混铁车容量 350t，料仓 $10m^3$，旋转给料器给料，载气为 N_2 气，最大流量(标态)为 $600m^3/h$，顶吹氧气最大流量(标态)为 $3000m^3/h$，两孔拉瓦尔喷管。由于喷吹法反应界面面积大，加上搅拌效果好，故反应速度最快，效率最高。

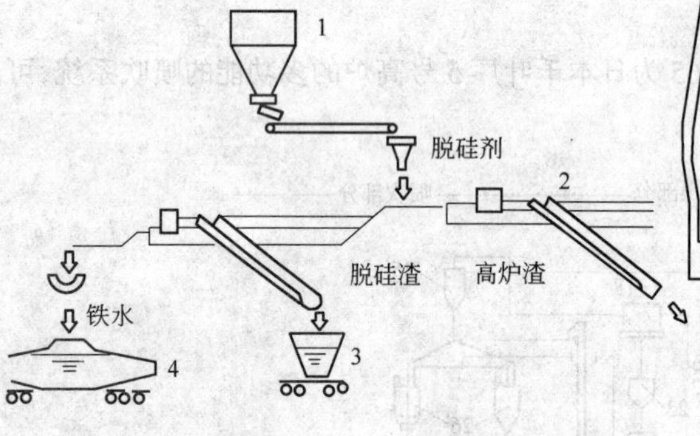

图 5-66　神户加古川高炉铁水沟脱硅工艺

1—脱硅剂槽；2—主沟；3—渣罐车；4—混铁车

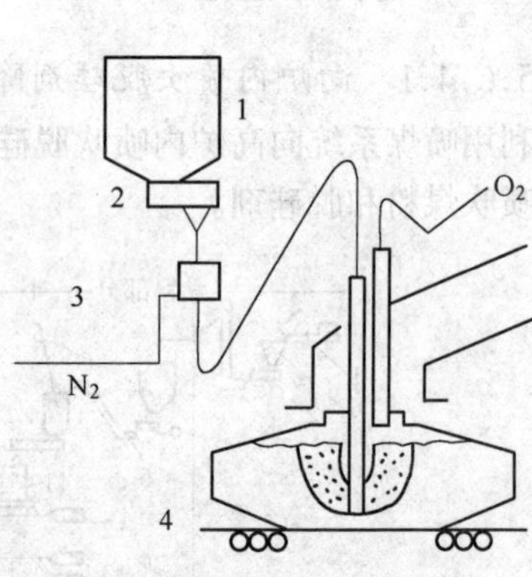

图 5-67　混铁车脱硅示意图

1—料槽；2—旋转给料器；3—混匀箱；4—混铁车

(3) 铁水沟处理和混铁车喷粉两段脱硅

图 5-68 为新日铁公司八幡厂铁水预处理工艺流程。特点是：脱硅由铁水沟处理，和鱼雷式混铁车(TPC)喷粉两段构成。铁水沟处理可实现轻度脱硅，经扒渣后如铁水含硅＜0.1%，则可直接接

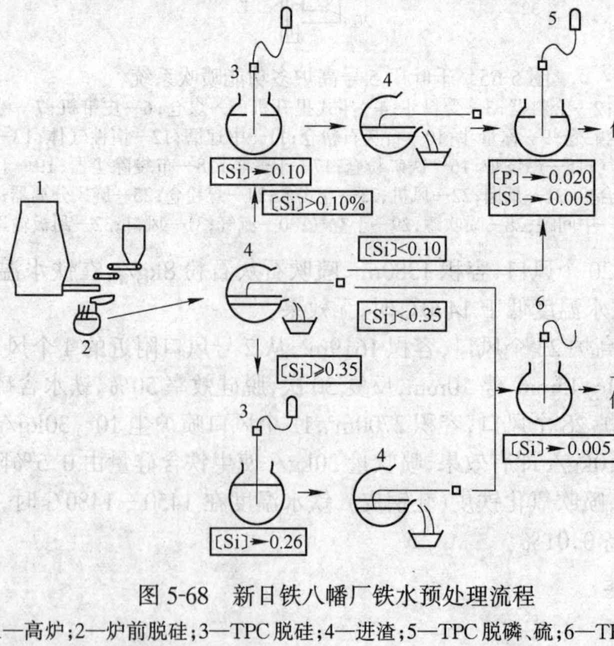

图 5-68　新日铁八幡厂铁水预处理流程

1—高炉；2—炉前脱硅；3—TPC 脱硅；4—进渣；5—TPC 脱磷、硫；6—TPC 脱硫

受脱硫、脱磷处理；若[Si]＞0.1%，则需经TPC脱硅到[Si]≤0.1%。脱硅剂主剂为铁矿石、烧结矿、球团矿、轧钢皮等固态氧化物和气体氧；辅助料多为 CaO, $CaO+CaF_2$, $CaO+CaF_2+Na_2CO_3$ 等。

5.7 炉外脱硫

为适应冶炼优质钢的需要，需含硫量低于0.01%的铁水。高炉生产特低硫铁水困难很大，必须辅以炉外脱硫。当前优质钢的需求日益增长，炉外脱硫也随之增多和发展。

5.7.1 脱硫剂

脱硫剂应具有成本低、效率高、使用方便、反应速度快而不激烈(防爆炸)脱硫后渣与铁水易分离、生成的硫化物稳定、不产生回硫的逆反应、产生的刺激性烟气量少等特点。主要有以下几种。

(1) 碳酸钠(Na_2CO_3)

碳酸钠俗称苏打粉，是应用较广的脱硫剂。它使用方便，可在出铁过程撒在流铁沟内进行脱硫。脱硫反应为：

$$Na_2CO_3 \rightarrow Na_2O+CO_2$$

$$Na_2O+[S] \rightarrow Na_2S+[O]$$

铁水含硅量较高时：

$$\frac{3}{2}Na_2O+[S]+\frac{1}{2}[Si] \rightarrow Na_2S+\frac{1}{2}Na_2SiO_3$$

铁水含硅量较低时：

$$Na_2O+[S]+[C] \rightarrow Na_2S+CO$$

碳酸钠与铁水中的[Si]反应，生成各种硅酸钠：

$$Na_2CO_3+[Si] \rightarrow Na_2O \cdot SiO_2+C$$

$$2Na_2CO_3+[Si] \rightarrow 2Na_2O \cdot SiO_2+2CO$$

由于生成 $Na_2O \cdot SiO_2$，当脱硫碱度不足时，Na_2S 分解使铁水回硫：

$$Na_2S+SiO_2+FeO \rightarrow Na_2O \cdot SiO_2+FeS$$

苏打熔点为852℃，当温度在1300℃以上时，苏打急剧气化而受到损失。苏打粉脱硫效率较低，不适于原始含硫0.025%以下的铁水进一步脱硫要求。易产生回硫，侵蚀罐壁砖衬，烟尘较大，苏打吸水性很强，使用时易引起铁水喷溅。

(2) 氧化钙(CaO)

氧化钙即石灰，价格便宜。脱硫反应如下：

$$CaO+[S] \rightarrow CaS+[O]$$

$$[O]+[C] \rightarrow CO\uparrow$$

$$CaO+[S]+[C] \rightarrow CaS+CO\uparrow$$

铁水中硅参与反应：

$$2FeS+4CaO+[Si] \rightarrow 2Fe+2CaS+Ca_2SiO_4$$

$$2FeS+2CaO+[Si] \rightarrow 2Fe+2CaS+SiO_2$$

生成的 Ca_2SiO_4 附着于CaO颗粒表面，降低脱硫速度和效率，铁水含硫量＜0.03%时，很难用CaO进一步降低生铁含硫量，如图5-69示出1%[S]/t铁的石灰用量达10kg时[S]趋于平缓。CaO为固相参与脱硫反应，对铁水罐砖衬侵蚀不大。

(3) 碳化钙(CaC_2)

碳化钙俗称电石，是搅拌法和喷吹法脱硫工艺中应用最主要的脱硫剂。反应如下：

$$CaC_2+[S]\rightarrow CaS+2C$$

$$CaC_2+FeS\rightarrow CaS+2C+Fe$$

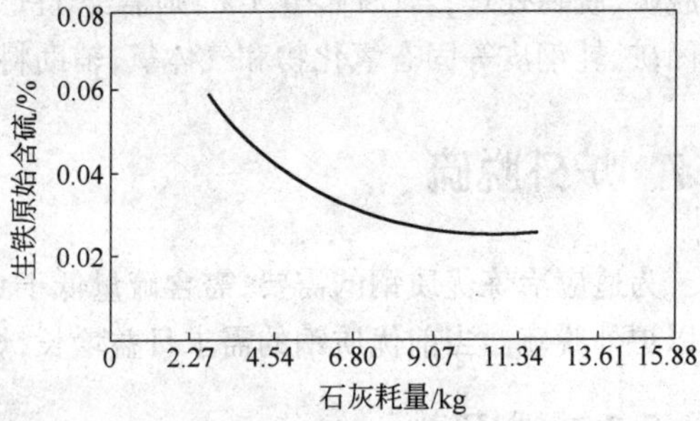

图 5-69　石灰用量与铁水含硫关系

碳化钙脱硫反应进行很快，属固液多相反应，在 CaC_2 颗粒表面进行，增大反应界面和扩散速度，可提高脱硫率，铁水含硫量可降至 0.01% 以下。但粒度不宜太细，否则因反应过激而影响操作安全。铁水最终含硫量与 CaC_2 用量关系见图 5-70。在 CaC_2 中加碳粉可提高 CaC_2 利用率见图 5-71。

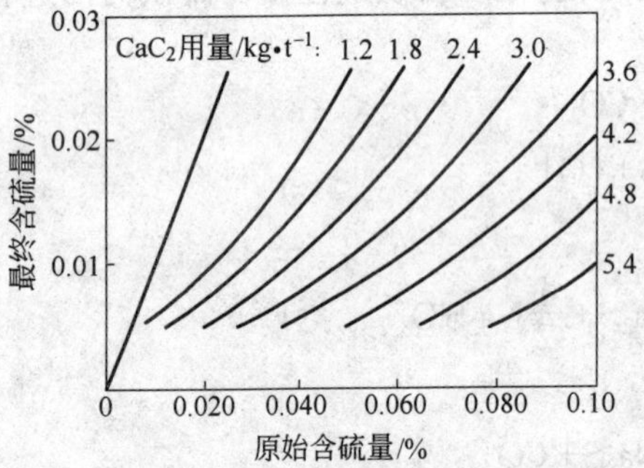

图 5-70　铁水含硫量与 CaC_2 用量关系

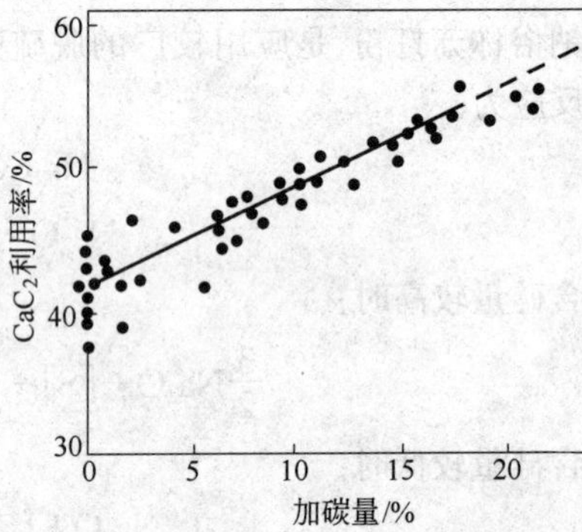

图 5-71　加碳量与 CaC_2 利用率关系

应用 CaC_2 脱硫剂特别要注意安全。一般商品碳化钙含 $CaC_2$75%～85%，杂质主要为 CaO，其余为 Al_2O_3、SiO_2、P、S。S 约 0.5%，已化合成 CaS，对使用无影响。碳化钙易受潮湿产生乙炔气，引起爆炸。其粉末接触人体有刺激性。贮存用密封容器，内部充 N_2 保护。气力输送介质为无水 N_2 气。脱硫设施的烟气收集系统应安装乙炔探测器和稀释装置，防止乙炔/空气混合体形成爆炸浓度。

(4) 镁焦

镁焦脱硫效率最高。反应如下：

$$Mg+[S]\rightarrow MgS$$

反应迅速且放热，脱硫过程铁水温度下降少，MgS 稳定。但镁的熔点(651℃)和沸点(1107℃)都很低，1350℃时镁的蒸气压力达 0.642MPa，在铁水中极易发生爆炸。

工业上把焦炭浸透熔化的镁，制成含镁 45%～50%，块重 0.9～2.2kg 的镁焦，用专门容器压入铁水中进行脱硫。焦炭为减缓镁挥发的钝化剂，在脱硫过程中并不减少。

具体操作是：将镁焦装入金属匣内，置于有排气孔的石墨罩里，再插入铁水中至 1.5m 深。金属熔化时铁水与镁焦接触，镁蒸气由排气孔逸出，铁水表面激烈翻腾，部分气化镁逸出氧化成白色氧化镁烟雾。大部分气化镁在铁水中与硫化合成固态 MgS 上浮至铁水表面。通常 5min 左右镁的气化减慢，铁水翻腾渐息，然后逐渐提升插入装置，每次提升高度 300mm，镁的气化速度再次加快，停顿 1min，待铁水翻腾停息为止。镁全部气化所需时间主要取决于铁水温度、镁焦加入量和块度大小及最初插入深度。

镁焦脱硫反应快、渣量少、黏度大、密度小，易上浮清除。镁焦价格贵，但设备投资少，操作简

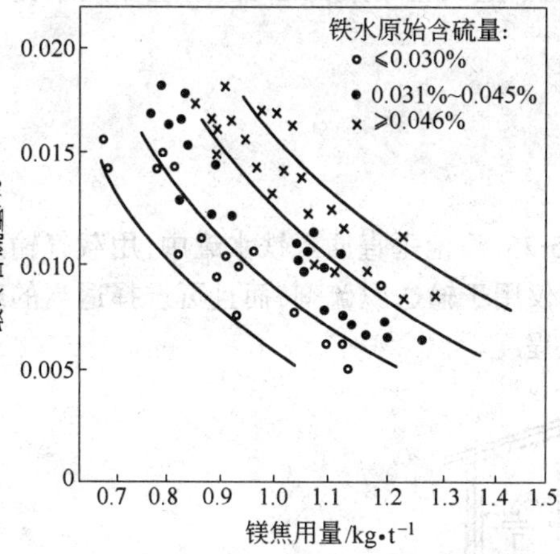

图 5-72 镁焦用量与最终铁水含硫关系

单,能使铁水含硫降至 0.01% 以下,见图 5-72。比苏打、碳化钙脱硫效果好,见表 5-86。现国外大多用此法。

5.7.2 复合脱硫剂

单一使用苏打粉或石灰粉脱硫效率低,配入适当量的促进剂后,可显著提高脱硫效率。

(1) 促进剂分三类

1) 提高铁水中硫的活度,且使反应界面保持还原性气氛的元素,如 C、Al 等。一般复合脱硫剂使用焦粉和铝粉。

2) 发气剂如 $CaCO_3$,能在铁水中分解出 CO_2 而起搅拌作用,以促进脱硫反应快速进行。

表 5-86 三种脱硫剂效果比较

项　　目	1	2	3
铁水原始含硫量/%	0.04	0.025	0.020
脱硫后含硫量/%	0.02	0.01	0.005
苏打耗量/$kg\cdot t^{-1}$	5.0	20.0	—
碳化钙耗量/$kg\cdot t^{-1}$	4.1	6.9	10.0
镁焦耗量/$kg\cdot t^{-1}$	0.75	1.05	1.65

3) 助熔剂如萤石(CaF_2),能降低脱硫渣的熔点和黏度,有利铁水中[S]向渣中扩散,以提高脱硫效率。

(2) 几种复合脱硫剂效果

1) 石灰—萤石($CaO—CaF_2$)系脱硫剂　CaF_2 含量对 CaO 脱硫反应的影响如图 5-73 所示。

2) 石灰—萤石—碳($CaO—CaF_2—C$)系列脱硫剂　日本在 100tKR 设备上脱硫试验结果表明,配比为 $CaO:CaF_2:C=90:5:5$ 的效果最好,脱硫效率可达 91%。

3) 石灰—石灰石—萤石—碳($CaO—CaCO_3—CaF_2—C$)系列脱硫剂日本配比为 $CaO:CaCO_3:C:CaF_2=60:25:12:3$,在 300t 鱼雷罐车上喷吹试验,脱硫率可达 90% 左右。

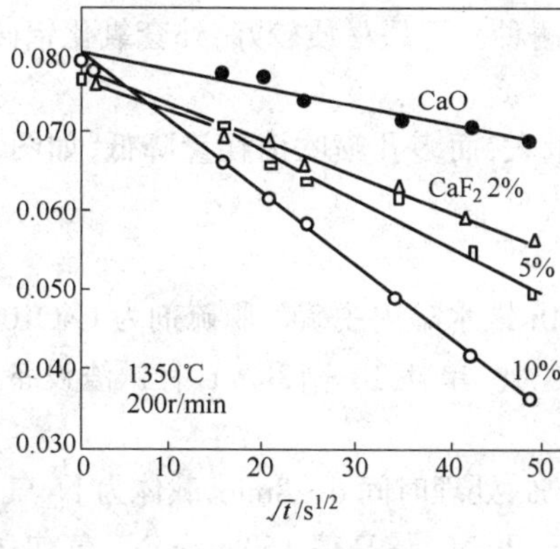

图 5-73　CaF_2 含量对 CaO 脱硫反应的影响

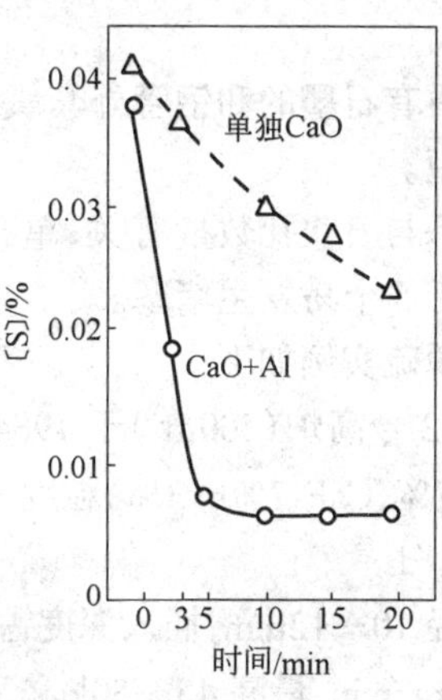

图 5-74　加铝对 CaO 脱硫的影响($CaO/SiO_2=1.05$)

4）石灰—铝（CaO—Al）系列脱硫剂在300t鱼雷罐车上试验结果如图5-74，脱硫效率比单用CaO时高20%～30%。

5.7.3 脱硫工艺

5.7.3.1 喷吹法

喷吹法已成为主要的工业规模铁水脱硫工艺如图5-75，喷枪垂直插入铁水罐中，用载气输送脱硫剂，通过喷枪将脱硫剂喷入铁水中进行脱硫。载气不仅用于输送脱硫剂，而且可选择适当的载气来控制脱硫反应，例如用氩气喷吹镁粉以降低反应激烈程度。

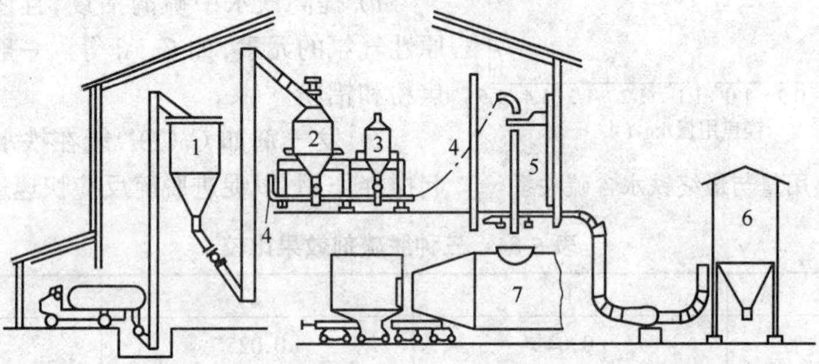

图5-75 喷吹法脱硫工艺设备示意图

1—受料斗；2、3—脱硫剂和促进剂分配器；4—输送管道；5—喷枪及提升装置；6—集尘器；7—鱼雷式混铁车

分配器结构型式有三种，见图5-76。

1）流化型：喷吹浓度高，粒度范围广，各种脱硫粉末，均可喷吹，载体通过流化板进入喷吹装置，将脱硫剂流化，然后由喷出口8喷入铁水罐内，进行脱硫反应。7为稀释气控制喷吹浓度，调节喷吹量大小。

2）推进型：设计和操作简单，通过喷吹装置内部充压，将脱硫剂喷入铁水罐内，6为喷吹介质进口，5为气粉混合物出口。该法仅用于具有流动好的粉末，若－200目超过15%不宜使用。

3）振动型：流量由振动单元控制。载气加入振落下的粉末中，将脱硫剂喷入铁水罐内。这种喷吹装置喷吹浓度低，适于需低速或严格控制粉末流量，例如将镁粉喷入无罩的铁水罐内。

以上三种喷吹装置都需有稀释气通入，改变喷吹浓度，使粉末在管路中加速运动，保持喷吹管路畅通。

喷枪材质有石墨的和钢管外套氧化铝质砖或涂料的两种。石墨材质较好，外套氧化铝砖或涂料者寿命较短。

喷吹效果与喷吹孔数量有关，单孔喷吹脱硫剂消耗量大，而多孔喷吹消耗量降低，如图5-77。但喷吹孔大于5个易发生堵塞。

喷吹法脱硫实例如下：

1）宣钢2号高炉（300m^3）于1984年采用喷吹法在30t铁水罐内脱硫。脱硫剂为CaO100%或CaO93%～97%，$CaF_2$7%～3%，粒度－200目占80%～90%。单耗10～12kg/t，有扒渣设备，脱硫站能力1000t/d。

喷枪直径10～12mm，插入深度占铁水深度50%～80%，处理时间6～8min，载体为N_2气，送粉速度25～35kg/min，最高45～50kg/min，粉/气比40～60kg/kgN_2，最高值150kg/kgN_2，气包压力>490kPa，枪前压力294kPa。铁水降温17～50℃，脱硫效率50%～85%。

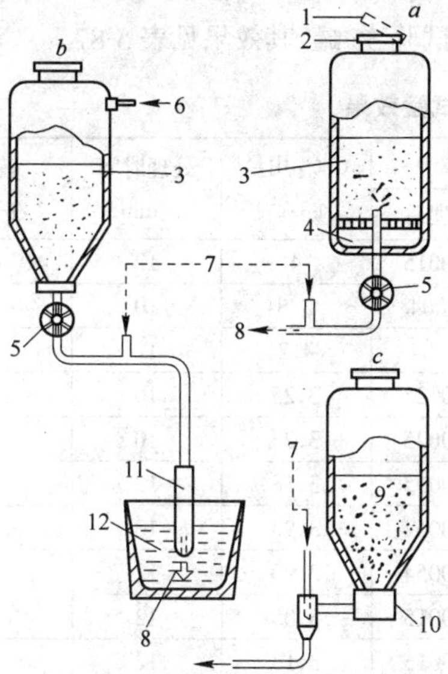

图 5-76　三种分配器

a—流化型；*b*—推进型；*c*—振动型

1—开放-流化；2—关闭-输送；3—脱硫剂粉；4—流化气；
5—切断阀；6—载气；7—稀释气；8—脱硫剂与载气混合物；
9—脱硫剂粉；10—振动器；11—喷射管；12—铁水

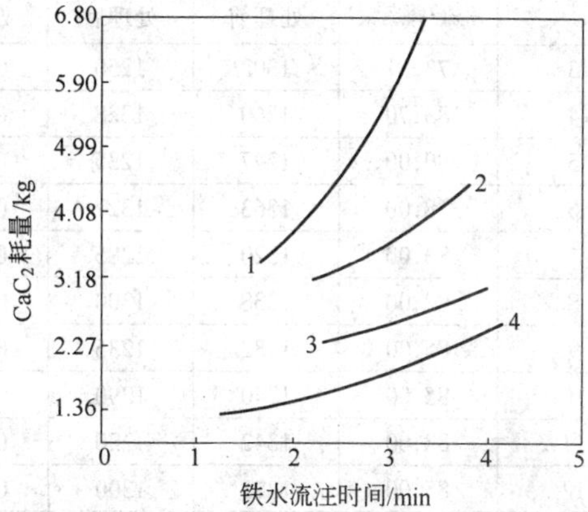

图 5-77　喷吹孔数和时间对 CaC_2 消耗影响

1—单孔；2—双孔；3—三孔；4—四孔

2）天津二钢厂 1983 年采用喷吹法铁水罐内脱硫。脱硫剂为 CaO，粒度 -200 目 80%～90%，输送浓度 31.6～52.9kg/m^3，脱硫剂耗量 12.5～14.8kg/t。喷枪直径 12mm，插入深度 1.4m，载体为 N_2 气，处理时间 7～14min。脱硫效率 66.67%～89.47%，24 次平均 81.63%，处理前铁水平均含硫 0.049%，处理后 0.009%，铁水温降 25～70℃。

3）日本神户钢铁公司于铁水罐内脱硫，脱硫剂为 $CaCO_3$，粒度＜1mm，用量 4～10kg/t。载气为 N_2 气，压力 490kPa，喷枪内径 25～50mm，插入深度 1/2 铁水深。处理时间 5min，脱硫效率 50%。

4）德国蒂森钢铁公司采用鱼雷式 150～300t 混铁车脱硫。脱硫剂为 CaC_2+CaCO_3，用量 80kg/min，载体为干燥空气，压力 588kPa，喷枪内径 25.4mm，钢管外用耐火材料保护，处理时间 8min，脱硫效率≥80%。脱硫站能力 30 万 t。有除尘扒渣设备，空气干燥室温度 -40℃。

5）日本新日铁公司名古屋厂，于 1975 年用鱼雷式混铁车脱硫。脱硫剂为 CaC_2+促进剂，CaC_2 用量月平均 1.64～2.88kg/t。载气为 N_2 气，喷枪钢管用耐火材料保护。脱硫效率平均为 68%～78%，铁水含硫处理前 0.027%～0.046%，处理后 0.0087%～0.0105%。1975 年月处理量 10.2～19.3 万 t。生铁中硅、锰、磷无明显变化，铁水温度较高对脱硫有利。喷枪寿命大于 30 次，混铁车寿命大于 700 次。

5.7.3.2　搅拌法

(1) 机械搅拌法

用耐火材料制成的搅拌器插入铁水中，以 90～125r/min 搅拌 10～15min，同时加入脱硫剂，利用铁水翻腾旋回使卷入其中的脱硫剂充分利用，脱硫效率高且稳定，铁水含硫可降至 0.005%以下，铁水温度降低 30～50℃。日本采用实心搅拌器，称 KR 法，如图 5-78。德国采用 T 形管搅拌器称 DORA 法。两种搅拌器效果无大的差别。

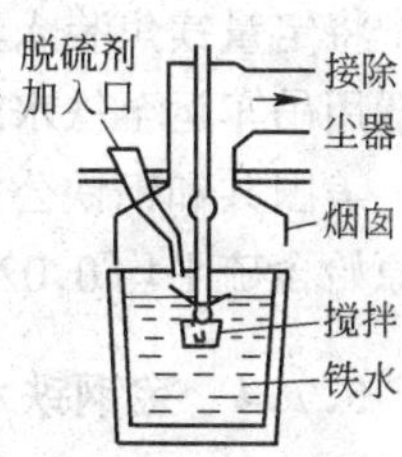

图 5-78　KR 法工艺

(2) 实心搅拌法

武钢二炼钢厂采用实心搅拌器，脱硫剂为 CaC_2 粉，共试验 35 罐，其效果见表 5-87。

表 5-87 武钢搅拌法脱硫试验效果

罐次	铁水量 /t·罐$^{-1}$	铁水温度/℃		铁水含硫/%		CaC_2 用量 /kg·t^{-1}	处理时间 /min	转数 /r·min^{-1}
		处理前	处理后	处理前	处理后			
3	73.87	1302	1250	0.025	0.0015	4	12	90
4	83.70	1360	1328	0.016	0.004	2.8	10	90
5	80.00	1277	1235	0.026	0.004	4.2	12	90
6	78.00	1363	1322	0.031	0.0025	3.25	10	90
7	83.00	1320	1285	0.025	0.0025	3.23	10	89
8	82.00	1338	1300	0.021	0.0015	3.18	12	85
9	85.00	1282	1235	0.016	0.0052	3.98	13	82
10	85.00	1340	1290	0.023	0.0054	3.90	12	99
11	83.00	1342	1220	0.016	0.0015	3.05	12	90
12	85.00	1325	1300	0.021	0.0015	3.13	12	90
13	83.00	1346	1320	0.020	0.0018	3.50	12	92
14	83.00	1285	1260	0.026	0.0018	4.20	13	90
15	78.00	1396	1280	0.018	0.008	3.00	12	85

(3) KR 法

日本新日铁公司广畑厂采用 KR 法。脱硫剂为 CaC_2 粉，粒度 0.2～1.0mm 用量 3～5kg/t，也可用苏打粉，用量 6～7kg/t。搅拌器为高铝耐火材质实心结构，有 4～6 个叶片，浸入深度 1.2～1.6m，转速 90～120r/min，搅拌时间约 15min，脱硫效率 90%，铁水含硫量由 0.03%降至 0.006%，处理 1 罐铁水时间约 40min(包括扒渣)。搅拌器寿命大于 100 次。还可用 90%石灰 + 5%萤石 + 5%碳的复合脱硫剂，用量为约 4kg/t。搅拌器的形状、尺寸、转速和浸入深度起关键作用。

(4) 气泡搅拌法(CLDS 法)

日本广畑厂采用此法。将铁水倾入放置脱硫剂的中间铁罐中，同时喷吹 N_2 气和 Ar 气，由于铁水翻腾产生搅拌，使铁水与脱硫剂充分反应，脱硫后的铁水经滑动下注阀流入另一个铁罐。处理 4 罐铁水后，将脱硫渣倾入渣罐内。脱硫剂为 90%CaO + 5%萤石 + 5%焦粉，粒度 0.2～1.0mm，用量 5kg/t。脱硫效率 90%，处理时间 15min。

日本八幡、君津等厂采用 PDS 法，特点将脱硫剂加在铁水表面，由铁水底部吹入 N_2 气或 Ar 气以搅拌铁水，装置简单，脱硫效率高。使用 CaC_2 4～6kg/t，处理 15min，脱硫效率72%～90%。

5.7.3.3 *浸入法*

采用镁焦脱硫多用此法。镁焦浸入设备示意图如图 5-79，钢压件重约 10t，用以抵消铁水浮力。通常将定量镁焦装入薄壁金属匣内，再置于带孔的石墨钟罩内，以插销固定，然后将组装好的脱硫装置用吊车运至铁水罐处，将其浸入铁水面之下。钟罩寿命 21 次。

美国共和钢铁公司用含 Mg45%～50%的镁焦脱硫，浸入深度 1.52～1.83m，浸入时间 8min，铁水原始含硫平均 0.025%，处理后平均含硫 0.0058%，脱硫效率平均 61%，用量 1.2kg/t。

5.7.4 宝钢铁水包镁脱硫工艺

宝钢一炼钢的铁水脱硫技术自“85.9”投产以来，一直应用混铁车顶吹法(TDS 法)，脱硫剂为氧

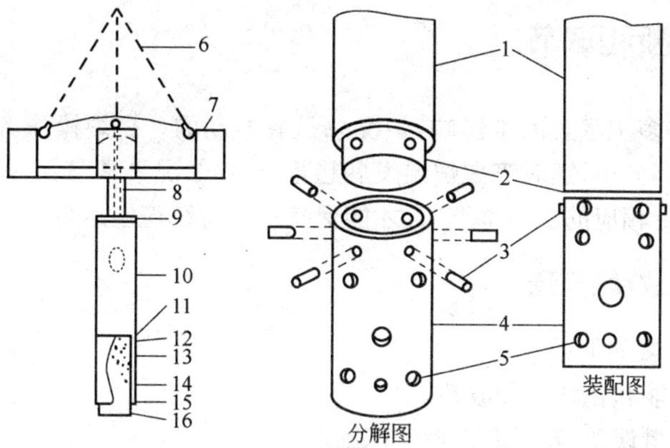

图 5-79　镁焦浸入设备

1—石墨杆；2—伸缩接头；3—插销；4—石墨钟罩；5—气孔；6—四股钢链；7—钢压件；8—钢轴；9—法兰；10—石墨杆；11—石墨插销；12—伸缩接头；13—镁焦；14—销钉；15—石墨钟罩；16—镁焦罐

化钙、碳化钙等钙系统脱硫粉剂。但无法满足超低硫钢种的要求。故于 1998 年 3 月在一炼钢又建成了铁水包镁脱硫装置，设计能力及工艺参考表 5-88。1998 年 10 月达到并超过设计水平。月处理量 23.18 万 t，相应年处理能力 278 万 t（设计能力 150 万 t）。处理后月平均终点硫水平几乎均在 0.003％以下，最低一个月达到了 0.0016％。脱硫剂镁粉和电石粉单耗降低到设计值 0.273kg/t 和 1.23kg/t 以下。

目前，相对于 TDS 脱硫，铁水包脱硫的脱硫剂成本略高一些，限制了它的使用。一是当 TDS 脱硫出现故障时，应用铁水包脱硫；二是 TDS 脱硫不能保证连续提供低硫铁，铁水包脱硫就显示出它快速，高效的处理能力；三是当 TDS 处理未能达到理想的目标硫时，在铁水包里再进行第二次处理。

表 5-88　设计能力和工艺参数

项　　目	数　　据	项　　目	数　　据
年处理铁水量	150 万 t	载气单耗	0.025m^3/t 铁
处理深度	处理后硫含量范围 0.001％～0.003％	喷吹总管压力	1500kPa
终点硫要求≤0.003％时	单耗：Mg0.372kg/t，$CaC_2$1.23kg/t	喷吹压力	700～800kPa
终点硫要求≤0.001 时	单耗：Mg0.476kg/t，$CaC_2$1.57kg/t	喷枪形状	直　管　形
纯喷吹时间	8～10min	喷枪外径	250mm
喷枪插入深度	离包底 300～450mm	喷枪寿命	40～50 次
载　　气	N_2	降温速度	1.2℃/min

铁水包脱硫工艺较其他法脱硫工艺有以下优点：

1）脱硫效率高，可将铁水中含硫量降至超低水平 0.002％以下。

2）脱硫剂脱硫能力强，利用率高，单耗低，处理时间短。

3）采用复合喷吹技术，通过两个出料口的可调孔板阀，可灵活的调节粉剂比例。

4）采用浓相输送技术，反应均匀、快速而稳定，喷溅很少，铁损和温降低。

5）产生的渣量少，环境污染小。

6）脱硫能力很强，对原料（铁水含硫量）具有很强的适应性，易进行过程控制。

5.8 高炉炉况判断和调节

高炉冶炼过程受许多主客观因素影响，炉况总是有波动的。高炉操作者必须善于掌握各种波动因素，进行综合判断和分析，随时掌握炉温发展趋势，抓住炉况失常萌芽，及时果断地运用各种行之有效的调节方法，进行相应的上下部调节，才能保持炉况持续稳定运行。

5.8.1 影响炉况波动的因素

影响炉况波动的因素如下：

1) 原、燃料物理性能和化学成分波动。

2) 原、燃料配料称量误差，超过允许规定范围。

3) 设备原因影响，如休风、减风、冷却设备漏水等。

4) 自然条件变化影响，如大气温度和湿度变化等。

5) 操作经验不足，造成失误或反向操作。

5.8.2 正常炉况象征

正常炉况象征如下：

1) 铁水白亮，流动性良好，火花和石墨碳较多，铁水温度：大型高炉≥1500℃，中型高炉1450～1500℃，小型高炉1400～1450℃，断口呈银灰色，化学成分为低硅低硫。

2) 炉渣温度充足，流动性良好，渣中不带铁，凝固不凸起，断口呈褐色玻璃状带石头边。

3) 风口明亮但不耀眼，焦炭运动活跃，无生降现象圆周工作均匀，风口很少破损。

4) 料尺下降均匀、顺畅、整齐、无停滞和崩落现象，料面不偏斜，两尺相差＜0.5m。

5) 炉墙各层温度稳定，且在规定范围之内。炉喉十字测温，边缘温度＞100℃，中心温度＞500℃。

6) 炉顶压力稳定，无向上高压尖峰。炉顶温度呈“之”字形波动，四点温差＜30～50℃，使用热烧结矿冶炼时＜450℃，冷矿冶炼时＜200℃。

7) 炉喉煤气五点取样 CO_2 曲线呈两股气流，边缘高于中心，最高点在第三点位置。

8) 炉腹、炉腰、炉身冷却设备水温差，稳定在规定范围内。

5.8.3 异常炉况象征和调节

与正常炉况相比，炉温波动较大，煤气流分布稍见失常，采用一般调剂手段，在短期内可以纠正的炉况，称为非正常或异常炉况。

(1) 炉温向热

炉温向热的象征

1) 热风压力缓慢升高；

2) 冷风流量相应降低；

3) 透气性指数相对降低；

4) 探尺下料速度缓慢；

5) 风口明亮耀目；

6) 炉渣流动良好，断口发白，呈石头状；

7) 铁水明亮，火花减少。

炉温向热的调节：

首先分析向热原因，然后采取相应的调节措施：

1）向热料慢时，首先减煤 1～2t/h，如风压平稳可少量加风；

2）减煤后炉料仍慢，富氧鼓风的高炉可增加氧量 0.5%～1%；

3）炉温超规定水平，顺行欠佳时可降低风温 50～100℃；

4）采取上述措施后，如风压平稳，可加风 50～100m^3/min；

5）料速正常后，炉温仍高于正常水平，可减焦 40～100kg/批，或加矿 100～300kg/批；

6）如系原、燃料成分、数量波动，应根据波动量大小，相应调整焦炭负荷；

7）原、燃料称量设备误差增大，应迅速调回到正常零点。

(2) 炉温向凉

炉温向凉的象征：

1）热风压力缓慢下降；

2）冷风流量相应升高；

3）透气性指数相对升高；

4）探尺下料速度渐快；

5）风口暗淡，时有生降；

6）炉渣流动性恶化，断口变黑；

7）铁水暗淡，火花增多。

炉温向凉的调节：

首先分析向凉原因，然后采取相应调节措施：

1）向凉料快时，首先加煤 1～2t/h，减风 50～100m^3/min；

2）加煤后料速制止不住，富氧鼓风的高炉可减氧 0.5%～1.0%；

3）如风温有余，顺行良好，可提高风温 50～100℃；

4）采取上述措施，料速仍然制止不住，可再减风 100～200m^3/min；

5）料速正常后，炉温仍低于正常水平，可加焦 40～100kg/批，或减矿 100～300kg/批；

6）如原料铁分或焦炭(包括喷吹物)灰分、水分波动，应根据波动因素和数量调整焦炭负荷；

7）如原燃料称量误差，应迅速调回正常零点；

8）如系风口漏水应及时更换，冷却设备漏水，可适当减少水量，严重时切换成高压蒸汽或闭死。

(3) 管道行程

管道行程是高炉横断面某一局部气流过分发展的表现。它的形成和发展主要是由于原燃料强度变坏，粉末增多，风量与料柱透气性不相适应而产生。其次是低料线作业、布料不合理、风口进风不均及炉型不规则等造成。

管道行程象征：

1）管道行程时，风压趋低，风量和透气性指数相对增大。管道堵塞后风压回升，风量锐减，风量与风压呈锯齿状反复波动；

2）炉顶温度和炉喉温度在管道部位升高。中心出现管道时则炉顶四点煤气温度成一线束，炉喉十字测温中心温度升高；

3）炉顶煤气压力出现较大的高压尖峰，炉身静压力管道部位上升；

4）炉身水温差管道部位略有升高；

5）下料不均匀，时快时慢，出现偏料、滑料、假尺、埋尺等现象；

6) 风口工作不均匀,管道方位风口忽明忽暗,有时出现生降现象;

7) 渣铁温度波动较大;

8) 管道严重时,管道方向的上升管时常发生炉料撞击声音。

管道行程调节:

1) 当出现明显的风压下降,风量上升,且下料缓慢的不正常现象,应及时减风5%~10%;

2) 富氧鼓风的高炉应适当减氧或停氧,并相应减煤或停煤,如炉温较高可降低风温50~100℃;

3) 当探尺出现连续滑落,风量风压剧烈波动时应转常压操作并相应减风;

4) 出现中心管道时,钟式高炉可临时改2~4批倒双装,无钟高炉临时装2~4批$\alpha_C > \alpha_O$的料或增加内环的矿石布料份数;

5) 若出现边缘管道时,可临时装入2~4批正双装,无钟高炉可在管道部位装2~4批扇形布料或定点布料;

6) 严重管道行程时要加净焦若干批,以疏松料柱和防止大凉;

7) 采取上述措施无效时,可放风坐料,并适当加净焦,回风压差要比正常压差相应降低0.01~0.02MPa;

8) 如定向管道长期不能好转,应考虑休风堵管道部位风口,然后再慢风逐渐恢复。

(4) 边缘气流发展,中心堆积

上下部调节不相适应、调节不当、鼓风动能太低、旋转溜槽磨漏等,都会造成边缘气流发展,中心堆积。

边缘气流发展的象征:

1) 风压偏低,风量和透气性指数相应增大,风压易突然升高而造成悬料;

2) 炉顶和炉喉温度升高,波动范围增大,曲线变宽;

3) 炉顶压力频繁出现高压尖峰,炉身静压力升高,料速不均,边缘下料快;

4) 炉喉煤气五点取样CO_2曲线边缘降低,中心升高,曲线最高点向中心移动,混合煤气CO_2降低。炉喉十字测温边缘升高,中心降低;

5) 炉腰、炉身冷却设备水温差升高;

6) 风口明亮,个别风口时有大块生降,严重时风口有涌渣现象或自动灌渣;

7) 渣铁温度不足,上渣热,下渣偏凉;

8) 铁水温度先凉后热,铁水成分高硅高硫。

边缘气流发展的调节:

1) 采取加重边缘,疏通中心的装料制度。钟式高炉可适当增加正装料比例,无钟高炉可增加外环布矿份数,或减少布焦份数;

2) 批重过大时可适当缩小矿石批重,控制料层厚度不大于400mm;

3) 炉况顺行时可适当增加风量和喷煤量,但压差不得超过规定范围;

4) 炉况不顺时可临时堵1~2个风口,或缩小风口直径;

5) 检查大钟和旋转溜槽是否有磨漏现象,若已磨漏应及时更换。

(5) 边缘气流不足,中心过分发展

边缘气流不足的象征:

1) 风压偏高,风量和透气性指数相应降低,出铁前风压升高,铁后降低;

2) 炉顶和炉喉温度降低,波动减少,曲线变窄;

3) 炉顶煤气压力不稳,出现高压尖峰,炉身静压力降低;

4）炉喉五点煤气取样 CO_2 曲线边缘升高，中心降低，曲线最高点向边缘移动，综合煤气 CO_2 升高，炉喉十字测温边缘降低，中心升高；

5）料速不均，中心下料快；

6）炉腰炉身冷却设备水温差降低；

7）风口暗淡不均显凉，有时出现涌渣现象，但不易灌渣；

8）上渣带铁多，铁水物理热不足，生铁成分低硅高硫。

边缘气流不足的调节：

1）采取减轻边缘、加重中心的装料制度，钟式高炉可适当增加倒装比例，无钟高炉可适当减少边缘布矿份数，或增加布焦份数，并相应减轻焦炭负荷；

2）批重小时可适当增加矿石批重，但不宜太大影响顺行；

3）料线低时可适当提高料线，但不宜高于 1.25m；

4）鼓风动能高时可适当减少风量和喷煤量，但压差不宜低于正常范围的下限水平；

5）炉况顺行时可考虑适当扩大风口直径，但鼓风动能不得低于正常水平；

6）炉况不顺时可考虑采取洗炉措施，炉渣碱度可适当降低，维持正常碱度的下限水平。

5.8.4 失常炉况及处理

由于某种原因造成的炉况波动，调节得不及时、不准确和不到位，就会造成炉况失常，甚至导致事故产生。采用一般常规调节方法炉况很难恢复，必须采用一些特殊手段，才能逐渐恢复正常生产。

（1）低料线

料面低于规定料线 0.5m 以上称为低料线。

低料线的危害：

1）炉顶温度升高，损坏炉顶设备；

2）气流分布失常，影响高炉顺行；

3）破坏炉料预热和还原，处理不当会造成高炉大凉，焦比升高；长期低料线，加焦不及时到位，甚至会造成风口灌渣、炉缸冻结；

4）成渣区波动，易造成炉墙黏结，甚至结瘤。

低料线的处理：

1）由于原燃料供应不足，或装料系统设备故障产生低料线时，要及时果断地减风到风口不灌渣水平；炉顶温度钟式高炉不大于 500℃，无料钟高炉不大于 300℃；低料线持续时间不大于 1h；故障消除后首先装料，待料线见“影”后再逐渐恢复风量；

2）因设备故障，短时间不能修复，要抓紧配罐出铁，出铁后进行休风；

3）炉顶温度大于 500℃，无钟高炉大于 300℃ 时，炉顶通蒸汽或打水，并进一步减风；

4）低料线时，要根据料线深度和持续时间调整焦炭负荷，首先加足够的净焦，然后再适当减轻负荷；

5）赶料线接近正常料线时，风压升高，为保持顺行，可控制压差低于正常压差；低料线下至成渣区，如顺行较差可适当减风；低料线过后再逐渐恢复风量和调整炉温。

（2）连续崩料

料尺停滞不动，而后又突然下落，称为崩料。连续停滞和崩落，称为连续崩料。

连续崩料是炉况严重失常的前兆，危害极大，严重时会造成高炉大凉，甚至炉缸冻结。故操作者必须采取及时而果断的措施，制止连续崩料的持续发展。

连续崩料的象征：

1）炉顶煤气压力剧烈波动，频繁出现高压尖峰，炉顶出现不正常的响声；炉喉五点煤气取样 CO_2 曲线分布混乱，最高点降低；

2）炉顶、炉喉温度管道部位升高，温度带变宽，严重崩料时，炉顶温度瞬间可达800℃以上，上升管烧红；

3）探尺连续出现停滞和崩料现象，料面偏差大，出现假尺现象，有时影响开大钟；

4）风量、风压、透气性指数呈锯齿形波动，崩料前风压降低，风量增加，崩料后风压升高，风量减少，透气性指数降低；

5）风口工作不均，部分风口出现生降，严重时风口涌渣，甚至烧穿；

6）渣铁温度急剧下降，铁水出现高硅高硫，渣流动性变差，严重时放不出渣。

连续崩料的处理：

1）迅速停氧停煤，相应减轻焦炭负荷；

2）高压转常压操作，相应减少风量到不崩为止；

3）集中加焦5～15批，改善料柱透气性和提高炉温；

4）炉温充足时可打开渣口，出铁后进行坐料，然后休风堵部分风口，少量回风；

5）加强出铁出渣工作，尽量出净渣铁，涌渣的风口可在外部喷水，强制冷却，防止烧穿，赢得恢复时间；

6）崩料制止、炉温回升、下料正常、非崩料部分炉料下到炉腰以后，根据顺行情况逐步恢复风量，然后调整焦炭负荷，相应恢复风温和喷煤；恢复时注意压差控制在规定水平的下限；必要时短时间可采取适当疏通边缘的装料制度，待风量正常后再酌情恢复。

(3) 悬料

炉料停止下降，持续时间二批料不下，称为悬料。连续两次以上的悬料，称连续悬料。

悬料的象征：

1）探尺下降缓慢或停止，或风压突然冒尖，风量相应减少或锐减；

2）炉顶压力降低；

3）炉顶温度升高，且四点温度差别缩小；

4）透气性指数显著降低；

5）风口不活跃，个别风口出现大块。

悬料的预防：

悬料是难行、管道和崩料最终的结局。在操作调剂上应注意以下问题：

1）低料线、净焦下到成渣区域，不许加风或提高风温；

2）原燃料质量恶化时，禁止采取强化措施；

3）渣铁出不净时，不允许增加风量；

4）恢复风温时，每小时不允许超过50℃；

5）增加风量时，每次不允许大于150 m^3/min；

6）向热料慢加风困难时，可酌情降低喷煤量或适当降低风温，为增加风量创造有利条件。

悬料的处理：

1）高压转常压操作，并相应减少风量；

2）停氧停煤，并相应减轻焦炭负荷；

3）炉温高时可降低风温50～100℃，争取不坐而下；

4）采取上述措施无效时，联系鼓风机放风坐料，坐料前打开渣口，最好在铁后进行；

5）放风坐料不下时联系热风炉和鼓风机进行休风坐料；

6）连续两次以上的坐料，且仍不能消除悬料危险时，应在坐料后进行休风堵30%～40%风口，送风装5～10批净焦，炉凉悬料还要增加；

7）顽固悬料，甚至休风不下，可回风烧焦炭，但风压不得高于正常风压，待风口区域烧出一定空间，再进行放风坐料；风量和顶压为零的顽固悬料，则应取出渣口四套向炉外喷焦炭，待炉缸焦炭喷出一定空间，再进行放风坐料；

8）坐料送风后，首先要补加足够的净焦，风量不宜太多，按压差操作，必要时可采取适当发展边缘的装料制度。

坐料注意事项：

1）坐料前炉顶、除尘器通蒸汽，有N_2设施的高炉除尘器可通N_2气；

2）坐料前停止炉顶打水；

3）坐料过程除尘器禁止清灰；

4）料未彻底坐下来，不允许换风口或进行其他作业；

5）不允许用热风炉倒流休风坐料；

6）坐料过程风口周围禁止人员来往，炉顶不准有人工作。

悬料处理实例：

1971年9月17日酒钢1号高炉因泥炮事故，突然非计划休风34小时。休风前由于原料品位太低、粉末多、且数量不足，长期堵部分风口慢风作业，造成炉缸严重堆积。19日3时42分送风后即悬料，经放风、休风4次坐料不下，形成了少见的顽固悬料。21时再次进行休风坐料，料线下降4m，装6批净焦后又悬料，24时又休风坐料，炉料仍然不动。21日1时45分后风量逐渐为零，炉顶压力也相应为零，之后强制加风，风压提至0.255MPa，风量和炉顶压力仍旧为零，说明料柱透气性已严重恶化，甚至堵死。

25日白班后期休风，取出渣口四套和三套，送风后向炉外喷焦炭，喷吹1小时，约喷出焦炭150余吨，料柱透气性改善，风压缓慢降低，风量逐渐升高，待风压降至0.1MPa以下时，再次放风坐料，炉料塌落，料线降至10m。坐料后7个风口工作，首先补足焦炭，集中装入，全倒装，并用锰矿和萤石洗炉，坚持按压差操作，炉况逐渐恢复正常。

经验教训：休风前原料质量低劣、数量不足，长期堵部分风口慢风作业，是导致顽固悬料的根本原因，泥炮突然发生事故而造成无准备的长期休风，是形成顽固悬料的主导原因。一旦出现顽固悬料，特别经几次坐料不下、风量为零的顽固悬料，应首先解决炉料透气性问题。为此，应及早的采用铁口喷焦措施，如铁口喷不出来应立即转入渣口喷吹，以松动炉料，尽量减少频繁坐料。炉料塌落后首先补加足够的焦炭，以改善料柱透气性和提高炉温，然后按压差操作，逐渐恢复。采用渣铁口喷吹焦炭要采取相应的防火措施，防止烧人和烧损建筑物。

（4）大凉及炉缸冻结

大凉及炉缸冻结原因：

1）突然停止喷煤，停喷前无准备；

2）称量设备故障，误差高于正常规定；

3）装料程序失误，或配料单写错，多上矿石，少上焦炭；

4）渣皮或炉墙大面积塌落；

5）冷却设备烧坏，大量向炉内漏水；

6）突然发生自然或重大设备事故紧急休风，来不及变料准备；

7）长期休风或封炉未对损坏的冷却设备漏检，大量向炉内漏水；

8）低料线、连续崩料和顽固悬料处理不当，加焦不足等。

大凉的处理：

1）查找大凉原因，根除形成大凉的因素；

2）停氧加焦并减轻焦炭负荷；

3）减少风量，高压转常压操作；

4）按压差操作，维持较低的风压，不宜强求风温和喷煤，如风口有涌渣危险应减煤或停煤；

5）尽量减少或消除风口烧穿事故，涌渣的风口外部打水强制冷却。如遇休风机会可临时堵40%～50%风口；

6）增加出铁次数，及时出净渣铁。

炉缸冻结处理：

1）查找冻结原因，根除造成冻结的因素，根据冻结程度，集中加焦10～20批。

2）高压转常压操作，停止炉顶打水，停氧停煤，相应减轻焦炭负荷。

3）如铁口不能出铁说明冻结比较严重，应及早休风准备用渣口出铁，保持渣口上方2个风口送风，其余全部堵死。送风前渣口小套、三套取下，并将渣口与风口间用氧气烧通，并见到红焦炭。烧通后将用炭砖加工成外形和渣口三套一样、内径和渣口小套内径相当的砖套装于渣口三套位置，外面用钢板固结在大套上。送风后风压不大于0.03MPa，堵铁口时减风到底或休风。

4）如渣口也出不来铁，说明炉缸冻结相当严重，可转入风口出铁，即用渣口上方两个风口，一个送风，一个出铁，其余全部堵死。休风期间将两个风口间烧通，并将备用出铁的风口和二套取出，内部用耐火砖砌筑，深度与二套齐，大套表面也砌筑耐火砖，并用炮泥和沟泥捣固并烘干，外表面用钢板固结在大套上。出铁的风口与平台间安装临时出铁沟，并与渣沟相连，准备流铁。

送风后风压不大于0.03MPa，处理铁口时尽量用钢钎打开，堵口时要低压至零或休风，尽量增加出铁次数，及时出净渣铁。

5）采用风口出铁次数不能太多，防止烧损大套。风口出铁顺利以后，迅速转为备用渣口出铁，渣口出铁次数也不能太多，砖套烧损应及时更换，防止烧坏渣口二套和大套。渣口出铁正常后，逐渐向铁口方向开风口，开风口速度与出铁能力相适应，不能操之过急，造成风口灌渣。开风口过程要进行烧铁口，铁口出铁后问题得到基本解决，之后再逐渐开风口直至正常。

处理大凉和炉缸冻结注意事项：

1）采用渣口或风口出铁时，开口时应尽量用钢钎子打开，防止跑大流。堵口时应放风到零或休风，防止烧人；

2）采用渣口或风口出铁，出铁的渣口或风口必须用耐火砖砌筑严密，加固结实，防止烧损风口大套和渣口二套；

3）采用风口或渣口出铁，禁止冲水渣，配备带壳或砌砖渣罐或铁罐，防止渣罐烧穿；

4）处理大凉或炉缸冻结，首先要集中加足够的焦炭，然后再适当减轻焦炭负荷，保持炉缸温度充足，生铁含硅量控制在0.8%～1.0%左右；

5）控制开风口速度与出铁能力互相适应，不能操之过急，造成风口灌渣；

6）采用渣口出铁时，开风口应依次向距铁口最近方向转移。铁口能出铁后，开风口顺序要依次向渣口方向转移。开风口要相应加风，控制压差稍低于正常水平。

鞍钢10号高炉炉缸冻结事故处理：

鞍钢10号高炉（1513m^3，18个风口）1958年11月19日送风开炉。送风点火后炉渣碱度过低（$CaO/SiO_2=0.64$），后来变料加石灰石800kg/批，下来后炉渣碱度升高至1.3～1.58，渣流动性恶化。

20 日 14:10 大小钟平衡杆折断，休风 5h 进行简单地焊补加固，维持慢风生产。

22 日休风 50h16min 更换平衡杆，24 日用偶数风口送风，当天烧坏 5 个风口小套和 2 个风口二套。相继 25 日烧坏 12 个风口小套；26 日烧坏 9 个风口小套和 2 个二套。3 天内共休风 24h，且向炉内漏水，炉缸严重恶化。26 日的休风中，风口前有大量凝结物，用氧气烧进 1m 仍不见干焦炭。复风只用 1、2、3、4、18 号 5 个风口，风量 500m^3/min，风压 0.098MPa，只装净焦，因碱度太高，每批料附加河沙 500kg，渣口已不能出渣，铁口仅能流出少量铁水。

28 日 2 时大小钟平衡杆主轴折断。由于炉顶温度高造成炉顶着火，于是进行炉顶打水，并改用链式起重机，人工开关大小钟，炉顶不时发生爆炸。29 日只 4 个风口工作，放不出渣铁，用氧气烧开东西渣口，仅东渣口流出少量渣铁。

30 日休风 19h40min 烧开东西两个渣口，并设置从风口向炉内喷吹河砂装置。送风后至 12 月 6 日止，7 天内烧坏风口 24 个，二套 2 个和直吹管 7 个，共休风 138h，休风率为 82%。

7:40 崩料，随之炉顶发生爆炸，烧坏风口及二套 8 个，直吹管 7 个，并烧坏了仪表电路，放风阀通道被喷出的焦炭堵住，被迫通过热风炉放风进行紧急休风。烧坏的风口还来不及闭水，更加剧了炉缸冻结。

7～14 日休风更换炉顶设备和风口，卸下全部风口，清除铁口区域凝结物，填充萤石和河砂。1、2、18 号风口装 ϕ120mm 砖套，其余风口全部堵死。14 日 21 时送风，风量 550m^3/min，风压 0.074MPa，仍希望从铁口出铁。2 小时后 2 号风口及二套烧坏，休风更换并堵泥，只用 2 个风口送风。

15 日 2、14 号风口吹开，不久 14 号风口自动灌死。因渣口、铁口均出不来铁，2 号风口及二套再次烧坏爆炸，紧急休风，决定以 2 号风口作为临时出铁口。

17 日零时用 1 号风口送风，风量 200m^3/min，风压 0.039MPa，3:30，从临时铁口出来铁，每 1.5h 出一次，出 4 次铁后风口涌渣现象消失。此后打开 3 号风口，风量增至 600m^3/min，风压 0.088MPa，2 天后出铁 21 次，决定烧东渣口改作临时铁口。

18 日临时铁口出来铁，打开 4 号风口，堵死 2 号临时出铁口。19 日打开 18 号风口，并组织烧开正常出铁口。23 日休风恢复 2 号风口，用 1、2、3、18 号四个风口送风，仍从东渣口出铁，炉缸活跃区继续扩大。

25 日从正常铁口出来铁，此后堵死东渣口，防止烧坏渣口二套。

26 日风量增至 1100m^3/min，逐渐增加送风风口，每次都需休风处理。至 1 月 30 日止达到 13 个风口送风。

31 日休风恢复东渣口，2 月 2 日东渣口放出渣。4 日开始转高压操作，6 日风口全部送风。

经验教训：设备质量必须满足生产要求，否则后患无穷。开炉设备必须经过单体和联合试车，并达到规定要求才能开炉，否则欲速则不达，损失惨重。铁口不能出铁应立即采取措施用渣口出铁，渣口也出不来铁时，及时改用风口出铁。采用最少的风口送风，尽量减少风口灌渣和烧损事故，以避免频繁休风，赢得宝贵的恢复时间，防止事故扩大。

(5) 炉缸堆积

炉缸堆积的原因：

1) 原燃料质量恶化，特别是焦炭强度降低影响最大；

2) 由于某种原因影响，长期慢风操作，风速不足，造成中心严重堆积；

3) 长期高碱度操作，或长期冶炼铸造生铁，加剧了炉缸石墨炭堆积；

4) 冷却设备局部漏水，或长期堵风口作业，造成炉缸局部堆积；

5) 喷吹燃料太多，理论燃烧温度不足。

炉缸堆积象征：

1）不易接受风量，风压偏高，透气指数偏低，只能维持较低的风压操作，稍高即悬料；

2）不易接受高压差操作，稍高即出现管道行程；

3）出铁或放渣前风压升高，风量减少，料速减慢，出铁过程料速显著加快；

4）上渣量增加，下渣量减少，严重时提前打开渣口也可放渣，后期渣中带铁增多；

5）风渣口破损增加，边缘堆积先坏风口，后坏渣口；中心堆积先坏渣口，后坏风口；

6）铁口深度稳定，打泥量减少，严重时铁口难开；

7）风口工作不均，容易灌渣，严重时自动灌渣，烧穿风管；

8）炉缸边缘堆积部位冷却壁水温差降低。

炉缸堆积处理：

1）改善原燃料质量，提高焦炭强度，降低入炉料粉末；

2）如冶炼铸造生铁，改炼炼钢生铁；

3）改善渣铁流动性能，用均热炉渣、锰矿等洗炉，或适当降低炉渣碱度；

4）如果由于煤气分布失常引起炉缸堆积，可通过上下部调剂手段，将煤气分布调整正常，如缩小矿石批重，顺行欠佳时也可适当缩小风口直径，喷煤量多时可适当降低喷煤量；

5）风渣口等冷却设备漏水时，应及时发现，及早处理。

(6) 炉墙结厚

炉墙结厚原因：

1）长期边缘过重，中心气流发展且不稳定；

2）原燃料不足，长期堵部分风口，低冶炼强度操作；

3）设备故障多，频繁的低料线作业，炉墙温度波动太大；

4）冷却强度过大，水温差远低于正常水平；或冷却设备局部漏水；

5）喷吹量过大，热补偿不足，未燃煤增多，渣流动性恶化，软熔带透气性变差。

炉墙结厚象征：

1）炉喉、炉身温度降低，且温度带分散；

2）炉顶煤气压力有爆震现象；瓦斯灰量增加；

3）炉身冷却设备水温差降低；

4）炉喉十字测温边缘温度降低，炉喉煤气五点取样 CO_2 曲线结厚部位第一点高于第二点，平均水平降低；

5）不易接受风量，风压偏低时炉况平稳，风压偏高时容易崩料或悬料；

6）风口不活跃，炉凉时生降增多，堆积焦炭，渣温不足，严重时风口自动涌渣。

炉墙结厚处理：

1）采取适当发展边缘的装料制度，相应减轻焦炭负荷 10%～15%；

2）适当降低炉渣碱度，较正常碱度低 0.02～0.05；

3）适当降低结厚部位冷却强度，漏水的冷却设备要减水或停水，外部喷水冷却；

4）采用酸性料洗炉，或集中加焦进行热洗，采用偏高的炉温操作；

5）改善原燃料质量，适当降低喷煤量；

6）维持较低的压差操作，减少崩料和悬料。

炉墙结厚实例：

邯钢 4 号高炉（$900m^3$）1997 年 7 月 2 日投产，初期炉况稳定顺行，半年左右系数达到 $1.89t/m^3 \cdot d$。进入 1998 年元月以后，原燃料质量变差，设备故障多，频繁地进行休风，以及操作制度不合理，炉墙温度逐渐下降，形成了炉墙结厚，炉况急剧恶化。处理过程经以下四个阶段：

1) 第一阶段 1998 年元月 4～23 日。提高入炉料筛分效率，使＜10mm 烧结矿控制在 30% 以下；减少碎焦和粉焦入炉；炉腰和炉身下部冷却水量减少 15%～20%；操作上矿石批重缩小到 17t，布料角度由原来的 $\alpha_O^{32^\circ}\alpha_C^{29^\circ}$ 调整为 $\alpha_O^{32^\circ}\alpha_C^{35^\circ}+\alpha_O^{32^\circ}\alpha_C^{24^\circ}$；这样既发展边缘，又不堵塞中心，炉况逐渐好转。但由于强化速度太快，出现炉凉，导致炉况失常。

2) 第二阶段(1998 年元月 23 日～3 月 26 日)。风口长度由 415mm 缩小至 315mm；频繁加净焦进行热洗炉，总计加净焦 9 次 197 批，炉墙温度开始回升见图5-80。

日期	1月	2月					3月		
	23日	2日	5日	6日	17日	25日	6日	16日	26日
净焦	20	12	20	10	15	19	18	30	35

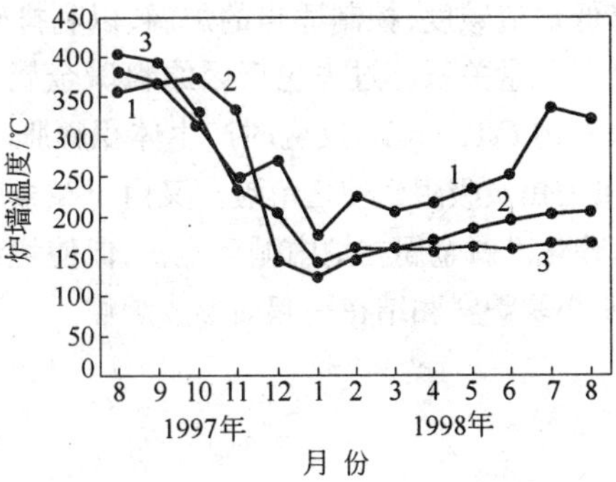

图 5-80 炉墙结厚前后炉墙温度变化

1—炉腰；2—炉身一层；3—炉身二层

3) 第三阶段(1998 年 3 月 26 日～6 月 9 日)。在总结前两阶段经验教训基础上，确定了适当发展边缘，保持边缘与中心两股气流的操作方针。上部采用布料角度 $\alpha_O^{32^\circ}\alpha_C^{35^\circ}+\alpha_O^{32^\circ}\alpha_C^{25^\circ}$，矿批 17～19t，下部确保风速 160m/s，适当缩小风口面积，堵 2～3 个风口；操作上严格控制炉温，生铁含硅量控制在 0.5%～0.7%，消灭低炉温，定风压和压差操作，炉况逐渐好转。

4) 第四阶段(1998 年 6 月 9 日～8 月 31 日)。在炉况好转的基础上，逐渐减少 $\alpha_O^{32^\circ}\alpha_C^{35^\circ}$ 的使用比例，7 月 11 日布料角度一律改为 $\alpha_O^{32^\circ}\alpha_C^{28.5^\circ}$，矿批恢复到 22.2t，6 月份开始高炉利用系数达到 2.0t/m^3·d 以上。

(7) 高炉结瘤

结瘤原因：

高炉结瘤原因很多，是炉墙结厚发展的结果。主要原因有：

1) 原燃料强度差、粉末多、矿石种类复杂、化学成分波动大；

2) 天然矿用量大，软化温度低，钾、钠等碱金属有害元素多；

3) 炉况不顺，低料线、连续崩料、连续悬料等长期得不到彻底根除；

4) 原燃料供应不足，长期堵风口慢风作业；

5) 冷却强度大，或冷却设备局部漏水长期得不到彻底解决，造成炉墙黏结；

6) 炉型或装料设备有缺陷，影响煤气分布失常。

结瘤的象征：

1) 炉身温度，若局部结瘤则结瘤部位炉身温度降低，其他部位则正常或偏高；若环状炉瘤则各方位炉身温度普遍降低，特别风量少时更低；

2) 炉顶温度，局部结瘤时各点温度相差大，结瘤部位偏低，差别约 100～150℃；环状结瘤时各点温度差别小，约 30℃左右；

3) 炉顶压力，时常出现高压尖峰，冶炼强度高时尤甚；

4) 风压高且波动，减风后趋于平稳；风压风量不对应，不接受风量且波动很大；

5) 炉喉五点煤气取样 CO_2 分布，结瘤部位边缘煤气少，曲线第一点 CO_2 高于第二点和第三点；

6) 探尺，结瘤部位下降慢，时有偏料、崩料、埋尺等现象发生；

7) 风口工作不均，结瘤部位凉；

8) 瓦斯灰量增多。

炉瘤的预防：

1) 贯彻精料方针，改善原燃料理化性能，提高强度，减少粉末，降低钾钠等碱金属有害元素，增加人造富矿等；

2) 包钢自1959年投产后20年中，高炉结瘤作业时间约占生产时间70%。1980年以来不断改善原料，实现精矿混匀，铁分波动由15%减少到5%～6%，炉瘤已得到基本控制，生产局面显著改观；

3) 鞍钢建国后头几年，矿石种类多，化学成分波动大，时有结瘤发生。由于逐年增加自熔性烧结矿，入炉矿软化温度提高，1957年以后消灭了高炉结瘤；

4) 降低炉料碱负荷。碱负荷大的高炉应调整炉料结构，尽量将碱负荷降至最低水平。操作上应适当降低炉渣碱度，控制适当的炉温，以利排碱，图5-81和图5-82分别为包钢和武钢炉渣碱度和渣中碱金属含量关系。过去包钢因原料碱金属含量高，时常造成高炉结瘤。碱金属与焦炭在高温区形成塞入物C_8K、$C_{24}K$，反应时产生体积膨胀，在焦炭内部产生强大的局部应力，使焦炭破碎。此外，碱金属为焦炭吸附也使之龟裂。又由于碱金属的催化作用，促进了焦炭与CO_2的熔损反应，使气孔壁变薄碎化。碱金属在炉内循环富积，促使烧结矿、球团矿粉化，恶化其软熔性。同时又作为一种黏结剂，使小块炉料黏结在一起而形成炉瘤。

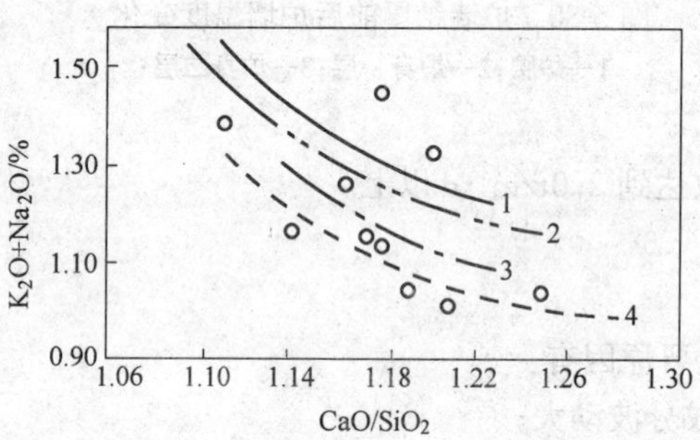

图5-81 包钢炉渣碱度和[Si]与炉渣排碱的关系

1—[Si]0.30%～0.40%；2—[Si]0.41%～0.50%；
3—[Si]0.51%～0.60%；4—[Si]0.61%～0.70%

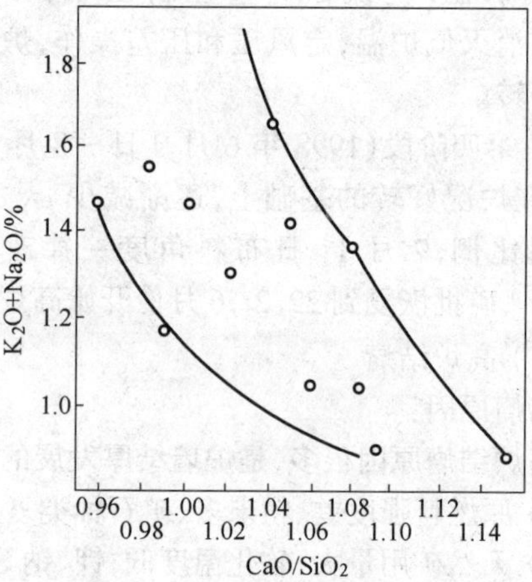

图5-82 武钢炉渣碱度与渣中碱金属含量的关系

5) 及时洗炉。出现炉墙温度降低，煤气曲线分布失常，以及长时间低料线或长期休风后，应采取适当发展边缘的装料制度；下部结厚时及时用萤石、锰矿洗炉，或集中加焦进行热洗，将炉瘤消灭在萌芽之中；

6) 适当降低炉身冷却强度。1959年包钢1号高炉投产不久，因碱负荷高，出现结瘤萌芽。相继将炉身上部支梁式水箱及中部10～11段冷却壁的水量减少，取得了一定效果。但应防止水温差超过规定的允许范围；

7) 加强冷却设备管理，严防向炉内漏水，特别在休风前后对已查明漏水的冷却设备，必须彻底停水。

炉瘤的处理：

根据炉瘤的位置可分为上部炉瘤和下部炉瘤。上部炉瘤在软熔带以上，下部炉瘤在软熔带及其以下部位。上部炉瘤必须进行休风炸瘤，下部炉瘤可采取降低结瘤部位冷却强度，提高炉温集中加净焦，降低炉渣碱度，用萤石等洗炉剂洗炉措施。喷煤量大的高炉应适当减少喷煤量。

高炉休风炸瘤操作程序：

1）炉墙钻孔，测定炉瘤的位置和大小；

2）根据炉瘤大小和料线深度，确定加净焦的数量，净焦下降到瘤根以下时休风，并将风口堵泥；

3）割炉皮打眼，直径80～150mm，深度自炉衬向内超过500mm，但不要钻透瘤体，洞底填硬泥；

4）用薄铁皮加工成直径50～100mm、长500～1000mm的圆筒，内衬石棉绝热板，筒底用少量黄泥捣实，置入硝铵岩石炸药0.5～2.0kg，炸药中置导爆索，表面再以黄泥轻轻封好，如图5-83。导爆索引出筒外，其端部和雷管、导火索绑在一起。可以单筒爆发（雷管连接一个爆破筒），也可数筒炸药同时爆发（雷管连接数个爆破筒）。

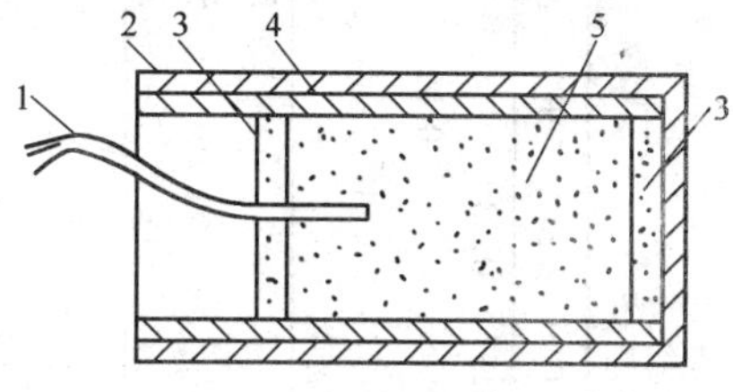

图5-83　炸药筒装填示意图

1—导火索；2—铁皮筒；3—黄泥；4—石棉板；5—炸药

5）将炸药筒放入洞孔内，药量少的距炉衬200mm以上，药量多的距炉衬400～500mm；

6）炸瘤顺序自下而上，先炸瘤根，逐渐上移。若环形瘤，可按圆周分段，由下而上逐渐进行；

7）炸瘤作业要特别注意安全，应制定细致的操作规程。爆破手应有丰富的爆破经验，并具有爆破许可证，成立爆破领导小组，并在专人领导下进行；

8）炸药和雷管的运输、贮存、使用应事先与安全和保卫部门联系，各环节都有专人管理，建立严格的领取制度，用不了要退还，不得私人保管。

炉瘤处理实例：

1961～1962年首钢原3号高炉（963m^3），因原料品位低、粉末多、数量不足及低料线作业，经常产生管道、崩料和悬料，最终导致高炉6次结瘤。第三次（1961年10月31日）结瘤发现及时，处理较快，采用发展边缘的装料制度（COOC、CCOO）至11月24日炉瘤基本消除。其余5次均进行休风炸瘤。

1962年第五次炉瘤结构为：上部炉瘤紧贴炉衬为细小的矿粒结成的松散块，两层之间有薄的渣皮，说明非一次形成。表面由许多已渣化的粉矿黏结在一起，质地疏松。上部瘤体与炉衬黏结不牢固，休风冷却后收缩脱落。中部炉瘤紧贴炉衬的一层由液相冷凝结成坚固的硬壳，厚度约150mm，黏结一些大块焦炭。其次又是一层硬壳，内表面黏结许多小块烧结矿和焦炭，以及还原的铁屑。瘤皮非常坚硬，厚度100～150mm，由炉渣、金属铁、细矿粉等相间重叠组成，表面光滑。炉瘤表面与中部硬壳之间绝大部分为烧结矿、焦炭、铁屑组成的散料体，大于25mm的占7.8%，25～10mm的占23.2%，10～3mm的占44.9%，小于3mm的占24.1%，可见炉瘤是由细碎的炉料形成的。

首钢认为3号高炉多次结瘤主要原因是原料差、粉末多，而高炉操作又忽视稳定顺行，具体表现为低料线多、临时休风多、边缘过分发展，使高温区上移。由于炉况波动、休风、坐料、管道等影响，使该处温度又突然降低，形成产生瘤根的条件。其次是炉型影响，历次结瘤部位都在炉衬侵蚀严重（炉身下部和炉腰）与不严重的交界处，侵蚀严重处边缘气流发展，温度较高，炉温波动，极易结瘤。

表5-89为国内部分高炉炉瘤化学分析。消除炉瘤最基本措施，是大力提高原燃料质量，自从自熔性烧结矿大量的使用，炉料结构的改善及焦炭强度的不断提高，很多厂都已基本上消灭了炉瘤。

（8）上部炉衬脱落

炉衬脱落原因：

1）高炉服役末期，炉腰和炉身下部衬砖侵蚀严重，冷却设备烧损，上部炉衬失去支撑；

表 5-89　高炉炉瘤化学成分(%)

炉别	时间	样品位置	TFe	MFe	FeO	SiO_2	CaO	MgO	Al_2O_3	Pb	Zn	As	C	S	P	MnO	K_2O	NaO	F
杭钢 3 号	1975.11	1	33.26		42.12	13.75	32.35	2.04	6.22	6.43	0.64	0.01	3.37	0.53					
		3	19.6		24.89	22.80	10.55	0.49	6.55	2.12	0.135	0.003			0.09		8.6	1.72	
	1978.12		16.12			22.68	6.35	22.34		1.25	2.62						6.10	0.39	
	1980.4		58.20	45.83			7.09	2.97		1.88	0.45	0.012	2.54						
宝钢 1 号		内层	53.75			19.50	9.54	2.77	9.88							2.42			
		中层	40.47			17.68	16.25	3.09	7.41							4.96			
		外层	59.27			13.52	13.35	2.98	6.72							2.43			
首钢 3 号	1962.3	1. 瘤顶靠墙	43.62	12.82	37.88	16.16	18.57												
		3. 瘤顶表皮	45.63	15.54	38.57	19.57	15.81												
		4. 中部靠墙	37.18	0.75	39.28	19.09	15.42	3.97	7.27				0.07				4.4	0.37	
		5. 中部靠墙	31.79	1.31	39.10	22.51	12.97						0.07						
		6. 中部瘤皮	24.96	3.99	26.07	23.07	23.05	6.16	7.56	痕迹			0.08				9.45	0.53	
		10. 中部夹层	43.81	2.74	42.81	14.47	16.19						0.06						
		12. 中部靠墙	49.53	0.39	56.04	11.77			—										
包钢 2 号	1975	2	25.83		10.60	14.10	20.30	3.53	5.51				4.35				6.14	0.484	4.25
		3	18.92		9.43	14.90	23.20	1.44	4.63				5.55				6.88	1.52	6.95
		4	11.59		4.22	17.60	29.80	2.60	5.11				3.75				8.14	0.418	10.80
		5	6.22		4.76	9.40	13.80	1.87	5.59				17.30				10.34	1.41	5.85
		6	7.82		2.47	22.80	30.80	1.44	6.44				0.768				8.29	0.67	8.80
		7	13.63		5.21	16.05	22.80	3.10	5.31				8.66				5.18	1.49	7.05
		12	43.56		32.10	9.38	15.40	1.80	1.95				4.06				6.75	0.40	5.70
		砖皮			2.40	16.23	5.15		2.23								10.32	0.20	
鞍钢 4 号		1	46.91		5.75	14.38	4.59	1.88	2.66					0.286	0.078	0.82		6.77	
		内部	46.91	19.51	31.83	11.88	3.70	2.33	2.06					0.173	0.076			0.49	
		瘤壳	71.26	68.56	2.73	11.52	3.36	0.92	3.47					0.214	0.066			7.70	
		内部	25.47	21.00	5.55	19.08	14.95	3.55	5.52					0.710	0.082			11.90	
		瘤根	80.76	75.22	6.74	8.40	3.30	1.52	2.09					0.159	0.076			2.63	
		瘤壳	43.28	40.89	2.08	20.36	10.75	3.76	5.22					0.297	0.095			15.26	
		内部	57.86	49.64	8.48	16.30	7.34	1.77	2.66					0.261	0.041			7.23	

2）经常低料线操作，炉墙温度频繁波动，炉墙砖衬在无炉料支撑情况下，比较容易倒塌；

3）经常产生崩料、悬料和坐料，对炉墙振动较大；

4）冷却结构不合理，突出的是冷却壁无托砖能力；

5）筑炉质量不好，砖缝大，灰浆不饱满。

炉衬脱落象征：

1）砖衬脱落时，风压突然升高，甚至个别风口堵塞吹不进风；

2）炉身温度升高，砖衬脱落处炉皮发红；

3）炉渣成分突变，碱度降低，Al_2O_3 升高；

4）炉喉五点煤气取样 CO_2 曲线，边缘降低；炉喉十字测温边缘温度升高；

5）炉衬脱落部位下料速度较快，料面偏行，顺行恶化。

炉墙砖衬脱落处理：

1）适当缩小风口面积，砖衬脱落部位采用小直径风口；

2）防止边缘发展，采取适当加重边缘的装料制度，砖衬脱落部位，可定期采用扇形布料，调整煤气流分布；

3）砖衬严重脱落时，应及时补加净焦，防止炉凉；

4）砖衬脱落部位，炉壳进行喷水冷却，防止烧穿；

5）积极准备停炉，进行喷补或砌砖。

5.8.5 高炉事故处理

5.8.5.1 炉缸和炉底烧穿

烧穿原因：

1）设计不合理，耐火材料质量低劣及筑炉质量不佳等；

2）冷却强度不足，水压低、水量少、水质不好，水管结垢等；

3）原料不好，经常使用含铅或碱金属高的原料冶炼；

4）炉况不顺，频繁的用萤石等洗炉剂洗炉；

5）铁口长期过浅，铁口中心线不正，操作维护不当。

烧穿预兆：

1）炉缸、炉底冷却设备水温差或热流强度超过规定值；

2）冷却壁出水温度突然升高或断水；

3）炉壳发红、炉基裂缝冒煤气；

4）出铁时见下渣后的铁量增多，甚至先见下渣后见铁。严重时出铁量较理论出铁量明显减少。

预防措施如下：

首先炉缸、炉底结构设计要合理，要采用优质耐火材料，尤其是炭砖质量一定要特别重视。其次，砌筑质量要好，操作上注意下列各点：

1）尽量不使用含铅和碱金属超过规定的原料，特别是含铅的原料应禁止使用；

2）生产过程中不宜轻易洗炉，尤其是水温差偏高的炉子应避免用萤石洗炉；

3）加强各部位温度和冷却设备的水温差或热流强度管理，超过正常值要及早采取钒钛矿护炉措施；

4）保持铁口通道位置准确，建立严格管理制度，并定期进行检查；

5）维持正常的铁口深度，严防铁口连续过浅，按时出净渣铁；

6）保持足够的冷却强度，水压、水量和水质要达到规定标准，并定期清洗冷却设备；

7）温度或热流强度超标的部位，可以采取堵风口措施；必要时应降低顶压和冶炼强度，甚至休风凉炉。

烧穿实例：

1）铁口长期过浅。1950年8月17日鞍钢9号高炉（786m^3）由于铁口长期过浅见表5-90，造成铁口下面炉缸冷却壁烧穿，渣铁流到炉台下排水沟中，发生爆炸事故，立即紧急休风。清理后检查，铁口附近耐火砖很薄，铁口东侧最薄，仅剩50～70mm，西侧剩100mm，铁口上方剩250mm，离铁口中线900mm处耐火砖，东侧有350mm，西侧只有50mm，说明铁口区域由于铁口长期过浅侵蚀相当严重。

表5-90　冷却壁烧穿前铁口深度

月	日	铁口深度/mm	平均深度/mm
7月	6～10	900～1300	1200
	11～17	900～1300	1150
	18～27	800～1200	1000
	28～31	600～1200	900
8月	1～12	600～1200	800
	13～17	500～900	650

铁口长期过浅时可采取以下措施：

按时配罐，保证正点出铁，不准钻漏，出净渣铁；

适当提高炮泥强度，如泥炮能力够用，可改为无水炮泥；每次铁后打入足够炮泥，保持规定的铁口深度；

铁口上方两侧风口采用小直径风口，如连续过浅可堵1～2个风口；

改炼铸造生铁，增加炉缸石墨碳堆积。

2）铁口中心线偏斜。鞍钢3号高炉（831m^3）1975年9月27日夜班3:45出铁，4:40堵铁口没堵上，第二次堵铁口时听到响了几声，立即休风检查，发现铁口右侧2段32号冷却壁烧坏。主要原因为铁口通道中心线向右偏斜260mm。偏斜原因：

泥炮基础不正，炮体偏斜，炮嘴中心没有对准铁口中心，向右偏斜160mm，导致铁口中心线也向右偏160mm；

开口机横梁没有定位钢丝绳，钻铁口时不能保证水平横梁对正铁口中心，左右摆动较大；

使用无水炮泥时，开口机应正、反转交替使用，由于长期只用正转，不用反转，也造成了铁口中心线偏斜。

教训：应定期检查铁口通道位置是否准确，钻口操作时铁口中心和设计中心线保持一致，偏差不得大于30mm。

3）碱金属损坏炉缸。昆钢4号高炉（255m^3）1974年4月投产。1979年10月25日起，炉缸部位炉壳多次胀裂，于1980年6月25日发生炉缸烧穿事故，被迫停炉。

昆钢原料碱金属含量高，K_2O、Na_2O负荷高达13～15kg/t。停炉后残砖取样分析，发现钾已侵入至耐热混凝土基础17～20mm，各层炉底砖膨胀隆起成馒头状，中心比边缘高出340mm，炉底残砖全呈黑褐色。自下到上五层残砖取样分析如表5-91，第Ⅳ、Ⅴ两层中心部位碎裂，碱金属大都潮解。钾含量高的残砖线膨胀率大，中心部位钾含量最高，膨胀率也最大，Ⅰ层中心部位耐火砖由345mm膨胀至473mm，线膨胀率37.1%，体积膨胀率61.68%。钾富集区域内残砖线膨胀率普遍大于20%。炉缸炉底转折处的周长比原来增加1294mm，线膨胀6.4%。

表 5-91　炉底残砖的 K_2O、Na_2O 含量（%）

层号	成分	取样位置										
		1	2	3	4	5	6	7	8	9	10	11
Ⅴ	K_2O	1.38	0.36	3.50	7.80	18.96	17.28	19.2				
	Na_2O	0.12	0.13	0.24	0.22	1.40	0.35	0.59				
Ⅳ	K_2O	2.14	2.50	1.48	7.12	8.52	18.00	20.88	18.24	20.40	20.40	18.60
	Na_2O	0.56	0.16	0.16	—	0.46	0.51	0.53	0.70	0.48	0.48	0.30
Ⅲ	K_2O	1.64	0.82	0.66	3.72	3.72	13.04	15.84	15.84	19.20	21.96	18.24
	Na_2O	0.12	0.05	0.13	0.16	0.59	0.56	0.51	0.51	0.40	0.01	0.59
Ⅱ	K_2O	1.88	0.82	1.22	2.80	3.76	3.56	7.32	9.44	14.00	18.88	21.00
	Na_2O	0.11	0.19	0.24	0.16	0.22	0.27	0.59	0.80	0.53	0.51	0.32
Ⅰ	K_2O	1.30	1.77	2.28	6.20	2.49	11.52	10.16	12.44	13.12	10.44	11.04
	Na_2O	微	0.08	0.16	0.08	0.16	0.16	0.27	0.24	0.27	0.42	0.51
Ⅴ	K_2O											9.78
	Na_2O											0.44
Ⅳ	K_2O	19.56										13.00
	Na_2O	0.72										0.42
Ⅲ	K_2O	20.40	20.40	18.60	16.80							12.73
	Na_2O	0.35	0.66	0.40	0.16							0.35
Ⅱ	K_2O	19.20	18.24	28.08	19.56	17.68	17.40	21.36				12.57
	Na_2O	0.35	0.28	0.53	1.07	1.50	1.07	0.78				0.53
Ⅰ	K_2O	20.16	12.84	19.20	20.76	17.96	17.96	18.88	19.44	15.24	19.44	12.60
	Na_2O	0.38	0.40	0.35	0.42	0.46	0.19	0.27	0.38	0.67	0.91	0.32

教训：碱金属含量超标的原料不能使用。操作上应定期进行排碱，在保证炉温的基础上，应适当降低炉渣碱度和生铁含硅量。

4）铅损坏炉基。涟源钢铁公司 $300m^3$ 高炉使用南方含铅矿冶炼，曾先后发生两次炉基风冷管烧穿事故。第一次是 1989 年 7 月 4 号高炉炉基风冷管烧穿，流出渣铁 40t。第二次 1997 年 3 月 1 号高炉在排铅过程中，炉底从排铅孔烧穿，流出渣铁 30 余吨。

处理的方法是：在烧穿过程中，迅速打开铁口，并组织休风，尽量从铁口出净渣铁，待铁口断流后，将炉基周围残渣铁喷水冷却，组织人员将风冷管内残渣铁清理干净，然后用高温黏结剂与耐火泥搅拌成干状泥料，填入风冷管内部，并捣固，外部焊封钢板，重新安装热电偶，炉基圆周全部喷水冷却，经过 15h 30min 处理，高炉复风生产。4 号高炉复风后炉基温度高达 1020℃，高炉处于非常危险状态。采取如下措施：减少风量，冶炼强度降低至 $0.5\sim0.7t/m^3\cdot d$；烧结配入大剂量（8%～10%）钒钛矿粉（含 TiO_2 10%～12%），要求[Si]≥0.8%，[Ti]=0.15%～0.30%。经过 2 个月时间炉基温度逐渐下降至 850℃，炉况逐渐稳定。此后，适当降低钒钛矿配比，风量达到正常风量 80%～90%。2.5 个月后炉基温度降低至 750℃以下，高炉全风操作。一年后炉基温度稳定在 500℃左右，见表5-92。

表 5-92　涟钢 4 号高炉送风后炉基温度变化

指　　标	初　始　期	稳　定　期		安　全　期
		Ⅰ期	Ⅱ期	
炉基温度/℃	>850	800～850	750～800	<750
烧结钒钛矿配比/%	8～10	8	6	少　量
生铁含[Si]量/%	≥0.80	0.60～0.80	0.60～0.80	<0.60
生铁含[Ti]量/%	0.15～0.30	0.10～0.15	0.10～0.15	很　少

1997年3月1号高炉排铅孔烧穿,处理方法与4号高炉相似,处理时间仅用5小时,复风后采用含 TiO_2 35%的钒钛球团矿,按1%配入炉内,两个月后炉基温度下降至500℃左右。

应当指出的是较小高炉炉基风冷管烧穿采用涟钢方法有一定效果,但大中型高炉因风压高,风量大,不宜采用,应停炉大修。

5.8.5.2 水压降低或停水

因停电而水泵停止运转、输水管破裂、供水系统操作失误、过滤器或管道堵塞等原因,而导致高炉供水系统水压降低或停水时,处理如下:

1) 高炉水压(以风口水压为准)降低时,改常压操作,减风至风压较水压低0.05MPa,维持生产;水压低于0.10MPa时立即休风。

2) 热风炉全停水时,立即休风;如个别热风炉停水则热风炉换炉,继续送风。

3) 煤气洗涤塔停水时,改常压操作,减风至允许低限;开炉顶放散阀,炉顶和除尘器通蒸汽;如停水时间较长进行休风。

5.8.5.3 停电

由于电厂或变电所超负荷、或锅炉故障气压降低、输电线路故障、用电系统自动控制失灵,或其他原因造成高炉停电时,处理如下:

1) 装料系统停电,减风至允许低限,并查明原因。故障消除后首先上料,然后逐步恢复风量;若1小时以上不能上料,立即出铁休风。

2) 热风炉停电,可采用手动操作。

3) 泥炮停电,要查明原因,适当减少风量,如短时间处理不好,炉缸存铁太多,应积极组织出铁,铁后进行休风,人工堵铁口。

5.8.5.4 高炉停风

由于鼓风机停电,保护装置失灵,热风炉换炉错误操作等原因使鼓风机跳闸,或锅炉故障气压降低等原因而导致高炉停风时,处理如下:

1) 突然停风,但未发生灌渣事故,且风压未降至正常值的20%以下,又立即回升时,可继续送风。

2) 停风后如风压降至正常值20%以下,立即按下列程序进行休风:关冷风大闸及冷风调节阀;改常压操作;关热风阀、冷风阀,同时炉顶及除尘器通蒸汽;开炉顶放散阀,关煤气切断阀;开放风阀。这样做的目的是避免煤气流入冷风管道或风机而引起爆炸事故。

6 高炉开炉与停炉、封炉与开炉、休风与送风及煤气处理

6.1 高炉开炉与停炉

6.1.1 高炉开炉

高炉开炉是个庞大的系统工程，牵涉面很广，不允许有任何漏洞。因此，开炉前应事先制定详细的开炉规划，重点抓好开炉准备、人员培训、设备试车调试等工作。确保开炉顺利，预期达到正常生产水平。

早期高炉开炉，条件很差，风温很低，一般都采用枕木填充炉缸，原料采用天然块矿。木材燃点和灰分较低，易着火，燃烧后料柱易于松动，透气性好，不易悬料，有利于加热炉缸，铁口容易打开。适于热风温度低的高炉开炉。

1956年，鞍钢9号高炉首次采取焦炭填充炉缸、天然块矿开炉。可节省大量木材，降低凉炉和装料时间。缺点是焦炭湿度较大，不易加热炉缸，焦炭灰分Al_2O_3含量高，炉渣黏度大，流动性不好，影响头一次出铁困难。为了烘好炉缸和炉底，部分风口安装了烘炉导管，将热风引向炉底。装料前从铁口安装加热导管，送风点火后让部分煤气从导管排出炉外。采取这些措施后，出头次铁困难基本解决。

1964年，鞍钢10号高炉首次采用焦炭填充炉缸、自熔性烧结矿开炉，并获得成功，这是开炉技术一个很大进步。自熔性烧结矿还原性能好，软化温度高，成渣带下移，有利于顺行和降低焦比，开炉料总焦比由3.0t/t降低到2.5t/t，约降低17%。另外消除开炉后大变料波动，有利于炉况稳定顺行。1966年鞍钢5号高炉采用球团矿开炉，也获得良好的效果。

目前看来，若不是特殊矿冶炼，天然块矿、烧结矿、球团矿、高、低碱度烧结矿均可作为开炉原料。如何选择，由各厂的原料条件决定，不必另行筹措。但要尽量做到减少原料粉末。

至于炉缸填充枕木还是焦炭，主要取决于送风点火温度，风温达不到700℃以上的高炉，不能采用焦炭填充炉缸，应采用枕木开炉。

6.1.1.1 开炉工艺参数控制

开炉工艺参数控制有如下几点：

1) 炉缸温度充沛，生铁含硅量[Si]3.0%～3.5%，[Mn]0.8%。填充料总焦比2.5～4.0，大高炉、烧结矿或球团矿偏低限，小高炉、块矿偏高限。

2) 炉渣流动性良好，有一定脱硫能力，$m(CaO)/m(SiO_2)=0.95\sim1.0$，$Al_2O_3<18\%$，人造富矿开炉碱度可控制在下限，天然矿开炉控制在上限。

3) 热风炉保证送风点火要求，热风温度大于700℃。否则，应采用枕木填充炉缸开炉。

4) 送风点火风量与炉容相近，风压为常压操作时正常风压的50%左右。

5) 高炉烘炉时间，新建或大修的高炉为7～8d，中修为5～6d。炉顶温度，钟式高炉为400～450℃，无钟高炉为250～300℃。

6) 开炉后冶炼铸造铁时间一般为7～15d，生铁含硅量[Si]=1.25%～1.75%。

7）提高炉顶压力不宜太快，一般在风口全部工作后，风量与风压适应，铁口深度正常，上料能力满足要求，可逐渐提高炉顶压力，大约在送风点火后一周进行。

8）开炉后强化速度不宜太快，一般送风后1周左右时间风口可全部工作，2～4个月主要技术经济指标达到正常水平。

6.1.1.2　高炉试水

(1) 试水标准

试水标准如下：

1）高炉各部水量和水压达到规定标准。

2）确认所有冷却设备进出水畅通无阻，不向炉内漏水，也不向炉外流水。

3）排水管路、集水斗、排水槽和排水沟畅通无阻，并不向外溢流。

(2) 试水准备工作

试水准备工作有：

1）供水系统管路试压合格（工作压力+0.05MPa）；水泵出口压力和流量达到铭牌规定，法兰不漏水；各阀门开关灵活到位；计器仪表运转正常，灵敏准确。

2）给排水系统管路试压合格（工作压力+0.05MPa）；各冷却设备进出水畅通无阻，准确无误；各层冷却设备编码挂牌，对号入座。

3）给排水系统的排水管、排水槽和排水沟清扫干净，集水斗内杂物彻底清除，保证集水斗排水不外溢。

4）系统冷却水温度、压力、流量等仪表调试完毕，灵敏准确。

5）各阀门开关状态：关炉台下过滤器、各层配水围管、炉底水冷管入口总阀，开出口总阀；开各冷却壁进出口阀；开各排气孔阀门。

(3) 高炉试水作业程序

高炉试水作业程序如下：

1）联系给水部门，开地下总供水阀。

2）开过滤器出口供水阀；开炉缸配水围管各阀；开炉缸总供水阀；向冷却壁供水。

3）开炉腹以上冷却壁配水围管各阀；开炉腹以上冷却壁总供水阀；向炉腹以上冷却壁供水。

4）开冷却壁凸台供水围管阀门；开冷却壁凸台总供水阀；向冷却壁凸台供水。

5）开炉底冷却水管供水总阀，向炉底冷却水管供水。

6）调整水量、水压达到规定标准，依次是炉底、炉缸、炉腹和冷却壁凸台。水压不足时可适当关小总排水门。

7）检查泄漏点：对查出的管路、活接、阀门等泄漏点，用笔画上标志；冷却壁不来水要透开；炉内砖衬无水印或流水；排水系统畅通无阻，不漏水，不溢流。

(4) 异常故障处理

1）试水过程中共用同一干线管网的相邻高炉水压降低时，应及时通知给水部门增加供水能力。如高炉水压降低30％，可采取减风措施；如降低50％时高炉要进行休风。

2）跑水。查清跑水原因：如集水斗冒水或排水系统堵塞时，要立即采取疏通措施；如管道断裂要立即停止试水。

3）向炉内漏水。查清漏水原因，若炉顶打水装置漏水，则立即关闭总进水门。若冷却壁漏水，则清查漏水点，然后采取相应措施。若气密箱漏水，则立即停泵处理。

4）冷却壁断水。检查冷却壁进出水管是否接通，如有异物堵塞，要立即透开。

(5) 试水作业

试水作业注意事项有：

1）试水过程检查人员应按规定内容、顺序和方法进行检查，对每个水头的进出水状况都要查清。

2）冷却管路系统空气要排净，排气阀可间断开关。

3）软水闭路循环冷却的高炉补水量要有记录，超标时表明系统漏水，要尽快查清漏水点。

4）北方高炉冬季试水，如各供水点需要停水时，停水时间不得超过2h。否则，必须把管内积水放掉。

6.1.1.3　高炉通风试漏

高炉通风试漏的程序为：

1）高炉通风试漏的目的是查出漏点，进行堵漏；检查高炉和煤气系统流程工况；进行一次整个系统强度试验。

2）试漏方法和步骤：新建高炉通风试漏和煤气系统可同步进行，按试漏和严密性试漏两步进行。非新建高炉可只进行试漏。

3）试漏风源可从其他高炉拨风，也可单独启动风机，图6-1为通风试漏流向图。

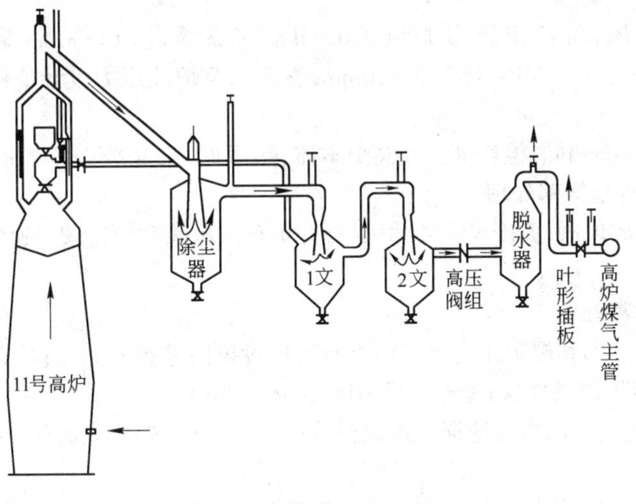

图6-1　高炉通风试漏流向图

4）试漏准备工作

试漏准备工作有：

1）高炉本体和煤气系统全部竣工，各机电设备联合试车正常运转。

2）高炉计器仪表正常运转，特别是风量、风压、炉顶压力一定要准确可靠。

3）风口、风管和渣口要安装牢固，铁口用钢板封住，渣口用堵渣机堵严。

4）煤气洗涤系统1文、2文和脱水器给水。高压调节阀组灵活好用，并处于关闭状态。

5）冷风、热风、炉顶及除尘系统的人孔全部封好。

6）高炉各层平台的灌浆孔、排气孔要关严。

7）试漏前各阀门应处的状态：高炉放风阀全开，无料钟上、下密封阀关闭，煤气切断阀全开，均压放散阀开，一二次均压阀全关，除尘器ϕ400mm阀关，1文、2文放散阀关，高压调节阀组各阀全关，灰泥捕集器顶上、叶形插板前放散阀全开，各热风炉冷风阀、冷风小门、热风阀全关，冷风大闸、倒流阀及炉顶放散阀全关，除尘器清灰阀关闭并砂封，回压管道ϕ600mm阀开。

(5) 通风试漏操作

通风试漏操作程序如下：

1) 通知鼓风机送风，注意观察风量、风压变化。

2) 开冷风大闸和冷风调节阀。

3) 关放风阀回风，缓慢将炉顶压力加到 0.05MPa。

4) 用手感、目视、耳听及刷肥皂水检查漏点。

5) 发现漏点作好记录，并用笔画好标志。

6) 检查完毕，开放风阀放风，关冷风大闸休风。

7) 打开炉顶放散阀，打开倒流阀。

8) 工程指挥部组织堵漏。

(6) 严密性试漏操作

严密性试漏在试漏过程查出的漏点处理后进行，操作程序如下：

1) 关炉顶放散阀。

2) 关倒流阀。

3) 开冷风大闸送风。

4) 关放风阀回风，将炉顶压力加到 0.05MPa；观察情况，10min 后缓慢将炉顶压力加至 0.1MPa；以后每次提高 0.02MPa，稳定 5～10min，逐渐加至炉顶压力设计值停止，持续时间不少于 1h。

5) 检查方法同试漏相同，检查部位为高炉本体、热风炉、除尘器及煤气清洗系统。检查出的漏点作好记录，送交工程指挥部处理。

6) 试漏完毕：开放风阀，关冷风大闸休风，打开炉顶放散阀和倒流阀。通知鼓风机停风，并通知燃气厂试漏完毕。

(7) 试漏过程异常处理

1) 风压上不来，达不到规定压力时应检查鼓风机拨风门是否开到位；检查放风阀关的位置；检查冷风管道和人孔有无漏风现象；检查热风炉冷、热风阀是否关严。

2) 试漏压力超过规定压力时应通知鼓风机减少风量；开高炉放风阀放风；如果仍降不下来，可小开炉顶放散阀。

3) 试漏压力突然超过炉顶设计压力时应立即用放风阀放风；检查脱水器顶端和叶形插板前放散阀是否全开。检查高压阀组常开管道是否有异物堵塞。查明原因后再重新试压。

4) 炉壳或管路吹开时应立即用放风阀放风，关冷风大闸休风，打开炉顶放散阀。然后修复被吹开部位。

(8) 安全注意事项

1) 试漏过程各阀门由高炉统一掌握，不允许任何人乱动。

2) 试漏过程冷、热风阀一定要关严，停止烧炉。

3) 试漏过程提高顶压不宜过急，要分段进行，顶压超过规定要立即放风。

4) 注意铁口通道严密情况，漏风严重时要停止试漏。

6.1.1.4　高炉烘炉

(1) 高炉烘炉目的

烘炉目的是使高炉耐火材料砌体内水分缓慢蒸发，提高砌体整体强度；使整个炉体设备逐渐加热至生产状态，避免生产后因剧烈膨胀而损坏设备。

(2) 高炉烘炉的条件

高炉烘炉条件如下：

1）热风炉烘炉完毕，已具备正常生产条件。

2）高炉、热风炉、煤气除尘系统试漏和试压合格，缺陷得到处理，达到规定要求。

3）高炉、热风炉、运料和上料系统计算机经过空载联合试车，运行正常，操作可靠，各项参数、功能、画面显示、打印记录均达到设计和竣工验收标准。

（3）烘炉前的准备

烘炉前的准备工作有：

1）安装烘炉导管：烘炉导管为"Γ"字形，下端为喇叭口，导管直径 ϕ108mm，每隔一个风口安装一个，水平插入深度距风口 2.0～4.0m，垂直深度距炉底 2～3m。

2）安装铁口煤气导出管：铁口煤气导出管直径，如用焦炭填充炉缸 ϕ159mm，如用枕木填充炉 ϕ 为 108mm，导管圆周方向钻 ϕ10mm 孔×7 排，纵向孔距为 50mm，导管伸入炉内部分全部钻孔，从铁口通道插入炉内深度 4～6m。

3）无料钟气密箱处于工作状态：气密箱冷却水正常运行，水量和水位达到规定要求。通 N_2 管路系统工作正常，压力调节准确。检修风机处于完好状态。

4）冷却设备通水：高炉炉体各部冷却设备、风口、渣口通水，水量为正常水量的 50%。

5）炉底砌保护砖：炉缸、炉底用碳砖砌筑或用碳素材料捣打的高炉，烘炉前砌一层黏土砖保护，要求砖缝合格，灰浆饱满。炉身用碳砖砌筑的部分，烘炉前应抹保护层。铁口通道用黏土砖粉和水玻璃填充捣实。

表 6-1 为武钢 4 号高炉保护层配料组成，涂抹厚度 5～8mm，与碳砖砌筑同时施工。包钢高炉的保护层用高铝砖熟料粉和质量分数为 85% 的磷酸，搅拌静置 24h 后使用，每砌 3 层碳砖涂抹一次，涂层厚度 5～8mm。

表 6-1 武钢高炉碳砖保护层配料

材 料	规 格	材料含量/%	施工配料	附 注
黏土熟料粉	0～2mm	90	18 桶	10kg/桶
硼 砂	纯度 99%	10	2 桶	10kg/桶
亚硫酸盐纸浆废液	密度 1.24～1.25g/cm³	20	4 桶	9.5kg/桶
水		6	1.5 桶	根据纸浆废液浓度调整

6）烘炉前各阀门应处的状态：高炉放风阀和炉顶放散阀全开，煤气切断阀关闭，无料钟上、下密封阀及眼睛阀全关，一次和二次均压阀全关，均压放散阀开，煤气除尘和清洗系统放散阀全开，热风炉系统各阀门处于休风状态，送风系统和高炉本体的人孔全部关闭，煤气切断阀上人孔关闭。

（4）烘炉操作

烘炉过程的炉顶温度、鼓风参数及烘炉进度见表 6-2。

表 6-2 烘炉过程鼓风参数控制

序 号	风温区间/℃	升降温速度/℃·h⁻¹	所需时间/h	风 量/m³·min⁻¹	炉顶压力/MPa	钟式高炉顶温/℃	无钟高炉顶温/℃
1	150～300	20	7.5	50%炉容	0.005～0.007	400～450	250～300
2	300 恒温	0	31.5	65%炉容	0.007～0.010	400～450	250～300
3	300＜500/600	20～30	10	80%炉容	0.010～0.015	400～450	250～300
4	500/600＞恒温	0	106	80%炉容	0.010～0.015	400～450	250～300
5	500/600＞100	－30	13	65%炉容	0.015～0.010	400～450	250～300

烘炉开始，关倒流阀，开热风调节阀和冷风大闸，稍关高炉放风阀回风，然后开冷风小门和热风阀，加风至50%炉容。

风温150℃以后，以20℃/h的升温速度，经7.5h风温升至300℃，风量增加至炉容的65%，通过开冷风小门逐渐升温。300℃时黏土砖和高铝砖膨胀率较大，恒温31.5h，风量可达80%炉容。

300℃以后，以20～30℃/h的升温速度，经10h达到600℃（无料钟炉顶达到500℃），通过冷风小门控制风温，只有冷风阀的开度大于50%时，才能启动风温自动调节调整风温。

600℃或500℃恒温后，以30℃/h速度，经13h将风温降至100℃，该过程风量约为炉容的65%，炉顶废气含H_2O量接近大气湿度。

当风温降至100℃后，烘炉结束。全开放风阀，打开风口视孔盖，开倒流阀休风，卸下风渣口和部分风管凉炉。

首钢高炉烘炉使用的风量较大，风量与炉容的关系见表6-3。

表6-3　首钢高炉烘炉风量与炉容关系

高　炉	1	4	2
炉　容/m^3	576	1200	1327
烘炉开始风量/$m^3 \cdot min^{-1}$	700	1100	1150
风量/炉容	1.21	0.917	0.867

有些新建高炉，在高炉烘炉时没有煤气，可在炉外砌筑燃烧炉，烧固体煤块，利用铁口、渣口作燃烧炉烟气入口，调节煤量及放散阀开度，来控制炉顶温度。

高炉烘炉重点是烘烤炉底和炉缸，为此亦可在用热风烘炉前，在炉内安装焦炉煤气或电阻丝烘烤装置，提前烘烤炉底、炉缸和炉子下部。

(5) 异常故障处理

1) 风口破损，要立即休风更换。

2) 炉内着火：要立即进行倒流休风，停鼓风机，卸下部分风管打开渣口自然通风，热风炉停止烧炉，待炉内煤气、N_2气合格，温度小于50℃，进入炉内检查处理。

3) 局部漏风严重，要立即休风处理。

(6) 高炉烘炉注意事项

高炉烘炉时应注意的事项有：

1) 烘炉期间铁口两侧排气孔、炉墙灌浆孔打开，烘炉后关闭。

2) 烘炉期间托梁与支柱间、炉顶平台与支柱间的螺丝应处于松动状态，并安装膨胀标志，监视烘炉过程各部膨胀情况。

3) 炉顶液压、润滑设备不许漏油，室内灭火设施、器材和工具齐全，以防发生火灾事故。

4) 炉顶两侧放散阀保持一开一关，轮流工作，每班倒换2次，倒换时要先开后关，严禁同时关闭。

5) 高炉工长要注意炉内工作状况变化，恒温600℃时，要进行一次休风，检查炉内有无漏水和着火现象。

6) 烘炉期间除尘器和煤气清洗系统内部，禁止有人工作。

6.1.1.5　高炉开炉配料计算

(1) 开炉料准备

烧结矿、球团矿、天然块矿均可作为开炉原料，但必须满足以下要求：

1) 天然块矿应具有良好的还原性能，强度较高，粒度均匀，粒级20～30mm，要事先经过筛分，才能卸入矿槽。

2）烧结矿要强度高，粉末低，烧结矿大于5mm。

3）焦炭水分、硫分和灰分低，强度高。具体指标，根据炉容大小可有不同要求，开炉用的焦炭应是日常使用的最好焦炭。最低要求：转鼓指数 $M_{40}>75\%$，$M_{10}<8\%$。

4）石灰石、锰矿等应筛出粉末，粒度符合正常生产要求。

(2) 开炉料焦比（总焦比）

选择合适的总焦比，对开炉进程有决定性的影响。选得过高既不经济，又可能导致炉况不顺，铁水粘沟粘罐。过低时，炉缸温度不足，出铁出渣困难，甚至导致炉缸冻结。一般要求开炉头头次铁含硅量为3%～3.5%。合适的总焦比由经验确定，主要考虑因素有：炉容大小、原料种类、渣量大小、风温水平、加风速度、烘炉程度及炉缸填充方式等，经验数值见表6-4。小高炉、风温低、风量大、枕木填充炉缸天然矿开炉，总焦比和正常料焦比选为上限；大高炉、风温高、焦炭填充炉缸。烧结矿开炉选择下限。

表 6-4　开炉料总焦比和正常料焦比

炉缸填充	人造富矿		天然块矿		备注
	总焦比/$t \cdot t^{-1}$	正常料焦比/$t \cdot t^{-1}$	总焦比/$t \cdot t^{-1}$	正常料焦比/$t \cdot t^{-1}$	
枕　木	3.0～3.5	0.9～1.0	3.5～4.0	1.1～1.2	原燃料取下限
焦　炭	2.5～3.0	0.8～0.9	3.0～3.5	1.0～1.1	

为便于正确比较分析，表6-5列出国内若干高炉开炉方法和总焦比的选用。

表 6-5　国内某些高炉开炉总焦比

厂别	炉别	开炉日期	炉容/m^3	总焦比/$t \cdot t^{-1}$	炉料填充和风温	第一次铁 Si/%
鞍钢	4	1959.09.08	1002	3.06	焦炭、天然矿、风温695℃	3.40
鞍钢	10	1963.12.27	1513	2.5	焦炭、烧结矿，风温700℃	5.26
鞍钢	1	1970.10.29	568	2.5	焦炭、球团矿，风温630℃	4.20
鞍钢	3	1969.09.14	831	2.15	焦炭、球团矿，风温740℃	2.10
鞍钢	11	1971.10.01	2025	2.5	焦炭、球团矿，风温695℃	4.28
首钢	3	1970.04	1036	2.2	焦　炭	0.43
首钢	4	1972.10	1200	2.5	焦　炭	1.60
首钢	2	1979.12	1327	3.0	半木材	5.32
本钢一铁	2	1969.05	334	2.5	焦炭、烧结矿	2.91
马钢二铁	2	1974.11.03	255	3.0	焦炭、烧结矿和天然矿各半	4.28
马钢二铁	4	1975.05.09	294	2.9	焦炭、烧结矿和天然矿各半	3.61
马钢一铁	12	1972.03	300	2.6	焦炭烧结矿和天然矿各半	3.51
马钢一铁	11	1973.05	300	2.4	焦炭烧结矿和天然矿各半	4.08
湘钢	1	1977.10.09	741	3.2	焦炭、天然矿，风温860℃	4.09
湘钢	2	1975.12.25	750	3.5	焦炭，天然矿，风温820℃	5.80

为分析开炉过程热量消耗，鞍钢9号高炉于1962年开炉过程中单位生铁热量消耗与同年正常

生产时期比较见表6-6,可见开炉时期的热量消耗,比正常生产时期高2.9倍,其中有48.65%是加热炉墙和炉料等额外支出,这是开炉焦比高的主要原因,其他各项热量支出也是升高的。

表6-6 鞍钢9号高炉开炉与正常生产期的热平衡

项目	开炉	正常生产	差额 数值	差额 %
热量收入/$GJ\cdot t^{-1}$				
1. 碳素燃烧	25.581	8.699	16.882	75.80
2. 热风带入	7.682	2.150	5.532	24.84
3. 成渣热	0.720	0.046	0.674	3.03
4. 炉料带入		0.817	−0.817	−3.67
合计	33.983	11.712	22.271	100.00
热量支出/$GJ\cdot t^{-1}$				
1. 还原和脱S	6.866	6.731	0.135	0.61
2. 碳酸盐分解	1.821	0.123	1.698	7.62
3. 水分分解	1.017	0.416	0.601	2.70
4. 水分蒸发	0.216	0.042	0.174	0.78
5. 铁水带走	1.285	1.172	0.113	0.51
6. 炉渣带走	3.025	1.255	1.770	7.95
7. 煤气带走	5.141	1.191	3.950	17.74
8. 热损失①	3.776	0.782	2.994	13.44
9. 加热炉墙	3.383	—	3.383	15.19
10. 加热炉料②	7.453	—	7.453	33.46
合计	33.983	11.712	22.271	100.00

① 热损失包括从铁口喷吹损失;
② 生产料指开炉送风后装入的炉料。

(3) 开炉料炉渣成分控制

为改善渣铁流动性能,冶炼合格生铁,开炉料的炉渣碱度和Al_2O_3含量不宜太高。如Al_2O_3含量大于18%,开炉配料中需增加低Al_2O_3的造渣剂。控制生铁含[Mn]0.8%,维持渣中MgO6%~10%。炉渣碱度,采用烧结矿开炉 $m(CaO)/m(SiO_2)=0.95\sim1.0$,采用天然矿开炉 $m(CaO)/m(SiO_2)=1.05\sim1.10$。

(4) 炉料填充方式

高炉送风点火后,炉缸最需要热量。正常生产时炉腹以下基本上为焦炭所填充。故开炉装料下部应尽量多装焦炭,避免先凉后热。填充方式如表6-7。

表6-7 开炉料填充方式

部位	焦炭填充炉缸	枕木填充炉缸	部位	焦炭填充炉缸	枕木填充炉缸
炉喉	正常料	正常料	炉腰	空料	空料
炉身上部	正常料	空料+正常料	炉腹	空料	净焦
炉身中部	空料+正常料	空料+正常料	炉缸	净焦	枕木
炉身下部	空料+正常料	空料	死铁层	净焦	枕木

(5) 炉料压缩率

为确保开炉填充料的准确性，炉料压缩系数必须选择准确，否则会导致炉温大波动。一般天然矿压缩率较小，烧结矿、焦炭压缩率较大。同样原燃料，大高炉较小高炉压缩率大，高炉下部较上部压缩率高，见表6-8。

表6-8 开炉填充料压缩率选择

填充料	大型高炉（≥2000m^3）	中型高炉（600～1990m^3）	小型高炉（300～599m^3）
	填充料压缩率/%		
正常料	14～15	11～13	8～11
空料	15～16	12～14	9～12
净焦	16～17	13～15	10～13
平均	15～16	12～15	10～13

各厂炉料的堆积密度应进行实测，高炉内型尺寸应力求准确，否则开炉料填充也会出现很大误差。如原料的堆积密度和压缩率取得合适，内型尺寸准确，填充料误差应小于2批料。

(6) 开炉配料计算实例

1) 数据选定有如下几点：

① 采用炉缸填充焦炭，全焦和高碱度烧结矿、酸性球团矿开炉方法。

② 填充容积为料线1.5m。炉料压缩率为15%（净焦为19%，炉腹空料为16%，其余为13.6%）。填充容积见表6-9。

表6-9 开炉料填充情况

部位	炉喉	炉身	炉腰	炉腹	炉缸	死铁层	合计
m^3	48.585	1481.330	233.797	382.400	354.826	113.293	2614.231

③ 开炉料成分及堆密度见表6-10。

表6-10 开炉料成分及堆密度

开炉料成分/%	TFe	SiO_2	CaO	MgO	Al_2O_3	Mn	S	P	堆积密度/$t\cdot m^{-3}$
烧结矿	53.26	7.35	13.30	2.36	0.95	0.16	0.031	0.03	1.6
球团矿	63.08	8.02	0.39	0.47	0.37	0.06	0.003	0.02	1.96
锰矿	16.90	19.21	0.55	0.32	2.01	25.24	0.08	0.24	1.9
石灰石	—	1.02	51.08	2.82	0.03	—	—	0.01	1.52
焦炭	0.58	6.91	0.45	0.15	3.95	—	0.60	0.005	0.45

④ 有关参数如下：焦炭工业分析(%)：灰分13.48，挥发分0.84，硫0.60，水分4.4。焦炭强度：M_{40}78%，M_{10}8%。预定生铁成分(%)：[Fe]92.08，[Si]3.0，[Mn]0.8，[P]0.07，[S]0.05，[C]4.0。铁的回收率(η_{Fe})为99.6%，锰的回收率(η_{Mn})为60%。焦炭批重9350kg，正常料焦比850kg/t，每批出铁量11000kg，炉渣碱度$R=\frac{CaO}{SiO_2}=0.95$，总焦比：2.7。

2) 正常料各种矿石批重计算：正常料的矿石有高碱度烧结矿、球团矿和锰矿3种。其用量可通过铁、锰和碱度3个平衡方程（参照式10-38、式10-39和式10-40）联立求解求得。根据式10-41至式10-43计算如下：

$$d_4 = 1000 \times \frac{0.9208}{0.996} - 850 \times 0.0058 = 919.568$$

$$d_5 = 1000 \times \frac{0.008}{0.6} = 13.3$$

$$d_6 = 850 \times 0.0045 - 0.95 \times \left(850 \times 0.0691 - 1000 \times 0.03 \times \frac{60}{28}\right) = 9.0982$$

$$RO_{烧} = R_{GJ} = 0.95 \times 0.0735 - 0.1330 = -0.063175$$

$$RO_{球} = R_{DJ} = 0.95 \times 0.0802 - 0.0039 = 0.07229$$

$$RO_{锰} = RO_{Mn} = 0.95 \times 0.1921 - 0.0055 = 0.176995$$

将上述数据和表 6-10 的已知数据代入式 10-46 至式 10-48 求得：每吨铁的烧结矿、球团矿和锰矿的用量分别为 833.285kg、741.949kg 和 45.780kg。因此，每批各种矿石用量计算如下：

烧结矿批重：833.285×11 = 9166.7kg，取 9170kg 或 9.17t

球团矿批重：741.949×11 = 8161.4kg，取 8160kg 或 8.16t

锰矿批重：45.780×11 = 503.6kg，取 500kg 或 0.5t

3) 每批空料的石灰石用量（$G_{石}$）为：

$$G_{石} = \frac{9350 \times (0.95 \times 0.0691 - 0.0045) - 0.95 \times 3.771}{0.5108 - 0.95 \times 0.0101} = 1133\text{kg}，取\ 1130\text{kg}$$

4) 每批净焦（K）、空料（H）和正常料（N）体积计算如下：

① 净焦 $$V_K = \frac{9350}{450} \times (1 - 0.19) = 16.83\text{m}^3$$

② 空料 $$V_{腹_H} = \left(\frac{9350}{450} + \frac{1130}{1520}\right) \times (1 - 0.16) = 18.0778\text{m}^3$$

$$V_{腰_H} = \left(\frac{9350}{450} + \frac{1130}{1520}\right) \times (1 - 0.136) = 18.5943\text{m}^3$$

③ 正常料 $$V_N = \left(\frac{9350}{450} + \frac{9170}{1600} + \frac{8160}{1960} + \frac{500}{1900}\right) \times (1 - 0.136) = 26.7282\text{m}^3$$

5) 各部位装料批数如下：

① 炉缸和死铁层装净焦批数为：

$$m_k = \frac{V_{缸} + V_{死铁层}}{V_k} = \frac{354.816 + 113.293}{16.83} = 27.8，取\ 28\ 批$$

② 炉腹装空料批数为：

$$m_{腹} = \frac{V_{腹}}{V_{腹_H}} = \frac{382.400}{18.0778} = 21.15，取\ 21\ 批$$

③ 炉腰装空料批数为：

$$m_{腰} = \frac{V_{腰}}{V_{腰_H}} = \frac{233.797}{18.5943} = 12.6，取\ 13\ 批$$

④ 炉身至炉喉装料批数：该部位的装料批数可根据总焦比和该部位的装料容积来计算空料和正常料批数。

设 x_1 为正常料批数，y_1 为空料批数，则有：

$$\begin{cases} V_N \cdot x_1 + V_H \cdot y_1 = V_{身} + V'_{喉} & (6\text{-}1) \\ \dfrac{V_k(x_0 + x_1 + y_1)}{Fe_{JK} + L_0 \cdot y_1 + P_1 x_1} = K & (6\text{-}2) \end{cases}$$

式中 x_0——炉腰以下装入的焦炭批数；

V_H——每批空料容积，m^3；

$V_{身}$——炉身的装料容积，m^3；

$V'_{喉}$——扣除料线后炉喉的装料容积，m^3；

Fe_{JK}——炉腰以下空料的出铁量，t；

L_0——每批空料的出铁系数；

P_1——每批正常料的出铁量，t。

本例由联立方程

$$\begin{cases} 26.7282x_1 + 18.5943y_1 = 1529.915 \\ \dfrac{9.35 \times (62 + x_1 + y_1)}{1.9944 + 0.058659y_1 + 11x_1} = 2.7 \end{cases}$$

求得

$y_1 = 25.3$，取 25 批

$x_1 = 39.6$，取 40 批

即正常料为 40 批，空料为 25 批。炉身由下至上分为 5 段装料，具体分配如下：

Ⅰ段　装空料 8 批，正常料 4 批，焦比为 2.523t/t；

Ⅱ段　装空料 10 批，正常料 10 批，焦比为 1.691t/t；

Ⅲ段　装空料 4 批，正常料 8 批，焦比为 1.272t/t；

Ⅳ段　装空料 3 批，正常料 12 批，焦比为 1.061t/t；

Ⅴ段　全装正常料 6 批，焦比为 0.85t/t。

6) 校核(见表 6-11)。不计净焦的有关参数如下：

① 渣铁比：244.681/443.462 = 0.552t/t

② 硫负荷：1000×5.693/443.462 = 12.838kg/t

③ 渣中含硫：5.486/244.681 = 2.242%

④ 生铁含磷：0.276/443.462 = 0.062%

⑤ 渣中 Al_2O_3：41.677/244.681 = 17.03%

⑥ 开炉总焦比(含净焦)：1187.45/445.104 = 2.668t/t

开炉总焦比(不计净焦)：925.65/443.462 = 2.087t/t

⑦ 炉料平均压缩率：$1 - \dfrac{2626.586}{3088.947} = 14.97\%$

表 6-11　开炉料计算校核

序号	部位	装料		炉料构成/t					出铁量/t	焦比/$t \cdot t^{-1}$
		内容	体积/m^3	焦炭	石灰石	烧结矿	球团矿	锰矿		
1	炉缸	28*K*	471.24	261.8	0	0	0	0	1.642	
2	炉腹	21*H*	379.634	196.35	23.73	0	0	0	1.232	
3	炉腰	13*H*	241.726	121.55	14.69	0	0	0	0.763	

续表 6-11

序号	部位		装料		炉料构成/t					出铁量/t	焦比/t·t^{-1}
			内容	体积/m^3	焦炭	石灰石	烧结矿	球团矿	锰矿		
4	炉身至炉喉	Ⅰ	$H=8, N=4$	255.667	112.2	9.04	36.68	32.64	2	44.469	2.523
5		Ⅱ	$H=10, N=10$	453.225	187.0	11.3	91.7	81.6	5	110.587	1.691
6		Ⅲ	$H=4, N=8$	288.203	112.2	4.52	73.36	65.28	4	88.235	1.272
7		Ⅳ	$H=3, N=12$	376.521	140.25	3.39	110.04	97.92	6	132.176	1.061
8		Ⅴ	$N=6$	160.369	56.1	—	55.02	48.96	3	66.0	0.85
9	合计		$28K+59H+40N$	2626.585	1187.45	66.67	366.8	326.4	20	445.104	2.668
10	不计净焦		$59H+40N$		925.65	66.67	366.8	326.4	20	443.462	2.087

序号	进入生铁/t			进入炉渣/t							$\frac{m(CaO)}{m(SiO_2)}$	渣量/t
	Si折成SiO_2	S	P	SiO_2	CaO	MgO	Al_2O_3	MnO	FeO	S		
1	0.106		0.013									
2	0.079		0.012	13.731	13.005	0.964	7.763		0.006	1.178	0.947	36.058
3	0.049		0.008	8.500	8.051	0.597	4.806		0.004	0.729	0.947	22.323
4	2.859	0.0245	0.0288	10.684	10.175	1.449	4.944	0.301	0.211	0.663	0.952	28.096
5	7.109	0.0526	0.0663	20.173	19.201	3.163	8.663	0.753	0.526	1.104	0.952	53.031
6	5.672	0.0390	0.0507	13.523	12.865	2.347	5.452	0.602	0.420	0.662	0.951	35.540
7	8.497	0.0613	0.0743	18.323	17.427	3.382	7.069	0.903	0.628	0.822	0.951	48.143
8	4.243	0.0298	0.0363	8.180	7.778	1.622	2.980	0.452	0.314	0.328	0.951	21.490
9	28.614		0.280									
10	28.508	0.207	0.277	93.114	88.502	13.524	41.667	3.011	2.109	5.486	0.950	244.681

(7) 高炉装料

1) 装料前准备工作如下:

① 调整风口面积。开炉风口面积较正常风口面积小15%～20%,送风点火风口面积为开炉风口面积60%,堵塞40%,靠近铁口和渣口上方的风口打开。也可不堵风口,在风口内加耐火砖套。尽量使用等径风口。

② 向矿槽卸料。向矿槽卸料时间不能太早,特别是烧结槽如果卸料太早,在槽内易风化粉碎。一般要求装料前8h卸入槽内即可。天然矿、锰矿、石灰石、焦炭可提前1～2天卸入槽内。

③ 准备枕木。加工枕木应提前2周进行,加工后成品按不同长度,分别堆放在风口平台或其它运输方便的地点。不准使用带油的腐烂枕木。

④ 各阀门应处的状态:高炉放风阀开;热风炉除倒流阀和废气阀开启外,其它阀门一律关闭;煤气系统炉顶放散阀、均压放散阀、除尘器放散阀、清灰阀全部打开;煤气切断阀、一二次均压阀全部关闭;大小钟关闭,上下密封阀和料流调节阀关闭。

⑤ 封闭人孔:冷、热风系统人孔、除尘器人孔全部封闭;大钟下和无料钟人孔打开;封闭炉体所有灌浆孔,关闭煤气取样孔。

2) 向高炉装料。填充料由枕木、净焦、空料和正常料组成,填充程序如表6-7。

① 死铁层和炉缸装枕木,枕木按"#"字形排列,间距相当枕木宽度,彼此用扒锔子固定,每层要错开一个角度,要求排列整齐。

② 炉腹装净焦。

③ 炉腰和炉身下部装空料(空料 = 净焦 + 石灰石)。

④ 炉身中上部装空料和正常料,两者按规定的组合装入炉内。

⑤ 炉喉附近装正常料。

填充料由下往上焦比逐渐降低,最上部炉喉为正常料焦比。正常料装入制度为正分装即 O↓C↓。球团与烧结混装,避免球团滚向边缘。填充料装完正常料后料线深度为 1.5~1.75m。

3) 装料注意事项如下:

① 装料前再次校正称量设备,确保称量准确。

② 填写好上料清单,各料单要按规定的装料程序编号,装一个送一个,不得有误。

③ 装料过程工长要密切注视模拟盘装料程序和周期变化,如出现问题,停止上料。待问题查清后再恢复上料。

④ 采用焦炭填充炉缸开炉时,炉缸净焦装完后要从风口观察装满情况,不足时要补上。料线到达 10m 左右要再次核对装入数量的准确性。填充料装完达不到规定料线,适当补装部分净焦和正常料。

4) 带风装料。采用焦炭填充炉缸、冷矿开炉的装料也可在鼓风的状态下进行,即所谓带风装料。主要优点有:缩短凉炉时间,加速开炉进程;改善料柱透气性,有利于高炉顺行;减轻炉料对炉墙的冲击磨损;蒸发部分焦炭水分,有利于开炉后出铁操作。湘钢高炉带风装料和不带风装料比较,见表 6-12。湘钢规定装料前炉内温度和装料时风温不超过 300℃,风量 900~950m^3/min(相当炉容的 1.5 倍)。开炉后炉况顺行,炉缸热状态良好,开炉进程大为加快。

表 6-12 湘钢高炉开炉两种装料方法比较

炉别(容积)		1 号炉(741m^3)	1 号炉(741m^3)		2 号炉(750m^3)	
炉代(开炉日期)炉料填充方式装料方法总焦比 /$t \cdot t^{-1}$		第一代(1968.12.24)木柴,鄂城矿石不带风装料	第二代(1977.10.09)焦炭,海南岛矿石带风装料 3.2		第一代(1975.12.25)焦炭,海南岛矿石带风装料 3.5	
点火送风情况		风温 630℃,风量 617 m^3/min 风压 0.025MPa 7 个风口送风,堵 5 个风口 风口直径 ϕ120mm	风温 860℃,风量 800m^3/min 风压 0.059MPa 12 个风口送风,风口直径 ϕ120mm		风温 820℃,风量 950m^3/min,风压 0.098MPa 14 个风口送风 风口直径 ϕ120mm	
第一次出铁时间出铁量 /t		点火后 16h 1 次 1t,2 次 2t,3 次 12t	点火后 13h17min 1 次 10t,2 次 35t,3 次 70t		点火后 8h 40min 1 次 65t,2 次 15t	
生铁成分	铁次		1	2	1	2
	Si/%		4.09	4.58	5.80	6.20
	Mn/%		0.618	0.830	1.24	1.16
	S/%		0.021	0.017	0.023	0.009

带风装料对设备要求更加严格,系统所属设备要具备送风点火要求,特别风温控制必须安全可靠,不许在装料过程炉内着火。

(8) 送风点火

送风点火程序如下：

1）点火准备工作。落实各阀门应处的状态：高炉放风阀和炉顶放散阀打开；一、二次均压阀关闭，均压放散阀全开；无料钟上、下密封阀关，眼睛阀开；热风炉各阀处于休风状态；除尘器和煤气清洗系统各放散阀全开；文氏管通水，高压调节阀组各阀全开。

检查高炉、热风炉、除尘器和煤气清洗系统各部位人孔是否封严。

做好炉前出铁准备工作，渣铁沟、沙口、铁口泥套用煤气火烤干。上好风口和风管，各风口内加砖套，或每隔1个堵1个。

通知动力厂调度启动鼓风机，2h后送到高炉放风阀。通知燃气厂作好回收煤气准备工作。

炉顶和除尘器通蒸汽，保证蒸汽管路畅通，炉顶放散阀冒蒸汽，蒸汽压力大于0.5MPa。无料钟气密箱通 N_2 气，冷却系统水位、水量达到规定要求。

2）送风点火。通知热风炉送风点火，热风温度大于700℃，风压0.06～0.08MPa，中型高炉取下限，大型高炉取上限，风量约为正常风量的50%左右。

送风点火后，检查所有风口有无漏风情况，如漏风严重应休风更换。铁口喷出的煤气，用焦炉煤气火点燃，防止煤气中毒。铁口见渣后用泥炮堵上，少量打泥。

送煤气。送风后风口前焦炭全部燃烧，炉顶煤气压力大于3000Pa，煤气经爆废试验合格，含氧小于0.6%，向燃气管网送煤气。

送风后16～20h出第一次铁，新建和大修高炉开炉第一次出铁前可以放上渣。但中修高炉如炉缸焦炭未清除开炉第一次出铁前不能放上渣，待炉缸正常后才放上渣；如果中修期间，炉缸焦炭全部清除，开炉第一次铁前也可放上渣。

风量恢复。开风口速度与风口直径有关，直径小，开风口速度可快些，直径大可慢些，一般开风口速度每日3个，7～10d风口可全部工作。开风口一定要在顺行和出渣出铁正常情况下进行，按压差操作。每开一个风口要相应加风，保持适宜风速。

炉顶压力不宜增加太快，如果设备工作正常，能够按时出净渣铁，风口全部工作后，可逐渐提高炉顶压力，但不得一次到位。

调整炉温。开炉保持炉缸温度充足，各部砌体得到良好的加热是非常必要的。但也要防止炉温长期过高，甚至超出砌体的临界温度。这就要求及时增加焦炭负荷，一般要求生铁含硅量2%以上的炉温，不应小于6d，冶炼铸造铁时间控制在15～20d。变料时间和步骤见表6-13。

表6-13 开炉后变料时间和步骤

变料步骤	变料时间/d	焦比/$kg \cdot t^{-1}$	生铁含Si/%	冶炼时间/d
开炉正常料		900	3.0～3.5	1～2
第一次变料	送风后1d	750	2.5～3.0	2～3
第二次变料	送风后2～3d	650	2.0～2.5	3～4
第三次变料	送风后3～4d	620	1.25～1.75	9～11

提高风温和喷煤。随着风量加大和焦负荷增加可适当提高热风温度。风口全部工作，风温高于850℃时可进行喷吹煤粉。一般开炉后10天左右风温可达900℃以上，以后根据负荷变动情况，逐步提高风温至正常水平。

注意煤气流分布变化，防止边缘发展，保持足够的风速或鼓风动能。控制强化速度，开炉初期强化速度太快，对炉子寿命影响甚大，故新建或大修高炉开炉，强化速度控制在2～4个月内主要技术经济指标达到设计水平。

(9) 开炉异常处理

开炉异常时的处理应注意以下几点：

1) 风口破损。开炉点火后如遇风口破损，估计休风无灌渣危险(例如6h内)，可休风更换。如休风有灌渣危险，可适当闭水和外部喷水强制冷却，待一次铁后休风更换。

2) 高炉悬料。开炉送风点火后悬料，可在送煤气后取得燃气部门同意，进行放风坐料。如送风后时间很长发生悬料，可适当减风，争取炉料自己崩落。临近出铁发生悬料，可在铁后进行坐料，切记坐料前停止炉顶打水。

3) 旋转溜槽不转。查找不转原因，自动改手动操作。短时间不转，在半小时内可采取减风措施。较长时间不转，减风至不灌渣水平，铁后休风处理。

4) 中心喉管堵塞。打开下密封阀和料流调节阀，提高 N_2 气压力冲动。如仍不下料，立即减风至不灌渣水平，铁后休风处理。

5) 铁口流水。查找漏水原因，适当降低炉顶压力，做好铁口泥套，捣制防水层，并用煤气火烤干出铁口。如冷却设备漏水，可适当降低水量。

6) 出头次铁困难。前已提到新建或大修高炉开炉，头次铁前可放渣；中修高炉如炉缸焦炭及残渣铁未清除开炉头次铁前不许放上渣，为此开炉前可事先将渣口砌砖，作备用铁口，长时间出不来铁，可用备用铁口出铁。

(10) 开炉安全

开炉安全规定如下：

1) 安全设施完善。各机电设备安全保护装置齐全，灵敏可靠。各项电气设备接地装置和照明设施，符合规定标准。安全道、安全桥、安全栏杆、安全罩及安全盖板齐全，完整好用。各种安全标志齐全、醒目。

2) 安全环境达标。各种环保设施与高炉同步投产，粉尘合格率等各种考核指标达到规定标准。工作环境清洁干净，机电设备仪表运转正常、干净、地面平、玻璃明。渣铁道干净，高空悬浮物得到彻底清除。各种备品、材料、工具摆放整齐。

3) 消防设施齐全。保持消防通道畅通；防火设施齐全；消防器材、工具好用；岗位工人懂得并会使用。

4) 防止煤气中毒。开炉前进入炉内捣固铁口通道或装枕木时，必须切断煤气来源，热风炉停止燃烧，倒流阀打开，并打开炉顶放散阀和渣口，保持通风良好，控制炉内空气 $CO < 30mg/m^3$、$O_2 > 20.6\%$，炉内空气温度小于40℃。开炉前进入炉内测量料面时，一定要配戴好防毒面具，进出走梯可靠，禁止操纵大钟，并有煤气防护站人员监护。点火送风后，从铁口喷出的煤气一定要用焦炉煤气火点燃，非工作人员离开现场，工作人员站在上风向操作。去炉顶和皮带走廊清扫和检查工作，要事先测定CO浓度，必须两人同行，并有煤气防护人员随同监护。

5) 防火防爆。禁止使用带油的枕木填充炉缸，填充枕木时炉内空气温度不得高于40℃。采用带风开炉装料时，炉内温度和风温不得高于300℃。液压和润滑系统管路和设备不准漏油。施工用的氧气瓶要从现场清除，炉前用的氧气瓶要摆放在安全地方，不准堆放在铁口、风口和渣口对面。

6) 防止烧烫伤。岗位工人按规定穿戴好劳动保护用品。新垫的渣铁沟、流嘴、泥套要用煤气火烘干。氧气用具安全可靠，严防回火烧伤。渣罐用干渣垫底，或使用带壳渣罐，防止渣中带铁烧穿。

6.1.2 高炉停炉

高炉生产到一定年限，就需要进行中修或大修。长期以来，我国将要求处理炉缸缺陷，出净炉缸残铁的停炉，称为大修停炉；不要求出残铁的停炉，称为中修停炉。高炉停炉是个比较危险的作业，其重点是抓好停炉准备和安全措施，作到安全、顺利停炉。

6.1.2.1 停炉方法

停炉方法可分为填充法和空料线法两种。填充法即在停炉过程中用碎焦、石灰石或砾石来代替正常炉料向炉内填充，当填充料下降到风口附近进行休风。这种方法，优点是停炉过程比较安全，炉墙不易塌落。缺点是停炉后炉内清除工作繁重，耗费大量人力、物力和时间，很不经济。

空料线法即在停炉过程不向炉内装料，采用炉顶打水控制炉顶温度，当料面降至风口附近进行休风。此法优点是停炉后炉内清除量减少，停炉进程加快，为大中修争取了时间。缺点是停炉过程炉墙容易塌落，需要特别注意煤气安全。

停炉方法的选择，主要取决于炉体结构强度、砖衬和冷却设备损坏情况。一般小型高炉冷却结构差，到大修时，炉壳变形严重炉体结构强度低，多采用填充法停炉。炉壳完整，结构强度高的中小型高炉和大型高炉多采用空料线法停炉，如大型高炉炉壳损坏严重，或想保留炉体砖衬，可采用填充法停炉。

(1) 填充法停炉

填充法停炉分以下几种方法：

1) 碎焦法。停炉操作开始即陆续装入湿度较高的碎焦代替正常炉料，如炉顶温度过高可进行炉顶打水，碎焦降至炉腹附近，出最后一次铁，铁后进行休风。然后卸下风管，继续打水，直至红焦熄灭为止。但打水速度不能太快，打水过程风口平台周围不许有人通行或工作，防止烧伤。

采用碎焦填充法停炉优点是湿焦与打水量配合，易于控制炉顶温度；产生大量水蒸气可稀释煤气中 CO 浓度；炉内有碎焦填充，炉墙不易塌落；碎焦透气性较好，有利于顺行和出净渣铁；与其他填充法相比碎焦从炉内容易清除。缺点碎焦价格较贵，停炉过程要打水控制炉顶温度，并须防止水进入高温区急剧汽化而形成爆炸。

2) 石灰石法。停炉过程以石灰石代替正常炉料装入炉内，待石灰石下降至风口附近时停炉休风。该法优点是石灰石分解吸收热量可降低煤气温度，而不需炉顶打水；石灰石分解产生大量 CO_2，可稀释煤气中 CO 浓度，有利于煤气系统安全；炉内有石灰石填充，因而防止炉墙塌落。缺点是因石灰石分解生成的 CaO 易粉化变碎，使炉料透气性变差，炉况不顺；停炉后炉内清除工作困难，劳动条件恶劣。故此法已很少采用。

3) 砾石法。停炉过程以砾石代替正常炉料装入炉内，待砾石下降至风口附近时停炉休风。该法停炉优点是砾石来源广，价格低；炉顶温度易于控制；可少用填充料，料线维持在 10m 左右，并相应降低清除量；砾石滚动性好，清除工作容易。

1981 年 4 月武钢 4 号高炉($2516m^3$)中修停炉，为保护炉顶设备和防止炉身砖衬塌落，采用砾石填充法停炉。砾石化学成分见表 6-14，砾石在不同温度时热爆后的筛分组成见表 6-15。砾石原始粒度 25～100mm，其中主要为 50～75mm。破碎到 1.2～2.5mm 后的荷重(0.196MPa)软化点大于 1500℃，耐火度 1700℃ 以上，700～1500℃ 温度区间的线膨胀为 1.4%～8.0%，随温度升高而膨胀增大。

表 6-14 砾石化学成分(%)

编 号	SiO_2	Al_2O_3	CaO	FeO	MnO	MgO	烧 损
1	98.06	0.102	0.355	1.50	0.080	0.015	增 重
2	97.56	0.306	0.215	1.40	0.085	0.025	增 重
3	96.68	0.258	0.250	2.00	0.150	0.060	

表 6-15 武钢 4 号高炉停炉用砾石在不同温度时热爆后筛分组成(%)

温 度/℃	试样号	重 量/g	粒 度 组 成			
			>15mm	10~15mm	5~10mm	<5mm
700	2	906.2	92.6	2.7	3.3	1.4
700	3	816.5	95.7	2.0	1.2	1.2
1200	2	976.2	92.9	3.6	2.1	1.4
1200	3	388.5	61.1	22.3	13.9	2.7
1500	2	434.0	76.4	8.5	4.1	10.9
1500	3	362.5	62.2	18.6	7.2	12.0

停炉操作过程如下：

① 装停炉料。4 月 9 日中班开始装停炉料，每批料减矿石 2t、加锰矿 0.9t；18:20 和 19:20 各装一批锰矿；21:00 开始装净焦 24 批，共 242t。装完净焦后料线 1.75m，炉顶温度 200℃。

② 装填充料。4 月 10 日 0:45 开始装砾石，炉顶温度显著降低，1:35 为 170~180℃，曲线逐渐合拢，4:00 炉顶温度降至 60℃，5:00 料线 5m，以后为防止炉顶温度过低改为按炉顶温度不超过 400℃上料（该炉为钟式炉顶）。8:40 料线 8.5m，8:20 和 8:30 分别从东西铁口出最后一次铁。共装砾石 1684.5t。

③ 休风停炉。8:47 改常压操作，9:25 开炉顶放散阀，关煤气切断阀，9:45 开放风阀放风，10:00炉顶点火，10:05 倒流休风，风口堵泥，卸下风管，料线为 10.6m。

④ 打水凉炉。10:25 装炉顶打水管，13:25 开始炉顶打水，为防止大钟变形，打水期间不开大钟。连续打水 13h55min，共打水 750t。停炉过程煤气成分变化如表 6-16。

表 6-16 武钢 4 号高炉停炉煤气成分(%)

时 间	CO_2	O_2	CO	H_2	CH_4	N_2	发热量/$MJ\cdot m^{-3}$
4 月 9 日中班	18.4	0.4	23.80	2.7		54.7	3.299
23:00	15.2	0.4	25.40	2.8		56.2	3.513
10 日 1:00	13.2	0.4	25.20	2.9		58.3	3.496
3:00	11.2	0.4	30.00	2.9	0.2	55.3	4.174
5:00	8.0	0.4	29.40	1.7		60.5	3.898
7:00	6.0	0.4	32.20	1.6		58.8	4.367

⑤ 填充料清除。11 日 11:00 停止炉顶打水后 8h，开始从 2、5、8、11、14、18、20、23 号风口扒料，各风口扒出 5~20t 焦炭后出现砾石，并逐渐增加，砾石滚动性良好，用水一冲即随水排出。12 日 8:00经 21h 共扒料约 1000t，至 20:00 又扒出约 600t。

但自下午起扒料速度变慢，因炉顶打水停止后，炉内温度升高，焦炭燃烧。13 日 6:00，3 个上升管温度 240℃、338℃、317℃，个别风口出现滴渣现象，9:00~15:00 从炉顶再次打水。

由于焦炭燃烧，造成砾石表面渣化黏结，加上炉身渣皮脱落，很难从风口扒出，经爆破后从风口排出，少数为砾石块，多数凝渣，共用炸药 250kg。扒料工作至 14 日中班结束。

停炉加焦过多、砾石装的数量不足、停炉休风太早，再加上打水配合不好，是造成渣皮脱落、砾石表面渣化的根本原因。

(2) 空料线法停炉

鞍钢是我国应用空料线打水停炉最早的工厂。1953 年 5 月 27 日首先在 2 号高炉应用，以后经过逐年改进，方法日趋成熟，时至今日一直沿用，停炉次数已超 70 余次。

1）停炉技术改进方法如下：

① 改善打水装置。1957年以前的停炉，炉顶打水装置非常简单，只采用一根水管，水量集中一处，分配不均，调整困难，常引起炉内爆震，导致炉身砖衬塌落。1955年6月4日4号高炉，由于水量分配不均，雾化不好，停炉过程产生多次爆震，炉顶人孔被崩开，导致炉顶着火。

1957年9月8号高炉停炉对炉顶打水装置进行改进，从炉顶煤气取样孔，安装四支水枪，且每支水枪都有控制阀门，调整水量，爆震现象显著减少。1985年4月11号高炉停炉，将喷水枪改为“喷泉”式，即喷水孔朝上，冷水反淋至炉内，雾化情况改善，很少出现爆震情况。1990年11号高炉大修改造，采用无料钟炉顶，为防止炉顶温度过高，炉顶采用10个用N_2气雾化的喷水装置，冷却水雾化和均匀性又进一步改善，停炉时借用这套喷水装置，操作得当，基本上消灭了爆震现象。

② 停炉净焦数量减少。停炉料加净焦的主要目的在于停炉后期有充足的炉缸温度，防止熔渣在料面结成硬块，以加速停炉后的炉内清除工作。20世纪50年代停炉加净焦量较多，一般为2倍的炉缸容积，停炉速度很慢，白白烧掉很多焦炭，也很不安全。停炉持续时间一般为20h左右。

60年代以后，加净焦的数量逐年减少，逐步降低到1.2倍炉缸容积，甚至不加净焦。但后者出现料面渣、铁、焦结成的硬块，给炉缸清除工作带来一定困难。1990年以后又改为加净焦2～3批，一直沿用至今，效果良好。停炉料净焦数量减少，停炉速度加快，停炉时间由20h减少到15h左右，大约减少25%，见表6-17。

表6-17　净焦量与停炉时间关系

炉　号	日　期	炉容/m^3	停炉时间	加焦量/t	净焦体积/m^3	炉缸容积/m^3	$V_焦/V_缸$/%
10	1972.06.17	1513	23h05min	168	372	185.8	200
10	1978.04.06	1805	22h36min	96.3	214	229.0	93.5
11	1979.09.24	2025	16h08min	60.0	133	274.0	48.5
7	1980.04.09	2580	15h35min	35	77.7	351.7	22.0

③ 按料线与煤气中CO_2变化规律掌握料线深度。20世纪90年代起，鞍钢将历年来40余次打水停炉资料归纳整理，经过综合分析和运算，发现停炉过程煤气中CO_2含量变化与料面深度近似抛物线的关系，见图6-2。掌握这个规律，停炉可不加特殊探尺。根据CO_2变化规律，预示料面的相对位置，从正常料线到拐点，随料面下降，间接还原反应逐渐降低，拐点标志停炉过程间接还原反应基本结束，CO_2降至最低点，约3%～5%，相对位置为炉腰附近。拐点过后由于料层逐渐变薄，风口前焦炭燃烧生成的CO_2，上升途中被C还原成CO的反应（$CO_2+C=2CO$）减弱，故煤气中CO_2含量又逐渐回升，料线降至风口附近CO_2达到15%～18%，此时应出最后一次铁，出铁后进行停炉休风。如休风过迟，料面接近风口中心线，煤气中出现氧气，表明部分风口烧空，出现氧量过剩，部分未烧空风口还在产生煤气，有可能形成爆炸性组分，这时最危险，应该避免。

④ 停炉过程回收煤气。早期空料线停炉，一般都不回收煤气，通过炉顶放散阀排入大气中。不仅煤气和噪声污染环境，而且因放散能力不足，还要常压慢风停炉。回收煤气停炉即停炉过程继续回收煤气，不仅安全，而且停炉速度加快。我国包钢是采用回收煤气停炉最早的工厂，1983年6月鞍钢学习包钢在3号高炉采用回收煤气停炉，停炉时间缩短至8h47min，做到了安全、经济、快速停炉，见表6-18。

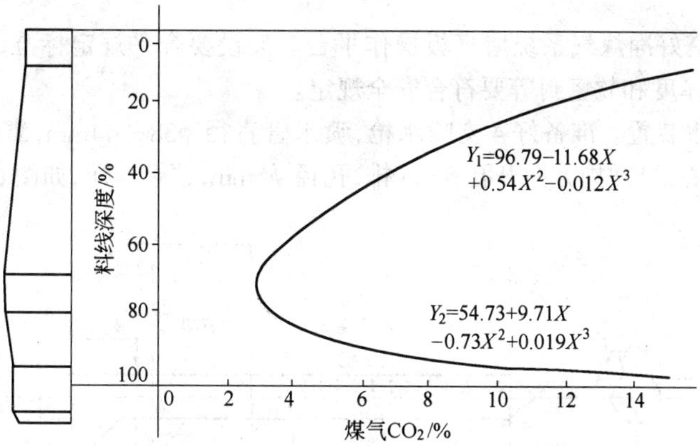

图 6-2 停炉煤气中 CO_2 含量与料面深度关系

表 6-18 空料线回收煤气与不回收煤气停炉时间比较

炉 号	不回收煤气空料线停炉		回收煤气空料线停炉	
	停炉日期	空料线时间	停炉日期	空料线时间
3	1978.10.13		1983.06.06	8h47min
7	1980.04.09	15h35min	1984.08.03	11h08min
9	1979.08.07	15h50min	1985.02.15	10h10min
10	1979.03.25	16h02min	1985.04.20	11h40min
6	1978.12.28		1985.08.09	

2）停炉操作参数控制如下：

① 炉顶温度。料钟式高炉为400～450℃，个别点不大于500℃，无料钟高炉为250～300℃，个别点不大于350℃。

② 打水装置进水点压力，要高于炉顶压力，最少要高出0.05MPa。水量比计算值高20%～30%，按此要求选择水泵能力。

③ 严格控制煤气含 H_2 量和 O_2 量，要求 $H_2<12\%$，最高不大于15%；$O_2<2\%$，当炉顶温度300℃时为1.8%，600℃以上时为0.8%。

④ 风量不宜太大，特别在料面降至炉身下部以后，应控制不易产生管道行程的煤气速度。

⑤ 停炉期间炉前出铁作业，按正常时间进行，料面降至风口中心线上0.5m时出最后一次铁，最后一次铁要大喷。多铁口的高炉可用2个铁口出最后一次铁。铁后进行停炉休风。

3）停炉装料要求有：

① 控制生铁含Si量0.6%～1.0%。

② 炉渣碱度 $m(CaO)/m(SiO)=1.05\sim1.08$，硫负荷高的高炉取上限。

③ 扣除喷吹量减轻负荷10%左右。

④ 最后上2～3批净焦(亦称盖焦)。

⑤ 停炉料要求强度高、粉末少，禁止装浅槽料。

4）停炉准备工作如下：

① 如果矿槽需要检修，则停炉前1个月开始安排倒槽计划，保证停炉前2d倒空。

② 停炉前1d开始逐渐加大铁口角度，最后1次铁角度可达12°～14°。铁口采用组合砖砌筑的

高炉可酌情调整。

③ 停炉前一天搭好净煤气系统堵盲板操作平台。架设要合乎规定标准，梯子、栏杆要牢固可靠，盲板材质、直径、厚度和软密封等要符合安全规定。

④ 组装炉顶打水装置。准备好4支喷水枪，喷水管直径 ϕ38～44mm，靠近炉墙1m部位不开孔，水枪伸至高炉中心，沿圆周方向开孔5～6排，孔径 ϕ5mm，顶端焊死，如图6-3。

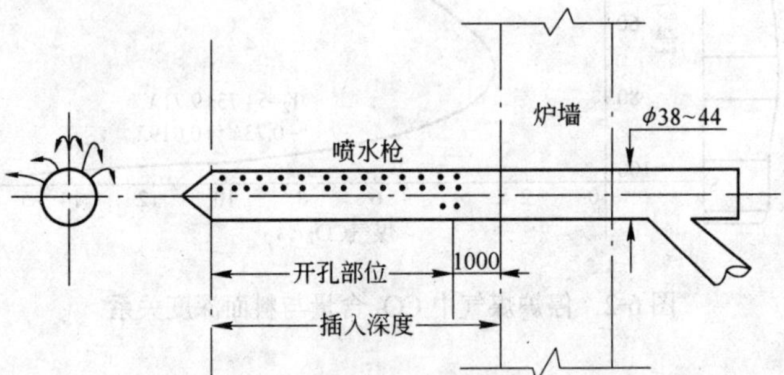

图6-3 喷水枪示意图

喷水孔直径：5mm；孔间距离：90～100mm；

离炉墙1m位置不开孔

炉顶打水泵安装2台，一台工作，一台备用，两台并联，水泵出口配有回水管，回到水泵入口。要求炉顶进水点水压高于炉顶压力0.05MPa。为保证安全供水，要求水泵配二套电源。工艺流程如图6-4。

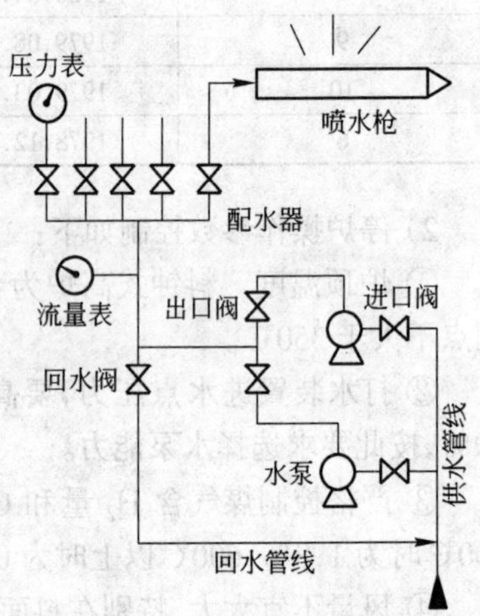

图6-4 炉顶打水管路布置

水量计算时设定条件为：煤气成分 CO＝35.1%，H＝1.4%，N_2＝63.5%；$V_{煤}=1.24V_{风}$，即煤气量为风量的1.24倍；炉缸上沿和炉腹上沿的煤气温度为1450℃和1300℃，要求降至400℃，所放出的热量全部被水吸收，且变成400℃的蒸汽。计算公式为：

$$Q_{水}=\frac{(j_{煤_t}-j_{煤400})\times 1.24V_{风}\times 60}{\left[0.004(100-t_{水})+q_{汽}+\frac{22.4}{18}(i_{汽_{400}}-i_{汽_{100}})\right]\times 1000}$$

$$=\frac{(j_{煤_t}-j_{煤_{400}})\times 1.24V_{风}\times 60}{3197}(\text{t/h})$$

式中 $j_{煤_t}$——温度 t℃时煤气焓，MJ/m^3；

($j_{煤_{1450}}=2.120$MJ/m^3，$j_{煤_{1300}}=1.882$MJ/m^3，$j_{煤_{400}}=0.533$MJ/m^3)

$V_{风}$——风量，m^3/min；

0.004——换算MJ的系数；

$t_{水}$——入炉水温，℃(取25)；

$q_{汽}$——水的汽化热，MJ/kg(取2.253)；

$i_{汽_{400}}$——水蒸气400℃时的焓，MJ/m^3(取0.626)；

$i_{汽_{100}}$——水蒸气100℃时的焓，MJ/m^3(取0.108)。

举例：某高炉停炉，初期风量 1800m^3/min，料面降至炉腰时风量 1500m^3/min，根据上述设定条件计算水量：

$$Q'_{水}=\frac{(1.882-0.533)\times1.24\times1800\times60}{3197}=56.5(t/h)$$

$$Q''_{水}=\frac{(2.120-0.533)\times1.24\times1500\times60}{3197}=55.4(t/h)$$

最后确定水泵的水量为 $Q=Q_{水}\cdot K$

式中 Q——选用的水泵水量，t/h；

$Q_{水}$——公式计算水量，t/h；

K——安全系数，$K=1.1\sim1.2$。

5）出残铁准备工作有：

① 选择残铁口方位。主要考虑渣铁运输方便、空间比较宽敞、通风良好的位置。

② 确定炉底剩余厚度。主要根据炉龄、炉基温度、冷却壁水温差及残铁层平面上下炉皮温度确定。也可用热传导的热流公式计算。但由于选用的数据不够准确，计算结果与实际差别很大。所以，一般以计算为辅，实际分析判断为主。根据鞍钢（炉容 600～2580m^3）停炉实践，残铁口的中心线位于铁口中心线下 1.8～2.5m，中型高炉取下限，2000m^3 以上大型高炉取中上限。

③ 组装残铁口工作平台。残铁口工作平台材质为钢结构，承载能力满足工作要求，两侧设置安全通道，走梯坡度小于 45°，周围设置防护栏杆。残铁沟坡度大于 5%，由钢板焊接而成，下底宽度 800mm，上口宽度 1000mm，高 800mm，内砌一层耐火砖，表面捣打铁沟料。铁罐间连接板由钢板焊接而成，宽度 700～800mm，高度 200mm（百吨铁水罐车间距 6750mm），内垫铁沟料捣固。

④ 铺设动力管线。一切工具、材料及压缩空气、氧气、焦炉煤气管线引至残铁口工作平台。

6）空料线操作如下：

空料线前进行一次预备休风，炉顶点火，处理煤气。预休风在装完停炉料和盖焦后进行。休风中进行的主要工作有：试装炉顶喷水枪，要求进出方便，准确到位，喷淋雾化良好。个别高炉停炉前沿炉身不同高度安装 2～3 层蒸汽或 N_2 气喷吹装置，停炉过程向炉内喷蒸汽或 N_2 气，以降低炉顶温度和稀释煤气浓度。调整炉顶放散阀配重，减轻至设计炉顶压力的 50%，起安全阀作用。焊补和加固炉壳。处理损坏的冷却设备，不许向炉内漏水。检查炉顶和除尘器蒸汽管道，确保蒸汽畅通。

有些厂不采取回收煤气停炉，还要切断高炉与煤气系统联系，均压管道和煤气切断阀处堵盲板，拆除炉顶放散阀，增加煤气放散能力。

① 预休风送风后，首先进行炉顶和除尘器通蒸汽，无料钟高炉气密箱和阀箱通 N_2 气。

② 开始回风不要太大，待炉料下降后，风量与风压对应，再逐渐回风，最高风量为正常风量的 80%。

③ 严格控制炉顶温度。随着料线降低，炉顶温度升高，超过规定时开始打水，并根据炉顶温度变化调整水量。按停炉操作参数控制的要求将钟式高炉炉顶温度控制在 400～450℃之间，个别点最高不大于 500℃。无料钟高炉控制 250～300℃之间，最高点不大于 350℃。打水要均匀，不能淋至炉墙上，更不能积于炉料表面。

④ 严格控制风量。维持不易产生管道行程的煤气速度，即随着料线降低要逐渐减少风量。特别是料线降至炉身下部，炉墙容易塌落，煤气压力频繁出现高压尖峰，应及早减风并适当减少打水量。

⑤ 加强煤气成分控制。特别 H_2 含量要求控制在 12% 以下，最高不超过 15%，否则应及时减少打水量，并相应减少风量和风温。料线降至炉腹附近时，停止回收煤气，开炉顶放散阀，关煤气切断阀。

⑥ 掌握煤气 CO_2 变化规律。根据这个规律预示料面相对位置。料线降至炉腰附近，CO_2 降至最低水平，一般为 3%～5%，见表 6-19，以后又逐渐升高，料线降至风口附近，CO_2 升至最大值，一般为 15%～18%，风口暗红和挂渣，个别风口吹空，出现氧气，应及时出最后一次铁，铁后休风。操作如下：停止炉顶打水；风压降至 0.02MPa，开大钟；通知热风炉正常休风停炉，并迅速卸下风管。

表 6-19 停炉煤气 CO_2 拐点位置

炉 号	炉喉高度/m	炉身高度/m	炉腰高度/m	炉腹高度/m	炉缸高度/m	探尺深度/m	相对位置	CO_2/%
4	1.800	14.200	2.500	3.000	3.050	18.000	炉腰中部	2.8
10	2.200	17.900	2.000	3.000	3.300	20.000	炉腰上部	2.6
7	2.600	18.000	2.000	3.600	3.700	21.000	炉腰上部	4.9
11	2.000	18.500	2.000	3.000	3.500	21.000	炉腰上部	3.3

7）煤气处理如下：

① 开塔前 ϕ400mm 放散阀，20min 后关闭。

② 通知燃气管理部门关煤气插板。

③ 按长期休风处理煤气程序赶煤气。

8）为保证安全，出残铁作业在休风后进行。操作程序如下：

① 割残铁口处炉壳。面积为 500mm×600mm，作业时间约 1h。

② 烧残铁口处冷却壁。面积为 500mm×500mm，事前将冷却壁内积水吹净，作业时间约 1h。

③ 作残铁口泥套。首先将残铁口周围的残渣铁扣净，深度大于 300mm，然后用硬泥捣固，并用煤气火烤干。作业时间约 2～3h。

④ 烧残铁口出铁。深度一般为 1.5m 左右，残铁口孔径不宜过大，以防铁水溢出沟外。

⑤ 监视铁罐状态。及时进行倒罐作业，严防铁水流到地面。出完残铁后用少量炮泥堵上。

9）出完残铁后打水凉炉程序如下：

① 打水前，一切工作人员离开风口、渣口和铁口区域，防止打水后喷出焦炭伤人。

② 残铁口下备用一个带渣壳渣罐或铁罐，防止喷出渣铁流到地面。

③ 上述准备工作后，开始打水凉炉。打水速度不宜太快，可间断进行。大修停炉打水到铁口流水为止，中修停炉打到风口流水为止。如红焦未熄灭，再适当打水。但不许因打水过多流到炉外。

10）停炉过程故障处理有：

① 风口烧坏。停炉过程尽量避免休风，如风口烧坏可适当闭水，外部喷水强制冷却。如发生某些重大设备事故，非休风不能处理，首先停止炉顶打水，然后进行炉顶点火休风。

② 炉顶放散阀着火。首先加大炉顶蒸汽，并适当减少风量。如果仍不熄灭，可临时关闭着火的放散阀。待火熄灭后再重新打开。

③ 炉顶爆震。立即减少风量和水量，特别是料线降到炉身以下时，炉墙容易倒塌，要事先主动减少风量。

11）停炉安全规定如下：

① 不回收煤气停炉，必须切断高炉与煤气系统联系，在切断阀上和回压管道堵盲板。

② 高炉炉壳损坏，要事先进行补焊加固。否则不许采用空料法停炉。

③ 停炉过程炉顶温度必须控制在规定的区间内，打水要均匀，要及时调整水量，禁止水淋至料面上。

④ 料线降至炉腰以下，如煤气含 H_2 大于 12%，煤气压力频繁出现高尖峰，应停止回收煤气，开

炉顶放散阀,关煤气切断阀。

⑤ 料线降至风口以上 0.5m 左右,部分风口暗红和挂渣,煤气中还没有 O_2 出现,应及时出最后一次铁,铁后休风停炉。防止料线过低,出现 O_2 气,形成爆炸性气体。

⑥ 出残铁前,炉基平台应清扫干净,并保持干燥,不允许有积水。

6.1.2.2　停炉实例

(1) 宝钢 1 号高炉回收煤气停炉

宝钢 1 号高炉于 1996 年 4 月 2 日进行回收煤气大修停炉。停炉作业实践见表 6-20,为确保安全采取如下措施:

表6-20　1号高炉停炉实例

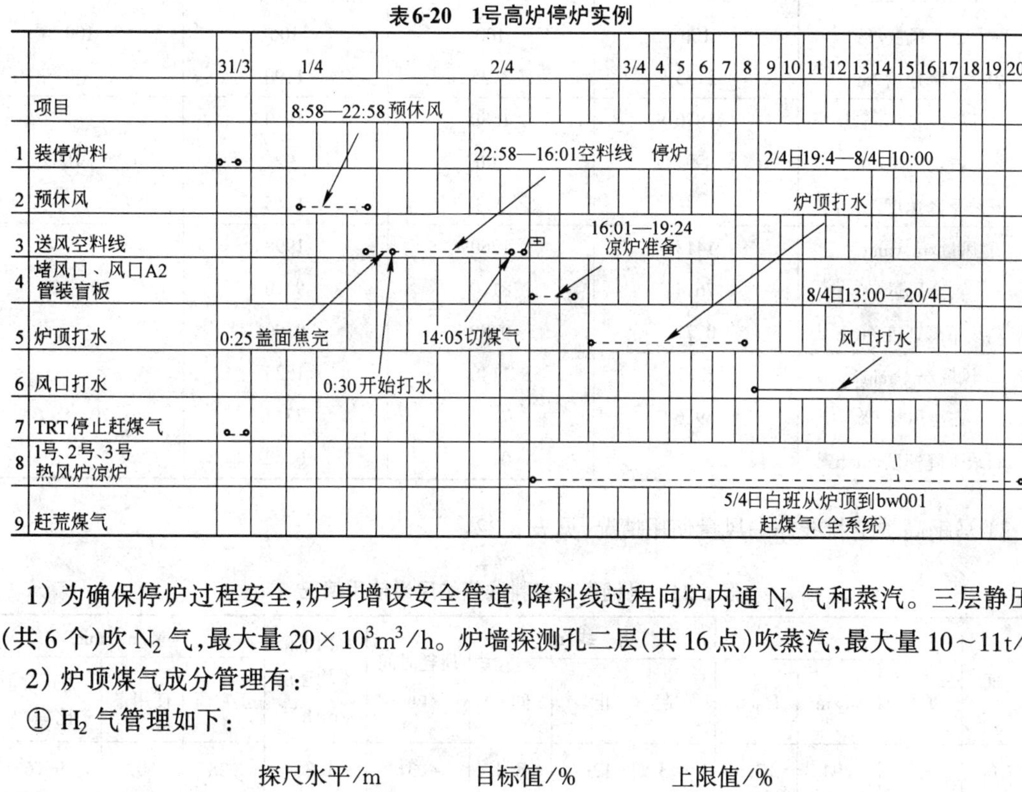

1) 为确保停炉过程安全,炉身增设安全管道,降料线过程向炉内通 N_2 气和蒸汽。三层静压力孔(共 6 个)吹 N_2 气,最大量 $20\times10^3 m^3/h$。炉墙探测孔二层(共 16 点)吹蒸汽,最大量 10~11t/h。

2) 炉顶煤气成分管理有:

① H_2 气管理如下:

探尺水平/m	目标值/%	上限值/%
−6	2	3
−11	5	6
−16	8	10
−20	10	13
−25	12	15

② O_2 气管理如下:各温度水平下;煤气爆炸下限 O_2浓度为:200℃ 时 2.4%,300℃ 时 1.8%,600℃ 以上 0.8%。

③ 炉顶温度。炉顶 4 点温度最高点定为 450℃ ,不大于 500℃、控制范围在 250~450℃ 之间。顶温大于 300℃ 时开始吹入 N_2 气和蒸汽,大于 350℃ 时开始打水。

④ 停止回收煤气以煤气发热量为标准,发热量 $Q\leqslant 2926kJ/m^3$ 时停止回收煤气,开炉顶放散阀,关煤气切断阀。

⑤ 打水凉炉。凉炉初期产生大量水煤气。为确保安全,休风停炉后风口堵泥,风管弯头上部

堵盲板，与送风系统隔断，停炉打水由小到大，以煤气含 H_2 量不大于 15%控制水量。调节炉顶放散阀开度，保持炉内正压。炉内通 N_2 气和蒸汽，直至煤气中 H_2、O_2 含量小于 1%停止。

(2) 首钢和马钢空料线停炉

1）首钢高炉空料线停炉情况见表 6-21。

表 6-21 首钢高炉停炉风量使用情况

部位		1970.02 3 号高炉($963m^3$)	1972.03 1 号高炉($576m^3$)	1977.07 4 号高炉($1200m^3$)	使用风量占全风量百分率/%
炉身中下部	风量/$m^3\cdot min^{-1}$	1900	1580	2100	100
	占全风量/%	100	100	100	
	料线下降速度/$m\cdot h^{-1}$	2.35	3.25	1.90	
炉身下部	风量/$m^3\cdot min^{-1}$	1870	1580	1950	约 100
	占全风量/%	99	100	92	
	料线下降速度/$m\cdot h^{-1}$	2.0	2.3	1.45	
炉腰	风量/$m^3\cdot min^{-1}$	1413	1280	1990	80～90
	占全风量/%	76.4	81.0	90.0	
	料线下降速度/$m\cdot h^{-1}$	0.77	0.89	0.90	
炉腹	风量/$m^3\cdot min^{-1}$	1287	1140	1625	70～80
	占全风量/%	69.6	72.0	77.4	
	料线下降速度/$m\cdot h^{-1}$	0.73	0.75	0.62	

2）马钢高炉空料线停炉风量使用情况，见表 6-22。

表 6-22 马钢高炉空料线停炉风量使用情况

时间	高炉			料线/m			所耗时间/min	料面下降平均速度/$m\cdot h^{-1}$	风量/$m^3\cdot min^{-1}$		
	炉号	V_u/m^3	H_u/m	起	止	间距			正常值	使用量	为正常值比率/%
1977.06	3	294	17.6	4.3	12.7	8.4	4.31	1.86	628	607	96.66
1978.09	1	255	17.6	5.9	14.5	8.6	6.55	1.243	497	477	95.98
1982.06	2	255	17.6	4.0	12.5	8.5	6.37	1.285	579	419	72.37

(3) 日本钢管公司高炉回收煤气停炉

1977 年福山 1 号高炉($2323m^3$)于 12 月 7 日 9 时开始空料线停炉，炉顶温度控制在 300℃以下，23:25 料线降至 23m 左右，开炉顶放散阀，关煤气切断阀。12 月 8 日 5:10 休风停炉，时间为 20h10min。停炉过程炉况顺行，料线降至炉身下部出现 1～2 次炉顶压力波动。

福山 2 号高炉($2828m^3$)于 1978 年 3 月 1 日 8 时停炉。3 月 2 日 0 时 10min 停止送煤气，开放散阀，关煤气切断阀。6:25 休风停炉。时间为 22h25min。停炉过程炉况顺行，炉顶温度控制到 350℃，比 1 号高炉提高 50℃。停炉打水量由 1 号高炉的 2400t 降低到 1350t。主要经验有：

① 为保证高炉和煤气系统安全，停炉前于高炉炉身、炉顶和除尘器安装 N_2 气和蒸汽喷吹装置，如停炉过程发生故障，需要休风时，开 N_2 气和蒸汽阀门，向炉内喷吹 N_2 气和蒸汽，以降低煤气

浓度和温度。

② 改善喷枪结构,均匀向炉内打水,在炉喉部位以6～8个方向向炉内打水,喷水能力最大为300t/h。

③ 停炉过程保持充足的炉温,适当降低炉渣碱度,减轻焦炭负荷30%(包括喷吹物)。

④ 防止管道行程。随料线降低相应减少风量,将风量控制在不产生管道煤气的速度。表6-23为福山1,2号高炉停炉风量与料线的关系,图6-5和图6-6分别为福山1号和2号高炉停炉操作实绩。

表6-23　福山高炉停炉风量与料速关系

部　　位	1　号　炉		2　号　炉	
	风量/$m^3 \cdot min^{-1}$	下料速度/$m \cdot h^{-1}$	风量/$m^3 \cdot min^{-1}$	下料速度/$m \cdot h^{-1}$
料线—炉身下部	2500	2.4	2200	1.6
炉身下部—炉腰	1900	1.0	1700	0.9
炉腰—风口	700	0.5	1100	0.8

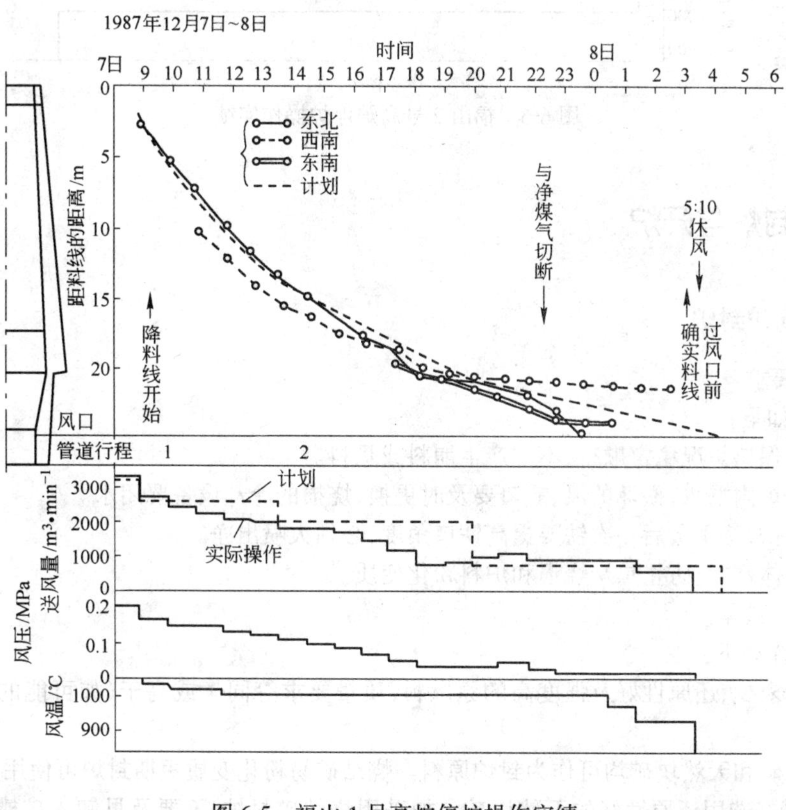

图6-5　福山1号高炉停炉操作实绩

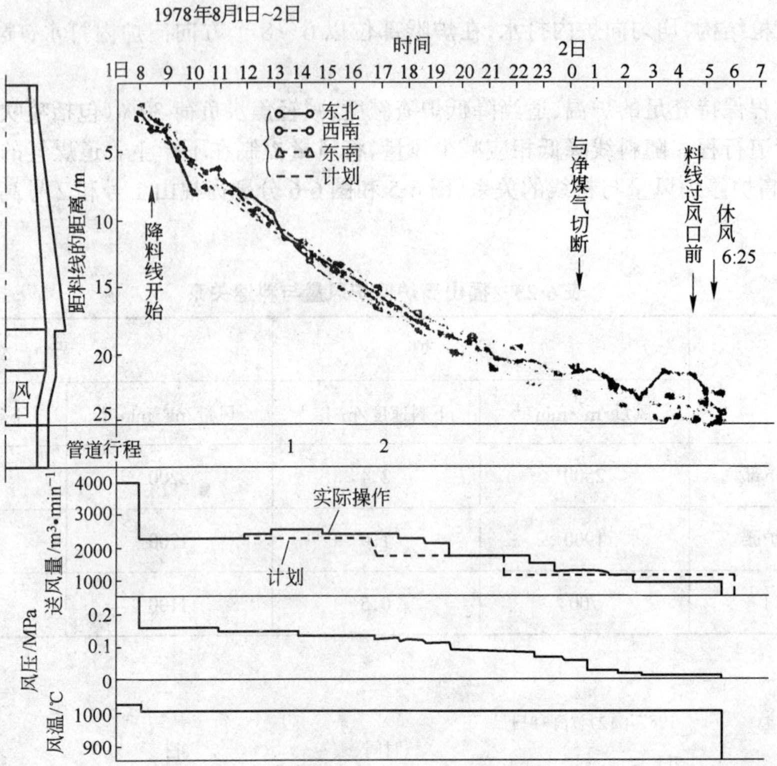

图 6-6 福山 2 号高炉停炉操作实绩

6.2 高炉封炉与开炉

6.2.1 高炉封炉

(1) 封炉要求

封炉要求如下:

1) 封炉前保持炉况稳定顺行,不许产生崩料或悬料。

2) 不许向炉内漏水,损坏的风、渣口要及时更换,烧损的冷却设备要闭水。

3) 出净渣铁,特别最后一次铁要提高铁口角度,必须大喷出净。

4) 加强炉体密封,防止焦炭烧损和炉料粉化变质。

(2) 封炉料选择

封炉料选择如下:

1) 选用粉末少、还原性好及强度高的原燃料,质量要求等同于或高于(如可能的话)大中修开炉原燃料标准。

2) 人造富矿和天然块矿均可作为封炉原料。烧结矿易粉化变质短期封炉可使用。大于 4 个月以上的封炉,最好选用还原性好的天然块矿。如采用烧结矿封炉,不要及早卸入矿槽,装封炉料前 1h 到位即可。

3) 封炉料应配少量锰矿,控制生铁锰量 0.8%,炉渣碱度 $m(CaO)/m(SiO_2)=0.95\sim1.0$,以改善炉渣流动性能。

(3) 封炉料总焦比选择

正确选择封炉料总焦比是保证开炉后炉缸热量充足、加速残渣铁熔化及顺利出铁出渣的关键。确定原则为：

1) 封炉时间长短。封炉时间越长，总焦比越高。表 6-24 为鞍钢高炉封炉时间与总焦比的关系。封炉半年以上的高炉，封炉料总焦比与大中修开炉总焦比相似。

表 6-24 封炉时间与总焦比的关系

封炉时间/d	10～30	30～60	60～90	90～120	120～150	150～180	>180
总焦比/$t \cdot t^{-1}$	1.2～1.5	1.5～1.8	1.8～2.1	2.1～2.4	2.4～2.7	2.7～3.0	3.0～3.5

2) 炉容大小。小高炉比大高炉热损失多，封炉料总焦比应相对提高。一般 600～1000m^3 的高炉，总焦比较大于 1000m^3 的高炉高 10%左右。

3) 冷却设备状况。炉壳和冷却设备损坏严重的高炉，一般不允许长期封炉。特殊情况非封炉不可，必须彻底查处漏水点，确保不向炉内漏水和漏风。为预防万一，封炉料总焦比要相对提高 5%～10%。

(4) 封炉操作

封炉操作注意事项：

1) 装封炉料过程，应加强炉况判断和调节，消灭崩料和悬料，保持充足的炉温，生铁含硅量控制在 0.6%～1.0%。

2) 各岗位要精心操作和加强设备维护检查，严防装封炉料过程发生事故，而造成减风或休风。

3) 封炉料填充方式，同高炉大中修开炉料填充方式，即炉腹装净焦，炉腰装空料，炉身中下部装综合料(空料和正常料)，炉身上部装正常料。

4) 封炉料下达炉腹中下部，出最后一次铁，铁口角加大到 14°，大喷后堵上。通知热风炉休风，炉顶点火，处理煤气。

5) 休风后进行炉体密封。炉顶装水渣，厚度 500～1000mm 左右。卸下风管，内部砌砖，渣口、铁口堵泥。焊补炉壳，大缝焊死，小缝刷沥青密封。

6) 根除漏水因素。关掉炉壳喷水，切断炉顶打水装置，损坏的冷却设备全部闭水，切断炉顶蒸汽来源。

7) 降低炉体冷却强度。封炉休风后，风口以上冷却设备，水量、水压减少至 30%～50%，3d 后风口以下水压降低至 50%。3 个月以上的封炉，上部冷却水全部闭死，管内积水用压缩空气吹扫干净。

8) 封炉 2d 后，为减少炉内抽力，可关闭一个炉顶煤气放散阀。

9) 封炉期间要定期检查炉体各部位(重点是风口、渣口、铁口)有无漏风情况，发现漏风及时封严。

(5) 封炉操作安全

封炉操作安全规定如下：

1) 掌握好停煤时间，开始装封炉料时停止喷煤，确保煤粉罐内煤粉吹扫干净。

2) 掌握好料线深度，休风前留有压料用空间。不允许因料线过高而拖延休风时间。

3) 掌握好最后一次出铁时间，确保封炉料降至炉缸上沿进行休风封炉。

4) 专人监视炉顶着火情况，特别在压料过程防止灭火。如果灭火，立即用焦炉煤气火点燃。

5）炉顶压料后火焰逐渐减小，3d后基本熄灭。如果火焰仍很旺盛，表明炉体密封不严，应迅速采取密封措施。

6）封炉时间3个月以上时，一定要吹扫干净炉身以上冷却设备水管内的积水，防止冬季水管冻裂。所以，有计划的封炉应避开冬季。

6.2.2 封炉后的开炉

封炉后的开炉难度较大，特别是封炉时间很长，炉内残余渣铁凝固，造成开炉后出铁出渣非常困难。所以要采取一切有力措施，做好出铁出渣工作。

（1）送风准备

送风准备工作有如下几点：

1）热风炉提前3～4d烧炉，确保送风后风温大于700℃。

2）装料系统设备进行联合试车，要求连续正常运转8h以上，并达到规定标准。

3）高炉冷却系统试水，确保管路系统畅通，不向炉内漏水。炉顶蒸汽系统进行通汽试验，确保炉顶及除尘器蒸汽畅通。无料钟高炉进行通N_2试验，确保用N_2系统N_2气畅通。

4）检查料线深度，封炉时间越长，下降越深，一般不超过3m。送风点火前用净焦补到正常料线深度。

5）做好炉前出铁出渣准备工作。为防止出铁困难，将临近铁口的渣口三套取出，砌筑耐火砖套，作备用铁口。最好是用碳砖加工成外形同渣口三套，内径60～80mm安装于三套位置代替原来的渣口三套。作为出铁口。

6）工作风口选择。封炉时间越长，送风工作的风口越少，封炉3个月以上，工作风口2～4个为宜。工作风口的位置应集中在铁口附近。送风前将铁口与其上方的风口间用氧气烧通。不送风的风口用硬泥堵死，不允许送风后自动吹开。

（2）各阀门应处的状态

1）煤气系统各放散阀、高压调节阀组各阀均要打开。煤气切断阀、除尘器清灰阀及煤气取样孔关闭。

2）热风炉各阀处于休风状态，倒流阀关上。

3）大小钟关闭，无料钟上、下密封阀、料流调节阀关闭，眼镜阀打开。

4）均压系统，1、2次均压阀关闭，均压放散阀打开。

5）高炉炉顶放散阀打开，放风阀开，处于放风状态。

（3）送风点火

送风点火时应注意的事项有：

1）通知鼓风机，送风至放风阀。

2）炉顶、除尘器通蒸汽、无料钟高炉阀箱和气密箱通N_2气。

3）通知调度室、燃气部门及热风炉送风点火，风温大于700℃，风压约0.04～0.06MPa。

4）送煤气。所有工作风口着火正常，炉顶煤气压力大于3kPa。煤气取样化验合格后，与燃气部门联系送煤气。

5）将铁口钻开，喷出的煤气用焦炉煤气火点燃，见渣后堵上，少量打泥。

（4）炉况恢复

1）根据封炉质量、漏水情况、补足够的焦炭。

2）送风后8～12h出第一次铁。如出铁困难很大，超12h、风口有自动灌渣危险，可迅速转为备用铁口出铁。

3) 铁口出铁顺利后，可逐渐恢复送风的风口数量，顺序是依次向渣口方向转移，不允许间隔开风口。

4) 按压差操作，控制风量与风压对应关系，初期每班开风口 1～2 个，无特殊原因，一周左右时间风口可全部送风。

5) 视炉温情况，逐渐增加焦炭负荷，一般二次铁后通过 2～3 次变料将生铁含硅量降至 1.25%～1.75%水平。

6) 随焦炭负荷增加相应提高热风温度，风温大于 850℃，风口全部工作后，可考虑喷吹煤粉。

7) 提高炉顶压力应逐步进行，不宜太快。铁口深度合格，风量大于正常风量 80%时，可转为高压操作。

8) 头几次铁流动性不好，数量少，可走临时渣口，每 2h 出一次。铁水通过正常渣口后，转为正常时间出铁。

9) 随着炉缸残铁熔化速度加快，铁口角度可逐渐加大，风口全部工作后，铁口角度达到正常水平。

(5) 异常故障处理

1) 铁口出不来铁。不允许用渣口放渣，要立即转为备用铁口出铁，但不得次数太多，防止烧坏渣口二套和大套。特殊情况应及时休风更换渣口砖套。

2) 风口破损。如风口破损可适当减水，外部打水强制冷却，待出铁后休风更换。

3) 堵塞的风口吹开。如堵塞的风口吹开，且有自动灌渣危险，可采用外部打水，强制冷却，待出铁后休风重堵。

4) 铁口流水。要适当降低水压，积极查找漏水原因，损坏的冷却设备要完全闭水，若风口损坏，可适当闭水，外部喷水冷却。制作防水泥套，烤干出铁。

(6) 安全规定

1) 送风点火前，通知燃气部门确认煤气净化系统内无人作业，并经燃气部门同意方可送风。

2) 堵风口时要认真检查风口内部有无漏水迹象，如发现漏水要立即查找原因，清除漏水点，不能盲目送风。

3) 送风点火后，以铁口喷出的煤气，用焦炉煤气火点燃，工作人员站在上风向位置操作。

4) 临时用备用铁口出铁，开铁口时最好用钢钎子打开，如内部有凝铁可用氧气烧开，但不能烧坏砖套。堵铁口时要放风到零，防止烧伤。

5) 开炉后头几次铁不允许冲水渣，可放于干渣坑内，也可放于带渣壳的渣罐内，好渣罐要用干渣垫底，防止渣带铁烧穿。

6.3 高炉的休风、送风及煤气操作

高炉的休风、送风及煤气处理，是一项煤气危险作业，它涉及调度室、鼓风机、煤气管理室、热风炉、供料、喷吹站等众多单位和岗位，应联系妥当、统一指挥、互相配合，严格按规程操作。

根据休风时间的长短、原因、性质分为短期休风、长期休风和特殊休风。

目前大多数高炉的煤气除尘净化系统，仍为湿法除尘工艺，其煤气系统见图 6-7。高炉送风系统各阀门的位置见图 6-8。

6.3.1 高炉的短期休风与送风

小于 4h，更换冷却设备、设备修理等的临时休风，称为短期休风。

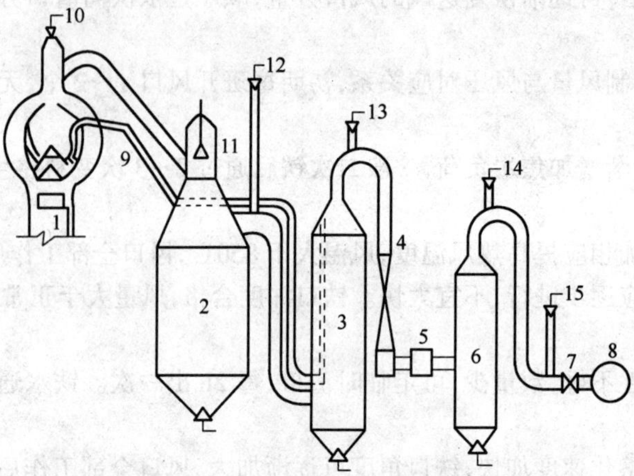

图 6-7　高炉煤气系统（湿法塔文系统）

1—高炉；2—除尘器；3—洗涤塔；4—文氏管；5—调压阀组；6—脱水器；7—叶形插板；8—煤气总管；9—均压管；10—炉顶放散阀；11—煤气切断阀；12～15—各放散阀

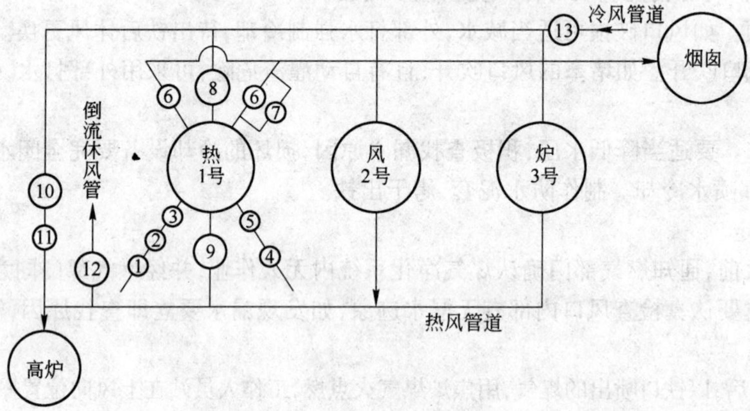

图 6-8　高炉送风系统有关各阀门位置示意图

1—煤气调节阀；2—煤气阀；3—煤气燃烧阀；4—助燃风机；5—空气阀；6—烟道阀；7—废风阀；8—冷风阀；9—热风阀；10—冷风大闸；11—冷风温调节阀；12—倒流阀；13—放风阀

(1) 短期休风

短期休风程序如下：

1）休风前通知有关单位做好准备，如调度室、鼓风机、煤气管理室、热风炉、上料系统、煤粉喷吹站等；

2）向炉顶，除尘器等煤气设备通蒸汽（或 N_2 气）；

3）炉顶停止打水；

4）停止富氧；

5）停止喷吹燃料和蒸汽鼓风；

6）高压改常压，减风到 50％左右；

7）全开炉顶放散阀、停止上料；

8）热风炉停止烧炉；

9）关煤气切断阀；

10）关风温调节阀和混风大闸；

11）继续减风到0.005MPa；

12）打开风口视孔盖；

13）通知热风炉休风；

14）关送风炉的热风阀、冷风阀、放尽废气；

15）开倒流阀进行煤气倒流；

16）通知高炉“热风炉休风操作完毕”。

（2）短期休风的煤气处理

短期休风的煤气处理比较简单，休风期间高炉和煤气系统的隔断是用关上除尘器煤气切断阀实现的。阀后的除尘器、洗涤系统由煤气管网充压；阀前的高炉炉顶、上升管、下降管用通蒸汽（或N_2气）保其正压防止生成爆炸性气体，来确保休风期间的安全。

短期休风的复风程序如下：

1）关上风口视孔盖、通知热风炉送风；

2）关倒流阀停止倒流；

3）开送风炉的冷风阀、热风阀同时关废风阀；

4）通知高炉“热风炉送风操作完毕”；

5）逐渐关放风阀回风；

6）开混风大闸及风温调节阀；

7）取得煤气管理室同意，开煤气切断阀；

8）关炉顶放散阀；

9）关炉顶及除尘蒸汽（或N_2气）；

10）高炉按情况转入正常操作。

6.3.2 高炉的长期休风、送风及煤气处理

大于4h的休风（例如高炉的计划检修、重大事故的处理、重大的外界影响导致高炉不能生产）称为长期休风。长期休风要求高炉与送风系统，高炉与煤气系统要做彻底的断开。高炉与送风系统的彻底断开用关上热风炉的冷风阀、热风阀、卸下风管来实现。高炉与煤气系统（煤气管网）的彻底断开，用关上与煤气管网连络的叶形插板（或水封）和进行炉顶点火来实现。

（1）长期休风及处理煤气的两种模式

由于高炉的大小、炉顶设备、煤气除尘净化工艺的不同，高炉长期休风处理煤气的方式方法多种多样，归纳起来不外乎有两种模式：

第一种模式：先进行炉顶点火，后休风、再处理煤气。它多用于钟式高炉。

第二种模式：先休风、后处理煤气、再进行炉顶点火。它多用于无钟高炉。

两种模式的比较如下：

1）第一种模式为：

① 先彻底的断源再处理煤气能彻底地避免这边赶走那边产生的不安全现象出现。

② 炉顶点火上红焦是使用煤气“先给火准则”在处理煤气上的应用，能确保点火的安全。

③ 炉顶点火是在高炉休风前整个系统在正压下进行，正压点火安全。

④ 它的缺点是点火时，炉顶煤气火较大，炉顶温度偏高。它一般适用于对炉顶温度要求不严的高炉。

2）第二种模式为：

① 休风处理完煤气再点火，能确保炉顶温度维持在较低水平。

② 不易点火，在特殊情况下(残余煤气多、冷却设备漏水)点火时易发生爆炸。它适用于对炉顶温度要求严格的高炉。

(2) 长期休风前的准备

长期休风前的准备工作有：

1) 放净除尘器的煤气灰；

2) 准备好点火用的点火枪、红焦、油布；

3) 检查好通往炉顶各部和除尘器蒸汽管路(或 N_2 气管路)；

4) 按休风长短适当减轻负荷，当休风料下到炉腹部位时，出最后一次铁，铁后休风。休风前炉温适当提高，炉渣碱度适当降低；

5) 出净渣铁。如渣铁未出净，应重新配罐再出，出净后才能休风；

6) 检查风口、渣口、冷却壁等冷却设备，如发现损坏，要适当关水休风后立即更换，严禁向炉内漏水；

7) 休风前要保持炉况顺行，避免管道、崩料、悬料。如遇悬料，必须把料坐下后，才能休风。最好将炉况调整顺行后再休风。

(3) 钟式高炉长期休风程序

钟式高炉长期休风处理煤气，采用“先进行炉顶点火、后休风、再处理煤气”的模式。其模式如下：

1) 通知调度室、燃气、鼓风、上料、喷煤站等单位；

2) 向炉顶各部，除尘器、煤气切断阀通蒸汽(或 N_2 气)；

3) 停止炉顶打水，富氧，喷吹燃料；

4) 按程序转入常压操作；

5) 开放风阀减风到 50%；

6) 关风温调节阀及混风大闸；

7) 全开炉顶放散阀，停止上料；

8) 关煤气切断阀；

9) 全开小钟均压阀，全关大钟均压阀；

10) 热风炉全部停止燃烧；

11) 通知煤气管理室关叶形插板(或水封)；

12) 将风压控制到 0.005MPa，炉顶压力调整到 300～500Pa，不同类型的高炉、按不同的方式进行炉顶点火，见表 6-25。

表 6-25　钟式高炉的点火程序

料车式	料罐式
1. 全闭炉顶蒸汽； 2. 开小钟； 3. 打开大、小钟间人孔； 4. 将燃着的焦炭装入大钟上； 5. 关小钟、开大钟将燃着的焦炭漏入炉内； 6. 打开大钟下人孔，投入火把油布，点燃料面上的煤气，并使其保持燃烧	1. 全闭炉顶蒸汽； 2. 开大钟； 3. 使携带燃着焦炭的料罐坐在小钟上，使燃着的焦炭落入炉内； 4. 打开大钟下人孔，投入火把油布，点燃料面上的煤气，并使其保持燃烧

13）炉顶火燃烧正常后，通知热风炉休风；

14）关送风炉的热风阀、冷风阀、开废风阀放尽废风；

15）开倒流阀，进行煤气倒流；

16）热风炉发出“休风操作完毕”信号；

17）卸下风管，风口堵泥。休风在16h之内，而冷风管道又有冷风充压，可不卸风管，但风口必须堵泥，同时风口视孔大盖和倒流阀必须处于开启状态；

18）驱尽煤气系统的残余煤气，见“高炉长期休风驱赶煤气程序”一节。

钟式高炉长期休风及煤气处理程序图。见图6-9。

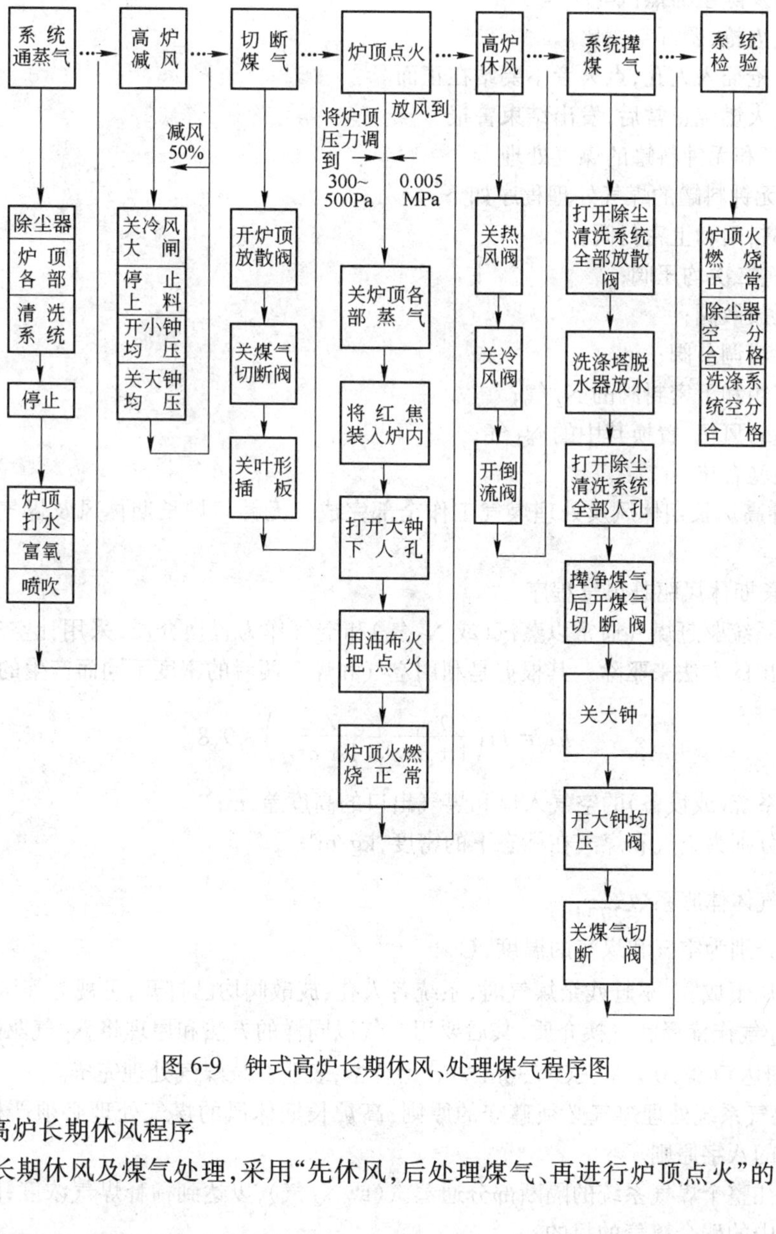

图6-9　钟式高炉长期休风、处理煤气程序图

（4）无钟高炉长期休风程序

无钟高炉长期休风及煤气处理，采用“先休风，后处理煤气、再进行炉顶点火”的模式。其程序如下：

1）休风程序，同短期休风程序并增加关叶形插板（或水封）程序。

2) 高炉休风后卸风管风口堵泥。休风时间在16h以内，而且冷风管道又有冷风充压，可不卸风管，但风口必须堵严，风口视孔大盖和倒流阀必须处于开启状态。

3) 驱赶煤气系统的残余煤气程序见"高炉长期休风驱赶煤气程序"一节。

4) 煤气驱赶干净检测合格后，按下列程序进行炉顶点火：

① 炉顶点火前再一次确认下列阀门应处状态：炉顶放散阀全开；煤气切断阀关；炉顶及除尘器蒸汽通；上、下密封阀关；1、2均压关；均压放散开；气密箱继续通 N_2 气。

② 拉响炉顶点火警报器，风口周围、炉顶人员撤离。

③ 打开炉顶点火人孔。

④ 关炉顶及除尘器蒸汽。

⑤ 点燃点火枪，调好空燃比。

⑥ 将点火枪插入人孔，点火者不要站在正面。

⑦ 炉顶点火燃烧正常后，发出结束警报。

(5) 气密箱和无钟料罐的煤气处理

气密箱和无钟料罐的煤气处理程序如下：

1) 开上部料闸和上密封阀；

2) 关严一、二次均压阀；

3) 开均压放散阀；

4) 打开料流调节阀；

5) 关气密箱和下密封阀的 N_2 气；

6) 启动检修风机，置换其中的 N_2 气；

7) 空分检验合格。

至此，无钟高炉长期休风及处理煤气工作全部完成。无钟高炉长期休风及煤气处理操作程序图，见图6-10。

(6) 高炉长期休风驱赶煤气程序

高炉煤气系统驱赶煤气通常以蒸汽(或 N_2 气)和空气作为置换介质，采用让空气从低处进入，煤气往高处泄出的方法来驱除。其根据是利用空气和煤气两者的密度不同而产生的几何压头：

$$h_{气} = H\left(\frac{\gamma_{0空}}{1+\alpha t_{空}} - \frac{\gamma_{0煤}}{1+\alpha t_{煤}}\right)\times 9.8$$

式中 H——系统(或设备)的空气入口和煤气出口的高度差，m；

$\gamma_{0空}$·$\gamma_{0煤}$——分别为空气和煤气在标态下的密度，kg/m^3；

α——气体体胀系数$\frac{1}{273}$；

$t_{空}$ 和 $t_{煤}$——分别为空气和煤气的温度，℃。

上式在等压下成立，驱赶残余煤气时，系统各人孔、放散阀均已打开，可视为等压系统。

如果用 N_2 气作稀释和置换介质，其后要用空气以同样的方法和原理将 N_2 气驱除，最后系统取样进行空分，到达 $O_2 > 20.6\%$，$CO < 30mg/m^3$ 为合格，表明系统煤气处理完毕。

1) 高炉煤气系统处理煤气必须遵守的原则：高炉长期休风的煤气处理必须严格遵守稀释、断源、敞开、禁火的八字原则。

稀释——往整个煤气系统的隔断部分通蒸汽(或 N_2 气)，以达到稀释煤气浓度，降低系统温度，并置换出系统中的残余煤气的目的。

断源——关叶形插板(或封水封)切断本高炉煤气系统与煤气管网的联系；炉顶点火燃尽新生

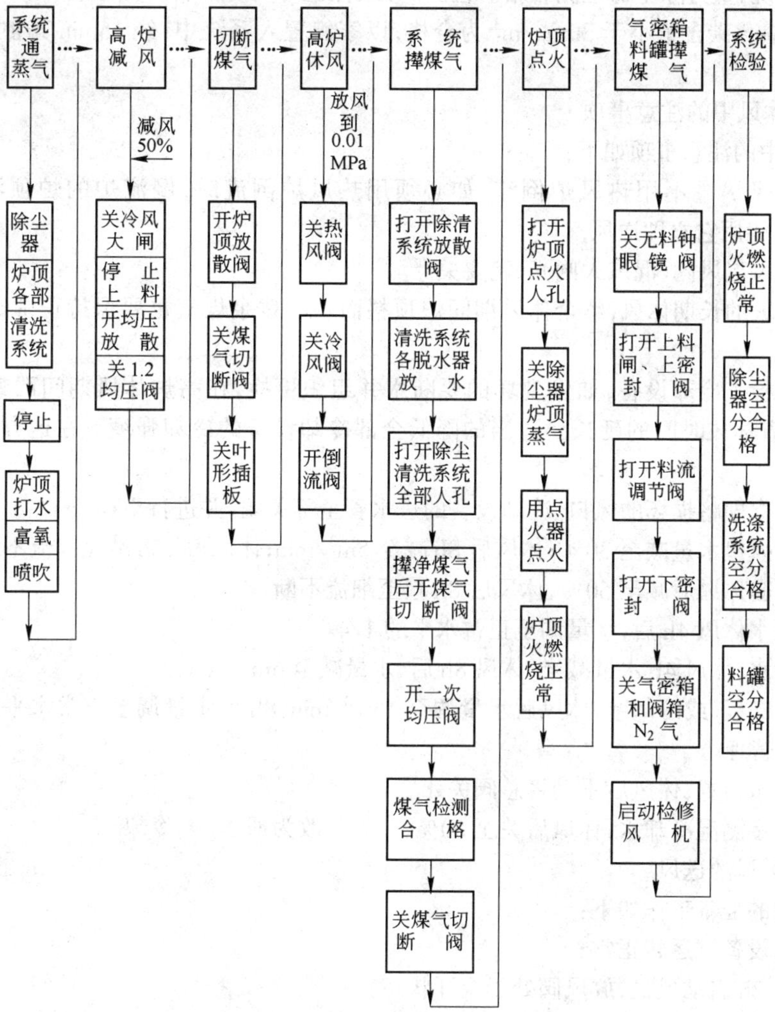

图 6-10　无钟高炉长期休风及煤气处理程序图

煤气。做到彻底断源。

敞开——按先高后低、先近后远(对高炉而言)的次序开启全部放散阀和人孔。使系统完全与大气相通。

禁火——在处理煤气期间,整个煤气系统及邻近区域严禁动火,以防煤气爆炸事故的发生。

2) 高炉煤气系统驱赶煤气程序如下:

① 开重力除尘器放散阀;

② 打开洗涤系统放散阀;

③ 打开重力除尘器人孔;

④ 打开洗涤塔前人孔;

⑤ 洗涤系统各脱水器放水;

⑥ 开洗涤系统人孔;

⑦ 撵净煤气后开煤气切断阀,20min 后关闭;

⑧ 关大钟,开大钟均压阀赶净回压管道中的煤气;

⑨ 洗涤系统，重力除尘器检测合格。检测的方法很多，现场常用的方法有：用一氧化碳检测管测量系统内一氧化碳含量小于 30mg/m^3 为合格；以家鸽置入系统中，经 15min 其神态无异常为合格。

(7) 高炉休风中的注意事项

高炉休风中的注意事项如下：

1) 高炉休风尽量不用热风炉倒流，如必须用热风炉倒流时，倒流炉的炉顶温度必须高于 1000℃，而且不能用它立即送风。

2) 高炉休风混风阀(混风大闸)一定要关严。

3) 炉顶点火的长期休风，整个休风期间炉顶料面上的残余煤气也要保持正常燃烧，如燃烧不正常，应放明火。

4) 要仔细检查冷却设备，如发现坏的要断水并组织更换，在高炉休风期间严禁向炉内漏水。同时要做到随着休风时间的延长要适当的降低全部冷却设备的冷却强度。在这方面宝钢的经验是：

① 休风后立即将损坏的风口、冷却设备的进水管全部关闭，并进行更换。

② 休风后风口水量减至 30%；休风后 8h 减至 5m^3/min；休风后 16h 减至水流不断的水平。

③ 风口二套休风后减至 50%，休风后 8h 减至细流不断。

④ 炉底纯水休风 4h 后，水量调至正常水平的 1/4。

⑤ 炉缸喷水，休风 4h 水量减半，休风 8h 后，水量减至 6m^3/min。

⑥ 炉体冷却板(或冷却壁)休风后水量调至 15m^3/min，8h 后水量调至正常水平的 1/4，水温差按不大于 10℃ 管理。

⑦ 炉顶打水装置，休风后手动将总阀关死。

⑧ 炉顶十字测温冷却水，休风后关至 50%，一天后改为通 N_2 气冷却。

(8) 长期休风的送风

1) 送风前的准备工作如下：

① 检修的设备试运转正常；

② 送风前 2h 启动风机，放风阀处于全开状态；

③ 通知煤气管理室做好接收煤气的准备；

④ 封除尘器，煤气管道及热风炉系统全部人孔；

⑤ 关闭热风炉所有的阀门，特别是混风大闸一定要关严。通知鼓风机将风送到放风阀；

⑥ 全开炉顶及煤气系统放散阀，打开均压放散阀，关闭一、二次均压阀；

⑦ 关煤气切断阀，关除尘器清灰阀，洗涤系统通水；

⑧ 停气密箱检修风机，气密箱改 N_2 气冷却和密封(钟式高炉无此项)；

⑨ 封闭炉顶点火人孔，炉顶、除尘器通蒸汽；

⑩ 上风管及喷枪；

⑪ 透开送风风口的堵泥，上好风口视孔盖。

2) 送风与送煤气程序如下：

① 高炉发出送风指令：开送风炉冷风阀、热风阀同时关上废风阀；

② 热风炉发出“送风操作完毕”信号；

③ 逐渐关放风阀回风；

④ 开混风大闸及风温调节阀；

⑤ 通知煤气管理室送煤气；

⑥ 开煤气切断阀；

⑦ 关部分炉顶放散阀，调整炉顶压力；

⑧ 开大钟均压阀（无钟高炉开一次均压）用煤气吹扫回压管道10min；

⑨ 在系统末端取样经爆发试验合格；

⑩ 开叶形插板（或开水封）；

⑪ 除汽封蒸汽外、炉顶、除尘器蒸汽全闭；

⑫ 将煤气系统放散阀逐渐关闭；

⑬ 炉顶均压正常使用；

⑭ 转入正常、改高压。

爆发试验设备制作简单、携带方便、使用灵活。它是用镀锌板卷制成直径150mm、长400mm、带盖的容器，采样时打开爆发试验筒上的放气旋塞，约1min后关闭旋塞和盖，离开煤气区域点火试验。在筒里可能出现3种情况，第1种筒内气体不燃烧，表示无煤气。第2种点火时有爆鸣声，表示是爆炸性气体。第3种点火时，筒内煤气燃烧，而且火焰烧到底，表示都是煤气。取样连续3次，来说明被采的样是：无煤气，爆炸性气体，煤气。它可以检验煤气是否驱赶尽，也可以检验送的煤气是否合格。目前多用于送煤气是否合格的检验上。

(9) 赶、送净煤气操作

热风炉及其它用户使用的煤气是经过除尘、清洗净化了的净煤气，将净煤气引过来移送净煤气；停用时要驱尽净煤气系统中的残余煤气，称之为赶净煤气。

1) 引入（送）净煤气（净高炉煤气或焦炉煤气）程序如下：

① 事先与煤气管理室等单位联系，并在执行过程中相互配合；

② 检查煤气管路及各阀门的严密性。新投产的设备应经严密性试验合格；

③ 封下水槽、开管道末端放散阀、封闭人孔、开启煤气压力调节机翻板，关闭各热风炉的煤气阀和其它用户的开闭器；

④ 向煤气系统内通蒸汽（高炉煤气可不通）充满系统（末端放散阀冒蒸汽）后关闭；

⑤ 抽盲板并开启开闭器；

⑥ 煤气压力正常，并经爆发试验合格后，关闭末端放散阀；

⑦ 各用户打开吹扫管，见煤气后关闭。可正常使用。

2) 驱尽（赶）净煤气管道中的残余煤气，其程序如下：

① 事先与有关单位联系，并做好堵盲板的准备工作，并准备好吹扫用的通风机；

② 该煤气管道的用户全部停烧，关严各煤气阀门，作业区域内严禁有火源；

③ 关开闭器堵盲板（与此管道连通的全堵），煤气管道内通入蒸汽（高炉煤气可不通）；

④ 开启管道末端放散阀，打开管道上的人孔，打开煤气压力调节机翻板；

⑤ 启动通风机，由人孔通入进行吹扫；

⑥ 下水槽水封放水，打开各用户开闭器前吹扫阀；

⑦ 停蒸汽；

⑧ 在系统内测定气体成分合格后，宣布煤气处理完毕，允许施工。

6.3.3 高炉的特殊休风

(1) 鼓风机突然停风

如未发现大量灌渣，且冷风压力立即回升，高炉可继续送风。否则高炉需果断休风，除通知有关单位外，参照短期休风程序休风，并应注意以下事项：

1) 迅速关混风大闸及风温调节阀。

2) 热风炉停烧,全厂(全部高炉)性停风时,所有高炉煤气用户停烧以维持管网压力。

3) 如发现煤气已流入冷风管道,可迅速开启一座废气温度较低的热风炉烟道阀、冷风阀,将煤气抽入烟囱排往大气。

4) 全厂性的停风,禁止倒流休风,以免炉顶和煤气管网的压力进一步降低。

5) 为保持炉顶正压,可缩小炉顶放散阀的开度或关闭部分放散阀。

6) 全厂性停风时,可根据情况往管网中调入焦炉煤气、天然气或进行驱赶残余煤气的处理。

7) 如果是一座高炉突然停风,它的煤气处理很简单,只要将煤气切断阀关上就可以了。

(2) 停电

根据停电范围分别处理如下:

1) 装料系统停电不能上料,按低料线处理。

2) 全厂停电(包括鼓风机)按鼓风机突然停风处理。

(3) 停水

停水的处理如下:

1) 高炉正常冷却水压力(以风口水压为准)应大于热风压力 0.05MPa,小于该值时应减风使两者差值达到规定数值。当水压小于 0.1MPa 时,应立即休风。

2) 热风炉全部停水时,立即通知高炉休风,如果只是个别热风炉停水,可换炉、停烧、继续送风。

3) 煤气洗涤系统停水时处理如下:

一座高炉的煤气洗涤系统停水时:

① 高压转常压,炉顶通蒸汽,大钟均压阀关严停止使用。

② 开炉顶放散阀,关煤气切断阀。

③ 减风维持生产,高炉要维持正常料线。

④ 如需休风,按短期休风程序进行。

⑤ 热风炉停止燃烧。

所有高炉的煤气系统停水时:

① 所有高炉煤气用户停烧。

② 各高炉按上项维持生产。

③ 管网调入焦炉煤气、天然气充压。

④ 如无压可充,可选具有空芯洗涤塔和无塑料环填料脱水器的高炉,只做炉顶放散而不关煤气切断阀,以此来维持管网的正压。

(4) 蒸汽降压或停蒸汽

蒸汽压力降低到炉顶压力的水平,改常压操作,为防止大、小钟间吸入空气而产生爆炸,大、小钟均压停止工作。

停蒸汽的高炉需要休风时:可以用炉顶放散阀的开度或关闭部分炉顶放散阀,来保持炉顶正压,也可以用微开煤气切断阀,将其他高炉的煤气引入休风高炉的炉顶,以维持正压。若无其他高炉煤气可用,可暂调蒸汽机车做汽源,通入高炉炉顶。

(5) 高炉放风阀失灵(不能放风)的休风

高炉放风阀失灵的休风操作如下:

1) 休风时通知鼓风机减风 50%,或更低。

2) 利用热风炉放风,程序如下:

① 打开送风炉的废风阀放风;

② 打开另一座热风炉的冷风小门和废风阀放风；

③ 打开热风炉的烟道阀、冷风阀放风。

3) 按休风程序休风。

4) 在休风期间用烟道阀放风的热风炉的冷风阀、烟道阀不得关闭，以免损坏鼓风机。

5) 放风阀未修好的复风程序如下：

① 开送风炉的热风阀、冷风小门复风；根据情况逐渐的开冷风阀，直至全开（不准用烟道阀放风的热风炉送风）；

② 根据高炉需要逐渐关用烟道放风的热风炉的冷风阀，直至全关；

③ 通知鼓风机恢复风量；

④ 高炉的其他复风工作按规程进行。

(6) 高炉炉顶放散阀打不开的休风

高炉一般设 2～3 个炉顶放散阀，如果有一个能打开放散煤气，高炉可以休风。只要休风前低压时间长一些就可以了。如果是所有的炉顶放散阀都打不开，而高炉又处于事故状态，必须立即休风，可采用以下应急措施：

1) 关严大钟均压阀；

2) 打开大钟；

3) 打开小钟均压阀放散煤气；

4) 按休风程序休风。

用此法时小钟必须严密可靠，否则可能吸入空气引起爆炸。以上方法也可用于无钟高炉，其程序如下：

① 关严一、二均压阀；

② 打开下密封阀和料流调节阀；

③ 打开均压放散阀放散煤气；

④ 高炉按程序休风。但炉顶温度一定要控制在 250℃ 以下。

(7) 高炉煤气切断阀关不上的休风

如果是电气故障，可拉下电源用手动关上。如果机械故障，可关闭与煤气管网联络的叶形插板（或封水封）用此法操作须特别注意以下几点：

1) 系统通入蒸汽（或 N_2 气）；

2) 休风程序中的关煤气切断阀改为关叶形插板（或封水封）；

3) 送风时应打开叶形插板前放散阀放散 10～15min，再开叶形插板（或水封放水）；

4) 叶形插板打开后，方能关炉顶放散阀；

5) 其他按休、送风程序进行；

整个煤气系统在高炉休风期间一定要保持正压。

(8) 混风大闸关不严的休风

混风大闸关不严时休风的应急措施如下：

1) 休风前低压时，风压不得低于 0.01MPa；

2) 关严风温调节阀；

3) 关送风炉冷风阀、热风阀；

4) 开倒流阀进行煤气倒流，同时放风到零；

5) 迅速卸下全部风管，风口堵泥。使高炉与送风系统彻底断开。

(9) 炉顶不点火的长期休风

炉顶不点火的长期休风，适用于炉顶无检修工作，或先是短期休风后转为长期休风。

休风程序同炉顶点火休风，但无需准备点火用物和点火操作。但必须注意以下几点：

1）炉顶及煤气系统应不间断地通入蒸汽（或 N_2 气）；

2）大、小钟间应装入密封料；

3）休风 0.5h 后，才能驱赶煤气系统中的残余煤气；

4）驱赶煤气时，煤气切断阀应处于关闭状态；

5）炉顶严禁动火。

（10）不驱赶煤气的长期休风

不驱赶煤气的长期休风有以下两种情况：

1）炉顶和煤气系统无检修工作，少于 8h 的长期休风。

2）先是短期休风，后又转入长期休风。

这种休风的操作，按短期休风程序进行。但休风后必须注意以下几点：

1）风口堵泥，并要堵严；

2）整个休风期间炉顶要不间断地通入蒸汽（或 N_2 气）；

3）管网给休风高炉煤气系统的充压要确保，在休风期间要经常检查；

4）休风时间超过 8h，应转入炉顶不点火的长期休风，驱赶煤气系统的煤气。驱赶煤气时要特别慎重，因高炉休风时间已较长系统有窜入空气的可能；煤气温度已降低，用空气置换难度增大。因此，在驱赶煤气中要加大通蒸汽量和延长赶煤气的时间。

（11）特殊休风后送风前的准备

高炉特殊休风事前没有准备，有时休风时间又很长，因此送风前要制定送风恢复方案。内容包括：送风操作、加风速度、风口面积调整、O/C 比的恢复、出渣出铁、调度运输等。

根据休风时间长短、休风前的炉温变化、顺行情况、冷却设备有无漏水等调整焦炭负荷。一般送风后均加适量焦炭，待炉温正常后再逐渐增加焦炭负荷。

根据休风时间长短，调整风口面积，休风时间长，风口面积应适当的降低。简单可行的办法为堵塞部分风口。

各冷却系统水量恢复到正常水平前，要认真检查确认各冷却设备，不得有不通水和往炉内漏水的现象出现。

休风时间较长时，热风炉应提前烧炉，确保送风温度大于 700℃。

检修的设备，试车正常。

装料系统进行试车，确保送风后，不影响装料。

6.3.4 特殊情况下的煤气操作

（1）特殊情况的煤气处理

1）高炉不休风检查大钟。检查大钟有两种方式：一是利用高炉长期休风时，进入炉内检查；二是不休风的状态下，在大、小钟间点火进行检查，用其煤气火焰的高矮来判断大钟完好程度与破损部位。其检查方法如下：

① 炉顶通蒸汽；

② 应放尽存于大、小钟间的炉料，大钟要重复开关一、两次，以免夹料影响检查效果；

③ 开小钟均压阀、关严大钟均压阀；

④ 关大、小钟间蒸汽；

⑤ 开小钟（料罐式高炉在小钟放一空罐压开）；

⑥ 开大、小钟间人孔；

⑦ 用油布、火把将大、小钟间煤气点燃；

⑧ 根据大钟完好情况做高压全风检查，常压检查或减风低压检查。如看不清破损部位可降风压、开炉顶放散阀、直至关煤气切断阀进行检查，但炉顶压力不得小于3000Pa；

⑨ 检查完毕后，需在大、小钟间人孔关闭后方可恢复风量；

⑩ 如检查后高炉要休风，必须在关闭好大、小钟间人孔，且通入蒸汽，火确实灭了，高炉方可进入休风程序。

2）进炉内焊补大钟。钟式高炉大钟是关键设备，它经常工作在高温、高压、高粉尘的恶劣环境中，极易损坏，需进行补焊。进入炉内进行补焊大钟是一项煤气危险作业，除应遵循煤气危险作业安全规定外，还必须做到：

①进炉内补焊大钟，在高炉休风撵完煤气压好料后进行；

② 进入炉内补焊大钟必须具备以下的条件：炉内温度小于60℃；工作空间必须空气流通；炉内CO含量小于500mg/m^3；要有方便的进出口；

③ 在补焊作业中必须做到：进入炉需戴压气口罩；一次在炉内的工作时间不得大于15min，轮换作业；炉顶煤气火必须正常燃烧，如不着可设明火，并设专人看火；严禁往炉内打水，有坏的冷却设备，休风前应换掉或闭水；在补焊过程中严禁动风口；工程负责人要经常巡视工作情况，发现异常，让工作人员及时撤离。

3）大钟落入炉内。钟式高炉大钟掉入炉内，只剩小钟，必须保证煤气安全。欲知大钟掉落的确切情况，应做炉顶点火检查。

为使更换新大钟后高炉能迅速转入正常，应在安装新大钟之前，利用小钟装入轻料，这时炉顶压力应维持在0.005～0.01MPa，关严大、小钟均压阀（不再启动），炉顶通入蒸汽，轻料装完后进行炉顶点火的长期休风，更换大钟。掉入炉内的大钟留在炉内化铁，对炉况恢复没有什么大的影响。

有的厂家由于没有备品，捞出大钟，装上继续使用。但打捞的难度较大，而且要打捞，高炉就不能换轻料，给送风后的恢复造成了困难，一般很少打捞。

4）小钟均压管道堵塞的防止措施有：

① 每班吹扫小钟均压管一次，利用装料间歇时间，同时打开大、小钟均压阀，但禁止使用荒煤气吹扫；

② 增加大、小钟间的蒸汽量；

③ 高炉长时间改常压操作时，应停止小钟均压工作。若已经堵塞，只好休风割开管道清理积灰。

5）大钟均压管道堵塞时可休风处理煤气，割开管道清灰。

6）高压调节阀组失灵时的应急措施有：

① 如果当时炉顶压力调节仅使用阀组中部分翻板，若其中之一失灵，可关闭之，并启动另一翻板代替。

② 如果各翻板都失灵而关闭，可迅速打开炉顶放散阀，高炉减风至需要水平，手动调节翻板。

③ 如高炉需要休风，而阀组改手动亦无效时，应大量减风，降低炉顶压力后休风。

7）重力除尘器清灰阀发生故障时，如有异物或大块卡塞，可大开阀口，取除异物；若阀门关不严，应改常压、炉顶放散、关煤气切断阀，然后清除堵塞物。此时洗涤塔、除尘器等均应有管网煤气充填，以保持正压。如仍关不严或清灰帽头脱落，应休风并驱赶煤气，然后施工修理或更换清灰帽头。但休风前必须堵严清灰口。如用炮泥堵塞或以薄铁板仿制假帽头代替。

8）洗涤塔被水封闭时有如下征兆：炉顶压力逐渐升高、用调节阀组调节失效、热风压力升高、风量减少、料钟之间均压不足、料钟不能正常工作、洗涤塔后煤气压力降低。其处理方法为:高炉要通知煤气管理室、鼓风机,并立即减风到安全水平,同时转常压操作,打开炉顶放散阀。立即查明原因,排除故障。如果是调节翻板卡住,扭活后就可恢复正常。如果是排水管灰多,要小开放水砣将灰泥放出,排水管疏通后,可用手开排水翻板,增大排水量后恢复正常。

9) 长期休风期间炉顶火灭的处理。高炉长期休风期间,炉顶料面上应保持煤气火正常燃烧,如熄火应做如下处理:

① 通知炉顶工作人员和风口平台人员撤离;

② 向炉顶通蒸汽 10～15min 后再行点火;

③ 如果点不着火可投入木柴,燃着明火;

④ 切忌发现火灭后,不做处理就点火。

10) 叶形插板故障。若是阀体损坏,关不严或关不上,高炉应休风,采用堵盲板措施,处理煤气后,检修叶形插板。

(2) 不停煤气抽盲板、堵盲板

1) 盲板或垫圈的材质为 A3 或 A3F 钢板,厚度及大小计算如下:

盲板的厚度 δ 用下式计算:

$$\delta = d\frac{kp}{[\sigma]} + c$$

式中 d——计算直径,mm;

k——系数,取 0.3;

$[\sigma]$——许用应力,MPa;

c——负公差及腐蚀,取 1.5～2.0mm;

p——工作压力,MPa。

根据计算和经验,一般的盲板厚度,见表 6-26。

表 6-26 一般盲板厚度(mm)

盲板直径	≤500	600～1000	1100～1500	1600～1800	1900～2400	≥2500
盲板厚度	6～8	8～10	10～12	12～14	16～18	>20

盲板抽出后用垫圈填补法兰间空隙,使之严密。经验值:垫圈直径小于 1000mm 时,厚度 3～5mm,直径超过 1000mm 时,厚度为 5～8mm。

用盘尺量得盲板处附近管道外圆周长 S,螺孔里边距管道外壁的距离 H,则盲板直径 D 为:

$$D = \frac{S}{\pi} + 2H - 10$$

式中 10——管道椭圆度系数。

2) 盲板和垫圈的制作。盲板应无砂眼,两面光滑,边缘无毛刺,并至少留有两个柄。沿盲板边缘焊两圈 8 号铁丝,外圈距盲板外缘 5mm,两圈间距为 8～15mm 用细铁丝扎一圈12.7～22.2mm 的油浸石棉绳。

垫圈留 1～2 个柄,垫圈的宽度为 25～30mm,用 9.5～12.7mm 的油浸石棉绳沿垫圈的两面铺满铺平,再用细线坯缠紧,并轻轻打平。

3）抽堵盲板的注意事项如下：

① 不停煤气抽、堵盲板作业是一项煤气危险作业，事先向有关单位申请，经批准后方可施工。

② 作业人员要戴好防毒面具，作业区不得有行人和火源。

③ 作业期间管道内保持正压。

④ 使用铜质工具，以防因工具碰撞产生火花引起着火事故。

⑤ 盲板作业法兰距离膨胀器、弯头太远，或在固定支架之外，应事先将相邻的支架头同管道焊接处割开，以保证法兰容易撑开。

⑥ 雷雨天应避免抽、堵盲板作业。

⑦ 原则上夜间不得进行盲板作业，禁止用白炽灯或汞灯照明，以防灯泡破裂引起着火事故。

⑧ 除高炉、转炉煤气管道盲板作业中可不安接地线，其余均需有接地线。

(3) 煤气系统管理

煤气系统日常工作注意事项如下：

1）管路内的煤气压力应经常保持在规定值以上，煤气压力骤然下降，低于规定值时，应立即关闭相关阀门，停止使用煤气，并迅速查清原因，进行处理。

2）点燃煤气时，必须先提供火源，后给煤气。当点火不着时，应迅速切断煤气供应，等3～4min后再重新点火。

3）煤气管道和设备应严密无漏处，并有检查制度，发现问题及时处理。在使用电焊时，严禁利用管道做接地线。

4）主要煤气区域如高炉，热风炉(包括计器室)等处，应定期做一氧化碳含量测定，每 $1m^3$ 空气中其含量不得超过30mg。

5）生活用蒸汽不可和通往高炉内的蒸汽用一个集汽包。

6）在煤气管路和设备上进行检修或更换零部件作业(包括动火)，都必须事先经过准备、申请、批准和有专人监护。

7）在已通煤气而长期未使用的管路或盲肠管上动火，不仅应保持管内正压，动火前还应开启管道末端放散阀放散一定时间，关闭后方能动火施工。

8）短期休风时，煤气切断阀前(靠高炉侧)的煤气管道和设备不能动火。但可先堵上漏处，待送风后再动火补焊。

9）高炉更换探尺、切断冷却壁、研磨放散阀、补焊大钟、操作叶形插板以及其他带煤气施工时，工作人员必须使用防毒面具或压气口罩，并有防护人员在场监护。

10）在高炉炉顶、炉身各层平台、热风炉炉顶、除尘器、洗涤塔等处工作，应有两人以上，并事先通知有关单位。负责人应经常巡视现场工作人员情况。

6.3.5 煤气事故

高炉产生的煤气和使用的高炉煤气、焦炉煤气、天然气都是易燃、易爆、有毒气体。在生产中如果操作不当，极易发生煤气中毒、煤气着火、煤气爆炸事故。

(1) 煤气的中毒事故

高炉煤气、焦炉煤气中都含有大量的一氧化碳，它是一种无色、无味、有剧毒的气体。它的重度同空气相近，一旦扩散到空气中，就能在空气中长时间不上升、不下降，随空气流动，人的感觉器官很难感到。一氧化碳与人的血红蛋白相结合，使血液失去输氧能力。高炉煤气中含CO 22%～28%。空气中各种浓度的CO使人中毒的征兆和危害程度见表6-27。

表 6-27 作业环境中 CO 浓度与人体反应

环境中 CO 的浓度/$mg \cdot m^{-3}$	作业时间	人体反应
30	8h	无反应
50	2h	无明显后果
100	1h	头痛恶心
200	30min	头痛晕眩
500	20min	中毒严重或致死
1000	1～2min	中毒死亡

在炼铁生产中煤气中毒事故时有发生。

(2) 煤气着火事故

煤气系统可因爆炸或煤气泄漏而发生着火事故,应及时扑灭。管径在 100mm 以下,管道着火时可立即关死开闭器灭火。管径在 100mm 以上,管道着火时,应逐步降低煤气压力,通入大量的蒸汽灭火,但煤气压力不得小于 50～100Pa。禁止突然关死开闭器,以防回火爆炸。

鞍钢 8 号高炉 1975 年 3 月发生了重力除尘器着火事故:在除尘器清灰时,因处理被钢板卡住的清灰帽头而将其碰掉,冒出大量的煤气,清灰口再也关不上了。高炉改常压降低煤气压力后用炮泥将清灰口堵上,但未堵严,决定休风撵煤气处理。因出铁口正对着除尘器,且除尘器下配有渣罐车,为防止着火将除尘器清灰口周围围上铁板,但未奏效,出铁时除尘器清灰口仍着了大火。为防止事故恶化发生爆炸或烧坏除尘器,在清灰口上方淋水冷却、继之以四氯化碳灭火剂灭火,才将大火熄灭。以后按长期休风处理煤气程序休风,修复清灰阀。前后共费时 7h。

(3) 煤气的爆炸

高炉炼铁发生和使用煤气的爆炸范围和着火温度见表 6-28。

表 6-28 炼铁常用煤气的着火温度和爆炸范围

品种	着火温度/℃	爆炸范围(煤气量)/%
高炉煤气	700	40～70
焦炉煤气	650	6～30
天然气	550	5～15

煤气发生爆炸的必备条件是:

1) 煤气中混入空气或空气中混入煤气,达到爆炸范围,并形成爆炸性的混合气体。

2) 要有明火、电火或达到煤气燃点以上的温度。

以上两点同时具备,就会发生煤气爆炸。

高炉炼铁生产,煤气爆炸最易发生在休风、送风和停风后在煤气系统动火施工时。在以空气驱赶和置换系统中残余煤气的过程中,有一段时间容器内会形成爆炸性的混合气体。所以要向系统中通入蒸汽(或 N_2 气),来冲淡煤气浓度,同时还要控制系统温度低于煤气着火温度和火源,因而休风前应放净除尘器的积灰;在驱尽残余煤气,系统与大气相通、测定系统内气体成分安全合格,宣布准许施工以前,严禁在系统区域内动火。

鼓风机突然停风时,如混风大闸、冷、热风阀尚未关闭或未关严时,因炉缸内残余煤气压力较大,可能流入冷风管道和鼓风机内引起爆炸。高炉休风或减风时虽然鼓风机未全停风,如放风阀能将大部分放走,若冷风大闸未关,关时过晚或未关严,也能发生冷风管道爆炸。

下面举几个煤气爆炸事故的实例:

1) 鞍钢 10 号高炉 1971 年 7 月煤气系统发生爆炸事故,情况如下:

① 事故经过,计划休风及打开除尘器人孔等过程正常。但洗涤塔放水较慢,在洗涤系统人孔尚未全开,煤气尚未驱尽的情况下,就开启煤气切断阀,2～3min 后高炉炉顶发生了爆炸,继之除尘器、洗涤塔等连续发生了爆炸。因系统的人孔多数已打开,未造成设备和人身事故。

② 事故的原因:开启煤气切断阀过早,将除尘器、洗涤塔内形成的爆炸性混合气体,抽到高炉炉顶,遇到大钟下的火源而爆炸,并引起了随后的各处爆炸。

③ 事故教训:应在系统各处的残余煤气都驱尽后,才能开启煤气切断阀,使炉顶和全系统与大气相通。在驱赶残余煤气过程中,各放散阀、人孔、水封的操作顺序及间隔时间都应有规定,并严格执行。

2) 包钢 2 号高炉 1968 年 10 月热风炉烟囱爆炸,情况如下:

① 事故经过:1 号高炉正在停炉炸瘤,2 号高炉单炉生产。10 月 19 日 2 号高炉于 15:52 休风换风口到 20:24 才送风。送风后炉况不顺,顶压低不能送煤气,热风炉工未经请示将管道充压的焦炉煤气,用于热风炉自然通风烧炉,21:10 发生烟囱爆炸,65m 的烟囱只剩下 9m,热风炉操作室被砸塌。

② 事故的原因:烧高炉煤气的金属套筒燃烧器,不适合单烧焦炉煤气;即使是煤气调节阀关严,也能通过 5000m^3/h 的煤气,相当于 30000m^3/h 的高炉煤气,自然通风燃烧助燃空气严重不足,致使炉子灭火,大量的未燃烧的焦炉煤气进入烟道与其中久已漏风的 3 号热风炉烟道阀所漏的冷风形成爆炸性的混合气体,而热风炉本身就是火源,所以发生爆炸。

③ 经验教训:燃烧高炉煤气的金属套筒燃烧器,不能只烧焦炉煤气和天然气;热风炉系统要保持严密性,漏风处要及时处理,不留后患;热风炉的各项操作一定要严格按规程执行。

3) 鞍钢 11 号高炉 1977 年 7 月冷风管道爆炸,情况如下:

① 事故经过:4:30 铁后换渣口,低压未换下来,改为休风换,6:25 送风,起初用 2 号热风炉送风,开冷风阀、热风阀后发现燃烧口冒火改用 3 号炉送风,打开冷风阀、热风阀后即发生了爆炸,将放风阀高炉侧的冷风管道炸开 2m 多。

② 事故原因:休风换渣口,放风到底时,混风大闸尚未关闭,由于放风阀将风放尽,使炉缸残余煤气倒流入冷风管道。后来关了混风大闸、冷风阀和热风阀,将煤气关在冷风管道中,与冷风形成了爆炸性混合气体,当由 2 号炉改为 3 号炉送风打开冷、热风阀时爆炸性的混合气体进入高温的热风炉内发生了爆炸,将薄弱部位靠放风阀的冷风管道炸开。

③ 经验教训:休风前高炉放风到 50% 以下,即应关混风大闸,进一步放风,最低风压也应留 0.005MPa;如发现煤气已窜入冷风管道,可用送过风的热风炉(废气温度低)先开烟道阀,再开冷风阀,将煤气从烟囱抽走,避免窜入冷风管道的煤气在冷风管道中爆炸。

4) 鞍钢 7 号高炉长期休风炉顶煤气火熄灭引起的煤气爆炸,情况如下:

① 事故经过:1998 年 8 月,7 号高炉计划休风 12h,炉顶点火休风、处理煤气正常,于 9:45 处理完煤气,10:45 停风机。于 11:45 炉顶突然发生煤气爆炸,后又连续发生间歇性的煤气小爆炸 5 次,造成了高炉西半部风口堵泥全部喷出,炉顶煤气放散阀崩错位,煤气下降管砌砖崩脱落约一个车皮。

② 事故的原因:在休风期间,由于冷却设备漏水,没有采取坚决的闭水措施,产生了大量的水煤气,使残余煤气量大增、含氢量增高,在高炉休风 3h 后,炉顶温度仍高达 580～600℃,怕高炉炉顶设备烧坏,开炉顶蒸汽降温(从高炉蒸汽量表明显看出)将炉顶煤气火熄灭。炉顶温度降下来后,又将蒸汽关闭。火灭后新生的煤气和由人孔吸入的空气,形成爆炸性的混合气体,当炉顶蒸汽关闭后炉顶温度又逐渐升高,达到煤气的着火温度,煤气爆炸的两个必备条件同时具备,发生了煤气爆炸;间歇性爆炸发生的原因:第一次爆炸以后将爆炸性混合气体燃尽,由于料面较深,由人孔吸入的空

气达不到料面，炉顶煤气未着火在新生的煤气还没有形成爆炸性的混合气体之前，有一段间歇时间，当形成了爆炸性混合气体后，又发生了新的爆炸(料面本身就是火源)。这一过程的反复出现，就形成了连续性的、间歇的多次煤气爆炸。直至将漏水的冷却设备大量闭水，新生的残余煤气减少了，才制止。

③ 经验教训：长期休风期间，严禁往炉内漏水，如发现冷却设备坏，应采取坚决的闭水措施；高炉炉顶点火休风期间，怕炉顶温度高影响施工和将炉顶设备烧坏，往炉顶打水或通蒸汽是严重的违章行为，是绝对不允许的。应查找炉顶温度高的原因，如风口未堵严，冷却设备漏水等，从根本上采取措施；用冷料炉顶温度偏低和休风后点火的高炉，炉顶应设专用的点火枪(烧焦炉煤气用氧气助燃)进行炉顶点火，以确保炉顶点火的安全；炉顶点火的长期休风，在整个休风期间，炉顶应设明火，并设专人看火。发现火灭后，往炉顶通蒸汽(或 N_2 气)10～15min，再重新点火。

(4) 系统产生负压

高炉长期休风后，未驱赶煤气之前，系统不能长期间的与大气隔断，虽通入蒸汽，若时间长久且天气寒冷蒸汽冷凝，或蒸汽压力低、量不足，系统设备(如除尘器、洗涤塔)内形成负压，可能被大气压瘪。高炉短期休风煤气切断阀后的除尘器、洗涤塔等设备是煤气管网充压，充压一定要不间断，否则时间长了特别是寒冷地区的冬天，系统也可能产生负压，发生严重的后果。

鞍钢 11 号高炉 1975 年 7 月洗涤塔水位上升处理不当被压瘪，情况如下：

① 事故的经过：17:00 洗涤塔水位升高，高炉炉顶压力上升，被迫进行炉顶放散。经检查发现，洗涤塔 1 号排水管淤塞，小开放水砣透通淤泥排水，排水正常后关放水砣。18:50 高炉送煤气，炉顶压力由 0.005MPa 猛增至 0.049MPa，高炉紧急放散。再检查洗涤塔，发现塔前管道人孔法兰往外淌水，大开 2 号排水翻板迅速放水约 20min，塔内连响两声巨响。南、北两侧塔壳严重变形，内陷最深处约 500mm，长 15m，宽 3m，并裂口两处，部分走梯、走台裂断，此后高炉常压操作，洗涤塔继续接收煤气，第三天高炉休风，修理和加固洗涤塔。

② 事故的原因：洗涤塔排水管淤泥堵塞，塔内水位升高；文氏管的脱水器排水管插入洗涤塔下锥体内，相继将洗涤塔的煤气入口和出口管道封死，高炉和管网的煤气都进不了洗涤塔，使其成密闭容器。当清除淤泥加大排量时，随着塔内水位迅速下降，塔内形成负压，加之塔内高温煤气经喷淋冷却后体积缩小，更使负压增大，引起塔皮薄弱部位塌陷。

③ 经验教训：重力除尘器应定期清灰；当洗涤塔已成为封闭容器水位上涨很高时，采取措施时应先开塔顶放散阀，使之和大气相通后，再排水降低水位，避免形成负压。洗涤塔内通蒸汽时，塔顶放散阀处于开启状态下，才能给水，防止蒸汽冷凝形成负压；改变设计，即取消将文氏管脱水器排水管引入塔内设计。根除洗涤塔水位升高引起文氏管排水封闭，管网煤气不能倒流入洗涤塔的弊病。

6.3.6 高炉煤气的净化与利用

高炉煤气是炼铁生产的副产品，使用热料入炉时，出炉煤气温度在 400～450℃，煤气中含尘量 10～40g/m^3；使用冷料时，出炉的煤气温度为 200～250℃，煤气含尘量 10～20g/m^3。作为气体燃料要求高炉煤气的含尘量必须达到 10mg/m^3 以下，因此，必须除尘净化。除尘净化分为湿法和干法两种工艺流程。

(1) 湿法除尘

高炉荒煤气经重力除尘器粗除尘后，进入湿式精细除尘，依靠喷淋大量的水，最终获得含尘量为 10mg/m^3 以下的净煤气。湿式精细除尘装置又分为塔文系统和双文系统。

塔文系统湿法除尘装置见图 6-7，而双文系统就是用溢流文氏管取代了洗涤塔的湿法除尘净化系统。

1）重力除尘器结构如图6-11所示。高炉煤气自顶部进入，经中心管导出，由于断面扩大，使流速降低，再转180°后，向上流动，煤气中的粗尘粒则因质量较大，在惯性力的作用下做沉降运动，实现尘、气分离。

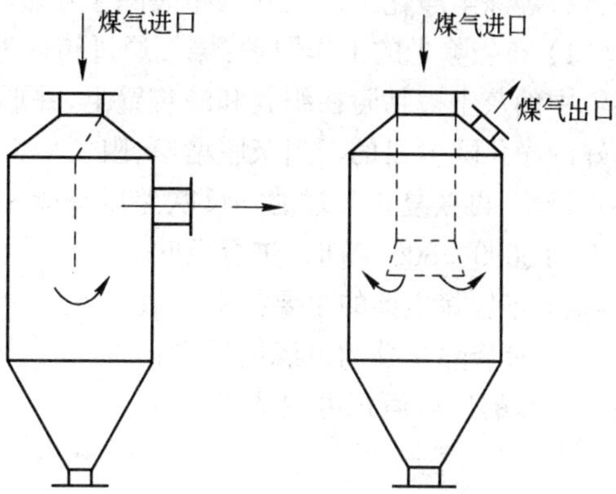

图6-11　重力除尘器结构型式

煤气在除尘器内的流速为0.6～1.0m/s；重力除尘器的除尘效率为75%～85%。

2）洗涤塔。按结构分为空心塔和木格填料塔；按压力分为高压塔和常压塔。目前大多数高炉采用高压空心塔，其结构见图6-12。煤气入口管道从洗涤塔下部插入，与塔壁夹角一般为35°～45°，内设2～3层喷嘴，煤气由下向上流动与喷水嘴喷出的细水滴相接触，使煤气中的灰尘增湿、凝聚并分离出来。洗涤塔的作用就是用水作洗涤剂，在捕集灰尘的同时将煤气冷却。塔内的煤气流速为1.8～2.5m/s，煤气在塔内的停留时间不小于10s。煤气在出洗涤塔后的含尘量应在$1g/m^3$以下。

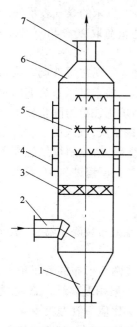

图6-12　空心洗涤塔结构
1—下锥体；2—入口管道；3—煤气分配格栅；4—人孔；5—喷水嘴；6—上锥体；7—出口管道

3）文氏管：常用的文氏管有四种：溢流调径文氏管、溢流定径文氏管、调径文氏管、定径文氏管。

溢流（调径或定径）文氏管，因形成溢流水膜保护，可防止文氏管内壁干湿交界面处积灰造成的堵塞以及灰尘引起的磨损等，多用于清洗高温含尘的未饱和煤气，而取代洗涤塔。

文氏管（调径或定径）多用于常温的半净煤气的净化。安装在溢流文氏管（或洗涤塔）之后，组成双文系统或塔文系统。

煤气进入文氏管后，因收缩段截面不断缩小，煤气的流速不断增大，到喉口处煤气流速达到最大（在100m/s以上）从喷嘴喷出的冷却水，在喉口处形成水幕，由于煤气的流速较高将水滴打碎成数目极多、直径极小的雾状小水滴阻碍了煤气的自由通路，此时煤气和水滴呈湍流状态，煤气的尘粒与液滴均匀混合、相互撞击凝集在一起，使颗粒变大。在扩张段中，由于煤气流速逐渐变低，凝集后的尘粒靠惯性力从煤气中分离出来。由文氏管流出的煤气含尘量达到$10mg/m^3$以下。

塔文系统和双文系统除尘效率是相同的，都能达到标准要求。双文系统与塔文系统相比，双文系统具有操作维护简便，占地少、耗水省、节约投资等优点，但煤气温度略高2～3℃，而且一级文氏管磨损较重。

（2）干法除尘

高炉煤气干法除尘工艺，净化的煤气质量高：含水少、温度高、能保存较多的物理热、有利于能量利用，加之不用水，动力消耗少，又省去污水处理和免除了水污染，是一种节能环保型的新工艺。

高炉煤气干法除尘的方法很多，如布袋除尘器、移动床颗粒层除尘、沸腾床反吹法颗粒层除尘、干法电除尘等，除布袋除尘器干法净化工艺已用于工业生产外，其余均处于工业试验和试验室试验阶段。如武钢$3200m^3$高炉、邯钢$1260m^3$高炉均采用了干法电除尘净化工艺，但均未能长期、连续、稳定运行，主要原因是使用的温度范围对电除尘器不合适时，就运转不稳定。下面重点介绍布袋除尘器干法净化工艺。

布袋除尘净化工艺是利用布袋除尘器，使高温煤气过滤而获得净煤气的干法除尘。

1）布袋除尘的工作原理：煤气通过箱体进入布袋（滤袋），滤袋以细微的织孔对煤气进行过滤，煤气中的灰尘被粘附在织孔和滤袋壁上，并形成灰膜。灰膜又成为滤膜，煤气通过布袋和滤膜达到良好的净化除尘目的。当灰膜增厚，阻力增大到一定程度时，再进行反吹，吹掉大部灰膜，使阻力减小到最小，再恢复正常过滤。反吹差压一般为 5000～8000Pa，即当煤气差压（荒煤气与净煤气压差）增大到 5000～8000Pa 时，进行反吹。

2）布袋除尘器的主要技术参数如下：

① 布袋除尘器的过滤面积[1]：

布袋的过滤面积可用下式计算：

$$F = \frac{Q}{i}$$

式中 F——过滤面积，m^2；

Q——过滤煤气量，m^3/h；

i——过滤负荷，$Nm^3/m^2 \cdot h$。

过滤面积的大小，取决于过滤的煤气量的大小和过滤负荷的大小。

② 过滤负荷[1]：布袋的过滤负荷用每小时、每平方米的滤袋，通过多少立方米的煤气表示（$m^3/m^2 \cdot h$）。高炉越大过滤负荷越大，高炉越小过滤负荷越小。中、小高炉过滤负荷取 20～40$m^3/(m^2 \cdot h)$。

③ 煤气温度：布袋有一定的温度适应性，过高布袋会受到损伤甚至烧坏。现在用玻璃纤维布袋，能耐温 300℃。煤气温度过低也不利，会使煤气结露影响布袋工作。因此要求进入布袋前的温度控制在 80～250℃的范围内。但高炉出炉的煤气温度是变化的。大型高炉用往重力除尘器中喷超细水雾，来控制温度上限。实践证明这种方法不好，引起重力除尘器器壁粘灰，放灰困难。现已改为在重力除尘器后用排管外喷水降温，效果不错。用在煤气管道设置烧嘴，来控制煤气温度下限。中、小高炉因场地所限和其他条件，一般不设置升温和降温措施，当煤气温度超过 300℃及低于 80℃时，就切断进入布袋的煤气，进行短时的放散。当温度正常后，布袋除尘器恢复工作。

3）布袋除尘器的结构与工艺流程：布袋除尘器的结构见图 6-13。

目前我国高炉煤气干法布袋除尘工艺，有两种结构形式：一是大布袋滤型布袋除尘器，二是喷气型布袋除尘器。

① 大袋滤型布袋除尘器，大多数布袋除尘高炉都采用此法。箱体内装圆筒形布袋若干条，为内滤式，一座高炉由 3～6 个除尘器箱体组成，也有的采用 8～10 个箱体。一般用玻璃纤维滤袋，直径分 230、250、300mm3 种。高炉炉容大的选取较大直径，布袋长度与直径的比值一般为 25～30。

它的工艺流程是：含尘的煤气由除尘器的下部进入箱体，经过分配板进入各布袋，将灰尘滤下，煤气穿过布袋壁进入箱体变成净煤气由出口管引出。当灰膜增厚到影响过滤时，进行反吹。反吹有 3 种方式：即放散脏煤气；放散净煤气；净煤气加压反吹，反吹用的高压煤气来源于反吹加压风机，反吹后的脏煤气压回到脏煤气管道中，再分配到其他箱体过滤。加压净煤气反吹故障时，方可短时间使用放散反吹。

② 喷气型布袋除尘器，又称为脉冲除尘器。它采用压缩气喷吹进行反吹，自动化程度高、过滤负荷比大袋滤型高，相对体积小，效率高。喷气气源用 N_2 气或其他非氧化气体。

采用外滤式，含尘煤气由除尘器下部沿箱体壁切线方向，向下呈一定角度（如 15°）进入，在下部形成旋流并上升，此过程能除去部分粗尘粒。上升旋流在导流板处被阻挡重新分布，继续上升，到达布袋后粉尘被阻留在袋外，煤气穿过布袋壁进入袋内，向上由袋口和箱体顶部出口管出箱体。为防止布袋被气流从外压扁，袋内装有支撑框架。反吹采用 N_2 气脉冲反吹。管网束的 N_2 气，减压（如 0.2MPa）后进入脉冲反吹装置。在装置内，由电磁阀控制脉冲阀迅速开启，开启时间为 65～85ms。在此瞬间氮气通过脉冲阀进入喷吹管，并从管内小孔垂直向下喷入布袋内，同时从四周带入大量的净煤气，使袋胀鼓，抖落掉附着在袋外的尘粒，达到清除灰膜的目的。

国内一些中、小高炉应用布袋除尘器的主要技术参数列于表 6-29。

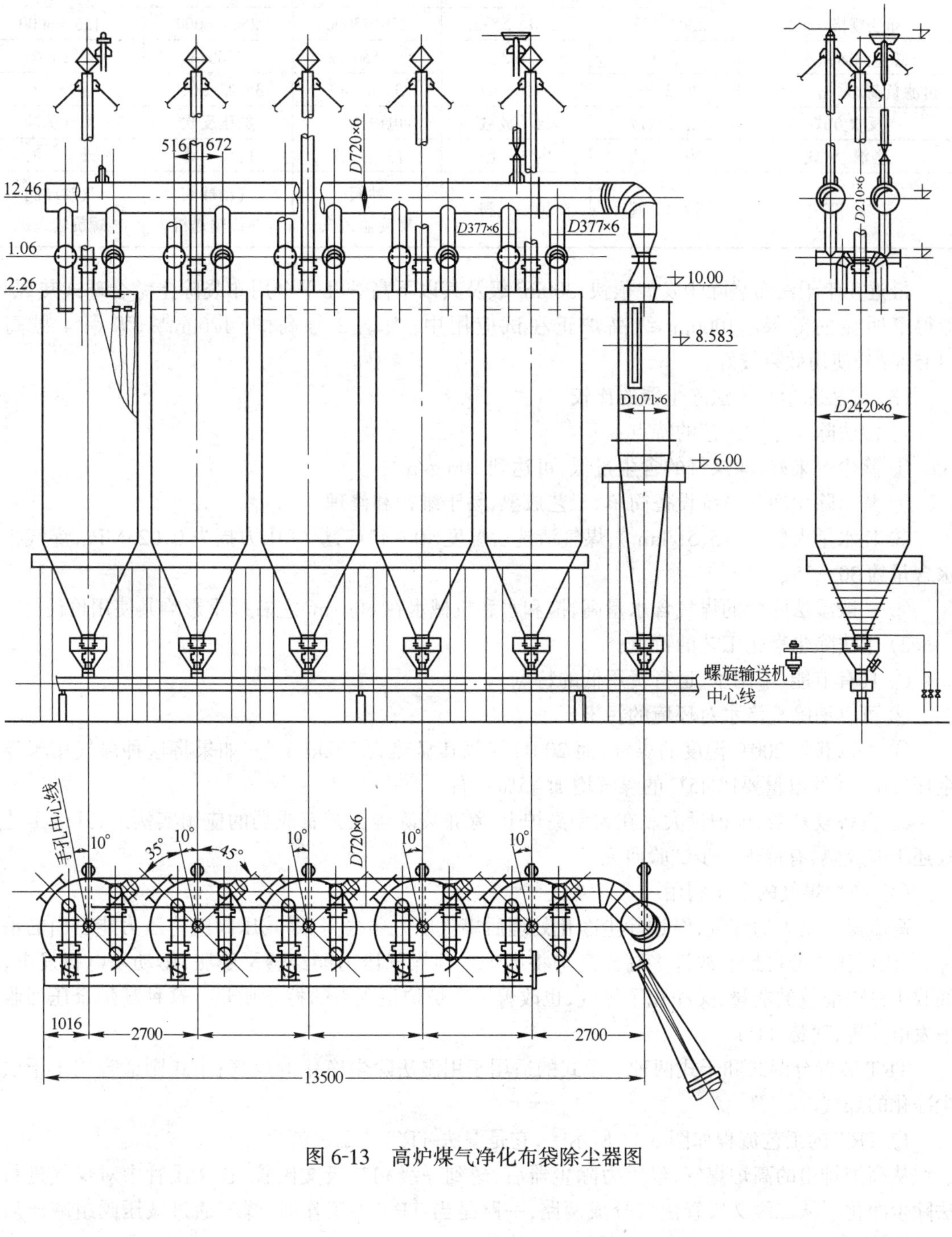

图 6-13　高炉煤气净化布袋除尘器图

表 6-29　国内一些中、小高炉应用布袋除尘器技术参数

项　目	武进铁厂	北京炼铁厂	临汾钢铁厂	邯钢6号高炉	邯钢1号高炉
高炉容积/m^3	28	55	100	380	300
过滤煤气量/万 $m^3 \cdot h^{-1}$	0.85~1.1	1.5~1.8	1.85~2.2	8.0~8.3	6.0~7.0
箱体规格:直径/m×高/m	2.2×6.4	2.2×6.4	2.42×8.25	3.6×16.338	
箱体数/个	3	4	5	10	6
箱布袋数/条	27	27	28	45	130
布袋规格/mm	230×5532	230×5532	250×5000	250×8000	125×6000
总过滤面积/m^2	324	432	550	2260.8	1224.6
过滤负荷/$m^3 \cdot m^{-2} \cdot h^{-1}$	26.2~34	34.8~41	33.6~40	35.4~36.6	49~57
反吹方式	自动放散	自动放散	电磁碟阀	加压反吹	氮气脉冲
过滤方式	内　滤	内　滤	内　滤	内　滤	外　滤
清灰设备	钟　阀	钟　阀	钟阀 螺旋输送机	气动球阀 螺旋输送机	气动球阀 螺旋输送机

最近几年干法布袋除尘发展很快,300m^3 级及其以下高炉几乎全用布袋除尘结合球式热风炉。取得了明显的效果。1000m^3 级高炉正在试应用中,太钢 3 号高炉(1200m^3)、攀钢 4 号高炉(1350m^3),使用效果较好。

(3) 湿法除尘与干法除尘器的比较

1) 湿法除尘净化工艺的特点:

① 除尘效果好,净煤气的含尘量低,可达到 10mg/m^3。

② 整个除尘净化系统设备简单、工艺成熟,易于维护和修理。

③ 耗水量大(5.0~5.5t/km^3),煤气清洗后温度 40~45℃,煤气压力损失 0.025MPa,煤气机械水含量约 30~35g/m^3。

④ 一般湿法除尘的煤气含水量高,饱和水和机械水在 80g/m^3 左右严重影响其使用价值。

2) 干法除尘净化工艺的特点:

① 具有节能、不用水、运行费用低的特点。

② 可以消除洗涤水对环境的污染。

③ 可以获得 200℃温度的煤气,而 200℃煤气其显热为 272kJ/m^3。如果将这种煤气用于煤气余压发电,其发电量要比 45℃的煤气增加 45%左右。

④ 设备较复杂、维护量大。在大型高炉上,除布袋除尘工艺有成功的应用实例外,其他工艺型式还不够成熟,有待进一步试验研究。

(4) 高炉煤气的余压利用

高压操作高炉的煤气,经过除尘净化处理后煤气压力还很高,用减压阀组将压力能白白的浪费掉,变成低压十分可惜。故许多高压高炉将高炉炉顶煤气压力能经透平膨胀,驱动发电机发电,既回收了白白泄放的能量,又净化了煤气,也改善了高炉炉顶压力的控制质量。这种高炉余压回收透平发电装置,简称 TRT。

TRT 装置分湿式和干式两种。湿式的适用于用湿法除尘净化的煤气;干式则适合用于干法除尘净化的煤气。

1) TRT 的工艺流程如图 6-14 所示[2],它是湿法 TRT 的工艺流程

从高炉排出的高炉煤气,经重力除尘器后,送到一级和二级文氏管,在文氏管中对煤气进行湿法除尘净化。从二级文氏管出口分成两路,一路是当 TRT 不工作时,煤气通过减压阀组减压后进

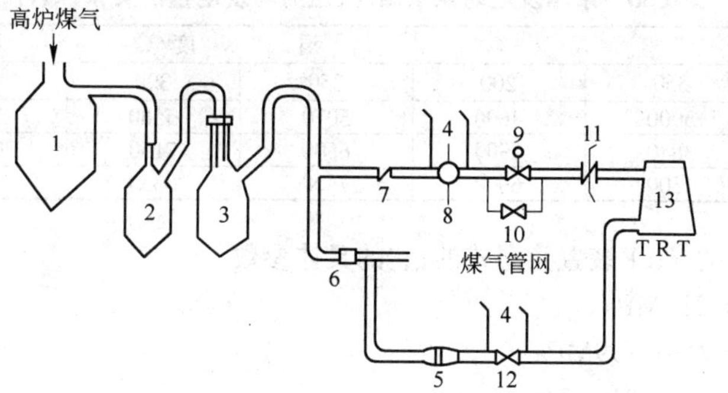

图 6-14　湿式 TRT 工艺流程图

1—除尘器；2—1 号文氏管；3—2 号文氏管；4—煤气放散阀；
5—除雾器；6—减压阀组；7—入口蝶阀；8—眼镜阀；9—紧急
切断阀；10—旁通阀；11—调速阀；12—水封截止阀；
13—TRT 余压发电装置

入煤气管网；另一路是 TRT 运转时，经入口蝶阀、眼镜阀、紧急切断阀、调压阀进入 TRT，然后经可以完全隔断的水封截止阀，最后从除雾器进入煤气管网。

2）TRT 的发电量按下式计算[3]

$$W = Q \cdot C_P \cdot T\left(1 - \frac{1}{\varepsilon^{\frac{k-1}{k}}}\right) \cdot \eta_r \cdot \eta_n / 3600$$

式中　W——煤气透平发电机功率，kW；

Q——煤气流量，m^3/h；

C_P——煤气定压比热，$kJ/m^3 \cdot ℃$；

T——入口煤气温度，K；

ε——压缩比，$\varepsilon = \frac{p_1}{p_2}$；

p_1——入口煤气压力（绝对），MPa；

p_2——出口煤气压力（绝对），MPa；

k——绝热系数，$k = 1.3 \sim 1.39$；

η_r——透平效率（一般取 0.70～0.85）；

η_n——发电机效率（一般取 0.96～0.97）。

可见煤气入口温度越高发电量越大，国外进行高炉煤气干法除尘研究，其主要着眼点在于力求提高透平回收的发电量。

炉顶余压发电装置，要求炉顶压力在 0.15MPa 以上，实际大于 0.1MPa 就可以运行，就是发电量少些，煤气的压力愈高、流量愈多发电量就愈高。

当煤气流量 22 万 m^3/h，透平背压 0.1MPa 时，煤气温度和压力与发电量的关系如表 6-30 所示。

3）国内的发展

最近几年来国内的大型高炉炉顶余压发电发展很快。像宝钢、首钢、武钢、邯钢的高炉均装备有炉顶余压回收透平发电装置。

表 6-30　余压发电时煤气温度、压力与发电量的关系(kW)[3]

表压/MPa	温度/℃					
	350	200	250	300	400	600
0.10	3000	4600	5070	5560	7000	8500
0.15	3840	5900	6500	7150	9000	11000
0.20	4500	6900	7600	8350	10500	12700

如宝钢 1 号高炉的 TRT 装置为湿式的,它的具体参数:

炉顶煤气压力:0.217MPa

TRT 入口煤气压力:0.199MPa

TRT 出口煤气压力:0.013MPa

通过 TRT 的最大高炉煤气量:670000m^3/h

入口煤气温度:55℃

出口煤气温度:25.7℃

煤气机械水含量:<7g/m^3

透平机入口煤气含尘量:≤10mg/m^3

透平机出口煤气含尘量:<3mg/m^3

发电机的设备能力:17440kW·h

宝钢 1 号高炉 TRT 装置的操作指标见表 6-31。

表 6-31　宝钢 1 号高炉 TRT 装置的操作指标[2]

时间	发电量/MW·h	运行时间/h	炉顶平均压力/MPa	吨铁发电量/kW·h	每 1m^3 煤气发电量/kW·h	运转率/%	事故率 操作	事故率 设备	平均小时发电量/kW·h
1986.9	68911	620.5	0.20	28.1	20.6	86.18	12.15	1.67	11106
10	68900	585.5	0.21	27.5	21.7	78.6	16.4	4.9	11768
11	80675	669.63	0.21	32.0	22.5	93.0	5.6	1.4	12047
12	85705	707.58	0.21	31.87	22.8	95.1	4.5	0.4	12133
1987.1	85050	713.12	0.21	31.6	22.4	95.85	4.15	0	11926
2	70050	609.85	0.21	28.7	20.9	90.75	6.88	2.37	11478
平　均	76549	651.08	0.21	29.96	21.8	89.92	8.28	1.89	11745

宝钢三座高炉全配有炉顶余压发电装置,吨铁发电量已达到 35kW·h。

武钢 5 号高炉炉顶煤气余压发电装置为干式装置。设计炉顶压力 0.25MPa,发电机的最大容量 25000kW·h。现运行正常,平均每小时的发电量在 9000～10000kW,每吨铁的发电量已达到 35kW·h。如干法除尘能更加稳定运行,炉顶煤气压力提高到设计水平,发电量会更高。

运行正常的炉顶煤气余压发电装置,所回收的电量相当于高炉本身设备系统(不包括鼓风机)的用电量。大、中型高压高炉都应装备炉顶煤气余压回收发电装置。

参 考 文 献

1　郭方博.小高炉炼铁理论与实践,北京:冶金工业出版社,1992

2　俞俊权.宝钢高炉 TRT 装置运转实践,炼铁;1987(4)

3　吴世华.高炉煤气干法除尘探讨,金属学会炼铁年会资料,1982

7 热风炉

7.1 热风炉的结构形式

7.1.1 热风炉结构形式的演变

高炉炼铁在1827年开始加热鼓风炼铁。当时用的是铸铁管换热式热风炉。到1857年改用固体燃料加热的蓄热式热风炉；1865年采用了气体燃料加热的蓄热式热风炉，形成了现在内燃式热风炉的雏形。

随着高炉冶炼技术的不断发展，高炉风温不断提高，当风温达到1000℃以上时，内燃式热风炉就频繁的发生拱顶裂缝、火井（燃烧室）倾斜、倒塌、掉砖，甚至短路，致使热风炉使用寿命大大缩短。分析其主要原因，是由于燃烧室和蓄热室同包在一个钢壳内，用隔墙分开，在燃烧和送风过程中产生温差波动，尤其是下部温差很大，加上金属燃烧器的脉动燃烧，在燃烧室发生共振而引起的。因而出现了取消隔墙的设计思想，1910年德国人首先提出了外燃式热风炉的专利；1928年美国人建造了世界上第一座外燃式热风炉。然而，外燃式热风炉广泛应用生产还是近30年的事。1960～1965年联邦德国先后建造了地得式、柯柏式、马琴式外燃热风炉；1971年日本综合柯柏式和马琴式的优点建造了新日铁式外燃热风炉。

由于外燃式热风炉的应用，使先进高炉的风温达到了1200～1300℃的水平。

1968～1971年我国安阳水冶铁厂和济南铁厂，首先建造了外燃式热风炉，称“水冶型”外燃式热风炉（类似地得式）。1972年本钢5号高炉（炉容2000m^3）建了“水冶型”外燃热风炉；1976年鞍钢建成“鞍外Ⅰ型”外燃式热风炉（类似马琴式）应用于6号高炉（炉容1050m^3），1977年鞍钢又设计建造了“鞍外Ⅱ型”外燃式热风炉（类似新日铁式），应用于7号高炉（炉容2580m^3），1985年宝钢1号高炉引进了日本新日铁式外燃热风炉。

在研制和建造外燃式热风炉的同时，对内燃式热风炉的弊病进行改造，荷兰霍戈文公司首先建成改造型内燃热风炉，它基本上克服了传统内燃式热风炉的通病，实现了高温、高效、长寿。我国有代表性的效果较好的改造型内燃热风炉，如1981年投产的鞍钢9号高炉（炉容987m^3）热风炉和1992年投产的武钢5号高炉（炉容3200m^3）热风炉。

顶燃式热风炉在19世纪就有人提出设想，到20世纪60年代才引起重视和开始研究这种热风炉，出现了不少专利。中国科学院（化冶所）和首钢从20世纪60年代开始研究试验，于1978年建成了首钢2号高炉（炉容1327m^3）顶燃式热风炉，这是世界上第一座大型顶燃式热风炉。20世纪90年代首钢大修改造的2500m^3级高炉都采用了这种顶燃式热风炉。目前顶燃式热风炉广泛应用于300m^3级以下的高炉，在国外，前苏联的全苏冶金热工研究院对顶燃热风炉进行了较全面的研究，并于1982年在下塔吉尔冶金公司建成一座“卡鲁金式”顶燃式热风炉，成功地使用至今，并从1998年开始已推广到1380m^3、1719m^3和3000m^3高炉上。顶燃式热风炉是很有前途的，它是高炉热风炉的发展方向。

7.1.2 内燃式热风炉

7.1.2.1 传统内燃式热风炉的通病

传统内燃式热风炉的结构形式示于图 7-1。

经调查分析，传统内燃式热风炉有以下缺点：

1) 燃烧室与蓄热室之间的隔墙两侧的温差太大。鞍钢于 1967 年在 6 号高炉 2 号热风炉上(传统内燃式)测定隔墙两侧的温度，如图 7-2。

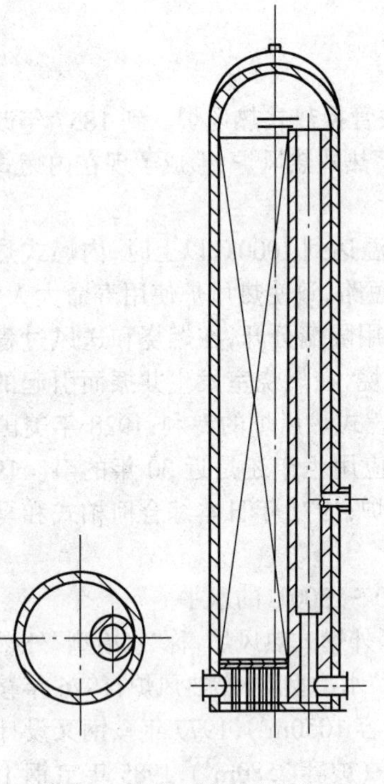

图 7-1 传统内燃式热风炉

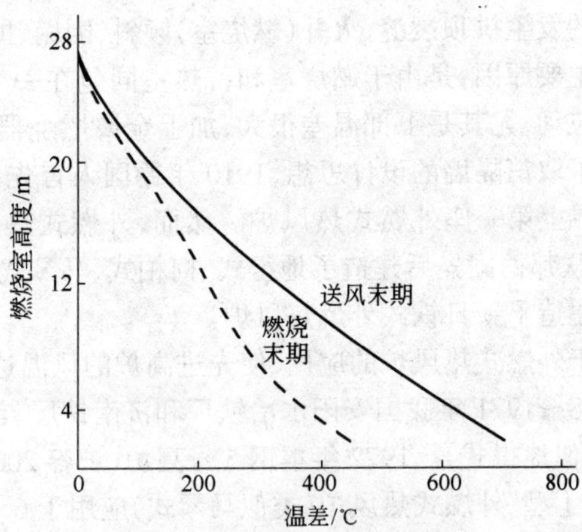

图 7-2 鞍钢 6 号高炉热风炉
(传统内燃式)隔墙两侧温差图

可见，火井底部隔墙两侧的温差，在送风末期可达 700℃，再加上使用金属燃烧器产生的严重脉动现象，引起燃烧室产生裂缝、掉砖、短路烧穿。

2) 拱顶坐落在热风炉大墙上的结构不合理。受到大墙不均匀涨落与自身热膨胀的影响，而产生拱顶裂缝、损坏。

3) 当高温烟气由半球形拱顶进入蓄热室时，其气流分布很不均匀，局部过热和高温区所用砖的抗高温蠕变性能差，造成火井向蓄热室倾斜，引起格子砖错位、紊乱、扭曲。

4) 由于高炉的大型化和高压操作，风压越来越高，热风炉已成为一个受压容器，加之热风炉壳体随着耐火砌体的膨胀而上涨，将炉底板拉成"碟子状"，以致焊缝拉开，炉底板拉裂造成漏风。

5) 由于热风炉存在周期性振动和上、下涨落运动，经常出现热风支管损坏，即生产中称为"短管烂脖子"现象。

7.1.2.2 改造型内燃式热风炉

为克服传统内燃式热风炉的缺点，就必须进行彻底的改造。改造的重点是：拱顶的结构形式，燃烧室与蓄热室的隔墙、燃烧器等。

1) 拱顶由传统的半球顶改为悬链线顶或锥形顶，并坐落在箱梁上，重点解决拱顶的破损和气流的分布不均问题。

2) 在隔墙的中、下部增设绝热夹层和耐热合金钢板，解决火井掉砖和短路问题。

3) 改金属燃烧器为陶瓷燃烧器，改善燃烧，消除脉动，减少火井破损。

4) 火井改为圆形或眼镜形，圆形的结构形式稳定，但燃烧室占面积大；眼镜形燃烧室占面积小，气流分布较为均匀，但火井结构不够稳定，为增加隔墙的稳固性，应加大隔墙厚度，使与热风炉大墙呈滑动接触，大墙上设有滑动沟槽。使隔墙成为独立而稳固的自由涨落结构。

改造后的内燃热风炉基本上克服了传统内燃式热风炉的缺点，既可以达到高温长寿，又有占地小、投资少、见效快、适应性强的优点，很适合老厂改造。

内燃式热风炉改造成功的实例为 20 世纪 80 年代鞍钢 9 号高炉内燃式热风炉的改造和 90 年代武钢 5 号高炉改进型内燃式热风炉的建成。

图 7-3 示出了这两座高炉的改进型内燃式热风炉的结构。

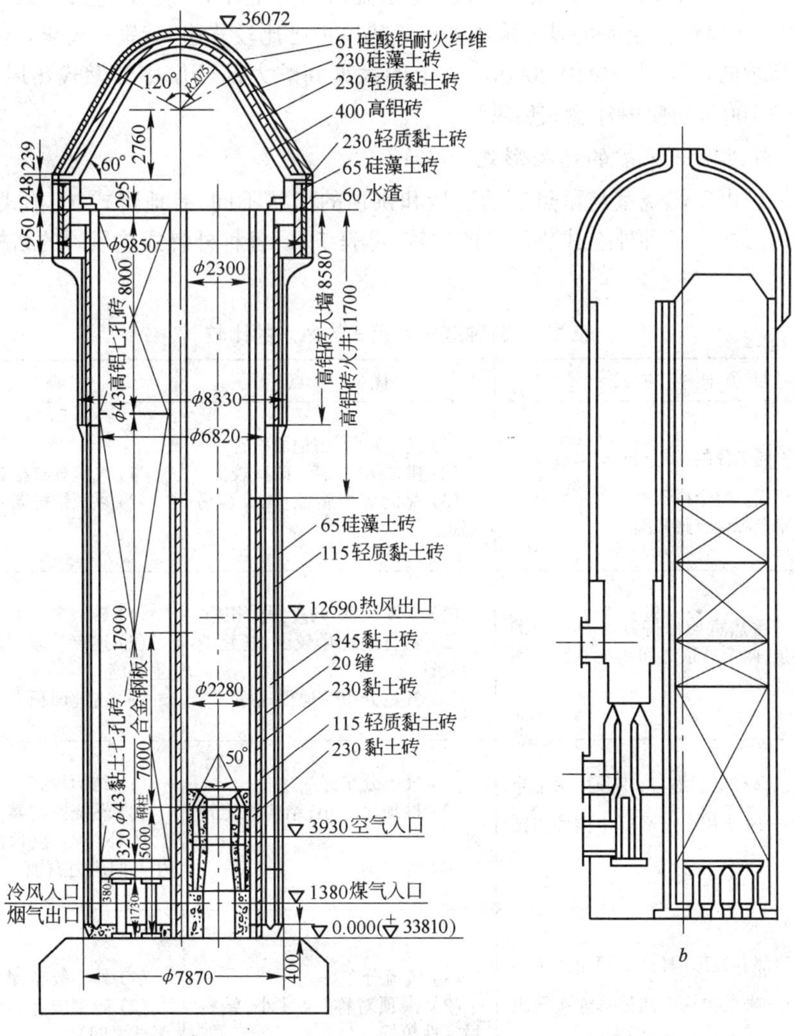

图 7-3　改进型内燃式热风炉结构

a—20 世纪 80 年代鞍钢 9 号高炉的改造型热风炉；

b—20 世纪 90 年代武钢 5 号高炉改造型内燃热风炉示意图

以武钢 5 号高炉的改造型内燃式热风炉为例，它的特点为：

1）引进了荷兰霍戈文的矩形陶瓷燃烧器技术。较好地解决了内燃式热风炉的陶瓷燃烧器问题。

2）将半球顶改为悬链线顶，使炉顶受力均匀，拱、墙分开互不干扰，烟气分布趋于均匀。

3）火井为眼睛形结构，增大了蓄热面积，又改善了烟气流的分布。为减小温差应力，增强隔墙的稳固性：①增加了隔墙的厚度，其厚度达到 690mm；②在隔墙内，外环之间增设一层绝热夹层；③隔墙与热风炉大墙呈滑动接触，大墙上设有沟槽，隔墙可独立的自由涨落。

4）高温区域用硅砖砌筑

武钢 5 号高炉改进型内燃式热风炉的结构形式，见图 7-3。从 1991 年开炉到现在风温一直维持在 1100℃的水平，热风炉设备一直处于完好状态，是热风炉改造比较成功的范例。

7.1.3 外燃式热风炉

在解决传统内燃式热风炉火井倾斜掉砖、烧穿短路的弊病中，产生了将火井搬出热风炉的设想，而形成外燃式热风炉。当前世界上采用外燃式热风炉已比较普遍，特别是要求提供 1200℃以上高风温的大型高炉的热风炉。目前 $2000m^3$ 以上的大型高炉大部分使用外燃式热风炉，$4000m^3$ 以上的超大型高炉 100％的使用外燃式热风炉。

7.1.3.1 外燃式热风炉的结构形式

外燃式热风炉由于燃烧室与蓄热室的连接和拱顶的形状不同，有地得式、柯柏式、马琴式和新日铁式四种结构形式。各种外燃式热风炉的比较，见表 7-1。各种外燃式热风炉的结构，见图 7-4～图 7-6。

表 7-1 各种型号外燃式热风炉的比较

型号	拱顶连接方式	优点	缺点
地得式	由两个不同半径的接近 $\frac{1}{4}$ 球体，和半个截头圆锥组成。整个拱顶呈半卵形整体结构。燃烧室上部设有膨胀圈	(1) 高度较低，占地面积省 (2) 拱顶结构简单，砖型较少 (3) 晶间应力腐蚀，比较容易解决	(1) 气流分布相对较差 (2) 拱顶结构庞大，稳定性较差
柯柏式	燃烧室和蓄热室均保持其各自半径的半球形拱顶，两个球顶之间由配有膨胀圈的连接管连接	(1) 高度较低，与地得式相似 (2) 钢材消耗量较少，基建费用较省 (3) 气流分布较地得式好	(1) 砖型多 (2) 连接管端部应力大，容易产生裂缝 (3) 占地面积大
马琴式	蓄热室顶部有锥形缩口，拱顶由两个半径相同的 $\frac{1}{4}$ 球顶和一个平底半圆柱连接管组成	(1) 气流分布好 (2) 拱顶尺寸小，结构稳定性好 (3) 砖型少	(1) 结构较高 (2) 燃烧室与蓄热室之间，设有膨胀补偿器，拱顶应力大，容易产生晶间应力腐蚀
新日铁式	蓄热室顶部有锥形缩口，拱顶由两个半径相同的 $\frac{1}{2}$ 球顶和一个圆柱形连接管组成，连接管上设有膨胀补偿器	(1) 气流分布好 (2) 拱顶对称，尺寸小，结构稳定性较好	(1) 外形较高，占地面积大 (2) 砖型较多（介于柯柏式与马琴式之间）

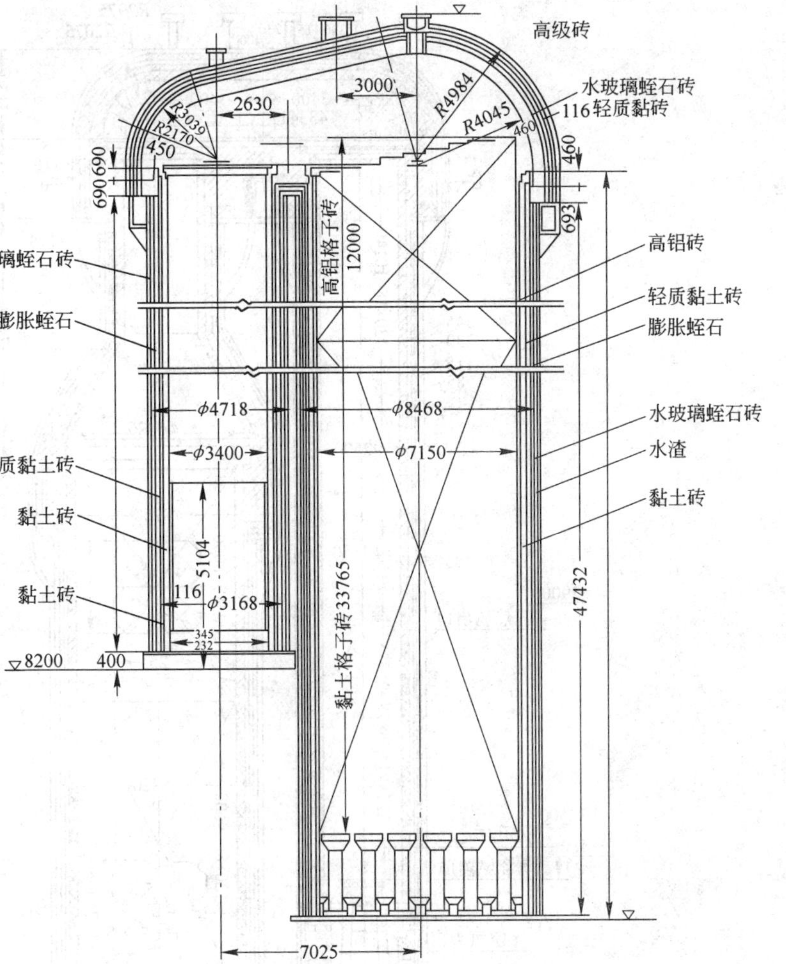

图 7-4　本钢二铁厂 5 号高炉地得式热风炉

7.1.3.2　外燃式热风炉的特征

1) 将燃烧室搬到炉外，彻底的消除了内燃式热风炉的致命弱点。

2) 比较好地解决了高温烟气在蓄热室横截面上的均匀分布问题新日铁式、马琴式处理得更好。

3) 热风炉炉壳转折点均采用曲面连接，较好的解决了炉壳的薄弱环节。

4) 外燃式热风炉高温区使用高温性能好的硅砖并使用陶瓷燃烧器。

5) 为了使热风炉耐火砌体相邻的两块能咬住，广泛采用带有凹凸子母扣，能上下左右相互间咬合的异型砖，起到自锁互锁作用，提高了砌体的整体强度和稳固性。

6) 普遍地在热风炉炉壳内侧喷一层约 50mm 陶瓷质喷涂料。热风炉投产后在高温的作用下，喷涂料可和钢壳结成一体，对保护钢壳起良好的作用。

7) 热风炉的拱顶和缩口坐落在箱梁上（或焊在炉壳上的砖托上），在连接部位都设有滑动缝，这样拱顶、缩口、大墙的耐火砌体都可以自由涨落。

上述的特点中的 4)、5)、6)、7) 4 项技术现已成功地移植应用于改造型内燃式热风炉。由于马琴式和新日铁式气流分布较为均匀，而地得式拱顶结构庞大，且稳定性较差，而柯柏式气流分布较差。因此，20 世纪 70 年代以后新建的外燃式热风炉，已不再建造柯柏式，而是建造马琴式、新日铁

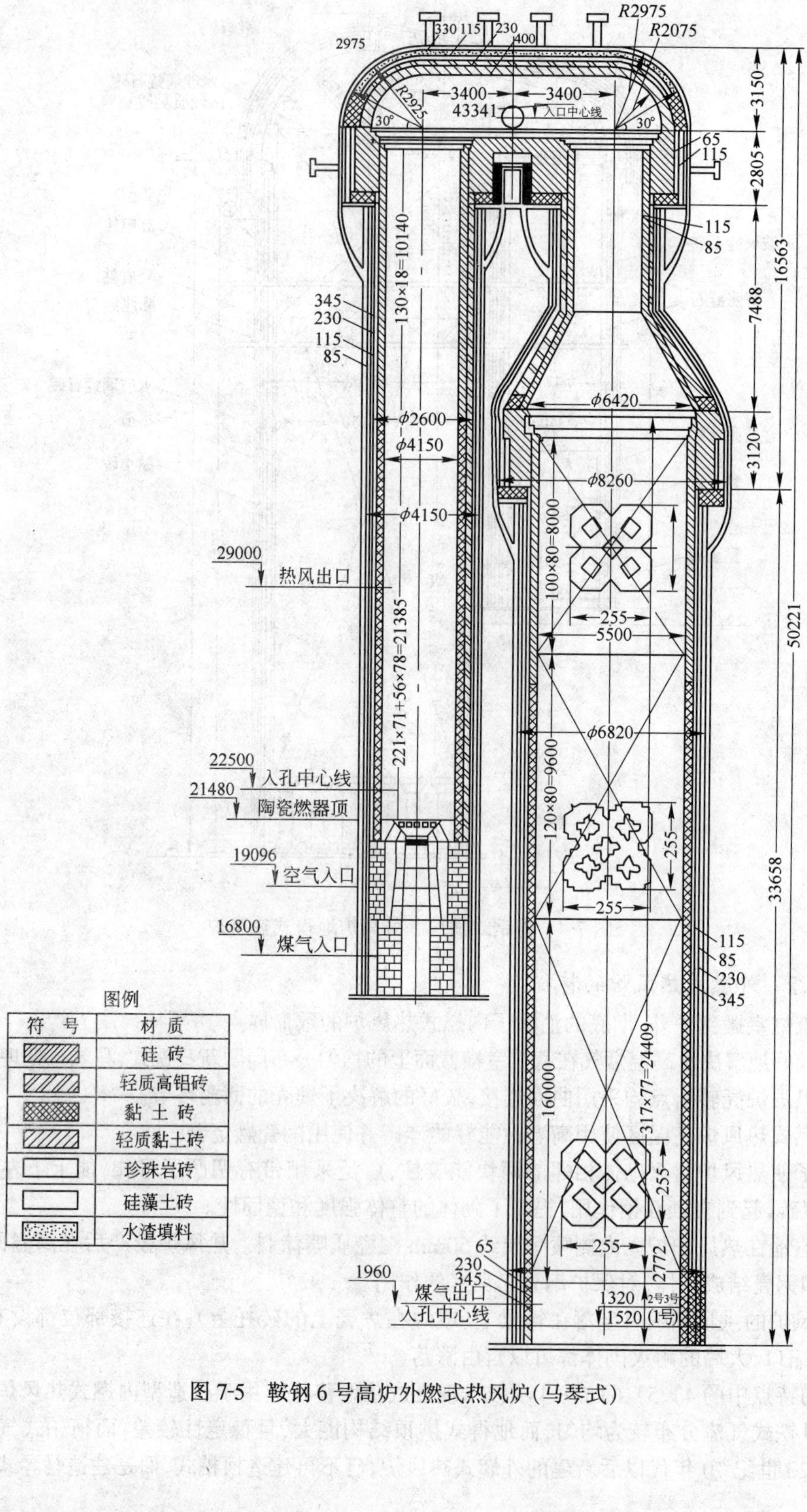

图 7-5　鞍钢 6 号高炉外燃式热风炉(马琴式)

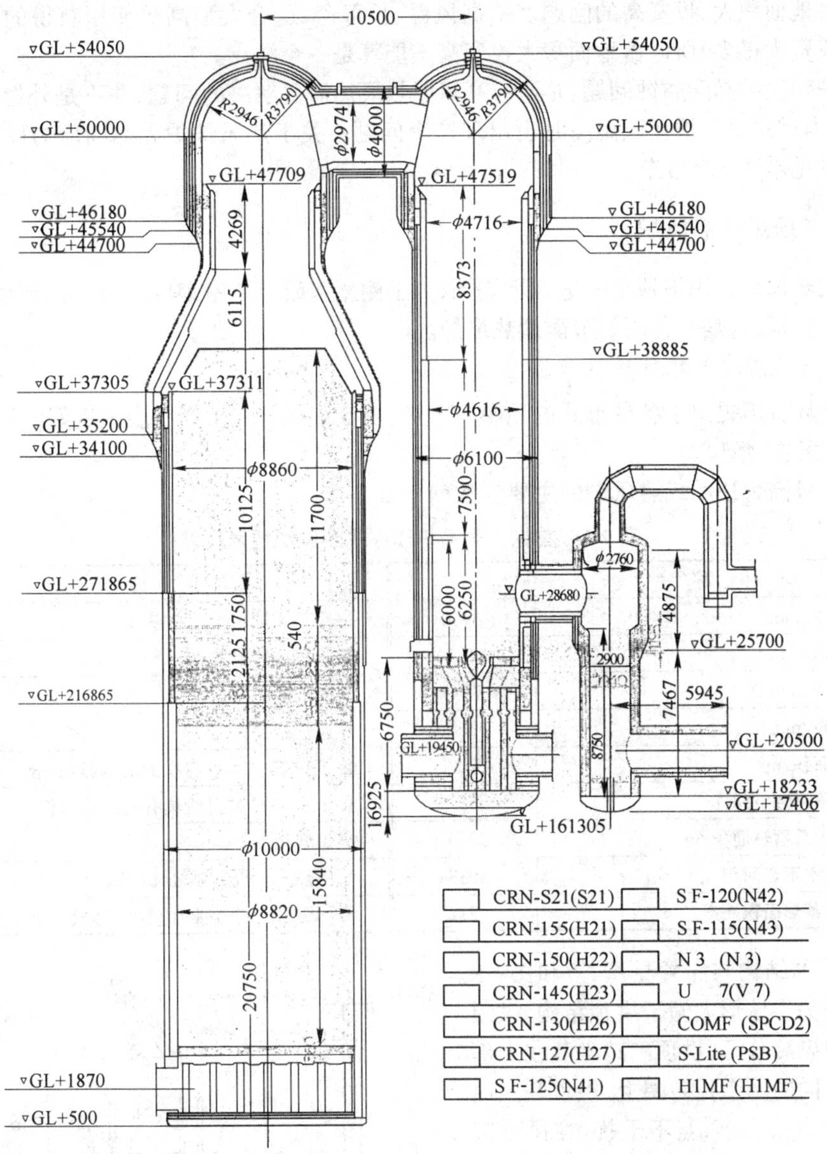

图 7-6 宝钢 1 号高炉新日铁式外燃热风炉

式和一种改进了的地得式热风炉。外燃式热风炉解决了大型高炉高风温热风炉的结构问题，普遍高温长寿，是一种高温长寿型热风炉。

宝钢 1 号高炉使用的新日铁式外燃热风炉，自 1985 年投产以来风温一直维持在 1200℃以上，最近又攀升到 1250℃。高炉在 1995 年大修，而热风炉没动，预计可以使用两代高炉寿命。

鞍钢 6 号高炉外燃式热风炉（马琴式）风温一直维持在 1100～1150℃，高风温试验时曾达到 1270℃。现已使用 25 年，中间只换了一次格子砖。鞍钢 10 号高炉自身预热外燃热风炉，投产已 6 年，只烧单一的高炉煤气，风温一直维持在 1150～1200℃的水平。

一般认为外燃式热风炉也存在一些问题，例如

1）外燃式热风炉占地面积大、投资高。

2）外燃式热风炉壳体因晶间应力腐蚀而引起的开裂。

关于占地面积大、投资高的问题。从高风温、长寿命、适合大型高炉使用获得的经济效益远比基建费用投资大得多，所以占地面积大投资高不能算是一个缺点。

热风炉炉壳的晶间腐蚀问题，是所有高风温热风炉需要解决的问题，并不是外燃式热风炉固有的，改进型内燃式热风炉在风温高时也出现这个问题。关于热风炉炉壳晶间应力腐蚀的原因及预防的措施参见本章7.7.3节。

7.1.4 顶燃式热风炉

顶燃式热风炉利用炉顶空间进行燃烧，取消了侧燃室或外燃室，其结构对称、温度区分明、占地小、效率高、投资少，是一种高效节能型热风炉。

7.1.4.1 顶燃式热风炉结构

当前世界各国提出了各种形式的顶燃热风炉，现介绍两种在生产中表现良好的顶燃热风炉。

(1) 中国首钢型

首钢3号高炉顶燃式热风炉的主要参数列于表7-2。

表7-2 首钢3号高炉顶燃式热风炉技术性能[2]

名 称	数 量	名 称	数 量
热风炉直径/mm	8900	一座热风炉格子砖总重/t	2338.1
热风炉全高/mm	48350	蓄热室格砖段数/段	3
蓄热室直径/mm	7594	热风炉座数/座	4
蓄热室全高/mm	36000	热风炉高径比	5.43
蓄热室断面积/m^2	45.293	每1m^3高炉有效容积的加热面积/m^2	95.58
热风炉拱顶燃烧空间/m^3	365.1	每1m^3高炉鼓风所具有的加热面积/m^2	37.29
一座热风炉总蓄热面积/m^2	60596	高炉容积/m^3	2536
其中：蓄热室蓄热面积/m^2	60384	每座热风炉设置燃烧器的数量/个	3
拱顶蓄热面积/m^2	212	每个燃烧器的燃烧能力(烧高炉煤气)/$m^3\cdot h^{-1}$	35000

热风炉的结构与布置见图7-7和图7-8。热风炉拱顶为半球形大帽子拱顶结构。拱顶砌砖与大墙砌砖分开，拱顶砌砖坐落在上部炉壳标高不同的两个托砖圈上，拱顶和大墙的砌体可以自由涨落，互不干扰。在拱顶圆柱体部分侧墙上，开了个向上倾斜同时切向均匀分布的燃烧口，其布置见图7-8。高温部采用低蠕变高铝砖砌筑，中部为普通高铝砖砌筑，下部黏土砖。4座热风炉采用正方形平面布置，在正方形的中心布置垂直的热风总管。在其顶部安装一台15t旋转吊车，作为更换设备用。在中间平台上设置一台整体热管换热器，回收烟气余热预热助燃空气。

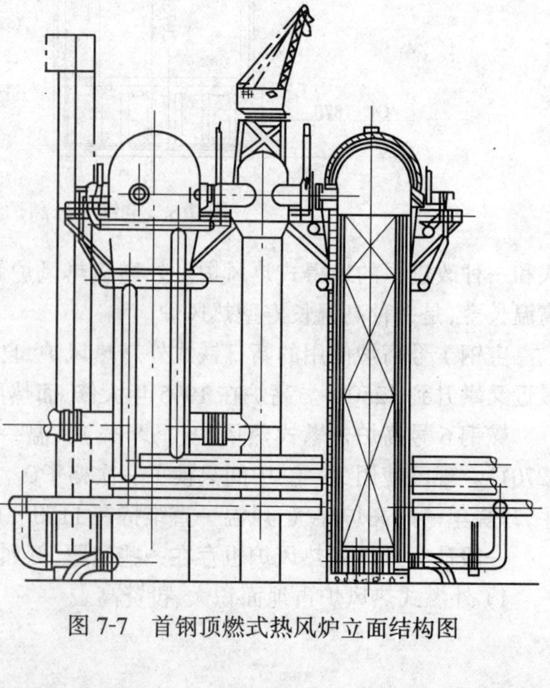

图7-7 首钢顶燃式热风炉立面结构图

热风阀、燃烧阀、燃烧器均放置在热风炉的顶部。热风炉高温区各孔口，如热风出口、燃烧口、人孔均采用组合砖砌筑。

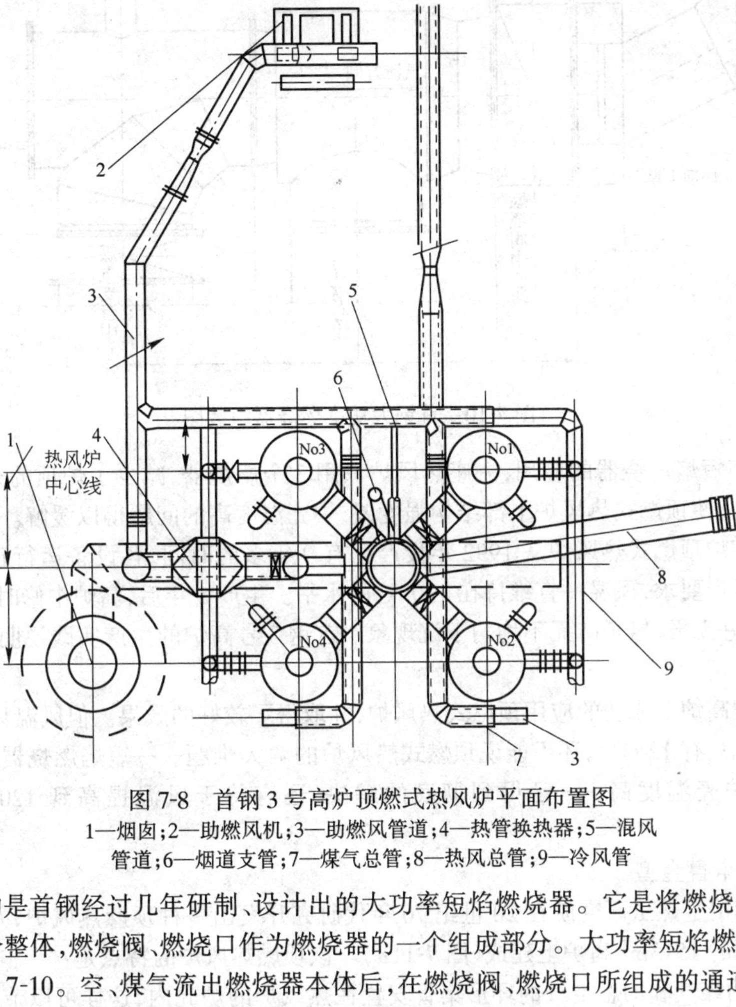

图 7-8　首钢 3 号高炉顶燃式热风炉平面布置图

1—烟囱；2—助燃风机；3—助燃风管道；4—热管换热器；5—混风管道；6—烟道支管；7—煤气总管；8—热风总管；9—冷风管

燃烧器用的是首钢经过几年研制、设计出的大功率短焰燃烧器。它是将燃烧器本体、燃烧阀、燃烧口作为一个整体，燃烧阀、燃烧口作为燃烧器的一个组成部分。大功率短焰燃烧器的结构和组装见图 7-9 和图 7-10。空、煤气流出燃烧器本体后，在燃烧阀、燃烧口所组成的通道内预混，却不在此燃烧。既实现了短焰又不回火，燃烧口的大小和流速是关键。

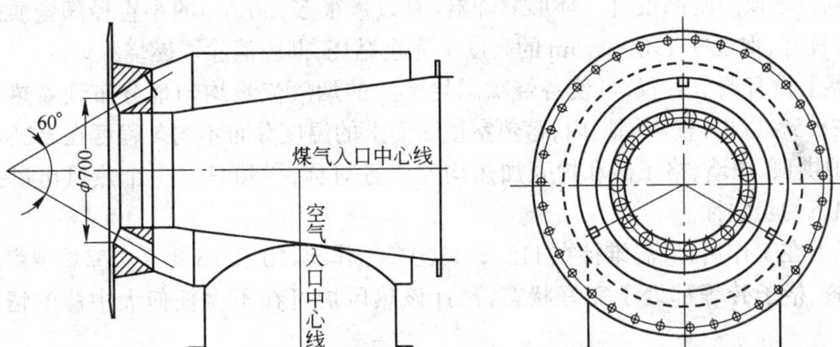

图 7-9　首钢大功率短焰燃烧器

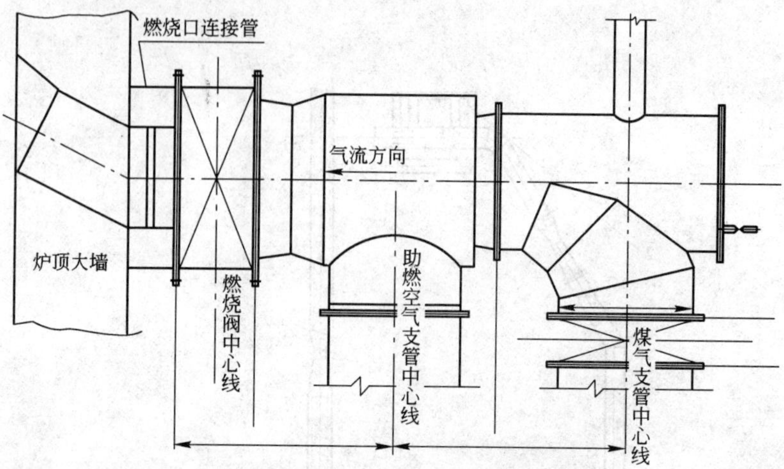

图 7-10　首钢大功率燃烧器组装图

由于大功率短焰燃烧器的应用，一座热风炉只用 3 个燃烧器，减少了炉顶的开孔，加之各口都是用组合砖砌筑，使顶燃式热风炉上部结构强度差、炉壳温度高的问题得以缓解。

首钢 3 号高炉顶燃式热风炉从 1992 年投产已有 9 年多的时间，各设备运行正常，比较好的适应大型高炉的生产要求，风温一直维持在 1100℃的水平。生产 5 年后，高炉中修时对热风炉停炉检查，耐火砌体完好无损，格子砖无不均匀下沉现象。首钢 3 号高炉的生产实践说明顶燃式热风炉可以在大高炉上应用。

首钢在大型高炉上成功的应用顶燃式热风炉，并取得了较好的效果。但风温只有 1100℃，热风炉的拱顶温度也只有 1200℃，还不能说顶燃式热风炉的两大难题——短焰燃烧器和炉顶开孔多整体结构强度差炉壳温度高——已得到彻底的解决，还有待于风温提高到 1200℃ 以上加以验证。

(2) 俄罗斯卡鲁金型

前苏联全苏冶金热工研究院在 20 世纪 70 年代研究开发出一种顶燃热风炉，并于 1982 年在下塔吉尔冶金公司的 1513m^3 高炉上建成(图 7-11*a*)。该顶燃热风炉的特点是：

1) 燃烧用的煤气和助燃空气的环形集管安置在热风炉的炉壳内，这样可以节省热风炉组的占地面积。

2) 在热风炉球顶的基部设有一环形燃烧器，有数量很多(50 个)的小直径陶瓷质烧嘴，煤气与助燃空气混合良好，保证在 1.0～1.5m 的高度上完全燃烧，彻底消除了燃烧脉动。

3) 燃烧器上设有调节装置，可使各烧嘴燃烧产生的烟气流量均匀地分布到蓄热室的断面，其不均匀程度在 ±5% 以内，整个周期内，蓄热室横断面上的温度分布不均匀程度在 ±2%～3%。

4) 热风炉拱顶、炉墙、格子砖和炉壳加热均匀而且对称，拱顶只有一个热风出口孔，保证热风炉拱顶在高温下的稳定性。

该座热风炉在工作后，风温维持在 1150～1220℃工作，4、10 和 16 年 3 次凉炉观察和测定，表明拱顶、燃烧装置、格子砖等都处于完好状态，预计该热风炉可在不做任何大中修的情况下工作 30 年。

这种结构热风炉的不足之处是：①环形燃烧器各烧嘴处的砖型多而且复杂；②为使环形集管到各烧嘴的煤气量均匀分配，需要在热风炉投产前用调节装置进行调整，工作量大而且繁琐；③热风炉的拱顶直径比一般内燃式热风炉大，不利于现在生产的内燃式热风炉改造为顶燃室。

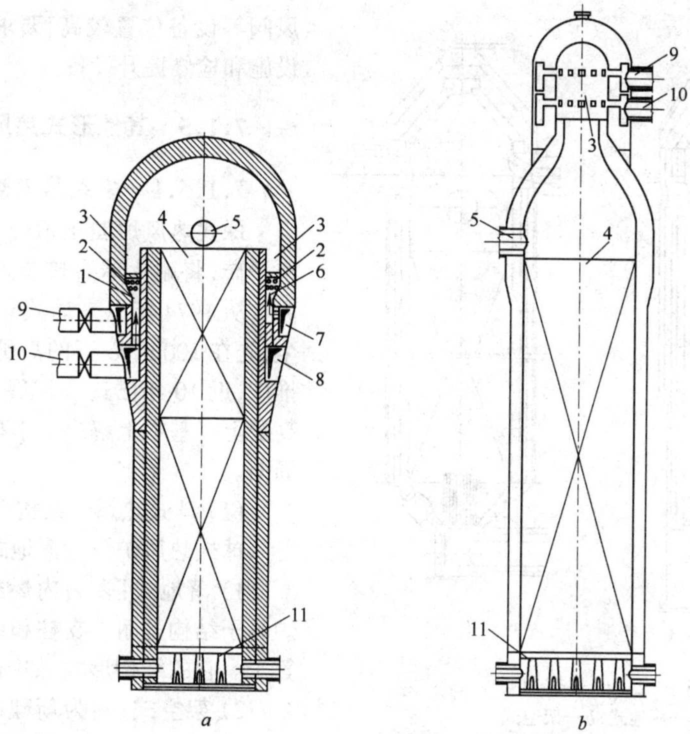

图 7-11　俄罗斯卡鲁金型顶燃热风炉

a—前苏联全苏冶金热工研究院设计；*b*—卡鲁金型顶燃热风炉

1—助燃空气通道；2—助燃空气喷口；3—前室；4—格子砖室；5—热风出口；6—煤气通道；
7—助燃空气环集管；8—煤气环集管；9—助燃空气管；10—煤气管；11—炉箅和支柱

在3座这种结构热风炉工作经验的基础上，创造者 Я.П. 卡鲁金对该结构作了改进，正式命名为卡鲁金型(图 7-11*b*)这种新结构的特点是：①缩小了球顶的直径，适应现有内燃式热风炉改造应用。②改进了环形燃烧器煤气和助燃空气的供给方式，取消调节装置，改为微机控制的涡流供给，由于煤气和助燃空气混合很好，燃烧完全，烟气中 CO 含量仅 0.0016%($20mg/m^3$)，低于德国环保标准要求的数倍。③热风炉火墙和燃烧器砖型简化。④新设计格孔直径为 30mm 的六边形格子砖(带有 19 孔)，加热面达到 48.0 m^2/m^3(圆孔)和48.7m^2/m^3(锥孔)，这样蓄热室内的热交换系数提高1.5倍，在热风炉的功率保持不变的情况下蓄热室高度可降低 40%～50%。整个热风炉的投资可节约 50%左右。

这种结构的热风炉已在俄罗斯和乌克兰的冶金工厂的 1386～3200m^3 高炉上建造使用。

7.1.4.2　顶燃式热风炉的特征

顶燃式热风炉的特征如下：

1) 顶燃式热风炉取消了侧面的燃烧室从根本上消除了内燃式热风炉的致命缺点。

2) 顶燃式热风炉采用短焰燃烧器，直接在拱顶下燃烧，减少了燃烧时的热损失。

3) 顶燃式热风炉炉顶是稳定对称结构，炉型简单，结构强度好，受力均匀。

4) 顶燃式热风炉温度区域分明，改善了耐火材料的工作条件，下部工作温度低、荷重大，上部工作温度高、荷重小。可以适当的提高耐火材料的工作温度，并能延长其使用寿命。

5) 顶燃式热风炉炉型简单，施工方便，省钢材和耐火材料。

6) 顶燃式热风炉，必须选用短焰燃烧器，以保证煤气在炉顶空间燃烧完全。

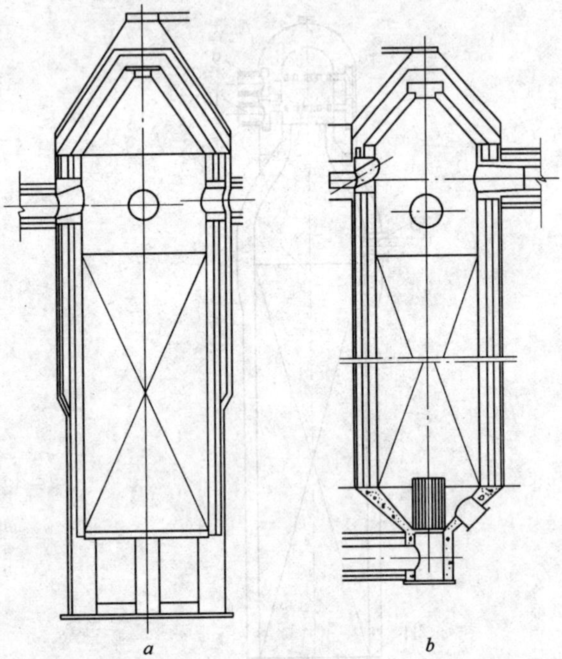

图 7-12　球式热风炉
a—落地式；*b*—架空式

7）顶燃式热风炉的燃烧器、燃烧阀、热风阀等设备位置较高，要求配备自动化操作设施和检修提升设备。

7.1.5　其他形式热风炉

7.1.5.1　球式热风炉

球式热风炉属于顶燃热风炉，只是不砌格子砖，将耐火球直接装入热风炉的蓄热室内。从 1974 年以来球式热风炉结合布袋除尘，先在 $100m^3$ 以下的高炉上得到了普遍的推广，近 10 年已逐步扩展到 $300 \sim 420m^3$ 的高炉上。基本上解决了小高炉长期低风温的局面。

(1) 球式热风炉结构形式

球式热风炉分为落地式和架空式两种：

1) 落地式：多为内燃式改造而成，它的炉箅子结构是耐火支柱和可卸的带孔铸铁炉箅子。它的结构形式，如图 7-12*a* 所示。

2) 架空式：多为新建的球式炉，它的炉箅子为耐热铸铁笼形炉箅子。它的结构形式，如图 7-12*b* 所示。

(2) 球式热风炉的主要特征

球式热风炉主要特征如下：

1) 球式热风炉，由于耐火球的蓄热面积大，使热风炉变矮，它的拱顶多为锥形顶和悬链线顶。

2) 它的热风出口、燃烧口、燃烧器均设在炉顶，燃烧器多为金属与陶瓷相结合的套筒燃烧器。

3) 耐火球的高温部为高铝质或硅质耐火材料，球的直径 $\phi40 \sim 60$mm。低温部多为黏土质材料，球的直径 $\phi30 \sim 40$mm。

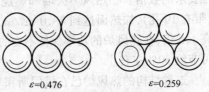

4) 球床的气孔度[3]：球床内自然堆积的耐火球，其中气孔占有的体积百分数，称之为球床的气孔度。它与球的直径无关，只与球的排列状况有关。把等直径的球做以下两种极端状况的排列(图 7-13)，计算和测量所得到的气孔度 ε 分别为 0.476 和 0.259。因此实际生产中球床的气孔度是变化的，随着生产时间的延续气孔度一般由 0.42 降到 0.28，这时球床需要换球以参加气孔度降低阻力损失，球式热风炉自然堆积的耐火球的气孔度 ε 取上述两种排列状态下的气孔度平均值，即：

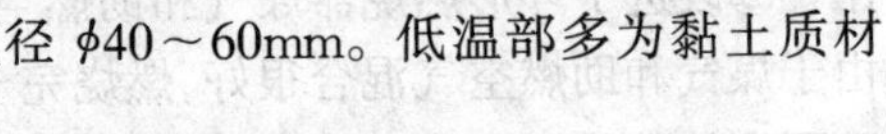

图 7-13　等球体堆积方式

$$\varepsilon = \frac{0.476 + 0.259}{2} = 0.367$$

5) 球床的热工特性

每 $1m^3$ 球床的加热面积，m^2/m^3

$$f = \frac{6}{d}(1 - \varepsilon) \tag{7-1}$$

每 $1m^3$ 球床的质量，t/m^3

$$r = r_0(1-\varepsilon)$$

气孔的当量直径，m

$$d_{当} = 4\varepsilon/f = \frac{2}{3}\frac{\varepsilon}{1-\varepsilon}d$$

球的当量厚度，m

$$S_{当} = \frac{2(1-\varepsilon)}{f} = \frac{1}{3}d$$

重量系数

$$\frac{r}{f} = \frac{1}{6}\gamma_0 d\text{，kg/m}^2$$

式中　ε——球床的气孔度，m^3/m^3；

d——球的直径，m；

γ_0——耐火材质的密度，高铝砖：$2700kg/m^3$；

黏土砖：$2200kg/m^3$。

将 $d=40mm$ 的球与 $40mm\times40mm$ 砖厚 40mm 的格子砖对比如下：

① 每 $1m^3$ 球床加热面要大得多，球床为 $94.5m^2/m^3$ 而格子砖只有 $25m^2/m^3$ 相差 4 倍；

② 每 $1m^2$ 加热面的球床重量小得多，在 $40mm\times40mm\times40mm$ 的格子砖加热面为 $25m^2/m^3$ 时，$1m^3$ 格子砖重 $1950\sim1600kg/m^3$，这样重量系数为 $78\sim64kg/m^3$；而 40mm 的球床的重量系数 $13\sim10.67kg/m^3$，只有格子砖的 16.7%。

③ 气流通过的当量直径小，而且不规则，40mm 球的球床其当量直径只有 14.5mm，比 $40mm\times40mm$ 格孔的小 2 倍多，而随着热风炉使用时间的延长，其气孔度变小，当量直径也随之变小，降到 10mm 以下比 $40mm\times40mm$ 格孔小 4 倍多。

④ 参与热交换的当量厚度薄得多，40mm 球的当量厚度只有 13.3mm，而 $40mm\times40mm\times40mm$ 格子砖的为 57.5mm 薄了将近 4 倍。

从上述对比可以看出，球床加热面大可缩小热风温度与拱顶温度的差距，而砖量系数小，使高温热量贮备少，这样周期风温降大，为保持风温就需要缩短送风期，增加换炉次数。

(3) 球式热风炉应用实例[4]

成都钢铁厂于 1991 年 10 月将球式热风炉扩展到 $318m^3$ 高炉上，并取得成功。它采用传统的一列式布置，助燃空气采用集中鼓风，每座热风炉设两个燃烧器与炉墙相切，用金属与陶瓷相结合的套筒燃烧器。

1) 炉体结构：主要设计参数及热工特性见表 7-3。

表 7-3　成都钢铁厂球式热风炉的设计参数与热工特性

序号	项　　目	$100m^3$ 高炉	$318m^3$ 高炉
1	热风炉座数/座	3	3
2	热风炉型式	落地式	架空式
3	高炉鼓风机风量/$m^3\cdot min^{-1}$	400	900
4	热风炉全高/mm	14523	19567

续表 7-3

序号	项目	100m³ 高炉	318m³ 高炉
5	热风炉外径(上/下)/mm	ϕ4700mm/ϕ4066mm	ϕ7300mm/ϕ5992mm
6	球床高度/mm	$6000\left(\frac{2500}{3500}\right)$	$6500\left(\frac{2000}{4500}\right)$
7	球床直径/mm	3198	4740
8	球床断面积/m^2	8.028	17.65
9	耐火球直径(上/下)/mm	ϕ50mm 硅质球/ϕ30mm 高铝球	ϕ60mm 硅质球/ϕ40mm 高铝球
10	每座热风炉装球量/t	70.13	$206.02\left(\frac{42.25}{163.37}\right)$
11	每座热风炉的加热面积/m^2	5066.7	12629.3
12	每 m^3 高炉容积加热面积/$m^2 \cdot m^{-3}$	152	119.14
13	每 m^3 高炉容积装球量/$t \cdot m^{-3}$	2104	1943.6
14	设计风温/℃		1100

炉箅子:笼形炉箅子由 6 组含铬耐热铸铁拼接组成。

2) 球床结构:球床高 6.5m,上段高温区装 ϕ60mm 的硅质球,装球高度为 2.0m,下段低温区装 ϕ40mm 的高铝球,装球高度为 4.5m。

3) 拱顶结构:大帽子悬链线顶。

4) 热风炉的下部结构:采用架空式,它便于卸球,并有利于解决底板变形漏风问题。

运行正常,生产效果良好,烧单一高炉煤气,风温可达到 1080℃。

7.1.5.2 ZSD 型热风炉[5]

ZSD 型热风炉是内燃式与顶燃式相结合而产生的一种新型热风炉。它是在热风炉内具有热风通道的顶燃式热风炉。内燃式热风炉的燃烧室有两个作用,燃烧期是燃烧室,送风期是热风通道。将这两个作用分开,把燃烧器安装在炉顶成为顶燃式,把燃烧室的直径缩小作为热风通道。它保持了内燃式和顶燃式各自的优点,同时又比较好的克服它们的缺点。

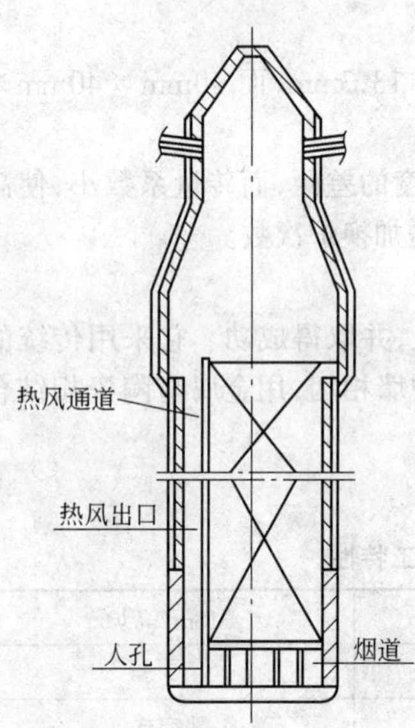

图 7-14 ZSD 型热风炉结构形式示意图

将内燃式热风炉改为 ZSD 型热风炉格子砖的重量和蓄热面积,增加了 20%~40%,消除了火井的破损。可提高风温 100~200℃。

ZSD 型热风炉使用陶瓷短焰燃烧器,它是多嘴旋流燃烧装置。煤气和助燃空气分别由设在炉顶的煤气环管和空气环管,通过小支管进入套管,然后进入喷嘴,在喷嘴内进行预混合,沿切线方向喷入燃烧室,立即着火燃烧,在燃烧室内烟气流作旋转运动。陶瓷短焰燃烧器安装在热风炉顶部,下面是喇叭口,烟气在蓄热室的分布是比较均匀的解决了内燃式热风炉烟气流分布极度不均的问题。把热风出口拿下来,缓解了顶燃式热风炉炉顶结构的整体稳定性差的弊病。

其结构形式见图 7-14。

这种热风炉于 1993 年在安阳钢铁厂的 1 号高炉($300m^3$)首次应用。表 7-4 是该热风炉前后的热工性比较。该炉投入生产以来运行情况良好,很快达到较高的风温水平,见表 7-5。

表 7-4　ZSD 式和原内燃式热风炉热工性能比较[6]

项　　目	ZSD 式	原 内 燃 式
热风炉钢壳内径/mm	5200	5200
热风炉全高/mm	31500	28492
热风炉数量/座	3	3
蓄热室高度/mm	21000	22000
燃烧室形式	做热风通道	复　合　型
燃烧室截面积/m^2	0.75	2.2
蓄热室截面积/m^2	13.70	9.39
格子砖型式	七　　孔	五　孔
格孔尺寸/mm	ϕ43	65×45
单位格子砖蓄热面积/$m^2 \cdot m^{-3}$	38.08	29.36
每座热风炉格子砖重量/t	450	327
每座热风炉蓄热面积/m^2	10956	6065
每 $1m^3$ 炉容加热面积/$m^2 \cdot m^{-3}$	109	60
每 $1m^3$ 炉容格子砖重量/$t \cdot m^{-3}$	4.5	3.27
风温水平/℃	1093	8.84
烧嘴个数/个	20	1
高炉炉容/m^3	300	300

表 7-5　热风炉运行情况[6]

项　　目	风温/℃	拱顶温度/℃	废气温度/℃	送风时间/min	备　　注
1992 年	882	1260	450	90	3 座内燃式
1993 年 6 月	844	1260	450	90	1 座内燃式,1 座 ZSD 式
1993 年 9 月	1053	1265	450	60	1 座内燃式,2 座 ZSD 式
1993 年 10 月	1058	1265	450	60	1 座内燃式,2 座 ZSD 式
1993 年 11 月	998	1280	450	90	2 座 ZSD 式
1994 年 2 月	1093	1280	450	60	3 座 ZSD 式

现已有安阳、济南等钢铁厂的 10 余座 $300m^3$ 级高炉应用 ZSD 型热风炉,均取得了比较好的效果。风温约在 1080～1100℃ 的水平。预计寿命可达 10 年以上。这种结构热风炉比较适用于高炉大修扩容时,热风炉保持原有炉组,将原有燃烧室去掉扩大蓄热室面积。

但是在送风期炉顶煤气环管和空气环管、各烧嘴均处在热风的高温高压的环境中,易烧损开裂,并散失很多热量;烧嘴个数多、间距太小易发生窜风,引起拱顶炉壳温度高,顶燃式热风炉的炉顶整体强度差,炉壳温度高的顽疾还没有得到彻底的解决。所以这种结构热风炉还需要完善。

7.2　热风炉燃料燃烧计算与燃烧装置

7.2.1　热风炉燃料及燃烧计算

热风炉所用燃料及对它的要求见第 2 章。

燃烧计算采用高炉煤气做热风炉燃料，并为完全燃烧。已知煤气的化验成分如表7-6所示。

表7-6　高炉煤气化验成分(%)

CO_2	CO	H_2	N_2	O_2	合　计
18.1	21.9	3.4	56.3	0.3	100

热风炉前的煤气温度为30℃，干法布袋除尘时，净煤气中基本不含水，而湿法除尘时，煤气含有相当数量的水蒸气，本例湿煤气含水蒸气量为5%，高炉风量 $V_{风}=2000m^3/min$，$t_{热风}=1050℃$、$t_{汽}=100℃$，$\eta_{热}=80\%$、每班换8次炉，3座热风炉采用"两烧一送"的送风制度，热风炉一个工作周期 $\tau=3h$、燃烧期 $\tau_r=1.83h$、送风期 $\tau_f=1h$、换炉时间 $\Delta\tau=0.17h$。

7.2.1.1　确定煤气成分

(1) 将高炉煤气成分换算成100%的干煤气成分

高炉煤气中是没有氧和甲烷的，现代先进的气相色谱仪分析的结果就是如此。现场高炉煤气成分分析中常有少量的氧和 CH_4，这部分氧和 CH_4 是在传统的球胆取样和奥氏分析仪分析误差造成的。因此，计算采用的高炉煤气成分先换算成100%的干煤气成分。各组分的百分含量换算如下：

$$(CO_2')=b(CO_2) \tag{7-2}$$

$$(CO')=b(CO) \tag{7-3}$$

$$(H_2')=b(H_2) \tag{7-4}$$

$$(N_2')=b\left[(N_2)-\frac{79}{21}(O_2)\right] \tag{7-5}$$

$$b=\frac{100}{(CO_2)+(CO)+(H_2)+(N_2)-\frac{79}{21}(O_2)} \tag{7-6}$$

或

$$b=\frac{100}{100-\frac{(O_2)}{0.21}} \tag{7-7}$$

式中　(CO_2)、(CO)、(H_2)、(N_2)、(O_2)——煤气的化验成分，%；

$(CO_2')(CO')(H_2')(N_2')$——换算后的干煤气成分，%；

b——换算系数：

$$b=\frac{100}{100-\frac{0.3}{0.21}}=1.0145$$

则

$$(CO_2')=1.0145\times18.1=18.4$$

$$(CO')=1.0145\times21.9=22.2$$

$$(H_2')=1.0145\times3.4=3.5$$

$$(N_2')=1.0145\times\left(56.3-\frac{79}{21}\times0.3\right)=55.9$$

(2) 将干煤气成分换算成湿煤气

若已知煤气含水的体积百分数，用下式换算

$$V_{湿}=V_{干}\times\frac{100-H_2O}{100},\% \tag{7-8}$$

若已知干煤气含水的重量(g/m^3)则用下式换算

$$V_{湿}=V_{干}\times\frac{100}{100+0.124g_{H_2O}},\%\tag{7-9}$$

上两式中　$V_{湿}$——湿煤气中各组分的体积含量,%；

$V_{干}$——干煤气中各组分的体积含量,%；

H_2O——湿煤气中含水的体积,%；

g_{H_2O}——干煤气中含水的重量,g/m^3。

已知煤气含水5%,则 $V_{湿}=V_{干}\times\frac{100-5}{100}$,算出湿煤气成分,如表7-7。

表7-7　煤气成分整理表(%)

种　类	CO_2	CO	H_2	N_2	H_2O	O_2	合　计
化　验　值	18.1	21.9	3.4	56.3	—	0.3	100
干　煤　气	18.4	22.2	3.5	55.9	—	—	100
湿　煤　气	17.5	21.1	3.3	53.1	5.0	—	100

7.2.1.2　煤气低发热量的计算

煤气中含可燃成分的热效应见表7-8。

表7-8　$0.01m^3$ 气体燃料中各可燃成分的热效应

可燃成分	CO	H_2	CH_4	C_2H_4	C_2H_6	C_3H_9	C_4H_{10}	H_2S
热效应/kJ	126.36	107.85	358.81	594.4	643.55	931.81	1227.74	233.66

煤气低发热量 Q_{DW}的计算:

$$Q_{DW}=126.36\cdot CO+107.85\cdot H_2+358.81\cdot CH_4+594.4\cdot C_2H_4+\cdots\cdots+233.66\cdot H_2S,kJ/m^3\tag{7-10}$$

$$Q_{DW}=126.36\times21.1+107.85\times3.3=3022.11,kJ/m^3$$

7.2.1.3　空气需要量和燃烧生成物的计算

1) 空气利用系数 $b_{空}=\frac{L_a}{L_0}$,烧高炉煤气 $b_{空}$为1.05～1.10,计算中取1.10,计算见表7-9。

表7-9　燃烧计算表

煤气组成	$100m^3$ 湿煤气中的体积含量/m^3	反　应　式	需要氧气的体积/m^3	生成物的体积/m^3				
				O_2	CO_2	H_2O	N_2	合　计
CO_2	17.5	$CO_2\rightarrow CO_2$			17.5			17.5
CO	21.1	$CO+\frac{1}{2}O_2\rightarrow CO_2$	10.55		21.1			21.1
H_2	3.3	$H_2+\frac{1}{2}O_2\rightarrow H_2O$	1.65			3.3		3.3
H_2O	5.0	$H_2O\rightarrow H_2O$				5.0		5.0
N_2	53.1	$N_2\rightarrow N_2$					53.1	53.1
当 $b_{空}=1.0$ 时,空气带入的			12.2				45.9	45.9
当 $b_{空}=1.10$ 时,过剩空气带入的			1.22	1.22			4.6	5.8
生成物总量/m^3				1.22	38.6	8.3	103.6	151.7
生成物成分/%				0.8	25.4	5.5	68.3	100

2）燃烧 $1m^3$ 高炉煤气的理论空气量 L_0 为：

$$L_0=\frac{12.2}{21}=0.581\ m^3$$

3）实际空气需要量 L_n 为：

$$L_n=1.10\times0.581=0.64\ m^3$$

4）燃烧 $1m^3$ 高炉煤气的实际生成物量 $V_{产}$ 为：

$$V_{产}=1.517\ m^3$$

5）助燃空气显热 $Q_{空}$ 为

$$Q_{空}=C_{空}\cdot t_{空}\cdot L_n \tag{7-11}$$

$$Q_{空}=1.302\times20\times0.64=16.67\quad kJ/m^3$$

式中 $C_{空}$——助燃空气 $t_{空}$时的平均热容，kJ/(m³·℃)；

$t_{空}$——助燃空气温度，℃。

6）煤气显热 $Q_{煤}$为：

$$Q_{煤}=C_{煤}\cdot t_{煤}\cdot 1 \tag{7-12}$$

式中 $C_{煤}$——煤气 $t_{煤}$时的平均热容，kJ/(m³·℃)；

$t_{煤}$——煤气温度，℃。

$$Q_{煤}=1.357\times30\times1=40.7$$

7）生成物的热量 $Q_{产}$为：

$$Q_{产}=\frac{Q_{空}+Q_{煤}+Q_{DW}}{燃烧\ 1m^3\ 煤气的生成物体积} \tag{7-13}$$

$$Q_{产}=\frac{16.67+40.7+3022.11}{1.517}=2029.98\quad kJ/m^3$$

7.2.1.4　理论燃烧温度的计算

$$t_{理}=\frac{Q_{空}+Q_{煤}+Q_{DW}}{V_{产}\cdot C_{产}} \tag{7-14}$$

式中 $t_{理}$——理论燃烧温度，℃；

$C_{产}$——燃烧产物在 $t_{理}$时的平均热容，kJ/(m³·℃)。

由于 $C_{产}$的数值取决于 $t_{理}$，须利用已知的 $Q_{产}$ 用迭代法和内插法求得 $t_{理}$ 其过程如下：

燃烧生成物在某温度的 $Q_{产}^t$，用下式计算：

$$Q_{产}^t=\omega_{CO_2}^t\cdot CO_2+\omega_{H_2O}^t\cdot H_2O+\omega_{O_2}^t\cdot O_2+\omega_{N_2}^t\cdot N_2,\ kJ/m^3 \tag{7-15}$$

式中 $\omega_{CO_2}^t$、$\omega_{H_2O}^t$、$\omega_{O_2}^t$、$\omega_{N_2}^t$——分别为气体 CO_2、H_2O、O_2、N_2 在压力为 101kPa，温度 t 时的焓值，kJ/m³，可从附录表中查得；

CO_2、H_2O、O_2、N_2——分别为 $1m^3$ 生成物中该气体的含量，m³。

先设理论燃烧温度为 1200℃及 1300℃，查表得 CO_2、H_2O、O_2、N_2 在该温度的焓值，见表 7-10。

表 7-10　CO_2、H_2O、O_2、N_2 在 1200℃和 1300℃下的焓（kJ/m³）

温　度/℃	ω_{CO_2}	ω_{H_2O}	ω_{O_2}	ω_{N_2}
1200	2726.8	2120.4	1804.0	1724.5
1300	2991.13	2328.0	1907.13	1882.09

据表 7-9 的生成物成分，分别算出 1200℃和 1300℃的生成物热量 $Q_{产}^t$。

表 7-11　在 1200℃和 1300℃下的生成物热量(kJ/m³)

温　度/℃	ω_{CO_2}	ω_{H_2O}	ω_{O_2}	ω_{N_2}	$Q^t_{产}$
1200	692.61	116.62	14.43	1177.83	2001.49
1300	759.75	128.04	15.77	1285.47	2189.03

上述生成物的实际热量 $Q_{产}$ 为 2029.98kJ/m³,可见其理论燃烧温度介于 1200～1300℃之间,按内插法求得理论燃烧温度 $t_{理}$ 为:

$$t_{理}=1200+\frac{2029.98-2001.41}{2189-2001.41}\times 100=1215℃$$

7.2.1.5　热风炉实际燃烧煤气量和助燃空气量的计算

$$\eta_{热}=\frac{V_{风}\cdot(t_{热}\cdot C_{热}-t_{冷}\cdot C_{冷})}{V_{煤}\cdot(Q_{DW}+Q_{煤}+Q_{空})} \tag{7-16}$$

$$0.8=\frac{2000\times 60(1050\times 1.4618-100\times 1.3035)}{V_{煤}\times 1.83(3022.11+40.7+16.67)}$$

$$V_{煤}=37491\ m^3/h\quad 取\ 37500\ m^3/h$$

$$V_{空}=V_{煤}\cdot L_n$$

$$V_{空}=37500\times 0.64=24000\ m^3/h$$

7.2.2　热风炉燃烧装置

热风炉的燃烧装置的基本用途,是在炉子中合理组织煤气燃烧过程,实现最高燃烧温度,把火焰的最高温度组织在热风炉拱顶。热风炉的燃烧装置包括燃烧器、燃烧室、燃烧闸阀等,关键是燃烧器。最早使用的是金属套筒式或栅格式燃烧器,因其燃烧质量差,而且产生脉动,现已淘汰,改用性能好的陶瓷燃烧器。

(1) 陶瓷燃烧器的结构类型

目前国内使用的陶瓷燃烧器种类繁多,按燃烧方法可分为 3 种:有焰燃烧器、无焰燃烧器及半焰燃烧器。

1) 有焰燃烧器的典型结构是套筒式陶瓷燃烧器和矩形陶瓷燃烧器。如图 7-15 和图 7-16,这种燃烧器的特点是:空气和煤气在燃烧器内有各自的通路,中心断面是圆形或矩形的,出口后形成粗大流股,气体在中心通道流动时,阻力损失很小。环道断面是圆环形或矩环形,气体出口前被分割成多个小流股,且以一定的角度流出与中心流股相交、混合。煤气、空气在出口后进一步混合,然后着火、燃烧。

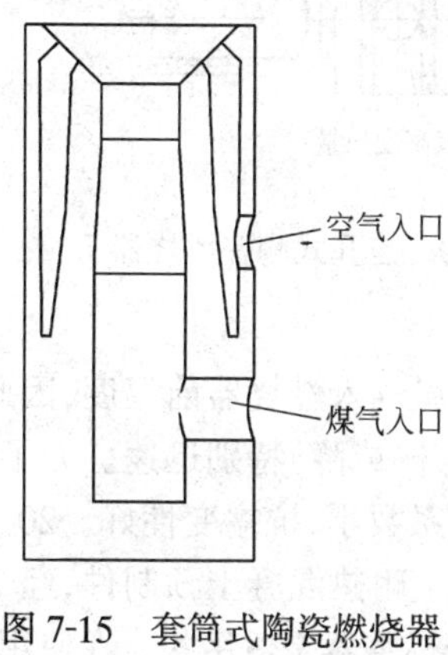

图 7-15　套筒式陶瓷燃烧器

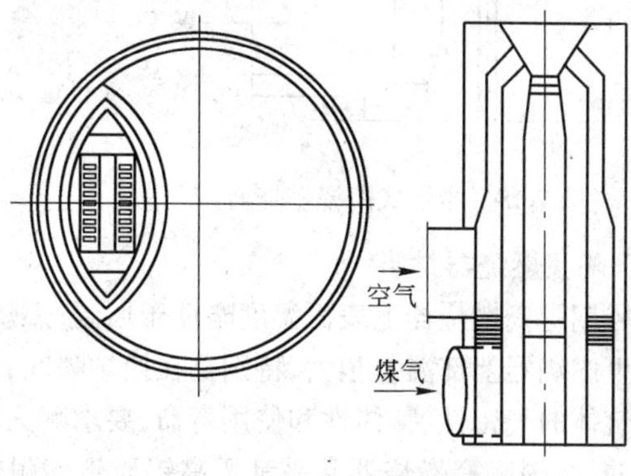

图 7-16　矩形陶瓷燃烧器

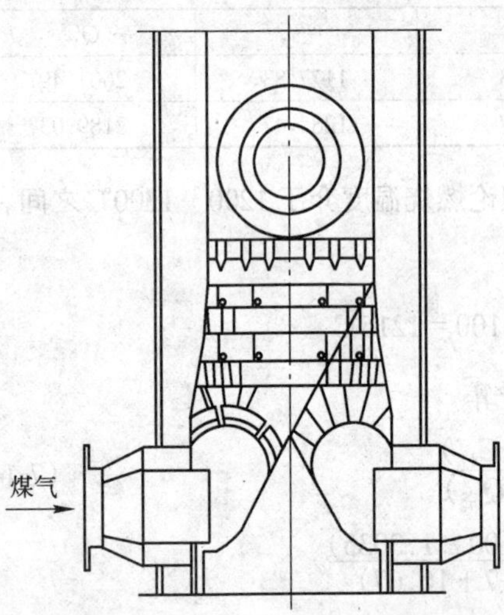

图 7-17　栅格式陶瓷燃烧器

这种燃烧器的优点是:结构简单,容易砌筑,对燃烧室掉砖、掉物不敏感,阻力损失小、强制燃烧时燃烧器上表面看不到火焰形状,属悬峰火焰。不足之处是燃烧温度比无焰燃烧器低,火焰长,有时燃烧不完全。

2) 无焰燃烧器的典型结构为栅格式陶瓷燃烧器。见图 7-17。煤气、空气在燃烧器上部开始混合,在出口处已充分混合。混合气体以众多小流股从上表面流出,在燃烧室中着火、燃烧。

它的优点是:燃烧火焰短、燃烧稳定,空气消耗系数低,理论燃烧温度高,燃烧能力大。它的不足是:结构复杂,不易砌筑 ,对燃烧室掉砖、掉物敏感。

3) 半焰燃烧器,其结构见图 7-18。中心通道走煤气,为使出口处煤气均匀分布,在煤气入口的对面处,安装气体阻流板。空气走环道,进入环道后,经中心通道和环道隔墙上的多个矩形孔喷出,在燃烧器中心通道内开始混合,由于矩形孔到出口断面的距离较短,煤气、空气没充分混合,进燃烧室后继续混合。这种结构的陶瓷燃烧器高径比较小,它结构简单,砌筑方便。三孔陶瓷燃烧器也属于半焰燃烧器,见图 7-19。它的中心通道走高热值煤气(如焦炉煤气),中间环道走空气,外环走高炉煤气,在燃烧器出口前少部分煤气、空气已混合。它的特点是燃烧能力大,燃烧稳定。但结构复杂,而且在阀门等设备安全保证方面要求严格。

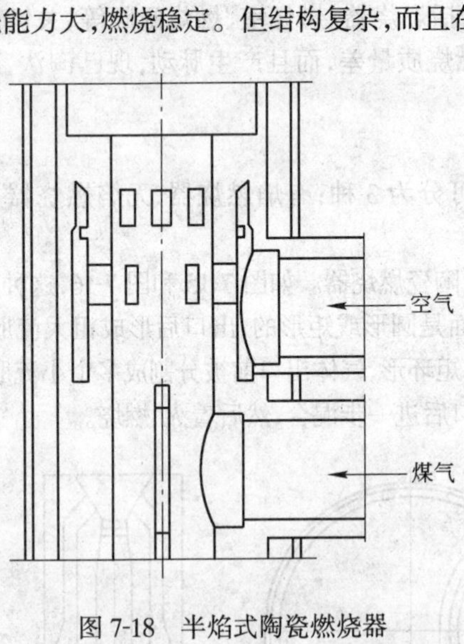

图 7-18　半焰式陶瓷燃烧器

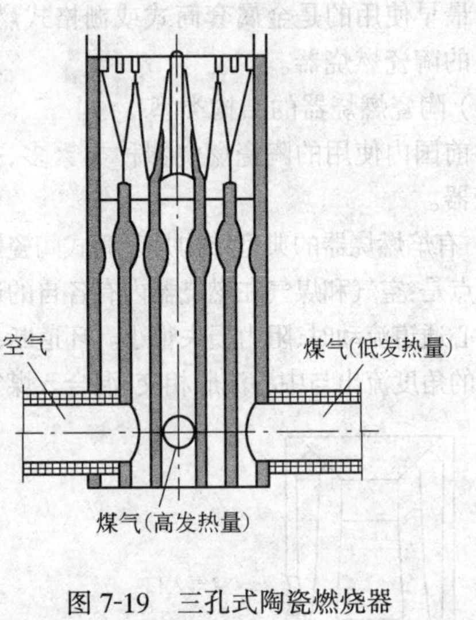

图 7-19　三孔式陶瓷燃烧器

(2) 陶瓷燃烧器材质

送风期陶瓷燃烧器上表面温度略低于风温;燃烧期稍高于空、煤气入燃烧器前温度,因此,在一个周期里燃烧器上部温差很大,特别是在换炉瞬间,燃烧器上部温升(或降)特别迅速。为了保证燃烧器砌筑体的气密性、整体性和使用寿命,要求耐火材料的线膨胀系数小、抗蠕变性好。20 世纪 80 年代以前,我国陶瓷燃烧器几乎都用高铝质磷酸耐热混凝土或矾土耐热混凝土预制件,经 20 多年生产实践,这种材质对中、小高炉热风炉和风温 1100℃左右的陶瓷燃烧器是适用的。在使用高铝质磷酸盐耐热混凝土时，砌筑前应烘烤到600℃左右，以防止在安装和使用中预制体开裂。进入90年代以后，由于热风炉大型化和高风温的要求，现在多采用高铝堇青石耐火材料。少数陶瓷燃烧器开拓用莫来石堇青石材料，陶瓷燃烧器下部，除少数用硅线石材料外，几乎都用高铝或黏土耐火材料。

(3) 陶瓷燃烧器的应用

国内高炉热风炉大部分采用套筒式陶瓷燃烧器。如鞍钢炼铁厂，有70%的热风炉用套筒式陶瓷燃烧器，最长的寿命已达20年。热风炉自身预热技术的限制环节是陶瓷燃烧器的寿命。鞍山钢院和鞍钢炼铁厂经3年多的合作，在陶瓷燃烧器热态模拟试验研究中，找到影响烧高炉煤气，空气预热温度较高时，燃烧震动的原因，并成功地解决了这个问题，根据试验结果设计的燃烧器，已在10号高炉热风炉上使用6年多，运行状况良好、无震动。由陶瓷燃烧器热态模拟试验和实际热风炉目视，得知火焰长度是燃烧器直径的8～11倍，空、煤气预热温度高时取下限，不预热时取上限。

多年的生产实践得知，陶瓷燃烧器使用中也存在燃烧不稳定现象和煤气燃烧不完全，这往往是因燃烧器结构设计有缺欠，或燃烧器结构与燃烧室不匹配。同一类的陶瓷燃烧器因热风炉型式、结构尺寸、燃料种类、气体预热温度和操作参数不同而异。不存在万能的燃烧器。

7.3 提高风温的措施和各种因素对风温的影响

高风温是高炉最廉价、利用率最高的能源，每提高100℃风温约降低焦比4%～7%。在当前能源紧张的形势下，迫切地需要进一步提高风温。影响提高风温的因素很多，提高风温的措施也很多。归纳起来可以从两个方面着手：一是提高热风炉的拱顶温度，一是降低拱顶温度与风温的差值。除此之外，必须提高耐火材料的质量，改进热风炉的设备、结构。

7.3.1 提高拱顶温度

7.3.1.1 拱顶温度的确定

确定拱顶温度有以下几种：

1) 由耐火材料理化性能确定。为防止因测量误差或燃烧控制的不及时而烧坏拱顶，一般将实际的拱顶温度控制在比拱顶耐火砖荷重软化点低100℃左右。

2) 由燃料的含尘量确定。格子砖因渣化和堵塞而降低寿命。产生格子砖渣化的条件是煤气的含尘量和温度，见表7-12。

表7-12 不同含尘量允许的拱顶温度

煤气含尘量/$mg \cdot m^{-3}$	80～100	<50	<30	<20	<10	<5
拱顶温度(不大于)/℃	1100	1200	1250	1350	1450	1550

3) 受生成腐蚀介质限制。热风炉燃烧生成的高温烟气中含有NO_x腐蚀性成分，NO_x的生成量与温度有图7-20的关系，因此，为避免发生拱顶钢板的晶间应力腐蚀，须控制拱顶温度不超过1400℃或采取防止晶间应力腐蚀的措施。

7.3.1.2 拱顶温度、热风温度与热风炉理论燃烧温度的关系

(1) 拱顶温度与热风温度的关系

据国内外高炉生产实践统计，大、中型高炉热风炉拱顶温度比平均风温高100～200℃，由图7-21所示。小型高炉热风炉拱顶温度比平均风温高150～300℃。

测量拱顶温度可采用辐射高温计,红外测温仪或热电偶。采用辐射高温计时,为防止镜头沾灰,须压缩空气吹扫。采用热电偶时,插入的合理深度为热电偶热端超出拱顶砖衬内表面 50～80mm。

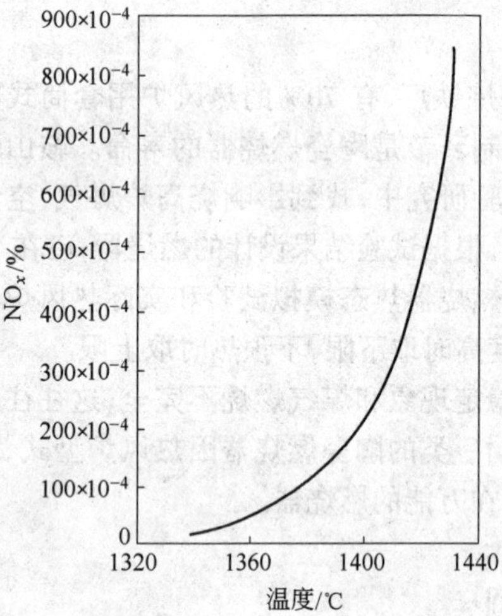

图 7-20　温度与在烟气中生成 NO_x 的关系

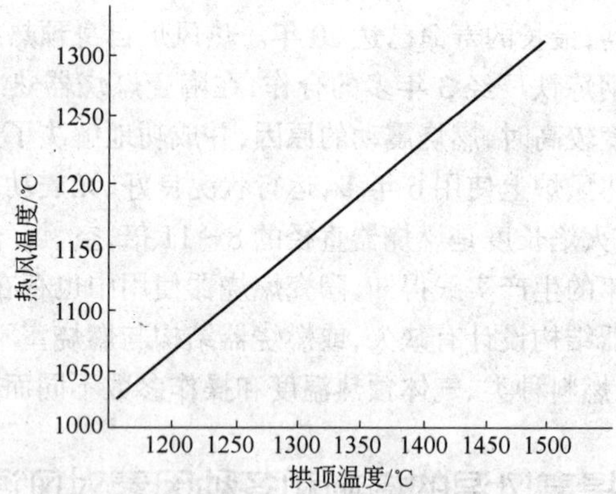

图 7-21　热风温度与炉顶温度的关系

(2) 拱顶温度与理论燃烧温度的关系

由于炉墙散热和不完全燃烧等因素的影响,我国大、中型高炉热风炉实际拱顶温度低于理论燃烧温度 70～90℃。

7.3.1.3　配用高发热量煤气提高拱顶温度

(1) 煤气发热量 Q_{DW}与热风炉理论燃烧温度的关系

若空气和煤气都不预热,它们带入的物理热只占总热量收入的 1%～2%,此时影响 $t_理$的主要因素为煤气的发热量 Q_{DW}。

$$t_理 = \frac{Q_{DW} + Q_空 + Q_煤}{V_产 \cdot C_产}, ℃$$

1) 仅燃烧高炉煤气

大致上,湿高炉煤气 Q_{DW},每 ±100 kJ/m^3,$t_理$相应 ±24℃,见表 7-13。

表 7-13　高炉煤气不同发热量的理论燃烧温度

高炉煤气发热量/kJ·m^{-3}	3000	3200	3400	3600	3800	4000
$t_理$($b_空$=1.10)/℃	1211	1256	1303	1350	1395	1450

注: 高炉煤气含 H_2O 5%,煤气温度 35℃,空气温度 20℃。

2) 高炉煤气混入焦炉煤气

高炉煤气混入不同量的焦炉煤气,混合煤气的发热量 Q_{DW}及理论燃烧温度 $t_理$,如图7-22所示。依据图中计算采用的高炉煤气和焦炉煤气成分,每增加焦炉煤气 1%,混合煤气 Q_{DW}约增加 150kJ/m^3,在混合量不超过 15%以前,每 1%焦炉煤气提高理论燃烧温度 $t_理$约 16℃。

3) 高炉煤气混入天然气

高炉煤气中混入天然气后,混合煤气的 Q_{DW}与 $t_理$如图 7-23 所示。依据图中采用的高炉煤气和

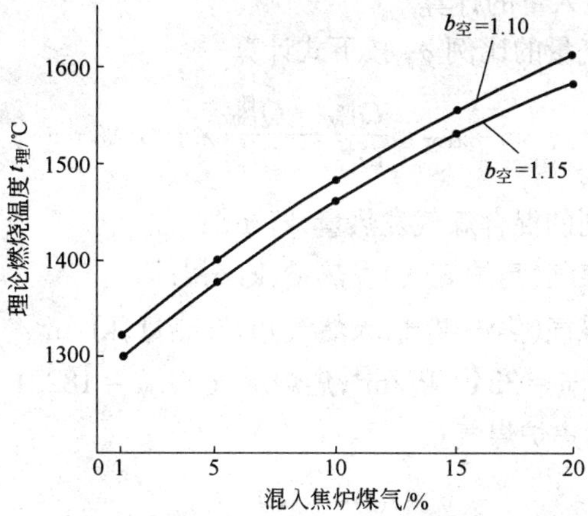

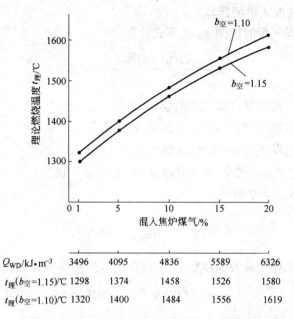

Q_{WD}/kJ·m^{-3}	3496	4095	4836	5589	6326
$t_{理}$($b_{空}$=1.15)/℃	1298	1374	1458	1526	1580
$t_{理}$($b_{空}$=1.10)/℃	1320	1400	1484	1556	1619

图 7-22　高炉煤气混入不同量的焦炉煤气后的 Q_{DW}与 $t_{理}$值($t_{煤气}$ = 35℃)

	CO_2	CO	H_2	CH_4	C_nH_m	O_2	N_2	H_2O	Q_{DW}/kJ·m^{-3}
高炉煤气/%	14.90	23.70	3.30				53.10	5.00	3354
焦炉煤气/%	3.35	7.17	57.38	25.18	3.44	0.4	3.08	—	18221

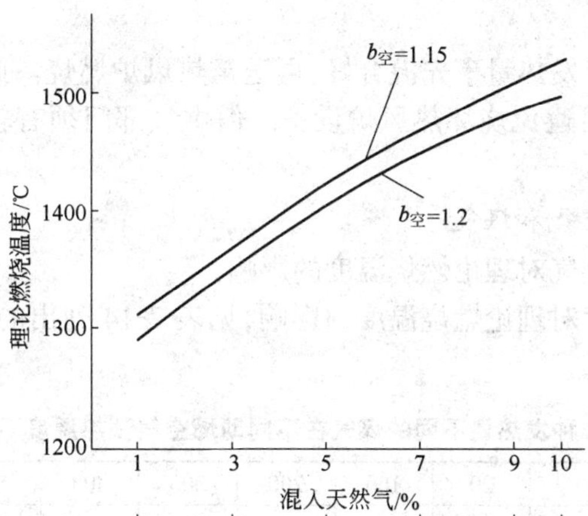

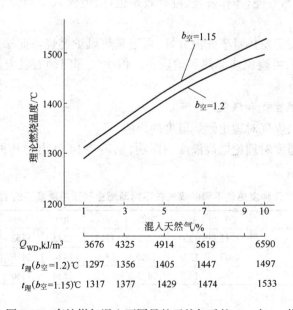

Q_{WD},kJ/m^3	3676	4325	4914	5619	6590
$t_{理}$($b_{空}$=1.2)℃	1297	1356	1405	1447	1497
$t_{理}$($b_{空}$=1.15)℃	1317	1377	1429	1474	1533

图 7-23　高炉煤气混入不同量的天然气后的 Q_{DW}与 $t_{理}$值

	CO_2	CO	H_2	CH_4	C_nH_m	H_2S	N_2	H_2O	Q_{DW}/kJ·m^{-3}
高炉煤气/%	14.9	23.7	3.3				53.1	5.0	3354
天然气/%	0.04	0.07	0.11	96.92	1.17	0.50	1.19	—	35688

天然气成分，每增加1%的天然气混合煤气的 Q_{DW}，约增加325kJ/m³，$t_{理}$随之提高约23℃。

(2) 高发热量煤气混入量的计算

需要混入高热值煤气量的比例 $\alpha_{高}$按下式计算：

$$\alpha_{高}=\frac{Q_{DW}^{混}-Q_{DW}^{低}}{Q_{DW}^{高}-Q_{DW}^{低}}\times 100,\% \qquad (7\text{-}17)$$

式中 $Q_{DW}^{混}$——要求达到的混合煤气发热量，kJ/m³；

$Q_{DW}^{低}$——低热值煤气（高炉煤气）发热量，kJ/m³；

$Q_{DW}^{高}$——高热值煤气（焦炉煤气、天然气）的发热量，kJ/m³。

例如：有高炉煤气 $Q_{DW}=3349$ kJ/m³，焦炉煤气 $Q_{DW}=18221$ kJ/m³，求混合煤气 Q_{DW}达到4700 kJ/m³，需混入的焦炉煤气量。

$$\alpha_{高}=\frac{4700-3349}{18221-3349}\times 100=9.7\%$$

设一座热风炉消耗煤气量为30000m³/h，其中混入焦炉煤气量为：

$$V_{焦}=30000\times 9.7\%=2910\ \text{m}^3/\text{h}$$

(3) 混入高发热量煤气的方法

热风炉混入高发热量煤气的方法有3种：

1) 采用三孔陶瓷燃烧器，混合效果好、调节方便，但设备较复杂，一般用在大型高炉热风炉上。

2) 采用引射器，简易方便，操作安全，混合效果也好，但混入比例较窄，高热量低压煤气混入量一般不大于20%。

3) 由供气部门按指定发热量事先混合好，再送至热风炉燃烧。此法没有因不同气种压力变化而产生的热量波动，可避免烧坏热风炉设备。但供气部门须有较复杂的混合装置和自控设备。

7.3.1.4 预热助燃空气和煤气

(1) 预热助燃空气、煤气对理论燃烧温度的影响

1) 助燃空气预热温度对理论燃烧温度的影响，见表7-14列出的几种发热量的煤气，在不同助燃空气温度时的 $t_{理}$值。

表7-14 几种发热量不同的煤气在不同助燃空气预热温度下的 $t_{理}$(℃)

助燃空气预热温度/℃	20	100	200	300	400	500	600	700	800
煤气 $Q_{DW}=3000\text{kJ}\cdot\text{m}^{-3}$	1211	1233	1263	1293	1323	1352	1385	1417	1449
煤气 $Q_{DW}=3400\text{kJ}\cdot\text{m}^{-3}$	1303	1328	1360	1302	1424	1458	1491	1526	1562
煤气 $Q_{DW}=3800\text{kJ}\cdot\text{m}^{-3}$	1395	1420	1451	1488	1524	1560	1596	1634	1673

注：高炉煤气(H_2O 5%)，$b_{空}=1.10$。

从表中可见，助燃空气温度在800℃以内，每升高100℃，相应提高 $t_{理}$ 30～35℃，一般按33℃计算。

2) 煤气预热温度对理论燃烧温度 $t_{理}$的影响，表7-15列出的几种发热量的煤气在不同预热温度下的 $t_{理}$。

表 7-15　几种发热量的煤气在不同预热温度下的 $t_{理}$(℃)

煤气预热温度/℃	35	100	200	300	400
煤气 $Q_{DW}=3000kJ\cdot m^{-3}$	1211	1243	1293	1344	1398
煤气 $Q_{DW}=3400kJ\cdot m^{-3}$	1303	1333	1381	1429	1479
煤气 $Q_{DW}=3800kJ\cdot m^{-3}$	1395	1422	1467	1514	1561

注：湿高炉煤气(H_2O:5%)，$b_{空}=1.10$。

由表中可看出，煤气预热温度每升高100℃，提高 $t_{理}$约 50℃。

3) 助燃空气和煤气同时预热对理论燃烧温度的影响。助燃空气和煤气同时都预热，提高理论燃烧温度的效果为两者分别预热效果之和。例如燃烧 Q_{DW} = 3400kJ/m³ 的煤气，助燃空气预热到200℃时可提高 $t_{理}$ = 1360 − 1303 = 57℃（表 7-14）；煤气也预热到 200℃，可提高 $t_{理}$ = 1381 − 1303 = 78℃。$t_{理}$提高的总效果为 57 + 78 = 135℃。也可以从图 7-24 直接查得。

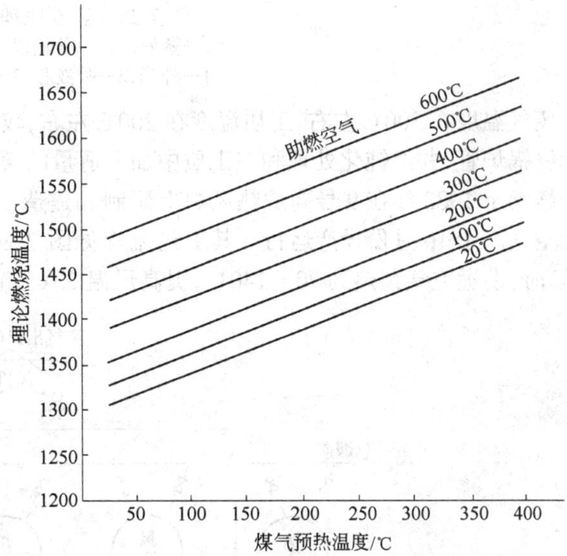

图 7-24　空、煤气温度与理论燃烧温度的关系
（湿高炉煤气(H_2O:5%体积)，$b_{空}$ = 1.10，Q_{DW} = 3400kJ/m³）

(2) 热风炉烟气余热回收预热助燃空气和煤气

余热回收是节能的重要措施。特别像高炉热风炉排放的烟气，温度低、数量大的低温余热回收有更重要的意义。首先它可以回收余热提高热效率；其次是用回收的热量来提高风温。该项技术最近发展很快。目前国内外已在高炉热风炉上应用的烟气余热回收的换热器，主要有：回转式、金属板式、管状式、热媒式和热管式等形式。都取得了较好的效果。

1) 热管式换热器回收热风炉烟气余热预热助燃空气和煤气。热管是一种经气—液相变和循环流动来传递热量的高效传热元件，用热管组成的换热器称为热管换热器。

热管是一个内部抽成真空（真空度大于 10^{-2}Pa），并充以适量的工作介质（简称工质）的密封管（图 7-25）。当热源的热能通过热管的热端管壁传给工质时，将管内的工质加热蒸发，形成蒸汽，故热端又称蒸发段 a。蒸汽在管内压差的作用下，向冷端移动，工质在冷端凝结，并将凝结时放出的潜热传给管外的冷源，这部分称为凝结段 C，冷凝后的工质靠重力或毛细作用流回热端。某些热管还在蒸发段和凝结段之间，有一个工质的传输段 b 或称之为绝热段，作为工质的传输通道，并将冷、热端分开，使热管适应布置的需要。由于热管的热量传递主要是依靠工质的潜热变化，因此热管有较高的导热能力。

在径向热管可分 3 个组成部分，外壳 1 作为工质容器；如果是依靠毛细作用使工质回流的热管，必须设有吸液芯 2，热管的中部为蒸汽空间 3。在换热器中热管垂直（或接近垂直）安装，工质的回流主要依靠重力作用的热管称为重力热管；倾斜安装，重力起辅助作用的热管称为重力辅助热管；水平安装的热管，全靠毛细作用，使工质回流的热管，称之为毛细热管。应尽量使热管垂直使之成为重力热管。

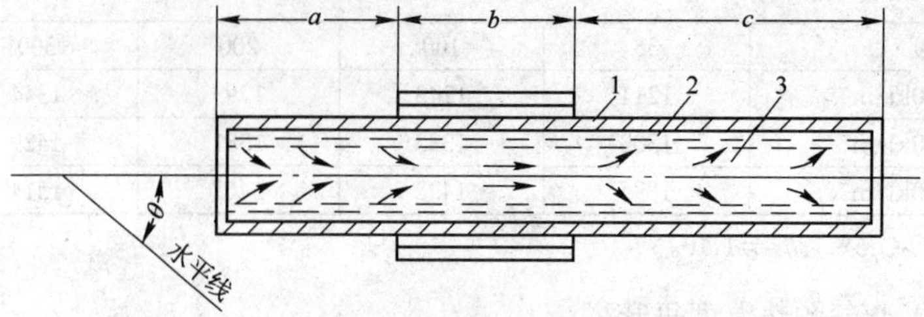

图 7-25　热管原理示意图
a—蒸发段；b—传输段；c—凝结段
1—外壳；2—吸液芯；3—蒸气空间

废气温度在300℃左右，工质温度在200℃左右，较为理想的工质是二次蒸馏水；钢管外壳材质选无缝锅炉管，并经钝化处理和在工质中加入适量的缓蚀剂。取得了较好的使用效果。

鞍钢于1983年在9号高炉热风炉上研制和建造了大型气—气式钢、水整体热管换热器、预热助燃空气。于10月份投产运行。其工艺流程见图7-26，系统运行正常，当烟气平均温度在100～220℃时，助燃空气预热到70～140℃，提高风温33℃，节约高炉煤气8.7%。

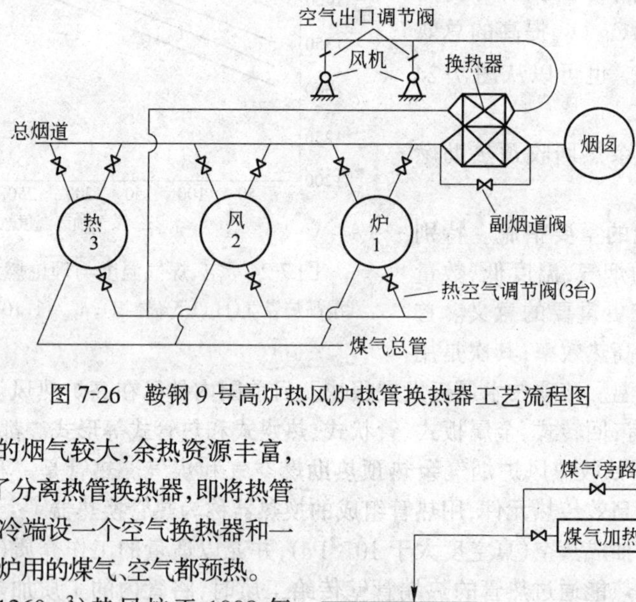

图 7-26　鞍钢9号高炉热风炉热管换热器工艺流程图

由于热风炉排放的烟气较大，余热资源丰富，近来很多厂家又研制了分离热管换热器，即将热管的冷端和热端分开，在冷端设一个空气换热器和一个煤气换热器，使热风炉用的煤气、空气都预热。

唐钢2号高炉（1260m³）热风炉于1998年安装了分离式热管换热器，利用废气余热预热空气和煤气，取得了较为理想的效果。换热器的设计参数见表7-16，它的工艺流程见图7-27。

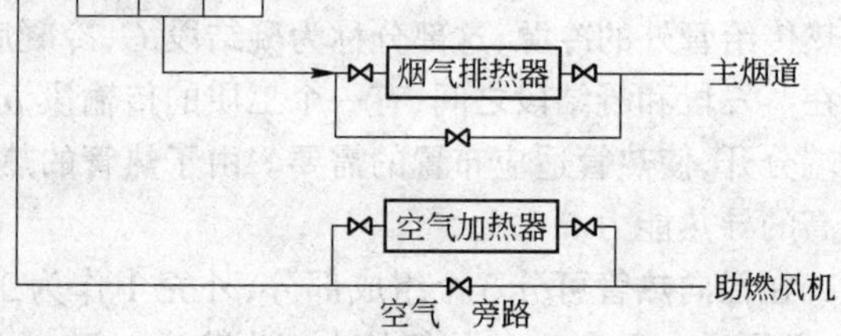

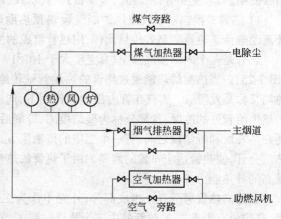

图 7-27　唐钢分离式热管换热器工艺流程

高炉热风炉分离式双预热热管换热器系统，由三台换热器组合而成，热风炉来的烟气经烟气总管进入分离式热管换热器的加热段，并在其内自然分流，分别通过煤气侧热管加热段和空气侧热管加热段，放出热量后经烟囱排空。烟气放出的热量由热管加热段吸收后，分别被传送到布置在煤气箱体和空气箱体中热管的冷凝段，将空气和煤气预热。预热后的煤气和空气送热风炉燃烧。

表 7-16 唐钢 2 号高炉分离式双预热热管换热器结构参数

项目	烟气换热器	空气换热器	煤气换热器
换热器尺寸:长/mm×宽/mm×高/mm	4800×2500×4500	2300×2500×4200	2700×2500×4300
热管基管规格/mm×mm	$\phi32\times3$	$\phi32\times3$	$\phi32\times3$
联箱管规格/mm×mm	$\phi89\times6$	$\phi89\times6$	$\phi89\times6$
有效长度/mm	3600	3300	3400
翅片高度/mm	15	15	15
翅片厚度/mm	1.2	1.2	1.2
翅片螺距/mm	8	8(12)	8(12)
热管排数/排	19	19	19
总热管数/根	1160	504	618
烟气流量/$Nm^3\cdot h^{-1}$	150000		
烟气进口温度/℃	250		
烟气出口温度/℃			
空气流量/$Nm^3\cdot h^{-1}$		71000	
空气进口温度/℃		30	
空气预热温度/℃		135	
煤气流量/$Nm^3\cdot h^{-1}$			90000
煤气进口温度/℃			30
煤气预热温度/℃			135

唐钢 2 号高炉热风炉分离热管双预热换热系统,于 1999 年 8 月投入运行,到 10 月达到正常,已运行两年多,风温由 1030℃ 提高到 1100℃,平均风温提高 65℃。

2) 热媒换热器回收热风炉烟气余热预热助燃空气和煤气。热媒体——传热介质常用的有水、油、乙醇、苯等,热风炉烟气中的余热由热媒体的循环来传递。首先热媒体在烟气一侧的换热器中吸收了热量,再在煤气和空气的换热器放出吸收的热量,而将空气和煤气预热。热媒体的循环流动是靠循环泵来完成的。烟气换热器,空气换热器、煤气换热器、循环泵和连接的管道,构成了热媒体换热装置。

柳钢 3 号高炉、炉容 306m^3,具有 4 座内燃式热风炉。于 1989 年建造了以水为热媒体的热媒换热器,回收烟气余热,预热助燃空气和煤气。它的工艺流程见图 7-28,其运行参数见表 7-17。

表 7-17 柳钢 3 号高炉热媒换热装置运行参数[7]

项目		设计值	Ⅰ期 1990 年 4 月 26 日～ 5 月 5 日	Ⅱ期 1990 年 6 月 6 日～ 6 月 18 日	Ⅲ期 1990 年 8 月 10 日 ～8 月 26 日	Ⅳ期 1991 年 3 月 5 日 ～3 月 31 日
废气	废气流量/$m^3\cdot h^{-1}$	37290	—	—	—	—
	废气入口温度/℃	250	177.2	243.2	276.3	264.3
	废气出口温度/℃	130	121.1	131.9	130.3	145.9
	水入口温度/℃	110	116.2	122.7	121.5	138.6
	水出口温度/℃	170	130.2	158.1	155.4	164.9

续表 7-17

项　　目		设计值	Ⅰ期 1990年 4月26日～ 5月5日	Ⅱ期 1990年 6月6日～ 6月18日	Ⅲ期 1990年 8月10日 ～8月26日	Ⅳ期 1991年 3月5日 ～3月31日
助燃空气	空气流量/$m^3 \cdot h^{-1}$	16370	15720	22150	21900	24700
	空气入口温度/℃	20	28.8	34.2	37.1	22.6
	空气出口温度/℃	150	117.9	145.6	141.0	149.0
	水入口温度/℃	170	126.5	154.8	151.6	160.8
	水出口温度/℃	110	111.4	124.2	104.4	131.3
煤气	煤气流量/$m^3 \cdot h^{-1}$	23760	13780	22080	19360	22460
	煤气入口温度/℃	50	29.9	32.3	33.5	31.1
	煤气出口温度/℃	150	121.3	147.2	143.7	144.0
	水入口温度/℃	170	127.8	155.8	151.2	161.6
	水出口温度/℃	110	112.5	123.3	116.3	136.8
循环泵	循环水量/$t \cdot h^{-1}$	24.6	22.4	20.43	21.8	28.4
	循环泵入口压力/MPa		0.770	0.746	0.836	
	循环泵出口压力/MPa		0.970	0.946	1.095	
	回收热量/$kJ \cdot h^{-1}$	5985388	3525985	6643903	5846798	7491707
	热风温度/℃	1100	925	958	965	1020

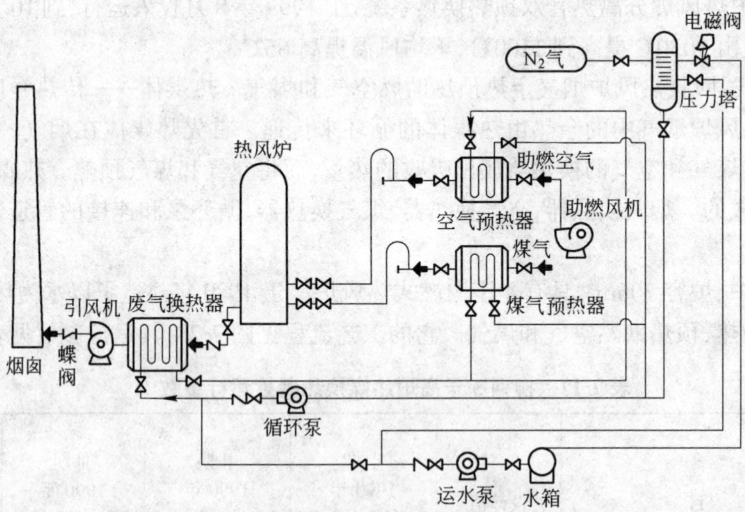

图 7-28　柳钢 3 号高炉热媒换热装置工艺流程[11]

柳钢 3 号高炉热风炉，以水为热媒体的热媒换热器，回收烟气余热，对煤气和助燃空气双预热效果显著，可提高助燃空气和煤气温度 110～140℃，提高风温 60～100℃。

热媒体换热器的特点：

① 烟气换热器可直接安装在烟道上，而空气换热器和煤气换热器可任意布置，其间用管道连接即可，因此布置灵活方便。

② 这种换热器单体热效率高。

③ 用热媒体的循环流量很容易控制预热空气和煤气的温度和热量。

④ 如果用油、苯做热媒体应注意防火防爆，用水做热媒体是比较安全的。但预热的温度不可能太高(低于 200℃)。

⑤ 由于热媒体需要强制循环，要消耗一定的动力。

3) 回转换热器回收热风炉烟气余热预热助燃空气。回转换热器是一种蓄热式换热器，最早用于发电厂，20 世纪 70 年代移植用于热风炉烟气余热回收，预热助燃空气。它的形式很多，热风炉多采用立式转子转动的型式。它是由固定的圆筒形外壳和转动的圆筒形转子(换热元件)组成，外壳的扇形顶板和底板把转子流通截面分隔为两部分，这两部分分别与烟气道和空气道相通，转子转一周，完成一个热交换循环。

其工作原理很简单，转子和换热元件是一个多孔的圆盘式回转的蓄热室，根据温度不同可以是金属的或是陶瓷的。热的废气通过转子(换热元件)的一半面积，冷的空气通过转子的另一半面积，转子围绕其中轴缓慢旋转，最终结果是转子的换热元件，交替的加热、冷却。废气将热量传给换热元件，换热元件再将热量传给冷空气。回转换热器的示意图，见图7-29。高炉热风炉回转式余热回收装置的工艺流程见图 7-30。

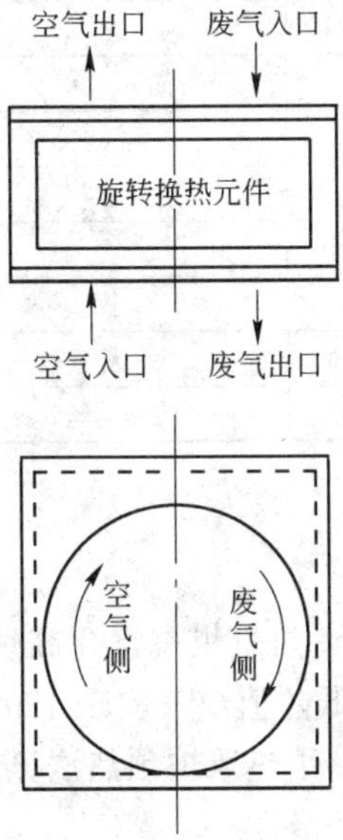

图 7-29 回转换热器示意图

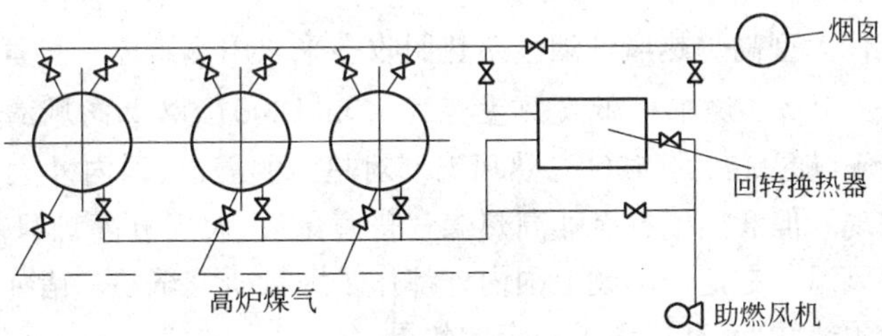

图 7-30 热风炉回转式余热回收装置工艺流程图

马钢二铁厂 2 号高炉($300m^3$)热风炉安装一台回转式换热器，回收烟气余热，预热助燃空气。当混合烟气温度 330℃时，可将助燃空气预热到 280℃，从而使热风温度由 1035℃提高到 1102℃，热风炉的热效率提高了 3%～19%。

回转换热器的特点是：

① 允许在较宽的废气温度区间工作。

② 结构紧凑、体积小，适合老厂改造。

③ 蓄热元件的热焓大，废气短时间的波动不会影响空气出口温度。

④ 系统漏风率大，约 10%。

⑤ 只能预热助燃空气。

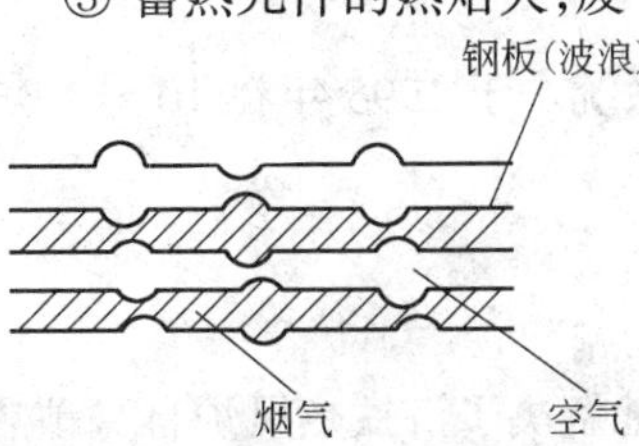

图 7-31 板式换热器原理图

4) 固定板式换热器回收热风炉烟气余热预热助燃空气。板式换热器的原理，见图 7-31。

它是一种烟气-空气直接换热的换热设备。该换热器的传热部件是由若干个波浪形钢板，按一定的间距焊接而成。高温烟气和冷助燃空气同时逆向流过钢板的两侧，烟气的热量通过钢板传给助燃空气。板式换热器的优点是结构简单、无运动部件，运行、维修都很方便并且漏风少。它的缺点是阻损较大、设备较庞大，只能预热助燃空气。

攀钢炼铁厂1984年在1号高炉热风炉上安装了一台板式换热器，回收烟气余热，预热助燃空气。将助燃空气温度提高160℃，提高风温30℃。同时节约高炉煤气100m³/h。

综上所述的4种热风炉烟气余热回收装置各有特点，见表7-18。

表7-18 热风炉烟气余热回收各种换热器比较

项目 \ 型式	回转式	板式	热媒式	热管式
技术成熟程度	成熟	成熟	较成熟	成熟
辅助动力消耗	大	无	有	无
漏风损失/%	8～20	无	无	无
结构复杂程度	较复杂	简单	较复杂	简单
造价	较高	低	较高	低
预热介质	空气	空气	空气、煤气	空气、煤气
维修量	较大	小	较大	较小
体积	小	较大	小	小
传热系数	较大	较大	大	大
安全程度	安全	安全	易燃易爆	安全

现代大型高炉热风炉烟气余热回收多采取用热媒体和热管换热器。

7.3.1.5 烧单一低发热量煤气实现1200℃以上高风温

为了满足1200～1300℃热风温度对热源的需求，国内外大多数采用高发热量煤气富化高炉煤气来实现。但我国钢铁企业高热煤气普遍短缺，大部分高炉只能用单一的低热值煤气实现1200℃以上高风温。在这个问题上国内外都作了大量研究试验。诸如金属换热器、小热风炉预热法，热风炉自身预热法等，都取得了一定的效果。

(1) 热风炉自身预热法

20世纪60年代济南铁厂首创的热风炉自身预热法，已被一些高炉采用，取得了一定的效果。

热风炉自身预热法，就是利用热风炉给高炉送风后的余热来预热助燃空气，提高理论燃烧温度，达到提高风温的目的。它能用低发热量的煤气烧出1200℃以上的风温。它的基本原理是热量的叠加，把低温热量转化成高温热量。

对小高炉和有3座热风炉的高炉，可采用"一烧一送一预热"的工作制度进行热风炉自身预热。具体的操作方法是一座热风炉烧好后，开始先给高炉送风，给高炉送完风后，再改送助燃空气，送完助燃空气后再转为燃烧，如此周而复始地进行，这样能将助燃空气预热到800～900℃，风温可达到1200℃，助燃空气预热期拱顶温度仅降低30℃。

鞍钢经过近10年的研究、试验，完善和发展了热风炉自身预热系统。于1995年在10号高炉(炉容2580m³)上，建成了热风炉自身预热系统并于8月份投入运行。

它的工作制度见图7-32，工艺流程见图7-33。

鞍钢10号高炉热风炉自身预热新工艺的特征：

1）建4座热风炉，实行"两烧一送一预热"的工作制度。它比较好地解决了济铁热风炉自身预热法建3座热风炉采用"一烧一送一预热"工作制度，燃烧时间过短，需要燃烧室和燃烧能力过大与用自身预热和不用自身预热互相转换困难的问题。如北京钢铁设计研究总院给邯钢1260m³高炉设计3

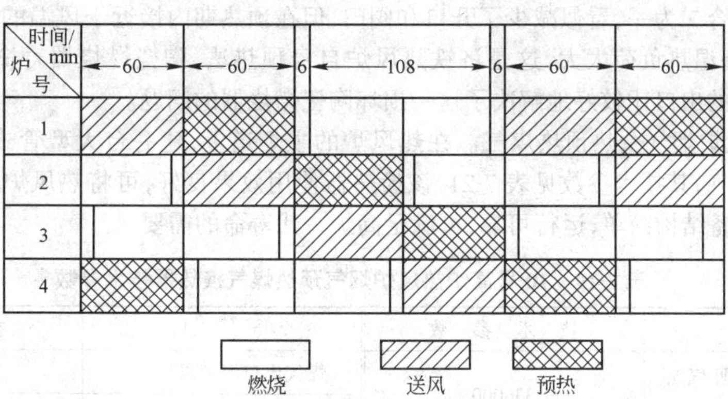

图 7-32　大型高炉热风炉自身预热工作制度

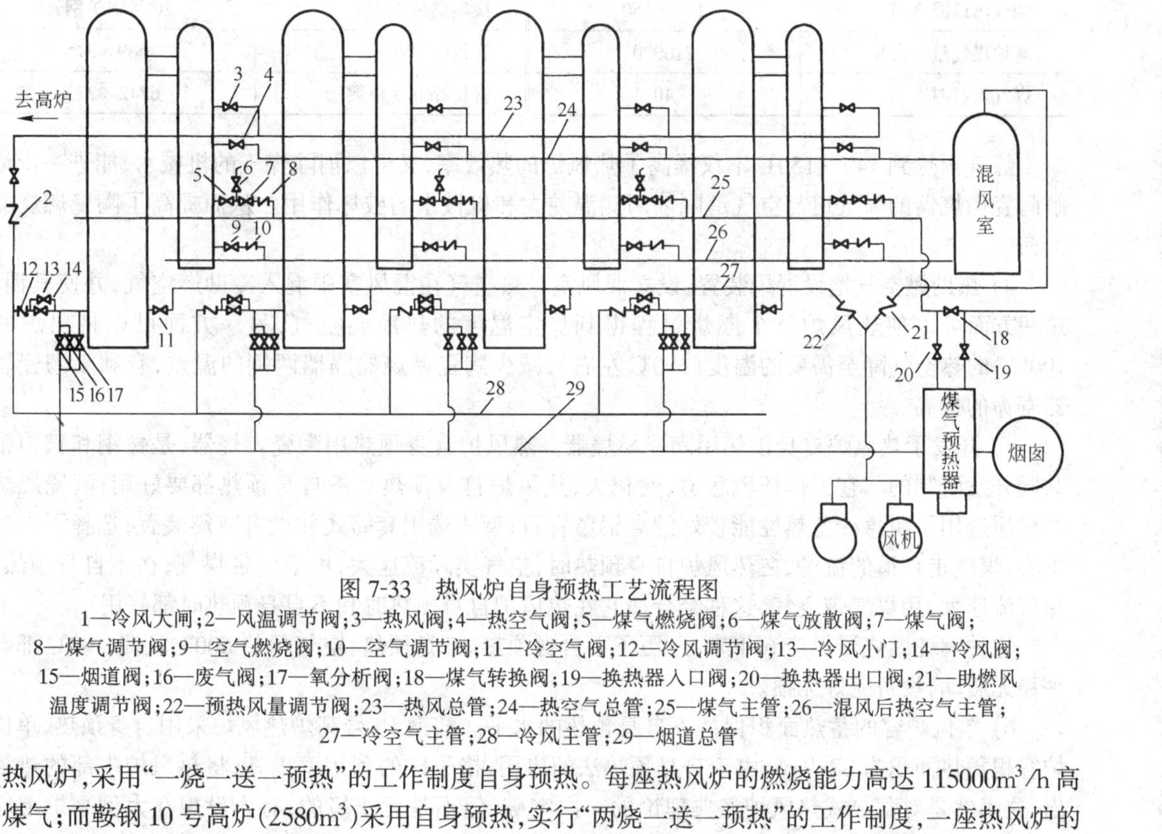

图 7-33　热风炉自身预热工艺流程图

1—冷风大闸；2—风温调节阀；3—热风阀；4—热空气阀；5—煤气燃烧阀；6—煤气放散阀；7—煤气阀；8—煤气调节阀；9—空气燃烧阀；10—空气调节阀；11—冷空气阀；12—冷风调节阀；13—冷风小门；14—冷风阀；15—烟道阀；16—废气阀；17—氧分析阀；18—煤气转换阀；19—换热器入口阀；20—换热器出口阀；21—助燃风温度调节阀；22—预热风量调节阀；23—热风总管；24—热空气总管；25—煤气主管；26—混风后热空气主管；27—冷空气主管；28—冷风主管；29—烟道总管

座热风炉，采用“一烧一送一预热”的工作制度自身预热。每座热风炉的燃烧能力高达 115000m^3/h 高炉煤气；而鞍钢 10 号高炉(2580m^3)采用自身预热，实行“两烧一送一预热”的工作制度，一座热风炉的燃烧能力只有 90000m^3/h 就够用了。如果建 3 座热风炉采用一烧一送一预热的工作制度，一座热风炉的燃烧能力就要高达 200000m^3/h，如果转换成不自身预热，实行两烧一送的工作制度，一座热风炉的燃烧能力只要 80000m^3/h 就够用了。燃烧设备如此大的反差，给热风炉的设计和使用带来极大的困难。如邯钢 1260m^3 高炉，由于种种原因热风炉自身预热始终未能投入运行，本应采用“两烧一送”的工作制度，但由于热风炉的燃烧能力过大只能受用“一烧两送”或“一烧一送一闷炉”的工作制度，给操作和设备造成极大的不利。建 4 座热风炉，自身预热时，采用“两烧一送一预热”；不自身预热时，采用“两烧两送交叉并联”的工作制度，燃烧设备能力就没什么反差了。

2）在热风出口附近，另开孔作为热空气出口。在中、小高炉热风炉采用自身预热法时，其热空气出口和燃烧口合二为一，看似减少了开口和阀门，但在预热期内接近于风温的热空气全部通过陶瓷燃烧器，使其高温热负荷太大，这是济铁热风炉自身预热法，陶瓷燃烧器寿命太短的重要原因。热空气设有独立的出口比较好地解决了这一损坏陶瓷燃烧器的问题。

3) 利用热风炉烟气余热预热煤气。在热风炉的主烟道上，建一台大型管式换热器，用于回收烟气余热预热煤气，其技术参数见表7-21，该换热器使用效果良好，可将热风炉使用的煤气预热到140～150℃。设备结构简单，运行可靠，可满足高炉一代寿命的需要。

表7-19　10号高炉热风炉烟气预热煤气换热器技术参数

项　　目	技　术　参　数	项　　目	技　术　参　数
换热器入口烟气量 /$m^3 \cdot h^{-1}$	336000	煤气出口温度/℃	140～150
烟气入口温度/℃	220(平均)	气流走向	管内走烟气管外走煤气 逆流折返180°
烟气出口温度/℃	130～150	换热器材质	20号锅炉钢管
高炉煤气量/$m^3 \cdot h^{-1}$	210000	管径壁厚/mm	$\phi 89 \times 3.5$
煤气入口温度/℃	40	管长/mm×根数	6742×2730

煤气预热到140～150℃不仅提高了热风炉的热效率，又可以消除煤气的机械水，能进一步地缓解陶瓷燃烧器的煤气道与空气道隔墙两侧温差大和机械水的破坏作用。从而提高了陶瓷燃烧器的寿命。

4) 热助燃空气增设混风装置，设立混风室。热空气在混风室中混入冷助燃空气，并使其混均。这一方面可以使热风炉整个燃烧过程得到稳定温度的热助燃空气，另一方面可以将出炉的近1000℃的热空气降至需要的温度(600℃左右)，减少陶瓷燃烧器隔墙两侧的温差，有利于陶瓷燃烧器寿命的提高。

5) 开发了热风炉自身预热用陶瓷燃烧器。热风炉自身预热用陶瓷燃烧器，是鞍钢和鞍山钢院共同开发研制的。它工作环境恶劣、变化大；热风炉自身预热和不自身预热都要好用；陶瓷燃烧器的材质选用了耐急冷急热性能较好的高铝堇青石；型式选用套筒式并设有减震装置；选择了空气走中心，煤气走环道的流场，在热风炉自身预热时，空气实际流速大，用空气带煤气，在不自身预热时，煤气流速大，用煤气带空气，这种结合使它在热风炉自身预热时和不自身预热时都好用。

这种陶瓷燃烧器投产6年来，经历了不自身预热、自身预热、空气预热600℃还是400℃都燃烧平稳无震动，设备完好无损。

6) 单位炉容的蓄热面积保持不自身预热的水平。鞍钢10号高炉热风炉采用自身预热，单位高炉容积蓄热面积为88.9m^2，由于自身预热法的应用，格子砖的利用率提高，将热风炉中部的热量带出，这固然是对蓄热式热风炉经典理论的一次突破，但不是无止境的，有人设想在大型高炉上应用自身预热，只用每1m^3炉容60m^2的加热面积，来获得1200℃以上的风温，这是不现实的。也有人认为自身预热需要进一步加大热风炉的蓄热面积，来补偿预热空气的需要，这也是不必要的。强化燃烧率、增大格子砖的利用率，只能控制在补偿预热助燃空气热量的范围内。

7) 采取了防晶间应力腐蚀技术，炉顶炉壳采用了鞍钢自己研制的含钼AC_1钢板，焊接后用电加热局部退火，炉壳内表面喷涂耐酸陶瓷涂料。

8) 热风炉的热调热控。建四座热风炉，采用“两烧一送一预热”的工作制度，出现了热风炉的热调热控问题。可以用水冷蝶阀，也可以用耐热钢的蝶阀来解决。至于热状态的调节和控制，可以通过计算和实际测量加以解决。鞍钢10号高炉，采用耐热合金钢蝶阀，效果良好，在600～700℃温度使用正常，但由于引进的热空气流量计运转不正常，影响了自控水平。

9) 效果。鞍钢 10 号高炉热风炉自身预热系统，通常将助燃空气预热到 600℃ 煤气预热到 150℃，即可实现 1200℃ 风温。如需要助燃空气可预热到 1000℃。热风炉自身预热系统高风温试验的操作指标见表 7-20，高炉各项经济技术指标明显改善，经济效益显著。但由于热风出口和高炉吹管经受不了 1200℃ 以上的热负荷，出现了发红开裂。

表 7-20　鞍钢 10 号高炉热风炉自身预热高风温试验结果

参　　数	试验前 1996.07 下旬	试　验　结　果			
		Ⅰ	Ⅱ	Ⅲ	Ⅳ
		1996.08	1996.09	1996.10.01～20	1996.10.21～11.05
试验天数/d	11	31	30	20	16
空气预热温度/℃	226	400	500	558	608
高炉煤气用量/$m^3 \cdot h^{-1}$	80000	85000	89000	92000	96000
煤气压力/Pa	5500	6000	6500	6800	7000
煤气发热量/$kJ \cdot m^{-3}$	3063	2909	3115	3079	3001
煤气预热温度/℃	153	164	174	168	161
拱顶温度(平均)/℃					
燃烧期:开始	1097	1170	1190	1202	1226
终了	1268	1298	1325	1344	1378
送风期:开始	1268	1298	1325	1344	1378
终了	1134	1204	1227	1253	1275
预热期:开始	1134	1204	1227	1253	1275
终了	1097	1166	1190	1202	1226
废气温度(平均)/℃					
燃烧期:开始	94	83	81	75	72
终了	331	328	322	320	316
送风期:开始	331	328	322	320	316
终了	178	170	165	166	163
预热期:开始	178	170	165	166	163
终了	96	83	78	73	72
最高风温/℃	1096	1172	1188	1206	1231
平均风温/℃	1048	1137	1164	1185	1201

(2) 金属管式换热器预热助燃空气和煤气

鞍钢根据高炉煤气发热量越来越低，而数量又有较大富余和高发热量煤气又十分短缺的现状，于 1997 年研制、设计用金属管式换热器法，预热煤气和助燃空气装置，并于 1998 年安装在 11 号高炉热风炉上，于年末投入运行，投产以来，运行正常。这种换热器有关情况如下：

1) 工艺流程。燃烧炉结合热风炉烟气余热回收，用金属换热器预热煤气、助燃空气的换热装置的工艺流程见图 7-34。

高温烟气，是由燃烧炉燃烧高炉煤气产生的 1000～1100℃ 的烟气，混入热风炉废气(220～250℃)勾兑成 600℃ 高温烟气。它的温度控制以燃烧炉燃烧煤气量为主控，当燃烧炉燃烧正常、稳定后，用兑入的热风炉废气量的多少来控制入换热器前的烟气温度。它是通过热风炉废气引风机前管道上蝶阀来完成的。

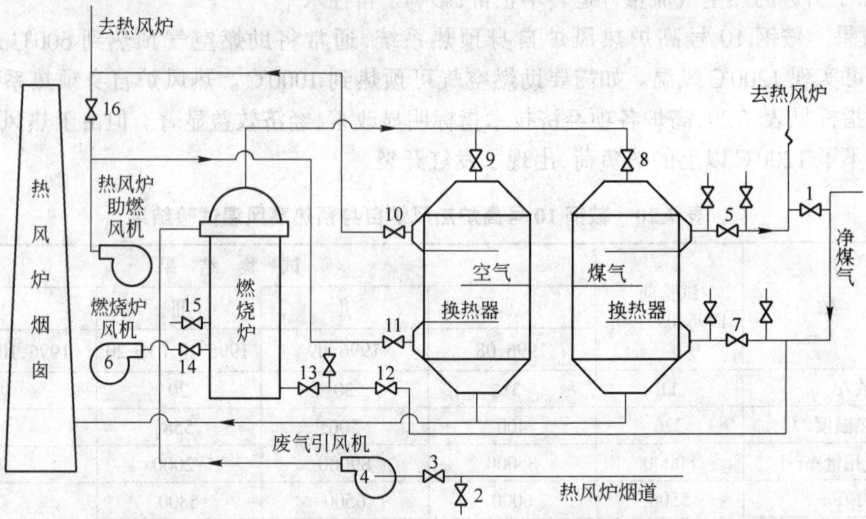

图 7-34 鞍钢 11BF 热风炉双预热工艺流程图

1—煤气总管旁通阀;2—热风炉烟道阀;3—烟气自动调节阀;4—废气引风机;5—煤气出口阀;6—风机;7—煤气入口阀;8、9—烟气入口阀;10—空气出口阀;11—空气入口阀;12—燃烧炉煤气调节阀;13—燃烧炉煤气阀;14—燃烧炉空气阀;15—焦炉煤气总火阀;16—空气总管旁通阀

混合好的设定温度的高温烟气,分别进入煤气换热器和空气换热器,走换热管的管内,将热量通管壁传给煤气和空气。由换热器出来,经烟囱排入大气。

常温的煤气、助燃空气,进入各自的换热器,走换热管管外,在换热器内各隔板的导向下呈 W 形走向,吸收了由换热管管壁传给的热量变成了热煤气和热空气,送热风炉燃烧。为增加换热量,高温烟气和煤气、助燃空气呈逆向流动。

2）主要设备如下：

① 燃烧炉:是一个立式燃烧炉,外径 3.9m、高 33.03m,内设陶瓷燃烧器。助燃风机风量 $30000m^3/h$,燃烧能力为 $40000m^3/h$ 高炉煤气。燃烧后的高温烟气温度 1000～1100℃。具体参数见表 7-21。

表 7-21 燃烧炉参数

项 目	参 数	项 目	参 数
直径/mm	3900	助燃风机风量/$m^3 \cdot h^{-1}$	30000
高度/mm	33030	燃烧能力(烧高炉煤气)/$m^3 \cdot h^{-1}$	40000
燃烧器	陶 瓷		

② 热风炉废气引风机,其技术参数见表 7-22。

表 7-22 热风炉废气引风机技术参数

项 目	参 数	项 目	参 数
风量/$m^3 \cdot h^{-1}$	251197	废气设计量/$m^3 \cdot h^{-1}$	225000～230000
压力/Pa	4293	工作环境温度/℃	220～250
电机功率/kW	500		

③ 管式换热器：由壳体和众多错列管子组成，分空气换热器和煤气换热器两种。

空气换热器：分上、下两组，中间用波纹膨胀器连接，以吸收换热管的胀、缩。上组换热器是由长 5100mm、$\phi51\times4$ 无缝光面钢管，2577 根组成，换热管的上部的 2560mm 进行了渗铝；下组换热器为增大换热量，用带翅片的长 5100mm、$\phi51\times4$ 无缝钢管 2296 根组成。

煤气换热器：也分为上下两组，中间用波纹膨胀器连接，换热管均为光管，管长 5100mm、$\phi51\times4$ 的无缝钢管，各 2475 根。

换热器的各项结构参数见表 7-23。

表 7-23 换热器结构参数

项目	空气换热器	煤气换热器
上组光管直径×厚度/mm×mm	$\phi51\times4$	$\phi51\times4$
上组光管长度/mm	5100(2560 渗铝)	5100
上组光管根数/根	2577	2475
下组光管直径/mm×厚度/mm	(翅片管)$\phi51\times4$	$\phi51\times4$
下组光管长度/mm	(翅片管)5100	5100
下组光管根数/根	(翅片管)2296	2475
空气流量/$m^3\cdot h^{-1}$	160000	—
空气初始温度/℃	20	—
空气预热温度/℃	250～300	—
煤气流量/$m^3\cdot h^{-1}$	—	170000～180000
煤气初始温度/℃	—	40
煤气预热温度/℃	—	250～300
烟气流量/$m^3\cdot h^{-1}$	90000	95000
烟气初始温度/℃	600	600
排烟温度/℃	180	180

3）效果。11 号高炉热风炉的燃烧炉结合废气余热回收用金属换热器预热煤气和助燃空气系统，投产一年多。运行正常、操作安全方便，将煤气、空气预热到 300℃，热风炉发热量 3000～3200kJ/m^3 的煤气，使风温达到 1150～1180℃。再稍加改进和完善，使风温达到 1200℃以上是完全可能的。

7.3.1.6 降低空气利用系数($b_{空}$)

在保证完全燃烧的条件下，控制 $b_{空}$于最小值，可获得最高的理论燃烧温度 $t_{理}$。图 7-35 是不同温度的助燃空气，在不同 $b_{空}$时的理论燃烧温度。从图中看出助燃空气的温度越高，理论燃烧温度越高；随着过剩空气系数的加大，理论燃烧温度逐渐降低。

图 7-36 是不同温度的煤气，在不同 $b_{空}$时的理论燃烧温度。从图中看出煤气的温度越高，理论燃烧温度亦越高，随着 $b_{空}$的加大，理论燃烧温度逐渐降低。烧高炉煤气，若将 $b_{空}$ 从 1.10 降到 1.05，$t_{理}$将比表 7-13 所列数值，提高约 20℃。

燃烧高炉煤气混入焦炉煤气时，将 $b_{空}$从 1.15 降到 1.10 从图 7-22 看出 $t_{理}$可提高 25～30℃。

燃烧高炉煤气混入部分天然气，将 $b_{空}$从 1.2 降为 1.15，从图 7-23 看出 $t_{理}$可提高 30℃左右。

控制 $b_{空}$于最小的方法有：

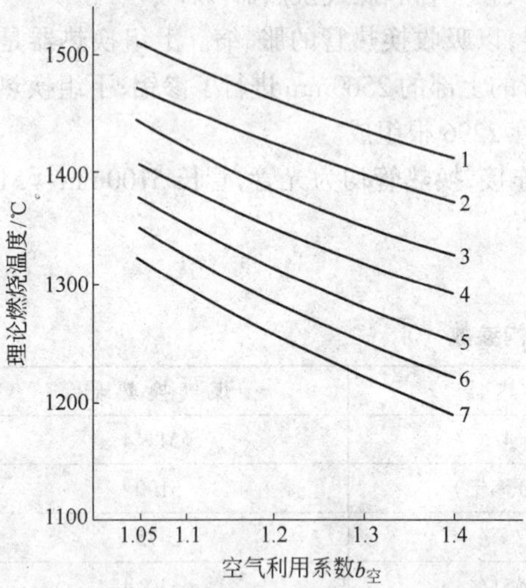

图 7-35　不同助燃空气温度在不同 $b_空$时的理论燃烧温度

1—$t_空$ = 600℃；2—$t_空$ = 500℃；3—$t_空$ = 400℃；4—$t_空$ = 300℃；5—$t_空$ = 200℃；6—$t_空$ = 100℃；7—$t_空$ = 常温

高炉煤气发热量 Q_{DW} = 3400kJ·m^{-3}

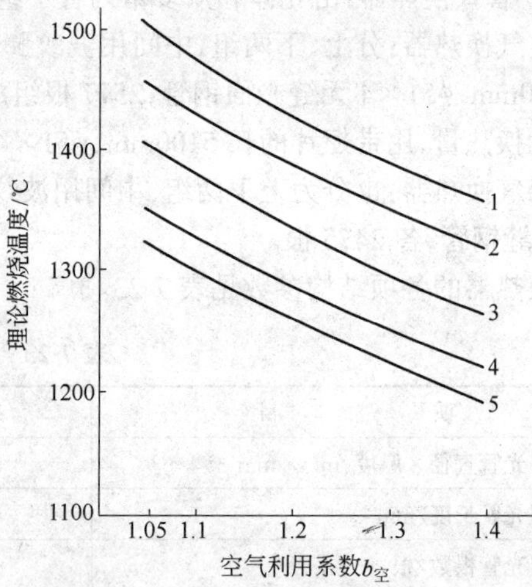

图 7-36　不同煤气温度在不同 $b_空$时的理论燃烧温度

1—$t_煤$ = 400℃；2—$t_煤$ = 300℃；3—$t_煤$ = 200℃；4—$t_煤$ = 100℃；5—$t_煤$ = 常温

高炉煤气发热量 Q_{DW} = 3400kJ/m^3

1）在热风炉燃烧时要勤观察、勤调节，借助废气分析，保证合理燃烧。

2）改善燃烧器结构，改善煤气和空气的混合。

3）采用自动燃烧控制系统。

7.3.1.7　降低煤气含水量

现代大型高炉煤气的净化除尘工艺，基本上还是湿法除尘净化。洗涤后的煤气不但含饱和水蒸汽而且还夹带大量的机械水，严重地影响煤气的发热量和理论燃烧温度。

(1) 煤气饱和水量对煤气发热量和理论燃烧温度的影响

表 7-24 列出了饱和水量不同而使煤气成分及发热量的变化。

表 7-24　煤气含不同饱和水量时成分及发热量变化

H_2O/%(g·m^{-3})	CO_2/%	CO/%	H_2/%	N_2/%	Q_{DW}/kJ·m^{-3}
干	16.3	25.1	2.1	56.5	3398
2.5(20.1)	15.9	24.5	2.0	55.1	3312
5.0(40.2)	15.5	23.8	2.0	53.7	3223
7.5(60.2)	15.1	23.2	1.9	52.3	3136
10.0(80.3)	14.7	22.6	1.9	50.8	3061

在饱和水不超过 10%(80g/m^3)的范围内，水分每增加 1%(约 8g/m^3)，Q_{DW}降低约 33.5kJ/m^3，$t_理$随之降低约 8.5℃。

(2) 机械水对煤气发热量和理论燃烧温度的影响

由于热风炉靠近煤气洗涤系统，煤气夹带的机械水尚未沉降，就进入热风炉燃烧，在燃烧过程中大量吸热而降低了理论燃烧温度。

煤气夹带进入热风炉内机械水，对煤气发热量和理论燃烧温度的影响，除和饱和水有同样影响外，还要加上机械水汽化潜热($Q_潜$ = 2296kJ/kg)，因此，再 1m^3 煤气中含 1g 机械水的汽化潜热为

2.3kJ。煤气中每增加1%的机械水，将相当于煤气发热量降低$2.3\times8=18.4kJ/m^3$热量，综合起来煤气中每增加1%的机械水，Q_{DW}就降低了$51.9kJ/m^3$(33.5+18.4)热量，$t_{理}$随之降低13℃。煤气中机械水对理论燃烧温度的影响，远大于饱和水，应引起足够的重视。

在理论燃烧温度的计算中，对煤气中的机械水，除折合成水蒸气外，还应考虑它的汽化潜热对理论燃烧温度的影响。

考虑机械水的影响，$t_{理}$的计算公式应当是

$$t_{理}=\frac{Q_{DW}+Q_{空}+Q_{煤}-Q_{机}}{V_{产}C_{产}} \tag{7-18}$$

式中 $Q_{机}$——煤气机械水的汽化潜热。

(3) 降低煤气含水量的措施

降低煤气含水量的措施有：

1) 加强煤气洗涤后的脱水，改善煤气净化系统脱水器的能力，如增设塑料环、木格子等。

2) 在煤气进入热风炉前，增设脱水装置。如增设排水槽、旋流脱水器等。

3) 降低洗涤后的煤气温度，来降低煤气饱和水的含量，采取降低洗涤用水温度和增大洗涤耗水定额等措施。

4) 彻底解决高炉煤气含水量的办法，是实施干法除尘。干法除尘多用布袋除尘和静电除尘。在国内布袋除尘配合球式热风炉，在$300m^3$以下高炉已较普遍应用。大高炉上太钢3号高炉($1200m^3$)和攀钢4号高炉($1350m^3$)已成功使用布袋除尘器，而武钢5号高炉和邯钢$1260m^3$高炉上均在试用静电干法除尘。

7.3.2 缩小炉顶温度与热风温度的差值

7.3.2.1 增大蓄热面积和砖重

热风炉的供热能力Q可用下式表示

$$Q=F\cdot n\cdot\psi\cdot\Delta t\text{，kJ/周期} \tag{7-19}$$

式中 F——热风炉蓄热面积，m^2；

n——蓄热面积利用系数(取决于烟气在热风炉内的分布及煤气清洗程度)；

ψ——蓄热室传热系数，kJ/(m^2·周期·℃)；

Δt——烟气与鼓风平均温度差。

可见热风炉的供热能力与蓄热面积有关，当格子砖的重量相同，并采用相同的工作制度时，蓄热面积越大，供热能力就越大。现代热风炉蓄热面积为每$1m^3$高炉炉容$70\sim90m^2$，或$30\sim37m^2$/(m^3鼓风·min)，有的甚至更大。由于蓄热面积的增大减少了风温降落，可以用较低的炉顶温度，送出较高的风温。

蓄热室给热系数，根据推导有：

$$\psi=\frac{1}{\dfrac{1}{\alpha_{\Sigma_1}+\tau_r}+\dfrac{k}{3}\left[\dfrac{1}{s\gamma c_p}+\dfrac{(1+\beta)^2 s}{k(k+2)\beta\lambda\tau_0}\right]+\dfrac{1}{\alpha_{\Sigma_2}\cdot\tau_f}} \tag{7-20}$$

式中 α_{Σ_1}——热气体与通道壁间的综合传热系数，kJ/(m^2·h·℃)；

τ_r——燃烧期时间，h/周期；

k——通道形状系数；

s——当量厚度，m；

γ——格子砖密度，kg/m^3；

c_p——格子砖恒压比热容，kJ/(kg·℃)；

$\beta=\frac{\tau_r}{\tau_f}$；

τ_f——送风时间，h/周期；

λ——导热系数，kJ/(m·h·℃)；

$\tau=\tau_r+\tau_f$；

α_{Σ_2}——通道壁与鼓风间综合传热系数，kJ/(m^2·h·℃)。

从上式看出：分母第一、三两项为操作因素；第二项为格子砖的热工特性。

周期风温降落 ΔT 可用下式表示：

$$\Delta T=\frac{2\psi(t_{顶}-t_{热})}{s\cdot r\cdot c} \tag{7-21}$$

式中 $t_{顶}$——拱顶温度，℃；

$t_{热}$——热风温度，℃；

c——格子砖比热容，kJ/kg·℃；

s——格子砖当量厚度。

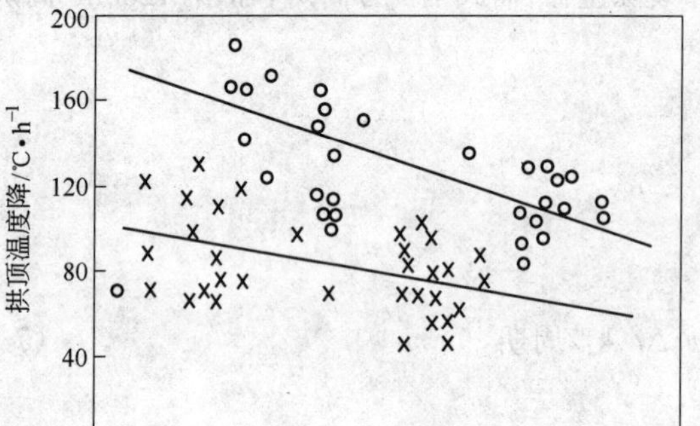

图 7-37 拱顶温度降与格子砖重量的关系
×—3 号热风炉；○—1 号热风炉

可见格子砖质量越大，周期风温降落越少，利于保持较高的风温。

图 7-37 是鞍钢 9 号高炉 1 号热风炉（第一代蓄热面积 17390m^2）和 3 号热风炉（第二代蓄热面积 18800m^2）的单位风量的格子砖重量与炉顶温度降的关系。由图可见：单位风量的格子砖质量增大时，热风炉送风期拱顶温度降减少，即能够提高风温水平；单位风量的格子砖重量相同蓄热面积大的拱顶温度降小。

7.3.2.2 提高废气温度

(1) 废气温度与风温的关系

提高废气温度，可以增加热风炉的蓄热量（尤其是中、下部），因此通过增加单位时间燃烧煤气量来适当的提高废气温度，可以减少周期风温降落，是提高风温的一种措施。在废气温度为 200～400℃ 的范围内，每提高 100℃ 废气温度，约可提高风温 40℃。但单纯采用这种措施会影响热风炉的热效率。如果与烟道废气余热回收预热助燃空气和煤气配合，则热风炉热效率不会降低，反而可以提高。

(2) 影响废气温度的因素

影响废气温度的因素主要有：单位时间消耗的煤气量，燃烧时间，热风炉的加热面积，空气利用系数等。

1) 单位时间消耗的煤气量。实践证明：单位时间消耗煤气量增加，导致废气温度升高。

2) 燃烧时间的影响。废气温度随着燃烧时间的延长，而近似直线上升，如图 7-38 所示。

3) 加热面积。当换炉次数、单位时间燃烧的煤气量都一定时，热风炉加热面积越小，其废气温

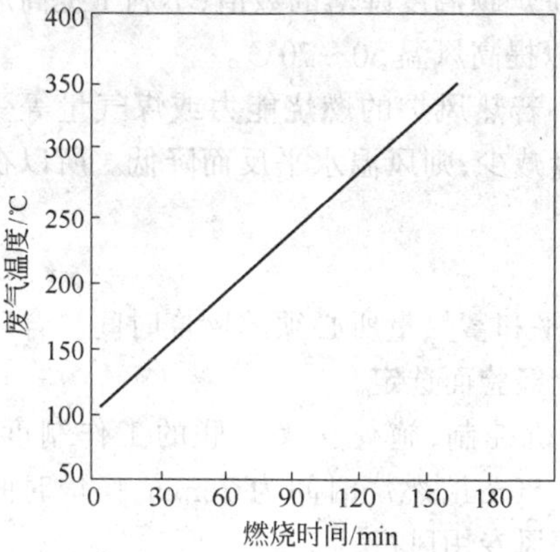

图 7-38 废气温度与燃烧时间的关系

度越高。

(3) 允许的废气温度范围

为避免热风炉热效率的降低和烧坏蓄热室下部支撑结构,炉箅子和支柱。废气温度不得超过表 7-25 所列数值。

(4) 进一步提高废气温度

由于热风炉废气余热的成功回收,废气温度高会影响热风炉热效率的问题,已不复存在,蓄热室下部的支撑构件炉箅子、支柱的烧损问题,可以选用耐高温的金属材料制作加以解决。将废气温度提高到 500℃(废气末温)是可能的。再通过余热回收装置,预热煤气和助燃空气。这样可以一举三得:

1) 能将煤气和空气的预热温度提高到 300℃。

2) 不需要再建什么设备,只要将原有的换热设备的材质稍加改进就可以了。

表 7-25 允许的废气温度

支 撑 结 构	大 型 高 炉	中、小高炉
金 属	不超过 350～400℃	不超过 400～450℃
砖 柱	无	不超过 500～600℃

3) 由于废气温度提高 150℃,又可以提高风温 60℃。

这样只烧低发热量的高炉煤气,就能将风温提高到 1200℃以上。因此适当的提高废气温度结合废气余热回收,将成为今后提高风温的重要措施之一。

7.3.2.3 增加换炉次数缩短工作周期

热风炉的一个工作周期,包括燃烧、送风、换炉 3 个过程自始至终所需的时间。热风炉内的温度随之有周期性的变化。增加换炉次数缩短工作周期就是强化热风炉的操作过程,可以提高热风炉的风温水平。

(1) 增加换炉次数缩短送风时间的意义

1) 缩小热风炉内高温部的温度波动,延长热风炉耐火砌体的寿命。

2) 减少热风炉送风初期和末期的风温差值,能提高热风炉送风风温的水平。

3) 用较小的蓄热面积,可以取得较高的风温水平。

4) 加强了热风炉中、下部的热交换。

(2) 送风时间与风温的关系

随着送风时间的延长,风温逐渐下降,因此选择合理送风、燃烧制度,可以提高风温。鞍钢在原 8 号高炉的 3 号热风炉上,进行了增加换炉次数,缩短送风时间的试验。送风时间从 2h,缩短到 1h,热风出口温度提高 90℃,其不同的送风时间与相应的热风出口风温如表 7-26 所示。

表 7-26 鞍钢 8 号高炉热风炉不同送风时间的风温变化

送 风 时 间/h	热风出口风温/℃	送 风 时 间/h	热风出口风温/℃
0.5	1400	1.5	1030
0.75	1100	2.0	1000
1.0	1090		

从表7-26看出：热风炉换炉次数少，送风时间过长，增大了炉顶温度降落的数值，不利于提高风温。生产实践证明，送风时间从2h缩短到1h，大多数高炉可以提高风温50～70℃。

增加换炉次数，缩短送风时间，随之也缩短了燃烧时间。若热风炉的燃烧能力或煤气量等受限，不能相应的提高燃烧强度以弥补燃烧时间缩短引起的热量减少，则风温水平反而降低。所以在一定的条件下有一个适合的热风炉工作周期。

(3) 合理工作周期的选择

合适的送风时间最终取决于热风炉获得足够高的风温水平和蓄热量所必须的燃烧时间。合理的热风炉工作周期、换炉次数，应根据具体条件、设计数据结合经验而选定。

大型现代化高炉，一般都拥有4座热风炉，全自动化微机控制，施行交叉并联的工作制度。30～40min换一次炉，一个班约换12次炉，每个炉送风时间为80min，燃烧时间为76min、换炉时间4min。为了达到快速换炉而高炉的风压又不波动，设有换炉灌风专用风机。

目前国内高炉热风炉的设备状况，以每班(8h)换8次炉为好。老的炉子可少换1～2次。自动化程度高，先进的热风炉，以40min换一次炉为好。

7.3.2.4 改善热风炉的气流分布

为了强化热风炉蓄热室内格子砖和通过气流(燃烧期的高温烟气和送风期的冷风)的热交换。在设计热风炉时，要尽可能的扩大通过格子砖孔道的气流速度，以形成高效紊流传热，同时还假设气流流过蓄热室横截面各格孔内的流速大小都是一样的，即气流在蓄热室的截面上分配的均匀程度是理想的，100%的均匀，然而实际工作的热风炉烟气和冷风在蓄热室截面上的分布受多种因素影响是不均匀的。

为有利于比较，气流在蓄热室截面上分布均匀程度，推荐用下式计算：

$$A = \frac{\overline{W} - \frac{1}{n}\sum_{i=1}^{n}\left|\overline{W} - W_i\right|}{\overline{W}} \times 100\% \tag{7-22}$$

式中 A——冷风(或烟气)在蓄热室截面上分配的均匀程度，%；

W_i——测定所得各格孔冷风(或烟气)的实际流速，m/s；

$\overline{W}$——冷风(或烟气)在蓄热室可通截面上的平均流速，m/s；

n——测定点数。

(1) 热风炉内冷风分布的现状[8]

通过模拟试验测定，内燃式热风炉，在送风期箅子的气流分布是冷风入口的对面隔墙(燃烧室和蓄热室的隔墙)的附近区域和隔墙与大墙相交的两个死角气流强、流速大，即在这个区域流过大量冷风，而靠近大墙内壁气流次之，而在冷风入口附近中线两侧区域气流最弱、流速最小，即冷风通过该区最少。内燃式热风炉是这样，外燃式热风炉也基本如此，只是气流最强的区域改在冷风入口对面的大墙附近区域。经测定和计算，冷风在蓄热室横截面的气流分布均匀度只有60%～70%。

出现上述分布的主要原因是：在热风炉送风期，冷风由冷风入口流入箅子下的空间时，主气流由于惯性和冲力，靠近隔墙和孔面(外燃式是冷风入口对面大墙附近)格孔内的气流强，通过的冷风量多。当主气流抵达隔墙(外燃式大墙)，分成两个部分，分别沿着大墙向入口回流，在主气流的两侧形成了一对较大、形似椭圆的旋流区。这就是冷风入口中线两侧区域气流最弱、流速小、通过风量少的主要原因。

(2) 蓄热室内烟气分布的现状

由模拟试验和现场测试得出，内燃式热风炉烟气在蓄热室横截面上气流分布很不均匀，气流分布均匀度只有60%～70%。在燃烧室对面气流量最大，而燃烧室两侧附近区域气流量又显著减少。

形成这种不均匀分布的原因,经模型试验和分析认为:从燃烧室流出的烟气,在球顶转了180°的弯,由于离心力的作用在球顶空间内形成强烈的旋涡流动,使气流偏向外侧,致使在燃烧室对面区域气流强、流速大,流过烟气量多。

外燃式热风炉烟气在蓄热室横切面上的分布是比较均匀的,马琴式和新日铁式更好。烟气从燃烧室出来,经过几次扩张、收缩来到蓄热室缩口区域,又一次对称的喇叭口式,由上向下的扩张,使烟气到达蓄热室上表面时,分布已较为均匀。

(3) 蓄热室气流分布不均的影响

由前所述烟气和冷风,在蓄热室中分布是不均的,它给热风炉带来极大的危害如下:

1) 恶化了炉内的热交换,使热风炉的热效率和热风温度明显下降;对于内燃式热风炉来讲,这种恶化尤为严重,因为燃烧期烟气量分配大的区域,恰是送风期冷风流量较小的区域,相反烟气分配较小的区域却又是冷风量分配较大的区域。这就是内燃式热风炉风温低、炉顶温度与热风温度差值大的关键所在。

2) 由于格子砖加热和冷却各处明显不同,膨胀、收缩不一是格子砖错位和不均匀下沉的主要原因之一。

(4) 改善气流分布的措施

根据生产需要,人们对热风炉蓄热室气流分布不均的问题进行大量的研究,到20世纪80年代取得长足的进展。

1) 20世纪80年代初。鞍钢和鞍山钢院一起,在内燃式热风炉的拱顶和蓄热室上表面格子砖砌筑形式两个方面进行了深入研究。

得到了烟气在蓄热室上表面气流分布,最佳的是悬链线顶、最差的是半球顶,锥形顶介于两者之间。但锥形顶砖型简单,易于砌筑。配合最佳的异型砌筑,较好地解决了烟气在蓄热室横截面上的均匀分布问题。

1984年鞍钢11号高炉热风炉的异地改造中应用了这些成果,即在拱顶采用了锥形顶,蓄热室上表面采用异型砌筑。该热风炉组于1985年投产后,运行情况良好,平均风温提高30℃。1990年11号高炉改造大修时,对运行5年的热风炉进行检查:锥型顶完好无损、格子砖无不均匀下沉、异型砌筑完整如初。见图7-39。至今该热风炉组仍正常运行。

图7-39 鞍钢11号高炉热风炉蓄热室上部格子砖异型砌筑使用5年后情况

2) 80年代中期,武汉冶金建筑研究所,研制出"热风炉冷风均匀配气装置"。它是由气流整流器和数个阻流导向板组成。气流整流器安装在冷风入口的内侧,其作用是整流和均匀分流,导向阻流板安装在箅子下空间,通过遮挡与导向破坏涡流、均匀分布气流。图7-40是攀钢3号高炉热风炉安装的冷风均匀配气装置示意图。使用该技术能使热风炉的冷风均匀分布度由60%~70%,提高到80%~90%。

由于热风炉的大小,冷风入口的方向,支柱的布置,箅子下净空的高度和拱顶砌体结构形式的不同,各炉的导向阻流板和蓄热室上表面格子砖的异型砌筑的设计,均需由冷态模型试验而定。

3) 要广泛推广热风炉的冷风和烟气的均匀配气技术。还要在下面几个方面来改善气流在蓄热室横截面上的分布。

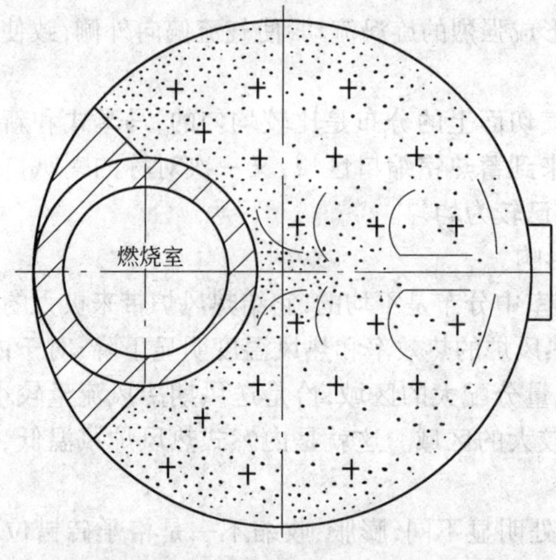

图 7-40　攀钢 3 号高炉热风炉冷风均匀配气装置示意图

+—炉箅子支柱的配置；

⌒(弧面板)—导向阻流板

① 增加热风炉冷风入口的个数。大型和特大型高炉最好设均匀布置的 2～3 个冷风入口。即便是中、小高炉设一个冷风入口，也要单独设置，并设在对称的位置上。

② 冷风入口设计成喇叭口，以减少冷风的冲力和惯性。

③ 增加炉箅子下的净空高度。

④ 内燃式热风炉的拱顶应推广悬链线顶和锥形顶来改善烟气的均匀分布。

⑤ 在新建外燃式热风炉时，要推广烟气分布较为均匀的新日铁式和马琴式。

7.3.2.5　*加强热风炉的绝热减少散热损失*

为了减少热风炉的散热损失、提高热效率，现代高炉热风炉的设计都加强了绝热措施以满足1200℃风温的要求：

1) 热风炉炉壳的内表面喷涂一层陶瓷涂料，一般厚 50～60mm 来代替过去 65mm 的硅藻土砖。高温区喷涂一层耐酸陶瓷涂料(如 MSH-1)中，低温区喷涂一层普通陶瓷涂料(如 FN-130、FN-140)、它能保护炉壳和减少散热损失。耐酸陶瓷涂料对高温晶间应力腐蚀还能起到预防作用。

2) 热风炉各部普遍地增加隔热层的厚度，提高和改善隔热层材质。在拱顶(外燃式包括连接管)隔热层的厚度由过去 230mm，增加到 345mm 分三层：第一层靠耐火砖层，其材质与耐火砖层相同的轻质砖，第二层为轻质高铝砖，第三层为轻质黏土砖，各层厚均为 115mm。其它高温区隔热层的厚度也在 230mm 以上。中、低温区亦采用 115mm 厚，材质同耐火砖层的轻质砖。胀缝的填料采用陶瓷纤维(或是陶瓷纤维毡)和渣棉。

3) 热风管道的内衬由喷涂层、隔热层和耐火砖层组成。喷涂层采用普通的陶瓷喷涂料，绝热层由陶瓷纤维毡和轻质黏土砖组成，耐火砖层则由高铝砖和黏土砖组成。冷风管道即采用外保温，用厚约 100mm 的岩棉毡。

7.4　热风炉热平衡的测定和计算

热风炉热平衡的测定和计算的目的，在于评价热风炉的热工特性和定量地分析热风炉的热量使用情况，并确定其热效率及其经济技术指标，以便对改进热风炉的热工操作、设备结构、生产管理及制定规划等提供依据。

7.4.1 热风炉热平衡测定的原则

热平衡的测定原则有：

1) 热风炉的热平衡是以一个操作周期的时间 τ 为基准，根据各项热量收入、支出进行计算。在正常生产条件下，一个操作周期的时间包括燃烧期、送风期及换炉时间。

2) 基准温度可用热风炉的环境温度，一般取热风炉助燃风机吸风口处的空气温度。

3) 测定时机，选择在热风炉及高炉等相关设备工作正常，生产稳定的条件下进行。对新投产的热风炉，热风温度达到设计水平的90%以上，方可进行测定。

4) 热风炉各项收入热量总和与支出热量总和之差为平衡差值，热平衡允许的相对差值为±5%，否则视为热量不平衡，该测定无效。

5) 热风炉的漏风量很难准确测定，它又是影响热平衡的重要环节，通常以高炉的实际风量减去计算风量求出差值。经验数据一般取：3%～10%，下限为新热风炉、上限为老热风炉。

6) 为做到测定期既不占有也不积累热风炉原有的蓄热量，目前通常的方法是以炉顶温度的复原(燃烧期开始的炉顶温度)作为送风期的终了时间。

7.4.2 热风炉热平衡和热效率的计算

(1) 收入项目的计算

1) 燃料的化学热量 Q_1

$$Q_1 = V_m \cdot \tau_r \cdot Q_{DW} \tag{7-23}$$

式中 V_m——使用的煤气量，m^3/h；

τ_r——燃烧期时间，h；

Q_{DW}——高炉煤气低发热量，kJ/m^3。

2) 煤气的物理热量 Q_2

$$Q_2 = V_m \cdot \tau_r \cdot (c_m \cdot t_m - c_{me} \cdot t_e) \tag{7-24}$$

式中 t_m——煤气的平均温度，℃；

t_e——环境的平均温度；

c_m 及 c_{me}——煤气在 t_m 和 t_{me} 时的平均比热容，$kJ/(m^3 \cdot ℃)$。

3) 助燃空气的物理热量 Q_3

$$Q_3 = V_m \cdot \tau_r \cdot L_n^s \cdot (c_k \cdot t_k - c_{ke} \cdot t_e) \tag{7-25}$$

式中 L_n^s——燃烧 $1m^3$ 煤气实际需要的湿空气量；

t_k——空气的平均温度，℃；

c_k 及 c_{ke}——湿空气在 t_k 和 t_e 时的平均比热容。

4) 冷风带入的热量 Q_4

$$Q_4 = V_f \cdot \beta \cdot (1 - L_f) \cdot \tau_f \cdot (c_f \cdot t_f - c_{fe} \cdot t_e) \tag{7-26}$$

式中 V_f——高炉冷风流量，m^3/min；

τ_f——送风时间，min；

β——风量综合校正系数；

t_f——冷风平均温度，℃；

L_f——热风炉漏风率；

c_f 及 c_{fe}——冷风在 t_f 和 t_e 时的平均比热容 kJ/(m³·℃)。

5) 收入热量总和

$$\Sigma Q = Q_1 + Q_2 + Q_3 + Q_4 \tag{7-27}$$

(2) 支出项目计算

1) 热风带出的热量 Q'_1

$$Q'_1 = V_f \cdot \beta \cdot (1 - L_f) \cdot \tau_f (c_{f_2} \cdot t_{f_2} - c_{ti} \cdot t_e) \tag{7-28}$$

式中 t_{f_2}——热风的平均温度,℃；

c_{f_2}——鼓风在 t_{f_2} 时的平均比热容,kJ/(m³·℃)。

2) 排烟热损失 Q'_2

$$Q'_2 = V_m \cdot \tau_r \cdot V_{y_2} \cdot b (c_{y_2} \cdot t_{y_2} - c_{ye} \cdot t_e) \tag{7-29}$$

式中 V_{y_2}——实际湿烟气生成量；

t_{y_2}——出炉烟气的平均温度,℃；

c_{y_2} 和 c_{ye}——在 t_{y_2} 和 t_e 时平均比热容,kJ/(m³·℃)；

b——不完全燃烧时的烟气修正系数。

当空气利用系数 $b_{空} \geqslant 1.0$ 时：

$$b = \frac{100}{100 - 0.5CO^{q'} - 0.5H_2^{q'}} \tag{7-30}$$

当 $b_{空} < 1.0$ 时

$$b = \frac{100}{100 + 1.88(CO^{q'} + H_2^{q'}) + 9.52CH_4^{q'} - 4.762O_2^{q'}} \tag{7-31}$$

$CO^{q'}$、$H_2^{q'}$、$CH_4^{q'}$——为烟气的化验成分即烟气的干成分。

3) 化学不完全燃烧损失的热量 Q'_3

$$Q'_3 = V_m \cdot \tau_r \cdot V_{y2} \cdot b (126.36CO^S + 107.85H_2^S + \cdots\cdots) \tag{7-32}$$

式中 CO^S 及 H_2^S——湿烟气中 CO 和 H_2 的百分含量。

4) 煤气机械水的吸热量 Q'_4

$$Q'_4 = V_m \cdot \tau_r \cdot q_{mj} [4.186(100 - t_m) + 2256 + 1.244(c_q \cdot t_{y_2} - 100 \cdot c_i)] \cdot 10^{-3} \tag{7-33}$$

式中 q_{mj}——干煤气机械水含量；

c_q 及 c_i——水蒸气在 t_{y_2} 及 100℃ 的平均比热容,kJ/(m³·℃)。

5) 冷却水的吸热量 Q'_5

$$Q'_5 = c \cdot G_s (t_{s_2} - t_{s_1}) \cdot \tau \tag{7-34}$$

式中 G_s——冷却水的平均流量,kg/h；

c——水的平均比热容,取 4.186kJ/(kg·℃)；

τ——周期时间；

t_{s_1}、t_{s_2}——冷却水入口和出口的平均温度,℃。

6) 炉体表面散热量 Q'_6

$$Q'_6 = \tau \cdot \Sigma q_i \cdot A_i \tag{7-35}$$

式中 A_i——i 部炉体的散热面积,m²；

q_i——i 部炉体的平均表面热流，kJ/(m^2·h)。

如果根据测量的表面温度计算：则：

$$q_i = k(t_{表} - t_e) \tag{7-36}$$

$$Q'_6 = k\cdot(t_{表} - t_e)A_i\cdot\tau \tag{7-37}$$

式中 $t_{表}$——测量的平均表面温度，℃；

k——炉体表面综合给热系数，k 在 544～62.8，kJ/(m^2·h·℃)。

7) 冷风管道表面散热量 Q'_7，参照 Q'_6 计算，时间改为 τ_f。

8) 热风管道表面散热量 Q'_8，参照 Q'_6 计算，时间改为 τ_f。

9) 烟道表面的散热量 Q'_9，参照 Q'_6 计算，时间改为 τ_r。

10) 预热装置表面散热量 Q'_{10}，参照 Q'_6 计算。

11) 预热管道的散热量 Q'_{11}，参照 Q'_6 计算。

12) 热平衡差值 ΔQ

$$\Delta Q = \Sigma Q - (Q'_1 + Q'_2 + Q'_3 + \cdots\cdots + Q'_{10} + Q'_{11})$$

(3) 热风炉热效率的计算

1) 热风炉本体热效率

$$\eta_1 = \frac{Q'_1 - Q_4 + Q'_7 + Q'_8}{\Sigma Q - Q_4}\times 100\% \tag{7-38}$$

2) 热风炉系统热效率

$$\eta_2 = \frac{Q'_1 - Q_4}{\Sigma Q - Q_4}\times 100\% \tag{7-39}$$

用 η_1 评价热风炉时，可以排除热风管道、冷风管道的长短、绝热好坏等因素的影响，更便于对热风炉本身的结构与操作特征进行比较。η_2 则适用较大范围的能耗评价。

3) 现场多用下式计算热效率

$$\eta_{效} = \frac{V_f\cdot\tau_f(c_{f_2}\cdot t_{f_2} - c_{f_1}\cdot t_f)}{V_m\cdot\tau_r(Q_{DW} + c_m\cdot t_m + L_n\cdot c_k\cdot t_k)}\times 100\% \tag{7-40}$$

7.4.3 热风炉热平衡测定与计算实例

本实例是 1982 年 4 月在鞍钢 9 号高炉 1 号热风炉上进行的。

鞍钢 9 号高炉有效容积 983m^3，拥有 3 座内燃改造型热风炉，每座热风炉蓄热面积 25201m^2，单位炉容的蓄热面积为：76.9m^2/m^3，格子砖为 7 孔蜂窝砖，孔径为 ϕ 43mm，助燃风为集中鼓风，燃烧室下部装有套筒式陶瓷燃烧器，烧单一的高炉煤气，工作制度为两烧一送制。

7.4.3.1 测定前的准备

(1) 测定时间和炉子的选择

9 号高炉是 1981 年 10 月大修后投产的，高炉、热风炉基本上转入正常。炉况稳定顺行。设备运转正常。而 1 号热风炉平台层次较多(准备做高风温试验用)给测定创造了方便条件，因此选择在 9 号高炉 1 号热风炉上进行。4 月上旬对热风炉及相关设备进行了检修，均处于完好状态。因此选在 4 月中旬进行测定。

(2) 测定装置仪器的准备

准备的仪器有：测量表面温度的红外高温仪、点温计和热流计；测水流量的标准容器(0.025m^3)、秒表和温度计；煤气、烟气的取样化验装置。测量煤气水分的仪器。并对所有使用的各种仪表进行调整和校对，使它们达到规定精度；划好热风炉外壳表面的分区，并计算出面积。

一般做热平衡测定需13～15人。由专业技术员指挥，并有明确的分工，在测试前进行必要的培训、演练和安全教育。

7.4.3.2 测定实录

测定的记录列于表7-27，表7-28，表7-29，表7-30。

表7-27 燃烧期测试记录 1982年4月13日

时间		高炉煤气			环境温度/℃	炉顶温度/℃	废气温度/℃	烟气分析/%				煤气分析/%				
h	min	流量/$m^3 \cdot h^{-1}$	温度/℃	压力/kPa				CO_2	O_2	CO	N_2	CO_2	O_2	CO	H_2	N_2
8	30	31000	35	4	18	1120	95									
	40	31000	35	4	18	1180	115	25.8	2.2	1.2	70.8					
	50	31000	35	4	18	1250	135									
9	00	31000	35	4	18	1250	155	24.8	2.0	1.8	71.4	13.8	0.2	28.0	2.9	55.1
	10	31000	35	4	18	1250	175									
	20	31000	35	4	19	1250	195									
	30	30000	35	4	19	1250	215	26.0	1.4	1.4	71.2					
	40	30000	35	4	19	1250	235									
	50	3000	35	4	20	1250	255	25.6	2.0	1.0	71.4					
10	00	29500	35	4	20	1250	275									
	10	29500	35	4	20	1250	290									
	20	29500	35	4	20	1260	305	25.8	1.4	0.6	72.2					
	30	29500	35	4	20	1260	320									
10	34	29500	35	4	20	1260	335									
平均		30492	35	4	19.0		222	25.6	1.8	1.2	71.4	13.8	0.2	28.0	2.9	55.1

注：10:34．燃烧期结束，计124min。

表7-28 送风期测试记录 1982年4月13日

时间		冷风		热风温度/℃	热风炉炉顶温度/℃	环境温度/℃
h	min	流量/$m^3 \cdot min^{-1}$	温度/℃			
10	38	1760	96	1082	1248	20
	50	1760	96	1102	1230	20
11	00	1760	96	1102	1218	20
	10	1760	96	1099	1200	20
	20	1760	96	1090	1186	20
	30	1760	96	1080	1172	20
	40	1760	96	1068	1156	21
	50	1760	96	1064	1135	21

续表 7-28

时间		冷风		热风温度/℃	热风炉炉顶温度/℃	环境温度/℃
h	min	流量/$m^3 \cdot min^{-1}$	温度/℃			
11	59	1760	96	1060	1120	21
平均		1760	96	1085.4		20

注:11:59 送风期结束,计 81min。

表 7-29 热风炉表面测温(经整理)

项目 \ 部位	热风炉本体					热风管道	冷风管道
	1段	2段	3段	4段	5段		
表面平均温度/℃	44.1	35.6	41.5	58.2	35.6	78	69.33
环境温度/℃	19	19	19	19	19	19	19
温差/℃	25.1	16.6	22.5	29.2	16.6	59	50.33

表 7-30 热风阀冷却水测量记录(经整理)

项目	阀饼	法兰盘	内圈		外圈	
			东	西	东	西
冷却水流量/$m^3 \cdot h^{-1}$	13430	6080	15120	12170	11090	11090
进水温度/℃		35	35	35	35	35
出水温度/℃	38.2	37.5	36.9	37.0	36.7	36.8
温差/℃	3.2	2.5	1.9	2.0	1.7	1.8

用吸收法测水装置测得的高炉煤气入炉前的总含水量为 124.3g/m^3。

7.4.3.3 测定数据的整理和热平衡基础参数的确定

热平衡计算是以一个完整周期的热量为基准,而温度则以热风炉周围环境温度为基准。

(1) 燃烧计算

1) 高炉煤气成分的校正。使用的煤气成分及校正值,见表 7-31。

表 7-31 高炉煤气成分校正表

种类	CO_2	CO	H_2	N_2	H_2O	O_2	合计
化验值/%	13.8	28.0	2.9	55.1		0.2	100
干煤气/%	13.94	28.28	2.93	54.85			100
湿煤气/%	13.16	26.70	2.77	51.79	5.58		100

湿煤气含水量的计算:高炉煤气入炉前温度为 35℃,查附表得其饱和水蒸气含量 $W = 47.3$,则湿煤气的体积含水量为:

$$H_2O = \frac{W}{803.6 + W} \times 100\% \qquad (7\text{-}41)$$

$$H_2O = \frac{100 \times 47.3}{803.6 + 47.3} = 5.56\%$$

2) 燃料发热值的计算

$$Q_{DW}^{S}=126.36\times26.7+107.85\times2.77=3673\ \text{kJ/m}^3$$

3）实际湿烟气生成量

$$V_y^s=V_0+[b_{空}(1+0.00124q_n)-1]\cdot L_0^g \tag{7-42}$$

① 理论干空气量 L_0^g

$$L_0^g=0.238(H_2^s+CO^s)+0.0952CH_4^s+0.0467\left(m+\frac{n}{4}\right)C_mH_n^s+0.0714H_2S^s-0.0476O_2^s\quad \text{m}^3/\text{m}^3 \tag{7-43}$$

式中　H_2^s、CO^s、CH_4^s……——煤气的湿成分百分含量。

$$L_0^g=0.0238\times(26.7+2.77)=0.701\quad \text{m}^3/\text{m}^3$$

② 干空气含水量 $g_{水}$

根据气象部门提供的数据，4 月份鞍山地区空气平均含水蒸气量为 4.16g/m^3，即 $g_{水}=4.16$g/m^3。

③ 湿理论空气量 L_0^s

$$L_0^s=L_0^g\cdot(1+0.00124g_{水}) \tag{7-44}$$

$$L_0^s=0.701\times(1+0.00124\times4.16)=0.705\quad \text{m}^3/\text{m}^3$$

④ 理论烟气生成量 V_0

$$V_0=0.01\left[CO^s+3CH_4^s+\left(m+\frac{n}{2}\right)C_m\cdot H_n^s+CO_2^s+H_2^s+2H_2S^s+N_2^s+H_2O^s\right]+0.79\cdot L_0^g\quad \text{m}^3/\text{m}^3 \tag{7-45}$$

$$V_0=0.01[26.7+13.16+2.77+51.79+5.58]+0.79\times0.701=1.554\quad \text{m}^3/\text{m}^3$$

⑤ 空气利用系数 $b_{空}$

$$b_{空}=\cfrac{21}{21-79\times\cfrac{O_2^{g'}-0.5CO^{g'}-0.5H_2^{g'}-2CH_4^{g'}}{N_2^{g'}-\cfrac{N_2^s\cdot(RO_2^{g'}+CO^{g'}+CH_4^{g'})}{CO_2^s+CO^s+CH_4^s+mC_mH_n^s+H_2S^s}}} \tag{7-46}$$

式中　CO^s、CO_2^s、CH_4^s——煤气湿成分的体积百分含量；

$O_2^{g'}$、$CO^{g'}$、$CH_4^{g'}$——干烟气（化验）成分的体积百分含量。

$$b_{空}=\cfrac{21}{21-79\cfrac{1.8-0.5\times1.2}{71.4-\cfrac{51.79\times(25.6+1.2)}{13.16+26.7}}}$$

$$=1.141$$

$$V_y^s=1.544+[1.141(1+0.00124\times4.16)-1]\times0.701$$

$$=1.6697\quad \text{m}^3/\text{m}^3$$

4）烟气湿成分的换算（见表 7-32）

$$\eta^{s'}=\frac{100-H_2O^{s'}}{100}\cdot\eta^{g'} \tag{7-47}$$

$$而\ H_2O^s = \frac{0.01(2CH_4^s + H_2^s + 0.5nC_mH_n^s + H_2S^s + H_2O^{s'}) + 0.00124g_{水} \cdot b_{空} \cdot L_0^g}{b \cdot V_y^s} \quad (7\text{-}48)$$

式中 $\eta^{s'}$——湿烟气中任意湿成分的体积百分含量；

$\eta^{g'}$——干烟气中任意成分的体积百分含量；

$H_2O^{s'}$——烟气中水分的体积百分含量；

b——不完全燃烧时烟气修正系数。

$$b = \frac{100}{100 - 0.5 \times 1.2} = 1.006$$

$$H_2O^{s'} = \frac{0.001(2.77 + 5.58) + 0.00124 \times 4.16 \times 1.141 \times 0.701}{1.006 \times 1.6697} = 3.92\%$$

$$\eta^{s'} = \frac{100 - 3.92}{100} = 0.9608$$

表 7-32 烟气成分的换算

种　类	CO_2	O_2	CO	N_2	H_2O	合 计
化验干烟气/%	25.6	1.8	1.2	71.4		100
换算后湿烟气/%	24.6	1.73	1.15	68.60	3.92	100

(2) 周期时间和介质流量的确定

1) 燃烧期:8:30～10:34　$\tau_r = 124$ min 即 2.067h

2) 送风期:10:38～11:50　$\tau_f = 81$ min 核定 τ_f 为 80min

因记录的送风开始时间为热风阀开，送风终了时间为热风阀关，在换炉过程中有短时间的两座热风炉同时送风，为计算的精确所以送风时间减去 1min。

3) 换炉时间:在记录上显示 10:34～10:38 为 4min，这仅是燃烧转送风的时间，还有送风转燃烧的时间，尚须时间 2min，因此核定的换炉时间为 6min:

$$\Delta\tau = 6 \quad min$$

整个一个热风炉工作周期:

$$\tau = \tau_r + \tau_f + \Delta\tau = 124 + 80 + 6 = 210 \quad min$$

4) 介质流量指煤气流量 V_m 和冷风流量 V_f，一般按仪表和记录取平均值。

$$V_m = 30492 \quad m^3/h$$
$$V_f = 1760 \quad m^3/min$$

(3) 热风炉漏风率 L_f 的计算

热风炉的漏风率、经验数据一般取 3%～10%，也可以根据高炉的碳、氮平衡，简易的求出高炉的实际需要风量 V_{f_0} 与冷风流量测点处测得的冷风流量 V_f，求出漏风率 L_f

$$L_f = \left(1 - \frac{V_{f_0}}{\beta \times V_f}\right) \times 100 \quad \% \quad (7\text{-}49)$$

$$V_{f_0} = \frac{P}{1440} \times \frac{1.867G_C}{CO_2 + CO} \times \frac{N_{2m} - N_{2r}}{N_{2f}} \quad (7\text{-}50)$$

式中 P——高炉日产生铁，t；

CO_2、CO——高炉出炉煤气中 CO_2、CO 的体积百分含量；

N_{2f}、N_{2m}及 N_{2r}——空气中、煤气中及燃料中氮的体积百分含量；

G_C——每 1t 生铁所产煤气的含碳量，kg/t。

本测定实例漏风率的计算

1）原始条件

① 高炉出炉的煤气成分

	CO_2	CO	H_2	O_2	N_2	合 计
化验成分/%	13.6	26.4	2.9	0.4	56.7	100
干煤气成分/%	13.86	26.91	2.96		56.27	100

② 焦炭、煤粉分析

	固定碳/%	挥发分中 N_2/%	有机 N_2/%
焦 炭	84.50	0.154	0.5
煤 粉	75.30	0.34	—

③ 灰铁比：25kg/t；煤气灰中含碳量：14.3%

④ 高炉日产生铁 1587t，焦比：500kg/t、煤比：45kg

⑤ 测得冷风流量 $V_f = 1760m^3/min$，生铁含碳量 4.33%

2）漏风率的计算

① 高炉的碳平衡：

每 1t 生铁	带入的碳量	支出的碳量
焦 炭	500×0.845＝422.51	生铁带走 0.0433×1000＝43.3
煤 粉	45×0.753＝33.89	煤气灰带走 0.143×25＝3.58
	456.40	46.88

每 1t 生铁所产煤气的含碳量 G_C 为：

$$G_C = 456.40 - 46.88 = 409.52$$

② 每 1t 生铁产煤气量 V_m

$$V_m = \frac{409.52 \times \frac{22.4}{12}}{0.1386 + 0.2691} = 1875\ m^3/t$$

③ 燃料中转入煤气中的体积百分含量 N_{2r}

$$焦炭带入 N_2 量 = 500 \times 0.00654 \times \frac{22.4}{28} = 2.616$$

$$煤粉带入 N_2 量 = 45 \times 0.0034 \times \frac{22.4}{28} = 0.122$$

2.738

$$N_{2r} = \frac{6.391}{1875} = 0.14\%$$

④ V_{f_0}的计算

$$V_{f_0}=\frac{1587}{1440}\times\frac{1.867\times409.52}{0.1386+0.2691}\times\frac{0.5627-0.0014}{0.79}=1468\quad m^3/min$$

⑤ 漏风率 L_f 的计算

$$L_f=\left(1-\frac{1468}{0.86\times1760}\right)\times100\%$$
$$=3.01\%$$

7.4.3.4 热平衡计算

(1) 收入项目的计算

1) 燃料的化学热量 Q_1

$$Q_1=V_m\cdot\tau_r\cdot Q_{DW}$$
$$=30492\times2.067\times3673$$
$$=231498039\quad kJ/周期$$

2) 燃料的物理热量 Q_2

$$Q_2=V_m\cdot\tau_r\cdot(C_m\cdot t_m-C_{me}\cdot t_e)$$
$$=30492\times2.067\times(35\times1.3600-19\times1.3567)$$
$$=1373988\quad kJ/周期$$

3) 助燃空气的物理热量 Q_3

$$Q_3=V_m\cdot\tau_r\cdot L_n^s\cdot(C_k\cdot t_k-C_{ke}\cdot t_e)$$
$$=30492\times2.067\times(1.300\times19-1.300\times19)\times0.705\times1.141$$
$$=0$$

4) 冷风带入的热量 Q_4

$$Q_4=V_f\cdot\beta\cdot\tau_f\cdot(1-L_f)\times(c_{f_1}\cdot t_{f_1}-c_{fe}\cdot t_e)$$
$$=1760\times0.86\times80\times(1-0.0343)\times(1.3089\times96-1.3048\times19)$$
$$=11801264\quad kJ/周期$$

5) 收入热量总和

$$\Sigma Q=Q_1+Q_2+Q_3+Q_4$$
$$=231.498+1.374+0+11.801$$
$$=244.673\quad GJ/周期$$

(2) 支出项目计算

1) 热风带出的热量 Q_1'

$$Q_1'=V_f\cdot\beta\cdot\tau_f\cdot(1-L_f)\cdot(c_{f_2}\cdot t_{f_2}-c_{fe}\cdot t_e)$$

$$Q_1'=1760\times0.86\times80\times(1-0.0343)(1.4302\times1085-1.3048\times19)$$

$=178662248$　kJ/周期

2）烟气带出的热量 Q'_2

$$Q'_2 = V_m \cdot \tau_r \cdot V_{y_2} \cdot b(c_{y_2} \cdot t_{y_2} - c_{ye} t_e)$$

$$= 30492 \times 2.067 \times 1.6697 \times 1.006(1.444 \times 222 - 1.3909 \times 19)$$

$$= 31143931 \quad \text{kJ/周期}$$

3）化学不完全燃烧损失的热量 Q'_3

$$Q'_3 = V_m \cdot \tau_r \cdot V_{y_2} \cdot b \cdot (126.36CO^s + 107.85 \cdot H_2^s)$$

$$= 30492 \times 2.067 \times 1.6697 \times 1.006 \times (126.36 \times 1.15 + 107.85 \times 0)$$

$$= 15384035 \quad \text{kJ/周期}$$

4）煤气中机械水吸收的热量 Q'_4

$$Q'_4 = V_m \cdot \tau_r \cdot q_{m_i} \cdot (4.186 \times (1 - e_m) + 2256 + 1.244(c_q \cdot t_{y_2} - 100 \cdot c_i) \times 10^{-3})$$

$$= 30492 \times 2.067 \times 77 \times (4.186 \times (100 - 35) + 2256 + 1.244(1.5237 \times 222 - 1.5007 \times 100)) \times 10^{-3}$$

$$= 13405167 \quad \text{kJ/周期}$$

q_{m_i}——煤气中机械水含量，是从煤气中总含水量124.30g/m^{3}中减去煤的饱和水47.30g/m^{3}而得124.30－47.30＝77g/m^3。

5）冷却水的吸热量 Q'_5，该热风炉只有热风阀是水冷的（见表7-33）。

$$Q'_5 = C \cdot G_s \cdot (t_{s_0} - t_{s_2}) \cdot \tau$$

表7-33　周期热风阀冷却热损失表

项目 \ 部件	阀饼	法兰	内圈 东	内圈 西	外圈 东	外圈 西	合计
冷却水流量/m^3·h^{-1}	13430	6080	15120	12170	11090	11090	
出水温度/℃	38.2	37.5	36.9	37	36.7	36.8	
进水温度/℃	35	35	35	35	35	35	
时间/h	3.5	3.5	3.5	3.5	3.5	3.5	
带出热量/kJ	629614	122695	420894	356605	376215	292463	2198513

$$Q'_5 = 2198513 \quad \text{kJ/周期}$$

6）冷风管道散热量 Q'_6

$$Q'_6 = K \cdot (\Delta t_f \cdot A_f) \tau_f$$

式中　A_f——冷风管道面积，$A_f = 45.24$ m^2；

K——综合给热系数 K 取62.8。

$$Q'_6 = 62.8 \times 50.33 \times 45.24 \times 1.333$$

$$= 190607 \quad \text{kJ/周期}$$

7）炉体表面散热 Q'_7（见表7-34）。

$$Q'_7=\Sigma K\cdot(\Delta t_f\cdot Ai)\cdot\tau$$

表 7-34　炉体表面散热损失

项　目 ＼ 部　位	1段	2段	3段	4段	5段	合　计
表面平均温度/℃	44.1	35.6	41.5	58.2	35.6	
环境温度/℃	19	19	19	19	19	
温差/℃	25.1	16.6	22.5	29.2	16.6	
K 值/$kJ\cdot m^{-2}\cdot h^{-1}\cdot ℃^{-1}$	62.8	62.8	62.8	62.8	62.8	
时间/h	3.5	3.5	3.5	3.5	3.5	
面积/m^2	124.2	106.4	173.5	192.8	313.8	
热量 Q'_7/kJ·周期$^{-1}$	685209	388220	858044	1237421	1144956	4313850

$$Q'_7=4313850\ \text{kJ/周期}$$

8) 热风管道表面散热量 Q'_8

$$Q'_8=K\cdot\Delta t_f\cdot A_i\cdot\tau_f$$

式中　K——取 58.6；

A_i——热风管道面积 $A_i=438.1$。

$$Q'_8=58.6\times59\times438.1\times1.333$$
$$=2019078\ \text{kJ/周期}$$

9) 热平衡差值 ΔQ

$$\Delta Q=\Sigma Q-(Q'_1+Q'_2+Q'_3+Q'_4+Q'_5+Q'_6+Q'_7+Q'_8)$$

$$\Delta Q=244.673-(178.662+31.144+15.384+13.405+2.199+0.191+4.314+2.019)$$
$$=-2.645$$

(3) 热平衡表(见表 7-35)

表 7-35　热风炉热平衡表

收入热量				支出热量			
符　号	项　目	GJ/周期	%	符　号	项　目	GJ/周期	%
Q_1	燃料的化学热量	231.498	94.62	Q'_1	热风带出热量	178.662	73.02
Q_2	燃料的物理热量	1.374	0.56	Q'_2	烟气带出的物理量	31.144	17.73
Q_3	助燃空气的物理热量	0		Q'_3	化学不完全燃烧损失的热量	15.384	6.29
Q_4	冷风带入的热量	11.801	4.82	Q'_4	煤气机械水吸热量	13.405	5.47
				Q'_5	冷却水吸热量	2.199	0.90
				Q'_6	冷风管道表面散热量	0.191	0.08
				Q'_7	炉体表面散热量	4.314	1.76
				Q'_8	热风管道表面散热量	2.019	0.83
				ΔQ	热平衡差值	−2.645	−1.08
ΣQ		244.673	100	$\Sigma Q'$		244.673	100

7.4.3.5　热效率的计算

(1) 热风炉本体热效率

$$\eta_1 = \frac{Q'_1 - Q_4 + Q'_6 + Q'_8}{\Sigma Q - Q_4} \times 100\%$$

$$= \frac{178.662 - 11.801 + 0.191 + 2.019}{244.673 - 11.801} \times 100\%$$

$$= 72.6\%$$

(2) 热风炉系统热效率

$$\eta_2 = \frac{Q'_1 - Q_4}{\Sigma Q - Q_4} \times 100\%$$

$$= \frac{178.662 - 11.801}{244.673 - 11.801} \times 100\%$$

$$= 71.65\%$$

7.5 热风炉的操作

7.5.1 蓄热式热风炉的传热特点

热风炉内的传热主要是指蓄热室格子砖的热交换。蓄热室的热交换可看成是烟气对鼓风之间的传热,而格子砖只作为传热的中间介质。在燃烧期高温的燃烧产物,通过格子砖时,以对流和辐射方式将烟气的热量传给格子砖表面。由于格子砖表面和中心产生了温差,则格子砖表面所获得的热量,就不断向内部传递,从而使格子砖储存了大量的热量。在送风期具有一定流速的高炉鼓风(冷空气)不断以对流方式,从格子砖表面获得热量,使冷空气得到加热,同时格子砖内部向表面导热而被冷却。

格子砖通道壁的温度,由于加热和冷却而周期性变化,从热量最终得失来看蓄热室中的格子砖,仅是热量的转载体,其结果是高温燃烧产物的热量经格子砖传给高炉鼓风,高炉鼓风被加热温度的高低,取决于蓄热室贮藏的热量及炉顶温度,前者是容量因素,后者是强度因素。

蓄热式热风炉的吸热、放热过程的温度变化很复杂,一般以平均温度为基础,将两个不同阶段的传热过程综合起来,当做稳定态下热气体直接向冷气体传热过程来看,常用下面的基本公式表示:

$$Q = K \cdot F \cdot \Delta t \tag{7-51}$$

式中 Q——周期内烟气传给鼓风的热量,kJ/周期;

K——周期内的综合给热系数,kJ/(周期·m^2·℃);

F——蓄热室的总蓄热面积,m^2;

Δt——烟气和鼓风的平均温差,℃。

从上面公式看出,周期内热风炉提供热量的多少,取决于总热交换系数、加热期和送风期的平均温度差以及热风炉的蓄热面积。

7.5.2 热风炉的操作特点

由于高炉对热风炉的基本要求是供给稳定的高风温,蓄热式热风炉的基本传热特点以及热风炉结构特点,就决定了热风炉操作有以下特点:

1) 热风炉操作是在高温、高压、煤气的环境中进行,必须严格的按程序作业。以避免煤气爆炸、中毒和烧穿事故的发生。

2）热风炉的工艺流程：

① 热风炉除冷风阀、热风阀保持开启状态外，其它阀门一律关闭——送风通路；

② 热风炉冷风阀和热风阀关闭外，其它阀门全部打开——燃烧通路；

③ 所有热风炉的全部阀门都关闭——没通路——休风。

上述三项操作包括了热风炉的全部操作，也是热风炉全部工艺流程。

3）蓄热式热风炉要储备足够的热量，送风期拿走了多少，燃烧期就要补充多少。这就要求开始燃烧后，迅速将拱顶温度烧到规定值，增长热风炉的蓄热期，以达到足够的蓄热量。

4）由于热风炉的大型化和高压操作的采用。热风炉已成为高压容器。热风炉各阀门的开启和关闭，必须在均压下进行。否则就开不动、关不上，或者拉坏设备。

5）高炉热风炉燃烧的空气利用系数，是所有工业窑炉中最低的，烧高炉煤气只有1.05～1.10。能做到使用低热值煤气，烧出较高的风温。

6）高炉生产是连续的大工业生产，在正常生产中不允许有断风现象出现。因此换炉操作必须“先送后撤”。在换炉过程中有一段时间有两座或3座热风炉同时给高炉送风。

7）鞍钢历史上创造和总结出的“热风炉快速烧炉法”、“快速换炉法”、“交叉并联送风法”、“关闭混风阀最高风温送风法”等先进操作法，时至今日仍为热风炉的基本操作法，仍有使用、推广的价值。

7.5.3 热风炉的燃烧制度

(1) 燃烧制度的分类

热风炉的燃烧制度可分以下几种：

1）固定煤气量，调节空气量；

2）固定空气量，调节煤气量；

3）空气量、煤气量都不固定。

各种燃烧制度的操作特点，见表7-36。

表7-36 各种燃烧制度的特点

项目	固定煤气量 调节空气量		固定空气量 调节煤气量		煤气量空气量都不固定 （或煤气量固定调节其热值）	
	升温期	蓄热期	升温期	蓄热期	升温期	蓄热期
空气量	适量	增大	不变	不变	适量	减少
煤气量	不变	不变	适量	减少	适量	减少
过剩空气系数	较小	增大	较小	增大	较小	较小
拱顶温度	最高	不变	最高	不变	最高	不变
废气量	增加		减少		减少	
热风炉蓄热量	加大，利于强化		减少，不利于强化		适量	
操作难易	较难		易		微机控制	
适用范围	空气量可调 助燃风机容量大		空气量不可调 助燃风机容量小		自动燃烧	

(2) 各种燃烧制度的比较

各种燃烧制度的比较见表7-37。

表 7-37 各种燃烧制度的比较

固定煤气量 调节空气量	固定空气量 调节煤气量	空气量煤气量都不固定 （或固定煤气量、调节煤气发热量）
1. 整个燃烧期用最大的煤气量不变； 2. 当炉顶温度达到规定值后，以增大空气量来抑制炉顶温度的继续上升； 3. 因废气量大，流速加快有利于传热，强化了热风炉中下部传热； 4. 空气和煤气的配合比难以找准	1. 当炉顶温度达到规定值后，采用减少煤气量，来控制炉顶温度； 2. 因废气量减少不利于传热和热交换的强化，不利于维持较高的风温； 3. 调节方便，容易找准适宜的空燃比	1. 当炉顶温度达到规定值后，采用空气、煤气同时调节，来控制炉顶温度。或用改变煤气热值来控制炉顶温度； 2. 适用于微机控制燃烧，用高炉需要的风温，来确定煤气量，使热风炉既能贮备足够的热量，又能节约燃料； 3. 调节灵活，过剩空气系数较小达到完全燃烧

(3) 燃烧制度的选择

1) 结合热风炉设备的具体情况，充分发挥助燃风机、煤气管网的能力。

2) 在允许的范围内，最大限度的增加热风炉的蓄热量。

3) 燃烧完全、热损小、热效率高、降低能耗。

3 种燃烧制度各有特点，要根据热风炉的设备状况、操作条件来选择。

新建的、自动化程度较高的热风炉，应选择空气量、煤气量都不固定的燃烧制度。

助燃风机能力大，又可以调节的热风炉，应选择固定煤气量，调节空气量的燃烧制度。

对老的热风炉，助燃风机能力又不足、助燃风量又不可调，最好选用固定空气量，调节煤气量的燃烧制度。

(4) 合理燃烧的判断

合理的烟道废气成分见表 7-38。

表 7-38 合理的烟气成分表

项 目		化学分析 /%			空气利用系数
		CO_2	O_2	CO	
理论值		23～26	0	0	1.0
实际值	烧高炉煤气	23～25	0.5～1.0	0	1.05～1.10
	烧混合煤气	21～24	1.0～1.5	0	1.10～1.20

7.5.4 热风炉的送风制度

(1) 热风炉的送风制度

热风炉的送风制度基本分为 3 种：交叉并联、两烧一送、半交叉并联。

1) 交叉并联：适用于拥有 4 座热风炉的高炉。两座热风炉送风，两座热风炉燃烧，交错进行。在关上混风阀的情况下，高炉也能获得稳定的风温。目前交叉并联送风已经发展成为热风温度自动控制的新方法。热风温度的自动控制是通过变更高温热风炉和低温热风炉的风量比例分配来进行，风量调节是通过装在各冷风支管上的蝶形调节阀来实现的。交叉并联送风制度的作业图见图 7-41。

2) 两烧一送制：适用于拥有 3 座热风炉的高炉，它是一种老的基本的送风制度。必须和混入冷风的装置相配合，用调节混入的冷风量，使高炉得到稳定的风温。两烧一送的作业图见图 7-42。

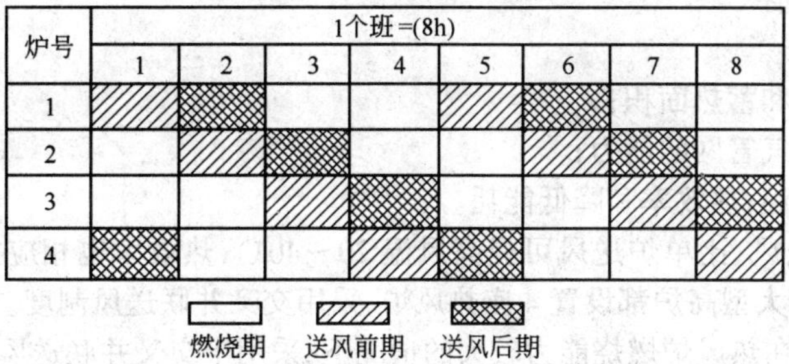

图 7-41　交叉并联运送风制度作业示意图

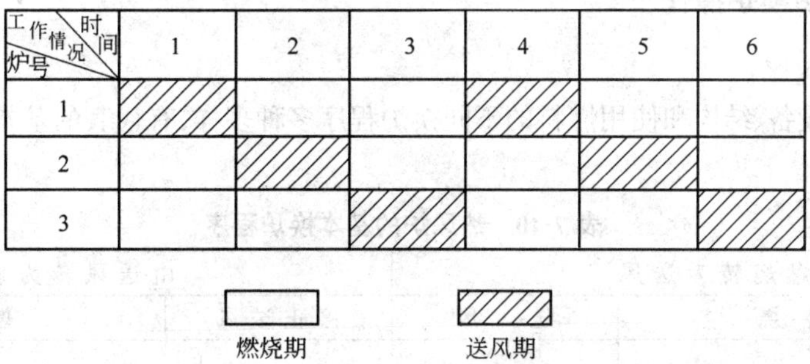

图 7-42　两烧一送制作业示意图

3）半交叉并联制：它适用于拥有3座热风炉的高炉和用于热风炉控制废气温度。半交叉并联制的作业图见图7-43。

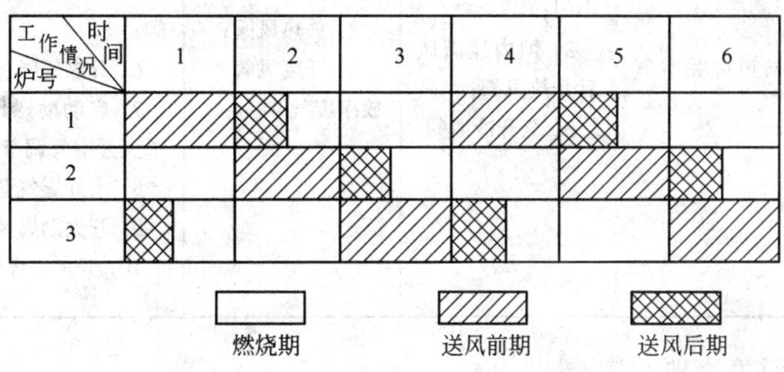

图 7-43　串并联送风制作业示意图

还有一些送风制度，如“三烧一送”、“一烧两送”等都构不成一种基本送风制度，是上述3种基本送风制度派生的。

(2) 送风制度的比较：

各种送风制度的比较见表7-39。

表 7-39　各种送风制度的比较

送风制度	适用范围	热风温度	热效率	周期煤气量
交叉并联	4座热风炉常用	波动小风温高	最高	少
两烧一送	3座热风炉常用，4座热风炉检修1座时用	波动稍大风温低	低	多
半交叉并联	3座热风炉燃烧能力大时用控制废气温度时用	波动较小	高	少

(3) 送风制度的选择

选择的依据：

1) 热风炉组座数和蓄热面积；

2) 助燃风机和煤气管网的能力；

3) 有利于提高风温,热效率和降低能耗。

例如:交叉并联送风,比单炉送风可提高风温 20～40℃,热效率也相应提高,但它需 4 座热风炉,建设费用高。目前大型高炉都设置 4 座热风炉,采用交叉并联送风制度。

再如:3 座热风炉在热风炉燃烧能力较大的情况下,采用半交叉并联送风制度,也能提高风温和热效率,并减少了风温波动。

7.5.5 热风炉换炉操作

(1) 基本换炉程序：

由于热风炉的设备、结构和使用燃料的不同换炉程序多种多样,有代表的基本换炉程序列于表 7-40。

表 7-40 热风炉的基本换炉程序

由燃烧转为送风		由送风转为燃烧	
停止燃烧	送风	停止送风	燃烧
1. 关焦炉煤气阀或适当减少用量(指混合煤气炉子); 2. 关小助燃风机拨风板(指集中鼓风的炉子); 3. 关煤气调节阀; 4. 关煤气闸板; 5. 停助燃风机(集中鼓风应关空气调节阀); 6. 关煤气燃烧闸板; 7. 开煤气安全放散阀; 8. 关空气燃烧闸板; 9. 关烟道阀	1. 逐渐开冷风小门; 2. 炉内灌满风后开热风阀; 3. 全开冷风阀	1. 关冷风阀; 2. 关热风阀; 3. 开废风阀,放净废气	1. 开烟道阀,关废风阀; 2. 开空气燃烧闸板; 3. 关煤气安全放散阀; 4. 开煤气燃烧闸板; 5. 小开煤气调节阀和空气调节阀; 6. 开煤气闸板; 7. 启动助燃风机(集中鼓风的炉子大开空气调节阀); 8. 大开煤气调节阀; 9. 开大助燃风机拨风板; 10. 开焦炉煤气阀达到规定用量

(2) 换炉操作的注意事项

1) 换炉应先送后撤,即先将燃烧炉转为送风炉后再将送风炉转为燃烧,绝不能出现高炉断风现象。

2) 换炉要尽量减少高炉风温、风压的波动。

3) 使用混合煤气的炉子,应严格按照规定混入高发热量煤气量,控制好炉顶和废气温度。

4) 热风炉停止燃烧时先关高发热量煤气后关高炉煤气;热风炉点炉时先给高炉煤气,后给高发热量煤气。

5) 使用引射器混入高发热量煤气时,全热风炉组停止燃烧时,应事先切断高发热量煤气,避免高炉煤气回流到高发热量煤气管网,破坏其发热量的稳定。

7.5.6 高炉休风、送风时的热风炉操作

(1) 倒流休风及送风

高炉休风(短期、长期、特殊)时,用专设的倒流休风管来抽除高炉炉缸内的残余煤气,谓之倒流休风,其热风炉的操作程序见表 7-41。

表 7-41 倒流休风、送风热风炉操作程序

休风	送风
1. 关冷风大闸(混风阀) 2. 关热风阀 3. 关冷风阀 4. 开废风阀、放净废风 5. 开倒流阀、进行煤气倒流	1. 关倒流阀、停止倒流 2. 开冷风阀 3. 开热风阀 4. 关废气阀 5. 开冷风大闸

(2) 不倒流的休风及送风

高炉休风不需要倒流时,将倒流休、送风程序中的开、关倒流阀的程序取消即可。

7.5.7 热风炉操作全自动闭环控制

现代大型高炉均设置 4 座热风炉,热风炉的操作实施全自动微机闭环控制。

7.5.7.1 热风炉的工作制度与控制方式

(1) 热风炉的工作制度

1) 基本工作制度:“两烧两送交叉并联”工作制。

2) 辅助工作制:“两烧一送”工作制,有一座热风炉检修时用。

(2) 热风炉的控制指令

热风炉闭环控制的指令分时间指令和温度指令。

1) 时间指令:根据先行热风炉的送风时间指挥换炉,对热风炉进行闭环控制。

2) 温度指令:根据送风温度指挥换炉,对热风炉进行闭环控制。

(3) 热风炉的操作方式

热风炉操作方式一般分为 4 种:

1) 全自动操作:实现热风炉的燃烧、送风、换炉全自动操作、微机闭环控制。

2) 半自动操作:在主控室内,人工选用自动操作。

3) 手动操作:在主控室内按连锁程序手动操作。

4) 机旁操作:在机旁解锁操作任一设备。

7.5.7.2 自动控制要点

(1) 燃烧控制

用微机控制的自动燃烧形式和方法很多,应用较为普遍的是:用废气含 O_2 量修正空、燃比,热平衡计算、设定负荷量的并列调节系统。它是根据高炉使用的风量、需要的风温、煤气的热值、冷风温度、热风炉废气温度,经热平衡计算,计算出设定煤气量和空气量。燃烧过程中随煤气量的变化来调节助燃空气量,采用最佳空、燃比,尽快使炉顶温度达到设定值,并保持稳定,以逐步的增加蓄热室的储热量,当废温度达到规定值时(350℃)热风炉准备换炉。采用废气含氧量分析作为系统的反馈环节,参加闭环控制,随时校正空燃比。图 7-44 是含氧量修正空燃比、热平衡计算,设定负荷量的并列调节系统。

(2) 高炉热风温度的控制

1) 当热风炉采用“两烧两送交叉并联”送风制度时,靠调节两座送风炉的冷风调节阀的开度,来控制先行(凉)炉、后行(热)炉的冷风流量,保持高炉热风温度的稳定。使用该制度时混风大闸可

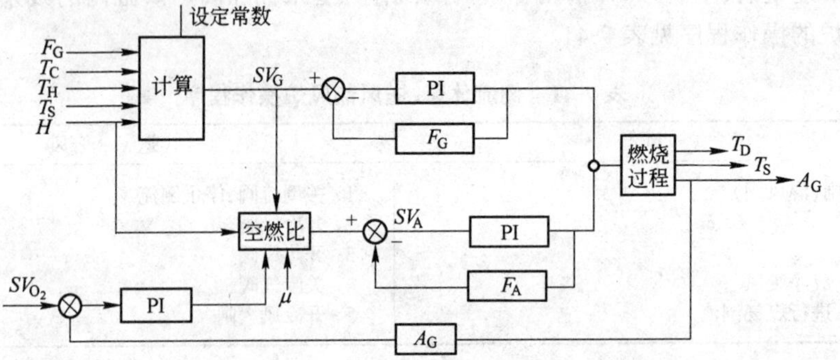

图 7-44 含氧量修正空燃比、热平衡计算，设定负荷量的并列调节系统图

T_C、T_H、T_D、T_S—分别为冷风、热风拱顶、废气温度；μ—空气利用系数；

SV_G、SV_A—煤气、空气设定值；A_G—废气含氧量；H—煤气热值；

PI—调节器；F_G—煤气流量；F_A—空气流量；SV_{O_2}—废气含氧量设定值

以关死。图 7-45 是"交叉并联"送风，高炉热风温度控制方式。

2) 当热风炉采用"两烧一送"的送风制度时，需靠调节风温调节阀的开度，兑入冷风量的多少来稳定高炉的热风温度。

(3) 换炉控制有以下几种方式：

1) 按时间指令进行换炉的自动控制。当先行热风炉，送风时间达到设定值时，发出换炉指令，将先行燃烧炉按停止燃烧转送风程序，转入送风状态。然后将先行送风炉，按停止送风转燃烧程序，转入燃烧状态。

如果是采用"两烧一送"的送风制度，送风炉送风时间达到设定值时发出换炉指令，按程序换炉。

2) 按温度指令进行换炉的自动控制。当先行送风炉的送风温度低于设定值时(测点在热风出口)发出换炉指令，按停止燃烧转送风的程序，将先行燃烧炉转入送风状态，然后按停止送风转燃烧的程序，将先行送风炉转入燃烧状态。

如果采用"两烧一送"的送风制度，送风炉的风温低于设定值后发出换炉指令，进行换炉操作。

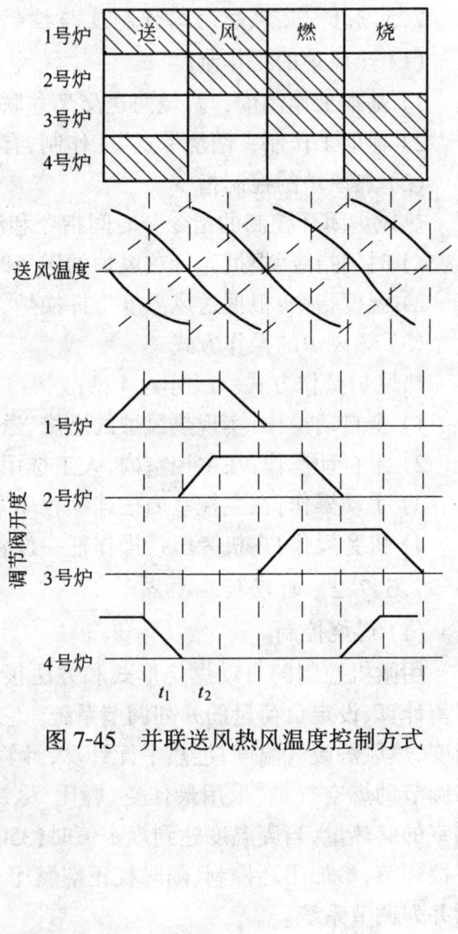

图 7-45 并联送风热风温度控制方式

(4) 休风控制

一般休风控制为半自动操作，分以下两种：

1) 倒流休风。当高炉发出倒流休风的准备信号时操作如下：

① 处于燃烧状态的热风炉停止燃烧；

② 将助燃风机的放风阀打开(或停机)；

③ 将冷风大闸关死。

当高炉发出休风指令后操作如下：

① 将送风状态的热风炉按送风转休风程序转入闷炉；

② 打开倒流阀进行煤气倒流。

2）正常休风。正常休风程序同倒流休风，只是去掉开倒流阀程序。

7.5.8 热风炉的几项特殊操作

7.5.8.1 高炉倒流休风用热风炉倒流

在正常情况不允许用热风炉倒流，只有倒流管或倒流阀出现了问题，才能用热风炉倒流，其程序及注意事项如下：

1）用热风炉倒流休风、送风程序见表7-42。

表7-42 用热风炉倒流休风、送风程序

休风	送风
1．热风炉全部停止燃烧； 2．关冷风大闸； 3．关送风炉的热风阀，冷风阀，开废风阀； 4．打开倒流炉的烟道阀，空气燃烧闸板； 5．开倒流炉热风阀进行煤气倒流	1．关倒流炉的热风阀、停止倒流； 2．开送风炉的冷风阀、热风阀、关废风阀； 3．复风后开冷风大闸； 4．关倒流炉的空气燃烧闸板、烟道阀开废风阀

2）用热风炉倒流休风的注意事项：

① 倒流炉的炉顶温度，应在1000℃以上。

② 倒流时间不超过60分钟，否则将改炉倒流。

③ 一般不允许同时用两座热风炉倒流。

④ 正在倒流的炉子不允许开煤气阀给煤气燃烧。

⑤ 倒流炉不能立即用作送风炉，如必须使用，在停止倒流后抽数分钟，待残余煤气抽净后，方可用其送风。

⑥ 硅砖砌筑的热风炉，助燃空气集中鼓风的热风炉，禁止用热风炉倒流。

高炉休风用热风炉倒流是一项煤气危险作业。如操作不当极易发生煤气爆炸事故，在操作中严格执行操作规程和遵守注意事项，并应尽量少用。

7.5.8.2 扒出燃烧室掉砖

内燃式热风炉由于燃烧室隔墙受热不均而出现掉砖，为使热风炉能正常生产需要扒掉燃烧室掉砖（简称扒火井），这是一项危险作业，应引起足够的重视。

（1）扒火井前的准备

扒火井前的准备工作有：

1）穿戴好特殊的劳动保护用品，对作业人员进行安全教育。

2）与高炉工长取得联系，以使高炉有事能及时通知。

3）准备好扒砖工具：短把铁锹、长把铁锹、铁耙子等。

4）封好热风炉水封，并设专人看管。

5）打开烟道阀，严防自动关闭。

6）拉下扒火井炉子的电源，并挂上“有人工作”的安全标志牌。

7）接好低压照明灯。

（2）扒火井作业

扒火井作业程序如下：

1）打开燃烧闸板的托板或人孔。

2）调整好烟道的抽力。

3）取火井内空气样化验合格。

4）查看火井掉砖情况，选好扒砖的安全位置。

5）扒砖人员进入火井扒砖时，不要将头探到炉内。

6）扒出的砖要立即清走。

7）进入炉内扒砖的人员要勤换，每人一次在火井内的时间要小于15min。

(3) 扒火井的安全注意事项

1）火井内的空气分析：含氧量＞20.6%，CO＜30mg/m³，工作地点的温度低于60℃，方可进入火井工作。

2）对于新炉子或偶尔掉砖的炉子，可卸下燃烧闸板的托板或打开燃烧口的人孔，进入燃烧口扒砖；如果是老炉子或掉砖频繁的炉子有塌落危险的，应将燃烧闸板卸下扒砖。

3）热风炉换炉、高炉放风时一定要事先通知，让扒砖人员撤出。

4）水封一定要有进水和排水，水封的高度不得小于1.5m，但也不能太高以防水窜到煤气主管，影响其它热风炉烧炉。

5）扒（清）火井的负责人，要经常巡视扒火井的安全情况，特别是火井内人员情况，如有异常立即撤出、停扒。

7.6 热风炉的烘炉、保温、凉炉

7.6.1 热风炉的烘炉

7.6.1.1 热风炉烘炉的目的与原则

(1) 烘炉的目的

不管用什么耐火材料砌筑的热风炉，使用前都要进行烘炉，其共同的目的是：

1）缓慢的驱赶砌体内的水分，避免水分突然大量蒸发，破坏耐火砌体。

2）使耐火砖均匀、缓慢而又充分膨胀，避免砌体因热应力集中或晶格转变造成损坏。

3）使热风炉内逐渐地蓄积足够的热量，保证高炉烘炉和开炉所需风温。

(2) 烘炉原则

烘炉原则有：

1）烘炉以拱顶温度为依据，兼顾废气温度和界面温度。

2）烘炉前要根据热风炉的大小、修建情况、耐火材料性质等条件，依据前期慢、中期平稳、后期快的升温原则，制定合理的烘炉曲线。

3）必须严格的按烘炉曲线升温，操作人员可以利用烟道阀、助燃风量调节阀、煤气调节阀、燃烧的煤气量、燃烧嘴的个数等进行严格的控制，拱顶温度波动控制在$^{+10}_{-5}$的范围内。

4）热风炉烘炉必须连续进行，严禁时烘时停，以免砖墙产生裂缝。如因故必须停止烘炉时，要设法保温，恢复烘炉后，应在当时温度基础上重新按规定升温速度升温，切不可因停烘延误了时间，而加快升温速度。

5）注意控制烟道废气温度，不得超过正常允许水平。

6）已使用多年的耐火砌体的烘炉时间，可以适当地缩短。

7）由于烘炉废气中含有大量的水，在低温区会有冷凝水析出积聚，烘炉时间长的硅砖热风炉，含水量较大耐热混凝土尤为严重。因此，烘炉期间要定期的从主烟道，各支管烟道、拱顶连接管、燃烧室、蓄热室、热风阀等处的放水阀排水。

7.6.1.2 烘炉时间与升温曲线

(1) 烘炉温度及进程(见表 7-43)

表 7-43 烘炉温度与进程

项 目	砌体材质	前期升温速度/℃·班$^{-1}$	控制温度点/℃	恒温时间/d·班$^{-1}$	后期升温速度/℃·班$^{-1}$	总计烘炉时间/d
中 修	高铝砖或黏土砖	40	150 300	木柴火烘烤过渡 3	60～150	5
	硅 砖	15	200 350 600	5 5 5	35～100	15～20
新建和大修	高铝砖或黏土砖	30	150 300 600	烘烤陶瓷燃烧器过渡 4 3	50～100	6～7
	耐热混凝土	30～40	200 600	6 3	80～100	9～10
	硅 砖	4～8	200 350 600～700	6 6 9	20～50	20～30

注:一个班为 8h。

硅砖的烘炉时间各厂家的差异很大,慢的 40d,快的 10d,尚无定论。由于各地原材料的化学成分和物理性能的不同,以及制砖过程操作上的差异,各厂生产硅砖的质量是不同的。要根据实际使用硅砖的理化性能和热风炉内衬的具体情况,制定烘炉曲线。不能太快,亦不能太慢,以适中为好。推荐新砌筑的硅砖热风炉烘炉时间 20～30d,使用多年的硅砖可缩短到 15～20d。

(2) 烘炉曲线

图 7-46 介绍了不同耐火材料砌筑的热风炉的烘炉曲线。

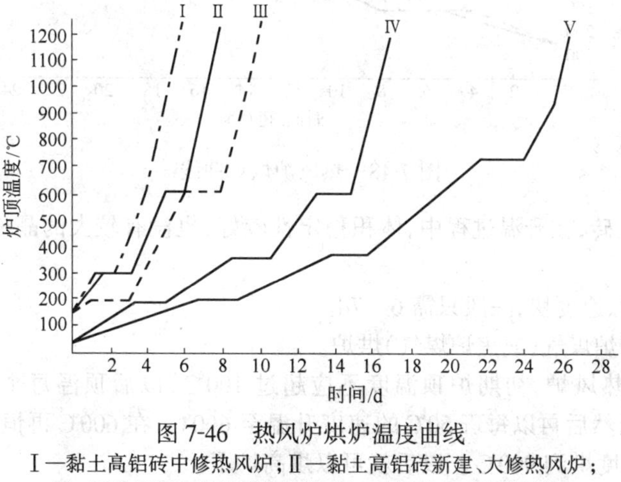

图 7-46 热风炉烘炉温度曲线

Ⅰ—黏土高铝砖中修热风炉;Ⅱ—黏土高铝砖新建、大修热风炉;

Ⅲ—耐热混凝土砌筑的热风炉;Ⅳ—使用多年硅砖热风炉;

Ⅴ—新砌筑的硅砖热风炉

7.6.1.3 烘炉方法

烘炉方法主要有两种：

1) 在热风炉外砌筑一个简易炉灶，烧煤和其它燃料，把简易炉灶中燃烧产生的高温烟气，由燃烧口引入燃烧室，经蓄热室由烟囱排出。此法在小高炉或没有气体燃料时采用。用此法炉顶温度能升到600～700℃，大约每1m^2加热面积需耗煤5～6kg。烘烤硅砖热风炉也有用此法的，但用燃料多为焦炉煤气或高炉煤气，应有较高的控制水平和调节手段。

2) 用煤气烘炉，此法操作简便，但烘炉初期，因炉内温度低，须在燃烧室内加一些木柴等易燃品保持明火，以免煤气被吹灭。此法能将顶温烘到900～1000℃，每1m^2加热面积要消耗高炉煤气35～40m^3。

7.6.1.4 烘炉实例

(1) 武钢烘炉实例

武钢1号高炉(1386m^3)热风炉采用焦炉煤气烘炉。先以一根ϕ300mm的主管引来焦炉煤气，再经2根ϕ125mm的支管分别从人孔引入燃烧室燃烧烘炉。烘炉曲线如图7-47。

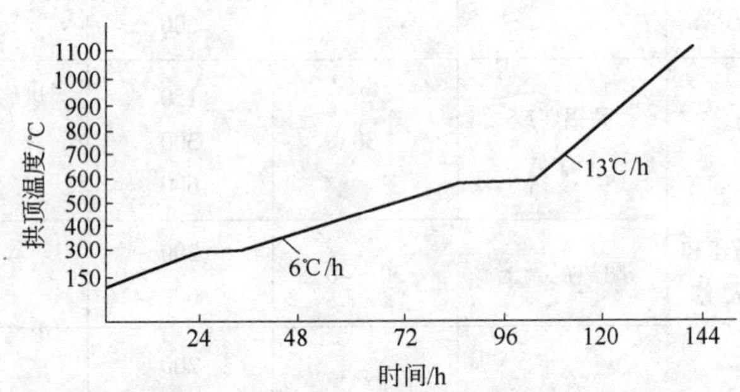

图7-47 武钢高炉热风炉烘炉曲线

(2) 鞍钢高炉热风炉的烘炉

1) 高铝砖或黏土砖热风炉的烘炉。新建或大修后的热风炉烘炉曲线，如图7-48中Ⅰ曲线；中修或局部检修后热风炉烘炉曲线，如图7-48中的Ⅱ曲线。

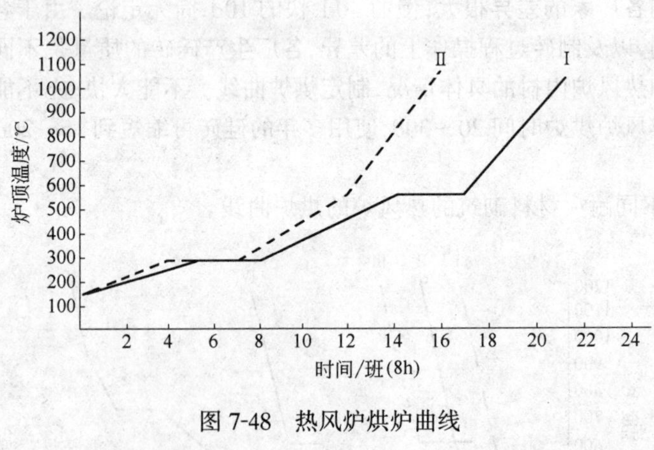

图7-48 热风炉烘炉曲线

由于高铝砖、黏土砖，在升温过程中，体积稳定性较好，也没有较大的晶格转变，所以它的烘炉特点是：

① 烘炉的时间短、速度快，一般只需6～7d。

② 可以直接用高炉煤气(或焦炉煤气)烘炉。

新建或者大修的热风炉，初期炉顶温度不应超过100℃，以后顶温每个班(8h)升30℃，达到300℃恒温3～5个班，然后再以每班50℃的速度升温至600℃，在600℃再恒温3～4个班，然后再以100℃/班的升温速度烘到900℃。以后就可以烘高炉了。

2) 耐热混凝土预制块砌筑的热风炉的烘炉。1971年鞍钢新建的11号高炉热风炉，为耐热混凝土预制块砌筑，材质为矾土水泥耐热混凝土。它经过成型、养护（水养或蒸汽养）。矾土水泥预制块含水分较多，烘炉升温须缓慢，以保持构体的高温强度和稳定性。如升温过快，构体水分大量蒸发，汽压突增超过混凝土胶凝物质结合力，就会发生爆裂。其烘炉曲线见图 7-49。采用木柴烘烤过渡，烘炉结束时炉顶温度不低于 1100℃。

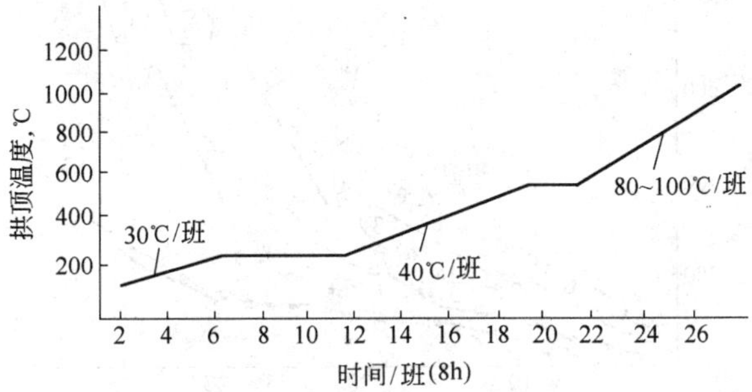

图 7-49 矾土水泥砌筑的热风炉烘炉曲线

3）硅砖热风炉的烘炉。鞍钢 6 号高炉 1976 年大修后其炉容为 $1050m^3$，将 3 座内燃式热风炉改为 AWR-Ⅰ型外燃式热风炉，上部高温区采用硅砖砌筑。

6 号高炉热风炉用硅砖的理化性能见表 7-44，硅砖的最大膨胀率列于表 7-45。

表 7-44 硅砖的理化性能

砖号	使用部位	化学成分/%						耐火度/℃	荷重软化温度/℃		显气孔率/%	体积密度/$g\cdot cm^{-3}$	真密度/$g\cdot cm^{-3}$	线膨胀系数/$℃^{-1}$（20～1200℃）
		SiO_2	Al_2O_3	Fe_2O_3	CaO	MgO	烧减		开始点	溃裂				
Z-2	球顶	93.02	0.45	1.36	4.07	0.46	0.34	1710	1670	1680	21	1.87	2.36	12.7×10^{-6}
Z-7	拱顶直段							1690～1710	1670	1680	22	1.82	2.34	13.7×10^{-6}
Z-10	缩口												2.34	12.2×10^{-6}
R-4	大墙												2.40	12.1×10^{-6}

表 7-45 硅砖在不同温度下最大膨胀率（%）

砖号	温度/℃						
	150	250	350	400	600	700	900
Z-2	0.24	0.69	1.1	1.17	1.36	1.44	1.47
R-4	0.26	0.64	0.89	0.98	1.12	1.25	1.37
Z-7	0.20	0.74	1.13	1.17	1.35	1.42	1.59
Z-10	0.28	0.72	1.03	1.09	1.23	1.29	1.38

由表 7-44 看出 6 号高炉热风炉使用的硅砖，其膨胀率在 350℃以前最大（0.89%～1.13%），350～700℃次之（0.26%～0.36%），700～900℃最小。

6 号高炉 2 号和 3 号热风炉是用加热炉燃烧焦炉煤气的烟气烘炉。于 1976 年 7 月 1 日和 6 日 3 号炉和 2 号炉分别开始烘炉，其计划与实际烘炉曲线示于图 7-50，烘炉分 3 个阶段进行。

第一阶段：用煤气盘燃烧焦炉煤气烘炉，以烘烤陶瓷燃烧器为主同时也要保证炉顶温度不超过计划曲线的规定值。陶瓷燃烧器烘完时热风炉炉顶温度由常温烘到 130℃，再升温已有困难。

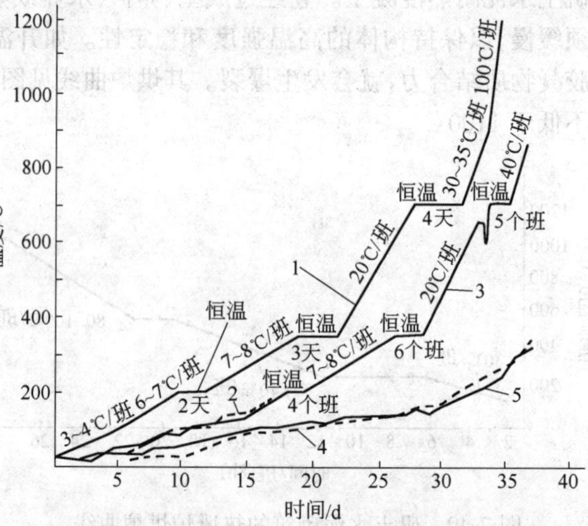

图 7-50　六高炉 2 号和 3 号硅砖热风炉烘炉曲线

1—计划烘炉曲线；2—2 号实际烘炉曲线；3—3 号实际烘炉曲线；
4—2 号废气温度；5—3 号废气温度

第二阶段：用加热炉燃烧焦炉煤气的烟气烘炉，在热风炉的操作平台上，建造两座室式加热炉，设计尺寸为：2517mm×2204mm×1508mm，内衬黏土砖，每个加热炉安装 5 个低压涡流 DW-1-9 型烧嘴，每个烧嘴烧焦炉煤气 $250m^3/h$。加热炉内燃烧焦炉煤气的高温烟气，由陶瓷燃烧器的点火人孔引入热风炉。为了控制烘炉温度，在高温烟气进入热风炉前混入冷空气，冷空气由助燃风机引来。

在第二阶段烘炉中，炉顶温度的控制要求严格。因此，要求调节炉顶温度的手段要充分可靠，可采取下列手段。

调节燃烧焦炉煤气的烟气温度，以控制热风炉的炉顶温度，可以用调整加热炉烧嘴的个数与调节每个烧嘴的空气和煤气的比例来达到。

调节混入高温烟气的冷空气量，控制炉顶温度。

调整热风炉的烟道阀开启程度，控制烟气量，来达到控制炉顶温度和废气温度。

第二阶段烘炉是从炉顶温度 130℃开始，先开一个烧嘴，烧到 480℃时开 3 个烧嘴，加热炉炉膛温度达到 1300～1400℃，热风炉炉顶温度提升到 650℃。

第三阶段烘炉：由陶瓷燃烧器引进高炉煤气燃烧烘炉，采用自然通风燃烧，到 8 月 1 日热风炉炉顶烘温到 1200℃，废气温度 380℃，烘炉结束。实际烘炉时间，3 号炉为 40d，2 号炉为 34d，而计划 35d。2 号炉基本上按计划曲线进行，而 3 号炉开始升温速度比预定计划要慢，原因是等待 2 号热风炉。

由于硅砖在升温过程中，有较大的晶格转变，膨胀率很大。在 700℃以前升温必须缓慢平稳，350℃以前尤须谨慎。

切忌反复加热，不允许火焰与硅砖砌体接触，一般采用在炉外砌筑临时加热炉，用其燃烧的烟气烘炉。也可以在热风炉燃烧室内特设燃烧器，燃烧焦炉煤气烘烤。

4）陶瓷燃烧器的烘烤。用耐热混凝土预制块砌筑的陶瓷燃烧器的烘烤。要求砌筑前对预制块进行烘烤。鞍钢热风炉陶瓷燃烧器磷酸盐耐热混凝预制块烘烤曲线见图7-51，在加热炉中烘烤。

如果陶瓷燃烧器的预制块，在安装前没有烘烤，在热风炉烘炉前必须进行整体烘烤，其烘烤曲线见图 7-52。

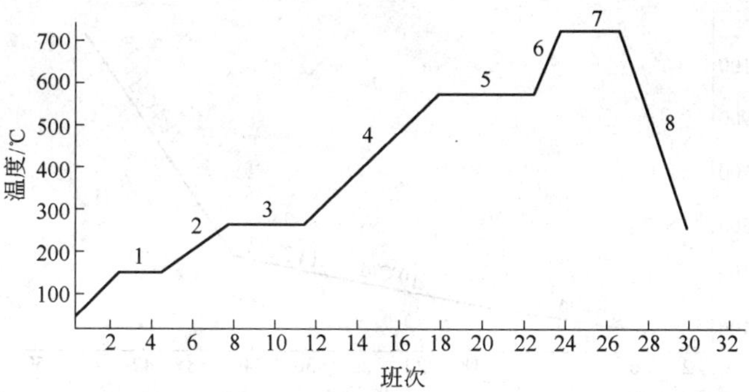

图 7-51　鞍钢热风炉陶瓷燃烧器磷酸盐耐热混凝土预制块烘烤温度曲线

1—恒温 2 个班；2—30℃/班；3—恒温 4 个班；4—40℃/班；
5—恒温 5 个班；6—100℃/班；7—恒温 3 个班；8—降温

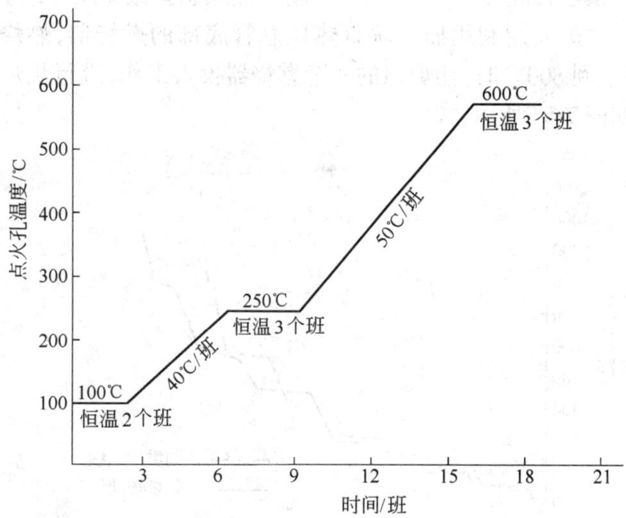

图 7-52　陶瓷燃烧器烘烤曲线

烘烤的方法：在热风炉点火孔安装一支临时热电偶，在陶瓷燃烧器的煤气道和空气道安装煤气盘，用焦炉煤气燃烧进行烘烤。以点火孔温度为依据，同时也要兼顾热风炉炉顶温度，如果炉顶温度上升速度超过烘烤计划规定，就要放慢陶瓷燃烧器的烘烤速度。烘烤温度的调节，用增减煤气盘的个数和调节各个煤气盘燃烧煤气量来实现。烘烤火焰不得烧着预制块的表面，要严格按曲线升温，确保不损坏耐火砌体。

此种烘烤办法，也适用于热风炉烘炉初期，其优点是升温稳定，易于控制。

如果陶瓷燃烧器是耐火砖或经过烘烤的预制块砌筑，砌筑后可不进行整体烘烤。

(3) 宝钢 1 号高炉硅砖热风炉的烘炉

宝钢 1 号高炉（炉容 4063m^3）配备 4 座新日铁式外燃热风炉，高温部用硅砖砌筑。它的烘炉是采用炉外临时建燃烧炉，燃烧焦炉煤气，用其烟气烘烤热风炉。烟气由燃烧室下部人孔引入，经燃烧室、拱顶、蓄热室由烟囱排放到大气中。它的烘炉曲线见图 7-53。

由于烘烤的时间较长，为防止将热风炉炉箅子、支柱烧坏，在炉箅子下面安装了冷却装置，通风冷却。

宝钢 1 号高炉硅砖热风炉烘炉共用时 49d。

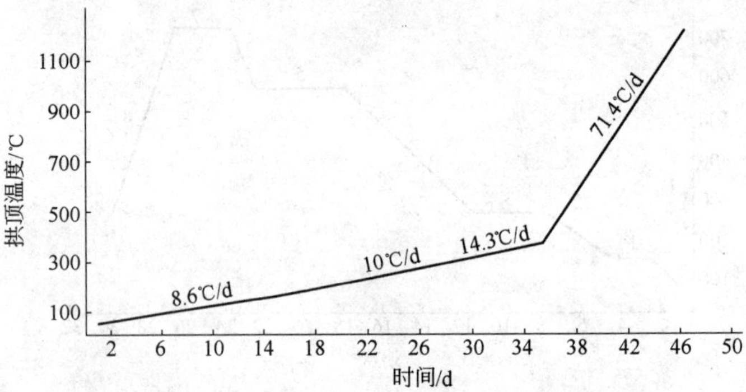

图 7-53　宝钢 1 号高炉热风炉烘炉曲线

(4) 顶燃式热风炉的烘炉

首钢 2 号高炉采用顶燃式硅砖热风炉，利用其垂直热风总管做 4 座热风炉公共的烘炉燃烧室，同时烘烤 4 座热风炉。烘炉前期利用插入垂直热风总管底部的燃烧器，燃烧焦炉煤气进行烘烤。烘炉后期，当炉顶温度达到 800℃时，让炉顶的 4 个燃烧器投入工作，进行烘炉。4 座热风炉的升温速度相同。烘炉曲线如图 7-54 所示。

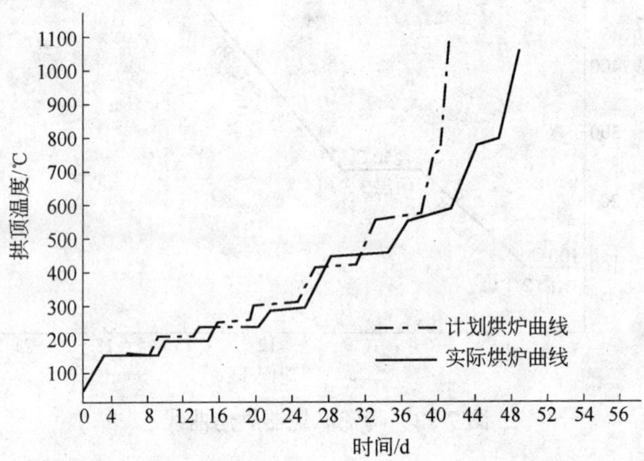

图 7-54　首钢硅砖顶燃式热风炉烘炉曲线

7.6.2　热风炉的保温

热风炉的保温，重点是硅砖热风炉的保温，是在高炉停炉或热风炉需要检修时。如何保持硅砖砌体温度不低于 600℃，而废气温度又不高于 400℃。根据停炉时间的长短与检修的部位和设备，可采用不同的保温方法。鞍钢的经验是：

1) 高炉 6d 以内的休风，热风炉又有较多的检修项目，在休风前将热风炉烧热，将炉顶温度烧到允许的最高值即可。

2) 高炉 10d 以内的休风，热风炉又没有什么检修项目，在高炉休风前将热风炉送凉，特别是将废气温度压低，保温期间炉顶温度低于 700℃就烧炉，可以保持 10d 废气温度不超过 400℃。

3) 如果是长时间(大于 10d)的保温，则须采取炉顶温度低于 750℃，就烧炉加热；废气温度高于 350℃就送风冷却，热风由热风总管经倒流管排放大气中。为了不使热风窜到高炉影响施工，在倒流休风管和高炉之间的热风管内砌一道挡墙。

当热风炉炉顶温度降到750℃时，就强制燃烧烧炉，再次烧炉时间为0.5～1.0h，炉顶温度达到1100～1200℃。当废气温度达到350℃就送风冷却。冷风量约为100～300m^3/min，风压为5kPa，冷风由其它高炉调拨或安装通风机。操作程序和热风炉正常工作程序一致，各座热风炉轮流燃烧送风。每个班每座热风炉约换炉一次。这种燃烧加保持炉顶温度、送风冷却、控制废气温度的作法。称之为“燃烧加热、送风冷却”保温法。这种保温方法是硅砖热风炉保温的一项有效措施。不管高炉停炉时间多长，这种方法都是适用的。

7.6.3 热风炉的凉炉

热风炉的凉炉与烘炉一样，不同的耐火材料和不同的停炉方式，应用不同的凉炉方法。

7.6.3.1 高铝砖、黏土砖热风炉的凉炉

1) 高炉正常生产时，热风炉组中有一座热风炉的内部砌体需进行检修时的凉炉，首钢的凉炉经验如下：

① 设1号热风炉为待修炉，在最后一次送风时，使其炉顶温度降至1000～1050℃，然后换炉，换炉后关闭混风阀，利用1号热风炉做混风炉，其冷风阀当做风温调节阀，不许全闭。

② 在1号炉做混风的过程中，其余两座热风炉轮流送风。经过3个周期后，将风温降至比正常风温低200℃(高炉相应减负荷)，1号继续做混风使用。

③ 当1号炉顶温度降至250℃时，停止做混风炉，关闭其冷、热风阀，打开废风阀、烟道阀，然后启动助燃风机，继续强制凉炉。

④ 拱顶温度由250℃降到70℃后停助燃风机，凉炉完毕。

整个凉炉过程约需时5～6d。

2) 热风炉组全部检修的凉炉。该法多用于高炉大修、中修时热风炉的凉炉。鞍钢的凉炉经验如下：

① 在高炉停炉过程中，尽量将热风炉送凉。在高炉允许的情况下尽量降低其炉顶温度和废气温度。

② 用助燃风机强制凉炉，直至废气温度升高到允许的最高值，停助燃风机凉炉。

③ 打开炉顶人孔用其它高炉拨的冷风继续凉炉。或由通风机由箅子下人孔通风代替其它高炉拨风。被加热的冷风由炉顶人孔排入大气中。

④ 当热风炉炉顶温度不再下降与高炉冷风温度持平后，再开助燃风机强制凉炉。一直凉到炉顶温度低于60℃为止。这种凉炉方法，需时8～9d。

⑤ 用此法凉炉须注意以下几点：在整个凉炉过程中，烟道的废气温度不得高于规定值(350℃)，以免将炉箅子、支柱烧坏；用高炉冷风凉炉时，风量不要过大，以免将炉顶人孔烧变形；在用助燃风凉炉时，应注意鼓风马达的电流情况，如过大应关小吸风口的调风板。以免将鼓风马达烧坏。

7.6.3.2 硅砖热风炉的凉炉

硅砖具有良好的高温性能和低温(600℃以下)的不稳定性。过去，硅砖热风炉一旦投入生产，就不能再降温到600℃以下，否则会因突然收缩，造成硅砖砌体的溃破和倒塌。经国内外大量的试验研究，硅砖热风炉的凉炉，大体上有两种方法。

(1) 自然缓炉

日本福山厂3号高炉和小仓厂1号高炉的硅砖热风炉，分别用150d和120d成功地凉下来。

日本小仓1号高炉2号热风炉是硅砖内燃式热风炉，希望供两代高炉使用，作了以冷却代替保温的试验：400℃以上燃烧冷却，400℃以下自然冷却，凉炉温度曲线如图7-55，在收缩度较大的温度(500℃)恒温8d，500℃以下的晶格变化点降温更缓慢。计划凉炉110d，实测温度如图7-55所示。

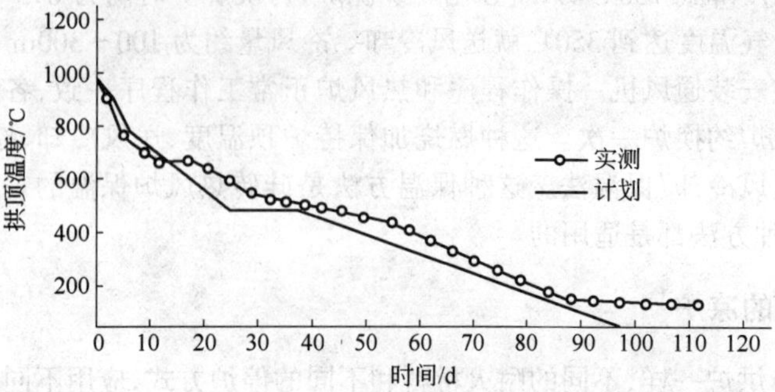

图 7-55　小仓高炉硅砖热风炉凉炉温度曲线

凉炉中及凉炉完毕调查:隔墙、拱顶、格子砖均完好无大损,格孔贯通度良好。认为有再使用的可能性。调查结果列入表 7-46。

表 7-46　小仓高炉硅砖热风炉凉炉调查

部　　位	调　　查　　结　　果
拱　顶　砖	1. 龟裂 17 处,长度共约 58m,宽度共约 200mm,认为大概是升温时即已造成 2. 相对于缓凉开始时,下沉 30～50mm
格　子　砖	1. 相对筑炉时,下沉 60mm 2. 用照明法检测,冷却后格孔贯通率 83%
隔　　墙	无龟裂、变形等损伤
阻 损 变 化	阻损有若干增加,但操作时煤气量可充分保证

(2) 快速凉炉

硅砖热风炉用自然缓冷凉炉是成功的,但由于工期的关系,自然缓冷来不及,还要做快速凉炉的尝试。鞍钢 1985 年在 6 号高炉硅砖热风炉上进行了快速凉炉的试验,用 14d 将炉子成功的凉下来,它采用的凉炉曲线如图 7-56 所示,基本上是烘炉曲线的倒置。只是速度加快了些。

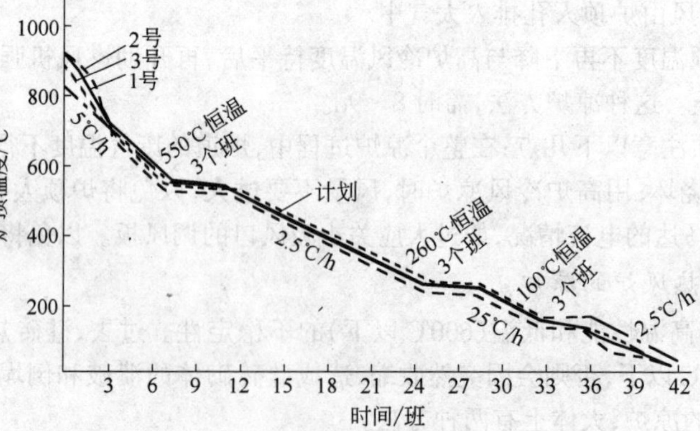

图 7-56　鞍钢 6 号高炉硅砖热风炉凉炉曲线

(3) 凉炉操作

1) 在高炉停炉空料线期间,热风炉不再烧炉,逐渐将炉顶温度由 1350℃ 降到 900℃。

2) 高炉停炉休风后,采用高炉送风的流程(注意热风阀不开),将其它高炉的冷风拨入热风 炉,用陶瓷燃烧器上人孔排放。

3）在凉炉期间要严格按凉炉曲线降温，可以用拨风量的大小和高炉放散阀的开度来控制凉炉的总进度；利用各热风炉的冷风阀的开度和排风口人孔盖的开启度来调节各座热风炉的降温速度。

4）在拱顶温度按规定凉炉曲线不断降温时，要特别注意硅砖与黏土砖（或高铝砖）交界面的温度变化，如果与炉顶温度的差值太大，可适当的降低热风炉凉炉速度和增加恒温时间。

（4）凉炉后对硅砖砌体调查

1）调查情况如下：3座热风炉的拱顶、连接管、燃烧室基本完好无损，没发现任何裂纹。惟3号炉连接管两人孔碹有轻微破损，分析原因是该人孔在生产中曾几次漏风，曾打开人孔盖补砌、捣打耐火材料，突然降温所致。

2）蓄热缩口部分：1号炉有三条纵向裂纹，北侧一条长1.6m、宽8mm；西侧一条长1.5m，缝宽9mm；东南侧一条长1.2m，缝宽7mm；2号炉有4条裂纹；3号炉有两条裂纹，裂纹的长度均在1.0～2.0m之间，缝宽5～10mm，经探测是龟裂，不是穿透性裂纹，推断是凉炉时产生的，再烘烤时还能密合。经有关专家鉴定，3座热风炉的大墙、拱顶、连接管、缩口、燃烧室全部可以继续使用。这次快速凉炉是非常成功的，它打破了“硅砖热风炉一命货”的论点，说明硅砖热风炉快速凉炉是可行的，预示了“硅砖热风炉跨代使用”的可能性和必然性。

鞍钢6号高炉这组硅砖热风炉，从1976年投产到目前整整给高炉服务25年，现仍在使用，中间换了一次格子砖，可以说是长寿的。

7.7 热风炉的寿命

热风炉的一代寿命与其结构、耐火材料质量、砌筑质量、煤气质量、风温水平以及热风炉日常操作、管理有关。

7.7.1 热风炉的事故及其处理

7.7.1.1 热风炉常见事故及其处理

热风炉常见事故及其处理，见表7-47。

表7-47 热风炉常见事故及其处理

事故名称	事故原因	特征	后果	处理
助燃风机马达短路，对轮螺栓剪断	1. 大雨混线 2. 接地 3. 对轮螺栓松动	1. 马达不能启动 2. 马达空转	1. 影响烧炉和风温 2. 煤气大量外喷污染环境，发生中毒事故	1. 立即关严煤气阀 2. 及时查明原因，恢复运转 3. 更换对轮螺栓
炉壳烧穿	砖衬裂缝、漏风	炉壳发红、鼓包、喷灰	1. 漏风 2. 影响炉子寿命	1. 及时补焊 2. 割开炉壳对裂缝修补、灌浆
炉箅子、支柱倒塌	1. 废气温度长期超出规定 2. 炉箅子支柱材质不当或结构不合理	1. 燃烧率明显下降或喷炉 2. 炉子蓄热量下降废气温度上不来	1. 风温下降 2. 危及炉子寿命	1. 停炉清理塌落的格子砖 2. 进行更换和补修支柱和炉箅子

续表 7-47

事故名称	事故原因	特征	后果	处理
烟道跑风	烟道阀或废气阀未关或没关严就灌风,充压	1. 风压表指标达不到规定值 2. 冷风管道的响声增大	跑风引起高炉风压剧烈波动,甚至发生崩料悬料	关冷风阀停止灌风,待烟道阀、废风阀关严后,再灌风、充压
燃烧阀跑风	燃烧阀未关严或未关就灌风充压	1. 风压表达不到规定值 2. 燃烧器发红	1. 高炉风压剧烈波动 2. 严重者将助燃风机烧坏和产生煤气爆炸	发现后立即打开废气阀,关冷风小门,待关严燃烧阀后,再重新灌风
煤气阀关不上或关不严	1. 阀的本身出现问题 2. 有异物卡住	1. 从外观就明显看出关不上 2. 关煤气阀后炉内煤气大,止不住	1. 影响高炉风温 2. 长时间关不上,废气温度过高、烧坏炉箅子和支柱	1. 改点自然炉或将煤气量减到最低 2. 立即组织堵盲板工作:逐渐关小煤气主管上的开闭器,压力降至 1000Pa 后,往管道内通入蒸汽,火灭后堵上盲板 3. 检修煤气阀
高炉休风忘关(或未关严)冷风大闸		休风后高炉仍有风,风休不下来	1. 如冷风未放净、高炉休风、休不下来 2. 如冷风已放净,则炉缸残余煤气可能窜入冷风总管,发生煤气爆炸危及鼓风机	1. 立即将冷风大闸关严和关死风温调节阀 2. 如果发现煤气已窜到冷风管道中,应立即将废气温度低的热风炉的烟道阀、冷风阀打开,煤气抽入烟囱排入大气
倒流休风复风时,忘关倒流阀或倒流炉热风阀		1. 倒流管有跑风现象,夜间可以看到倒流管发红 2. 倒流热风炉的燃烧器冒烟和喷火	1. 倒流管的砌砖吹掉严重者烧坏倒流管 2. 热风进入倒流炉、烧坏燃烧设备	1. 高炉立即停止送风 2. 关严倒流阀或倒流炉热风阀后重新送风

7.7.1.2 热风炉的恶性事故及其预防

热风炉出现过的恶性事故有:热风炉拱顶“上天”、热风炉炉内煤气爆炸、冷风管道和鼓风机炸坏和热风炉炉壳烧穿等。

下面举两个恶性事故的实例。

(1) 冷风管道窜入煤气的爆炸事故

1) 事故的经过:1973 年某厂 4 号高炉 4 号热风炉冷风阀传动齿轮与齿条错位,无法关闭,高炉倒流休风处理,在休风操作中放风阀全开和鼓风机放风,冷风压力仍有 0.01MPa,无法修理,遂决定关闭鼓风机出口阀门、冷风管道压力降到零。在此之前为了降压曾将 4 号炉烟道阀打开,借以放掉冷风,直到鼓风机出口阀关闭后数分钟才关上。休风中高炉借机更换风口完毕,关倒流阀停止倒流,当倒流阀关闭后发生了煤气爆炸,冷风阀及放风阀冒出火光,放风阀的阀饼炸变形,管口炸开。

2）原因分析

① 冷风大闸与热风阀一样是靠压力密封的，当没有压力时，阀饼处于中间位置。阀饼与阀体之间有一定的通路。由于高炉休风未堵风口，风管也没卸，因此在高炉炉缸和冷风管道间形成了一条通路。

② 在未关烟道阀的情况下，关鼓风机出口阀门使冷风管道呈现负压，由于冷风阀处于开启位置，使冷风管道与烟道连通，炉缸的残余煤气抽入冷风管道，当关闭烟道阀后，煤气与空气混合积存在冷风管中。

③ 倒流休风阀关闭后，使更多的残余煤气，通过冷风大闸进入冷风管道，煤气本身就具有点火温度，因而引起了爆炸。

3）预防措施：

① 停风机或关鼓风机出口阀门之前，必须堵风口、卸风管，断绝高炉与冷风管道的联系。

② 在冷风管道无压力的情况下，倒流阀要保持开启状态，以便将炉缸的残余煤气抽走。

③ 在混风管道设水封，防止炉缸残余煤气窜入冷风管道和鼓风机。

④ 在冷风大闸和风温调节阀之间设气封。

(2) 热风炉拱顶吹塌事故

1）事故的经过：1973 年 11 月 10 日鞍钢 4 号高炉 1 号热风炉，于 19:35 开始送风，20:30发现 1 号炉炉顶炉壳两处发红。经检查发现，东南人孔鼓包，上下各红一块，其上方大修进砖口，焊口有部分开焊漏风，又经设备人员检查和请示领导，决定继续使用，等待白天修理。于 23:05 又用 1 号炉送风，23:25 突然一声巨响，炉顶进砖孔吹开，炉顶砖抛出，出现了热风炉拱顶“上天”的严重事故。

2）事故的原因：

① 4 号高炉热风炉炉壳是日伪时期的旧炉壳，已用将近 50 年，破损严重，尤其是炉顶炉壳腐蚀更为严重，并在其上开了两个进砖口，焊口又是对接的，这些都是这次事故的潜在原因。

② 东南人孔变形，发红并逐步扩展到进砖口致使焊口开焊，将拱顶砖吹出造成重大事故。因此，东南人孔碹变形，耐火砌体吹损，是这次事故的根源。

③ 发现炉顶炉皮烧红，进砖口漏风，还令该炉继续使用，是这次事故的人为原因，也是事故的直接原因。

3）事故的教训：

① 由于高炉大型化和高压操作，热风炉已变成一个受压容器。炉壳已成关键部件。特别是炉顶炉壳应定出使用年限，做到定期更换。

② 热风炉炉顶是热风炉的关键部位，不允许有漏风和烧红的现象出现，一经发现一定要及时停下来处理。

7.7.2 热风炉的破损及其原因

随着风温的提高热风炉的寿命正在逐步的缩短。内燃式热风炉，在风温 800℃左右工作时，一代寿命可达 20～30 年。武钢 1 号高炉，风温约 900℃，热风炉的寿命 20 年。风温提高到 1000～1100℃以上，内燃式热风炉的寿命近 10 年。外燃式热风炉风温在 1200℃的水平，寿命可达 15 年。研究热风炉的破损情况，采取有效措施，以提高热风炉的一代寿命。

7.7.2.1 热风炉破损及其原因

热风炉破损及其原因，列于表 7-48。

表 7-48 热风炉的破损及原因与改进措施

部位	破损情况	破损原因	改进措施
拱顶	普通内燃式热风炉拱顶和拱脚裂缝拱顶裂缝呈放射状拱脚裂缝呈水平环状裂缝多发生在燃烧室侧	1. 拱顶坐落在大墙上,燃烧室和蓄热室侧大墙受热膨胀和冷却收缩不均引起拱顶变形,产生裂缝; 2. 拱脚圈设计不合理,为了找水平和圆度,将拱脚钢圈用牛腿支撑,焊在炉壳上,当拱脚圈箍住时,不能随大墙升降,而产生环状缝	1. 拱顶与大墙分开,拱顶坐落在箱梁上,在与热风炉直筒部分大墙之间留有滑动缝,大墙可自由涨落,不影响拱顶; 2. 在拱脚砖砌完后,拱脚钢圈稳固后,将与炉壳连接的定位角钢(俗称牛腿)割除
	本钢地得式外燃热风炉,两球之间的连接体——截头圆锥体(称喇叭碹)中部掉砖塌落	1. 该处结构不合理,钢结构刚度不够,砌砖不合理; 2. 拱脚两侧外鼓,中间下陷; 3. 燃烧室炉壳,在送风期、燃烧期反复涨落	1. 做到钢结构,同砖结构配合紧密,不给喇叭碹变形留有空间余地; 2. 将拱顶喇叭碹砖改为直拱(和地面垂直,原为和喇叭口垂直); 3. 喇叭碹砖带方孔或圆孔,用方形或圆形锁砖闭锁,以保证其结构稳定
	鞍钢新日铁式外燃热风炉拱顶连接管碹口掉砖	1. 耐火材料选择不合理,抗高温蠕变性能差; 2. 砖型设计不合理	1. 高温区选用硅砖增强其高温稳定性; 2. 拱碹砖应设计带互锁的异型砖; 3. 高架燃烧室,以减少燃烧期与送风期、燃烧室与蓄热室涨落的差值
	拱顶渣化、高炉煤气清洗条件差的较严重	高炉煤气含灰量大	1. 改湿法除尘为干法除尘,特别是中、小高炉; 2. 改高压操作
燃烧室	燃烧室与蓄热室的隔墙短路	1. 受燃烧室下部掉砖的影响; 2. 使用金属燃烧器,在90°转弯进入燃烧室的高温烟气流直接冲击的结果; 3. 隔墙的气密性不够	1. 使用陶瓷燃烧器; 2. 在隔墙的中、下部设置耐热钢板夹层,增强隔墙的气密性
	内燃式热风炉燃烧室发生变形裂缝、倾斜、倒塌、掉砖,随风温的提高而加重。 掉砖多发生在中、下部	1. 温差影响、隔墙两侧的温差越大越易引起掉砖; 2. 燃烧室结构形式影响; 3. 燃烧震动和高温烟气冲击影响; 4. 耐火砖的抗高温蠕变性能差	1. 在燃烧室与蓄热室的隔墙中、下部增设绝热夹层,以减少温差; 2. 采用结构型式稳定的圆形火井,如采用眼睛形火井,要适当的增加隔墙的厚,以增强其稳固性。隔墙和大墙呈滑动接触,隔墙可自由涨落; 3. 改金属燃烧器为陶瓷燃烧器; 4. 使用抗高温蠕变性能好的耐火材料
蓄热室	格子砖表面呈"锅底状"下沉蓄热室中心(偏燃烧室对侧)下沉深度较大	1. 进入格子砖的气流分配不均; 2. 顶燃式热风炉煤气尚未完全燃烧就进入格子砖孔道燃烧的最高温度没组织在拱顶,而是在格孔中	1. 改善烟气和冷风在蓄热室的气流分布,提高均匀分配程度 2. 顶燃热风炉,必须使用短焰燃烧器,在这方面要进一步加强试验研究

续表 7-48

部位	破损情况	破损原因	改进措施
蓄热室	格子砖表面渣化、煤气清洗条件不好的高炉较严重	上部格子砖受高温作用，特别用热风炉倒流休风，煤气含尘量较高，碱金属氧化物如 K_2O、Na_2O、渗入耐火砖，生成低熔点液相	1．少用或不用热风炉倒流休风； 2．中、小高炉改干法除尘
蓄热室	格子砖、错位、扭曲、倒塌	1．格子砖的抗高温蠕变性能差； 2．由于内燃式热风炉结构上的固有缺点，造成在燃烧期，烟气量分配量大的区域，恰是送风期冷风分配量小的区域，致使格子砖砌体，长期周期性的承受不均匀的加热和冷却，以及拱顶下高温烟气旋流流动长期作用渐变造成格子砖错位、扭曲和倒塌	1．改进格子砖材质，提高其抗高温蠕变性能； 2．改善蓄热室的气流分配：注意冷风在箅子下的均匀分配问题，增设阻流导向板；蓄热室顶部格子砖进行异型砌筑，改善烟气的均匀分布
热风出口	热风出口碹压成椭圆形或掉砖	1．主要是高温和大墙的压力作用和热风阀损坏漏水的影响； 2．受耐火材料质量的影响	1．增加碹的厚度，增大耐压力； 2．用组合砖砌筑； 3．改善耐火材料质量，由黏土砖改为高铝砖 4．热风阀损坏要及时更换
热风出口	热风出口炉皮红鼓包	热风出口和热风里短管是整体砌筑，大墙是纵向膨胀，而里短管为横向膨胀，引起耐火砌体被剪断，窜风造成炉皮红、鼓包	1．里短管设波纹膨胀器，消除应力； 2．里短管改喇叭口，里面捣料，当出现温度高时，再灌浆； 3．大墙的热风出口碹与热风里短管分开砌筑，并预留出膨胀量
炉底板	炉底板边缘上翘、开裂、漏风	1．大墙膨胀上涨、将炉底板带起； 2．格子砖柱与大墙间隙太小； 3．大墙膨胀在炉底板上产生剪力	改成圆弧形炉底板
炉壳	炉皮破损	1．每一周期钢壳的弹性应变量和总换炉次数的影响； 2．砌体、裂缝漏风、炉壳温度过高、强度降低； 3．高温晶间应力腐蚀	1．定期更换炉壳； 2．提高耐火砌体的砌筑质量； 3．采取预防晶间应力腐蚀的措施
炉箅子与支柱	炉箅子烧塌变形，支柱弯曲，废气温度高的炉子常见	1．在废气和冷风的反复作用下急冷急热(特别是废气温度高的炉子)； 2．炉箅子和支柱的材质不合格	1．严格控制热风炉的废气温度，普通铸铁支柱和箅子最高废气温度不得超过400℃； 2．改善材质：使用球墨铸铁，在普通铸铁中加入一定量的铬、钼

7.7.3 热风炉炉壳晶间应力腐蚀及预防措施

热风炉的拱顶温度长时间在1400℃以上，炉壳会发生晶间应力腐蚀。晶间应力腐蚀是炉壳钢材与腐蚀介质接触，在钢材表面形成电解质，有高的电势，在电化学作用下，使钢板对应力腐蚀有更高的敏感性，晶界的碳化物是腐蚀应力集中之处，引起钢板破裂，裂缝沿晶界向钢材母体延伸、扩大。造成炉壳晶间应力腐蚀的原因和预防措施见表7-49。

表 7-49 炉壳发生晶间应力腐蚀的原因及预防措施

原因	预防措施
1. 拉应力超过钢材的屈服点:外燃或热风炉顶部都是不对称结构,压炉壳组装、焊接及热风炉操作(包括送风、燃烧、换炉、闷炉等)都会发生内应力,根据德国资料,热风炉送风时,膨胀圈的内应力,可能超过钢材屈服点的 50%; 2. 使用了敏感性钢材:钢材对不同介质有不同的敏感,就热风炉而言主要是对硝酸盐和硫酸盐的敏感; 3. 存在腐蚀环境:热风炉内的温度超过 1300℃时,氧与氮和氧与硫发生化学反应生成 NO_x 和 SO_x,再与烟气中的水蒸气因温度降低到露点以下而冷凝的水作用,变成硝酸和硫酸。当存在拉应力时,化学侵蚀破坏钢板晶间的结合键,产生晶间应力腐蚀	1. 减少应力的产生和消除应力:在设计时应按压力容器的原则,进行低应力设计,避免出现应力和应变峰值,焊接后焊缝应消除应力; 2. 改善钢材性能,使用抗应力腐蚀的钢材:使用含锰、铝的镇静细晶粒钢。现在德国使用钢种有 $STE_{36}WSTE_{36}$, Cr-Ni-Mo 奥氏体钢;日本使用的有 $SM_{51}ASR_{41}$等。近期中国北京科技大学研制的含 Mo 低合金钢加内涂层(CR-b 涂料)耐应力腐蚀性能更好; 3. 改善环境: 1) 控制钢壳周围温度在露点以上,在热风炉高温区外部加绝缘罩,一般用铝板制成内置绝缘材料,使炉壳温度在 150~300℃范围内,防止冷凝物生成; 2) 在炉壳内表面涂防腐层或在炉壳与衬砖间置填充料,防止腐蚀介质与炉壳接触。涂料一般为:① 环氧树脂;② 防腐蚀的胶质水泥;③ 由石墨、树脂和黏结剂组成的 ACT_{20} 的抗酸涂层;④ 煤焦油环氧树脂; 3) 炉壳内表面镶型块; 4) 气体燃料脱水和脱硫

风温在 1200℃以上的热风炉应采取防止晶间应力腐蚀的措施。

宝钢 1 号高炉热风炉炉壳的防止晶间应力腐蚀措施为:

1) 蓄热室、燃烧室的拱顶和连接管处采用韧性耐龟裂钢板(SM41CF)焊结后用电加热局部退火,以消除焊接应力

2) 蓄热室拱顶下部,圆锥体下部,燃烧室拱顶下部用曲面结构,减小局部应力集中。

3) 高温区炉壳外面用 0.5mm 铝板包覆,铝板与炉壳间填充厚 3mm 保温毡,使炉壳温度保持在 150~250℃,防止内表面结露,也防止突然降温(如暴雨)使炉壳急冷而产生应力。

4) 炉壳内表面涂硅氨基甲酸乙酯树脂保护层,防止 NO_x 与炉壳接触。

鞍钢 10 号高炉热风炉在改造大修中,热风炉采取了预防晶间应力腐蚀的措施:

1) 拱顶炉壳采用鞍钢特殊研制的含钼 AC1 抗晶间应力腐蚀钢板。焊结后用电加热局部退火。

2) 热风炉炉壳拐点均采用曲面结构。

3) 在钢壳内表面涂有防腐蚀涂料。

7.8 热风炉用耐火材料

热风炉要想达到高风温,必须有既能承受长期高温,又能满足热风炉工艺需要的耐火材料做保证。耐火材料对提高风温和热风炉的寿命的重要性越来越被重视,20 世纪 50 年代到现在我国热风炉用耐火材料有了长足的进步。

7.8.1 热风炉用耐火材料理化性能指标

我国热风炉用耐火砖理化性能指标列于表 7-50。

热风炉用隔热的耐火材料:硅藻土砖、轻质料黏土砖、轻质高铝砖理化性能指标列于表 7-51。

黏土质和高铝质致密耐火浇注料的理化性能指标列于表 7-52。

耐火砖的抗高温蠕变性能十分重要,已引起广泛的重视,但由于国内的检验和计算方法不一,指标不确切,尚未纳入国家标准。只有热风炉用硅砖已纳入行业标准,见表 7-53。

表 7-50 我国热风炉用耐火砖的理化性能指标

种　　类	黏　土　砖①			高　铝　砖②			硅　　砖③		
牌　　号	RN-42	RN-40	RN-36	RL-65	RL-55	RL-48	GZ-95	GZ-94	GZ-93
Al_2O_3 含量/% 不小于	42	40	36	65	55	48			
SiO_2 含量/% 不小于							95	94	93
耐火度/℃ 不低于	1750	1730	1690	1790	1770	1750	1710	1710	1690
0.20MPa 荷重软化开始温度/℃ 不低于	1400	1350	1300	1500	1470	1420	1650	1640	1620
重烧线变化(1450℃ 2h)/%	0～0.4								
重烧线变化(1350℃ 2h)/%		0～0.3	0～0.5						
重烧线变化(1500℃ 2h)/%				+0.1 −0.4	+0.1 −0.4				
重烧线变化(1450℃ 2h)/%						+0.1 −0.4			
显气孔率/% 不大于	24	24	26	24	24	24	22	23	25
常温耐压强度/MPa 不小于	29.4	24.5	19.6	49.0	44.1	39.2	29.4	24.5	19.6
真密度/$g\cdot cm^{-3}$不大于							2.37	2.38	2.39
抗热震性	必须进行此项试验，将实测数据在质量证明书中注明								

① 引自 GB 4416—87；② 引自 GB 2990—87；③ 引自 GB 2608—87。

表 7-51 热风炉用隔热耐火砖

种　　类	轻质高铝砖①					轻质黏土砖②					硅藻土隔热砖③					
牌　　号	LG-0.8	LG-0.7	LG-0.6	LG-0.5	LG-0.4	QN-1.3a	QN-1.3b	QN-1.0	QN-0.8	QN-0.4	GG-0.7a	GG-0.7b	GG-0.6	GG-0.5a	GG-0.5b	GG-0.4
Al_2O_3/% ≥	48	48	48	48	48											
Fe_2O_3/% ≤	2.0	2.0	2.0	2.0	2.0											
体积密度/$g\cdot cm^{-3}$不大于	0.8	0.7	0.6	0.5	0.4	1.3	1.3	1.0	0.8	0.4	0.7	0.7	0.6	0.5	0.5	0.4
常温耐压强度/kPa 不小于	2942	2451	1961	1471	784	4413	3923	2942	2451	981	2451	1177	784	784	588	784
重烧线变化不大于 2%的试验温度/℃	1400	1350	1350	1250	1250	1400	1350	1350	1250	1150	900	900	900	900	900	900
导热系数/$W\cdot(m\cdot K)^{-1}$	0.35	0.35	0.30	0.25	0.20	0.60	0.60	0.50	0.35	0.20	0.20	0.21	0.17	0.15	0.16	0.13

注：1. 砖的工作温度不超过重烧线变化的试验温度；

2. 表内导热系数指标为平板法试验数值；

① 引自 GB 3995—83；② 引自 GB 3994—83；③ 引自 GB 3996—83。

表 7-52 黏土质和高铝质致密浇注料理化指标

分　　类		水泥结合耐火浇注料					低水泥结合耐火浇注料		磷酸盐结合耐火浇注料			水玻璃结合耐火浇注料
牌　　号		GL-85	GL-70	GL-60	GN-50	GN-42	DL-80	DL-60	LL-75	LL-60	LL-45	BN-40
指	Al_2O_3/% 不小于	85	70	60	50	42	80	60	75	60	45	40
	CaO/% 不大于	—	—	—	—	—	2.5	2.5	—	—	—	—
	耐火度/℃ 不低于	1780	1720	1700	1660	1640	1780	1740	1780	1740	1700	—
标	烧后线变化率不大于 1%的试验温度(保温 3h)/℃	1500	1450	1400	1400	1350	1500	1500	1500	1450	1350	1000

续表 7-52

分类			水泥结合耐火浇注料					低水泥结合耐火浇注料		磷酸盐结合耐火浇注料			水玻璃结合耐火浇注料
牌号			GL-85	GL-70	GL-60	GL-50	GN-42	DL-80	DL-60	LL-75	LL-60	LL-45	BN-40
指标	110℃ ±5℃烘干后	耐压强度/MPa 不小于	35	35	30	30	25	40	30	30	25	20	20
		抗折强度/MPa 不小于	5	5	4	4	3.5	6	5	5	4	3.5	—

注：引自 YB/T 5083—1997。

表 7-53 热风炉用硅砖的理化指标

项目		指标	
		拱顶炉墙砖	格子砖
SiO_2/%	不小于	95	
常温耐压强度/MPa	不小于	35	30
显气孔率/%	不大于	22	23
蠕变率(0.2MPa、1550℃、50h)/%	不大于	0.8	
真密度/$g\cdot cm^{-3}$	不大于	2.35	
热膨胀率(1000℃)/%	不大于	1.26	
残余石英/%		提供数据	

注：引自 YB 133—98，砖的牌号定为：RG—95。

7.8.2 蓄热室格子砖的热工特性

7.8.2.1 格子砖的热工特性

格子砖的热工特性，通常用 6 个参数来表示：

1) $1m^3$ 格子砖的加热面积；f，m^2/m^3；

2) 活面积：ψ，m^2/m^2；

3) $1m^3$ 格子砖中砖所占的体积(填充系数)：$u_k = 1-\psi$，m^3/m^3

4) 格孔的流体直径：d_h，mm；

5) 格子砖的当量厚度：$S = u_k/(f/2) = 2u_k/f$，mm；

6) $1m^3$ 格子砖的重量：G，kg/m^3。

7.8.2.2 热工参数的计算

(1) 正方形格孔见图 7-57。

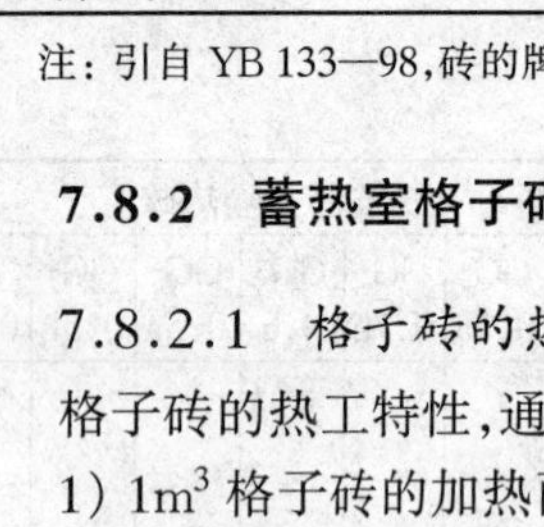

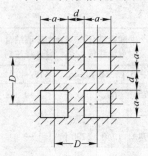

图 7-57 正方形格孔格子砖热工参数

正方形格孔参数计算如下：

1) $$f = \frac{4a}{D^2} = \frac{4a}{(a+d)^2} \quad (7\text{-}52)$$

2) $$\psi = \frac{a^2}{D^2} = \frac{a^2}{(a+d)^2} = \frac{1}{\left(1+\dfrac{d}{a}\right)^2} \quad (7\text{-}53)$$

3) $$S = 2\delta = \frac{2(1-\psi)}{f} = d\left(1+\frac{d}{2a}\right) \quad (7\text{-}54)$$

4) $$d_h = \frac{4a^2}{4a} = a \quad (7\text{-}55)$$

式中 a——格孔边长；

d——砖厚；

D——等于 $a+d$。

(2) 任意形状格孔见图 7-58。

任意形状格孔参数计算如下：

1) $f=\dfrac{L}{A+A_Z}=\dfrac{4\psi}{d_h}$ (7-56)

2) $\psi=\dfrac{A}{A+A_Z}$ (7-57)

3) $S=2\delta=\dfrac{2(1-\psi)}{f}$ (7-58)

4) $d_h=\dfrac{4A}{L}$ (7-59)

5) $q=(1-\psi)\gamma$ (7-60)

式中 A——计算单元中格孔的通道面积，m^2；

A_Z——计算单元中的砖面积，m^2；

L——计算单元中气流与格孔通道接触周边长度，m；

γ——格子砖的密度，kg/m^3。

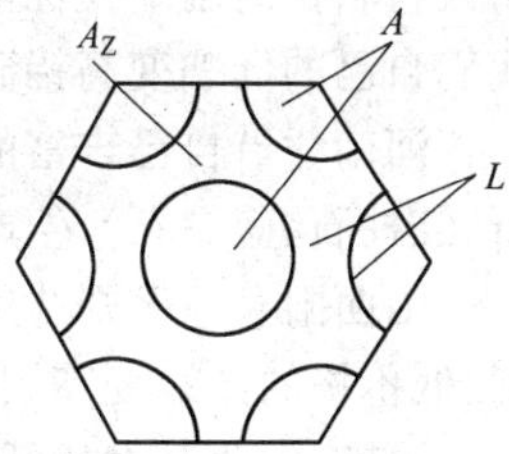

图 7-58 任意形状格孔格子砖热工参数

A—计算单元中格孔的通道面积，m^2；A_Z—计算单元中的砖面积，m^2；L—计算单元中气流与格孔通道接触的周边长度，m

7.8.2.3 常用格子砖的热工特性

我国常用格子砖的热工特性列于表 7-54。

表 7-54 国内常用格子砖热工特性

名　称	格孔尺寸 /mm	格砖厚度 /mm	$1m^3$ 格子砖加热面积 $f/m^2\cdot m^{-3}$	活面积 $\psi/m^2\cdot m^{-2}$	填充系数 $u_k/m^3\cdot m^{-3}$	$1m^3$ 格子砖重量 $G/kg\cdot m^{-3}$	格子砖单重 $/kg\cdot 块^{-1}$	当量厚度 S/mm	流体直径 d_r/mm
平板型	60×60	40	19.82	0.298	0.702	1474		54.2	60
波纹平板	60×60	40	26.4	0.36	0.64	高铝 1728 黏土 1408		53.3	60
五孔高铝砖	52×52	80	24.65	0.33	0.67	1809	9.3	38	
五孔黏土砖	50×70	80	28.73	0.432	0.568	1250	7.04	39.536	60.13
五孔硅砖	55×55	80	30.6	0.41	0.59	1120	5.2	38.6	53.2
七孔高铝砖	ϕ43	90	38.07	0.4093	0.5907	1535.8	7.84	31.02	

7.8.3 我国热风炉用耐火材料的进步

20 世纪 50 年代，我国热风炉用耐火材料主要是黏土砖，格子砖是片状平板砖，品种也比较单一。基本上满足了当时 800～900℃ 风温要求。60 年代，由于高炉喷吹技术的应用，风温有了很大的提高，在热风炉的高温部开始用高铝砖砌筑，格子砖也由板状砖，发展到整体穿孔砖，基本上满足了风温 1000～1100℃ 的要求。70 年代，开始将焦炉用硅砖移植应用到热风炉，使热风炉的耐火材料又上升了一个新台阶。80 年代和 90 年代，我国进入改革开放时期，热风炉耐火材料又有了新的长足的进步和发展。具体情况叙述如下：

1) 低蠕变高铝砖的开发与研制。在 80 年代，我国绝大部分热风炉的高温部位使用的耐火材料是高铝砖，这种高铝砖虽具有较高的荷重软化温度，但抗高温蠕变性能较差，含 Al_2O_3 在 65%～75% 的高铝砖，在 0.2MPa 的压力下，1400℃，50h 的蠕变率高达 1%～2%。致使热风炉格子砖下沉，格子砖变形、大墙不均匀下沉和裂缝等，造成热风炉破损的现象较为普遍。认识到对热风炉用耐火材料抗高温蠕变性能要求的重要性。20世纪90年代初河南、山西的耐火材料厂家,开始研制我们自已的低蠕变高铝砖。

河南凭借自已丰富的高铝矾土资源,采用以天然原料为主,辅以部分精料(莫来石、刚玉、硅线石、红柱石、蓝晶石),生产出各种档次的低蠕变高铝砖。

山西阳泉地区则选用当地高纯度的铝矾土天然原料,加入少许的添加剂,生产出高纯度、高密度、低价格的低蠕变高铝砖。

河南,山西开发的低蠕变高铝砖各项指标,见表7-55。

表7-55 河南、山西低蠕变高铝砖指标

厂　家	Al_2O_3/%	Fe_2O_3/%	耐火度/℃	荷重软化开始温度/℃	重烧线变化/%	显气孔率/%	常温耐压强度/MPa	蠕变率/%(0.2MPa,50h)
河南低蠕变高铝砖的典型数据	68～70	1.2～1.4	>1790	>1600	+0.2 -0.2/1500℃×2h	18～20	78.4	0.4～0.6/1500℃
山西阳泉地区低蠕变高铝砖的典型数据	81	1.4	>1790	>1630	+0.1 -0.2/1500℃×2h	17	171	0.69/1400℃
宝钢高铝砖 H_{21}(日本引进)	80.40	0.26	>1790	>1710	0/1500℃×2h	15.5	73.2	0.6/1550℃
宝钢高铝砖 H_{26}(日本引进)	64.00	1.27	>1790	>1490	0/1400℃×2h	20.3	63.9	1.0/1300℃
国家标准热风炉用高铝砖	⩾65	—	>1790	⩾1500	+0.1 -0.4/1500℃×2h	⩽24	⩾49	

上述开发研制的低蠕变高铝砖,由于使用的时间短,最后的结果尚未出来。鞍钢10号高炉热风炉使用山西阳泉的低蠕变高铝砖,已使用6年,风温始终在1200℃的水平,已初见成效。首钢高炉热风炉使用河南中州低蠕变高铝砖也取得了很好的结果。

目前国内对蠕变率的检验方法、计算方法尚不统一,常用的方法有50h蠕变率<1%和20～50h蠕变率<0.2%两种:

① 在0.2MPa压力下,1550℃,50h蠕变率<1%(高档品);
在0.2MPa压力下,1450℃,50h蠕变率<1%(中档品);
在0.2MPa压力下,1350℃,50h蠕变率<1%(低档品)。

② 在0.2MPa压力下,1550℃,20～50h蠕变率<0.2%(高档品);
在0.2MPa压力下,1450℃,20～50h蠕变率<0.2%(中档品);
在0.2MPa压力下,1350℃,20～50h蠕变率<0.2%(低档品)。
0.2%是50h和20h蠕变率的差值。

现在多用20～50h蠕变率<0.2%,来评价高铝砖的抗高温蠕变性能。

2) 在热风炉炉壳内侧喷涂一层约60mm的陶瓷喷涂料。热风炉投产后在高温作用下,喷涂料可与钢壳结成一体,有保护钢壳和绝热的双重作用,热风炉的各不同部位采用不同的喷涂料。高温区(蓄热室上部和拱顶)采用耐酸性喷涂料;中、低部位,采用一般的陶瓷喷涂料。

3) 热风炉砌体的开口部位,如人孔、热风出口、燃烧口等处是砌体上应力集中的部位,容易破损的部位,这些部位广泛地使用组合砖,使各口都成为一个坚固的整体。

4) 广泛地开发了带有凹凸口的能上下左右咬合的异型砖,达到了相邻砖之间自锁互锁作用,增强了砌体的整体性和结构强度。

5) 用耐火球代替格子砖的球式热风炉,在中、小高炉得到广泛的应用。球式热风炉结合布袋除尘,解决了长期以来困扰着中、小高炉“煤气含尘量高”和“风温低”的老大难问题。

热风炉各部所用耐火材料的选择依据,是以它所在位置的加热面温度为准,并能在承受载荷的条件下,长期稳定的工作。

当前我国热风炉的耐火砌体结构基本是(从高温区到低温区):

第一种结构:硅砖——低蠕变高铝砖(中档)——高铝砖——黏土砖。

第二种结构:低蠕变高铝砖(高档)——低蠕变高铝砖(中档)——高铝砖——黏土砖。

还是以第一种结构为好,因为硅砖具有很好的抗高温蠕变性能和高温下的热稳定性,而且价格又便宜。

参 考 文 献

1 武钢炼铁厂. 武钢硅砖热风炉的技术进步,全国金属学会论文集, 2000

2 林起礽等. 首钢新 3 号高炉热风炉设计,1994,3

3 郭方博. 小高炉炼铁理论与实践,冶金工业出版社,1992

4 成都钢铁厂. 成钢球式热风炉设计与生产实践,高炉高风温会议论文集,1992

5 张世德. ZSD 热风炉,高炉高风温会议论文集,1992

6 窦庆和等. ZSD 热风炉在鞍钢 $300m^3$ 高炉上的应用,炼铁 1994,4

7 尹怡等. 柳钢 3 号高炉热风炉热媒换热装置运行实践,高炉高风温会议论文集,1992

8 段润心等. 热风炉内冷风的流动状况及均匀配气技术,高炉高风温会议论文集,1992

9 鞍钢炼铁厂. 炼铁工艺计算手册,冶金工业出版社,1973

10 成兰伯主编. 高炉炼铁工艺及计算,冶金工业出版社,1991

8 炉前操作

8.1 铁口

8.1.1 出铁次数的确定

铁口数目主要取决于产量、出铁出渣时间及两次铁间渣铁沟维修时间等。即高炉炉容越大、产量越高、维修时间越长，铁口数量应越多(表 8-1)。实际生产已经感到，当高炉产量在 2000t/d 时，一个铁口操作很被动，炉前工作在高温下很紧张。

表 8-1　出铁口数目与高炉日产量参照数据

高炉产量/$t\cdot d^{-1}$	<1500～2500	3000～6000	6000～10000
出铁口数目/个	1～2	2～3	3～4
出铁场状况	1～2 个出铁场	2 个出铁场，铁口呈 180°布置	武钢 3200m^3 高炉，4 个出铁口，铁口 90°布置，环形出铁场。宝钢 4063m^3 高炉，4 个出铁口，铁口呈 40°布置，两个矩形出铁场

在一定的出铁次数和每次出铁时间下，每次出铁炉前操作维护允许时间为：

$$t = \frac{1440}{n} - \frac{P}{n \cdot V_t} \tag{8-1}$$

式中　t——炉前操作维修允许时间，min；

n——高炉昼夜出铁次数；

P——高炉昼夜出铁量，t；

V_t——出铁速度，t/min。

炉前操作维修时间与炉前机械化水平、出铁沟结构形式及出铁时间有关。为保证炉前操作维修工作进行，铁口数目的计算公式为：

$$N = \frac{t_1 + t_2 + t_3 + t_4}{\frac{1440}{n} J_c} \tag{8-2}$$

式中　N——铁口数目；

t_1——开铁口时间，min；

t_2——流铁时间，min；

t_3——堵铁口时间，min；

t_4——出铁沟、渣沟修补时间，min；

J_c——炉前作业率，%(可取 80%)；

日出铁次数的计算公式为：

$$n=\frac{a_t\cdot P}{T}=\frac{a_t\cdot P}{K_1\frac{\pi d^2}{4}\cdot h_z\gamma_t} \tag{8-3}$$

式中 n——高炉昼夜出铁次数，取整数；

P——高炉昼夜出铁量，t；

d——炉缸直径，m；

h_z——铁口中心线至渣口中心线高度，m；

γ_t——铁水比重，6.8～7.0t/m^3；

a_t——出铁不均匀系数，取1.2；

T——炉缸安全容铁量，t；

K_1——炉缸容铁系数，经验值为0.55～0.60。

应当说明在现代大高炉上不设渣口，计算式中的 h_z 可用铁口中心线到风口中心线的高度减去500mm代替。

按式8-3计算的高炉出铁次数列于表8-2。

考虑到出铁速度对出铁次数的影响，可用经验公式：

$$n=\frac{P(1440V_t-P)}{K_2\frac{\pi d^2}{4}\cdot h_z\cdot\gamma_t\cdot 1440V_t} \tag{8-4}$$

式中 V_t——铁口出铁速度，t/min；

K_2——炉缸有效容铁系数，日本大型高炉为0.04～0.07。

表8-2 按式8-3计算的高炉出铁次数

炉容/m^3	250	620	1000	1500	2000	2500	3200	4000
炉缸直径 d/m	4.2	6.0	7.3	8.6	9.8	10.8	12.0	13.4
渣口高度 h_z/m	1.1	1.4	1.3	1.4	1.5	1.6	—	—
炉缸安全容铁量 T/t	65	165	230	340	470	610	910	1300
出铁次数/次： 高炉利用系数1.5时	7	7	8	8	8	8	6	5
高炉利用系数2.0时	10	9	11	11	10	10	7	7
高炉利用系数2.5时	12	12	13	13	13	12	9	8

8.1.2 铁口结构

出铁口位于炉缸的下沿，为长方形直孔，宽度200～260mm，高度275～450mm，主要由铁口框架、保护板、砖套、泥套、流铁孔道及泥包所组成。图8-1和图8-2为铁口整体结构剖面和生产过程中的铁口状况。

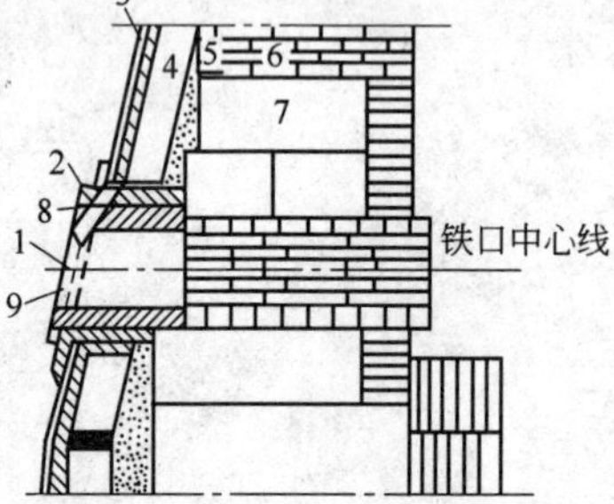

图 8-1　铁口整体结构剖面

1—铁口泥套；2—铁口框架；3—炉壳；
4—炉缸冷却壁；5—填料；6—炉墙砌砖；
7—炉缸环形碳砖；8—异型砖套；9—保护板

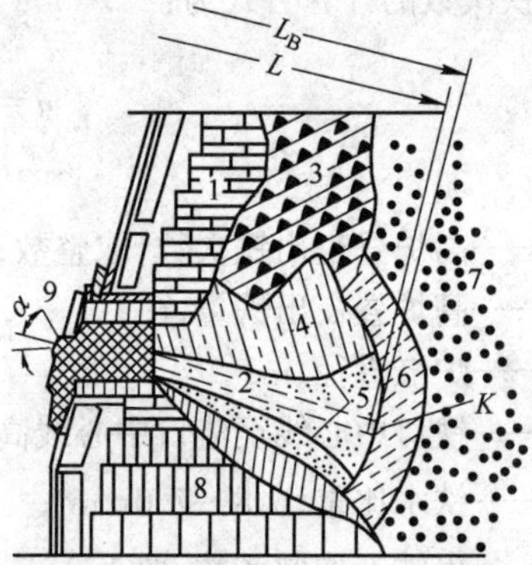

图 8-2　生产过程中的铁口状况

L_B—铁口的全深；L—铁口深度；K—硬壳(红点)；
1—残存的炉墙砌砖；2—铁口孔道；3—炉墙渣皮保护层；
4—旧堵泥；5—出铁泥包被渣铁冲刷侵蚀情况；
6—新堵泥形成的泥包层；7—炉缸焦炭；
8—炉底砌砖；9—铁口泥套

铁口工作环境恶劣，长期受高温渣铁侵蚀和冲刷。一般情况下，高炉投产后不久，铁口前端砖衬即被侵蚀，在整个炉役期间，铁口区域始终由泥包保护着。为适应恶劣的工作条件，保证铁口安全生产，提高铁口砖衬材质是十分重要的。砌筑铁口砖衬的耐火材料有：优良的抗碱性、耐剥落性、抗氧化性、耐铁水溶解性、抗渣性和耐用性等。过去主要使用黏土砖、硅线石砖和大型碳砖，但是黏土砖和硅线石砖抗碱性、耐剥落性和抗渣性不好。因此日本等国开发了 Al_2O_3—C—SiC 砖，综合评价好于硅线石砖和大型碳砖(表 8-3)。

表 8-3　几种出铁口砖的性能比较

性能 \ 砖种		Al_2O_3—C—SiC 砖	硅线石砖	大型碳砖	性能 \ 砖种	Al_2O_3—C—SiC 砖	硅线石砖	大型碳砖
化学成分/%	Al_2O_3	60	74	—	热导率/$W\cdot(m\cdot K)^{-1}$	17.45	1.74	13.96
	C	28	—	95	抗铁水溶解性	◎	◎	△
	SiC	5	—	—	抗渣性	◎	△	◎
	SiO_2	—	24	—	耐剥落性	○	△	◎
	灰分	—	—	5	抗碱性	○	△	◎
体积密度/$g\cdot cm^{-3}$		2.65	2.80	1.58	抗氧化性	○	◎	△
显气孔率/%		14.1	15.1	15.0	抗烧开性	△	△	○
常温耐压强度/MPa		46.11	117.72	42.18	综合评价	○	△	○
抗折强度/MPa		15.11	22.56	11.77				

注：◎ 优；○ 良；△劣。

8.1.3　泥炮、开口机的机械性能

8.1.3.1　泥炮

泥炮是高炉堵塞出铁口的重要设备，其打泥活塞总推力，打泥压力和速度等性能必须满足高炉生产的要求。否则，将影响铁口深度，威胁高炉安全生产。目前广泛使用的是电动泥炮和液压泥

炮，它们的各工作性能列于表8-4和表8-5。

表 8-4 泥炮主要参数

炉　容/m^3	250	620	1000～1500	2000～2500	3200	4000
高炉鼓风机风压/MPa	0.17	0.25	0.35	0.40	0.45	0.50
泥缸有效容积/m^3	0.1	0.15	0.2	0.25	0.25	0.3
泥缸活塞压力/MPa	5.0	7.5	10.0	12.0	13.0	18.3
炮口吐泥速度/$m \cdot s^{-1}$	0.1～0.2					

表 8-5 泥炮活塞总推力

高　炉	使用炮泥种类	高炉炉顶压力/MPa	炮嘴出口处压力 P_0/MPa	泥缸内压力损失 ΔP/MPa	泥缸活塞上压力 P/MPa
中型	有水炮泥	≤0.15	4～6	2～2.5	6～8.5
大型	无水炮泥	≥0.20～0.25	8～10	4～5	12～15

注：$P_0 + \Delta P = P$。

目前在用的泥炮中比较典型的有DDS式、PW式、BG式、MHG式等，其中前两种采用倾斜回转轴，全部动作由两个液压缸完成，结构简单，刚度大。国内有代表性的大型高炉上使用的泥炮为宝钢的MHG式和鞍钢的DDS式。近年来所作改进主要在于设备的自动化水平、机电一体化程度和可靠性的提高。

(1) 电动泥炮

电动泥炮的回转、送进和打泥均由电机驱动。我国生产和使用的丝杠式和丝母式电动泥炮的主要技术性能见表8-6和表8-7，后者与前者的区别在于：打泥机构是借与螺母连成一体的泥缸柱塞的往复运动来完成打泥操作的。它的基本结构与丝杠式相似，但它是丝杠转动丝母移动(图8-3)。

(2) 液压泥炮

表 8-6 丝杠式电动泥炮主要技术性能

名　称	主要规格		
	50(t)	100(t)	160(t)
炮筒直径/mm	550	550	650
活塞行程/mm	1250	1220	1505
泥缸有效容积/m^3	0.3	0.3	0.5
活塞泥压/MPa	2.12	4.58	5.00
活塞推力/t	50.4	100	160～165
活塞前进时间/s	37.5	52	78
炮嘴吐泥速度/$m \cdot s^{-1}$	0.45	0.323	0.36
打泥机构电机功率/kW	20	32	50
送进机构压紧力/kg	8400	8400	12000
送进运行时间/s	11.5	11.5	9

续表 8-6

名　　称	主要规格		
	50(t)	100(t)	160(t)
炮身倾斜角/(°)	17	17	17
送进机构电机功率/kW	20	20	20
炮架最大回转角度/(°)	180	180	180
炮架回转所需时间/s	10.5	10.5	14
总重/kg	13500	11955	20453
适用条件:炉容/m^3	<1000	1000左右	1300～1500
顶　　压	常　　压	高　　压	高　　压

表 8-7　丝母式电动泥炮性能表

名　　称	规　　格	名　　称	规　　格
泥缸有效容积/m^3	0.4	送进机构压紧力/kg	2480
活塞推力/t	212	送进所需时间/s	13.3
活塞泥压/MPa	8.0	送进小车最大行程/mm	900
泥缸直径/mm	580	小车最大直线行程/mm	500
活塞最大行程/mm	1510	送进机构电机功率/kW	26.5
活塞运行速度/$m \cdot min^{-1}$	0.805	旋转机构回转角/(°)	180
炮嘴吐泥速度/$m \cdot min^{-1}$	0.2	回转所需时间(180°)/s	11.3
活塞运行时间/s	113	旋转机构电机功率/kW	6.2
打泥机构电机功率/kW	40	打泥送进旋转电机转数/$r \cdot min^{-1}$	750、625、880

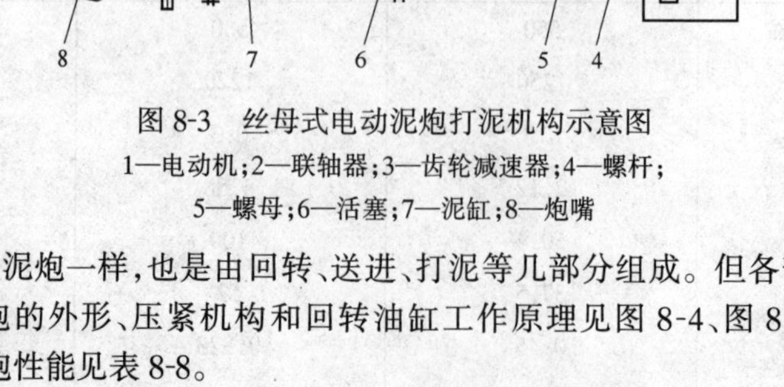

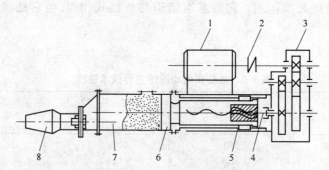

图 8-3　丝母式电动泥炮打泥机构示意图

1—电动机;2—联轴器;3—齿轮减速器;4—螺杆;
5—螺母;6—活塞;7—泥缸;8—炮嘴

液压泥炮和电动泥炮一样,也是由回转、送进、打泥等几部分组成。但各部的动作通过液压来实现。有关液压泥炮的外形、压紧机构和回转油缸工作原理见图 8-4、图 8-5 和图 8-6。我国产 1200m^3 高炉液压泥炮性能见表 8-8。

(3) 液压矮炮

这种泥炮结构紧凑、高度矮,使泥炮能安置在风口平台下面,有利于炉前操作和设备布置。特别对于具有几个出铁口的大型高炉尤为重要,现已广泛使用于国内外大中型高炉上。

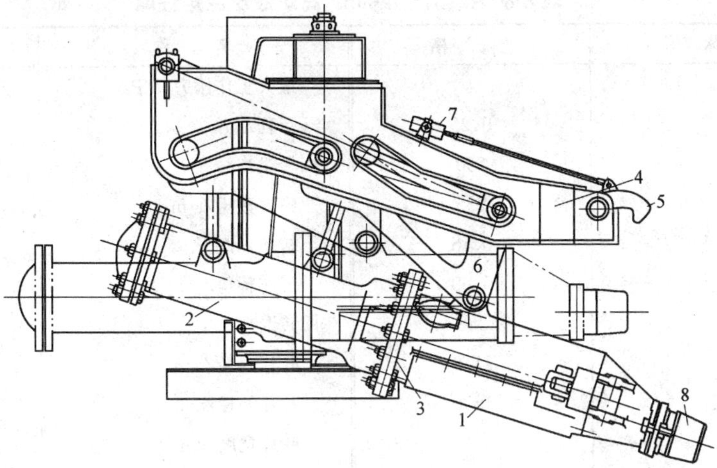

图 8-4　液压泥炮结构外形图

1—泥缸；2—液压推泥油缸；3—连接法兰；4—炮架；
5—搭钩；6—挂炮小车；7—锁炮油缸；8—炮嘴

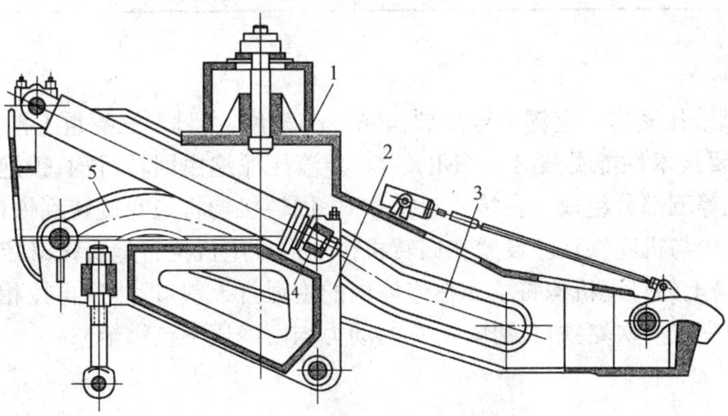

图 8-5　液压泥炮的压紧机构

1—油缸；2—小车；3、5—导槽；4—液压缸活塞杆出端

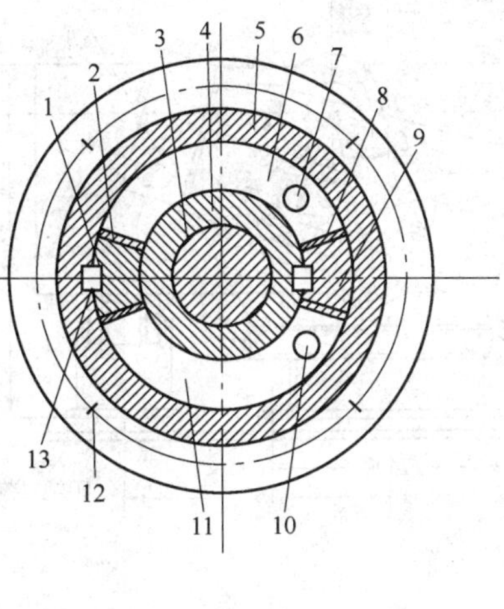

图 8-6　液压泥炮的回转油缸工作原理图

1—动叶；2—密封块；3—固定的中心轴；
4—固定轴套；5—回转缸体；6—油腔①；
7—进(回)油口；8—连接键；9—定叶；
10—进(回)油口；11—油腔②；
12—连接螺栓；13—连接键

表 8-8　我国产 1200m³ 高炉液压泥炮性能

名　称	规　格	名　称	规　格
打泥机构：		最大工作压力/MPa	20.0
泥缸容量/m^3	0.25	行程/mm	1030
泥缸直径/mm	550	回转机构：	
总推力/t	235	最大转矩/t·m	6.5
吐泥速度/$m\cdot s^{-1}$	0.18	转速/min^{-1}	5.0
活塞速度/$m\cdot s^{-1}$	0.80	工作转角/(°)	<180
油缸直径/mm	380	回转油缸：	
工作压力/MPa	21.0	叶片内径/mm	270
行程/mm	1330	叶片外径/mm	450
送进机构：		叶片宽度/mm	200
最大压炮力/t	25	工作压力/MPa	20.0
小车最大行程/mm	900	泥炮外型尺寸/mm	4600×3500×3200
小车提炮高度/mm	500	泥炮总重量/kg	14859
油缸直径/mm	125	油泵电机容量/kW	40

液压矮炮类型：

1) MHG-60 型液压矮炮。宝钢 1 号高炉(4063m³)采用，由日本三菱重工神户造船所设计[1]，如图 8-7。该炮的主要技术性能见表 8-9。MHG-60 型液压泥炮由回转机构、锁炮机构、压炮机构、打泥机构和液压系统等五部分组成。在堵铁口操作时，回转机构将炮身旋转到铁口中心线的正前方，锁炮机构将回转机构与机座锁住。设置在回转机构上的压炮机构将炮身按既定的轨迹曲线把炮嘴压紧铁口泥套，炮身上的打泥机构将填充在炮体内的炮泥打入铁口，然后再按相反的顺序把炮身转到初始位置。从而完成一次堵铁口操作，所有的动力均由液压系统供给。

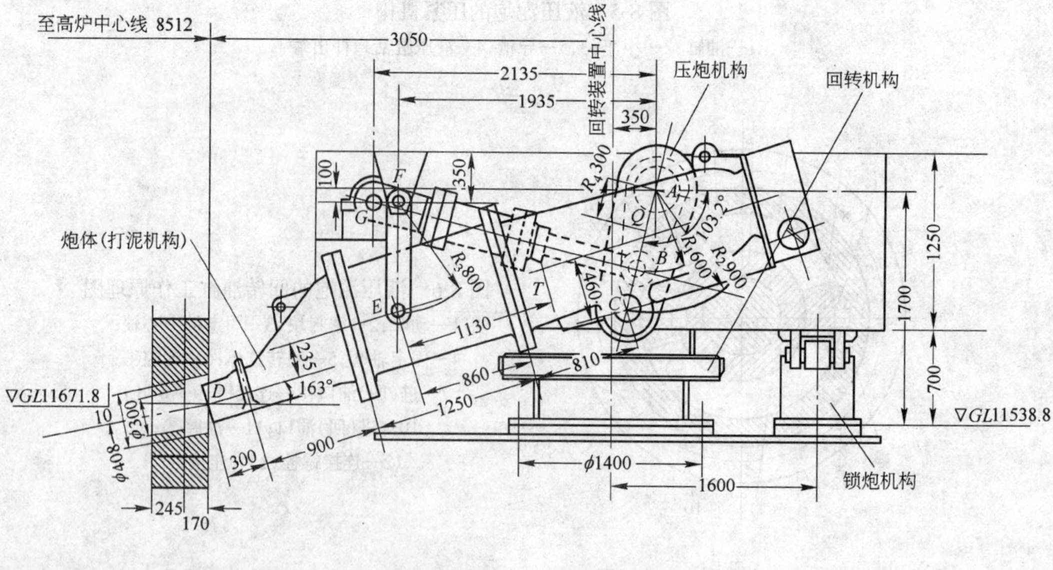

图 8-7　MHG-60 型液压矮炮

表 8-9 MHG 泥炮的主要技术性能

打泥装置	泥缸有效容积/m³		0.3
	泥缸最大容积/m³		0.4
	泥塞对炮泥的单位压力/MPa		18
	泥塞上的最大推力/kN		5 950
	泥缸直径/mm		650
	炮嘴内径/mm		170
	吐泥速度/$m \cdot s^{-1}$		0.33
	打泥油缸直径/mm		470
	油缸有效行程/mm		910
	油缸最大行程/mm		1 195
	打泥油缸工作油压/MPa		35
	打泥活塞全行程工作时间/s		40～60
压炮装置	最大压炮力/kN		480
	压炮角度		16.2°
	压炮油缸直径/mm		250
	压炮油缸正常行程/mm		390
	压炮油缸最大行程/mm		480
	压炮油缸工作油压/MPa		25
	正常压炮时间/s		4
旋转装置	旋转角度		正常 160°最大 165°
	旋转时间/s		13
	旋转用油马达	型号	ME750A(日方供货)
		排量/$cm^3 \cdot min^{-1}$	750
	旋转用油马达输出扭矩/kJ		2.98
	油马达工作油压/MPa		25
	传动齿数	模数/mm	10
		小齿轮齿数	17
		大齿轮齿数	168
液压站	油泵	型号	日本川崎重工斜轴式柱塞泵 LZ180Z-110R11B-R1120
		额定工作压力/MPa	35
		额定流量/$L \cdot min^{-1}$	252
	电动机	型号	AC380 三相 50Hz 250M
		额定容量/kW	45
		额定转速/$r \cdot min^{-1}$	1 450
	油箱	容积/L	1 000
		充油量/L	900
	蓄能器	压炮用	HPAc-5 5L
		退炮用	HPs60 60L
	介质		磷酸酯难燃性油

① 图 8-8 是打泥机构的剖面图。前部是炮嘴，在泥缸和炮嘴之间是过渡管，泥缸由内外筒组成，其间通以空气冷却，后部是油缸座，里面有泥塞（与油缸缸体固联），油缸里面有活塞杆（与油缸座固联），杆内有打泥和返回时的两个油路通道。尾部设有打泥量指示装置，为防止炮身在操作过程中靠近铁口时过热，还采取了隔热和水冷措施。

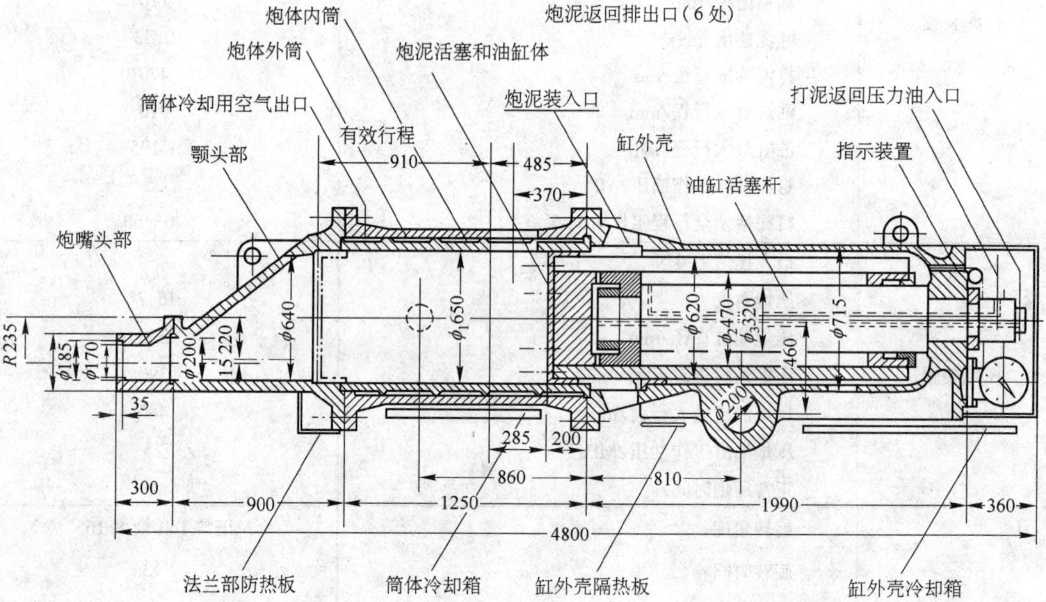

图 8-8　打泥机构[1]

② 打泥时，压力油最高可达 34.3MPa 并通过活塞杆内的通道进入油缸缸体和活塞杆之间的空腔，因活塞杆不动，从而推动与缸体固联的活塞，将泥压出炮嘴。返回时，压力油进入活塞杆与油缸体之间的另一侧空腔，因活塞杆不动，从而使油缸缸体与泥塞后退回原始位置，泥塞和油缸体的前端支承在炮体内筒上，后端支撑在缸外壳上。

③ 压炮机构是由两组四连杆机构组成（图 8-9）。曲拐轴组件曲柄上端用键与轴固联，下端用心轴与压炮机构的驱动油缸活塞杆铰接，曲拐上端用键与轴固联，下端用转轴与炮身铰接。当驱动油缸伸缩时，曲柄摆动带动曲拐摆动，通过摆杆使炮身运动，完成炮嘴按既定的轨迹曲线运动。

④ 液压泥炮旋转时，包括炮身在内的整个旋转部分均支撑在框架下部的大轴承上。大轴承的外座圈带有大齿圈，是固定在底座上不旋转的，整个旋转部分固定在大轴承的内座圈上、安装在框架内的旋转油马达的出轴端带有小齿轮，与大齿圈相啮合见图 8-10。当油马达转动时，整个框架绕旋转中心旋转。

⑤ 锁炮机构的作用是在克服打泥过程中产生的反作用力，避免打泥机构后退。锁炮机构示于图 8-11。它是自动挂钩、油缸摘钩、弹簧力和锁钩重力保证不会脱钩。当泥炮转至出铁口位置时，固定在旋转框架上的锁钩碰到锁钩座的加强斜筋板，借锁钩的圆弧面将锁钩抬起，随后又落下达到自动挂钩，钩子钩住钩座。打泥时产生的反转力矩，通过钩座而传到基础上。堵完铁口，退炮前，液压缸提出锁钩实现摘钩。锁钩受弹簧力和锁钩自重力的作用使锁钩恢复到水平位置，等待下一次出铁。还设有事故处理用的手把强行解开锁钩，此手把正常时应拆除。

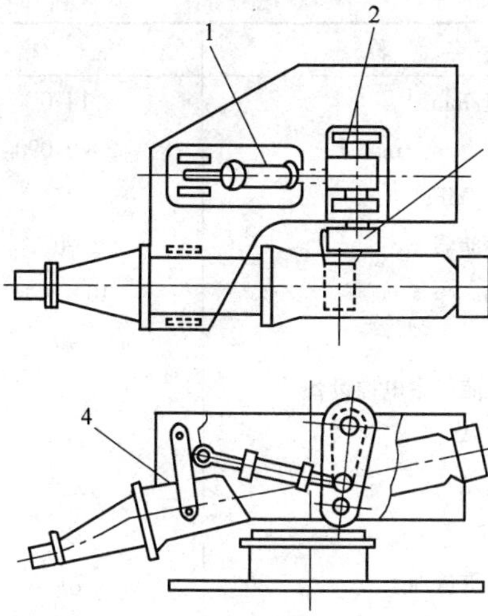

图 8-9　MHG 型泥炮压紧机构示意图

1—压炮液压缸;2—摆杆;3—压炮摇杆;4—吊挂摇杆

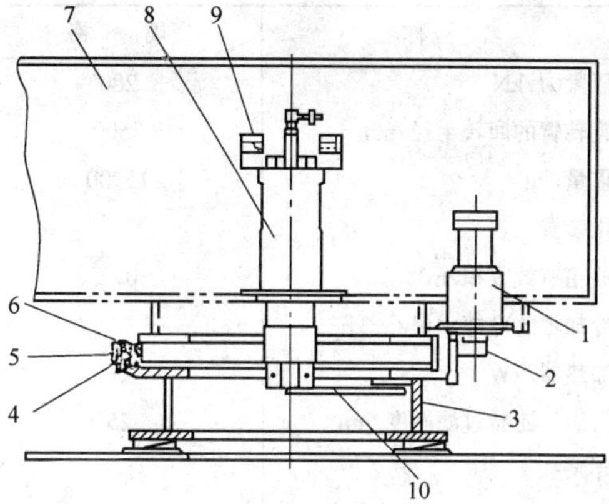

图 8-10　MHG 型泥炮回转机构示意图

1—油马达;2—小齿轮;3—底座;4—推力轴承;5—大齿圈;6—轴承紧圈;7—旋转框架;8—中心接头;9—极限开关;10—中心接头锁紧杆

⑥ 泥炮为全油压驱动。4 台泥炮油压装备分别装在两个液压站中,1、2 号为一组,3、4 号为一组,液压站分别设在出铁场平台的两侧。设在一个液压站中的两台油压装置分别供给各自的泥炮用油,但是当两台油压装置中的任何一台出了故障,均可借用另一台油压装置照常供油。两台油压装置共用一个蓄能机组。

2) DDS 液压泥炮。德国 DDS 公司生产的型号:NH250/160H-Z 倾柱式液压矮炮应用于鞍钢 $2580m^3$ 高炉上,该炮的主要技术性能见表 8-10。DDS 液压泥炮外形见图 8-12,打泥装置和回转装置见图 8-13、图 8-14、图 8-15 及图8-16。该炮的主要特点如下。

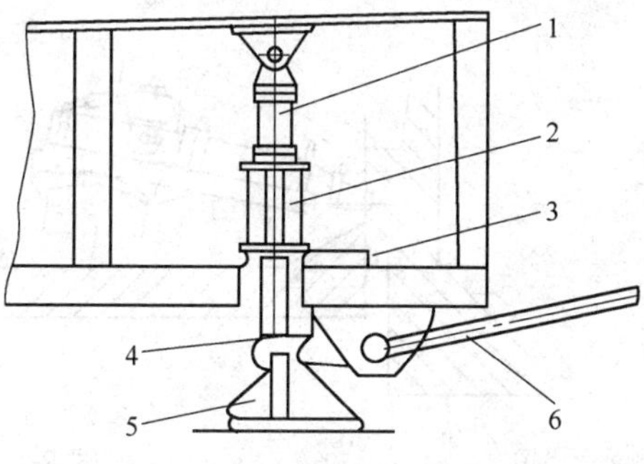

图 8-11　MHG 型泥炮锁紧装置示意图

1—液压缸;2—弹簧;3—限位开关;4—锚钩;5—钩座;6—手动脱钩杆

表 8-10　DDSNH250/160H-Z 液压泥炮主要技术参数[2]

名　　称	规　　格	名　　称	规　　格
打泥机构		吐泥量/$m^3 \cdot s^{-1}$	0.0047
泥缸有效容积/m^3	0.21	活塞移动速度/$mm \cdot s^{-1}$	24
泥缸额定容积/m^3	0.25	炮嘴位置可调性/mm	
泥缸直径/mm	500	(向上,向下,向左和向右)	400,250,200
油缸直径/mm	400	重量(不带液压油及炮泥)/kg	7600
泥缸活塞压力/MPa	16	转炮机构	
活塞行程/mm	1270	旋转角(最大)/(°)	126
活塞全行程所用时间/s	53	在转臂半径 3.5m 时的富裕量/(°)	4

续表 8-10

名　称	规　格	名　称	规　格
压紧力/kN	280	马达转速/min^{-1}	1470
旋转臂的回转半径/mm	3500	泵输送能力/$m^3 \cdot min^{-1}$	2×0.090
重量/kg	15900	系统压力/MPa	25
液压装置		活塞式存储器/m^3	2×0.1
油箱有效容积/m^3	0.2	蓄能器/m^3	10×0.1
冷却器的冷却水量/$m^3 \cdot h^{-1}$	2.5	重量/kg	7900
加热器/kW	3	用于中央液压室电控设备	
可逆过滤器过滤净度/μm	25	操作电压/V	380
循环泵		控制电压/V	220
马达功率/kW	2.2	阀电压/V	24
马达转速/min^{-1}	1415	电控设备重量/kg	700
泵输送能力/$m^3 \cdot min^{-1}$	0.046	主操作台	
双室过滤器过滤净度/μm	10	长/mm×宽/mm×高/mm	1050×700×1000
2台主体泵		装在室外泥炮处辅助操作台	
马达功率/kW	2×45	重量/kg	20

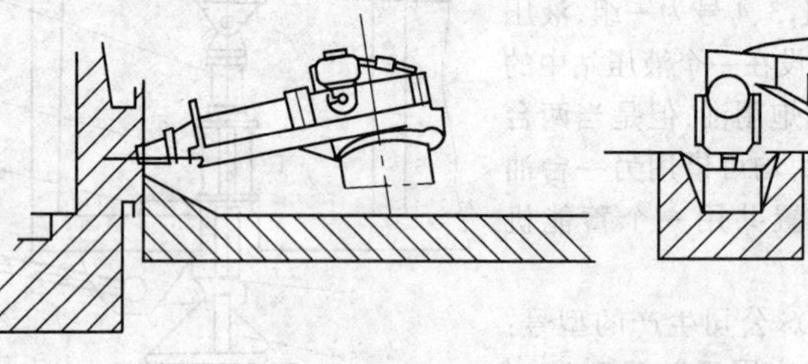

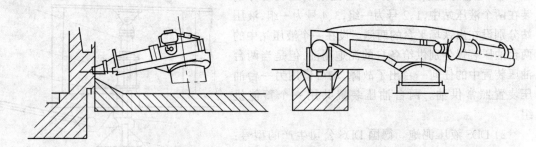

图 8-12　DDS 液压泥炮简图

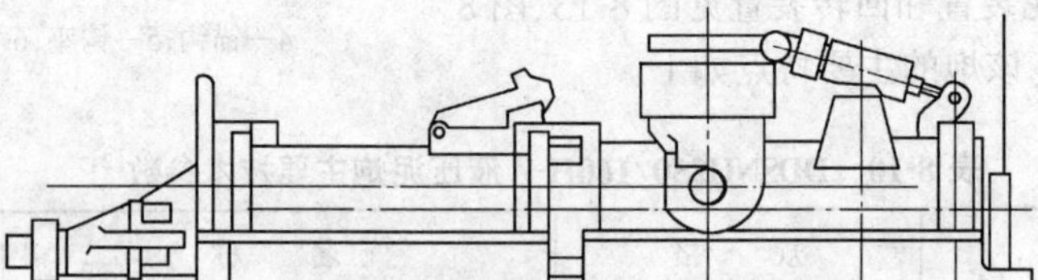

图 8-13　DDS 液压泥炮打泥装置简图

图 8-14　打泥装置、缓冲器简图

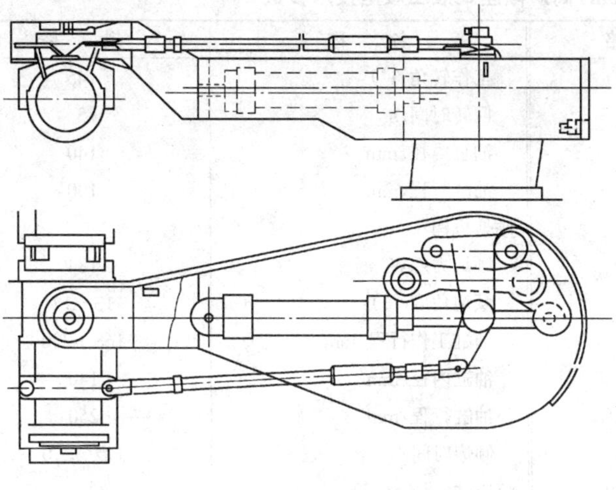

图 8-15　DDS 液压泥炮回转装置示意图

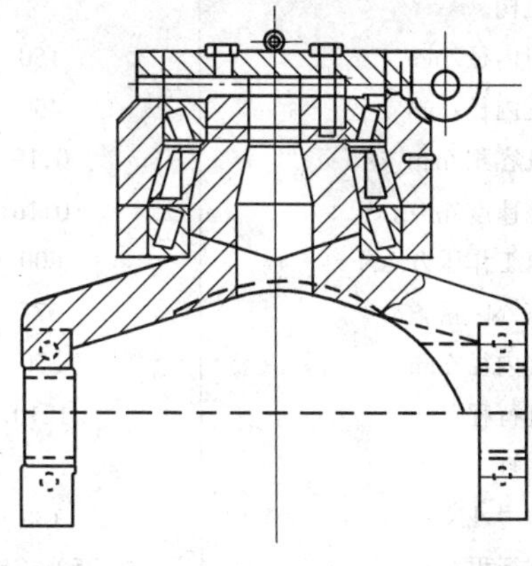

图 8-16　回转肩泥炮吊挂简图

① 在满足泥炮打泥工艺所要求的回转、压紧、打泥、自锁 4 个功能前提下，取消了传统泥炮必有的压炮、锁炮机构。因此设备结构高度矮、机构简单、结构紧凑。

② 打泥驱动装置是一个带有固定活塞杆的液压缸，活塞杆和活塞杆的密封件装在驱动装置壳体内予以保护，即不与炮泥接触，又不会在清理泥缸时被破坏。打泥是靠液压缸缸体的往复运动来完成的。

③ 转炮立柱为斜立柱，回转臂在一个倾斜平面中旋转。旋转驱动和压紧力是通过带有连杆机构的油缸来完成的。在旋转过程中用导向杆可以导向使泥炮能获得最佳静止位置。

④ 泥炮的炮嘴是可调的，向上可调 400mm，向下可调 250mm，左右可调 200mm，调整装置带有超载保护设备。

⑤ 通过旋转驱动装置，可以得到一个在整个旋转过程中不间断的有效的旋转力矩。这个旋转力矩在泥炮达到堵口位置的瞬间，达到恒定的最大值。泥炮利用这个力矩在堵泥时和随后的停留时间压紧铁口，这个力与放置位置和停留时间的长短无关，保持着恒定，所以不破坏铁口。

⑥ 中央液压系统，另有循环泵并带有精过滤器和加热、冷却装置。活塞式蓄热器具有足够的能力，在没有泵组的支持下能够完成一套向前回转、压紧、打泥、返回的全过程。

⑦ 液压系统的压力仅为 22.5MPa，但可获得的较高的打泥压力 16.0MPa。便于设备的维护保养，同时油系统压力最大可达 31.5MPa，可获得 20.0MPa 的打泥压力。

3）倾座式液压矮泥炮。济南钢铁总厂设计院在移植宣钢自倾柱式液压泥炮的基础上，参考了卢森堡 PW 泥炮和宝钢 MHG-60 泥炮的结构特点，自行设计了倾座式液压矮泥炮。并应用于济钢 3、4 高炉（$350m^3$）。该泥炮主要由打泥机构、压炮油缸、转炮机构、倾炮机构 4 部分组成（图 8-17）。全部工作过程由各机构液压缸的动作来完成。它具有炮身矮；炮口对位准确；倾炮机构工作可靠；结构简单、检修方便的特点。主要技术参数见表 8-11。

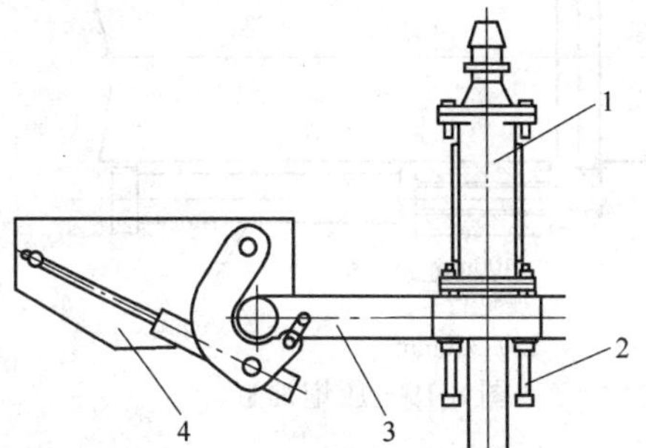

图 8-17　倾座式液压矮泥炮示意图
1—打泥机构；2—压炮油缸；
3—转炮机构；4—倾炮机构

表 8-11 济钢 350m³ 高炉倾座式液压矮炮技术参数[3]

名 称	规 格	名 称	规 格
打泥机构		工作转角/(°)	145
炮口内径/mm	150	回转时间/s	5
泥缸内径/mm	450	油缸内径/mm	140
泥缸容积/mm	0.18	油缸行程/mm	100
吐泥速度/$m^3 \cdot s^{-1}$	0.16	倾炮机构	
活塞工作压力/kN	600	倾炮力/kW	184
泥压/$N \cdot cm^{-2}$	377	倾炮角度/(°)	13～17
油缸内径/mm	250	油缸工作行程/mm	168～200
油缸行程/mm	1210	油缸内径/mm	140
压炮油缸		油缸行程/mm	250
压炮力/kN	188	倾炮时间/s	1.7～2.0
压炮行程/mm	250～350	液压站	
压炮时间/s	2.5～3.5	电机型号	Y200L-4
油缸内径/mm	100	电机功率/kW	30
油缸行程/mm	450	油泵型号	63MCY14-1B
油缸数量/个	2	油泵工作压力/MPa	12～16
转炮机构		油泵额定压力/MPa	31.5

倾座式液压矮泥炮的特点：

① 打泥机构设计中采用了固定活塞杆、液压缸体移动式结构(图 8-18)。打泥行程指示是利用钢丝绳通过滑轮组将油缸、指示针及重锤相连接来实现的,指针上、下移动的距离就是打泥活塞的进退行程。

② 两只压炮油缸安装在与摇臂固联的滑动导套上(图 8-19)。动作时,由压炮油缸活塞杆推动炮身沿滑动导套作直线运动,从而使炮嘴以直线运动轨迹压入铁口。设计中将压炮油缸活塞杆加长,并将其隐蔽在滑动导套的两个侧孔内。工作中倘若遇到铁水飞溅则损伤的是油缸活塞杆的加长部分,返回时不会损坏压炮油缸的密封。

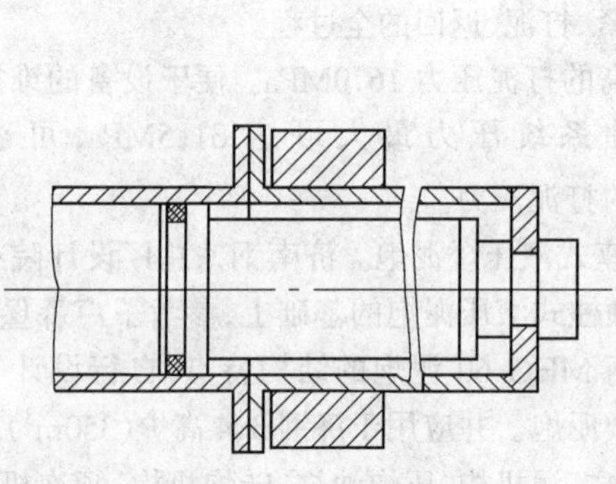

图 8-18 打泥机构

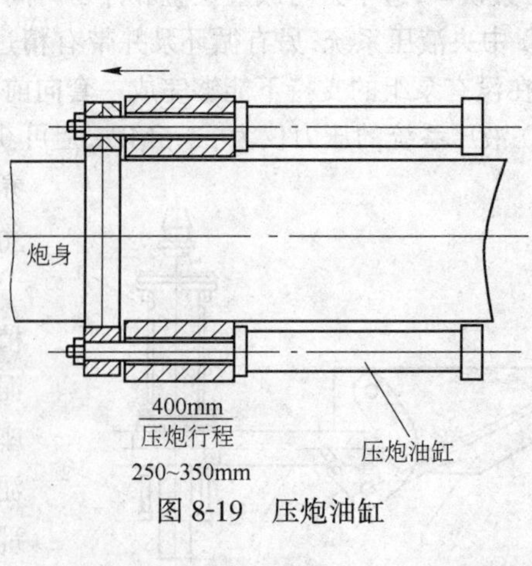

图 8-19 压炮油缸

③ 转炮机构由摇臂 1、连杆 2、转臂 3 和转炮油缸 4 组成(图 8-20)。转动时由转炮油缸 4 的缸体带动转臂 3 绕 O_2 轴旋转,转臂 3 又带动连杆 2 和摇臂 1 运动,从而使炮身绕 O_1 轴转动。泥炮的回转角 145°。

④ 倾炮机构由上支座、下支座、销轴 3 和倾炮油缸 4 组成，转炮机构和炮身固联在上支座 1 上(图8-21)。当转炮完成后，由倾炮油缸 4 推动支座 1 以销轴 3 为轴转动，达到所需炮身倾角。倾炮角度的调整由焊接在下支座 2 上的定位块高度来确定，可在 13°～17°范围内任意调整(设计倾角 0°～20°)，以满足高炉生产前、后期铁口角度变化的需要。

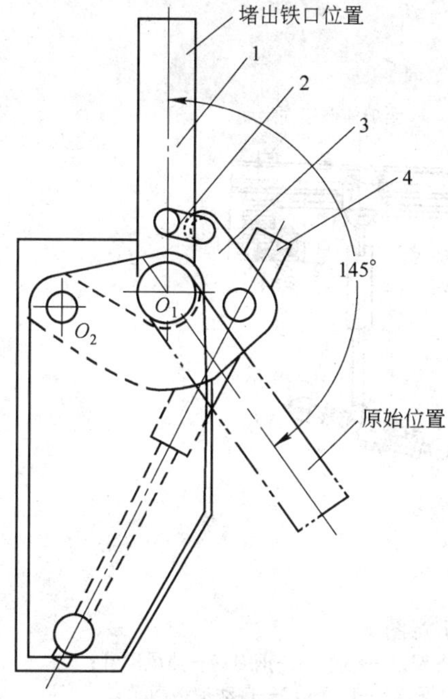

图 8-20　转炮机构

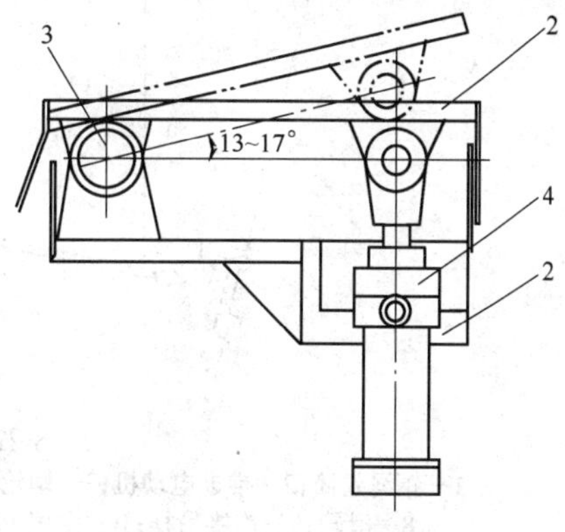

图 8-21　倾炮机构

⑤ 为方便操作，在液压系统设计中将 4 个油缸动作顺序阀换为 3 个手动换向阀操作。为防止打泥时产生炮体回缩，造成跑泥，采用了旁路补油回路，即当打泥油缸工作时，其他油缸的工作腔均给以压力补偿。

8.1.3.2　开口机

开口机是高炉出铁时打开出铁口的重要机械。高炉所用的开口机形式很多：从安装方式分有悬挂式和落地式(带提升机构或不带提升机构)；按安装位置分有与泥炮同侧和异侧；按传动方式分有电动、全气动、气液动、全液动；按开口方式分有单向振打加钻孔和双向振打插棒式开孔等。国内代表性的大型高炉开口机为宝钢的全气动悬挂式和鞍钢的 DDS 开铁口机(30HH1-K13)。

开口机的钻头直径和钻孔深度是根据高炉容积、铁口区内衬厚度及铁口直径来确定的。不同炉容的铁口深度和钻头直径如表 8-12 所示。

表 8-12　确定开铁口机主要参数的参考数据

炉容/m^3	100～250	620	1000～2500	3200	4000
铁口内衬厚度/mm	920	1150	1380		
铁口深度/mm	1000～1300	1200～1800	1500～2200	2500～3000	3000～3500
铁口直径/mm	40～45	50～60	60～70	50～60	40～60

(1) 电动吊挂式开铁口机

工作时电动开铁口机与摆动梁采用软连接，开口机的钻进是靠前后两台行走电机拖动来完成(图 8-22)。开口机钻头示于图 8-23。它只有在 $1000m^3$ 以下高炉上使用，这种开口机特点：

① 结构简单，操作维护方便，适于有水炮泥开口作业。

② 当使用无水炮泥后，开口能力明显不足。当强行钻进开孔易造成铁口孔道呈曲线形、葫芦形。

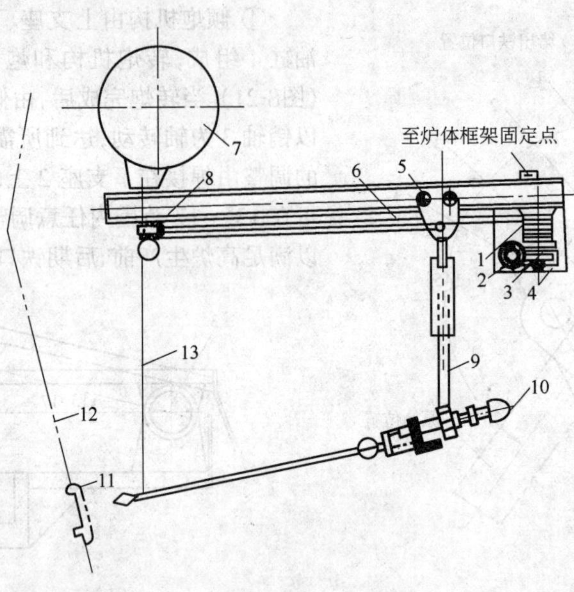

图 8-22　开口机示意图

1—钢绳卷筒；2—推进电动机；3—蜗轮减速机；4—支架；5—小车；6—钢绳；7—热风围管；8—滑轮；9—连接吊挂；10—钻孔机构；11—铁口框；12—炉壳；13—自动抬钻钢绳

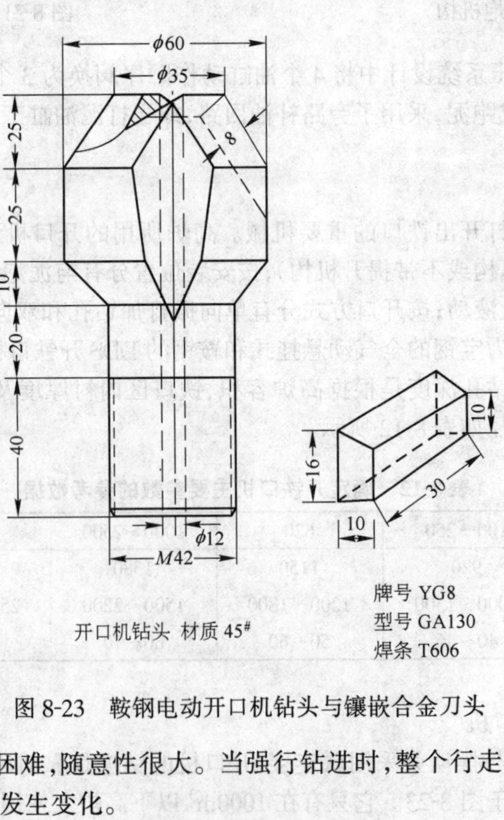

图 8-23　鞍钢电动开口机钻头与镶嵌合金刀头

③ 控制铁口角度较为困难，随意性很大。当强行钻进时，整个行走架与摆动梁垂直角发生变化，使开铁口机设定角度也发生变化。

④ 铁口泥炮形成位置不稳定，几何形状达不到工艺要求。

⑤ 定位性差，易损坏铁口泥套，增加铁口维护量。有关技术性能见表 8-13 和表 8-14。

(2) 气动开铁口机

表 8-13 某些国产开铁口机的技术性能

型　式	无风钻头开铁口机		有风钻头开铁口机	
钻头直径/mm	60	60～80	60～70	60～70
钻头转速/r·min⁻¹	380	430	140	430
钻孔深度/mm	2820	3000		3500
电动机:型号	AJHO51-4	JO51-4	JO_252-8	JHO52-4
功率/kW	4.5	4.5	5.5	7.5
转速/r·min⁻¹	1290	1440	720	1500
使用高炉/m³	<620	<1000	<1000	<1500

表 8-14 鞍钢电动开铁口机技术性能

名　称	规　格	名　称	规　格
钻进机构		送进机构	
钻头直径/mm	60～80	送进速度/m·min⁻¹	1.04
钻杆最大深度/mm	3000	小车行程/m	5～6
钻杆转速/r·min⁻¹	434	卷筒直径/mm	280
电机型号	JO_251-4	减速机传动比	20
功率/kW	7.5	蜗杆蜗轮减速机中心距/mm	270
转速/r·min⁻¹	1450	电动机型号	JO42-4
齿轮减速机传动比	3.34	功率/kW	2.8
吹风压缩空气压力/MPa	0.5	转速/r·min⁻¹	1430
设备重量/kg	303	传动钢绳直径/mm	10
		设备重量/kg	372

气动开铁口机对电动吊挂式开铁口机做了相应的技术改进,气动开铁口机集冲击、旋转、吹扫为一体,它与摆动梁为刚性连接,受力性强,下设有行走梁,开铁口机沿轨梁行走,确保铁口孔道形成直线;设有限位器,可有效保证足够的铁口深度;此外尚有深度尺、角度尺确保对作业的监督考核。该系列气动开铁口机应用于武钢、攀钢、鄂钢 186～3200m³ 高炉上,气动开铁口机结构示于图 8-24。主要技术参数见表 8-15*a* 和表 8-15*b*。

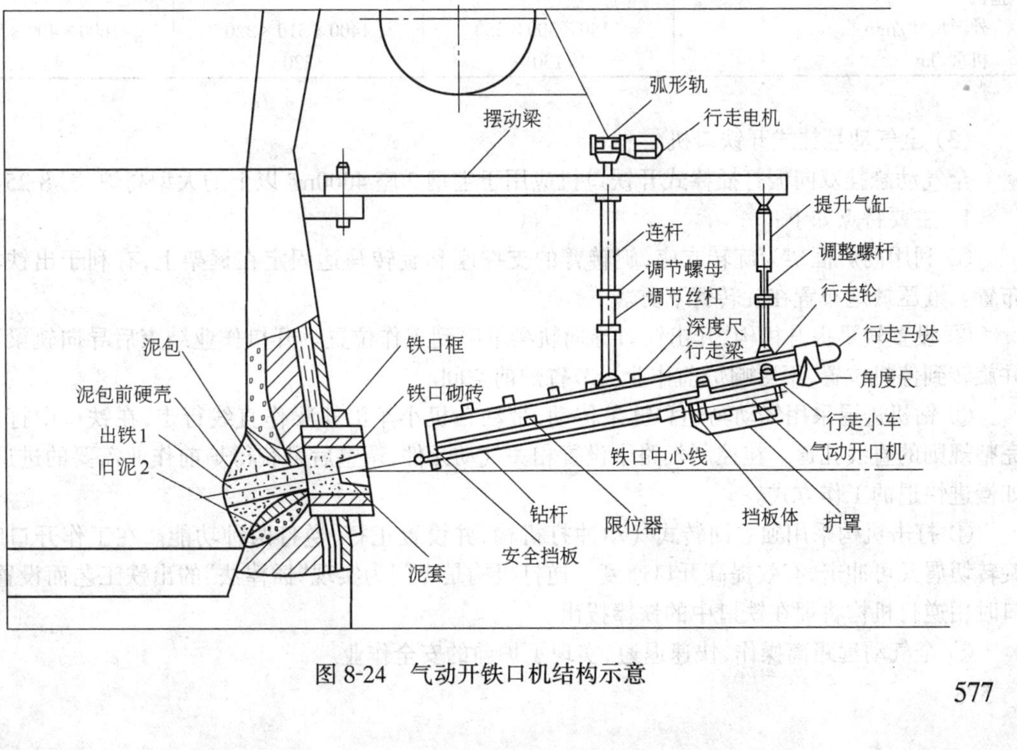

图 8-24 气动开铁口机结构示意

表 8-15a　气动开铁口机的主要技术参数[4]

项　目	CHQM750 型 冲击回转 开铁口机	CHQM1000 型 冲击回转 开铁口机	项　目	CHQM750 型 冲击回转 开铁口机	CHQM1000 型 冲击回转 开铁口机
冲击旋转			逆转(反转)		
额定风量/$m^3\cdot min^{-1}$	6	6	额定转速/$r\cdot min^{-1}$	135	
额定风压/MPa	0.6	0.6	额定扭矩/N·m	495	
额定转速/$r\cdot min^{-1}$	135	122	整机		
额定扭矩/N·m	495	580	外形尺寸/mm	900×310×200	1140×310×220
额定冲击功/N·m	230	260	机重/kg	78	106
额定频率/次·s^{-1}	>17	>17			

表 8-15b　气动开铁口机的主要技术参数

项　目	CHQM2000 型 冲击回转 开铁口机	CHQM2000L 型 双向冲击回转 开铁口机	CHQM4000 型 双向冲击回转 开铁口机
旋转			
额定风量/$m^3\cdot min^{-1}$	6	6	7.7
额定风压/MPa	0.6	0.6	0.8
额定转速/$r\cdot min^{-1}$	122	120	102
额定扭矩/N·m	620	620	762
冲击振打			
额定风量/$m^3\cdot min^{-1}$	6	7	10.25
额定风压/MPa	0.5	0.6	0.8
额定冲击功/N·m	260		
正向冲击功/N·m		260	416
逆向冲击功/N·m		230	359
冲击频率/次·s^{-1}	29.6	29	>19
整机			
外形尺寸/mm	1140×300×350	1400×310×320	1600×400×550
机重/kg	130	220	450

(3) 全气动悬挂式开铁口机

全气动悬挂双向振打插棒式开铁口机应用于宝钢 3 座 4000m^3 以上的大型高炉(图 8-25)。

1) 主要特点如下：

① 利用高炉框架为旋转支座,旋转臂的支撑座和旋转马达固定在框架上,有利于出铁场设备布置。液压矮炮布置在旋转臂下方。

② 设置轨梁提升机构,开出铁口导向轨梁下降到工作位置。开口作业结束后导向轨梁可提升并旋转到停机位置,不影响炉前作业。节省炉前空间。

③ 钻机进退采用气动马达和链条传动,带动钻机小车沿轨梁作直线行走,在铁口中打出一条完整规则的直线孔道。在控制气路中设置相关气动元件,调整后可获得炉前作业需要的进退速度,如慢进快退的工作方式。

④ 打击机构采用独立回转式气动冲打机构,并设置正打、逆打两种功能。在工作开口时即可旋转切屑又可冲击,有效提高开口速度。逆打机构是专门为实现“插棒法”的出铁工艺而设置的,开口时用逆打机构将埋在铁口中的铁棒拔出。

⑤ 全气动远距离操作,快速退避,实现了炉前的安全作业。

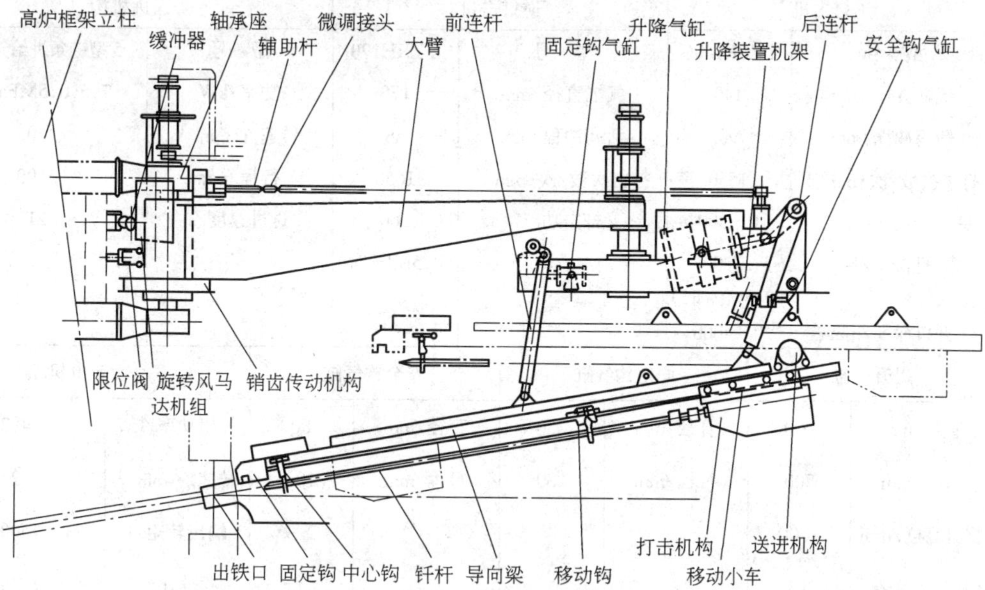

图 8-25　全气动高炉开铁口机

2）技术性能。主要技术性能指标[6]见表 8-16 和表 8-17。

表 8-16　几种开铁口机主要性能指标[5]

项　　目	宝钢 2 号	宝钢 3 号	宣　钢	马　钢	太　钢	邯　钢
高炉容积/m^3	4063	4350	1260	2500	1350	1260
开铁口机台数	4	4	2	3	2	2
结构型式	全气动 悬挂式	全气动 悬挂式	电气组合 悬挂式	全气动 悬挂式	全气动 悬挂式	全气动 悬挂式
开铁口机行程/m	5.5	6.0	4.0	5.5	4.0	4.0
开孔深度/m	4.0	4.281	2.5	4.0	2.5	2.5
开铁口角度/(°)	10	10	10	10	8、10、12	7、10、13
钢钎直径/mm	38,42,50	38,42,50	38	38,42,50	42,50,55	50
退避回转角度/(°)	1、2 号 139 3、4 号 168	154	135	140	135	125
回转时间/s	1,2 号 35～50 3,4 号 40～55	35～40	43	35～50	35～50	35～50
升降时间/s	升 10～15 降 15～18	升 10～15 降 15～18	15～20	升 10～20 降 15～18	15～20	15～20

表 8-17　气动式开铁口机的主要性能及规格

	正打击机		逆打击机		送进机构	
开口铁机本体	型　号	TYPR140G	型　号	TYRH170	型　号	5 型链条进给气马达
	气缸直径/mm	140	气缸直径/mm	170	功率/kW	7.5(0.5MPa 时)
	活塞冲程/mm	90	活塞冲程/mm	68	转速/$r\cdot min^{-1}$	30
	打击次数/次·min^{-1}	1550	打击次数/次·min^{-1}	1650	行程/mm	5500
	钻头转速/$r\cdot min^{-1}$	0～300	打击功/J	260 (0.5MPa 时)	送进速度/s	21
	打击功/J	320 (0.5MPa 时)				
	开口深度/mm	0～4000				

	提升气缸		固定钩气缸		安全钩气缸		旋转电机	
退避装置	直径/mm	700	直径/mm	250	直径/mm	80	转出功率/kW	4.2
	行程/mm	700	行程/mm	180	行程/mm	100	转速/$r\cdot min^{-1}$	2
	提升高度/mm	1800					输出转矩/J	15000
	提升速度/s	10					速比	1/493

3) 开铁口机结构。全气动开口机由旋转机构、升降机构、钻机气路控制及油脂润滑系统组成。开口机本体具有开出铁口孔道的功能,而退避装置则具有将开口机机架折叠、并将开口机旋转退避到安全待机的位置的功能。

① 旋转装置由悬臂梁、辅助杆、旋转气马达装置、销齿传动机构、缓冲器及限位阀等组成。悬臂梁、辅助杆和升降机构的机架组成水平四连杆机构,确定开口机水平运动轨迹。旋转气马达装置是由气马达、制动器和减速器构成。可使悬臂梁作正向或反向回转运动,行将到位时,通过限位阀降低悬臂梁的回转速度,再通过缓冲器使开铁口机平稳准确地停靠在作业位置或初始位置上。

② 升降机构是由机架、升降气缸、挂脱钩气缸、安全钩气缸、前后连杆组成。前后连杆下端与钻机导向梁销轴连接,构成铅垂面四连杆机构,确定升降动作运动轨迹。其中升降气缸为主气缸,控制导向梁升降;挂脱钩气缸控制导向梁前端固定钩子与出铁口旁锚座的“挂”和“脱”的动作;安全钩气缸是控制安全钩挂钩或脱钩的辅助气缸。安全钩用来防止非工作时导向梁因自重而下降。

③ 钻机是由打击机构、移动小车、导向梁、进给气马达机构、移动钩、中心钩、固定钩等组成。

④ 打击机构固定在位于导向梁下方的移动小车上。送进装置设在导向架后部,通过链条传动使移动小车载着打击机构前后运动。导向梁前端设置固定钩,开口作业时挂在出铁口旁的锚座上,承受打击作业时的反作用力。移动钩和中心钩起支撑钻杆或铁棒作用,开口作业时使钻杆对准铁口中心。在移动小车的前部设有撞块,当移动小车前进达到设定深度位置时,撞块撞开平衡锤使中心钩和移动钩与铁棒自动脱离,使移动小车能顺利快速返退,实现“插棒法”开铁口工艺。打击机构具有中心排气吹扫功能,开口作业中被切削下来的无水炮泥泥屑,通过开启中心排气阀进行吹扫以保证开口速度。

4) DDS 开口机(30HH1-K13)应用于鞍钢 2580m^3 的 10 号和 11 号高炉。主要特点见表 8-18。

表 8-18　DDS(30HH1-K13)开铁口机的主要技术性能参数[7]

类别＼项目	名称		指标
带有旋转体的打口锤	型号		HM755X-Z/2R45
	冲击次数/次·s^{-1}		1780
	冲击力/N·m		260
	最大转矩/N·m		620
	负荷时的转数/min^{-1}		120～140
	冲击时的耗风量/$m^3·min^{-1}$		10
	旋转体的耗风量/$m^3·min^{-1}$		4.4
	吹扫、冷却时的耗风量/$m^3·min^{-1}$		3
	额定工作压力/MPa		6
	最小工作压力/MPa		5
	重量/kg		148
推进电动机	型号		ZV80G
	推进力和退回力,最大值/kN		8.8
	最大推进和退回速度/m·s^{-1}		1.2
	钻孔时的风耗量/$m^3·min^{-1}$		2.25
	退回时的风耗量/$m^3·min^{-1}$		8
	最大功率/kW		8
	额定工作压力/MPa		6
	最小工作压力/MPa		5
	链条间距/mm		31.75
	重量/kg		56
控制台	安装	在泥炮操作室里,与泥炮控制台并列	
	控制	共有两个控制单元 用于控制摆动臂摆动和倾斜装置的液压单元 用于旋转体,打口锤和进给马达风动控制单元	
	规格	长/mm	1050
		宽/mm	700
		高/mm	1000
		重量/kg	500

8.1.4　出铁过程监控

8.1.4.1　出铁时间规定

在不影响渣铁运输作业和渣铁沟等维修时间条件下,适当延长出铁时间是有益的。如时间太短,必须提高流铁速度,铁水环流会加重对炉缸砖衬的侵蚀。另外出铁作业中,增大铁口直径,易造成铁水跑大流,不太安全,不利于铁口维护。每次出铁流铁时间应由炉缸内渣铁量、渣铁流速及炉内渣铁生成量决定,不同容积的高炉适宜的出铁时间建议如下:

高炉有效容积/m^3	正常出铁时间/min
<600	30±5
800～1000	40±5
1500～2500	50±5

在具有多个出铁口并采取了轮换出铁的大型高炉上,控制渣铁流速,使高炉熔渣和铁水24h长流,可保持炉缸内渣铁液面相对稳定,减小铁水环流对炉缸的侵蚀;这对保持炉料下降的均匀性及减轻炉前工人劳动强度方面亦是十分必要的。

Standish和福武刚等的研究[8]找到了铁水在炉缸内环流形成蒜头状侵蚀的机理。他们在模型试验中发现的铁水流动路线如图8-26所示。出铁时，铁水穿过焦炭到达铁口，炉缸直径越大，铁水穿过焦炭的路程越长，焦炭对铁水流动的阻力也越大。如果出铁速度较快，铁水必然要从阻力小的地方流过，在焦炭的下边和靠近炉墙周围没有焦炭处，铁水容易通过。如果高炉死铁层较浅，出铁后期，焦炭接近炉底，铁水必然更多地通过炉墙附近，久而久之，炉墙被侵蚀成蒜头状。他们认为减少铁水从炉墙附近流过，可采取以下几种办法：

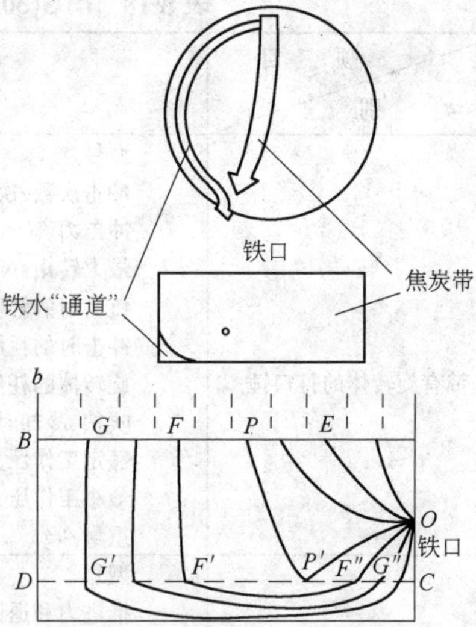

图8-26 模型中炉缸铁水流动

① 加深死铁层，尽量使铁水经过死铁层，从焦炭下边流过。

② 减少焦炭浸入铁水深度，此深度决定于焦炭承受的料柱压力。

③ 提高焦炭强度和粒度，增加焦炭缓动区的孔隙度，使铁水容易通过。

④ 控制出铁速度，使铁水穿过焦炭的速度，能充分满足出铁速度的需要。

表8-19 推荐的死铁层深度(m)

高炉容积/m³	50	100	255	620	1000	1200	1513	2000	2500	3000	3200	4000	4500	5000	5500
死铁层															
深度接近4.0t/t	0.4	0.5	0.7	0.9	1.0	1.0	1.1	1.3	1.4	1.5	1.5	1.6	1.7	1.8	2.0
负荷接近5.0t/t	0.5	0.5	0.7	1.0	1.1	1.1	1.2	1.4	1.5	1.6	1.6	1.7	1.9	2.0	2.1

在实际高炉作业中，足够的死铁层深度(表8-19及图8-27)、控制高炉出铁速度不要过快和速度稳定，对保护炉缸是有益的。图8-28是我国部分高炉的实际出铁速度。从中可以看出，大于1500m³的高炉，出铁速度大体上是接近的，一般在5～8t/min。总之，应当限制出铁速度，并相应确定出铁时间，即使大高炉，也不应超过8t/min。表8-20是鞍钢和宝钢高炉出铁状况。

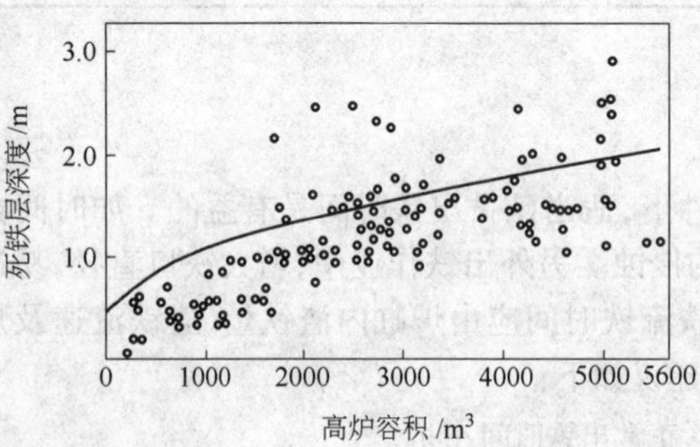

图8-27 死铁层推荐深度(曲线)和实际深度(点)

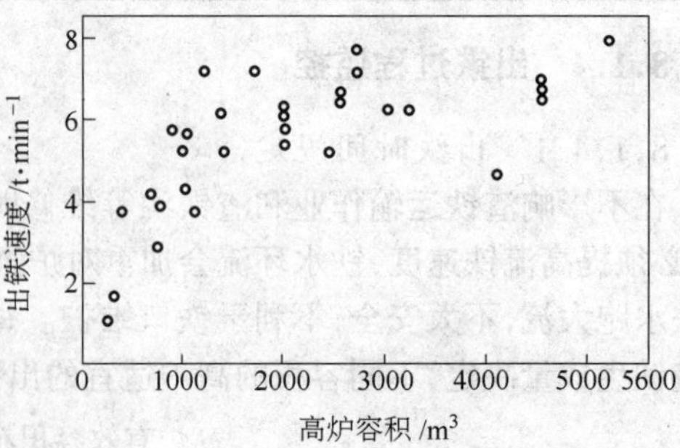

图8-28 高炉出铁速度

表8-20 鞍钢、宝钢高炉出铁状况

高 炉	高炉炉容/m³	出铁口/个	出铁场	流嘴型式	铁水罐	日出铁次数	每次出铁时间/h
鞍钢10号	2580	4	环形	摆动	100t桶形罐	12	1.5
宝钢1号	4063	4	2个矩形	摆动	320t鱼雷罐	14	2.0

8.1.4.2 打开出铁口方法及堵铁口操作

打开出铁口方法有多种形式，可根据铁口的工作状态确定合理的出铁方法。

(1) 打开出铁口时间

高炉出铁时间必须正点，出铁次数根据产量及炉缸容积而定，一般为10～16次。在具有多个出铁口连续出铁的大型高炉上，随炮泥质量的改善，每个铁口出铁次数有减少的趋势。打开出铁口时间有如下情况：

1) 有渣口高炉铁口堵塞后，经过6批料放上渣，直至炉前出铁。

2) 大型高炉一个出铁口出完铁后堵塞，再间隔一段时间，打开另一个出铁口出铁，鞍钢10号高炉属于这种情况。

3) 大型高炉多个出铁口轮流出铁时，即一个铁口堵塞后，马上按对角线原则打开另一个铁口出铁。

4) 现代大高炉(>4000m^3)为保证渣铁出净及炉况稳定，采用连续出铁，即一个出铁口尚未堵上即打开另一个铁口，两个铁口有重叠出铁时间。出铁量的波动不宜过大，考虑出铁量相差不应超过15%。

(2) 打开出铁口方法

1) 用开口机钻到赤热层(出现红点)，然后用钎子人工捅开铁口，赤热层有凝铁时，可用氧气烧开，此法较为广泛利用。

2) 用开口机将铁口钻漏，然后将开口机迅速退出，以免将钻头和钻杆烧坏。此法不宜提倡，特别是铁口潮时不能使用。

3) 采用双杆或可换杆的开口机，用一杆钻到赤热层，另一杆将赤热层捅开。

4) 埋置钢棒法，即出铁口堵上后20～30min拔炮，然后将开口机钻进铁口深度的2/3，此时将一个长5m的圆钢棒(ϕ50～60mm)打入铁口内。出铁时用开口机拔出，铁水随即流出。这种方法要求炮泥质量好，炉缸铁水液面较低，否则会出现钢棒熔化，渣铁流出发生事故。此法一般应用于开口机具有正打和逆打功能的大型高炉上。

5) "闷炮"开铁口，即在开出铁口作业中出现通道中间断裂，有小股铁水流出，此时打入少量炮泥(可在炮头内用少量有水炮泥填塞)，然后快速退炮，铁水随即跟出来。此法比较危险，铁流大，易流到地下和造成风管烧穿，炉缸内积存铁量大时不得使用。特殊情况要作好照看工作，加高渣铁沟两侧壁高，不允许冲水渣，闷炮前向有关领导请示批准。

6) 氧枪吹氧烧铁口，高炉无准备的长期休风后的送风出铁困难，或炉缸冻结，可采用一种特制的氧枪烧铁口。事先将送风风口和铁口区域烧通，通过风口填塞新焦炭、食盐及金属铝块之物。从铁口插入富氧枪吹氧、在送风状态下依铁口前渣铁熔化的数量定期拔出氧枪排放渣铁，最终使铁口区域与风口区域形成局部通道，从而加快炉况的恢复时间。此法常用于无渣口高炉炉缸冻结时出铁口的处理。

(3) 堵铁口及拔炮作业程序

铁口见喷时进行堵前试炮，检查打泥油压或马达电流，确认打泥活塞靠位(活塞与堵泥接触贴紧)，铁门口前残渣铁清理干净，铁口泥套完好，进行堵铁口操作。程序如下：

1) 启动转炮对正铁口，并完成锁炮动作。

2) 启动压炮将铁口压严，做到不喷火、不冒渣。

3) 启动打泥机构打泥，打泥量多少取决于铁口深度和出铁终了情况。

4) 用推耙推出砂口内残渣(禁止推铁)。

5) 堵铁口后拔炮时间有水炮泥5～10min，无水炮泥30～40min。当铁口深度浅，炮泥质量差时，打泥电流小或压力低时可延长 10～15min。

6）拔炮时要瞭望铁口正面无人方可作业。

7）抽回打泥活塞 200～300mm，无异常再向前推进 100～150mm。

8）启动压炮，缓慢间歇地使炮头从铁口退出抬起。

9）保持挂钩在炉上 2～3min（或自锁同样时间）。

10）泥炮脱钩后，启动转炮退回停放处。

11）堵炮后渣铁流停止（是否放尽砂口内积铁取决于生产需要），通过相应的联系手段和加以确认，可以调罐。

8.1.4.3 铁水和炉渣的流速

保持适宜的渣铁流速，对按时出净渣铁、炉况稳定顺行和冲渣安全有重要影响。渣铁流速与铁口直径、铁口深度、炮泥强度（耐磨蚀与熔蚀的能力）、出铁口内径粗糙度、炉缸铁水和熔渣层水平面的厚度、炉内的煤气压力等因素有关。其中铁口直径影响很大，特别是与渣铁侵蚀掉的炮泥料量成正比。

出铁时的渣铁流速可用 Bernoulli 方程式 8-5 和 Darcy-Weisbach 方程式 8-6 计算。

$$\Delta P = P + \rho gh - \frac{1}{2}\rho V^2 \tag{8-5}$$

$$\Delta P = \lambda \cdot \rho \cdot \frac{l}{d} \cdot \frac{V^2}{2} \tag{8-6}$$

平均流速 V 用方程式 8-7 表示。

$$V^2 = \frac{2\left(\frac{P}{\rho} + gh\right)}{1 + \frac{\lambda l}{d}} \tag{8-7}$$

每单位时间放出的渣铁量 Q 由方程式 8-8 来表示。

$$Q = \frac{\pi}{4} d^2 \cdot V \tag{8-8}$$

综合方程式 8-7 和方程式 8-8：

$$Q = \frac{\pi}{4} d^2 \sqrt{\frac{2\left(\frac{P}{\rho} + gh\right)}{1 + \frac{\lambda l}{d}}} \tag{8-9}$$

式中 d——铁口的平均直径；

g——重力加速度常数；

h——铁口出口中心线的液位差；

l——铁口深度；

P——炉内压力；

ΔP——铁口内的压降；

V——平均流速；

λ——铁口壁的摩擦系数；

ρ——熔化物的平均密度。

将有代表性的操作值代入方程式 8-9 所得到的各种因素的影响列于表 8-21 中。铁口直径的影响最大，其次是铁口深度。如果铁口深度太浅，则铁口侵蚀成喇叭形（图 8-29 中的虚线）。出铁量多少不仅受铁口壁摩擦系数比较小的影响，而且也受磨蚀量大的影响。

表 8-21　操作因素对出铁量的影响[9]

因　素	因素的标准值	因素波动值	出铁量波动值/$t\cdot min^{-1}$
铁口直径/mm	70	10	1.03
渣和铁水的液位差/mm	2000	200	0.10
高炉的内压力/MPa	0.3	0.02	0.02
铁口深度/mm	3500	500	0.18

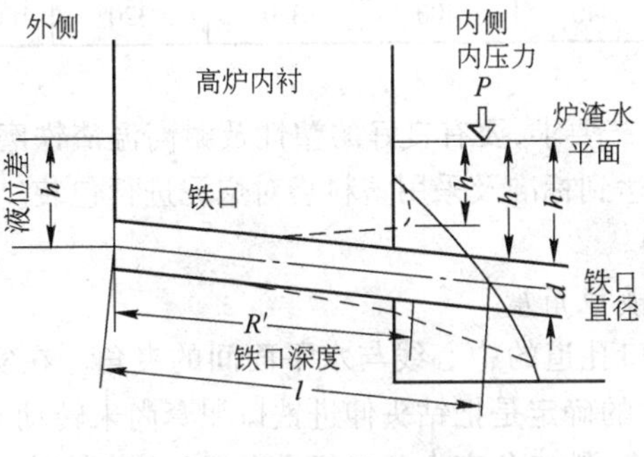

图 8-29　供数学计算的铁口简图

法国 TRB 公司资料表明表 8-22 操作因素（F）对出铁流速（CS）的影响：在同样变动 10%操作因素条件下，铁口直径的变化对渣铁流速影响最大。

表 8-22　操作因素的变动对出铁流速变动的影响（%）[10]

操作因素	$100\,\frac{\Delta F}{F}$	$100\,\frac{\Delta CS}{CS}$	操作因素	$100\,\frac{\Delta F}{F}$	$100\,\frac{\Delta CS}{CS}$
高炉内部压力	10	1	铁口直径	10	20
铁口长度	10	3			

8.1.5　出铁口维护

出铁口是炉缸结构中最薄弱部位。出渣出铁是高炉的基本操作，高炉大型化后，无渣口设置，高风温、富氧喷吹、高压操作等使得生产率提高，更需要加强对出铁口维护。

8.1.5.1　保持正常的铁口深度

根据铁口的构造，正常的铁口深度应稍大于铁口区炉衬的厚度。不同炉容的高炉，要求的铁口正常深度范围见表 8-23。

表 8-23　高炉的正常铁口深度

炉容/m^3	≤350	500～1000	>1000～2000	>2000～4000	>4000
铁口深度/m	0.7～1.5	1.5～2.0	2.0～2.5	2.5～3.2	3.0～3.5

维持正常足够的铁口深度，可促进高炉中心渣铁流动，抑制渣铁对炉底周围的环流侵蚀，起保护炉底的效果。同时由于深度较深，铁口通道沿程阻力增加，铁口前泥包稳定，钻铁口时不易断裂。在高炉出铁口角度一定的条件下，铁口深度增长时，铁口通道稳定，有利于出净渣铁，促进炉况稳定顺行。保持正常的铁口深度，操作上注意：

① 每次渣铁出尽时，全风堵出铁口。

② 每次有适宜的堵口泥量，1000～2000m^3 高炉通常每次泥炮打泥量在 150～250kg，炮泥单耗 0.5～0.8kg/t。宝钢 1 号高炉铁口深度及打泥标准如表 8-24。统计表明，产量每增加 30t，要增加打泥量 1kg，确保足够的铁口深度。

表 8-24　宝钢 1 号高炉铁口深度及打泥标准

铁口深度/m	<3.0	3.0～3.2	3.2～3.4	3.4	3.5	连续出铁	铁口断	休　止
打泥量/kg	480	440	400	360	320	160～240	480	550

③ 炮泥的质量应满足生产要求，要有良好的塑性及耐高温渣铁磨蚀和熔蚀的能力。炮泥制备时配比准确、混合均匀、粒度达到标准及采用塑料袋对炮泥进行包装。

④ 加强铁口泥套的维护。

8.1.5.2　保持正常的铁口角度

铁口角度是指出铁时铁口孔道的中心线与水平面间的夹角。在实际生产中，使用水平导向梁国产电动开铁口机，铁口角度的确定是把钻头伸进铁口泥套尚未转动时钻杆与水平面的最初角度。对风动旋转冲击式开口机而言，铁口角度由开口机导向梁的倾斜度来确定。

大高炉固定铁口角度操作十分重要，现代高炉死铁层较深，出铁口由一套组合砖砌筑，铁口通道固定不变，如铁口角度改变，必然破坏组合砖。铁口角度应相对固定，否则炉缸铁水环流会加重对炉缸砖衬的侵蚀。现代旋转冲击式开铁口机由于自身的结构特点，出铁口角度基本不变。例如 DDS 开口机正常工作角度为 10°，最大 15°，最小 5°。

如果在建造高炉时死铁层较浅，则随着炉龄的增加，炉底砖衬被侵蚀，最低铁水面下移，在这种情况下可适当增加铁口角度以出净渣铁和维护好铁口。通常每次增加 1°～2°，这类高炉一代炉龄铁口角度变化见表 8-25。

表 8-25　高炉一代炉龄铁口角度变化

炉龄期/a	开炉	1～3	4～6	7～10	停　炉
铁口角度/(°)	0～2	2～8	8～12	12～15	15～17

8.1.5.3　保持正常的铁口直径

铁口孔道直径变化直接影响到渣铁流速，孔径过大易造成流量过大，引起渣铁溢出主沟（非贮铁式主沟）或下渣过铁等事故。另外由于过早的结束出铁工序，造成下一次铁的时间间隔延长，也影响到炉况的稳定。开口机钻头可参考表 8-26 选用。

表 8-26　不同顶压、铁种选用开口机钻头直径

炉顶压力/MPa	0.06	0.08	0.12～0.15	>0.15
铸造铁选用钻头直径/mm	80～70	70～65	65～60	60～50
炼钢铁选用钻头直径/mm	70～60	65～60	60～50	50～40

鞍钢高炉正常铁口深度为1.8～2.5m，标准钻头直径60mm，泥炮嘴内径(泥芯直径)150mm。在使用电动吊挂式开口机情况下，当铁口深度失常时，特别是连续过浅，必须相应缩小铁口直径，其关系见表8-27。

表8-27 鞍钢高炉开口作业时出铁口孔径变化

铁口深度/m	出铁口处理方法	出铁口孔径变化
1.8～2.5	开口机直接钻到赤热层，捅开	孔径可大些
1.5～1.8	开口机直接钻到赤热层，捅开	相应小些
1.0～1.5	开口机钻到赤热层(严禁钻漏)，捅开	还要缩小
<1.0	钻到距赤热层150～200mm，开口机退出	长钢钎捅开

8.1.5.4 保持铁口泥套完好

浇注料及捣打料铁口泥套的维护与管理见8.5.4(1)铁口泥套用泥。

8.1.5.5 控制好炉缸内安全渣铁量

高炉内生成的铁水和熔渣积存在炉缸内，如果不及时排出，液面逐渐上升接近渣口或达到风口水平，不仅会产生炉况不顺，还会造成渣口或风口烧穿事故。

小高炉一般来说出铁次数较少，两次铁间隔时间较长，而出铁速度相对大于渣铁生成速度，故以一次铁为单位进行炉缸贮存渣铁的控制。当前国内300m^{3}高炉，利用系数较高在3.0以上，此时日出铁次数达到14～16次，更应加强炉内安全渣铁量控制。大型高炉铁口较多，几乎经常有一个铁口在出铁，出铁速度不大，炉缸内的渣铁液面趋于某一水平，故炉缸内不易积存过多的渣铁量，相对比较安全。

一般以渣口中心线至铁口中心线间炉缸容积的60%所容铁量作为炉缸安全容铁量，在实际生产中，由于炉缸不断被侵蚀，计算时应考虑到最低铁水面的变化程度。计算式如下：

$$T_{安} = 0.6\frac{\pi d^2}{4}\cdot\gamma_{铁}\cdot(h_z+\Delta h) \tag{8-10}$$

式中 $T_{安}$——炉缸安全容铁量，t；

d——炉缸直径，m；

$\gamma_{铁}$——铁水密度(7.0t/m^3)；

h_z——渣口中心线至铁口中心线间高度，m；

Δh——最低铁水面的变化值，m。

8.1.5.6 大型高炉出铁口维护

铁口是高炉长寿中的关键一环，又是最薄弱的一环。因此出尽渣铁，维护好铁口极其重要，依高炉不同的实际情况采取相应措施。

(1) 宝钢1号高炉出铁口维护[11]

出铁口维护措施如下：

1) 铁口深度应达3.3m以上。随高炉产量的增加，增加打泥量，提高铁口深度，减少环流对炉缸侧壁的冲刷，同时加强炉前设备和炉前作业管理。

2) 加强铁口泥套维护。

3) 1号高炉炉顶压力经常在0.23MPa，生产中铁口砖逐渐向外突出，故把铁口组合砖由硅线石质改为氮化硅结合的碳化硅砖并在铁口两侧焊上筋板，卡住铁口砖(图8-30)。采取上述两项措施后，制止住了铁口砖的突出，铁口砖寿命延长1年以上。

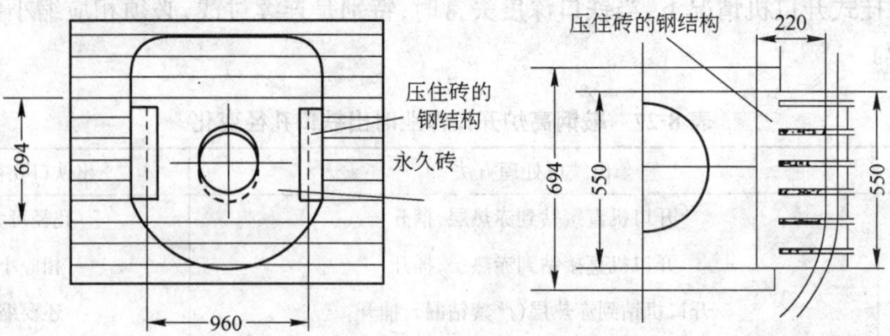

图 8-30　防止铁口砖突出装置示意图

4) 针对出铁口区域大量冒煤气危及炉前工人作业安全,泥套难以形成,打泥量得不到保证和铁口深度大幅度波动,危及高炉长寿,在铁口区域开孔灌浆。

① 灌浆开孔位置与钻孔。开口位置在铁口周围,尽可能对准碳砖缝,为防止炉皮应力集中,相邻两孔保持一定距离,钻孔孔径 20mm 左右,要钻穿捣打料层,然后焊上法兰并接好短管阀门及端盖。

② 灌浆及浆料。灌浆开始压力上升很快,当浆料压入时压力随之降低,当压力再次上升时则停止灌浆。1 号高炉用的浆料型号为:灰分 3%,挥发分 37%,固定碳 60%。浆料要用水浴加热到 80℃并搅拌均匀,特别注意灌浆设备和管道系统也要加热,保证浆料在灌入前有良好的流动性。

③ 1 号高炉自 1986 年 2 月 19 日开始在铁口区域灌浆,共灌入 34 次灌入浆料约 27t。通过铁口周围开孔灌浆,解决了铁口冒煤气的难题,对保护炉缸大有作用。

(2) 日本京滨炼铁厂 2 号高炉 4052m^3 高炉操作时的铁口维护[12]

出铁口维护如下:

1) 1989 年 1~2 月出铁次数为 7.5 次/d,随产量的提高而有计划地增加了出铁次数,到 8 月增加到 10.9 次/d,此时高炉利用系数 2.69。

2) 变更开口方法,出铁口直径稳定;增大钻头和打棒的直径,以提高出铁排渣速度;改变炮泥材质,以提高其抗渣性。

3) 增加铁口打泥量,确保铁口深度在 3.2m 以上,力图出净渣铁;彻底执行重叠式出铁方案。

8.1.6　出铁口事故处理

出铁口事故原因及处理见表 8-28、表 8-29。

表 8-28　高炉出铁事故原因及采取的措施

项　目	原　因	采取的措施
出铁口难开	1. 炮泥耐压,抗折强度过大 2. 铁口泥芯内夹有凝铁 3. 开口机钻头老化	1. 加强炮泥制备工艺管理,改变炮泥配料组成 2. 出净渣铁,铁口适当喷射 3. 钻头老化时更新 4. 打不开时,用氧气烧开出铁口
铁口连续过浅	1. 渣铁未出净,炉缸内积存大量渣铁 2. 开口操作不当,铁口孔道过大 3. "闷炮"开口操作 4. 潮铁口出铁 5. 炮泥质量差	1. 出净渣铁后堵铁口,必要时减风 2. 正确使用开口设备 3. 减小开口铁口孔径 4. 改进炮泥质量 5. 适当增加每次打泥量 6. 堵死铁口上方 1~2 个风口

续表 8-28

项目	原因	采取的措施
铁口过深	1. 打泥量过多 2. 高炉小风操作或铁口上方风口的堵塞	1. 依铁口深度控制打泥量 2. 铁口过深时，开口操作勿使钻杆损伤泥套上沿
铁水流出后又凝结	1. 炉温低 2. 铁口深开口孔径小，没有完全打开出铁口 3. 捅铁口时，粘钎子将铁口凝结	1. 提高炉温 2. 铁口过深应控制打泥量 3. 开口孔径适宜，有小流铁及时用软铁棍捅开铁口 4. 凝结后及时用氧气烧穿
出铁放炮	1. 铁口堵泥没有烘干、潮湿 2. 冷却设备漏水	1. 烤干后出铁 2. 使用无水炮泥 3. 加强设备检查，发现漏水时及时堵炮，休风更换冷却设备
出铁跑大流、跑焦炭	1. 上次未出净，或本次晚点出铁，渣铁量多 2. 铁口深度过浅 3. 钻漏铁口，铁口孔径大 4. 潮铁口出铁 5. 炉况不顺，铁前憋压或悬料 6. 炮泥质量差与泥包的脱落 7. 冶炼强度高，焦炭质量差、块度小、炉热	1. 铁口浅时，开口孔径小，严禁钻漏 2. 炉前做好各种准备工作出铁 3. 抓好正点出铁率，出铁流大，适当减风 4. 改善炮泥质量，加强对铁口泥包的维护
封不住铁口	1. 泥套破损，烧坏炮头 2. 泥炮故障，不能顺利打泥 3. 堵口时，铁口前凝渣抗炮	1. 开口时钻头应对准出铁口中心 2. 捅出铁口时，于铁口前架横梁 3. 堵口前清理铁口前凝渣 4. 时刻保持铁口泥套完好，铁中发现泥套损坏，应减风或休风堵铁口
退炮时渣铁跟出	1. 铁口过浅，渣铁又未出净 2. 退炮时间早 3. 炮泥结焦性能差	1. 退炮勿过早，当铁口浅而渣铁又未出净时更要延迟退炮时间 2. 堵泥应软硬适宜，不装冻泥 3. 液压泥炮打泥缸不得漏油 4. 堵口时，泥炮内应留有备用泥量
铁口自行漏铁	1. 铁口过浅渣铁未出净 2. 炮泥质量差 3. 炉内风压高，炉缸工作活跃 4. 上次铁未出净即堵铁口	1. 在渣铁未出净，铁口浅情况下延迟退炮时间 2. 出铁口不得三次不吹，如渣铁出不净可减风控制料批，待下一次铁出净 3. 提高炮泥质量，保持铁口泥套完好 4. 发现铁口漏铁，及时堵上，具备出铁条件及时出铁，铁中可适当减风
出铁口冷却壁烧坏	1. 铁口长期过浅 2. 铁口中心线长期偏斜 3. 出铁口角度过大 4. 大中修高炉开炉时出铁口来水 5. 铁口泥套制作质量差	1. 执行出铁口维护管理制度 2. 执行烘炉规程 3. 出铁口附近留排气孔 4. 中修开炉前应将炉缸内残存焦炭扒净，并砌保护砖 5. 出铁过程中发现铁口内有不正常响声，及时堵口，防止泥套炸坏堵不住铁口，铁后休风检查及针对性处理

表 8-29　插棒法开铁口作业发生问题及处理

项　目	原　因	处理方法
打入困难（铁棒基本不前进，墩粗，弯曲）	1. 结焦时间过长；堵口冒泥打入泥量不足。炮泥过烧结，强度过大 2. 孔道钻偏，进入泥包硬泥中去 3. 钻入深度不足，打入深度太大 4. 开口机打击力不足	1. 开口机运转正常，换钻头后再次钻入 2. 钻入困难就烧氧气，然后再打铁棒，周而复始直至铁棒打穿为止
出铁口断裂（尚未钻入铁口足够深度时，少量铁水从铁口流出）	1. 铁口泥包形状不合理 2. 打入困难时，打击时间过长	1. 时间允许时，并希望该铁口出铁，待 20～30min 加热铁口区域后再打铁棒 2. 堵上铁口，重新开口
铁口自流出铁（铁棒打入后尚未到出铁时间，铁棒熔损，铁水自流）	1. 钻入深度太大，造成打入深度太小 2. 钻头直径过大，而铁棒直径太小 3. 出铁口过浅，炉缸积存渣铁过多 4. 炮泥质量差	1. 铁棒打入后，专人监视，发现自流出铁立即退回开口机 2. 依当时具体情况，如需出铁则出，否则堵上铁口 3. 在修理渣铁沟等工作时，绝对不允许出铁口自流出铁
防止自流出铁		1. 铁棒打入铁口后，用氧气烧断铁口外铁棒 2. 退回开口机，用氧气烧铁口，把打入的铁棒熔化掉 800mm 左右 3. 用泥炮将堵泥打入铁口 4. 或该次铁用全炮泥堵铁口，下次钻开

8.1.7　出铁口操作考核指标

炉前操作指标是衡量和评价炉前操作水平的主要标志。

8.1.7.1　出铁正点率

出铁正点是指按时打开出铁口及在规定时间内出净渣铁。不按正点出铁，会使渣铁出不净，铁口深度难以维护，影响到高炉顺行。而且还会给运输、炼钢生产组织带来困难，所以要求正点率愈高愈好。

$$出铁正点率=\frac{正点出铁次数}{实际出铁次数}\times 100\%$$

8.1.7.2　铁口深度合格率

铁口深度合格率是指铁口深度合格次数与实际出铁次数之比。依各高炉具体情况确定出铁口的正常深度，铁口深度合格率的高低是衡量维护铁口好坏的主要标志，该值愈大愈好。

$$铁口深度合格率=\frac{铁口深度合格次数}{实际出铁次数}\times 100\%$$

8.1.7.3　出铁放风率

正常出铁后堵铁口时应在全风下进行，出铁放风意味着出铁口事故的发生。其后果造成炉况波动，并影响到出铁口维护，出铁放风率数值低，说明出铁口工作正常。

$$出铁放风率=\frac{放风堵铁口次数}{实际出铁次数}\times 100\%$$

8.1.7.4 铁量差

铁量差是指按下料批数计算的应出铁量与实际出铁量之差。正常情况下用来检验铁口操作是否稳定正常，衡量铁水是否出净的标准。铁量差数值愈小，表示出铁越正常，要求不大于 10%～15%。

$$铁量差=n\cdot T_{理}-T_{实}$$

式中 n——相邻两次铁间的下料批数；

$T_{理}$——每批料的理论出铁量，t（$T_{理}$=焦炭批重/焦比）；

$T_{实}$——实际的出铁量，t。

8.2 渣口

渣口的布置通常与铁口布置一起考虑，应符合炉前冲渣工艺要求。当高炉设有两个渣口时，一般设计成高低差 100～200mm 的高低渣口。现代大型高炉采用多铁口（≥3 个），有时设有一个事故渣口，有时甚至完全取消渣口。4000m^3 级高炉渣口高度由 2000m^3 级高炉的 1.6～2.0m 增加为 2.8～3.4m。而取消渣口在于因为渣量少（300kg/t 左右或更少），难以从渣口放出熔渣。不设渣口可减少投资及生产费用并根除渣口事故。渣量大的高炉（450～500kg/t），可以用增加铁次的方法实现不放上渣。无水炮泥的使用与开口技术的不断进步，使得完全由铁口流出熔渣和铁水成为可能。

8.2.1 渣口结构

大中型高炉的渣口装置通常由 4 个套组成（大套、二套、三套和渣口）图 8-31。渣口装置分成 4 个套的优点：结构尺寸相对变小，便于加工制造；更换时便于拆卸和安装，减少休风时间；依各个套工作条件的不同，便于选择不同的材质和不同的结构形式。

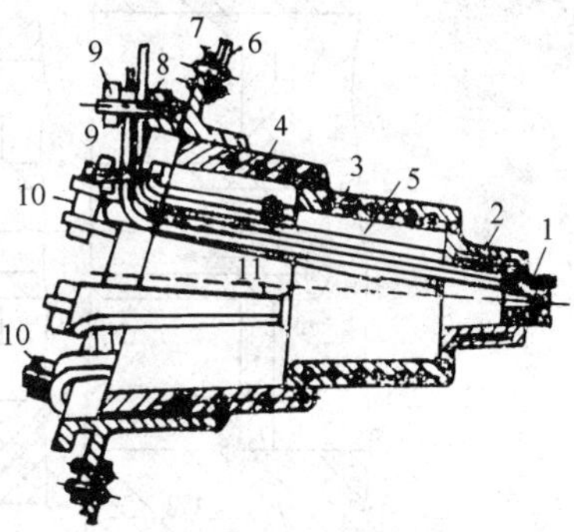

图 8-31 渣口装置

1—渣口；2—渣口三套；3—渣口二套；4—渣口大套；5—冷却水管；6—炉壳；7、8—大套法兰；9、10—固定楔；11—挡杆

基于渣口大套和二套有砖衬保护、且不直接与渣铁接触，热负荷较低所以二者选用中间镶嵌有循环冷却水管的铸铁结构。三套和渣口选用导热性好的铜质空腔水冷结构，是由于二者直接与渣铁接触，热负荷大的缘故。

渣口大套安装固定在炉壳上的大套法兰内。各套之间的接触面均加工成圆锥面，使之彼此接触严密，便于更换。为了保持各套位置固定及良好的密封性，二套用两根挡杆顶紧，三套用通水的顶管固定，渣口小套的外侧与三套内侧加工面呈锥形接触，同时进、排水管用固定楔紧固。鞍钢高炉渣口各套尺寸见表 8-30。

表 8-30 渣口各套尺寸

名称	大套	二套	三套	渣口
直径/mm	730	380	191	内口 55，外口 80
长度/mm	400～1000	600	300	126

8.2.2 堵渣机机械性能

8.2.2.1 四连杆堵渣机

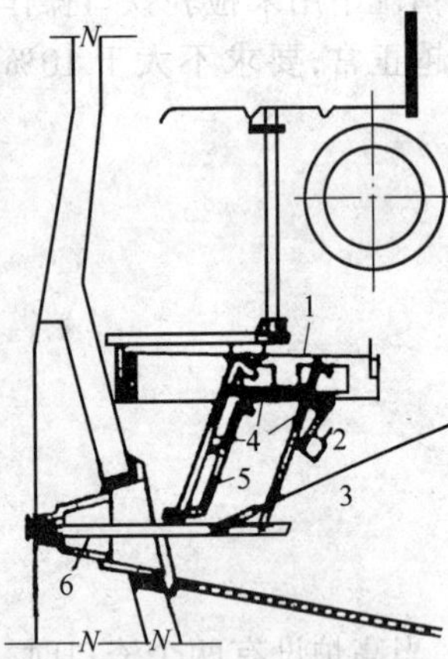

图 8-32 堵渣机

1—横梁；2—平衡锤；3—钢绳；4—平行连杆；5—活动水管；6—塞杆

我国堵渣机一般采用电动铰接的平行四连杆机构(图8-32)。这种堵渣机连杆的转动应灵活，不受高温作用影响；轻便、准确，保证塞头进入渣口大套后作直线运动；堵渣机杆平直，塞杆应与渣口中心线在同一垂直面内；塞头外形尺寸与渣口小套的孔型配合。

这种堵渣机的连杆固定在水平横梁上，梁的一端焊在炉壳上，另一端则挂在炉腰支圈处。四连杆的下杆延伸部分是带塞头的塞杆，塞杆和塞头均为空心式结构，使用时通水或通风冷却。堵渣机作业时，塞杆的提起是通过电动机带动卷筒转动缠绕钢绳来完成，堵口时通过电动机的反转，钢绳松弛、靠自身重力作用落下将渣口堵塞。

通风堵渣机(图 8-33)是在塞头内增加了一套逆止装置，保证压缩空气一个方向的进入。其优点是减轻打渣口的劳动强度，只要拔起堵渣机随时可以放上渣；可使渣口区域活跃，有利于多放上渣；可减少渣口的破损。存在问题是弹簧在高温下易

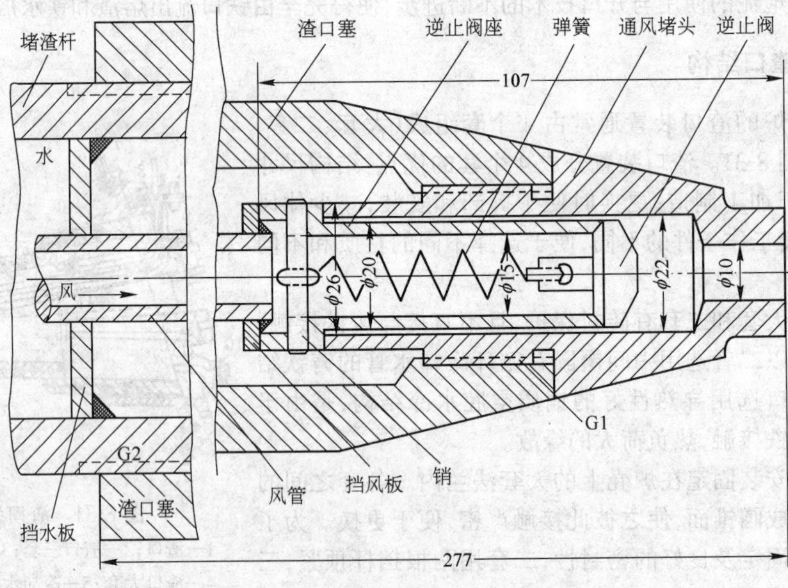

图 8-33 通风堵渣机头部详图

变形，加上冷却强度不够，一旦熔渣反灌塞头现象出现，处理堵塞不方便。堵渣机技术性能见表8-31。

8.2.2.2 折叠式堵渣机

鉴于四连杆结构堵渣机占据空间过大等问题，出现了一种折叠式堵渣机，结构如图 8-34。它由摆动油缸 1、连杆 2、堵渣杆 3、连杆 4、滚轮 5 和弹簧 6 组成。

表 8-31 堵渣机技术性能

项　　目	规　　格	项　　目		规　　格
塞头直径/mm	60	电动机	型　　号	JO51-4
塞杆行程/mm	<3000		功率/kW	4.5
卷扬能力/kg	600		转速/$r \cdot min^{-1}$	1500
卷扬速度/$m \cdot s^{-1}$	0.925	减速机	型　　号	ZQ-35
设备总重/kg	1193		速　　比	32.63

打开渣口时,液压缸活塞向下移动,推动刚性杆 *GFA* 绕 *F* 点转动,将堵渣杆 3 抬起。在连杆 2 未接触滚轮 5 时,连杆 4 绕铰接点 *D*(*DEH* 杆为刚性杆,此时 *D* 点受弹簧的作用不动)转动。当连杆 2 接触滚轮 5 后就带动连杆 4 和 *DEH* 一起绕 *E* 点转动,直到把堵渣杆抬到水平位置。*DEH* 杆转动时弹簧 6 受到压缩。堵渣杆抬起最高位置离渣口中心线可达 2m 以上。

堵出渣口时,液压缸活塞向上移动,堵渣杆得到与上述相反的运动。迅速将渣口堵塞。

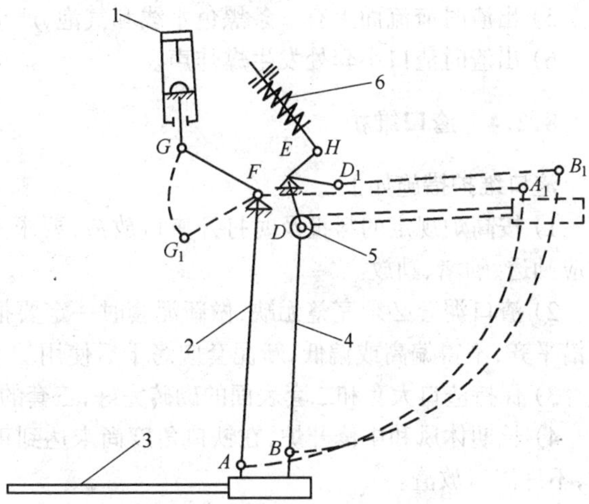

图 8-34 折叠式堵渣机

1—摆动油缸;2—连杆;3—堵渣杆;4—连杆;5—滚轮;6—弹簧

8.2.3 出渣过程控制

8.2.3.1 放渣时间的确定

确切的放渣时间应该是熔渣面已达到或超过渣口中心线时开始打开渣口放渣。如有两个不同高度的渣口,先放低渣口,然后放高渣口。上次出铁口堵塞后至打开渣口出渣的间隔时间,依每 1t 铁渣量、上次出铁情况和上料批数来确定。通常是出铁后 6 批料左右,约出铁后 40~50min 放渣。如果上次铁没出净,放渣时间应提前。

渣口打开后,如果从渣口往外喷煤气或火星(渣粒),渣流很小或没有流,说明炉缸内积存的熔渣还没有达到渣口水平。此时应堵上渣口稍后再放。

8.2.3.2 放渣操作

(1) 放渣前应做好以下准备工作

1) 清理渣沟内的残渣,叠好各道拨流闸板。

2) 检查各个罐位的渣罐是否配正、罐内有无盖罐、积水、潮湿杂物及可燃物等。如有上述物质应采取相应安全措施,否则不许放渣。

3) 对冲水渣高炉应检查冲渣水量和水压是否达到规定水平,否则不许放渣。

4) 检查放渣工具是否齐全,堵渣机是否灵活好用。

5) 检查渣口是否漏水,各套固定楔子紧固状态、泥套是否完好。

(2) 放渣操作和注意事项

1) 出渣时应注意观察渣流及渣口情况,渣流小时要勤透渣口。

2) 渣中带铁多,应堵上片刻后再放渣,避免烧坏渣口。渣流带铁多时渣流表面呈现很多细小火星及在渣沟流嘴处有小火星下滴。

3) 当炉缸内积存熔渣数量较大时,可两个渣口同时出渣。

4）出铁口打开后，上渣流仍较大，可坚持片刻后再堵渣口。

5）渣口破损后应立即堵上渣口。

(3) 渣口损坏的征兆

1）堵渣机塞头退出后，塞头上有水迹；

2）渣口火焰发红色(正常为蓝色)；

3）用长钢钎伸至渣口孔内探查，钎头有水迹；

4）渣口泥套潮湿；

5）出渣时渣流面上有一条黑色水线和气泡，严重时产生泡状水渣；

6）出渣时渣口小套处发生爆炸声。

8.2.4 渣口维护

渣口维护措施如下：

1）按高炉规定的料批及时打开渣口放渣，要求上下渣比的合格率达到 70%以上，渣中带铁多时应勤透、勤堵、勤放。

2）渣口泥套必须完整无缺，做新泥套时一定要抠净残渣铁，泥套与渣口接触严密，且与渣口孔下沿平齐，不得偏高或偏低，新泥套应烤干后使用。

3）保持渣口大套和二套表面的砌砖完好，三套的顶辊和小套的固定销子要牢固，做到定时检查。

4）长期休风和中修开炉，在铁口角度尚未达到正常及炉温水平未达到正常水平([Si]2%左右)时，不许渣口放渣。

5）渣铁连续出不净，铁面上升到渣口水平，严禁放上渣。

6）正确地使用堵渣机，拔堵渣机时应先轻拔，拔不动时用大锤敲打堵渣机后再拔。防止渣口松动带活，造成冒渣事故。对于新换的渣口放第一次渣时，原则上用楔耙堵渣口。

7）发现渣口损坏应及时堵上，严禁用坏渣口放渣。

8.2.5 渣口事故处理

出渣口事故及处理措施详见表 8-32。

表 8-32 出渣口事故及处理措施

项　目	原　因	采 取 措 施
渣口堵不住	1. 堵渣机塞头运行轨迹偏 2. 泥套破损或不正，塞头不能正常入内 3. 渣口小套与泥套接合处有凝铁 4. 塞头老化、不规则，上面粘有渣铁	1. 加强设备的检查，接班后试堵 2. 保持泥套的完好，不用泥套损坏的渣口放渣 3. 塞头应保持完好 4. 对用氧气烧开的渣口，放渣时应勤透，堵口前适当喷射后再堵 5. 渣口堵不上、酌情减风或用楔耙堵
渣口冒渣	1. 更换渣口时没上严 2. 拔堵渣机时用力过猛 3. 小套固定销松动	1. 换渣口时，抠净周围凝结物，上严拧紧 2. 堵渣口时适当慢堵 3. 拔堵渣机时先用大锤打活塞头，再拔 4. 保持塞头完好 5. 冒渣严重，应打开另一渣口放渣，酌情减风，及时出铁，铁后休风更换
渣口自行流渣	1. 炉热边沿煤气流发展 2. 塞头或堵耙拔出过早，熔渣在渣口前凝壳太薄 3. 熔渣流动性特好	1. 非放渣时间内，渣口用楔耙堵塞 2. 不要过早的拔堵渣机，发现壳薄应堵上 3. 洗炉料下达后要及时放渣，拔堵渣机应慎重 4. 发现自行流渣，立即堵上渣口

续表 8-32

项　目	原　因	采 取 措 施
渣口爆炸	1. 铁水面升高超过渣口水平 2. 炉缸堆积严重,渣口附近有铁积存 3. 小套破损未及时发现,放渣时带铁多,发生爆炸 4. 高炉中修开炉初期,炉底升高 5. 放渣操作时,炉渣大量带铁	1. 严禁坏渣口放渣 2. 发现渣中带铁严重时,立即堵上渣口,渣流小时应勤透 3. 不能正点出铁时,应适当减风控制炉缸内渣铁数量 4. 炉缸冻结时,采用特制的碳砖套制成渣口放渣 5. 中修开炉可不放上渣,大修开炉放上渣以疏通为主 6. 发生爆炸要立即减风或休风,尽快出铁,组织抢修
渣口三套、二套或大套烧坏	1. 泥套做高、放渣时渣流反溅二套上部 2. 泥套损坏仍继续出渣,渣中带铁渗漏或穿过砌砖烧坏三、二套 3. 在处理炉缸冻结时,上好石墨三套,用渣口做临时出铁口。当出铁次数＞10 次,热负荷过大,会烧坏二套及大套	1. 泥套制作合格,经常保持完好 2. 用渣口作临时出铁口处理炉缸冻结时,使用次数一般不超过 15 次 3. 发现烧坏时根据情况停止此渣口出渣,并闭水,然后组织休风更换

8.2.6　渣口操作考核指标

上下渣比是考核放好上渣的主要标志。其表述方法是指一次铁的上渣量(从渣口放出的渣量)和下渣量(从铁口放出的渣量)之比。一般上下渣比应大于 3:1。

$$上下渣比=\frac{上渣量}{下渣量}$$

设每次铁的总渣量 $=A\cdot T_{铁}$

上渣量 $=A\cdot T_{铁}-$ 下渣量

$$下渣量=\left(0.6\,\frac{\pi}{4}d^2\cdot h-\frac{T_{铁}}{\gamma_{铁}}\right)\gamma_{渣}+t_{铁}\cdot A$$

$$上下渣比=\frac{A\cdot T_{铁}}{\left(0.6\,\frac{\pi}{4}d^2\cdot h-\frac{T_{铁}}{\gamma_{铁}}\right)\gamma_{渣}+t_{铁}\cdot A}-1 \tag{8-11}$$

式中　A——渣铁比,t/t;

$T_{铁}$——每次出铁量(两次铁间装料批数×每批料出铁量),t;

0.6——炉缸容铁系数,一般取渣口中心线至铁口中心线之间炉缸容积的 50%～70%,开炉初期取较小值,炉役后期取较大值;

d——炉缸直径,m;

h——渣口(有两个不同高度渣口时,取低渣口)中心线至铁口中心线的高度,m;

$\gamma_{铁}$——铁水密度,取 7.0t/m^3;

$\gamma_{渣}$——熔渣密度,取 2.5t/m^3;

$t_{铁}$——流铁期间的产铁量(即打开铁口起至堵铁口止的期间内的装料批数×每批料出铁量),t。

若上、下渣都在炉前冲水渣,不便直接估计放出的渣量,可采取见下渣时的出铁量作指标(即下渣打开砂坝时,铁水罐中的积铁数量)。见下渣铁数值较大说明上渣放得好;否则相反。一般情况下见下渣铁量应达到该次出铁量的 60%,此法受铁口深度和炉缸侵蚀程度等影响较大。

现代大型高炉不设置渣口,渣口操作考核指标已丧失它的意义。

8.2.7 水渣处理方式

高炉炉前水力冲渣是熔渣处理的首选方式，水力冲渣工艺通常有 4 种方式：沉淀池沉淀法、拉萨法、INBA 法和轮法炉渣粒化装置。

8.2.7.1 沉淀池法

(1) 工艺流程

工艺流程如下：

1) 沉淀池可以在炉台附近，也可以远离炉台。鞍钢 11 号高炉属于前者而 7 号高炉属于后者，当沉淀池在炉台附近时，水淬后的渣水混合物直接流入沉淀池。当沉淀池远离炉台(图 8-35)时，水淬后的水渣流到渣仓 2，用 10PH 灰渣泵 3 将渣水混合物提升到 17m 高处的高架流槽 4，然后再流到沉淀池 5 内，再用抓斗吊车把渣子抓到干渣池 6 进行脱水后，用抓斗吊车装车外运。

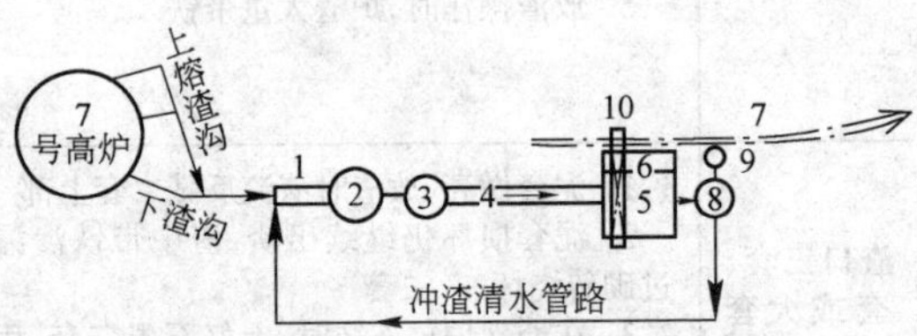

图 8-35 7 号高炉水冲渣工艺流程示意图

1—喷水嘴；2—混渣仓；3—灰渣泵；4—高架流槽；5—沉淀池；6—干渣池；7—输渣线；8—清水泵；9—吸水井；10—抓斗吊车

2) 冲渣余热水冬季经净化后供城市居民采暖。部分经沉淀池过滤后的水，通过污水泵输送到净化站，净化后的水再经过水泵供给采暖用户。最后回水流入冲渣池，回水温度 45℃左右流程框图示于图 8-36。冲渣水余热回收详见 8.2.8 节。7 号和 11 号高炉沉淀池法的主要装置的性能列入表 8-33、表 8-34、表 8-35 和表 8-36。

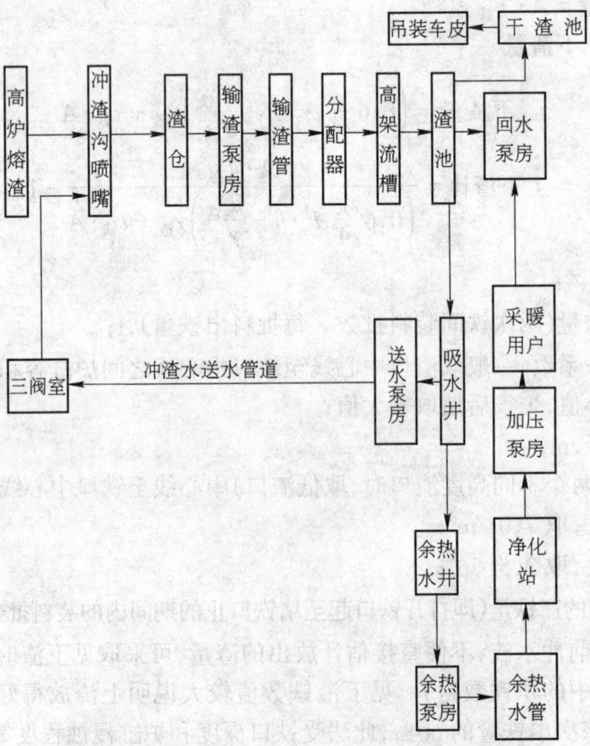

图 8-36 7 号高炉冲渣系统、余热采暖系统流程图

(2) 主要设备性能

设备性能有：

1）渣池状况见表8-33。

2）水泵性能见表8-34。

表8-33 渣池状况

炉别	沉渣池		容积/m³	栈桥长度/m	装车线		吊车		
	个数	长/m×宽/m×高/m			道数/条	停车数/节	台数/台	起重量/t	抓斗容积/m³
7号	2	110.6×8.3×7 110.6×6.5×7	6296 5032	108	2	12	3	10	3
11号	2	49×9.8×(3.4～5.12) 9.11×8.85×3.25	1600	50.4	1	6	2	10、15	3

表8-34 水泵

泵房		台数		水泵性能					
		台数/台	总数/台	型号	流量/m³·h⁻¹	扬程/m	效率/%	功率/kW	
								轴功率	电机功率
三泵房	10BF	2	4	24Sh-19	3168	32	89	310	380
	11BF	2		24Sh-19	3168	32	89	310	380
一泵房	1～4	4	5	12/10ST-AT	770	49	55	240	310
	5	1		10PH	770	49		240	310
二泵房	2～6	5	7	14Sh-9	1260	75	82	314	430
	7～8	2		200D4304	288	163.2	80	160	230
二余热	1～2	2	2	14Sh-13A	1116	36	84	130	190
三余热	1～2	2	2	24Sh-13	3168	47.4	88	465	520

3）吊车性能见表8-35。

表8-35 吊车性能

使用地点	起重能力/t	吊车台数/台	抓斗容积/m³	抓斗容量/t
7号高炉	15	1	3	3.7
	10	1	3	3.7
	5	1	2.5	3
11号高炉	10	3	3	3.7

4）冲渣槽特性见表8-36。

(3) 冲渣工艺要求

工艺要求如下：

表 8-36　冲　渣　槽　特　性

性能 / 炉别	冲渣槽/个	冲槽长度/m		弯道半径/m		冲渣槽配置情况
		东	西			
7 号高炉	2	76	19	东 30	西 直	两条冲渣槽进入一个渣池
11 号高炉	2	36	22	直	30	两条冲渣槽进入一个渣池

1) 熔渣温度不宜过低或过高,一般在 1450℃左右。

2) 渣中不许带铁,不许向渣沟投放残渣铁和杂物。

3) 保持足够的冲渣水量、水压,渣水比不大于 8t/t,水温不大于 55℃见表 8-37。

表 8-37　冲渣水控制标准

参数 / 高炉	水量/$t \cdot h^{-1}$	水压/MPa	水温/℃	渣水比
7 号高炉	2500	0.7	<55	8
11 号高炉	2000	0.3	<55	8

4) 要求与泵房能力匹配,作业过程不溢流、不抽空。

5) 运行过程需换泵时,必须先开后停,严防断水。

6) 冲渣作业

冲渣作业过程如下:

① 放渣或出铁前高炉用电话与泵站联系出渣地点及按通指示灯。

② 冲渣工按要求倒换向阀。

③ 启动冲渣水泵,并调整供水压、水量达到规定值。

④ 启动输送灰浆泵。

⑤ 高炉确认后再放渣或出铁。

⑥ 出铁、放渣结束,高炉通知泵房停水。

渣池法是最早的冲渣方式,工艺、设备简单,操作方便,成本较低,故被广泛利用。但该法对环境污染严重,已逐渐被其他先进的冲渣工艺所代替。

8.2.7.2　拉萨(RASA)法

拉萨法(RASA)1967 年在日本福山钢铁厂 1 号高炉($2004m^3$)首次采用。我国宝钢 1 号高炉($4063m^3$)亦采用该法冲制水渣。

RASA 法水冲渣工艺流程见图 8-37。熔渣经吹制箱吹制成水渣,进入粗粒分离槽,沉降到底部的渣、水混合物经水渣泵、管道输送至脱水槽脱水,脱水后的渣由卡车运走。水流进沉降槽;粗粒分离槽溢流到中继槽含渣水经中继泵送到沉降槽,底部由排泥泵将渣送到脱水槽脱水。沉降槽的水溢流到温水槽,经冷却泵送到冷却塔冷却后进入给水槽;给水槽的水由给水泵送到吹制箱吹渣。宝钢 1 号高炉二个出铁场各有一套水淬装置及粗粒分离系统,通过渣泵和中继泵将渣浆输送到共同的水处理设施进行脱水、沉淀和冷却。

拉萨法与渣池法冲渣方式相比在技术上有一定进步,处理量大、水渣质量较好、污染公害较少。但有工艺复杂、设备较多、管道易磨损和电耗高维修费用大等缺点,故新建大型高炉已不再采用。

8.2.7.3　INBA 法

INBA 法是卢森堡 PW 公司研制成功的第一套 INBA 法粒化试验装置,1981 年在希德马尔厂投

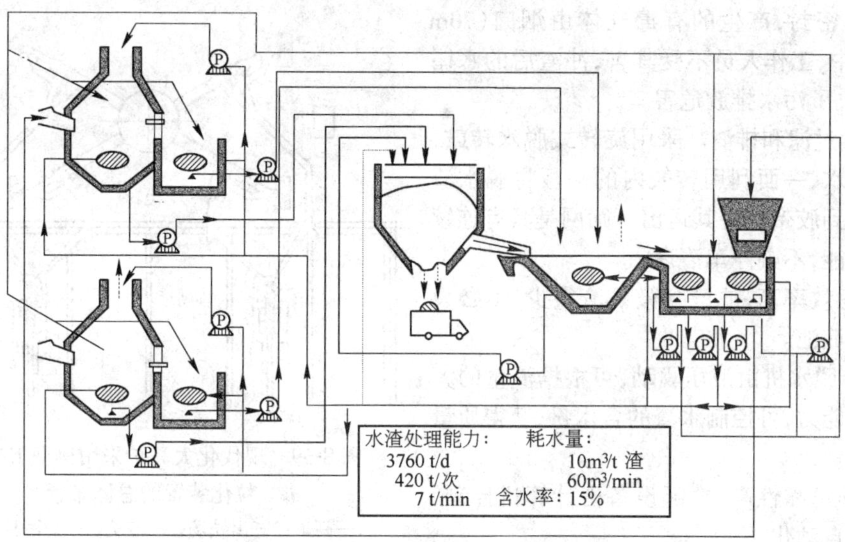

水渣处理能力：
3760 t/d
420 t/次
7 t/min
耗水量：
10m³/t 渣
60m³/min
含水率：15%

图 8-37　RASA 法冲渣工艺流程图

入运用。亦称回转筒过滤法。它具有连续更新过滤系统的性能，在使用中显示了一系列的优良特点，故改建或新建的大中型高炉多采用此法处理熔渣。

（1）宝钢 2 号高炉 INBA 法冲渣

INBA 法水渣处理工艺是将渣水混合物经转鼓脱水后由皮带运出的处理方法。即高炉熔渣与铁水分离后，经渣沟进入熔渣粒化区，水渣冲制箱喷出的高速水流使熔渣水淬粒化冷却，经水渣槽进一步粒化和缓冲之后，流入转鼓内的水渣分配器，然后均匀分配到转鼓过滤器中。转鼓过滤器为一旋转滚筒，其周边配置金属滤网和金属支撑网，鼓内还均匀分配着若干带滤网的轴向叶片。水渣在转鼓下半周滤去部分水后，被叶片带走，并边旋转边自然脱水。当转至转鼓上半周处时，渣即落到伸入鼓内的运载皮带上，经此皮带和分配皮带送至成品槽贮存，最后由卡车运出，其流程见图 8-38。水渣在转鼓内脱除的水分全部经集水槽进入热水槽，接着由冷却泵打到冷水槽冷却后再由粒化泵打到炉台冲制水渣。故水在封闭系统内不外流。整个转鼓由液压马达驱动、并经链条传动。转鼓旋转过程中采用压缩空气 0.8MPa 和高压水 1.0MPa 对其周边滤网连续清洗，以去除黏附和嵌入滤网的水渣颗粒。2 号高炉有两个出铁场，4 个铁口，2 套水冲渣系统，每套系统有一个转鼓。1、4 号铁口对 1 号转鼓系统，2、3 号铁口对 2 号转鼓系统。这两套系统与高炉中心线对称布置。

（2）INBA 系统的特点

1）设备布置紧凑。此装置可紧接出铁场布置，无需设置搅动槽或泥浆泵。由于出铁场上渣沟布置合理，故一套炉渣粒化装置可处理两个铁口流出的炉渣。在新建或改建高炉出铁场附近布置十分灵活见图 8-39。

2）环境污染少。在高炉作业区域，INBA

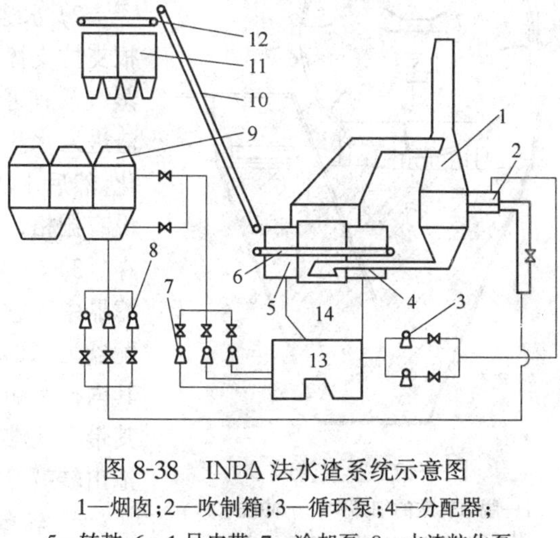

图 8-38　INBA 法水渣系统示意图

1—烟囱；2—吹制箱；3—循环泵；4—分配器；5—转鼓；6—1 号皮带；7—冷却泵；8—水渣粒化泵；9—冷却槽；10—2 号皮带；11—渣仓；12—3 号皮带；13—热水槽；14—集水槽

设有烟气罩密封，产生的有毒气体由烟囱（70m高）排向空中，工作人员不受其害，冲渣后的水循环使用，解决了污水排放危害。

3）连续过滤和排渣。采用旋转式脱水转鼓，一面过滤脱水，一面利用转鼓内的刮板将脱水渣粒提起卸落到胶带机将其运出。筛网是具有连续更新过滤性能，不必停车清理。

4）过滤效率高，滤液含微粒渣很少，不必设置专门的沉淀池。

5）回转脱水机由液压驱动，可根据渣量的大小调节脱水能力，可控制水渣的含水量，获得质量均匀的产品。

6）工作可靠性高，全部设备由计算机控制，实现全过程自动化。

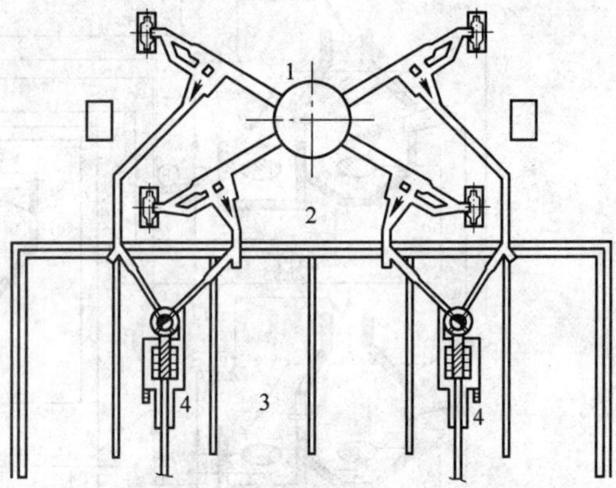

图 8-39　现代化大高炉采用典型 INBA 法粒化装置的总体布置

1—高炉；2—出铁场；3—渣坑；4—炉渣粒化装置

7）设备简单，部件磨损小，维修工作量少，能耗消耗低。INBA 法只需 3 台水泵，而 RASA 法要设 29 台水泵。

8）投资省。与沉淀池法及 RASA 法系统相比投资省。

(3) 主要设备

INBA 法处理包括以下设备：粒化头、冷却沟、缓冲槽、烟囱、脱水转鼓、运输皮带、粒化水泵、热水槽、补充水系统、事故水系统、排污坑、清扫水系统、清扫压缩空气系统、液压控制系统、计器检测与控制系统、PLC 自动控制系统与事故报警系统。主要设备分述如下：

1）水渣冲制箱（粒化器）。水渣冲制箱是熔渣水淬、粒化的关键设备。其结构由箱体、喷水板和进水口组成。箱体分三室，进水口与之对应，水渣在冲制的过程中可以根据渣量或水量的变化确定由几个室送水。喷水板上均匀分布着若干大小不等的小孔，高速水流由此喷出，对熔渣进行水淬粒化。喷嘴板开孔面积可根据水量水压等参数进行计算。

2）水渣槽（接收塔）。水渣槽本体内径 ϕ6500mm，由四根支柱支撑，槽上排气孔（烟囱）内径 3m，高 78m，把产生的蒸汽及有害气体导入空中，要求高度高于炉顶主要设备。水渣进入水渣槽以后，首先冲击在碰撞板上，使水渣进一步细化，然后水渣在槽内缓冲，并经回水挡板流入下料口，下料口设有栅格，可滤出大块渣，以防堵塞渣水分配器。

3）渣水分配器。渣水分配器保证渣水均匀进入转鼓过滤器中。它主要由分配器本体、罩子及前后支撑轮组成。分配器为箱形结构、伸入转鼓过滤器部分底部有 9 个下料口，其内衬为耐磨陶瓷砖。罩子因防止水渣在分配器上堆积，故其带有足够的坡度。通过前后支撑轮可很容易地将分配器拖出转鼓，进行维修和检查。

4）转鼓过滤器。转鼓过滤器是 INBA 系统的核心设备，主要由转鼓本体、支撑结构、驱动及传动装置、封罩等组成，实现渣水分离（图 8-40）。其直径 ϕ5000mm，长 6000mm，

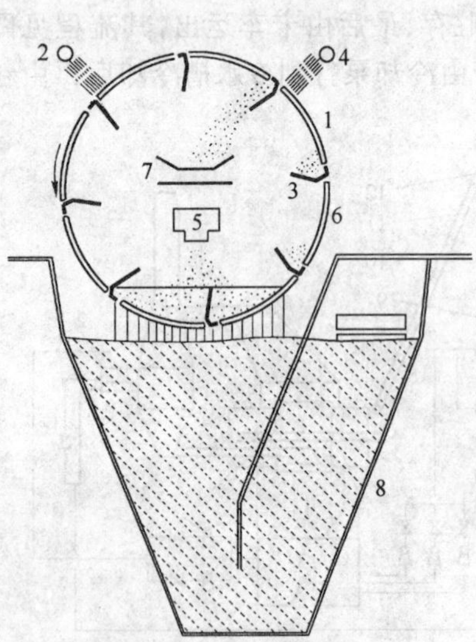

图 8-40　脱水转鼓

1—脱水转鼓的细筛网；2—冲洗水；3—轴向刮板；4—吹洗用压缩空气；5—分配器；6—脱水转鼓；7—胶带机；8—水槽

采用液压马达驱动，链条传动。每套转鼓各有一套液压站。根据渣量的变化，转鼓可在0.12～1.2r/min范围内调速。

转鼓过滤器本体沿圆周方向设有两层金属网，材质为不锈钢。一层网丝较细在内，起过滤作用，一层网丝较粗在外，起支撑作用。鼓内焊有28块轴向叶片（桨片），其上亦铺设一层金属滤网，保证水渣随转鼓的旋转呈圆周运动，在离心力作用下渣在转鼓内进行自然脱水。每旋转180°时水渣即会自动落到皮带上输出鼓外。

转鼓在旋转过程中，采用压缩空气和清洗水对滤网进行连续性冲洗，以防滤网堵塞。

水中悬浮物固态物质的含量取决于转鼓的旋转速度。检验结果表明：

$0.2 rpm \leqslant 10^{-4} g/dm^3, 0.3 rpm \leqslant 1.5 \times 10^{-4} g/dm^3, 1.2 rpm \leqslant 5 \times 10^{-4} g/dm^3$

5）集水槽（沉淀池）。集水槽沉淀池接收转鼓滤出的水。它主要由槽体、导出板和各管口组成。转鼓滤出的水进入集水槽沉淀后，由导流板引向槽底部，水中悬浮物在此沉淀。经沉淀后的水由循环泵泵入辅助喷嘴，大量的清水由溢流口溢流到热水槽（池）。

6）皮带运输机。每台INBA装置有五条皮带机，皮带宽度为1.2m，速度1.6m/s。拆卸皮带机设有移出装置，可以移出鼓外进行维护检查，为了作业方便，分配皮带机可以带负荷正向及反向旋转。为了延长皮带寿命，可以用空气对传送皮带进行清洗，还可起到清洁干燥作用。水渣脱水后，自动从转鼓内的桨片上落到安装在鼓内的皮带上，接着由其他皮带输送到干渣场堆放。

（4）INBA冲渣对高炉作业要求（以鞍钢为例）

作业要求如下：

1）保持炉温稳定，严防泡沫渣产生，生铁含[Si]最高不大于0.8%，进入冲制箱的熔渣温度1450℃左右。冶炼铸造生铁，不得采用INBA冲渣。

2）改善炉渣流动性能。

3）保持铁口深度正常，以控制渣流稳定，严防铁口过浅跑大流。万一跑大流时，要及时停止冲渣。

4）严防渣中带铁，保持下渣沟沉铁坑完好，有足够存铁能力。

5）堵铁口时，泥炮未堵严、禁止推大闸，严防铁水流入冲渣沟。

6）出铁过程中，渣沟旁大块残渣铁及废物，禁止推入渣沟。

（5）INBA法与RASA法水冲渣比较。

两种不同水冲渣作业方法比较见表8-38，作业指标对比见表8-39。

表8-38 INBA法与RASA法比较[15]

项目	INBA法	RASA法
工艺	是靠转鼓将水淬后的渣子滤出，再经皮带送到成品槽，由卡车运走	主要靠泵把水淬后的渣子和水一起打入管道送至脱水仓，脱水后的渣子由卡车运走
设备状况	水渣是靠皮带输送，转鼓滤出的水含渣量少，对泵和管道的磨损甚微。减少设备检修频度，提高水渣质量	水渣是靠泵和管道输送，故水渣泵和渣浆输送管道磨损严重。渣泵使用周期仅半年，管道使用周期不到一年
安全性	管道系统中的水含渣粒度细小，含渣量又少，对管道无明显磨损，无爆裂问题，系统安全性好	管道磨损严重，发生爆裂事故。渣泵马达被淹，人员烫伤，给生产带来危害
节电效果	用水量少，水温高，水压低，装机容量小，节电效果好。 依比利时希特玛厂B高炉INBA系统运用实绩：吨铁耗电仅需2.3kW·h，相当RASA法的1/6	配备了较多的水渣泵及渣浆输送管道

表 8-39　宝钢水渣 INBA 法和 RASA 法指标对比

项　目	RASA 法		INBA 法
	1 高炉	2 高炉	3 高炉
高炉容积/m^3	4063	4063	4350
日产量/$t \cdot d^{-1}$	9500	9200	10520
渣比/$kg \cdot t^{-1}$	261	263	257
渣水比	1:10	1:6	1:7
冲渣率/%	86	97～98	99.9
含水率/%	18.1	12.3	15.7
玻璃化率/%	96.8	97.7	97.4
冲渣水量/$m^3 \cdot min^{-1}$	60	36	41.65
水温/℃	55～70	57～65	55～65
给水压力/MPa	0.25～0.27	0.24～0.26	0.18～0.22
装机容量/kW	4157	3005	—

(6) INBA 法水冲渣事故原因及处理。

鞍钢 INBA 水冲渣事故原因及处理见表 8-40。

表 8-40　鞍钢 INBA 法水冲渣事故原因及处理

项　目	事　故　原　因	处　　理
冲渣过程中 INBA 转鼓突然停止	1. 输送皮带粘渣，致使皮带机下部和尾轮大量积渣，部分积渣进入转鼓链条内，转鼓链条拉断 2. 液压油温超过 60℃	1. 立即分流，改用非常冲渣或放干渣坑 2. 更换链条 3. 停机降温 4. 在使用橡皮清扫器时，增加压缩空气吹扫管
启动 INBA 时转鼓不运行	1. 液压站故障 2. 现场操作箱选择旋钮未复位 3. 现场检修开关未恢复自动 4. 急停按钮未复位	1. 检查确认后复位 2. 联系检修单位处理
大量水渣进入转鼓将转鼓压死	1. 上次停 INBA 过早 2. 其它原因造成大量水渣进入转鼓	1. 首先查看转鼓内积渣情况若积渣太多拉出折叠皮带，清理转鼓后再投入作业 2. 将水排出，联系检修单位，在液压站加压，强行转鼓转动
INBA 皮带严重带水	1. 转鼓吹扫空气量不足或喷嘴堵塞 2. 滤水器积水太多	放掉滤水器的积水，查看空气量，清扫空气喷嘴
转鼓清扫水喷嘴堵塞	清扫水量不足或清扫水压力不够	1. 检查增压泵运行情况 2. 清扫增压泵过滤器及清洗喷嘴
转鼓速度过快	设备及电气故障	1. 检查转鼓机电设备有无故障 2. 调整 INBA 转鼓速度，并与计算公式对照是否准确
转鼓头部带水、水渣从头部大量涌出	1. INBA 转鼓水位过高 2. 炉渣过热，出现泡沫渣，堵塞缓冲器 3. 粒化水温高于 95℃ 4. 转鼓速度过慢	1. 清理缓冲器水槽 2. 调整转鼓速度 3. 降低粒化器温度 4. 严重时使用非常冲渣，停止 INBA 作业

续表 8-40

项　目	事 故 原 因	处　理
大量水渣从接收塔溢渣管涌出	接收塔的格栅有渣块	1. 分流，改走非常冲渣 2. 检查水泵传动有无打滑现象 3. 如地坑积水太多，启动排污泵 4. 粒化管道破裂，水泵轴头严重漏水
作业中粒化水量突然降低	1. 粒化水泵因故停一台 2. 皮带大量带水，热水槽水位降低、补充水跟不上	1. 现场操作箱改手动或启动备用泵 2. 分流，走非常冲渣，查明原因处理
INBA 启动时水量不足 $70m^3/h$ 及水泵不运行	1. 水泵故障，皮带断或脱落 2. 机械，电气设备故障 3. 现场操作选择旋钮，急停按钮未复位	1. 在一台粒化泵作业时停机，倒换备用泵 2. 在二台泵作业时水量不足，是其中一台泵叶片磨损严重，倒用备用泵，通知专检人员 3. 旋钮复位
INBA 准备好信号不来	1. 各系统现场操作箱选择旋钮和急停旋钮未复位 2. 水渣贮放场皮带联锁信号不来	1. 检查确认后复位 2. 通知冲渣车间调度，查明原因处理
系统停泵时发生"水锤"现象（冲渣结束停泵时，管道晃动，移位，使管道局部开裂，泵出口法兰漏水）	系统泵的排出阀为气动蝶阀，关闭动作过快，在几秒钟完成	在控制阀门的启闭的气路上采取增加节流阀措施，使阀门关闭时间延长到 20s 左右
冷热水槽积渣	1. 冲制水渣过程中产生的许多微小渣粒穿过滤网 2. 小部分沉积在热水槽底部，大部分被冷却泵吸到冷水槽沉降下来	在冷热水槽内分别安装搅拌水泵，使微粒渣不致沉积

8.2.7.4 俄罗斯炉前水渣处理系统

前苏联莫斯科国立冶金工厂设计院（Мосгипромез）为克里沃罗格厂 9 号高炉（$5000m^3$）、新利佩茨克厂 6 号高炉（$3200m^3$）和切烈波维茨厂 5 号高炉（$5500m^3$）设计了新型的水渣处理系统。在每座高炉的两侧各建有两套处理装置，每套供两个铁口出铁时冲渣使用。每套装置均有二条独立的工艺生产线（一工作、一备用）。工艺生产线由粒化器、带排气的仓式沉淀池、水渣提升气泵、环形转盘脱水器、向粒化器供水的循环供水系统等组成，见图 8-41。

(1) 熔渣粒化

熔渣从摆动流嘴 5 流出，被位于流嘴下方的粒化水喷嘴 6 喷出的高压水流淬化，并冲向反射屏 4 粉碎。$3200m^3$ 高炉上有 31 个 $\phi30mm$ 的喷嘴以间距 60mm 弧形排列为两列，喷嘴总面积 $280m^2$，喷嘴下倾 30°水量 1800t/h，水压 0.37～0.38MPa，平均冲渣速度为 5t/min，最大 10t/min。冲成水渣的平均直径为 0.88mm。堆密度 $1t/m^3$。

(2) 回水的沉淀与溢流

熔渣被淬化后，以三相（蒸汽、水和渣粒）混合物进入充满水的仓式沉淀池，产生的蒸汽沿烟囱 1 放散到大气中，在沉淀池下部水通过流水孔洞 8 进入渣气泵的水井 15。如果下部流水孔洞被堵塞，则水通过上部孔洞 7 流入水中。通过澄清，清水溢流入清水池。从这里的地下水泵（$5000m^3$ 和 $5500m^3$ 高炉上）或气泵（$3200m^3$ 高炉上）将水泵到粒化器循环使用。地下水泵的能力为 2300～2400t/h，$3200m^3$ 高炉的气泵的提升高度为 56.5m，提升管直径 0.8m，流量 1800t/h。用气量

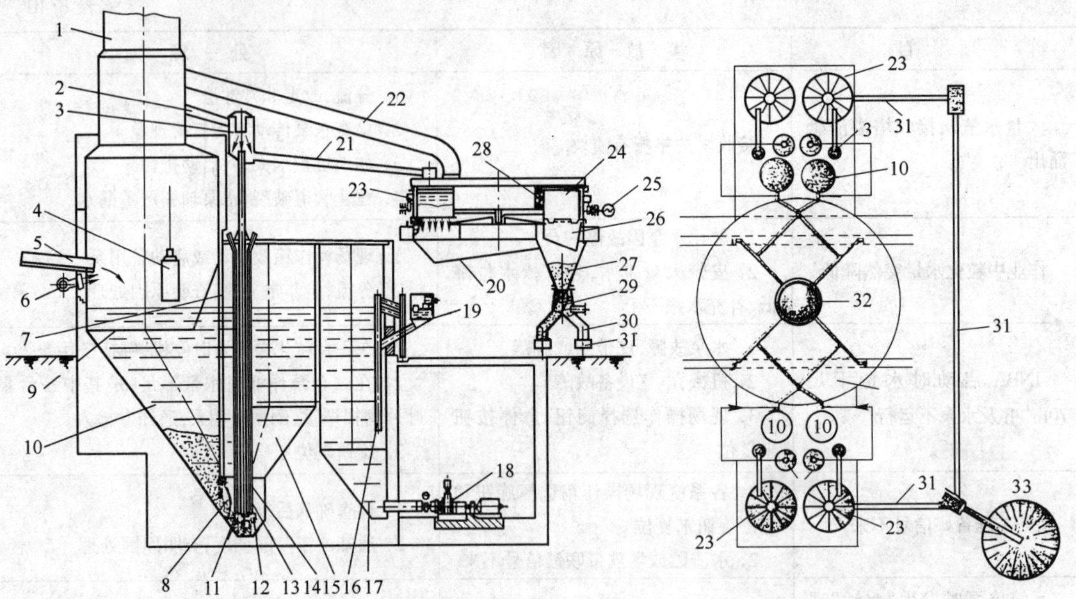

图 8-41　Мосгипромез 炉前水渣处理系统

1、2—蒸汽排放和空气排放烟囱；3—分离器；4—反射屏；5—炉渣流嘴；6—粒化水喷嘴；7、8—流水孔；9—箅板；10—仓式沉淀池；11—混浊水管；12—气泵的空气喷头；13—气泵上升管；14—空气管道；15—水井；16—排水管；17—清水池；18—地下水泵；19—补水箱；20—集水池；21—水渣输送管道；22—导汽管；23—脱水器；24—卸渣机构；25—脱水器电机；26—下部带滤眼的渣箱；27—水渣仓；28—空气导管；29—漏斗给料器；30—水渣下料管道；31—运输皮带；32—高炉；33—渣堆场

$300m^3/min$(设计值为 $520m^3/min$)，该气泵工作可靠不需备用。

(3) 水渣的气泵提升

仓式沉淀池内的水渣用气泵提升。气泵由混浊水管 11，空气喷头 12，气泵上升管 13，分离器 3 和空气排放管 2 等组成。为防止气泵偶然被大块杂物堵塞，仓式沉淀池上设有 100mm×200mm(曾为 200mm×200mm)的箅板 9。在进入喷头的空气的作用下，水渣混合物沿上升管 13(ϕ320mm 内衬铸石)提升到分离器，再从这里沿管道 21 自流入脱水器 23。气泵能力为 150t/h，空气的压力为 0.25MPa，耗量为 $50m^3/min$，水和渣之比为 2∶1。所用空气可以由配置的风机 800～$900m^3/min$ 提供，也可以用高炉冷风。

(4) 水渣脱水

脱水器为 ϕ13m 的转盘，分为 16 格，每格内装有可更换、下部带有滤眼的渣箱，有效高度 1.6m，滤网 $3.9m^2$，脱水器由电机 25 带动，转速是根据渣箱充满程度调节(一般为 1.5rpm)。为强化脱水器的脱水，在 $5500m^3$ 高炉上还向渣箱鼓送压缩空气。脱水器产生的水汽由导管 22 送入烟囱 1 高空放散。

(5) 水渣的装卸和储运

脱水器的每格底部都有门，转到卸渣位置时打开，脱水后的水渣进入水渣仓 27，然后用给料器 29 装到运输皮带 31 上。运送到堆渣场 33。

这种水渣处理系统的优点是：占地小，布置紧凑。一座年产 120 万 t 渣的高炉，系统有 2 套装置每套占地 42m×53m。而且有足够的备用能力；劳动环保条件好，全部封闭运行。蒸汽和空气从 ϕ5m 高 100m 的烟囱 1 排出，烟囱内喷石灰水脱除有害的硫化物。

在前苏联也曾用过1998年唐钢引进的图拉法粒化炉渣装置，该装置由粒化器，脱水器，溢流装置，气泵提升机和循环水泵等组成。其工作远不如上述 Мосгипромез 设计的水渣处理系统。

8.2.7.5　轮法炉渣粒化装置

在消化唐钢从俄罗斯引进的图拉法和吸收国内外其他水渣处理成功经验基础上唐山市嘉恒实业有限公司与河北省冶金设计研究院于1996年共同开发研制成功轮法炉渣粒化装置。

轮法采用快速旋转的粒化轮取代传统的水淬法，以在大型转鼓内缓慢旋转的脱水器取代传统工艺的水力输送、底滤法水池以及门形抓斗机装载系统，通过皮带输送机把成品粒化渣直接送到储渣仓或堆放场地。采用这种工艺占地面积（100～200m^2）小；节水节电（吨渣补充水0.7t，吨渣耗电2.4kW·h）；操作安全不爆炸，冲渣作业率为100%；还有运行维护费用低；成品渣含水率低及环境保护好。工艺流程示意图见图8-42，工艺参数见表8-41。

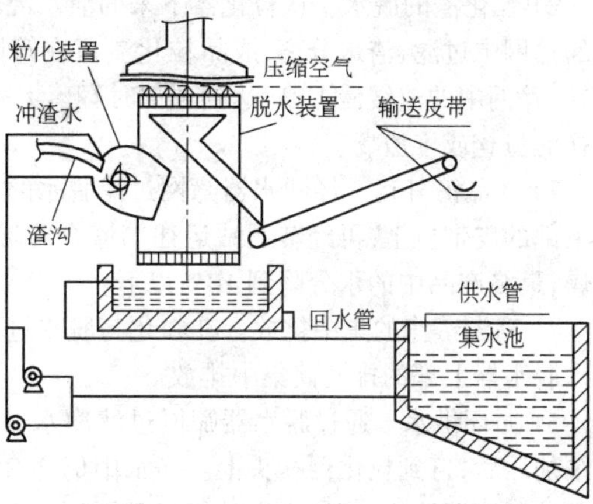

图8-42　轮法炉渣粒化装置示意图

表8-41　1200m^{3}级高炉轮法炉渣粒化装置的工艺参数[16]

项　目		指　标	项　目		指　标
总渣量/t·d^{-1}		1200	补充水参数	压力/MPa	0.2
出渣次数/次·d^{-1}		12		小时耗水量/m^3	147
出渣持续时间	平均/min	30		日耗水量/m^3	840
	最大/min	40	压缩空气参数	压力/MPa	0.5～0.6
渣　流　量	平均/t·min^{-1}	3.5		平均消耗量/m^3·min^{-1}	20
	最大/t·min^{-1}	8.0		最大消耗量/m^3·min^{-1}	40
炉渣温度/℃		1450			
循环水用量/m^3·t^{-1}		1	蒸气发生量/m^3·min^{-1}		2000
最大供水量/m^3·h^{-1}		480	成品渣粒度/mm		0.2～5.0
年工作天数/d		350	成品渣含水/%		10
吨渣能耗	电耗/kWh·t^{-1}	2.2	成品渣堆比重/t·m^{-3}		1
	压缩空气/m^3·t^{-1}	10.0	玻璃体含量/%		≥90
	补充新水/m^3·t^{-1}	0.5～0.7	作业率/%		100

轮法工艺特点如下：

1）炉渣粒化。炉渣从渣沟溜嘴落到粒化器上，粒化器用转速为125～1250r/min的可调速电动机带动。落到粒化器上的液态炉渣被快速旋转的粒化器转鼓上的叶片粉碎，并沿切线方向抛射出去，同时，受从粒化器上部喷头喷出的高压水射流的冷却与水淬作用而成为水渣产品。随后，冷却水与粒化渣同时落入脱水器筛网中。这里喷水只起对液态炉渣的水淬及对粒化器转鼓的冷却作用，没有对成品水渣的水力输送任务，因此，水量可以大大减少。由于液态炉渣是受快速旋转的粒化器的机械作用而被粉碎的，并被迅速冷却，因此，即使渣中带大量铁水(达到40%以上)也不会发生爆炸现象。

2) 粒化渣的脱水。从粒化器下来的渣水混合物(质量比1:1)落入脱水器筛网中，在0.5mm间隙的筛网中过滤，渣水分离，成品粒化渣留在筛网中，水则透过筛网流入回水槽中。随着脱水器的旋转，筛网中的渣缓慢上升，达到顶部时翻落下来进入受料斗，通过受料斗斜面出口落到皮带机上，运往储渣仓或堆渣场。

3) 成品渣外运。经脱水器筛网过滤脱水的成品水渣，通过脱水器受料斗卸料口落到设在脱水器下部的皮带机上，再经转运站运往储渣仓或堆放场，待外销。成品渣在皮带机上，靠自身的热量干燥，最终产品中的水分降到10%以下。

4) 高温蒸汽的集中排放。在粒化与脱水过程中产生的高温蒸汽，通过脱水器外壳两侧的导管引入脱水器上部的排气筒集中排放。

5) 循环供水　通过脱水器筛网过滤净水，经溢流口和回水管道进入集水池或集水罐，经循环水泵加压后，打到粒化器喷头上。净水中仍含有一部分小于2mm的固体颗粒，沉淀于集水池下部。这部分固体沉淀物，用气力提升机或砂泵提升到高于脱水器筛斗上部，使其回流进行二次过滤，进一步净化循环水。

8.2.8 冲渣水余热回收

冲渣余热水采暖是一项重大节能措施，对于北方冬季居民取暖更有现实意义。鞍钢10号、11号高炉冲渣余热水约3500m^3/h经净化后用于居民取暖，平均水温65℃左右，采暖面积59万m^2。余热水主管线总长约8km，在冬季最冷季节室内温度在19～24℃左右。

8.2.8.1 余热水供暖工艺流程

水冲渣余热水供暖工艺流程图见图8-43。高炉熔渣经水淬后流入沉淀池过滤，沉淀后的余热水温约65℃左右，通过吸水井净化后的热水经高压泵送到居民区采暖。回水由回水泵站再送回沉淀池或高炉炉台。水淬装置直接冲渣，从而完成余热水供暖和冲渣系统循环。

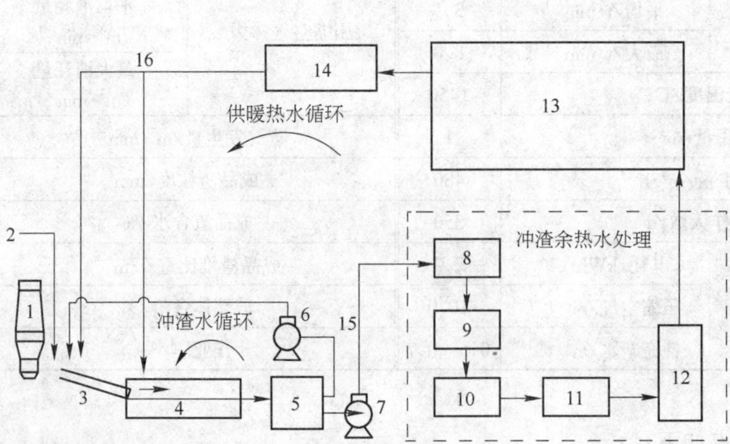

图8-43　余热水供暖流程图[17]

1—高炉；2—补充水；3—冲渣沟；4—水渣池；5—吸水井；6—冲渣泵；7—输水泵；8—加药混合仓；9—贮水沉淀池；10—净化快速过滤池；11—热水库；12—加压泵站；13—居民采暖区；14—回水泵站；15—输水干线；16—回水干线

鞍钢10号、11号高炉净化站处理能力6000m³/h,采暖循环系统运行参数见表8-42。各泵站水泵特性见表8-43。

表8-42 采暖循环系统运行参数

指　标	输水泵站	净化站	加压泵站	反冲泵站	炉　前
水温/℃	63～65	55～58	55～58	—	70
水质/pH	8～9	7～8.6	7～8.6	—	8～9
悬浮物/$mg\cdot L^{-1}$	400～1000	30左右	30左右	—	—
净化率/%	—	92.5	—	—	—

表8-43 采暖循环系统各泵站水泵特性

泵　站	水　泵					电　机		
	型　号	流量/$m^3\cdot h^{-1}$	扬程/m	效率/%	台数	型　号	转速/$r\cdot min^{-1}$	功率/kW
冲渣泵站	24Sh-19	3170	32	89	4	JPQ147-6	1000	380
输水泵站	24Sh-13	3500	38	—	2	JPQ1410-6	1000	520
排泥泵站	2PNL	30	23	—	2	JQ-52-4	1450	10
加压泵站	14Sh-6B	745～1458	108～77	—	5	JSQ1410-4	1450	500
回水泵站	24Sh-19A	2880	27	—	3	JSQ148-6	980	310

8.2.8.2　系统运行参数

为保证冲渣余热水合乎采暖用水质要求,系统在运行过程中有关参数如下:

1）水质理化性能。冲渣水理化性能见表8-44。经净化站处理后的净化冲渣水理化性能见表8-45。净化后的余热水悬浮物浓度30mg/L,pH值为7～8.6,硬度23.27,基本上满足采暖用水要求。

表8-44 冲渣水水质分析

取样点	暂时硬度	永久硬度	总硬度（德国度）	pH	酚 /$mg\cdot L^{-1}$	氧化物 /$mg\cdot L^{-1}$	氯化物 /$mg\cdot L^{-1}$	悬浮物 /$mg\cdot L^{-1}$	总固体物 /$mg\cdot L^{-1}$
10号高炉吸水井	5.26	16.3	21.56	8.35	4.8	100.5	0.23	398.0	1056
10号高炉溢流	6.71	15.59	22.30	8.24	3.2	97.0	0.22	226.5	1022
11号高炉吸水井	5.97	14.99	20.96	8.52	3.2	88.6	0.22	203.0	956
11号高炉溢流	7.24	13.76	21.10	8.07	14.2	86.2	0.26	333.5	978

表8-45 净化处理后冲渣水水质

取样点	总硬度(德国度)	pH	悬浮物/$mg\cdot L^{-1}$	总碱度	$Ca^{\#}$/mg	$e^{\#}$
反应池入口	22.7	8～9	400～1000	2.2	112.23	0.5
沉 淀 池	24.25	7～8.6	400～1000	2.0	118.24	0.5
过 滤 池	23.27	7～8.6	—	1.6	110.22	0.2
加压站出口		7～8.6	30	1.6	110.22	0.2
反 冲 水						

2）系统温度、压力变化。系统温度压力变化见表8-46。从输水泵站到加压泵站温度降低5～7℃,说明系统保温良好,净化速度较快。输水泵出口压力0.3MPa,加压泵站0.4MPa,回水泵站为0.27MPa。余热采暖效果良好。

表 8-46 系统温度压力变化情况

参数＼部位	输水泵站	加压泵站	居民区	回水泵站	炉台下冲渣池
水温/℃	63～65	55～58	53～55	43～45	65～70
水压/MPa	0.3	0.4	—	0.27	—

3) 过滤池及反冲洗。快速过滤池是为了将余热水中的悬浮物经过滤后得到合格的水质送居民区采暖，当余热水通过滤池后，悬浮物体沉积在滤料层上部。滤料层自身组成：上部为 3～5mm 粒度，厚度 800mm 的泡渣；中部粒度 10～32mm，厚度 250mm 及粒度 8～10mm，厚度 190mm 卵石，下部为 4～10mm 粒度，厚度 150mm 卵石。由于沉积物增加，降低过滤效果，必须对滤池进行反冲洗。反冲洗是用贮水塔 20m 高的水压，将滤料层上部的沉积物冲洗浮起、冲走，以便再次正常工作。

8.2.8.3 余热水采暖系统热量平衡

由高炉排出的熔渣与水的热交换，可使水温升高到 60～80℃。冲渣水的温度是随冲渣时间、水量、原基础水温、溢流量多少而变化。实测表明两座高炉冲渣池水温在 55～80℃之间，冲渣余热水温度波动见表 8-47。两座高炉平均冲渣水温度为 70℃，设计取 65℃。

表 8-47 10 号、11 号高炉冲渣池冲渣水温变化

水温波动/℃	<55	>65	>70	>75	>80
出现时间/%	5	80	69	42	8.5

供暖热量 $$Q = G \cdot c(T_{供} - T_{回})$$

供采暖区的水量取 3500t/h，冲渣余热水供、回水温差设计取 15℃，故

$$Q = 3500 \times 10^3 \times 15 = 52.5 \times 4.1868\text{GJ/h}$$

为设计可靠 10 号、11 号高炉冲渣水供热 40×4.1868GJ/h。供热指标按每 m^2 建筑面积 $60 \times 4.1868 \times 10^{-6}$GJ/h 选取，可供采暖面积 66.7 万 m^2。

8.3 砂口(撇渣器)

砂口是渣铁分离设施。其主要要求为：铁沟不过渣，渣沟不过铁；出铁时不憋流，渣铁分离顺利。

8.3.1 砂口结构

8.3.1.1 结构

砂口结构形式如图 8-44。由砂坝、砂闸、大闸、流铁孔道、小井、残铁孔、流铁沟头组成。砂口中部为砂口大闸，起撇渣作用。砂口前部为砂坝、砂闸，起排渣作用。大闸的下部为流铁通道，其出口为小井，与铁沟沟头表面相连。小井底部有一残铁孔，砂口修理时从此处放出砂口内积铁。砂口整体结构为四周钢板槽焊成，内砌耐火砖，用 Al_2O_3—SiC—C 质捣打料或浇注料制成永久衬和工作衬。鞍钢固定非贮铁式主沟砂口几何尺寸见表 8-48。

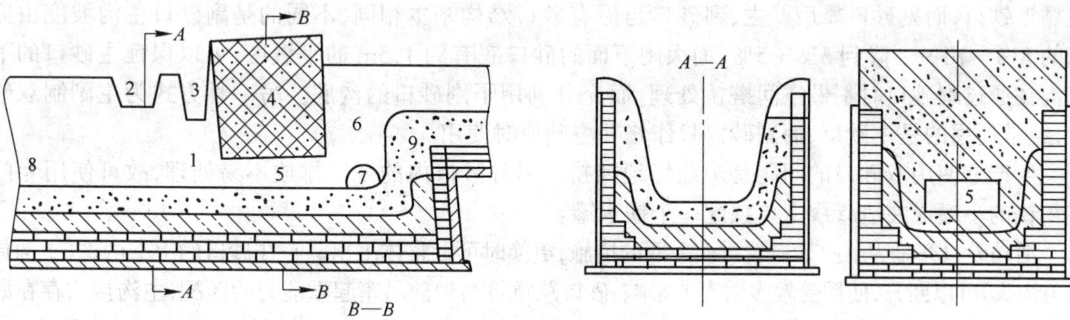

图 8-44 鞍钢砂口构造

1—前沟槽；2—砂坝；3—砂闸；4—大闸；5—过道孔；6—小井；7—放残铁孔；8—主沟；9—铁沟沟头

表 8-48 鞍钢高炉砂口尺寸(mm)

炉容/m^3	过道孔 宽×高	小井			大闸厚度	残铁孔直径	砂坝平均宽
		井深度	上口 长×宽	下口 长×宽			
600～1000	300×200	500～600	400×450	350×400	800	150	300
1500～2500	450×250	600～700	550×500	450×450	800～1000	250	400

8.3.1.2 砂口布置

一般中小高炉，只有一个铁口，相应布置一个砂口，其修理在两次铁间进行。当高炉强化后，出铁次数增加，筑衬时间紧，作业环境差，经常延误出铁时间，往往修补一次砂口，丢一次铁，严重影响高炉生产。解决办法常采用通过提高耐材的品质；改善筑衬方法；加强砂口冷却(风冷或水冷)；在计划休风时进行砂口的修补。

在有 1～2 个铁口的大中型高炉上为解决砂口筑衬问题，常在一个铁口主沟布置两个砂口，轮换使用和修补，基本上可满足生产要求。布置方式见图 8-45。一种方式为分叉式双砂口，布置在铁水罐一侧的称为主砂口，布置在下渣线一侧的称为副砂口。为了便于放下渣和维修砂口，主砂口位

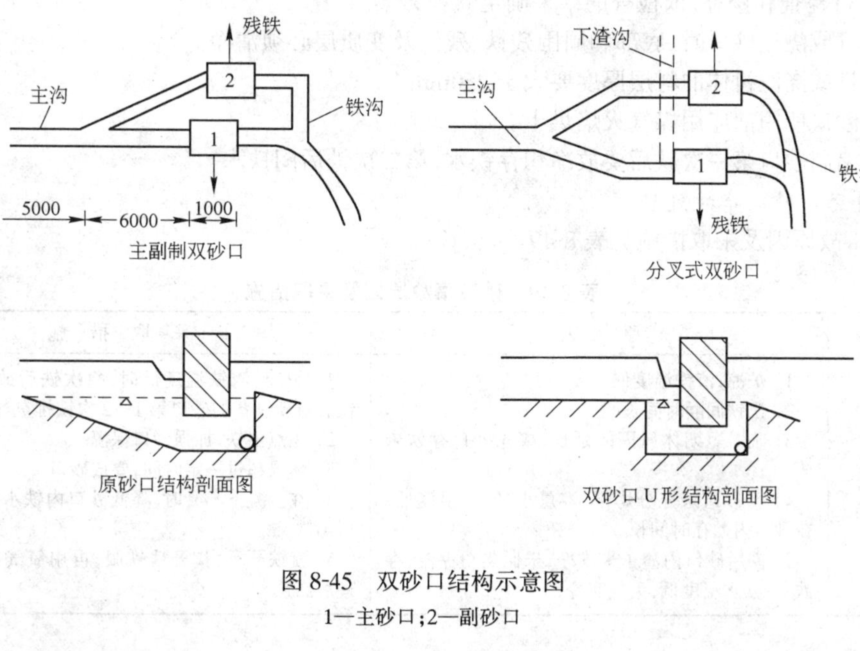

图 8-45 双砂口结构示意图

1—主砂口；2—副砂口

置靠近铁口,而副砂口靠后。主、副砂口与原有砂口结构基本相同,不同的是副砂口主沟坡度由原来的 8%～10%下降到 3%～5%,而大闸下面的砂口底有约 1.5m 的平缓区,可以保证主砂口的下渣沟在通过副砂口时不做空间搭桥处理,而充分利用了副砂口的沟底。另一种方式为主副制双砂口,经常使用的是主砂口,而副砂口只作修补主砂口时使用。

生产上使用双砂口的问题是炉前场地拥挤。另外砂口内的残铁排放不易处理,故可使用专门盛积铁的小罐或在渣罐线上单独配一个铁水罐。

活动砂口亦是为解决砂口筑衬而采取的措施,更换时可以整体吊出。它在砂口的上下两部(主沟局部与沟头)可以断开,使用受较多因素的影响:砂口总重量与炉前吊车起重能力的匹配;主沟接头存在漏铁的危险性;更换作业只能在高炉休风时进行,且时间不易掌握。实际应用效果不甚理想,较少采用。

现代大型高炉、多铁口、容铁式主沟、浇注料的使用,砂口的寿命大幅度提高,一次可通铁 8～10 万吨以上。砂口修补成为限制炉前操作的环节已不复存在。

8.3.1.3 砂口操作

对于炉容大于 300m^3 高炉,无论何种出铁主沟形式,铁后砂口内均贮有铁水。

砂口操作注意事项:

1) 钻铁口前必须把铁水面上的残渣凝结盖打开。残渣凝铁从主沟两侧清除。

2) 出铁过程中见少量下渣时,可适当往大闸前的渣面上撒一层焦粉保温。

3) 当主沟铁水表面被熔渣覆盖后,熔渣将要外溢出主沟时,打开砂坝,使熔渣流入下渣沟(此时冲渣系统处于待工作状态)。

4) 出铁作业结束并确认铁口堵塞。将砂闸推开,用推耙推出砂口内铁水面上剩余熔渣。

5) 主沟砂口表面(包括小井的铁水面)撒碳化稻壳保温。

8.3.1.4 砂口维护

砂口维护工作有:

1) 确保砂口各部尺寸适宜,固定非贮铁式主沟为设计坡度,砂闸底部高于沟头表面 50mm,砂坝底部高于砂闸底 200～250mm。

2) 为确保砂口的正常工作,依其砂口的不同结构形式及使用内衬材质(捣打料或浇注料)情况,定期进行检查和修补,依检查的结果确定修补方案。

3) 捣打或浇注砂口时,底部和周围残铁、残渣及变质层必须清净。

4) 捣打或浇注衬体的料层厚度要大于 250mm。

5) 新砂口使用前应用煤气火焰烘干。

6) 新捣制砂口第一次铁后要放净积存铁水,第二次铁后闷铁水。

8.3.1.5 砂口事故处理

砂口事故原因及采取措施见表 8-49。

表 8-49 砂口事故原因及采取措施

项 目	原 因	采 取 措 施
砂口凝结	1. 炉凉,渣铁温度低 2. 出铁间隔时间长 3. 临时短期休风因故延长,事先砂口存铁未放 4. 新砂口未充分烤干,容量小,铁水温度低,在砂口内贮存时间长 5. 铁后砂口内渣子未推净,未撒焦粉保温,存铁少,铁水温度低,天气寒冷	1. 炉凉,渣铁温度低时,每次铁后放净砂口内存铁。对新制备的砂口第 1～2 次铁排空 2. 正点出铁,加强砂口保温 3. 休风超过一定时间,要放砂口 4. 在上凝下不凝时,降低砂口内铁水面,砸开硬盖后出铁 5. 凝铁严重,掏开残铁眼,再用氧气前后烧通,处理后出铁

续表 8-49

项　目	原　因	采 取 措 施
铁水流入下渣沟	1. 流量过大,铁水漫过砂口表面或冲开砂闸 2. 砂闸叠的不牢,沙子干湿不宜、砂闸底有凝铁 3. 砂口内有凝盖,渣块未处理 4. 新制备砂口尺寸不合适,过道眼小,沟头高于砂闸低面	1. 估计渣铁流大时,事先加高加厚主沟及砂口砂坝、砂闸 2. 砂坝、砂闸筑牢,烧干。需于堵铁口后方可推开砂闸 3. 铁后清理主沟残渣,铁前打开砂口盖 4. 新做砂口应符合尺寸要求 5. 发现铁水流入下渣沟,及时减风堵铁口,必要时可分罐处理,事后视情况重新出铁 6. 下渣沟设置残铁小罐或沉铁坑
砂口过渣	1. 砂口小井沟头过低 2. 砂口过道梁下部侵蚀严重,浸入深度不足	1. 过渣轻微,铁后垫高沟头 2. 过渣严重,铁后放净砂口存铁,修补 3. 过道梁采用高材质耐火材料
砂口漏铁	1. 修补制度不落实 2. 砂口使用时间长,侵蚀严重 3. 残铁眼没堵牢,出铁时漏 4. 主沟与砂口接合部不牢实	1. 坚持修补制度,烤干出铁 2. 定期放砂口检查 3. 残铁眼堵实,烤干 4. 发现漏铁视情况决定是否继续出铁及确定修补方案。 5. 使用高材质耐火材料
砂口爆炸或衬泥漂起	1. 新修的砂口未烤干出铁 2. 砂口侵蚀严重,新旧泥衬粘结不牢	1. 新修砂口必须烤干后出铁 2. 根据情况轻者继续出铁,重者及时减风或堵铁口,处理后重新出铁

8.3.2 出铁主沟

流铁水的沟槽以砂口为界分为两部分。从铁口泥套到砂口区间称为铁水主沟,砂口以下称铁水沟。出铁作业时铁水和熔渣从铁口出来,首先经主沟流向砂口,渣铁按比重差别进行分离(图 8-46)。铁流速度正常为 3～8t/min,熔渣速度为 2～6t/min。主沟长度在 7～19m 之间,高炉炉容愈大,主沟愈长,以降低流速,提高渣铁分离效果(表 8-50)。主沟易受渣铁侵蚀和冲刷,而渣铁冲击区沟衬损坏最为严重,主沟衬需用优质不定形耐火材料捣打或浇注施工。

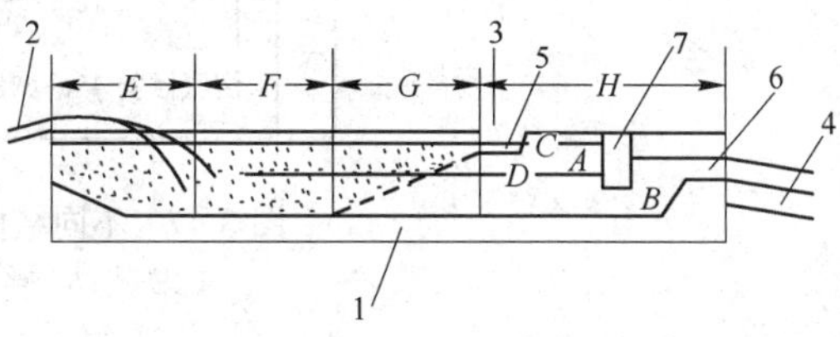

图 8-46　出铁期间出铁沟的剖面图
1—主沟;2—出铁口;3—下渣沟;
4—铁沟;5—砂坝;6—沟头;7—大闸;
A—渣;*B*—铁水;*C*—渣线;*D*—铁线;
E—渣和铁的射流冲击区;*F*—渣和铁的混合区;
G—分离区;*H*—撇渣区

8.3.2.1　主沟结构形式

主沟结构形式分为贮铁式、半贮铁式及非贮铁式 3 种。

(1) 贮铁式主沟

贮铁式主沟坡度 1%～3%,沟内积存有一定量的铁水。内衬被铁水覆盖,温度波动减少,耐急冷急热性增强,体积稳定性改善,因而沟衬寿命提高。由于主沟内经常贮铁,要求主沟内衬耐火材料有足够的耐渣铁侵蚀性。主沟下部存铁,上部存渣,可选用不同材质的浇注料,并考虑到浇注料层间的粘结性,防止剥落(图 8-47)。贮铁式主沟熔池应能减弱渣铁射流对沟底的冲击力,熔池的宽度应能缓解渣铁的翻腾及流动过程中对主沟侧壁的冲刷和磨损。

表 8-50 主沟长度参考数据

炉容/m^3	100	250	620	1000	1500	2000	2500	4000
主沟长度/m	7	9	10	12	12	14	14	19

(2) 半贮铁式主沟

半贮铁式主沟坡度 3%～5%，铁水冲击区约有 100～200mm 铁水层。因贮铁量少，主沟前部内衬暴露在空气中，易遭受渣铁冲刷和空气氧化，要求铁沟料耐磨性和耐氧化性增强。半贮铁式主沟一般在中型高炉采用(图 8-47*b*)。

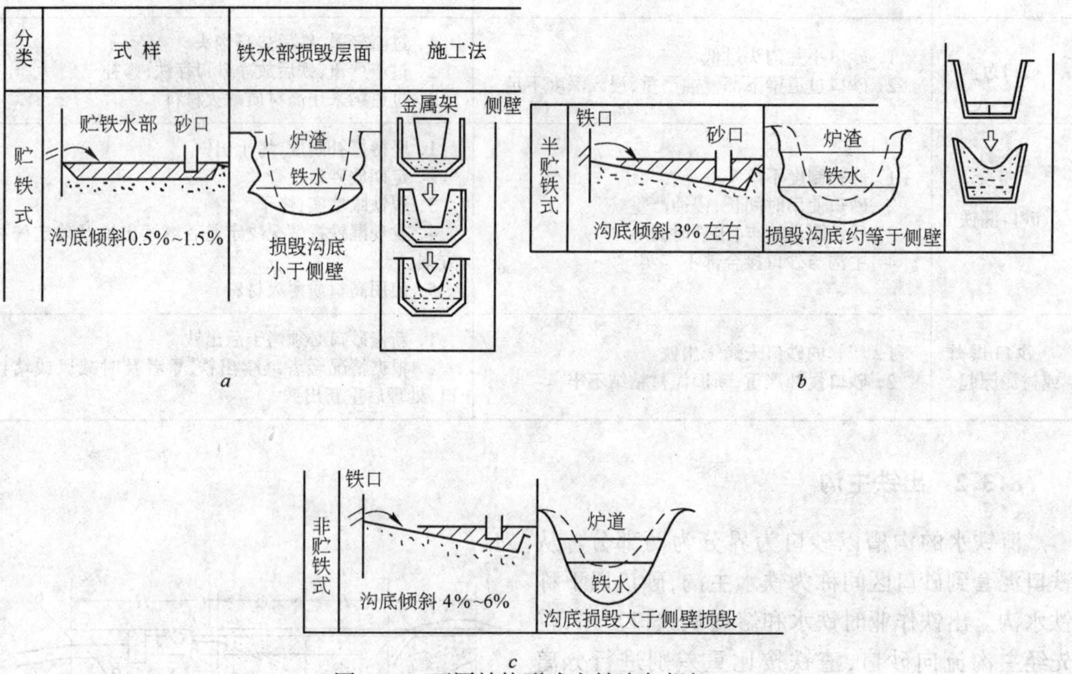

图 8-47 不同结构形式主铁沟与损坏

a—贮铁式；*b*—半贮铁式；*c*—非贮铁式

(3) 非贮铁式主沟

非贮铁式主沟坡度 5%，出铁后沟内贮铁量很少，只在砂口内存有少量铁水。主沟内衬大部分暴露在空气中，温度变化很大，耐急冷急热性和耐氧化性下降，主沟寿命最低，所以只在小型高炉上采用。

(4) Γ型主沟

Γ型主沟在结构上与传统主沟相差不大(图8-48)。其特点是将下渣沟的排渣口加宽，并使溢流渣坝远离主沟中心线，排渣口底部是 5°～30°的斜坡。渣流在主沟内成 90°改变方向，渣中铁粒受惯性影响，很快沉降，极有利于渣铁分离。前苏联某些高炉实际使用中下渣中铁损降低 70%以上，见表8-51。B.B.沃勒科夫等推荐的不同容积高炉Γ型主沟尺寸见表 8-52。图 8-49 和图 8-50 是前苏联两座高炉主沟实际构造。这种主沟结构形式在前苏联得到了广泛应

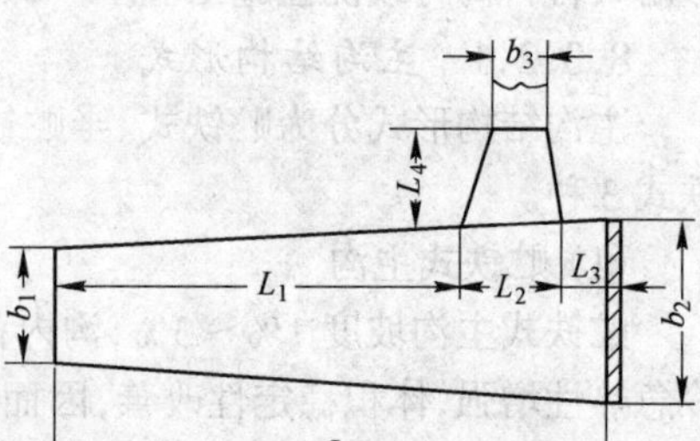

图 8-48 Γ型主沟结构示意图

用。我国武钢 5 号高炉(3200m^3)、鞍钢 10 号高炉(2580m^3)贮铁式主沟均采用了这种结构型式。

表 8-51 苏联高炉 Γ 型主沟的渣铁分离效率

序号	厂名	高炉	容积/m^3	渣中带铁量/%		铁损减少率/%	资料发表年份
				老式	Γ型		
1	下塔吉尔	2	256	0.24	0.05	79	1979
2	下塔吉尔	3	1513	0.44	0.12	73	1979
3	新利佩茨克	5	3200	2.04	0.16	92	1979
4	克利沃洛格	3	1386	0.82	0.30	63	1981
5	西西伯利亚	2	3000	0.33	0.10	70	1984

表 8-52 推荐的 Γ 型主沟尺寸/(m)[18]

高炉容积/m^3	L	L_1	L_2	L_3	L_4	b_1	b_2	b_3	h①
1000	10	8.4	1.2	0.4	1.2	0.9	1.2	0.6	0.6
2000	11	9.1	1.4	0.5	1.4	1.5	2.5	0.8	0.8
2700	12	9.0	1.6	0.6	1.6	1.9	2.7	1.0	0.9
3200	12.5	10	1.8	0.7	1.8	2.2	2.9	1.2	1.1
5000	13	10.2	2.0	0.8	2.0	2.4	3.2	1.5	1.3

① 撇渣器处沟深。

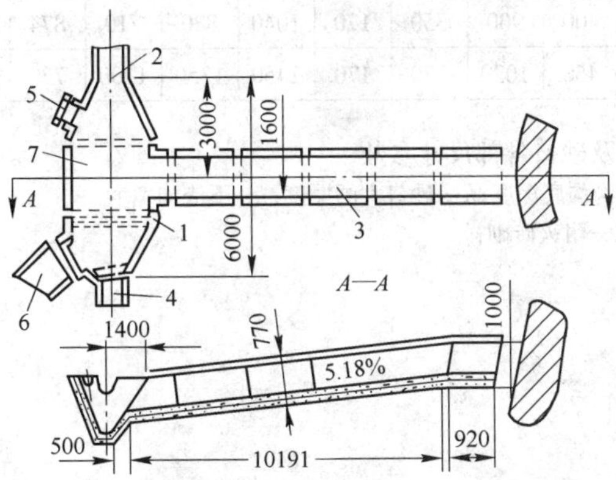

图 8-49 克利沃洛格 3 号高炉(1386m^3)Γ 型主沟

1—撇渣器挡板；2—渣沟；3—主沟；4—残铁沟；5—下渣残铁沟；6—铁沟；7—分离槽

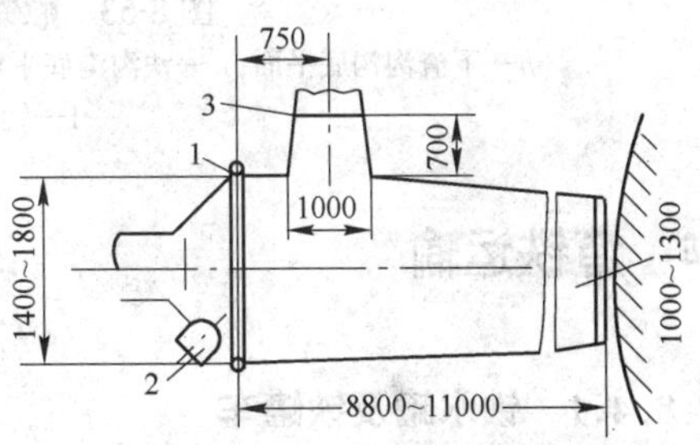

图 8-50 西西伯利亚 2 号高炉(3000m^3)Γ 型主沟

1—撇渣器挡板；2—残铁沟；3—挡渣坝

(5) 主沟的构筑

大型高炉主沟构筑为：底部为钢板槽、其上依次为隔热砖、黏土砖、高铝碳化硅砖，最上部为浇注料(永久衬和工作衬)。图 8-51 为宝钢高炉主沟结构图，图 8-52 为中小高炉主沟断面图。主沟底部热负荷较高，热量不易散发，故有些高炉采用架空结构及风冷或水冷。有关贮铁式主沟与砂口间相对尺寸见图 8-53。

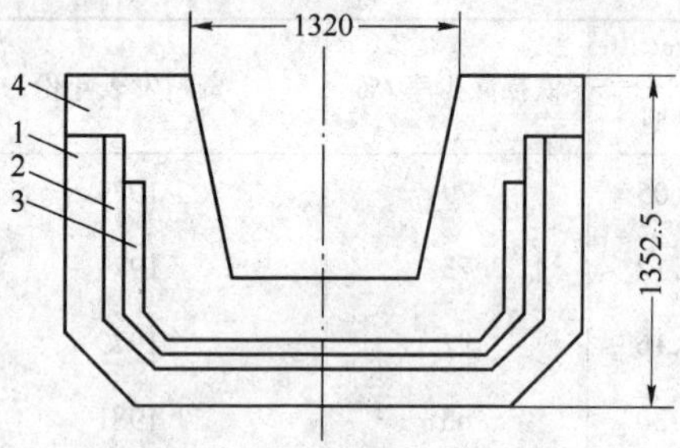

图 8-51　宝钢高炉主沟结构图

1—隔热砖；2—粘土砖；3—高铝碳化硅砖；4—浇注料

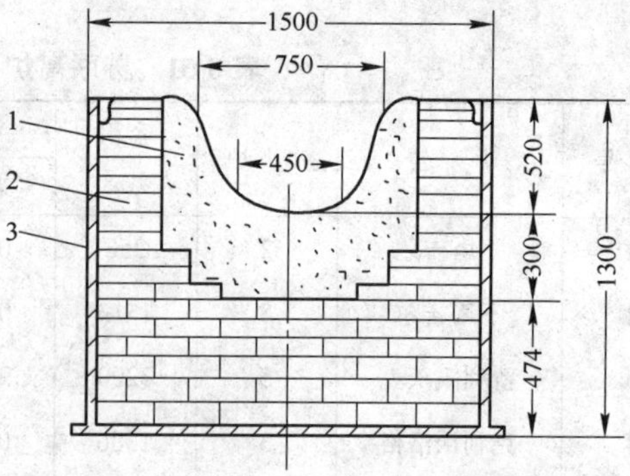

图 8-52　中小高炉主沟断面图

1—铺沟泥料；2—耐火砖砌体；3—钢板焊接箱体

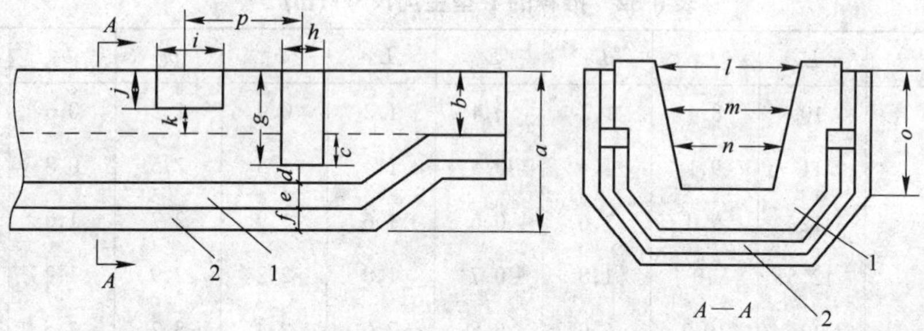

炉容/m³	各部位尺寸/mm															
	a	*b*	*c*	*d*	*e*	*f*	*g*	*h*	*i*	*j*	*k*	*l*	*m*	*n*	*o*	*p*
2000～4000	1321	520	127	180	250	244	647	400	900	350	170	1040	820	710	874	2200
＞4000	1416	540	270	180	226	230	810	460	1020	370	170	1450	1350	1100	720	2500

图 8-53　贮铁式主沟及砂口各部尺寸参数

m—下渣沟沟底平面；*n*—铁沟沟底平面；*b*—铁沟沟底深度；*h*—砂口大闸厚度；*i*—下渣沟宽度

1—铺底泥料；2—耐火砖砌衬

8.4　渣铁运输

8.4.1　铁水罐及铁罐车

铁水罐车是专门用来运送铁水的车辆，铁水罐可在车架上倾翻卸载，也可用起重机吊起卸载。

8.4.1.1　对铁水罐及罐车的基本要求

基本要求有：

1) 罐车单位长度上的有效容量(t/m)愈大愈好，这样可以降低铁口标高和缩短出铁沟长度。

2) 稳定性好，无论是空罐或重罐具有足够的稳定性。

3) 保温性好，具有良好的保温性能，可降低铁水温度损失，减少铁罐凝盖。

4) 具有足够的强度，安全可靠，结构紧凑合理。单位车体重量装载量越大越好。

8.4.1.2　铁水罐车种类及其特点

铁水罐车按外形结构有罐式(桶形和梨形)和鱼雷式 2 种型式。

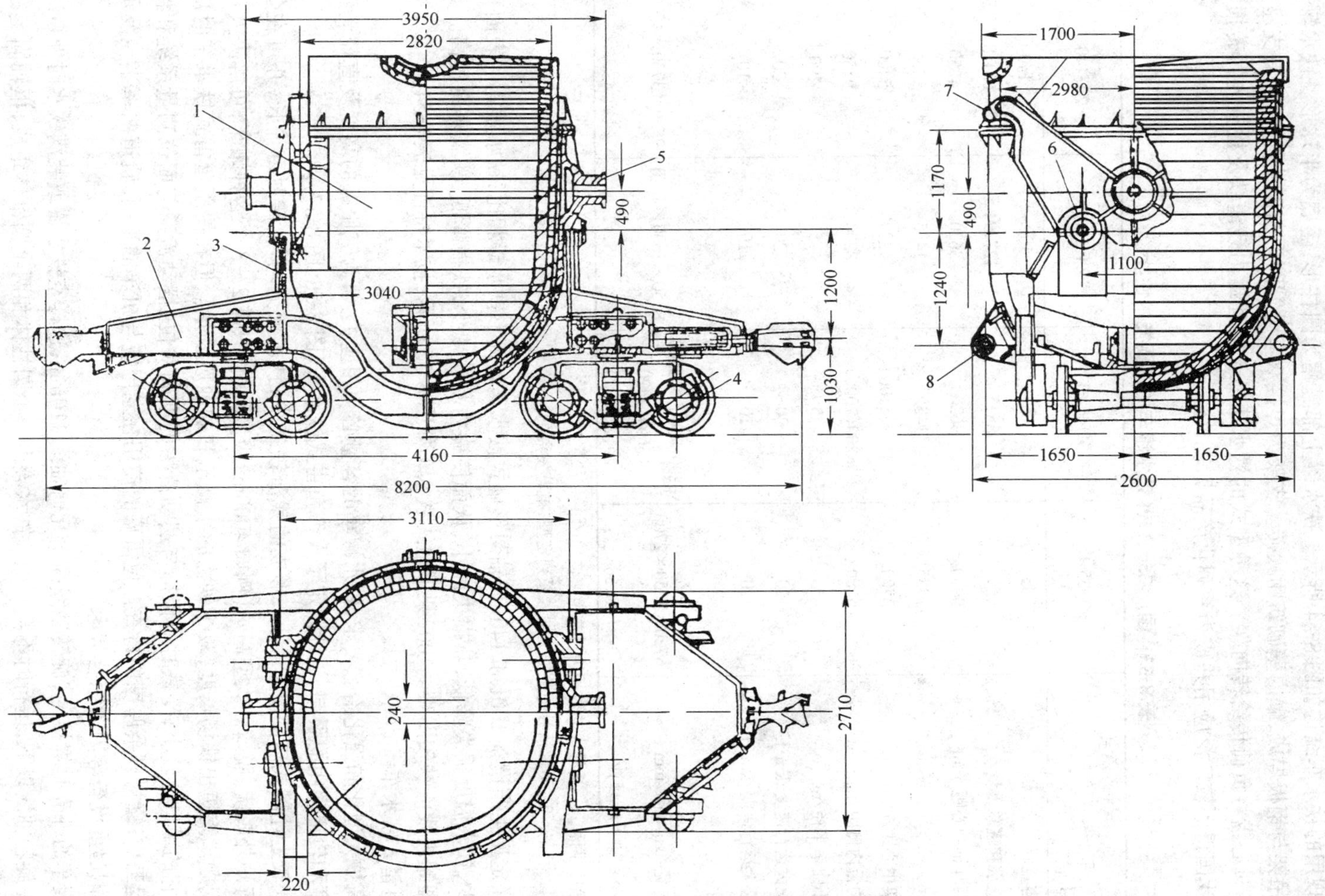

图8-54　桶形罐式铁水车

1—桶形铁水罐；2—车架平台；3—支架；4—走行小车；5—耳轴；6—枢轴；7—罐臂；8—耳板小轴

(1) 罐式铁水车

我国现用的铁水车结构如图 8-54 所示。铁水罐上部罐帽为圆柱形,罐底为半球形。铁水罐由两个铸钢吊架与钢板焊成,罐内壁砌筑耐火砖。支架为焊接双弯梁“Ⅱ”形断面结构,两端有支座支撑罐体,通过心盘将负荷传给转向架。这种型式的铁水罐易于清理罐内残渣铁及检查内衬砖损坏情况。在我国得到较广泛应用并成为系列化产品见表 8-53。

表 8-53　国产 35～140t 铁水罐车的主要技术性能

项目＼型式	ZT-35-1	ZT-65-1	ZT-100-1	ZT-140-1
铁水罐容量/t	35	65	100	140
满载时铁水和罐总重量/t	46.4	85.5	127.94	170.8
铁水罐两耳轴中心距/mm	3050	3620	3620	4250
轨距/mm	1435	1435	1435	1435
两转向架中心距/mm	3700	4160(4100)	4200	5400
两车钩钩舌内侧距/mm	6580	8200(7000)	8200	9550
轨道最小曲率半径/m	50	75	75	100
负载时最大运行速度/$km \cdot h^{-1}$	20	20	20	20
岔道时最大运行速度/$km \cdot h^{-1}$	10	10	10	10
外型尺寸:				
长/mm×宽/mm×高/mm	6730×3250×2700	8200(7000)×3580×3664(3420)	8350×3600×4210	9550×3700×4500
自重(不包括耐火材料)/t	18.56	29.2(28.7)	35.1	43.7

注: 65t 型为两种:1. 括号内的数据为目前生产使用的;

2. 不带括号的数据为纳入系列定型,推荐发展的。

前苏联定型生产设备 100t 和 140t 四轴梨形罐式铁水车与筒形铁水罐相比,铁水敞露的表面积显著地减少,铁水温度损失降低,热损失减小,从而使罐内凝铁减少,铁损降低,铁罐寿命提高。其缺点是清理罐内残渣铁较困难。100t 梨形罐式铁水车如图 8-55 所示,技术特性见表 8-54。

(2) 鱼雷式铁水车

随着高炉大型化和强化冶炼要求,铁水罐车的容量必须相应扩大,为克服罐的高度及直径受到出铁场高度和轨道间距的限制,设计制定了大型鱼雷式铁水车(图 8-56、图 8-57)。

鱼雷式较上述罐式热量损失最小 ,形成的残渣铁最少,铁水成分均匀,砖衬寿命长,并可在鱼雷车内进行炉外脱硫、脱磷。大型高炉(例如 4000m^3 级)每次铁只需 2～3 个这种罐车,可解决大量铁水运输问题。缩短出铁场长度,减少铁沟的维修量和炉前废铁量。但在使用鱼雷式铁水车时应注意:由于它的罐口比较小,受铁时应保持与摆动流嘴的准确对位;摆动流嘴与面位测量系统和称量装置一起工作;罐衬剩余厚度的检查。鱼雷罐的使用在老厂应与机车的牵引、轨道曲率半径及承重能力、炼钢起重设备等因素综合考虑。

鱼雷罐车的外壳是焊接的,旋转轴线高出几何轴线 110mm,这样空铁水罐或装满铁水时保持罐的重心均在旋转轴线以下,运行时不会倾翻。铁水罐由一个圆柱体和两个圆锥体组成,枢轴固定在圆锥体的端部,铁水罐靠本身两端的枢轴支撑在两台单独的车架的轴承上。罐的倾翻机构和电动机装在其中的一台车架上。每台车架支撑在两台双轴小车上。

鱼雷式铁水车运行于高炉—转炉之间或高炉—铸铁之间,铁水车的主要参数、容量的确定应与高炉炉容和转炉炉容的系列规格相适应(表 8-55、表 8-56)。

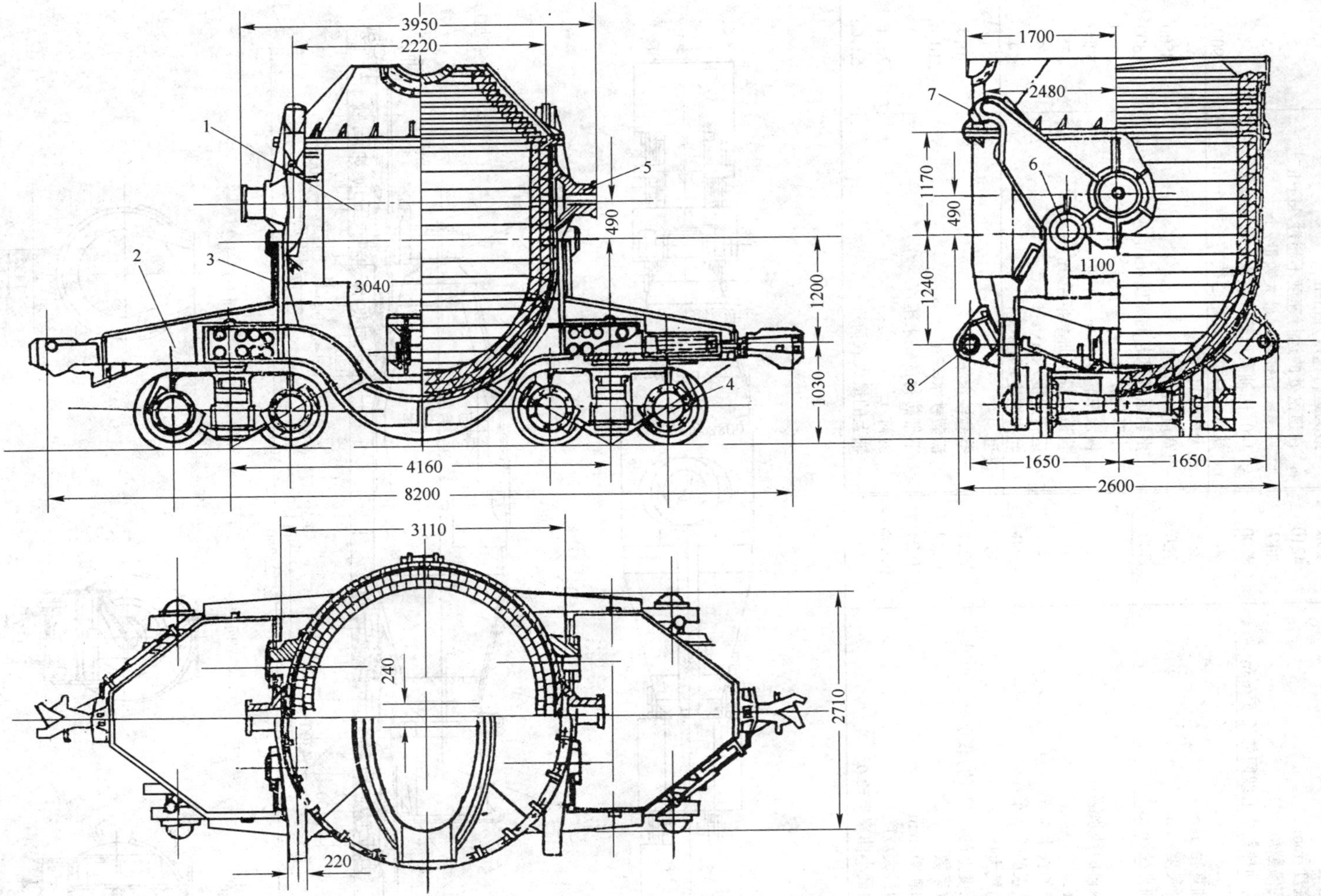

图8-55　100t四轴梨形罐式铁水车

1—梨形铁水罐；2—车架平台；3—支架；4—走行小车；5—耳轴；6—枢轴；7—罐臂；8—耳板小轴

表 8-54　100t 四轴梨形罐式铁水车技术性能

性　能	指　标	性　能	指　标
铁水罐容量/t	100	最大运行速度/km·h^{-1}	15
铁水罐高度/mm	4210	在道岔处的运行速度不超过/km·h^{-1}	5
铁水罐的倾翻角/(°)	117	列车满载铁水罐最大数量/个	5
铁水车自动挂钩中心线间的长度/mm	8200	140t 四轴梨形罐式铁水车技术性能	
枢轴		铁水车自动挂钩中心线的长度/mm	900
上枢轴直径/mm	305	最大外形尺寸	
上枢轴长度/mm	220	宽度/mm	3500
下枢轴直径/mm	300	由轨道顶算起的高度/mm	4300
重量		小车轮距/mm	1500
不带内衬的铁水罐/t	13	铁水车轮距/mm	5200
内衬/t	16	轨道的最小曲率半径/m	75
不带罐的铁水车/t	42	运行速度/km·h^{-1}	5
满载铁水的铁水车/t	158	允许坡度/%	4
轴上的最大压力/t	395	重量	
单位长度上的(相对的)载重量/t·m^{-1}	12.2	空载铁水车/t	70.4
车自重系数	0.42	满载铁水车/t	210.4
铁路的轨距/mm	1524	不带砖衬的铁水罐/t	18.2
轨道的最大坡度	0.005	内衬/t	20.4
轨道的最小曲率半径/m	75	轴上的最大载荷/t	52.6

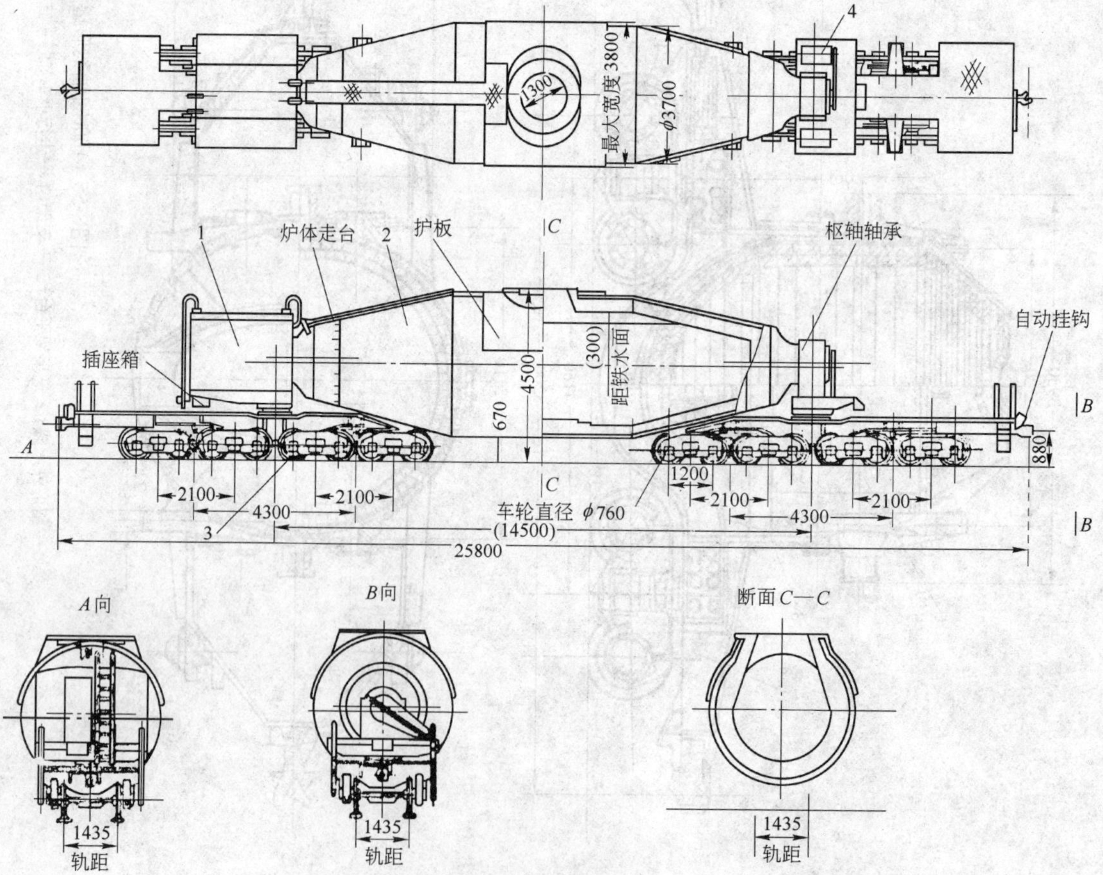

图 8-56　320t 混铁车

1—倾动机构；2—罐体；3—走行机构；4—润滑装置

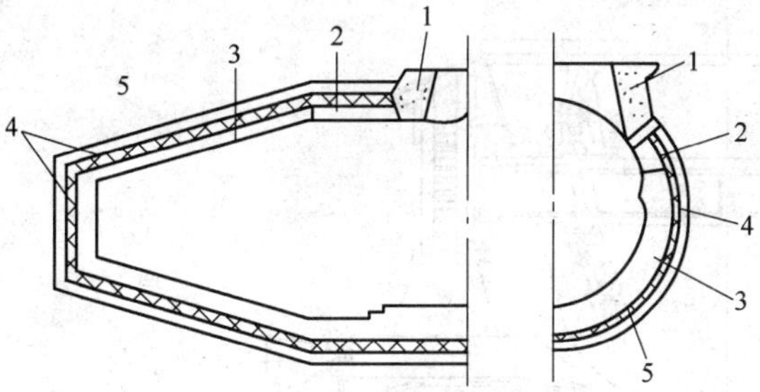

图 8-57 混铁车内衬
1—浇注料 H160TC;2—存渣部位易损内衬 X118 莫来石砖;3—易损内衬 N82 黏土砖;4—永久性内衬 N2 黏土砖;5—浇注料 H160P

表 8-55 我国设计和制造的鱼雷式铁水车的容量规格

铁水车容量/t	80	180	260	320	420
高炉容积/m^3	300～620	620～1200	1800～2500	2500～4000	＞4000
转炉容积/t	3～15	15～35	60～130	250～320	＞300

表 8-56 320t 鱼雷式铁水罐车主要技术性能

项目	规格	备注	项目	规格	备注
装载铁水量/t	320	新罐	罐体尺寸,圆筒部外径/mm	3700	
最大装量	370	旧罐	罐口内径/mm	1400	
混铁车自重/t 新罐	260	内衬耐火材料约 110t	轨距/mm	1435	
旧罐	220	内衬耐火材料约 70t	轴重/t	40	
车体尺寸 全长/mm	25800	挂钩中心距	倾动速度,高速/$r \cdot min^{-1}$	0.15	炼钢车间作业时
全宽/mm	3800		低速/$r \cdot min^{-1}$	0.015～0.0015	铸铁机室作业时
全高/mm	4500	新罐空车	电动机,高速/kW	15(交流)	
转向架中心间距/mm	14230		低速/kW	2.2(直流)	
固定轴距/mm	1200				
车轮直径/mm	760				

8.4.2 渣罐车

现代高炉上从高炉放出的熔渣,大都经高炉旁的水淬装置冲成水渣,但目前尚有相当数量的在20世纪60年代以前建成的高炉从高炉放出的炉渣是经出铁场上的渣沟流入渣罐,用渣罐车运送到炉渣处理场。

8.4.2.1 对渣罐车的基本要求

基本要求有:

1) 渣罐的容量、单位长度上的容量(m^3/m)应尽量大。

2) 渣罐的形状应保证能卸下凝固的炉渣。

3) 渣罐在任何情况下保证有足够的稳定性。

4) 渣罐内不砌内衬,故罐壁必须耐高温及冲刷。

5) 单位渣罐容量的渣车重量应尽量小。

8.4.2.2 渣罐车技术性能

我国设计和制造的渣罐车有两种型式。一种是渣罐的倾翻机构装在渣罐车上,型号为 ZZD,另一种是渣罐的倾翻装置在渣场,用起重设备进行倾翻作业,型号为 ZZF(图 8-58 和图 8-59)。国产渣

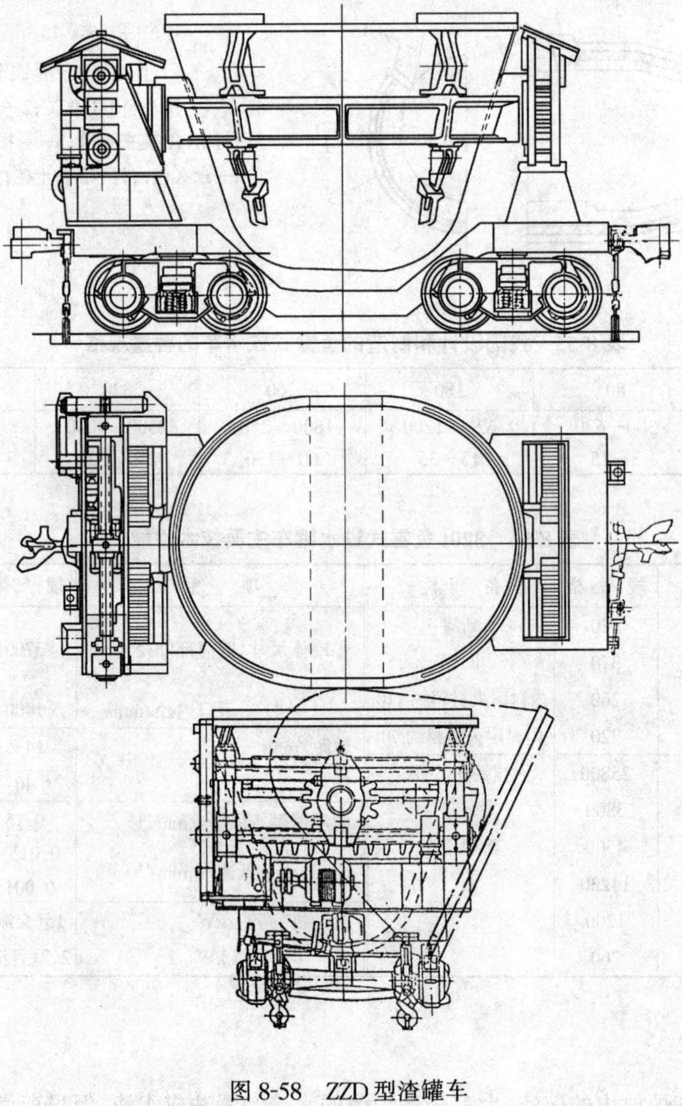

图 8-58　ZZD 型渣罐车

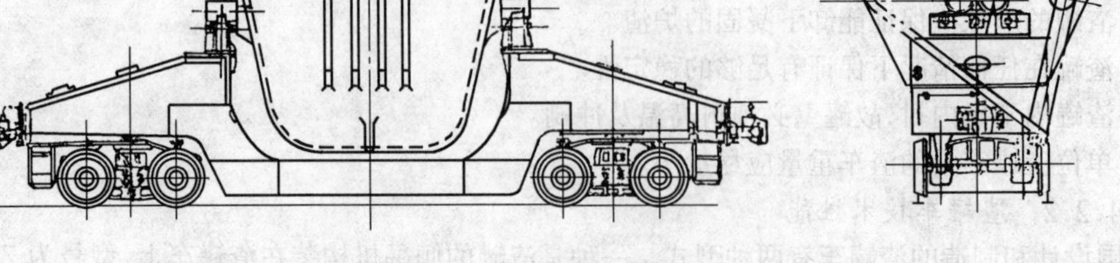

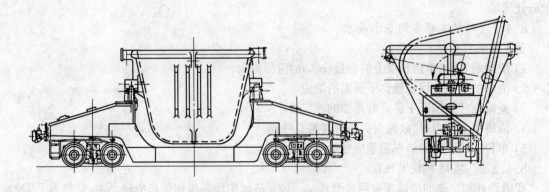

图 8-59　ZZF-16-1 型渣罐车

罐车性能见表 8-57 和表 8-58。

表 8-57 电动倾翻渣罐车技术性能

项目		型号			
		ZZD-8-1	ZZD-11-1	ZZD-17-1	ZZD-20-1
载重量/t		28	39	51	60
渣罐容积/m^3		8	11	17	20
轨距/mm		1435	1435	1435	1435
两转向架中心距/mm		4000	4150	4150	5000
转向架固定轴距/mm		1100	1300	1300	1400
通过轨道最小曲率半径(v=20km/h)/m		50	75	75	80
负载最大运行速度/$km\cdot h^{-1}$		25	30	30	30
倾翻角度/(°)		116	116	116	116
倾翻时间/min		1.23	1.29	1.29	1.29
电动机	型号	$JZ_2$41-8	$JZ_2$51-8	$JZ_2$51-8	$JZ_2$52-8
	功率/kW	11	22	22	30
	转速/min^{-1}	685	692	692	692
自重/t		41	53	65	75

表 8-58 起重设备倾翻的渣罐车技术性能

项目	型号			
	ZZF-8-1	ZZF-11-1	ZZF-14-1	ZZF-16-1
载重量/t	28	38	49	56
渣罐容积/m^3	8	11	14	16
渣罐耳轴中心距/mm	3050	3440	3560	3890
轨距/mm	1435	1435	1435	1435
两转向架中心距/mm	4850	5500	5500	5900
通过轨道最小曲率半径(v=20km/h)/m	50	50	50	50
负载最大运行速度/$km\cdot h^{-1}$	30	30	30	30
渣罐倾翻角度/(°)	100.5	101	102	102
自重/t	32.1	39	42.2	45.3

8.4.3 渣铁罐周转

8.4.3.1 铁水罐车需要量的计算

现有铁水罐车的产品系列,新建大型高炉在选配铁水罐车的容量时应首先考虑鱼雷式铁水罐车,可参考表 8-59 进行选择。铁水罐车数量的计算如下。

表 8-59 高炉出铁场铁水罐配置参考数据

炉容/m^3	250	620	1000	1500	2000	2500	3200	4000
炉缸安全容铁量/t	65	165	230	340	470	610	910	1300
铁水罐位及吨数	2×65	2×100	2×140	3×140	2×260	3×260	3×320	4×320

(1) 工作的铁水罐车数量

$$N_1 = N_t \frac{\tau_t n}{24} S \tag{8-12}$$

式中　N_1——车间同类型高炉工作的铁水罐车数；

N_t——每座高炉的铁水罐数；

τ_t——铁水罐车平均的周转期，h(一般为 2.5～3h)；

n——每座高炉的昼夜出铁次数；

S——同类型高炉的座数。

若高炉的出铁制度和工作条件不同时，铁水罐车数量应按炉分别计算确定。

(2) 检修铁水罐车数量

$$N_2 = N_1 \frac{t_1 + t_2}{\tau_t T_1} \tag{8-13}$$

式中　N_2——检修的铁水罐车数；

t_1——铁水罐大修时间，h；

t_2——铁水罐中修时间，h；

T_1——铁水罐在两次大修期间的内衬寿命，次。

表 8-60　t_1、t_2 和 T_1 的参考数据

铁水罐车容量/t	65	100	140	260(鱼雷)	320(鱼雷)
大修时间/h	42～62	52～72	52～72	14×24	14×24
中修时间/h	20	30	30	7×24	7×24
内衬寿命/次	800～1000	400～600	400～600	800～900	1200
内衬材质	高铝质	高铝质	高铝质	Al_2O_3-SiC-C 质	Al_2O_3-SiC-C 质

(3) 备用铁水罐车数量

备用的铁水罐车数量 N_3，采用一座高炉出铁所需的铁水罐位数 N_3。

(4) 高炉车间铁水罐车数量

$$\Sigma N = N_1 + N_2 + N_3 \tag{8-14}$$

8.4.3.2　渣罐车数量的计算

高炉用渣罐车应根据每次出渣量的多少优先选择电动倾翻容积较大的渣罐车。新建高炉应首先考虑水力冲渣系统的实施，大型高炉有取消渣口和渣罐车的趋势，渣罐车数量计算：

(1) 工作渣罐车数量 N_{1Z}

$$N_{1Z} = N_{1X} + N_{1X}$$

$$N_{1S} = N_{SZ} \frac{\tau_{SZ} \cdot n_Z}{24} S \tag{8-15}$$

$$N_{1X} = N_{XZ} \frac{\tau_{XZ} \cdot n_t}{24} S \tag{8-16}$$

式中　N_{1S}、N_{1X}——工作的上、下渣罐车数；

N_{SZ}、N_{XZ}——每座高炉的上、下渣罐位数；

τ_{SZ}、τ_{XZ}——上、下渣罐车平均的周转期(一般为 3h)，h；

n_Z、n_t——每座高炉的昼夜出渣、出铁次数。

(2) 检修渣罐车数量 N_{2Z}

$$N_{2Z}=15\%(N_{1S}+N_{1X}) \tag{8-17}$$

(3) 备用渣罐车数量 N_{3Z},

备用的渣罐车数量 N_{3Z},采用一座高炉的上、下渣罐位数的总和。

(4) 高炉车间渣罐车的总数

$$\Sigma N_Z=N_{1Z}+N_{2Z}+N_{3Z} \tag{8-18}$$

8.4.4 渣铁罐的维护

渣铁罐是专用冶金运输车辆上的盛装容器,其维护的好坏直接影响到高炉的出渣、出铁作业的进行。

8.4.4.1 铁水罐的维护

一般桶形铁水罐寿命为450～500次,如维护好可大于500次。主要维护措施包括以下各项。

(1) 降低高炉休风率和减风率

高炉长期低压减风操作,会造成炉缸堆积,渣铁温度降低,流动性恶化,出现铁罐凝铁现象,严重时会形成铁砣,造成铁罐报废。鞍钢生产经验表明正常生产情况下的全风操作不易出现铁砣,一般减风率为1%,平均每百万吨铁,凝铁砣个数不超过0.6个。随减风率提高凝罐数成倍增加。当炉况严重失常、炉缸冻结、长期休风后的送风初期等,由于铁水温度低,每次铁数量较少,都会导致铁罐大量凝铁,严重时影响高炉正常出铁作业。故要求高炉精心操作,严防各种事故发生。

(2) 加速铁水罐周转

降低铁罐周转时间,对减少铁水温度损失有重要意义,不仅保证炼钢铁水温度的需求,对减少罐衬温度波动,提高铁罐寿命有重要意义。鞍钢铁罐周转时间如表8-61所示,一般为5h左右。

表8-61 鞍钢铁水罐周转时间

	出　铁	高炉炉台下到钢厂或铸铁机	钢厂倾翻铁水	由钢厂调回	合　计
作业内容	2～3座高炉同时调罐出铁时间	走行、过秤	正常每次运送铁水4～6个罐,每罐倾翻需15min,捣调作业	走行过秤,翻渣,配回	
时间/min	60	60	90	60～90	300

降低铁罐周转时间,首先要求高炉要准时按规定的时间出铁,特别多座高炉为一个出铁时间,有一座高炉出铁时间不正常,就会延长铁罐周转时间。再是炼钢厂要及时兑铁水,不能押罐,翻铁后要及时翻渣,使铁罐处于干净状态,防止凝铁。

(3) 加强炉前操作

1) 铁水罐争取放满,实装系数不低于0.82～0.85。如放的过浅,极易产生"鹅头",既增加处理时间,又增加了残铁量。

2) 防止铁罐凝盖,出铁后向罐内撒焦粉或炭化稻壳保温。

3) 保持砂口工作状态完好,防止铁水带渣或下渣带铁。

4) 禁止向罐内扔包括废铁在内的废物。

5）如罐内铁水小于半罐不要送往炼钢，待下次铁配在高炉第一铁水罐位受铁，铁水装满后再送往炼钢或铸铁。

（4）加强铁罐扣盖翻渣操作

1）铸铁对炼钢返回的空铁罐要认真检查罐态的完好情况，并要及时扣盖翻渣，翻渣率要大于50%。

2）加强罐态和车况检查，及时按规定的时间、内容进行小、中、大修。

3）改善铁水罐内衬耐材质量、提高砌筑水平，并按规定的烘烤时间进行烘干。大、中修烘烤时间分别要大于48h和8～16h。

4）备用罐应放置在防雨棚内，新罐或备用罐出场要经过严格检查，严禁铁罐潮湿或罐内有积水。

（5）宝钢320t鱼雷铁水罐（TPC）应用及维护

1）内衬耐火材料特性

TPC鱼雷铁水罐新罐容量320t，旧罐容量370t。罐内侧靠近外壳处采用黏土砖，作为永久性的内衬，外层用高性能的铝硅碳砖，罐口处易损坏部位用不定形耐火浇注料。材料特性与应用见表8-62、表8-63。

表8-62　鱼雷罐材料特性

项　目	化学成分/%			耐火度（SK）	显气孔率/%	耐压强度/MPa	体积密度/$g\cdot cm^{-3}$	荷重软化温度/℃
	Al_2O_3	SiC	C					
黏土砖				≥33	≤24	≥20	≥2.0	≥1500
铝硅碳砖	59	18	10		≤11	≥50	≥2.8	≥1350
浇注料	≥62							

表8-63　宝钢320t鱼雷罐在生产中应用[19]

项目＼修理	中　修	大　修	项目＼修理	中　修	大　修
一代受铁量/万t	5.6	33.6	修罐烘烤时间/h	48	72
受铁次数/次	200	1200	正常烘烤温度/℃	950	950
修理时间/d	7	14	非常投入使用温度/℃	650	650

2）鱼雷罐修理

大修时工作衬全部更换，永久衬对熔损部位亦局部更换。修理程序为：冷却、解体、砌筑和烘干，工期为14d。

中修一般仅在罐内全面喷涂一层30～50mm的喷涂料，对有严重侵蚀的内衬也进行局部更换。作业程序为解体与清扫、补修、养生和烘干，工期为7d。

加强对鱼雷罐各部位的定期点检，罐口部黏渣铁要及时清理，破损要修补，根据砖衬破损状况，进行局部或整体修补。对被铁水烧损的罐口外壳也需焊补。

机械设备的小修及检查在罐体一代寿命中进行三次，一次3d，一般结合罐体中修进行。

走行部分的车辆检查在使用2.5～3年后开始进行。每年一次，每次约10天。

3) 铁水温度损失

正常情况下,鱼雷罐内的铁水温降如下:

出铁温度 ⟶ 流入 TPC 罐内温度 $\xrightarrow[\text{后 6h 铁水温降速度 10～14℃/h}]{\text{前 10h 铁水温降速度 14～18℃/h}}$ 停放 16h 后 1230℃ ⟶ TPC 罐口结盖

为降低铁水温度损失,要求高炉减少低压休风,保持正常稳定的炉温,并要求下渣不带铁,铁水不带渣,罐口采用稻壳等绝热材料保温。最低铁水温度不低于1200℃。

TPC 罐内铁水温度的计算公式如下:

$$T = T_0 - T_1 - T_2 - T_3 - T_4 \tag{8-19}$$

式中 T——TPC 罐内铁水温度;

T_0——高炉铁口出铁温度,通常 T_0 在 1510～1540℃;

T_1——铁水在高炉铁水沟通过时损失温度,通常 $T_1 = 70～90℃$;

T_2——铁水在 TPC 罐内损失温度,一般情况下 $T_2 = T_3 \times (10～18℃)$;

T_3——TPC 罐停放时间,h;

T_4——罐中渣量、铁水成分、罐衬材质、罐的新旧程度及周围环境温度影响。

如需进行铁水脱 S、脱 P 及脱 Si 处理,还应考虑铁水预处理的温度损失。另外亦应考虑到空罐的起始温度。

4) TPC 罐口结盖处理

日常生产中保证高炉稳定、顺行;良好的生产调度组织及与铸铁、炼钢生产能力的有机配合是维护好铁水罐的关键。TPC 罐口结盖按图 8-60 流程图处理。

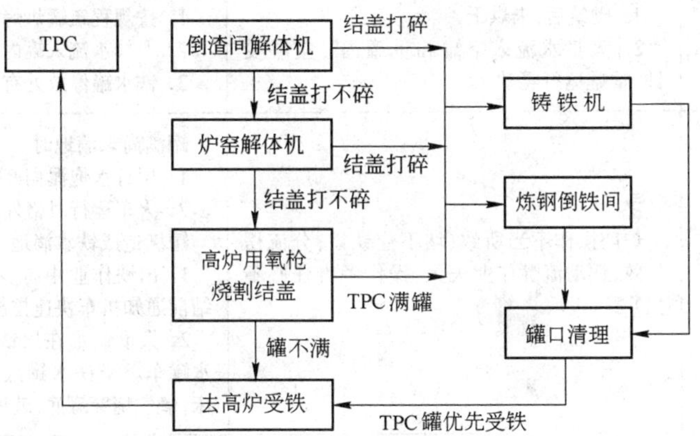

图 8-60 TPC 罐口结盖处理流程图

8.4.4.2 渣罐的维护

渣罐的维护有以下几点:

1) 维护好铁口,禁止跑大流过铁烧损渣罐。

2) 维护好砂口,禁止下渣带铁,损坏渣罐。

3) 空渣罐使用前,用石灰水喷洒罐表面内衬上,以便脱壳。

4) 渣罐内不许有积水,使用前用干渣垫底、防止带铁烧损。

5) 不许向渣罐内投放废物和残渣铁。

6）防止罐皮温度激烈波动，一般不许用冷水处理渣壳。裂缝的渣罐要及时焊补，否则不许使用。

8.4.5 渣铁罐故障处理

渣铁罐事故原因及处理见表 8-64。

表 8-64 渣铁罐事故原因及处理

项目		原因	处理
铁水罐	铁水罐结瘤与凝盖	1. 罐口大，散热快 2. 铁水温度低 3. 运行时间过长 4. 保温效果差 5. 铁水罐过渣 6. 出铁沟流嘴不完整，喷溅 7. 铁水罐于炉台下对中性差	1. 返铸铁机用铁钩子勾掉铁瘤 2. 用氧气烧穿凝盖或铁水罐压开凝盖 3. 强化保温，铁水罐表面洒焦粉或炭化稻壳
	铁水罐凝结	1. 开炉、停炉作业出残铁及高炉冶炼事故状态下铁水温度低 2. 天气严寒	半罐凝结： 1. 于凝铁表面洒食盐 2. 快速周转，下次铁配高炉第一罐位 3. 铁水罐表面保温 全罐凝结： 除去衬砖、扣砣、氧气烧眼、爆破
	铁水罐烧穿	1. 耐材不达标 2. 砌筑质量差，达不到作业寿命 3. 检查不周	1. 罐帽法兰处漏，快速运往铸铁翻铁 2. 罐中、下部漏，快速脱离炉台下罐位，拉到铸铁或空旷处排泄
	铁水罐爆炸	1. 砌筑后，未烘干 2. 大量水流入空罐和重罐内。空罐受铁，重罐运行晃动	1. 按规程筑罐烘烤 2. 严禁水流入罐内，罐中有水不得使用 3. 铁水罐停放处有防雨设施
	铁水罐盛装过满	炉前操作不当所致（堵不住铁口；分流楞失效；摆动流嘴作业失灵；操作者责任心不强）	罐满尚未淌地时 1. 用有水炮泥糊好铁罐流嘴 2. 火车运行时格外小心（挂钩、转弯等） 罐满造成铁水淌地 1. 出铁作业中有少量铁水淌地，在尚未凝结前通知机车快速拉出 2. 大量铁水在出铁场罐位处淌地，焊住铁水罐车。于铁水罐底处架设沟槽，地面作铸床，氧气烧穿罐底，就地排泄
	铁水罐车脱轨	1. 轨面不平与轨距变化，检查不力 2. 司机缺乏瞭望 3. 路轨地面有积水	用吊车复位
	机电事故		责成维护人员处理
渣罐	渣罐结壳与凝结	1. 熔渣内掺有干渣 2. 炉渣碱度过高 3. 停放时间长，未及时翻渣	1. 放渣前尽量干渣垫底 2. 使用前喷好泥浆 3. 倾翻作业及时 4. 处理干壳罐时用吊车吊起掉锤，打碎后倾翻 5. 处理粘罐时，倾翻 100°～110°，吊车吊铁锤打击罐底，或用撞罐机处理（图 8-75）

续表 8-64

项　目		原　因	处　理
渣　罐	渣罐烧穿	1. 长期使用热应力不均，产生裂纹 2. 渣中过铁，流铁冲击罐壁或罐底积铁过多	1. 渣罐不允许过铁 2. 熔渣上升到裂纹处打水及停止放渣 3. 一旦过铁，罐壁外部打水冷却 4. 裂纹处焊补处理(事后)
	渣罐爆炸	渣罐中有水和潮物，出渣作业时伴有渣中过铁现象	1. 放渣前认真检查 2. 罐中有水和潮物事先翻出 3. 小流及间歇式放渣烤干，熔渣不得淹没潮湿物

撞罐机工作原理见图 8-61。3t 撞罐机是用 ϕ100mm×4500mm 的圆钢作为撞杆，将渣罐侧倾 90°，用撞杆振打渣罐唇圈，渣壳迅速脱落，它采用夹板锤的原理，用 1.7kW 马达驱动，人工操纵手柄 H 使撞杆 K 的进退，振打频率在 10 次/min，全套设备安在小车上，小车则沿平行于渣线的轨道行驶，工作方便。它能迅速处理一列粘壳的渣罐。

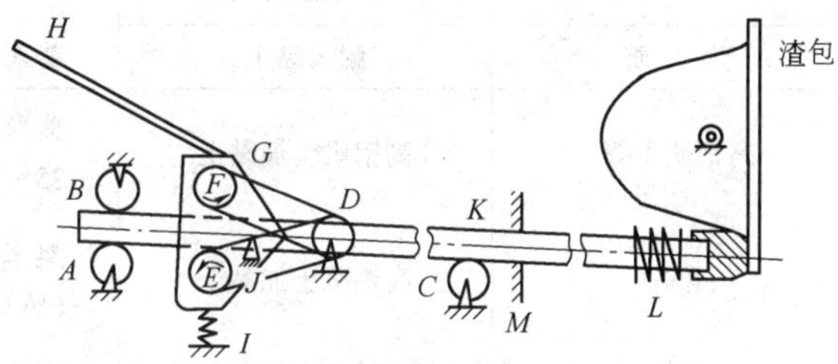

图 8-61　撞罐机原理图

K—撞杆；D—马达驱动的主动轮；F、E—进退驱动轮；C、A、B—支持轮；H—手柄；G—E、F 的固定板；J—G 的固定销轴；M、L—缓冲板和弹簧；I—保证空转的弹簧

8.4.6　渣铁罐运输考核

渣铁罐运输考核内容：

1) 组织各高炉正点配罐，确定每座高炉日出铁次数。

2) 渣铁罐满罐位率大于 97%(高炉炉台使用罐位数)。

3) 渣铁罐正点率 98%(出铁前 10min 配到为正点)。

4) 渣铁罐完好率 98%(按规定容量容纳铁水及熔渣)。

5) 有备用的铁罐及渣罐台数。前苏联设计工艺定额为每座高炉设常备铁水罐一个，供长期进行机械修理之用。用于修理的备用渣罐数，采用总罐数计算值的 1/10 计。鞍钢炼铁厂 1994 年生产使用备用铁水罐 10 台，渣罐 25 台。

6) 桶形细轴铁水罐轴径小于 275mm，禁止使用。

7) 残铁罐加海盐，并增加配罐次数。

8) 铁水罐实装系数。实装系数是指铁水罐的实际装载量(t)与铁水罐公称容量(t)的比值，该值越大说明罐容量的充分利用，一般该值应大于 0.85。实装系数与铁水罐的完好程度；高炉每次出铁总量与配用罐数的协调性有关；对于实装系数小于 0.4 的铁水罐，铁后留下，并于下一次铁将该罐配到第一罐位上首先受铁；高炉炉前工出铁作业应按铁水罐的公称容量放铁。例如鞍钢炼铁厂公称容量 100t 桶形铁水罐，允许的实装量小于 95t，距罐嘴 300mm 以下。

8.5 炉前用不定形耐火材料

8.5.1 常用不定形耐火材料理化性能

8.5.1.1 SiO_2-Al_2O_3 系耐火原料

根据 Al_2O_3 含量的不同，可将硅酸铝质耐火材料划分不同种类（表 8-65）。

表 8-65 SiO_2-Al_2O_3 系耐火材料的化学矿物组成

化学组成/%	耐火材料名称	主体原料	主要物相
Al_2O_3<1～1.5 SiO_2>93	硅 质	硅 石	鳞石英、方石英、残留石英、玻璃相
$Al_2O_3$15～30	半 硅 质	半硅黏土、叶蜡石、黏土加石英	莫来石、石英变体、玻璃相
$Al_2O_3$30～48	黏 土 质	耐火黏土	莫来石（约 50%）和玻璃相
Al_2O_3 48～60	高铝质Ⅲ等	高铝矾土加黏土	莫来石（70%～80%）玻璃相（15%～25%）
60～75	Ⅱ等	高铝矾土加黏土	莫来石（65%～85%）玻璃相（4%～6%）
>75	Ⅰ等	高铝矾土加黏土	刚玉（>50%）、莫来石、玻璃相
Al_2O_3 95～99	刚 玉 质	高铝矾土加工业氧化铝 电熔刚玉加工业氧化铝	刚玉，很少玻璃相

（1）硅石

硅石按工艺分类可分为：结晶硅石、胶结硅石、硅砂。不论何种硅石，SiO_2 在加热过程中发生晶型转变，并伴随体积膨胀。耐火制品用硅石工业指标见表 8-66。

硅石在炉前出铁沟捣打料中起膨胀剂作用。由于 SiO_2 在加热过程中发生晶型转变，伴随体积变化，故在升温过程应缓慢进行，终止温度要有足够的保温时间。冷却时在低于 600℃ 以下温度，亦应缓慢冷却，防止产生裂纹。

表 8-66 耐火制品用硅石工业指标（YB 2416—81）

级 别	化学成分/%			耐火度/℃	吸水率/%
	SiO_2	Al_2O_3	CaO		
特级品	≥98	≤0.5	≤0.4	≥1750	≤3.0
一级品	≥97	≤1.0	≤0.5	≥1730	≤4.0
二级品	≥96	≤1.3	≤1.0	≥1710	≤4.0

注：1. 硅石中一般不应混有泥土、山皮、杂石等杂质，硅石表面不得有超 2mm 的山皮以及直径大于 5mm 的豆粒状铁质及其包裹体；

2. 对硅石的块度，也有一定的要求。

（2）黏土

黏土是由粒度小于 1～2μm 多种含水铝硅酸盐矿物的混合体。在潮湿状态，具有良好的塑性，是炮泥不可缺少的耐火材料，耐火度要求高于1580℃。

黏土根据塑性可分为硬质黏土、软质黏土和半软质黏土。硬质黏土在水中不易分散，塑性较低；软质黏土在水中易分散，有较高的可塑性，我国苏州白黏土、广西维罗和扶绥黏土、吉林水曲柳黏土具有很高的工业价值；塑性介于硬质和软质黏土之间的称为半软质黏土。各种黏土的理化性能见表8-67和表8-68。使用时应注意黏土的纯度，切忌二种黏土混合使用，为保证良好的塑性和结合性，干燥温度小于200℃。

表8-67 耐火材料用结合黏土技术要求(YBQ 42001—85)

类型	品级	化学成分/%		耐火度/℃ 不小于	灼减/% 不大于	可塑性指标 不小于
		Al_2O_3 不小于	Fe_2O_3 不大于			
软质黏土	特级品	33	1.5	1710	15	4.0
	一级品	30	2.0	1670	15	3.5
	二级品	25	2.5	1630	17	3.0
	三级品	20	3.0	1580	17	2.5
半软质黏土	一级品	35	2.5	1690	17	2.0
	二级品	30	3.0	1650	17	1.5
	三级品	25	3.5	1610	17	1.0

注：1. 表列化学成分均按生料计算；

2. 产品中的杂质(黄土、煤炭、炭质页岩、砂岩及其它围岩等杂物)不超过4%。

表8-68 硬质黏土熟料技术要求(YB2211—81)

品级	化学成分/%		耐火度/℃	体积密度 /g·cm^{-3}
	Al_2O_3	Fe_2O_3		
特级品	44～55	≤1.2	≥1750	≥2.45
一级品	甲 44～55	≤1.6	≥1750	≥2.40
	乙 42～50	≤2.5	≥1730	≥2.35
二级品	36～42	≤3.5	≥1670	≥2.30
三级品	30～36	≤3.5	≥1630	≥2.25

注：1. 产品中的杂质含量：特级品不超过3%，其它品级不超过4%；

2. 产品中不得混入石灰石、黄土及其它高钙、高铁等外来夹杂物。

(3) 高铝矾土

矾土是煅烧后氧化铝含量48%以上，含氧化铁较低的铝土矿，炉前炮泥和铁沟料中常把矾土熟料作为耐火骨料和耐火粉料来使用，其理化性能如表8-69。

表8-69 耐火材料用铝矾土熟料等级的划分(YB 2212—82)

等级	化学成分/%			耐火度/℃	体积密度 /g·cm^{-3}
	Al_2O_3	CaO	Fe_2O_3		
特级品	>85	≤0.6	≤2.0	≥1790	≥3.00
一级品	>80	≤0.6	≤3.0	≥1790	≥2.80
二级品	甲 70～80	≤0.8	≤3.0	≥1790	≥2.65
	乙 60～70	≤0.8	≤3.0	≥1770	≥2.55
三级品	50～60	≤0.8	≤2.5	≥1770	≥2.45

(4) 莫来石

莫来石是 Al_2O_3-SiO_2 系统中惟一稳定的化合物。典型的莫来石是 $3Al_2O_3 \cdot 2SiO_2$，其熔点较高(1910℃)、硬度大，高温蠕变值小，抗化学腐蚀性好。但有生成粗大的不均匀的结晶颗粒的倾向，会导致生成裂纹。

莫来石在天然矿物里很少见，一般都采用人工合成方法生产。表 8-70 和表 8-71 分别为电熔莫来石及烧结合成莫来石理化性能。

表 8-70　电熔莫来石及电熔锆莫来石性能实例

产　地	吉林梅河口特种耐火厂			产　地	吉林梅河口特种耐火厂		
理化指标	电熔莫来石		电熔锆莫来石	理化指标	电熔莫来石		电熔锆莫来石
	高档	中档			高档	中档	
Al_2O_3/%	70～77	66.20	42～47	ZrO_2/%			30～37
SiO_2/%	22～29	31.55	16～20	耐火度/℃	≥1850		
Fe_2O_3/%	≤0.1	0.17		体积密度/$g \cdot cm^{-3}$	≥3.03		≥3.6
TiO_2/%	≤0.1	1.31		显气孔率/%			≤3
CaO/%	≤0.3	0.47		莫来石/%		90.63	50～55
MgO/%	RO	0.11		玻璃相/%		9.37	≤5
K_2O/%	R_2O	0.29		斜锆石/%			≥30～33
Na_2O/%	≤0.5	0.13		刚玉/%			≤5

表 8-71　烧结合成莫来石性能实例

产　地	山东耐火材料厂			产　地	山东耐火材料厂		
理化指标	二等矾土 工业氧化铝 Sm-65	二等矾土 工业氧化铝 Sm-72	工业氧化铝 焦宝石 M-75	理化指标	二等矾土 工业氧化铝 Sm-65	二等矾土 工业氧化铝 Sm-72	工业氧化铝 焦宝石 M-75
Al_2O_3/%	66.73	73.15	76.04	体积密度/$g \cdot cm^{-3}$	2.84	2.91	2.94～2.96
SiO_2/%	27.88	21.87	22.77	真密度/$g \cdot cm^{-3}$	3.09	3.13	
Fe_2O_3/%	1.68	1.25	0.53	显气孔率/%	0.85	2.91	2.07～2.35
TiO_2/%	1.79	1.73	0.43	吸水率/%	0.30	1.00	0.7～0.8
CaO/%	0.30	0.22	0.23	耐火度/℃	>1770	>1790	≥1850
MgO/%	0.07	0.06	0.08	莫来石/%	为主	85	
K_2O/%	0.05	0.05	0.02	刚玉/%	很少(<1)	5	
Na_2O/%	0.10	0.20	0.25	玻璃相/%		2～3	
				铁、钛矿物/%	2～3	3	

莫来石可作为大型高炉的炮泥及捣打料、浇注料的组分。

(5) 刚玉

刚玉具有高的硬度(莫氏 9 级)和高熔点，根据原料和生产方式的不同，可分为电熔棕刚玉、电熔白刚玉及烧结刚玉。一般电熔棕刚玉的 Al_2O_3 大于 94.5%，而白刚玉的 Al_2O_3 量应大于 98%。烧结刚玉体积密度高(≥3.7g/cm^3)，高纯(Al_2O_3≥99%)，低碱(Na_2O<0.3%)，高强度、高导热性、高热震性，高绝缘及耐腐蚀性。烧结氧化铝总体性能优于电熔氧化铝，二者在组织上最明显的差别

是结晶的大小和气孔状态。刚玉的化学成分见表 8-72。

表 8-72 电熔棕刚玉与白刚玉的化学成分(%)[20]

品 种	色	Al_2O_3	SiO_2	Fe_2O_3	TiO_2	CaO	ZrO_2	Na_2O
电熔棕刚玉	褐色	96.5	0.5	0.1	2.3	0.2	0.2	
电熔白刚玉	白色	99.7	0.03	0.05				0.18

(6) 工业氧化铝

工业氧化铝是一种用化学法(拜尔法)处理高铝矾土后制得的化学纯度很高的氧化铝。

工业氧化铝分类及技术条件见表 8-73。

表 8-73 工业氧化铝分类及技术条件(YBB 14—75)

产品级别	化学成分/%				
	Al_2O_3(不小于)	杂质(小于)			
		SiO_2	Fe_2O_3	Na_2O	I·L
一级	98.6	0.02	0.03	0.50	0.8
二级	98.5	0.04	0.04	0.55	0.8
三级	98.4	0.06	0.04	0.60	0.8
四级	98.3	0.08	0.05	0.60	0.8
五级	98.2	0.10	0.05	0.60	1.0
六级	97.8	0.15	0.06	0.70	1.2

(7) 蓝晶石族矿物

蓝晶石族矿物包括蓝晶石、硅线石、红柱石 3 个同质多象变体,它们的化学成分都是 $Al_2O_3 \cdot SiO_2$,Al_2O_3 62.92%,SiO_2 37.08%理化指标见表 8-74。蓝晶石在高温下有较大的膨胀性,表 8-75 是河南省南阳市开元蓝晶石矿蓝晶石热膨胀率。

表 8-74 蓝晶石、硅线石、红柱石理化指标(YB 4032—91)

项 目		指 标						
		蓝晶石		硅线石		红柱石		
		LJ-58	LJ-55	GJ-58	GJ-54	HJ-58	HJ-55	HJ-52
Al_2O_3/%	不小于	58	55	58	54	58	55	52
Fe_2O_3/%	不大于	0.8	1.5	1.0	1.5	1.0	1.5	2.0
TiO_2/%	不大于	1.5	2.0	1.0	1.0	1.0	1.0	1.0
K_2O+Na_2O/%	不大于	0.3	0.5	0.5	1.0	0.5	0.8	1.2
灼减/%	不大于	1.5						
耐火度/℃	不小于	1790		1790	1750	1790		1750
水分/%	不大于	1						
线膨胀率/%	1500℃	必须进行此项检验,将实测数据在质量证明书中注明						

注:需方对质量有特殊要求时,由供需双方协商。

表 8-75 蓝晶石热膨胀率(%)

温度/℃	粒 度/mm			
	0.18～0.125	0.098～0.074	<0.074	<0.063
室温 30℃				
100	0.02	0.00	0.04	0.03
300	0.12	0.14	0.24	0.10
500	0.35	0.40	0.42	0.30
700	0.75	0.67	0.63	0.52
900	1.36	0.93	0.78	0.62
1100	1.55	1.12	0.43	-0.07
1300	1.65	2.18	1.72	1.10
1500	11.90	10.66	3.35	2.70

炉前不定形耐火材料利用蓝晶石高温下的膨胀性,可控制制品的线变化率。同时通过转化莫来石改变基质状态。它可增加新旧炮泥的黏结强度,提高炮泥的耐用性。

8.5.1.2 *石墨及碳、氮化合物*

(1) 石墨

石墨耐热性好(不熔融);与熔体难以润湿、耐熔渣侵蚀性能优良;热导率大;线(体)胀系数小,抗冲击能力强。但石墨易氧化,其氧化程度与粒度密切相关。粒度越细,愈易被氧化。表 8-76 为黑龙江省柳毛石墨分类。

表 8-76 黑龙江省柳毛石墨产品分类[21]

鳞片状石墨产品	代 号	固定碳/%(大于)	灰分/%(小于)	挥发分/%(小于)	水分/%(小于)
高纯石墨	LC	99.9～99.99	0.1～0.01	—	0.5
高碳石墨	LG	94～99	6～1	0.6～0.4	0.5
中碳石墨	LZ	80～93	20～7	1.0～0.8	0.5
低碳石墨	LD	50～75	50～25	4.0～3.0	1.0

(2) 焦粉

焦粉耐高温、抗渣性和透气性较好,不易与渣铁黏结,而且能起到使制品快干的作用。但可塑性和黏结性很差,配料用量过多会降低制品的强度。焦化厂的干熄焦或高炉筛下焦是制备炮泥的碳素组分。要求含水量低,无杂质混入,固定碳在 83.5% 以上。宝钢炮泥用焦粉要求为粒度大于 1mm 的小于 5%,固定碳大于 85%。鞍钢筛下焦指标见表 8-77。

表 8-77 鞍钢高炉无水炮泥筛下焦指标

工业分析	水分/%	灰分/%	挥发分/%	固定碳/%	粒度/mm
指标	<2	<15	≤1.9	≥83.5	<1

(3) 碳化硅

碳化硅用高纯度石英砂和石油焦于 1600～2500℃ 在电阻炉内按照 $SiO_2 + 3C = SiC + 2CO$ 生成。碳化硅硬度高、耐磨、耐侵蚀;抗高温耐氧化;且热导率高、膨胀率低、并且有良好的抗热震性,已广泛用于炮泥和铁沟料中。耐火材料用碳化硅化学成分见表 8-78。宝钢炮泥用碳化硅质量指标见表 8-79。鞍钢炮泥和铁沟料用碳化硅质量指标见表 8-80。

表 8-78 耐火材料用碳化硅的化学成分(%)

SiC	游离 C	Fe	Al	游离 SiO_2	游离 Si
98.4	0.1	0.17	0.10	—	—
93.4	2.57	0.52	0.48	—	—
87.4	5.79	0.82	0.67	—	—
97.8	0.30	—	—	0.27	0.07
97.6	0.6	0.2	0.2	0.8	0.5

表 8-79 宝钢炮泥用碳化硅质量指标

指标项目	SiC	C	Fe_2O_3	CaO	粒度组成	
					<0.074mm	>0.21mm
含量/%	>85	<7	<2	<0.55	>80	<2

表 8-80 鞍钢炮泥与出铁沟捣打料碳化硅质量指标

项　目	灼　减	SiC	SiO_2	Fe_2O_3	C	F·C
化学成分/%	≤15	≥60	≤20	≤1	≤15	
	≤10	≥75	≤15	≤0.6	≤12	
		≥90				≤9

(4) 氮化硅

氮化硅分子式为 Si_3N_4。无天然矿物,需用人工方法合成。氮化硅化学成分和物理性能分别见表 8-81 和表 8-82。在 Al_2O_3-SiC-C 质浇注料中加入 Si_3N_4 可以提高浇注料的抗氧化性和抗渣性,同时还可以降低浇注料的烧后收缩。Si_3N_4(S)会与 CO 反应生成 SiO_2(S)而析出 C,或处在衬表面的 Si_3N_4 与 O_2 反应生成 SiO_2 保护膜,可证实 Si_3N_4 具有防止氧化作用。在炮泥中加入适量的 Si_3N_4 可以提高炮泥的熔蚀和磨蚀能力。

表 8-81 氮化硅化学成分

产　地	颜　色	化学成分/%		粒　度
		Si,N	游离 Si	
国　内	灰	98.5	1.5	300 目
日　本	灰	98.2	0.31	325 目

表 8-82 氮化硅性能

熔点/℃	莫氏硬度	理论密度 /$g·cm^{-3}$	弹性模量 /MPa	线膨胀系数 (20~1000℃) /$℃^{-1}$	导热系数 (200℃) /$W·(m·K)^{-1}$	耐压强度 /MPa
1900 (升华)	9	3.19±0.01	$0.47×10^5$	$2.5×10^{-6}$	0.047	200~700

8.5.1.3 耐火材料外加剂

用于改善不定形耐火材料的物理施工和使用性能的物质称外加剂,又称添加剂。外加剂的种类很多,例如改变流变性能的分散剂、增塑剂;调节凝结、硬化速度的促凝剂、缓凝剂;调整内部组织结构的发泡剂、膨胀剂;保持施工性能的酸抑制剂、保存剂等。可根据炮泥、铁沟料的要求,适当选用。

(1) 绢云母

绢云母是促进烧结的添加剂;它的矿相组成:绢云母占40%~45%,石英35%~45%。一般无色透明、呈鳞片状、束状等集合体,片体大者可达0.2mm,小者小于0.01mm。绢云母外观上稍白,有很好的分散性和浸润性。理化指标见表8-83。绢云母在炮泥中的作用有以下几点。

表 8-83 绢云母理化指标

项　目	化学分析/%					耐火度/℃	粒度/mm <0.074%	主要矿相组成/%
	烧减	SiO_2	Al_2O_3	Fe_2O_3	K_2O+Na_2O			
标　准		71~77	14~18	<1.1	3~7	1320~1480	>90	绢云母40~45 石英35~45
实测值	2.49	76.87	13.55	0.69	5.57			

1) 由于绢云母中的钾钠氧化物含量高,烧成温度(500~1000℃)低,因而使炮泥快干、速硬。具有较好的中、低温强度。它与黏土在中温(900~1400℃)及焦油在高温(1200~1500℃)时烧结匹配,保证了炮泥在较大的温度范围内有足够的烧结强度。

2) 绢云母可以缩短泥炮堵口后的拔炮时间,由原来的40~50min缩短到25~30min。

3) 绢云母还能增加泥料流变性,使炮泥的塑性得到提高。

(2) 膨润土

钠基膨润土($\frac{m(K_2O+Na_2O)}{m(CaO+MgO)}>1$)是以蒙脱石为主要成分(68%~72%)的黏土岩,属于特殊层状结构的硅酸盐矿物。它具有吸水膨胀性、高度分散性、黏结性、悬浮性、触变性、润滑性以及阳离子交换等物理化学性质。有关质量标准和物理性能见表8-84和表8-85。

表 8-84 钠基膨润土原矿标准

项　目	化学成分/%	项　目	化学成分/%	项　目	化学成分/%
SiO_2	70±2	CaO	0.96±0.1	P_2O_5	0.035±0.01
Al_2O_3	15.29±1.5	MgO	1.77±0.1	TiO_2	0.16±0.02
Fe_2O_3	2.3±0.1	K_2O	1.09±0.2	MnO	0.01
FeO	0.65±0.1	Na_2O	1.86±0.1	灼减	0.55±0.1

表 8-85 钠基膨润土物理性能

粒度(<0.074mm)/%	≥95	比黏度(泥浆流速/水流速)	>1.19±0.02
膨胀倍数	≥37	胶质价/%	100
湿压强度/MPa	>0.0505	pH值	>9.7
干压强度/MPa	>0.30	吸水率/%	550~600

膨润土在耐火材料中可提高制品的可塑性及强度。但蒙脱石中的碱和碱土成分的存在,成为熔剂将影响黏土的高温性能,其掺加入量一般不超过2%~5%。

(3) 增塑剂

能够提高泥料可塑性的物质称为增塑剂。通常在可塑料、捣打料中加入,有的浇注料也使用它。增塑剂的增塑效果与分散相的颗粒大小、表面张力、分散介质的极化特性有关。常用的有塑性黏土、膨润土、氧化物超微粉、大豆粉、甲基纤维素、木质磺酸盐、烷基苯磺化物等。

(4) 膨胀剂

膨胀剂能防止不定形耐火材料成型后在高温和冷却过程中出现收缩造成裂缝和剥落的物质。不定形耐火材料中的膨胀剂有蓝晶石、石英等。其加入量一般为百分之几,计算在总组分之内。膨胀方法有热解法,如使用蓝晶石为膨胀剂;化学反应法,如在高铝质浇注料中加入硅石粉或结合粘土粉,借助于二次莫来石化作用产生体积膨胀;晶型转变法,如在硅酸铝质浇注料或可塑料中加入适量的硅石粉。

(5) 减水剂

减水剂又称为分散剂、反絮凝剂。在保证浇注料流动值基本不变的条件下,可显著降低拌和用水量的物质。减水剂本身并不与材料组成物起化学反应生成新的化合物,只起表面物理化学作用。因此,它们是一种表面活性物质或是一种电解质。目前在选用铝酸钙水泥、氧化物超微粉做结合剂的低水泥、超低水泥浇注料中所用的减水剂(分散剂)如下:

1) 无机减水剂。三聚磷酸钠(STP)、六偏磷酸钠(SHP)。减水剂的阴离子团吸附于微粒表面之后,会改变微粒子表面的 ξ 电位,增强微粒子之间的静电斥力,提高分散系的静电稳定性。

2) 有机减水剂。萘磺酸盐类缩合物(DP、DN)为 β-萘磺酸缩合物和木质磺酸盐。聚氰胺类缩合物(RWS)为三聚氰胺。

有机减水剂的引入一般伴随着引入一定量的微气泡,这些气泡被减水剂定向吸附包围,与微粉表面吸附的电荷符号相同,因而气泡与气泡、气泡与微粒间也因具有电性斥力而使微粒分散,从而有利于微粒之间的滑动,起到润滑作用。

减水剂的加入量一般为千分之几。

(6) 促凝剂

能促进耐火浇注料凝结和硬化的物质称为促凝剂。如以铝酸钙水泥结合的 Al_2O_3—SiC—C 质浇注料的促凝剂多为碱性化合物:NaOH、KOH、$Ca(OH)_2$、Na_2CO_3、K_2CO_3、Na_2SiO_3、K_2SiO_3、三乙醇胺等;磷酸和磷酸二氢铝结合的浇注料使用的促凝剂:活性氢氧化铝、滑石、NH_4F、氧化镁、铝酸钙水泥、碱式氯化铝等。

(7) 缓凝剂

能延缓耐火浇注料凝结和硬化时间的物质称为缓凝剂。缓凝剂主要在铝酸钙水泥结合的浇注料中使用,所用的缓凝剂有葡萄糖酸、乙二醇、甘油、淀粉、磷酸盐、木质磺酸盐等。

(8) 防爆剂

在水泥结合的浇注料中普遍引入了 SiO_2、Al_2O_3 等超微粉,由于微粉填充了浇注料的细小间隙,使得浇注料气孔率低,且组织致密。但带来抗爆裂性差,烘烤时间长等问题。如果进行快速升温,衬体内部水蒸气压力增大,超过了浇注料的强度,则发生爆炸。这就要求浇注料配料中适当添加能改善透气性的物质。通过增加致密浇注料内部的开口排气孔或微细裂纹来提高透气性,使浇注料的水分易于排出,以改善抗爆裂性。代表物质如表 8-86 所示。

浇注料中配入少量有机纤维,在加热过程中可形成微细的狭长气孔。问题是有机纤维在浇注料中不易分散,在加入量多时,相应增加混练水量,影响强度下降。

表 8-86　增强铁沟料耐爆炸性能方法的效果[22]

增强耐爆炸性方法	流动性	耐爆裂性	耐蚀性	结构性	加入量/%
金属铝	◎	◎	○	◎	0.3
有机纤维	◎	△	△	◎	0.1
乳酸铝 [$Al(OH)_{3-x}\cdot CH_3CHOH(COO)_x\cdot nH_2O$]	◎	◎	△	△	0.5
偶氮酰胺 ($C_2H_4N_4O_2$)	◎	◎	△	◎	0.1

注：◎ 优；○ 良；△ 一般。

乳酸铝在硬化时发生溶胶—凝胶转换，使硬化体产生网状，10μm 以下的微细裂纹。龟裂结果使透气率提高，提高耐炸裂性。

偶氮酰胺属于有机发泡剂物质。当原不溶于水的偶氮酰胺在高铝水泥及水的共存下生成钙盐而溶解，之后钙盐随温度以及时间的变化而产生 N_2 等气体，形成 10μm 左右的微细开口排气孔。

(9) 防氧化剂

含碳耐火材料加入部分抗氧化添加剂，在高温下形成新矿物，体积膨胀，封闭气孔，防止氧同碳反应。一般选用比碳更易氧化的金属，如金属硅粉、铝粉、碳化硅等。这些金属与氧反应的标准生成自由能明显比碳与氧反应生成自由能低。这表明了该金属同氧的亲和力大，即先于 C 同 O_2 反应生成金属氧化物。

8.5.1.4　耐火材料结合剂

结合剂是一种帮助强化耐火材料结合组织并使粉状或粒状耐火材料粘结起来显示足够的强度的物质。一般来说其用量控制在 20% 以内（重量）。不定形的耐火材料结合剂种类繁多见表 8-87。

表 8-87　不定形耐火材料主要结合剂

结合方式	主　要　结　合　剂
水合结合	铝酸钙水泥、硅酸盐水泥、e-Al_2O_3
化学结合	磷酸、磷酸盐、硅酸钠、硅酸钾、酚醛树脂 + 硬化剂
陶瓷结合	硼酸盐、氟化物、硼玻璃、钠玻璃、硅粉、铝粉、镁粉
粘着结合	糊精、糖蜜、阿拉伯树胶、纸浆废液、羧甲基纤维素、沥青、聚乙烯醇、乙烯基聚合物、酚醛树脂
凝聚结合	黏土微粉、氧化物超微粉（SiO_2、Al_2O_3、TiO_2、Cr_2O_3）、硅溶胶、铝溶胶、硅铝溶胶

目前高炉出铁沟捣打料多使用沥青为结合剂，炮泥使用沥青或树脂结合。而低水泥和超低水泥浇注料的结合方式主要是水合结合和凝聚结合，所使用的结合剂则为纯铝酸钙水泥和氧化物超微粉（SiO_2、Al_2O_3）。

(1) 煤焦油

制备无水炮泥的煤焦油是在炼焦过程中，经分馏得到的一蒽油、二蒽油、脱晶蒽油，也可是采取经调制获得满足炮泥使用性能要求的油脂。它们在常温及低温加热过程中具有很好的浸润、渗透和润滑性能，50～100℃时能与泥料充分混练，使炮泥具有良好的塑性。高温下结焦形成焦化网络使炮泥具有结构强度。有时在无水炮泥中还加入沥青粉，这取决于制备工艺要求，另外沥青中含有较多的游离炭和残存炭，对提高炮泥的抗渣性是有利的。但挥发分含量比焦油少，故结合性能比焦油差些。表 8-88 为我国某些铁厂使用焦油情况，表 8-89 为新日铁炮泥使用焦油质量标准。

表 8-88　中国铁厂炮泥用焦油情况

项目 单位	品　名	水　分 /%	密度(20℃) $/g\cdot cm^{-3}$	黏　度 E_{50}	挥发分 /%	甲苯不溶物/%	苯不溶物 /%	分馏试验/%	
								300℃前	360℃前
首钢	混合油	<1.0	$1.18^{+0.03}_{-0.02}$	2.0～2.1	12.5	2～3	2.0～2.3		53
武钢	脱晶蒽油	0.2	1.114～1.124	1.2～1.4					65～70
鞍钢	脱晶蒽油	<1.0	1.12～1.13	1.6～1.7					>55
	一蒽油	<1.0	1.12～1.14	1.2～1.4 (E80)				4～8	60～70
	二蒽油	≤2	≤1.10						≤5

表 8-89　新日铁公司实际使用炮泥焦油质量指标

恩氏黏度 50/20℃	苯不溶部分 /%	固定碳 /%	密　度 $/g\cdot cm^{-3}$	水　分 /%	分馏试验/%		
					0～235℃	0～270℃	0～380℃
12～14	40	17.5	1.18	微量		5.1	15

(2) 沥青

沥青可分为煤焦油沥青和石油沥青两大类。煤沥青是焦化厂的副产品、是煤焦油经过 360℃蒸馏后，剩下的浓稠残渣。煤沥青根据软化点不同可分为不同的级别，高炉炮泥和铁沟料中多用高温沥青（软化点 90～120℃）和中温沥青（软化点 60～90℃）。沥青软化点高，则挥发分含量少，烧后残碳量大，制品机械强度高。

煤沥青是热塑性物质，在常温下为固体，加热后熔化成液体，属于亲油憎水物质，混练时均匀分布在物料中，通过焦油的加入能很好分散到各种物料的表面和孔隙，使干料塑化而形成具有良好塑性的散料，再通过成型机的作用挤压成型而具有相应的密度和强度，有利于包装。沥青加热时热解缩聚生成较高残炭率的黏结焦，500℃形成半焦，1000℃形成焦化网络，可提高炮泥的高温强度。软化点 105℃以上的硬质沥青其含碳量和结焦值均高于中温沥青，气体生成量减少，炮泥的机械强度提高。在 800℃时沥青的残碳含量，是碳复合耐火材料的主要指标。国内部分厂家沥青性能见表 8-90。焦油沥青 800℃时的残碳含量见表 8-91。

表 8-90　国内部分厂家沥青性能

项　目		灰　分 /%	挥发分 /%	β树脂 /%	苯不溶物 /%	喹啉不溶物 /%	固定碳 /%	软化点 /℃
鞍钢	高温沥青	0.20	50	28.3	32.5	—	49.8	138
	中温沥青	0.07	64.9	16.8	19.8	—	34.4	87
首钢	中温沥青	0.64	66.3	14.2	17.2	—	33.1	78
镇江	粒状沥青	0.21	55.2	28	34.3	6.4	44.6	122
	高聚沥青粉	<0.2	—	>23	>25	<3.5	>63	>130
石家庄	沥青	0.56	58.6	20	31.8	11.8	40.9	107
锦西	高温沥青粉	≤1	—	≥34	>36	<3.4	≥48	≥170

表 8-91 焦油沥青 800℃的残碳含量

指　标	焦　油	蒽　油	改性沥青	中温沥青	高温沥青
软化点/℃			114	88	138
残碳/%	28.6	5.22	52.03	50.1	56.57

粒状沥青呈球形，有较好的分散性，可提高出铁沟浇注料的高温强度，主要性能见表8-92。

表 8-92 粒状沥青主要性能指标[23]

项　目		宝钢要求规格	日本粒状沥青样品（实测）	镇江粒状沥青样品
粒度/mm	>1	0.8	0.2	
	0.5～1	2	25	15～25
	0.5～0.2	72	57	
	0.2～0.154	20	8	60～70
	<0.154	5.2	10	10～15
软化点/℃		110～120（水银法）		135～140（环球法）
固定碳/%		>60	64.95	64.68
灰分/%		<0.2	0.125	0.125

（3）酚醛树脂

酚醛树脂是由工业苯酚和甲醛在酸性和碱性催化剂作用下，经缩聚反应而生成。根据受热后变化大致分为甲阶（可溶）酚醛树脂和线型酚醛清漆。酚醛树脂具有热硬性、干燥强度大；固定碳率高、与以碳素为主的各种骨料结合性好；与焦油沥青相比，环境污染少。

作为炮泥使用的结合剂，要注意提高炮泥的充填性、热态强度等，还要选择适合成型作业的树脂类型、特性；使用的溶剂量、种类；确保作业性的添加剂等。通常采用高黏度液体酚醛树脂加添加剂，它具有热态流动、短时间硬化的性质，当为扩大热态流动温度范围时使用改性树脂。酚醛树脂也不拘于单独使用，与沥青合用可提高热态强度。酚醛树脂的性能见表 8-93 和表 8-94。

表 8-93 耐火材料用典型酚醛树脂[24]

性　质	水基甲阶酚醛树脂	乙二醇溶解甲阶酚醛树脂	乙二醇溶解线型酚醛清漆	粉末线型酚醛清漆
外　观	透明液体	透明液体	透明液体	外观粉末
固含量/%	70	80	70	软化点/℃ 79～91
黏度(25℃)/Pa·s	0.25～0.35	4～8	30～50	流动值/mm 30～44
密度/$g\cdot cm^{-3}$,(25/25℃)	1.18	1.22	1.21	固化时间/s 60～80
游离酚/%	15～20	10～15	<5	
游离甲醛/%	<0.9	<0.9	<0.9	
水分/%	<10	<5	<1.0	<0.8
固定碳/%	43	49	42（六甲撑四胺 7%）	酚醛类 60

表 8-94　酚醛树脂溶剂的特性

溶　剂	沸点/℃	溶解度/100g 水	燃点/℃	溶解后树脂的黏度/Pa·s
甲　醇	65	易溶	16	0.1
乙　醇	78	易溶	16	0.2
乙二醇	198	易溶	111	5.0
丙二醇	187	易溶	111	6.0
二甘醇	245	易溶	99	20.0
三甘醇	288	易溶	124	50.0
丙三醇	290	易溶	177	＜100
乙基二甘醇一乙醚	202	易溶	99	40
游离脂肪酸	170	易溶	75	3.0
γ-丁内酯	204	易溶	98	3.0
碳酸丙烯	242	22g	132	10.0
二丁醚	196～215	5g	149	10.0
二乙基钛酸酯	295	＜1g	117	＜100.0
二丁基钛酸酯	339	＜1g	157	＞100.0

注：树脂浓度：溶解稀释成 60% 的线型酚醛树脂溶液的浓度。

(4) 铝酸盐水泥

铝酸盐水泥是指铝酸钙为主要成分的水泥。纯铝酸钙水泥是低水泥和超低水泥浇注料中基本结合剂，随着水泥自身中 Al_2O_3 含量的提高、高温性能提高。铝酸钙水泥质量(胶结性能、热机械性质、耐火度)主要取决于熟料的矿物组成。高铝水泥化学组成见表 8-95。

表 8-95　高铝水泥化学组成[25]

水　泥	含　量/%					
	SiO_2	Al_2O_3	Fe_2O_3	CaO	MgO	C
熔　融	0.6	74.9	0.47	21.7	2.6	0.09
烧　结	0.7	74.4	0.22	23.1	0.1	0.04

一般来说水泥的水化是一种低溶解度的固体与水反应生成溶解度更低的固体产物反应。即随着水泥—水体系液相量的减少，固相量不断增加，表现为凝固过程并有热量放出。水泥的结合能力与其粒度有关，粒度越细，结合能力越强。施工时浇注料的凝结时间不能太短(施工性)、另外也不能太长(脱模要求)。国外有关水泥性能见表 8-96。国产郑州铝厂生产的高铝水泥(HAC)和新乡耐火材料厂生产的纯铝酸钙水泥(PAC)理化性能见表8-97。

表 8-96　各种类型水泥性能比较①[25]

指　标	熔融水泥 ЦГП-70	烧结水泥 塔柳姆	TZ-70 (德国)	АЛИЧЕМ (罗马尼亚)	АЛКОА (美国)	ГУРКАЛЬ70 (波兰)
主要氧化物含量/%						
Al_2O_3	≥70	≥70	70～72	≥70	≥79	≥70

续表 8-96

指标	熔融水泥 ЦГП-70	烧结水泥 塔柳姆	TZ-70 (德国)	АЛИЧЕМ (罗马尼亚)	АЛКОА (美国)	ГУРКАЛЬ70 (波兰)
主要氧化物含量/%						
CaO	20～26	⩾20	20～26	⩾26	⩾18	—
凝固时间/h-min						
初凝	0～45	2～00	3～00	2～00	0～40	0～30
终凝	12～00	12～00	15～00	7～00	—	8～00
耐压强度极限：H/mm^2（在湿潮介质中停置下列时间以后）						
1d	—	—	30	20	55②	30
3d	20	35	—	30	—	—
7d	40	50	50	—	—	—

① 资料取自国外公司技术规范和商品说明书；

② 制造混凝土用了15%水泥和85%片状氧化铝。

表 8-97　水泥的化学组成和物理性能

	项　　目	高铝水泥(HAC)	纯铝酸钙水泥(PAC)
化学组成/%	Al_2O_3	57.0	78.6
	SiO_2	4.5	0.26
	Fe_2O_3	1.5	0.28
	MgO	—	0.55
	CaO	35.1	—
物理性能	耐火度/℃	—	1750
	常温耐压/MPa 3d	40.0	77.4
	常温耐压/MPa 7d	60.0	79.0
	常温抗折/MPa 3d	>8.0	7.0
	常温抗折/MPa 7d	>9.0	11.5
	初凝时间/min	40	236
	终凝时间/min	130	305

加速或延缓高铝水泥硬化和改善作业性的添加剂列于表 8-98。

表 8-98　高铝水泥添加剂

效　果	添 加 剂 名 称
加速硬化剂	NaOH、KOH、$Ca(OH)_2$、三乙醇胺、H_2SO_4 的稀释剂、Na_2CO_3、K_2CO_3、Na_2SiO_3、K_2SiO_3、锂盐、锂盐＋预水合水泥、预水合高铝水泥(2%)、波特兰水泥
延缓硬化剂	NaCl、KCl、Ba_2Cl_2、$MgCl_2$、CaC_2(少量)、羧酸盐(葡萄糖酸、草酸等)、丙三醇、砂糖、酪朊纤维素制品、硼砂、磷酸盐、木质磺酸盐、盐酸、草酸
作业性、可塑性	少量界面活性剂(烷基烯丙磺酸盐)、木质磺酸钙、大豆粉、甲基纤维素、膨润土(2%～4%)、生黏土(10%～15%)、微细白垩粉

8.5.2 炮泥

8.5.2.1 炮泥理化性能

炮泥理化性能要求如下：

1）良好的塑性。炮泥能比较容易地从泥炮中推入铁口，填满铁口通道。并具有足够的密度。

2）具有快干、速硬性，在较短时间内能硬化并具有较高的强度，堵口后泥炮能很快退回。

3）开口性能好，开口机钻头较容易钻入，不致消耗过多的钻头和氧气等。

4）耐高温渣铁的冲刷和侵蚀性好。出铁过程中铁口孔径不扩大，铁流稳定。

5）良好的体积稳定性，炮泥在铁口中随温度升高体积变化小，中间不断裂，密封性好。

6）适宜的气孔率，使炮泥具有足够的透气性，有利于炮泥中挥发分的外逸。

7）不污染环境及对周围砌体（碳砖）保持稳定状态。

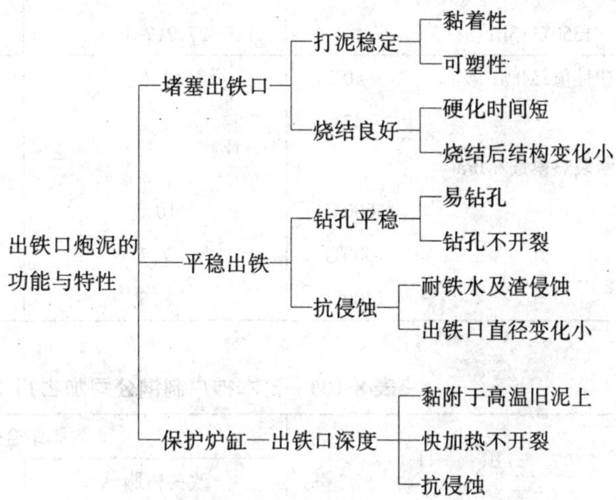

图 8-62 出铁口炮泥的功能与特征

出铁口炮泥的功能与特性见图 8-62。

无水炮泥的优异性能使其获得广泛应用，表 8-99、表 8-100、表 8-101 为国内外炮泥特性。

表 8-99 日本无水炮泥的典型特性[26]

项目	树脂结合的炮泥		焦油结合的炮泥 C
	改良树脂 A	原来树脂 B	
化学成分/%			
Al_2O_3	32.3	26.0	36.6
SiO_2	3.3	3.7	3.8
SiC	14.3	15.9	16.2
F·C	16.1	14.0	14.0
添加剂	21.5	17.5	16.3
加热后的线性变化/%			
300℃，10h	−0.3	−0.2	+0.3
600℃，3h	−0.1	−0.5	+0.4
1350℃，3h	0.0	−0.9	+0.7
加热后的模量(冷淬强度)/MPa			
300℃，10h	14.6(28.3)	8.7(21.3)	5.1(10.2)
600℃，3h	11.1(24.0)	5.7(19.1)	7.4(18.2)
1350℃，3h	12.4(26.5)	6.8(23.7)	9.4(23.3)

续表 8-99

项　目	树脂结合的炮泥		焦油结合的炮泥 C
	改良树脂 A	原来树脂 B	
加热后的表观孔隙度/%(堆密度)			
300℃·10h	13.7(2.13)	14.9(2.10)	8.7(2.28)
600℃·3h	24.5(2.04)	25.0(2.01)	20.9(2.14)
1350℃·3h	27.2(2.10)	28.6(2.08)	22.3(2.23)
塑性值/MPa　40℃	1.6	1.4	
47℃			4.0
断裂热模量/MPa			
600℃	10.3	4.8	—
1000℃	7.7	1.9	—
1400℃	8.5	2.1	—

表 8-100　日本神户制钢公司加古川 1 号高炉($4550m^3$)使用结果

项　目	树脂结合炮泥		焦油结合炮泥
	改良树脂 A	原来树脂 B	C
泥炮堵口后停留时间/min	4~6	5~7	20
开出铁口时间/min	5	5	15
铁口深度/mm	3720	3410	3390
出铁时间/min	185	154	150

表 8-101　中国宝钢 TA_3 牌号焦油炮泥的质量指标和原料配比[27]

体积密度/$g \cdot cm^{-3}$	显气孔率/%	耐压强度/MPa	弯曲强度/MPa	热弯曲强度/MPa	塑性值(50℃时)/MPa	粒度(<0.21mm)/%	最大粒度/mm
1.85	36.0	9.40	2.24	1.65	0.35	60~65	3.0
化学成分/%	Al_2O_3 39.1	SiC 10.7	SiO_2 12.4	C 18.0	烧损 18.0		
原料 粒度/mm	电熔氧化铝 1~3	电熔氧化铝 <0.088	碳化硅 <0.088	绢云母 <0.074	黏土 <0.088	焦粉 <1	焦油 (50℃热液)
比例/%	12~10	25~24	13.5~12	8.5~8	12~10	13.5~12	20.0

8.5.2.2　炮泥种类及配料组成

炮泥按调和剂不同可分为有水炮泥和无水炮泥,无水炮泥又分为焦油炮泥和树脂炮泥。

(1) 有水炮泥

根据高炉出铁口作业条件,有水炮泥的配料组成见表 8-102,制备时用水调和。其主要特点是配料组分中黏土用量大,约占 30%~40%,可塑性好,铁口堵上后拔炮时间快,约 5~10min。缺点是炮泥强度低、铁口潮湿,干燥时间长,出铁易跑大流,不安全。这种炮泥仅用于一个出铁口的中、小高炉。

表 8-102　有水炮泥配料组成(%)

原料名称		焦粉	黏土粉	沥青	高铝矾土		碳化硅	蓝晶石	膨润土或绢云母	水	注
粒度/mm		<1	<0.088	<0.2	0.2~1.0	<0.088	0.2~1.0 <0.088	0.074~0.149	<0.074		
高炉容积/m^3	国外	10~25		5~12						13~17	45%~47%黏土和黏土熟料，石英岩、碎砖
	<300	50	30	15		5				15	可使用5%黏土熟料粉
	300~600	40	26	11	8	5	10			15~17	用 SiC 添加量调整耐火、抗渣性
		35	22	11	8	5	10	5	4	15~17	

(2) 焦油炮泥

焦油炮泥配料组成见表 8-103，结合剂为焦油。其主要特征是铁口通道无潮湿现象，炮泥强度高，铁口深度稳定，出铁作业不跑大流，比较安全。适合大型高压高炉的使用，现在已推广到高强化冶炼的中小高炉。塑性稍差于有水炮泥，堵口后拔炮时间稍长，约 30min 左右。

表 8-103　无水炮泥配料组成(%)

原料名称		焦　粉	黏土粉	沥　青	黏土熟料	高铝矾土或棕刚玉	碳化硅	绢云母	脱晶蒽油
粒度/mm		<1	<0.088	<0.2	0~3	0.2~3.0 <0.088	0.2~1.0 <0.088	<0.074	
高炉容积/m^3	600	60~70	10~20	10	10				10~15
	1000	35~40	20~25	9~11		10~15	9~11	5~6	13~14
	2000	25~35	18~22	10~13		15~20	11~13	5~6	13~14

(3) 树脂炮泥

树脂炮泥结合剂为树脂，在低温下(150℃)树脂聚合，使炮泥有较大的强度。树脂炮泥除具有焦油炮泥特点外，尚有焦化时间短，铁口堵上后 20min 即可拔炮，且对环境污染小，改善了作业条件和环境。

(4) 炮泥的选择

炮泥的选择主要根据炉容大小、高炉强化水平、泥炮和开口机工作能力，炮泥成本等因素来确定。高炉强化程度高、出铁次数多的中小高炉，应选择拔炮快、并具有相应强度的有水炮泥。2000m^3 以上的高压高炉应使用耐侵蚀、强度高、体积稳定性好的无水炮泥。鞍钢 10 号高炉焦油炮泥配料比例及理化性能见表 8-104、表 8-105。

表 8-104　鞍钢 10 号高炉炮泥原料质量及配比

品　名	配　比/%	耐火度/℃	粒　度/		化学成分/%						水　分/%
			mm	%	Al_2O_3	Fe_2O_3	SiC	SiO_2	C	Na_2O+K_2O	
电熔棕刚玉	粗 10	>1790	3～1	>90	>90	<1					
	细 19	>1790	<0.088	>90	>90	<1					
碳化硅	12		<0.21			<2.0	≥75	<15	5～15		
绢云母	7	1320～1480	<0.074	>90	14～18	<1.1		71～77		3～7	
软质黏土	17	1580～1630	<0.088	>95	20～25	<2		55～60			
蓝晶石	3	>1770	0.074～0.149		>55	<1					
焦　粉	19	$C_{固}$>83.5%，S<1.0%，灰分<16%，<1.0mm 颗粒>90%，最大颗粒 1.5mm									<5
硬质沥青	13	软化点 105～125℃，360℃前馏出量<4%									<1.0
脱晶蒽油	13～14	密度 20℃ 1.12～1.13g/cm³，黏度（E_{50}）1.6～1.7，馏程 210℃前无，235℃前无，360℃前 60%～70%									<1.5

表 8-105　10 号高炉（2580m³）无水炮泥理化性能

化学成分/%				1300℃，2h 烧后，物理性能				
Al_2O_3	SiC	C	灼减	显气孔率/%	体积密度/g·cm⁻³	常温耐压/MPa	抗折强度/MPa	烧后线变化率/%
29.67	7.05	16.95	33.83	35	1.66	6.25	1.55	−0.31

8.5.2.3　炮泥的制备

(1) 炮泥制备工艺

鞍钢炮泥与出铁沟捣打料制备工艺流程见图 8-63。宝钢无水炮泥生产工艺流程见图8-64。炮泥的生产是根据物料平衡计算的结果及工艺流程进行设备选择及工艺布置。通常炮泥的单耗选择 0.8kg/t。炮泥制备车间一般包括下列系统：原料的输送与贮存（皮带、吊车、提升机、贮料仓、油槽车、输油道及贮油罐等）；配料系统（配料仓、电子秤或机械秤、焦油计量等）；混练系统（混碾机）；成品包装、贮存与输送系统（成型机、包装机、堆放场）；环保通风、除尘系统。

(2) 设备性能

混碾机是炮泥制备的关键设备，它具有破碎和混匀的双重作用。依工艺要求炮泥各组成部分经混碾机的混练，达到单位重量和容积内组分、颗粒和油量的均匀分布。混碾机按传动方式分类有上传动和下传动两种；按旋转和出泥方式分有碾盘旋转的侧出泥及碾砣旋转的底出泥；按碾边形式分有立边和坡边的。表 8-106 和表 8-107 是鞍钢使用的上传动及下传动混碾机的技术性能。表 8-108、表 8-109、表 8-110、表 8-111 是宝钢加热式碾砣旋转底出泥混碾机及相应设备的技术性能参数。

(3) 原料准备

1) 各种原料粒度应达到现定标准见表 8-112。电熔棕刚玉、高铝矾土、碳化硅、结合黏土粉、蓝晶石、绢云母等分别在其专业厂粉碎后购入，焦油按标准输入使用，高温沥青和焦炭粉由碾泥车间

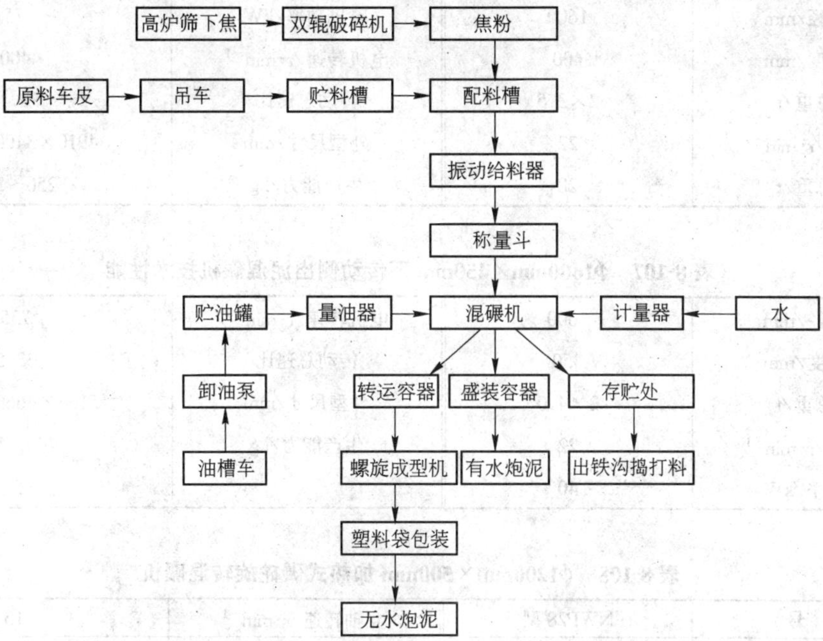

图 8-63　鞍钢碾泥车间工艺流程图

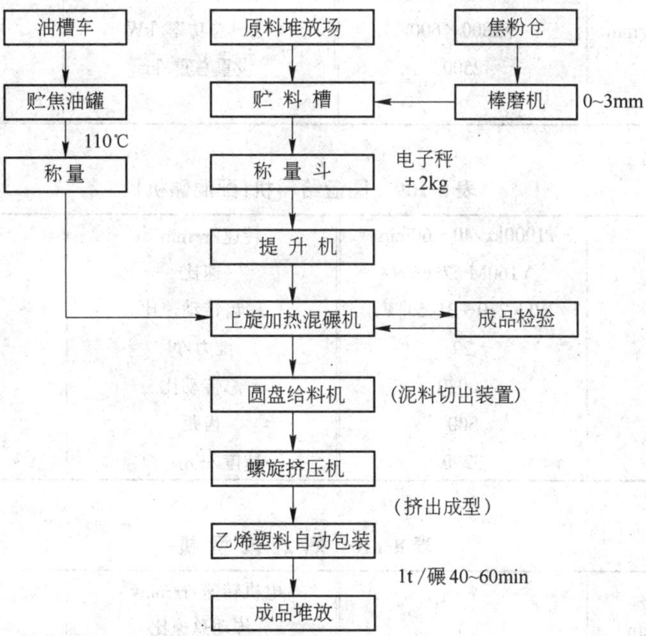

图 8-64　宝钢无水炮泥生产工艺流程

自行干燥和粉碎或外委加工。

表 8-106 ϕ1600mm×400mm 上传动侧出泥混碾机技术性能

碾轮直径/mm	1600	电机功率/kW	75
碾轮宽度/mm	400	电机转速/r·min^{-1}	400
碾轮总重/t	2×3.5	传动总速比	33.41
碾盘转速/r·min^{-1}	22	外型尺寸/mm	4910×3400×4539
设备总重/t	28	生产能力/kg	250～300

表 8-107 ϕ1600mm×450mm 下传动侧出泥混碾机技术性能

碾轮直径/mm	1600	电机转速/r·min^{-1}	735
碾轮宽度/mm	450	传动总速比	33.5
碾轮总重/t	2×4.0	外型尺寸/mm	5164×4660×2608
碾盘转速/r·min^{-1}	22	生产能力/kg	400～500
电机功率/kW	40		

表 8-108 ϕ1200mm×500mm 加热式碾砣旋转混碾机

型　　号	NWP28 型	立轴转速/r·min^{-1}	13
容量/kg·次$^{-1}$	1000	排出装置	电动滑门式
碾泥时间/min·碾$^{-1}$	40～60	保温装置	蒸汽套管方式对盘底及侧板进行保温
碾辊规格	ϕ1200mm×500mm	蒸汽工作压力/MPa	0.7
碾盘直径/mm×深度/mm	ϕ2800×600	电机总功率/kW	45
碾子重/kg	2500	设重总重/kg	30441
碾子数量/个	2		

表 8-109 圆盘给料机(配混碾机)

生产能力	1000kg/40～60min	转速/r·min^{-1}	970
电动机型号	Y160M-67.6kW	速比	31.5
减速机型号	WH(210～31.5ⅢF)	销齿传动速比	3.342
皮带传动速比	29	推力/N	3000
电动推杆型号	30030	总传动比	305.29
推杆行程/mm	300	齿距	44.45
质量/kg	3290	速度/mm·s^{-1}	50.0

表 8-110 螺 旋 成 型 机

螺杆直径/mm	ϕ33	电机转速/r·min^{-1}	970
螺杆与缸壁间隙/mm	3	传动总速比	57.969
螺旋轴转速/r·min^{-1}	17	蒸汽压力/MPa	0.7
生产能力/t·h^{-1}	3	给料辊增速比	2.385
驱动电机型号	Y200L$_2$-6	质量/kg	6200
电机功率/kW	22		

表 8-111　单斗提升机(配混碾机)

容量/m^3	1	电机型号	Y160M-4
升降速度/$m \cdot s^{-1}$	0.2	功率/kW	11
扬程/m	13	转速/$r \cdot min^{-1}$	1460
质量/kg	4868		

表 8-112　炮泥原料粒度要求

原料名称	电熔棕刚玉或高铝矾土	碳化硅	结合黏土	焦炭粉	硬质沥青	熔化焦油	蓝晶石	绢云母
粒度/mm	合格	合格	微粉	<1	<0.2	热液	0.074～0.149	<0.074 >90%

2) 各种原料成分必须符合规定标准,含水量按重量误差±0.5%。

3) 炮泥各种原料的配料比例,应保证炮泥在相应塑性的条件下,要有足够的耐渣铁侵蚀性和适宜的透气性。

4) 调整好混碾机碾盘与碾砣的间隙,如各种原料粒度符合规定要求,此时间隙40～60mm较为适宜,混碾机只起到混匀作用。当粒度达不到要求时,碾砣与碾盘间隙应缩小,甚至接触。此时混碾机既起破碎又起混匀作用。

(4) 碾泥操作程序

1) 下料顺序。当原料粒度未达到标准时,按规定的配料比例,首先漏入难磨、粒度大的原料,如焦粉、熟料等。间隔一段时间后投入易碎、粒度小的物料,如沥青、黏土等。最后根据碾压炮泥的种类分别添加水或焦油。宝钢焦油炮泥的混练数量1t/碾,总时间为40～60min/碾。下料顺序为混合料入碾后干混5min后加油;另一种方式是混合料一入碾就加油。出泥前调整塑性值,值大时增加油量;值小时添加混合干料。

2) 碾压时间。这取决于粒度和混匀要求,同时与每碾的容量及设备状态有关。

3) 计量准确。各种物料必须通过称量系统准确计量,尤为注意的是用量少的添加剂,误差小于1%。

4) 投放均匀。各种物料落入碾内必须均衡,先后有序,不局部偏析。特别对粒度小、数量少的物料更应投放均匀。

5) 保持环境卫生。物料中不能有杂物混入。废干泥回收重新再用时每碾配入量不超过当次容量的20%～30%。

8.5.2.4　炮泥的使用与管理

(1) 炮泥使用中的问题与处置

有水炮泥多用在中小高炉上堵塞出铁口,无水炮泥则用于大中型高炉。当大中型高炉开炉或事故状态,出铁不正常时,亦可短时间内使用有水炮泥,待出铁正常后再恢复无水炮泥的使用。炮泥在使用中常出现的问题列于表8-113,并依使用中功能的变化进行组成的调整。

表 8-113　炮泥使用中的问题

问　题	原炮泥质量状况	炉前操作初始工艺
出铁口自己出铁	挥发物质含量过高 烧结不良 高收缩率 产品陈化不足(组织不均匀)	泥炮无减压装置的堵口作业 泥炮头内堵泥结焦

续表 8-113

问　　题	原炮泥质量状况	炉前操作初始工艺
出铁过程中铁口孔道的磨蚀和熔蚀	高气孔率 低热机械强度 低耐腐蚀性 低耐火性	铁口水分可破坏残留的碳
泥炮与铁口间的泄漏(堵口冒泥)	炮泥硬化过快	泥炮打入速度过慢
铁口深度过浅	机械强度低,耐火性能差 低抗腐蚀性 炮泥硬化过快	炮泥打入过慢 铁口流速快 开口作业过程中蘑菇状泥包的破坏
出铁口喷溅	产品陈化不足 挥发物质含量过高	铁口有水 炉衬裂缝 铁口未很好打开
铁口难开 (炮泥强度过高)	烧结性良好 结焦物质多	出铁正点率下降 钻头、氧气、氧气管消耗多
铁口易开 (炮泥强度过低)	烧结性差 结焦物质少	钻头前进基本上无阻力 可迅速打开出铁口
泥炮堵口后退炮晚	水分、挥发分大 低塑性值	拔炮时间大于 40min 过早拔炮铁水跟出 炉缸内渣铁未出净
出铁口断裂	线变化率超过 ±0.5% 炮泥中 SiO_2 量少	开口过程中有小股铁水流出

(2) 炮泥的管理

有水炮泥重点做好夏季防干和冬季防冻工作;而无水炮泥则注重成本的节约。

1) 炮泥在使用和配料过程中,防止渣铁等异物混入,发现时应及时清除。

根据使用中功能的变化进行组成的调整:

炮泥料——
- 膨胀剂(蓝晶石、叶蜡石)对膨胀的影响 —— 裂纹
- 结合剂(焦油、沥青、树脂)对堵口、开口、出铁时间的影响
- 特殊添加助烧结剂(绢云母)对强度的影响 —— 对开口、出铁时间
- 抗蚀剂(SiC、C)对耐蚀性的影响 —— 出铁时间、出铁口深度
- 润滑性(黏土、石墨)对堵口的影响 —— 喷吹、出铁时间

2) 无水炮泥用聚乙烯塑料袋包装。当散装使用时,可采用蒸汽熏蒸的办法进行装炮作业。

3) 有水炮泥应装在专门的容器内。贮存、运输及使用过程中,力求做好夏季防干和冬季的防冻工作。

4) 高炉炉台泥库设保温装置,库内温度 5~10℃。

5) 当有水炮泥与无水炮泥相互转换使用时,事先应将原泥炮泥缸中的残余炮泥用尽,不得混杂使用。

6) 铁口泥费用由高炉基本操作条件决定。通过延长出铁时间,减少每日出铁次数,降低每次出铁炮泥量消耗可降低泥料费用。另外可通过改进炮泥质量、打开铁口装置的变化、强化炉前操作、采用包装炮泥、使用插棒法开铁口,两次出铁间半打开出铁口方式等来实现。一般情况下炮泥单耗为 0.5~0.8kg/t,中国宝钢 1999 年炮泥单耗仅为 0.463kg/t。

(3) 炮泥质量检测

1) 化学分析和粒度组成。化学分析主要内容为：Al_2O_3、SiO_2、SiC、C 等质量分数表示。而粒度组成：3.0、2.3、1.0、<0.21、<0.088(0.074)及<0.043 的质量百分率。

2) 耐压强度、抗折强度及线变化率检测方法：以总压力 12.5MPa，均匀加压于 40mm×40mm×160mm 试样。置于耐火匣钵内，然后放在电炉内（还原性气氛）升温到 1400℃，2h 保温，再自然冷却到 200℃出炉，进行耐压、抗折和线变化率测定。此外亦进行体积密度与气孔率测定。

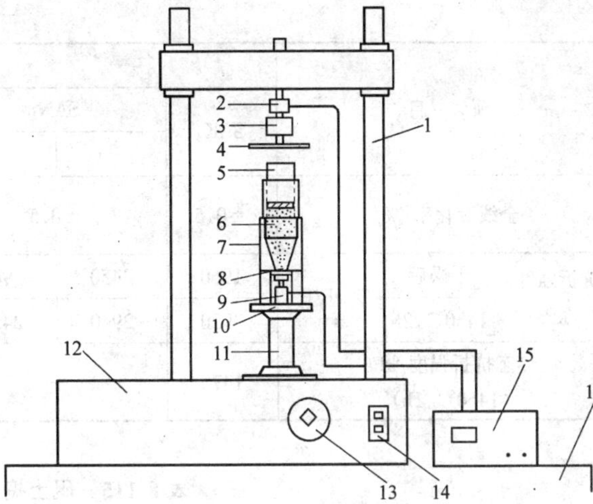

图 8-65　AGY-1 型炮泥塑性测定仪示意图

1—支架；2—传感器；3—球面压头；4—上托盘；5—压套；6—炮泥；7—试样杯；8—小孔；9—锁存器；10—下托盘；11—升降装置；12—传动机构；13—手动复位机构；14—升降按钮；15—数字显示器；16—操作台

3) 塑性值（又称为马夏值）测定方法如图 8-65。取新碾制的炮泥 500g，待其温度在 50℃时制成直径 70mm 圆柱试样，置于压杯内，杯下有排泥孔。当杯内活塞向下匀速运动时，杯内炮泥逐渐受压，从杯底排出，此时的压力值即为炮泥的推入压力，该值称为塑性值。该值小说明炮泥塑性好，否则相反。大型高炉焦油炮泥的塑性值 50℃时 0.45～0.65MPa 为佳。有水炮泥塑性值 30℃时约为 0.4MPa。塑性值过低，炮泥严重变形；塑性值过高，则表现为泥炮打泥时吃力。

8.5.3　铁沟料

8.5.3.1　铁沟料理化性能要求

高炉出铁沟衬在周期性铁水和熔渣的作用下，使用条件十分苛刻，必须满足如下性能要求：

1) 有优良的抗高温耐磨和渣铁冲刷性。

2) 耐熔渣侵蚀性和防氧化能力强。

3) 重烧体积变化小，耐急冷急热性强，不产生裂纹。

4) 捣打料具有一定的塑性。浇注料的初、终凝时间适当，确保较好的施工性。

5) 旧材料与新材料黏结性好，不粘渣铁。

6) 快干性好，快速烘烤而不出现裂纹和炸裂。

7) 施工中不产生有害气体，不污染环境。

高炉出铁沟捣打料理化指标见表 8-114、表 8-115、表 8-116 和表 8-117。

表 8-114　高铝-碳化硅耐火捣打料理化指标(Q/HYAT 18—91)

项目			指标						
			SAK_3	SAN_1		SAN_2		SSN	SRG-10
				-1	-2	-1	-2		
Al_2O_3/%		不小于	65	55	45	75	70	45	58
SiC/%		不小于	10	20		3		10	12
体积密度 /$g \cdot cm^{-3}$	干燥后	不低于	2.50	2.45	2.35	2.70	2.65	2.00	2.20
	1450℃·2h		2.45	2.40	2.30	2.65	2.60	1.95	2.20

续表 8-114

项目			指标						
			SAK_3	SAN_1		SAN_2		SSN	SRG-10
				-1	-2	-1	-2		
全线变化率/%			±0.5	±0.5		±0.5		±0.5 1450℃,2h	±0.5
抗折强度/kPa	干燥后	不小于	1960	2450	1960	3430	2940	1765	1960
	1450℃,2h		3920	2940	2450	2940	2450	2745	2940
热态抗折强度/kPa (1450℃,1h)			1470	—		980		—	—

表 8-115 矾土捣打料标准

炉容/m^3	型号	化学成分/%			抗折强度/MPa 1450℃·3h	线变化率/% 1400℃·2h	体积密度/$g \cdot cm^{-3}$ 110℃·24h	应用部位
		Al_2O_3	SiC	C				
>600	HACC-1	≥44	≥12	≥10	2~3	±1.0	2.1	主沟、砂口、铁沟
<600	HACC-2	≥40	≥12	≥12	1.5~2.5	±1.0	2.0	

表 8-116 鞍钢炼铁厂刚玉捣打料性能

炉容/m^3	化学成分/%					体积密度/$g \cdot cm^{-3}$ 1300℃·3h	线变化率/% 1300℃·3h	耐压强度/MPa 1300℃·3h	应用部位
	烧减	Al_2O_3	SiC	SiO_2	C				
1000~2000	9.30	66.72	10.25	痕	7.46	2.48	+0.55	6.5	主沟、砂口

表 8-117 干式振动成型用材料[28]

项目	材料	主沟用		铁沟用
		底部	侧壁部	底部、侧壁部
化学成分/%	Al_2O_3	76	52	7
	SiO_2	2	1	67
	SiC+C	15	36	20
显气孔率/% (体积密度) 180℃,18h		24.3 (2.60)	24.1 (2.60) 27.0 (2.48)	22.0 (2.07) 27.5 (1.83)
1500℃,3h		25.2 (2.62)		
弯曲强度/MPa	180℃,18h	5	2.8	3
	1500℃,3h	3	2.0	1
线变化率/%	1500℃,3h	-1.00	-0.08	+4.20

高炉出铁沟振动浇注料理化指标见表8-118、表8-119和快干浇注料见表8-120。

表8-118　上海某厂生产的高炉出铁沟浇注料理化指标

材　质	Al_2O_3—SiC—C				
牌　号	SAC1A	SAC3K	SMS1R	SMC3S	BFKAL
用　途	主沟铁水线	主沟渣线	铁水沟 倾注沟	渣沟	铁口泥套
特　点	耐磨、耐蚀、快速干燥		耐蚀、快速干燥		
施工需要量/$t\cdot m^{-3}$	2.95	2.80	2.50	2.50	
化学分析/% Al_2O_3 SiC	 ≥65 ≥8	 ≥50 ≥30	 ≥45 ≥7	 ≥45 ≥12	 ≥65 ≥15
烧后线变化率/% 1450℃·2h	 ±1.0	 ±1.0	 —	 —	 ±0.5
体积密度/$g\cdot cm^{-3}$ 110℃·24h 1450℃·2h	 ≥2.60 ≥2.50	 ≥2.50 ≥2.50	 ≥2.10 ≥2.00	 ≥2.10 ≥2.00	 — ≥2.65
耐压强度/MPa 110℃·24h 1450℃·2h	 ≥5.0 ≥15.0	 ≥6.0 ≥10.0	 ≥2.0 ≥3.5	 ≥2.0 ≥5.0	抗折强度/MPa (110℃·24h)≥2.0 (1450℃·2h)≥4.0

表8-119　无锡某耐火材料厂高炉出铁沟浇注料理化指标[29]

牌　号		HJ—1	HJ—2	HJ—3	HJ—4	HJ—5
使用部位		主沟铁线	主沟渣线	铁沟	渣沟	摆动沟
110℃·24h干燥后	体积密度/$g\cdot cm^{-3}$	≥2.60	≥2.50	≥2.10	≥2.10	≥2.60
	耐压强度/MPa	≥5.0	≥6.0	≥2.0	≥2.0	≥10.0
1450℃·2h 烧成后 (还原)	体积密度/$g\cdot cm^{-3}$	≥2.50	≥2.50	≥2.0	≥2.0	≥2.50
	耐压强度/MPa	≥15.0	≥10.0	≥3.5	≥5.0	≥2.5
	线变化率/%	±1.0	±1.0			±1.0
化学成分	Al_2O_3/%	≥65	≥50	≥45	≥45	≥65
	SiC/%	≥8	≥30	≥7	≥12	≥8

表8-120　Al_2O_3—SiC—C质出铁沟浇注料性能[30]

性　能	项　目	振动浇注料	快干浇注料
化学成分/%	Al_2O_3 SiC	76.4 12.5	74.5 14.5
体积密度/$g\cdot cm^{-3}$	110℃,2h 1500℃,3h	3.00 2.98	2.96 2.93
抗折强度/MPa	110℃,2h 1500℃,3h	4.50 9.0	3.50 9.2
耐压强度/MPa	110℃,2h 1500℃,3h	25.0 50.0	24.0 56.0
烧后线变化/%	1500℃,3h	0~0.2	0~0.2
施工周期/h		200~300	6~10

自流浇注料在自身重力作用下具有良好的自流性能。自流值小，物料流动性差，施工时不能致密填充；自流值大，物料在施工时会出现严重的颗粒偏析。自流浇注料在组成上保持了低水泥浇注料的特点，二者在性能上并无明显差别，其理化指标见表 8-121。

表 8-121　低水泥浇注料(LCC)与自流浇注料(SFC)性能比较

材　质		矾　土　质		Al_2O_3—SiC—C 质	
		Al_2O_3 76%、CaO 1.1%		Al_2O_3 73%、SiC19%	
种　类		LCC	SFC	LCC	SFC
加水量/%		4.5	6.0	5.0	5.2
成型方式		振动	灌注	振动	灌注
体积密度/g·cm^{-3}	150℃	2.79	2.69	2.94	2.91
	1400℃	2.68	2.66	2.87 (1450℃)	2.85 (1450℃)
	1600℃	2.63	2.69	—	—
显气孔率/%	105℃	8	13	14.3	15.2
	1400℃	18	19	2.05 (1450℃)	21.2 (1450℃)
	1600℃	18	16	—	—
耐压强度/MPa	105℃	81	67	17	19
	1400℃	81	76	41 (1450℃)	41 (1450℃)
	1600℃	78	104	—	—
线变化率/%	1400℃	+0.1	+0.3	−0.05 (1450℃)	−0.06 (1450℃)
	1600℃	+0.1	−0.1	—	—

8.5.3.2　铁沟料种类及配料组成

(1) 铁沟料种类

1) 高炉铁沟捣打料。由粒状及粉状料组成的散料体，经强力捣打方式施工的铁沟料称为捣打料。捣打料的种类繁多，高炉炉前常用的为 Al_2O_3—SiC—C 质系列。它的主要特点如下：

① 它属于自烧结不定形耐火材料。依靠主材料含有的低熔点结合相，在烘烤和使用时互相扩散而结合在一起。可以用天然材料与人工合成材料直接配制。

② 有良好的可用性和黏着性，易于压实，连续捣打不分层，从而使出铁沟更坚固。

③ 施工方便。垫沟时用风动捣固机及电动打夯机夯实。修补时旧残衬易于拆除。

④ 烘烤时间短，可以快速烘烤，一般为 40min 左右。依靠衬体的温度梯度在使用中从工作面到背衬逐渐烧结，逐步形成致密工作层。

⑤ 鉴于材料组分中有碳素物质，烘烤时避免直接接触火焰，并按现定的升温曲线进行。

2) 铁沟浇注料。通常以纯铝酸钙水泥为结合剂，与耐火骨料和粉料等按一定比例配制成的 Al_2O_3—SiC—C 质铁沟料，经加水搅拌、振动浇注成型、养护和烘烤后可投入使用。浇注料有如下特点：

① 浇注料的结合方式主要是水化结合和凝聚结合。水化结合即借助于常温下结合剂与水发生水化反应生成水化产物而产生的结合。凝聚结合则依靠加入凝聚剂使微粒子(胶体粒子)发生凝

聚产生结合。

② 浇注料的关键技术是超微粉、分散剂和迟效凝聚剂的使用。超微粉是指粒度小于 5μm 的细粉。超微粉的引入在耐火浇注料中带来一系列好处：超微粉填充、组织致密、加水量减少；基质部分莫来石化的形成；两种结合方式的存在(水合与凝聚)，水泥用量减少，有害成分 CaO 含量降低，施工性能改善，从而使浇注料的致密性和强度提高，抗侵蚀性改善、使用寿命长。分散剂的使用宏观表现为能显著降低浇注料浆体的流变参数值，改善浇注料的流变性能，有利于浇注料加水混练作业的进行。迟效凝聚剂在低水泥和超低水泥浇注料中使用的是纯铝酸钙水泥。当水泥自身中的 Al_2O_3 含量提高时，高温性能改善。生产上采取控制水泥加入量的办法，通过凝结和硬化来满足脱模要求。

③ 浇注料的分类是依制品中 CaO 的含量来分为普通浇注料、低水泥、超低水泥和无水泥浇注料见表 8-122。

表 8-122 浇注料的分类[31]

分类＼结合		CaO 含量/%	结合	振动级别
普通浇注料		>2.5	水合结合	弱
致密质浇注料	低水泥浇注料	1～2.5	水合结合 凝硬火山灰结合 凝聚结合	强、无振动
	超低水泥浇注料	0.2～1	水合结合 凝硬火山灰结合 凝聚结合	强、无振动
	无水泥浇注料	<0.2	凝聚结合 黏着结合 化学结合	强、弱
隔热轻质浇注料			水合结合	弱

④ 浇注料的使用使铁沟料单耗大幅度下降，超过了 20%～30% 以上。表 8-123 和表 8-124 是铁沟料耗蚀情况。

表 8-123 出铁沟每 1000t 铁水的熔蚀量

距出铁口距离/m		4	8	12
渣线料	捣打法	6～8	4～6	4～5
	浇注法	4～6	3～5	2～3
铁线料	捣打法	5～7	3～4	2～3
	浇注法	3～5	2～3	1～2

表 8-124 捣打料与浇注料的耗量对比

项目	捣打料耗量/$kg\cdot t^{-1}$	浇注料耗量/$kg\cdot t^{-1}$	比值(捣打料/浇注料)
主铁沟	0.875	0.40	2.2
铁沟	0.55	0.14	3.9
渣沟	0.20	0.09	2.2
炉期通铁量/t	45000	100000	

⑤ 改善了施工条件(冷态)有利于施工质量的提高。

⑥ 在只有 1~2 个出铁口的中、小高炉受到拆除和重新筑衬时间影响,常采用捣打料。而具有 3~4 个出铁口的大型高炉,出铁沟有充分的间歇时间进行施工、养护和烘烤,故可采用浇注料。

3) 自流浇注料。自流浇注料系指在施工时无需振动,而是依靠材料本身的自重和位能差使浇注料产生自流而达到脱气、摊平和密实。加水调和好的浇注料是骨料的颗粒埋在连续的基质之中,骨料颗粒彼此不相接触或接触点很少,不形成骨架,依靠基质的流动带动骨料颗粒流动。实践证明自流浇注料脱气效果不比震动浇注料差,气孔少,且孔径小。自流浇注料与振动浇注料二者的硬化机理是一致的,仍由水合结合和凝聚结合共同起作用。主要特点如下:

① 无需振动施工(无噪音与改善劳动环境)即可自流运动,达到摊平、脱气和密实化。

② 扩大基质的容积,减少骨料颗粒之间的接触,同时保持了高致密度。

③ 可用泵灌施工,可进行高空泵送作业,省工、省时。

④ 可用于修补形状复杂的衬体、薄壁衬体。

⑤ 材料性能与低水泥、超低水泥浇注料相似。

⑥ 对原材料性能及制备工艺要求严格。

4) 快干浇注料。快干浇注料的应用使浇注料的施工周期从几天缩短到 6~10h。故在配料上采取了相应的技术措施,但快干浇注料施工时组分的化学反应速度加快,反应时间缩短,作用是不充分的。另外被施工衬体表面温度过高,大量气泡从衬体中剧烈冒出,显气孔率增大,快速施工质量难以保证。生产实践无疑表明快干浇注料除赢得相应的施工时间外,衬体理化性能是不如振动浇注料的。

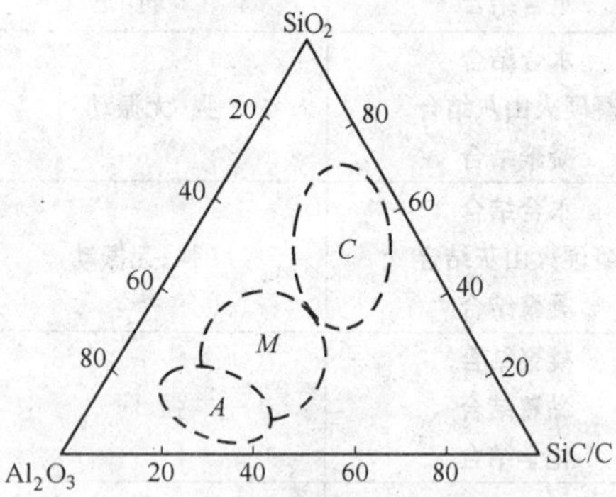

图 8-66 在 Al_2O_3—SiO_2—SiC/C 系统中高炉出铁沟组分所处位置

(2) 铁沟料配料组成

1) 捣打料。根据德国 PeterArtele 意见,按炉容和受铁水、熔渣的冲刷和侵蚀程度不同,对 Al_2O_3—SiO_2—SiC+C 系统铁沟料,分为 *A*(高铝区)、*M*(中铝区)、*C*(低铝区)三个品种范围图 8-66。*A* 用于受铁水冲刷剧烈的部位,*M* 用于受中等冲刷作用的部位,*C* 用于受应力小的部位。依上述要求确定捣打料配料组成,见表 8-125。

表 8-125 出铁沟捣打料配料组分范围

配比 \ 品名	粒度/mm	ASC 质刚玉捣打料	ASC 质矾土捣打料	备注
电熔棕刚玉	1~8 <0.088	55~65 5~15		Al_2O_3>90
高铝矾土熟料	1~8 <0.088		55~65 10~15	Al_2O_3>80
碳化硅	0.2~1.0 <0.088	12~20	12~20	SiC>85
硬质沥青	<0.2	5~10	5~10	软化点>105℃
黏土粉	<0.088	5~8	5~10	Al_2O_3>25

续表 8-125

品名 / 配比	粒度/mm	ASC 质刚玉捣打料	ASC 质矾土捣打料	备注
蓝晶石	0.074～0.149	5～8		$Al_2O_3>55$
硅石	1～4 ＜0.088		8～10	$SiO_2>98$
金属铝粉	＜0.044	酌情加入	酌情加入	
水(外加)		8～10	8～10	

配料要保持适宜的粒度组成，一般要求粗粒的数量占 55%±5%，细粉量为 30%±5%。粒级构成是最大为 7mm，或 5mm。1mm 以上的占 45%～55%。在 7mm 或 5mm 到 1mm 之间大多分为：7～5mm、5～3mm、3～1mm 或 7～3mm、3～1mm。如果接近 7mm、5mm 的粗颗粒多时，造成空隙度增大，细粉量不足；而当接近 1mm 的细颗粒多时，则不但不能填充粗粒孔隙，反而把粗粒分开，亦造成孔隙度增加。故因粒度上的差别，制成产品的特性差别很大。细粉部分小于 0.044mm 的颗粒最好能占细粉部分的 40%以上，这样有利于成型和烧结(图 8-67)。

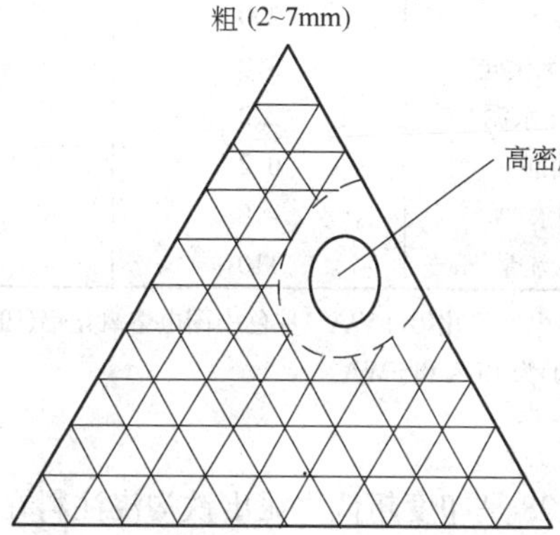

图 8-67　捣打料的粗、中、细颗粒自然堆积密度图

2) 振动浇注料。浇注料是由骨料、粉料、超微粉、结合剂、添加剂和水混合搅拌而成。主要原料组分和结合方式，决定了使用温度范围。骨料必须充分烧结、吸水率低、强度高、体积稳定，而且杂质含量低。通常骨料部分在 60%～75%，骨料颗粒一般采取间断的粒度分级如 8～5mm、5～3mm、3～1mm。浇注料的粉料组成对浇注料的理化性能和使用效果有决定性影响，基质部分通常在 20%～37.5%。

铁沟用 Al_2O_3—SiC—C 质浇注料(简称 ASC)时，在研究骨料对高炉铁沟用 ASC 质超低水泥浇注料性能的影响后确定了骨料的选择方针及试样组成(表 8-126)。配料组成为：骨料 65%；活性 Al_2O_3 4%，SiC+C 20%；金属添加剂 2%；80% Al_2O_3 水泥 2%；分散剂和稳定剂 0.2%；硅微粉 4%。

表 8-126　高炉用浇注料骨料的选择[32]

使用范围	失效特征	选用材料
摆动流嘴	冲击区域侵蚀	铝矾土+烧结棕刚玉
出铁沟	液态金属侵蚀渗透	电熔刚玉+烧结刚玉
出渣沟	炉渣侵蚀、腐蚀和渗透	电熔刚玉+烧结刚玉

我国铝矾土骨料具有均匀性能好和气孔率低的优点。故我国铝矾土粗粉和白色电熔氧化铝细粉的混合料，可作为渣铁沟浇注料选用的经济有效材料(表 8-127)。

表 8-127　渣沟和铁水沟用浇注混合料[33]

项　目	成　分/%			
	BFA/BFA	HQCB/BFA	HQCB/FWA	FWA/FWA
3×6 目	23.0	22.4	22.4	22.5
6×14 目	14.3	13.9	13.9	13.9
14×40 目	20.1	19.6	19.6	19.6
−40 目	11.5	11.2①	11.2①	11.2①
沥　青	2.0	2.1	2.1	2.1
SiC 100m	5.0	5.3	5.3	5.3
SiC 200m	10.0	10.5	10.5	10.5
A3000 氧化铝	7.0	7.4	7.4	7.4
高岭土	2.0	2.1	2.1	2.1
烟化二氧化硅	3.0	3.2	3.2	3.2
Secar 71 水泥	2.0	2.1	2.1	2.1
添加剂	0.2	0.2	0.2	0.2
浇注用水/%	4.8	5.4	5.2	5.0
振动—导入流量/mm	110	115	125	115

注：白色电熔氧化铝(FWA)、棕色中国电熔氧化铝(BFA)、中国铝矾土(HQCB)。

① (−40)为 BFA 和 FWA。

表 8-128 是印度超低水泥出铁沟浇注料在实验室研究用配料比例。

表 8-128　实验室研究用 4 种浇注料组成/%[34]

成　分	1	2	3	4
片状氧化铝	63	—	30	—
熔融氧化铝	—	63	33	63
SiC	14～15	14～15	14～15	14～15
高铝水泥	2.5～3	2.5～3	2.5～3	2.5～3
硅　粉	4～5	4～5	4～5	4～5
氧化铝细粉	10～12	10～12	10～12	10～12
石　墨	1	—	1	—
沥　青	—	1	—	1
聚丙烯纤维	—	—	0.05	0.05

3）自流浇注料　在配制自流浇注料时应重点考虑提高浇注料流动性的方法。自流浇注料是一种屈服值较低，具有一定塑性黏度的黏塑性材料，故要求有合适的粒度组成，骨料与基质的比例要适当，当浇注料中的细料和骨料呈球形，则浇注料的流动性好(图 8-68)。当粒度组成处于①区域时会使粗颗粒与细粉分离出现偏析现象；当处于②区域时，会出现粗颗粒溃散；处于③和④区域时，出现强塑性状态，只有处于⑤区域范围内才具有自流性能。图 8-69 为粒度组成与流动值的关系、骨料的吸水性小，则混料用水量足以保证形成溶胶并使颗粒之间流动。如电熔和板状 Al_2O_3 吸水少。

自流浇注料的颗粒组成为：粗(>1.0mm)35%～50%、细(1.0～0.045mm)16%～37%，超细颗粒(<0.045mm)23%～41%，此时浇注料有较佳的流动值。生产中取粗∶细∶超细＝45∶25∶30。自流浇注料的骨粉料为电熔刚玉及烧结刚玉；SiO_2 超微粉 4%；Al_2O_3 超微粉 5%；高铝水泥 2%等。外加剂为磷酸钠、甲醛、草酸、减水剂为 β-萘磺酸甲醛缩合物(加入量 0.2%～0.5%)。

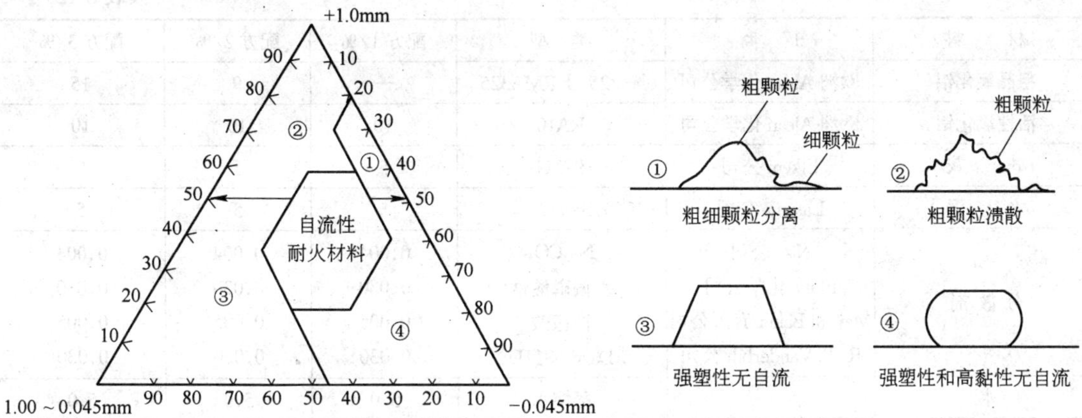

图 8-68　不同粒度分布的浇注料的流变度

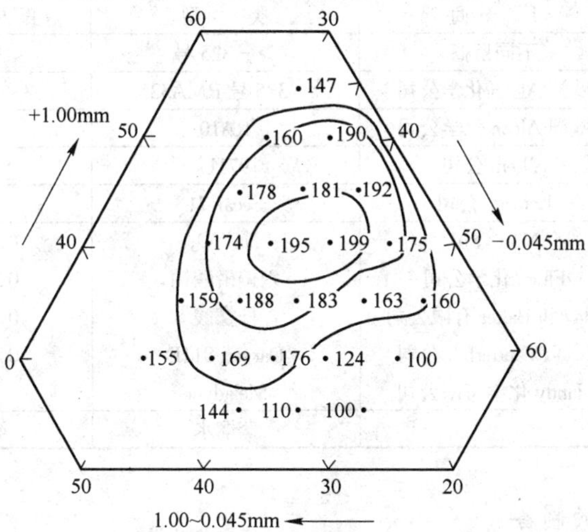

图 8-69　粒度面距为 5%的不同粒度组成物的流变度

欧洲自流浇注料配料组成见表 8-129 及表 8-130。配方 4 所用的分散剂 Meladyne 为聚氰胺磺酸钠盐，曾广泛应用于波特兰水泥，可使波特兰水泥混凝土获得良好的流动性、工作性和力学性能。现被应用于铝酸盐水泥系统中。

表 8-129　低水泥自流浇注料在实验条件下的配料比例配方 1、2 和 3[35]

材　料	厂　商	类　型	配方 1/%	配方 2/%	配方 3/%
片状氧化铝	不同厂商	6—10 号	22	22	—
		8—14 号	10	10	10
		14—28 号	19	19	10
		-48 号	29	20	10
		1/4—8 号	—	—	25
		—14 号	—	—	10

续表 8-129

材　　料	厂　商	类　型	配方 1/%	配方 2/%	配方 3/%
粗晶氧化铝	欧洲 Alcan 化学公司	－325 号 RMA325	—	9	15
活性氧化铝	欧洲 Alcan 化学公司	RA10	10	10	10
硅　　灰	Elkem 公司	971U	5	5	5
水　　泥	Lafarge 公司	Secar71	5	5	5
分 散 剂	Nisa 公司	Na_2CO_3	0.004	0.004	0.004
	Fluka 化学公司	六偏磷酸钠	0.030	0.030	0.030
	May 和 Baker 有限公司	柠檬酸	0.005	0.005	0.005
	R. T. Vanderbilt 公司	Darvan811D	0.030	0.030	0.030
水		蒸馏水	5.0	5.0	5.0

注：RMA325 是一种粗晶氧化铝，其粒度分布与－325 号片状氧化铝相同，但颗粒形状呈圆形。

表 8-130　自流浇注料(配方 2)与高纯自流浇注料系统(配方 4)

材　　料	厂　商	类　型	配方 2/%	配方 4/%
片状氧化铝	不同厂商	＞－325 号	71	71
粗晶氧化铝	欧洲 Alcan 化学公司	－325 号 RMA325	9	12.5
活性氧化铝	欧洲 Alcan 化学公司	RA10	10	12.5
硅　　灰	Elkem 公司	971U	5	—
水　　泥	Lafarge 公司	Secar 71	5	5
分 散 剂	Nisa 公司	Na_2CO_3	0.004	—
	Fluka 化学公司	六偏磷酸钠	0.030	—
	May 和 Baker 有限公司	柠檬酸	0.005	—
	R. T. Vanderbilt 公司	Darvan 811D	0.030	—
	Handy 化学有限公司	Meladyne	—	0.3
水		蒸馏水	4.5	4.7

8.5.3.3　铁沟料的制备

(1) 铁沟捣打料制备

铁沟捣打料制备工艺流程见图 8-70。

ASC 质铁沟捣打料生产工艺要点如下：

1) 作好各种原料的准备工作，原料的破碎加工可在碾泥车间进行，无条件情况下可直接外购粒度合格原料。电熔棕刚玉、高铝矾土、碳化硅、黏土粉、硅石、蓝晶石等使用前要经过检查验收合格。

2) 少量的添加剂用小型混合机要预先混练后使用。

3) 混练投料程序为各种经过计量后的原料：粗颗粒料→水→细粉，或采用部分颗粒料→水(泥浆)→细粉→剩余颗粒料。作业中防止“泥团”及“白料”的出现。

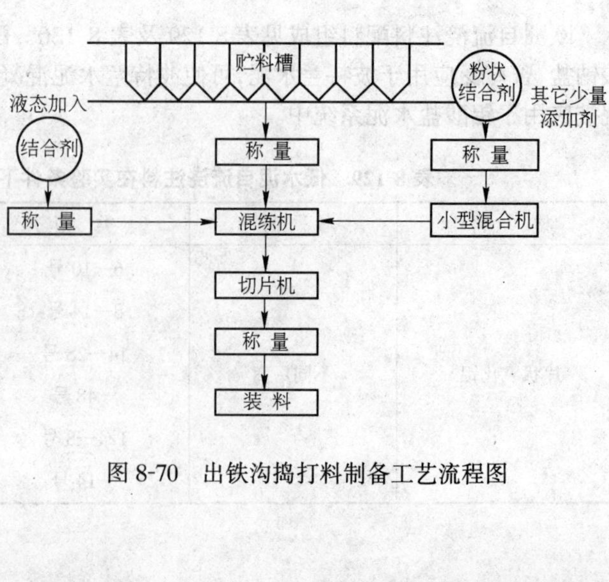

图 8-70　出铁沟捣打料制备工艺流程图

混练时进行捣打试验,在确认作业性能合格后进行包装。

(2) 铁沟浇注料制备

浇注料生产工艺流程见图8-71。作业程序:

1) 原料准备。进厂原料的理化指标如电熔致密刚玉、棕刚玉、特级矾土、碳化硅、纯铝酸钙水泥、SiO_2 微粉、Al_2O_3 微粉、球状沥青等应符合所规定的技术条件。附有质量说明书,标出名称、粒度、数量和到货日期。含水量不超过0.5%,堆放地点应有防潮设施,对保存期有严格要求的材料,过期不得使用。

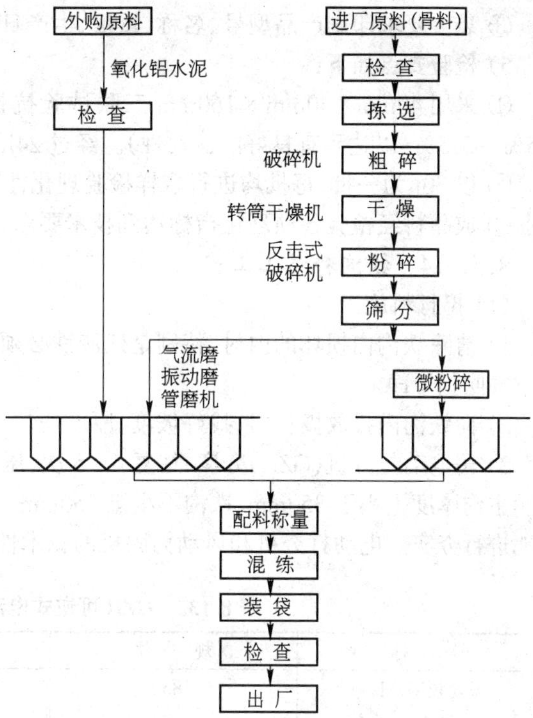

图 8-71 浇注料生产工艺流程图

2) 破碎。块状原料经颚式破碎机破碎,再经对辊或圆锥破碎机进行中碎,然后进行筛分分级,并置于规定的料仓。高铝矾土应经烘干后水分小于0.5%以下时,再进行粉碎。黏土细粉采用雷蒙机粉碎,小于0.088mm的细粉由筒磨机粉碎。各粒级的骨料、粉料均应进行磁选除铁,机械铁小于0.1%。对防潮材料,应堆放在具有防潮设施的规定地点。对保存期有要求的材料,应严格控制使用日期,过期不得使用。制得的单料及细粉的粒度要求见表8-131。

表 8-131 骨料与细粉分级要求

品 名	粒度分级/mm	技 术 要 求	
单 料	8~5	>8mm <5%	8~5mm >75%
	5~3	8~5mm <5%	5~3mm >75%
	3~1	5~3mm <5%	3~1mm >75%
	1~0	1~0.5mm >30%	<0.088mm <5%
细 粉			<0.088mm >90%

3) 配料及混练过程如下:

① 校对衡器后,采用重量法配料,误差颗粒料不大于2%,细粉不大于1%,外加剂等微量原料应使用高精度的台秤或天平秤量。

② 细粉部分的预混合,按规定的配料比例逐一放入搅拌机内,搅拌5~10min后放出,称量装袋后待用。

③ 混练投料程序:骨料→干混2min→细粉,结合剂和外加剂。混练时间5~6min,要求混合均匀。

4) 成品包装

① 采用50kg的双层内膜袋,外套涂塑编织袋进行封口包装。或依用户要求采用250~500kg双层防潮集装袋。

② 装入袋内的成品不能混入杂物、秤量准确,误差±0.5kg。

③ 袋上要求印刷产品型号、名称、重量、生产日期及生产厂家等,严防雨淋或受潮。

5) 检验要点如下:

① 采用40mm×40mm×160mm三联试验抗折模有胶砂混凝土试样台上振动成型,加水量4.5%~5.5%(以达到有良好的流动性)。经过24h养护后脱模。

② 以30t为一批,每批均进行取样检验理化性能。样品分为两份,一份自留,另一份送检。

③ 成品料经检验各项理化指标达到技术要求,方能出厂发运,并附有质量检验单或合格证。

8.5.3.4 铁沟料施工工艺

(1) 捣打料施工

1) 清除铁沟内损坏的内衬,特别是残渣铁必须彻底根除,直至有保留价值的工作层,然后用压缩空气吹扫干净。

2) 向铁沟内投放捣打料,找好坡度,厚度均匀,做成U形。

3) 用电动打夯机(GZH)夯实,往复4~5次,压下量大于30%。如果料层较厚,可分层捣打,压实后主沟厚度不小于350mm,铁沟不小于250mm。铁水沟侧壁用风动捣固机捣实或将打夯机倾斜性地进行夯实。电动打夯机和风动捣固机的技术性能见表8-132、表8-133、表8-134。

表8-132 GZH可逆式电动振动夯实机技术性能

名称	规格	名称	规格
振动频率/Hz	1850	偏心重/kg	15.5
振动力/kg	3300	计算功率/kW	3.58
电机功率/kW	4.0	电机型号	JO_2-32-2
电机转速/$r\cdot min^{-1}$	2860	底面半径/mm	264
底面弧长/mm	480	底面弧面积/m^2	0.29
机重/kg	470	外形尺寸/mm	780×760×780

表8-133 新乡市第三机床厂生产的HC75振动冲击夯

名称	规格	名称	规格
质量/kg	75	冲击频率/Hz	10
跳起高度/mm	40~50	电动机功率/kW	2.2
前进速度/$m\cdot min^{-1}$	10		

表8-134 D_{10}风动捣固机技术规格

名称	规格	名称	规格
全长/mm	1000	气管内径/mm	13
机重/kg	9.5	锤头直径/mm	60
活塞行程/mm	170	使用气压/MPa	0.5
活塞直径/mm	32	冲击次数(带锤头)/$r\cdot min^{-1}$	600
活塞质量(带锤头)/kg	2.2	耗气量/$m^3\cdot min^{-1}$	0.65

4) 沟衬捣打完毕,表面扬沙,上盖波纹板,根据升温曲线规定用煤气火烘烤。对一个出铁口高炉前10min使用中小火焰加热;后30min加大煤气量和空气量,用大火烘烤,总烘烤时间约40min。

5) 40min后沟衬表面无白烟(水蒸气)、黄烟(沥青)冒出，且表面形成一硬壳，此时可以实现开口出铁作业。

(2) 浇注料施工

浇注施工法主要优点在于不必完全拆除旧衬，可提高材料利用率；劳动强度减轻，工作环境改善；施工沟衬组织均匀、致密、寿命提高。施工工艺流程如图8-72。

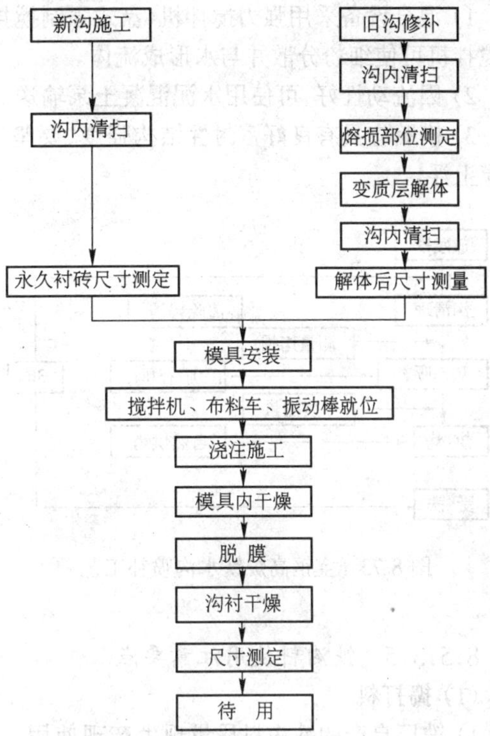

图8-72 浇注料施工工艺流程简图

1) 主沟旧衬的拆除。主沟残铁放尽后自然冷却2～3d，不得向沟内打水，当衬表面温度小于50℃开始拆除旧衬。渣铁沉积严重部位，用单斗挖掘机的凿钎凿松，沉积较轻部位用风镐松动。直至残渣铁和变质层清理干净，然后将沟衬底部及侧壁的表面打成麻面、待浇注的厚度不小于250～350mm。

2) 模具的摆放。模具用钢板焊接而成，要求坚固耐用和有吊耳，在沟内摆放位置要准确对中，并用千斤顶固定，外壁涂废机油或贴牛皮纸。模底与沟底距离适宜，确保沟底的浇注厚度。为防止主沟模具的浮起，应有相应固定措施及必要时在上面附加重物施压。

3) 浇注作业。将高架式强制搅拌机架在主沟上，然后将浇注料加入搅拌机内，先干混1～2min，再加入5%～6%水，湿混4～6min，充分混匀后出机。先浇注铁线料，后浇注渣线料，边浇注边振动。每次混练的浇注料必须在30min内用完之后，再振动3～4min，以无大量气泡排出为宜，表面返浆。但不可振动过长时间，以免发生偏析。整个浇注作业一气呵成，不得间歇。

4) 脱模。浇注后24h脱模。脱模前拆下支撑模具的千斤顶、并对模具外壁施以轻微撞击，使其松动，然后用吊车吊出模具放到安全地点。

5) 养护。采取自然养护。控制周围环境温度不低于15℃，养护时间24h。

6) 烘烤。养护后用煤气烘干，要求火焰不能与衬体表面直接接触，严格按照厂家给定的升温曲线进行。烘烤制度可参考表8-135。

表8-135 低水泥浇注料的烘烤制度

温度范围/℃	升温速率/℃·h^{-1}	保温温度/℃	保温时间/h	
			厚度＜200mm	厚度＞200mm
室温～110	25	110	＞24	＞36
110～450	25	450	＞36	＞48
450～使用温度	40			

(3) 自流浇注成型

自流浇注料可自动浇注密实，无需振动，大大降低了劳动强度；若施工中采取泵送工艺，可缩短工时，提高效率，减少劳动力；它比振动浇注法有更大的适应性。成型工艺要点：

1) 混合设备采用强力搅拌机(盘式强制搅拌机、桨式混合机)，因其自流浇注料中细粉较多，强力搅拌机可使细粉分散并与水形成流体。

2) 因流动性好，可使用水泥混凝土泵输送。

3) 模胎应具有良好密封性结构强度，要坚固防止泄浆。施工体的浮力较大，应采取措施防止胎模上浮。

4) 施工时不能失水，否则会影响流动性能，木质模胎表面涂油。

5) 自流浇注料在养护、干燥和烘烤上基本上与同材质的低水泥浇注料相同。

(4) 铁水沟喷补料性能和喷补工艺　为简化施工工艺和降低耐火材料单耗，改善作业环境、减轻工人劳动强度，可对损坏的铁水沟衬进行喷补施工。对铁沟喷补料性能要求：体积密度大，抗侵蚀性好；热稳定性好；施工时反弹损失小。一般 Al_2O_3 在 55% 以上，SiC 在 16% 以上。宝钢高炉出铁沟喷补工艺如图 8-73 所示。

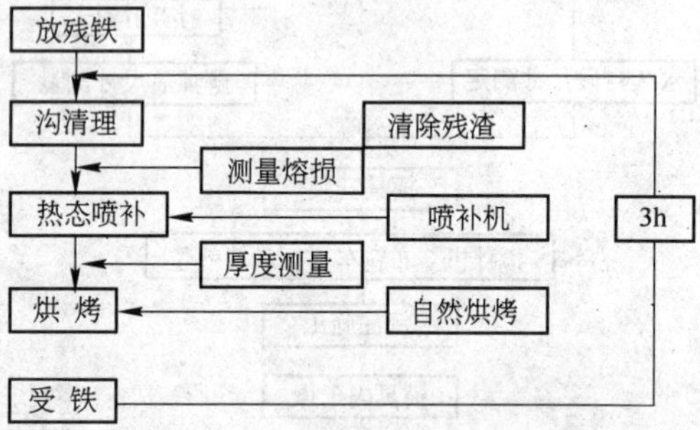

图 8-73　宝钢高炉铁水沟喷补工艺

8.5.3.5　铁沟料使用注意要点

(1) 捣打料

1) 铁厂自产的铁沟料尽量现生产现使用。外购铁沟料采取双层包装，外编织内塑料，贮存期不宜过长，防止失水。

2) 铁沟料的贮存应有专用的贮存库，库温控制在 5～15℃。

3) 对用水调和且已干涸的铁沟料，应重新在搅拌机内加水混练后使用。如现场人工加水搅拌应加水适宜和拌匀。

(2) 浇注料

1) 混练设备应采用强力型强制搅拌混练机。混练能力的不足可减少每次混练的数量。企图过早的改善流动性而加入过量的水，这对浇注料的性能是有害的。

2) 浇注作业应连续进行，即给搅拌机供应干料与搅拌机的混练及浇注作业施工衬体必须同步进行。

3) 浇注好的沟衬于原地保留 24h，即 12h 凝结和 12h 进一步养护。在材料充分硬结后即可除去成型模，这取决于浇注过程中衬体的厚度和温度。

4) 注意环境温度影响，低温常导致操作性能差，凝结时间延长且强度差；高温虽可加快凝固时间，但也会导致操作性能差的问题。

5) 养护工作结束后应及时进行烘烤，否则经过一段时间后，因碳酸化反应，衬体表面出现“白毛”影响性能。

6) 按生产厂家推荐的升温曲线进行烘烤，初期应缓慢升温，防止大量的水蒸气释放，造成内衬的损坏。特别是致密浇注料气孔率低，组织致密，如升温过快，水蒸气大量蒸发，其压力超过浇注料强度时，则沟衬产生炸裂。

7) 有关致密浇注料施工时注意事项见表 8-136。

8) 浇注料应放置在荫凉通风处保管，贮存期不能过长，配制好的浇注料于 1～2 个月内用完，防止受潮雨淋结块。

表 8-136　致密质浇注料施工时的注意事项[36]

现　象	原　因	措　施	现　象	原　因	措　施
混练→	低水分,高黏性 低温、硬化滞后	使用强制搅拌混练机 添加水量的管理 冬季保温	炸裂→	快速升温 低温干燥不足 干燥品再度吸水	放慢升温速度 事前进行低温干燥 防止再吸水,再干燥
硬化性→	高温,早期硬化 时效变化 透气率低	夏季混练水冷却 与厂家事先商谈 保管时防止吸潮 保管期间的管理 添加防止炸裂材料			

8.5.3.6　铁沟料质量考核

(1) 捣打料

正常的理化性能检验(如化学分析 Al_2O_3、SiC、C 含量)及物理性能检验(抗折强度、耐压强度、体积密度、气孔率、线变化率等)与炮泥的检验相同。而高炉炉前对 Al_2O_3—SiC—C 质捣打料使用考核指标有:

1) 铁沟在不修补情况下的一次性通铁量及小修几次后的通铁量(t)。

2) 千吨铁水耗蚀量,即每 1000t 铁水流过沟衬表面后,沟衬不同部位侵蚀深度($mm/10^3t$)。

3) 耐火材料单耗,即生产 1t 生铁时消耗掉的耐火材料量(kg/t)。

4) 耐火材料成本,即单位耐火材料的价格(元/t)。

(2) 振动浇注料

除理化指标及使用现场与捣打料有相同的考核指标外,鉴于其自身的特点尚有:

1) 施工性的初凝与终凝时间(有关时效性的瞬间凝结、不凝及流动性下降)。

2) 加水量的严格控制,烘烤的技术要求等。

3) 对包装、运输、贮存等方面技术规定。

(3) 自流浇注料

自流值的测量是衡量自流浇注料的重要指标,通常有下列方法:

1) 容器法。在测量自流浇注料水量时,将 1L 混合料加到图 8-74 所示的装置中,将挡板提高 50mm,如果 30s 混合料能达到对面的竖板,则此时的用水量合适,通常流动值在30～60s 范围内。

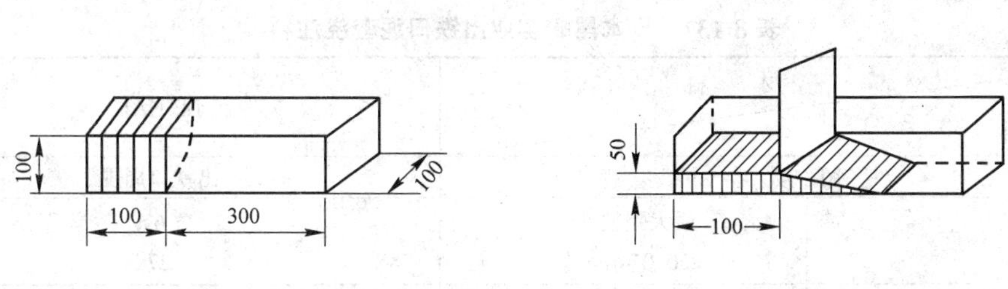

图 8-74　容器法自流值测定方法

2) 圆锥法。自流值的测定是将空圆锥模具置于平板上图 8-75(用丙烯板制成测量设备),自流浇注料倒入装满、扒平。随后提起,让物料在平板上自由流动一分钟,测量平板上物料 2～3 处的直径。计算:

$$自流值 = \frac{流动后的物料直径平均值 - 100}{100} \times 100\%$$

自流值反映了自流浇注料的自流性能，一般该值下限为50%，上限为110%。

3）连通器法。当提起中间插板，测量连通器两边高度百分数图8-76。

$$\text{自流值}=\frac{h_2}{h_1}\times 100\%$$

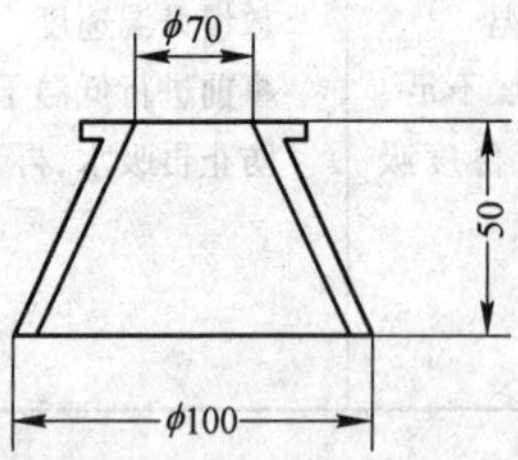

图8-75　圆锥法自流值测定方法

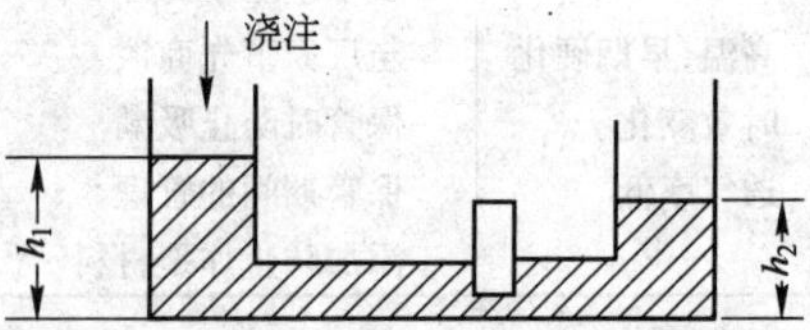

图8-76　连通法自流值测定方法

8.5.4　铁口泥套、砂口及摆动流嘴用泥

8.5.4.1　铁口泥套用泥

(1) 套泥理化性能

套泥理化性能要求：

1）有良好的作业性，在规定时间内完成施工作业。被施工体衬面温度50～300℃，每次需要泥量100～150kg。

2）有相应的解体性，在使用钢钎、风镐及专用的开口机刮刀等工具作用下，能顺利完成解体作业。

3）烧结性能良好，与残留在出铁口附近的旧料附着性能好，制作后经50～60min烘烤（捣打料）有较高的烧结能力。

4）施工时在压力作用下有较好的成型能力和高的体积密度。

5）体积稳定性好和具有相应的抗氧化能力、套泥随温度的变化（400～1300℃）体积变化较小。

6）抗渣铁冲刷和侵蚀能力强。套泥是泥炮堵铁口时与泥炮头相接触那部分耐火材料。鞍钢Al_2O_3—SiC—C质矾土捣打料套泥化学成分（%）：Al_2O_3 34.36，C 21.98，而刚玉捣打料套泥成分（%）：Al_2O_3 45.46、SiC 13.5、C7.83。日本黑崎窑业出铁口泥套浇注料性能见表8-137。宝钢炼铁厂铁口泥套作业成绩见表8-138。

表8-137　日本黑崎窑业出铁口泥套浇注料

项目 \ 材料		BF-KAL
使用场所		出铁口周围
粒度	最大颗粒/mm	6
	<0.074mm/%	27
化学成分/%	Al_2O_3	67
	SiO_2	9
	SiC	18
	C	2
体积密度/$g\cdot cm^{-3}$	110℃，24h	2.90
	1000℃，3h	2.80
	1450℃，3h	2.78

续表 8-137

项目 \ 材料		BF-KAL
使用场所		出铁口周围
线变化率/%	110℃,24h	—
	1000℃,3h	-0.02
	1450℃,3h	-0.06
抗折强度/MPa	110℃,24h	2.5
	1000℃,3h	5.5
	1450℃,3h	15.0
耐压强度/MPa	110℃,24h	15.0
	1000℃,3h	25.0
	1450℃,3h	28.0
高温强度/MPa	1000℃,2h	5.0
	1450℃,2h	2.0
施工所需要量/kg·m^{-3}		2900
添加水量/%(外加)		5.7

注:时效性期限为配测后6个月。

表 8-138 宝钢炼铁厂出铁口泥套作业成绩[37]

时间 年、月	名称	产量 /t	出铁次数	做泥套 次数	铁口深度 合格率/%	炮泥单耗 /kg·t^{-1}	泥套损坏造成	
							减产量/t	休减风次数/次
1986	捣打料	2700325	4627	207	79.63	0.592	5213.6	22
1987 (5~12)	浇注料	3077918	4527	33	84.14	0.605	2771	5

(2) 套泥配料组成。

铁口泥套可分为两类:捣打料泥套和浇注料泥套。一般浇注料泥套的寿命为捣打料泥套的3倍,制备工艺要求较严,而时间相对较长。捣打料套泥适用于1~2个出铁口的中小高炉,而浇注料套泥则适用3个以上出铁口的大型高炉。捣打料套泥配料通常由焦粉、黏土、沥青和熟料组成,含水量在10%~13%,人工成型,每块重5~8kg。还有的中小高炉用有水炮泥来制备铁口泥套,这不利于出铁口维护。捣打料套泥配料组成见表8-139。浇注料套泥的配料与铁沟浇注料的配料无大的区别,它参照了主沟的铁线料和渣线料,并在性能上作了某些调整。硬化剂可单独加入,也可直接加在浇注料中。

表 8-139 捣打料套泥配料组成

品名	电熔棕刚玉		高铝矾土		碳化硅	黏土粉	硬质沥青	蓝晶石	焦粉	水 (外加)
	粗	细	粗	细						
粒度/mm	1~3	<0.088	1~3	<0.088	0.5 <0.088	<0.088	<0.2	0.074~ 0.149	<1	
矾土套泥			20.0	13.0		36.0	14.0		17.0	10~12
刚玉套泥	23	15			15	32	10	5		10~12

注:人工成型,每块重5~8kg。

(3) 铁口泥套制作程序

1) 捣打料泥套施工如下：

① 抠净旧泥套内残渣铁，深度 150mm 左右。

② 用 5～8 块套泥填塞。

③ 用泥炮头压实，压下深度 30～50mm。

④ 退炮后用小铲挖出与炮头内径相同，深度 100mm 左右的深窝，保持泥套中心与铁口中心线一致。

⑤ 用煤气火烘干。

2) 浇注料泥套制作顺序见图 8-77。

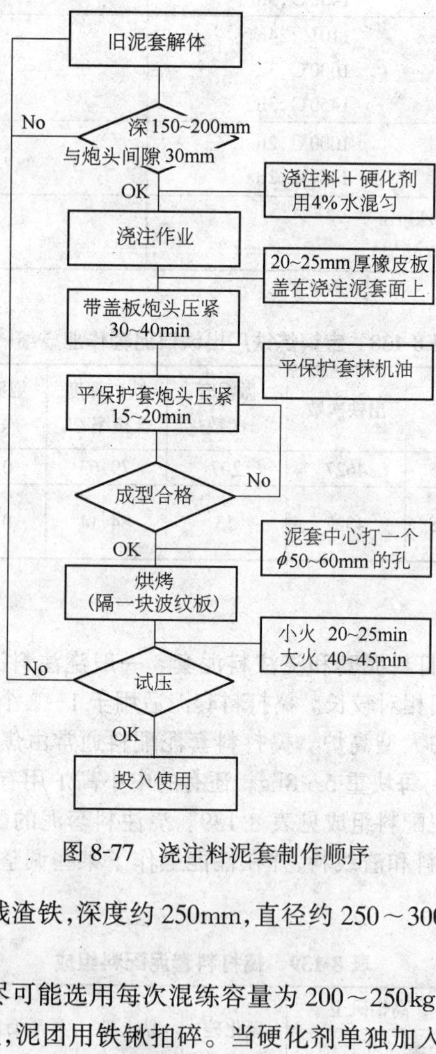

图 8-77 浇注料泥套制作顺序

① 解体。扣净旧泥套内残渣铁，深度约 250mm，直径约 250～300mm，每次浇注料的使用量为 100～150mm。

② 混练。浇注料的混练尽可能选用每次混练容量为 200～250kg 的搅拌机。如人工搅拌，地面铺平面铁板，两人对翻 4～5 次，泥团用铁锹拍碎。当硬化剂单独加入时应分散均匀。混练标准是加水量 4%～5%，搅拌均匀，无泥团。搅拌的混合料应在 30min 以内用完。

③ 制作。用泥炮挤压时，要把浇注料压紧，使其成为致密整体，但不能将浇注料压碎。对于烘烤后的试压，炮头和泥套接触时不能呈冲击状。

④ 烘烤。对于制作后马上投入使用的泥套，用一张波纹板隔开，用煤气烘烤，火焰不直接接触泥套面，小火烘烤 20～25min，大火烘烤 40～45min。而对于休止铁口及高炉定修更换泥套，烘烤方

法是小火、中火、大火各2h。同样煤气火焰不直接接触泥套面,此时无波纹板隔开,但火焰距泥套表面较远,距离约1.0~1.5m。

⑤ 试压。在新泥套表面无龟裂、剥落情况下进行试压,试压打泥要注意打泥电流及煤气火焰变化。电流90A以上,泥量约20~30kg,煤气火焰由蓝色变成桔红色。

⑥ 硬化剂。浇注料的硬化速度受衬体温度、气温及硬化剂使用的数量有关。季节变化也直接影响到硬化剂加入的数量,夏季使用量在1.0%~1.7%,各季用量在1.5%~2.2%。

⑦ 新泥套第一次使用时要密切注意铁口眼扩大的程度,不能往泥套表面打水及淌水。

(4) 泥套的使用与管理

1) 铁口泥套必须保持完好,深度在铁口保护板内50~80mm,发现损坏立即修补和新作。

2) 使用有水炮泥高炉捣打料泥套每周做一次,无水炮泥高炉2周做一次。

3) 在日常工作中,休风时间大于8h,捣打料泥套必须重新制作,并详细检查铁口区是否有漏水、漏煤气现象;铁口框是否完好;铁口孔道中心线是否发生变化。

4) 堵口操作时,连续发生两次铁口冒泥,应重新做铁口泥套。

5) 如果在出铁中发现泥套损坏,应拉风低压或休风堵铁口。

6) 堵铁口时,铁口前不得凝渣抗炮。为使泥炮头有较强的抗渣铁冲刷能力,可在炮头处采取加保护套及使用复合炮头(前生铁后铸钢材质)。

7) 制作泥套时应2人以上作业,严防煤气中毒。在渣铁未出净,铁口深度过浅时禁止制作铁口泥套。

8) 解体旧泥套使用的切削刮刀角度应和泥炮角度一致。

9) 为确保浇注料泥套的制作质量、应尽量选择在高炉计划休风时进行。对于4000m^3高炉的铁口泥套寿命限制在10万t流铁量以下。

8.5.4.2 砂口用泥

砂口位于主铁沟的下部,与铁沟沟头相连。砂口用泥料依主沟使用铁沟料情况,力求同档次或高出一档次材质,究竟使用捣打料或浇注料,视作业现场情况而定。当捣打成型时大多使用Al_2O_3—SiC—C质捣打料;也可使用碳素粗缝糊来制作。有些中小高炉在砂口过道梁上摆放碳砖,以加快筑衬速度,节约铁沟料,配合采取冷却措施,力求提高砂口寿命。因受到出铁口数目的影响,快干浇注料也应用在砂口筑衬上。大型高炉100%使用浇注料与主沟一起来筑衬。

8.5.4.3 摆动流嘴用泥

摆动流嘴用泥料全部为浇注料。当摆动流嘴(倾动槽)达到寿命周期时可以整体更换,内衬的高寿命可降低更换次数。其配料组成基本上同主沟的铁线料,二者的作业条件十分相似。当铁水流速为600t/h时,一般说来摆动流嘴的铁水坑深度为400mm就足够了。

参 考 文 献

1 曲惠敏.MHG-60型全液压泥炮压炮机构的炮嘴运动轨迹及其受力分析、全国冶金装备新技术文集,北京:冶金工业出版社,1996

2 高光春.鞍钢11号高炉开炉实践,沈阳:辽宁科学技术出版社,1992.8

3 任泽等.倾座式液压矮炮的设计与应用,炼铁1991,No.3

4 于君成等.气动开铁口机的开发应用,炼铁2000,No.4

5 沈东宁等.全气动高炉开铁口机的性能及其应用,全国冶金装备新技术文集,北京:冶金工业出版社,1996

6 章天华等.现代钢铁工业技术.炼铁,北京:冶金工业出版社,1986

7 任世臣.关于引进DDS液压泥炮和开口机汇报提纲,1990

8 刘云彩.高炉炉缸上推力的作用,钢铁,1995,No.12
9 Iron and Steel Engineer,1990,No.6,56～61
10 操作因素变动对出铁流速变动的影响,法国TRB公司来华技术座谈资料,1989
11 陶荣尧等.大型高炉出铁口维护,宝钢技术,1993,No.5
12 [日]中岛龙一等.大型高炉高产操作,武钢技术,1991,No.12
13 鞍钢炼铁厂工艺技术规范,1994
14 章天华等.现代钢铁工业技术·炼铁,北京:冶金工业出版社,1986
15 齐守信.INBA法水渣处理装置及其应用,宝钢技术,1992,No.3
16 李志诚等.轮法炉渣粒化装置,专利号ZL97 2 28276.9炼铁,2000,No.2
17 高光春等.鞍钢10号、11号高炉冲渣余热水取暖实践,鞍钢炼铁厂资料,1986
18 凌绍业.降低渣中带铁量的途径,炼铁,1988,No.2
19 朱清.混铁车结盖分析,宝钢技术,1997,No.5
20 用作耐火材料原料的氧化铝,国外耐火材料,1994,No.9
21 林彬荫等.耐火矿物原料,北京:冶金工业出版社,1989,8
22 高炉主沟用无铝铁沟料的开发,国外耐火材料,1992,No.7
23 粒状沥青研制中间试验报告,镇江焦化厂,1984,7
24 耐火材料用酚醛树脂的技术动向,国外耐火材料,1994.No. 7
25 高铝水泥生产质量分析,国外耐火材料,1988,No.5
26 [日]大岛隆三等.树脂系炮泥料的改善,耐火物,1993,No.9
27 陈森方.日本大型高炉用炮泥,国外钢铁,1991,No.5
28 [日]日本钢管技报,1981,No.90,p.97～100
29 钱之荣等.耐火材料实用手册,北京:冶金工业出版社,1992,9
30 程本军等.高炉出铁沟用快干浇注料的研制,耐火材料,1998,No.5
31 浇注型浇注料,国外耐火材料,2000,No.1
32 骨料对超低水泥结合浇注料性能的影响,国外耐火材料,1999,No.2
33 新型优质中国铝矾土,国外耐火材料,1995,No.3
34 用于提高出铁沟寿命的新一代浇注料—超低水泥浇注料,国外耐火材料,1999,No.12
35 低水泥自流浇注料流变性能的控制,国外耐火材料,1999,No.5
36 最近不定形耐火材料的技术动向,国外耐火材料,1990,No.4
37 李维国.铁口泥套的浇注法,炼铁,1988.No.4

9 环境保护

9.1 国家环境政策

9.1.1 国家环境保护法

《中华人民共和国环境保护法》第二十四条规定:“产生环境污染和其他公害的单位必须把环境保护工作纳入计划,建立环境保护责任制;采取有效措施,防止在生产建设或其他活动中产生的废气、废水、废渣、粉尘、恶臭气体、放射性物质以及噪声、振动、电磁波辐射等对环境的污染和危害。”第二十五条规定:“新建工业企业和现有工业企业的技术改造,应当采用资源利用率高、污染排放量少的设备和工艺,采用经济合理的废弃物综合利用技术和污染物管理技术。”

9.1.2 钢铁工业环境政策

9.1.2.1 钢铁工业污染物排放标准的有关规定

《钢铁工业废气粉尘排放标准》中规定,炼铁厂废气、粉尘最高允许排放浓度应符合表9-1。

表 9-1 炼铁厂废气、粉尘排放标准

工艺及设备	最高允许排放浓度/$mg \cdot m^{-3}$	
	新建厂	现有厂
高炉出铁场(一次烟尘)	150	200
贮矿(料)槽(库),烧结矿、焦炭、铁矿料槽	150	200
原料转运站	150	200

说明:现有厂高炉出铁场粉尘的排放标准,只对容积大于或等于 900m^3 高炉采用,对于小于 900m^3 高炉暂不规定。

高炉出铁场排放标准仅指高炉出铁口、铁水主沟、渣沟及铁水罐等一次烟尘净化设施粉尘排放标准。出铁场的二次烟尘未作规定。

9.1.2.2 钢铁工业废水中污染物最高容许排放浓度的有关规定

《钢铁工业废水中污染物最高容许排放浓度》中规定,炼铁厂排放的废水中污染物最高容许排放浓度应符合表 9-2。

表 9-2 废水中污染物排放标准

生产工艺	pH		悬浮物/$mg \cdot L^{-1}$		挥发性酚/$mg \cdot L^{-1}$		氰化物/$mg \cdot L^{-1}$	
	新建厂	现有厂	新建厂	现有厂	新建厂	现有厂	新建厂	现有厂
高炉煤气洗涤水	6~9	6~9	200	300	0.5	1.0	0.5	1.0
高炉水力冲渣废水	6~9	6~9	200	300				

9.1.2.3 高炉煤气洗涤水循环率的规定

高炉煤气洗涤水的循环率有如下规定:缺水区高炉煤气洗涤水循环利用率大于 90%;丰水区高

炉煤气洗涤水循环利用率大于70%。

9.1.3 国家噪声标准

国家对城市区域:厂区各类地点的噪声标准有如下规定。

9.1.3.1 《中华人民共和国国家标准》中《城市区域环境噪声标准》(见表9-3)

表9-3 国家噪声标准

类别	0	1	2	3	4
昼间/dB	50	55	60	65	70
夜间/dB	40	45	50	55	55

各类标准的适用区域:

0类标准适用于疗养区、高级别墅区、高级宾馆区等特别需要安静的区域。位于城郊和乡村的这一类区域分别按严于0类标准5dB。

1类标准适用于以居住、文教、机关为主的区域。乡村居住环境可参照执行该类标准。

2类标准适用于居住、商业、工业混杂区。

3类标准适用于工业区。

4类标准适用于城市中心的道路交通干线道路两侧区域,穿越城区的内河航道两侧区域。穿越城区的铁路主次干线两侧区域的背景噪声(指不通过列车时的噪声水平)限制也执行该类标准。

夜间突发的噪声,其最大值不准超过标准值15dB。

9.1.3.2 厂区各类地点的噪声A声级限制值(见表9-4)

表9-4 各类地点噪声标准

序号	地点类别		噪声限制值/dB
1	生产车间及作业场所(工厂每天连续接触噪声8h)		90
2	高噪声车间设置的值班室、观察室、休息室(室内背景噪声级)	无电话通讯要求时	75
		有电话通讯要求时	70
3	车间所属办公室、实验室、设计室(室内背景噪声级)		70
4	精密装配线、精密加工车间工作地点、计算机房(正常工作状态)		70
5	主控制室、集中控制室、通风室、电话总机室、消防值班室(室内背景噪声级)		60
6	厂部所属办公室、会议室、设计室、中心实验室(包括实验、化验、计量)(室内背景噪声级)		60
7	医务室、教室、哺乳室、托儿所、工人值班室(室内背景噪声级)		55

注:室内背景,系在室内无声源发生的条件下,从室内墙、门、窗(门窗启闭状况为常规状况)传入室内的平均噪声级。

9.1.4 炼铁厂环境保护设计规定

9.1.4.1 《中华人民共和国行业标准》YB 9066—95《冶金工业环境保护设计规定》中的有关规定

YB 9066—95标准中对炼铁厂的环境保护设计的规定如下:

1) 高炉贮矿槽槽上、槽下采用胶带机运输、槽上受料口及槽下筛粉设施应设除尘净化装置,用胶带机向炉顶上料时应设置单独除尘装置。

2) 喷煤粉系统的煤粉制备应采用密闭负压制粉工艺,系统内受料点等尘源应设置除尘设施。

3) 容积大于或等于1000m^{3}级的高炉,其出铁场应设置一次烟尘(包括出铁沟、渣沟、撇渣器、摆动流槽、铁水罐等烟尘)及二次烟尘净化设施。二次烟尘的净化可以为独立系统。除尘设备的自控水平应与主体工艺自控水平相一致。容积小于 $1000m^3$ 级的高炉,其出铁场应设置一次烟尘净化设施。

4) 容积小于 $500m^3$ 级的高炉,其煤气净化宜采用干法除尘。容积大于或等于 $500m^3$ 级的高炉,其煤气净化可采用湿法二级文氏管流程,有条件的应采用干法除尘。

5) 高炉出铁场、高炉炉前铁水预处理、碾泥机和铸铁机的烟尘净化宜采用袋式除尘器。贮矿槽的粉尘净化可采用袋式除尘器或电除尘器。

6) 必须采取有效措施(如设计煤气柜等),降低高炉煤气放散率。高压炉顶高炉,可利用其煤气余压发电。在生产工艺允许的情况下,对高炉炉顶均压放散的煤气应予以回收。

7) 高炉煤气清洗水、高炉冲渣水、铸铁机废水等应建立循环水系统。应采取循环水串级排污,水质稳定措施,减少废水排放量。

高炉煤气清洗水可根据循环使用对其水质的要求,选择混凝沉淀措施,并采用系统水质稳定、水质监控和完善的污泥输送及脱水设施。煤气洗涤水循环系统的排污水可送高炉冲渣水系统作补充水用。

8) 高炉渣除利用上特殊困难的钒钛渣和含稀土元素渣外都应实现资源化、尽可能生产水渣,少排干渣。

高炉渣水淬应按炉渣性质及其综合利用的情况、选择合适的水力冲渣脱水工艺,一般宜采用转鼓法或渣滤法。还可以根据需要采用滚筒法生产膨胀渣珠。冲渣水输送应考虑采用耐高温、耐腐蚀、耐磨损的设备。高炉干渣处理应配置破碎、筛分设施,生产各种规格的矿渣碎石,作混凝土骨料和建筑材料。

9) 炼铁的含铁尘泥应预回收利用,如送原料场供烧结配料用。对难以利用的尘泥应采取防止二次污染的处理措施。

10) 高炉煤气均压放散和冷风放散应设置消声器。高炉煤气减压阀组、高炉热风炉助燃风机和各除尘风机应采取消声或隔声等降噪措施。

9.2 环境监测

9.2.1 噪声监测

噪声监测的基本仪器有声级计、频率分析仪、滤波器、噪声级分析仪、电平记录仪和磁带记录仪等。

9.2.1.1 声级计

声级计是噪声测量中最常用的携带式仪器,广泛应用于生产车间、环境保护以及交通噪声等各个领域内噪声测量。

声级计可分为精密性声级计和普通性声级计,前者频率范围是 20～12500Hz、后者为 31.5～8000Hz,普通性声级计可用于工矿企业、城市交通噪声的监测,精密声级计可用于要求严格、精度较高的声学测量。

9.2.1.2 滤波器

滤波器一般可分为:低通滤波器、高通滤波器、带通滤波器和带阻滤波器等 4 种。在噪声测量中普遍应用的是带通滤波器,它只允许一定带宽的信号通过,高于或低于此频率范围内的信号不能通过。带通滤波器按通带宽度又可分为相对带宽滤波器、恒带宽滤波器和百分比带宽滤波器。在噪声测量中与声级计连用的倍频程或$\frac{1}{3}$倍频程滤波器是属于相对带宽滤波器。如国产的NL3、NL5型倍频程和$\frac{1}{3}$倍频程滤波器。

9.2.1.3 声级分析仪

声级分析仪,实际上是声级计和简单的微处理机组合而成。在测量噪声数据用微机存储,处理后以数字显示其结果,可按不同的测量时间和采样的时间间隔,可测出A声级、累积百分声级L_N、等效声级L_{eq}等。还可得出昼夜间等效声级L_d、L_n和L_{dn},划出时间分布曲线。噪声分析仪有国产的红声器材厂产的6210型、衡阳仪表厂产的HY-902型、南京第一电子仪表厂的S3001型声级分析仪等。

9.2.1.4 电平记录仪

电平记录仪是能在某一时间段记录声级或频率变化的仪器,与声级计、滤波器或频率分析仪一起组合成完整的噪声测量、分析与记录系统。常用的电平记录仪有红声器材厂产的NJ3型、衡阳产的HY-801型、长城无线电厂产的NJ1型等。

9.2.1.5 磁带记录仪

磁带记录仪是一种专用的录声机,记录现场的噪声信号以便带回实验室分析。它应具有足够的动态范围、平直的频率响应、较大的信噪比、较好的线性度,失真、直流漂移、抖动率尽可能小。国产的DL型录音机可满足一般工作的需要。

9.2.2 粉尘监测

GB 9078—1996《工业炉窑大气污染排放标准》中规定了在高炉及高炉出铁场的排放限值:Ⅰ级标准为$100mg \cdot m^{-3}$;Ⅱ级标准为$150mg \cdot m^{-3}$;Ⅲ级标准为$200mg \cdot m^{-3}$。

粉尘测定项目有粉尘浓度、粉尘分散度和游离SiO_2含量等。目前常用的粉尘浓度监测方法是重量法。其主要原理是:抽取一定体积的含尘空气或烟气,通过已知重量的滤筒,捕集尘粒,根据滤筒采样前后的重量差和采样气体体积计算浓度。

$$粉尘浓度 = \frac{W_2 - W_1}{V_{nd}} \tag{9-1}$$

式中 W_2——采用后的滤筒重量,mg;

W_1——采样前的滤筒重量,mg;

V_{nd}——采样气体体积,m^3。

粉尘分散度是用有机溶剂将样品滤膜溶剂法和重力沉降法测定,而游离SiO_2含量是用焦磷酸法测定。粉尘测定方法应按《冶金企业测尘方法》有关规定进行。

9.2.3 有害气体测定

9.2.3.1 国家对有害气体的限值

高炉的有害气体主要是一氧化碳,它能使人头痛、恶心、四肢无力、严重时昏迷窒息死亡。所以,GB 3095—1996《环境空气质量标准》规定了一氧化碳浓度限值。一级标准日平均为$4.00mg \cdot m^{-3}$、小时平均为$10.00mg \cdot m^{-3}$;二级标准日平均为$5.00mg \cdot m^{-3}$、小时平均为$15.00mg \cdot m^{-3}$;三级标准日平均为$6.00mg \cdot m^{-3}$、小时平均为$20.00mg \cdot m^{-3}$。

9.2.3.2 一氧化碳监测

测定空气中的一氧化碳的方法有非分散红外吸收法、定电位电解法、置换汞法和气相色谱法等。

(1) 非分散红外吸收法

该法主要原理是，一氧化碳对4.5μm为中心波段的红外辐射具有选择性吸收，在一定浓度范围内，吸收值与一氧化碳浓度呈线性关系，根据吸收值确定样品中的一氧化碳浓度。测定范围为0～62.5mg·m^{-3}。

主要仪器有空气采样器，流量0～1L·min^{-1}；记录仪0～10mV；非分散红外一氧化碳分析仪。

计算：如仪器指示为1ppm时，按下式换算质量浓度：

$$\text{一氧化碳}(CO\ mg\cdot m^{-3}) = 1.25c \tag{9-2}$$

式中　c——仪器指示值，ppm；

1.25——换算系数。

(2) 定电位电解法

主要原理是含一氧化碳的空气扩散流经传感器，进入电解槽，被电解液吸收，在恒电位工作电极上发生氧化反应，反应式如下：$CO + H_2O = CO_2 + 2H^+ + 2e$，与此同时产生相应的极限扩散电流，其大小与一氧化碳浓度成正比，即：

$$i = \frac{Z\cdot F\cdot S\cdot D}{\delta}\cdot c \tag{9-3}$$

在工作条件下，电子转移数Z、法拉第常数F、反应面积S、扩散常数D和扩散层厚δ均为常数。因此，测得极间电流i，即可获得一氧化碳浓度c。

测量精度为≤±5%，此方法检出限为1ppm(1.25mg·m^{-3})。各监测仪的测量范围是不同的。例如：0～10、0～50、0～100、0～500ppm，相对应质量浓度为0～12.5、0～62.5、0～125、0～625mg·m^{-3}。主要仪器为定电位电解一氧化碳监测仪。

(3) 置换汞法

该法主要原理是，空气样品经选择性过滤器去除干扰物及水蒸气后，进入反应室中，一氧化碳与活性氧化汞在180～200℃温度下反应，置换出汞蒸气，汞蒸气对253.7mm的紫外线具有强烈吸收作用，利用光电转换检测器测出汞蒸气含量，换算成一氧化碳浓度。反应式如下：$CO(\text{气}) + HgO(\text{固}) \xrightarrow{180\sim200℃} Hg(\text{蒸气}) + CO_2(\text{气})$。

该方法检出限为0.04mg·m^{-3}。

$$\text{一氧化碳}(CO\ mg\cdot m^{-3}) = \frac{c}{h}\cdot h_1 \tag{9-4}$$

式中　c——一氧化碳标准气体浓度，mg·m^{-3}；

h——一氧化碳标准气体峰高，mm；

h_1——一氧化碳样品峰高，mm。

其流程见图9-1。

(4) 气相色谱法

该法主要原理是，在空气中的一氧化碳、二氧化碳和甲烷经TDX-01碳分子筛柱分离后，于氢气流中在镍催化剂(360℃±10℃)作用下，一氧化碳、二氧化碳皆能转化为甲烷，然后用氢火焰离子化检测器测定上述三种污染物的浓度，以保留时间定性、峰高定量。反应式如下：$CO + 3H_2 \xrightarrow[360℃]{Ni} CH_4 + H_2O$。

本方法测出限为0.2mg·m^{-3}。

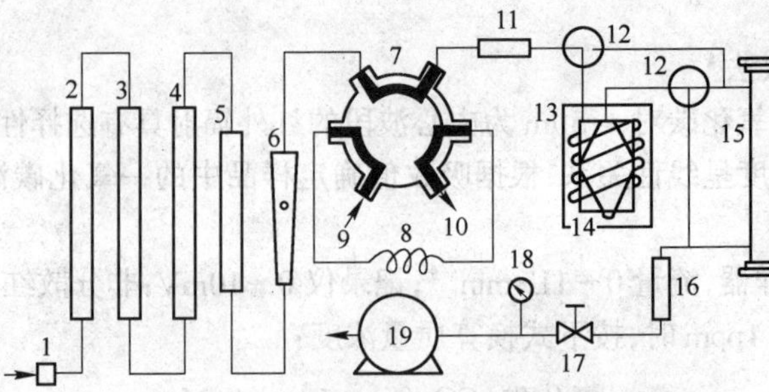

图 9-1 一氧化碳测定仪气路流程图

1—灰尘过滤器；2—活性炭管；3—分子筛管；4—硅胶管；5—霍加拉特管；6—转子流量计；7—六通阀；8—定量管；9—样品气进口；10—样品气出口；11—小分子筛管；12—三通阀；13—加热炉；14—氧化汞反应室；15—吸收池；16—截流孔；17—流量调节阀；18—真空表；19—抽气泵

$$一氧化碳(CO\ mg\cdot m^{-3}) = h\cdot k \quad (9\text{-}5)$$

式中 h——一氧化碳峰高，mm；

k——一氧化碳定量校正值，与每 1mm 峰高相对应的一氧化碳浓度 $mg\cdot m^{-3}$。

色谱流程见图 9-2。

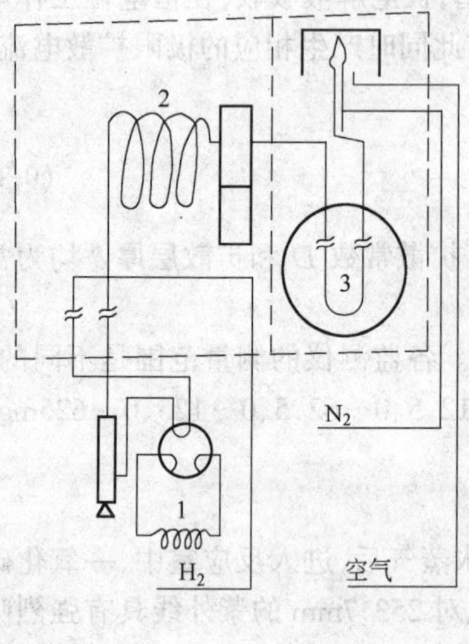

图 9-2 色谱流程图

1—定量管；2—色谱柱；3—转化柱

(5) 奥氏气体分析器法

这种方法是测定烟气中一氧化碳的普遍采用的方法之一，具有仪器结构简单、测定范围广能够同时测定二氧化碳、氧的含量等优点，适合于高浓度一氧化碳的测定。该方法的主要原理是，利用吸收液吸收烟气中的某一成分，根据吸收前后烟气体积的变化，计算该成分在烟气或空气中的体积分数。测定范围为 0.5% 以上。

$$二氧化碳(CO_2\%) = (V_0 - V_1),\% \quad (9\text{-}6)$$

$$一氧化碳(CO\%) = (V_2 - V_3),\% \quad (9\text{-}7)$$

$$氧(O_2\%) = (V_1 - V_2),\% \quad (9\text{-}8)$$

$$氮(N_2\%) = V_3,\% \quad (9\text{-}9)$$

式中 V_0——量气管取样体积(100mL)；

V_1、V_2、V_3——分别经 CO_2、O_2、CO 吸收液后烟气体积剩余量，mL。

一氧化碳质量浓度按下式计算：

$$一氧化碳(CO\ mg\cdot m^{-3}) = (V_2 - V_3)\times 1.25\times 10000 \quad (9\text{-}10)$$

式中 $(V_2 - V_3)$——一氧化碳百分浓度，%；

1.25——一氧化碳换算系数，即 $\frac{28.01}{22.4} = 1.25$。

二氧化碳、氧、氮的计算同上，其换算系数分别为 1.96、1.43 和 1.25。

奥氏气体分析器见图 9-3。

(6) 检气管法

该法主要原理是，一氧化碳将五氧化二碘还原成游离碘，碘与三氧化硫作用，生成绿色络合物，根据变色长度，确定一氧化碳含量。反应式如下：$5CO + I_2O_5 \rightarrow 5CO_2 + I_2$

$$I_2 + SO_3 \rightarrow 绿色络合物$$

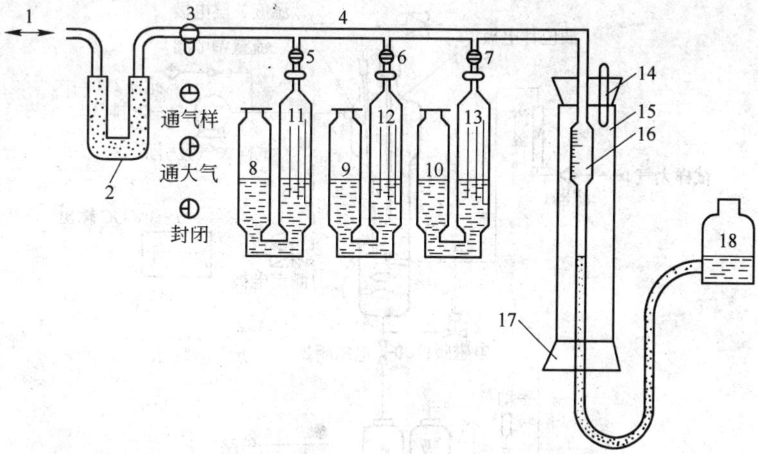

图 9-3　奥氏气体分析器

1—进气管；2—干燥管；3—三通旋塞；4—梳形管；5、6、7—旋塞；8、9、10—缓冲瓶；11、12、13—吸收瓶；14—温度计；15—水套管；16—量气管；17—胶塞；18—水准瓶

测定范围为 $20mg\cdot m^{-3}$以上。

9.2.4　宝钢环境监测

9.2.4.1　宝钢环境自动监测系统

该系统由测定装置(包括计测仪和遥测仪)、信号传输和数据处理 3 部分组成。一期工程共配有各种仪表和设备 25 种计 175 台(套)。二期改造项目中又增加了厂内各种仪表和设备 3 种共 6 套。该系统主要承担大气污染源、大气环境以及与大气有关的气象监测。此外,还兼有部分排放废水水质和环境噪声功能。宝钢环境自动监测系统见图 9-4。

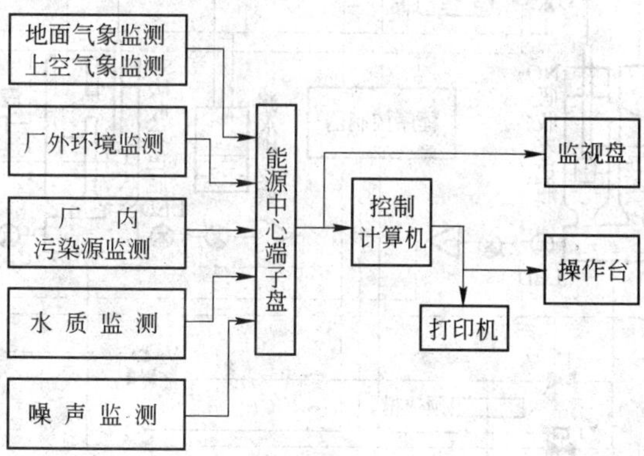

图 9-4　宝钢环境自动监测系统

9.2.4.2　宝钢大气 SO_2 监测

大气 SO_2 测定装置是由日本 DDK 公司生产的 GRH-72 型大气 SO_2 测定计,其测定系统见图 9-5。

9.2.4.3　宝钢大气 NO_x 测定

NO_x 测定装置是由日本 DDK 公司生产的 GRH-74 型大气 NO_x 测定计,其测定系统见图 9-6。

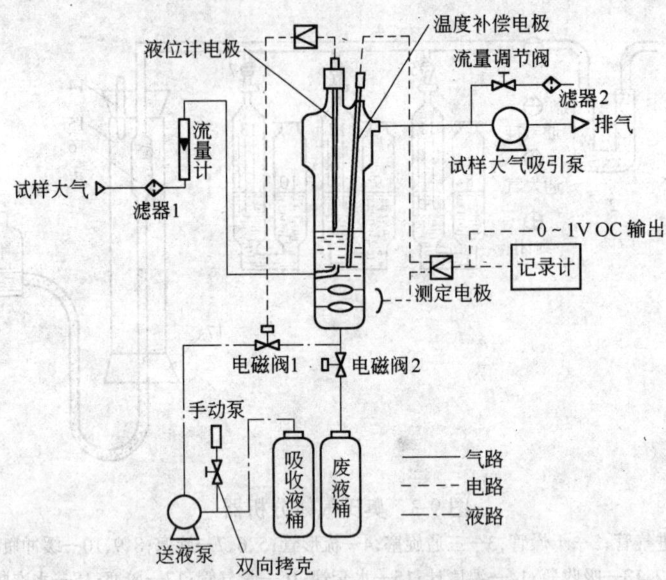

图 9-5　大气 SO_2 计测定系统图

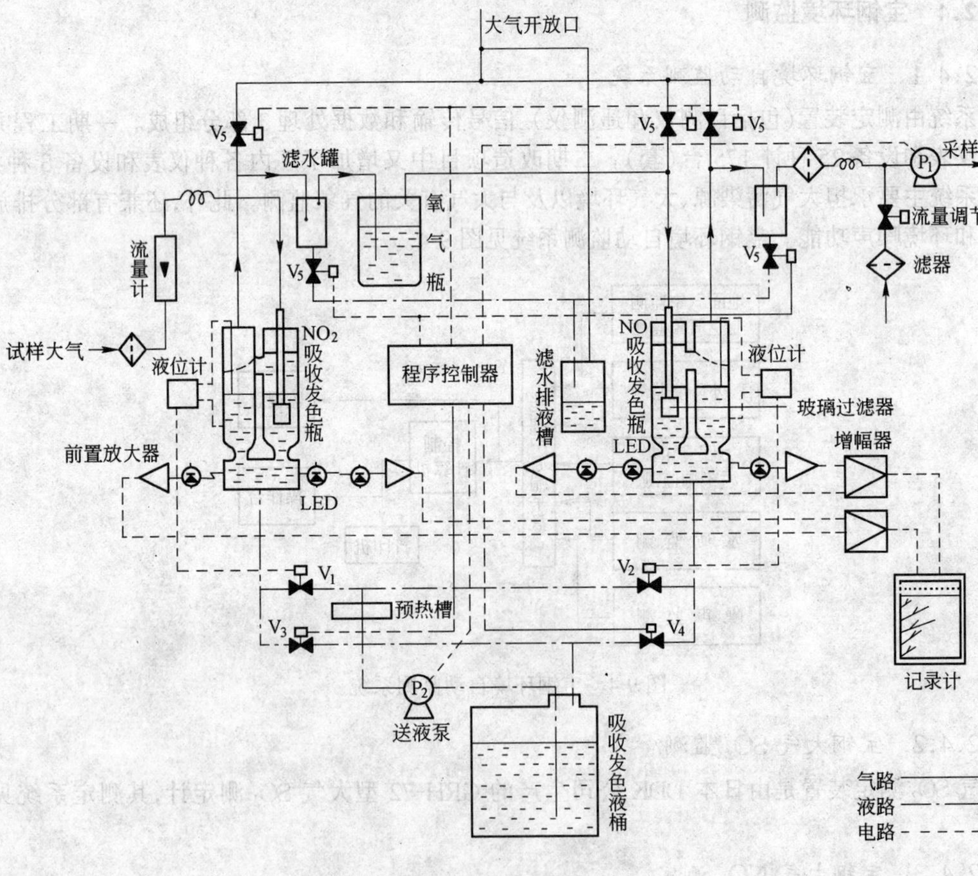

图 9-6　大气 NO_x 计测定系统图

V_1～V_5—电磁阀；LED—发光二极管、显示指示灯

9.3 粉尘治理

9.3.1 粉尘治理设备

炼铁厂的粉尘治理设备主要采用干式除尘器(袋式除尘器)、电除尘器和湿式除尘器等。

9.3.1.1 袋式除尘器

(1) 袋式除尘器的特点和选用

1) 除尘器效率高,对超粉尘的捕集效率可达99%以上;处理量大、稳定可靠。

2) 处理烟尘的含尘浓度范围广,可以处理从数百毫克至数百克浓度的烟尘。

3) 净化相对湿度大的含尘气体(包括湿度大的高温烟气)时,除尘设备的外壳应进行保温,必要时烟气应加热以防结露。

4) 净化高温或腐蚀气体时,应选择耐高温或抗腐蚀滤料。

5) 不宜用于净化含有油雾的气体或黏结性粉尘,否则应作特殊处理。

6) 净化有爆炸危险的含尘气体时,要选择防静电泥料并接地,外壳设防爆孔,传动装置、排灰阀要防爆,并严格控制设备漏风率。

7) 净化吸湿性或潮解性粉尘时,滤袋应采用表面光滑的滤布。

8) 对含有火花的烟气,在袋式除尘器前要进行预处理(喷水雾熄火或内设挡板的粗净化除尘器,将火花阻挡下来)。

(2) 袋式除尘器的类型及性能

袋式除尘器的种类很多,常用的袋式除尘器有:脉冲袋式除尘器、回转反吹扁布袋除尘器,反吹风袋式除尘器等。

1) 脉冲袋式除尘器。LDCM-LY/I型脉冲袋式除尘器,是属于大型除尘器,处理风量大,能净化含尘浓度较高气体,顶盖设有揭盖小车。该除尘器分为一、二、三单元除尘器,在处理风量增加时

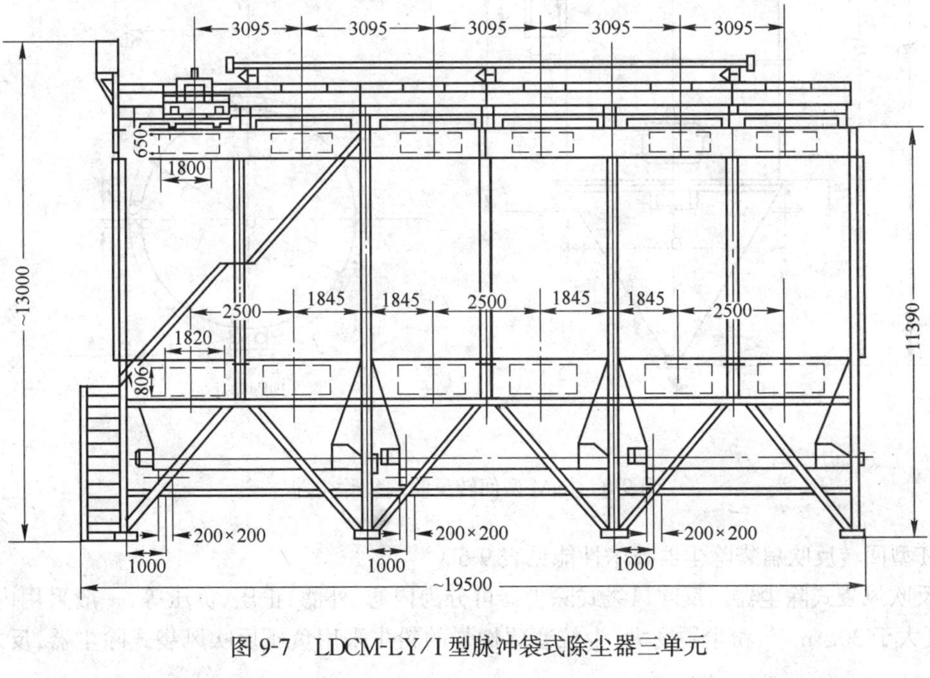

图9-7 LDCM-LY/I型脉冲袋式除尘器三单元

单元数可以增多。三单元 LDCM-LY/I 型脉冲袋式除尘器见图 9-7。其技术性能见表 9-5。

表 9-5　LDCM-LY/I 型脉冲袋式除尘器技术性能

型　号	过滤面积/m^2	滤袋数量/条	滤袋尺寸 D/mm×L/m	处理风量/$m\cdot h^{-1}$	压力损失/Pa	过滤风速/$m\cdot min^{-1}$	允许温度/℃	入口浓度/$g\cdot m^{-3}$	压缩空气 耗气量/$m^3\cdot min^{-1}$	压缩空气 压力/MPa	电机容量/kW	设备质量/kg
一单元	820	336		7400～13200					4.8		2.2	20100
二单元	1640	672	130×6	148000～255000	<1225	1.5～2.7	120	<60	9.6	0.25	2.2×2	35300
三单元	24600			220000～369000					14.4		2.2×3	51300

2）回转反吹扁袋除尘器。回转反吹扁袋除尘器的滤袋清灰，采用反吹风机逆气流清灰。该除尘器清灰用动力消耗低、维护工作量少。为提高清灰效果在反吹风机管道上设置旋转阀以脉冲气流清洗滤袋。该除尘器主要用于产尘点少的单独需要除尘的部位。JNM 型回转反吹扁袋除尘器见图 9-8。

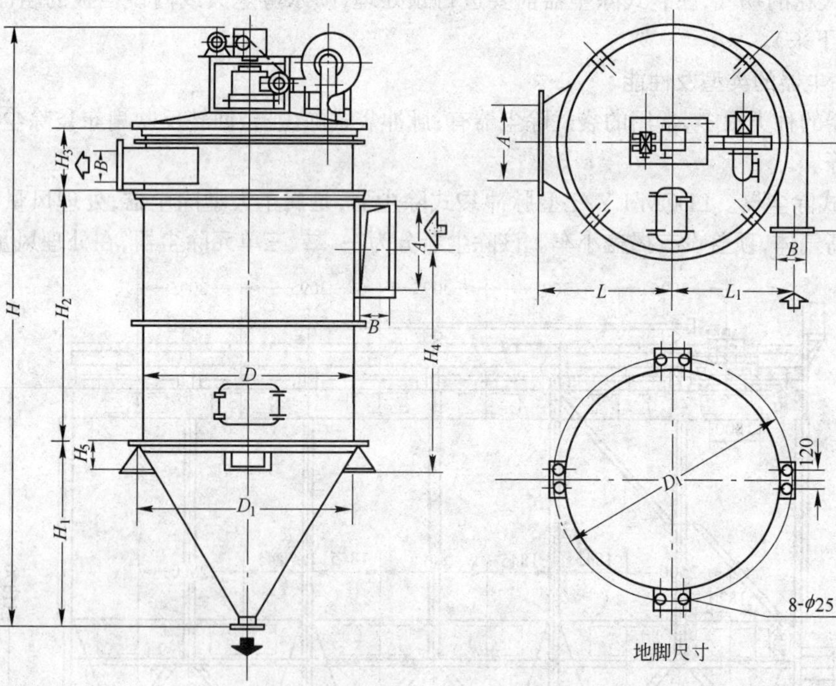

图 9-8　JNM 型回转反吹扁袋除尘器

JNM 型回转反吹扁袋除尘器技术性能见表 9-6。

3）反吹风袋式除尘器。反吹风袋式除尘器可分为内滤、外滤、正压、负压等，一般采用内滤式。含尘浓度大于 $30g\cdot m^{-3}$、粉尘硬度大、尘粒磨琢性强的粉尘采用负压反吹风袋式除尘器，反之可采用正压型式。该除尘器由多个滤袋室组成，滤袋的反吹清灰由三通切换阀的动作来实现。

这种除尘器，处理风量范围较大，滤袋直径一般为0.18～0.3m、袋长为10m左右。在选取过滤风速时，除了考虑含尘浓度、粉尘特性及滤袋材质等因素外，应注意滤袋入口的风速。入口风速一般取60～90m·min^{-1}。过滤风速按下式计算：

$$v=\frac{v_k}{4\frac{L}{d}} \tag{9-11}$$

式中 v_k——滤袋入口风速，m·min^{-1}；

L——滤袋长度，m；

d——滤袋直径，m。

反吹风滤袋除尘器LFSF(中型)见图9-9。其性能见表9-7。

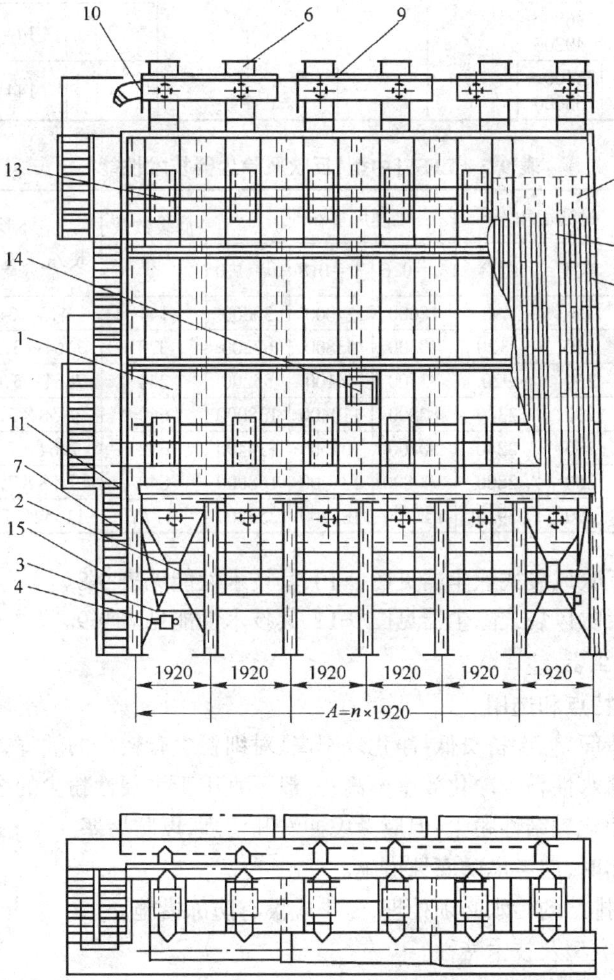

图9-9 LFSF(中型)反吹风袋式除尘器

1—箱体；2—灰斗；3—螺旋输送机；4—卸灰阀；5—滤袋；6—进风管；7—支架；8—吊挂装置；9—排风管；10—反吹风管；11—平台；12—内走台；13—检修门；14—自动清灰装置；15—梯子

表 9-6 JNM 型回转反吹扁袋除尘器技术性能

型号	过滤面积/m^2		处理风量/$m^3 \cdot h^{-1}$	压力损失/Pa	入口浓度/$g \cdot m^{-3}$	过滤风速/$m \cdot min^{-1}$	允许温度/℃	袋长/m	袋数/条	反吹风机电机容量/kW	设备质量/kg
	公称面积	实际面积									
JNM-40	40	37	2000～5500	800～1500	3～10	1～2.5	<120	2	24	3	1650
JNM-60	60	56	3360～8400					3	24	3	1860
JNM-110	110	109	6540～16350					2	72	5.5	2820
JNM-170	170	165	9900～24750					3	72	5.5	3200
JNM-220	220	219	3140～32850					4	72	5.5	3590
JNM-270	270	274	14400～41100					2.5	144	5.5	4660
JNM-340	340	328	19680～49200					3	144	7.5	4970
JNM-450	450	440	26400～66000					4	144	7.5	5600

表 9-7 LFSF(中型)反吹风除尘器技术性能

型号	室数/个	过滤面积/m^2		处理风量/$m^3 \cdot h^{-1}$			滤袋数量/条	外形尺寸 长/m×宽/m×高/m	设备质量/kg
		单室	组合	$v=0.6$	$v=0.8$	$v=1.0$			
LFSF-6×83	6	83	498	18000	24000	30000	144	4.3×3.5×13.9	26000
LFSF-8×140	8	140	1120	40400	53800	67200	320	7.64×3.53×15.16	44500
LFSF-4×230	4	230	920	33100	44100	55200	264	7.64×3.05×15.08	33400
LFSF-10×230	10	230	2300	82800	110400	138000	660	9.58×5.9×15.08	69700
LFSF-8×280	8	280	2240	80600	107600	134400	672	7.64×7.29×15.3	71000
LFSF-10×280	10	280	2800	100800	134400	168000	840	9.58×7.29×15.3	79300
LFSF-14×280	14	280	3920	141100	188200	235200	1176	11.52×7.29×15.3	113300

LFSF(大型)正压反吹风袋式除尘器见图 9-10，其技术性能见表 9-8。

LFSF(大型)负压反吹风袋式除尘器见图 9-11，其技术性能见表 9-9。

9.3.1.2 湿式除尘器

(1) 湿式除尘器的特点和选用

1) 湿式除尘器构造简单、设备费低、净化效率高、对细粉尘有较高的效率，但运行费用较高。

2) 湿式除尘器对疏水性粉尘净化效率不高；一般不宜用于水硬性粉尘的净化。

3) 湿式除尘器可净化黏结性粉尘，但应考虑冲洗和清理，以防堵塞。

4) 净化腐蚀性气体时，应考虑防腐蚀措施。

5) 除尘器用水、对排出的污水必须处理，冬季应设有防冻措施。

(2) 湿式除尘器的类型及技术特性

1) 泡沫除尘器。该除尘器具有结构简单、维护工作量少、净化效率高、耗水量大、防腐性好等特点。它适用于净化亲水性不强的粉尘。如：硅石、黏土、焦炭等，但不能用于石灰、白云石熟料等水硬性粉尘的净化，以免堵塞筛孔。除尘器筒体风速应控制在 2～3 $m \cdot s^{-1}$内。一般用于风量要求不大的场合。泡沫除尘器见图 9-12。其技术性能见表9-10。

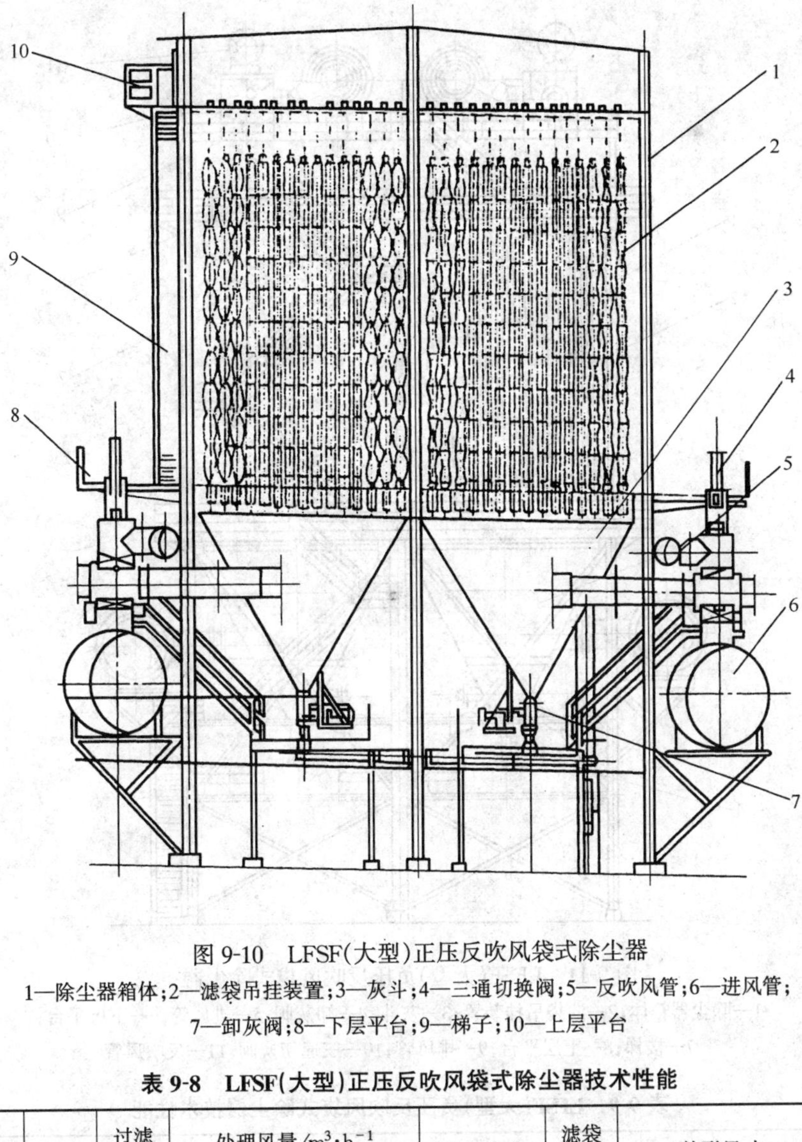

图 9-10　LFSF(大型)正压反吹风袋式除尘器

1—除尘器箱体;2—滤袋吊挂装置;3—灰斗;4—三通切换阀;5—反吹风管;6—进风管;7—卸灰阀;8—下层平台;9—梯子;10—上层平台

表 9-8　LFSF(大型)正压反吹风袋式除尘器技术性能

型　号	室数/个	过滤面积/m^2	处理风量/$m^3\cdot h^{-1}$			滤袋尺寸/mm	滤袋数量/条	外形尺寸 长/m×宽/m×高/m	设备质量/t
			$v=0.6$	$v=0.8$	$v=1.0$				
LFSF-4×1300	4	5200	187200	249600	312000	D300×1000	592	16.05×8.2×26.3	180
LFSF-6×1300	6	7800	280800	374400	468000	D300×1000	888	28.85×8.2×26.3	264
LFSF-8×1300	8	10400	374400	499200	624000	D300×1000	1184	16.05×16.4×26.3	341
LFSF-10×1300	10	13000	468000	624000	780000	D300×1000	1480	28.85×16.4×26.3	418
LFSF-12×1300	12	15600	561600	748800	936000	D300×1000	1776	31.65×16.4×26.3	495

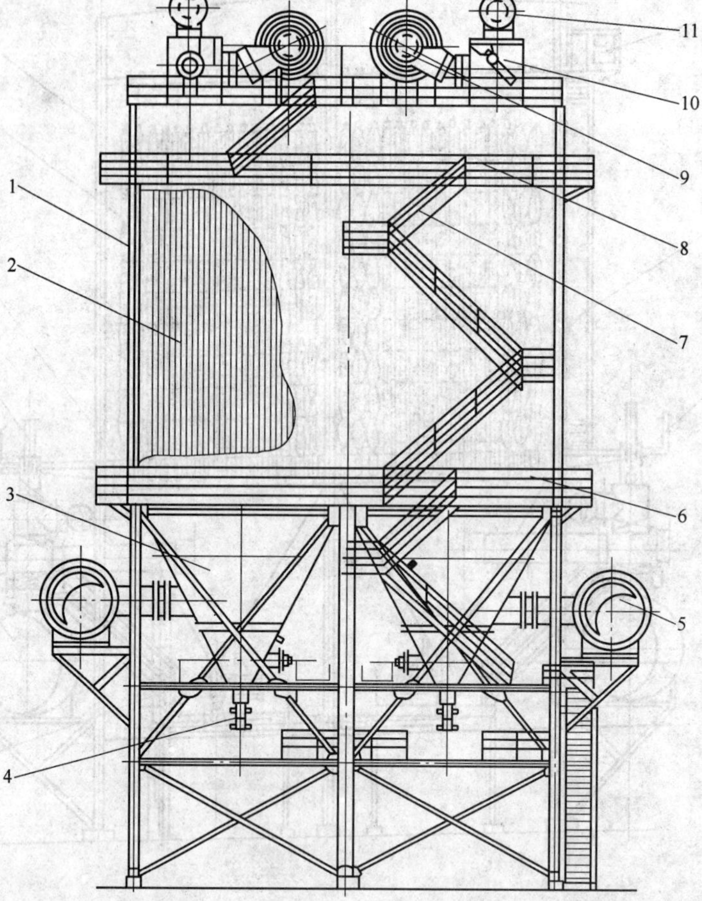

图 9-11　LFSF(大型)负压反吹风袋式除尘器

1—除尘器箱体;2—滤袋吊挂装置;3—灰斗;4—卸灰阀;5—进风管;6—下层平台;
7—楼梯;8—上层平台;9—排风管;10—三通切换阀;11—反吹风管

表 9-9　LFSF(大型)负压反吹风袋式除尘器技术性能

型　　号	室数/个	过滤面积/m^2	处理风量/$m^3 \cdot h^{-1}$			滤袋尺寸 D/mm×L/mm	滤袋数量/条	外形尺寸 长/m×宽/m×高/m	设备质量/t
			$v=0.6$	$v=0.8$	$v=1.0$				
LFSF-4×1000	4	4000	144000	192000	240000	300×1000	448	11.1×15.6×24.8	176
LFSF-6×1000	6	6000	216000	288000	360000	300×1000	672	15.65×15.6×24.8	264
LFSF-8×1000	8	8000	288000	384000	480000	300×1000	896	20.2×15.6×24.8	352
LFSF-10×1000	10	10000	360000	480000	600000	300×1000	1120	24.7×15.6×24.8	440
LFSF-12×1000	12	12000	432000	576000	720000	300×1000	1344	29.25×15.6×24.8	528

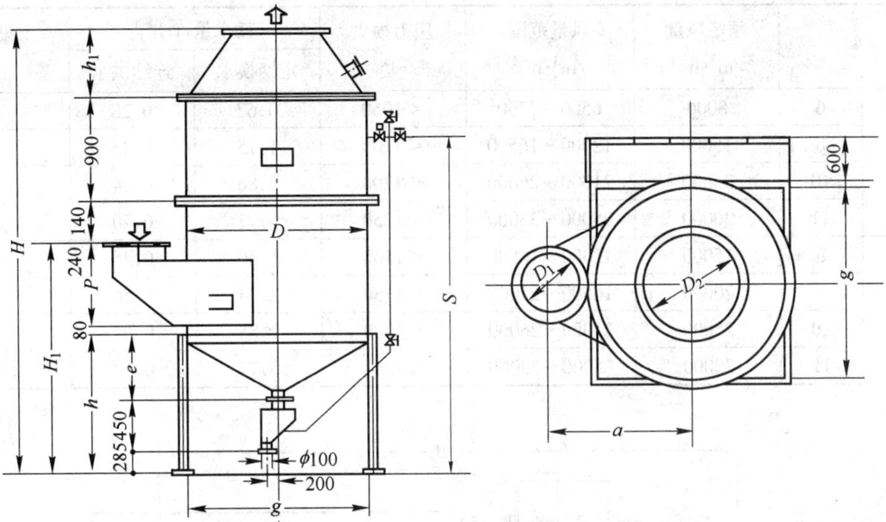

图 9-12　BPC-90 型泡沫除尘器

表 9-10　BPC-90 型泡沫除尘器技术性能

型　号	D750	D850	D950	D1050	D1150	D1250	D1350	D1450
处理风量/$m^3 \cdot h^{-1}$	3180～4700	4090～6100	5100～7600	6230～9300	7480～11000	8800～13000	10300～15000	11800～17800
筒体风速/$m \cdot s^{-1}$	2～3							
设备阻力/Pa	667～785							
耗水量/$t \cdot h^{-1}$	1.4～1.7	1.7～2.3	2.3～2.8	2.8～3.4	3.4～4.0	4.0～4.8	4.8～5.8	5.6～7.0
设备质量/kg	397	437	493	550	590	634	681	724

2）卧式旋风水膜除尘器。该除尘器用于风量不大于 30000$m^3 \cdot h^{-1}$的部位，除尘效率一般不大于95%，除尘器风量变化20%以内除尘效率几乎不变。这种除尘器的额定风量按风速 14$m \cdot s^{-1}$计算。卧式旋风水膜除尘器见图 9-13。

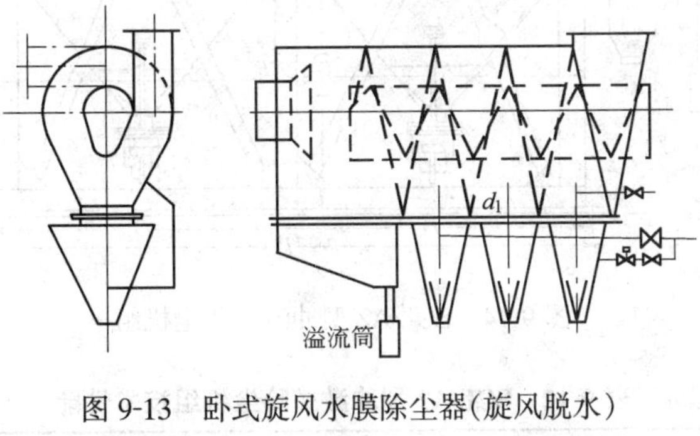

图 9-13　卧式旋风水膜除尘器(旋风脱水)

卧式旋风水膜除尘器技术性能见表 9-11。

3）冲激式除尘机组。冲激式除尘机组由除尘器、通风机和水位自动控制装置等组成。除尘效率较高大于97%，入口含尘气体风速为 18～35$m \cdot s^{-1}$，可用于净化温度不高于 300℃ 的无腐蚀性的含尘气体。SCJ/A2 型冲激式除尘机组见图 9-14，其技术性能见表 9-12。

表 9-11　部分卧式旋风水膜除尘器技术性能

型号		额定风量 /m³·h⁻¹	风量范围 /m³·h⁻¹	压力损失 /Pa	耗水量/t·h⁻¹		设备质量 /kg
					定期换水	连续供水	
檐板脱水	6	8000	6500～8500	＜1050	0.67	0.28	621
	8	15000	12000～16500	＜1100	1.15	0.45	1224
	10	25000	21000～26000	＜1200	2.86	0.64	2481
	11	30000	25000～33000	＜1250	3.77	0.70	2926
旋风脱水	8	15000	12000～16500	＜1100	1.50	0.45	1125
	9	20000	16500～21000	＜1150	2.34	0.56	1504
	10	25000	21000～26000	＜1200	2.85	0.64	2264
	11	30000	25000～33000	＜1250	3.77	0.70	2636

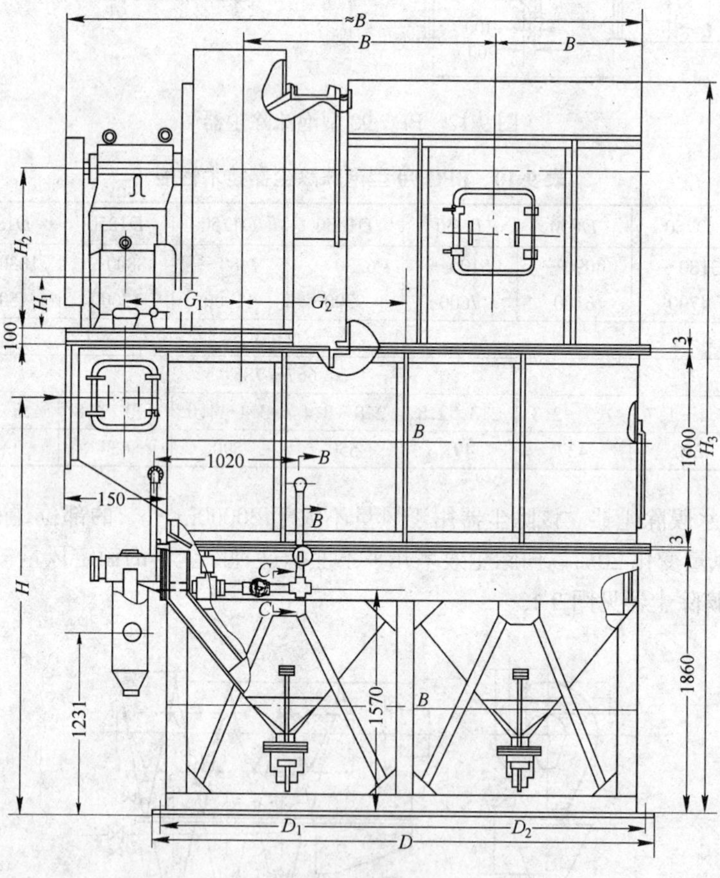

图 9-14　SCJ/A2 型冲激式除尘机组

表 9-12　SCJ/A2 型冲激式除尘机组技术性能

型号	风量/m³·h⁻¹		压力损失 /Pa	耗水量/kg·h⁻¹			机组质量 /kg
	额定	使用范围		蒸发	溢流	排灰	
SCJ/A2-10	10000	8100～12000	1000～1600	35	300	860	1196
SCJ/A2-14	14000	12000～17000		49	420	1200	2426

续表 9-12

型号	风量/m³·h⁻¹		压力损失/Pa	耗水量/kg·h⁻¹			机组质量/kg
	额定	使用范围		蒸发	溢流	排灰	
SCJ/A2-20	20000	17000～25000	1000～1600	75	600	1700	3277
SCJ/A2-30	30000	25000～36200		105	900	2550	3954
SCJ/A2-40	40000	35400～48250		140	1200	3400	4989
SCJ/A2-60	60000	53800～72500		210	1800	5100	6764

9.3.1.3 电除尘器

(1) 电除尘器的特点和选用

1) 电除尘器是一种高效除尘设备，压力损失小、耗电量小、运行费低。

2) 电除尘器适用于大风量除尘系统、高温烟气及净化含尘浓度较高的气体($40g\cdot m^{-3}$)、浓度超过$60g\cdot m^{-3}$时，电除尘器前应设预净化装置。

3) 能够捕集细粒径的粉尘($<0.1\mu m$)，对过细粒径、密度又小的粉尘时，应适当降低电场风速。

4) 电除尘器适用于捕集比电阻在$10^4\sim5\times10^5\Omega\cdot cm$范围内的粉尘。

5) 电除尘器气流分布要均匀。

6) 对净化湿度大的气体或露点温度高的烟气，要求采取保温措施以防结露。

7) 漏风率尽可能小于5%，减少二次扬尘使净化效率不受影响。

8) 黏结性粉尘可选用干式电除尘器，但应提高振打强度；沥青与尘混合物的粘结粉尘，采用湿式电除尘器。

9) 捕集腐蚀性很强的粉尘时，宜选用特殊结构和防腐性能好的电除尘器。

10) 电场风速一般在$0.4\sim1.5m\cdot s^{-1}$范围内，不宜过大。粒径和密度偏小的粉尘，电场风速不宜超过$1.0m\cdot s^{-1}$。

(2) 电除尘器选择方法

1) 根据粉尘浓度或含尘浓度计算所要求的净化效率 η:

$$\eta=\frac{G_1-G_2}{G_1}\times100\% \tag{9-12}$$

式中 G_1——入口气体含尘浓度，$mg\cdot m^{-3}$；

G_2——出口气体含尘浓度，$mg\cdot m^{-3}$。

2) 确定粉尘有效驱进速度，取 $\omega=0.06\sim0.14m\cdot s^{-1}$。

3) 计算极板面积：

$$\eta=1-e^{\frac{A}{L}\omega}=1-e^{-f\omega} \tag{9-13}$$

$$A=\frac{-L\ln(1-\eta)}{\omega} \tag{9-14}$$

式中 η——所要求的净化效率，%；

f——比表面积，$m^2\cdot m^{-3}\cdot s^{-1}$；

A——阳极的极板总面积，m^2；

L——处理风量，$m^3\cdot s^{-1}$。

4) 确定电场数。一般选择3～4个电场，电场长度取3.5～5.4m。

5）极板选择。极板应选择电性能好、板面电流密度分布均匀；防止二次扬尘性能好；板面的振打加速度大，分布均匀，清灰性能好；有足够的极板刚度等。

6）电晕线的选择。电晕线应选择放电性能好、起晕电压低、对烟尘条件变化的适应性强；耐腐蚀、高温下不变形；有足够的刚度、清灰性能好等。

7）板、线匹配的选择。板、线匹配的选择应使电除尘器达到电晕电流大和板面电流均匀的特性。

8）振打强度。根据粉尘的性质确定振打强度，高炉粉尘最小振动加速度应取 $150\sim200\text{m}\cdot\text{s}^{-2}$。

9）供电装置用量的确定。平均电场强度为 $3\sim4\text{kV}\cdot\text{cm}^{-1}$；同极间距为 300mm 时电源等级应选用 45～60kV；板电流密度选用 $0.2\sim0.45\text{mA}\cdot\text{m}^{-2}$ 或线电流密度选用 $0.1\sim0.4\ \text{mA}\cdot\text{m}^{-1}$；芒刺线的线电流密度选用 $0.15\sim0.4\text{mA}\cdot\text{m}^{-1}$；星形线的线电流密度可选用 $0.1\sim0.15\text{mA}\cdot\text{m}^{-1}$。

(3) 电除尘器的类型及技术特性。

1）XKD 卧式电除尘器。该种电除尘器，有效面积为 $50\sim300\text{m}^2$、处理风量为 $18\times10^4\sim129\times10^4\text{m}^3\cdot\text{h}^{-1}$、电场有效高度为 3.5～4.0m。XKD 卧式电除尘器见图 9-15。

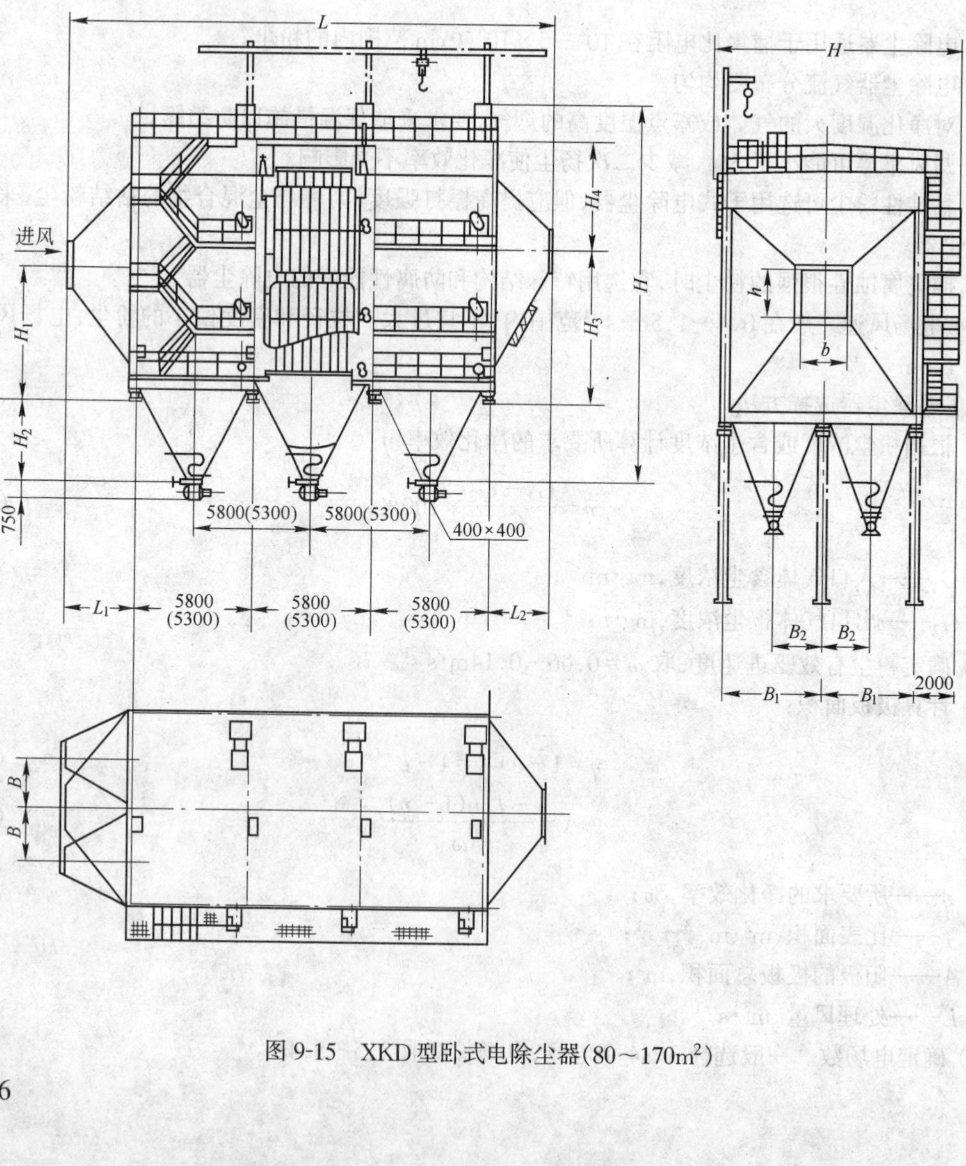

图 9-15 XKD 型卧式电除尘器（$80\sim170\text{m}^2$）

XKD卧式电除尘器性能见表9-13。

表9-13　XKD卧式电除尘器技术性能

项　目	XKD 50×3	XKD 80×3	XKD 120×3	XKD 150×3	XKD 180×3	XKD 220×3	XKD 260×3	XKD 300×3
有效面积/m^2	50.7	80.1	120.2	150.2	183.4	221.2	260.4	300.5
处理风量/$\times10^4m^3\cdot h^{-1}$	18～21.6	28.8～34.5	43.2～51.8	54～64.8	64.8～77.7	79.2～95	93.6～112.3	108～129.6
电场风速/$m\cdot s^{-1}$	1.0～1.2							
承受负压/Pa	约600～0							
允许温度/℃	≤300							
效　　率/%	≥99							
漏 风 率/%	≤5							
电场数一室数	3－1				3－2			
电场有效长度/m	4.0×3=12(3.5×3=10.5)							
阳极板总有效面积/m^2	3041	3809	7211	9014	10216	13270	15624	18028
振打加速度	>150g							
设备质量/t	165	239	329	398	494	582	664	760

2）湿式卧式电除尘器。该除尘器主要用于钢铁企业，是板式结构，极板和电晕线的清灰采用喷水冲洗，所以，粉尘不易产生二次扬尘。极板可选用平板型、波形板等。电晕线采用圆形线、半月线或带钢形线。湿式卧式电除尘器见图9-16。其性能见表9-14。

3）湿式管式电除尘器。湿式管式除尘器主要用于煤气净化和沥青烟气净化。该除尘器阳极为钢管，采用连续供水清灰，使管保持一层水膜。电晕线为圆线，采用间断喷水清洗。SGD-9型湿式管式电除尘器见图9-17。

SGD型湿式管式电除尘器性能见表9-15。

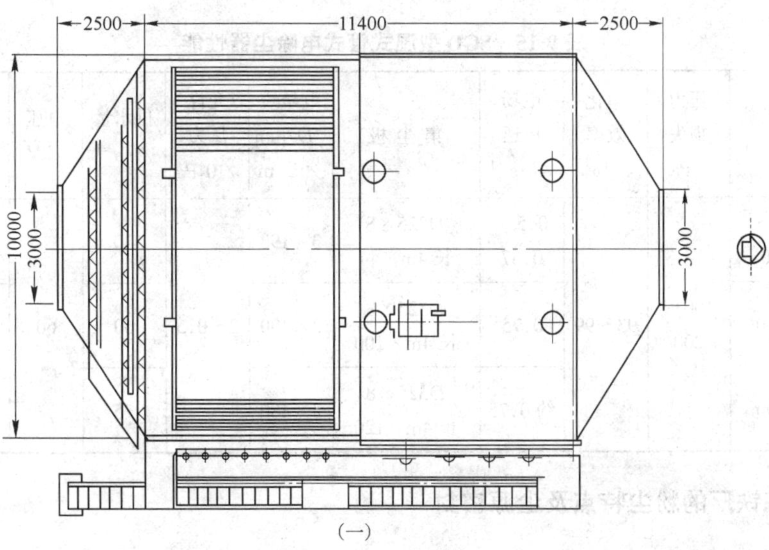

（一）

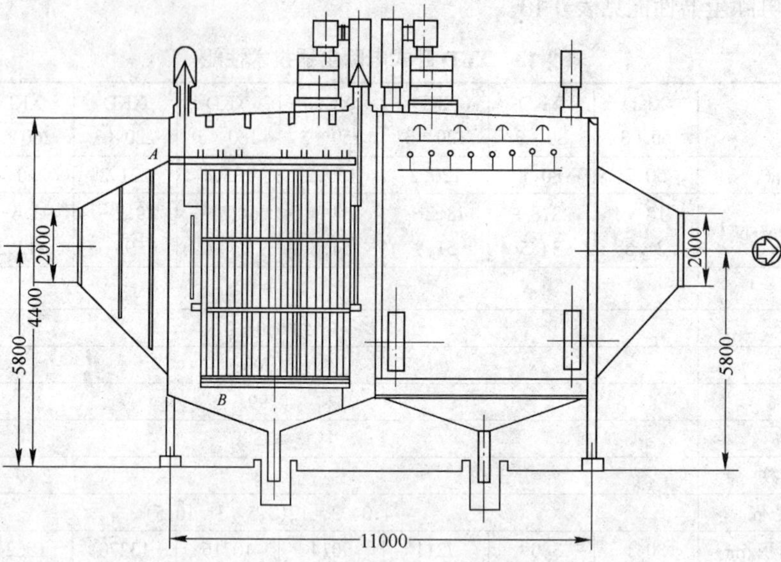

（二）

图 9-16　两种湿式卧式电除尘器

表 9-14　湿式卧式电除尘器主要性能

烟气量/$m^3 \cdot h^{-1}$	压力损失/Pa	人口含尘浓度/$g \cdot m^{-3}$	电场数/个	电场风速/$m \cdot s^{-1}$	停留时间/s	同极间距/mm	电　压/V	电　流/mA	净化效率/%
9000	200～250	0.5	2	0.7	9.1		78	2×300	92
186000～210000	200～250	0.8～1.5	2	1.02	7.8～8.0	250	60	2×600	83～96.67
150000	200～250	2.0	2	0.915	8.0	250	60	2×300	97.5

表 9-15　SGD 型湿式管式电除尘器性能

型　号	处理风量/$m^3 \cdot h^{-1}$	压力损失/Pa	净化效率/%	电场风速/$m \cdot s^{-1}$	集 尘 极	电晕线/D/mm×L/m	允许压力/10^4Pa	供水量/$t \cdot h^{-1}$	电压/kV	电流/mA	质量/t
SGD-3.3	6000～8000			0.5～0.67	D325×8 长 4m×44	3×198		30		100	
SGD-7.5	20000	100～200	93～99	0.75	D325×8 长 4m×100	3×400	2～0.5	60	60	200	
SGD-9.0	24000			约 0.75	D325×8 长 4m×120	3×480		75		200	

9.3.2　炼铁厂的粉尘特点及尘源密封

粉尘治理的效果好坏，关键在于尘源的密封。目前国内外所采用的密封型式有封罩、风膜（或叫气膜）、水膜、垂幕等。采用何种型式，就要根据粉尘的特性和要密封的具体条件而选择。

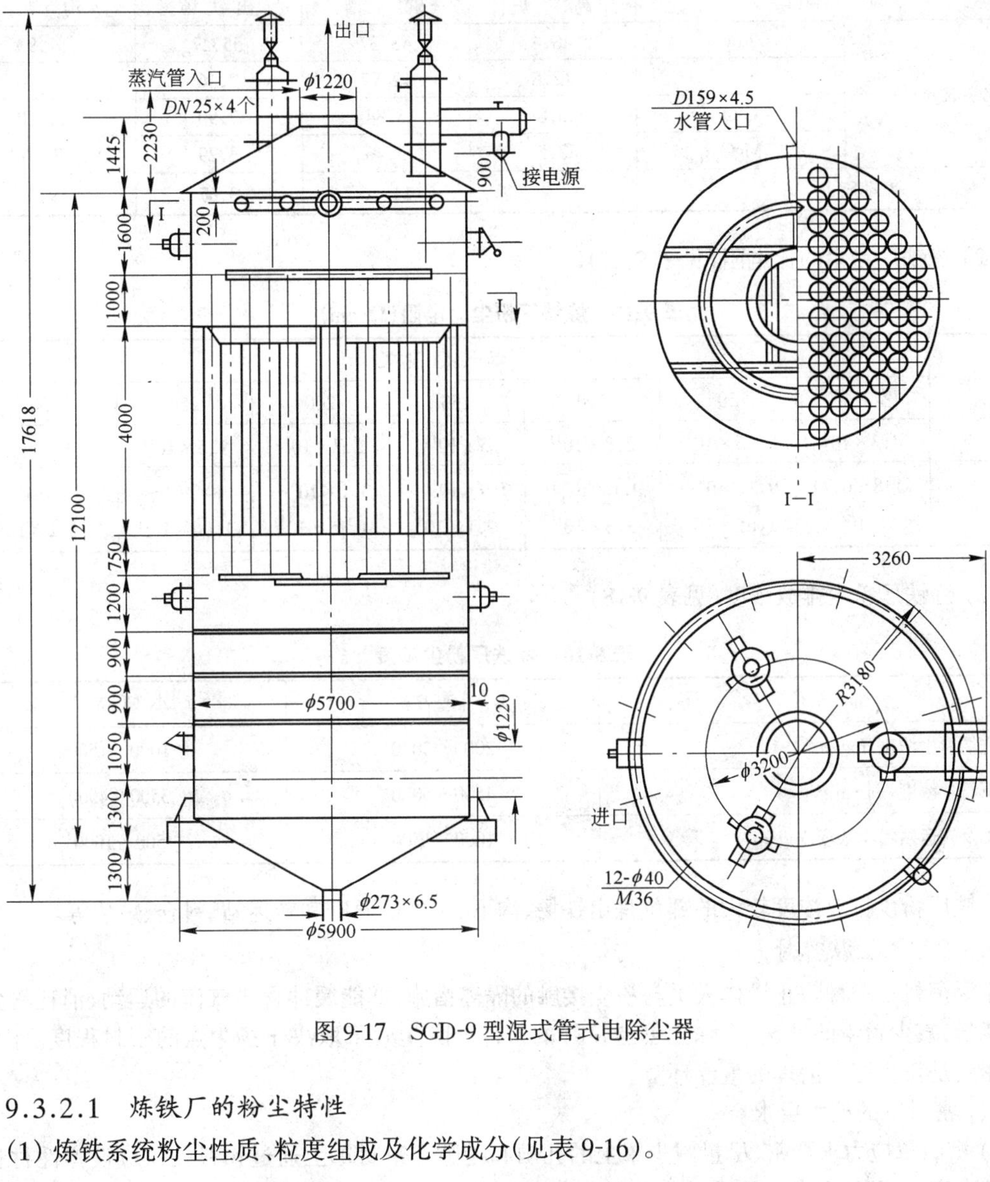

图 9-17 SGD-9 型湿式管式电除尘器

9.3.2.1 炼铁厂的粉尘特性

(1) 炼铁系统粉尘性质、粒度组成及化学成分(见表 9-16)。

表 9-16 炼铁厂粉尘粒径组成及化学成分

项目		高炉	矿槽	出铁场	沟下
密度/g·cm^{-3}	真密度	3.31	3.89	3.72	3.80
质量粒径分布/%	>40μm	80.9	24.2	52.0	10.0
	40～30μm	5.1	52.9	16.0	22.4
	30～20μm	1.6	17.2	8.0	63.9
	20～10μm	1.3	2.4	11.9	0.8
	10～5μm	0.8	1.0	8.1	2.0
	<5μm	10.3	1.3	4.0	0.9

续表 9-16

项目		高炉	矿槽	出铁场	沟下
化学成分/%	TFe	48.4	48.37	55.27	51.93
	SiO_2	12.8	12.77	2.46	11.00
	CaO	5.8	5.84	7.90	12.60
	MgO	2.5	2.46	3.29	2.66
游离 SiO_2/%			11.46	3.67	9.1

(2) 炼铁厂粉尘的比电阻(见表 9-17)。

表 9-17 炼铁厂粉尘比电阻(Ω·cm)

部位	烟气温度/℃						
	室温	50	100	150	200	250	300
沟下	4.3×10^8	1.65×10^{11}	2.8×10^{11}	5×10^{11}	2.7×10^{11}	1.5×10^{11}	—
炉前	$(1.8\sim6.7)\times10^8$	$9.3\times10^8\sim1.65\times10^{11}$	$9.1\times10^8\sim3.3\times10^{11}$	$7.9\times10^{11}\sim9.1\times10^8$	$3.1\times10^8\sim1.75\times10^{11}$	$1\times10^9\sim1.06\times10^{11}$	$6.3\times10^6\sim5.2\times10^{10}$

(3) 炼铁厂粉尘排放浓度(见表 9-18)。

表 9-18 炼铁厂粉尘浓度

部位	大中型高炉	小型高炉
出铁场粉尘浓度/$mg\cdot m^{-3}$	2000~3000	1000~1500
沟下粉尘浓度/$mg\cdot m^{-3}$	4500~5000	3500~4500
通廊及转运站粉尘浓度/$mg\cdot m^{-3}$	1000~1500	500~1000

炼铁厂粉尘排放浓度较大的部位是出铁场、沟下、胶带机通廊和转运站、料仓、炉顶等。

9.3.2.2 尘源密封

尘源密封是一种防止操作人员与粉尘接触的隔离措施,并能缓冲含尘气流的运动、消耗粉尘飞扬的能量、减少粉尘的外逸,为除尘创造良好的条件。除尘效果取决于扬尘点的密封程度。因此,尘源密封是粉尘综合治理的重要环节。

(1) 密封罩的技术要求

1) 密封罩应力求严密、尽量减少罩上的孔洞和缝隙。密封罩上通过物料孔口应设弹性材料制作的遮尘帘、尽可能避免直接连接在振动和往复运动的设备上,胶带机受料点采用托辊时,受料点下的托辊密度应加大或改用托板。

2) 密封罩应不妨碍操作和便于检修。根据生产要求,设置必要的操作孔、检修门和观察孔,门孔应严密,关闭灵活,密封罩应便于拆卸和安装。

3) 密封应注意罩内气流运动的特点。要正确选择密封罩的型式和排风点的位置,以合理的组织罩内气流,使罩内气流保持负压。罩内应有一定的空间,以缓冲气流、减少正压。操作孔、检修门应避开气流速度较高的地点。

(2) 密封罩的型式

密封罩型式很多。主要是根据现场的具体情况,按密封罩的技术要求因地制宜的设置密封罩。几种密封罩型式见图 9-18~图 9-24。

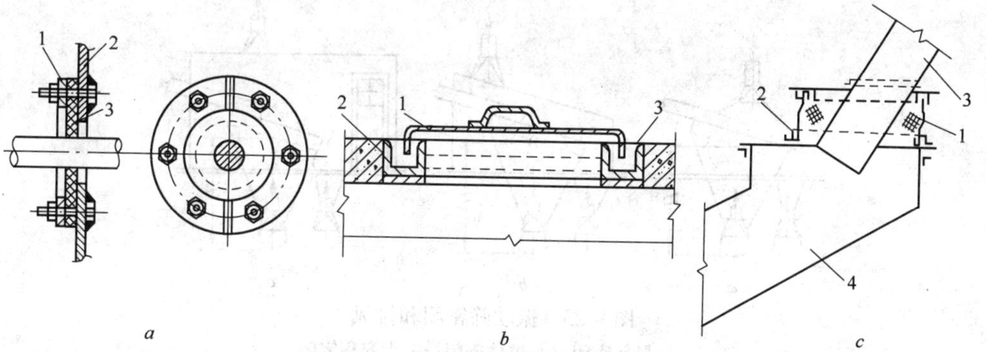

图 9-18　密封罩

a—轴孔的毡封:1—两半压盖;2—密闭罩;3—毡;

b—砂封盖板:1—盖板;2—槽钢;3—砂封;

c—帆布连接管:1—帆布管;2—卡子;3—固定部件;4—运动部件

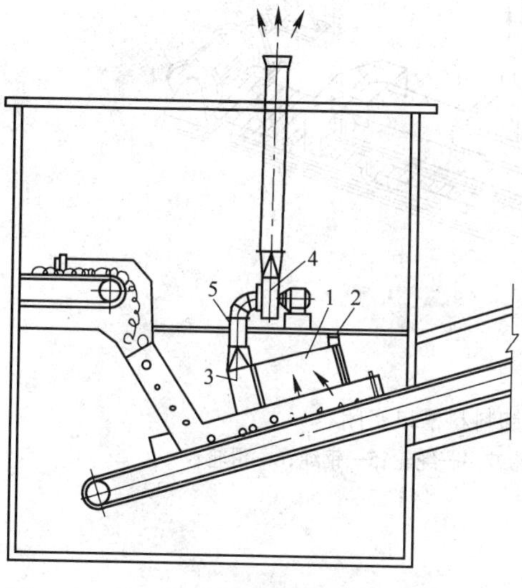

图 9-19　胶带运输机转运点就地除尘系统

1—扁袋除尘器;2—振打清灰装置;

3—除尘器净端;4—通风机;5—风管

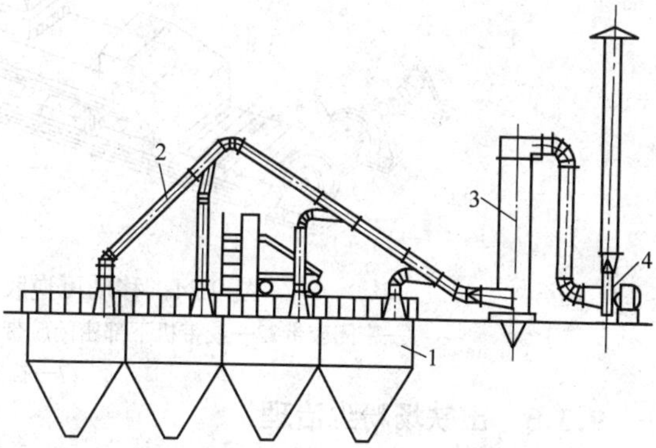

图 9-20　分散除尘系统示意图

1—料仓;2—风管;3—除尘器;4—通风机

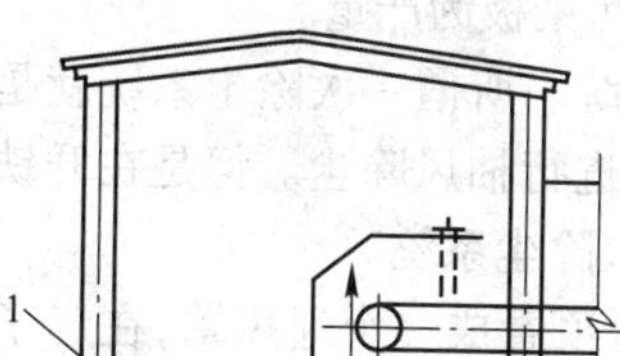

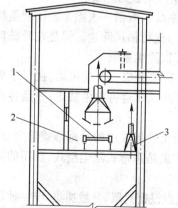

图 9-21　移动可逆胶带机大容积密闭

1—移动可逆胶带机;2—大容积

密闭小室;3—料槽排风罩

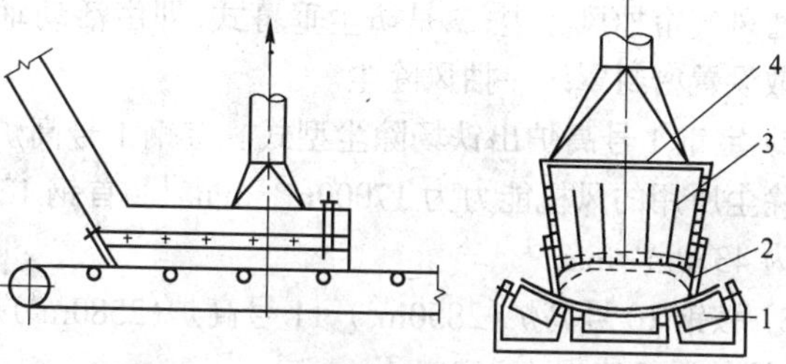

图 9-22　胶带运输机受料点单层密闭罩

1—托辊;2—橡胶板;3—遮尘帘;4—导向槽

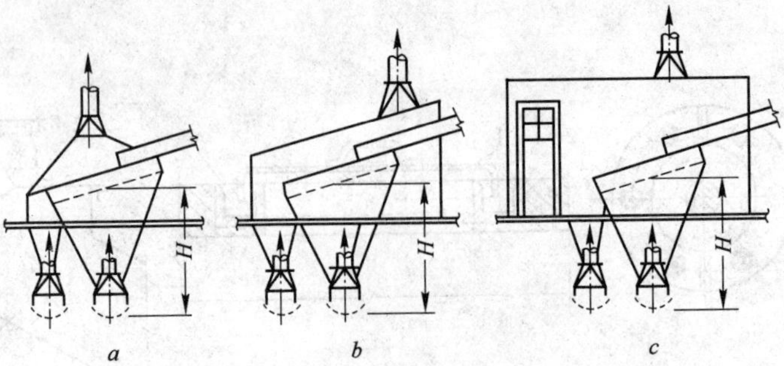

图 9-23　振动筛密闭和排风

a—局部密闭；*b*—整体密闭；*c*—大容积密闭

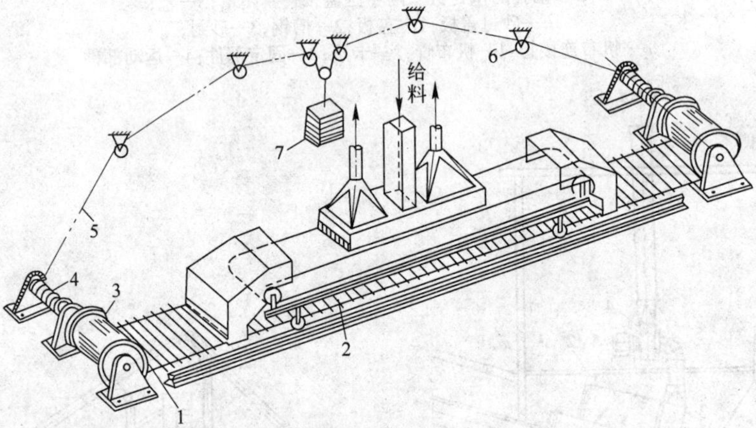

图 9-24　移动可逆胶带机卸料料槽口密闭

1—密闭胶带；2—胶带机下部密闭胶带；3—轮鼓；4—绳轮；5—钢绳；6—滑轮；7—拉紧装置

9.3.3　出铁场粉尘治理

9.3.3.1　出铁场除尘形式

出铁场的除尘形式有：

1）出铁场在开铁口时产生粉尘，而在出铁时产生大量的烟尘污染极为严重。

出铁场除尘一般采用两个系统即一次除尘系统和二次除尘系统。所谓一次除尘系统就是将铁沟、铁罐等处用密封罩罩起来，在罩子的适当部位设置除尘吸风口进行抽风除尘。但是在开铁口和出铁过程中仍有大量的烟尘溢出，铁口处所设的除尘系统称为二次除尘系统。

二次除尘系统一般有 3 种：一是自然抽风气帘式，即把整个房顶看成一个通风罩，在房子周围设有通风气帘抽风除尘；二是防尘垂幕式，即由活动垂幕组成的抽风通道将粉尘抽走；三是各产尘点分散设置密封罩统一抽风除尘。

2）宝钢 1 号高炉出铁场除尘型式。宝钢 1 号高炉（4063m^3）出铁场采用的是垂幕式除尘型式，二次除尘所用的风机能力为 17000$m^3 \cdot min^{-1}$。首钢 1200m^3 高炉也是垂幕式除尘型式，所用的风机能力为 4350$m^3 \cdot min^{-1}$。

3）鞍钢 10 号高炉（2850m^3）、11 号高炉（2580m^3）是，各产尘点设密封罩，分散捕集、统一抽风型式，所用的风机能力为 4000$m^3 \cdot min^{-1}$。

4）日本的许多高炉普遍采用第一种型式。把整个出铁场密封起来作为密封罩进行密封除尘。

9.3.3.2 垂幕式除尘装置

(1) 除尘垂幕设备结构

除尘垂幕一般由活动折叠垂幕、垂幕罩、管路、卷放垂幕用驱动装置、检修平台等组成。它设在出铁沟上方、堵铁口时垂幕降到出铁场平台附近进行粉尘捕集。除尘垂幕装置见图9-25。

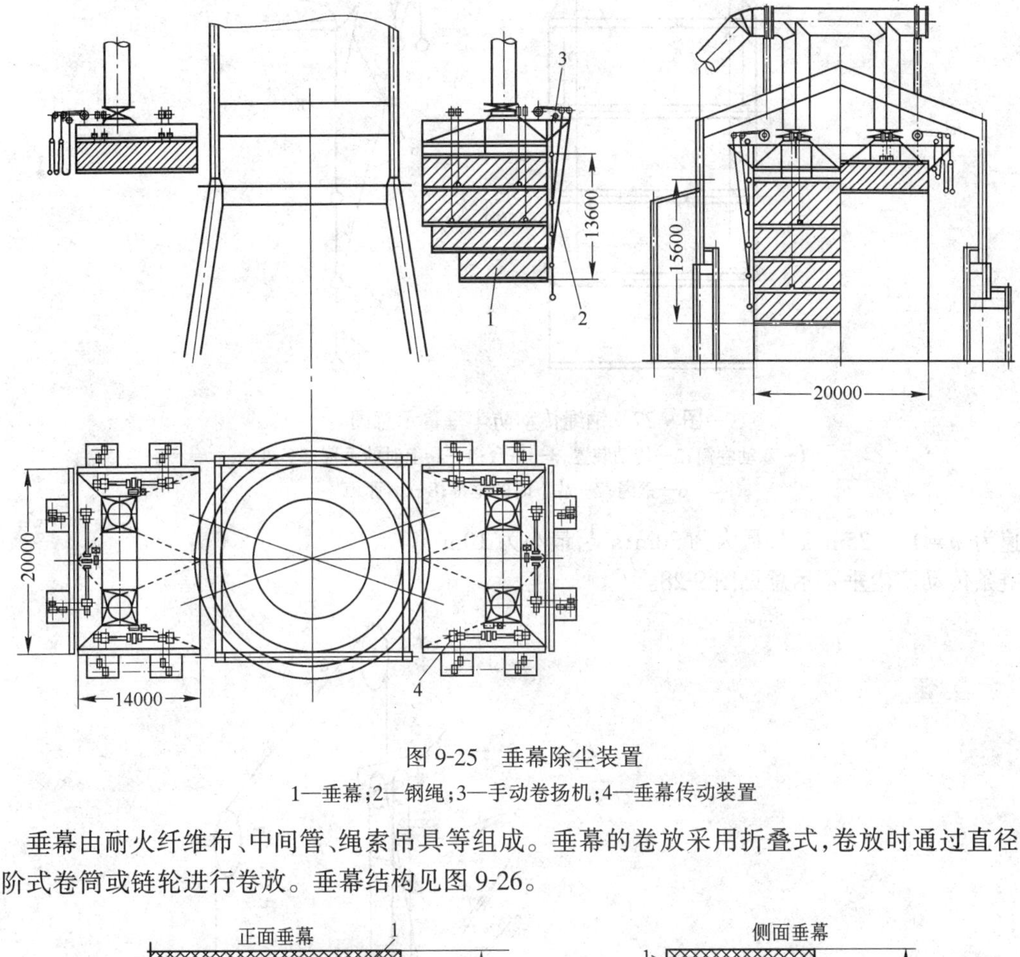

图 9-25 垂幕除尘装置

1—垂幕；2—钢绳；3—手动卷扬机；4—垂幕传动装置

垂幕由耐火纤维布、中间管、绳索吊具等组成。垂幕的卷放采用折叠式，卷放时通过直径不同台阶式卷筒或链轮进行卷放。垂幕结构见图 9-26。

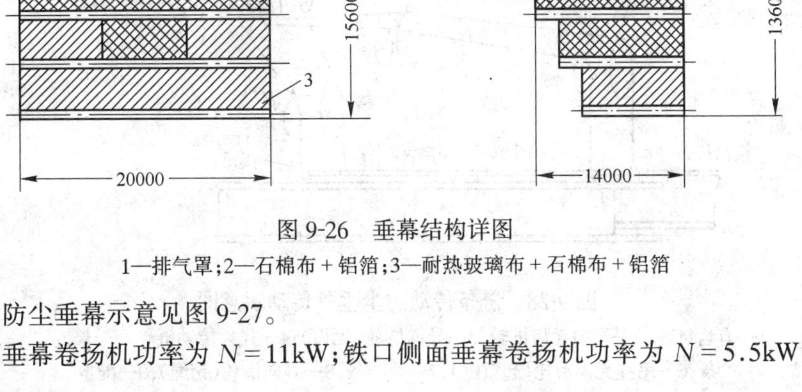

图 9-26 垂幕结构详图

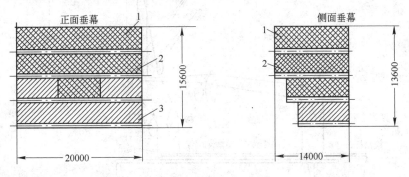

1—排气罩；2—石棉布 + 铝箔；3—耐热玻璃布 + 石棉布 + 铝箔

钢绳传动防尘垂幕示意见图 9-27。

铁口正面垂幕卷扬机功率为 $N=11\text{kW}$；铁口侧面垂幕卷扬机功率为 $N=5.5\text{kW}$；除尘器管管

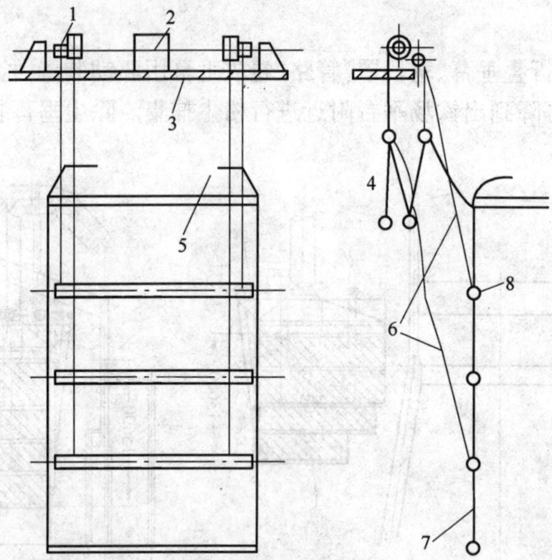

图 9-27 钢绳传动防尘垂幕示意图

1—双动卷筒；2—传动装置；3—平台；4—卷上时的垂幕；5—罩；6—钢绳；7—放下时的垂幕；8—钢管

道流速为 $v=15\sim25\text{m}\cdot\text{s}^{-1}$，最大为 $30\text{m}\cdot\text{s}^{-1}$，最小为 $10\text{m}\cdot\text{s}^{-1}$。

链条传动防尘垂幕示意见图 9-28。

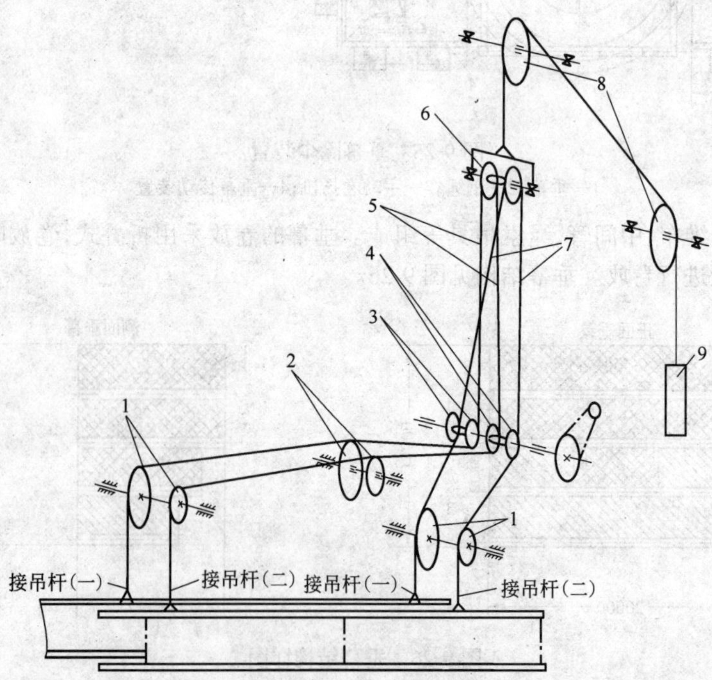

图 9-28 链条传动防尘垂幕传动示意图

1—有齿链轮；2—导向无齿链轮；3—导向链轮(无齿)；4—代齿传动链轮；5—长链条；6—吊挂无齿滑轮(起重链)；7—短链条；8—导向滑轮(钢绳)；9—配重

链条传动防尘垂幕结构见图 9-29。

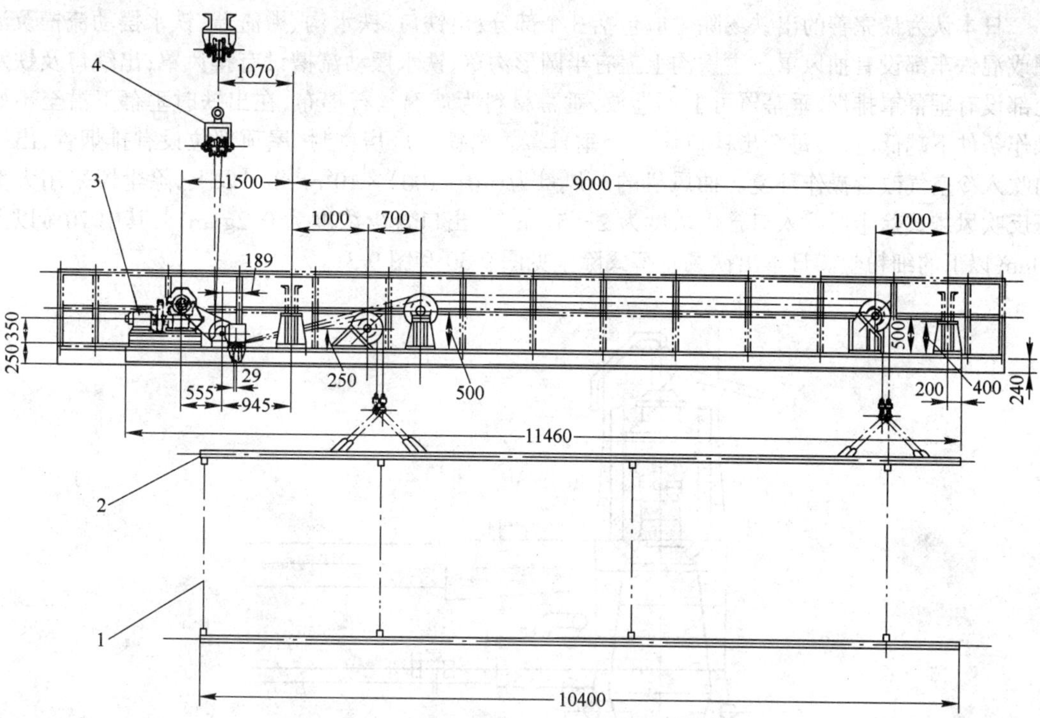

图 9-29 链条传动防尘垂幕结构图

1—垂幕；2—Ⅱ形钢管；3—传动机构；4—吊挂滑轮

链轮传动技术性能见表 9-19。

表 9-19 垂幕链轮传动技术性能

项目	吊杆(一)		吊杆(二)		电动机		减速机		制动器		主令控制器
	行程/mm	速度/$m\cdot min^{-1}$	行程/mm	速度/$m\cdot min^{-1}$	功率/kW	转数/$r\cdot min^{-1}$	型号	速比	型号	电磁铁	
性能	10400	12	5200	6	4		WD-180	51	TJ_2-200 JC=25~30	MZDI-200	MZDI-200

(2) 垂幕传动计算

起吊垂幕时电动机静功率 N_c：

$$N_c=\frac{G_1 v_1+G_2\cdot v_2}{102\eta} \tag{9-15}$$

式中 G_1——大直径卷筒(或链轮)吊挂之垂幕重量，kg；

v_1——大直径卷筒垂幕卷放速度，$m\cdot min^{-1}$；

G_2——小直径卷筒(或链轮)吊挂之垂幕质量，kg；

v_2——小直径卷筒垂幕卷放速度，$m\cdot min^{-1}$；

η——效率，钢绳传动时 $\eta=0.9\sim0.95$；

链式传动时 $\eta=0.85\sim0.90$。

选择电动机时，可以使静功率与额定功率相等，即 $N_H=N_c$。

9.3.3.3 国外出铁场粉尘治理

近几年来，世界各国均在大型高炉出铁场相继采取了净化措施，安装了湿式、袋式或电除尘器等。日本在20世纪70年代开始由60年代的湿式除尘器改用大型袋式除尘器或电除尘器。

日本认为最完善的出铁场除尘应包括3个部分：出铁口、铁水沟、撇渣器、铁水摆动流槽及渣铁罐或混铁车都设有抽风罩。主铁沟上盖有半圆形沟罩、铁水摆动流槽设有排风罩；出铁口及铁水沟上部设有垂幕罩排烟，垂幕罩可上下卷放，垂幕材料为玻璃丝石棉布，在出铁时垂幕下沿至不妨碍操作条件下越低越好，每个出铁口设一个垂幕罩。出铁场厂房密封，屋顶部位设有排烟管，出铁场内吹入冷空气改善操作环境。抽风机的总风量为$(70\sim100)\times10^4 m^3\cdot h^{-1}$以上，除尘器采用大型正压反吹风袋式除尘器。入口含尘浓度为$2\sim5g\cdot m^{-3}$，出口含尘浓度为$0.2g\cdot m^{-3}$，其中70%以上是$30\mu m$以下的细粉尘。日本出铁场垂幕式除尘见图9-30和图9-31。

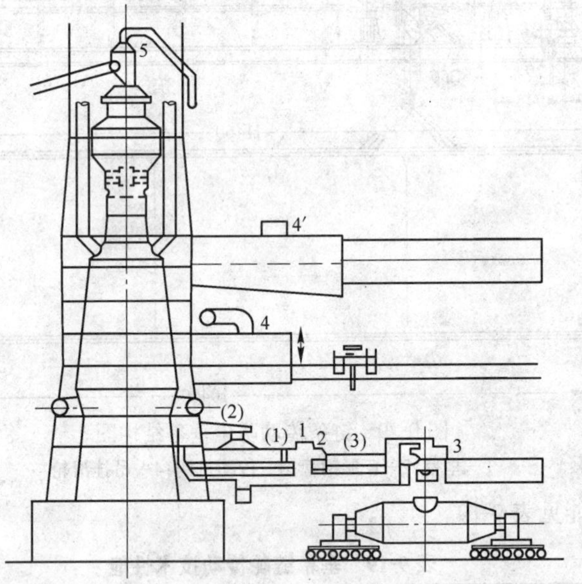

图9-30　高炉出铁场、炉顶除尘立面示意图

1—出铁口除尘排烟；2—挡渣器除尘；3—铁沟与渣沟端部除尘；4—出铁场二次除尘（垂幕式罩）；4′—出铁场二次除尘（封闭罩）；5—炉顶运输机罩

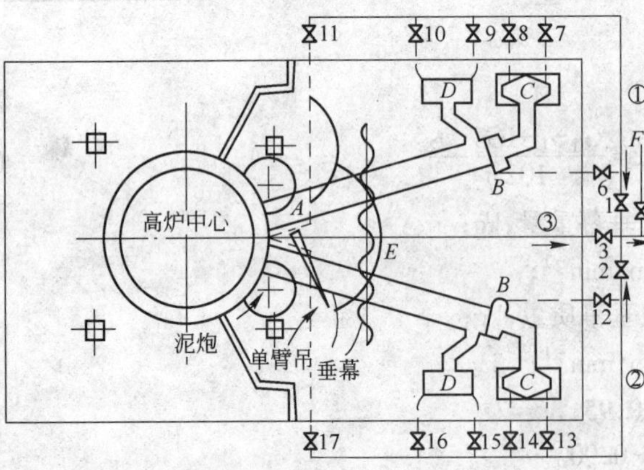

图9-31　两个出铁口的出铁场实例

A—出铁口；*B*—挡渣器；*C*—铁水流槽；*D*—渣沟；*E*—垂幕式罩封闭除尘；*F*—炉顶运输机罩阀板；1～4—主风管阀板；5—除尘器进口阀板；6～17—支管流量控制阀板

9.3.3.4　气幕式除尘装置

日本于1976年提出了一种出铁场除尘新方法的专利。它的特点是：为了有利于工人操作，铁

口、主沟、沙口，将垂幕和抽风罩改为气幕。在出铁场楼板里面设抽风管道，在风管设有向上喷吹的风口，气流从喷口高速喷出形成所谓气幕。喷口气流速度一般为 50～150 $m\cdot s^{-1}$，以 100～150$m\cdot s^{-1}$ 为宜。喷气口的宽度一般为 5～40cm，而以 20～40cm 为宜。整个出铁场是封闭式，气幕包裹着烟尘上升到屋顶并经过设在屋顶的电除尘器由抽风系统排出。

电除尘器的阳极接到高压电源，阳极由细线组成，线的直径在 1.0mm 以下，而以 0.3～0.6mm 为宜，阳极和出铁场房顶由绝缘体固定，用空气进行吹扫。阳极为平板状，需接地。在阳极上粉尘厚度可达 5～20mm，达到此厚度后粉尘因重力作用自动剥落，为收集粉尘在板下设有收尘装置，还设有阳极振打装置振打。

这种除尘装置的优点是，不影响炉前操作、安全可靠，由于强气流向上喷吹可避免操作人员掉入铁沟的危险。气幕除尘系统见图 9-32、图 9-33。

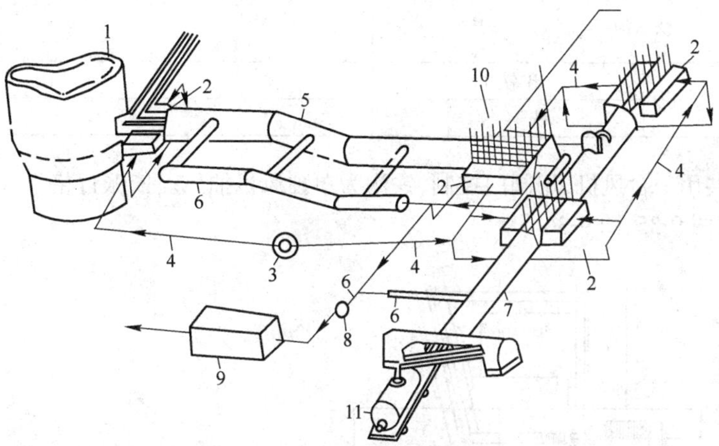

图 9-32　日本提出的出铁场除尘系统(一)

1—高炉；2—气幕喷嘴的集气箱；3—气幕的鼓风机；4—鼓风管道；5—铁流抽尘罩；6—抽风管道；7—支铁沟抽尘罩；8—除尘抽风机；9—除尘器；10—气幕；11—铁水罐

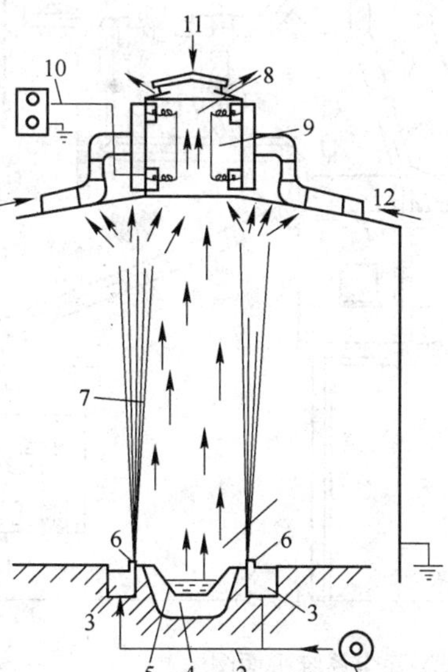

图 9-33　日本提出的出铁场除尘系统(二)

1—鼓风机；2—鼓风管道；3—集气箱；4—铁水沟；5—铁水；6—喷嘴；7—气幕；8—电除尘器；9—阴极；10—阳极；11—清扫阳极绝缘体气管；12—换气屋顶

9.3.3.5 湿式除尘装置

1974年日本新日铁公司为巴西尤西米纳斯公司的依派订格厂3号高炉设计了出铁场除尘。除尘器采用了湿式泰森洗涤器，共3台 D2900mm×9300mm、抽风量为2300 $m^3·min^{-1}$；进口含尘量为2.5$g·m^{-3}$、出口含尘量为0.2$g·m^{-3}$；耗水量为60$m^3·min^{-1}$。除尘器安装在沉淀池附近，除尘器的水循环使用。

出铁口和铁水沟设有气幕，出铁口气幕风机安装在出铁场平台下面，全部操作在中央控制室用指示灯显示。依派订格厂3号高炉出铁场除尘抽风位置及抽风量见表9-20。

表 9-20 抽风点及风量参数

部位		抽风点/个	每个抽风点风量/$m^3·min^{-1}$
铁口		2	800
铁水沟		2	上部450 下部750
气幕喷射量	出铁口	2	150
	铁沟	2	70

两个出铁口共用一台风机，用阀门控制，铁沟为单独风机抽风。依派订格厂3号高炉出铁场除尘系统见图9-34、图9-35、图9-36。

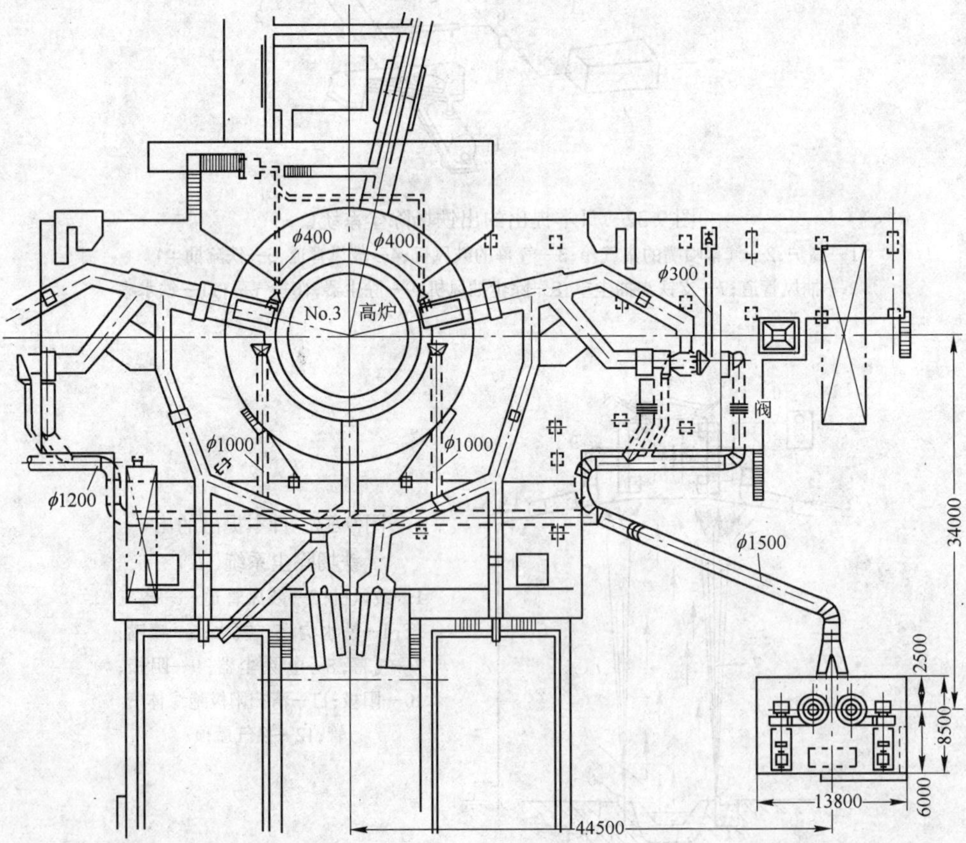

图 9-34 出铁场除尘系统平面图

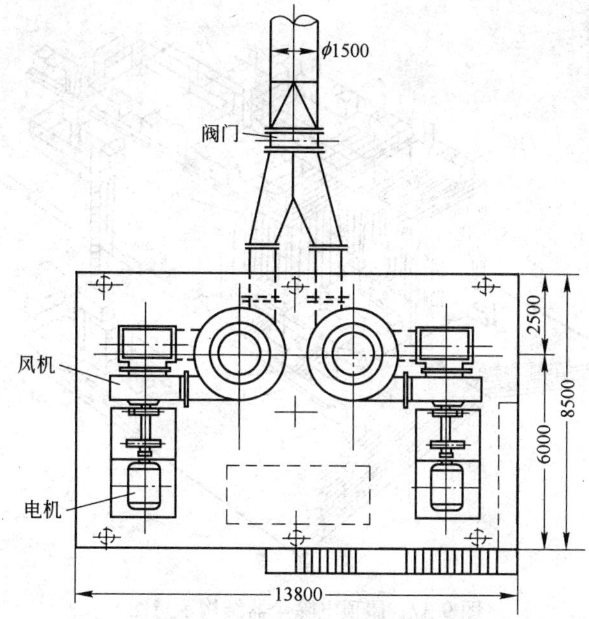

图 9-35　出铁场除尘器图

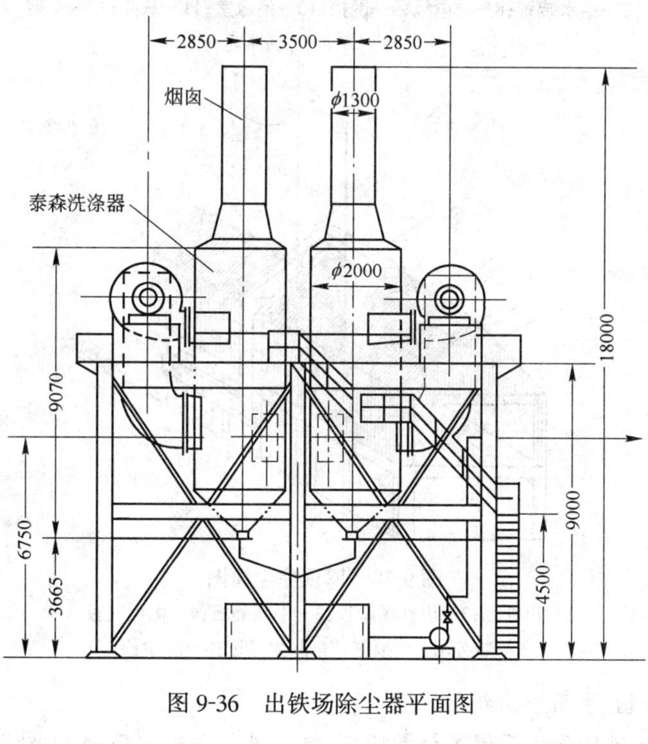

图 9-36　出铁场除尘器平面图

9.3.3.6　几种出铁场除尘形式

(1) 屋顶电除尘器结构(见图 9-37)。

(2) 屋顶除尘器(见图 9-38)。

(3) 出铁场摆动流槽抽风罩(见图 9-39)。

(4) 出铁场出铁口吸风罩(见图 9-40)。

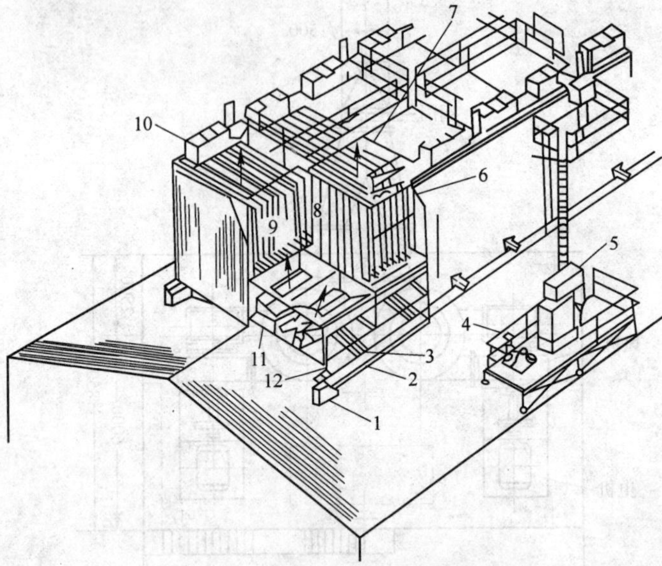

图 9-37　屋顶电除尘器结构示意图

1—金属基础；2—集水槽；3—排水槽；4—排风机；5—硅整流器；6—放电极框架；7—给水装置；8—放电线；9—围挡；10—绝缘室；11—灰斗；12—框架

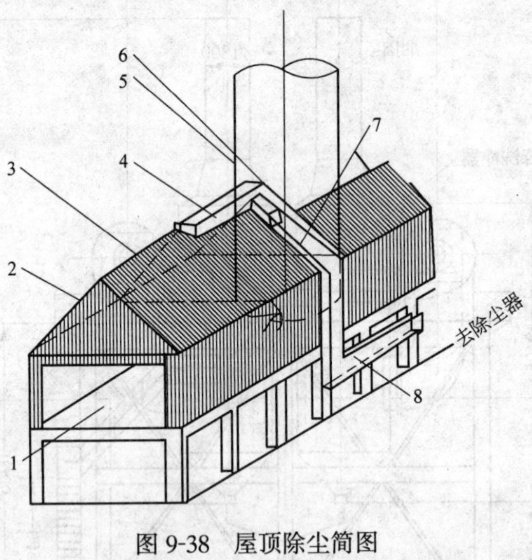

图 9-38　屋顶除尘简图

1—出铁场；2—出铁场屋顶；3—中间隔板；4—侧面隔板；5—烟囱；6—切换阀；7—除尘风道；8—除尘器

9.3.3.7　鞍钢 11 号高炉出铁场除尘

鞍钢 11 号高炉出铁场除尘采用了分散捕集、统一抽风型式。鞍钢 11 号高炉出铁场粉尘粒度组成和成分见表 9-21。

高炉出铁场在铁口、铁沟、沙口等处均设有抽风罩或盖，在铁罐上方设有吸风罩，用 $D2000$mm 钢管抽风，经反吹风负压袋式除尘器，把进口粉尘浓度 $2g\cdot m^{-3}$降到出口粉尘浓度 $40mg\cdot m^{-3}$后放空。收集到的粉尘，经 GX 型螺旋输送机、斗式提升机、贮灰斗、圆筒搅拌机（加水）后运到贮灰场待用。整个操作采用 GE-VIP 可编程序控制器 PC 控制，并有彩色动态模拟画面 。

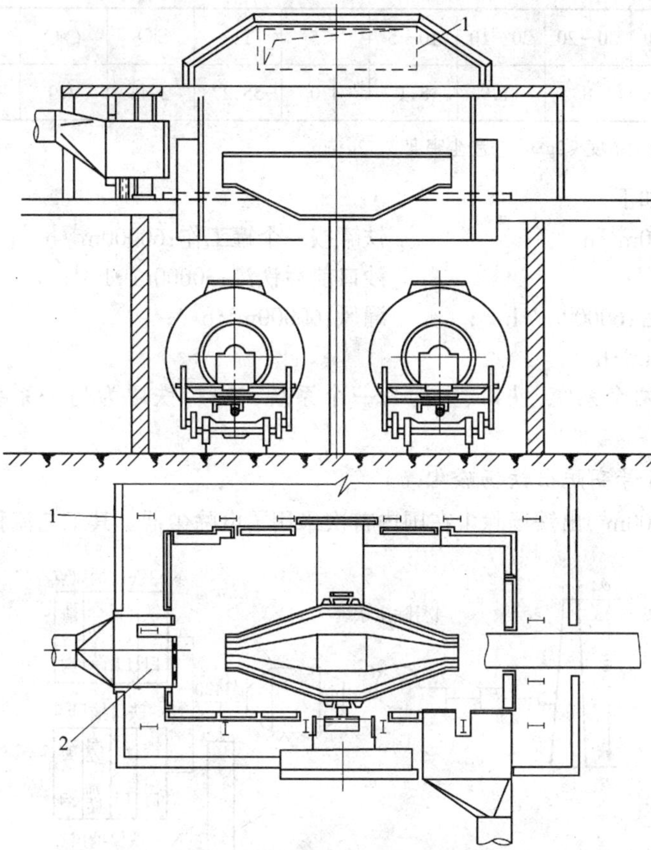

图 9-39　摆动流槽抽风罩

1—顶吸罩;2—侧吸罩

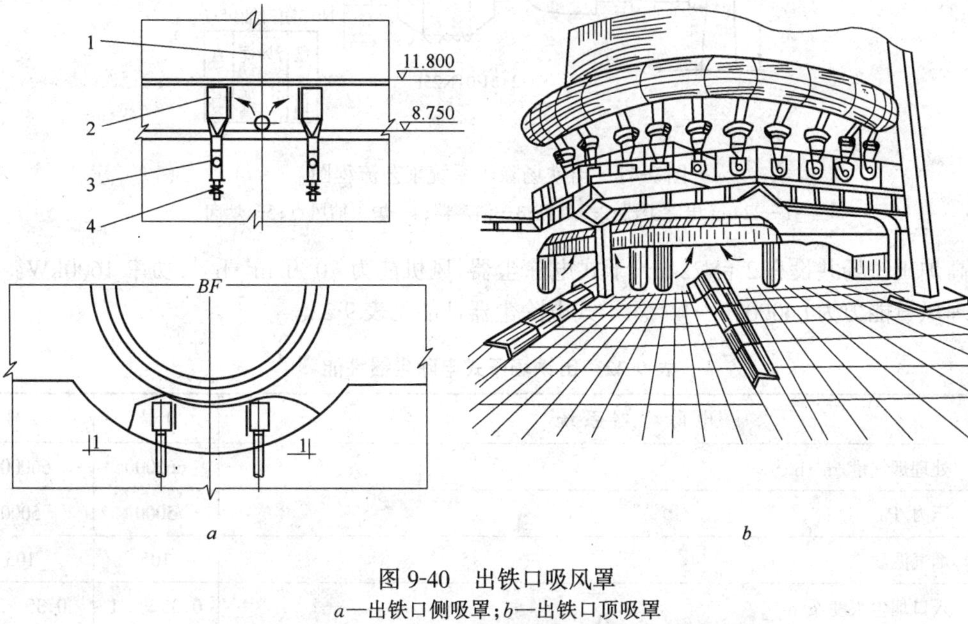

图 9-40　出铁口吸风罩

a—出铁口侧吸罩;*b*—出铁口顶吸罩

1—出铁口中心线;2—侧吸罩;3—三通管;4—阀门

表 9-21　鞍钢 11 号高炉出铁场粉尘粒度组成及成分

粒度/μm	>40	40～30	30～20	20～10	10～5	<5	TFe	SiO_2	CaO	MgO	游离 SiO_2
组成/%	52	16	8	11.9	8.1	4.0	55.27	2.46	7.9	3.29	3.67

注：粉尘温度 100℃；粉尘浓度≤$2g·m^{-3}$；粉尘密度 $3.72g·cm^{-3}$。

出铁除尘抽风量如下：

铁口、主沟：$150000m^3·h^{-1}$；

铁罐按一个罐工作：$60000m^3·h^{-1}$；

沙口：$30000m^3·h^{-1}$；

沙口前后铁沟：$30000m^3·h^{-1}$；

考虑铁罐提前滞后：$60000m^3·h^{-1}$；

漏风：$60000m^3·h^{-1}$；

总抽风量：$390000m^3·h^{-1}$。

出铁场除尘分为两个系统，铁口、主沟为一个系统；沙口、铁罐为另一系统，每个系统选用 $240000m^3·h^{-1}$引风机。

9.3.3.8　武钢 5 号高炉出铁场除尘

武钢 5 号高炉($3200m^3$)出铁场除尘在国内首次采用了电除尘器。其工艺流程示意见图 9-41。

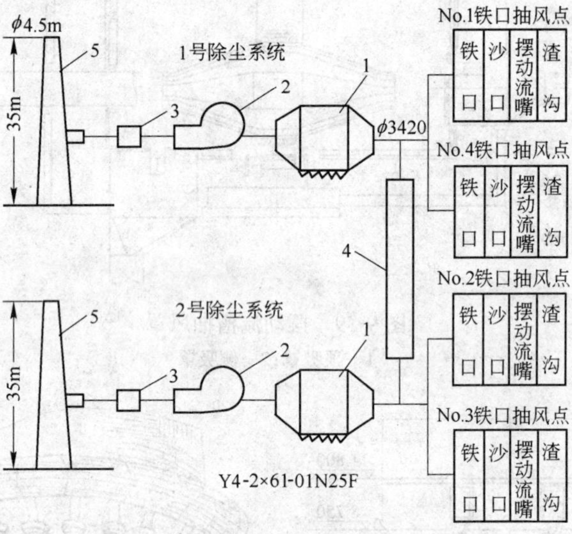

图 9-41　出铁场除尘系统工艺流程图

1—$224m^2$ 电除尘器；2—风机；3—消声器；4—炉顶抽风点；5—烟囱

该高炉出铁场共设有 2 台 $224m^2$ 干式电除尘器，风机能力 70 万 $m^3·h^{-1}$，功率 1600kW。每台实际处理风量能力为 $660000m^3·h^{-1}$。干式电除尘器性能见表 9-22。

表 9-22　出铁场干式电除尘器性能

电除尘器系统		1号	2号
设计参数	处理烟气量/$m^3·h^{-1}$	660000	660000
	压力/Pa	5000	5000
	烟气温度/℃	105	105
	入口烟尘浓度/$g·m^{-3}$	0.35～2.1	0.35～2.1

续表 9-22

<table>
<tr><td colspan="7">电除尘器系统</td><td>1号</td><td>2号</td></tr>
<tr><td rowspan="24">实测结果</td><td colspan="3" rowspan="2">大气压力 768mmHg</td><td rowspan="24">烟气参数及烟尘浓度</td><td rowspan="12">除尘器入口</td><td rowspan="3">烟气量/m³·h⁻¹</td><td rowspan="3">579000</td><td rowspan="3">587000</td></tr>
<tr></tr>
<tr><td colspan="3" rowspan="2">运行参数</td></tr>
<tr><td rowspan="3">负压值/Pa</td><td rowspan="3">3500</td><td rowspan="3">3670</td></tr>
<tr><td rowspan="8">一电场</td><td rowspan="4">A</td><td rowspan="2">64kV 350mA</td></tr>
<tr></tr>
<tr><td rowspan="2">(55) (480)</td><td rowspan="3">温度/℃</td><td rowspan="3">43</td><td rowspan="3">45</td></tr>
<tr></tr>
<tr><td rowspan="4">B</td><td rowspan="2">60kV 250mA</td></tr>
<tr><td rowspan="3">烟气浓度/g·m⁻³</td><td rowspan="3">0.86</td><td rowspan="3">0.85</td></tr>
<tr><td rowspan="2">(55) (450)</td></tr>
<tr></tr>
<tr><td rowspan="8">二电场</td><td rowspan="4">A</td><td rowspan="2">50kV 500mA</td><td rowspan="12">除尘器出口</td><td rowspan="3">烟气量/m³·h⁻¹</td><td rowspan="3">607900</td><td rowspan="3">616000</td></tr>
<tr></tr>
<tr><td rowspan="2">(53) (400)</td></tr>
<tr><td rowspan="3">负压值/Pa</td><td rowspan="3">3990</td><td rowspan="3">4180</td></tr>
<tr><td rowspan="4">B</td><td rowspan="2">55kV 500mA</td></tr>
<tr></tr>
<tr><td rowspan="2">(55) (450)</td><td rowspan="3">温度/℃</td><td rowspan="3">42</td><td rowspan="3">43</td></tr>
<tr></tr>
<tr><td rowspan="4">三电场</td><td rowspan="2">A</td><td rowspan="2"></td></tr>
<tr><td rowspan="3">排放浓度/mg·m⁻³</td><td rowspan="3">42</td><td rowspan="3">27</td></tr>
<tr><td rowspan="2">B</td><td rowspan="2"></td></tr>
<tr></tr>
<tr><td colspan="6" rowspan="4">除 尘 器</td><td>排灰量/kg·h⁻¹</td><td>25.53</td><td>16.63</td></tr>
<tr><td>效率/%</td><td>94.9</td><td>96</td></tr>
<tr><td>阻力/Pa</td><td>490</td><td>510</td></tr>
<tr><td>漏风率/%</td><td>4.8</td><td>4.7</td></tr>
</table>

电除尘器的主要性能有：

电场数目：3 个；　　电场横断面积：$224m^2$；

沉淀极吸尘面积：$16111m^2$；　　沉淀极板型式：W 型；

电晕板阀型式：锯齿、扁钢形；　　电场风速：$0.844m\cdot s^{-1}$；

同极间距：400mm；　　供电电压：7.2×10^4V；

电除尘器压力降：200Pa。

武钢 5 号高炉出铁场除尘特点及效果：

1) 出铁场采用干式电除尘器进行消烟除尘是有效的。在第三电场未送电的情况下，除尘效率达 94.9%～96%；净化后的烟气排放浓度为 $27\sim42mg\cdot m^{-3}$。

2) 在正常情况下出铁口侧吸风量 $18\times10^4m^3\cdot h^{-1}$；三点式吸风时风量为 $22\times10^4\ m^3\cdot h^{-1}$；主沟，沙口为 $73\times10^4m^3\cdot h^{-1}$；渣沟为 $1.5\times10^4m^3\cdot h^{-1}$；炉顶上料头部抽风量为 $4\times10^4m^3\cdot h^{-1}$；在抽风量为 $52.5\times10^4m^3\cdot h^{-1}$ 的条件下，当入口烟气含尘浓度平均为 $1.0g\cdot m^{-3}$ 左右时，经电除尘器除尘后的烟气排放浓度可达到小于 $50mg\cdot m^{-3}$。由此可见，武钢 5 号高炉出铁场除尘采用干式电除尘器工艺，是合理的、成功的，各厂家可以借鉴。

国外大型高炉出铁场除尘设备能力见表 9-23。

表 9-23　国外大型高炉出铁场除尘设备能力

项目 / 厂名炉号		炉　容/m³	铁口数	投产年月	除尘器型式	除尘器能力/m³·h⁻¹
大分厂	1	4158	4	1972.04	袋　式	287000×2＋390000×2
君津厂	3	4063	4	1971.09	袋　式	1260000×2
君津厂	4	4930	4	1975.10	袋　式	750000×2＋1440000×1

续表 9-23

项目 / 厂名炉号		炉容/m^3	铁口数	投产年月	除尘器型式	除尘器能力/$m^3 \cdot h^{-1}$
广畑	1	4140	4	1975.03	袋式	900000×1
釜石	1	1150	2	1966.07	袋式	1020000×1
釜石	2	1730	2	1968.12	袋式	755000×1
名古屋	3	2924	3	1969.04	多管式	180000+120000
福山	4	4197	3	1971.04	袋式	318000
福山	5	4617	3	1969.01	袋式	900000
水岛	2	2857	2	1970.10	湿式	180000×4
水岛	3	3363	3	1974.12	湿式	330000
加古川	1	3096	3	1976.09	袋式	540000+360000
鹿岛	3	5050	4		袋式	1800000+792000
法国敦刻尔克	4	4250	4		铁口气幕	180000×2
德国奥克斯特蒂森		4085	3		袋式	700000
巴西依派订格厂	3	2700	2		泰森洗涤器	138000×2
川崎厂	3	3363	3		湿式	1000×1 2500×1

9.3.4 原料系统粉尘治理

9.3.4.1 原料系统粉尘特性

原料系统的尘源是比较分散的。如:矿槽卸料口、给料机、胶带机卸料口、转运站、振动筛、称量漏斗等,含尘浓度一般在 5~8$g \cdot m^{-3}$左右。原料系统粉尘粒度组成见表 9-24。

表 9-24 原料系统粉尘粒度组成

粒度/μm	>50	50~40	40~30	30~20	20~10	10~5	<5
组成/%	44.1	9.2	10.7	13.2	15.2	5.87	1.73

原料系统粉尘化学成分见表 9-25。

表 9-25 原料系统粉尘化学成分

成分	Fe	Fe_2O_3	FeO	P	MnO	S	MgO	CaO	SiO_2
含量/%	39.33	54.9	1.2	0.07	1.97	2.25	2.49	10.49	9.5

原料系统粉尘比电阻见表 9-26。

表 9-26 原料系统粉尘比电阻

温度/℃	50	100	150	200	250
比电阻/Ω·cm	3.4×10^7	5.6×10^7	2.0×10^8	8.0×10^7	1.6×10^7

9.3.4.2 原料系统除尘抽风点的型式

(1) 贮矿槽上侧边抽风型式(见图9-42)。

(2) 矿槽槽下除尘断面(见图 9-43)。

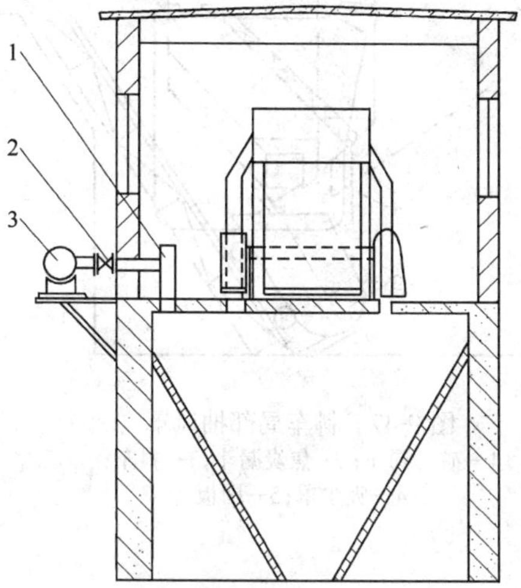

图 9-42　贮矿槽上侧边抽风

1—集风箱；2—蝶阀；3—风管

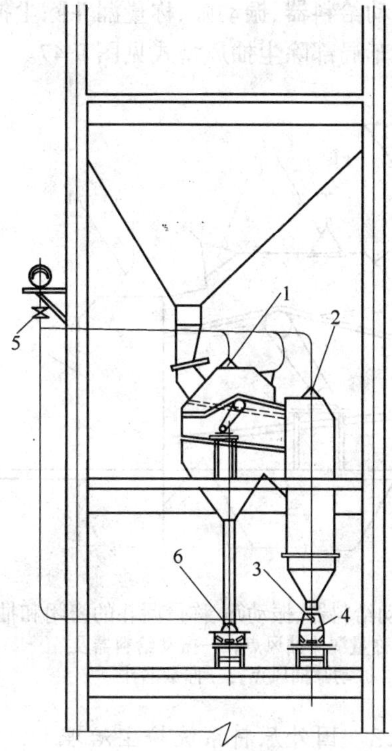

图 9-43　矿槽槽下除尘系统断面

1—振动给料器及振动筛抽风点；2—称量漏斗抽风点；3—胶带受料抽风点；4—返矿胶带受料抽风点；5—蝶阀；6—风管

(3) 转运站抽风除尘型式(见图 9-44)。

(4) 矿槽给料机除尘抽风型式见图 9-45。

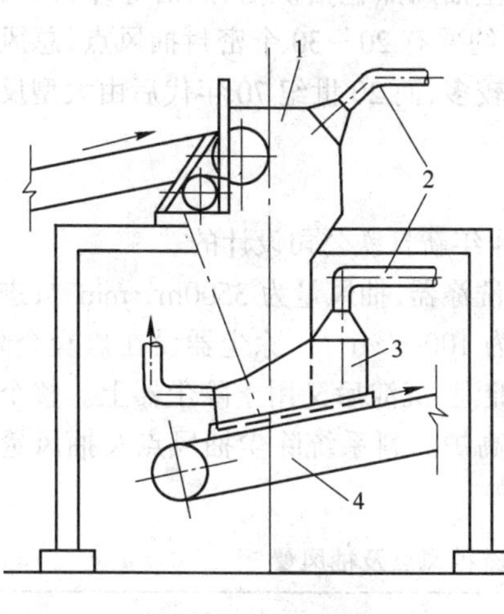

图 9-44　皮带运输转运点

1—转运点抽风罩；2—抽风支管；3—密闭罩；4—皮带机

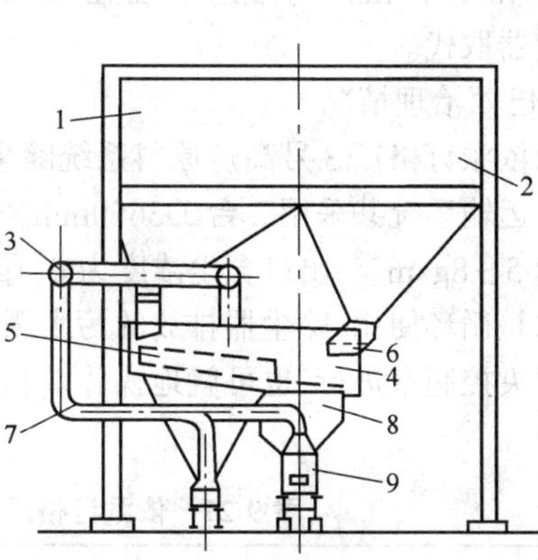

图 9-45　矿槽给料抽风点

1—烧结矿槽；2—矿石槽；3—总管；4—密闭罩；5—筛子；6—给料器；7—支管；8—称量斗；9—皮带罩

(5) 振动给料器、振动筛、称量漏斗除尘抽风型式(见图 9-46)。

(6) 料车局部除尘抽风型式见图 9-47。

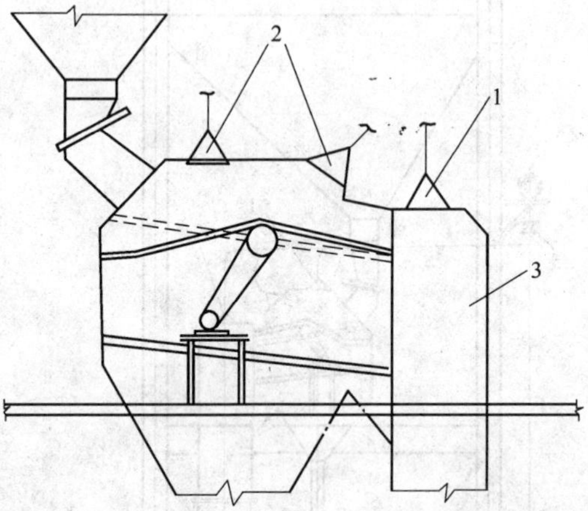

图 9-46　振动给料器、振动筛、称量漏斗的密闭和抽风

1—称量漏斗抽风点;2—振动给料器及振动筛抽风点;3—称量漏斗

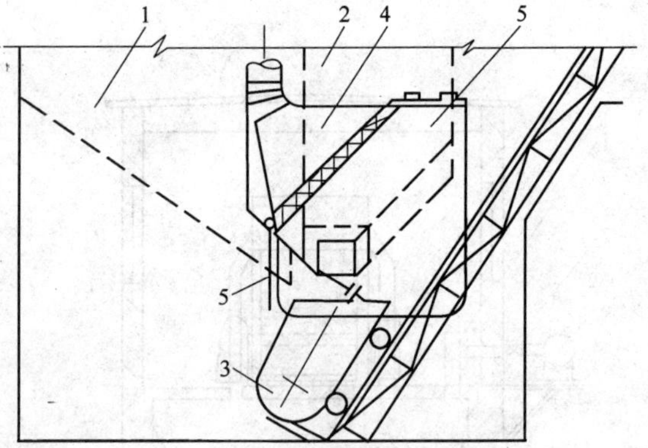

图 9-47　料车局部抽风罩

1—矿石漏斗;2—焦炭漏斗;3—料车;4—吸尘罩;5—围板

9.3.4.3　国外原料系统粉尘治理

(1) 日本治理情况

日本对原料系统粉尘治理的经验是,原料从船上卸料过程就开始采用喷水除尘;从港口到烧结原料堆放场大多数用胶带运输,而胶带全部设有钢板密封罩;原料场设有喷水装置,水中加入 3%醋酸乙烯树脂防尘剂,使水滴落在料堆表面后结成一层硬壳防止粉尘飞扬;烧结矿和焦炭在送往高炉贮料槽的过程中都采取密封措施和抽风除尘。

首先把散发粉尘的设备进行密封,然后抽风除尘。除尘抽风点包括矿槽、焦槽等卸料口、振动筛、称量漏斗、转运站、给料器、炉顶上料口等。原料系统大约要有 20～30 个密封抽风点,总风量可达 3000～4000$m^3 \cdot min^{-1}$。除尘设备在 60 年代湿式除尘器较多,而 20 世纪 70 年代后由大型反吹风袋式除尘器取代。

(2) 巴西治理情况

巴西依派订格厂 3 号高炉原料系统除尘装置是于 1974 年新日铁公司设计的。

原料运输系统共采用 2 台 D3660mm×11200mm 泰森洗涤器,抽风量为 3500$m^3 \cdot min^{-1}$;进口含尘浓度为 5～8$g \cdot m^{-3}$,出口含尘浓度为 0.1$g \cdot m^{-3}$;耗水量为 100$m^3 \cdot h^{-1}$。除尘器设在焦炭仓附近;除尘器水是循环使用,除尘器排放的污水用泥浆泵打至沉淀池,沉淀后又用于除尘器上。整个操作可以在中央控制室进行,也可就地操作。依派订格厂 3 号高炉原料系统除尘抽风点及抽风量见表 9-27。

表 9-27　依派订格厂 3 号高炉原料系统抽风点及抽风量

抽风点位置	抽风量/$m^3 \cdot min^{-1}$
从流槽到 No.3 胶带机及其尾部的排料点	(50+50)×7+50=750
矿槽称量漏斗	40×7=280
矿槽下的流嘴到 No.1 胶带机及其尾部排料点	55×7+45=430

续表 9-27

抽风点位置	抽风量/$m^3 \cdot min^{-1}$
0-1 到 0-2 胶带机及 0-2 胶带机尾部	$(30+40+30)\times1+40=140$
从 0-2 胶带机转到上部流槽	$100\times1=100$
矿石漏斗	$90\times2=180$
焦炭筛及从流槽到 0-3 胶带机排料点	$(50+50)\times2+55=255$
焦炭筛、流槽到 C-1 胶带机及 C-1 胶带机尾部排料点	$(50+55)\times2+45=255$
C-1、C-2 胶带机的连接点及 C-2 胶带机尾部排料点	$(30+40+30)\times1+40=140$
从 C-2 胶带机转到上部流槽	$100\times1=100$
焦炭称量漏斗	$90\times2=180$
从矿石漏斗至 S-1 胶带机排料点	$(80+80)\times1=160$
从焦炭称量漏斗至 S-1 胶带机排料点	$(80+80)\times1=160$
合　计	3125

9.3.4.4 鞍钢 11 号高炉沟下除尘

该高炉沟下除尘采用了大型反吹风袋式除尘器。原料系统粉尘粒度组成及化学成分见表 9-28。

表 9-28 鞍钢 11 号高炉原料系统粉尘粒度组成及化学成分

粒度/μm	>40	40～30	30～20	20～10	10～5	<5	TFe	SiO_2	CaO	MgO	游离 SiO_2
组成/%	10	22.4	63.9	0.8	2	0.9	51.93	11	12.6	2.66	9.1

注：含尘气体温度≤80℃；含尘浓度≤$3g \cdot m^{-3}$；粉尘密度：$3.8g \cdot cm^{-3}$。

11 号高炉沟下除尘是，在各产尘点设有密封罩，经 D2000mm 管道抽风到袋式除尘器净化，净化后的气体经引风机排至烟囱放散。进口粉尘浓度为 $3g \cdot m^{-3}$，出口粉尘浓度为 $60mg \cdot m^{-3}$，处理风量为 $240000m^3 \cdot h^{-1}$。各产尘点抽风量见表 9-29。

表 9-29 鞍钢 11 号高炉沟下抽风点及风量(m^3/h)

抽风点部位	每点抽风量	抽风点/个	小　计
中间矿槽溜嘴	15000	2	$15000\times2=30000$
料　坑	35000	2	$35000\times2=70000$
链带机头部	10000	2	$10000\times2=20000$
焦炭筛	20000	2	$20000\times2=40000$
板式给料机	5000	10	$5000\times10=50000$
小　计			210000
漏风率/%	10		21000
合　计			231000

在灰斗内收集下来的粉尘，经 GX 型螺旋输送机、斗式提升机等输送机械运到灰仓，定期外运到用户。整个系统采用 GE-VIPC 控制，可动态显示和打印。

9.3.5 炼铁厂其他粉尘治理

9.3.5.1 炉顶除尘

炉顶除尘主要包括，上料胶带机头部、密封阀、无料钟设备等。巴西依派订格厂 3 号高炉，采用了一台湿式泰森洗涤器，型号为 D1370mm×4900mm，抽风量为 $250m^3 \cdot min^{-1}$，其具体抽风点是胶带机头部一点、密封阀二点。炉顶除尘见图 9-48。无料钟炉顶除尘见图 9-49。

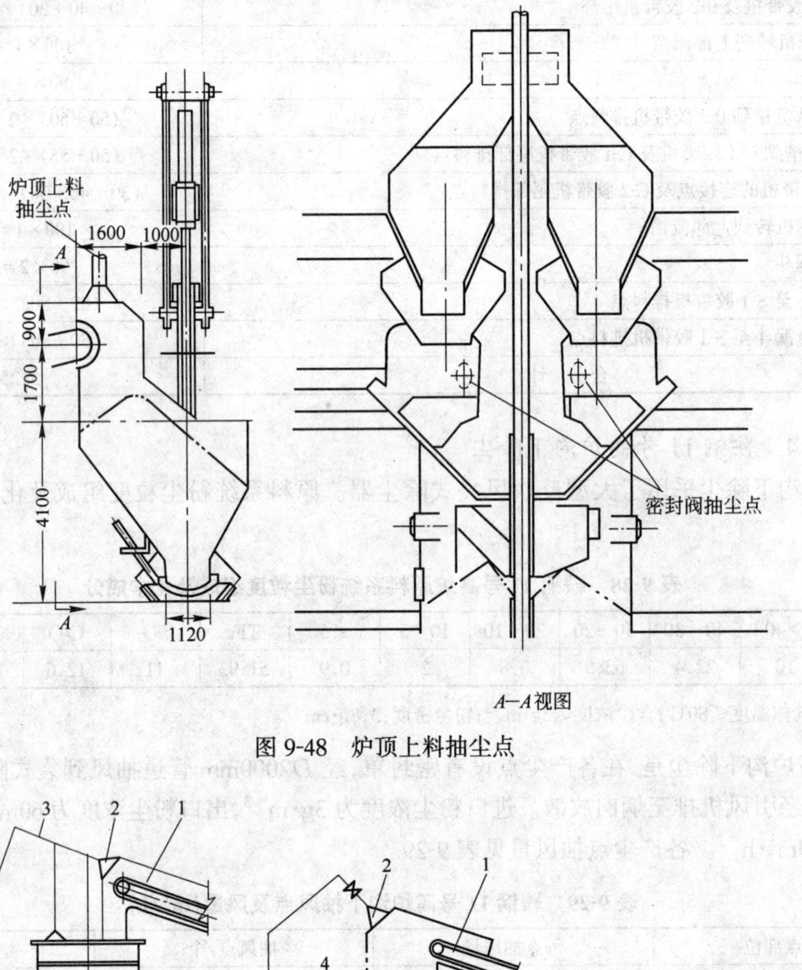

图 9-48　炉顶上料抽尘点

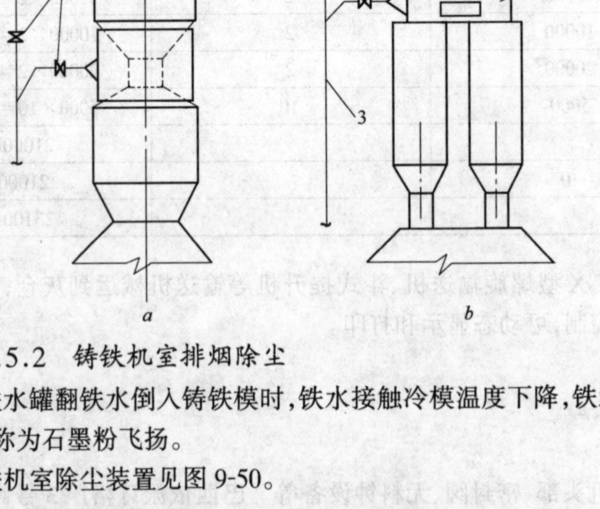

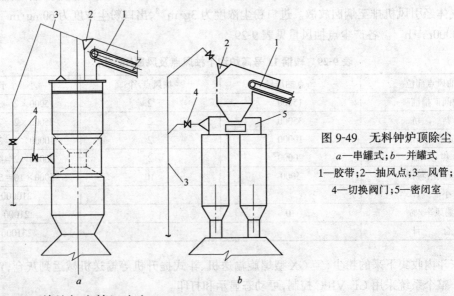

图 9-49　无料钟炉顶除尘
a—串罐式；b—并罐式
1—胶带；2—抽风点；3—风管；
4—切换阀门；5—密闭室

9.3.5.2　铸铁机室排烟除尘

当铁水罐翻铁水倒入铸铁模时，铁水接触冷模温度下降，铁水中的部分饱和碳变成游离状态飞出，一般称为石墨粉飞扬。

铸铁机室除尘装置见图 9-50。

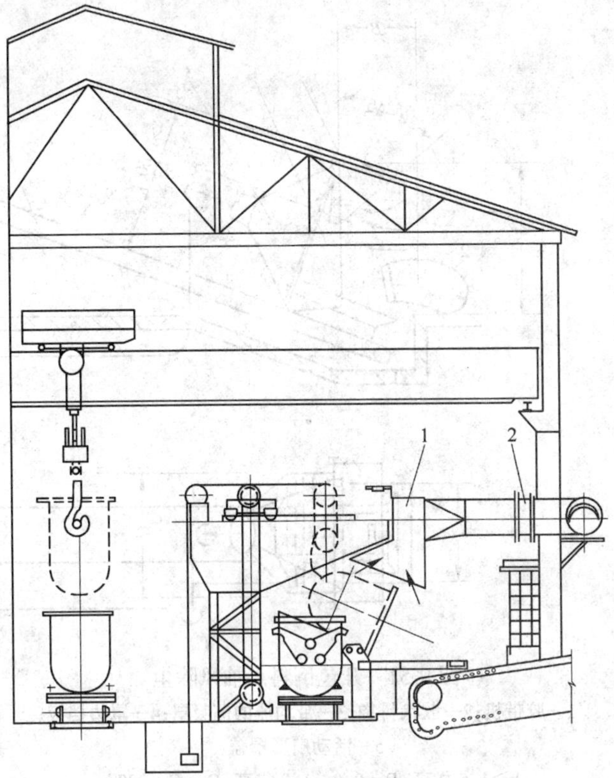

图 9-50　铸铁机除尘

1—上抽风罩;2—电动蝶阀

宝钢 1 号高炉铸铁机除尘装置性能指标见表 9-30。

表 9-30　宝钢 1 号高炉铸铁机除尘装置性能指标

项　目	性 能 指 标	项　目	性 能 指 标
除尘器型式	每台除尘装置有 4 个室正压反吹风袋式除尘器	烟尘处理/m^3	干式 2.5
风量/$m^3 \cdot h^{-1}$	3100	入口浓度/$g \cdot m^{-3}$	3～6
风压/Pa	3432	出口浓度/$mg \cdot m^{-3}$	50
过滤面积/m^2	3100	混铁车上部排风罩风量/$m^3 \cdot min^{-1}$	1500
电机功率/kW	500	铸铁沟上部排风罩风量/$m^3 \cdot min^{-1}$	1250

9.3.5.3　碾泥机室粉尘治理

碾泥机室尽量采用自动化、机械化及密封化的生产工艺、并采用加湿作业,散状料应以袋装为主,以减少在生产过程中的扬尘。

卸料和倒料处,可设上侧均流吸尘罩,风量按罩面风速 1.0～3.0$m \cdot s^{-1}$确定。吸尘罩型式见图 9-51。

胶带机机尾落料处、斗式提升机、胶带机头部、振动筛、给料器、焦粉破碎机等处,应设密封罩抽

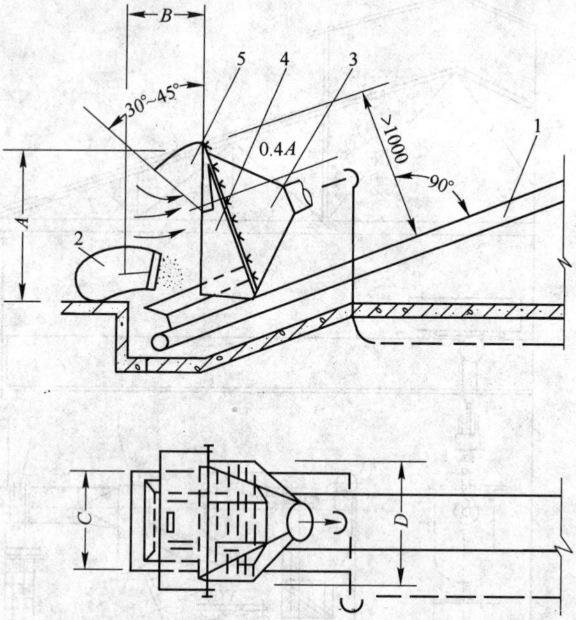

图 9-51 开包倒料点抽风除尘

1—胶带机;2—散状料袋;3—带均流的侧吸罩;4—罩边挡板;

5—活动扇形罩盖

$A \geqslant 1.5$ 袋高;$B = 0.8 \sim 1.0$ 袋高;$D = C + 200$mm

风除尘。碾泥机抽风量见表 9-31。

表 9-31 碾泥机抽风量

碾泥机型号	抽风量/$m^3 \cdot h^{-1}$	压力损失/Pa	最小真空度/Pa
D1600mm×450mm	2500	275	1.5~19.6
D1200mm×350mm	2000	275	1.5~19.6
D1000mm×320mm	1500	275	1.5~19.6
D920mm×350mm	1000	275	1.5~19.6

9.3.5.4 铁水罐修理库粉尘治理

铁水罐修理库的烘烤铁罐厂房应设有自然通风、屋顶应设天窗,并应防止穿堂风,将烟尘吹向其他作业区;在热修平台上应设有移动喷雾风扇;为了热罐中的操作人员局部降温应设有冷却送风系统,送风口应对准热罐中心,并能够按需要转动风口以满足局部送风要求。罐内热修送风装置见图 9-52。

割砖、磨砖机等处应设吸尘罩抽风除尘。割、磨砖机的抽风量如下:

MZL200-Ⅰ型抽风量:2500~3000$m^3 \cdot h^{-1}$,$\zeta = 0.5$;

MZL200-Ⅱ型抽风量:2750~3300$m^3 \cdot h^{-1}$,$\zeta = 0.5$;

MZL200-Ⅲ型抽风量:3000~3500$m^3 \cdot h^{-1}$,$\zeta = 0.5$。

粉尘浓度为 3000~5000$mg \cdot m^{-3}$。

磨砖机抽风除尘见图 9-53。

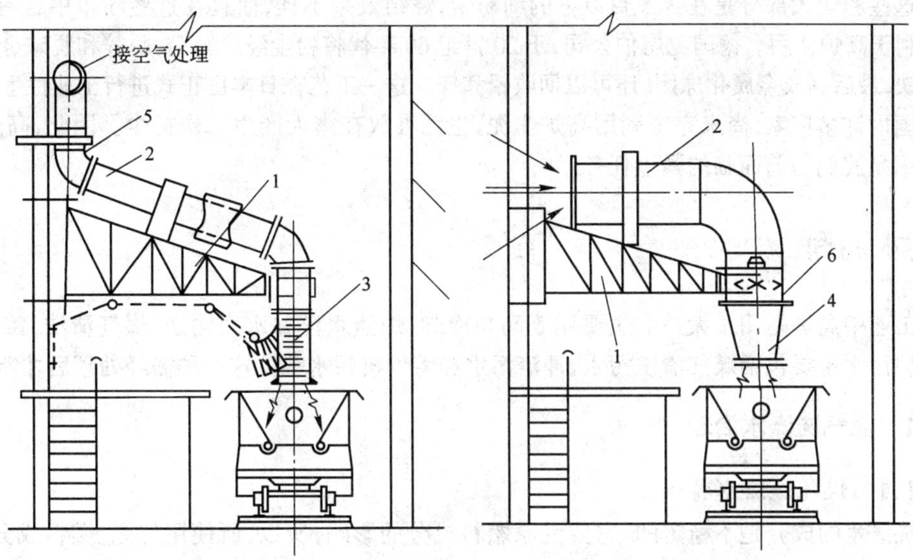

图 9-52 罐内热修送风装置
a—集中送风系统；b—就地送风
1—转动架；2—风管；3—可弯风口；4—送风口；5—活动弯头；6—轴流风机

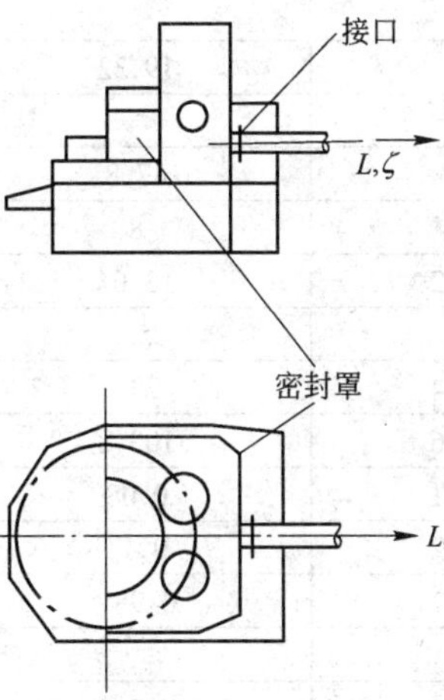

图 9-53 磨砖机除尘

9.3.6 粉尘综合利用

随着钢铁工业的发展，钢铁企业的粉尘、尘泥等的回收利用摆在炼铁工作者的面前，如何开发利用这二次资源是一个课题。以生产能力 1000 万 t/a 的钢铁企业为例，高炉灰、烧结粉尘、焦炭粉末、高炉尘泥、转炉尘泥和铁鳞等，大约超过 100 万 t，均可做烧结矿或球团矿原料充分利用。其中高炉所属粉尘回收量就有近 10 万 t。如不利用，这些粉尘和尘泥的堆放也是一大难题。

9.3.6.1 宝钢工业废弃物利用状况

宝钢在几年来废弃物利用上取得了较好的成绩。历年来工业废弃物产生与利用状况见表 9-32。

高炉渣全部获得利用，钢渣利用率达到 20%～30%，粉煤灰年利用量接近 30 万 t。另外收集到的尘泥全部送往小球团生产线生产球团矿送高炉使用。1987～1991 年 5 年间尘泥利用了 406169t。

表 9-32 历年来工业废弃物产生与利用状况

年　　份	1986	1987	1988	1989	1990	1991
工业固废产物/万 t	171.4	204.8	278.9	276.7	254.1	288
利用量/万 t	143.7	175.5	232.2	258.6	237.7	302.2
利用率/%	83.9	85.7	83.3	93.5	93.6	104.9

9.3.6.2 国外粉尘利用情况

以德国为例，1974 年钢铁企业的粉尘堆放量大约近 100 万 t，这些粉尘送往烧结厂后供高炉使用。但是这些粉尘大部分是在325目以下的细粉尘，烧结效果不佳，而且在这些粉尘中含有Pb、Zn等金属不利于高炉使用。德国克虏伯公司，于20世纪60年代将粉尘经过脱铅、脱锌和脱碱金属后还原成金属铁，最后制成金属化球团，还可以回收铅和锌。这一工艺在日本已正式进行工业性生产。

目前国内许多厂家，尚未完全利用高炉尘泥，尘泥堆放在露天产生二次扬尘。因此，高炉尘泥的综合利用是我们当前面临的紧迫任务。

9.4 污水治理

钢铁工业中高炉是用水大户。主要用于高炉冷却、炉渣水淬并水力输送、煤气清洗、铸铁机冷却等。高炉污水主要包括煤气清洗污水、冲渣污水和铸铁机污水等。这3种需经处理后才能排放。

9.4.1 煤气洗涤水治理

9.4.1.1 煤气洗涤水特性

煤气洗涤水的成分是不稳定的，它要受原燃料成分的影响，所以，所使用的原、燃料成分不同、冶炼条件不一，其成分就不同。煤气洗涤水的一般特性见表9-33。

表9-33 高炉煤气洗涤污水水质

项目 指标	高压操作		常压操作	
	沉淀前	沉淀后	沉淀前	沉淀后
总碱度/$mg \cdot L^{-1}$		7.67		
全硬度(德国度)	19.18	19.04		19.32
暂时硬度(德国度)				
水温/℃	43	38	53	47.8
pH	7.5	7.9	7.9	8
钙/$mg \cdot L^{-1}$	98	98	14.42	13.64
耗氧量/$mg \cdot L^{-1}$	10.72	7.04		25.5
硫酸盐/$mg \cdot L^{-1}$	144	204	232.4	234
氯根/$mg \cdot L^{-1}$	161	155	108.6	103.8
铁/$mg \cdot L^{-1}$	0.067	0.067	0.201	0.08
酚/$mg \cdot L^{-1}$	2.4	2	0.382	0.12
氰化物/$mg \cdot L^{-1}$	0.25	0.23	0.847	0.989
全固体/$mg \cdot L^{-1}$	1456.2	682		
溶固体/$mg \cdot L^{-1}$			911.4	910.2
悬浮物/$mg \cdot L^{-1}$	915.8	70.8	3448	83.4
油/$mg \cdot L^{-1}$				13.65
氨氮/$mg \cdot L^{-1}$	7.0	8.0		

煤气洗涤污水沉渣成分见表9-34。

表9-34 煤气洗涤污水沉渣成分(%)

炉容/m^3	TFe	Fe_2O_3	FeO	SiO_2	CaO	Al_2O_3	MgO	S	P	烧损
1513	31.99	40.05	5.10	12.60	12.28	4.43	1.50	0.545	0.046	21.20
1000	40.48		12.10	10.95	8.95		2.79	0.396	0.057	17.39
250	11.8			15.89	11.48	6.72	15.38	C=15	0.061	

不同容积的高炉煤气洗涤污水沉渣颗粒组成见表 9-35。

表 9-35　煤气洗涤污水沉渣颗粒组成(%)

炉容/m^3	粒　径/μm					
	>600	600～300	300～150	150～105	105～74	<74
1513	0.8	5.2	32.0	17.8	12.0	31.1
1000	0.3	3.8	44.7	21.1	11.9	15.7
250		>300 1.88	8.84	150～97 10.34	97～76 6.37	<76 72.5

9.4.1.2　煤气洗涤水治理

净化煤气洗涤水,以自然沉淀为主,为了加速沉淀提高效率,也有加混凝剂的。为了防止漂浮物进入沉淀池在沉淀池入口前应设有间隔为 10～15mm 的格栅。

自然沉淀是靠重力原理来净化污水中的机械杂质。杂质的重量和密度不同,在水中的沉淀速度也不同。把这个不同的沉淀速度和过程通过试验得出曲线,这个曲线叫做沉降曲线。不同容积高炉煤气洗涤污水沉降曲线见图 9-54～图 9-57;见表 9-36～表 9-39。

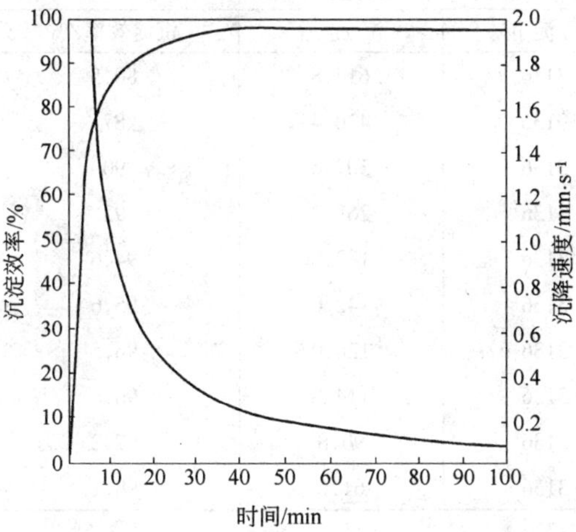

图 9-54　1513m^3 高炉煤气洗涤污水沉降曲线

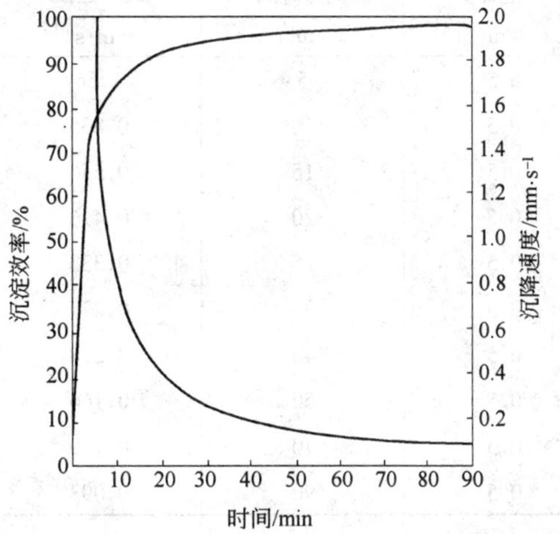

图 9-55　1000m^3 高炉煤气洗涤污水沉降曲线

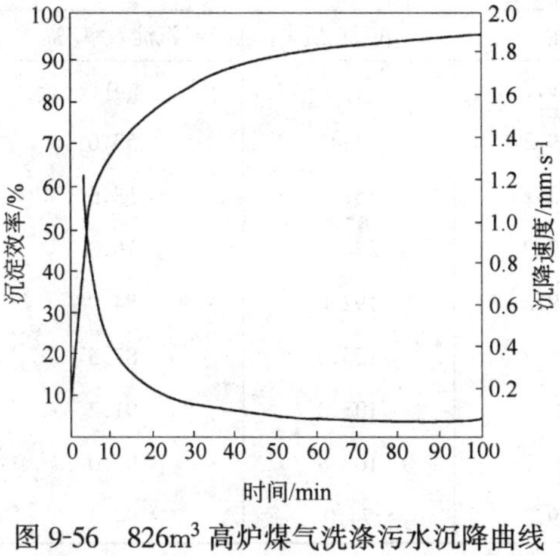

图 9-56　826m^3 高炉煤气洗涤污水沉降曲线

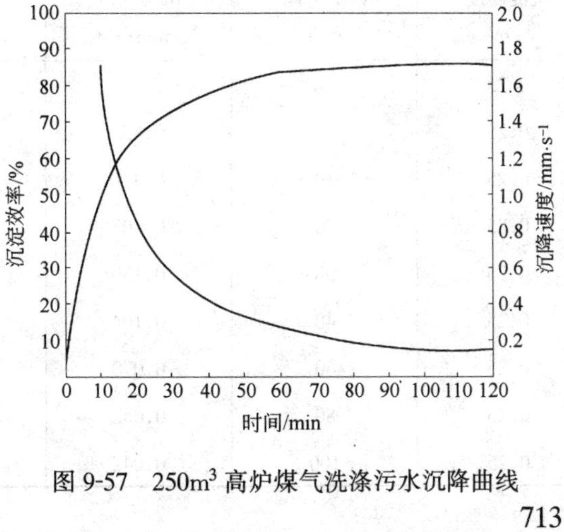

图 9-57　250m^3 高炉煤气洗涤污水沉降曲线

表 9-36　不同沉降速度下沉淀效率的试验数据

沉淀高度 /m	沉淀时间 /min	沉降速度 /mm·s^{-1}	悬浮物/mg·L^{-1}		
			沉 淀 前	沉 淀 后	沉淀效率/%
0.6	1	10.0	2070	1663.2	19.6
0.6	2	5	2070	1403.2	32.3
0.6	3	3.33	2070	1127.2	46.5
0.6	5	2.0	2070	596.6	72.5
0.6	10	1.0	2070	294.4	86.0
0.6	20	0.5	2070	135.2	93.5
0.6	40	0.25	2070	47.6	97.7
0.6	60	0.1665	2070	46.0	98.0
0.6	80	0.125	2070	41.6	98.2
0.6	100	0.1	2070	50.0	97.6

表 9-37　不同沉降速度下沉淀效率的试验数据

沉淀高度 /m	沉淀时间 /min	沉降速度 /mm·s^{-1}	悬浮物/mg·L^{-1}		
			沉 淀 前	沉 淀 后	沉淀效率/%
0.5	5	1.66	3136	614.8	80.5
0.5	10	0.835	3136	420.4	87
0.5	15	0.556	3136	307.6	90
0.5	20	0.416	3136	265.2	92
0.5	25	0.333	3136	182.8	94.6
0.5	30	0.277	3136	142.0	95.6
0.5	40	0.208	3136	126.0	96.5
0.5	50	0.166	3136	114.8	96.8
0.5	70	0.119	3136	90.8	97.2
0.5	90	0.093	3136	61.6	98.1

表 9-38　不同沉降速度下沉淀效率的试验数据

沉淀高度 /m	沉淀时间 /min	沉降速度 /mm·s^{-1}	悬浮物/mg·L^{-1}		
			沉 淀 前	沉 淀 后	沉淀效率/%
0.25	0		1229.2		0
0.25	5	0.835	1229.2	484	53.6
0.25	10	0.416	1229.2	381.8	68.6
0.25	20	0.208	1229.2	234.4	76.3
0.25	30	0.139	1229.2	192.0	84.9
0.25	40	0.104	1229.2	150.0	87.5
0.25	60	0.070	1229.2	108.0	91.2
0.25	80	0.052	1229.2	102.8	92.0
0.25	100	0.042	1229.2	74.0	94.0

表 9-39　不同沉降速度下沉淀效率的试验数据

沉淀高度 /m	沉淀时间 /min	沉降速度 /$mm\cdot s^{-1}$	悬浮物/$mg\cdot L^{-1}$		
			沉淀前	沉淀后	沉淀效率/%
1.035	10	1.725	1144	586	48.8
1.021	20	0.825	1144	402	65.0
1.005	30	0.558	1144	320	72.0
0.989	40	0.412	1144	262	77.0
0.974	50	0.324	1144	210	81.5
0.958	60	0.266	1144	188	83.5
0.944	70	0.225	1144	180	84.2
0.927	80	0.193	1144	206	82.0
0.912	90	0.169	1144	176	84.5
0.896	100	0.149	1144	167	85.5

目前国内煤气洗涤污水沉淀方法有两种：一种是平流式沉淀，另一种是辐射沉淀。

(1) 平流式沉淀池

平流式沉淀池的长度按下式计算：

$$L = \alpha \frac{v}{u} H \tag{9-16}$$

式中　v——水在池中流的速度，$m\cdot s^{-1}$；

u——沉降速度，$m\cdot s^{-1}$；

H——池中水流深度，m；

α——紊流黏度影响系数，一般在 1.0～1.5，视$\frac{L}{H}$值而定。沉淀池深度越小 α 就越小。一般煤气洗涤污水沉淀池$\frac{L}{H}=20$。

污水在池中流动时间为 t：

$$t = \frac{H}{u} = \frac{L}{\alpha \cdot v} \tag{9-17}$$

$$L = \alpha \frac{v}{u} H = \alpha \cdot v \cdot t \tag{9-18}$$

沉淀池宽度为 B：

$$B = \frac{Q}{v \cdot H} \tag{9-19}$$

式中　Q——净化的污水量，$m^3\cdot s^{-1}$。

沉淀池水流断面积为 F：

$$F = B \cdot H \tag{9-20}$$

沉淀池全长为 $L_{全}$：

$$L_{全} = L + Z(a + b) \tag{9-21}$$

式中　a——集水槽宽度，m；

b——整流板到集水槽的距离，m；一般在 0.5m。

沉淀池的全部深度为 $H_{全}$：

$$H_{全}=H+H_1+H_2+H_3 \tag{9-22}$$

式中　H_1——沉渣池厚度，m；取 1.0～1.5m；

H_2——保护高度，m；取 0.3～0.5m；

H_3——缓冲层高度，m；取 0.4～0.5m；

平流式沉淀池格数不小于 2 格，进水端部应设有深度为 1.2m 左右、长度为 3～5m 左右的集渣坑，池底逆水流方向的坡度为 0.05。计算图见图9-58。

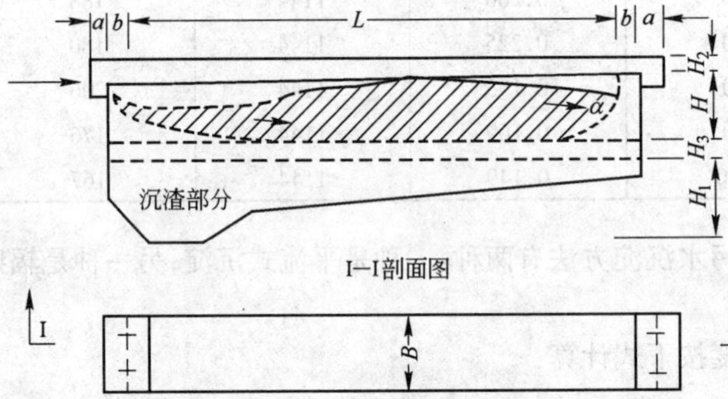

图 9-58　平流式沉淀池计算简图

(2) 辐射式沉淀池

污水在辐射式沉淀池内的流速，由中心向周边是递减的，但是悬浮物颗粒的沉降速度，在沉降的全部时间内可假设为不变。为此，辐射式沉淀池可按水的平均流速计算：

$$R=\alpha\frac{v_m}{u}\cdot H \tag{9-23}$$

式中　R——沉淀池半径，m；

v_m——沉淀池中水流的平均速度，即半径为$\frac{R}{2}$的圆柱形断面时的速度，$mm\cdot s^{-1}$；

u——沉降速度，$mm\cdot s^{-1}$；

H——沉淀池的水流深度，m。

沉淀池的面积为 F：

$$F=\alpha\frac{Q}{u} \tag{9-24}$$

式中　α——考虑紊流等因素的系数，取 1.0～1.05；

Q——需要净化的污水量，$m^3\cdot s^{-1}$。

污水在沉淀池的停留时间为 t：

$$t=\frac{H}{u} \tag{9-25}$$

沉淀池的直径为 D：

$$D=\sqrt{\frac{4F}{\pi}} \tag{9-26}$$

辐射式沉淀池，应不小于两座按同时工作考虑，当一座发生故障时，另一座能通过全部污水量。沉淀池底逆水流方向应有 0.06～0.08 的坡度，而池中央应有 0.12～0.16 的坡度。中央配水盘水口的面积，应为盘侧表面积的50%，溢流堰的安装一定要保证水平。辐射式沉淀池的计算图见图9-59。

辐射式沉淀池平断面见图9-60。

9.4.1.3　沉淀池清理

(1) 沉渣量计算

煤气洗涤污水的沉渣密度为 $\gamma=2.4\sim3.6\mathrm{t}\cdot\mathrm{m}^{-3}$；沉淀下来的沉渣的含水率为80%左右。

沉淀池的沉渣量按下式计算：

$$G=\frac{c_1-c_2}{1000\times1000}\cdot Q \tag{9-27}$$

沉渣体积为 W：

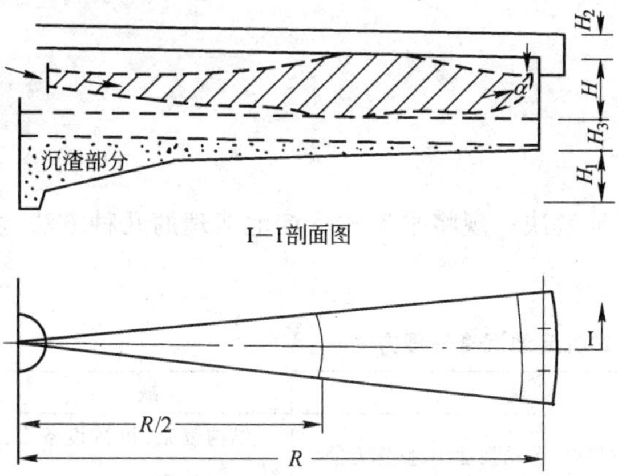

图 9-59　辐射式沉淀池计算简图

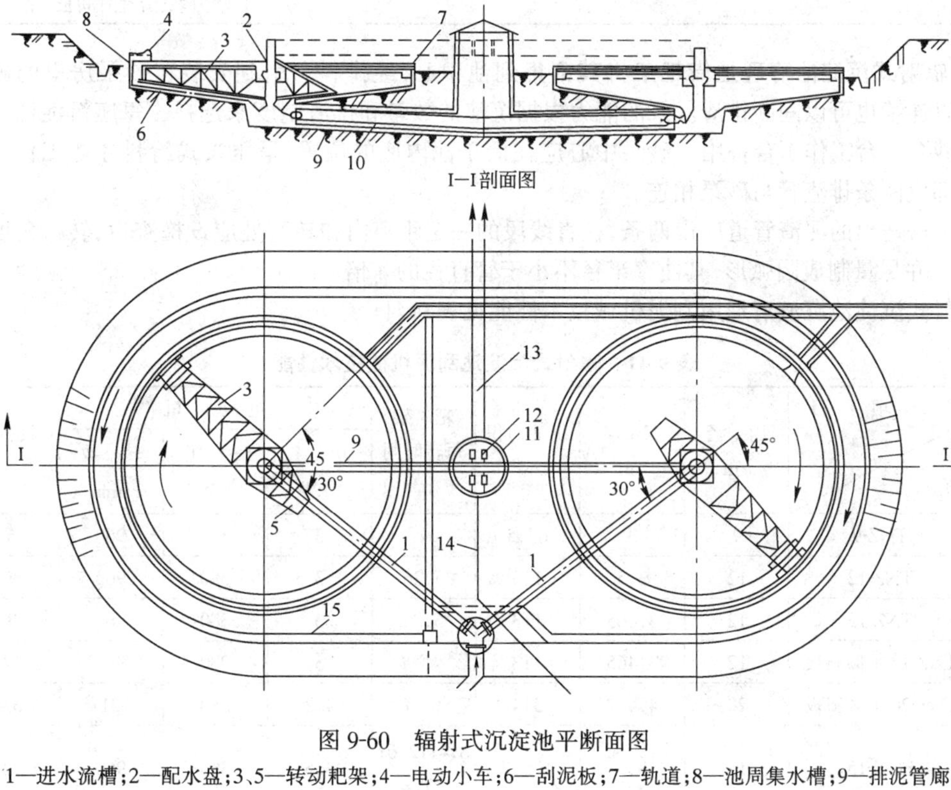

图 9-60　辐射式沉淀池平断面图

1—进水流槽；2—配水盘；3、5—转动耙架；4—电动小车；6—刮泥板；7—轨道；8—池周集水槽；9—排泥管廊；10—吸泥管道；11—砂泵房；12—砂泵；13—泥浆送出管；14—冲洗水管；15—排水沟

$$W=\frac{G}{\gamma}\times\frac{100}{(100-p)} \tag{9-28}$$

式中　c_1——沉淀前悬浮物含量，$\mathrm{mg}\cdot\mathrm{L}^{-1}$；

c_2——沉淀后悬浮物含量，$\mathrm{mg}\cdot\mathrm{L}^{-1}$；

Q——污水量，$\mathrm{m}^3\cdot\mathrm{h}^{-1}$；

γ——沉渣密度，$t \cdot m^{-3}$；

p——含水率，%；

G——沉渣重量，$t \cdot h^{-1}$；

W——沉渣体积，$m^3 \cdot h^{-1}$。

(2) 沉淀池清理

1) 平流式沉淀池清理在国内尚没有很好地解决。现将平流式沉淀池清理的几种方法比较见表9-40。

表 9-40　平流式沉淀池沉渣清理方式

序　号	清 理 方 式	优　　点	缺　　点
1	设有专用刮泥车、并配有砂泵排泥	效果好、劳动强度小、操作方便	结构复杂，机械设备多，投资大
2	抓斗桥式起重机、配有自卸车		
3	用卧式泵排除沉渣、辅之0.5～0.6MPa水力搅拌，沉渣送尾矿坝	效果一般、设备简单	所需要的劳动力较多
4	人工清理	结构简单、无设备、投资少	劳动条件差、劳动强度大、劳动力多、清理时间长

2) 辐射式沉淀池清理是借耙架将其刮集到池中心，经排料口引到安装在砂泵房里的砂泵抽出。可以连续也可以间断排渣。泵的能力根据沉渣的数量和排渣制度来选择。每座沉淀池一般配有2台砂泵1台工作1台备用。砂泵中心应在低于池内底的位置，呈压入式给料才能工作。每座沉淀池都设两条排渣管与砂泵相连。

从泵房送出的泥渣管道应设两条，在直线段的一定距离内和转弯处应设检查口，转弯角度应不大于45°，并尽量制成圆弧形，其曲率半径不小于管直径的4倍。

辐射式沉淀池沉渣清理用刮泥机械技术性能见表9-41。

表 9-41　辐射式沉淀池刮泥机械技术性能

型号 \ 项目		内径 /m	深度 /m	沉淀面积 /m^2	耙架每转时间 /min	电动机 功率 /kW	电动机 电压 /V	电动机 转数 /$r \cdot min^{-1}$	设备质量 /t
中心传动	TNZ-9	9	3	63.5	4	3	380	960	6.00
	TNZ-12	12	3.5	113	5.26	3	380	960	8.90
	TNZ-12	12	3.465	113	5.26	3	380	960	8.42
	TNZ-12 加倾斜板	12	3.465	113		3	380	960	12.75
	TNZ-20 加倾斜板	20	4.407	314	14.7	4.2	380	31	34.45
周边辊轮传动	BGN-15	15	3.7	176.7	8.4;12.6;17.2	5.5	380	960	92.50
	BGN-18	18	3.7	254.5	9;10;15;20.5	5.5	380	960	101.01
	BGN-24	24	3.7	453	9.42～41.67	7.5	380	960	23.99
	BGN-30	30	3.97	707	16	7.5	380	960	26.42

续表 9-41

型号 \ 项目		内径 /m	深度 /m	沉淀面积 /m^2	耙架每转时间 /min	电动机 功率 /kW	电动机 电压 /V	电动机 转数 /$r \cdot min^{-1}$	设备质量 /t
周边齿轮传动	TNB-24	24	3.6	453	12.6	7.5	380	960	28.20
	TNB-24	24	3.7	453	12.7	7.5	380	960	28.27
	TNB-30	30	3.98	707	16	7.5	380	960	31.22
	TNB-45	45	4.02	1590	19.3	7.5	380	960	56.52
	TNB-50	50	4.524	1964	21.7	10	380	970	60.18
	TNB-53	53.36	4.54	2236	23.18	10	380	970	68.52

9.4.2 污泥的回收和利用

9.4.2.1 回收污泥的工艺流程

目前我国常用的污泥回收工艺流程有两种，其流程示意图见图 9-61。

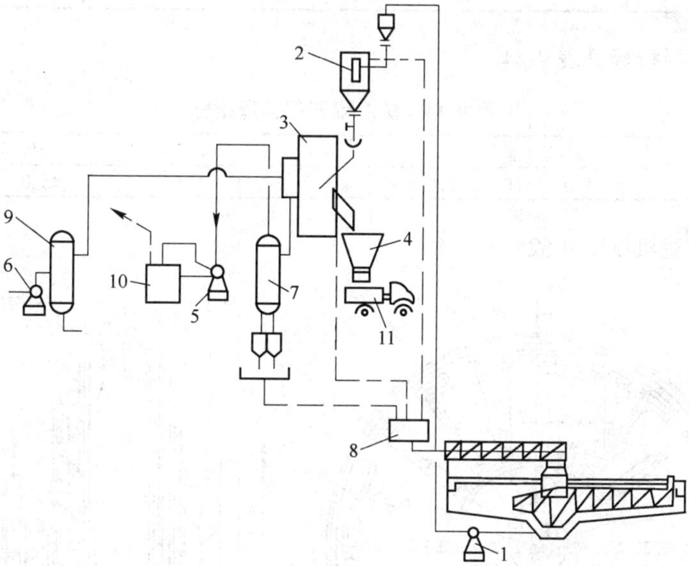

图 9-61　污泥回收工艺流程图

1—泥浆泵；2—旋流器；3—真空过滤机；4—料仓；5—真空泵；6—空压机；7—自动排液滤液罐；8—集水槽；9—空气罐；10—气水分离器；11—汽车

污泥回收的工艺流程是，利用泥浆泵 1，把污泥送到旋流器(或浓泥斗)2，作进一步浓缩，经浓缩后含水分由 80%～90%降到 40%～50%的泥浆送到真空过滤机 3，经过过滤机脱水后含水分为 25%～30%的泥饼卸到料仓 4，然后装车外运。

泥浆在过滤机进行过滤、脱水、泥饼卸料、滤布再生等过程均用真空泵 5、空压机 6 与分配头相连的管道来实现。在真空作用下，从过滤机排出的滤液被集中在带有自动排放装置的滤液罐 7 内，然后排到集水槽 8，最后流回沉淀池。

过滤机工作台数由如下公式计算：

$$n=\frac{Q}{F \cdot q} \tag{9-29}$$

式中 Q——需要处理的干泥量，$t \cdot h^{-1}$；

F——过滤机面积，m^2；

q——单位面积生产力，$t \cdot (m^2 \cdot h)^{-1}$；

n——过滤机台数，台。

过滤机在不同泥浆浓度下的生产指标见表 9-42。

表 9-42 过滤机不同浓度下的生产能力

泥浆浓度/$g \cdot L^{-1}$	100	150	200	250	300	350	400	450
生产能力/$kg \cdot (m^2 \cdot h)^{-1}$	80	120	160	200	240	280	320	360

单位过滤面积压缩机、真空泵选用指标见表 9-43。

表 9-43 压缩机真空泵选用指标

真 空 泵		压 缩 机	
真空度/kPa	吸风量/$m^3 \cdot (m^2 \cdot min)^{-1}$	风压/kPa	吸风量/$m^3 \cdot (m^2 \cdot min)^{-1}$
66.7～80.0	0.8～1.2	39～49	0.2～0.4

滤液罐容积选择指标见表 9-44。

表 9-44 滤液罐容积选择指标

过滤机面积/m^2	3	5	8	20	30	40
滤液罐容积/m^3	1.0	1.6	2	2.5	3.0	3.5

圆筒内滤式过滤机见图 9-62。

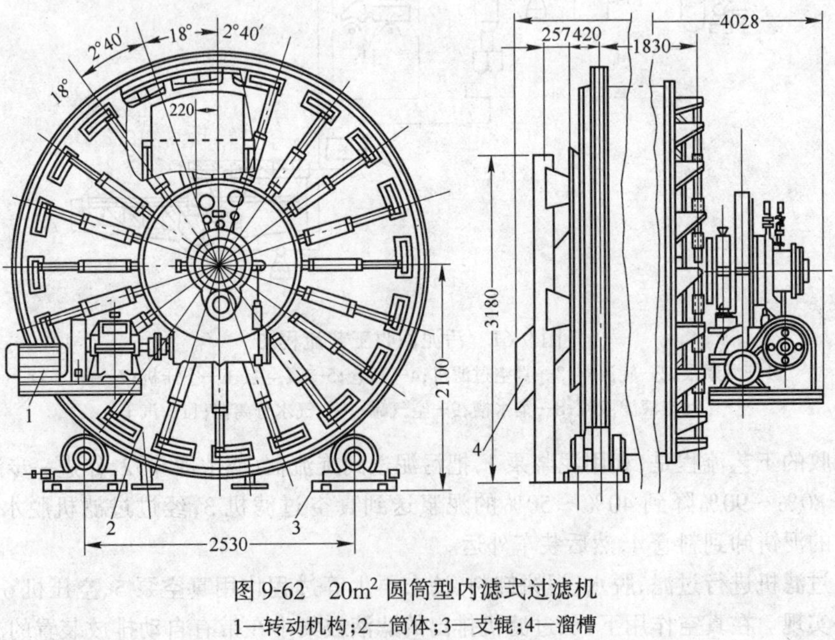

图 9-62 20m^2 圆筒型内滤式过滤机

1—转动机构；2—筒体；3—支辊；4—溜槽

9.4.2.2 污泥综合利用

目前国内有 3 种污泥利用方法：

1）把含铁≥30%且含有CaO等炼铁有用成分的污泥，一般送到选矿厂，与浮选精矿混合浓缩，进行过滤脱水，然后送烧结厂进行烧结或球团，再送高炉冶炼。

2）把高含铁量的污泥送到脱水场一面脱水（自然脱水）、一面贮存，在需要时送到烧结厂作为润湿和掺和料。

3）把污泥随同水渣一道作为水泥原料和建筑材料。

9.4.3 铸铁机污水治理

铸铁机的水主要用于链带喷水、冷却场喷水、机前挡板冷却以及洒水等。

9.4.3.1 铸铁机污水特性

铸铁机污水特性见表9-45。

表 9-45 铸铁机污水水质

总固体物/mg·L^{-1}	浮游固体/mg·L^{-1}	pH	游离CO_2/mg·L^{-1}	总碱度/mg·L^{-1}	总硬度/德国度	暂时硬度/德国度	永久硬度/德国度	氯离子/mg·L^{-1}	铁/mg·L^{-1}
428.4	128	7.9	10.04	3	12.6	2.88	9.72	18	0.1

9.4.3.2 铸铁机污水治理

铸铁机的污水一般都采用平流式沉淀池来清除其机械杂质。铸铁机污水处理沉淀池见图9-63。

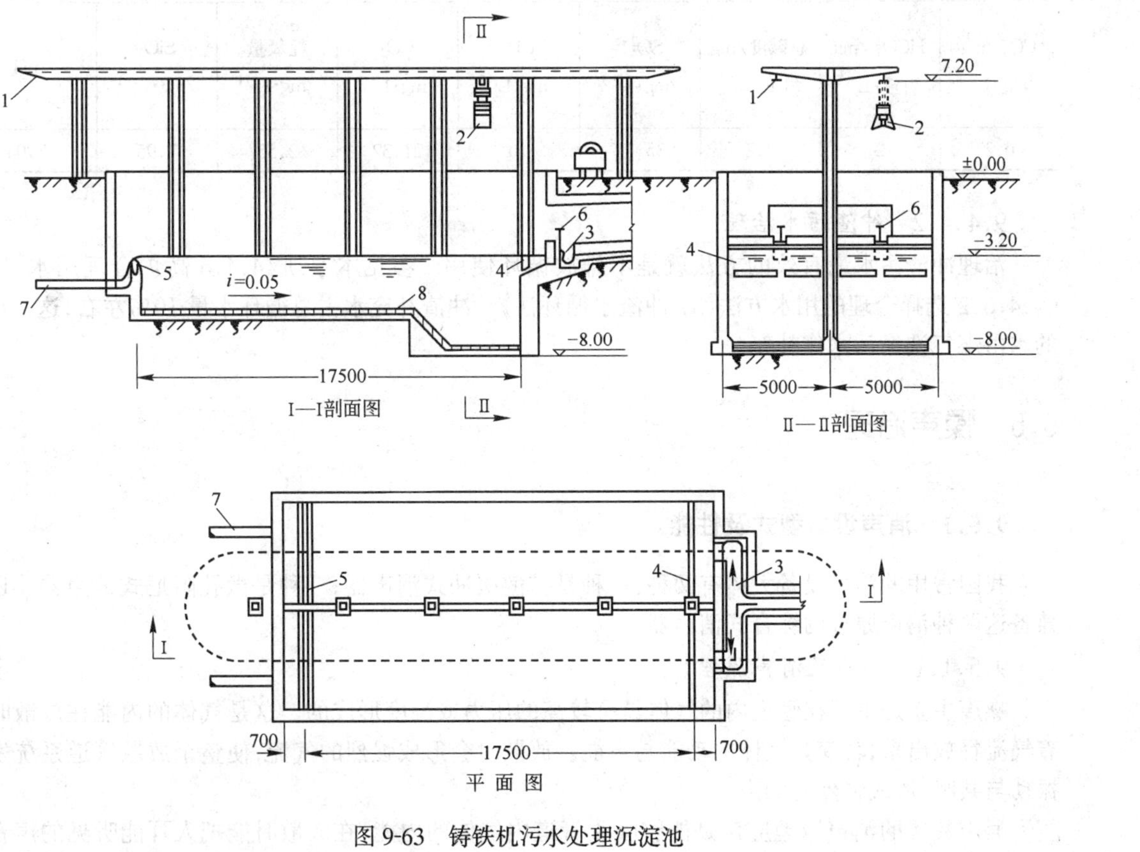

图 9-63 铸铁机污水处理沉淀池

1—单轨；2—0.5m^{3}抓斗；3—进水槽；4—整流板；5—溢流堰；6—闸板；7—排水管；8—保护轨

铸铁机污水处理沉淀池，应不小于两格，每格的长度比为3～3.5；污水流向沉淀池的不平衡系数为1.2～1.4；当污水中悬浮物含量为1500～1800mg·L^{-1}时，污水在15～25min内的沉淀效率为85%～90%以上，其沉淀速度为0.35～0.25m·s^{-1}。在沉淀池中污水的平均水平流速为4～6mm·s^{-1}；污水流动层厚度取1.0～1.2m；沉渣层厚度取0.8～1.0m。沉淀池进水端池底应设有深度不小于1.2m、宽度不小于2.5m的沉渣坑，池底逆流方向的坡度为0.04～0.05；水面以上的保护层高度为不小于0.3m；沉渣重量约为产品总重量的0.8%～1.2%或沉渣的容积为相当于被沉淀污水总量的1.0%～1.5%。

沉渣应考虑机械清除，一般采用单轨电葫芦抓斗起重机。采用抓斗起重机清渣时，池底及沉渣坑应设有保护措施，为及时排走随抓斗带出的污水，沉渣堆放场应考虑排水措施。

9.4.4 冲渣污水治理

9.4.4.1 冲渣污水特性

冲渣污水水质见表9-46。

表9-46 冲渣污水水质

全固形物 /mg·L^{-1}	溶解固形物 /mg·L^{-1}	不溶固形物 /mg·L^{-1}	铁铝氧化物 /mg·L^{-1}	烧减 /mg·L^{-1}	灼烧残渣 /mg·L^{-1}	Ca /mg·L^{-1}	Mg /mg·L^{-1}	总硬度 /mg 当量·L^{-1}	OH^- /mg 当量·L^{-1}
253	158.7	94.3	2.7	61.6	191	33.09	8.71	2.37	0

CO_3^- /mg 当量·L^{-1}	HCO_3^- /mg 当量·L^{-1}	总碱度/mg 当量·L^{-1}	SO_4^{2-} /mg·L^{-1}	Cl^- /mg·L^{-1}	CO_2 /mg·L^{-1}	耗氧量 /mg·L^{-1}	SiO_2 /mg·L^{-1}	pH
0.2	2	2.2	35.72	10	21.32	2.55	7.95	7.04

9.4.4.2 冲渣污水治理

治理冲渣污水最有效的方法就是不排放循环使用。参见本手册《4.4.6 高炉合理用水》中的《4.4.6.2 选择合理的用水方法(3) 冲渣水循环法》。冲渣补充水占总循环水量10%左右，这一部分的水由煤气洗涤污水作补充。

9.5 噪声治理

9.5.1 消声设备型式及性能

我国常用的消声设备大体有两种：一种是扩散缓冲式消声器；一种是微孔阻尼式消声器。还有兼备这两种消声原理的综合式消声器。

9.5.1.1 噪声及消声原理

噪声主要是由于在管道内的气体具有较高的压力或温度形成的。这是气体的内能在放散时随着气流释放出来，转变为气体的动能与声能。放散时会形成强烈的气流，使整个放散管道系统发生振动与共鸣，形成强烈的噪声。

消声装置的消声原理应该是能够吸收管道内气体的内能，在放散时能把人耳能听见的声音振动频率(20～20000)Hz转变为人耳听不见的次声频率或超声频率，以此减弱或消除噪声，并能使强烈的气流经逐级减缓放散出去，这样可防止管道系统发生振动与共鸣。

9.5.1.2　声压

声音的强弱是用声压的大小来衡量的。它的单位是 dB，声压级以 L_p 表示，它的计算公式为：

$$L_p = 20\lg\frac{p}{p_0} \tag{9-30}$$

式中　L_p——声压级，dB；

p——被测声压，$N \cdot m^{-2}$；

p_0——基准声压，取 $p_0 = 2\times10^{-5} N \cdot m^{-2}$（这是人耳刚能听到声音的声压值）；

lg——常用对数。

现将 7 种噪声等级的 dB 值与人的感觉列于表 9-47。

表 9-47　噪声等级的 dB 值

声压值/dB	0～20	20～40	40～60	60～80	80～100	100～120	120～140
人的感觉	很静	安静	一般	吵闹	很闹	难忍受	很痛苦

9.5.1.3　消声设备及性能

(1) 缓冲式消声器

缓冲式消声器是利用气体在放散管口突然扩散，经扩张管口的气体将大大降低它的内压，再经缓冲装置徐缓放散，能降低高压气体自由放散时的器叫声。缓冲消声器内部装有矿渣棉絮或玻璃丝棉絮作减压阻尼材料。这种消声器可降低消声强度 20dB 以上。但长期使用后因被高压气体吹掉阻尼材料而影响消声效果。

缓冲式消声器见图 9-64。

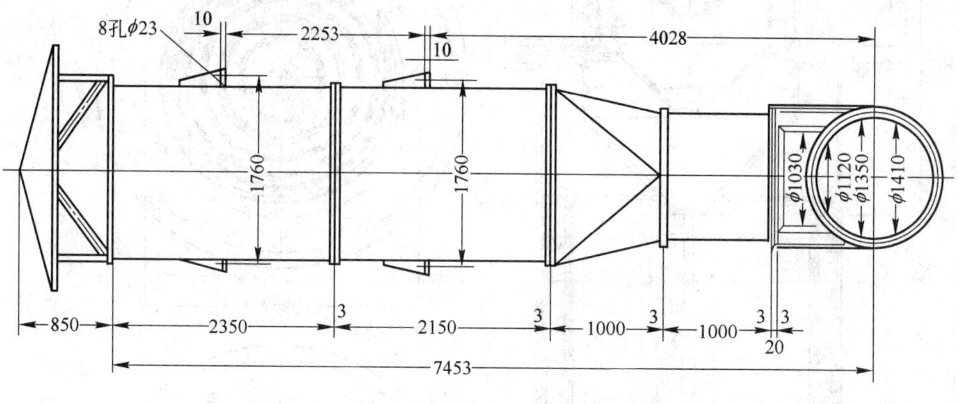

图 9-64　放风阀用的标准消声器

(2) 微孔阻尼式消声器

这种消声器多数用在炉顶放散阀和冷风放风阀上，消声孔板在扩散管中共设 4 层，在高压气流经此 4 层孔板后将降压进入放散管，放散管管壁也是由孔板、铁丝网、玻璃丝布，玻璃纤维、铁丝网、孔板壳等数层组成。玻璃纤维层的厚度约为 50mm 以上，它是放散管上主要起消声减振和减压阻尼的材料。为了防止扩张管外壳发生振动与共鸣，在它的管壁上也涂有 2 层填料隔层，从而可减低噪声的强度，提高消声效果。孔板的板厚为 2mm；孔径为 3mm；孔板上的穿孔面积约占总面积的 3%左右。

该消声器能减低噪声强度 20～30dB 以上。微孔阻尼式消声器见图 9-65。

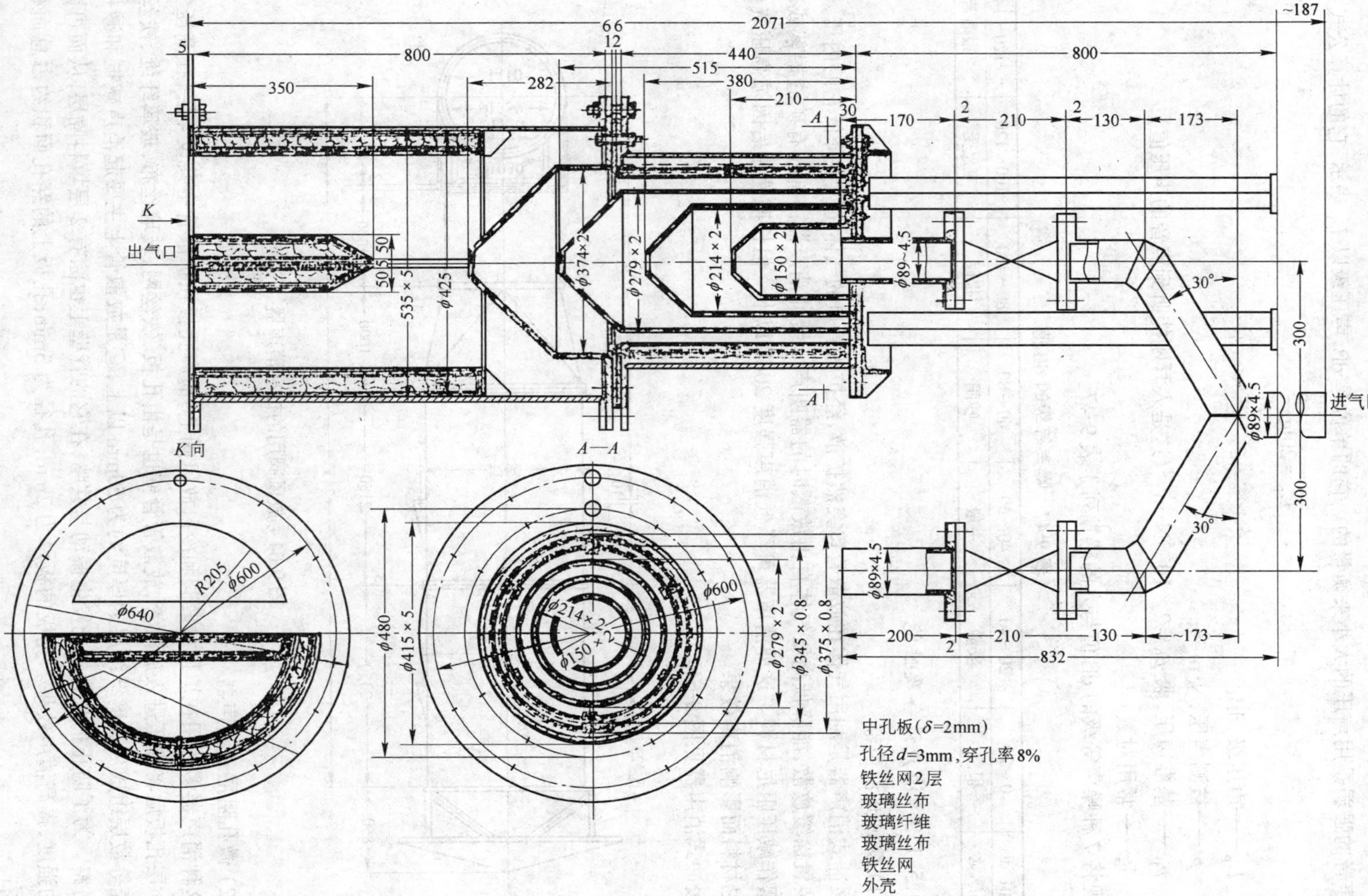

图9-65 新型微孔消声器

(3) 简易微孔消声器

简易微孔消声器是直接连接在 D1400～600mm 放散阀的放风口上。消声效果不佳。简易微孔消声器见图 9-66。

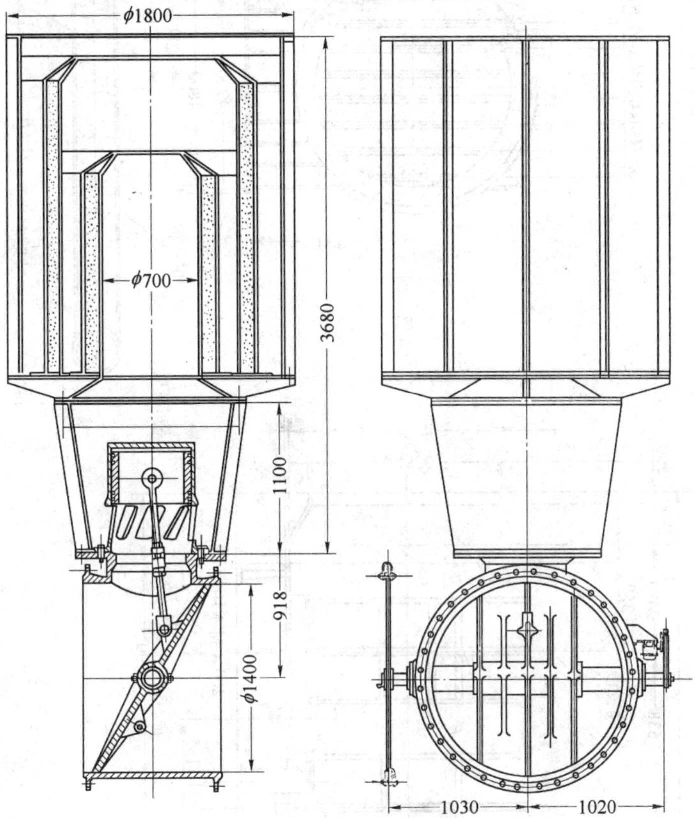

图 9-66　放散阀用简易微孔消声器

(4) 卧式微孔阻尼式消声器

卧式微孔阻尼式消声器见图 9-67。

该消声器也叫隔板式消声器常用在高压阀组的后部，而消除高压阀组的噪声。这种消声器在扩张管内设有 4 组消声隔板，当高炉煤气通过 4 组消声隔板时，将逐级降低煤气压力，起到消声阻尼作用。消声隔板是由多孔板、玻璃布、吸音材料、玻璃布等组成。这种隔板消声器，还可起到煤气过滤、脱水作用，在消声器下部设有排水孔。高压阀组应采用该种消声器进行消声。

9.5.2　冷风放风阀噪声治理

9.5.2.1　鞍钢 10 号高炉冷风放风阀消声

国内冷风放风阀消声大多数都采用微孔阻尼式消声器，而中小型高炉则采用简易微孔消声器。

鞍钢 10 号高炉、11 号高炉冷风放风阀基本参数如下：

冷风流量：$5700m^3 \cdot min^{-1}$　　冷风压力：0.47MPa

空气比重：$1.29kg \cdot m^{-3}$　　最高放风率：100%

所采用的消声器是扩张缓冲式消声器，其技术参数如下：

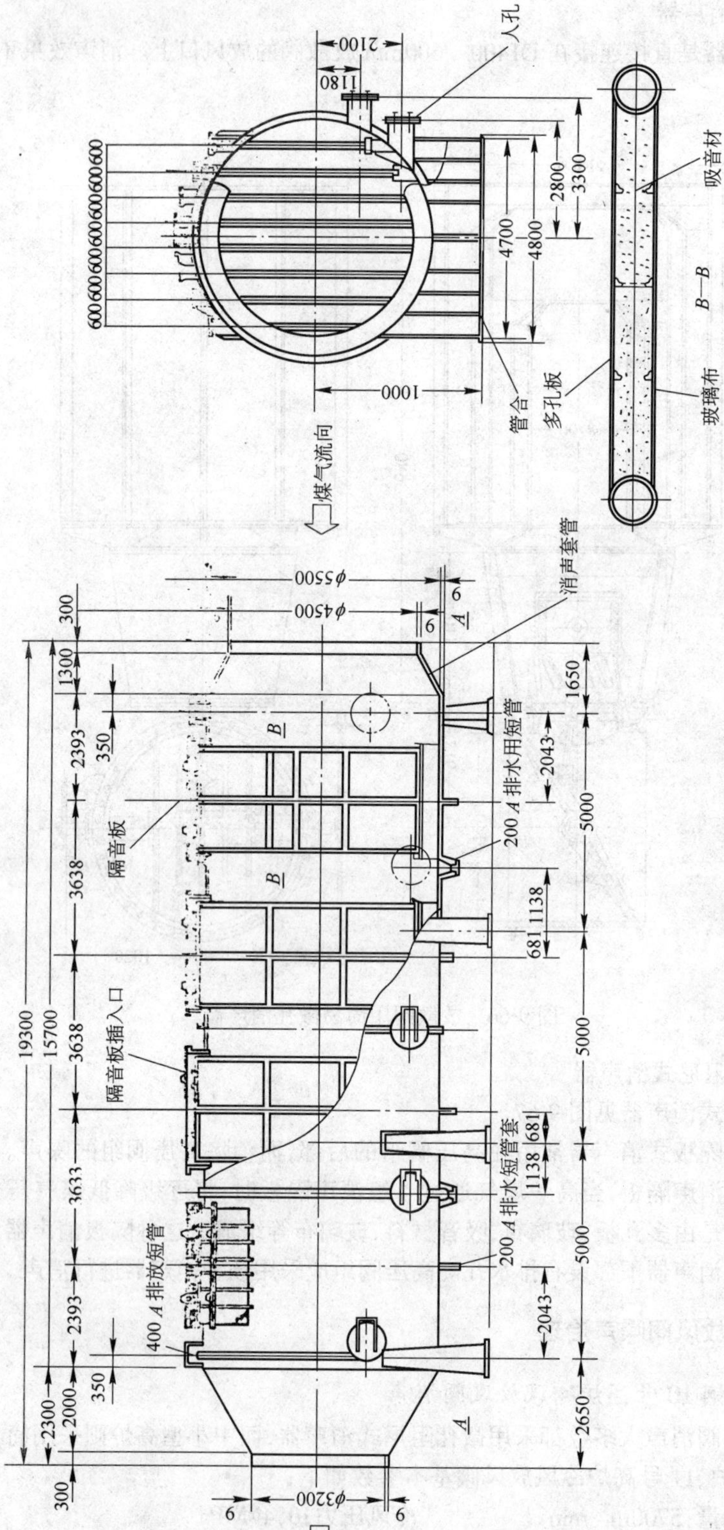
人孔
2100
1180
600600600600600600600600
4700
4800
2800
3300
1000
煤气流向
管合
多孔板
吸音材
B—B
玻璃布
19300
15700
300
1300
2393
3638
3638
3633
2393
2000
2300
350
隔音板
隔音板插入口
400 A 排放短管
消声套管
φ5500
φ4500
φ3200
200 A 排水用短管
200 A 排水短管
消声管套
1650
2043
5000
1138
681
2650

图9-67 隔板式消声器

通过节流孔板的压力:	0.228MPa
消声器出口压力为:	0.189MPa
节流板层数:	2 层
孔板节流面积:	10 号高炉:6908.8m^2
	11 号高炉:5316m^2
出口噪声级:	41.5dB

9.5.2.2 鞍钢 5 号高炉冷风放风阀消声

鞍钢 5 号高炉冷风放风阀消声采用了三段式扩张缓冲式消声器。出口声压为 50dB 以下。这种消声器的特点是:经过消声后的放风管直径与消声器直径相同;进入消声器的引风管直径与冷风主管相同,这样就可避免放空时的二次噪声和因引风管直径小而产生的振动和共鸣所产生的噪声。因此建议冷风放风阀消声时,引风管直径应与冷风主管直径相同;消声后的放空管取消缩口其直径应与消声器直径相同。

9.5.3 炉顶煤气放散噪声治理

9.5.3.1 鞍钢 10 号高炉炉顶煤气放散噪声治理

炉顶煤气放散噪声治理,在国内不很普遍,在国外一般采用微孔阻尼式消声器。

鞍钢 10 号、11 号高炉炉顶煤气放散消声装置采用了三段微孔阻尼式消声器。消声装置的主要参数如下:

每次最大放散煤气量:	200m^3
每昼夜放散次数:	280～300 次
每次放散时间:	10～15s
放散煤气温度:	<150℃
含尘量:	10～15$g·m^{-3}$
要求平均消声值:	>30dB
消声器总高度:	9500mm
消声器直径:	D2500mm
消声器外部岩棉被包扎厚度:	150mm

10 号、11 号高炉炉顶煤气放散消声装置见图 9-68。

除了消声器能减低噪声强度外,绿化环境也可减低噪声强度。例如 15～30m 厚的树林,在夏季枝叶茂盛时,可使噪声减低 7～8dB,秋季枝叶稀疏时也可减少 3～4dB,草地也可降低噪声。

9.5.4 其他环境治理

炼铁厂的环境,还有不少地方需要治理的。如:煤粉制粉车间的各种破碎机、磨煤机、大型鼓风机、大型电动机及其操纵室和炉顶放散管的煤气回收等。

9.5.4.1 煤粉制粉车间环境治理

制粉车间的污染主要是噪声污染,一般采用消声罩,而操纵室采用采光隔窗玻璃等措施治理。

(1) 磨煤机的排风点及排风量计算图(见图 9-69)。

(2) 密闭小室除尘(见图 9-70)。

(3) SC-88 隔声室(见图 9-71)。

(4) DX 型电动机消声筒(见图 9-72)。

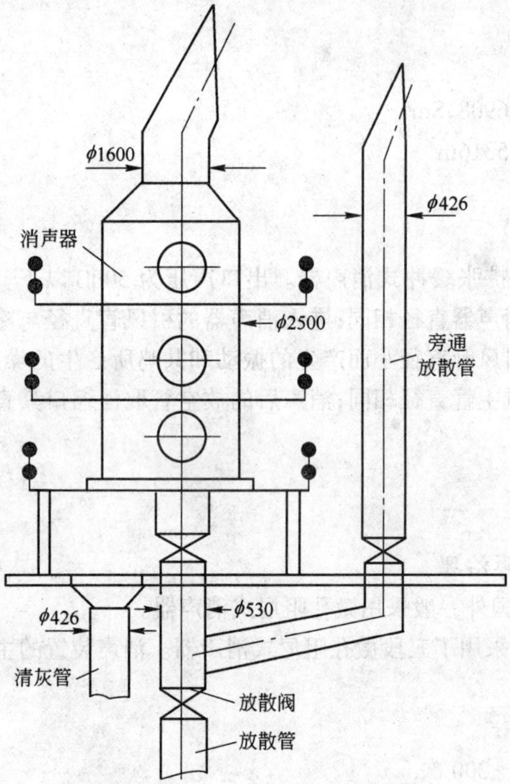

图 9-68 消声器安装示意图

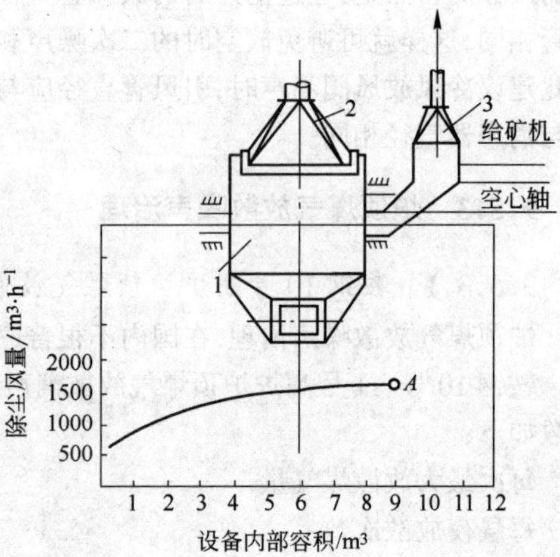

图 9-69 球磨机排风点及排风量计算图

1—球磨机；2—外壳排风罩；3—装料口排风罩

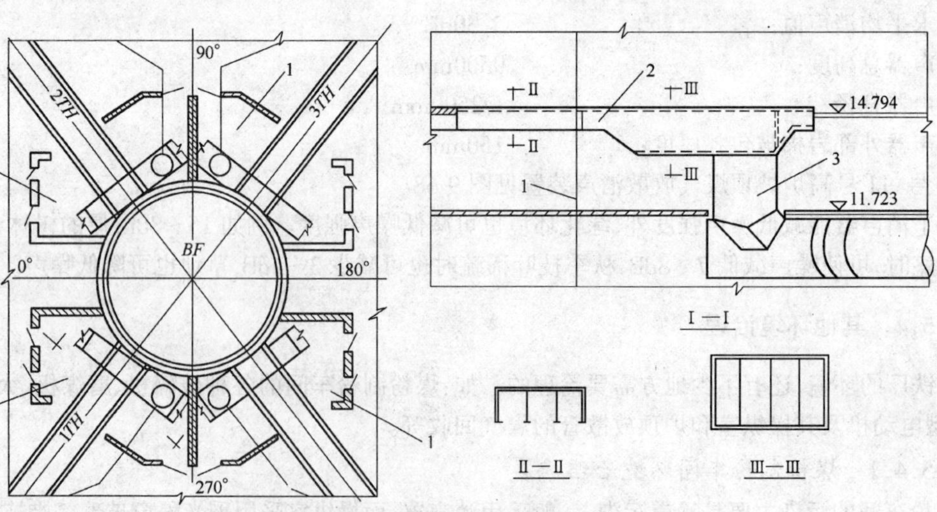

图 9-70 密闭小室除尘

1—密闭小室；2—抽风口；3—风管

(5) DDG 电动机隔声罩(见图 9-73)。

(6) 4-72 型、9-19 型风机系列隔声罩(见图 9-74)。

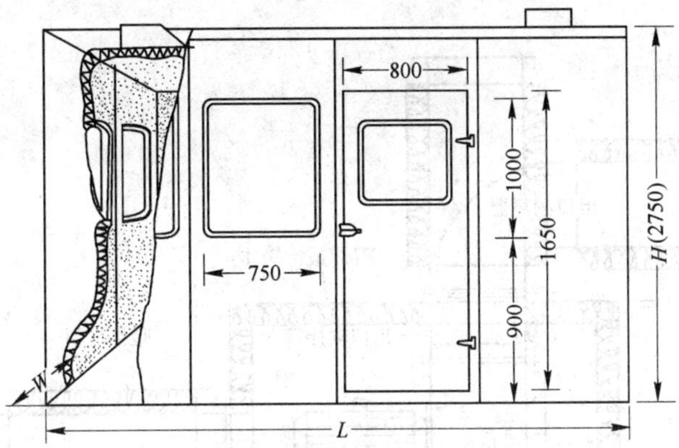

图 9-71　SC-88 隔声室示意图

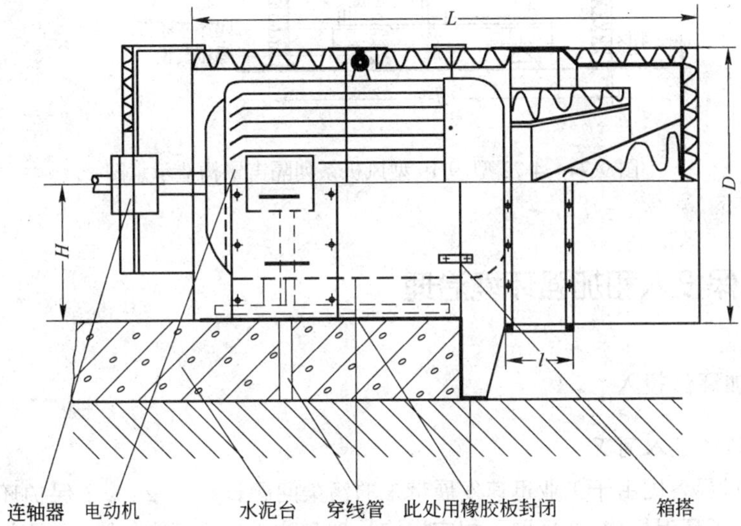

图 9-72　DX 型电动机消声筒结构示意图

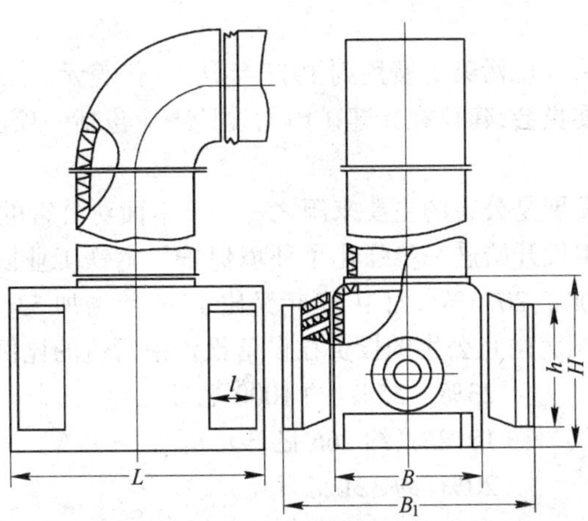

图 9-73　DDG 电动机隔声罩结构示意图

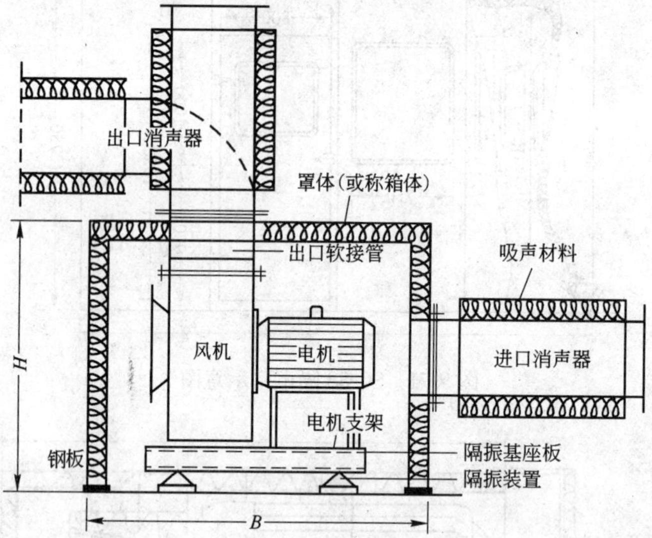

图 9-74　4-72 型、9-19 型风机系列隔声罩构造示意图

9.6　增加环保投入和加强环境治理

9.6.1　增加环保投入

9.6.1.1　环保投入简况

近 20 年来,世界各国由于工业迅速发展带来的污染问题日趋严重,为了保护环境、保障人民健康,各国政府成立了环保机构,并采取了相应措施治理和防止环境污染,并投入了大量资金。

我国于 1989 年 12 月 26 日颁布了《中华人民共和国环境保护法》,各企业投入一定的资金治理环境取得了一定的效果。

美国采矿工业用于防治环境污染的费用到 1977 年达 50 亿美元。

加拿大国家环境保护委员会,建议在新建矿山的设计中应包括一项占设计费用 5%～20%用于恢复环境或还田的费用。

日本钢铁工业的迅猛发展是公害的主要来源之一。日本面对公害的严重威胁被迫采取了一系列防治措施,尤其是在 70 年代开始进一步强化了环境保护。钢铁工业防治公害的投资,1976 年为 3121 亿日元,比 1975 年增加了 20.5% ,而 1977 年又比 1976 年增加 53.2%。

1974 年日本各钢铁公司为防止公害的投资在设备投资中所占的比例如下:

新日铁钢铁公司:　　23%～25%(约 1000 亿日元)
川崎钢铁公司:　　18.2%(约 266 亿日元)
日本钢管公司:　　20%(约 321 亿日元)
住友金属工业公司:　　15.4%(约 274 亿日元)
神户钢铁公司:　　14.6%(约 92 亿日元)

大分厂环保投资的使用情况见表 9-48。

表 9-48 日本大分厂环保投资的使用情况

高炉号	防止公害投资/日元	占建设总投资比例/%	防止公害费用分配比例/%			
			大气	水质	噪声	其他
1号高炉系统	190亿	11	71	16	13	—
2号高炉系统	650亿	21	55	25	17	3
合计	840亿	18	59	23	16	2

9.6.2 宝钢环境治理

9.6.2.1 宝钢环境治理的基本原则

宝钢于1978年12月破土兴建,一、二期工程于1985年9月和1991年6月相继建成投产。

宝钢的环保设计贯穿于从选址、初步设计、施工图设计直到施工和建成投产的全过程。在总体规划和总体设计中制定并实施了六项设计原则:

1) 尽可能提高资源和能源利用率,最大限度地减少污染物和把污染物消除在生产过程中;

2) 利用余热余压,降低能耗,对“三废”采取综合治理和综合利用措施;

3) 妥善处理和处置外排的“三废”,防止二次污染;

4) 利用先进成熟的污染治理技术和设施,确保达标排放;

5) 为满足总体设计要求,有选择地引进必要的环保技术和设备;

6) 严格执行“三同时”和“两同步”的建设和生产原则。

宝钢从建设开始始终坚持了“六个”思想:

1) 用总体规划和总体设计指导整个工程建设的思想;

2) 把环保与生产视为不可分割的整体思想;

3) 最大限度的降低能耗、从根本上减少污染物发生的思想;

4) 采用综合防止措施、最大限度的减少外排物和使发生物资源化的思想;

5) 对必须外排的少量污染物,采取相应措施严格处理的思想;

6) 采用科学的环保管理的思想。

9.6.2.2 加强环保管理、增加环保投入

宝钢由于始终坚持了“六个原则”和“六个思想”,加强了环保管理、建立环境管理体制、明确环境管理的基本任务、制定科学的环保规划和计划管理:环保设施管理、异常排污和污染事故管理、新、改、扩建设工程环保“三同时管理”等。投产10多年来“三废”排放物达到或超过了国家污染物排放标准。

宝钢环保设施共228项,投资10.4亿元,占工程总投资的4.2%。一、二期工程环保投资状况见表9-49。

表 9-49 一、二期工程环保投资状况

宝钢总投资/亿元	环保投资			环保设备		环保投资中分类比例/%			
	项目/项	投资/亿元	投资比例/%	重量/t	占设备费/%	大气污染控制	水处理	渣处理	其他
一期128	165	6.5	5.1	3	8	46.5	24.5	25	4
二期120	63	3.9	3.3		5.5				

注:1.一期工程环保投资比例中包括了电厂的5项;

2.噪声治理投资除监测设施之外,未列入表内,据日方资料初步分析统计,均占总投资的1%;

3.绿化投资单列1200万元未列入表内。

宝钢几年来的几项环保主要指标见表9-50。

表9-50　历年来几项主要指标平均值

项　　目	1986	1987	1988	1989	1990	1991
综合排放合格率/%		97.5	95.3	97.3	96.7	96.1
岗位粉尘合格率/%		96.1	94.3	98.2	94.8	93.9
环保设备运转率/%		98.6	97.5	98.2	99.4	99.8
环保设备完好率/%		96.3	93.3	94.9	96.4	97.6
厂区降尘/$t\cdot km^{-2}\cdot m^{-1}$	19.9	22.3	25.1	17.1	17.8	20.1
厂区 $SO_2/mg\cdot m^{-3}$	0.014	0.014	0.016	0.029	0.008	0.009
厂区 $NO_x/mg\cdot m^{-3}$	0.018	0.027	0.025	0.046	0.033	0.029
厂区 $TSP/mg\cdot m^{-3}$	0.12	0.199	0.219	0.304	0.435	0.388

注：1. TSP—平均悬浮微尘粒数值；

2. 1991年厂区降尘增加原因是由于二期工程投产造成的；

3. 厂区 SO_2 和 NO_x 变化较大，但尚在国家Ⅱ级标准允许之内（Ⅱ级分别为 $0.15mg\cdot m^{-3}$ 和 $0.1mg\cdot m^{-3}$）；

4. TSP超过大气质量标准Ⅱ级（允许值为 $0.3mg\cdot m^{-3}$）；

5. 1991年高炉区降尘量为：上半年 $8.98t\cdot km^{-2}\cdot m^{-1}$，下半年为 $17.65t\cdot km^{-2}\cdot m^{-1}$。

9.6.2.3　宝钢环保设施的主要特点

宝钢环保设施的主要特点如下：

1）技术先进、措施较完善，标准较严；

2）严格贯彻“三同时”实行生产设施与环保设施同步运行、联动操作；

3）充分体现综合治理的设计思想，管治并重，以管为主、标本兼治，侧重治本。因此，从整体来说，经济效益与环保效益在一定程度上获得了较好的效果。

各钢铁企业根据宝钢的成功经验，为了子孙后代，应积极开展环保教育、增强环保意识，加强环保管理、坚持监控和监测、扩大绿化、多投入资金、把钢铁企业在二十一世纪建成无烟尘、无噪声、无污染的碧水蓝天、百花盛开的花园式企业。

参　考　文　献

1　中华人民共和国环境保护法，1989

2　钢铁工业污染物排放标准，1993

3　冶金工业部环境保护设计规定，1995

4　城市区域环境噪声标准，1993

5　冶金工业部建设协调司、中国冶金建设协会编著，钢铁企业采暖通风设计手册，北京：冶金工业出版社，1996

6　冶金工业部重庆钢铁设计研究院主编，炼铁机械设备设计，北京：冶金工业出版社，1985

7　国外现代炼铁工业编写组编著．国外现代炼铁工业，北京：冶金工业出版社，1981

8　钢铁企业给水排水设计参考资料编写组编．钢铁企业给水排水设计参考资料，北京：冶金工业出版社，1979

9　刘文魁，蔡荣泰主编，物理因素职业卫生．北京：科学出版社，1995

10　国家环境保护局空气和废气监测方法编写组编，空气和废气监测分析方法．北京：中国环境科学出版社，1990

11　中国预防医学科学院劳动卫生与职业病研究所主编．车间空气监测检验方法，第三版，北京：人民卫生出版社，1990

12　唐广仁等编著．宝钢生产技术系列丛书⑪.《环保》，宝山钢铁集团公司，1995

10 高炉炼铁综合计算

高炉炼铁综合计算的内容有配料计算，物料平衡与热平衡，影响高炉焦比和产量的因素，高炉操作线，理论最低碳比和炼铁能量平衡等。这是设计高炉时或高炉采用新的冶炼条件之前确定各种物料用量、选择各项生产指标和工艺参数的重要依据，更是全面地、定量地分析和评价高炉生产技术经济指标、热能利用及高炉效率的一种有效方法。

迄今，微机的应用已遍及各个领域。众多炼铁工作者已采用不同的程序设计语言自编程序，由微机完成各种计算。因此，计算的原理、方法、算式表达及编程方法直接影响计算结果的正确性和可靠性。本章尽量用实例，便于广大炼铁工作者和其他读者的掌握和理解。使用微机时，高炉炼铁的各种工艺计算可编成菜单式目录，其中每个程序框图的一般形式见图 10-1。

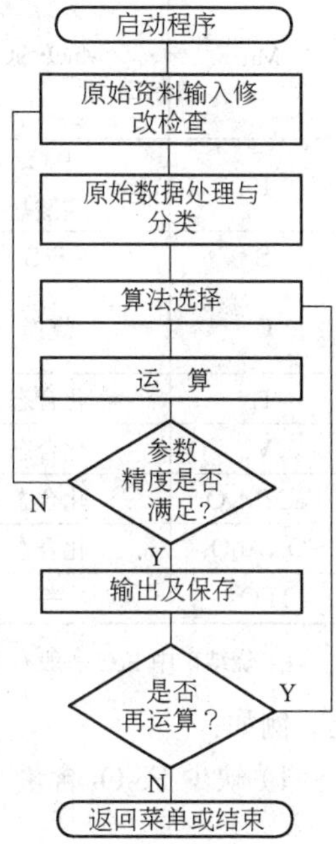

图 10-1　程序框图

10.1 原始资料

10.1.1 必需的原始资料

必须收集和确定的原始资料（某种计算需要的资料详见本章各节）有：

1）各种入炉物料的化学成分；

2）各种入炉物料单位的消耗量、炉渣量和炉尘（煤气灰）量；

3）各种产品如生铁、炉渣、干煤气和炉尘等化学成分；

4）鼓风参数，即温度、湿分及含氧量等；

5）冶炼参数：生铁的种类和规格，各元素在炉渣、生铁和煤气中的分配率，炉渣碱度，物料入炉温度，炉顶温度，铁的直接还原度（在配料计算中可按经验设定；在分析和评价高炉冶炼过程及能量利用时，由计算获得），高炉冶炼强度等。

10.1.2 各种入炉物料的化学组成

现场使用的物料的化学成分是根据高炉生产的实际需要所做的常规分析，必要时，补做若干化学成分（如碱金属氧化物）就可以了。这样，现场检验的化学成分，只要经过切合实际的整理，已基本上满足了工艺计算的要求。

为保证工艺计算的正确和合理，计算前需要调整和处理某些原始数据。

10.1.2.1　*矿石*

矿石的化学成分应包括主要元素和各种化合物的百分含量。各组成的百分含量之总和应为 100%。由于难以得到全分析，当组成不全即其总和小于 100% 时，必须要进行调整。

（1）补上必需的组成，计算有关含量

矿石成分不全，或缺少主要元素含量，或缺少某化合物含量，可参考表 10-1 及有关资料将其补

表 10-1 各种元素在不同物料中的主要存在形态

元素及化合物	烧结矿(球团矿)	天然铁矿石	锰矿石	石灰石	焦炭	碎铁
Fe	Fe_2O_3、Fe_3O_4、FeS $2FeO\cdot SiO_2$ $CaO\cdot Fe_2O_3$ $2CaO\cdot Fe_2O_3$	Fe_2O_3(赤铁矿) Fe_3O_4(磁铁矿) $m Fe_2O_3\cdot n H_2O$(褐铁矿) $FeCO_3$(菱铁矿)	Fe_2O_3 Fe_3O_4 $FeCO_3$ FeS	$FeCO_3$ Fe_2O_3	$2FeO\cdot SiO_2$ FeS	[Fe] Fe_2O_3 FeO
Mn	$MnO\cdot SiO_2$	MnO_2,Mn_2O_3 Mn_3O_4,MnS $MnCO_3$	MnO_2,Mn_2O_3 $MnCO_3$,MnS MnO,Mn_3O_4	$MnCO_3$ MnO_2 Mn_2O_3	$MnO\cdot SiO_2$	MnO
P	P_2O_5 磷酸盐	磷酸盐	磷酸盐	P_2O_5 磷酸盐	磷酸盐	[P]
S	FeS	FeS,FeS_2	MnS,FeS		有机 S,FeS	FeS
C	烧损	$FeCO_3$,$MnCO_3$	$FeCO_3$,$MnCO_3$	烧损,CO_2	50%石墨, 50%无定形碳	[C]
Ti	化合态	$FeO\cdot TiO_2$,$2FeO\cdot TiO_2$				
V	化合态	$FeO\cdot V_2O_3$				
CaO,MgO	化合态	碳酸盐	碳酸盐	碳酸盐	硅酸盐	
SiO_2,Al_2O_3	化合态	自由态,化合态	自由态	自由态	化合态,自由态	
H_2O	—	结晶水,游离水	结晶水	游离水,结晶水	游离水	

注:烧结矿中 FeO 一般有 15%~25%是以 $2FeO\cdot SiO_2$ 形态存在的。在高碱度烧结矿中 $2FeO\cdot SiO_2$ 此种形态减少。

上。例如:

1) 缺少 Fe_2O_3 含量,可按下式计算:

$$(Fe_2O_3)=\frac{160}{112}\left[(TFe)-\frac{56}{72}(FeO)-\frac{56}{88}(FeS)-\frac{56}{120}(FeS_2)\right] \tag{10-1}$$

若为烧结矿等熟料时,计算式为:

$$(Fe_2O_3)=\frac{160}{112}\left[(TFe)-\frac{56}{72}(FeO)\right] \tag{10-2}$$

熟料中有微量金属铁时应酌情处理。

2) 仅有磷的元素含量,而无相应的化合物(P_2O_5)含量,则

$$(P_2O_5)=\frac{142}{62}(P) \tag{10-3}$$

3) 在元素含量中有硫,而在组成中无相应项。其相应的含量可按硫在矿石中的存在形态(表 10-1)进行计算。如烧结矿,硫应以 FeS 形态存在。因其铁(Fe)已计入 FeO 项中,而一个 O 原子(16g)代替了一个 S 原子(32g),即 FeO 分子量比 FeS 分子量少了 $\frac{S}{2}$,因而在组分项中应补充 $\frac{S}{2}$ 项。在高碱度烧结矿中,部分硫以 CaS 形态存在,校正时,处理方法同 FeS。

4) 某种难以换算的缺项成分,如 Al_2O_3,必要时可按相似矿石的含量范围进行设定。

(2) 各组分含量调整到百分之百

矿石中有些物质(如碱金属氧化物等) 在常规分析时未做,使所有常规分析组成(包括烧损及特殊矿石的特定组分)的总和小于 100%,这时,可以补加一个"其它"项(标记 MeO),使各化合物的总和为 100%。

按各成分的分析误差将各组分之和调整到100%有不妥之处。因为分析误差即允许分析误差，一般采用±2S(S为标准偏差)。这里，标准偏差表示该分析方法的精确度，又是衡量分析结果是否有效的依据。允许分析误差用于考核化验、检验质量合格与否，不能作为为了将各组分含量总和调整到100%而改变各组成含量的依据。

此外，还应按化验、检验的各个组分含量，折算出主要元素的百分含量。

10.1.2.2 燃料

焦炭采用工业分析列出干基成分，包括碳、灰分、挥发分和有机物等(由 H_2、S、N_2 组成)4大项。焦炭中碳由100%减去其它3项求得。焦炭所含水分为游离水，列在100%以外。硫(以有机硫为主)是衡量焦炭质量的一个重要标志，通常专门列出硫元素总含量。焦炭灰分一般由 SiO_2、Al_2O_3、CaO、MgO、P_2O_5 和 FeS 等组成，各组分含量之和不足100%，或小于灰分的含量，除了补上常规分析项之外，不足部分按 MeO 项处理。焦炭挥发分由 CO_2、CO、H_2、CH_4 和 N_2 等组成，各组分之和为100%，或等于挥发的含量。

煤粉常规分析与焦炭的工业分析相同，此外，尚需要通常不进行化验、检验的元素分析。在计算中需要下列组分，即C、H、O、N、S、灰分和 H_2O 等项，总和为100%。

视计算需要，可将灰分、挥发分、有机物中各组成的含量变换为燃料总体中的含量。

10.1.3 高炉报表的整理和填写

生产数据整理是在日报(或班报)基础上归纳为整理记录及各旬、月、季度、半年和全年的报表。整理记录是高炉技术经济指标，操作情况和生产管理的原始记录，是最基本的生产数据整理。为便于叙述起见，整理记录的内容概括为技术经济指标、原料和燃料、炉况与操作、出铁出渣及其它诸方面，并提出计算和填写的要求。其中的计算方法基本上适用于日、旬和月的统计计算。高炉工作者务必认真地按下述的方法和要求进行计算和填写。

10.1.3.1 整理记录中各项的意义及计算、填写方法

(1) 高炉技术经济指标

1) 实产生铁量(P)

$$P=\Sigma P_i \qquad (i=1,2,\cdots,n)$$

当 i 为一昼夜内的铁次序列时，P 为日产生铁量；当 i 以天为序列时，P 为指定天数内(如旬和月)的实际产生铁量。P 包括出格生铁量在内，即为合格生铁量($P_{合格}$)和出格生铁量($P_{出格}$)之和。

2) 合格生铁量($P_{合格}$)

生铁的化学成分符合国家规定要求内(见附录铸造用和炼钢用生铁铁号及化学成分)规定的生铁量为合格生铁量，否则为出格生铁量，并记入高硅、高硫栏内。单位以t计。表10-2是各种合格生铁的折合系数。

表10-2 各种合格生铁折合系数

生铁种类	炼钢生铁	铸造生铁					
铁号	各号	Z14	Z18	Z22	Z26	Z30	Z34
折合系数	1.00	1.14	1.18	1.22	1.26	1.30	1.34

3) 合格率(δ_P)：

$$\delta_P=\frac{P_{合格}}{P}\times 100\%$$

4) 一级品率。对于合格的炼钢生铁：[Si]≤0.85和[S]≤0.03为一级，[Si]>0.85和[S]>0.03

为二级；对于合格的铸造生铁：除了 Z14 号[S]≤0.04为一级，[S]>0.04为二级外，其余牌号的铸造铁[S]≤0.03为一级，[S]>0.03为二级。

设 $P_{二级}$ 为二级品生铁量，一级品率为：

$$一级品率 = \frac{P_{合格} - P_{二级}}{P_{合格}} \times 100\%$$

或

$$一级品率 = \frac{P - P_{出格} - P_{二级}}{P_{合格}} \times 100\%$$

5) 利用系数。全称为高炉有效容积（V_u）利用系数（η_v）

$$\eta_v = \frac{P}{V_u} \quad 或 \quad \eta_v = \frac{I}{K} \cdot \frac{1000}{\delta_P} \quad t/(m^3 \cdot d)$$

式中 I——焦炭冶炼强度，$t/(m^3 \cdot d)$；

K——焦比，kg/t。

K 和 I 分别见 6) 和 7)。

6) 焦比、综合焦比（$K_{综合}$）和燃料比

$$K = \frac{焦炭消耗量(吨数)}{合格生铁量} \times 1000 \quad kg/t$$

$$K_{综合} = \frac{综合焦炭消耗量(吨数)}{合格生铁量} \times 1000 \quad kg/t$$

焦炭指不含水分的干焦炭（下同）。综合焦炭消耗量是包括焦炭在内的各种燃料消耗量折算为焦炭量的总和。其折算系数见表 10-3。

表 10-3 各种燃料对焦炭的折算系数（供参考）

燃料种类	煤粉灰分/%			焦丁	重油
	≤15	>15~≤20	>20		
折为焦炭的系数	0.8	0.7	0.6	0.9	1.2

为与国际上的冶炼指标相一致，今后除研究需要外，不再使用综合焦比，而要使用燃料比，它是单位合格生铁消耗的焦炭量和喷吹燃料量之和，目前我国燃料比 = 焦比 + 煤比。

7) 焦炭冶炼强度和综合冶炼强度（$I_{综合}$）

$$I = \frac{焦炭消耗量(吨数)}{规定总容积 \cdot (1 - 休风率)} \quad t/(m^3 \cdot d)$$

$$I_{综合} = \frac{综合燃料消耗量(吨数)}{规定总容积 \cdot (1 - 休风率)} \quad t/(m^3 \cdot d)$$

式中，规定总容积 = 高炉有效容积 × 规定工作时间（分）/1440。当没有大、中修时间，且规定工作时间 $T \geq 1440$min 时，则规定总容积 = 高炉有效容积 × 日数。休风率见炉况及操作部分内容。

8) 人造富矿（或称熟料）率。贫矿经富选后的精矿粉或开采富矿所得富矿粉经加工所得到的（如烧结矿、球团矿）矿石用量占矿石总用量的比值，一般用百分数表示。

(2) 原料和燃料

这里叙述矿石、熔剂和附加物等用量、单耗，工业分析以及燃料的物、化性能。因为灰铁比和渣铁比的计算与原料单耗有类同之处，亦并入于此。

1) 各种物料单耗（G_i）

$$G_i = \frac{入炉物料各自的消耗量(吨数)}{合格生铁量} \times 1000 \quad kg/t \tag{10-4}$$

这是通式。用此式可分别算出每吨合格生铁的矿石、熔剂等以及各种喷吹燃料的耗用量。

2) 矿石平均含铁。各种矿石(或同种矿石分批入炉的)用量乘以各自的矿石含铁量之和除以各种矿石用量之和而得之,即必须采用加权平均法计算矿石平均含铁量。

3) 灰铁比

$$\text{灰铁比} = \frac{\text{炉尘(煤气灰)总吨量}}{\text{实产生铁量}} \times 1000 \quad \text{kg/t}$$

采用湿式除尘系统时,灰铁比还应考虑洗涤塔后水中的灰泥量。

4) 渣铁比

$$\text{渣铁比} = \frac{\text{干炉渣总吨量}}{\text{实产生铁量}} \times 1000 \quad \text{kg/t}$$

5) 燃料分析　焦炭和喷吹燃料的化学分析和物理性能按得到的数据作算术平均后记录即可。

(3) 炉况及操作

炉况及操作指送风情况,炉内状况,冶炼操作及结果的数据整理。这是高炉生产的直接反映。从中可看出高炉的操作方针和基本操作制度以及在判断炉况,操作调剂,保持炉况稳定顺行,防止和处理失常和事故等方面所采取的措施得当与否。还可以根据第一手资料通过计算(如物料平衡与热平衡,各因素影响焦比和产量的计算及高炉操作线等)来检验原、燃料用量的合理性和可信性。炉况及操作也是整理的实质部分,务必重视,其中除了炉顶温度、炉喉温度和炉身温度采用算术平均值,炉顶高压时间采用累计值之外,主要叙述日常生产中较为重视的各项内容的意义、填写要求和计算方法。

1) 风量。实际生产中单位时间内冷风流量的算术平均值(简称平均值,下同),m^3/min。

2) 风温。实际生产中在热风总管和热风围管的交叉处测得的热风温度的平均值,℃。在热风温度范围内记下当日风温的最高值和最低值。

3) 热风压力、炉身压力和炉顶压力。记下实际生产中各记录数字的平均值。

4) 压差与透气性。热风压力减去炉顶压力所得的值为总压差,如果炉身有多层静力测定点,则还应记录下各部位的压差。从第3章可知风量的平方除以压差的值为透气性,生产中常简化为风量除以压差。记录它计示的平均值。

5) 风速。风量(V_0)除以高炉工作风口的总面积的值称为理论风速(v_0),m/s。V_0 的计算见高炉冶炼操作一章中有关算式。对某座高炉而言,炉况正常时,风口燃烧碳率变化不大。根据当地的大气条件,列出干、湿风的换算系数,v_0 的计算就方便多了。

6) 鼓风动能。是高炉冶炼操作下部调剂中正确选择风口的面积和长度与确定合理的送风制度的一个重要依据。是鼓风在风口前端面进入炉缸时所产生的动能,其表达式如下:

$$E = \frac{1}{2} m v^2 = \frac{\gamma \cdot v_0}{2n} (v_0 \cdot \xi)^2 \quad \text{J/s}$$

其中

$$\xi = \frac{2.78 \times (273 + t)}{760 + 7.5 P_B}$$

式中　γ——标准状态下鼓风密度,kg/m^3;

n——工作风口个数;

ξ——标准状态与工况之间的折算系数;

t——热风温度,℃;

P_B——仪表上显示的热风压力,kPa。

7) 富氧率。高炉富氧时鼓风中含氧量的增量。当大气中含氧 21% 和氧气中含氧 99.5% 时,按高炉风量表和氧气表（接点在放风阀前）的计示值计算富氧鼓风时富氧率为：

$$富氧率=\frac{0.785\times 氧气总用量(m^3)}{风量(m^3/min)\times 作业时间(min)}\times 100\%$$

其中，氧气总用量指与风量相对应的作业时间内氧气使用量的总和。在鼓风湿度变化较大（如冬季与夏季）的地区，应考虑湿度对富氧鼓风含氧量的影响。

8）上料批数。每日由0:01至24:00时间内装入高炉的料批数量。

9）出铁间批数。当天的与前一天的末次铁之间时间内装入高炉的料批数量。

10）每批出铁。出铁间批数除相应时间内合格生铁量得之。

11）批重。每批料的矿石（包括含铁物料）重量、净矿石重量、石灰石（熔剂）重量和焦炭重量，分别称为矿石批重、净矿批重、石灰石（熔剂）批重和焦炭批重。一般采用各自的总用量除以料批数量即可。

12）焦炭负荷与综合焦炭负荷

$$焦炭负荷=\frac{铁矿石用量+锰矿石用量+0.3\times 碎杂铁用量}{焦炭用量}\quad t/t$$

$$综合焦炭负荷=\frac{铁矿石用量+锰矿石用量+0.3\times 碎杂铁用量}{综合焦炭用量}\quad t/t$$

一般情况下，上式可用各自的批重来表示。

13）料线。由料线零位到料面的距离为料线。钟式高炉的料线零位是大钟全开时大钟的下沿。无钟高炉以炉喉钢砖上沿为料线零位，也有以旋转流槽0°角（与高炉横截面相垂直）时其下端面为料线零位。

14）装料制度。这里只填写用于最多或最主要的原燃料的装入顺序、方法组合、批重和料线。无钟高炉还要填写炉料装入高炉时旋转流槽倾角（或代号），在各倾角（或代号）位置上布料圈数或重量。使用活动炉喉板的高炉，记录活动炉喉板的位置及变化等。

15）除尘器煤气。记录各次取样化验的CO、CO_2、N_2和H_2含量的平均值。

16）炉喉煤气CO_2。在炉喉半径方向上取样化验的CO_2值，取其第1点与第5点（中心点）的平均数，即为高炉边沿和中心煤气的CO_2含量。

17）煤气$\frac{CO_2}{CO_2+CO}$。在使用大量人造富矿（熟料）及少量熔剂的情况下，基本上反映出高炉内CO的利用程度。记录各次计算结果的平均值。

18）生铁含硅、硫及锰、磷（后者不常规分析）。记当日实际铁次取样化验的平均值，并在范围内记下当日的最高值与最低值。

19）炉渣碱度和含硫。记录每次铁的炉渣碱度和渣中含硫的平均值。

20）炉渣工业分析。这是定期的常规分析。要求将每次的炉渣工业分析完整地记在规定的表格内，按月或按需算出炉渣各组分的平均值。

21）硫的分配系数$\frac{(S)}{[S]}$，即系炉渣脱硫能力的一种表达式，记下各次计算结果的平均值。

22）变料次数。每批料的重量变化超过规定值以上为1次变料。如某厂规定值为±300kg/批料。

23）悬料次数。料线停止下降且超过1～2批料的下降时间算1次悬料。坐1次料不下的不另计悬料次数。

24）坐料次数。悬料时按实际拉风坐料次数记录，调剂炉况的坐料也应记录。坐料1次算休风3min，超过3min按实际时间记录。

25）崩料次数。料线瞬时下降超过1m算1次，按实际崩料次数记录。

26) 风口工况。按照风口顺序号逐个填写各风口的长度和直径,标记和记下更换和调剂的风口及个数、同类风口的个数、堵风口个数,最后计算出工作风口的个数及总面积(m^2)。

27) 操作合格率。一般指上料批数的均匀性,生铁含硅及炉渣碱度的稳定性。各高炉根据生产实情设定允许范围,用以考核操作水平。也可采用标准偏差方法算出生铁含硅和含硫及炉渣碱度的波动状况,即以 σ_{Si}、σ_S 和 σ_R 作为操作合格率的考核内容(详见实例)。

28) 休风率、减风率(也称慢风率)。高炉在规定工作时间内因故休风或减风耗用的时间所占的比率,即

$$休风率=\frac{休风时间(min)}{规定工作时间(min)}\times 100\%$$

$$减风率=\frac{减风时间(min)}{规定工作时间(min)}\times 100\%$$

高炉休风、减风的划分标准见表 10-4。式中,规定的工作时间(min)为日历时间(min)扣除大、中修时间(min)。

表 10-4 高炉休风、减风和全风的划分标准(供参考)

项　目	休　风	减　风	全　风
占正常风量(或风压)的百分数	0	≤90	>90

29) 全风率。高炉全风(见表 10-4)时间占规定工作时间的比率,即

$$全风率=(1-休风率-减风率)\times 100\%$$

30) 休风时间分类及原因。休风时间分为出铁出渣,冷却设备,悬坐料,设备修理,事故,待料,待罐,外部和其它。要按分类累计时间且认真记录,简要地说明休风的原因。

31) 减风时间分类及原因。减风时间分为出铁出渣,冷却设备,悬坐料,设备修理,事故,待料,待罐,炉凉,炉况欠顺和其它。要按分类累计时间且认真记录,简要地说明减风原因。

(4) 炉前操作及其它

1) 出铁出渣操作。内容有出铁总次数,按时(正点)出铁次数,按时出渣次数,铁口合格次数,正点配铁罐次数,铁流时间正点次数,渣罐粘罐次数,正点配渣罐次数等。其中除了平均铁口深度按平均值计算之外,余者均为累计数。

2) 更换渣口个数。对放上渣的高炉来说,记录渣口损坏而被更换的个数。

3) 冷却系统测定。冷却器的进水温度和出水温度或者进出水温差以及水压分别按段数和部位填写清楚,已损坏的冷却器可用"×"标记,并作好累计。

(5) 重要记事与技术分析

重要记事是填写本月与高炉生产有关的重大事宜以及执行调度命令的情况与结果等,要求简要,条理清楚。

技术分析主要填写本月高炉操作方针和基本操作制度;在判断炉况,操作调剂及处理炉况失常和事故时所采取的措施和效果;对技术经济指标和操作合格率作简明分析和建议。

10.1.3.2 记录要求与计算实例

(1) 有效数字的位数

为保证记录中所得数值的可靠性,各项的计算需要保留小数点后有效数字的位数设定如下:

1) 小数点后有效数字需要保留 1 位的有产品数量,燃料的用量、水分、灰分以及焦炭的物理性能,透气性,煤气中 CO_2(包括炉喉半径方向上的 CO_2 在内)和 H_2 等;

2) 小数点后有效数字需要保留 2 位的有生铁的合格率和一级品率,人造富矿率,焦炭负荷,矿石

平均含铁，硫负荷，炉渣的碱度和渣中含硫，燃料的挥发分和含硫量，富氧率，休、减风率和全风率；

3) 小数点后有效位数要保留3位的有利用系数，冶炼强度，原、燃料批重，生铁成分，以及以吨为单位计算的渣铁比和矿石单耗等。

(2) 计算方法和实例

1) 加权平均法

$$\overline{x}=\frac{x_1\cdot b_1+x_2\cdot b_2+\cdots+x_i\cdot b_i}{\Sigma x_i}$$

式中 b_i——与 x_i 有关的组分或含量。

[实例1] 由下表算出某高炉使用的矿石平均含铁量($\overline{TFe}$)

矿 种	烧结矿	球团矿	天然块矿
TFe/%	56.42	60.82	61.17
用量/t	8000	1200	800

解：由上式可得

$$\overline{TFe}=\frac{8000\times56.42+1200\times60.82+800\times61.17}{8000+1200+800}=57.33\%$$

2) 标准偏差

$$\sigma=\sqrt{\frac{1}{n}\sum_{i=1}^{n}(x_i-\overline{x})^2}$$

式中 n——统计次数或样本个数；

x_i——统计对象的数值或相互独立相同分布的变量；

$\overline{x}$——样本平均数或称期望值。

[实例2] 高炉某日的生铁含硅化验值如下：0.570，0.610，0.745，0.660，0.470，0.590，0.460，0.405，0.510，0.415，0.650，0.520，0.430，0.445，0.455，0.400，求 σ_{Si}

解：有16个数据，即 $n=16$。用计算器按上式算得：

$$\overline{x}=\frac{\Sigma x_i}{n}=\frac{0.570+0.610+\cdots+0.400}{16}=\frac{8.335}{16}=0.5209375$$

$$\Sigma(x_i-\overline{x})^2=0.165410923$$

则

$$\sigma_{Si}=\sqrt{\frac{0.165410923}{16}}=0.102$$

这里只说明计算方法的应用。实际上用计算器逐个无误地输入数值，可直接获得 σ_{Si}。

(3) 记录填写要求

记录要真实、准确、及时和完整；填写的数字和文字要端正、清楚；记录本要保持干净和整洁。

10.1.4 生产数据的核算和整理

(1) 生铁产量的核算

高炉生产报表上记载的生铁产量($G_{铁表}$)与高炉实际的出铁量($G_{铁实}$)因下列原因而不一致：

1) 铁水铸块时产生损失；

2) 内部调拨铸造铁块时有估量的；

3) 仓贮及销售时产生损失；

4）由于清理铁罐及渣中带铁等而造成铁量损失；

5）在炉前铁沟内化铁、炉外增硅及脱硫等影响生铁产量。

将后两项的铁量变化记作 $G_{铁损}$，它与 $G_{铁表}$ 的比值为 a，称做铁量损失系数；将前三项的铁量误差记作 $G_{误差}$，它与 $G_{铁表}$ 的比值为 b，称为铁量误差系数。因此高炉实际的出铁量可以下式表示，即

$$G_{铁实}=G_{铁表}(1+a+b) \tag{10-5}$$

系数 a、b 与各厂的生产条件和运输条件等有关。表 10-5 是鞍钢条件下各种影响因素与 $G_{铁表}$ 的比值。其中铁罐残铁，炼钢生铁为下限，铸造生铁为上限，由此计算整理出鞍钢的 a、b 值列于表 10-6。

表 10-5　鞍钢各因素影响铁量的比例(%)

渣中带铁	铁罐残铁	铸铁损失	内部调拨估量损失	外销称量损失
0.025	1.3～1.7	1～2	-(6～9)	4～5

表 10-6　鞍钢条件下的 a、b 值

铁　种	铁量损失系数 a/%	铁量误差系数 b/%	
		内部调拨	厂外销售
炼钢生铁	0.8	—	5.7
铸造生铁	1.1	-5.3	6.7

(2) 单位生铁的各种入炉物料核算

报表上所列出的矿石、焦炭、熔剂、喷吹燃料和附加物等的单位生铁消耗量，均应根据实际的出铁量重新核算。核实可按下式进行：

$$G_i'=G_{i表}\frac{G_{铁表}}{G_{铁实}} \tag{10-6}$$

式中　G_i'——单位生铁的矿石、焦炭、熔剂、喷吹物和附加物的实际物料消耗量，kg/t。

现场生产中，矿石的称量误差和机械损失都比较大，需按铁平衡进行校正，算法见 10.3 节。

(3) 生铁成分的补算

现场生产中，有的厂只分析生铁成分的 Si、Mn、P 和 S 的含量。一般情况下，应补算 C 和 Fe 的含量，并使各组分之和为 100%。C 和 Fe 的补算可按下式进行：

$$[C]^{[1]}=1.34+2.54\times10^{-3}t-0.35[P]+0.17[Ti]-0.54[S]+0.04[Mn]-0.30[Si] \tag{10-7}$$

$$[Fe]=100.000-[Si]-[Mn]-[P]-[S]-[C]-[其它元素] \tag{10-8}$$

(4) 高炉煤气成分的调整

高炉煤气中不应有氧。由于取样和分析的某些原因而混入微量空气，所以，高炉煤气的化验结果，其组成中常有 0.2%～0.4% 的氧。为此，混入试样中的微量空气必须扣除，并将其组成换算成 100%。此外，目前工业气相色谱仪分析高炉煤气后得不到 CH_4 的含量，用氢焰法测得的高炉炉顶煤气中的 CH_4 的含量(为 $(18\sim24)\times10^{-6}$)甚微，可略而不计。各组成的百分含量换算公式如下：

$$CO_2'=b\cdot CO_2 \tag{10-9}$$

$$CO'=b\cdot CO \tag{10-10}$$

$$H_2'=b\cdot H_2 \tag{10-11}$$

$$N_2'=b\cdot\left[N_2-\frac{79}{21}O_2\right] \tag{10-12}$$

其中

$$b=\frac{100}{CO_2+CO+H_2+N_2-\frac{79}{21}O_2} \tag{10-13}$$

或

$$b=\frac{100}{100-\frac{O_2}{21}}$$

式中　CO_2、CO、H_2、N_2、O_2——煤气试样的化学成分，%；

CO_2'、CO'、H_2'、N_2'——换算后的煤气组成，%。

［实例 3］ 设 $CO=23.5\%$，$CO_2=16.7\%$，$H_2=2.7\%$，$O_2=0.3\%$，$N_2=56.8\%$，则 b 为

$$b=\frac{100}{100-\frac{0.3}{0.21}}=1.0145$$

将 b 代入式(10-9)～式(10-12)，得核算后的煤气成分为：

$$CO_2'=1.0145\times16.7=16.94\%$$

$$CO'=1.0145\times23.5=23.84\%$$

$$H_2'=1.0145\times2.7=2.74\%$$

$$N_2'=1.0145\times\left(56.8-\frac{79}{21}\times0.3\right)=56.48\%$$

(5) 炉尘量及其化学成分的核算

1) 炉尘量的核算。对湿法除尘而言，生产报表上的炉尘量($G_{尘表}$)一般指重力除尘器排出的煤气灰量。令洗涤塔等排出的炉尘(即瓦斯泥或煤气泥)量占除尘器排灰量的比例系数为 $b_{尘}$，则实际炉尘量($G'_{尘}$)为：

$$G'_{尘}=[G_{尘表}\cdot(1+b_{尘})]\cdot\frac{G_{铁表}}{G_{铁实}} \tag{10-14}$$

2) 炉尘化学成分调整。当炉尘的化学成分不全时，可按下述步骤调整。假定条件如下：

① 炉尘由焦炭和矿石两种炉料构成；

② 炉尘中碳由焦炭带入；

③ 炉尘中 Fe 和 C 含量不调整。

调整步骤为：

① 用炉尘量和其中的 C 含量求出相当的焦炭数量，再按照焦炭化学成分求出焦炭带入炉尘的各组成数量；

② 用炉尘量和其中的 Fe 含量扣除焦炭带入的铁量后求得相当的矿石数量，再按矿石的化学成分求出矿石带入炉尘的各组成数量；

③ 将上述两种来源的各组成数量对应相加再求总和，然后可得到计算的化学成分；

④ 保持原来炉尘中的 Fe 和 C 的含量，并将各组成之和调整到 100%。其调整方法与上述矿石组成的调整相同。

10.2 高炉配料计算

10.2.1 高炉配料联合计算

本计算的实质是根据给定的各种炉料的特性指数和设定的冶炼制度，列出一系列物料平衡方程式，并同热平衡方程式联合成一个方程组，以求出作为未知数列入方程式中的燃料和原料用量。此法是俄国冶金学家 A.H. 拉姆教授创立的。下面结合实例介绍计算方法。

10.2.1.1 有关资料及其整理

高炉冶炼用的原、燃料及各种辅助料的化学成分见表10-7～表10-9，为计算方便整理成表10-10。

表 10-7 原料成分表(%)

名称	TFe	Mn	P	S	Fe_2O_3	FeO	MnO_2	MnO	SiO_2	Al_2O_3	CaO	MgO	P_2O_5	SO_3	烧损		MeO③	合计	$H_2O_{物}$
															$H_2O_{化}$	CO_2			
混合矿①	55.39	0.178	0.035	0.024	69.72	8.47		0.23	7.98	0.91	10.02	2.06	0.08	0.06②	0.14	0.12	0.16	100.00	0.16
锰矿	10.62	TMn 34.39	0.10	0.71	0.14	2.73	34.92	15.90	18.08	3.23	6.74	2.23	0.23	1.78	1.70		0.32	100.00	
碎铁	75.44	MFe 49.88	0.054	0.086	0.69	32.24			8.47	2.61	2.08	0.60				C 2.93	0.16	100.00	

① 混合矿配比：人造富矿(熟料)85%，天然块矿15%；

② 天然块矿中有 SO_3，熟料中S多以FeS形态存在，因数量较少，为了计算方便，均按 SO_3 处理；

③ MeO为其它含量(如碱金属氧化物)之和，下同。

表 10-8 焦炭成分表(%)

固定碳	灰分(12.06)							有机物(1.14)			挥发分(0.74)					合计	全硫	$H_2O_{物}$
	SiO_2	Al_2O_3	CaO	MgO	FeO	FeS	MeO	H_2	N_2	S	CO_2	CO	CH_4	H_2	N_2			
86.06	5.89	4.08	0.60	0.15	1.08	0.11	0.15	0.3	0.3	0.54	0.26	0.27	0.03	0.04	0.14	100.00	0.58	4.2

表 10-9 煤粉成分表(%)

C	H	O	N	S	H_2O	灰分(12.14)						合计
						SiO_2	Al_2O_3	CaO	MgO	FeO	MeO	
76.92	4.28	3.97	0.98	0.20	1.51	6.86	2.97	0.68	0.17	1.10	0.36	100.00

表 10-10 整理后原、燃料成分表(‰)

化合物与元素			焦炭		矿石		锰矿		石灰石		碎铁		煤粉	
a	*b*	*c*	*a*	$b=a\cdot c$	*a*	$b=a\cdot c$	*a*	$b=a\cdot c$	*a*	$b=a\cdot c$	*a*	$b=a\cdot c$	*a*	$b=a\cdot c$
Fe_2O_3	$Fe_{Fe_2O_3}$	0.70000			697.2	488.04	121.4	84.98	1.0	0.7	6.9	4.83		
FeO	Fe_{FeO}	0.77778	10.8	8.40	84.7	65.88	27.3	21.23	2.7	2.1	322.4	250.76	11.0	8.56
	$Fe_{氧化}$			8.40		553.92		106.21		2.8		255.59		8.56
FeS_2	Fe_{FeS_2}	0.46667												
FeS	Fe_{FeS}	0.63636	1.1	0.70										
$Fe_{金属}$	$Fe_{金属}$	1.00000									498.8	498.8		
	Fe			0.70								498.8		
MnO_2	Mn_{MnO_2}	0.63218					349.2	220.76						
MnO	Mn_{MnO}	0.77465			2.3	1.78	159.0	123.17						
	$Mn_{氧化}$					1.78		343.93						
FeS_2	S_{FeS_2}	0.53333												
FeS	S_{FeS}	0.36364	1.1	0.40										
SO_3	S_{SO_3}	0.40000			0.6	0.24	17.8	7.12	2.3	0.92				
$S_{有机}$	$S_{有机}$	1.00000	5.4	5.40							0.86	0.86	2.0	2.0
S				5.80		0.24		7.12		0.92		0.86		2.0

续表 10-10

化合物与元素			焦炭		矿石		锰矿		石灰石		碎铁		煤粉	
a	*b*	*c*	*a*	*b* = *a*·*c*	*a*	*b* = *a*·*c*	*a*	*b* = *a*·*c*	*a*	*b* = *a*·*c*	*a*	*b* = *a*·*c*	*a*	*b* = *a*·*c*
P_2O_5	P	0.43662			0.8	0.35	2.3	1.00			0.54	0.54		
SiO_2			58.9		79.8		180.3		200.0		84.7		68.6	
Al_2O_3			40.8		9.1		32.3		11.5		26.1		29.7	
CaO			6.0		100.2		67.4		522.1		20.8		6.8	
MgO			1.5		20.6		22.3		13.3		6.0		1.7	
MeO			1.5		2.1		3.2		2.3		3.6		3.6	
CO_{2CaO}									410.2					
CO_{2MgO}									14.6					
$CO_{2碳酸盐}$	C_{CO_2}	0.27273							424.8	115.86				
$H_2O_化$					1.4		17.0						15.1	
$C_{固定}$			860.8								29.3		769.2	
				$m^3·t^{-1}$		$m^3·t^{-1}$								$m^3·t^{-1}$
CO_2	0.50909	2.6	1.32	1.2	0.61									
CO	0.80000	2.7	2.16											
CH_4	1.40000	0.3	0.42											
H_2	11.20000	3.4	38.08										42.8	479.36
N_2	0.80000	4.4	3.52										9.8	7.84
O_2	0.70000												39.7	27.79
总计			1000.0		1000.0		1000.0		1000.0		1000.0		1000.0	
$H_2O_物$			42.0		1.6									

(1) 冶炼制度的确定

1) 生铁品种及其成分。根据生产计划和冶炼条件等来确定生铁品种及其主要成分含量。以冶炼制钢生铁为例,其成分如表 10-11。

表 10-11 炼钢生铁成分(%)

Fe	Si	Mn①	P	S	C	合 计
94.478	0.550	0.500	0.07	0.022	4.38	100.000

① 现代转炉炼钢对铁水中的含 Mn 量没有要求,高炉炼铁已不再加锰矿,生铁含 Mn 量要比此值低,这里作为计算例题,将含 Mn 量定得稍高一点。

2) 炉渣碱度。炉渣碱度根据生铁品种、原料成分等选定。一般情况下,冶炼炼钢生铁时采用二元碱度 $R=\frac{CaO}{SiO_2}$,其值为 1.0~1.25。当炉料中 MgO 含量较高且波动较大时,应采用三元碱 $R=\frac{CaO+MgO}{SiO_2}$,其值一般在 1.30~1.50。本例取 $R'=1.35$。

3) 送风制度及其它见下表:

热风温度(t_B):1150℃	碎铁用量($G_附$):20kg/$t_铁$
鼓风湿分(φ):1%	煤粉用量($G_煤$):110kg/$t_铁$
用氧量(β):2%	矿石入炉温度($t_矿$):30℃

炉顶温度(t_g):200℃　　　　煤粉入炉温度($t_{煤}$):50℃

(2) 计算中需要选定的数据

1) 矿石配比。当采用多种矿石冶炼时,应根据矿石来源　供应情况及造渣制度的要求等选定适宜的配矿比(为便于计算,按各种矿石配比算出混合矿成分)。但应注意:

① 不能使生铁含磷量出格,必要时应另配低磷铁矿石;

② 当冶炼铸造生铁时,矿石含锰量应满足生铁成分的要求,不足时应配加锰矿石;

③ 当冶炼锰铁时,为保证其含锰量,锰矿石的含铁量不能超过允许范围。

2) 各种元素转入渣中的数量(μ)和还原入铁中的回收率(η)见表 10-12。

表 10-12　各种元素在炼钢生铁及渣中的分配

元　素	Fe	Mn	P	S①
η	0.998	0.7	1.0	0.07
μ	0.002	0.3	0	0.85

① 其余硫量挥发进入煤气。

3) 铁的直接还原度 γ_d 和氢利用率的设定,可选取相似条件下冶炼结果的具体值。本例选 γ_d 取 48%,η_{H_2}取 40%。

4) 碳酸盐分解出来的 CO_2 与 C 的反应系数(b_{CO_2})一般波动在 0.5~0.75 之间本例选为 0.5。

5) 生铁和炉渣焓:本例选 $w_{铁}=1172kJ/kg_{铁}$,$w_{渣}=1758kJ/kg_{渣}$。

6) 外部热损失(Z_c)

$$Z_c=\frac{Z_0}{I} \tag{10-15}$$

式中　Z_c——1kg 燃料碳的外部热损失,kJ/kg;

I——高炉冶炼强度,t/(m^3·d);

Z_0——当冶炼强度为 1.0 时 1kg 碳的热损失。此值根据生铁品种、高炉容积、炉衬侵蚀情况等因素在下列范围内选取。

铁　钟	炼钢铁	铸造铁	特殊铁
Z_0	1050~1465	1255~1675	1465~1885

本例取 $Z_0=1255$,$I=0.95$,则

$$Z_c=\frac{1255}{0.95}=1321kJ/kg$$

10.2.1.2　计算方法

(1) 理论出铁量和理论出渣量计算

铁、锰、磷、铬、镍及钒等进入生铁中的数量主要取决于它们在原料中的含量,而硅、钛、硫、碳等则取决于冶炼制度。

1) 各种入炉料的理论出铁量(e)计算公式:

$$e=\frac{Fe\cdot\eta_{Fe}+Mn\cdot\eta_{Mn}+P\cdot\eta_P+M\cdot\eta_M}{1.0-([C]+[Si]+[Ti]+[S])},kg/kg \tag{10-16}$$

式中　Fe、Mn、P——原料中该元素的含量,kg/kg;

M——原料中铬、镍和钒等元素的含量,kg/kg;

η_{Fe}、η_{Mn}、η_P、η_M——各元素转入生铁中的回收率。

2）各种入炉料的理论出渣量(u)计算公式：

$$u=\frac{1}{1000}\Big[SiO_2+Al_2O_3+CaO+MgO+TiO_2+MeO+0.5S^{①}+\frac{72}{56}(1-\eta_{Fe})\cdot Fe$$

$$+\frac{71}{55}(1-\eta_{Mn})\cdot Mn-e\left(\frac{60}{28}Si_{铁}+0.5S_{铁}+\frac{80}{48}Ti_{铁}\right)\Big]\quad kg/kg \tag{10-17}$$

式中，SiO_2、Al_2O_3、CaO、MgO、TiO_2、MeO与Fe、Mn、S为化合物与元素在入炉料中的含量，%；式10-17中①项是S在渣中为CaS，替换了该部分的CaO，即一个S原子(32g)置换一个O原子(16g)，此时炉渣的重量变化恰是S重量之半。

表10-13是各种入炉料的理论出铁量和理论出渣量的计算结果。

(2) 热量等数计算

热量等数即每1kg原料在高炉内满足本身在冶炼过程中消耗的热量以外能给出的或所需要的热量(kJ/kg)，显然，焦炭和喷吹燃料是有多余给出的，为正值，而矿石，熔剂等则是不足而需要另外提供的为负值。其计算过程如下。

1）发热量计算如下：

表10-13　原燃料的理论出铁量和理论出渣量计算($kg\cdot kg^{-1}$)

项目		焦炭	矿石	锰矿	石灰石	碎铁	煤粉
理论出铁量	$Fe\cdot\eta_{Fe}$	9.08	552.81	106.00	2.79	752.88	8.54
	$Mn\cdot\eta_{Mn}$		1.25	240.75			
	$P\cdot\eta_P$		0.35	1.00		0.54	
	A_1	9.08	554.41	347.75	2.79	753.42	8.54
	$B_1=[Si_{铁}]+[C_{铁}]+[S_{铁}]$	49.52	49.52	49.52	49.52	49.52	49.52
	$e=\frac{A_1}{1000-B_1}$	0.00955	0.58329	0.36587	0.00294	0.79267	0.00898
理论出渣量	$SiO_2+Al_2O_3+MeO$	101.2	91.0	216.3	33.8	114.4	101.9
	$CaO+MgO$	7.5	120.8	89.7	535.4	26.8	8.5
	$\frac{72}{56}Fe\cdot\mu_{Fe}$	0.023	1.424	0.273	0.007	1.940	0.022
	$\frac{71}{55}Mn\cdot\mu_{Mn}$		0.689	133.195			
	$0.5S\cdot\mu_S$	2.465	0.102	3.026	0.391	0.367	0.850
	A_2	111.19	214.02	442.49	569.60	143.51	111.27
	$B_2=\frac{60}{28}[Si_{铁}]+0.5[S_{铁}]$	11.896	11.896	11.896	11.896	11.896	11.896
	$e\cdot B_2$	0.114	6.939	4.352	0.035	9.430	0.107
	$u=\frac{A_2-e\cdot B_2}{1000}$	0.11108	0.20708	0.43814	0.56957	0.13408	0.11116

1kg碳在风口前燃烧发生的热量：风口前燃烧1kg碳放出的有效热量(q_c)，即在高炉内被利用的热量，按下式计算：

$$q_c=9797+V'_bc_bt_b-V'_gc_gt_g-10806V'_b\varphi(1-\eta_{H_2})\quad kJ/kg \tag{10-18}$$

式中　9797——1kg碳燃烧成CO所放出的热量(假设焦炭中的$C_{石墨}$和$C_{非晶}$各占50%)，kJ；

V'_b——1kg碳燃烧所需的风量，m^3；

t_b、c_b——热风的温度(℃)和比热容，kJ/($m^3\cdot$℃)；

V'_g——1kg碳在风口前燃烧产生的煤气量，m^3；

t_g、c_g——炉顶煤气温度和比热容，kJ/(m³·℃)；

10806——水分分解消耗的热量，kJ/m³；

φ——鼓风湿度的体积含量，%。

1kg 碳与原料中的氧氧化生成 CO(直接还原)时放出的热量(q_{cd})计算：

$$q_{c_d}=9797-\frac{22.4}{12}C_{CO}\cdot t_g \quad kJ/kg \tag{10-19}$$

式中 C_{CO}——CO 气体在炉顶温度时的比热容，kJ/(m³·℃)。

1kg 碳燃烧生成的 CO 被原料中的氧氧化生成 CO_2(间接还原)时放出的热量(q_{c_i})计算：

$$q_{c_i}=23614-\frac{22.4}{12}(C_{CO_2}-C_{CO})\cdot t_g \quad kJ/kg \tag{10-20}$$

式中 C_{CO_2}——CO_2 气体在炉顶温度时的比热容，kJ/(m³·℃)。

H_2 氧化生成 $H_2O_汽$ 时放出的热量(q_{H_2})计算：

$$q_{H_2}=121019-\frac{22.4}{2}(C_{H_2O}-C_{H_2})t_g \quad kJ/kg \tag{10-21}$$

式中 C_{H_2O}、C_{H_2}——煤气中 $H_2O_汽$ 和 H_2 的比热容，kJ/(m³·℃)。

为了计算 q_c，必须先算出风口前燃烧 1kg 碳所需要的风量 V'_b 和产生的煤气量 V'_g。

$$V'_b=\frac{22.4}{2\times12}\cdot\frac{1}{O_b} \quad m^3/kg \tag{10-22}$$

$$V'_g=CO'+N'_2+H'_2=\frac{22.4}{12}+V'_b\cdot N_b+V'_b\cdot\varphi \quad m^3/kg \tag{10-23}$$

式中 O_b、N_b——分别为鼓风中含氧量和含氮量。即

$$O_b=(0.21+0.29\varphi)(1-\beta)+\beta\cdot O_y \quad m^3/m^3 \tag{10-24}$$

$$N_b=0.79(1-\varphi)(1-\beta)+\beta\cdot N_y \quad m^3/m^3 \tag{10-25}$$

其中 β——用氧率，即富氧鼓风中氧气用量所占的比值，m³/m³；

O_y、N_y——分别为氧气中含氧量和含氮量，m³/m³。

本例中，设 $\varphi=1\%$，$\beta=2\%$，$O_y=100\%$，则由式(10-24)和式(10-25)得：

$$O_b=(0.21+0.29\times0.01)\times(1-0.02)+0.02\times1=0.22864$$

$$N_b=0.79\times(1-0.01)\times(1-0.02)+0=0.76646$$

将 O_b 和 N_b 的值分别代入式(10-22)和式(10-23)得：

$$V'_b=\frac{22.4}{2\times12}\times\frac{1}{0.22864}=4.0821 \quad m^3/kg$$

$$V'_g=\frac{22.4}{12}+4.0821\times0.76646+4.0821\times0.01=5.0363 \quad m^3/kg$$

煤气组分如下：

煤气组分	CO′	N_2'	H_2'	Σ
m³	1.8667	3.1288	0.0408	5.0363
%	37.06	62.13	0.81	100.00

查得鼓风和煤气所需的比热容 kJ/(m³·℃)为：

项目	空气、CO、N_2	H_2	H_2O	O_2	CO_2
鼓风,1150℃	1.4315	—	1.7547	1.4982	
煤气,200℃	1.3126	1.3017	1.5194	—	1.7873

鼓风和煤气的平均比热容分别为：

$$C_b=[C^b_{空气}\cdot(1-\varphi)+C^b_{H_2O}\cdot\varphi](1-\beta)+C^b_{O_2}\cdot\beta=[1.4315\times(1-0.01)+1.7547\times0.01]$$

$$\times(1-0.02)+1.4982\times0.02=1.4360\quad kJ/(m^3\cdot℃)$$

$$C_g=C^g_{CO、N_2}\cdot(CO'+N_2')+C^g_{H_2}\cdot H_2'=1.3126\times(1-0.0081)+1.3017\times0.0081$$

$$=1.3125\quad kJ/(m^3\cdot℃)$$

上述数据代入式(10-18)至(10-21)可得：

$$q_c=9797+4.0821\times1.4360\times1150-5.0363\times1.3125\times200$$

$$-10806\times4.0821\times0.01\times(1-0.4)=14951\quad kJ/kg$$

$$q_{c_d}=9797-\frac{22.4}{12}\times1.3126\times200=9307\quad kJ/kg$$

$$q_{Ci}=23614-\frac{22.4}{12}\times(1.7873-1.3126)\times200=23437\quad kJ/kg$$

$$q_{H_2}=121019-\frac{22.4}{2}\times(1.5194-1.3017)\times200=120531\quad kJ/kg$$

2）间接还原和直接还原消耗碳量计算。为了确定原料的热量等数，须求出间接还原和直接还原消耗的碳量 C_i 和 C_d，计算公式如下：

$$C_i=\frac{12}{112}Fe_{Fe_2O_3}+\frac{12}{56}Fe_{氧化}\cdot r_{CO}+\frac{12}{55}Mn_{MnO_2}\tag{10-26}$$

$$C_d=\frac{12}{56}Fe_{氧化}\cdot\eta_{Fe}\cdot r_d+\frac{12}{55}Mn_{氧化}\cdot\eta_{Mn}+\frac{24}{28}e\cdot Si_{铁}+\frac{60}{62}P\cdot\eta_P+\frac{48}{32}S_{SO_3}$$

$$+\frac{12}{32}(S_{机}-e\cdot S_{铁})+\frac{12}{44}b_{CO_2}\cdot CO_{2碳酸盐}+\frac{12}{18}b_{H_2O}\cdot H_2O_{化}\tag{10-27}$$

式中 $Fe_{Fe_2O_3}$、$Fe_{氧化}$——分别为原料中 Fe_2O_3 和铁氧化物中的铁量，kg/t；

Mn_{MnO_2}、$Mn_{氧化}$——分别为原料中 MnO_2 和锰氧化物中的锰量，kg/t；

S_{SO_3}、$S_{机}$——分别为炉料中 SO_3 量和有机硫量，kg/t；

r_{CO}——CO 间接还原度，本例取 43.5%；

$CO_{2碳酸盐}$——熔剂中碳酸盐所含的 CO_2 量，kg/t；

$H_2O_{化}$——炉料中所含的结晶水量，kg/t；

b_{CO_2}——熔剂中 CO_2 与 C 反应的系数，本例为 0.5；

b_{H_2O}——原料中结晶水的分解比，本例为 0.5。

直接还原和间接还原消耗碳量的计算见表 10-14。

表 10-14　C_i、C_d 计算(kg·t^{-1})

项　　目		焦　炭	矿　石	锰　矿	石灰石	碎　铁	煤　粉
间接还原耗碳	$\frac{12}{112}Fe_{Fe_2O_3}$		52.290	9.105	0.075	0.518	
	$\frac{12}{56}Fe_{\text{氧化}}\cdot r_{CO}$	0.783	51.633	9.900	0.261	23.825	0.798
	$\frac{12}{55}Mn_{MnO_2}$			48.166			
	C_i	0.783	103.923	67.171	0.336	24.343	0.798
直接还原耗碳	$\frac{12}{56}Fe_{\text{氧化}}\cdot \eta_{Fe}\cdot r_d$	0.862	56.861	10.903	0.287	26.237	0.879
	$\frac{12}{55}Mn_{\text{氧化}}\cdot \eta_{Mn}$		0.272	52.527			
	$\frac{24}{28}e\cdot Si_{\text{铁}}$	0.045	2.750	1.725	0.014	3.737	0.042
	$\frac{60}{62}P\cdot \eta_P$		0.339	0.968		0.523	
	$\frac{48}{32}S_{SO_3}$		0.36	10.68	1.38		
	$e\cdot S_{\text{铁}}$	0.002	0.128	0.080	0.001	0.174	0.002
	$\frac{12}{32}(S_{\text{机}}-e\cdot S_{\text{铁}})$	2.174	−0.048	−0.030	−0.00038	0.257	0.749
	$\frac{12}{44}b_{CO_2}\cdot CO_{2\text{碳酸盐}}$				57.927		
	$\frac{12}{18}H_2O_{\text{化}}\cdot b_{H_2O}$		0.467	5.667			5.033
	C_d	3.081	61.001	82.440	59.608	30.754	6.703

3）消耗热量及原料带入热量的计算列于表 10-15。

表 10-15　消耗热量计算(kJ·kg^{-1})

项　　目	焦　炭	矿　石	锰　矿	石灰石	碎铁	煤　粉	说　　明
1．氧化物分解及去硫							
$328FeO_{Fe_2SiO_4}$	3.54①	4.17	1.34	0.13	15.86	0.54	$Fe_2SiO_4=2FeO+SiO_2-328kJ\cdot kg^{-1}$
$7361Fe_{Fe_2O_3}$		3592.46	625.54	5.15	35.55		$Fe_2O_3=2Fe+\frac{3}{2}O_2-7361kJ\cdot kg^{-1}$
$4817[Fe_{FeO}-Fe_{\text{氧化}}(1-\eta_{Fe})]$	40.38	312.0	101.24	10.09	1205.45	41.15	$FeO=Fe+\frac{1}{2}O_2-4817kJ\cdot kg^{-1}$
$2255Mn_{MnO_2}$			497.81				$MnO_2=MnO+\frac{1}{2}O_2-2255kJ\cdot kg^{-1}$
$7363Mn_{\text{氧化}}\cdot \eta_{Mn}$		9.18	1771.65				$MnO=Mn+\frac{1}{2}O_2-7363kJ\cdot kg^{-1}$
$3108\cdot e\cdot Si_{\text{铁}}$	1.63	99.71	62.54	0.50	135.50	1.54	$SiO_2=Si+O_2-31080kJ\cdot kg^{-1}$
$35755P\cdot \eta_P$		12.51	35.76		19.31		$Ca_3(PO_4)_2=3CaO+2P_2+\frac{5}{2}O_2-35755kJ\cdot kg^{-1}$
$5954(S_{\text{有机}}-e\cdot S_{\text{铁}})$	32.14	−0.76	−0.48	−0.01	4.08	11.90	$S+CaO=CaS+\frac{1}{2}O_2-5954kJ\cdot kg^{-1}$
$2925S_{FeS}$	1.17						$FeS=Fe+S-2925kJ\cdot kg^{-1}$
$12271S_{SO_3}$		2.95	87.37	11.29			$SO_3=S+\frac{3}{2}O_2-12271kJ\cdot kg^{-1}$
q'_1	78.86	4032.22	3183.77	27.15	1415.75	55.13	
2．水分分解热 $q'_2=(331+13448b_{H_2O})\cdot H_2O_{\text{化}}$		9.88	119.94			208.06	331 和 13448 分别为逐出和分解 1kg 结晶水所消耗的热量

项　目	焦　炭	矿　石	锰　矿	石灰石	碎铁	煤　粉	说　　明
3. 碳酸盐分解							
$4046CO_{2_{CaCO_3}}$				1659.67			$CaCO_3 = CaO + CO_2 - 4046kJ\cdot kg^{-1}$
$2487CO_{2_{MgCO_3}}$				36.38			$MgCO_3 = MgO + CO_2 - 2487kJ\cdot kg^{-1}$
$6440b_{CO_2}\cdot CO_{2_{CaCO_3}}$				1320.84			
q'_3				3016.89			
4. 水分蒸发潜热							
$q'_4 = 2454\cdot H_2O_{物}$	107.59	3.93					$H_2O \rightarrow H_2O_{汽} - 2454kJ\cdot kg^{-1}$
5. 液铁物理热 $q'_5 = w\cdot e$	11.19	683.62	428.80	3.45	929.01	10.52	$w = 1172kJ\cdot kg^{-1}$
6. 液渣物理热							
(1) $w_{渣}\cdot u$	195.08	364.05	770.25	1001.30	235.71	195.42	$w_{渣} = 1758kJ\cdot kg^{-1}$
(2) $1130(CaO + MgO)$	8.48	2.37②	101.36	605.00		9.61	成渣热为 $1130kJ\cdot kg^{-1}$
$q'_6 = (1) - (2)$	186.80	361.68	668.89	396.30	235.71	185.81	
7. 煤气带走热量							
$\frac{22.4}{44}CO_2\cdot C_{CO_2}\cdot t_g$	0.47	0.22		38.65			$C_{CO_2} = 1.7873kJ\cdot m^{-3}\cdot ℃^{-1}$ $t_g = 200℃$
$\frac{22.4}{28}(N_2 + CO)$、$C_{CO、N_2}\cdot t_g$	1.49					2.06	$C_{CO、N_2} = 1.3126kJ\cdot m^{-3}\cdot ℃^{-1}$ $C_{H_2} = 1.3017kJ\cdot m^{-3}\cdot ℃^{-1}$
$\frac{22.4}{12}\left[H_2 + \frac{2}{18}H_2O_{化}\cdot b_{H_2O}\right]\cdot(1-\eta_{H_2})\cdot C_{H_2}\cdot t_g$	5.95	0.15	1.65			76.35	$b_{H_2O} = 0.5$ $b_{H_2O} = 1.0$
$\frac{22.4}{16}CH_4\cdot C_{CH_4}\cdot t_g$	0.15						$C_{CH_4} = 1.8196kJ/(m^3\cdot ℃)$
$\frac{22.4}{18}\{H_2O_{物} + H_2O_{化}[1 - b_{H_2O}\cdot(1-\eta_{H_2})]\}(w^t - w^{100})$	8.39	0.39	2.28			1.63	$C^{200}_{H_2O} = 1.5194kJ/(m^3\cdot ℃)$ $C^{100}_{H_2O} = 1.5010\ kJ/(m^3\cdot ℃)$
q'_7	16.45	0.76	3.93	38.65		80.04	
8. 喷吹物分解热 $q'_8 = w_{吹}\cdot G_{吹} = 1090G_{煤}$						1090	烟煤和无烟煤配合 $w_{煤} = 1090kJ/kg$
9. 炉料带入热量							
$C_{料}\cdot t_{料}$		−20.10					$C_{煤} = 1.256kJ\cdot kg^{-1}\cdot ℃^{-1}$, $t_{煤} = 50℃$
$C_{吹}\cdot t_{吹}$						−62.8	$C_{料} = 0.6699kJ\cdot kg^{-1}\cdot ℃^{-1}$, $t_{料} = 30℃$
q'_9		−20.10				−62.8	
Q'	400.89	5071.99	4405.3	3482.44	2580.47	1566.74	

① 焦炭中 FeO 全为 Fe_2SiO_4 形态存在，其余按 15％成 Fe_2SiO_4 计算。

② 烧结矿（熟料）中的 CaO 和 MgO 按已成渣处理。

4）热量等数计算：

$$q = q_c \cdot C_\varphi + q_{c_d} \cdot C_d + q_{c_i} \cdot C_i + q_{H_2} \cdot H_2 \cdot \eta_{H_2} - Q' - Z \tag{10-28}$$

式中 q——原料的热量等数，kJ/kg；

C_φ——风口前燃烧的碳量，kg(见式 10-29)；

C_d——被入炉原料中氧氧化成 CO 的碳量，kg；

C_i——被入炉原料中氧氧化成 CO_2 的碳量，kg；

q_{c_d}、q_{c_i}——相应碳的氧化放出热量，kJ/kg；

q_{H_2}——H_2 氧化成 $H_2O_{(汽)}$ 放出热量，kJ/kg；

Q'——原料总耗热量，kJ/kg；

Z——外部热损失(见式 10-30)，kJ/kg；

H_2——炉料带入的 H_2 量，kg/kg。

$$C_\varphi = C - e \cdot C_{铁} - C_d \tag{10-29}$$

$$Z = Z_c \cdot C \tag{10-30}$$

式中 C——每 1kg 入炉原料含碳量，kg/kg。

式(10-29)和式(10-30)代入式(10-28)得：

$$q = [C(q_c - Z_c) + q_{c_i} \cdot C_i + q_{H_2} \cdot H_2 \cdot \eta_{H_2}] - [C_d(q_c - q_{c_d}) + q_c \cdot e \cdot C_{铁} + Q'] \tag{10-31}$$

各种原料热量等数的计算过程见表 10-16。

表 10-16 热量等数计算($kg \cdot kg^{-1}$)

项 目	焦 炭	矿 石	锰 矿	石灰石	碎 铁	煤 粉	说 明
$(q_c - Z_c) \cdot C$	11649.9				396.6	10920.3	$q_c = 14858$[①] $kJ \cdot kg^{-1}$
$q_{C_i} \cdot C_i$	18.4	2435.6	1574.3	8	570.5	18.7	$q_c^{煤} = 15518$[②] $kJ \cdot kg^{-1}$
$q_{H_2} \cdot H_2 \cdot \eta_{H_2}$	164					2063.4	$q_{H_2} = 120531 kJ \cdot kg^{-1}$
A_3	11832	2436	1574	8	967	13002	$q_{Ci} = 23437 kJ \cdot kg^{-1}$
$q_C \cdot e \cdot C_{铁}$	6.2	379.6	238.1	1.9	515.9	6.1	$q_{c_d} = 9307 kJ \cdot kg^{-1}$
$(q_c - q_{c_d}) \cdot C_d$	17.1	338.6	457.6	330.9	170.7	37.2	$\eta_{H_2} = 0.40$
Q'	400.9	5072.0	4405.3	3482.4	2580.5	1566.7	$C_{铁} = 0.0438 kg \cdot kg^{-1}$
B_3	424	5790	5101	3815	3267	1610	$Z_c = 1321 kJ \cdot kg^{-1}$
$q = A_3 - B_3$	11408	-3354	-3527	-3807	-2300	11392	

① 在 V'_b 和 V'_g 中考虑了喷吹燃料后得到的 q_c 值。

② 本例煤粉中碳生成 CO 的热效应 q_c，比焦炭碳高 660kJ/kg，因为煤的石墨化程度比焦炭低。

(3) 自由碱度

$$R' = \frac{CaO + MgO}{SiO_2} = 1.35$$

每种原料的自由碱性氧化物也就是原料自身的碱性氧化物按碱度要求造渣后多余的或造渣时不足的碱性氧化物量，显然熔剂和高碱度烧结矿是会多余的，是正值，其他物料是不足的为负值。它们可按下式计算：

$$\overline{RO} = CaO + MgO - R'\left[(1 - \lambda) \cdot SiO_2 - \frac{60}{28} \cdot e \cdot Si_{铁}\right] \tag{10-32}$$

式中　　$\overline{RO}$——原料中的自由碱性氧化物，kg/kg；

CaO、MgO、SiO_2——原料中该氧化物含量，%；

λ——高炉内 SiO_2（以 SiO 形式）挥发量，%（本例 $\lambda=0$）。

各种原料的自由碱性氧化物含量的计算见表 10-17。

表 10-17　自由碱性氧化物计算（$kg \cdot kg^{-1}$）

项　目	焦　炭	矿　石	锰　矿	石灰石	碎　铁	煤　粉
① CaO + MgO	0.0075	0.1208	0.0897	0.5334	0.0268	0.0085
② $1.35 \cdot SiO_2$	0.079515	0.10773	0.24408	0.0270	0.114345	0.09261
③ $1.35\times\frac{60}{28}\cdot e\cdot Si_{铁}$	0.000152	0.009281	0.005821	0.000047	0.012612	0.000143
$\overline{RO}$ = ① - ② + ③	-0.071863	0.022351	-0.148559	0.508447	-0.074933	-0.083967

（4）按锰矿需要量对理论出铁量、热量等数和自由碱性氧化物含量的校正

炼钢生铁一般不考虑含锰量，本例作为多种铁的计算实例，考虑了含锰量的校核。各种原料中 Mn 元素的不足或过剩量为：

$$\overline{Mn} = Mn_{氧化} \cdot \eta_{Mn} - Mn_{铁} \cdot e \tag{10-33}$$

式中　$\overline{Mn}$——各种原料 Mn 元素的不足或过剩量，kg/kg；

$Mn_{氧化}$——原料的含 Mn 量，‰。

各种原料需要附加的锰矿量为：

$$\Delta G_i^{Mn} = \frac{\overline{Mn_i}}{\overline{Mn_{Mn}}} \tag{10-34}$$

式中　ΔG_i^{Mn}——原料 i 需附加的锰矿量，kg/kg；

$\overline{Mn_i}$——原料 i 中锰元素的不足量，kg/kg；

$\overline{Mn_{Mn}}$——锰矿石中 Mn 的过剩量。

各种原料相应的理论出铁量、热量等数和自由碱性氧化物含量可分别按以下公式修正。

$$e_i' = e_i + e_{Mn} \cdot \Delta G_i^{Mn} \tag{10-35}$$

$$q_i' = q_i + q_{Mn} \cdot \Delta G_i^{Mn} \tag{10-36}$$

$$\overline{RO}_i = \overline{RO_i'} + \overline{RO}_{Mn} \cdot \Delta G_i^{Mn} \tag{10-37}$$

式中　e_i、q_i、$\overline{RO_i}$——分别为原料 i 修正前的理论出铁量、热量等数和自由碱性氧化物含量；

e_i'、q_i'、$\overline{RO_i'}$——分别为原料 i 对锰矿需要量作修正后的理论出铁量、热量等数和自由碱性氧化物含量。

按锰矿需要量对 e、q、$\overline{RO}$ 校正的计算过程见表 10-18。

表 10-18　理论出铁量、热量等数和自由碱性氧化物含量的校正计算

项　目	焦　炭	矿　石	锰　矿	石灰石	碎　铁	煤　粉	说　明
$Mn_{氧化} \cdot \eta_{Mn}$		0.001246	0.240751				$\eta_{Mn}=0.7$
$Mn_{铁} \cdot e$	0.00004775	0.00291645	0.00182935	0.0000147	0.00396335	0.0000449	$Mn_{铁}=0.005$
剩余锰量，$\overline{Mn}$	-0.00004775	-0.00167045	0.23892165	-0.0000147	-0.00396335	-0.0000449	$\overline{Mn} = Mn_{氧化} \cdot \eta_{Mn} - Mn_{铁} \cdot e$
需要锰量，ΔG_{Mn}^i	0.00019986	0.00699162		0.00006153	0.01665849	0.00018793	$\Delta G_{Mn}^i = \frac{-\overline{Mn}}{\overline{Mn_{Mn}}}$

续表 10-18

项目	焦炭	矿石	锰矿	石灰石	碎铁	煤粉	说明
理论出铁量修正值,$e_{修}$	0.000073	0.002558		0.000023	0.006069	0.000069	$e_{修}=e_{Mn}\cdot\Delta G^{i}_{Mn}$
原理论出铁量,e	0.00955	0.58329	0.36587	0.00294	0.79267	0.00898	$e'=e+e_{修}$
修正后的理论出铁量,e'	0.00962	0.58585		0.00296	0.79874	0.00905	
热量等数修正值,$q_{修}$	−0.7	−24.7		−0.2	−58.8	−0.7	$q_{修}=q_{Mn}\cdot\Delta G'_{Mn}$
原热量等数,q	11408	−3354	−3527	−3807	−2300	11392	
修正后热量等数,q'	11407	−3379	−3527	−3807	−2359	11391	$q'=q+q_{修}$
自由碱性氧化物含量修正值,$\overline{RO}_{修}$	−0.000030	−0.001039		−0.000009	−0.002464	−0.000028	$\overline{RO}_{修}=\overline{RO}_{Mn}\cdot\Delta G^{i}_{Mn}$
原自由碱性氧化物含量,$\overline{RO}$	−0.071863	0.022351	−0.148559	0.508447	−0.074933	−0.083967	
修正后自由碱性氧化物含量,$\overline{RO}'$	−0.071893	0.021312		0.508438	−0.0077397	−0.083995	$\overline{RO}'=\overline{RO}+\overline{RO}_{修}$

(5) 原料和焦炭消耗量计算

根据物质不灭定律和能量守恒定律,各种炉料消耗量可由以下方程式联立求得。

按铁量平衡:

$$K\cdot e'_k+P\cdot e'_P+G_{熔}\cdot e'_{熔}+G_{碎}\cdot e'_{碎}+G_{煤}\cdot e'_{煤}=1000 \tag{10-38}$$

按热量平衡:

$$K\cdot q'_k+P\cdot q'_p+G_{熔}\cdot q'_{熔}+G_{碎}\cdot q'_{碎}+G_{煤}\cdot q'_{煤}=0 \tag{10-39}$$

按自由碱性氧化物平衡:

$$K\cdot\overline{RO}'_k+P\cdot\overline{RO}'_p+G_{熔}\cdot\overline{RO}'_{熔}+G_{碎}\cdot\overline{RO}'_{碎}+G_{煤}\cdot\overline{RO}'_{煤}=0 \tag{10-40}$$

式中 K、P、$G_{熔}$、$G_{碎}$、$G_{煤}$——分别为冶炼单位生铁所消耗的焦炭、混合矿、熔剂、碎铁和煤粉量,kg/kg;

其余符号同前述。

将方程式(10-38)~(10-40)联立求解,可求出 3 个未知量。即

$$K=\frac{(d_1q'_p\overline{RO}'_{熔}+d_2e'_{熔}\overline{RO}'_p+d_3e'_pq'_{熔})-(d_1q'_{熔}\overline{RO}'_p+d_2e'_p\overline{RO}'_{熔}+d_3e'_{熔}q'_p)}{(e'_kq'_p\overline{RO}'_{熔}+e'_p\cdot q'_{熔}\overline{RO}'_k+e'_{熔}q'_k\overline{RO}'_p)-(e'_{熔}q'_p\overline{RO}'_k+e'_pq'_k\overline{RO}'_{熔}+e'_kq'_{熔}\overline{RO}'_p)} \tag{10-41}$$

$$P=\frac{(d_1-e'_k\cdot k)\cdot q'_{熔}-(d_2-q'_k\cdot k)\cdot e'_{熔}}{e'_p\cdot q'_{熔}-e'_{熔}\cdot q'_p} \tag{10-42}$$

$$G_{熔}=\frac{d_3-k\cdot\overline{RO}'_k-P\cdot\overline{RO}'_p}{\overline{RO}_{熔}} \tag{10-43}$$

式中 $d_1=1000-(G_{碎}\cdot e'_{碎}+G_{煤}\cdot e'_{煤})$;

$d_2=-(G_{碎}\cdot q'_{碎}+G_{煤}\cdot q'_{煤})$;

$d_3=-(G_{碎}\cdot\overline{RO}'_{碎}+G_{煤}\cdot\overline{RO}'_{煤})$。

本例,$G_{碎}=20$kg/t,$G_{煤}=110$kg/t。

将上述数据及诸种原料的各项参数代入以上各式，即可求得本例的焦比、矿耗和熔剂的用量。

$$d_1 = 1000 - (20 \times 0.79874 + 110 \times 0.00905) = 983.03$$

$$d_2 = -(-2359 \times 20 + 11391 \times 110) = -1205830$$

$$d_3 = -(-0.77397 \times 20 - 0.083955 \times 110) = 10.79$$

则

$$K = 391\text{kg/t}$$

$$P = 1671.52 = 1672\text{kg/t}$$

$$G_{石} = \frac{10.79 - 391 \times (-0.071893) - 1672 \times 0.021312}{0.508438} = 7\text{kg/t}$$

对于自熔性烧结矿，如果不考虑用熔剂的用量，只需铁量平衡和热量平衡方程式：

$$K \cdot e_k' + p \cdot e_p' + G_{碎} \cdot e_{碎}' + G_{煤} \cdot e_{煤}' = 0 \tag{10-44}$$

$$K \cdot q_k' + p \cdot q_p' + G_{碎} \cdot q_{碎}' + G_{煤} \cdot q_{煤}' = 0 \tag{10-45}$$

联立后即可解得：

$$K = \frac{d_2 \cdot e_p' - d_1 \cdot q_p'}{q_k' \cdot e_p' - q_p' \cdot e_k'} \tag{10-46}$$

$$P = \frac{d_1 - e_k' \cdot K}{e_p'} \tag{10-47}$$

锰矿消耗量 $G_{锰}$ 可按表 10-18 第四项系数计算：

$$G_{锰} = K \cdot \Delta G_{Mn}^{k} + p \cdot \Delta G_{Mn}^{p} + G_{熔} \cdot \Delta G_{Mn}^{熔} + G_{碎} \cdot \Delta G_{Mn}^{碎} + G_{煤} \cdot \Delta G_{Mn}^{煤} \tag{10-48}$$

本例数据代入得：

$$G_{锰} = 391 \times 0.0002 + 1672 \times 0.007 + 7 \times 0.00006 + 20 \times 0.0166 + 110 \times 0.00019 = 12\text{kg/t}$$

综合所述，冶炼 1000kg 生铁所需要的焦炭和原料消耗量如下：

炉料名称	焦炭	混合矿石	锰矿石	石灰石	碎铁	煤粉
数量，kg	391	1672	12	7	20	110

(6) 生铁和炉渣成分的计算和检验

1) 生铁和炉渣成分的计算见表 10-19。

表 10-19 生铁和炉渣成分以及渣量计算

成分		Fe		Mn		P		S		SiO_2		Al_2O_3		CaO		MgO		MeO	
种类	数量	‰	kg	‰	kg	‰	kg	‰	kg	‰	kg	‰	kg	‰	kg	‰	kg	‰	kg
焦炭	391	9.10	3.56					5.8	2.28	58.9	23.03	40.8	15.95	6.0	2.35	1.5	0.59	1.5	0.59
矿石	1672	553.9	926.12	1.78	2.98	0.35	0.59	0.24	0.40	79.8	133.43	9.1	15.22	100.2	167.53	20.6	34.44	2.1	3.51
锰矿	12	106.2	1.28	343.93	4.13	1.00	0.01	7.12	0.09	180.8	2.17	32.3	0.39	67.4	0.81	22.3	0.27	3.2	0.04
石灰石	7	2.8	0.02					0.92	0.01	20.0	0.14	11.5	0.08	522.1	3.65	13.3	0.09	2.3	0.02
碎铁	20	754.4	15.09			0.54	0.01	0.86	0.02	84.7	1.69	26.1	0.52	20.8	0.42	6.0	0.12	3.6	0.07
煤粉	110	8.56	0.94					2.00	0.22	68.6	7.55	29.7	3.27	6.8	0.75	1.7	0.19	3.6	0.40
合计	2212		947.01		7.11		0.61		3.01		168.01		35.43		175.51		35.70		4.63

续表 10-19

成 分		Fe		Mn		P		S		SiO_2		Al_2O_3		CaO		MgO		MeO	
种类	数量	‰	kg	‰	kg	‰	kg	‰	kg	‰	kg	‰	kg	‰	kg	‰	kg	‰	kg
生铁	1000	C 43.8	944.90		4.98		0.61		0.21	Si 5.50	−11.79								
炉渣 	 414.23 %	FeO 2.71 0.65	Fe 1.89	MnO 2.75 0.66	Mn 2.13			0.5S 1.28 0.31	 2.56		 156.22 37.72		 35.43 8.55		 175.51 42.39		 35.70 8.62		 4.63 1.12

2）生铁成分检验。配料计算要求：生铁中 Si、Mn 等元素接近（误差引起）目标值；有害元素不准超过设定值，否则另行配料后计算。

Fe：$947.01 \times 0.998 = 945.12$　　大于 $1000 \times 94.478\% = 944.78$

Mn：$7.11 \times 0.7 = 4.977$　　接近于 $1000 \times 0.5\% = 5.0$

P：$0.61 \times 1.0 = 0.61$　　小于 $1000 \times 0.07\% = 0.7$

S：$3.01 \times 0.07 = 0.211$　　低于 $1000 \times 0.022\% = 0.22$

经过检验，生铁成分基本上符合要求。

3）炉渣碱度验算。符合要求。即

$$R' = \frac{CaO + MgO}{SiO_2} = \frac{175.51 + 35.43}{156.22} = 1.35$$

4）炉渣性能检验。首先，将炉渣中 CaO、MgO、SiO_2 和 Al_2O_3 4 个组分之和折算为 100%。然后，按折算后的各组分数值，从相应的 CaO—MgO—SiO_2—Al_2O_3 系炉渣的熔化温度图及黏度图查出其熔化温度和黏度的数值。适宜的炉渣熔化温度范围是：炼钢生铁为 1300～1450℃；铸造生铁为 1350～1500℃。炉渣黏度以 1500℃时 0.2～0.6Pa·s 为好。

炉渣脱硫能力以保证生铁含硫量不超过预定值为准，其可按下式计算：

$$[S] = \frac{(\Sigma S - S_{尘} - S_{煤气}) \times 10^{-1}}{1 + n \cdot L_s^t}, \% \tag{10-49a}$$

式中 ΣS——装入高炉的炉料总硫量，kg；

$S_{尘}$——进入炉尘的硫量，kg；

$S_{煤气}$——随炉顶煤气逸出高炉的硫量，kg；

n——单位生铁的渣量，t/t；

L_s^t——终渣温度水平时硫在渣、铁间的分配系数，一般取经验数值，也可按沃斯科博依尼科夫公式计算：

$$L_s^t = kL_s^{1450} \tag{10-49b}$$

L_s^{1450} 为 1450℃时硫在渣、铁间的分配系数，其与炉渣成分有关，可采用以下经验公式：

$$L_s^{1450} = 98x^2 - 160x + 72 - [0.6(Al_2O_3) - 0.012(Al_2O_3)^2 - 4.032]x^3 \tag{10-49c}$$

其中

$$x = \frac{(CaO) + (MgO) + (MnO)}{(SiO_2)}$$

在式(10-49b)中，k 是与炉渣的成分和温度有关的系数，可按如下情况选择算式：

$k=\varphi(t)$	Al_2O_3/%	$\frac{(CaO)+(MgO)+(MnO)}{(SiO_2)}$
$2\times\left(\frac{t}{100}\right)-0.05\times\left(\frac{t}{100}\right)^2-17.485$	8～10	0.8～1.25
$2.7\times\left(\frac{t}{100}\right)-0.067\times\left(\frac{t}{100}\right)^2-24.063$	8～19	1.25～1.6
$10\times\left(\frac{t}{100}\right)-0.8\times\left(\frac{t}{100}\right)^2-80.925$	19～24	0.8～1.6

当炉渣温度 t 未知时，可根据炉渣成分和生铁含硅量选择如下算式：

$t=f[Si]$	Al_2O_3/%	MnO/%	$\frac{(CaO)+(MgO)+(MnO)}{(SiO_2)}$
$90[Si]-12[Si]^2+1342$	8～16	>3	0.8～1.25
$68[Si]-9[Si]^2+1391$	16～22	>3	0.8～1.25
$[Si]+4[Si]^2+1410$	>22	>3	0.8～1.25
$80[Si]-10[Si]^2+1375$	8～22	<3	>1.25

炉渣性能检验不能通过时，必须改变配料，重做配料联合计算，直到符合要求为止。

根据炉渣中$\frac{m(CaO)}{m(SiO_2)}$和 MgO 含量，本例的炉渣在 1500℃时的黏度为 0.3～0.4Pa·s。本例炉渣中$(Al_2O_3)>8\%$，$(MnO)<3\%$，$m(CaO+MgO+MnO)/m(SiO_2)>1.25$，经计算，炉渣脱硫能力保证了生铁含硫量低于预定值。

(7) 鼓风量和煤气量计算

鼓风量的计算见表 10-20。设到达风口的碳量为 $C_{风}$，则

$$C_{风}=(K\cdot C_k+G_{吹}\cdot C_{吹}+G_{其}\cdot C_{其})-C_{铁}-C_d \tag{10-50}$$

式中 C_k、$C_{吹}$、$C_{其}$——分别为焦炭、喷吹燃料和其它物料的含碳量，kg/kg；

$G_{其}$——其它物料的用量，kg/t。

设风口碳燃烧所需的风量为 V_b，则

$$V_b=V_b'\cdot C_{风}-\frac{O_{2吹}}{O_{2b}} \tag{10-51}$$

而

$$O_{2吹}=\frac{22.4}{32}\left[(O_2)_{吹}+\frac{16}{18}(H_2O)_{吹}\right] \tag{10-52}$$

式中 $(O_2)_{吹}$、$(H_2O)_{吹}$——分别为喷吹燃料中含氧量和含水量，kg/kg。

表 10-20 鼓风和煤气量计算(Ⅰ)

原料	种类	焦炭	矿石	锰矿	石灰石	碎铁	煤粉	合计
	数量	391	1672	12	7	20	110	2212
C	‰	860.6				29.3	769.2	
	$kg\cdot t^{-1}$	336.495				0.586	84.612	421.69
$C_{碳酸盐}$	‰				115.86			
	$kg\cdot t^{-1}$				0.81			0.81
$H_2O_{化}$	‰		1.4	17.0			15.1	
	$kg\cdot t^{-1}$		2.341	0.204			1.661	4.21

续表 10-20

原料	种类	焦炭	矿石	锰矿	石灰石	碎铁	煤粉	合计
	数量	391	1672	12	7	20	110	2212
$H_2O_{物}$	‰ $kg\cdot t^{-1}$	42.0 17.142	1.6 2.679					19.82
C_d	$kg\cdot t^{-1}$ $kg\cdot t^{-1}$	3.081 1.205	61.001 101.994	82.440 0.989	59.608 0.417	30.754 0.615	6.703 0.737	105.96
C_i	$kg\cdot t^{-1}$ $kg\cdot t^{-1}$	0.783 0.306	103.923 173.759	67.171 0.806	0.336 0.002	24.343 0.487	0.798 0.088	175.45
H_2	‰ $m^3\cdot t^{-1}$ $kg\cdot t^{-1}$	3.4 14.889 1.329					42.8 52.730 4.708	67.62 6.04
q'_1	$kJ\cdot kg^{-1}$ $kJ\cdot kg^{-1}$	78.86 3083.43	4032.22 6741871.8	3183.77 38205.2	27.15 190.0	1415.75 28315.0	55.13 6064.3	6845481
q'_2	$kJ\cdot kg^{-1}$ $kJ\cdot t^{-1}$				1696.05 11872			11872

本例 $C_{风}=(391\times0.8606+110\times0.7692+20\times0.0293)-43.8-105.96=271.93kg/t$

$$O_{2吹}=\frac{22.4}{32}\times\left(0.0397+\frac{16}{18}\times0.0151\right)\times110=4.0904$$

$$V_b=4.0821\times271.93-\frac{4.0904}{0.22864}=1092m^3/t$$

每1t生铁鼓风重量为：

$$G_b=V_b\cdot\gamma_b=V_b\cdot\left(\frac{28}{22.4}N_2+\frac{32}{22.4}O_2+\frac{2}{22.4}H_2\right),kg/t \tag{10-53}$$

本例 $$G_b=1092\times\left(\frac{28}{22.4}\times0.76646+\frac{32}{22.4}\times0.22864+\frac{2}{22.4}\times0.01\right)=1403.87kg/t$$

炉顶煤气组成、数量及热量计算见表10-21。

表 10-21 鼓风和煤气量计算(Ⅱ)

煤气组成计算	体积 $m^3\cdot t^{-1}$	体积 %	密度 $/kg\cdot m^{-3}$	重量 $/kg\cdot t^{-1}$	煤气热量($t_g=200℃$) $kJ\cdot m^{-3}$	煤气热量($t_g=200℃$) $kJ\cdot t^{-1}$
1	2	3	4	5=2×4	6	7=2×6
$CO_2=\frac{22.4}{12}[C_i+C_{碳酸盐}\cdot(1-b_{CO_2})]+K\cdot(CO_2)_k+P\cdot(CO_2)_P$ $=\frac{22.4}{12}\times[175.45+0.81\times0.5]+391\times0.00132+1672\times0.0061=329.80m^3$	329.80	20.67	$\frac{44}{22.4}$	647.82	357.46	117980
$CO=\frac{22.4}{12}(C_{风}+C_d+C_{碳酸盐}\cdot b_{CO_2}-C_i)+K\cdot(CO)_k$ $=\frac{22.4}{12}\times(271.93+105.96+0.81\times0.5-175.45)+391\times0.00216=379.49m^3$	379.49	23.78	$\frac{28}{22.4}$	474.36	262.52	99624

续表 10-21

煤气组成计算	体积		密度	重量	煤气热量($t_g=200$℃)	
	$m^3\cdot t^{-1}$	%	$/kg\cdot m^{-3}$	$/kg\cdot t^{-1}$	$kJ\cdot m^{-3}$	$kJ\cdot t^{-1}$
1	2	3	4	5=2×4	6	7=2×6
$CH_4=K\cdot(CH_4)_k=391\times0.00042=0.16$	0.16	0.01	$\frac{16}{22.4}$	0.11	363.92	58
$H_2=(V_b\cdot\varphi+H_{2料})\cdot(1-\eta_{H_2})$ $=(1092\times0.01+67.72)\times(1-0.4)=47.12$	47.12	2.95	$\frac{2}{22.4}$	4.21	260.34	12267
$N_2=V_b\cdot(N_2)_b+K\cdot(N_2)_k+G_{吹}\cdot b_{吹}\cdot(N_2)_{吹}$ $=1092\times0.76646+391\times0.00352+110\times1.0$ $\times0.00784=839.21$	839.21	52.59	$\frac{28}{22.4}$	1049.01	262.52	219784
合　计	1595.78	100.00		2175.51		449623
$H_2O=H_2O_{物}+H_2O_{化}+H_2O_{反应}$ $=\frac{22.4}{18}\times(19.82+4.21\times0.5)$ $+(10.92+67.62)\times0.4=58.70$	58.70		$\frac{18}{22.4}$	47.17	153.78	9029

(8) 物料平衡表(见表 10-22)

表 10-22　物料平衡表($kg\cdot t^{-1}$)

收　入		支　出		收　入		支　出	
原、燃料	数　量	产　品	数　量	原、燃料	数　量	产　品	数　量
焦　炭	391	生　铁	1000	煤　粉	110		
矿　石	1672	炉　渣	414	鼓　风	1404		
锰　矿	12	煤　气	2176	炉料水分	20		
石灰石	7	煤气水分	47	合　计	3636	合　计	3637
碎　铁	20						

表中,绝对误差和相对误差分别为:

$$\Delta=|G_{支}-G_{收}|=3637-3636=1kg/t$$

$$\delta=\frac{G_{支}-G_{收}}{G_{收}}=\frac{3737-3636}{3636}=0.03\%$$

热平衡计算(见表 10-23)。

表 10-23　热平衡表($kJ\cdot t^{-1}$)

收　入			支　出		
项　目	数量	%	项　目	数量	%
1. 碳氧化成 CO 热量 $q_1=9797(C_{风}+C_d)+660G_{煤}\cdot(C)_{煤}$ $=9797\times(271.93+105.96)+660$ $\times110\times0.7692=3758032$	3758032	37.22	1. 氧化物分解去硫消耗热量 $q'_1=\Sigma q'_{1i}\cdot G_i=6845481$	6845481	67.78
			2. 碳酸盐分解消耗热量 $q'_2=q'_{3石}\cdot G_{石}=11782$	11782	0.12
2. CO 氧化成 CO_2 热量 $q_2=23614\cdot C_i$ $=23614\times175.45$ $=4143076$	4143076	41.03	3. 水分蒸发潜热 $q'_3=\Sigma q'_{4i}\cdot G_i=48638$	48638	0.48
			4. 水分分解吸热 $q'_4=10806\cdot V_b\cdot\varphi+q'_{2i}\cdot G_i=158847$	158847	1.57

续表 10-23

收入			支出		
项目	数量	%	项目	数量	%
3. H_2 氧化成 H_2O 热量 $q_3=10806\cdot H_{2还原}$ $=10806\times 31.42$ $=339525$	339525	3.36	5. 液铁带走热量 $q'_5=w_{铁i}\cdot e_i\cdot G_i=1000w_{铁}=1172000$ 6. 液渣带走热量 $q'_6=w_{渣i}\cdot u\cdot G_i=1758\cdot G_{渣}=728216$	1172000 728216	11.60 7.21
4. 鼓风热量 $q_4=V_b\cdot c_b^t\cdot t_b$ $=1092\times 1.436\times 1150$ $=1803329$	1803329	17.86	7. 喷吹物分解消耗热量 $q'_7=w_{煤}\cdot G_{煤}=119900$ 8. 干煤气带走热量 $q'_8=\Sigma w_i^g\cdot V_i^g=449623$	119900 449623	1.19 4.45
5. 成渣热量 $q_5=1130\cdot(CaO+MgO)_{成渣}$ $=q_{成渣}\cdot G_i=8.48\times 391+2.37$ $\times 1672+101.36\times 12+605$ $\times 7+9.61\times 110=13787$	13787	0.14	9. 煤气水分带走热量 $q'_9=V^g_{H_2O}(w^t-w^{100})=9029$	9029	0.09
6. 炉料物理热量 $q_6=\Sigma c^t_{料}\cdot t_{料}\cdot G_i$ $=1672\times 0.6699\times 30+110$ $\times 1.256\times 50=40150$	40150	0.39	10. 热损失 $q'_{10}=Z_c\cdot C=1321\cdot(C_{焦}+C_{煤})$ $=556282$	556282	5.51
合　　计	10097899	100.00	合　　计	10099888	100.00

表中，绝对误差和相对误差分别为：

$$\Delta=|Q_{支}-Q_{收}|=10099888-10097899=1989$$

$$\delta=\frac{Q_{支}-Q_{收}}{Q_{收}}=\frac{10099888-10097899}{10097899}=0.02\%$$

一般而言，物料平衡和热平衡的相对误差应小于0.3%。

(9) 高炉热量利用率计算

1) 高炉热量利用系数(K_T)：

$$K_T=热量总收入-(热损失+煤气带走热量)\quad\% \tag{10-54}$$

本例　　$K_T=100-(4.45+0.09+5.51)=89.95\%$

2) 碳素利用系数(K_c)：

$$K_c=\frac{碳氧化成CO和CO_2时放出的热量}{碳全部氧化成CO_2时放出的热量}\times 100\%=\frac{9797(C-C_{CO_2})+33412C_{CO_2}}{33412\cdot C}$$

$$=0.293+0.707\frac{C_{CO_2}}{C}=0.293+0.707\cdot\eta_{CO} \tag{10-55}$$

本例　　$K_c=\frac{3758032+4143076}{33412\times(271.93+105.96)}\times 100\%=62.18\%$

或　　$K_c=0.293+0.707\times\frac{20.67}{20.67+23.78}=0.6218$ 即 $K_c=62.18\%$

10.2.2 简易配料计算

10.2.2.1 需加熔剂的配料计算

本计算相对于高炉配料联合计算而言,事先假定对物料消耗量影响不大的其它物料用量,以便简化计算过程,是现场常采用的计算法。本法需确定的物料用量有矿石、焦炭、熔剂和锰矿等。

(1) 原始条件

原始条件指冶炼条件的确定和计算中必须选定的数据。

根据冶炼条件,在选配矿石时应注意以下几点:

1) 选配的矿石含磷量不能超过生铁标准规格内的含磷量,否则应另配一定量的低磷矿石。矿石的允许含磷量可按下式计算,即

$$P_p = \frac{(P_{铁} - P_{熔、焦、附}) \cdot Fe_p}{Fe_{铁}} \tag{10-56}$$

式中 $P_{铁}$——生铁标准规格内单位生铁的含磷量,kg;

$P_{熔、焦、附}$——熔剂、焦炭和其他附加物带入炉内的磷量,kg;

Fe_p——混合矿的含铁量,%;

$Fe_{铁}$——由矿石带入生铁的铁量,kg。

2) 冶炼铸造生铁时,由下式检查矿石含锰量是否满足生铁的要求,否则另加锰矿。

$$[Mn] = \eta_{Mn} \cdot Mn_p \frac{Fe_{铁}}{Fe_p} \tag{10-57}$$

式中 [Mn]——生铁含锰量,%;

Mn_p——矿石含锰量,%;

η_{Mn}——锰元素进入生铁的回收率,一般为 0.5~0.8,kg/kg;

其余符号的意义同式 10-56。

3) 冶炼锰铁时,为保证其含锰量,必须用下式检查锰矿石中含铁量是否超过允许范围

$$Fe_{Mn} = \frac{100 - [Mn] - [C] - [Si] - [P]}{100[Mn]/(Mn_{Mn} \cdot \eta_{Mn})} \tag{10-58}$$

式中 Fe_{Mn}——锰矿石中的允许含铁量,%;

[Mn]、[C]、[Si]、[P]——锰铁中相应元素的含量,%。

本计算的实例中采用的原始条件与高炉配料联合计算法基本相同。

(2) 物料用量计算

1) 锰矿用量。根据锰量平衡,在混合矿含锰量不高的情况下,每吨生铁所需的锰矿量($G_{锰}$)可按下式计算:

$$G_{锰} = \frac{1000}{Mn_{Mn}}\left(\frac{[Mn]}{\eta_{Mn}} - Mn_p \frac{[Fe]}{Fe_p}\right) \tag{10-59}$$

式中 [Mn]、Mn_{Mn}、Mn_p——分别为生铁、锰矿和混合矿的含锰量,%。

本例数据(见表 10-7~10-9 及表 10-11、表 10-10、表 10-12,下同)代入得:

$$G_{锰} = \frac{1000}{0.3439} \times \left(\frac{0.005}{0.7} - 0.00178 \times \frac{0.94478}{0.5539}\right) = 12 \quad kg$$

2) 矿石用量。矿石用量(P)可由铁平衡得:

$$P=\frac{Fe_{铁}+Fe_{渣}+Fe_{尘}-(Fe_{碎}+Fe_{锰}+Fe_{焦}+Fe_{吹})}{Fe_P}\quad kg/t \tag{10-60}$$

其中

$$Fe_{渣}=\frac{1-\eta_{Fe}}{\eta_{Fe}}Fe_{铁}\quad kg/t \tag{10-61}$$

式中 $Fe_{铁}$、$Fe_{渣}$、$Fe_{尘}$——分别为生铁、炉渣和炉尘(煤气灰)中的铁量,kg/t;

$Fe_{碎}$、$Fe_{锰}$、$Fe_{焦}$、$Fe_{吹}$——分别为碎铁、锰矿石、焦炭和喷吹物中的铁量,kg/t;

η_{Fe}——铁进入生铁的回收率,本例取 $\eta_{Fe}=0.998$。

由式(10-61)可知,$Fe_{尘}$ 和焦比(K)为未知,设炉尘为 10kg/t,炉尘中含 Fe 为 0.378,则 $Fe_{尘}=10\times0.378=3.78$kg。由于焦炭中 Fe 的含量极低,此处焦比($K'$)的误差对用式(10-50)计算的结果影响不大,可根据具体条件设定。本例设 $K'=400$kg/t,得:

$$P=\frac{944.78+\frac{0.002}{0.998}\times944.78+3.78-(20\times0.7544+12\times0.1062+400\times0.0091+110\times0.00856)}{0.5539}=1678\text{kg/t}$$

3) 熔剂用量　根据炉渣碱度

$$R=\frac{\Sigma G_i\cdot(CaO+MgO)_i}{\Sigma G_i\cdot SiO_{2i}-2.143\cdot Si_{铁}} \tag{10-62}$$

计算熔剂需要量为:

$$G_{熔}=\frac{\overline{RO}_P\cdot P+\overline{RO}_{锰}\cdot G_{锰}+\overline{RO}_{碎}\cdot G_{碎}+\overline{RO}_k\cdot K+\overline{RO}_{吹}\cdot G_{吹}-\overline{RO}_{尘}\cdot G_{尘}+2.143Si_{铁}\cdot R}{-\overline{RO}_{熔}}\quad kg/t \tag{10-63}$$

R 取二元碱度时,各种原料的碱性氧化物含量按下式计算:

$$\overline{RO}_i=CaO_i-R\cdot SiO_{2i}\quad kg/kg \tag{10-64}$$

R 取三元碱度时,各种原料的碱性氧化物含量按下式计算:

$$\overline{RO}_i=(CaO+MgO)_i-R\cdot SiO_{2i}\quad kg/kg \tag{10-65}$$

式中 $G_{碎}$、$G_{吹}$——分别为单位生铁的碎铁(或金属附加物)和喷吹燃料用量,kg/t;

$[Si]_{铁}$——进入生铁的硅量,kg/t;

CaO_i、MgO_i、SiO_{2i}——分别为相应原料的成分,kg/kg。

本例取 $R=1.35$,代入式(10-65)得:

$\overline{RO}_P$	$\overline{RO}_{锰}$	$\overline{RO}_{碎}$	$\overline{RO}_k$	$\overline{RO}_{煤}$	$\overline{RO}_{石}$	$\overline{RO}$	$\overline{RO}_{尘}$
0.01307	−0.15438	−0.08755	−0.07202	−0.08411	0.5084	−0.01678	−0.01678

上述数据代入式(10-63)得:

$$G_{熔}=\frac{1678\times0.01307+12\times(-0.15438)+20\times(-0.08755)+400\times(-0.07202)}{-0.5084}+$$

$$\frac{110\times(-0.08411)-10\times(-0.01678)+\frac{60}{28}\times5.5\times1.35}{-0.5084}$$

$$=7\quad kg/t$$

(3) 焦比计算

焦比可由碳平衡得到：

$$K=\frac{C_{风}+C_{d}+C_{铁}+C_{尘}-C_{吹}\cdot b_{吹}-C_{碎}}{C_{k}}\quad kg/t \tag{10-66}$$

式中 $C_{铁}$、$C_{尘}$、$C_{吹}$、$C_{碎}$——分别为生铁、炉尘、喷吹燃料和碎铁的碳量，kg/t；

C_{d}——为 Fe、Si、Mn、P 等直接还原和脱硫消耗的碳量，kg/t；

$C_{风}$——风口区域燃烧的碳量，kg/t；

$b_{吹}$——喷吹燃料在炉内的利用率，本例为 100%。

1）直接还原消耗碳量（C_{d}）：

$$C_{d}=\frac{12}{56}Fe_{还}\cdot r_{d}+\frac{24}{28}Si_{铁}+\frac{12}{55}Mn_{铁}+\frac{60}{62}P_{铁}+\frac{12}{44}b_{CO_2}\cdot CO_{2碳酸盐}+\frac{12}{32}S_{渣}+\cdots\quad kg/t \tag{10-67}$$

其中

$$Fe_{还}=1000[Fe]-Fe_{碎} \tag{10-68}$$

式中 $Fe_{还}$、$Mn_{铁}$、$P_{铁}$——分别为还原进入生铁的 Fe、Mn 和 P 数量，kg/t；

r_{d}——铁的直接还原度，本例为 0.48；

$CO_{2碳酸盐}$——熔剂放出的 CO_2 量，kg/t。

$S_{渣}$——脱硫进入炉渣的硫量，$S_{渣}=u\cdot(\%s)$

由本例数据得：

$$Fe_{还}=1000\times0.94478-20\times0.4988=934.804\quad kg/t$$

$$C_{d}=\frac{12}{56}\times934.804\times0.48+\frac{24}{28}\times5.5+\frac{12}{55}\times5.0+\frac{60}{62}\times0.7+\frac{12}{44}\times0.5\times7\times0.4248+2.6\times\frac{12}{32}=104.02\quad kg/t$$

2）风口前燃烧碳量（$C_{风}$）。风口前燃烧碳量可由热平衡方程求得。其计算步骤如下：

① 热量收入（$Q_{收}$）计算：

a. 风口前碳素燃烧放出的热量在冶炼过程中所利用的部分（Q_c），即

$$Q_c=q_c\cdot C_{风}=C_{风}\times[9797+V_b'\cdot c_b\cdot t_b-V_g'\cdot c_g\cdot t_g-10806V_b'\cdot\varphi(1-\eta_H)]\quad kJ \tag{10-69}$$

式中，q_c 是风口前燃烧 1kg 碳素放出的有效热量（kJ/kg）；其余符号的意义及有关计算请见 10.2.1 节相关内容。

本例，鼓风温度 t_b 为 1150℃，鼓风湿度 φ 为 0.01，炉顶煤气温度 t_g 为 200℃，氢利用率 η_{H_2} 为 0.40，代入计算结果 $q_c=14797$kJ/kg。因此

$$Q_c=14797\cdot C_{风}\quad kJ/t$$

在计算 q_c 过程中，考虑了喷吹燃料对 V_b' 和 V_g' 的影响。

b. 炉料带入的物理热（$Q_{料}$），即

$$Q_{料}=\Sigma G_i\cdot t_i\cdot c_i\quad kJ/t \tag{10-70}$$

式中，t_i 为各种物料的入炉温度，℃；c_i 为各种物料在 t 时的比热容，kJ/(kg·℃)。

代入上式得： $Q_{料}=1678\times0.6699\times30+110\times1.256\times50=40631\quad kJ/t$

热量收入 $Q_{收}=Q_c+Q_{料}=14797\cdot C_{风}+40631\quad kJ/t$

② 热量支出（$Q_{支}$）计算：

a. 元素还原及去硫消耗的热量(Q'_1):

Fe 还原消耗热量(Q_{Fe})

$$Q_{Fe}=2718Fe_{还}\cdot r_d-243Fe_{还}(1-r_d-r_{H_2})+495Fe_{还}\cdot r_{H_2}$$
$$=[2718\cdot r_d-243\cdot(1-r_d-r_{H_2})+495r_{H_2}]\cdot Fe_{还} \quad (10\text{-}71)$$

式中各项系数分别是 FeO 用 C、CO 和 H_2 还原成每 1kgFe 所需要的热量(以下类同),kJ/kg;r_{H_2} 是氢参加 FeO 的间接还原度,本例取 $r_{H_2}=0.09$。因此

$$Q_{Fe}=[2718\times0.48-243\times(1-0.48-0.09)+495\times0.09]\times934.804$$
$$=1244.7\times934.804=1163551$$

Si、Mn、P 还原和去硫耗热($Q_{Si\cdots}$)

$$Q_{Si\cdots}=22682Si_{铁}+5225Mn_{铁}+26276P_{铁}+5954S_{渣} \quad kJ/t \quad (10\text{-}72)$$

其中
$$S_{渣}=\Sigma G_i\cdot S_i=S_{矿}+S_{焦}+S_{熔}+S_{锰}+S_{碎}+S_{吹}-S_{铁}-S_{挥} \quad kg/t \quad (10\text{-}73)$$

式中,S_i 为相应物料的含硫量,kg/kg。而 $S_{挥}$ 是挥发进入煤气的硫量。

由本例数据得:

$$S_{渣}=1678\times0.00024+400\times0.0058+7\times0.00092+12\times0.00712+20\times0.00086$$
$$+110\times0.002-0.22-0.24=2.60 \quad kg/t$$

于是 $Q_{Si\cdots}=22682\times5.5+5225\times5+26276\times0.7+5954\times2.60=184750 \quad kJ/t$

因此 $Q'_1=Q_{Fe}+Q_{Si\cdots}=1163551+184750=1348301 \quad kJ/t$

b. 碳酸盐分解热(Q'_2):

$$Q'_2=(4046CO_{2_{CaCO_3}}+2487CO_{2_{MgCO_3}})\cdot G_{熔}+3770\cdot b_{CO_2}\cdot CO_{2_{CaCO_3}}\cdot G_{熔} \quad kJ/t \quad (10\text{-}74)$$

本例数据代入得:

$$Q'_2=\left(4046\times\frac{44}{56}\times0.5221+2487\times\frac{44}{40}\times0.0133\right)\times7+3770\times0.5$$
$$\times\frac{44}{56}\times0.5221\times7=17285 \quad kJ/t$$

c. 水分蒸发热(Q'_3):

$$Q'_3=2454\cdot H_2O_{物} \quad (10\text{-}75)$$

本例数据代入得:

$$Q'_3=2454\times\left(1678\times\frac{0.0016}{1-0.0016}+400\times\frac{0.042}{1-0.042}\right)=49574$$

d. 水分分解热(Q'_4):

$$Q'_4=(331+13448\cdot b_{H_2O})\cdot H_2O_{晶} \quad kJ/t \quad (10\text{-}76)$$

本例数据代入得:

$$Q'_4=(331+13448\times0.5)\times(1678\times0.0014+12\times0.017)$$
$$+(331+13448)\times110\times0.0151=40900 \quad kJ/t$$

e. 喷吹燃料分解热(Q'_5):

$$Q'_5=G_{吹}\cdot Q_{分} \quad kJ/t \quad (10\text{-}77)$$

本例煤粉的分解热取 $Q_{分}=1090\text{kJ/kg}$,得：

$$Q'_5=110\times1090=119900\quad \text{kJ/t}$$

f. 液铁含热(Q'_6)：

$$Q'_6=1000\cdot w_{铁} \tag{10-78}$$

本例取 $w_{铁}=1172\text{kJ/kg}$,代入得：

$$Q'_6=1000\times1172=1172000\quad \text{kJ/t}$$

g. 液渣(扣除成渣热后)带走热量(Q'_7)：

$$Q'_7=w_{渣}\cdot G_{渣}-1130\cdot\Sigma(CaO+MgO)_{i成渣}\cdot G_i \tag{10-79}$$

本例取 $w_{渣}=1758\text{kJ/kg}$, $G_{渣}=414\text{kg/t}$,经计算参与成渣的 CaO + MgO 量为 12.2kg,代入上式得：

$$Q'_7=1758\times414-1130\times12.2=714026\text{kJ/t}$$

h. 煤气带走热量(Q'_8)：

由式(10-69)可知,风口碳燃烧产生的煤气物理热已被扣除,这里仅计算直接还原产生的煤气量和煤气中水分带走的热量。

$$Q'_8=\frac{22.4}{12}C_d\cdot w_{CO}+(w_{CO_2}-w_{CO})\cdot CO_{2还}+w_{CO_2}\cdot CO_{2_{碳酸盐}}\cdot(1-b_{CO_2})+w_{H_2O}\cdot H_2O_g\quad \text{kJ/t} \tag{10-80}$$

其中
$$CO_{2_{还}}=\frac{22.4}{160}Fe_2O_{3_{料}}+\frac{22.4}{87}MnO_{2_{料}}+\frac{22.4}{56}Fe_{还}(1-r_d-r_{H_2}) \tag{10-81}$$

式中,$Fe_2O_{3_{料}}$ 和 $MnO_{2_{料}}$ 分别为各自进入炉料原料中的数量(kg/t)。本例数据代入得：

$$CO_{2_{还}}=1678\times0.6972\times\frac{22.4}{160}+12\times0.3497\times\frac{22.4}{87}$$

$$+934.804\times\frac{22.4}{56}\times(1-0.48-0.09)=325.65\quad \text{m}^3/\text{t}$$

$$H_2O_g=[20.226+(2.563\times0.5+1.661)\times0.4]\times\frac{22.4}{18}=26.63\quad \text{m}^3/\text{t}$$

因此
$$Q'_8=262.52\times104.02\times\frac{22.4}{12}+(357.46-262.52)\times325.65+357.46\times\frac{22.4}{44}$$

$$\times0.4248\times7\times0.5+151.94\times26.63=85728\quad \text{kJ/t}$$

i. 冷却水等带走热量损失(Q'_9)：

$$Q'_9=Z_c\cdot[K'\cdot C_k+G_{吹}\cdot C_{吹}] \tag{10-82}$$

式中,Z_c 见高炉配料联合计算,$Z_c=1321\text{kJ/kg}$,代入上式得：

$$Q'_9=1321\times(400\times0.8606+110\times0.7692)=566513\quad \text{kJ/t}$$

热量支出($Q_{支}$)为：

$$Q_{支}=Q'_1+Q'_2+\cdots+Q'_9$$

$$=1348301+1728.5+49574+40900+119900+1172000+714026+85728$$

$$+566513=4114227\quad \text{kJ/t}$$

根据热量平衡，$Q_{收} = Q_{支}$，即

$$14797 \cdot C_{风} + 40631 = 4114227$$

则
$$C_{风} = (4114227 - 40631)/14797 = 275.3$$

3) 炉尘碳量计算。炉尘带走的碳量与原燃料的机械强度、粉末含量、冶炼强度和炉顶压力等有关。本例取 $G_{尘} = 10$kg/t，其含 C 量为 18.5%。因此 $C_{尘} = 10 \times 0.185 = 1.85$kg/t。

4) 焦比(K)计算。由式(10-66)得：

$$K = \frac{275.3 + 104.02 + 43.8 + 1.85 - (20 \times 0.0293 + 110 \times 0.7692)}{0.8606}$$
$$= 394.8\text{kg/t}，取 395\text{kg/t}。$$

简易配料计算，并不十分细致，如 $CO_{2还}$ 中没扣除进入炉尘的矿石量。但对计算结果影响不大。若考虑炉尘对矿耗和焦比的影响，则 $P = 1771$，$K = 391$。与配料联合计算结果基本相吻合。

10.2.2.2　不加熔剂的配料计算

不加熔剂的配料计算指高碱度和低碱度或酸性的两种矿石相互搭配使用，以满足所需的生铁品种和炉渣碱度。焦炭用量可参考需加熔剂的配料计算，或者按实际焦炭批重和每批出铁量中获得。这里，直接作为已知数，取 $K = 420$kg/t。需要确定的物料用量有高、低碱度矿石和锰矿石。

(1) 原始条件

计算所需的原始条件有待确定的物料化学组成、生铁组成和元素铁、锰在渣、铁中的分配系数和炉渣碱度等。选配矿石的要求见 10.2.2.1 节。

(2) 物料用量

与需加熔剂的配料计算方法基本相同，但需建立铁、锰和炉渣碱度的 3 个平衡方程(分别参照式(10-59)、(10-60)和式(10-63))，联立求解可得：

$$P_{GJ} = \frac{d_4(Mn_{Mn} \cdot RO_{DJ} - Mn_{DJ} \cdot RO_{Mn}) + d_5(Fe_{DJ} \cdot RO_{Mn} - Fe_{Mn} \cdot RO_{DJ})}{Fe_{DJ}(Mn_{GJ} \cdot RO_{Mn} - Mn_{Mn} \cdot RO_{GJ}) + Fe_{GJ}(Mn_{Mn} \cdot RO_{DJ} - Mn_{DJ} \cdot RO_{Mn})} + \frac{d_6(Fe_{Mn} \cdot Mn_{DJ} - Fe_{DJ} \cdot Mn_{Mn})}{Fe_{Mn}(Mn_{DJ} \cdot RO_{GJ} - Mn_{GJ} \cdot RO_{DJ})} \quad \text{kg/t} \tag{10-83}$$

$$P_{DJ} = \frac{d_4(Mn_{GJ} \cdot RO_{Mn} - Mn_{Mn} \cdot RO_{GJ}) + d_5(Fe_{Mn} \cdot RO_{GJ} - Fe_{GJ} \cdot RO_{Mn})}{Fe_{DJ}(Mn_{GJ} \cdot RO_{Mn} - Mn_{Mn} \cdot RO_{GJ}) + Fe_{GJ}(Mn_{Mn} \cdot RO_{DJ} - Mn_{GJ} \cdot RO_{Mn})} + \frac{d_6(Fe_{GJ} \cdot Mn_{Mn} - Fe_{Mn} \cdot Mn_{GJ})}{+ Fe_{Mn}(Mn_{DJ} \cdot RO_{GJ} - Mn_{GJ} \cdot RO_{DJ})} \quad \text{kg/t} \tag{10-84}$$

$$G_{锰} = \frac{d_5 - P_{GJ} \cdot Mn_{GJ} - P_{DJ} \cdot Mn_{DJ}}{Mn_{Mn}} \quad \text{kg/t} \tag{10-85}$$

其中
$$d_4 = 1000\frac{[Fe]}{\eta_{Fe}} - Fe_{焦} - Fe_{吹} - Fe_{料} - Fe_{其} \tag{10-86}$$

$$d_5 = 1000\frac{[Mn]}{\eta_{Mn}} - Mn_{其} \tag{10-87}$$

$$d_6 = CaO_{焦} + CaO_{吹} + CaO_{其} - R(SiO_{2焦} + SiO_{2吹} + SiO_{其它} - 2.143Si_{铁}) \tag{10-88}$$

$$RO_i = R \cdot SiO_{2i} - CaO_i \tag{10-89}$$

式中　P_{GJ}、P_{DJ}、$G_{锰}$——分别为待确定的高碱度矿石、低碱度矿石和锰矿石的用量，kg/t；

$G_{其它}$——其它矿石(如天然矿)和物料(如碎铁)的用量，kg/t；

R——炉渣碱度，本例取$\frac{CaO}{SiO_2}=1.08$。

当生铁中含锰量不需要考虑时，高、低碱度矿石用量为：

$$P_{GJ}=\frac{d_4(R\cdot SiO_{2DJ}-CaO_{DJ})-d_6\cdot Fe_{DJ}}{(R\cdot SiO_{2DJ}-CaO_{DJ})\cdot Fe_{GJ}-(R\cdot SiO_{2GJ}-CaO_{GJ})\cdot Fe_{DJ}}\quad kg/t \tag{10-90}$$

$$P_{DJ}=\frac{d_6\cdot Fe_{GJ}-d_4(R\cdot SiO_{2GJ}-CaO_{GJ})}{(R\cdot SiO_{2DJ}-CaO_{DJ})\cdot Fe_{GJ}-(R\cdot SiO_{2GJ}-CaO_{GJ})\cdot Fe_{DJ}}\quad kg/t \tag{10-91}$$

天然块矿和高、低碱度矿石用量之间的计算：当天然块矿用量已知时，可作为$G_{其它}$，按常数项处理；当天然块矿与低碱度矿石或酸性球团矿的使用比例确定时，也可由上述算法算出各自的用量。

一般认为，从高炉炉顶逸出的炉尘由矿石和焦炭组成。根据炉尘中Fe或C量算出炉尘中的矿石量$P_{尘}$或焦炭量$K_{尘}$，按P_{GJ}和P_{DJ}用量的比例（其它矿石忽略不计）分摊，然后分别计入其中。

(3) 实例和检验

实例1　已知生铁成分和物料组成如下：

生铁成分	Fe	Si	Mn	P	S	C	Σ
%	94.478	0.55	0.50	0.68	0.024	4.38	100.000

物料组成	TFe	Mn	P	S	SiO_2	CaO	Al_2O_3	MgO	用量
烧结矿，P_{GJ}	54.86	0.16	0.04	0.034	6.94	12.50	0.95	1.81	待定
球团矿，P_{DJ}	60.97	0.06	0.02	0.024	8.35	1.01	0.37	0.81	待定
锰矿，$G_{锰}$	10.62	34.39	0.10	0.71	18.08	6.74	3.23	2.23	待定
焦炭，K	0.91	—	0.01	0.58	5.89	0.60	3.37	0.15	420kg/t
煤粉，$G_{吹}$	0.86	—	—	0.15	6.86	0.68	2.97	0.17	110kg/t
碎铁，$G_{碎}$	75.44	—	0.054	0.086	8.07	2.08	2.61	0.60	20kg/t

根据已知数据，由以上各式算出待定的物料用量。计算过程为：

$$d_4=1000\times\frac{0.94478}{0.998}-420\times0.0091-110\times0.0086-20\times0.7544=926.817$$

$$d_5=1000\times\frac{0.5}{0.7}=7.1429$$

$$d_6=420\times0.006+110\times0.0068+20\times0.0208-1.08\times(420\times0.0589$$
$$+110\times0.0686+20\times0.080)-2.143\times5.5=-20.197$$

代入式(10-83)～式(10-85)得：

$$P_{GJ}=1175.870,P_{DJ}=459.566,G_{锰}=14.498$$

主要的生铁成分和炉渣碱度的检验，生铁中S和P的含量应小于或等于原来的规定值，Fe和Mn的含量等于或接近规定值。炉渣碱度必须得到满足。本例取二元的炉渣碱度，对MgO和Al_2O_3可以不进行验算。现检验如下：

物料名称	kg	Fe	Mn	P	S	SiO_2	CaO
烧结矿	1175.870	645.082	1.881	0.470	0.400	81.605	146.984
球团矿	459.566	280.197	0.276	0.092	0.110	38.374	4.642
锰　矿	14.498	1.540	4.986	0.014	0.103	2.621	0.977
焦　炭	420	3.822	—	0.042	2.436	24.738	2.52
煤　粉	110	0.946	—	—	0.165	7.546	0.748
碎　铁	20	15.088	—	0.011	0.017	1.614	0.416
合　计		946.675	7.143	0.629	3.231	156.498	156.287
生　铁	kg	944.782	5.000	0.629	0.226	−11.786	
	%	94.478	0.50	0.063	0.023		
炉　渣	kg					144.712	156.287

$$R=\frac{CaO}{SiO_2}=\frac{156.287}{144.172}=1.08$$

检验结果均达到规定值。

若 $G_{尘}$ 为 20kg/t，其中含 Fe 为 44.75%、C 为 18%，焦炭的 C_k 为 86.06%。炉尘中的焦炭量和矿石量分别为

$$K_{尘}=\frac{20\times 0.18}{0.8606}=4.18\quad kg/t$$

$$P_{尘}=G_{尘}-K_{尘}=20-4.18=15.82\quad kg/t$$

其中

$$\Delta P_{GJ}=\frac{P_{GJ}}{P_{GJ}+P_{DJ}}\cdot P_{尘}=\frac{1175.870}{1175.870+459.566}\times 15.82=11.374\quad kg/t$$

$$\Delta P_{DJ}=P_{尘}-\Delta P_{GJ}=15.82-11.374=4.446\quad kg/t$$

于是

$$P'_{GJ}=P_{GJ}+\Delta P_{GJ}=1175.870+11.374=1187.2\quad kg/t$$

$$P'_{DJ}=P_{DJ}+\Delta P_{DJ}=459.566+4.446=464.0\quad kg/t$$

$$K'=K+K_{尘}=420+4.18=424.2\quad kg/t$$

$$G'_{锰}=G_{锰}=14.5\quad kg/t$$

实例 2　已知条件同实例 1，生铁中锰量不考虑时，烧结矿和球团矿的用量分别为：

$$P_{GJ}^{烧}=\frac{926.817\times(1.08\times 0.0835-0.0101)-(-20.197)\times 0.6097}{(1.08\times 0.0835-0.0101)\times 0.5486-(1.08\times 0.0694-0.125)\times 0.6097}=1162.365\quad kg/t$$

$$P_{DJ}^{球}=\frac{-20.197\times 0.5486-926.817\times(1.08\times 0.0694-0.125)}{(1.08\times 0.0835-0.0101)\times 0.5486-(1.08\times 0.0694-0.125)\times 0.6097}=474.239\quad kg/t$$

检验如下：

物料名称	kg	Fe	P	S	SiO_2	CaO
烧结矿	1162.365	637.673	0.465	0.395	80.668	145.296
球团矿	474.239	289.144	0.095	0.114	39.599	4.790
焦　炭	420	3.822	0.042	2.436	24.738	2.52
煤　粉	110	0.946	—	0.165	7.546	0.748

碎 铁	20	15.088	0.011	0.017	1.614	0.416
合 计		946.673	0.602	3.127	154.165	153.77
生 铁	kg	944.780	0.602	0.219	−11.786	
	%	94.478	0.060	0.022		
炉 渣	kg				142.379	153.77

$$R=\frac{CaO}{SiO_2}=\frac{153.77}{142.379}=1.08$$

检验结果:均已达到规定值。

若考虑炉尘要带走的焦炭量和矿石量,由实例 1 已知 $K_{尘}=4.18, P_{尘}=15.82$

其中
$$\Delta P_{GJ}^{烧}=\frac{1162.365}{1162.365+474.239}\times 15.82=10.795 \quad kg/t$$

$$\Delta P_{DJ}^{球}=15.82-10.795=4.405 \quad kg/t$$

于是
$$P_{GJ'}^{烧}=P_{GJ}^{烧}+\Delta P_{GJ}^{烧}=1162.365+10.795=1173.2 \quad kg/t$$

$$P_{DJ'}^{球}=P_{DJ}^{球}+\Delta P_{DJ}^{球}=474.239+4.405=478.6 \quad kg/t$$

$$K'=K+K_{尘}=420+4.18=424.2 \quad kg/t$$

10.3 物料平衡与热平衡

10.3.1 物料平衡

高炉物料平衡的计算有两种方法:一般物料平衡计算法与现场物料平衡计算法。两种物料平衡均为热平衡的基础,以物质不灭定律为依据。

物料平衡(包含热平衡)计算过程中,以每吨铁为计算单位。各种物料组成的重量,基本上取千克摩尔重量的近似值,如 Fe、FeO、Mn 和 CO_2,分别取 56、72、55 和 44。

各种物料的化学成分表示方法如下:除了 C_k 表示焦炭的碳含量,[ ]表示生铁中各元素的含量,( )表示炉渣各组成的含量,以及煤气中各成分的含量无角标以外,一律用( )加角标来表示。计算单位为 kg/kg 或 m^3/m^3。

各种物料的数量表示方法如下:除了 P 表示生铁,K 表示焦炭以外,一般用 G 或无括号的化学符号表示重量,V 表示体积,角标注明物料的简称;右上角有“′”的表示物料平衡中要采用的数据。单位用 kg 或 m^3 表示。

10.3.1.1 一般物料平衡计算

该法用于高炉配料计算和设计阶段的工艺计算,是在假定铁的直接还原度和氢利用率等前提下,用来检查煤气成分及风量和煤气量的计算是否正确。计算步骤主要是由碳氧平衡算出入炉风量,然后计算出煤气各组成,总量和成分含量,最终列出物料平衡表。渣量计算方法参照本章配料联合计算中(表 10-19)炉渣成分和渣量的计算。这里直接给定了渣量。另外,原料常规分析中有 SiO_2、CaO、MgO 和 Al_2O_3,物料平衡(包含热平衡)没有用到的化学成分均没有列出。

(1) 必需的原始资料

1) 各种炉料的单耗(表 10-24),渣量及炉尘量;

表 10-24　各种物料数量

名　称	混合矿	附加物	熔　剂	干焦炭	煤　粉	炉　渣	炉　尘
符　号		$G_{附}$	$G_{熔}$	K	$G_{吹}$	$G_{渣}$	$G_{尘}$
kg	1621	0	2.97	390	110	332.3	15

2) 计算所需的有关原、燃料和产物的化学成分(表 10-25～10-29)；

表 10-25　原料成分(%)

名　称	Fe_2O_3	FeO	MnO_2	S	CaO	MgO	CO_2	$H_2O_{物}$
混合矿	70.07	12.40	0	0.012				
熔　剂				0.012	41.88	10.77	44.75	5.0

表 10-26　焦炭工业分析(%)

C_k	挥　发　分					灰　　分			有机物		S	$H_2O_{物}$
	CO_2	CO	H_2	N_2	CH_4	FeO	CaO	MgO	H_2	N_2		
86.02	0.26	0.27	0.04	0.14	0.03	0.39	0.60	0.15	0.3	0.3	0.58	4.2

表 10-27　煤粉成分(%)

元　素　分　析					灰　　分			H_2O
C	H	N	S	O	FeO	CaO	MgO	
77.83	1.68	0.42	0.15	3.02	1.13	0.55	0.15	1.23

表 10-28　生铁成分(%)

Fe	Si	Mn	P	S	C
94.59	0.500	0.327	0.049	0.028	4.506

表 10-29　炉渣、炉尘成分(%)

名　称	Fe_2O_3	FeO	S	C
炉渣	—	0.74	0.66	—
炉尘	44.73	8.35	0.222	31.73

3) 鼓风湿分(φ)，本例 $\varphi = 1\%$；

4) 铁的直接还原度(r_d)，本例 $r_d = 0.47$；

5) 氢利用率(η_{H_2})，本例 $\eta_{H_2} = 0.45$。

(2) 计算步骤

1) 根据碳平衡计算入炉风量($V_{风}$)：

① 风口前燃烧碳量($C_{风}$)风口前燃烧碳量由碳平衡得：

$$C_{风} = C_{焦} + C_{吹} + C_{料} + C_{附} - C_{生} - C_{尘} - C_{直} \quad kg \tag{10-92}$$

其中

$$C_{焦} = K \cdot C_k = 390 \times 0.8602 = 335.478 \quad kg$$

$$C_{吹} = G_{吹} \cdot (C)_{吹} = 110 \times 0.7783 = 85.613 \quad kg$$

$$C_{料} = G_{矿} \cdot (C)_{矿} = 0$$

$$C_{尘} = G_{尘} \cdot (C)_{尘} = 15 \times 0.3173 = 4.760 \quad kg$$

$$C_{附} = G_{附} \cdot (C)_{附} = 0$$

$$C_{生} = 1000 \times 0.04506 = 45.06 \quad kg$$

$$C_{直} = \frac{12}{56} Fe_{还} \cdot r_d + C_{Si\cdots} + \frac{12}{44} G_{熔} \cdot (CO_2)_{熔} \cdot b_{CO_2} + \cdots\cdots$$

$$= \frac{12}{56} \times 945.9 \times 0.47 + 1000 \times \left(\frac{24}{28} \times 0.005 + \frac{12}{55} \times 0.00327 + \frac{60}{62} \times 0.00049 \right)$$

$$+\frac{12}{32}\times 332.3\times 0.0066+2.97\times 0.4475\times 0.5\times\frac{12}{44}=101.743\quad \text{kg}$$

式中　$Fe_{还}$——还原得到的铁量，kg。

于是　$C_{风}=335.478+85.613+0+0-45.06-4.760-101.743=269.528\quad \text{kg}$

② 风量（$V_{风}$）：

$$V_{风}=\left(\frac{22.4}{2\times 12}C_{风}-O_{吹}\right)\div(0.21+0.29\varphi)\quad \text{m}^3 \tag{10-93}$$

其中

$$O_{吹}=22.4\Sigma\left[\frac{(H_2O)}{36}+\frac{(O)}{32}\right]_{吹i}\cdot G_{吹i}$$

$$=22.4\times\left(\frac{0.0123}{36}+\frac{0.0302}{32}\right)\times 110=3.167\quad \text{m}^3$$

$$V_{风}=\left(\frac{22.4}{2\times 12}\times 269.528-3.167\right)\Big/(0.21+0.29\times 0.01)=1166.71\quad \text{m}^3$$

这里，为了计算方便起见，没有富氧，$V_{风}$ 包含了输送煤粉的压缩空气量。在热平衡中分别计算经热风炉进入炉内的风量和压缩空气量带入炉内的热量。

③ 鼓风重量（$G_{风}$）：

$$G_{风}=V_{风}\cdot r_{风}=\frac{(0.21\times 32+0.79\times 28)\times(1-\varphi)+18\varphi}{22.4}\times V_{风}\quad \text{kg} \tag{10-94}$$

即

$$G_{风}=\frac{(0.21\times 32+0.79\times 28)\times(1-0.01)+18\times 0.01}{22.4}\times 1166.71=1496.493\quad \text{kg}$$

2）煤气量计算：

① 煤气成分计算　实际进入炉内参加反应的焦炭量（K°）为：

$$K^{\circ}=K-G_{尘}\frac{(C)_{尘}}{C_k}\quad \text{kg} \tag{10-95}$$

将数据代入式(10-95)得：

$$K^{\circ}=390-15\times\frac{0.3173}{0.8602}=384.467\quad \text{kg}$$

炉顶煤气中各组分及总量计算如下：

$$V_{H_2}=\Sigma H_2(1-\eta_{H_2}) \tag{10-96}$$

其中

$$\Sigma H_2=H_{2_{焦}}+H_{2_{吹}}+H_{2_{风}}+H_{2_{结晶水}}\quad \text{m}^3 \tag{10-97}$$

而

$$H_{2焦}=11.2(H_{2有机}+H_{2挥}+2CH_{4挥})_{焦}$$

$$=11.2\times(0.0004+0.003+2\times 0.003)\times 384.467=17.224\quad \text{m}^3$$

$$H_{2_{吹}}=11.2\cdot G_{吹}\left[(H_2)+\frac{2}{18}(H_2O)\right]_{吹}$$

$$=11.2\times 110\times\left(0.0168+\frac{2}{18}\times 0.0123\right)=22.381\quad \text{m}^3$$

$$H_{2_{风}}=V_{风}\cdot\varphi=1166.71\times 0.01=11.667\quad \text{m}^3$$

$$H_{2_{结晶水}}=\frac{22.4}{18}(H_2O_{晶})\cdot G_{料}\cdot b_{H_2O}=0$$

代入式(10-97)得：

$$\Sigma H_2=17.224+22.381+11.667+0=51.272\quad \text{m}^3$$

由式(10-96)得：

$$V_{H_2}=51.272\times(1-0.45)=28.200\quad m^3$$

$$V_{CO_2}=CO_{2_i}+CO_{2_料}+CO_{2_{FeO}}\quad m^3 \tag{10-98}$$

其中 $CO_{2i}=\frac{22.4}{160}Fe_2O_{3_还}+\frac{22.4}{87}MnO_{2_还}-\Sigma H_2(1-b_{H_2})\cdot\eta_{H_2}$

$=\frac{22.4}{160}\times(1621\times0.7007-15\times0.4473)+0-51.272\times(1-0.9)\times0.45$

$=155.770\quad m^3$

$$CO_{2_{FeO}}=\frac{22.4}{56}Fe_还(1-r_d-r_{H_2})=\frac{22.4}{56}\times945.9\times(1-0.47-0.055)=179.721\quad m^3$$

$CO_{2_料}=CO_{2_熔}+CO_{2_焦}+CO_{2_矿}$

$=\frac{22.4}{44}\times[2.97\times0.4475\times(1-0.5)+384.467\times0.0026+0]=0.847\quad m^3$

式中 $Fe_2O_{3_还}$——参加还原的 Fe_2O_3 总量，kg；

$MnO_{2_还}$——参加还原的 MnO_2 总量，kg；

b_{H_2}——参加 FeO－Fe 还原反应的氢量占还原氢量($H_{2_还}$)的比率，本例取 $b_{H_2}=0.9$；

而
$$r_{H_2}=\frac{56}{22.4}\frac{H_{2_还}\cdot b_{H_2}}{Fe_还}=0.055$$

由式(10-98)得：

$$V_{CO_2}=155.770+179.721+0.847=336.338\quad m^3$$

$$V_{CO}=CO_风+CO_直+CO_焦+CO_熔-CO_间\quad m^3 \tag{10-99}$$

其中
$$CO_风=\frac{22.4}{12}C_风=\frac{22.4}{12}\times269.528=503.119\quad m^3$$

$$CO_直=\frac{22.4}{12}C_直=\frac{22.4}{12}\times101.743=189.920\quad m^3$$

$$CO_焦=\frac{22.4}{28}CO_焦=384.467\times0.0027\times\frac{22.4}{28}=0.830\quad m^3$$

$$CO_熔=\frac{22.4}{44}CO_{2_熔}=\frac{22.4}{44}\times2.97\times0.4475\times0.5=0.338\quad m^3$$

$$CO_间=CO_{2i}+CO_{2_{FeO}}=155.770+179.721=335.491\quad m^3$$

由式(10-99)得：

$$V_{CO}=503.119+189.920+0.830+0.338-335.491=358.716\quad m^3$$

$$V_{N_2}=N_{2_风}+N_{2_焦}+N_{2_吹}\quad m^3 \tag{10-100}$$

其中
$$N_{2_风}=0.79\times(1-\varphi)V_风=0.79\times(1-0.01)\times1166.71=912.484\quad m^3$$

$$N_{2_焦}=\frac{22.4}{28}K^\circ\cdot(N_2)_k=\frac{22.4}{28}\times384.467\times(0.0014+0.003)=1.353\quad m^3$$

$$N_{2_吹}=\frac{22.4}{28}G_吹\cdot(N_2)_吹=\frac{22.4}{28}\times110\times0.0042=0.370\quad m^3$$

由式(10-100)得：

$$V_{N_2}=912.484+1.353+0.370=914.207\quad m^3$$

干煤气总量及其组成见表10-30。

表10-30　煤气组成

成　分	H_2	CO_2	CO	N_2	合　计
体积/m^3	28.200	336.338	358.716	914.207	1637.461
组成/%	1.72	20.54	21.91	55.83	100.00

② 煤气重量计算：

干煤气重量($G_{气}$)：

$$G_{气}=\frac{2\times28.2+44\times336.338+28\times(358.716+914.207)}{22.4}=2254.336\quad kg$$

挥发物量($G_{挥}$)：

$$G_{挥}=\Sigma G_i\cdot M_{ei}\cdot b_i\quad kg \tag{10-101}$$

式中　b_i——各元素挥发进入煤气的系数(见附录)；

M_{ei}——挥发物质的成分,kg/kg。

由式(10-101)得：

$$G_{挥}=(1621\times0.00012+2.97\times0.00012-15\times0.00222+390\times0.0058+110\times0.0015)\times0.05$$
$$=0.129\quad kg$$

煤气中水量($G_{煤气_水}$)：

$$G_{煤气_水}=H_2O_{物理水}+H_2O_{还原水}+H_2O_{结晶水}\quad kg \tag{10-102}$$

其中

$$H_2O_{物理水}=\Sigma G_i\cdot(H_2O)_{物_i}=390\times\frac{0.042}{1-0.042}+2.97\times\frac{0.05}{1-0.05}=17.254\quad kg$$

$$H_2O_{还原水}=\frac{18}{22.4}H_{2还}=\frac{18}{22.4}\times51.272\times0.45=18.540\quad kg$$

$$H_2O_{结晶水}=\Sigma G_i\cdot(H_2O)_{晶_i}\cdot(1-b_i)=0$$

由式(10-102)得：

$$G_{煤气_水}=17.254+18.540+0=35.794\quad kg$$

3）编制物料平衡表。根据有关原始资料及上述计算结果编制的物料平衡列于表10-31。

表10-31　物料平衡表

收　入		支　出	
项　目	数量/kg	项　目	数量/kg
矿　石	1621	生　铁	1000
焦　炭	407.10	炉　渣	332.3
石灰石	3.13	炉　尘	15
煤　粉	110	干煤气	2254.34
风　量	1496.49	煤气中水	35.79
		挥发物	0.13
合　计	3637.72	合　计	3637.56
绝对误差	0.16kg	相对误差	0.004%

注：要求相对误差小于0.3%,否则无效。

10.3.1.2 现场物料平衡计算

现场用实际的生产数据作物料平衡，用来检查和校核入炉物料和产品称量的准确性，计算生产中无法计量的渣量和炉顶煤气量，实际的入炉风量，算出各种还原度和利用率，如铁的直接还原度、CO 利用率、氢利用率和风口燃烧碳率等，便于技术经济分析。

计算分析的可靠性在于计算方法的科学性，原始资料的准确程度，在生产中产生误差最大的是原燃料的成分分析和实际产量与统计产量的差别，这在本章的开始 10.1 节中已经作了说明。由于我国以前分析和计量技术相对薄弱，造成的误差较大，常将进入生铁元素平衡计算用作原燃料单耗的验算，例如以铁平衡验算矿石消耗量等，然后再以验算后校正的消耗量作为平衡计算的依据。

(1) 常规计算法

1) 渣量计算。高炉生产产生的渣量是无法用称量办法得到的，因为从高炉内放出的高温炉渣立即通过水淬法制成水渣。渣量只能通过计算得到。理论上讲任何造渣氧化物的平衡均可以求得渣量，但简单而又较准确的方法是按氧化钙 CaO 平衡，因为 Ca^{2+} 化验误差小，而 CaO 在炉内既不挥发，也不还原。根据平衡，入炉 CaO 除去炉尘带走的以外，其余都进入了炉渣，即 $CaO_{料} - CaO_{尘} = u(CaO)$，由此

$$u = (CaO_{料} - CaO_{尘})/(CaO) \tag{10-103}$$

式中 u——单位生铁的渣量，kg/t；

$CaO_{料}$——炉料带入炉内的 CaO 总量，kg/t；

$CaO_{尘}$——炉尘带走的 CaO 量，kg/t；

(CaO)——炉渣中 CaO 的质量分数，%。

[实例] 某高炉的干料消耗量(kg/t)为：焦炭 474.2、煤粉 66.8、烧结矿 1690、澳矿 116.6、石灰石 24.5；炉料中 CaO 的质量分数(%)相应为：0.85、0.83、11.78、0、55.3；产生的炉尘量为 16.8kg/t，炉尘中 CaO 的质量分数为 8.11%；炉渣中 CaO 的质量分数为 42.12%。

$$CaO_{料} = 474.2\times0.0085 + 66.8\times0.0083 + 1690\times0.1178 + 116.6\times0 + 24.5\times0.553 = 217.13 \quad kg/t$$

$$CaO_{尘} = 16.8\times0.0811 = 1.36 \quad kg/t$$

$$u = \frac{217.13-1.36}{0.4212} = 512.27 \quad kg/t$$

2) 风量、煤气量计算。高炉生产中在冷风管上有测量的流量计，测量结果或在仪表上、或在计算机显示屏上显示出来，一般每小时在日报表上记录一次。但是这个风量是风机给出的风量，并不是真实的入炉风量，因为冷风经过管路、热风炉等有一定数量的漏损。生产形成而逸出高炉的煤气也从来不用任何测量手段来计量。真实的风量和产生的煤气量是通过计算求得的，常用进入煤气的元素碳、氧、氢、氮的平衡，取 4 个平衡中的 2 个就可以算出，它们是：

C 平衡
$$(CO + CO_2 + CH_4)V_{煤气} = \frac{22.4}{12}C_{气化} \tag{10-104}$$

O 平衡
$$(CO_2 + 0.5CO)V_{煤气} + 0.5H_2O_{还} = \frac{22.4}{32}(O_{料} + O_{喷}) + V_{风}(O_{风} + 0.5\varphi) \tag{10-105}$$

H 平衡
$$(H_2 + 2CH_4)V_{煤气} + H_2O_{还} = \frac{22.4}{2}(H_{料} + H_{喷}) + V_{风}\cdot\varphi \tag{10-106}$$

N 平衡
$$N_2\cdot V_{煤气} = \frac{22.4}{28}(N_{料} + N_{喷}) + V_{风}\cdot N_{2_{风}} + N_{2_{其}} \tag{10-107}$$

式中 CO、CO_2、CH_4、N_2、H_2——炉顶煤气中各组分的体积分数，%；

$H_2O_{还}$——H_2 参与还原形成的水蒸气量，m^3/t；

$C_{气化}$——全部气化碳量，即炉料和喷吹燃料带入的元素状态和化合物状态的碳进入炉顶煤气的部分，kg/t；

$O_{料}$、$H_{料}$、$N_{料}$——从炉料进入炉顶煤气的氧、氢和氮量，kg/t；

$O_{喷}$、$H_{喷}$、$N_{喷}$——从喷吹燃料进入炉顶煤气的氧、氢和氮量，kg/t；

$O_{风}$——干风中的氧的体积分数，%；

φ——鼓风湿度，%；

$N_{2_{其}}$——由生产工艺要求和设备运转要求而进入炉内的氮量，例如有些用 N_2 冷却的无钟炉顶，其用量在 2000～3000m^3/h；又如喷吹烟煤时有的高炉使用氮作为载体，其消耗量为在浓相输送时 1m^3 N_2 输送 30～40kg 煤粉，稀相输送时 1m^3 N_2 输送 10kg 左右，计算时将它们换算成 m^3/t。

氢平衡方程中有还原形成的 $H_2O_{还}$，它是无法准确测定的，所以常将氧、氢两个平衡方程先联解消去 $H_2O_{还}$，得到一个没有 $H_2O_{还}$ 的氧平衡方程：

$$(CO_2+0.5CO-0.5H_2-CH_4)V_{煤气}=V_{风}\cdot O_{风}-5.6(H_{料}+H_{喷})+0.7(O_{料}+O_{喷}) \quad (10\text{-}108)$$

然后用碳、无 $H_2O_{还}$ 的氧和氮平衡方程求得两个未知的 $V_{风}$ 和 $V_{煤气}$：

(C、N)平衡

$$V_{煤气}=1.8667\cdot C_{气化}/(CO+CO_2+CH_4) \quad (10\text{-}109)$$

$$V_{风}=N_2\cdot V_{煤气}-[0.8(N_{料}+N_{喷})+N_{其他}]/N_{风} \quad (10\text{-}110)$$

(C、O)平衡

$$V_{煤气}=1.8667C_{气化}/(CO+CO_2+CH_4)$$

$$V_{风}=\frac{1}{O_{风}}[(CO_2+0.5CO-0.5H_2-CH_4)/V_{煤气}+0.5(H_{料}+H_{喷})-0.7(O_{料}+O_{喷})] \quad (10\text{-}111)$$

(O、N)平衡

$$V_{煤气}=\frac{0.7(O_{料}+O_{喷})-5.6(H_{料}+H_{喷})-0.8\beta(N_{料}+N_{喷})-\beta N_{其他}}{CO_2+0.5CO-\beta N_2-0.5H_2-CH_4} \quad (10\text{-}112)$$

（其中 $\beta=O_{风}/(1-O_{风})$ 即干风中的氧、氮比）

$$V_{风}=[N_2\cdot V_{煤气}-0.8(N_{料}+N_{喷})-N_{其他}]/(1-O_{风}) \quad (10\text{-}113)$$

如果计算所用的原始数据，准确无误，用[C、N]、[C、O]和[O、N]三种所求得的结果应是相同的。但从上面 3 组解的计算式中可以看出(C、N)平衡的最简单，所以生产中常用此法求得风量和煤气量，在现代高炉上采用色谱仪分析炉顶煤气准确度较高，用此法可以得到较满意的结果。

[实例] 某高炉用色谱仪分析的炉顶煤气成分为 CO 21.8%、CO_2 20.3%、H_2 2.5%、N_2 55.4%；$C_{气化}=370.05$kg/t；干风含氧 $O_{风}=23.5\%$、鼓风湿度 1.5%；$O_{料}=368.16$kg/t、$O_{喷}=3.5$kg/t；$H_{料}=2.8$kg/t、$H_{喷}=3.5$kg/t；$N_{料}=1.5$kg/t、$N_{喷}=0.9$kg/t；喷吹煤粉使用压缩空气 0.06m^3/kg；无钟炉顶使用氮气 $N_{其}$为 2500m^3/h；日产生铁 5500t/d。计算风量、煤气量。

① 先计算单位生铁的 $N_{其它}$。$N_{其它}=2500\times24/5500=10.91$　m^3/t

② 再用(C、N)法求 $V_{风}$ 与 $V_{煤气}$。$V_{煤气}=1.8667\times370.05/(0.218+0.203)=1640.8$　m^3/t

$V_{风}=[1640.8\times0.554-0.8(1.5+0.9)-10.91]/(1-0.235)=1171.5$　m^3/t

③ 用 O 平衡来检验所得风量、煤气量的准确程度：

氧收入　　鼓风 $1171.5\times0.235=275.3$　m^3

煤粉 $3.5\times\frac{22.4}{32}=2.45\quad m^3$

炉料 $368.16\times\frac{22.4}{32}=259.18\quad m^3$

氧支出　　煤气 $1640.8\times(0.5\times0.218+0.203)=511.93\quad m^3$

氢还原夺取的氧(形成 $H_2O_{还}$)　$0.5H_2O_{还}$

$$0.5\times\left[\frac{22.4}{2}(2.8+3.5)+1171.5\times0.015-1640.8\times0.025\right]=23.53\quad m^3$$

收入和支出的误差 $1.47m^3/t$,相当于0.27%。

实际生产中炉料的化学成分和炉顶煤气的成分分析总是有误差的,这就影响了计算所得结果的准确程度,尤其是在用传统的奥氏分析仪分析炉顶煤气时,误差就相当大了。造成误差的原因是:(1)奥氏分析仪分析CO和CO_2时,吸收不完全而有残余,在燃烧法测氢时就出现产物中有CO_2,一般认为这个CO_2是煤气中CH_4燃烧生成的,将所得CO_2换算成CH_4列入煤气成分,实际高炉冶炼的条件下是不可能形成CH_4的,而且高温区CH_4还要完全分解,奥氏分析仪分析的结果使CO,CO_2,H_2等都发生一些误差;(2)煤气中N_2不是化验出来的,而是100减去有误差的CO、CO_2、H_2和CH_4得出的,这样化验的全部误差都集中在N_2上,使用奥氏分析仪化验结果来用(C、N)法求风量和煤气量的可信度就较低了。另外,由于生产需要炉顶喷水降低过高的煤气温度,而使煤气中水蒸气波动很大时,用色谱仪分析也会造成分析结果出现一定的误差,从而也影响计算结果的准确程度。

文献[4]的作者在生产实践的基础上,分析传统的常规计算法的优缺点,对比计算结果后,得出用全平衡法计算渣量和碳、氢氧化势比值法计算风量和煤气量的结果更符合实际,下面结合实例介绍。

(2) 全平衡法和碳、氢氧化势比值法

1) 原始资料(见表10-32~10-40)。

表10-32　各种物料数量

名称	混合矿①	附加物	石灰石	干焦比	煤　粉	炉　渣	炉　尘
符号	$G_{矿}$	$G_{附}$	$G_{熔}$	K	$G_{吹}$	$G_{渣}$	$G_{尘}$
数量/kg	1661	0	4	390	125.7	317	10

① 混合矿配比:烧结矿94.73%,澳矿5.27%。

表10-33　原料成分(%)

名　称	TFe	FeO	Fe_2O_3	CaO	MgO	S	C	H_2O
烧结矿	58.87	13.10	69.54			0.011	0.05	
澳　矿	65.33	0.40	92.88	0.17	痕	0.017		0.5
混合矿	59.21	12.43	70.77			0.01132	0.047	0.026
							CO_2	
石灰石			0.64	52.78	1.32	0.012	42.92	

注:只列出物料平衡和热平衡有用的数据,下同。

表10-34　生铁成分(%)

Fe	Si	Mn	P	S	C	合　计
94.581	0.53	0.5	0.036	0.023	4.33	100

表 10-35　焦炭工业分析(%)

C_k	A	V	S	$H_{2有机}$	$N_{2有机}$	$H_2O_{物理水}$
85.91	11.95	0.74	0.60	0.3	0.5	4.9

表 10-36　焦炭挥发分成分(%)

CO_2	CO	H_2	CH_4	N_2	合　计
35	37	6	4	18	100

表 10-37　煤粉成分(%)

A	C	H	O	N	S	H_2O	合　计
15.67	77.83	1.68	3.02	0.42	0.15	1.23	100

表 10-38　焦炭和煤粉的灰分成分(%)

名　称	CaO	MgO	FeO	FeS	MeO
焦　炭	4.85	1.21	8.94	0.69	3.71
煤　粉	3.50	0.95	7.21		0.04

表 10-39　炉尘与炉渣成分(%)

名　称	TFe	FeO	Fe_2O_3	S	C
炉尘	37.6	8.35	44.44	0.222	31.73
炉渣		0.41		0.90	

表 10-40　炉顶煤气成分(%)

CO_2	CO	H_2
19	22.8	2.1

本例中鼓风湿分 φ 取 1.5%。有的成分现场一般不分析，如焦炭挥发分中各组成的含量；有的系数现场不检验，如 $CO_2 + C \longrightarrow CO$ 反应进行的程度，炉料结晶水分解比等，一般均采用经验值和参考数据。

2) 各种物料数量校核

各种物料数量的校核有两种方法：一种是目前现场较为注重的用生铁产量和燃料比来校核入炉原料、附加物和熔剂等数量；另一种是以槽下称量为基准求出单位生铁各种炉料的消耗量。本例采用第一种方法。

① 用铁的损耗系数(b_{Fe})核实燃料等数量：

$$K' = \frac{K}{1 + b_{Fe}} \tag{10-114}$$

$$G'_{吹} = \frac{G_{吹}}{1 + b_{Fe}} \tag{10-115}$$

$$G'_{尘} = \frac{G_{尘}(1 + b_{尘})}{1 + b_{Fe}} \tag{10-116}$$

$b_{尘}$ 为除尘器后的煤气灰占除尘器内煤气灰重量的比值，kg/kg。根据原始条件(本例 $b_{Fe} = 0.008$，$b_{尘} = 0.1$)，得：

$$K' = \frac{390}{1 + 0.008} = 386.905 \quad kg$$

$$G'_{吹} = \frac{125.7}{1 + 0.008} = 124.702 \quad kg$$

$$G'_{尘}=\frac{10\times(1+0.1)}{1+0.008}=10.913\quad kg$$

② 用全平衡核实原料数量。所谓全平衡指以铁量平衡为主结合造渣物质数量建立联立方程求得原料的核实系数和渣量，然后核实原料用量。

a 核实系数(k_0)和渣量($G'_{渣}$)：

$$k_0=\frac{b_1+\frac{56}{72}\times\frac{(FeO)}{1-(FeO)}\cdot b_2}{b_3-\frac{56}{72}\times\frac{(FeO)}{1-(FeO)}\cdot b_4}\tag{10-117}$$

$$G'_{渣}=\frac{b_1\cdot b_4+b_2\cdot b_3}{b_3[1-(FeO)]-\frac{56}{72}(FeO)\cdot b_4}\tag{10-118}$$

b_1、b_2 和 b_3、b_4 分别为已核实和未核实的铁量和造渣物质数量(MeO_i)，其表达式如下。

需矿石带入的铁量

$$b_1=1000[Fe]+G'_{尘}\cdot(Fe)_{尘}-G'_{吹}\cdot b_{吹}\cdot(A)_{吹}\cdot(Fe)_{吹A}-K'\cdot(A)_k\cdot(Fe)_{Ak}\tag{10-119}$$

含铁料和熔剂带入铁量

$$b_3=G_{矿}\cdot(Fe)_{矿}+G_{熔}\cdot(Fe)_{熔}+G_{附}\cdot(Fe)_{附}\tag{10-120}$$

含铁料和熔剂进入炉渣的氧化物

$$b_2=MeO_{矿}+MeO_{熔}+MeO_{附}\tag{10-121}$$

燃料进入炉渣的氧化物(扣除进入炉尘和还原进入生铁的元素的氧化物)

$$b_4=MeO_k+MeO_{吹}-MeO_{尘}-MeO_{生}\tag{10-122}$$

其中

$$MeO_{矿}=G_{矿}\Big[1-\Sigma(Fe_yO_x)-0.5b_s(S)-\frac{11}{15}(FeS_2)-\frac{16}{87}(MnO_2)-(Ig)-\Sigma(MeO)\cdot b_i\Big]_{矿}\quad kg$$

$$MeO_{熔}=G_{熔}\cdot\Big[1-\Sigma(Fe_yO_x)-0.5b_s(S)-\frac{16}{87}(MnO_2)-(Ig)-\Sigma(MeO)\cdot b_i\Big]_{熔}\quad kg$$

$$MeO_{附}=G_{附}\Big[1-\Sigma(Fe_yO_x)-(MFe)-\frac{11}{15}(FeS_2)-(C)-0.5(1+b_s)(S)-(Si)-(Mn)-(P)-\cdots\Big]_{附}\quad kg$$

$$MeO_k=K'\cdot(A)_k[1-(FeO)-(FeS)-\Sigma(MeO)\cdot b_i]_{kA}+0.5K'(1-b_s)(S)_k\quad kg$$

$$MeO_{吹}=G'_{吹}\cdot b_{吹}\{(A)[1-\Sigma(Fe_yO_x)-(FeS)-\Sigma(MeO)\cdot b_i]_A+0.5(1-b_s)(S)\}_{吹}+G'_{吹}\cdot(1-b_{吹})\quad kg$$

$$MeO_{尘}=G'_{尘}\Big[1-\Sigma(Fe_yO_x)-\frac{16}{87}(MnO_2)-0.5(S)-\frac{11}{15}(FeS_2)-(Ig)-\Sigma(MeO)\cdot b_i\Big]_{尘}\quad kg$$

$$MeO_{生}=1000\times\Big\{\frac{60}{28}[Si]+\frac{71}{55}[Mn]+\frac{142}{62}[P]+0.5[S]+\cdots\Big\}\quad kg$$

上述的 $\Sigma(Fe_yO_x)$ 指铁的氧化物含量(一般为 FeO 和 Fe_2O_3)之和。$b_{吹}$ 为喷吹燃料在炉内的利用程度,kg/kg;本例取 $b_{吹}=0.98$。(I_g)为烧损含量。$\Sigma(MeO)\cdot b_i$ 是挥发进入煤气的物质与其挥发系数的乘积之和,一般认为量少而忽略不计。

实际步骤是先算 MeO_i,代入式(10-121)和式(10-122)算出 b_2 和 b_4,然后按式(10-119)和式(10-120)算出 b_1 和 b_3,最终将数据代入式(10-117)和式(10-118)求得 k_0 和 $G'_{渣}$。代入本例数据计算如下:

$$MeO_{矿}=1661\times(1-0.1243-0.7007-0.00047-0.00026+0.5\times0.0001132\times0.1)=277.812\quad kg$$

$$MeO_{熔}=4\times(1-0.0064-0.4292+0.5\times0.00012\times0.1)=2.258\quad kg$$

$$MeO_{附}=0$$

$$MeO_{尘}=10.913\times(1-0.0835-0.4444-0.3173-0.5\times0.00222)=1.677\quad kg$$

$$MeO_k=386.905\times[0.1195\times(1-0.0894-0.0069+0.006\times0.5\times(1-0.1)]=42.827\quad kg$$

$$MeO_{吹}=124.702\times0.98\times[0.1567\times(1-0.0721)+0.5\times0.0015\times(1-0.1)]+124.702\times(1-0.98)=20.346\quad kg$$

$$MeO_{生}=1000\times\left(\frac{60}{28}\times0.0053+\frac{71}{55}\times0.005+\frac{142}{62}\times0.00036+0.5\times0.00023\right)=18.751\quad kg$$

得 $$b_2=42.827+20.346-1.677-18.751=42.754\quad kg$$

$$b_4=277.812+2.258+0=280.070\quad kg$$

$$b_1=1000\times0.94581+10.913\times0.376-124.702\times0.98\times0.1567\times0.0721\times\frac{56}{72}-386.905\times0.1195\times\left(0.0894\times\frac{56}{72}+0.0069\times\frac{56}{88}\right)=945.422\quad kg$$

$$b_3=1661\times0.5921+4\times0.0064\times\frac{112}{160}+0=983.496\quad kg$$

于是 $$k_0=\frac{945.422+42.745\times\frac{56}{72}\times\frac{0.0041}{0.9959}}{983.496-280.070\times\frac{56}{72}\times\frac{0.0041}{0.9959}}=0.9623$$

$$G'_{渣}=\frac{945.422\times280.070+983.496\times42.745}{983.496\times(1-0.0041)-280.070\times0.0041\times\frac{56}{72}}=313.543\quad kg$$

b 每 1t 生铁的原料实用量(G'_i):

$$G'_i=k_0\cdot G_i,\text{kg}\tag{10-123}$$

由本例数据得:

$$G'_{矿}=1661\times0.9623=1598.38\text{kg}$$

$$G'_{熔}=4\times0.9623=3.85\text{kg}$$

$$G'_{附}=0$$

(3) 风量($V'_{风}$)和煤气量($V'_{气}$)计算

1）基础参数。风量和煤气量以及综合指标计算所必需的各种参数，包括气化的碳量($C_{气}$)，非铁元素直接还原消耗的碳量($C_{Si\cdots}$)，燃料等带入的氢量以及中间运算的参数等。

$$\eta_{CO}=\frac{CO_2}{CO_2+CO}$$

$$k_1=\frac{H_2}{CO_2+CO}$$

$$C_{气}=K'\cdot C_k+G'_{吹}\cdot b_{吹}\cdot(C)_{吹}+G'_{附}\cdot(C)_{附}+C_{料}-G'_{尘}\cdot(C)_{尘}-1000[C]\quad kg$$

$$C_{Si\cdots}=\frac{24}{28}Si_{还}+\frac{12}{55}Mn_{还}+\frac{60}{62}P_{还}+\frac{12}{18}[G^{\circ}\cdot(H_2O)_{化}]_{矿}\cdot b_{H_2O}+\frac{12}{32}G'_{渣}(S)$$

$$+\frac{12}{44}[G^{\circ}\cdot(CO_2)_{矿}+G'_{熔}\cdot(CO_2)_{熔}+K^{\circ}(CO_2)_k]\cdot b_{CO_2}\quad kg$$

$$C_{FO}=\frac{12}{16}G'_{吹}\cdot b_{吹}\left[(O)+\frac{16}{18}(H_2O)\right]_{吹}+\frac{2\times12}{22.4}G'_{吹}\cdot b_{输}\cdot(O_2)_{输}\quad kg$$

$$V_1=11.2K^{\circ}\{(H_2)_k+(V)_k\cdot[(H_2)+0.25(CH_4)+\cdots]_{kv}\}+\frac{22.4}{18}G^{\circ}\cdot(H_2O)_{化}\cdot b_{H_2O}$$

$$+b_{输}\cdot(N_2)_{输}\cdot G'_{吹}+11.2G'_{吹}\cdot b_{吹}\cdot\left[(H_2)+\frac{2}{18}(H_2O)\right]_{吹}\quad m^3$$

$$V_2=\frac{22.4}{12}C_{气}+K^{\circ}\cdot(V)_k\left[\frac{22.4}{44}(CO_2)+\frac{22.4}{28}(CO)+\frac{22.4}{16}(CH_4)\right]_{kv}$$

$$+\frac{22.4}{44}[G'_{熔}\cdot(CO_2)_{熔}+G^{\circ}(CO_2)_{矿}]\quad m^3$$

$$V_3=\frac{22.4}{160}Fe_2O_{3还}+\frac{22.4}{87}MnO_{2还}+V'_3\quad m^3$$

$$V'_3=\frac{22.4}{44}[G^{\circ}\cdot(CO_2)_{矿}+G'_{熔}\cdot(CO_2)_{熔}+K'\cdot V_k\cdot(CO_2)_{kv}]\cdot(1-b_{CO_2})\quad m^3$$

$$V_4=\frac{22.4}{24(O_2)_{风}}\left\{C_{气}-C_{Si\cdots}-C_{FO}-\left[\frac{12}{56}Fe_{还}-\frac{12}{22.4}(\eta_{CO}\cdot V_2-V_3)\right]\right\}\quad m^3$$

$$V_5=\frac{22.4}{28}\{K^{\circ}\cdot[(N_2)_k+(V)_k\cdot(N_2)_{kv}]+G_{吹}\cdot b_{吹}\cdot(N_2)_{吹}\}\quad m^3$$

式中　$Si_{还}$、$Mn_{还}$、$P_{还}$——用碳还原进入生铁的 Si、Mn 和 P 量，kg；

b_{H_2O}、b_{CO_2}——分别为炉料中化合水和 CO_2 的分解比，一般 $b_{H_2O}=0.4\sim0.5$，$b_{CO_2}=0.5\sim0.7$（若从风口吹入，皆取 1.0）；

C_{FO}——喷吹燃料中氧折算的碳量，kg；

$b_{输}$、$(O_2)_{输}$、$(N_2)_{输}$——分别为输送单位煤粉的载气量（m^3/kg）及其中氧和氮的含量（m^3/m^3）；本例 $b_{输}$ 为 $0.06m^3/kg$；

K°、G°——扣除炉尘后参加炉内反应的焦炭量和矿石量，kg；

V_1——原、燃料带入炉内的氢量，m^3；

V_2——炉顶煤气中碳的氧化物总量，m^3；

V'_3——炉顶煤气中原、燃料带入的 CO_2 量，m^3；

V_3——还原高价氧化物形成的和炉料带入的 CO_2 量之和，m^3；

V_4——碳在风口前燃烧所需的基本风量，m^3；

V_5——燃料中带入的氮量，m^3。

按照炉尘化学成分调整的假定条件，即炉尘由焦炭和矿石两种炉料组成。由式(10-95)可得：

$$K^{\circ}=386.905-10.913\times\frac{31.73}{85.91}=386.905-4.031=382.874\quad kg$$

则

$$G^{\circ}=G'_{矿}-(G'_{尘}-G_{尘焦})=1598.38-(10.913-4.031)=1591.498\quad kg$$

$$\eta_{CO}=\frac{19}{19+22.8}=0.45$$

$$k_1=\frac{2.1}{19+22.8}=0.050239$$

由式(10-24)和式(10-25)得：

$$(O_2)_{风}=0.21+0.29\times0.015=0.21435;(O_2)_{输}=(O_2)_{风}=0.21435$$

$$(N_2)_{风}=0.79\times(1-0.015)=0.77815;(N_2)_{输}=(N_2)_{风}=0.77815$$

由上述表达式得：

$$C_{气}=382.874\times0.8591+124.702\times0.98\times0.7783+1591.498\times0.00047-43.3=381.490\quad kg$$

$$C_{Si\cdots}=1000\times\left(\frac{24}{28}\times0.0053+\frac{12}{55}\times0.005+\frac{60}{62}\times0.00036\right)+\frac{12}{18}\times1591.498\times0.00026\times0.5+\frac{12}{32}\times313.543\times0.009+\frac{12}{44}\times(3.85\times0.4292+382.874\times0.0074\times0.35)\times0.5=7.537\quad kg$$

$$C_{FO}=\frac{12}{16}\times124.702\times0.98\times\left(0.0302+\frac{16}{18}\times0.0123\right)+0.06\times124.702\times0.21435\times\frac{2\times12}{22.4}=5.488\quad kg$$

$$V_1=11.2\times\left\{382.874\times0.003+382.874\times0.0074\times(0.06+0.01)+124.702\times0.98\times\left(0.0168+\frac{2}{18}\times0.0123\right)+\frac{2}{18}\times1591.498\times0.00026\times0.5\right\}+0.06\times124.702\times0.015=40.321\quad m^3$$

$$V_2=\frac{22.4}{12}\times381.490+382.874\times0.0074\times\left(\frac{22.4}{44}\times0.35+\frac{22.4}{28}\times0.37+\frac{22.4}{16}\times0.04\right)+\frac{22.4}{44}\times3.85\times0.4292=714.458\quad m^3$$

$$V'_3=\frac{22.4}{44}\times(3.85\times0.4292+382.874\times0.0074\times0.35)\times(1-0.5)=0.673\quad m^3$$

$$V_3=\frac{22.4}{160}\times(1591.498\times0.7077+3.85\times0.0064)+0.673=158.359\quad m^3$$

$$V_4=\frac{22.4}{2\times12\times0.21435}\times(381.490-7.537-5.488-113.534)=1110.033\quad m^3$$

$$V_5=\frac{22.4}{28}\times[382.874\times(0.005+0.0074\times0.18)+124.702\times0.98\times0.0042]$$

$=2.350\quad m^3$

2) 风量($V'_{风}$)计算：

$$V_{风}=\frac{2\cdot V_4\cdot(O_2)_{风}+V_1-k_1\cdot V_2}{2\cdot(O_2)_{风}-\varphi}\tag{10-124}$$

考虑输送煤粉的载气量时：

$$V_{载}=b_{输}\cdot G'_{吹}\frac{(O_2)_{输}}{(O_2)_{风}}\tag{10-125}$$

代入本例数据，由式(10-124)和式(10-125)分别得：

$$V_{风}=\frac{2\times1110.033\times0.21435+40.321-0.050239\times714.458}{2\times0.21435-0.015}=1160.983\quad m^3$$

其中，喷吹用压缩空气带入：$124.7\times0.06=7.48m^3$；风机送的风量为 $1160.98-7.48=1153.5m^3$。

3) 煤气量($V'_{气}$)计算：

$$V_{H_2}=k_1\cdot V_2\quad m^3\tag{10-126}$$

$$V_{CO_2}=\eta_{CO}\cdot V_2\quad m^3\tag{10-127}$$

$$V_{CO}=(1-\eta_{CO})\cdot V_2\quad m^3\tag{10-128}$$

$$V_{N_2}=V_{风}\cdot(N_2)_{风}+V_5+G'_{吹}\cdot b_{输}\cdot(N_2)_{输}\quad m^3\tag{10-129}$$

$$\begin{aligned}V'_{气}&=V_{H_2}+V_{CO_2}+V_{CO}+V_{N_2}\\&=(1+k_1)\cdot V_2+V_{风}\cdot(N_2)_{风}+V_5+G'_{吹}\cdot b_{输}\cdot(N_2)_{输}\quad m^3\end{aligned}\tag{10-130}$$

若煤气中 CH_4 含量较高，η_{H_2}和 k_1 就可以采用相应的表达式。由式(10-126)至式(10-130)分别代入数据得：

$$V_{H_2}=0.050239\times714.458=35.894\quad m^3$$

$$V_{CO_2}=0.\dot{4}\dot{5}\times714.458=324.753\quad m^3$$

$$V_{CO}=(1-0.\dot{4}\dot{5})\times714.458=389.705\quad m^3$$

$$V_{N_2}=1153.5\times0.77815+0.06\times124.702\times0.77815+2.350=911.591\quad m^3$$

$$V'_{气}=(1+0.050239)\times714.458+911.591=1661.943\quad m^3$$

(4) 物料平衡

1) 鼓风重量($G'_{风}$)：

① 鼓风密度：

$$\gamma_{风}=\frac{28.84-10.84\cdot\varphi}{22.4}\quad kg/m^3\tag{10-131}$$

$$\gamma'_{风}=\gamma_{风}\cdot(1-\beta)+b_y\cdot\beta\quad kg/m^3\tag{10-132}$$

式(10-132)为富氧时的鼓风密度。当 $\beta=0$ 时，即为大气鼓风密度。β 是用氧率，即氧气用量在富氧鼓风(大气和氧气组成)中所占的比值。b_y 为氧气密度，当氧气中含氧量为99.5%时，则 $b_y=$

1.4277kg/m³。

② 鼓风重量：

$$G'_{风}=\gamma'_{风}\cdot V_{风}+\gamma_{吹}\cdot b_{输}\cdot G'_{吹}\quad kg \tag{10-133}$$

本例中，由于 $\beta=0$，且输送煤粉用的是压缩空气，故

$$\gamma_{风}=\gamma_{吹}=\frac{28.84-10.84\times0.015}{22.4}=1.28024\quad kg/m^3$$

$$G'_{风}=1.28024\times(1160.983+124.702\times0.06)=1495.92\quad kg$$

2）煤气重量($G'_{气}$)：

① 干煤气($G_{气}$)：

$$G_{气}=[2\cdot V_{H_2}+44V_{CO_2}+28(V_{N_2}+V_{CO})]/22.4$$

$$=[2\times35.894+44\times324.753+28\times(911.591+389.704)]/22.4$$

$$=2267.731\quad kg$$

② 煤气中水分($G_{煤气水}$)由式(10-102)得：

$$H_2O_{物理水}=\Sigma G'_i\cdot(H_2O)_{物i}=K^{\circ}\frac{(H_2O)_k}{1-(H_2O)_k}+G^{\circ}\frac{(H_2O)_{物}}{1-(H_2O)_{物}}+\cdots$$

$$=387.874\times\frac{0.049}{1-0.049}=19.727\quad kg$$

$$H_2O_{结晶水}=\Sigma G'_i\cdot(H_2O)_{晶i}(1-b_{H_2O})$$

$$=1591.498\times0.00026\times0.5=0.207\quad kg$$

$$H_2O_{还原水}=\frac{18}{22.4}(V_{风}\cdot\varphi+V_1-V_2\cdot k_1)$$

$$=\frac{18}{22.4}\times(1160.983\times0.015+40.321-0.050239\times714.458)$$

$$=17.552\quad kg$$

则

$$G_{煤气水}=19.727+0.207+17.552=37.486\quad kg$$

③ 挥发物($G_{挥}$)由式(10-101)得：

$$G_{挥}=(1591.498\times0.0001132+382.874\times0.006+124.702\times0.98\times0.0015+3.85\times0.00012)\times0.1$$

$$=0.266\quad kg$$

故 $$(G'_{气})=G_{气}+G_{煤气水}+G_{挥}$$

$$=2267.731+37.486+0.266=2305.483\quad kg$$

物料平衡按上述计算结果，编制成的物料平衡列于表 10-41。其相对误差一般要求 0.3%。

表 10-41　物料平衡表

收入项			支出项		
名称	符号	数量/kg	名称	符号	数量/kg
矿石	$G'_{矿}+H_2O_{物矿}$	1598.38	生铁		1000
熔剂	$G'_{熔}+H_2O_{物熔}$	3.85	炉渣	$G'_{渣}$	313.54
焦炭	$K'+H_2O_k$	406.63	煤气	$G'_{气}$	2305.48
喷吹燃料	$G'_{吹}$	124.70	炉尘	$G'_{尘}$	10.91
附加物	$G'_{附}$	0			
鼓风	$G'_{风}$	1495.92			
合计	$G_{收入项}$	3629.48	合计	$G_{支出项}$	3629.93

本例，绝对误差 $\Delta=|G_{支出项}-G_{收入项}|=3929.93-3629.48=0.45$　kg

相对误差　$\delta=\dfrac{G_{支出项}-G_{收入项}}{G_{支出项}}=\dfrac{3629.93-3629.48}{3629.93}=0.012$　%

(5) 检验

1) 各种物料用量检验。现场各种物料耗用量有时出入较大，需要通过物料平衡来检验。假设通过检验后的物料用量为 G_i°，则

$$G_i^{\circ}=G'_i\cdot(1+b_{Fe}) \tag{10-134}$$

当各种物料用量按合格生铁产量计算时，必须考虑生铁合格率这个因素。本例生铁合格率为100%，由式(10-134)得：

$$G_k^{\circ}=K,\ G_{吹}^{\circ}=G_{吹},\ G_{尘}^{\circ}=G_{尘}(1+b_{尘})=10\times(1+0.1)=11\quad kg$$

而

$$G_{矿}^{\circ}=1598.38\times(1+0.008)=1611\quad kg$$

$$G_{熔}^{\circ}=3.85\times(1+0.008)=3.88\quad kg$$

$\Delta G_i=|G_i-G_i^{\circ}|$表示绝对误差，$\delta_i=(G_i-G_i^{\circ})/G_i^{\circ}$ 表示相对误差，那么，

$$\Delta G_{矿}=1661-1611=50kg\qquad \delta_{矿}=(1661-1611)/1611=3.1\%$$

$$\Delta G_{熔}=4-3.88=0.12kg\qquad \delta_{矿}=0.12/3.88=3.1\%$$

渣量一般不作检验，以物料平衡的计算为准。需要时也可按上述方法进行。

ΔG_i 通常由秤量、途中损耗（包括卸入料槽和装入高炉的粉尘逸出）以及 b_{Fe}测定等因素造成的。高炉工作者应随时运用物料平衡，根据 ΔG_i 来加强管理，降低消耗。

2) 碳平衡：

① 收入碳量：

$$C_{k焦}=K'\cdot C_k=386.905\times0.8591=332.390\quad kg$$

$$C_{挥焦}=K'\cdot(V)_k\cdot\left[\frac{12}{44}(CO_2)+\frac{12}{28}(CO)+\frac{12}{16}(CH_4)\right]$$

$$=386.905\times0.0074\times\left(\frac{12}{44}\times0.35+\frac{12}{28}\times0.37+\frac{12}{16}\times0.04\right)$$

$$=0.813\quad kg$$

$$C_{吹}=G'_{吹}\cdot b_{吹}\cdot(C)_{吹}=124.702\times0.98\times0.7783=95.114\quad kg$$

$$C_{熔}=G'_{熔}\cdot\frac{12}{44}(CO_2)_{熔}=3.85\times\frac{12}{44}\times0.4292=0.451\quad kg$$

$$C_{矿}=G'_{矿}\left[(C)_{矿}+\frac{12}{44}(CO_2)_{矿}\right]=1598.38\times0.00047=0.751\quad kg$$

$$C_{附}=G'_{附}\cdot(C)_{附}=0$$

故 $$C_{收}=C_{k焦}+C_{挥焦}+C_{吹}+C_{熔}+C_{矿}+C_{附}$$

$$=332.390+0.813+95.114+0.451+0.751=429.52\quad kg$$

② 支出碳量：

$$C_{生}=1000\cdot[C]-G'_{附}\cdot(C)_{附}=1000\times0.0433-0=43.3\quad kg$$

$$C_{尘}=G'_{尘}\cdot(C)_{尘}=10.913\times0.3173=3.463\quad kg$$

$$C_{rd}=\frac{12}{56}Fe_{还}\cdot r_d=\frac{12}{56}\times945.81\times0.50244=101.832\quad kg$$

$$C_{风}=V_{风}\cdot(O_2)_{风}\times\frac{2\times12}{22.4}=1160.983\times0.21435\times\frac{24}{22.4}=266.632$$

$$C_{Si\cdots}=7.537\quad kg$$

$$C_{FO}=5.488\quad kg$$

$$C_{熔}=0.451\quad kg$$

$$C_{挥焦}=0.813\quad kg$$

$$C_{煤气}=C_{rd}+C_{风}+C_{Si\cdots}+C_{FO}+C_{熔}+C_{挥焦}$$

$$=101.832+266.632+7.537+5.488+0.451+0.813$$

$$=382.753\quad kg$$

故 $$C_{支}=C_{生}+C_{尘}+C_{煤气}=43.3+3.463+382.753=429.52\quad kg$$

未被利用部分的喷吹燃料按进入炉渣处理。将结果列于表 10-42。

表 10-42 碳平衡

收入项			支出项		
名称	符号	数量/kg	名称	符号	数量/kg
焦炭	$C_{k焦}+C_{挥焦}$	333.203	生铁	$C_{生}$	43.3
喷吹燃料	$C_{吹}\cdot b_{吹}$	95.114	炉尘	$C_{尘}$	3.463
熔剂	$C_{熔}$	0.451	直接还原	$C_{rd}+C_{Si\cdots}$	109.369
矿石	$C_{矿}$	0.751	风口燃烧	$C_{风}+C_{FO}$	272.120
附加物	$C_{附}$	O	其它	$C_{熔}+C_{挥焦}$	1.264
合计	$C_{收}$	429.52	合计	$C_{支}$	429.52

进入煤气中的碳量($C'_{气}$)亦可按煤气中碳的化合物量计算，其结果应与上述的 $C_{煤气}$ 相等。这里

$$C'_{气}=\frac{12}{22.4}(V_{CO_2}+V_{CO}+V_{CH_4})$$

$$=\frac{12}{22.4}\times714.458=382.745\quad kg$$

在物料平衡中，两者数值不吻合，则说明计算过程中有错误，必须审查，重新进行物料平衡。炼铁工作者可利用物料平衡所得结果的 $C_{煤气}$ 与实际煤气中的碳量相比较，有利于生产管理。

(6) 技术指标计算

根据物料平衡数据可得：

1）氢利用率[4]（η_{H_2}）：

$$\eta_{H_2}=\left(1-\frac{k_1\cdot V_2}{V_{风}\cdot\varphi+V_1}\right)\times 100\% \tag{10-135}$$

2）气化碳利用率（η_c）：

$$\eta_C=\frac{\eta_{CO}\cdot V_2-V'_2}{V_2-V'_2}\times 100\% \tag{10-136}$$

其中　V'_2——炉顶煤气中炉料带入的CO_2量，m^3。

3）铁的直接还原度（r_d）：

$$r_d=\left\{1-\frac{\frac{56}{22.4}\left[\left(\eta_{CO}+k_1\frac{\eta_{H_2}}{1-\eta_{H_2}}\right)\cdot V_2-V_3\right]}{1000[Fe]-G_{附}\cdot(Fe)_{附}}\right\}\times 100\% \tag{10-137}$$

4）风口区域燃烧碳率（C_φ）：

$$C_\varphi=\frac{\frac{2\times 12}{22.4}V_{风}\cdot(O_2)_{风}+C_{FO}}{C_{气}+1000[C]}\times 100\% \tag{10-138}$$

5）风口区域焦炭燃烧率（K_φ）：

$$K_\varphi=\frac{\frac{2\times 12}{22.4}V_{风}\cdot(O_2)_{风}+C_{FO}-G'_{吹}\cdot b_{吹}\cdot(C)_{吹}}{K'\cdot C_k-G'_{尘}\cdot(C)_{尘\cdot k}}\times 100\% \tag{10-139}$$

或

$$K_\varphi=\frac{C_\varphi(C_{气}+1000[C])\times 10^{-2}-G'_{吹}\cdot b'_{吹}\cdot(C)_{吹}}{K'\cdot C_k-G'_{尘}\cdot(C)_{尘\cdot k}}\times 100\% \tag{10-140}$$

当纯焦冶炼时，式(10-139)和式(10-140)与式(10-138)相等，此时 $K_\varphi=C_\varphi$。通过物料平衡计算后各项技术指标的计算就相当方便。本例数据代入以上各式可得：

$$\eta_{H_2}=\left(1-\frac{714.458\times 0.050239}{1160.983\times 0.015+40.321}\right)\times 100\%=37.83\%$$

$$\eta_C=\frac{714.458\times 0.45-0.421}{714.458-0.421}\times 100\%=45.42\%$$

$$r_d=1-\frac{\frac{56}{22.4}\times\left[\left(0.45+\frac{0.050239\times 0.3783}{1-0.3783}\right)\times 714.458-158.359\right]}{945.81}$$

$$=50.24\%$$

$$C_\varphi=\frac{1160.983\times 0.21435\times\frac{24}{22.4}+5.488}{381.490+43.3}\times 100\%=64.06\%$$

$$K_\varphi=\frac{1160.983\times 0.21435\times\frac{24}{22.4}+5.488-124.702\times 0.98\times 0.7783}{386.905\times 0.8591-10.913\times 0.3173}\times 100\%$$

$=53.81\%$

10.3.2 热平衡

热平衡是指设备或企业(统称系统)在运行过程中以热形式表现的输入量和输出量之间的数量平衡。它是按照能量守恒定律并以物料平衡为基础来计算的。因研究目的和方法不同,高炉热平衡有第一总热平衡法、第二总热平衡法及区域热平衡法若干种[2~3]。热平衡能反映燃料比或碳比的正确与否,若误差较大,应进行校正,以免导致错误的结论。现场一般以每吨铁作为热平衡的计算单位。本例中 t、c_p^t 和 w 分别表示温度、比热容和焓。以下结合实例进行介绍。

10.3.2.1 第一总热平衡计算法

此法应用较广,主要是将氧化物的分解和还原分别计算热量,根据盖斯定律只考虑各种物料进出高炉时的始、末状态,不考虑高炉内实际的反应过程,比较直观、简单。

计算前需收集、整理的主要原始资料有:

1) 物料的入炉温度;

2) 热风温度,输送煤粉的载气温度,炉顶温度,渣、铁液温度;

3) 各种冷却介质耗量及其出、入温度以及有关参数等。

本例以现场物料平衡的数值为依据。

(1) 热量收入

1) 碳氧化物放热(Q_1):

$C \rightarrow CO(Q_{1-1})$

$$Q_{1-1}=q_{CO}^{k}\cdot C_{气}+(q_{CO}^{吹}-q_{CO}^{k})\cdot G'_{吹}\cdot b_{吹}\cdot (C)_{吹}\quad kJ \tag{10-141}$$

式中 q_{CO}^{k}——1kg 焦炭的碳生成 CO 时所产生的热量,与焦炭的石墨化程度有关,一般取 9797kJ/kg;

$q_{CO}^{吹}$——每 1kg 喷吹燃料的碳生成 CO 时所产生的热量,如煤粉,本例取 10457kJ/kg。

由本例数据代入式(10-141)得:

$Q_{1-1}=9797\times381.490+(10457-9797)\times124.702\times0.98\times0.7783=3800233kJ$

$CO \rightarrow CO_2(Q_{1-2})$

$$Q_{1-2}=\frac{12\times23614}{22.4}(V_2\cdot\eta_{CO}-V'_3)\quad kJ \tag{10-142}$$

上式代入本例数据得:

$$Q_{1-2}=\frac{12\times23614}{22.4}\times(714.458\times0.45-0.673)=4099732\quad kJ$$

故 $$Q_1=Q_{1-1}+Q_{1-2}=3800233+4099732=7899965\quad kJ$$

2) 鼓风带入热量(Q_2)

① 热风带入热量(Q_{2-1}):

$$Q_{2-1}=\{w_{H_2O}\cdot\varphi+w_{N_2}\cdot[1-0.5\varphi-(O_2)_{风}]+w_{O_2}\cdot[(O_2)_{风}-0.5\varphi]\}_{风}\cdot V_{风}\quad kJ \tag{10-143}$$

上式为大气鼓风情况,当富氧鼓风时为:

$$Q_{2-1}=\{[0.21(1-\varphi)\cdot w_{O_2}+0.79(1-\varphi)\cdot w_{N_2}+\varphi\cdot w_{H_2O}](1-\beta)$$

$$+[O_y\cdot w_{O_2}+(1-O_y)\cdot w_{N_2}]\cdot\beta\}\cdot V_{风}\quad kJ \tag{10-144}$$

本例数据($t_{风}=1174℃$)代入式(10-143)得

$$Q_{2-1}=[2067.4\times0.015+1683.9\times0.79\times(1-0.015)+1761.9\times0.21\times(1-0.015)]\times1160.983=1980389\quad kJ$$

② 输送煤粉的载气为压缩空气时带入的热量(Q_{2-2}):

$$Q_{2-2}=[w_{H_2O}\cdot\varphi+0.79(1-\varphi)\cdot w_{N_2}+0.21(1-\varphi)\cdot w_{O_2}]\cdot b_{输}\cdot G'_{吹}\quad kJ \tag{10-145}$$

本例压缩空气温度100℃时,由式(10-145)得:

$$Q_{2-2}=[150.1\times0.015+130.5\times0.79\times(1-0.015)+133.7\times0.21\times(1-0.015)]\times124.702\times0.06=984\quad kJ$$

故 $$Q_2=Q_{2-1}+Q_{2-2}=1980389+984=1981373\quad kJ$$

上述式中各种气体的焓(w_i)是其比热容和温度的乘积。若采用微机运算,在程序编制中可直接采用本书附录中相应的计算公式,但要注意公式的温度区间。

3) 氢氧化($H_2\rightarrow H_2O$)放热(Q_3):

$$Q_3=q_{H_2}\cdot(V_{风}\cdot\varphi+V_1)\cdot\eta_{H_2}\quad kJ \tag{10-146}$$

或 $$Q_3=q_{H_2}\cdot(V_{风}\cdot\varphi+V_1-k_1\cdot V_2)\quad kJ \tag{10-147}$$

式中 q_{H_2}——1m^3 氢氧化成水汽时所产生的热量,一般取10806kJ/m^3。

本例数据代入式(10-135)得:

$$Q_3=10806\times(1160.983\times0.015+40.321)\times0.3783=236019\quad kJ$$

4) 成渣热(Q_4):原料的碳酸盐或磷酸盐中存在的1kg CaO及MgO在高炉内生成钙铝硅酸盐所放出的热量为1130kJ。因此

$$Q_4=1130\Sigma G'_i[(CaO)+(MgO)]_i\quad kJ \tag{10-148}$$

代入本例数据得:

$$Q_4=1130\times[3.85\times(0.5278+0.0132)+1591.498\times0.0527\times0.0017+382.874\times0.1195\times(0.0485+0.0121)+124.702\times0.1567\times(0.035+0.0095)]=6630\quad kJ$$

5) 炉料物理热(Q_5):

$$Q_5=c^t_{矿}\cdot t_{矿}\cdot G'_{矿}\cdot(1-b_{天})+c^t_{天矿}\cdot t_{天矿}\cdot G'_{矿}\cdot b_{天矿}+\cdots+c^t_{吹}\cdot t_{吹}\cdot G'_{吹}\quad kJ \tag{10-149}$$

设炉顶装入的炉料温度与环境温度相同,如天然矿入炉温度($t_{天矿}$)取25℃;喷吹燃料的入炉温度($t_{吹}$)取80℃。$b_{天}$为天然矿的使用率。各种入炉料的比热容可由附录查得,因此

$$Q_5=1598.38\times0.4187\times25\times0.9473+1598.38\times0.0527\times0.6687\times25+386.905\times0.8499\times25+3.85\times0.9043\times25+19.935\times25\times4.1868+124.702\times1.256\times80=43357\quad kJ$$

6) 全部热量收入($Q_{入}$):

$$Q_{入}=Q_1+Q_2+Q_3+Q_4+Q_5=7899965+1981373+236019+6630+43357=10167344\quad kJ$$

若煤气中甲烷量较大时，可按实情计算其生成热，并计入热收入之中。

(2) 热量支出

1) 氧化物分解及去硫(Q'_1)。计算前先要弄清各种氧化物在不同原料中的存在形态(参见表10-1)。原料分析中一般没有指出各种形态氧化物的含量，计算时采用物相检验数值或按矿物常识作出假定。

天然块矿中不含自由 FeO，它以 $2FeO \cdot SiO_2$ 或 Fe_3O_4 形态存在；熔剂性烧结矿中 FeO 约有 20%(本例取 15%)以 $2FeO \cdot SiO_2$ 形态存在，其余以 Fe_3O_4 等形态存在。焦炭中 FeO 几乎全以 $2FeO \cdot SiO_2$ 形态存在。

① 铁氧化物的分解热(Q'_{1-1})。分解 1kg$FeO_{硅酸铁}$需要 4075kJ，分解 1kgFe_3O_4 需要 4800kJ，分解 1kg Fe_2O_3 需要 5153kJ。因此铁氧化物的分解热为：

$$Q'_{1-1} = 4075FeO_{硅酸铁} + 4800 \times \frac{232}{72}FeO_{四氧化三铁} + 5153Fe_2O_{3游离} \quad kJ \tag{10-150}$$

或
$$Q'_{1-1} = 60FeO_{硅酸铁} + 4015FeO_{入炉} + 5153Fe_2O_{3入炉} \quad kJ \tag{10-151}$$

其中
$$FeO_{硅酸铁} = G^{\circ}(1 - b_{天})(FeO)_{熟矿} \cdot b_{硅酸铁} + K^{\circ}(FeO)_k \quad kg \tag{10-152}$$

$$FeO_{四氧化三铁} = FeO_{入炉} - FeO_{硅酸铁} \quad kg \tag{10-153}$$

$$Fe_2O_{3四氧化三铁} = \frac{160}{72}FeO_{四氧化三铁} \quad kg \tag{10-154}$$

$$Fe_2O_{3游离} = Fe_2O_{3入炉} - Fe_2O_{3四氧化三铁} \quad kg \tag{10-155}$$

式中 $b_{硅酸铁}$——熟矿中以硅酸铁形态存在的 FeO 占熟矿中总 FeO 量的比率；

$(FeO)_{熟矿}$——熟矿(人造富矿)中 FeO 的含量，%；

$FeO_{入炉}$、$Fe_2O_{3入炉}$——分别为装入炉内物料中 FeO 和 Fe_2O_3 的重量，kg。

由本例数据得：

$$\begin{aligned}FeO_{硅酸铁} &= 1591.498 \times (1 - 0.0527) \times 0.131 \times 0.15 + 382.874 \times 0.1195 \\ &\quad \times \left(0.0894 + 0.0069 \times \frac{72}{88}\right) = 29.625 + 4.349 \\ &= 33.974 \quad kg\end{aligned}$$

$$\begin{aligned}FeO_{四氧化三铁} &= 1591.498 \times 0.1243 + 124.702 \times 0.98 \times 0.1567 \times 0.0721 \\ &\quad + 4.349 - 313.54 \times 0.0041 - 33.974 = 202.267 - 33.974 \\ &= 168.293 \quad kg\end{aligned}$$

$$Fe_2O_{3四氧化三铁} = \frac{160}{72} \times 168.293 = 373.984 \quad kg$$

$$\begin{aligned}Fe_2O_{3游离} &= 1591.498 \times 0.7077 + 3.85 \times 0.0064 - 373.984 = 1126.328 - 373.984 \\ &= 752.344 \quad kg\end{aligned}$$

故 $Q'_{1-1} = 4075 \times 33.974 + 4800 \times (168.293 + 373.984) + 5153 \times 752.344 = 6618202 \quad kJ$

② 二氧化硅的分解热(Q'_{1-2})

$$Q'_{1-2} = 31078Si_{还} \quad kJ \tag{10-156}$$

本例数据代入上式得：

$$Q'_{1-2} = 31079 \times 1000 \times 0.0053 = 164719 \quad kJ$$

③ 锰氧化物分解热（Q'_{1-3}） 1kgMnO_2分解成Mn_3O_4需要540kJ，1kgMn_3O_4分解成MnO需要1009kJ，由MnO分解出1kg Mn需要7362.5kJ。因此，锰氧化物的分解热为：

$$Q'_{1-3}=7362.5Mn_{还}+1425G_{天}\cdot b_{天}(MnO_2)_{天}\quad kJ \tag{10-157}$$

本例数据代入上式得：

$$Q'_{1-3}=7362.5\times1000\times0.005=36813\quad kJ$$

④ 磷酸盐分解热（Q'_{1-4}）设所有的磷都以磷灰石形态存在，由$Ca_3(PO)_2$分解出1kgP需要热量35755kJ。则

$$Q'_{1-4}=35755P_{还}\quad kJ \tag{10-158}$$

本例数据代入上式得：

$$Q'_{1-4}=35755\times1000\times0.00036=12872\quad kJ$$

此外，进入生铁的其它元素同样应计算其氧化物的分解热。

⑤ 脱硫需要的热量（Q'_{1-5}）高炉中CaO、MgO、MnO和FeO作为脱硫剂时，脱除1kgS所消耗的热量（q_S）分别为5401kJ、8039kJ、6259kJ和5506kJ。渣中S皆以CaS、MgS、MnS和FeS状态存在，但它们的数量不得而知。一般只能取其平均值（不计MgO脱硫热量）为5722kJ/kg硫；当渣中MgO大于3%～4%时，脱除1kg硫所需要的平均热量为6301kJ。因此

$$Q'_{1-5}=q_S\cdot(S)\cdot G'_{渣}\quad kJ \tag{10-159}$$

本例中（MgO）>4%，所以

$$Q'_{1-5}=6301\times313.5\times0.009=17781\quad kJ$$

而
$$Q'_1=Q'_{1-1}+Q'_{1-2}+Q'_{1-3}+Q'_{1-4}+Q'_{1-5}\quad kJ \tag{10-160}$$

故
$$Q'_1=6618202+164719+36813+12872+17781=6850387\quad kJ$$

2）碳酸盐分解热（Q'_2）。由$CaCO_3$、$MgCO_3$、$MnCO_3$和$FeCO_3$分解出1kg CO_2分别需要热量4044、2487、2186和1992kJ。因此

$$Q'_2=(4044\cdot CO_{2CaO}+2487\cdot CO_{2MgO}+2186\cdot CO_{2MnO}+1992\cdot CO_{2FeO})\cdot G'_{熔}\quad kJ \tag{10-161}$$

或
$$Q'_2=(3178CaO+2734MgO+1352MnO+1218FeO)\cdot G'_{熔}\quad kJ \tag{10-162}$$

本例数据代入式(10-162)得：

$$Q'_2=(3178\times0.5278+2734\times0.0132)\times3.85=6597\quad kJ$$

当天然块矿使用率高且有CO_2组成时，应先考虑$MnCO_3$中CO_2，其余为与CaO相结合的CO_2亦可。

3）水分分解热（Q'_3）。分解1m^{3}水蒸汽需要热量10806kJ，从物料中逐出1kg结晶水需要热量331kJ，分解1kg水蒸气需要热量13444kJ。假定喷吹燃料中水全部分解，则

$$Q'_3=10806\times(V_{风}\cdot\varphi+b_{输}\cdot G'_{吹}\cdot\varphi_{输})+(331+13444\cdot b_{H_2O})\cdot[G^{\circ}\cdot(H_2O)_{矿}+\cdots]$$
$$+(331+13444)\cdot G_{吹}\cdot(H_2O)_{吹}\quad kJ \tag{10-163}$$

本例数据代入上式得：

$$Q'_3=10806\times(1160.983\times0.015+0.06\times124.702\times0.015)+7051\times1591.498$$
$$\times0.00026+13775\times124.702\times0.0123=213451\quad kJ$$

4) 游离水蒸发热(Q'_4)。1kgH_2O由0℃升温至100℃需要吸热418.68kJ,再变成100℃水蒸汽需要吸热2261kJ。则

$$Q'_4=[(100-t)\times4.1868+2261]\cdot H_2O_{游离水}\quad kJ \tag{10-164}$$

t为炉料的入炉温度,℃。本例数据代入上式得:

$$Q'_4=[(100-25)\times4.1868+2261]\times386.905\times\frac{0.049}{1-0.049}=51333\quad kJ$$

高炉炉顶若采用打水时,本项计算后,还应考虑这部分水量由炉顶煤气中带走的热量。

5) 附加物熔化热(Q'_5):

$$Q'_5=q_{附}\cdot G'_{附}\quad kJ \tag{10-165}$$

$q_{附}$为每1kg附加物中金属的熔化热,kJ/kg。取值一般根据经验数据,量少可略而不计。因本项与7)、8)项有关,若铁、渣液的热量中已有考虑,本项可不计算。

6) 喷吹燃料分解热(Q'_6):

$$Q'_6=q_{解}\cdot G'_{吹}\cdot b_{吹}\quad kJ \tag{10-166}$$

$q_{解}$为1kg或1m^3喷吹燃料的分解热,单位为kJ/kg或kJ/m^3。其计算公式为:

$$q_{解}=Q_{理}-Q_{低} \tag{10-167}$$

$Q_{理}$和$Q_{低}$分别为单位燃料的理论发热量和实测的低发热量。通常,无烟煤约1005kJ/kg,烟煤约1170kJ/kg。天然气可按下式计算:

$$q_{解}=3475\cdot CH_4+5250\cdot C_2H_6+7453\cdot C_3H_2+10806\cdot H_2O+7402\cdot CO_2\quad kJ \tag{10-168}$$

代入本例数据得:

$$Q'_6=1005\times124.702\times0.98=122819\quad kJ$$

7) 铁液带走热量(Q'_7):

$$Q'_7=w_{铁液}\times10^3\quad kJ \tag{10-169}$$

本例取$w_{铁液}=1214$kJ/kg,则由式(10-169)得:

$$Q'_7=1214\times1000=1214000\quad kJ$$

8) 炉渣带走热量(Q'_8):

$$Q'_8=w_{渣液}\cdot G'_{渣}\quad kJ \tag{10-170}$$

本例取$w_{渣液}=1800$kJ/kg,代入式(10-170)得:

$$Q'_8=1800\times313.54=564372\quad kJ$$

9) 煤气带走热量(Q'_9):这里指干煤气、挥发性气体(量少时可略去)、煤气中水分(若炉顶打水应酌情考虑)及炉尘带走的热量,即

$$Q'_9=Q_{干}+Q_{挥}+Q_{汽}+Q_{尘}\quad kJ \tag{10-171}$$

其中

$$Q_{干}=w_{H_2}\cdot V_{H_2}+w_{CO_2}\cdot V_{CO_2}+w_{CO}\cdot(V_{CO}+V_{N_2})+w_{CH_4}\cdot V_{CH_4}\quad kJ$$

$$K_{挥}=\overline{w}_{挥}\cdot V_{挥}\quad kJ$$

$$Q_{汽}=\frac{22.4}{18}\cdot(H_2O_{物理水}+H_2O_{结晶水}+H_{2还原水})\cdot(w_{H_2O}-w^{100}_{H_2O})\quad kJ$$

$$Q_{尘}=\left\{C_k^t\frac{(C)_{尘}}{C_k}+C_{矿}^t\left[1-\frac{(C)_{尘}}{C_k}\right]\right\}\cdot t\cdot G'_{尘}\quad \text{kJ}$$

或 $$Q_{尘}=C_{尘}^t\cdot t\cdot G'_{尘},\text{kJ}$$

在 $Q_{尘}$ 的表达式中,假定炉尘中的碳全为焦炭时,可采用前式;若按烧结矿的比热容计算,就采用后式。

式中 w_i 和 w^{100}分别为炉顶温度(本例取 188℃)t 时和 100℃时的热函,kJ/m³。本例中 $Q_{挥}$ 从略,则

$$Q_{干}=244.7\times35.894+246.6\times(389.704+911.591)+335\times324.753=438475\quad \text{kJ}$$

$$Q_{汽}=\frac{22.4}{18}\times(19.727+0.207+17.552)\times135.4=6316\quad \text{kJ}$$

$$Q_{尘}=\left[1.5742\times\frac{0.3173}{0.8591}+0.5694\times\left(1-\frac{0.3173}{0.8591}\right)\right]\times188\times10.913=1930\quad \text{kJ}$$

上述数值代入(10-171)得:

$$Q'_9=438475+6316+1930=446721\quad \text{kJ}$$

10) 冷却水(指冷却设备)带走热量(Q'_{10})

$$Q'_{10}=\frac{1}{P}\Sigma G_{冷}\cdot(t_{出}-t_{入})_{冷}\quad \text{kJ} \tag{10-172}$$

式中 $G_{冷}$——某段冷却器或某段喷水冷却的耗水量,kg/h;

$t_{入}$、$t_{出}$——冷却水的进出温度,℃;

P——高炉单位时间内的生铁产量(包括铁损在内),t/h。

采用汽化冷却的高炉,其冷却产物是水汽混合物,带走的热量为:

$$Q'_{10}=(w_{汽}-t_{入}+q_{汽}\cdot b_{汽})\cdot G_{汽}/P,\text{kJ} \tag{10-173}$$

式中 $w_{汽}$——出口处的蒸汽焓,kJ/kg;

$q_{汽}$——汽化潜热,kJ/kg;

$b_{汽}$——出口处的蒸汽含量,kg/kg;

$G_{汽}$——汽化冷却产生的水汽混合物数量,kg/h。

本例无此项测定数据,并入热损失中。

11) 炉体散热损失(Q'_{11}):

① 炉壳表面散热(Q'_{11-1}):

$$Q'_{11-1}=\frac{1}{P}\Sigma q_i\cdot A_i\quad \text{kJ} \tag{10-174}$$

式中 q_i——某段炉壳表面的平均热流密度,W/m²(kJ/m²·h);

A_i——某段炉壳的散热面积,m²。

② 热风围管散热损失(Q'_{11-2}):

$$Q'_{11-2}=V_{风}(c_{风}^t\cdot t_{风}-c_{管}^t\cdot t_{管})\quad \text{kJ} \tag{10-175}$$

式中 $t_{风}$——热风总管与热风围管连接处的热风温度,℃;

$t_{管}$——直吹管内喷吹燃料入口之前的热风温度,℃。

③ 炉底散热损失(Q'_{11-3})：

风冷炉底：　$Q'_{11-3}=V_{冷风}\cdot(w_{入}-w_{出})/P \quad kJ$

水冷炉底：　$Q'_{11-3}=G_{水}\cdot(t_{出}-t_{入})/P \quad kJ$

自然冷却：　$Q'_{11-3}=\dfrac{\lambda}{\delta}(t_{底}-t_{基})\cdot F_{底}/P \quad kJ$

式中 $V_{冷风}$——炉底的冷风流量，m^3/h；

$w_{入}$、$w_{出}$——冷风进出炉底的平均热函，kJ/m^3；

$G_{水}$——炉底冷却水总量，kg/h；

$t_{入}$、$t_{出}$——炉底冷却水进出温度，℃；

λ——炉底热导率，kJ/(m·h·℃)；

δ——炉底厚度，m；

$F_{底}$——炉底自然冷却面积，m^2；

$t_{底}$、$t_{基}$——炉底和炉基温度，℃。

故

$$Q'_{11}=Q'_{11-1}+Q'_{11-2}+Q'_{11-3} \quad kJ \tag{10-176}$$

若无 Q'_{10} 和 Q'_{11} 的实测数据，可将上述计算各项热量收支的差值并为 Q'_{11} 项。本例就采用这种方法。

12) 热平衡差值项($\Delta Q'$)。一般指收入热量与支出热量 $Q'_1\sim Q'_9$ 总和之差值。即：

$$\Delta Q'=Q_{入}-(Q'_1+Q'_2+Q'_3+Q'_4+Q'_5+Q'_6+Q'_7+Q'_8+Q'_9) \quad kJ \tag{10-177}$$

本例数值代入式(10-177)得：

$$\Delta Q'=10167344-(6850387+6597+213451+51333+122819+1214000+564372+446721)=697664 \quad kJ$$

(3) 编制热平衡表

根据各项收支数据编制的热平衡表列于表 10-43。

表 10-43　热平衡表

收入				支出			
符号	名称	数量/kJ	%	符号	名称	数量/kJ	%
Q_1	碳素氧化放热	7899965	77.70	Q'_1	氧化物分解及去硫	6850387	67.38
Q_2	鼓风带入热量	1981373	19.49	Q'_2	碳酸盐分解热	6597	0.06
Q_3	氢氧化放热	236019	2.32	Q'_3	水分分解热	213451	2.10
Q_4	成渣热	6630	0.06	Q'_4	游离水蒸发热	51333	0.51
Q_5	炉料带入热量	43357	0.43	Q'_5	附加物熔化热	0	0.00
				Q'_6	喷吹物分解热	122819	1.21
				Q'_7	铁液显热	1214000	11.94
				Q'_8	炉渣显热	564372	5.55
				Q'_9	煤气带走热量	446721	4.39
				Q'_{11}	冷却水及其它散热	697664	6.86
$Q_{入}$	合计	10167344	100.00	$Q_{出}$	合计	10167344	100.00

(4) 评定能量利用的若干指标计算

1) 有效热量利用系数(K_t)：

$$K_t=\frac{Q'_1+Q'_2+Q'_3+Q'_4+Q'_5+Q'_6+Q'_7+Q'_8}{Q_\lambda}\times 100\% \tag{10-178}$$

2) 碳的热能利用系数(K_c)

$$K_c=\frac{Q_1}{q^k_{CO_2}\cdot C_{气}+(q^{吹}_{CO_2}-q^k_{CO_2})\cdot G'_{吹}\cdot b_{吹}\cdot (C)_{吹}}\times 100\% \tag{10-179}$$

式中 $q^k_{CO_2}$——1kg 焦炭中碳氧化成 CO_2 时所产生的热量，与焦炭的石墨化程度有关，一般可取 33410kJ/kg；

$q^{吹}_{CO_2}$——1kg 喷吹燃料中碳氧化成 CO_2 时所产生的热量，kJ/kg。

3) 入炉碳发热量(Q_C)：

$$Q_C=\frac{Q_1}{C_{气}+1000[C]-G'_{附}\cdot (C)_{附}}\quad kJ/kg \tag{10-180}$$

4) 入炉燃料发热量(Q_F)：

$$Q_F=\frac{Q_1}{K'+G'_{吹}-G'_{尘}\cdot (C)_{尘}/C_k}=\frac{Q_1}{K^\circ+G'_{吹}}\quad kJ/kg \tag{10-181}$$

本例数据代入式(10-178)至式(10-181)得：

$$K_t=\frac{6850387+6597+\cdots+564372}{10167344}\times 100\%=88.75\%$$

$$K_C=\frac{7899965}{33410\times 381.49+659.4\times 95.114}\times 100\%=61.68\%$$

$$Q_C=\frac{7899965}{381.49+43.3}=18597\quad kJ/kg$$

$$Q_F=\frac{7899965}{386.905+124.702-10.913\times 0.3173/0.8591}=15564\quad kJ/kg$$

5) 编制综合指标表。表 10-44 是物料平衡和热平衡计算结果的主要指标。

表 10-44 综合指标

名　称	数　值	名　称	数　值
利用系数/$t\cdot(m^3\cdot d)^{-1}$	2.186	有效热量利用系数/%	88.75
冶炼强度/$t\cdot(m^3\cdot d)^{-1}$	1.030	碳的热能利用系数/%	61.68
焦比/$kg\cdot t^{-1}$	387	入炉碳发热量/$kJ\cdot kg^{-1}$	18597
煤比/$kg\cdot t^{-1}$	125	燃料发热量/$kJ\cdot kg^{-1}$	15564
燃料比/$kg\cdot t^{-1}$	512	气化碳利用率/%	45.41
碳比/$kg\cdot t^{-1}$	429	氢利用率/%	37.83
矿石含铁/%	59.21	直接还原度/%	50.24
原料用量校核系数	0.9623	风口区域碳燃烧率/%	64.46
风量/$m^3\cdot t^{-1}$	1169	风口区域焦炭燃烧率/%	53.81
炉顶煤气量:风量/$m^3\cdot m^{-3}$	1.42	一氧化碳利用率/%	45.45

10.3.2.2 第二总热平衡计算法

此法与第一总热平衡法的主要区别在于收、支热量的第一项。其能基本上反映高炉内实际冶炼反应的热效应。本例采用现场物料平衡计算法数据，计算过程与第一总热平衡法相同之处(如符号、表达式及物料入炉温度等)尽量避免重复。

(1) 热量收入

1) 风口碳燃烧热($Q_{碳}$)：

$$Q_{碳}=Q_c-Q_{吹分}-Q_{吹水}\quad kJ \tag{10-182}$$

其中

$$Q_C=\Sigma(10456.5-1319L_c)_i\cdot C_i\quad kJ$$

$$Q_{吹分}=q_{解}\cdot G'_{吹}\cdot b_{吹}\quad kJ$$

$$Q_{吹水}=(331+13444)\cdot G_{吹}\cdot(H_2O)_{吹}\quad kJ$$

L_C 为燃料的石墨化程度，焦炭一般取0.5，喷吹燃料为零。上式代入现场物料平衡计算法中数据(以下简称本例数据)得：

$$Q_C=(10465.5-1319\times0.5)\times(266.632+5.488-95.114+10456.5\times95.114=2728687\quad kJ$$

$$Q_{吹分}=1005\times124.702=125326\quad kJ$$

$$Q_{吹水}=(331+13444)\times124.702\times0.0123=21129\quad kJ$$

代入式(10-182)得：

$$Q_{碳}=2728687+125326+21129=2875142\quad kJ$$

2) 鼓风带入热量($Q_{风}$)：

$$Q_{风}=Q_{热}+Q_{输}\quad kJ \tag{10-183}$$

其中：

$$Q_{热}=w_{风}\cdot V_{风}=Q_{2-1}-10806\cdot\varphi\cdot V_{风}\quad kJ$$

$$Q_{输}=Q_{2-2}-10806\cdot G_{吹}\cdot b_{输}\cdot\varphi$$

$Q_{热}$、$Q_{输}$分别为鼓入高炉的热风和输送煤粉的载气所携带的热量。本例数据代入上式得：

$$Q_{热}=1980389-10806\times1160.983\times0.015=1792205\quad kJ$$

$$Q_{输}=984-10806\times124.702\times0.06\times0.015=-229\quad kJ$$

代入式(10-183)得：

$$Q_{风}=1792205-229=1791976\quad kJ$$

3) 炉料带入热量($Q_{料}$)：

$$Q_{料}=\Sigma G'_i\cdot c^t_{Pi}\cdot t_i\quad kJ \tag{10-184}$$

本例数据代入得：

$$Q_{料}=Q_5=43357\quad kJ$$

4) 热量收入($Q_{入}$)：

$$Q_{入}=Q_{碳}+Q_{风}+Q_{料}\quad kJ \tag{10-185}$$

由式(10-185)得：

$$Q_{入}=2875142+1791976+43357=4710475\quad kJ$$

(2) 热量支出

1) 氧化物还原及去硫($Q_{还}$)：

① 铁氧化物还原耗热(Q_{Fe})。由本例得知，入炉原料中铁氧化物的存在形态是 Fe_2SiO_4、Fe_3O_4

及游离 Fe_2O_3。其计算表达式和数量同前。

由硅酸铁分解为 FeO 需要耗热 328.547kJ/kg；

用 CO 还原 1kg Fe_2O_3 至 FeO 需要热量 9.684kJ；

用 CO 还原 1kg Fe_3O_4 至 FeO 需要热量 90.054kJ；

用 H_2 还原 1kgmol Fe_3O_4 至 FeO 需要热量 62216kJ；

用 CO 还原 1kgmol FeO 至 Fe 放出热量 13607kJ；

用 C 还原 1kgmol FeO 至 Fe 需要热量 152190kJ。

因此
$$Q_{Fe} = 328.547FeO_{硅酸铁} + 9.684Fe_2O_{3游离} + Q_{Fe_3O_4} + Q_{FeO} \quad kJ \tag{10-186}$$

其中
$$Q_{Fe_3O_4} = \frac{62216}{22.4}H_{2还}\cdot(1-b_{H_2}) + 90.054\left[\frac{232}{72}FeO_{四氧化三铁} - \frac{232}{22.4}H_{2还}(1-b_{H_2})\right]$$
$$= 1845H_{2还}\cdot(1-b_{H_2}) + 290\cdot FeO_{四氧化三铁}$$
$$Q_{FeO} = \frac{Fe_{还}}{56}(27717r_{H_2} - 13607r_{CO} + 152190r_d)$$

式中 $H_{2还}$——参加还原的总氢量($H_{2还} = \Sigma H_2\cdot\eta_{H_2}$)，$m^3$；

b_{H_2}——与 FeO 反应的 H_2 量与 $H_{2还}$ 之比值，约为 0.85～1.0，本例取 0.95。

本例数据代入得：

$$H_{2还} = (1160.983\times0.015 + 40.321)\times0.3783 = 21.841 \quad m^3$$
$$r_{H_2} = \frac{56}{22.4}\times\frac{0.95\times21.841}{945.81} = 0.0548$$
$$r_{CO} = 1 - 0.0548 - 0.5024 = 0.4428$$
$$Q_{Fe_3O_4} = 1845\times21.841\times(1-0.95) + 290\times168.293 = 50820 \quad kJ$$
$$Q_{FeO} = \frac{945.81}{56}\times(27717\times0.0548 - 13607\times0.4428 + 152190\times0.5024)$$
$$= 1215264 \quad kJ$$

代入式(10-186)得：

$$Q_{Fe} = 328.547\times33.914 + 9.684\times752.344 + 50820 + 1215264 = 1284532 \quad kJ$$

② 硅的氧化物还原耗热(Q_{Si})。由 SiO_2 还原成 1kg Si 需要热量为 22682kJ。

则
$$Q_{Si} = 22682\times10^3\cdot[Si] \quad kJ \tag{10-187}$$

本例
$$Q_{Si} = 22682\times1000\times0.0053 = 120215 \quad kJ$$

③ 锰氧化物还原耗热(Q_{Mn})。由 MnO 还原成 1kg Mn 需要热量为 5225kJ。

则
$$Q_{Mn} = 5225\times10^3\cdot[Mn] \quad kJ \tag{10-188}$$

本例
$$Q_{Mn} = 5225\times1000\times0.005 = 26125 \quad kJ$$

④ 磷酸盐的还原耗热(Q_P)。由磷酸盐还原成 1kgP 需要热量 26276kJ。

则
$$Q_P = 26276\times10^3\cdot[P] \quad kJ \tag{10-189}$$

本例
$$Q_P = 26276\times1000\times0.00036 = 9459 \quad kJ$$

⑤ 去硫耗热(Q_S)。以 CaO 去硫为主,每去除 1kg 硫需要热量 4660kJ。

则 $$Q_S = 4660 G'_{渣} \cdot (S) \quad kJ \tag{10-190}$$

本例 $$Q_S = 4660 \times 313.54 \times 0.009 = 13150 \quad kJ$$

铁氧化物等还原及去硫需要热量为:

$$Q_{还} = Q_{Fe} + Q_{Si} + Q_{Mn} + Q_P + Q_S \quad kJ \tag{10-191}$$

本例 $$Q_{还} = 1284532 + 120215 + 26125 + 9459 + 13150 = 1453481 \quad kJ$$

2) 碳酸盐分解($Q_{盐}$)。1kgCO_2 与 C 反应形成 CO 需要热量 3768kJ。

$$Q_{盐} = Q_{MeCO_3} + Q_{CO_2} \quad kJ \tag{10-192}$$

Q_{MeCO_3}由式(10-147)来计算。而

$$Q_{CO_2} = 3768 \cdot G'_{熔} \cdot (CO_2)_{熔} \cdot b_{CO_2} \quad kJ \tag{10-193}$$

由本例得: $$Q_{CO_2} = 3768 \times 3.85 \times 0.4292 \times 0.5 = 3113 \quad kJ$$

故 $$Q_{盐} = Q'_2 + Q_{CO_2} = 6597 + 3113 = 9710 \quad kJ$$

3) 炉料中水分蒸发、分离及反应耗热($Q_{水}$):

即 $$Q_{水} = Q_{蒸发} + Q_{反应} + Q_{分离} \quad kJ \tag{10-194}$$

其中 $$Q_{蒸发} = 2680 \cdot \Sigma \frac{(H_2O)_{物i} \cdot G'_i}{1 - (H_2O)_{物i}} \quad kJ$$

$$Q_{分离} = (331 + 2680) \Sigma (H_2O)_{晶i} \cdot G'_i \quad kJ$$

$$Q_{反应} = 4180 \Sigma (H_2O)_{晶i} \cdot G_i \cdot b_{H_2O} \quad kJ$$

上式 4180 为 1kgH_2O 参加反应所需要的热量。

本例得 $$Q_{蒸发} = Q'_4 = 51333 \quad kJ$$

$$Q_{分离} = (331 + 2680) \times 1591.498 \times 0.00026 = 1246 \quad kJ$$

$$Q_{反应} = 4180 \times 1591.498 \times 0.00026 \times 0.5 = 865 \quad kJ$$

故 $$Q_{水} = 51333 + 1246 + 865 = 53444 \quad kJ$$

4) 附加物熔化热($Q_{附}$)。同式(10-140)。本例 $G'_{附} = 0$,所以 $Q_{附} = 0$

5) 铁水显热($Q_{铁}$)。同式(10-144)。本例为

$$Q_{铁} = Q'_7 = 1214000 \quad kJ$$

6) 炉渣显热($Q_{渣}$):

$$Q_{渣} = Q_{渣液} - Q_{成渣} \quad kJ \tag{10-195}$$

$Q_{渣}$ 是式(10-170)与式(10-152)的迭加。本例为:

$$Q_{渣} = Q'_8 - Q_4 = 564372 - 6630 = 557742 \quad kJ$$

7) 炉顶煤气带走热量($Q_{顶}$)。$Q_{顶}$ 同式(10-171),因此

$$Q_{顶} = Q'_9 = 446721 \quad kJ$$

8) 冷却介质带走热量($Q_{冷}$)。$Q_{冷}$ 的计算同式(10-172)和式(10-173)。若无实测资料,可与外部散热损失($Q_{失}$)合并,本例即是。

9) 外部散热损失($Q_{失}$)。$Q_{失}$ 计算式见式(10-174)至式(10-176)。若无实测数据,可以下式表示:

$$Q_{失}=Q_{入}-(Q_{还}+Q_{盐}+Q_{水}+Q_{附}+Q_{铁}+Q_{渣}+Q_{顶}+Q_{冷})\quad \mathrm{kJ} \tag{10-196}$$

本例数值得 $Q_{失}=4710475-(1453481+9710+53444+1214000+557742+446721)$

$=975377\quad \mathrm{kJ}$

(3) 编制热平衡表

按上述计算结果编制的热平衡表见表 10-45。

表 10-45 热平衡表

收入				支出			
符号	名称	kJ	%	符号	名称	kJ	%
$Q_{碳}$	碳燃烧热量	2875142	61.04	$Q_{还}$	氧化物还原及去硫	1453481	30.86
$Q_{风}$	鼓风带入热量	1791976	38.04	$Q_{盐}$	碳酸盐分解热	9710	0.21
$Q_{料}$	炉料带入热量	43357	0.92	$Q_{水}$	水分蒸发、分解热	53444	1.13
				$Q_{附}$	附加物熔化热	0	0
				$Q_{铁}$	铁液显热	1214000	25.77
				$Q_{渣}$	炉渣显热	557742	11.84
				$Q_{顶}$	炉顶煤气带走热量	446721	9.48
				$Q_{冷}$ $Q_{失}$	冷却介质带走热量 外部散热损失	975377	20.71
$Q_{收}$	合计	4710475	100.00	$Q_{支}$	合计	4710475	100.00

10.3.2.3 高温区域热平衡

根据高炉热交换理论,高炉燃料比主要取决于下部高温区的热量收支情况。高温区的分界一般取“空区”下端温度,由于炉料和煤气有一定温度差,炉料温度取 950℃,煤气温度取 1000℃。本例以一般物料平衡计算法的数据为依据。

(1) 高温区的热量收入($Q_{收入}$)

1) 风口区碳燃烧反应产生的热量($Q_{碳风口}$):

$$Q_{碳风口}=q_c^k\cdot C_{焦风口}+\Sigma q_c^{吸}\cdot G_{吹}\cdot b_{吹}\cdot(C)_{吹}-Q_{H_2O}^{吹}\quad \mathrm{kJ} \tag{10-197}$$

1kg 焦炭碳在风口区燃烧放出热量(q_c^k)为 9797kJ;1kg 喷吹燃料(本例为煤粉)碳在风口区燃烧放出热量为:

$$q_c^{吹}=\frac{q_{c吹}}{12}-\frac{q_{吹分}}{(C)_{吹}} \tag{10-198}$$

而 $$Q_{H_2O}^{吹}=(2680+13444)[\Sigma G_{吹}\cdot(H_2O)_{吹}] \tag{10-199}$$

代入一般物料平衡计算法的数据(下称本例数据)得:

$$q_c^{吹}=\frac{125478}{12}-\frac{1005}{0.7783}=9165\quad \mathrm{kJ}$$

$$Q_{H_2O}^{吹}=(2680+13444)\times110\times0.0123=21816\quad \mathrm{kJ}$$

故 $Q_{碳风口}=(269.528-85.613)\times9797+85.613\times9165-21816=2546296\quad \mathrm{kJ}$

2) 热风带入热量($Q_{热风}$):

$$Q_{热风} = V_{风} \cdot w_{风} - 10806[V_{风} \cdot \varphi + b_{输} \cdot G_{吹} \cdot \varphi_{吹}] \quad kJ \tag{10-200}$$

本例输送煤粉的载气是压缩空气,其量已计入 $V_{风}$ 之中,所以当风温为 1150℃时为:

$$Q_{热风} = 1150 \times [1166.71 \times (1-0.01) \times 1.4315 + 1166.71 \times 0.01 \times 1.7547] - 10806 \times 0.01 \times 1166.71 = 1798929 \quad kJ$$

3) 炉料带入的物理热($Q_{料}$):

$$Q_{料} = Q_{矿} + Q_{熔} + Q_{焦} + Q_{吹} \quad kJ \tag{10-201}$$

① 矿石带入高温区的热量($Q_{矿}$)

$$Q_{矿} = \left[G_{矿} - G_{尘}\frac{(Fe)_{尘}}{(Fe)_{矿}} - O_{间} \times \frac{32}{22.4}\right] \times 950 \times 1.05 \quad kJ \tag{10-202}$$

上式中的 1.05 是矿石在 950℃时的比热容 kJ/(kg·℃);$O_{间}$ 为间接还原过程中矿石的失氧量,即矿石中高级氧化物还原至低级氧化物时失去的氧量与 FeO 经过间接还原失去的氧量之和,kg/t。

本例数据代入式(10-202)得:

$$Q_{矿} = (1621 - 15 \times \frac{0.378}{0.5869} - 256.142) \times 950 \times 1.05 = 1351809 \quad kJ$$

其中

$$O_{间} = G^{\circ}_{矿}\left[\frac{16}{160}(Fe_2O_3) + \frac{16}{87}(MnO_2)\right] + \frac{16}{56} \cdot Fe_{还}(1 - r_d)$$

$$= 1611.339 \times \frac{16}{160} \times 0.7007 + \frac{16}{56} \times 945.9 \times (1 - 0.47) = 256.142 \quad kg$$

② 熔剂带入高温区热量($Q_{熔}$):

$$Q_{熔} = G_{熔}\left[1 - 0.5 \times \frac{44}{56}(CaO) + \frac{44}{40}(MgO)\right]_{熔} \times 950 \times 1.05 \quad kJ \tag{10-203}$$

熔剂中 $MgCO_3$ 在 950℃之前已全部分解,$CaCO_3$ 中的 CO_2 分解比取 0.5。上式代入本例数据得:

$$Q_{熔} = 2.97 \times \left(1 - 0.5 \times \frac{44}{56} \times 0.4188 - \frac{44}{40} \times 0.1077\right) \times 950 \times 1.05 = 2124 \quad kJ$$

③ 焦炭带入高温区的热量($Q_{焦}$):

$$Q_{焦} = (K_{算} - K_{尘}) \times 950 \times 1.55 \quad kJ \tag{10-204}$$

其中

$$K_{尘} = G_{尘}\frac{(C)_{尘}}{C_k} = 15 \times \frac{31.73}{86.02} = 5.533 \quad kg/t$$

式中 1.55——焦炭在 950℃时的比热容,kJ/(kg·℃);

$K_{算}$——入炉干焦比,kg/t。

在 950℃之前,少量焦炭已与 CO_2 反应,其数量难以确定,为简化计算而忽略不计,仍以入炉焦炭量计算。因此,由本例得:

$$Q_{焦} = (390 - 5.533) \times 950 \times 1.05 = 566128 \quad kJ$$

④ 喷吹燃料带入高温区的热量($Q_{吹}$)

$$Q_{吹} = \Sigma G_{吹} \cdot c^{t}_{吹} \cdot t_{吹} \quad kJ \tag{10-205}$$

本例,喷吹煤粉,入炉温度取 $t_{吹}=80℃$,比热容为 1.256kJ/(kg·℃)。由式(10-205)得:

$$Q_{吹}=110\times1.256\times80=11053\quad kJ$$

故
$$Q_{料}=1351809+566128+2124+11053=1931114\quad kJ$$

4) 成渣热($Q_{渣}$)见式(10-152),代入本例数据得:

$$Q_{渣}=1130\times[2.97\times(0.4188+0.1077)+390\times(0.006+0.0015)$$
$$+110\times(0.0055+0.0015)]=5942\quad kJ$$

因此
$$Q_{收入}=Q_{碳风口}+Q_{热风}+Q_{料}+Q_{渣}\quad kJ$$
$$=2546296+1798929+1931114+5942=6282281\quad kJ$$

(2) 高温区的热量支出($Q_{支出}$)

1) 直接还原耗热($Q_{还原}$)。此项热量包括 Fe、Si、Mn、P 等化合物及 CO_2 在高温区的直接还原耗热,即:

$$Q_{还原}=2834Fe_{还}\cdot r_d+22682Si_{还}+5225Mn_{还}+26276P_{还}$$
$$+4.44CO_{2熔剂}+3770\cdot b_{CO_2}\cdot CO_{2熔剂}\quad kJ \tag{10-206}$$

由本例数据得:

$$Q_{还原}=(2834\times0.9459\times0.47+22682\times0.005+5225\times0.00327+26276\times0.00042)$$
$$\times1000+4044\times2.97\times0.5\times0.4188\times\frac{44}{56}=1403429\quad kJ$$

2) 脱硫耗热($Q_{硫}$):

$$Q_{硫}=4488\cdot(S)\cdot G_{渣}=4488\times0.0066\times332.3=9843\quad kJ$$

3) 铁水带走热量($Q_{铁水}$)。由式(10-169)得:

$$Q_{铁水}=w_{铁}\times1000=1172\times1000=1172000\quad kJ$$

4) 渣水带走热量($Q_{渣水}$)。由式(10-170)得:

$$Q_{渣水}=w_{渣}\cdot G_{渣}=1758\times332.3=584183\quad kJ$$

5) 煤气带走热量($Q_{煤气}$):

$$Q_{煤气}=V_{煤间}\times1000\times1.4026\quad kJ \tag{10-207}$$

式中 1.4026——煤气离开高温区(1000℃)时的比热容,kJ/(m³·℃);

$V_{煤间}$——进入间接还原区的煤气量,m³/t。

即
$$V_{煤间}=V_{干煤气}-[CO_{2料}-\frac{22.4}{56}\times0.5\times G_{熔}\cdot(CaO)_{熔}]\quad m^3 \tag{10-208}$$

当 $b_{H_2}=1$ 时,代入本例数据得:

$$V_{煤间}=1651.090-(0.847-2.97\times0.5\times0.4188\times\frac{22.4}{44})=1636.931\quad m^3$$

故
$$Q_{煤气}=1636.931\times1000\times1.4026=2295959\quad kJ$$

6) 热损失($Q_{损失}$)。由热量收入减去热量支出前 5 项之和,即

$$Q_{损失}=Q_{收入}-(Q_{还原}+Q_{热风}+Q_{铁水}+Q_{渣水}+Q_{煤气})\quad kJ$$

本例
$$Q_{损失}=6282281-(1403429+9843+1172000+584183+2295959)$$

$=816867 \quad kJ$

(3) 编制高温区域热平衡表

按上述计算结果,编制的高温区域热平衡表列于表10-46。

表10-46 高温区域热平衡表

收入热量			支出热量		
项　目	kJ	%	项　目	kJ	%
碳燃烧热	2546296	40.53	直接还原耗热	1403429	22.34
热风带入热	1798929	28.64	脱硫耗热	9843	0.16
炉料带入热	1931114	30.74	铁水带走热	1172000	18.65
成渣热	5942	0.09	渣水带走热	584183	9.30
			煤气带走热	2295959	36.55
			热损失	816867	13.00
合　计	6282281	100.00	合　计	6282281	100.00

10.4 影响高炉焦比和产量的因素

10.4.1 炉顶高压操作的效果

提高炉顶压力能降低炉内压差,有利于加风而增加产量。在高炉维持原压差操作下,增加的风量或正常炉况下增产的百分率(δ)可按下式计算:

$$\delta=\left[\left(\frac{P'_{风}+P'_{顶}}{P_{风}+P_{顶}}\right)^{0.556}-1\right]\times 100\% \tag{10-209}$$

或

$$\delta=\left[\left(\frac{2P'_{顶}+\Delta P}{P_{风}+P_{顶}}\right)^{0.556}-1\right]\times 100\% \tag{10-210}$$

式中 $P_{风}$、$P'_{风}$——高炉炉顶压力变化前后风口处的绝对压力,kPa;

$P_{顶}$、$P'_{顶}$——高炉炉顶压力变化前后的绝对压力,kPa;

ΔP——高炉炉顶压力变化前的压差($P_{风}-P_{顶}$)值,kPa。

[实例1] 两座高炉原炉顶压力分别为29.4kPa和68.6kPa,原风压各为137kPa和206kPa。现将炉顶压力分别提高到58.8kPa和98kPa,风压各升至167kPa和235kPa。由式(10-209)计算增加的风量分别为:

$$\delta_1=\left[\left(\frac{167+58.8+2\times101.325}{137+29.4+2\times101.325}\right)^{0.556}-1\right]\times100\%=8.63\%$$

$$\delta_2=\left[\left(\frac{235+98+2\times101.325}{206+68.6+2\times101.325}\right)^{0.556}-1\right]\times100\%=6.63\%$$

[实例2] 某座高炉原来的炉顶压力和风压分别为29.4kPa和137kPa,现将炉顶压力提高到58.8kPa。在保持炉内压差不变情况下,增加的风量由式(10-210)得:

$$\delta=\left[\left(\frac{58.8\times2+(137-29.4)+2\times101.325}{137+29.4+2\times101.325}\right)^{0.556}-1\right]\times100\%=8.57\%$$

实例1一般用于核算高压操作的实际增产效果。实例2可以当前冶炼条件为基础定量地预估提高炉顶压力与增加风量(或增加产量)之间的相应数值。上述表明,炉顶压力提高 29.4kPa,可分别增加产量为 8.83%和 6.63%;每提高 9.81kPa(相当于 0.1 个工程大气压);正常情况下分别可增加产量 2.8%和 2.2%。应该指出,随着炉顶压力的逐步提高,高炉增加产量的效果是递减的。

10.4.2 富氧鼓风的增产效果

大气鼓风中氧含量提高 1%,理论上应增产 4.76%。正常情况下,富氧时鼓风中氧含量的计算及氧含量每提高 1%的理论增产效果见表 10-47。

表 10-47 富氧时氧含量及增产效果

项 目	一般情况	当$(O_y)=0.995,\varphi=0$时
1. $\beta=V_y/(V_B+V_y)$ 鼓风中氧含量/$m^3\cdot m^{-3}$ 增氧量/$m^3\cdot m^{-3}$ 富氧时鼓风中氧含量增加 1%的效果/%	$(O_B)=(0.21+0.29\varphi)(1-\beta)+\beta(O_y)$ $\Delta(O_B)=[(O_y)-0.21-0.29\varphi]\beta$ $\delta_y=\dfrac{1}{(0.21+0.29\varphi)(1-\beta)+\beta(O_y)}$	$(O_B)=0.21+0.785\beta$ $\Delta(O_B)=0.785\beta$ $\delta_y=\dfrac{1}{0.21+0.785\beta}$
2. $\beta'=V_y/V_B$ 鼓风中氧含量/$m^3\cdot m^{-3}$ 增氧量/$m^3\cdot m^{-3}$ 富氧时鼓风中氧含量增加 1%的效果/%	$(O_B)=\dfrac{0.21+0.29\varphi+\beta'(O_y)}{1+\beta'}$ $\Delta(O_B)=\dfrac{[(O_y)-0.21-0.29\varphi]\beta'}{1+\beta'}$ $\delta_y=\dfrac{1+\beta'}{0.21+0.29\varphi+\beta'(O_y)}$	$(O_B)=\dfrac{0.21+0.995\beta'}{1+\beta'}$ $\Delta(O_B)=\dfrac{0.785\beta'}{1+\beta'}$ $\delta_y=\dfrac{1+\beta'}{0.21+0.995\beta'}$

注: β——富氧鼓风中氧气用量所占的比率,简称用氧率,m^3/m^3;
V_B——鼓入高炉内的大气用量,m^3/min^3;
V_y——鼓入高炉内的氧气用量,m^3/min^3;
(O_y)——氧气中的纯氧含量,m^3/m^3;
φ——鼓风湿分,m^3/m^3。

表中增氧量就是富氧鼓风中氧含量的增量,一般称为富氧率。当大气湿分变化(如冬季与夏季)较大时,富氧率采用表中一般情况的 $\Delta(O_B)$较为合适,有利于正常炉况下比较富氧鼓风的效果。

由图 10-2 可见,富氧鼓风的理论增产值随着鼓风中氧含量的递增而渐减。

[实例] 有座高炉使用的风量($\varphi=1\%$)和氧量($O_y=99.5\%$)分别为 2000m^3/min 和 2400m^3/h。富氧后鼓风中氧含量、增氧量和氧含量增加 1%的效果分别计算如下:

因为 $\beta=\dfrac{2400}{60}\Big/\left(\dfrac{2400}{60}+2000\right)=0.0196\quad m^3/m^3$

所以

$(O_B)=(0.21+0.29\times0.01)\times(1-0.0196)$

$+0.0196\times0.995=22.82\%$

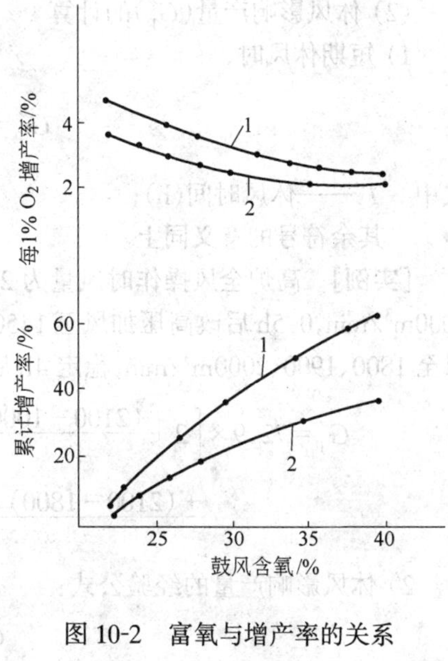

图 10-2 富氧与增产率的关系

$$\Delta(O_B)=(0.995-0.21-0.29\times0.01)\times0.0196=1.53\%$$

$$\delta_y=\frac{1}{(0.21+0.29\times0.01)\times(1-0.0196)+0.0196\times0.995}=4.38\%$$

如果采用 $\beta'(V_B\neq0)$ 计算,其结果与上述计算一致。

10.4.3 减风、休风影响产量的计算

(1) 减风影响产量(G'_p)的计算

1) 单位生铁风量不变时,

$$G'_p=G_p\frac{\Sigma T_i V'_{Bi}}{V_B}\quad \text{t} \tag{10-211}$$

式中 G_p——全风操作时平均生铁产量,t/h;

T_i——减风时间,h;

V'_{Bi}——减风量,m^3/min;

V_B——全风操作时平均风量,m^3/min。

[实例] 高炉全风操作时平均风量为 $1700m^3/min$,平均每 1h 生铁产量 63.7t。因故减风 $200m^3/min$,2h 后加风 $50m^3/min$,共 3h。影响的产量由式(10-211)得:

$$G'_p=63.7\times\frac{200\times2+(200-50)}{1700}=20.60\quad \text{t}$$

2) 每批料出铁量(G_{ch})不变时

$$G'_p=G_{ch}\cdot\Sigma T_i(N-N')\quad \text{t} \tag{10-212}$$

式中 N、N'——全风操作和减风操作时平均下料批数,批/h。

[实例] 高炉全风操作时平均每小时下料 8 批,每批料出铁量为 20.8t。因故减风操作,其中前 2 小时下料 15 批,后 2 小时下料 15.5 批。按式(10-212)计算,影响产量为:

$$G'_p=20.8\times[(8-15/2)\times2+(8-15.5/2)\times2]=31.2\quad \text{t}$$

(2) 休风影响产量(G''_p)的计算

1) 短期休风时,

$$G''_p=G_p\cdot\left(T'+\frac{\Sigma T_i\cdot V'_{Bi}}{V_B}\right)\quad \text{t} \tag{10-213}$$

式中 T'——休风时间(h);

其余符号的意义同上。

[实例] 高炉全风操作时风量为 $2100m^3/min$,平均每小时出铁量为 72.9t。休风 2h 后复风至 $1000m^3/min$,0.5h 后改高压加风至 $1450m^3/min$,又经 1h 后加风至 $1700m^3/min$,以后每隔 2h 相继加风至 1800、1900、$2000m^3/min$,稳定 4h 后恢复全风。按式(10-213)计算,影响产量为:

$$G''_p=72.9\times\left[2+\frac{(2100-1000)\times0.5+(2100-1450)\times1+(2100-1700)\times2}{2100}+\right.$$
$$\left.+\frac{(2100-1800)\times2+(2100-1900)\times2+(2100-2000)\times4}{2100}\right]=264\quad \text{t}$$

2) 休风影响产量的经验公式:

$$G''_p=G_j\cdot T'\cdot b_p/24\quad \text{t} \tag{10-214}$$

式中　G_j——计划生铁产量,t/d;

b_p——休风引起的生铁产量损失系数,按各厂经验确定,表 10-48 中的数值仅供参考。

表 10-48　休风时间与产量损失系数

天　　数	<1	1~2	2~5	5~10
b_p	1.5	1.4	1.3	1.2

[实例]　高炉计划产量为 1570t/d,休风 50min,影响产量由式(10-214)得:

$$G''_p = 1570 \times \frac{50}{60 \times 24} \times 1.5 \doteq 82 \quad t$$

10.4.4　热风温度影响焦比的计算

提高风温节省焦炭量的经验公式为:

$$\Delta K = b_t \cdot (t_1 - t_0) \cdot K_0 \quad kg/t \tag{10-215}$$

式中　K_0——基准干风温度时的折算焦比(干焦比 + 喷吹燃料比 × 置换比),kg/t;

b_t——不同风温水平时影响焦比的经验系数(见表 10-49);

t_0、t_1——变化前后的干风温度,℃。

而

$$t_1(t_0) = t_b - \frac{q_{H_2O}}{c_p^t}(1 - \eta_{H_2}) \cdot \varphi' \quad ℃ \tag{10-216}$$

式中　t_b—进入高炉的热风温度,℃;

q_{H_2O}——每克水分分解消耗的热量,kJ/g;

c_p^t——热风温度为 t_b 时的比热容,kJ/(m³·℃);

φ'——鼓风水分,g/m³。

[实例]　高炉焦比 476kg/t,煤粉 80kg/t,煤粉置换比 0.8,热风温度 1120℃,$\varphi' = 13.44 g/m^3$,$\eta_{H_2} = 0.40$时,计算风温由 1120℃ 提高至 1170℃ 时节约的焦炭量。

1) 干风温度计算。查附录得 $c_p^{1120} = 1.4347 kJ/(m^3 \cdot ℃)$、$c_p^{1170} = 1.4405 kJ/(m^3 \cdot ℃)$,代入式(10-216)得:

$$t_0 = 1120 - \frac{13.44}{1.4347} \times (1 - 0.40) \times 16 = 1030 \quad ℃$$

$$t_1 = 1170 - \frac{13.44}{1.4405} \times (1 - 0.40) \times 16 = 1080 \quad ℃$$

2) b_t 取值。t_0 和 t_1 均在 1000~1100℃ 范围内,查表 10-49,取 $b_t = 0.035\%$

3) 节约焦炭量。$K_0 = 476 + 80 \times 0.8 = 540 kg/t$,代入式(10-215)得:

$$\Delta K = 0.035\% \times (1080 - 1030) \times 540 = 9.45 \quad kg/t$$

10.4.5　碱性熔剂影响焦比的计算

碱性熔剂影响焦比($\Delta K_{熔}$)的计算公式表达如下:

$$\Delta K_{熔} = (G'_{熔} - G_{熔}) \cdot K_{熔} \quad kg/t \tag{10-217}$$

而

$$K_{熔} = \frac{2045(CaO)_{熔} + 1610(MgO)_{熔} + Q_{渣} + (CO_2)_{熔}(0.136 Q_c + 1885 - Q_{渣})}{c_k \cdot Q_c - Q_{渣} \cdot [(A)_k + (S)_k]} \tag{10-218}$$

其中：

$$Q_c = q_c + Q_b \cdot C_\varphi \quad \text{kJ}$$

$$q_c = 9797 + 121020\,\frac{(H_2)_k}{c_k} \cdot b_{H_2} \cdot \eta_{H_2} \quad \text{kJ}$$

而

$$Q_b = \frac{22.4}{2\times12(O_2)_b} \cdot \left(c_p^t \cdot t_b - b \cdot c_g^t \cdot t_g + \frac{b \cdot Q_{料}}{V_g}\right)$$

$$= \frac{22.4}{2\times12(O_2)_b} \cdot \left(w_b - b \cdot w_g + \frac{b \cdot Q_{料}}{V_g}\right) \quad \text{kJ}$$

式中 b——炉顶煤气量与风量之比值，一般取 1.38～1.42；

V_g——炉顶煤气量，m^3/t。

其余符号及意义同 10.3 节（物料平衡与热平衡）。如 $(A)_k$ 为焦炭中灰分含量，$Q_{渣}$ 为炉渣的焓，kJ/kg。不同之处，如右上角有“′”号的为变化后的物料重量、组成等；公式中的数字，如非化学反应中热效应的代数和，就是相应的换算系数。凡已说明过的符号及意义，本节中不再重述。

［实例］ 高炉使用的焦炭成分：$c_k = 0.85$，$(H_2)_{有机} = 0.003$，$(V)_k = 0.007$，$(H_2)_V = 0.07$，$(A)_k = 0.14$，$(S)_k = 0.006$。使用的石灰石成分：$(CaO)_{石} = 0.5103$，$(MgO)_{石} = 0.0089$，$(CO_2)_{石} = 0.4280$。风温 1000℃，鼓风湿度 $\varphi = 0.02 m^3/m^3$。顶温 200℃，$b = 1.40$，$Q_{料} = 0$，$c_\varphi = 0.7$，$\eta_{H_2} = 0.4$，$b_{H_2} = 0.85$，$Q_{渣} = 1760$。1kg 石灰石影响焦比（$K_{石}$）的计算如下：

$$(H_2)_k = 0.003 + 0.007 \times 0.07 = 0.00349$$

$$(O_2)_b = 0.21 + 0.29 \times 0.02 = 0.2158$$

$$w_b^{1000} = 1419.66,\ w_g^{200} = 277.67$$

$$q_c = 9797 + 121020 \times \frac{0.00349}{0.85} \times 0.4 \times 0.85 = 9966$$

$$Q_b = \frac{0.9333}{0.2158} \times (1419.66 - 1.4 \times 277.67) = 4459$$

$$Q_c = 9966 + 4459 \times 0.7 = 13087$$

上述数值代入式(10-228)得：

$$K_{石} = \frac{2045 \times 0.5103 + 1610 \times 0.0089 + 1760 + 0.428 \times (0.136 \times 13087 + 1885 - 1760)}{0.85 \times 13087 - 1760 \times (0.14 + 0.006)}$$

$$= 0.334 \quad \text{kg/kg}$$

如果高炉石灰石用量由 20kg/t 降至 10kg/t，代入式(10-227)得：

$$\Delta K_{石} = (10 - 20) \times 0.334 = -3.34 \quad \text{kg/t}$$

即可降低焦比 3.34kg/t。

10.4.6 焦炭含硫量影响焦比的计算

焦炭含硫量的增减，除了按一定比例挥发进入炉顶煤气之外，均设定与生铁成分无关。当其它条件不变时，焦炭含硫量的变化对焦比的影响可按下列各式计算。

(1) 影响焦比的数量

$$\Delta K_{硫} = \frac{K[(S)_k' - (S)_k]\{B_1[C_k - (S)_k' + (S)_k] + 1\}}{[1 - (S)_k \cdot B_1][C_k - (S)_k' + (S)_k]} \quad \text{kg/t} \qquad (10\text{-}219)$$

(2) 影响焦比的百分数

$$\delta_{硫}=\frac{[(S)'_k-(S)_k]\{B_1[C_k-(S)'_k+(S)_k]+1\}}{[1-(S)_k\cdot B_1][C_k-(S)'_k+(S)_k]}\times 100\% \tag{10-220}$$

(3) 焦炭含硫量波动1%影响焦比的数量

$$\Delta K_{硫(0.01)}=\pm\frac{\Delta K_{硫}}{[(S)'_k-(S)_k]\times 100}\quad kg/t \tag{10-221}$$

(4) 焦炭含硫量波动1%影响焦比的百分数

$$\delta_{硫(0.01)}=\pm\frac{\delta_{硫}}{(S)'_k-(S)_k} \tag{10-222}$$

式(10-221)中,当焦炭含硫量升高时取正号,降低时取负号。

其中
$$B_1=(1-b_s)\left[\frac{0.375}{C_k}+\frac{1490}{C_k\cdot Q_c}+\frac{1.75K_{熔}}{(CaO)_{有效}}\right]$$

式中 $(CaO)_{有效}$——熔剂中有效的CaO量,kg/kg。

[实例] 某高炉使用的石灰石中,$(CaO)_{石}=0.5103$,$(SiO_2)_{石}=0.0198$,$K_{石}=0.33$;炉渣中二元碱度R(后同)为1.05,$Q_{渣}=1760$;$b_s=0.1$,$Q_c=13087$,焦比550kg/t,$C_k=0.85$。焦炭含硫量由0.6%升至0.8%时影响焦比的计算如下:

$$(CaO)_{有效}=0.5103-1.05\times 0.0198=0.4895$$

$$B_1=(1-0.1)\times\left(\frac{0.375}{0.85}+\frac{1490}{0.85\times 13087}+\frac{1.75\times 0.33}{0.4895}\right)=1.579$$

上述的计算值和已知数据代入式(10-219)~式(10-222)分别得:

$$\Delta K_{硫}=\frac{550\times(0.008-0.006)\times[1.579\times(0.85-0.008+0.006)+1]}{(1-0.006\times 1.579)(0.85-0.008+0.006)}$$

$$=3.063\quad kg/t$$

$$\delta_{硫}=\frac{3.063}{550}\times 100\%=0.56\%$$

$$\Delta K_{硫(0.01)}=\frac{3.063}{0.002\times 100}=15.3\quad kg/t$$

$$\delta_{硫(0.01)}=\frac{0.0056}{0.002}=2.8\%$$

由式(10-222)求得的数值可看作焦炭含硫量变化1kg所影响焦比的数值(用$K_{硫}$表示)。

注意:在计算B_1时,Q_c的值应按10.4.5节所列的相关表达式计算。为了方便起见,这里直接给定。诸如此类,$K_{熔}$和$K_{硫}$等以后直接引用或设定。

10.4.7 焦炭灰分影响焦比的计算

以焦炭灰分全部造渣,且炉渣碱度保持不变为前提,焦炭灰分变化对焦比的影响可按下列各式计算。

(1) 影响焦比的数量

$$\Delta K_{灰}=\frac{K[(A)'_k-(A)_k]\cdot\{B_2[C_k+(A)_k-(A)'_k]+1\}}{[1-B_2\cdot(A)_k][C_k-(A)'_k+(A)_k]}\quad kg/t \tag{10-223}$$

(2) 影响焦比的百分数

$$\delta_{灰}=\frac{[(A)'_{k}-(A)_{k}]\cdot\{B_2\cdot[C_k-(A)'_{k}+(A)_{k}]+1\}}{[1-B_2\cdot(A)_{k}][C_k-(A)'_{k}+(A)_{k}]}\times 100\% \tag{10-224}$$

(3) 焦炭灰分波动 1%影响焦比的数量

$$\Delta K_{灰(0.01)}=\pm\frac{\Delta K_{灰}}{[(A)'_{k}-(A)_{k}]\times 100}\quad kg/t \tag{10-225}$$

(4) 焦炭灰分波动 1%影响焦比的百分数

$$\delta_{灰(0.01)}=\pm\frac{\delta_{灰}}{(A)'_{k}-(A)_{k}}\times 100\% \tag{10-226}$$

其中

$$B_2=\frac{K_{熔}}{(CaO)_{有效}}[(SiO_2)_A\cdot R-(CaO)_A]_k+\frac{Q_{渣}}{C_k\cdot Q_c}$$

式(10-225)和式(10-226)中,焦炭灰分含量(用 A_k 表示)升高时取正值,降低时取负值。

[实例] 已知:$(CaO)_{有效}=0.4895$, $K_{石}=0.33$; $K=550$, $C_k=0.85$, $(CaO)_A=0.05$, $(SiO_2)_k=0.5$; $R=1.05$, $Q_{渣}=1760$ 及 $Q_c=13087$。焦炭灰分由 12%升至 14%时影响焦比的计算如下:

$$B_2=\frac{0.33}{0.4895}\times(0.50\times1.05-0.05)+\frac{1760}{0.85\times13087}=0.478$$

B_2 和已知数据代入式(10-223)至式(10-226)分别得:

$$\Delta K_{灰}=\frac{550\times(0.14-0.12)\times[0.478\times(0.85-0.14+0.12)+1]}{(1-0.478\times0.14)\times(0.85-0.14+0.12)}=19.8\quad kg/t$$

$$\delta_{灰}=\frac{(0.14-0.12)\times[0.478\times(0.85-0.14+0.12)+1]}{(1-0.478\times0.14)(0.85-0.14+0.12)}=3.6\%$$

$$\Delta K_{灰(0.01)}=\frac{19.8}{(0.14-0.12)\times100}=9.9\quad kg/t$$

$$\delta_{灰(0.01)}=\frac{0.036}{0.14-0.12}=1.8\%$$

由式(10-225)求得的数值可视作焦炭灰分变化 1kg 影响焦比的数值(用 $K_{灰}$ 表示)。

10.4.8 矿石含硫量影响焦比的计算

当矿石含铁量不变时,可按铁的硫化物的变化量列出计算式。

(1) 配用天然矿

$$\Delta K_s=\frac{1}{C_k\cdot Q_c}\left\{(\Delta S'+\Delta S)\left[(4660+0.375Q_c)(1+b_k)+K_{熔}\cdot C_k\cdot Q_c\frac{1.75}{(CaO)_{熔}}\right]-\Delta S_2(1480+0.375Q_c)(1+b_k)\right\}\quad kg/t \tag{10-227}$$

(2) 全用人造富矿(熟料)

$$\Delta K_{s_{人}}=(4660+0.375Q_c)(1+b_k)\frac{\Delta S}{C_k\cdot Q_c}+\frac{1.75K_{熔}}{(CaO)_{熔}}\Delta S\quad kg/t \tag{10-228}$$

(3) 无人造富矿

$$\Delta K_{s_{天}}=\frac{\Delta S'}{C_k\cdot Q_c}\left[4660+0.375Q_c-\frac{\Delta S_2}{\Delta S_1}(1480+0.375Q_c)\right]$$

$$\times(1+b_k)+\frac{1.75K_{熔}}{(CaO)_{熔}}\Delta S'\quad kg/t \tag{10-229}$$

其中：

$$b_k=S_k\cdot K_{硫}+A_k\cdot K_{灰}$$

$$\Delta S=(1-b_{天})\cdot G_{矿}\cdot[(S)'_{矿}-(S)_{矿}]\cdot(1-b_s)$$

$$\Delta S'=b_{天}\cdot G_{矿}\cdot[(S)'_{天}-(S)_{天}](1-b_s)$$

$$\Delta S_2=0.533\cdot b_{天}\cdot G_{矿}\cdot[(FeS_2)'_{矿}-(FeS_2)_{矿}]\cdot(1-b_s)$$

式中　$b_{天}$——使用天然矿占总矿石用量的比值。

[实例] 已知：$(S)_{矿}=0.055\%$，$(S)'_{矿}=0.065\%$，$(S)_{天}=0.366\%$，$(S)'_{天}=0.376\%$，$(FeS_2)_{天}=0.458\%$，$(FeS_2)'_{天}=0.470\%$，$b_s=0.05$，$(S)_k=0.006$，$(A)_k=0.14$，$Q_c=12570$，$C_k=0.845$，$b_{天}=0.1$，$G_{矿}=1820$，$K_{熔}=0.3$，$(CaO)_{熔}=0.5$。矿石含硫量增加0.01%时影响焦比的计算如下：

$$b_k=0.006\times3.0+0.14\times1.8=0.27$$

$$\Delta S=(1-0.1)\times1820\times(0.065\%-0.055\%)\times(1-0.05)=0.15561$$

$$\Delta S'=1820\times0.1\times(0.00376-0.00366)\times(1-0.05)=0.01729$$

$$\Delta S_2=0.533\times0.1\times1820\times(0.0047-0.00458)\times(1-0.05)=0.01126$$

1）配用10%天然矿时，由式(10-227)可得：

$$\Delta K_s=\frac{1}{0.85\times12570}\times\{(0.01729+0.15561)\times[(4660+0.375\times12570)\times(1+0.27)+\frac{1.75\times0.3}{0.5}\times0.845\times12570]-0.01106\times(1480+0.375\times12570)\times(1+0.27)\}$$

$$=0.367\quad kg/t$$

2）全用人造富矿时，由式(10-228)可得：

$$\Delta K_{s_{人}}=\frac{0.1729}{0.845\times12570}\times(4660+0.375\times12570)\times(1+0.27)+0.3\times0.1729\times\frac{1.75}{0.5}$$

$$=0.375\quad kg/t$$

3）全为天然矿时，由式(10-229)可得：

$$\Delta K_{s_{天}}=\frac{0.1729}{0.845\times12570}\times\left[4660+0.375\times12570-\frac{0.1106}{0.1729}\times(1480+0.375\times12570)\right]+$$

$$(1+0.27)+0.1729\times\frac{1.75\times0.3}{0.5}=0.293\quad kg/t$$

10.4.9 矿石含铁量变化1%影响焦比的计算

设矿石种类包括其中FeO含量和焦炭质量基本不变，则矿石含铁量(TFe)增高或降低对焦比的影响为负相关关系。矿石含铁量增减1%影响焦比的数值可由下式表达。

$$\Delta K_{Fe(0.01)}=\mp\frac{b_{11}\cdot Fe_{还}}{(TFe)'\cdot(TFe)}\{0.01K_{渣}\cdot[1+0.1113\cdot(FeO)_{矿}]$$

$$+0.3\times10^{-2}(\mathrm{FeO})_{矿}+[(\mathrm{TFe})'-b_{12}(\mathrm{TFe})]\cdot[K_s\cdot(\mathrm{S})_{矿}+K_{熔}\cdot G_1]\}\quad \mathrm{kg/t} \tag{10-230}$$

$$\delta_{\mathrm{Fe}(0.01)}=\frac{\Delta K_{\mathrm{Fe}(0.01)}}{K}\times100\% \tag{10-231}$$

其中：

$$b_{11}=\frac{1+b_k}{1-K_{渣}\cdot(A)_k-K_{硫}\cdot(\mathrm{S})_k-K_{熔}\cdot G_2}$$

$$b_{12}=\frac{1+0.1113(\mathrm{FeO})_{矿}-1.4297(\mathrm{TFe})'}{1+0.1113(\mathrm{FeO})_{矿}-1.4297(\mathrm{TFe})}$$

$$G_1=\frac{(R_{渣}-R_{矿})\cdot(\mathrm{SiO_2})_{矿}}{(\mathrm{CaO})_{有效}}$$

$$G_2=\frac{[R_{渣}\cdot(\mathrm{SiO_2})_A-(\mathrm{CaO})_A]_k\cdot(A)_k}{(\mathrm{CaO})_{有效}}$$

$$K_{渣}=\frac{Q_{渣}}{C_k\cdot Q_c}$$

$(\mathrm{FeO})_{矿}$为矿石中 FeO 含量，kg/kg。其余符号同前，有关计算方法见前述。

[实例] 已知：①原矿石：(TFe) = 0.525，(FeO) = 0.14，(SiO_2) = 0.097，(S) = 0.0004，$R_{矿}$ = 1.30；②焦炭：K = 550，C_k = 0.845，(A) = 0.14，(S) = 0.006，(SiO_2) = 0.50，(CaO) = 0.05；③其它：$Fe_{还}$ = 940，$Q_{渣}$ = 1760，$R_{渣}$ = 1.07，$(\mathrm{CaO})_{有效}$ = 0.5，$K_s = K_{硫}$ = 0.3，Q_c = 12570，b_k = 0.27。矿石含铁量升高 1%，影响焦比的计算如下：

1）有关参数计算：

$$G_1=\frac{(1.07-1.30)\times0.097}{0.50}=-0.04462$$

$$G_2=\frac{(1.07\times0.5-0.05)\times0.14}{0.50}=0.1358$$

$$K_{渣}=\frac{1760}{0.845\times12570}=0.1657$$

$$b_{11}=\frac{1+0.27}{1-0.1657\times0.14-0.3\times0.006-0.3\times0.1358}=1.3833$$

$$b_{12}=\frac{1+0.1113\times0.14-1.4297\times0.535}{1+0.1113\times0.14-1.4297\times0.525}=0.94604$$

2）影响焦比计算。上述数值和已知数据代入式(10-230)和式(10-231)分别可得：

$$\Delta K_{\mathrm{Fe}(0.01)}=\frac{-1.3833\times940}{0.535\times0.525}\times\{0.01\times0.1657\times[1+0.1113\times0.14]+0.3\times10^{-2}\times0.14+$$
$$[0.535-0.94604\times0.525]\times[3.0\times0.0004+0.3\times(-0.04462)]\}$$
$$=-7.573\quad \mathrm{kg/t}$$

$$\delta_{\mathrm{Fe}(0.01)}=\frac{-7.573}{550}\times100\%=-1.38\%$$

10.4.10 生铁含硅量变化 0.1%影响焦比的计算

生铁含硅量[Si]变化 0.1%，相当于每吨生铁增加或减少 1kg 硅。生铁含硅量变化对焦比的影响有以下两种情况：

1）[Si]变化不大，可以不考虑渣量、炉渣碱度和熔剂用量等变化。即

$$\Delta K_{硅}=\frac{1}{C_k \cdot Q_c}[(1+b_k)(0.857Q_c+22115)+\Delta Q_{缸}] \quad kg/kg \tag{10-232}$$

2）[Si]变化较大，须考虑渣量、炉渣碱度和熔剂用量等变化。即

$$\Delta K_{硅}=\frac{1}{C_k \cdot Q_c}[(1+b_k)(0.857Q_c+22115-2.143Q_{渣})+\Delta Q_{缸}] - K_{熔}\frac{2.143R}{(CaO)_{有效}} \quad kg/kg \tag{10-233}$$

[Si]的变化与焦比为正相关关系。因此[Si]增加时 $\Delta K_{硅}$ 取正号，相反则反之。

其中：

$$\Delta Q_{缸}=\frac{100 \cdot c^{t}_{铁} \cdot (t'-t)+0.1G_{渣} \cdot c^{t}_{渣} \cdot (t'_1-t_1)}{[Si]'-[Si]}$$

式中 $c^{t}_{铁}$、$c^{t}_{渣}$——分别为铁液和渣液的比热容，kJ/(kg·℃)；

t、t_1——分别为铁液和渣液的实测温度，℃。

[实例] 根据以下数据计算[Si]降低0.1%影响焦比的数值。

Q_c	C_k	$K_{熔}$	$(CaO)_{有效}$	b_k	R	$Q_{渣}$	$G_{渣}$
12570	0.845	0.3	0.50	0.27	1.06	1760	560
$c^{t}_{渣}$	$c^{t}_{铁}$	t	t'	t_1	t'_1	[Si]	[Si]′
1.675	0.754	1460	1441	1512	1470	0.658	0.385

计算如下：

$$\Delta Q_{缸}=\frac{100\times0.754\times(1441-1460)+0.1\times560\times1.675\times(1470-1512)}{0.385-0.658}=19678$$

已知数据和 $\Delta Q_{缸}$ 计算值代入式(10-232)和式(10-233)可得：

1）假定[Si]变化不大，则

$$\Delta K_{硅}=\frac{1}{0.845\times12570}\times[1.27\times(0.857\times12570+22115)+19678]=-5.78 \quad kg/kg$$

2）假定[Si]变化较大，则

$$\Delta K_{硅}=\frac{1}{0.845\times12570}\times[1.27\times(0.857\times12570-0.143\times1760+22115)+19678]-0.3\times\frac{2.143\times1.06}{0.50}=-3.97 \quad kg/kg$$

10.4.11 一氧化碳利用率的计算

一氧化碳利用率（η_{CO}）一般指高炉内参加间接还原反应的一氧化碳量，也就是反应后生成的二氧化碳量在炉料中不加熔剂时，就可用炉顶煤气中的 CO_2 含量，与高炉内一氧化碳（包括炉料带入，风口前燃烧生成以及直接还原后生成的）总量在炉料中不加熔剂时，就是炉顶煤气中的 CO 和 CO_2 含量的总和的比值。其计算表达式如下：

$$\eta_{CO}=\frac{CO_2}{CO_2+CO}\times100\% \tag{10-234}$$

燃料本身气化碳量中一氧化碳利用率(η'_{CO})按下式计算：

$$\eta'_{CO}=\left[\frac{\eta_{CO}-1}{1-b_2-b_1(1-b_{CO_2})}+1\right]\times100\% \tag{10-235}$$

其中

$$b_1=\frac{C_{熔}}{C_{气}+C_{熔}+C_{烧}}$$

$$b_2=\frac{C_{烧}}{C_{气}+C_{烧}+C_{熔}}$$

而

$$C_{熔}=\frac{12}{44}\cdot G_{熔}\cdot(CO_2)_{熔}$$

$$C_{烧}=\frac{12}{44}G_{烧结矿}\cdot(CO_2)_{烧结矿}$$

$$C_{气}=C_{焦}+C_{吹}\cdot b_{吹}+C_{附}-C_{尘}-C_{生}$$

［实例］ 某高炉 $K=554$，$C_k=0.85$；$G_{煤}=30$，$(C)_{煤}=0.76$，$b_{吹}=1$；$G_{尘}=20$，$(C)_{尘}=0.15$；$G_{烧}=1750$；$(CO_2)_{烧}=0.00022$；$G_{熔}=44$，$(CO_2)_{熔}=0.43$；$[C]=0.0435$。炉顶煤气(没有 CH_4)中 CO_2 为 17.6%，CO 为 24.3%。η_{CO}与 η'_{CO}计算如下：

1）η_{CO}计算　由式(10-234)得：

$$\eta_{CO}=\frac{17.6}{17.6+24.3}=42.0\%$$

2）η'_{CO}计算：

$$C_{气}=554\times0.85+30\times0.76\times1-20\times0.15-1000\times0.0435=447.2\quad kg$$

$$C_{烧}=\frac{12}{44}\times1750\times0.00022=0.105\quad kg$$

$$C_{熔}=\frac{12}{44}\times44\times0.43=5.16\quad kg$$

$$b_1=\frac{5.16}{447.2+0.105+5.16}=0.0114$$

$$b_2=\frac{0.105}{447.2+0.105+5.16}=0.000232$$

上述计算值代入式(10-235)得：

$$\eta'_{CO}=\frac{0.42005-1}{1-0.000232-0.0114\times0.5}=41.66\%$$

10.4.12　氢利用率的计算

高炉内参加还原反应的氢量与入炉总氢量(ΣH_2)的比值，称为高炉内氢的利用率(η_{H_2})。其表达式如下：

$$\eta_{H_2}=1-\frac{H_{2煤气}}{\Sigma H_2}=\left[1-\frac{V_g\cdot(H_2+2CH_4)}{V_b\cdot\varphi+H_{2焦}+H_{2吹}+H_2O_{晶}}\right]\times100\% \tag{10-236}$$

或
$$\eta_{H_2}=\left[1-\frac{k_1\cdot(CO_{2煤气}+CO_{煤气})}{V_b\cdot\varphi+H_{2焦}+H_{2吹}+H_2O_{晶}}\right]\times100\% \tag{10-237}$$

其中

$$k_1=\frac{H_2+2CH_4}{CO_2+CO}$$

$$H_{2焦}=\frac{22.4}{2}K\cdot(1-b_{尘}^{k})\cdot\{(H_2)_{有机}+(V)_k\cdot[(H_2)_V+0.25(CH_4)]_{挥}\}_k \quad m^3$$

$$H_{2吹}=\frac{22.4}{2}G_{吹}\cdot\left[(H_2)+\frac{2}{18}(H_2O)\right]_{吹}\cdot b_{吹} \quad m^3$$

$$H_2O_{晶}=\frac{22.4}{18}G_{矿}\cdot(1-b_{尘}^{矿})\cdot(H_2O)_{晶矿}\cdot b_{H_2O} \quad m^3$$

式中　$H_{2煤气}$、$CO_{2煤气}$、$CO_{煤气}$——炉顶煤气中 H_2、CO_2 和 CO 的体积，m^3；

$b_{尘}^{k}$、$b_{尘}^{矿}$——分别为焦炭和矿石进入炉尘中的比率，kg/kg；

$(V)_k$——焦炭中挥发分的含量，kg/kg。

从计算结果来看，式(10-237)更为准确。因为无论采用奥氏分析器(有时取气球胆带入微量空气)还是色谱仪(有时煤气中水分没有全部被排除)，CO、CO_2 和 H_2 的化验、检验值不是纯净干煤气(相对气样中微量空气和煤气水分而言)的相应含量。式(10-237)采用了煤气成分比值法[4]的 k_1，不受上述因素的影响，即消除了化验、检验工艺过程中的系统误差。诸如式(10-9)～式(10-11)，$H_2'\neq H_2$，$CO'\neq CO$，$CO_2'\neq CO_2$，而其比值是相等的，即$\frac{H_2'}{CO_2'+CO'}=\frac{H_2}{CO_2+CO}$。

[实例 1]　按以下数据计算高炉内氢的利用率：$K=403$，$(H_2)_{有机}=0.005$，$(V)_k=0.0076$，$(H_2)_V=0.06$，$(CH_4)_v=0.04$；$G_{煤}=119.9$，$(H)_{煤}=0.0168$，$(H_2O)_{煤}=0.0123$，$b_{吹}=0.98$；$(H_2O)_{晶}=0$，$V_b=1167$，$\varphi=0.01$，$V_g=1675$，$H_2=0.021$，$b_{尘}^{k}=b_{尘}^{矿}=0.004$。

解：
$$H_{2焦}=403\times[0.005+0.0076\times(0.06+0.25\times0.04)]\times(1-0.004)\times11.2=24.869 \quad m^3$$

$$H_{2吹}=119.9\times0.98\times\left[0.0168+\frac{2}{18}\times0.0123\right]\times11.2=23.968 \quad m^3$$

上述计算值和有关的已知数据代入式(10-236)得：

$$\eta_{H_2}=\left(1-\frac{1675\times0.021}{1167\times0.01+24.869+23.908}\right)\times100\%=41.81\%$$

[实例 2]　已知 $\Sigma H_2=60.447m^3$。炉顶煤气中：$H_2=0.021$，$CO_2=0.19$，$CO=0.228$，$CO_{2煤气}+CO_{煤气}=714m^3$。由式(10-237)计算的 η_{H_2}如下：

1) 用比值法求 k_1：

$$k_1=\frac{0.021}{0.19+0.228}=0.050239$$

2) 代入式(10-237)得：

$$\eta_{H_2}=\left(1-\frac{0.050239\times714}{60.447}\right)\times100\%=40.66\%$$

10.4.13　高炉内还原度的计算

高炉内还原度的表达方式有两种：一种以炉料为基础即用高炉直接还原度(R_d)表示；另一种以

FeO 的还原为基础,有若干种表达方式。

10.4.13.1 高炉直接还原度表示方法

高炉冶炼过程中,通过直接还原方式夺取的氧量($O_{直}$)同炉料中被还原而进入煤气中的总氧量($O_{料}$)之比,称为高炉直接还原度(R_d);通过间接还原夺取的氧量($O_{间}$)与进入煤气中(扣除鼓风带入的氧以外)的总氧量之比,称为高炉间接还原度(R_i)。

熔剂分解出来的 CO_2 和焦炭中挥发出来的 CO_2 参加 $CO_2 + C = 2CO$ 反应的量随冶炼条件而变化,设其反应系数(b_{CO_2})为 0.5 时,则可得如下表达式:

$$
\begin{aligned}
R_d &= \frac{O_{直}}{O_{料}} = \frac{O_{直}}{O_{直} + O_{间}} = 1 - R_i \\
&= \frac{0.5 \times \{CO_2 + CO + \beta[H_2 + 2CH_4] \cdot b_{H_2}\} - b \cdot N_2}{CO_2 + 0.5\{CO + \beta[H_2 + 2CH_4]\} - b \cdot N_2}
\end{aligned} \tag{10-238}
$$

式中,b 为鼓风中的氧氮比;β 为参加还原的氢量与未参加还原的氢量之比值;b_{H_2} 见前述,其余符号皆为炉顶煤气成分(下同)。

10.4.13.2 以 FeO 还原为基础的表示方法

(1) 用 H_2、CO 和 C 还原表示的还原度

1) 氢的还原度。FeO 中被氢还原的铁量与全部被还原的铁量之比,称为氢的还原度。其算式有以煤气成分表达的,也有以还原氢量表达的。这里采用前者,即

$$
r_{H_2} = \frac{\frac{56}{12} \cdot C_{气} \cdot \frac{\beta(H_2 + 2CH_4)}{CO_2 + CO + CH_4} \cdot b_{FeO}}{Fe_{生} - Fe_{料}} \tag{10-239}
$$

式中 b_{FeO}——参加 FeO 还原的氢量与已参加还原的总氢量之比值;

$Fe_{料}$——炉料带入的金属铁数量,kg。

2) 一氧化碳还原度。FeO 中被 CO 还原出来的铁量与全部被还原的铁量之比,称为一氧化碳还原度,用 γ_{CO} 表示。即

$$
\gamma_{CO} = \frac{\frac{56}{12}\left[C_{气}\frac{CO_2 + \beta(H_2 + 2CH_4) \cdot (1 - b_{FeO})}{CO_2 + CO + CH_4} - \frac{12}{44}CO_{2(熔+挥)} \cdot (1 - b_{CO_2})\right.}{Fe_{生} - Fe_{料}} + \frac{\left.- \frac{12}{160}Fe_2O_3 - \frac{12}{87}MnO_2\right]}{Fe_{生} - Fe_{料}} \tag{10-240}
$$

式中 $CO_{2(熔+挥)}$——熔剂和焦炭挥发分中 CO_2 的量,kg;

Fe_2O_3、MnO_2——炉料带入的 Fe_2O_3 和 MnO_2 的数量,kg;

3) 碳的直接还原度。FeO 中被固体碳直接还原出来的铁量与全部被还原的铁量之比,称为碳的直接还原度,用 r_c 表示。

$$
r_c = 1 - r_{CO} - r_{H_2} \tag{10-241}
$$

(2) 巴甫洛夫定义表达式

FeO 中被固体碳直接还原出来的铁量与全部被还原的铁量之比,称为铁的直接还原度,用 r_d 表示。铁的高价氧化物(Fe_2O_3、Fe_3O_4)还原成 FeO 及锰的高价氧化物(MnO_2 等)还原成 MnO,均假定为间接还原的方式。间接还原度用 r_i 表示。r_d 的表达式为:

$$
r_d = 1 - r_i \tag{10-242}
$$

而 $$r_i=\frac{56}{Fe_{生}-Fe_{料}}\left[\frac{C_{气}}{12}\frac{CO_2+\beta\cdot H_2}{CO_2+CO+CH_4}-\frac{(1-b_{CO_2})\cdot CO_{2(熔+挥)}}{44}-\frac{Fe_2O_3}{160}-\frac{MnO_2}{87}\right] \quad (10\text{-}243)$$

(3) 直接还原度与间接还原度

FeO被碳和高温区域的氢还原出来的铁量与全部被还原出来的铁量之比,称为直接还原度,用 r'_d 表示。r'_d 必须通过计算间接还原度(用 r'_i 表示)后才能得到,即

$$r'_d=1-r'_i \quad (10\text{-}244)$$

而 $$r'_i=\frac{56}{Fe_{生}-Fe_{料}}\left[\frac{C_{气}}{12}\frac{CO_2+\beta(H_2+2CH_4)(1-\alpha_{H_2}\cdot b_{FeO})}{CO_2+CO+CH_4}-\frac{CO_{2(熔+挥)}\cdot(1-b_{CO_2})}{44}-\frac{Fe_2O_3}{160}-\frac{MnO_2}{87}\right] \quad (10\text{-}245)$$

式中,α_{H_2}为高温区域参加还原的氢量与还原FeO的总氢量之比值,一般为0.85~1.00。其余符号同前。

[实例] 已知下列数据,计算高炉内的还原度

原、燃料用量及有关含量:

名　称	K	$G_{煤}$	$G_{附}$	$G_{石}$	$G_{尘}$	生铁	$G_{矿}$
用量/$kg\cdot t^{-1}$	376	150	74	36	20		
C/%	86.27	77.83	4.9	(CO_2:42.92)	31.73	4.33	(FeO:16.82)
Fe/%			75.0			94.579	57.71

炉顶煤气成分及有关参数:

CO_2	CO	H_2	CH_4	η_{H_2}	α_{H_2}
16	26.3	2.1	0	0.464	0.85
b_{FeO}	$b_{吹}$	φ	$(V)_k$	$(CO_2)_V$	$(CO)_V$
0.98	0.98	0.015	0.008	0.35	0.37

1) 高炉内直接还原度计算

$$b=\frac{0.21+0.29\times0.015}{0.79\times(1-0.015)}=0.275461$$

$$R_d=\frac{0.5\times(16+26.3+1.81791\times0.85\times0.98)-0.275461\times56.2}{16+0.5\times(26.3+1.81791)-0.275461\times56.2}=0.4408$$

2) 以FeO为基础的各种还原度

$$C_{气}=376\times0.8627+150\times0.7783\times0.98+36\times0.4292\times\frac{12}{44}+74\times0.049+376\times0.008\times\left[0.35\times\frac{12}{44}+0.37\times\frac{12}{28}\right]-1000\times0.0433-20\times0.3173=397.7434$$

$$\frac{12}{44}CO_{2(熔+挥)}=\frac{12}{44}\times0.4292\times36\times0.5+\frac{12}{44}\times376\times0.008\times0.35=2.3941$$

$$\frac{12}{160}Fe_2O_3=\frac{12}{112}\times\left(0.5771-\frac{56}{72}\times0.1682\right)\times\frac{945.79-74\times0.75}{0.5771}=73.7648$$

$$\beta(H_2+2CH_4)=\frac{0.464}{0.536}\times2.1=1.81791$$

① 用 H_2、CO 和 C 还原表示的还原度：

$$r_H = \frac{\frac{56}{12} \times 397.7434 \times \frac{1.81791}{16+26.3} \times 0.98}{945.79 - 74 \times 0.75} = 0.0878 = 8.78\%$$

$$r_{CO} = \frac{\frac{56}{12} \times \left[397.7434 \times \frac{16 + 1.81791 \times (1 - 0.98)}{16 + 26.3} - 76.1589\right]}{945.79 - 74 \times 0.75} = 0.3912 = 39.12\%$$

$$r_C = 1 - r_H - r_{CO} = 1 - 0.0878 - 0.3856 = 0.5266 = 52.66\%$$

② 巴甫洛夫定义表达式：

$$r_i = \frac{56}{945.79 - 74 \times 0.75} \times \left(\frac{397.7434}{12} \times \frac{16 + 1.81791 \times 0.021}{16 + 26.3} - \frac{76.1589}{12}\right) = 0.4790 = 47.9\%$$

$$r_d = 1 - r_i = 1 - 0.4790 = 0.5210 = 52.10\%$$

③ 直接还原度和间接还原度：

$$r'_i = \frac{\frac{56}{12} \times \left[397.7434 \times \frac{16 + 1.81791 \times 0.021 \times (1 - 0.85 \times 0.98)}{16 + 26.3} - 76.1589\right]}{945.79 - 74 \times 0.75} = 0.4044$$

$$= 40.44\%$$

$$r'_d = 1 - r'_i = 1 - 0.4044 = 0.5956 = 59.56\%$$

10.4.14 喷吹燃料置换比的计算

(1) 理论置换比

在冶炼条件相对稳定的前提下，以高温区域为基础，将喷吹燃料和焦炭均换算成焦炭碳素的热量，两者之比即为置换比。一般采用燃料的元素分析数据，若焦炭仅有工业分析，加上氢等元素后可作近似计算。理论置换比的表达式为：

$$R_L = \frac{[C^c + C^H - 0.66(S) - (0.11 + 0.16 \cdot b_{熔}) \cdot (A) - C^{吸}]_{吹} \cdot b_{吹} - 0.11(1 - b_{吹})}{[C^C + C^H - 0.66(S) - (0.11 + 0.16 \cdot b_{熔}) \cdot (A)]_{焦} + 0.145} \tag{10-246}$$

其中

$$C_i^c = \frac{q_{CO} \cdot C_i + Q_{b_i}}{Q_c}$$

$$C_i^H = \frac{121020 H_{2_i} \cdot \eta_{H_2} \cdot b_{H_2} + (13450 \cdot \eta_{H_2} \cdot b_{H_2} - 16035) H_2O_i}{Q_c}$$

$$b_{熔} = \frac{SiO_{2_i} \cdot R - CaO_i}{CaO_{有效}}$$

$$C^{吸}_{吹} = \frac{Q_{分}}{Q_c}$$

而

$$Q_c = 9797 + \frac{22.4 w_b^t}{2 \times 12 (O_2)_b}$$

式中 Q_{b_i}——单位燃料的风量带入炉缸的热量，kJ/kg；

i——指焦炭或喷吹燃料的种类；

w_b^t——鼓风在 t(℃)时的焓，kJ/m^3。

[实例] 给出下列数据，计算喷吹燃料的理论置换比：

名 称	C	H	O	N	S	A	H_2O
焦炭/%	84.44	0.5	—	0.5	0.61	13.26	—
煤粉/%	77.69	3.87	2.37	1.11	0.25	14.03	0.68

w_b^t	$b_{吹}$	η_{H_2}	b_{H_2}	$(CaO)_{有效}$	R	(SiO_2)	(CaO)	$(O_2)_b$
1420	0.98	0.4	0.95	0.50	1.10	0.50	0.05	0.2158

1）参数计算：

$$Q_c = 9797 + \frac{22.4\times1420}{2\times12\times0.2158} = 15938$$

$$Q_{b煤} = \frac{22.4}{2\times12\times0.2158}\times\left[0.7769 - \frac{3}{4}\times\left(0.0237 - \frac{16}{18}\times0.0068\right)\right]\times1420 = 4634$$

$$Q_{b焦} = \frac{22.4}{2\times12\times0.2158}\times0.8444\times1420 = 5186$$

$$C_{煤}^{C} = \frac{10455\times0.7769 + 4634}{15938} = 0.8004$$

$$C_{焦}^{H} = (0.005\times0.4\times0.95\times121020)\div15938 = 0.0144$$

$$C_{煤}^{H} = [121020\times0.0387\times0.4\times0.95 - (16035 - 13450\times0.4\times0.95)\times0.0068]\div15938$$
$$= 0.1070$$

$$C_{煤}^{吸} = 1005\div15938 = 0.0631$$

$$b_{熔} = \frac{0.5\times1.10 - 0.05}{0.5} = 1.0$$

2）理论置换比计算。上述算得的参数和有关的已知数据代入式(10-246)得：

$$R_L = \frac{[0.8004 + 0.1070 - 0.66\times0.0025 - (0.11 + 0.16\times1)\times0.1403 - 0.0631]\times0.98 - 0.11\times(1 - 0.98)}{0.8444 + 0.0144 - 0.66\times0.0061 - (0.11 + 0.16\times1)\times0.1326 + 0.145}$$
$$= 0.816$$

(2) 用经验数据计算置换比

1）喷吹单种燃料时：

$$R_{F1} = \frac{K_0 - K_1 + \Sigma\Delta K}{G_{吹}} \tag{10-247}$$

式中 K_0——基准期(未喷吹燃料时)的实际平均焦比，kg/t；

K_1——喷吹燃料期间的实际平均焦比，kg/t；

$\Sigma\Delta K$——喷吹燃料期间，除喷吹因素之外其它因素影响焦比数值的代数和，kg/t。

2）喷吹燃油、煤粉时：

$$R_{F2} = \frac{K_0 - K_1 + \Sigma\Delta K}{G_{油} + G_{煤}} \tag{10-248}$$

$$R_{F油} = \frac{K_0 - K_1 + \Sigma\Delta K}{G_{油} + \lambda G_{煤}} \tag{10-249}$$

而
$$\lambda = \frac{(C)_{煤} + (H)_{煤}}{(C)_{油} + (H)_{油}}$$

式(10-248)不能反映出油、煤喷吹总量未变而混合比改变时置换比的变化。

式(10-249)将煤按碳、氢成分折算成重油(乘以 λ),或将该式的分母改为$\frac{1}{\lambda}G_{油}+G_{煤}$,即将重油折算成煤粉,以此便可弥补式(10-248)的缺陷。

[**实例**] 按照提供的原始资料计算置换比 R_{F1} 和 R_{F2}。

阶 段	K	$G_{油}$	$G_{煤}$	$G_{石}$	$G_{渣}$	t_b	φ'	[Si]	$(A)_k$
基准期	546	0	0	6	553	998	7.4	0.709	0.1363
喷吹重油期	476	25	0	0	528	1073	4.8	0.646	0.1340
喷吹油、煤期	478	34	9	34	518	1025	7.7	0.556	0.1339

$(C)_{油}$ 0.86　$(H)_{油}$ 0.115

$(C)_{煤}$ 0.75　$(H)_{煤}$ 0.04

采用第一种校正焦比的方法(参见 10.4.16.1 节)计算其它因素影响的焦比:

阶 段	渣量影响	焦炭灰分影响	石灰石影响	风温影响	[Si]影响	$\Sigma\Delta K$
喷吹重油期	−5	−1.50	−1.8	−24.5	−2.52	−35.32
喷吹油、煤期	−7	−1.56	+8.4	−6	−6.12	−12.28

1) 喷吹一种燃料的置换比。按式(10-247)得喷吹重油期的置换比为:

$$R_{F1}=\frac{546-476-35.32}{25}=1.395\quad kg/kg$$

2) 油、煤同时喷吹的置换比。按式(10-248)得:

$$R_{F2}=\frac{546-478-12.28}{34+9}=1.30\quad kg/kg$$

$$\lambda=\frac{0.75+0.04}{0.86+0.115}=0.81$$

$$R_{F油}=\frac{546-478-12.28}{34+9\times0.81}=1.35\quad kg/kg$$

$$R_{F煤}=\frac{546-478-12.28}{34\div0.81+9}=1.09\quad kg/kg$$

(3) 相对置换比计算

以基准期喷吹物的综合置换比为 1.0,求得比较期喷吹物的置换比称为相对置换比。计算式如下:

$$R_F=\frac{K_{综}-K_{比}}{\Sigma G_{吹i}}$$

式中 $K_{综}$——基准期的综合焦比($K_{综}=K_0+G_{油}+K_{煤}$),kg/t;

$K_{比}$——比较期的校正焦比(扣除其它因素影响的焦比),kg/t;

$\Sigma G_{吹i}$——比较期的喷吹物总量,kg/t。

如果考虑煤粉和重油的不同效果,为了较准确地计算喷吹煤、油期的相对置换比,上式可改写成:

$$R_{油}=\frac{K_0+(G_{油}+\lambda\cdot G_{煤})_{基准期}-K_{比}}{(G_{油}+\lambda\cdot G_{煤})_{比较期}} \tag{10-250}$$

[**实例**] 已知条件同上一个实例。上一个实例中的喷吹重油期视作基准期，喷吹油、煤期视作比较期。其相对置换比计算如下：

基准期综合焦比 $K_{综}=476+25=501\text{kg/t}$

比较期校正焦比 $K_{比}=478-[(-12.28)-(-35.32)]=455\quad \text{kg/t}$

代入本例得：

$$R_F=\frac{501-455}{34+9}=1.07$$

$$R_{油}=\frac{476+25-455}{34+0.81\times 9}=1.11$$

$$R_{煤}=\frac{476+25-455}{34\div 0.81+9}=0.90$$

10.4.15 影响焦比和产量的因素

影响焦比和产量的因素见表 10-49。

表 10-49 影响焦比（焦炭量＋喷吹物折算量）和产量的因素

序号	因素	变动量	数据来源和影响量			推荐数值/%		附注
			数据来源	焦比/%	产量/%	焦比	产量	
1	矿石铁分(TFe)	1%	1. 鞍钢 1955 年条件（烧结矿率 50%，TFe49%～53%），用拉姆法计算	1.9		2	3	适用于天然矿较多，矿石品位较低的条件
			2. 鞍钢 1976～1983 年数据统计分析	1～1.5				适用于一般条件，高炉操作方针偏重降低焦比时，取推荐焦比较大值及产量较小值，否则相反
			3. 首钢条件（TFe>55%）	1.5	1.5	1～1.5	2～2.5	
			4. 本钢	1.5～1.6	2～2.5			
			5. 太钢、梅山、包钢	1.5				
			6. 前苏联	1～1.5	2～2.5			
2	烧结矿 FeO	1%	1. 鞍钢 1964 年高炉冶炼试验（烧结矿 FeO18→25%）结果	1～2	1.5	1～1.5	1～1.5	保持烧结矿品位和质量不变，而降低 FeO
			2. 首钢、杭钢、济钢	1.5				
			3. 本钢	0.7～0.9				
			4. 济铁、梅山	1				
			5. 包钢	2				
			6. 日本低 FeO，低 SiO_2 烧结矿	0.6～0.8				
3	烧结矿碱度（CaO/SiO_2，自熔性以下）	0.1	1. 鞍钢 1955 年条件（烧结矿率 50%，碱度 0.6～1.0）用拉姆法计算	3.5～3.8		3～3.5	3～3.5	烧结矿率约 100%
			2. 本钢 1958 年条件（烧结矿率 100%）用拉姆法计算	3.8				
			3. 太钢	3.3				
			4. 阳泉钢铁厂	3				

续表 10-49

序号	因素	变动量	数据来源和影响量			推荐数值/%		附注
			数据来源	焦比/%	产量/%	焦比	产量	
4	烧结矿率	10%	1. 鞍钢 1950~1958 年资料	4~4.5		2~3	2~3	烧结矿与品位相近的天然矿相互置换
			2. 首钢、太钢、济钢	2				
			3. 济铁、包钢	3				
			4. 日本(70%为基准)	10kg				
			5. 澳大利亚(烧结矿量在低范围时,变化 1%)	(0.3)	(0.35)			
			6. 澳大利亚(烧结矿量以 50%~60%为基准,变化 1%)	(0.14)	(0.14)			
5	烧结矿<5mm 含量	1%	1. 首钢	0.2		0.5	0.5~1.0	
			2. 本钢	0.12	0.6~0.8			
			3. 前苏联	0.5	0.5~1			
			4. 日本	4~7kg				
6	矿石金属化率	10%	1. 日本 1965 年在 $648m^3$ 高炉试验	5	7	5~6	5~6	
			2. 前苏联	5~6	5~6			
7	焦炭灰分(全焦冶炼)	1%	1. 鞍钢 50 年代条件,灰分 12.58%~14.58%,用拉姆法计算	1.76~1.9		2	3	喷吹燃料时按下式修正系数修正 修正系数=入炉焦比/(入炉焦比+喷吹量×置换比)
			2. 鞍钢经验数据	15kg	3			
			3. 首钢	1.5	1.5			
			4. 杭钢、济钢、济铁、太钢、梅山、包钢	2	3			
			5. 加拿大	15kg				
			6. 西德	5~10kg				
			7. 日本(灰分 10%)	10kg				
8	焦炭含硫	0.1%	1. 分析计算	1.2~2	72	1.5~2	1.5~2	
			2. 梅山	1.6~2				
			3. 杭钢、济钢	1~2				
			4. 包钢	1.5				
9	焦炭强度		1. 鞍钢 M_{40} 变化 1%	0.75	1.5			
			2. 日本君津 $4063m^3$ 高炉数据,当 DI_{15}^{150} 降低 1%时		3.3			
			3. 日本 DI_{15}^{30} 变化 1%	3	6.8			
			4. 西德 M_{10} 变化 1%	8kg				
			5. 美国内陆公司 4 座炉缸 ϕ9.4m 高炉当 ASTM 稳定性 S 变化 1%		2			
			6. 加拿大当 ASTM 稳定性 S 变化 1%	8kg	1			
10	石灰石	100kg	1. 分析计算(只考虑分解热和 CO_2)	30kg		6~7	6~7	
			2. 分析计算(包括上项及渣量影响)	40kg				
			3. 首钢、梅山、包钢	25kg				
			4. 加拿大	15kg				
			5. 前苏联	25kg				

续表 10-49

序号	因素	变动量	数据来源和影响量			推荐数值/%		附注
			数据来源	焦比/%	产量/%	焦比	产量	
11	碎铁	100kg	1. 分析数据,碎铁 Fe≤60% 2. 分析数据,碎铁 Fe>60%~80% 3. 分析数据,碎铁 Fe>80% 4. 首钢 5. 日本(以零为基准,碎铁 1kg)	20kg 30kg 40kg 22kg (0.3kg)	3 5 7	20~40kg	3~7	按碎铁质量选取
12	干风温	100℃	1. 综合经验数据 风温范围/℃:700~800,800~900,900~1000,>1000 焦比/%:5~6,4~5,3.5~4.5,2.5~3.5 产量/%:5~6,4~5,3.5~4.5,2.5~3.5 2. 梅山、本钢(900~1000℃) 3. 包钢(1000~1100℃) 4. 杭钢(950~1030℃) 5. 首钢(>800℃) 6. 加拿大 7. 前苏联 风温范围,℃:500~800,800~1000,1000~1200,900~1200 焦比/%:4.8,3.3,2.8,2~3 产量/%:1.5~2.5 8. 日本(990~1250℃) 9. 日本(以 1050℃ 为基准,10℃ 风温)	20kg 25~30kg 12~14kg 17kg 22.5kg 8~20kg (1kg)		采用左列综合经验数据	采用左列综合经验数据	
13	鼓风湿分	$1g\cdot m^{-3}$	1. 首钢 2. 日本(以 $25g\cdot m^{-3}$ 为基准) 3. 一般数据(变动量 $10g\cdot m^{-3}$) 4. 前苏联(变动量 $10g\cdot m^{-3}$)	1kg 1kg 7~8kg	1~1.5	1kg	0.1~0.5	
14	富氧	1%	1. 鞍钢 2 号高炉(900m^3)富氧(21%~28.4%),喷煤粉(73~170$kg\cdot t^{-1}$)试验 2. 前苏联切钢 1965 年高炉试验 3. 前苏联(喷吹天然气,鼓风含氧<35%) 4. 美国威尔顿厂 1 号高炉(1783m^3),2 号高炉(1334m^3)1967~1968 年试验 5. 1970 年日本日新厂 2924m^3 高炉富氧 3.3% 6. 首钢	0.5	2.5~3 3.7~4.3 2~3 5.4~7.1 3.15 4	0.5	2.5~3	
15	煤粉灰分	1%	1. 首钢 2. 煤粉灰分对焦比的影响,相当于焦炭灰分对焦比的影响,影响焦比=喷煤粉量×2%	1.5		煤粉量×2%		数据来源中,1~3 项为无烟煤,4~7 项为烟煤

续表 10-49

序号	因素	变动量	数据来源和影响量			推荐数值/%		附注
			数据来源	焦比/%	产量/%	焦比	产量	
16	喷吹煤粉[①]	1kg	1. 鞍钢 1971 年总结(阳泉煤,灰分≤15%) 喷煤粉量/$kg\cdot t^{-1}$ 置换比/$kg\cdot kg^{-1}$ <40 0.85~0.90 40~60 0.80~0.85 60~80 0.75~0.80 >80 0.70~0.80 2. 首钢、梅山 3. 前苏联(喷煤量 60~100$kg\cdot t^{-1}$) 4. 美国阿什兰厂(115$kg\cdot t^{-1}$, V34%~38%) 5. 首钢试验(V36.76%) 6. 马钢(V26%~33%) 7. 日本大分厂(V32.5%, A7.5%, 52$kg\cdot t^{-1}$)	 0.8kg 0.8~0.9kg 0.75~0.94kg 0.95~1.0kg 0.87~0.98kg 1.03~1.21kg		喷吹无烟煤可采用鞍钢数据 喷吹烟煤 0.8 ~ 1.2kg		视喷煤量和煤质而定
17	喷吹天然气	1m³	1. 前苏联 2. 加拿大	0.8~1.1kg 1kg				
18	喷吹重油	1kg	1. 鞍钢 1971 年总结: 喷油量/$kg\cdot t^{-1}$ 置换比/$kg\cdot kg^{-1}$ <40 1.25~1.35 40~60 1.15~1.25 60~80 1.10~1.15 >80 1.00~1.10 2. 首钢 3. 前苏联 4. 前苏联(油量 40~80kg/h) 5. 日本(油量 40~60$kg\cdot t^{-1}$,富氧 2%~3%)	 1.2kg 0.9~1.5kg 1.0~1.4kg 1.2~1.5kg		采用鞍钢总结数据	同左	
19	喷吹焦油	1kg	北美	1kg				
20	喷吹焦炉煤气	1m³	前苏联	0.4~0.8kg				
21	生铁含硅	0.1%	1. 经验数据 2. 首钢([Si]<0.6%) 3. 太钢[Si]≤1.5% [Si]>1.5%~2.5% [Si]>2.5% 4. 梅山[Si]0.5%~1.5% 5. 杭钢[Si]0.2%~1.5% 6. 加拿大 7. 日本(以[Si]0.65%为基准) 8. 前苏联	4kg 4kg 4kg 6kg 8.5kg 5kg 7.5kg 6.5kg 7.5kg 5~7kg	0.7 1~1.5	4~5kg 5~8kg	1~1.5 1.5~2	适于炼钢生铁及标号低的铸造生铁,渣碱度低者选低值 适于铸造生铁,标号高者选高值

续表 10-49

序号	因素	变动量	数据来源和影响量			推荐数值/%		附注
			数据来源	焦比/%	产量/%	焦比	产量	
22	生铁含锰	0.1%	1. 分析计算 2. 太钢 3. 加拿大	2kg 1.4kg 1kg	0.3	1.5~2kg	0.3	
23	生铁含磷	0.01%	1. 加拿大	0.1kg				
24	渣量	100kg	1. 分析计算(只考虑渣的熔化热) 2. 分析计算(包括上项及熔剂分解热和 CO_2 影响) 3. 加拿大 4. 日本(渣量小于 $350kg \cdot t^{-1}$) 5. 前苏联(分子只考虑炉渣带走热量,分母考虑原料含铁量的全效果)	20kg 50kg 25kg 15~25kg $\frac{10\sim15}{15\sim20}$kg	3 8 $\frac{2\sim3}{6\sim7}$	3~3.5 7~8	4~5 8	适于自熔性烧结矿率高时 适用于石灰石调碱度引起的渣量变化
25	炉渣碱度 (CaO/SiO_2)	0.1	1. 鞍钢 1955 年条件(碱度 1.0~1.25)用拉姆法计算 2. 济铁 3. 首钢 1964 年(碱度 1.03 为基准)	18kg 20kg 15kg		2.5~3.5	2.5~3.5	视吨铁渣量而定
26	直接还原度 r_d	0.1	鞍钢 1955 年条件,$r_d=0.4\sim0.6$	8~9		8~9	8~9	r_d 低时取上限,r_d 高时取下限
27	炉顶压力	10kPa	1. 经验数据(<98kPa) 2. 日本(<196kPa) 3. 前苏联	0.5 1.7kg	2~3 2 1	0.3~0.5	1~3	随顶压提高而增产节焦效果递减
28	硅石造渣	1kg	日本(以零为基准)	0.5kg				
29	冶炼强度	0.1	鞍钢、本钢经验数据	1		1		
30	矿石整粒		1. 鞍钢 4 号高炉 1952 年烧结矿率 80%,磁铁矿 20%,磁铁矿粒度由 10~70mm 改为 6~50mm 后,焦比降低 3.6%,产量提高 6.4% 2. 首钢 2 号高炉 1962 年粒度大于 60mm 的天然矿石由零增至 22.8%,焦比升高 7.3% 3. 首钢试验炉冶炼结果: 矿石粒度由 8~75mm 改为 8~30mm　　由 8~45mm 改为 8~30mm 焦比降低/%　9.5　　8.6 CO/CO_2　由 4.26 降至 3.0　　由 3.0 降至 1.87 4. 日本(天然块矿率 30%~40%) 块矿粒度　由 8~40mm 改为 8~30mm　　由 8~30mm 改为 8~25mm 焦比降低　$10\sim13kg \cdot t^{-1}$　　$5\sim7kg \cdot t^{-1}$					

① 国外喷吹燃料的置换比计算时不扣除因喷煤提高风温等影响,即不用校正焦比,而是用实际焦比计算,所以国外文献上发表的置换比值比国内的高,这也是本表中美国、日本等国置换比偏高的原因。

10.4.16 校正焦比

将各个不同冶炼时期影响焦比的诸因素,按标准量进行比较校正,得出校正焦比,以便分析技术经济效果。确定标准量的原则,是使标准量的数值接近不同时期诸因素的平均值,以减少计算误差。

通过焦比校算,确定某一因素的单位变动量影响焦比的数值。计算时应选定基准期或确定标准量以便比较。

10.4.16.1　校正焦比的方法

校正焦比时应注意以下几点:

1) 凡影响焦比的因素有变动者,均应进行校正;变动量很小或影响量甚微者可忽略不计。

2) 诸因素的焦比校正量,可利用本节中有关公式计算,或采用表 10-49 的经验数据,视具体情况而定。

3) 高炉喷吹燃料时,凡校正量为百分数者,应将喷吹燃料按经验置换比折算为焦炭量加上入炉焦比,然后才能进行校正。

4) 有些影响焦比的因素互相关联,为避免重复计算,应适当选择因素和校正量。如渣量与矿石含铁,焦炭灰分以及石灰石用量等有关。因此,选择的因素和校正量有 4 种方法。

第 1 种方法　选择石灰石量、焦炭灰分和渣量(包括了铁分变动的因素)的影响进行校算,其校正量各为:

石灰石 100kg/t	影响焦比 30kg/t(不考虑成渣熔化热)
焦炭灰分 1%	影响焦比 1.5%～2.0%(只考虑发热值,不考虑成渣的熔化热)
渣量 100kg/t	影响焦比 20kg/t(只考虑熔化热)

第 2 种方法　选择焦炭灰分和渣量(包括石灰石和铁分变动因素)的影响进行校算,其校正量为:

焦炭灰分 1%	影响焦比 1.5%～2.0%(只考虑发热值,不考虑成渣的熔化热)
渣量 100kg/t	影响焦比 50kg/t(包括渣的熔化热,石灰石分解热和 CO_2 的影响)

第 3 种方法　选择矿石铁分、石灰石量和焦炭灰分的影响进行校算,其校正量各为:

矿石铁分 1%	影响焦比 2%(包括脉石和加入石灰石的成渣熔化热及其它影响)
石灰石 100kg/t	影响焦比 30kg/t(只考虑分解热及 CO_2 的影响)
焦炭灰分 1%	影响焦比 2%(包括发热量及成渣熔化热)

第 4 种方法　同第 3 种方法,只把矿石铁分换成去 CaO 的矿石含铁,其校正量各为:

去 CaO 矿石含铁 1%	影响焦比 30kg/t(只考虑分解热及 CO_2 的影响)
焦炭灰分 1%	影响焦比 2%(包括发热量及成渣熔化热)

一般情况下采用第 1 种方法较好,第 2 种方法较方便。

10.4.16.2　计算实例

以一个冶炼时期为基准期,见表 10-50。

表 10-50　以一个冶炼时期为基准期的校正焦比实例

项　　目	实验 A(基准期)	实验 B	差值($A-B$)	影响焦比/kg·t^{-1}
渣量/kg·t^{-1}	209	183.5	+25.5	+6.5
熔剂用量/kg·t^{-1}	48	32.5	+15.5	+2.5
生铁含硅/%	1.18	1.01	+0.17	+11
鼓风湿分/g·m^{-3}	32.9	30.84	+2.06	+4
风温/℃	973	970	+3	−1

续表 10-50

项　　目	实验 A(基准期)	实验 B	差值($A-B$)	影响焦比/$kg\cdot t^{-1}$
喷吹天然气/$kg\cdot t^{-1}$	26.5	26	+0.5	-0.5
焦炭稳定性[①]/%	54.1	55.1	-1	+8
生铁产量/$t\cdot d^{-1}$	1345	1465		
生铁产量(休风校正)/$t\cdot d^{-1}$	1392	1506		
干焦比/$kg\cdot t^{-1}$	552	523		
综合焦比[②]/$kg\cdot t^{-1}$	595.5	566		
影响焦比总和/$kg\cdot t^{-1}$				+30.5
校正焦比/$kg\cdot t^{-1}$	595.5	596.5		

① ASTM 法焦炭强度指标,参见原、燃料章节;

② 天然气置换比按 1.6 折算。

选定标准量和指标:已知两个冶炼时期的条件、指标如表 10-51。

表 10-51　A、B 两时期的条件和指标

冶炼时期	焦比/$kg\cdot t^{-1}$	煤粉比/$kg\cdot t^{-1}$	燃料比/$kg\cdot t^{-1}$	渣量/$kg\cdot t^{-1}$	石灰石/$kg\cdot t^{-1}$	焦炭灰分/%	生铁含硅/%	生铁含锰/%	干风温度/℃	炉顶压力/kPa
A	450	101.1	551.1	380	12	12.75	0.54	0.58	1121	137
B	418	113.7	531.7	350	7	12.47	0.47	0.48	1133	133

根据经验,煤粉置换比取 0.75,计算综合焦比:

A 期　　$450+101.1\times0.75=526$　kg/t

B 期　　$418+113.7\times0.75=503$　kg/t

选定下列因素的标准量为(采用第 1 种校正法):

渣　量	360kg/t	每 100kg/t 影响焦比 20kg/t
石灰石	10kg/t	每 100kg/t 影响焦比 30kg/t
焦炭灰分	12.5%	每 1%影响焦比 1.2%
生铁含硅	0.5%	每 1%影响焦比 40kg/t
生铁含锰	0.5%	每 1%影响焦比 20kg/t
干风温度	1130℃	100℃影响焦比 3.7%(相当于 10kg/t)

两组的条件、指标与标准量的差值、影响焦比量和校正焦比结果列于表 10-52。

表 10-52　校正焦比表(kg/t)

冶炼时期	焦　比	综合焦比	渣　量		石灰石		焦炭灰分	
			差　值	影响焦比	差　值	影响焦比	差　值	影响焦比
A	450	526	+20	-4	+2	-0.6	+0.23	-1.38
B	418	503	-10	+2	-3	+0.9	-0.03	+0.18

冶炼时期	生铁含硅		生铁含锰		干风温度		影响焦比总和	校正焦比
	差　值	影响焦比	差　值	影响焦比	差　值	影响焦比		
A	+0.04	-1.6	+0.08	-1.6	-9	-1.71	-10.89	439
B	-0.03	+1.2	-0.02	+0.4	+3	+0.57	-5.25	423

10.5 理论最低碳比的计算

理论最低碳比是指高炉冶炼单位生铁所需要的最低碳量。碳在高炉内主要用于发热和还原，因此由单位生铁对还原剂和发热剂的需要来决定最低碳的消耗量，并存在着一个适宜的直接还原度。

10.5.1 计算所需条件

本计算需要在物料平衡和热平衡的基础上进行。现以现场物料平衡和第一总热平衡的实例为已知条件来介绍如下的计算方法。

10.5.2 氢还原 FeO 的还原度 r_{H_2}

$$r_{H_2}=\frac{56}{2}\frac{b_{H_2}\cdot H_{2还}}{Fe_{还}} \tag{10-251}$$

或

$$r_{H_2}=\frac{56}{22.4}\frac{b_{H_2}\cdot \Sigma H_2\cdot \eta_{H_2}}{Fe_{还}} \tag{10-252}$$

其中

$$Fe_{还}=Fe_{生}-Fe_{料}$$

式中 b_{H_2}——与 FeO 反应的 H_2 量占 $H_{2还}$ 的比率，此值约 0.85～1.0，本例取 1.0；

$H_{2还}$——与铁氧化物等反应的氢量，kg；

其余符号同前。

由现场物料平衡实例（下称本例）得：

$$Fe_{生}=945.81\text{kg},Fe_{料}=0$$

$$\eta_{H_2}\cdot\Sigma H_2=21.842\quad m^3$$

则

$$H_{2还}=21.842\times\frac{2}{22.4}=1.95\quad kg$$

上述数据代入式(10-252)和式(10-253)得：

$$r_{H_2}=\frac{56}{22.4}\times\frac{0.95\times21.842}{945.81}=\frac{56}{2}\times\frac{0.95\times1.95}{945.81}=0.0548$$

10.5.3 作为发热剂需要碳量的两种计算

根据热平衡可导出被鼓风和炉料中氧所氧化（即作为发热剂）的单位生铁所需的碳量有两种（可任选其中之一）算式。

(1) 以每 1kg 碳氧化成一氧化碳为基础计算

$$C_{氧}=\frac{Q_C-23614\left[\frac{12}{56}Fe_{还}(1-r_{H_2}-r_d)+\frac{12}{112}Fe_{Fe_2O_3}+\frac{12}{55}Mn_{MnO_2}\right]}{9797} \tag{10-253}$$

式中 Q_C——入炉碳被鼓风和炉料中氧所氧化而放出的热量，kJ；

r_d——适宜的直接还原度；

$Fe_{Fe_2O_3}$——每 1t 生铁炉料中 Fe_2O_3 带入的铁量，kg；

Mn_{MnO_2}——每 1t 生铁炉料中 MnO_2 带入的锰量,kg。

焦比或燃料比变化时,渣量、风量和煤气量等就随之变化,致使 Q_C 也相应地发生变化。由第一总热平衡计算法的实例(下称本例)得:

$$Q_C = 7899965\text{kJ}$$

$$Fe_{Fe_2O_3} = 788.429\text{kg}, Mn_{MnO_2} = 0$$

本例数据代入式(10-253)得:

$$C_{氧} = \frac{1}{9797} \times \left\{ 7899965 - 23614 \times \left[\frac{12}{56} \times 945.81 \times (1 - 0.0548 - r_d) + \frac{12}{112} \times 788.429 + \frac{12}{55} \times 0 \right] \right\} = 141.01 + 488.51 r_d \quad \text{(A)}$$

(2) 以每 1kg 碳被氧化及其鼓风的总热量为基础计算

$$C_{热} = \frac{Q - (q_{CO_2} - q_{CO}) \cdot C_{CO_2}}{q_{CO} + q_B} \quad \text{kg} \quad (10\text{-}254)$$

其中

$$q_B = Q_B / C_{气}, \text{kJ/kg}$$

$$C_{CO_2} = \frac{12}{56}(Fe_{生} - Fe_{料})(1.5 - r_{H_2} - r_d)$$

将其代入式(10-254)得:

$$C_{热} = \frac{Q - 23614(Fe_{生} - Fe_{料}) \cdot \frac{12}{56}(1.5 - r_{H_2} - r_d)}{9797 + q_B} \quad (10\text{-}255)$$

式中 Q——每 1t 生铁中碳氧化放热和鼓风物理热之和,kJ;

q_B——高炉内燃烧每 1kg 碳的鼓风物理热,kJ/kg。

本例: $Q = 9691941\text{kJ}$, $Q_B = 1791976\text{kJ}$

被鼓风中和炉料中氧所氧化的碳量 $C_{气}$ 为:

$$C_{气} = C_{r_d} + C_{Si} \cdots + C_B = 101.823 + 7.537 + 268.339 = 377.70 \quad \text{kg}$$

而

$$q_B = Q_B / C_{气} = 1791976/377.70 = 4744 \quad \text{kJ/kg}$$

代入式(10-255)得:

$$C_{热} = \frac{9691941 - 23614 \times \frac{12}{56} \times 945.81 \times (1.5 - 0.0548 - r_d)}{9797 + 4744} = 190.86 + 329.13 r_d \quad \text{(B)}$$

从热能的角度来说,每 1t 生铁需要的碳量:

由式(A)得:

$$C_{热}^{A} = C_{氧} + C_{生} = 141.01 + 488.51 r_d + 43.3 = 184.31 + 488.51 r_d \quad (A1)$$

由式(B)得:

$$C_{热}^{B} = C_{热} + C_{生} = 190.86 + 329.13 r_d + 43.3 = 234.16 + 329.13 r_d \quad (B1)$$

当 $r_d = 0$ 时: $C_{热}^{A} = 184.31$ kg; $C_{热}^{B} = 234.16$ kg

当 $r_d=0.9452$ 时：　$C_{热}^{A}=646.05$　kg；　$C_{热}^{B}=545.25$　kg

10.5.4　作为还原剂需要的碳量计算

(1) 直接还原剂所需碳量计算

由 FeO 直接还原反应

$$FeO+C=Fe+CO$$

可得：

$$C_d=\frac{12}{56}(Fe_{生}-Fe_{料})\cdot r_d+C_{Si}\cdots \tag{10-256}$$

每吨生铁所需碳量为：

$$C_{还}=C_d+C_{生}=\frac{12}{56}(Fe_{生}-Fe_{料})\cdot r_d+C_{S_i}\cdots+C_{生} \tag{10-257}$$

当 $r_d=0$ 时　$C_{还}=C_{S_i}\cdots+C_{生}=7.537+43.3=50.84$　kg

当 $r_d=0.9452$ 时　$C_{还}=\frac{12}{56}\times945.81\times0.9452+7.537+43.3=242.40$　kg

(2) 间接还原所需碳量计算

从化学能的角度来说，间接还原是决定碳比的关键因素。由 FeO 的间接还原反应

$$FeO+nCO=Fe+CO_2+(n-1)CO$$

可得：

$$C_{CO}=\frac{12}{56}n(Fe_{生}-Fe_{料})\cdot r_{CO} \tag{10-258}$$

或

$$C_{CO}=\frac{12}{56}n(Fe_{生}-Fe_{料})(1-r_{H_2}-r_d) \tag{10-259}$$

$n=2.33$，为间接还原所需的最低值。本例：

$$C_{CO}=\frac{12}{56}\times2.33\times945.81\times(1-0.0548-r_d)$$

$$=446.35-472.23r_d$$

每 1t 生铁的间接还原需要碳量为：

$$C'_{还}=C_{CO}+C_{生} \tag{10-260}$$

本例：　$C'_{还}=446.35-472.23r_d+43.3=489.65-472.23\ r_d$

当 $r_d=0$ 时　$C'_{还}=489.65$　kg

当 $r_d=0.9452$ 时　$C'_{还}=43.3$　kg

10.5.5　理论最低碳比和适宜的直接还原度

根据上述计算结果，可绘制出碳的需要量与适宜的直接还原度的关系图(图 10-3)。图中 AB 线或 $A'B'$ 线是作为发热剂需要的碳量线，DQH 是作为还原剂需要的碳量线，O 或 O'(两点几乎重合)为既能满足热能所需又能满足化学能所需的最低碳比(C_{min})。O 点或 O' 点对应的横坐标为适宜的直接还原度。

设直线 AB 的方程为：

$$C_A=a_A+b_A\cdot r_{d_A} \tag{10-261}$$

设直线 $A'B'$ 的方程为：

$$C_B=a_B+b_B\cdot r_{d_B} \tag{10-262}$$

设直线 DQ 的方程为：

$$C=d+e\cdot r_d \tag{10-263}$$

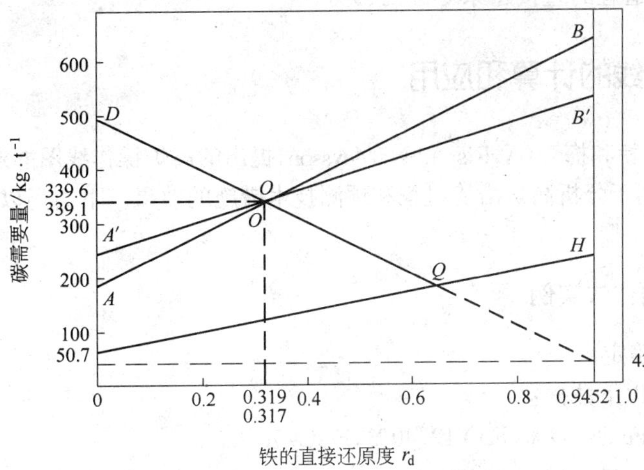

图 10-3　理论碳比和 r_d 的关系

AB 线：$r_d=0.317$；$C_{min}=339.6$

$A'B'$ 线：$r_d=0.319$；$C_{min}=339.1$

联立方程式(10-261)至式(10-263)即可求出理论最低碳比和适宜的直接还原度，即

$$\begin{cases} r_{d_A}=\dfrac{d-a_A}{b_A-e} \\ C_{min}=\dfrac{b_A\cdot d-a_A\cdot e}{b_A-e} \end{cases} \quad 和 \quad \begin{cases} r_{d_B}=\dfrac{d-a_B}{b_B-e} \\ C_{min}=\dfrac{b_B\cdot d-a_B\cdot e}{b_B-e} \end{cases}$$

(1) 用 A 法求 r_d 和 C_{min}

本例：方程　式($A1$)　　　$C_{热}^{A}=184.31+488.51r_d$

　　　方程　式(10-260)　　$C_{还}=489.65-472.23r_d$

于是

$$r_{d_A}=\frac{489.65-184.71}{488.51+472.23}=0.3174=31.7\%$$

$$C_{min}=\frac{488.51\times489.65+184.31\times472.23}{488.51+472.23}=339.6\quad kg/t$$

即 O 点所对应的最低碳比为 339.6kg/t，如果全部折算为焦炭($C_K=0.8591$)则理论最低焦比为：

$$K_A=\frac{339.6}{0.8591}=395.3\quad kg/t$$

此时，对应于 O 点的适宜的直接还原度为 31.7%。

(2) 用 B 法求 r_d 和 C_{min}

本例　方程式($B1$)　　　$C_{热}^{B}=234.16+329.13r_d$

　　　方程式(10-260)　　$C_{还}=489.65-472.23r_d$

于是

$$r_{d_B}=\frac{489.65-234.16}{329.13+472.23}=0.3188=31.9\%$$

$$C_{min}=\frac{329.13\times489.65+234.16\times472.23}{329.13+472.23}=339.1\quad kg/t$$

即 O' 点所对应的最低碳比为 339.1kg/t，如果全部折算为焦炭，则理论最低焦比为

$$K_B=\frac{C_{min}}{C_K}=\frac{339.1}{0.8591}=394.7\quad kg/t$$

此时，对应于 O'点的适宜的直接还原度为 31.9%。

10.6 高炉操作线的计算和应用

1967 年法国里斯特和梅森(A.Rist 和 N.Meysson)提出的高炉操作线图能定量地表明各冶炼参数之间的关系，并可用于分析高炉冶炼过程和预测技术措施的效果。下面仍以 10.3 节中的实例进行介绍。

10.6.1 操作线作法实例

(1) 计算数据的确定

确定操作线需要以下数据：

1) 矿石成分　TFe 58.69%，FeO 12.40%，Fe_2O_3 70.07%；

2) 炉顶煤气　CO 21.91%，CO_2 20.54%，H_2 1.72%，N_2 55.83%，$V_{煤气}$1637.5m^3/t；

3) 生铁成分　[Fe]94.590%，[Si]0.500%，[Mn]0.327%，[P]0.049%，[C]4.506%；

4) 炉渣　$G_{渣}$(渣铁比)332kg/t，渣中含硫(S)0.66%；

5) 风口前燃烧碳量　$C_{风}$269.528kg/t，风量 $V_{风}$1166.71m^3/t；

6) 一般物料平衡和区域热平衡中有关数据等。

(2) 确定操作线图及操作线方程

确定操作线需要两个点或一个点与操作线的斜率的数据。可在 A 点、E 点、D 点、B 点及斜率中任选两个参数相组合来确定操作线，见图 10-4。

1) A(炉顶状态)点：

$$y_A=\frac{\dfrac{3(Fe_2O_3)}{160}+\dfrac{(FeO)}{72}}{\dfrac{(TFe)}{56}} \tag{10-264}$$

$$x_A=1+\frac{CO_2}{CO_2+CO} \tag{10-265}$$

式中　(Fe_2O_3)、(FeO)、(TFe)——分别为矿石中 Fe_2O_3、FeO 和全铁的含量，%；

本例

$$y_A=\frac{\dfrac{3\times70}{160}+\dfrac{12.4}{72}}{\dfrac{58.69}{56}}=1.417$$

$$x_A=1+\frac{20.54}{20.54+21.91}=1.484$$

2) E(风口前燃料燃烧起始)点：在操作线图中，由于 E 点位于 y 轴上，所以 $x_E=0$，$y_E=-(y_f+y_b)$。

而

$$y_f=\{4.0[Si]+1.0[Mn]+4.5[P]+1.75G_{渣}\cdot(S)+\cdots\}/Fe_{还} \tag{10-266}$$

$$y_b=\frac{C_{风}}{12\cdot N_{Fe}} \tag{10-267}$$

式中　y_f——非铁元素如生铁中 Si、Mn、P、…等氧化物还原时所提供的氧的 kmol 数，kmolO/kmolFe；

y_b——冶炼 1kmolFe 从鼓风中提供氧的原子数(即燃烧风口碳的原子数)，kmolO/kmolFe；

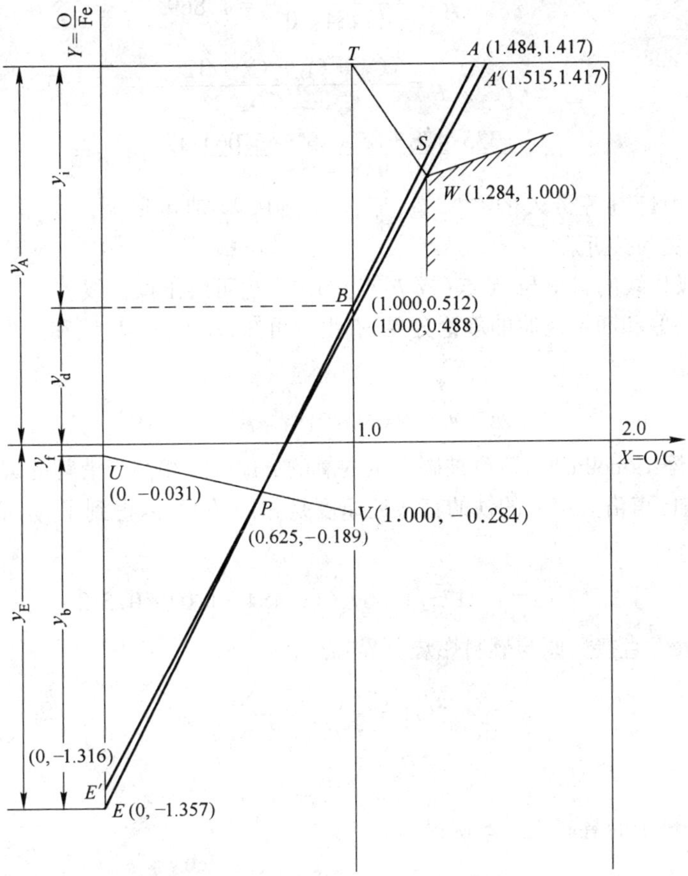

图 10-4　按 Fe-O-C 绘制本例题的操作线

$y_{AE}=1.869x-1.357$；$y_{A'E'}=1.804x-1.316$

N_{Fe}——生铁的铁的 mol 数。

其余符号同 10.3 节。

式(10-266)中的系数是非铁元素氧化物还原进入生铁如 Si、Mn、P 等及去硫消耗的碳量换算成 C/Fe 的系数。本例数据代入式(10-266)和式(10-267)得：

$$y_f=\{4.0\times0.500+1\times0.327+4.5\times0.049+1.75\times0.332\times0.66\}/94.59=0.031$$

$$y_b=\frac{269.528}{12\times945.9/56}=1.326$$

于是　　$y_E=-(0.031+1.326)=-1.357$

连接 A、E 两点的 AE 线即为操作线。

3) 操作线斜率(μ)。由直线方程可得：

$$\mu=\frac{y_A-y_E}{x_A-x_E} \tag{10-268}$$

本例数据代入式(10-268)得：

$$\mu = \frac{1.417 + 1.357}{1.484 - 0} = 1.869$$

此值与 $$\mu = \frac{(C_{焦} + C_{吹} - C_{生})/12}{Fe_{还}/56} \tag{10-269}$$

求出的 $$\mu = \frac{(335.478 + 85.613 - 45.06)/12}{945.9/56} = 1.855$$

相接近。如果考虑熔剂等带入的 CO_2 量，那么本例中 x_A 值可增大。这样，式(10-268)和式(10-269)的计算结果更为接近。

同样，利用操作线的斜率与 A 点(或 E 点)的结合也可绘出操作线。

4) B(直接还原和间接还原的理论分界)点由图可知，B 点是AE 线和$x = 1.0$ 的垂线相交点，所以 $x_B = 1.000$，而

$$y_B = y_d = y_A - y_i = y_A - \mu(x_A - 1.0) \tag{10-270}$$

式中 y_d——冶炼 1kmolFe 时，FeO 被碳夺走的氧的 kmol 数(相当于消耗的碳的 kmol 数)。

y_B 的含义与巴甫洛夫定义的铁的直接还原度是相同的，所以得到了 y_B 值就可知道 y_d 了。由本例得：

$$y_B = 1.417 - 1.869 \times (1.484 - 1.0) = 0.512$$

5) D(非铁元素直接还原与燃料燃烧分界)点：

$$x_D = \frac{2}{3.762} \times \frac{N_2}{1 - N_2} \tag{10-271}$$

$$y_D = y_f \tag{10-272}$$

式中，3.762 是干风中的氧氮比。本例得：

$$x_D = \frac{2}{3.762} \times \frac{55.83}{100 - 55.83} = 0.672$$

$$y_D = -0.031$$

6) AE 线方程

$$y_{AE} = \mu x + y_E \tag{10-273}$$

本例数据代入式(10-273)得：

$$y_{AE} = 1.869x - 1.357$$

(3) 高温区域热平衡

为了建立 V(热平衡)点的坐标和热平衡线方程，计算步骤如下：

1) V_B(每 1kg 碳在风口前燃烧所需要的实际风量)

$$V_B = \frac{V_{风}}{C_{风}} = \frac{1166.71}{269.528} = 4.329 \quad m^3/kg$$

2) q_b(高温区内每 1kg 碳原子或氧原子反应所放出的有效热量)

$$q_b = q_1 - q_2 \quad 或 \quad q_b = (Q_c + Q_b - Q_g) \times \frac{12}{Q_{风}} \tag{10-274}$$

其中：

$$q_1 = 12 \times (q_{CO} + V_b \cdot c_b^t \cdot t_b - 10806 V_b \cdot \varphi) \tag{10-275}$$

$$q_2 = 12V_b \cdot c_g^t \times \frac{N_{2_b}}{N_2} \times 1000 \tag{10-276}$$

式中 q_{CO}——单位碳素氧化成CO时所产生的有效热量，kJ/kg；

b、g——角标的b、g分别表示鼓风和煤气。

本例数据代入式(10-275)和式(10-276)得：

$$q_1 = 12 \times (9447 + 4.329 \times 1150 \times 1.4344 - 10806 \times 4.329 \times 0.01) = 193442 \quad \text{kJ}$$

$$q_2 = 12 \times 4.329 \times 1.4026 \times 1000 \times \frac{0.7821}{0.5583} = 102070 \quad \text{kJ}$$

由式(10-274)得：

$$q_b = 193442 - 102070 = 91372 \quad \text{kJ}$$

3) 高温区域有效热量消耗(Q)除了铁的直接还原度消耗的热量($y_d \cdot q_d$)之外，还有生产每1kmolFe所需的其它所有热量包括渣铁从高温区域熔化和出炉带走的热量、非铁元素的直接还原热量以及热损失等在内的所需总热量(Q)。从高温区域热平衡 $y_b \cdot q_b = y_d \cdot q_d + Q$，即

$$Q = y_b \cdot q_b - y_d \cdot q_d \tag{10-277}$$

高温区域氧化铁直接还原消耗热量(q_d)为常数，即 $q_d = 152190$kJ。本例数据代入式(10-277)得：

$$Q = 1.326 \times 91372 - 0.512 \times 152190 = 43238 \quad \text{kJ}$$

4) V(热平衡)点由于 V 点在 $x = 1.0$ 的数轴上，所以 $x_V = 1.0$，而

$$y_V = \frac{Q}{q_d} \tag{10-278}$$

本例数据代入式(10-278)得：

$$y_V = -\frac{43238}{152190} = -0.284$$

5) UV(热平衡)方程：UV 线的斜率为

$$\mu_V = \frac{y_f - y_v}{x_f - x_v} \tag{10-279}$$

而方程为

$$y_{UV} = \mu_V x + y_f \tag{10-280}$$

本例数据代入式(10-279)和式(10-280)得：

$$\mu_V = \frac{-0.031 + 0.284}{0 - 1.0} = -0.253$$

$$y_{UV} = -0.253x - 0.031$$

6) P(高炉操作)点根据相似原理，P 点的坐标为：

$$x_P = \frac{q_d}{q_b + q_d} \tag{10-281}$$

$$y_P = \mu_V \cdot x_P + y_f \tag{10-282}$$

由本例数据得：

$$x_P = \frac{152190}{91372 + 152190} = 0.625$$

$$y_P = -0.253 \times 0.625 - 0.031 = -0.189$$

10.6.2 操作线图的应用

根据操作线的原理和性质，操作线图可用于分析生产中各因素对焦比(燃料比)的影响。例如 A 点的改变反映精料水平即矿石氧化度(y_A)以及煤气化学能利用率(x_A)的变化。又如 B 点的改变反映直接还原度的变化；E 点反映入炉风量或小时装料批数的变化；U 点(y_f 或 y_u)反映生铁成分的变化；V 点(Q/q_d)反映渣铁比、炉渣成分、渣铁温度及熔剂量的变化。P 点的改变影响到操作线斜率(即焦比或碳比)发生变化，操作线斜率的改变反映为 y_E 和 y_d 位置的改变，由此可得到焦比(K)的计算式：

$$K = \left[\frac{12}{55.85}(y_b + y_f + y_d) \cdot Fe_{还} + C_{生}\right] \Big/ C_k \tag{10-283}$$

在同一冶炼条件下，生铁中碳量和非铁元素变化不大，因而焦比的变化(ΔK)可用下式计算：

$$\Delta K = \frac{12}{55.85}(\Delta y_E + \Delta y_d) \cdot Fe_{还} / C_k \tag{10-284}$$

由上式看出，一切因素对焦比的影响都可以通过计算 $\Delta\mu$ 或 Δy_E 和 Δy_d 而求得。

10.6.2.1 焦比潜力(ΔK)计算

在一定冶炼条件下，高炉最理想状态的操作线就是通过 P、W 点的 $A'E'$ 直线。与原 AE 线比较，可以挖掘出高炉节能降耗的潜力。因此，先算出最低焦比时的理想操作线方程(即 $A'E'$ 方程)，再求出理论上最佳直接还原度的值(r_d)，即可算出 ΔK。

1) 理想操作线方程($A'E'$线方程)：理想操作线一定通过 P 点，联结并通过 W、P 两点的直线就可以得到。其与 $x=0$ 的纵坐标交于 E'，与 y_A 平行于横坐标交于 A'。理想操作线的斜率为

$$\mu_{理想} = \frac{y_W - y_P}{x_W - x_P} \tag{10-285}$$

由本例得

$$\mu_{理想} = \frac{1.000 + 0.189}{1.284 - 0.625} = 1.804$$

因为

$$y_{E'} = \mu_{理想} \cdot x_W - y_W \tag{10-286}$$

由本例数据得

$$y_{E'} = 1.804 \times 1.284 - 1.000 = 1.316$$

上述数据代入式(10-273)得到理想操作线方程如下：

$$y_{A'E'} = \mu_{理想} \cdot x - y_{E'} = 1.804x - 1.316$$

2) 理论上最佳的直接还原度(r_d)：

$$r_d = y_{d'} = \mu_{理想} \cdot x_{1.0} - y_{E'} \tag{10-287}$$

本例数据代入得：

$$r_d = 1.804 \times 1.000 - 1.316 = 0.488$$

3) 焦比潜力(ΔK)：

$$\Delta K = (\mu - \mu_{理想}) \times 12 \cdot n_{Fe} / C_k \tag{10-288}$$

本例数据代入式(10-288)得：

$$\Delta K = (1.869 - 1.804) \times 12 \times \frac{945.9}{55.85} / 0.8602 = 15.4 \quad kg/t$$

$\Delta\mu$ 的值也可以从计算 Δy_E 和 Δy_d 中求得。

因为 $$\Delta y_E = y_E - y_{E'} = 1.357 - 1.316 = 0.041$$

$$\Delta r_d = r_d - r_{d'} = 0.512 - 0.488 = 0.024$$

所以 $$\Delta\mu = \Delta y_E + \Delta r_d = 0.041 + 0.024 = 0.065$$

因此,代入式(10-288)得:

$$\Delta K = 0.065 \times 12 \times \frac{945.9}{55.85} \Big/ 0.8602 = 15.4 \quad \text{kg/t}$$

10.6.2.2 炉身效率

图 10-4 中 S 点为炉身效率工作点。从操作图上,炉身效率 $= \frac{TS}{TW}$,在图上量出两线段的长度即可得到炉身效率 η。η 也可通过解析法求得,S 点可联立 AE 线和 TW 线方程求解,通过 S 点的坐标可算出炉身效率。其计算步骤如下。

1) TW 线斜率(μ_{TW}):

$$\mu_{TW} = \frac{y_T - y_W}{x_T - x_W} \tag{10-289}$$

本例数据代入式(10-289)得:

$$\mu_{TW} = \frac{1.417 - 1.000}{1.000 - 1.284} = -1.468$$

2) TW 线方程(y_{TW}):TW 线的截距和 y_{TW} 方程分别为:

$$y_{x=0} = \mu_{TW} \cdot x_W + y_W \tag{10-290}$$

$$y_{TW} = \mu_{TW} x + y_{x=0} \tag{10-291}$$

本例数据代入式(10-290)和式(10-291)得:

$$y_{x=0} = 1.468 \times 1.284 + 1.000 = 2.885$$

$$y_{TW} = -1.468x + 2.885$$

3) 炉身效率(η):先算出 S 点的坐标,再求 η,即

$$x_s = \frac{y_{x=0} - y_E}{\mu - \mu_{TW}} \tag{10-292}$$

$$\eta = \frac{x_s - 1}{x_W - 1} \tag{10-293}$$

本例数据代入式(10-292)和式(10-293)得:

$$x_s = \frac{2.885 + 1.357}{1.869 + 1.468} = 1.271$$

$$\eta = \frac{1.271 - 1.000}{1.284 - 1.000} = 95.4\%$$

10.6.2.3 改变炉内煤气利用率对焦比的影响

提高煤气化学能的利用率,AE 线就以 P 点为轴心沿顺时针方向转动,得一条理想的 $A'E'$ 线,如果原料条件不变,即 $y_{A'} = y_A$,将 y_A 代入式(10-286)便可求出:

$$x_{A'} = \frac{1.417 + 1.316}{1.804} = 1.515$$

如果煤气 CO 与 CO_2 之和不变,则由式(10-265)得:

$$x_{A'} = 1 + \frac{CO_2'}{CO_2 + CO} = 1 + \frac{CO_2'}{20.54 + 21.91}$$

将 $x_{A'}$ 的值代入上式，可得 $CO_2' = 21.86\%$，而

$$\Delta CO_2 = CO_2' - CO_2 = 21.86\% - 20.54\% = 1.32\%$$

因此，高炉炉顶煤气中 CO_2 含量每变化 1% 将影响焦比（K_{CO_2}）为：

$$K_{CO_2} = \frac{\Delta K}{\Delta CO_2} = \frac{15.4}{1.32} = 11.7 \quad kg/t$$

10.6.2.4 提高热风温度的效果（图 10-5）

在高温区域所需的有效热量一定，即保持 UV 线不变的情况下，提高风温使 P 点沿 UV 线向左移动。现计算风温提高 100℃ 对焦比的影响。假定风温在 900～1400℃ 之间的平均比热容为 1.4365kJ/(m^3·℃)，则风温提高 100℃ 之后，则

$$q_b' = q_b + 4.329 \times 1.4365 \times 100 = 91372 + 622 = 91994 \quad kJ$$

由式(10-281)、式(10-282)和式(10-285)得：

$$x_{P_2} = \frac{152190}{152190 + 91994} = 0.623$$

$$y_{P_2} = -0.253 \times 0.623 - 0.031 = -0.189$$

$$\mu'' = \frac{1.000 + 0.189}{1.284 - 0.623} = 1.798$$

$$\Delta\mu = \mu - \mu'' = 1.869 - 1.798 = 0.071$$

将 $\Delta\mu$ 代入式(10-288)得：

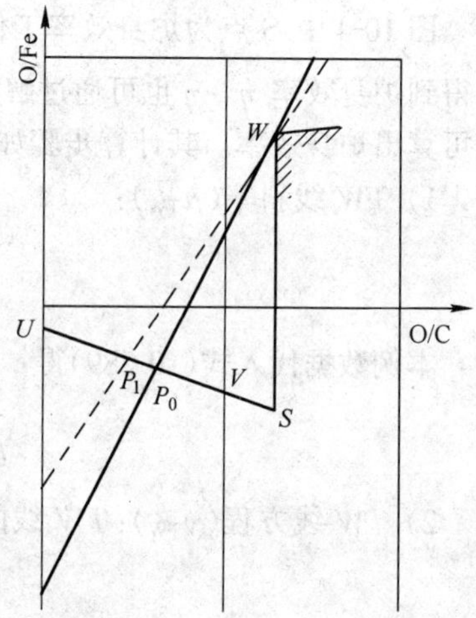

图 10-5 提高风温对操作线的影响

$$\Delta K = 0.071 \times 12 \times \frac{945.9}{55.85} / 0.8602 = 16.8 \quad kg$$

10.6.2.5 减少熔剂直接入炉的效果

用熔剂性人造富矿或以生石灰代替石灰石直接入炉，将使高温区域支出的热量减少。

1) 减少了熔剂分解热（Δq_1）：若每 1t 生铁的石灰石用量减少 $\Delta G_{石}$ kg，则

$$\Delta q_1 = q_{熔} \cdot \Delta G_{熔} \cdot (CO_2)_{熔} \tag{10-294}$$

$q_{熔}$ 为石灰石分解热。对生石灰，$q_{熔} = 4044$kJ/kg；对熔剂性人造富矿，$q_{熔} = 2604$kJ/kg。

2) 减少了气化反应的吸热量（Δq_2）：假定熔剂中分解产物 CO_2 在高温区域与碳的反应率（b_{CO_2}）为 50%，则

$$\Delta q_2 = 3768 \cdot \Delta G_{熔} \cdot (CO_2)_{熔} \cdot b_{CO_2} \tag{10-295}$$

3) 增加了间接还原的热量（Δq_3）：由于熔剂中放出的 CO_2 与 C 的气化反应量减少，相当于炉子冶炼条件不变的情况下增加了间接还原度而放出了热量，即

$$\Delta q_3 = 6440 \Delta G_{熔} \cdot (CO_2)_{熔} \cdot b_{CO_2} \tag{10-296}$$

考虑上述 3 个因素，减少熔剂入炉后热量少支出为

$$\Delta Q = \Delta q_1 + \Delta q_2 + \Delta q_3 \tag{10-297}$$

因高温区域所需的有效热量减少，反映在操作线图上 V 点上移；气化碳量减少，U 点上移；P 点相应上移点 P_1 点，操作线斜率 μ 值降低。这样可按式(10-288)算出其效果。本例因石灰石用量

仅用 3kg/t,所以计算从略。

10.6.2.6 生铁含硅量变化对焦比的影响

生铁中硅含量的变化使 U、V 点和 P 点的位置发生移动。W 点不变,使操作线的斜率改变,其变化值为:

$$\Delta\mu = -\frac{x_P(\Delta y_V - \Delta y_U) + \Delta y_U}{x_W - x_P} \tag{10-298}$$

其中:

$$\Delta y_U = -3.977\frac{\Delta[Si]}{[Fe]_{还}}$$

$$\Delta y_V = \Delta y_U \frac{q_{Si}}{q_d}$$

将 Δy_U 和 Δy_V 代入式(10-298)的结果代入式(10-288),整理后得到下式:

$$\frac{\Delta K}{\Delta[Si]} = 0.215\times\frac{3.977[(q_{Si}\div q_d - 1)\cdot x_P + 1]}{(x_W - x_P)\cdot C_k} \tag{10-299}$$

式(10-299)即为生铁中硅含量变化时影响焦比的表达式。

全部用石灰石为熔剂的高炉,$q_{Si}=309635$kJ/kgmol;全部使用熔剂性人造富矿的高炉,$q_{Si}=773532$kJ/kgmol。

由式(10-299)可得到生铁中硅含量变化 0.1%,即每 1t 生铁中变化 1kg 硅时对焦比的影响值为:

当 $q_{Si}=309635$ 时

$$\Delta K = 0.215\times\frac{3.977\times[(309635/152190-1)\times0.625+1]}{(1.284-0.625)\times0.8602} = 2.48\text{kg/t}$$

当 $q_{Si}=773532$ 时

$$\Delta K = 0.215\times\frac{3.977\times[(773532/152190-1)\times0.625+1]}{(1.284-0.625)\times0.8602} = 5.36\text{kg/t}$$

10.6.2.7 使用预还原炉料对焦比的影响(图 10-6)

炉料经过预还原,或废铁直接装入高炉,即炉料中金属化率(R')提高,则 W 点向下位移为:

$$\Delta y_W = (1-R') - 1 = -R' \tag{10-300}$$

使用预还原炉料后,浮氏体的间接还原也将相应地减少,V 点下移,U 点不变;若风温不变,P_0 点也将垂直下降至 P_1 点。即

$$\Delta y_V = -0.284R'$$

$$\Delta y_P = -0.284x_P\cdot R'$$

理想状态操作线斜率的变化量为:

$$\Delta\mu = \frac{\Delta y_W - \Delta y_P}{x_W - x_P} = \frac{1-0.284x_P}{x_W - x_P}R' \tag{10-301}$$

式(10-301)代入式(10-288)整理得:

$$\frac{\Delta K}{R'} = -\frac{2.15\times(1-0.284x_P)}{(1.284-x_P)\cdot C_k} \tag{10-302}$$

当预还原炉料使用量为 1%时,在选定的 x_P 值之下焦

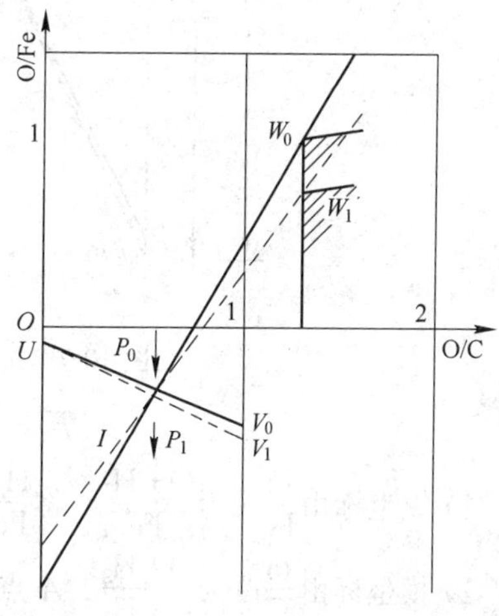

图 10-6 使用预还原炉料时的操作线

比受到的影响量为：

$$\Delta K = -\frac{2.15\times(1-0.284\times0.625)}{(1.284-0.625)\times0.8602} = -3.12 \quad \text{kg/t}$$

10.6.3 喷吹燃料时操作线图的修正及实例

高炉喷吹燃料或加湿鼓风时，炉内的基本化学反应是在 Fe-H-O-C 系内进行，操作线的计算及表达方法必须相应修改。这里有两种方法，并用实例加以介绍。

(1) 方法 1(图 10-7)

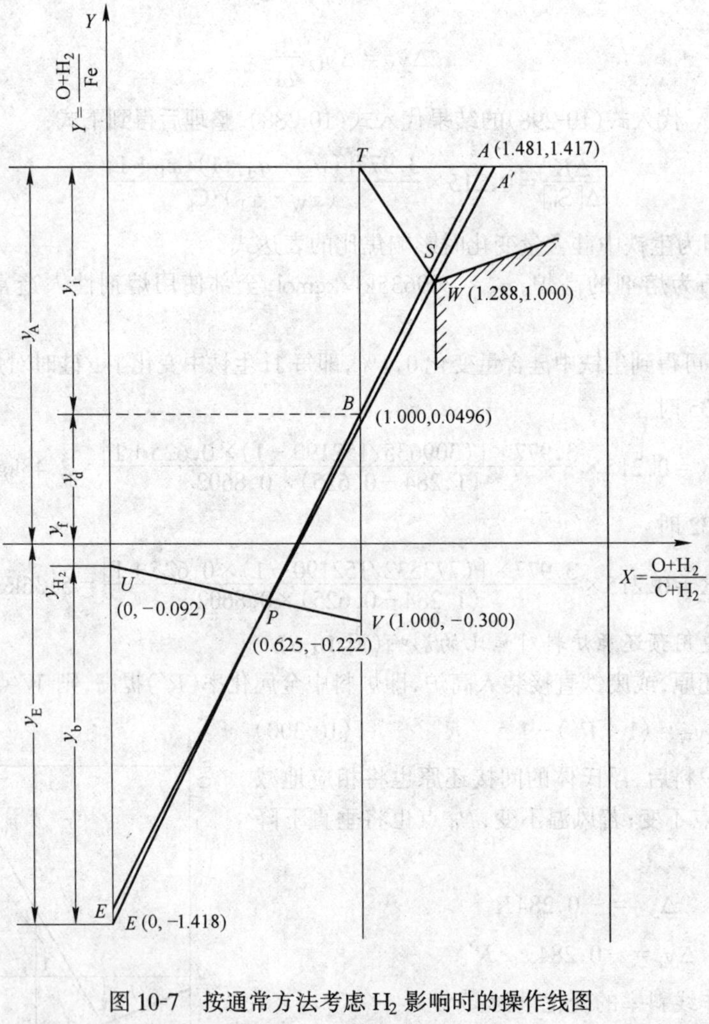

图 10-7 按通常方法考虑 H_2 影响时的操作线图

$y_{AE}=1.914x-1.418$；$y_{A'E'}=1.843x-1.374$

1) 纵坐标由$\frac{O}{Fe}$改为$\frac{O+H_2}{Fe}$　将$\frac{H_2}{Fe}$作为一个单独线段 y_H 记入 y_f(或 y_U)段之下或 y_b 段之上。

2) 横坐标由$\frac{O}{C}$改为$\frac{O+H_2}{C+H_2}$　A 点的横坐标可改写成：

$$x_A = 1+\frac{CO_2+H_2O}{CO_2+CO+H_2+H_2O} \tag{10-303}$$

日常生产中，炉顶煤气成分为干基，不分析其中水的含量，只能近似地采用 $\eta_{H_2}=\eta_{CO}$的方法来计算参加反应的氢量(H_2O)，即

$$H_2O=\frac{\eta_{H_2}}{1-\eta_{H_2}}\cdot H_2\approx\frac{\eta_{CO}}{1-\eta_{CO}}H_2 \tag{10-304}$$

3) x_W 点修改：化学平衡限制点 W 的纵坐标($y_W=1.0$)不变。由于浮氏体(FeO)在 1000℃时被 CO 和 H_2 还原达到平衡时的气相成分分别为 28.4% 和 41.10%，所以 x_A 将向右移，其计算式可以改写成：

$$x_W=1+\frac{0.284(y_d+y_f+y_b)+0.411H_2}{y_d+y_f+y_{H_2}+y_b} \tag{10-305}$$

4) 操作线斜率：考虑 H_2 的因素之后，操作线的斜率为：

$$\mu=\frac{C+H_2}{Fe} \tag{10-306}$$

5) 有关计算和实例：

① y_{H_2}：已知 $\Sigma H_2=51.27m^3/t$，折算成氢分子数 $\eta_{H_2}=2.289$，因此：

$$\eta_{H_2}=\frac{\Sigma H_2-V_{煤}(H_2+2CH_4)}{\Sigma H_2} \tag{10-307}$$

$$y_{H_2}=\frac{n_{H_2}\cdot\eta_{H_2}}{n_{Fe}} \tag{10-308}$$

本例数据代入式(10-307)和式(10-308)得：

$$\eta_{H_2}=\frac{51.27-1637.5\times0.0172}{51.27}=0.4507$$

$$y_{H_2}=\frac{2.289\times0.4507}{16.936}=0.061$$

② y_E：代入本例数据得：

$$y_E=y_f+y_b+y_{H_2}=-(0.031+1.326+0.061)=-1.418$$

③ y_U：考虑 y_{H_2}后为：

$$y_U=-(y_f+y_{H_2})=-(0.031+0.061)=-0.092$$

④ x_A：由式(10-304)得：

$$H_2O=\frac{0.4507}{1-0.4507}\times1.72\%=1.41\%$$

考虑 H_2 参加还原后炉顶煤气成分为：

成分	CO	CO_2	N_2	H_2	H_2O	合计
%	21.61	20.25	55.05	1.70	1.39	100.00

代入式(10-303)得

$$x_A=1+\frac{20.25+1.39}{20.25+21.61+1.70+1.39}=1.481$$

⑤ 斜率、截距及操作线(AE)方程，由式(10-268)和式(10-273)得：

斜率 $$\mu=\frac{y_A-y_E}{x_A-x_E}=\frac{1.417+1.418}{1.481-0}=1.914$$

截距 $$y_E = -(1.326 + 0.031 + 0.061) = -1.418$$

操作线方程 $$y_{AE} = 1.914x - 1.418$$

⑥ r_d:上述数据代入下式得:

$$r_d = y_d = \mu \cdot x_{1.0} - y_E = 1.914 - 1.418 = 0.496$$

⑦ y_V:由式(10-277)和式(10-278)得:

$$Q = 91372 \times 1.326 - 152190 \times 0.496 = 45673$$

$$y_V = \frac{45673}{152190} = 0.300$$

⑧ UV 线斜率、截距及方程由式(10-279)和式(10-280)得:

斜率 $$\mu_{UV} = \frac{-0.092 + 0.300}{0 - 1.0} = -0.208$$

截距 $$y_U = y_f = -(0.031 + 0.061) = -0.092$$

UV 线方程 $$y_{UV} = -0.208x - 0.092$$

⑨ P 点:由式(10-281)和式(10-282)得:

$$x_P = \frac{152190}{91372 + 152190} = 0.625$$

$$y_P = -0.208 \times 0.625 - 0.092 = -0.222$$

⑩ x_W:将有关数据代入式(10-305)得:

$$x_W = 1 + \frac{(0.496 + 0.031 + 1.326) \times 0.284 + 0.061 \times 0.411}{0.496 + 0.031 + 0.061 + 1.326} = 1.288$$

⑪ 炉身效率 η:由式(10-289)至式(10-293)分别求得 TW 线的斜率、截距和方程,以及炉身效率。

$$\mu_{TW} = \frac{1.417 - 1.000}{1.000 - 1.288} = -1.448$$

$$y_{x=0} = \mu_{TW} \cdot x_W + y_W = 1.448 \times 1.288 + 1.000 = 2.865$$

$$y_{TW} = -1.448x + 2.865$$

与 AE 线方程联立求得:

$$x_S = \frac{2.865 + 1.418}{1.914 + 1.448} = 1.274$$

$$\eta = \frac{1.274 - 1.000}{1.288 - 1.000} = 95.1\%$$

⑫ 降低燃料比的潜力:已知 P 点和 W 点坐标,可列出理想操作线方程,由式(10-285)、式(10-286)、式(10-273)和式(10-288)分别求得:

$$\mu_{理想} = \frac{1.000 + 0.222}{1.288 - 0.625} = 1.843$$

$$y_{E'} = 1.843 \times 1.288 - 1.000 = 1.374$$

$$y_{A'E'} = 1.843x - 1.374$$

$$\Delta\mu = 1.914 - 1.843 = 0.071$$

$$\Delta K = 0.071 \times 12 \times 16.936 \div 0.8602 = 16.8 \quad \text{kg/t}$$

(2) 方法 2(图 10-8)

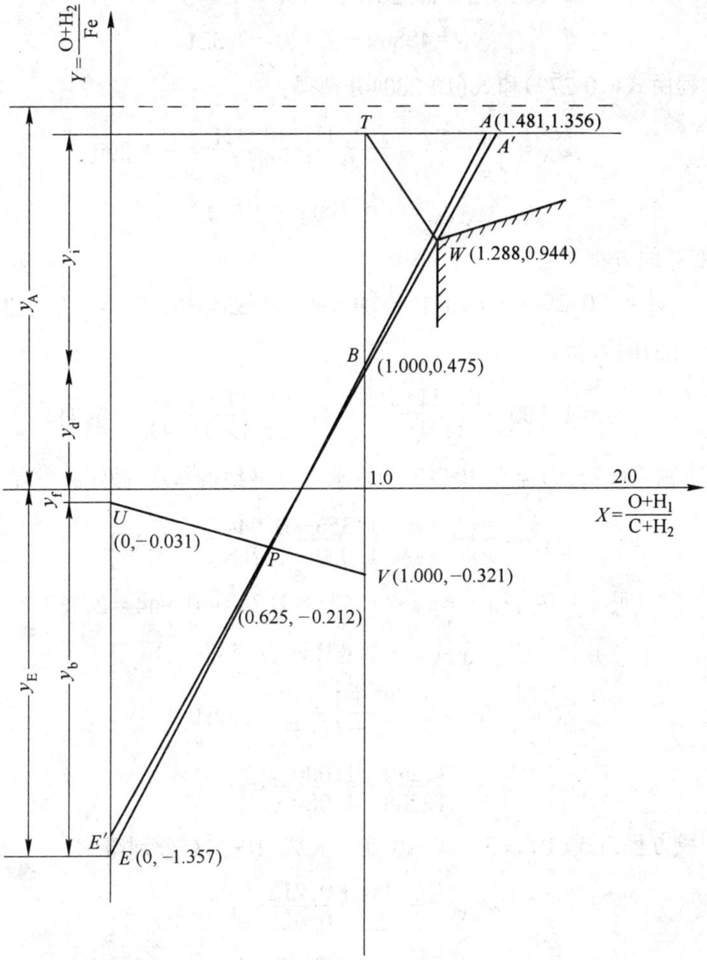

图 10-8　按第二种方法考虑 H_2 影响时的操作线图

$y_{AE}=1.832x-1.357$；$y_{A'E'}=1.742x-1.302$

本法有两点不同之处：

$$y_{A'}=y_A-y_{H_2} \tag{10-309}$$

$$y_W=1.000-\frac{0.411\cdot\Sigma H_2}{22.4\cdot n_{Fe}} \tag{10-310}$$

根据前述数值举例计算如下。

1）$y_{A'}$ 由式(10-309)得：

$$y_{A'}=1.417-0.061=1.356, x_A \text{ 仍为 } 1.481$$

2）AE 线方程由式(10-268)和式(10-273)得：

$$\mu_{AE}=\frac{1.356+1.357}{1.481-0}=1.832$$

$$y_{AE}=1.832x-1.357$$

3）r_d 由上述数据代入下式得：

$$r_d=\mu_{AE}\cdot x_{1.0}-y_E=1.832\times1-1.357=0.475$$

4）y_V 由式(10-277)和式(10-278)分别得：

$$Q = 91372 \times 1.326 - 152190 \times 0.475 = 48869$$

$$y_V = 48869/152190 = 0.321$$

5) UV 线方程由式(10-279)和式(10-280)分别得：

$$\mu_{UV} = \frac{y_U - y_V}{x_U - x_V} = \frac{-0.031 + 0.321}{0 - 1.000} = -0.290$$

$$y_{UV} = -0.290x - 0.031$$

6) y_P 代入 UV 线方程得：

$$y_P = -0.290x - 0.031 = -0.290 \times 0.625 - 0.031 = -0.212$$

7) y_W 由式(10-310)可得：

$$y_W = 1.000 - \frac{0.411 \cdot \Sigma H_2}{22.4 \cdot n_{Fe}} = 1 - \frac{51.27 \times 0.411}{22.4 \times 16.936} = 0.944$$

8) 炉身效率 η 由式(10-289)至式(10-293)分别求得 TW 线的斜率、截距和方程，以及炉身效率。

$$\mu_{TW} = \frac{y_T - y_W}{x_T - x_W} = \frac{1.356 - 0.944}{1.000 - 1.288} = -1.431$$

$$y_{x=0} = \mu_{TW} \cdot x_W + y_W = 1.431 \times 1.288 + 0.944 = 2.787$$

$$y_{TW} = -1.431x + 2.787$$

$$x_S = \frac{2.787 + 1.357}{1.832 + 1.431} = 1.270$$

$$\eta = \frac{1.270 - 1.000}{1.288 - 1.000} = 93.8\%$$

9) 理想操作线方程由式(10-285)、式(10-286)和式(10-273)分别得

$$\mu_{理想} = \frac{0.944 + 0.212}{1.288 - 0.625} = 1.744$$

$$y_{x=0} = 1.744 \times 1.288 - 0.944 = 1.302$$

$$y_{A'E'} = 1.744x - 1.302$$

10) 降低燃料比潜力由式(10-288)得

$$\Delta K = (1.832 - 1.744) \times 12 \times 16.936/0.8602 = 20.8 \quad \text{kg/t}$$

10.7 炼铁能量平衡

10.7.1 能量平衡方法及主要原则

能源是产生能量的物质。为了合理使用能源资源，降低能源消耗和提高利用水平，必须对能量利用过程进行分析。采用正确的恰当的能量利用过程分析方法，既能促进能源的节约，又有助于搞好生产。在工业企业中采用的是以热力学第一定律为依据的能量数量分析法。其中，过程法(工艺能量观点的过程分析法)更切合实际(基本模型如图 10-9)。其不仅考察了消耗的能量或能量利用的最终去向，而且分析能量的工艺利用，从而在能量平衡基础上，对体系内部能量的利用过程加以分析，研究该体系内部能量的利用程度及存在问题，为节约能源、降低消耗、减少损失和加强回收提供科学依据。

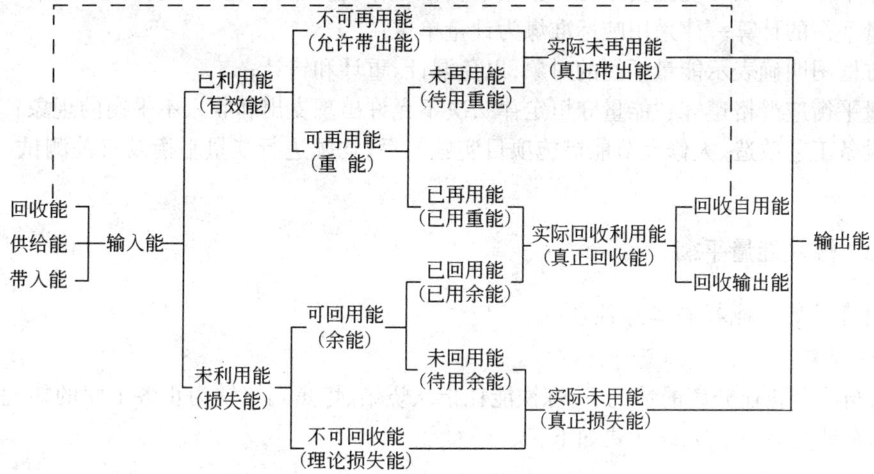

图 10-9　过程法模型图

炼铁能量平衡是以炼铁厂生产高炉为对象,分析和研究各种能源的收入与支出、消耗与有效利用及损失之间的平衡关系。

炼铁厂用高炉生产生铁所消耗的各种能源数量为实际消耗能源量。即

$$实际消耗能源量 = 能源总消耗量 - 非生产生活能源量 - 外销自产二次能源量 \quad (10\text{-}311)$$

能源的消耗量即实际消耗能源量(简称能耗)的计量单位统一用标准煤。发热量 29.3076MJ(相当于 7000kcal)的燃料为 1kg 标准煤。各种能源的单位低发热量与标准煤的发热量之比值称为折算标准煤系数,简称折标系数。标准煤下称标煤。各种能源的实物消耗量乘以折标系数就可得到标煤量。表 10-53 是各种实物量的折标系数。由此可见,能量平衡也就是热能平衡。

能量平衡的主要原则[5]有:

1) 能量平衡应按工艺或产品的能耗系统进行综合平衡。对于多个能耗系统,可先进行主要能耗系统的能量平衡,但须注明;

表 10-53　冶金企业中主要实物量的折标系数(参考)

实物量		折标系数	折标单位	实物量		折标系数	折标单位
名　称	单　位			名　称	单　位		
洗精煤	t	0.9357	t 标煤·t^{-1}	焦炉煤气	GJ	0.03416	t 标煤·GJ^{-1}
无烟煤	t	0.7723	t 标煤·t^{-1}	高炉煤气	GJ	0.03416	t 标煤·GJ^{-1}
烟　煤	t	0.618	t 标煤·t^{-1}	电	10^4kW·h	4.04	t 标煤·10^{-4}·kWh
动力煤	t	0.65	t 标煤·t^{-1}	蒸　汽	GJ	0.0437	t 标煤·GJ^{-1}
柴　油	t	1.5714	t 标煤·t^{-1}	鼓　风	10^3m^3	0.0267	t 标煤·10^{-3}·m^{-3}
汽　油	t	1.4714	t 标煤·t^{-1}	软　水	10^3m^3	0.500	t 标煤·10^{-3}·m^{-3}
重　油	t	1.4157	t 标煤·t^{-1}	新　水	10^3m^3	0.234	t 标煤·10^{-3}·m^{-3}
焦　油	t	1.2857	t 标煤·t^{-1}	净污环水	10^3m^3	0.135	t 标煤·10^{-3}·m^{-3}
冶金焦	t	0.953	t 标煤·t^{-1}	污环水	10^3m^3	0.135	t 标煤·10^{-3}·m^{-3}
焦　粉	t	0.804	t 标煤·t^{-1}	氧　气	10^3m^3	0.28	t 标煤·10^{-3}·m^{-3}
粗　苯	t	1.4286	t 标煤·t^{-1}	压缩空气	10^3m^3	0.047	t 标煤·10^{-3}·m^{-3}
天然气	GJ	0.03416	t 标煤·GJ^{-1}	氮　气	10^3m^3	0.65	t 标煤·10^{-3}·m^{-3}

注:根据实物量性能的变化,经上级批准,计算出可供统一使用的折标系数。

2）能量平衡一般以环境温度作为计算基准，若采用其它温度作基准温度时须说明；

3）能量平衡的计算一律采用吨标准煤为计量单位；

4）用方框图明确表示能量平衡的对象，以免漏计、重计和错计；

5）能量平衡应严格遵守："能量守恒定律"，决不允许出现支出和收入不平衡的现象；

6）在设备工艺改造、大修及节能措施项目实施前后，均须进行能量平衡及有关测试，以便对比分析效果。

10.7.2 炼铁能量平衡

10.7.2.1 炼铁能耗与工序能耗

（1）炼铁能耗

在矿山与冶金企业分离的情况下，炼铁能耗指从烧结、炼焦到炼铁为止各工序的能耗总和。炼铁能耗亦称全铁能耗（E_{QT}），表达式如下：

$$E_{QT}=\frac{e_{LJ}\cdot G_{LJ}+e_{SJ}\cdot G_{SJ}+e_{QT}\cdot G_{QT}+\cdots}{P}+E_{LT} \tag{10-312}$$

式中 e_{LJ}，e_{SJ}，e_{QT}——分别为炼焦、烧结和球团的单位产品工序能耗，kg/t；

G_{LJ}、G_{SJ}、G_{QT}——用于炼铁的焦炭、烧结矿和球团矿的消耗量，t；

P——标准的生铁总产量，t；

E_{LT}——炼铁工序单位生铁的折算能耗，kg/t。

［**实例**］ 某铁厂每1t生铁的折算能耗为520kg，焦比470kg，烧结矿用量1850kg。炼焦和烧结的工序能耗分别为145kg/t和69kg/t。炼铁能耗为（代入式10-312）。

$$E_{QT}=\frac{470}{1000}\times145+\frac{1850}{1000}\times69+520=715.8\quad \text{kg/t}$$

（2）工序能耗

工艺过程中一个组成部分单位产品所消耗的能量称为工序能耗。表10-54是国内部分企业的有关指标。

表10-54 国内部分企业能耗情况[6,7]

企业名称	利用系数/t·(m³·d)⁻¹		入炉焦比/kg·t⁻¹		喷煤比/kg·t⁻¹		热风温度/℃	
	1998年	1999年	1998年	1999年	1998年	1999年	1998年	1999年
鞍钢	1.760	1.840	451	439	118	125	990	1016
首钢	2.091	2.139	418	399	103.5	115	1025	1049
武钢	1.958	1.951	435	424	97.0	108	1085	1088
宝钢	2.051	2.257	320	293	172.0	207	1225	1241
安钢	2.756	2.907	527	489	68	78	947	1001

企业名称	炼铁工序能耗/kg标煤·t⁻¹		烧结工序能耗/kg标煤·t⁻¹		炼焦工序能耗/kg标煤·t⁻¹	
	1998年	1999年	1998年	1999年	1998年	1999年
鞍钢	500.04②	492.69②	69.4	62.10②		
首钢	469.2	464.1				
武钢	461.2	458.8		62.88①		183.88
宝钢	414.03	409.57	59.97	60.24	139.23	137.65
安钢	491	465				

① 2000年前5个月平均值。由武钢炼铁厂技术科赵昌武同志提供的数据；

② 由鞍钢新钢铁炼铁总厂生产技术部付华同志提供的数据。

工序能耗有企业之间和企业内部两种。前者用于企业之间的等级评定,后者用于企业内部的日常生产管理。以下结合实例分别进行介绍。

1) 企业之间工序能耗。原冶金部为了推动各企业炼铁工序的节能工作,加强能源管理,实现能耗逐年下降,下发了(86)冶能字第1308号文件[8],其中规定了炼铁工序能耗的等级标准见表10-55。

表10-55 炼铁工序能耗等级标准

等 级	特 等	一 等	二 等	三 等
工序能耗/$kg \cdot t^{-1}$	≤460	≤490	≤520	≤550

在计算炼铁工序能耗等级评定指标时,具体规定如下:

① 等级指标以实际的入炉矿石含铁量55%为规定值,每降低1%,工序能耗指标减0.8%,高于55%的不折算。

② 等级指标以生产合格的炼钢生铁为基准,铸造生铁折算成炼钢生铁的系数是:Z14为1.14,Z18为1.18,以后每增加一个牌号,折算系数增加0.04。

③ 煤粉消耗量以厂基原煤(湿煤)为计量数。

④ 炉外增硅,要将硅铁本身的产品能耗和增硅工序能耗一律计入工序能耗。

⑤ 炼铁厂内自循环的废铁,不计废铁量(统一按20kg/t计算),外购废铁(超过20kg/t的部分)按含铁量75%计算入炉品位,再按①项计算。

[实例] 某厂年产650万t生铁,其中炼钢生铁642万t,Z14铸造生铁6万t,Z22铸造生铁2万t。入炉矿石含铁量为51%,每吨生铁的废铁用量90kg、矿石用量1650kg。生产铸造生铁时采用炉外增硅,年硅铁用量90t。全年实际能耗为350万t标煤。该厂的年工序能耗及等级评定指标计算如下:

① 因增加废铁用量,使入炉矿石品位提高到:

$$\frac{1650\times 51\% + (90-20)\times 75\%}{1650+(90-20)} = 51.98\%$$

入炉矿石品位比规定值低55% − 51.98% = 3.02%,影响工序能耗0.8%×3.02 = 2.416%

② 考虑硅铁能耗,设该厂使用的是75号硅铁,每吨能耗为4360kg,则能耗增加量为:

$$90/1000\times 4360 = 392.4 \quad t$$

③ 工序能耗为:

$$\frac{3500000+392.4}{6420000+60000\times 1.14+2\times 1.22}\times\frac{100-2.416}{100} = 524 \quad kg/t$$

④ 对照表10-55,应属三等。

2) 企业内部工序能耗。在冶金企业中,以高炉为主体设备生产生铁的这一工艺过程的单位生铁实际能耗称为炼铁的工序能耗(E_{Gx}),即

$$E_{Gx} = \frac{E_Z - E_{FS} - F_{WX} - F_{YH}}{P}\times 1000 \tag{10-313}$$

式中 E_Z——炼铁厂高炉生产生铁时各种能量消耗之总和,t;

E_{FS}——非生产生活消耗的能量,t;

E_{WX}——外销自产的二次能源量,t;

F_{YH}——余、重热回收的有效能量,t。

式(10-313)的分子项即为式(10-311)的定义,就是实际能耗。炼铁厂能耗有燃料能耗和动力能

耗两大项。燃料能耗中有焦炭、焦粉、煤粉、高炉煤气和焦炉煤气等。动力能耗有鼓风、蒸汽、电、水、氧气、压缩空气和氮气等。燃料能耗和动力能耗之和称为总能耗,即式(10-313)中的E_Z。根据上述的能量平衡原则的规定,在总能耗计算中,采用吨标准煤 (t)为计量单位。

表 10-56 是 1996 年 2 月某厂能量平衡中的部分数据。由表 10-56 可知:

$$E_{Gx}=\frac{47310.2-137130.3}{666393}\times1000=504.16\quad kg/t$$

实际工序能耗(E_{Gx})与计划的工序能耗有一定的差别,需要按下式进行校核:

$$E'_{Gx}=E^{\circ}_{Gx}-\Sigma\Delta YS_i\cdot BM_i \tag{10-314}$$

式中 E'_{Gx}——被校核成对照期的工序能耗,kg/t;

E°_{Gx}——基准期或计划的工序能耗,kg/t;

ΔYS_i——各因素的单位实物量差值,kg/t 或 m^3/t 等;

BM_i——各因素实物量的折标系数。

表 10-56 某月炼铁热能平衡

生铁产量 666393t					
分类	实物量			标准煤	
	名称	单位	数量	折标系数	标煤量/t
燃料消耗	焦炭	t	311459.7	0.953	296821.09
	无烟煤	t	70662.5	0.8354	59031.45
	烟煤	t		0.618	
	焦粉	t	4834.1	0.804	3886.62
	焦炉煤气	GJ	284817	0.03416	9729.35
	高炉煤气	GJ	1520574	0.03416	51942.81
	合计				421411.32
动力消耗	电	10^4kW·h	1311.1120	4.04	5296.89
	蒸汽	GJ	210102	0.0437	9181.46
	鼓风	10^3m^3	1121434	0.0267	29942.29
	新水	10^3m^3	405	0.234	94.77
	环水	10^3m^3	17243	0.135	2327.81
	氧气	10^3m^3	5076	0.28	1421.28
	压缩空气	10^3m^3	37696	0.047	1771.71
	氮气	10^3m^3	21772	0.076	1654.67
	合计				51690.88
余热回收	粗煤气	GJ	3783242	0.03416	129235.54
	余热水	GJ	180658.09	0.0437	7894.76
	合计				137130.3
实际能耗量					335971.9
工序能耗					504.16kg/t

表 10-57 是校核工序能耗的实例,是能量反平衡的一种方法。$\Sigma\Delta YS_i\cdot BM_i$ 的计算与式(10-313)同理。

表 10-57 影响工序能耗因素校核表

项　目	对照期	基准期	差　值	影响能耗/$kg \cdot t^{-1}$
煤　粉/$kg \cdot t^{-1}$	90.06	82.32	7.74	6.47
冶金焦/$kg \cdot t^{-1}$	485.00	486.15	-1.15	-1.10
焦　粉/$kg \cdot t^{-1}$	10.71	8.50	2.21	1.78
焦炉煤气/$GJ \cdot t^{-1}$	0.379	0.455	-0.076	-2.60
高炉煤气/$GJ \cdot t^{-1}$	2.419	2.430	-0.011	-0.38
电/$kW \cdot h \cdot t^{-1}$	14.27	14.50	-0.23	-0.09
蒸　汽/$GJ \cdot t^{-1}$	0.220	0.226	-0.006	-0.26
鼓　风/$m^3 \cdot t^{-1}$	1721	1696	25	0.67
新　水/$m^3 \cdot t^{-1}$	0.65	0.75	-0.10	-0.02
环　水/$m^3 \cdot t^{-1}$	29.54	29.61	-0.07	-0.01
氧　气/$m^3 \cdot t^{-1}$	13.54	15.00	-1.46	-0.41
压缩空气/$m^3 \cdot t^{-1}$	49.74	61.95	-12.21	-0.57
氮　气/$m^3 \cdot t^{-1}$	27.39	16.31	11.08	0.84
小　计				4.32
粗煤气/$GJ \cdot t^{-1}$	6.023	6.108	-0.085	-2.90
余热水/$GJ \cdot t^{-1}$	0	0		0
合　计				7.22
工序能耗/$kg \cdot t^{-1}$	509.58	502.36	7.22	

10.7.2.2　能流图

(1) 有效能量计算

从能量守恒的角度来看,输入和输出总是平衡的,不作进一步分析就不能节约能源和合理使用能源,因此必须弄清楚能源的有效利用程度和各种能量损失的去向,以便采用措施,减少损失,提高利用效率。

有效能量系指产品达到既定工艺要求时理论上所必须消耗的能量。有效能量计算可用能在物质中传递发生的热量或作功的形式来表达。即:消耗能量=有效能量+损失能量,可以写成如:消耗热量(Q)=有效热量($Q_{有}$)+损失热量($Q_{损}$)的形式。为了便于分析问题,一般采用热效率:

$$\eta = \frac{Q_{有}}{Q} = \frac{Q_{有}}{Q_{有} + Q_{损}} \tag{10-315}$$

来标志热(能)量的利用程度。

1) 高炉。高炉的有效能量计算就是高炉热效率的计算。只有通过以物料平衡为基础的热平衡计算之后才能得到。采用第一总热平衡计算的高炉热效率为:

$$\eta_{BF} = \frac{(Q1' + Q2' + \cdots + Q7')}{\Sigma Q} \times 100\% \tag{10-316}$$

式中　$Q1' \sim Q7'$——分别为铁氧化物等分解及去硫耗热,碳酸盐分解热,水分分解热,游离水蒸发热,金属附加物熔化热,喷吹燃料分解热和铁液本身的热量,MJ;

ΣQ——高炉收入或支出的总热量,MJ。

高炉热平衡的具体计算过程请见本章现场物料平衡和第一总热平衡计算法。表 10-58 是根据实测数据进行计算的结果,代入式(10-285)得:

$$\eta_{BF}=\frac{6822+331+49+100+1236}{11371}\times100\%=75.08\%$$

表 10-58 某高炉热平衡表

热收入				热支出			
符号	项目	MJ	%	符号	项目	MJ	%
$Q1$	碳素燃烧放热	8111	71.33	$Q1'$	铁氧化物等分解及去硫耗热	6822	59.99
$Q2$	鼓风带入物理热	1993	17.53	$Q2'$	碳酸盐分解热	0	0
$Q3$	氢氧化放热	539	4.74	$Q3'$	水分分解热	331	2.91
$Q4$	成渣热	4	0.03	$Q4'$	游离水蒸发热	49	0.43
$Q5$	炉料物理热	724	6.37	$Q5'$	金属附加物熔化热	0	0
				$Q6'$	喷吹燃料分解热	100	0.88
				$Q7'$	铁液显热	1236	10.87
				$Q8'$	渣液带走热	949	8.35
				$Q9'$	炉顶煤气带走热	1167	10.26
				$Q10'$	炉尘带走热	22	0.19
				$Q11'$	冷却水带走热	325	2.86
				$Q12'$	炉壳表面散热	32	0.28
				$Q13'$	炉底散热	3	0.03
				$Q14'$	热风围管散热	184	1.62
				ΔQ	差值	151	1.33
ΣQ	合计	11371	100.00	ΣQ	合计	11371	100.00

2）热风炉。热风炉热效率根据不同的测定范围，可分别按下列各式求得。

热风炉本体热效率（η_{t_1}）

$$\eta_{t_1}=\frac{Q1'-Q4+Q7'+Q9'}{\Sigma Q-Q4}\times100\% \tag{10-317}$$

热风炉系统及全系统热效率（η_{t_2}、η_{t_3}）

$$\eta_{t_2}\text{或 }\eta_{t_3}=\frac{Q1'-Q4}{\Sigma Q-Q4}\times100\% \tag{10-318}$$

式中 $Q1'$——热风带走的热量，MJ（或 kJ，下同）；

$Q4$——冷风带走的热量，MJ；

$Q7'$——冷风管道表面散热量，MJ；

$Q9'$——热风管道表面散热量，MJ。

热风炉本体就是燃烧期由燃烧器至烟道阀，送风期由冷风阀至热风阀的热风炉本体及其内部的管路部分。热风炉指除了上述的热风炉本体之外，还包含以冷风测点至热风测点的外部管路部分。热风炉系统指除了上述的热风炉之外，还包含助燃空气或煤气预热装置及其相关的管路和烟道。

一般来说，热风炉本体热效率高于热风炉系统热效率。热风炉热效率必须经过热风炉热平衡计算。其计算过程见热风炉一章的有关内容。

上述仅指一座热风炉的热效率，表示一座高炉所有热风炉（3 座或 4 座）的热效率，应取算术平均值，其符号分别为 $\overline{\eta}_{t_1}$ 和 $\overline{\eta}_{t_2}$。

表 10-59 是某高炉 3 座热风炉根据实测得的数据进行计算的结果，代入式（10-317）和式（10-318）分别得：

表 10-59　某热风炉组热平衡表

热收入				热支出			
符号	项　目	MJ	%	符号	项　目	MJ	%
$Q1$	燃料的化学热量	155.20	90.30	$Q1'$	热风带走的物理热量	146.00	84.94
$Q2$	燃料的物理热量	0.56	0.32	$Q2'$	烟气带走的物理热量	6.30	3.67
$Q3$	助燃空气的物理热量	6.70	3.90	$Q3'$	化学不完全燃烧带走热量	0	0
$Q4$	冷风带入的物理热量	9.42	5.48	$Q4'$	煤气机械水带走热量	1.00	0.58
				$Q5'$	冷却水带走热量	1.07	0.62
				$Q6'$	汽化冷却带走热量	—	—
				$Q7'$	冷风管道表面散热量	0.08	0.05
				$Q8'$	炉体表面散热量	12.00	6.98
				$Q9'$	热风管道表面散热量	1.76	1.02
				$Q10'$	烟道带走热量	0.34	0.20
				$Q11'$	换热器带走热量	0.07	0.04
				ΔQ	差　值	3.26	1.90
ΣQ	合　计	171.88	100.00	ΣQ	合　计	171.88	100.00

$$\overline{\eta}_{t_1}=\frac{146.00+0.08+1.76-9.42}{171.88-9.42}\times 100\%=85.20\%$$

$$\overline{\eta}_{t_2}=\frac{146.00-9.42}{171.88-9.42}\times 100\%=84.07\%$$

3) 余热、重热回收。在已被利用的热量中可以再被利用的热量称为重复利用热量，简称重热。在未被利用的热量(损失热量)中可以回收利用的热量称为剩余利用热量，简称余热。从余热(Q_{YR})中回收的有效热量(Q_{YX})称为余热回收(重热回收同理)。其利用率为：

$$\eta_{YL}=\frac{Q_{YX}}{Q_{YR}}\times 100\% \tag{10-319}$$

[实例]　某高炉日产荒煤气 $V_{HM}=2055984m^3$，其中 $CO_2=16.6\%$，$CO=26.3\%$，$H_2=2\%$，$N_2=55.1\%$，$H_2O=4.1\%$。荒煤气平均温度 $t=413℃$，用于预热与其成分相同的干净煤气，余热的基准温度取 $t_0=200℃$。净煤气流量 $V_{JM}=45527m^3/h$，其入口和出口的温度分别为 $t_1=53℃$ 和 $t_2=258℃$。其余热利用率计算如下。

1) 先计算荒煤气的余热资源量(Q_{YR})，即

$$Q_{YR}=V_{HM}(c_p^t\cdot t-c_p^{t_0}\cdot t_0)+V_{H_2O}(w_{H_2O}^t-w_{H_2O}^{100}) \tag{10-320}$$

① 在温度 t 和 t_0 时荒煤气各成分的比热容 $kJ/(m^3\cdot℃)$ 查表得：

	$c_{p_{CO_2}}$	$c_{p_{CO\cdot N_2}}$	$c_{p_{H2}}$	$c_{p_{H_2O}}$
$t=413℃$	1.9393	1.3335	1.3042	1.4335
$t_0=200℃$	1.7873	1.3126	1.3017	1.3912

② 在温度 t 和 t_0 时荒煤气的平均比热容：

$$c_p^t=1.9393\times 0.166+1.3335\times(0.263+0.551)+1.3042\times 0.02=1.4335kJ/(m^3\cdot℃)$$

$$c_p^{t_0}=1.7873\times 0.166+1.3126\times(0.263+0.551)+1.3017\times 0.02=1.3912kJ/(m^3\cdot℃)$$

③ 荒煤气余热资源量(Q_{YR})由式(10-320)得：

$$Q_{YR}=2055984\times\left[(1.4335\times413-1.3912\times200)+\frac{4.1}{100-4.1}\times(438.83-150.72)\right]$$
$$=670483\quad GJ(22.877t)$$

2）净煤气回收的有效热量（Q_{YX}）：

$$Q_{YX}=V_{JM}\times24\cdot(c_p^{t_2}\cdot t_2-c_p^{t_1}\cdot t_1)\tag{10-321}$$

① 在温度 t_1 和 t_2 时净煤气各成分的平均比热容 kJ/(m³·℃)查表得：

	$c_{p_{CO_2}}$	$c_{p_{CO\cdot N_2}}$	$c_{p_{H_2}}$
$t_2=258℃$	1.8309	1.3176	1.3021
$t_1=53℃$	1.6638	1.3021	1.3004

② 在温度 t_2 和 t_1 时净煤气的平均比热容：

$$c_p^{t_2}=1.8309\times0.166+1.3176\times(0.263+0.551)+1.3021\times0.02=1.4025\text{kJ/(m}^3\cdot℃)$$
$$c_p^{t_1}=1.6638\times0.166+1.3021\times(0.263+0.551)+1.3004\times0.02=1.3621\text{kJ/(m}^3\cdot℃)$$

③ 净煤气回收的热量　由式(10-321)得：

$$Q_{YX}=45527\times24\times(1.4025\times258-1.3621\times53)=316.490\quad GJ(10.799t)$$

3）荒煤气的余热利用率　由式(10-319)可得：

$$\eta_{YL}=\frac{316.490}{670.483}\times100\%=\frac{10.799}{22.877}\times100\%=47.2\%$$

降低荒煤气余热资源的余热基准温度，其余热利用率也随之降低。热风炉烟道气和液态炉渣的余热利用率计算与此类似。

4）动力设备。炼铁生产的主要用电设备有变压器、风机、水泵、直流发电机和电动机、同步机以及交流电动机等。以下简述若干设备的用电效率。

① 变压器电能利用率。变压器的有效能量利用可以变压器效率表示，其动态计算方法如下：

$$\eta_{BQ}=\frac{\beta\cdot S_e\cdot\cos\phi_t}{\beta\cdot S_e\cdot\cos\phi_t+\Delta P_0+\beta^2\cdot\Delta P_K}\times100\%\tag{10-322}$$

其中
$$\beta=\frac{W_T}{T\cdot S_e\cdot\cos\phi_t}\tag{10-323}$$

式中　β——变压器的负载率，%；

S_e——变压器额定容量，kW；

$\cos\phi_t$——功率因数；

T——变压器运行时间，h；

W_T——在 T 时间内有功负载总电量，即通过变压器消耗的电量，kW·h；

ΔP_0——变压器空载损耗功率，kW；

ΔP_K——变压器短路损耗功率，kW。

［实例］　ST-800/10 变压器的实测数据如下：$S_e=800$kW，$\Delta P_0=1.39$kW，$\Delta P_K=11.39$kW，$T=4320$h，$W_T=840000$kW·h，功率因数取 $\cos\phi_t=0.75$。变压器效率计算如下：

将已知数据分别代入式(10-328)和式(10-322)得：

$$\beta=\frac{840000}{4320\times800\times0.75}=32.4\%$$

$$\eta_{BQ}=\frac{0.324\times800\times0.75}{0.324\times800\times0.75+1.39\times0.324^2\times11.39}\times100\%=98.68\%$$

② 直流发电机用电效率　其电能利用率为：

$$\eta_{ZD}=\frac{W_{YX}}{W_{GG}}\times100\% \tag{10-324}$$

而

$$W_{YX}=P_{DE}\cdot\beta_{DF}\cdot\eta_{CX}\cdot\eta_{CZ}\cdot t_P \tag{10-325}$$

$$W_{GG}=P_{SR}\cdot t_P \tag{10-326}$$

其中

$$\beta_{DF}=P_{SC}/P_{DE}$$

$$P_{SR}=I_{dx}\cdot U$$

$$P_{SC}=P_{SR}-P_B-P_0-P_{XL}-P_{cu1}-P_{cu2}$$

式中　W_{YX}——电机系统的有效电能，kW·h；

W_{GG}——电机的供给电能，kW·h；

P_{DE}——电机额定功率，kW；

β_{DF}——电机负载率，%；

η_{CX}——电机的传动效率，%；

η_{CZ}——联轴器效率，%；

t_P——平衡期开动或投入的时间，h；

P_{SC}、P_{SR}——分别为电机的输出和输入功率，kW；

P_B、P_0——分别为励磁功率和空载功率，kW；

P_{XL}——线路的电能损耗，kW；

P_{cu1}、P_{cu2}——分别为定子和转子的电能损耗，kW；

I_{dx}、U——分别为等效电流(A)和实测电压(V)。

[实例]　某台直流发电机经过实测所得的数据为：$I_{dx}=0.8$A，$U=400$V，$P_B=2$kW，$P_0=0.9$kW，$P_{XL}=16.3$kW，$P_{cu1}=1.84$kW，$P_{cu2}=1.5$kW；还知道 $P_{DE}=520$kW，$\eta_{CX}=0.734$，$\eta_{CZ}=1$，$t_p=6000$h。电能利用率运算步骤如下：

电机实际输入功率　$P_{SR}=0.8\times400=320$　kW

电机实际输出功率　$P_{SC}=320-2-0.9-16.3-18.4-1.5=297.46$　kW

电机负载率　$\beta_{DF}=297.46/500=57.2\%$

电机使用率　$\eta_{DS}=297.46/320=93.0\%$

设备有效电能　$W_{YX}=500\times57.2\%\times0.734\times1\times6000=1309926$　kW·h

设备供给电能　$W_{GG}=320\times6000=1920000$　kW·h

由式(10-324)得：

$$\eta_{ZD}=\frac{1309926}{1920000}=68.2\%$$

③ 输电线路电能平衡　供电线路的电能利用率为：

$$\eta_{XL}=\left(1-\frac{\Delta W_{GD}}{W_{GG}}\right)\times100\% \tag{10-327}$$

而 $$\Delta W_{GD}=m\cdot L_{CK}^2\cdot R_{20}\cdot t_{pz}\cdot 10^{-3}\ \ \text{kW·h} \tag{10-328}$$

式中 ΔW_{GD}、W_{GG}——分别为供电线路的损耗电能和供给电能，kW·h；

m——相数（单相 $m=2$，三相 $m=3$，三相四线 $m=3.5$）；

L_{CK}——代表日均方根电流，A；

t_{pz}——平衡期供给网路运行时间，h；

R_{20}——一根导线在 20℃ 时电阻值，Ω；

且 $$R_{20}=r\cdot L \tag{10-329}$$

式中 r——每千米导线的长度在 20℃ 时的电阻值，Ω；

L——导线长度，m。

［实例］ 某厂铝质输电线路中 $m=3$，$L_{CK}=80\text{A}$，$t_{PZ}=4200\text{h}$，$r=0.33\Omega$，$L=109\text{m}$，$W_{GG}=163727\text{kW·h}$。输电线路的损耗电能和电能利用率计算如下。

将已知数据代入上述各式得：

$$\Delta W_{GD}=3\times 80^2\times 0.33\times 0.109\times 4200\times 10^{-3}=2900.6\ \ \text{kW·h}$$

$$\eta_{XL}=\left(1-\frac{2900.6}{163727}\right)\times 100\%=98.23\%$$

炼铁生产用电约有 98% 用于高炉、煤粉和冲渣的用电设备。有效电量约占总供给电量的 45%。

(2) 能流图

能流图是企业生产过程中能量供给和能量消耗的具体描述。图 10-10 是某单位的能流图。图

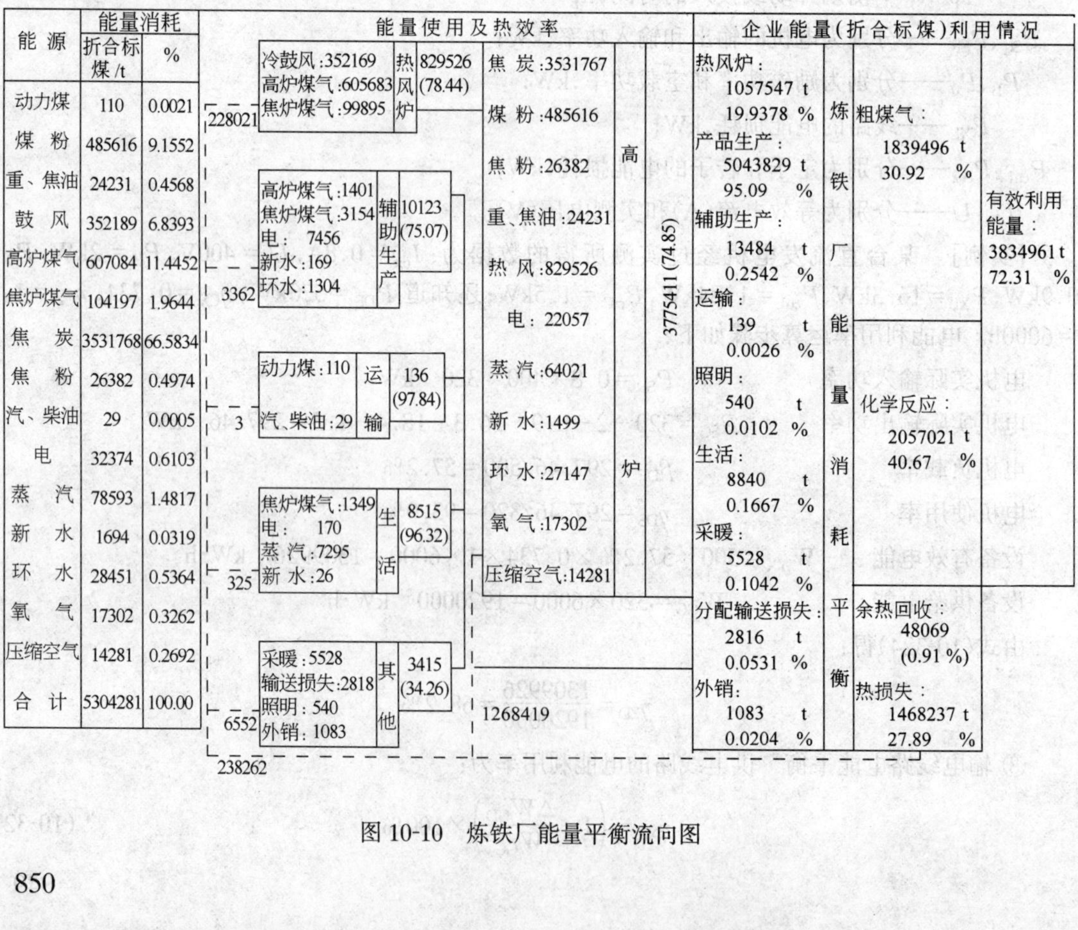

图 10-10 炼铁厂能量平衡流向图

内有各种能源的供给量、消耗量,能量使用效率及企业能量利用率3部分。

图内左边为第1部分,以吨标准煤形式列出该厂当年各种以实物量表示的能量及占总能量的比率。可以看出燃料消耗约占90%,动力消耗约占10%,高炉耗用的焦炭、焦粉、重油和煤粉占总能耗75%以上。

图10-10内中间的能量使用及热效率属第2部分。它主要指出高炉和热风炉的有效能量和损失能量。其中方框外右边的数值为有效能量,圆括号内的数值是有效能量利用率,具体计算见前述的有效能量计算。这里,高炉能耗约占总能耗的95%。本部分的总有效能量(E_{YX})为:

$$E_{YX}=E_{BF}+E_{FZ}+E_{YS}+E_{SH}+(E_{QT}-E_{WX})\quad t \tag{10-330}$$

式中,E_{BF}、E_{FZ}、E_{YS}、E_{SH}、E_{QT}、E_{WX}分别为高炉、辅助生产、运输、生活、其它扣除外销的有效能量,单位为吨标准煤。即

$$E_{YX}=3775411+10123+136+8515+(3415-1083)=3796517\quad t$$

热风炉的有效能量以热风形式进入高炉,不作重复计算。

图中右边是该厂能量使用情况的汇总。高炉产生的粗煤气能量,按其发热值累计后乘以折标系数所得的标煤量。用于化学反应的能量(E_{FY})为:

$$E_{FY}=E_{YX}-E_{CMQ}\quad t \tag{10-331}$$

式中的E_{CMQ}即为高炉产生的粗煤气能量。由式(10-331)得:

$$E_{FY}=3796517-1639496=2157021\quad t$$

图内的余热回收量为48089t,其中热风炉烟道废气中回收了5746t,荒煤气中回收了3879t,液态炉渣中回收了38444t。这里,只有液态炉渣通过水力冲渣经处理后的余热水供市民采暖的热量是余热回收的有效能量(E_{YH})。其它回收的热量的使用属于企业内部循环的消耗,例如,热风炉烟道气加热助燃空气仍用于提高热风温度。

图内第3部分的损失热量是由第2部分损失热量之和减去第3部分余热回收的有效热量,即

$$E_{NS}=238262+1268419-38444=1468237\quad t$$

图内最右边一栏是企业的有效能量和能量的利用程度,其表达式如下:

$$\eta_E=\frac{E_{YN}}{E_{SI}}\times 100\% \tag{10-332}$$

式中 E_{YN}——企业内部有效利用能量,亦称有效能量,t;

E_{SI}——实际消耗总能量,t。

而

$$E_{YN}=E_{YX}+E_{YH}=3796517+38444=3834961\quad t$$

$$E_{SI}=E_Z-E_{WX}=5304281-1083=5303198\quad t$$

或

$$E_{SI}=E_{YN}+E_{NS}=3834961+1468237=5303198\quad t$$

因此,由式(10-332)得

$$\eta_E=\frac{3834961}{5303198}\times 100\%=72.31\%$$

粗煤气、化学反应和损失的能量占实际消耗总能量的比值,均标在图内,不再具体计算。

10.7.3 合理使用能源与节能降耗

合理利用能源是能源管理的主要内容。从目前和长远出发,掌握当地和外地能源资源量,经济

有效地开发利用是十分必要的。在正确管理下，节能降耗的措施才能切实有力。

能量平衡为合理用能和节能降耗提供了科学依据。从炼铁能量利用角度看，主要是燃料消耗、动力消耗及余能资源的回收利用。

在占总能耗90%左右的燃料消耗中，降低高炉综合焦比或燃料比是节能降耗的首位重点。在当前情况下，一般采取精料(合理且充分利用矿山资源)，高风温，高顶压，低硅冶炼，综合鼓风，提高喷吹燃料置换比以及提高操作技术水平等措施。其次是降低热风炉的煤气消耗，提高热效率。一般采用合理的燃烧和送风制度，利用热风炉烟道废气预热助燃空气和煤气以及冷风管道保温等；热风炉大修时，应增加蓄热面积，增加格子砖重量、减少热风炉及送风系统的漏风损失，提高有效热量的利用程度。

在动力消耗中，节能降耗首先要降低鼓风系统的动力消耗。一般是鼓风机应与高炉有效容积相匹配，操作上相互密切联系，减少泄漏和无故放散。提高电能利用率，节约用水和精心用气也是降低动力消耗的主要管理内容，特别是保护水资源，减少水污染，不仅仅是企业的节能降耗，更主要的是社会效益。

余能回收，如液态炉渣、高炉荒煤气和热风炉烟道废气的物理热回收，高炉炉顶压力能和冷却水位能的回收，以及热风炉送风后适当利用蓄热室的热量等皆为节能降耗的有效方法和手段。

衡量节能降耗的标准，在合理使用能源的前提下，代表能耗的各项技术经济指标和各种措施的效果相应地处于最佳范围之内。

参 考 文 献

1 全钰嘉.中国冶金百科全书:钢铁冶金,北京:冶金工业出版社

2 北京钢铁工业学院炼铁教研室,炼铁学(中册),北京:冶金工业出版社,1961

3 A.Д.高特里普.东北工学院炼铁教研室译,高炉冶炼过程,北京:中国工业出版社,1965

4 戴嘉惠.高炉风量和煤气量不用煤气中氮的计算方法探讨.1991炼铁学术年会论文集(中册) 1991.10.p216~218

5 辽Q1145—81国家与辽宁省能源标准汇编(下),辽宁省标准局,1988.p2

6 《炼铁》编辑部.重点钢铁企业高炉技术经济指标,炼铁,1999.No.4 p40,53

7 《炼铁》编辑部.重点钢铁企业高炉技术经济指标,炼铁,2000.No.5 p39

8 王忱.高炉工长技术管理300问,鞍钢炼铁厂,1991.11.p39

附　录

附表 1　单位转换表

量	厘米-克-秒单位制 c.g.s.			国际单位制 SI			转　换
	中文名称	英文名称	符　号	中文名称	英文名称	符　号	
能、功 热量	卡 尔　格	calorie erg	cal erg	焦[耳] 焦[耳]	joule joule	J J	1cal = 4.184J $1erg = 10^{-7}J$
力	达　因	dyne	dyn	牛[顿]	newton	N	$1dyn = 10^{-5}N$
压力 (压强)	大气压	atmosphere bar torr	atm bar torr	帕[斯卡] 帕[斯卡] 帕[斯卡]	pascal pascal pascal	$Pa = N/m^2$ $Pa = N/m^2$ $Pa = N/m^2$	$1atm = 1.013\times10^5 N/m^2$ $1bar = 10^5 N/m^2$ $1torr = 133.32 N/m^2$
浓度	克分子 分数	mole fraction	mol/L	摩尔分数	molfraction	mol/m^3	$1mol/L = 10^3 mol/m^3$
表面 张力	$\frac{达因}{厘米}$	dyne/cm	dyn/cm	$\frac{牛[顿]}{米}$	Newton /meter	N/m	$1dyn/cm = 10^{-3} N/m$
黏度	泊 斯托克斯	Poise stokes	P St	帕[斯卡]·秒 平方米/秒	newton· sec/m^2	Pa·s m^2/s	$1poise = 1dyn\cdot s/cm^2$ $1poise = 0.1Pa\cdot s$ $1stokes = 1cm^2/s$ $1stokes = 10^{-4} m^2/s$
质量	克 克分子	gram gram-mole	g g-mol	公斤 摩[尔]	kilogram mole	kg mol	$1g = 10^{-3}kg$ 1g-mol = 1mol
电流 密度	$\frac{安培}{厘米^2}$	$ampere/cm^2$	mp/cm^2	$\frac{安}{米^2}$		A/m^2	$1amp/cm = 10^4 A/m^2$
扩散 系数			cm^2/s	平方米每秒		m^2/s	$1cm^2/s = 10^{-4}$ m^2/s
传质 系数			cm/s	米每秒		m/s	$1cm/s = 10^{-2} m/s$

附表 2　有用常数表

常　　数	c.g.s. 单位	SI 单位
Avogadro 常数	6.02×10^{23}分子/克分子	$6.02\times10^{23} mol^{-1}$
Boltzmann 常数	3.3×10^{-24}卡/度 1.38×10^{-16}尔格/度	$1.38\times10^{-23} J/K$
Faraday 常数	96487 库仑/克当量 23061 卡/伏·克当量	$96485.309C\cdot mol^{-1}$ $9.6485\times10^4 C\cdot mol^{-1}$
气体常数 R	1.987 卡/度·克分子 8.314×10^7 尔格/度·克分子 82.07 厘米³-大气压/度·克分子 0.08207 公升-大气压/度·克分子	$8.314J\cdot(K\cdot mol)^{-1}$
Planck 常数	1.584×10^{-34}卡·秒 6.626×10^{-27}尔格·秒	$6.626\times10^{-34} J\cdot s$
理想气体 1 摩尔的体积	22400 厘米³(0℃,1 大气压)	$2.24\times10^{-2} m^3$ $(273K, 101325N/m^2)$
Rln10	4.575(R = 1.987 卡/度·克分子)	19.147 ($R = 8.314J\cdot(K\cdot mol)^{-1}$)

附表 3　元素的物理性质

元素符号	元素名称	熔点/℃	沸点/℃	比热容 /J·(kg·K)$^{-1}$	密度(20℃) /kg·m^{-3}	热导率 /W·(m·K)$^{-1}$	电阻率/Ω·m	熔化热 /kJ·mol^{-1}	气化热 /kJ·mol
Ag	银	960.15	2177	234	10500	4182	1.6×10^{-8}	11.95	254.2
Al	铝	660.2	2447	900	2698.4	211.015	2.6×10^{-8}	10.76	284.3
Ar	氩	−189.38	−185.87	519	1.7824	0.016412		1.18	6.523
As	砷	817 (12.97MPa)	613	326 (升华)	5720(灰) 2026(黄) 4700(黑)		3.5×10^{-7}		
Au	金	1063	2707	130	19300	293.076	2.4×10^{-8}	12.7	310.7
B	硼	2074	3675	1030	2460		1.8×10^{4}		
Ba	钡	850	1537	192	3590		6.0×10^{-7}	7.66	149.32
C	碳	4000 (6.38MPa)	3850(升华)	711 519	2267 石墨 3515 金刚石	23.865	1.375×10^{-5}	104.7	326.6 (升华热)
Ca	钙	851	1478	653	1550	125.604	4.5×10^{-8}	9.2	161.6
Ce	铈	795	3470	184	6771		7.16×10^{-7}		
Cl	氯	−101.0	−34.05	477	2.98(气)		>10(液)	6.410	20.42
Co	钴	1495	3550	435	8900	69.082	0.8×10^{-7}	15.5	389.4
Cr	铬	1900	2640	448	7200	66.989	1.4×10^{-7}	14.7	305.5
Cu	铜	1083	2582	385	8920	414.075	1.6×10^{-8}	13.0	304.8
F	氟	−219.62	−188.14	824	1.58			1.56	6.32
Fe	铁	1530	3000	448	7860	75.362		16.2	354.3
H	氢	−259.2	−252.77	1.43×10^{4}	0.8987×10^{-1}			0.117	0.904
Hg	汞	−38.87	356.58	138	13593.9	10.467	9.7×10^{-7}(液) 2.1×10^{-7}(固)	2.33	58.552
K	钾	63.5	758	753	870	97.134	6.6×10^{-8}	2.334	79.05
Mg	镁	650	1117	1.03×10^{3}	1740	157.424	4.4×10^{-8}	9.2	131.9
Mn	锰	1244	2120	477	7300			14.7	224.8
Mo	钼	2625	4800	251	10200	146.358	0.5×10^{-7}		
N	氮	−209.97	−195.798	1.04×10^{3}	1.165			0.720	5.581
Na	钠	97.8	883	1.23×10^{3}	970	132.722	4.4×10^{-8}	2.64	98.0
Ni	镍	1455	2840	439	8900	58.615	6.8×10^{-8}	17.6	378.8
O	氧	−218.787	−182.98	916	1.331			0.444	6.824
P	磷	44.2 597 610	280.3 431(升华) 453(升华)		1828(白) 2340(红) 2699(黑)			0.628(液) 20.3(液)	
Pb	铅	327.4	1751	130	11340	34.750	2.1×10^{-7}	4.777	180.0
Pt	铂	1774	约 3800	134	21450	69.920	1.02×10^{-7}	21.8	510.8
Re	铼	3180	5885	138	21040	58.615	1.93×10^{-7}		
Rh	铑	1966	(3700)	243	12410	87.923	0.5×10^{-7}		
S	硫	112.8 114.6 106.8	444.60	732	2080(α) 1960(β) 1920(γ)	263.768×10^{-3}	0.2×10^{16}	1.23	10.5
Sb	锑	630.5	1640	209	6684	22.525	3.9×10^{-7}	20.1	195.38
Si	硅	1415	2680	711	2330	83.736		46.5	297.3
Sn	锡	231.89	2687	218	7280(白)	64.058	1.15×10^{-7}	7.08	230.3

续附表 3

元素符号	元素名称	熔点/℃	沸点/℃	比热容/J·(kg·K)$^{-1}$	密度(20℃)/kg·m^{-3}	热导率/W·(m·K)$^{-1}$	电阻率/Ω·m	熔化热/kJ·mol^{-1}	气化热/kJ·mol
Ti	钛	1672	3260	523	4507(α) 4320(β)		0.3×10^{-7}		
V	钒	1919	3400	481	6100		5.9×10^{-7}		
W	钨	3415	5000	134	19350	167.472	5.48×10^{-8}		
Zn	锌	419.47	907	385	7140	110.950	5.9×10^{-8}	6.678	114.8
Zr	锆	1855	4375	276	6520(混)		4.0×10^{-7}		

附表 4　常用氧化物的若干物理性质

氧　化　物	含氧量/%	密度/kg·m^{-3}	熔化温度/℃	汽化温度/℃
Fe_2O_3	30.057	5100～5400	1565	
Fe_3O_4	27.640	5100～5200	1597	
FeO	22.269(介稳的) 23.139～23.287(稳定的)	5613(含 $O_2$23.91%)	1371～1385	
SiO_2	53.257	2650(石英)	1713(硅石 1750)	2590
SiO	36.292	2130～2150	1350～1900(升华)	1900
MnO_2	36.807	5030	535 以前分解	
Mn_2O_3	30.403	4300～4800	940 以前分解	
Mn_3O_4	27.970	4300～4900	1567	
MnO	22.554	5450	1750～1778	
Cr_2O_3	31.580	5210	2275	
TiO_2	40.049	4260(金红石) 3840(锐钛矿)	1825	3000
TiO	25.038	4930	1750	
P_2O_5	56.358	2390	569(加压时)	359 升华
V_2O_5	43.983	3360	663～675	1750 分解
VO_2	38.581	4300	1545	
V_2O_3	32.024	4840	1967	
VO	23.901	5500	1970	
NiO	21.418	6800	1970	
CuO	20.114	6400	1148 分解(1062.2)	
Cu_2O	11.181	6100	1235	
ZnO	19.660	5500～5600	2000(5.269MPa)	1950 升华
PbO	7.168	9120±50(22℃) 7794(880℃)	888	1470
CaO	28.530	3400	2585	2850
MgO	39.696	3200～3700	2799	3638
BaO	10.435	5000～5700	1923	约 2000
Al_2O_3	47.075	3500～4100	2042	2980
K_2O	16.985			766
Na_2O	25.814			890

附表 5 固体、绝缘和耐火材料等的密度和热学性能

名 称	密度/kg·m^{-3}	比热容		熔点/℃
		/kJ·(kg·K)$^{-1}$	温度范围/℃	
矿渣棉	150.6～299.6	0.712	25	
石棉板	1000～1300			
石棉水泥隔板	250～500	0.837		
重砂浆粘土砖砌体	1800	0.879		
重砂浆硅酸盐砌体	1900	0.837		
熟铬质耐火材料	3011.8	0.837	15.6～648.9	1971
生铬质耐火材料	3091.9	0.879	15.6～648.9	1971
铬矿砂($FeCr_2O_4$)	4501.6	0.921		2180
黏土	1794.2～2595.2	0.938	20～97.8	1738
刚玉(Al_2O_3)	4005	0.827	5.6～92.2	2050
氧化铝(矾土)	3900.9	0.766	0～100	
硅藻土	200.3～400.5	0.879	25	
耐火黏土砖	2194.74～2403	1.017	15.6～1201.7	1593～1760
耐火绝热砖(1426.7℃)	6151.7	0.921	15.6～648.9	1637.8～1648.9
耐火硅砖	2306.9～2595.2	1.080	15.6～1201.7	1149
高氧化铝耐火材料	2050.6	0.963	15.6～648.9	1810
镁质耐火材料	2739.4	1.130	15.6～648.9	1971
瓷质耐火材料		0.963	15.6～648.9	1682.2
硅质耐火材料	1778.2	0.963	15.6～648.9	1698.9
硅线石(莫来石)耐火材料	2322.9～3236	0.963	15.6～648.9	1821.1～1833.8
碳化硅(SiC)	3188.0	0.963	15.6～510	2250
锆英石($ZrSiO_4$)	4693.9	0.553		2550
硅石(SiO_2)	2883.6	0.780	0～100	1750
砂石	2595.24	0.816	15～100	
碳酸钙($CaCO_3$)	2961.4～2947.7			826(分解)
白云石	2899.6	0.929	20～95	
石灰石	2691.4～2803.5	0.904	15～100	
生石灰(CaO)		0.909	0～100	
蛇纹石		1.047	0～100	
黑(硬、天然)沥青	1039.7	2.303		148.9
石油沥青	988.4～1039.7	2.303		60～82.2
木炭	288.4～608.8	0.691～1.047	23.9	
煤		1.256	0～100	
焦炭		0.850	0～100	
		1.574	37.8～1204.4	
沥青(煤焦油)	993.24～1297.62	1.884	15.6～100	30～150
熔渣		0.754	0～100	
赤铁矿		0.489	15～98.9	
磁铁矿(天然)	5158.44	0.653	0～100	
黄铜矿($CuFeS_2$)		0.541	15～98.9	
石墨	2215.6	0.837	0～100	3482.2
		1.591	21.1～1204.4	
石蜡	865.12～913.14	2.604	35～40	37.8～56.1
碳酸氢钠(小苏打)	2194.74	0.967	0～100	
碳酸钠(Na_2CO_3)	2427.0	1.281		852
高炉渣	1600～2200			

附表 6　空气及煤气的饱和水蒸气含量(气压 101.325kPa)

温度/℃	饱和时蒸汽压力/kPa	1 标 m^3 空气(煤气)中含水汽量			
		质量/$g \cdot m^{-3}$		气体百分数/%	
		对干气体	对湿气体	对干气体	对湿气体
-20	0.103	0.82	0.81	0.102	0.101
-15	0.165	1.32	1.31	0.164	0.163
-10	0.259	2.07	2.05	0.257	0.256
-8	0.309	2.46	2.45	0.306	0.305
-6	0.368	2.85	2.84	0.354	0.353
-5	0.401	3.19	3.18	0.397	0.395
-4	0.437	3.48	3.46	0.432	0.430
-3	0.475	3.79	3.77	0.471	0.459
-2	0.517	4.12	4.10	0.512	0.510
-1	0.562	4.49	4.46	0.558	0.555
0	0.610	4.87	4.84	0.605	0.602
1	0.657	5.24	5.21	0.652	0.648
2	0.706	5.64	5.60	0.701	0.697
3	0.758	6.05	6.01	0.753	0.748
4	0.813	6.51	6.46	0.810	0.804
5	0.872	6.97	6.91	0.868	0.860
6	0.935	7.48	7.42	0.930	0.922
7	1.002	8.02	7.94	0.998	0.988
8	1.073	8.59	8.52	1.070	1.060
9	1.148	9.17	9.10	1.140	1.130
10	1.228	9.81	9.73	1.220	1.210
11	1.318	10.50	10.40	1.310	1.290
12	1.403	11.2	11.1	1.40	1.38
13	1.497	12.1	11.9	1.50	1.48
14	1.599	12.9	12.7	1.60	1.58
15	1.705	13.7	13.5	1.71	1.68
16	1.817	14.6	14.4	1.82	1.79
17	1.937	15.7	15.5	1.95	1.93
18	2.064	16.7	16.4	2.08	2.04
19	2.197	17.8	17.4	2.22	2.17
20	2.326	19.0	18.5	2.36	2.30
21	2.486	20.2	19.7	2.52	2.46
22	2.644	21.5	21.0	2.68	2.61
23	2.809	22.9	22.3	2.86	2.78
24	2.984	24.4	23.6	3.04	2.94
25	3.168	26.0	25.1	3.24	3.13
26	3.361	27.6	26.7	3.43	3.32
27	3.565	29.3	28.3	3.65	3.52
28	3.780	31.2	30.0	3.88	3.73
29	4.005	33.1	31.8	4.12	3.95
30	4.242	35.1	33.7	4.37	4.19
31	4.493	37.1	35.6	4.65	4.44
32	4.754	39.6	37.7	4.93	4.69

续附表 6

温度/℃	饱和时蒸汽压力/kPa	1 标 m^3 空气(煤气)中含水汽量			
		质量/$g \cdot m^{-3}$		气体百分数/%	
		对干气体	对湿气体	对干气体	对湿气体
33	5.030	42.0	39.9	5.21	4.96
34	5.320	44.5	42.2	5.54	5.25
35	5.624	47.3	44.6	5.89	5.56
36	5.941	50.1	47.1	6.23	5.86
37	6.275	53.1	49.8	6.60	6.20
38	6.625	55.3	52.7	7.00	6.55
39	6.991	59.6	55.4	7.40	6.90
40	7.375	63.1	58.5	7.85	7.27
42	8.199	70.8	65.0	8.8	8.1
44	9.101	79.3	72.2	9.7	9.0
46	10.086	88.8	80.0	11.0	9.9
48	11.160	99.5	88.5	12.40	11.0
50	12.334	111.4	97.9	13.85	12.18
52	13.612	125.0	108.0	15.60	13.5
54	14.999	140.0	119.0	17.40	14.80
56	16.505	156.0	131.0	19.60	16.40
60	19.918	196.0	158.0	24.50	19.70
65	24.998	265.0	199.0	32.80	24.70
70	31.157	361.0	249.0	44.90	31.60
75	38.544	499.0	308.0	62.90	39.90
80	47.343	715.0	379.0	89.10	47.10
85	57.809	1091.0	463.0	135.80	57.00
90	70.101	1870.0	563.0	233.00	70.00
95	84.513	4040.0	679.0	545.00	84.50
100	101.325	无穷大	816.0	无穷大	100.00

附表 7 饱和蒸汽的物理参数

压力/MPa	温度/℃	比容/$m^3 \cdot kg^{-1}$	焓/$MJ \cdot kg^{-1}$	汽化热/$MJ \cdot kg^{-1}$	压力/MPa	温度/℃	比容/$m^3 \cdot kg^{-1}$	焓/$MJ \cdot kg^{-1}$	汽化热/$MJ \cdot kg^{-1}$
0.051	80.9				0.709	164.2	0.278	2.763	2.067
0.101	100.0				0.811	169.6	0.245	2.768	2.049
0.152	110.8	1.181	2.693	2.227	0.912	174.5	0.219	2.773	2.033
0.203	119.6	0.902	2.706	2.202	1.013	179.0	0.198	2.777	2.017
0.253	126.8	0.732	2.716	2.182	1.115	183.2	0.181	2.780	2.003
0.304	132.9	0.617	2.724	2.164	1.216	187.1	0.166	2.784	1.989
0.355	138.2	0.534	2.731	2.148	1.317	190.7	0.154	2.787	1.976
0.405	142.9	0.471	2.738	2.134	1.419	194.1	0.143	2.789	1.963
0.456	147.2	0.422	2.743	2.121	1.520	197.4	0.134	2.791	1.951
0.507	151.1	0.382	2.748	2.109	1.621	200.4			
0.558	154.7	0.349	2.752	2.098	2.027	211.4			
0.608	158.1	0.321	2.756	2.087	2.736	227.0			

附表 8　水质硬度换算

项　　目	1ppm	1mg 当量/L	1 德国标度	1 法国标度	1 英国标度	1 美洲标度
1ppm	1	0.01998	0.0560	0.1	0.0702	1
1mg 当量/L	50.05	1	2.804	5.005	2.511	50.045
1 德国标度	17.848	0.35663	1	1.7848	1.2521	17.847
1 法国标度	10	0.19982	0.5603	1	0.7015	10.0
1 英国标度	14.256	0.28483	0.7987	1.4255	1	14.255
1 美洲标度	1	0.01998	0.0560	0.1	0.0702	1

表中：德国度——1 度相当于 1L 水中含 10mgCaO；

法国度——1 度相当于 1L 水中含 10mg$CaCO_3$；

英国度——1 度相当于 0.7L 水中含 10mg$CaCO_3$；

美洲度——1 度相当于 1L 水中含 1mg$CaCO_3$；

苏联度——与德国度同。

附表 9　水质硬度分类

总硬度(德国度)	水　质	总硬度(德国度)	水　质
0°~4°	很软水	16°~30°	硬水
4°~8°	软水	30°以上	很硬水
8°~15°	中等硬水		

附表 10　各种物料的堆密度和堆角

物料名称	堆密度/t·m^{-3}	动堆角/(°)	静堆角/(°)
磁铁块矿，含 Fe45%以上	2.0~3.2	30~35	40~45
赤铁块矿，含 Fe45%以上	2.0~3.2	30~35	40~45
褐铁矿，含 Fe40%以上	1.6~2.7	30~35	40~45
菱铁矿，含 Fe35%以上	1.5~2.3	30~35	40~45
烧结矿	1.5~2.0	34~36.5	
球团矿	1.5~2.0		
钒钛铁矿，含 Fe40%~45%	2.3	37~38	
富锰矿	2.4~2.6		
贫锰矿	1.4~2.2		
氧化锰矿，含 Mn35%	2.1	37	
堆积锰矿	1.4	32	
次生氧化锰矿	1.65		
松软锰矿	1.10	29~35	
铁精矿，含 Fe60%左右	1.6~2.5	33~35	
黄铁矿球团矿	1.2~1.4		
烧结矿返矿	1.4~1.6	35	
烧结混合料	1.6	35~40	
黄铁矿烧渣	1.7~1.8		
高炉灰	1.4~2.0	25	
轧钢皮	1.9~2.5	35	
碎铁	1.8~2.5		
型铁，大块残铁	2.8~4.5		
焦炭，40mm 以上	0.45~0.5	35	
碎焦，40mm 以下	0.6~0.7		
木炭	0.12~0.25		
烟煤	0.8~1.0	30	35~45

物料名称	堆密度/t·m^{-3}	动堆角/(°)	静堆角/(°)
无烟煤	0.7~1.0	27~30(干)	27~45
石灰石	1.5~1.75	30~35	40~45
生石灰	1.0~1.1		45~50
生石灰(粉状)	0.55~1.10	25	
熟石灰(粉状)	0.55	30~35	
白云石	1.5~1.75	35	
碎白云石	1.6	35	
均热炉渣	2.0~2.2		
平炉渣	1.6~1.8		
高炉内炉料	1.05~1.1		
高炉渣碎块	1.6		
水渣(含水 10%)	1.0~1.3		
矿渣棉	0.17~0.3		
干砂	疏松 1.55~1.7 1.65~1.85	细砂 30	
湿砂	疏松 1.25~1.6 1.4~1.7		
萤石	1.5~1.7		
耐火泥	1.5~2.0		
石棉	0.4~0.8		
硅藻土	松散 0.25~0.35 0.4~0.5		
砾石	1.5~2.0		

附表 11 散状料的摩擦系数

散状料名称	摩擦系数					
	对钢		对木材		对混凝土	
	运动	静止	运动	静止	运动	静止
无烟煤	0.29	0.84	0.47	0.84	0.51	0.90
土、砂、砾石	0.58	1.00				
灰	0.47	0.84	0.84	1.00	0.84	1.0
石灰石	0.58	1.00				
焦炭	0.47	1.00	0.84	1.00	0.84	1.00
煤粉	1.00	2.77				
铁矿石	0.58	1.19				
锰矿石	0.58	1.19				
烟煤	0.58	1.00	0.70	1.00	0.70	1.00

附表 12 常用材料的摩擦系数

摩擦材料	干摩擦	润滑摩擦	摩擦材料	干摩擦
钢对钢	0.11～0.2	0.04～0.08	钢铁对浸沥青夹纱石棉	0.35～0.37
钢对铸铁	0.12～0.18	0.05～0.1	钢铁对浸油夹纱石棉	0.35～0.4
钢对青铜	0.11～0.18	0.04～0.08	钢铁对橡皮	0.5～0.8
铸铁对铸铁	0.1～0.2	0.05～0.1	铸铁对压纸板	0.15～0.4
青铜对青铜或铸铁	0.15～0.17	0.04～0.12	钢对木料	0.25～0.6
钢对塑料	0.2～0.25	0.09～0.1	铸铁对木料	0.3～0.5
钢铁对纤维板	0.15～0.3	0.12	铸铁对砖料	0.4～0.45
钢铁对石棉衬板	0.25～0.45	0.08	铸铁对石料	0.3～0.7
皮带对铸铁	—	0.12	麻绳对木材	0.5

附表 13 常用标准筛制

泰勒标准筛			日本 T15		美国标准筛			国际标准筛	前苏联筛		英 NMM 筛系标准筛		德国标准筛 DIN—1171		
网目孔/in	孔/mm	丝径/mm	孔/mm	丝径/mm	筛号	孔/mm	丝径/mm	孔/mm	筛号	筛孔每边长/mm	网目孔/in	孔/mm	筛号孔/cm	孔/mm	丝径/mm
			9.52	2.3											
2.5	7.925	2.235	7.93	2	2.5	8	1.83	8							
3	6.68	1.778	6.73	1.8	3	6.73	1.65	6.3							
3.5	5.691	1.651	5.65	1.6	3.5	5.66	1.45								
4	4.699	1.651	4.76	1.29	4	4.76	1.27	5							
5	3.962	1.118	4	1.08	5	4	1.12	4							
6	3.327	0.914	3.36	0.87	6	3.36	1.02	3.35							
7	2.794	0.833	2.83	0.8	7	2.83	0.92	2.8			5	2.54			
8	2.361	0.813	2.38	0.8	8	2.38	0.84	2.3							
9	1.981	0.838	2	0.76	10	2	0.76	2	2000	2					

续附表 13

泰勒标准筛			日本 T15		美国标准筛			国际标准筛	前苏联筛		英 NMM 筛系标准筛		德国标准筛 DIN—1171		
网目孔/in	孔/mm	丝径/mm	孔/mm	丝径/mm	筛号	孔/mm	丝径/mm	孔/mm	筛号	筛孔每边长/mm	网目孔/in	孔/mm	筛号孔/cm	孔/mm	丝径/mm
									1700	1.7					
10	1.651	0.889	1.68	0.74	12	1.63	0.69	1.6	1600	1.6	8	1.57	4	1.5	1
12	1.379	0.711	1.41	0.71	14	1.41	0.61	1.4	1400	1.4			5	1.2	0.8
									1250	1.25	10	1.27			
14	1.168	0.635	1.19	0.62	16	1.19	0.52	1.18	1180	1.18			6	1.02	0.65
16	0.991	0.597	1	0.59	18	1	0.48	1	1000	1	12	1.06			
									850	0.85					
									850	0.85					
20	0.833	0.437	0.84	0.43	20	0.84	0.42	0.8	800	0.8	16	0.79			
24	0.701	0.358	0.71	0.35	25	0.71	0.37	0.71	710	0.71			8	0.75	0.5
									630	0.63	20	0.64	10	0.6	0.4
28	0.589	0.318	0.59	0.32	30	0.59	0.33	0.6	600	0.6			11	0.54	0.37
32	0.495	0.398	0.5	0.29	35	0.5	0.29	0.5	500	0.5			12	0.49	0.34
									425	0.425					
35	0.417	0.31	0.42	0.29	40	0.42	0.25	0.4	400	0.4	30	0.42	14	0.43	0.28
42	0.351	0.254	0.35	0.26	45	0.35	0.22	0.355	355	0.355	40	0.32	16	0.385	0.24
									315	0.315					
48	0.295	0.234	0.297	0.232	50	0.297	0.188	0.3	300	0.3			20	0.3	0.2
60	0.246	0.178	0.25	0.212	60	0.25	0.162	0.25	250	0.25	50	0.25	24	0.25	0.17
									212	0.212					
65	0.208	0.183	0.21	0.181	70	0.21	0.14	0.2	200	0.2	60	0.21	30	0.2	0.13
80	0.175	0.162	0.177	0.141	80	0.177	0.119	0.18	180	0.18	70	0.18			
									160	0.16	80	0.16			
100	0.147	0.107	0.149	0.105	100	0.149	0.102	0.15	150	0.15	90	0.14	40	0.15	0.1
115	0.124	0.097	0.125	0.037	120	0.125	0.086	0.125	125	0.125	100	0.13	50	0.12	0.08
									106	0.106					
150	0.104	0.066	0.105	0.07	140	0.105	0.074	0.1	100	0.1	120	0.11	60	0.1	0.065
170	0.088	0.061	0.088	0.061	170	0.088	0.063	0.09	90	0.09			70	0.088	0.055
									80	0.08	150	0.08			
200	0.074	0.053	0.074	0.053	200	0.074	0.053	0.075	75	0.075			80	0.075	0.06
230	0.062	0.041	0.062	0.048	230	0.062	0.046	0.063	63	0.063	200	0.06	100	0.06	0.04
270	0.53	0.041	0.053	0.038	270	0.052	0.041	0.05	50	0.05					
325	0.043	0.036	0.044	0.034	325	0.044	0.036	0.04	40	0.04					
400	0.038	0.025													

附表 14 各种耐火砖的主要特性

名称	牌号	耐火度/℃	荷重软化开始温度(196kPa)/℃	耐急冷急热性/次	抗渣性		体积稳定性		允许使用温度/℃	常温耐压强度/MPa	体积密度/$g\cdot cm^{-3}$	气孔率(不大于)/%	热导率		热容量	
					碱性渣	酸性渣	线胀系数	残余胀缩/%					λ /$W\cdot(m\cdot K)^{-1}$	温度系数 b	c_p /$J\cdot(kg\cdot K)^{-1}$	b'
半酸性砖	HB-65	1670	1250	4～15	差	较好	5.2×10^{-6}	残缩 0.5	1250～1300	19.6	2.00	22	0.87	0.52×10^{-3}	836.8	0.263
黏土砖	NZ-30	1610	1250	5～25			5.2×10^{-6}	残缩 0.5	1200～1250	12.3	2.07	28	0.84	0.58×10^{-3}	836.8	0.263
	NZ-35	1670	1250						1250～1300	14.7		26				
	NZ-40	1730	1300						1300～1400	14.7		26				
高铝砖	LZ-48	1750	1420		较好	较好	5.8×10^{-6}	残缩 0.7	1650～1670	39.2	2.19	23	1.51		836.8	0.234
	LZ-55	1770	1470								2.30	23		-0.19×10^{-3}		
	LZ-65	1790	1500								2.50	23				
硅砖	GZ-94	1710	1640	1～2	极差	好	32.6×10^{-6} (20～300℃)	残胀	1650	19.6	1.90	23	0.93	0.7×10^{-3}	794.0	0.292
	GZ-93	1690	1620				7.4×10^{-6} (20～1670℃)		1600	17.2		25				
镁砖	M-87	2000	1500	1～4	好	极差	14.3×10^{-6}	残缩	1650～1670	39.2	2.80	20	4.32	0.51×10^{-3}	940.0	0.251
镁铝砖	ML-80	2100	1550～1580	20～35	好	较差				34.2	3.00	19				
白云石砖	CaO 不低于 40%	1700～1800			好	差		残缩	1700	49.0		20				
碳砖		2800	2000	好	好	好	5.39×10^{-6}	较小	2000	14.7～24.5	1.35～1.5	20～35	23.23	34.8×10^{-3}	836.8	
碳化硅制品	甲等	2100	1700				1.17×10^{-6}		1600	68.6	2.65	15	9.3～10.45	0	1010.0	0.46

续附表 14

名称	牌号	耐火度/℃	荷重软化开始温度(196kPa)/℃	耐急冷急热性/次	抗渣性		体积稳定性		允许使用温度/℃	常温耐压强度/MPa	体积密度/g·cm^{-3}	气孔率(不大于)/%	热导率		热容量	
					碱性渣	酸性渣	线胀系数	残余胀缩/%					λ /W·(m·K)$^{-1}$	温度系数 b	c_p /J·(kg·K)$^{-1}$	b′
轻质黏土砖	QN-1.3a	1710			差	差			1400	4.4	1.3		0.41	0.36×10^{-3}	836.8	0.263
	QN-1.0	1670							1300	2.9	1.0		0.29	0.26×10^{-3}		
	QN-0.8	1670							1250	2.0	0.8		0.21	0.43×10^{-3}		
	QN-0.4	1670							1150	0.6	0.4		0.09	0.16×10^{-3}		
轻质高铝砖	QL-0.7	1860	1250		差	差			1250	7.8	0.77		0.92~1.05			
	QL-1.0	1920	1400						1400	12.7	1.02					
	QL-1.3	1920							1450	7.8	1.33					
	QL-1.5	1920	1500						1500	16.3	1.50					
轻质硅砖	QG-1.2	1670	1560		极差	差			1500	3.4	1.2	55	0.92~1.05			
硅藻土砖		1280		10	差	差			900~1000	0.4~1.2	0.35~0.95		0.12~0.27			
蛭石制品					差	差			900~1000	0.2~0.5	0.07~0.28		0.06~0.08	0.31×10^{-3}	656.0	
石棉									500		0.22~0.8		0.09~0.14		814.0	
矿渣棉		700							800~900		0.10~0.3		0.06~0.11		751.0	
膨胀蛭石制品									70~90 600~800		0.3~0.5		0.081~0.139			

附表 15　常用熔剂性质、用量及应用范围

熔剂名称	用量	适用坩埚							熔剂性质和用途
		铂	铁	镍	银	瓷	刚玉	石英	
无水碳酸钠	6～8倍	+	+	+	−	−	+	−	碱性熔剂,用于分析不溶性(酸性)矿渣、黏土、耐火材料、不溶于酸的残渣,用于分解难溶硫酸盐等
碳酸氢钠	12～14倍	+	+	+	−	−	+	−	碱性熔剂,用于分析不溶性(酸性)矿渣、黏土、耐火材料、不溶于酸的残渣,用于分解难溶硫酸盐等
1份无水碳酸钠+1份无水碳酸钾	6～8倍	+	+	+	−	−	+	−	碱性熔剂,用于分析不溶性(酸性)矿渣、黏土、耐火材料、不溶于酸的残渣,用于分解难溶硫酸盐等
6份无水碳酸钠+0.5份硝酸钾	8～10倍	+	+	+	−	−	+	−	碱性氧化熔剂,用于测定矿石中的全硫、砷、铬、钒,分离钒、铬等物中的钛
3份无水碳酸钠+2份硼酸钠(熔融的,研成细粉)	10～12倍	+	−	−	−	+	+	+	碱性氧化熔剂,用于分析铬铁矿、钛铁矿等
2份无水碳酸钠+1份氧化镁①	10～14倍	+	+	+	−	+	+	+	碱性氧化熔剂(聚附剂),用来分解铁合金、铬铁矿等(当测定铬、锰等时)
1份无水碳酸钠+2份氧化镁	4～10倍	+	+	+	−	+	+	+	碱性氧化熔剂(聚附剂),用来测定煤中的硫和分解铁合金
2份无水碳酸钠+1份氧化锌	8～10倍	−	−	−	−	+	+	+	碱性氧化熔剂(聚附剂),用来测定矿石中的硫(主要硫化物)
4份碳酸钾钠+1份酒石酸钾	8～10倍	+	−	−	−	+	+	−	碱性还原熔剂,用来将铬(Cr)与钒(V_2O_5)分离
过氧化钠	6～8倍	−	+	+	−	−	+	−	碱性氧化熔剂,用于测定矿石和铁合金中的硫、铬、钒、锰、硅、磷、钨、钼等
5份过氧化钠+1份碳酸钠	6～8倍	−	+	+	+	−	+	−	碱性氧化熔剂,用于测定矿石和铁合金中的硫、铬、钒、锰、硅、磷、钨、钼等
2份无水碳酸钠+4份过氧化钠	6～8倍	−	+	+	+	−	+	−	碱性氧化熔剂,用于测定矿石和铁合金中的硫、铬、钒、锰、硅、磷、钨、钼等
氢氧化钠(钾)	8～10倍	−	+	+	+	−	−	−	碱性熔剂,用来测定锡石中的锡,有铁存在时,将钛与铝分离
6份氢氧化钠(钾)+0.5份硝酸钠(钾)	4～6倍	−	+	+	+	−		−	碱性氧化熔剂,用来代替过氧化钠
氰化钾	3～4倍	−	−	−	−	+	+	+	碱性还原剂,用来分离锡和锑中铜、磷、铁等
1份碳酸钠+1份硫	8～12倍	−	−	−	−	+	+	+	碱性硫化熔剂,用来分解有色金属矿石焙烧后的产品,由铅、铜和银中分离钼、锑、砷、锡以及钛和钒的分离

续附表 15

熔剂名称	用量	适用坩埚							熔剂性质和用途
		铂	铁	镍	银	瓷	刚玉	石英	
硫酸氢钾	12～14 倍	+	−	−	−	+	−	+	酸性熔剂，熔融钛、铝、铁、铜的氧化物，分解硅酸盐以测定二氧化硅，分解钨矿石以分离钨和硅
焦硫酸钾	8～12 倍	+	−	−	−	+	−	+	酸性熔剂，熔融钛、铝、铁、铜的氧化物，分解硅酸盐以测定二氧化硅，分解钨矿石以分离钨和硅
1 份氟化氢钾 + 10 份焦硫酸钾	8～10 倍	+	−	−	−	−	−	−	分解锆矿石
氧化硼	5～8 倍	+	−	−	−	−	−	−	酸性熔剂，熔点 577℃ 分解硅酸盐（测定碱金属）
硫代硫酸钠（在 212℃ 焙干）	8～10 倍	−	−	−	−	+	−	+	
1.5 份无水碳酸钾 + 1 份硫	8～12 倍	−	−	−	−	+	+	+	

注：+ 表示可用；− 表示不宜用。

① 通称艾士卡试剂，也可用 MnO_2、ZnO 等代替 MgO。

附表 16　化合物的生成热

序号	生成反应	热效应/$kJ\cdot mol^{-1}$	序号	生成反应	热效应/$kJ\cdot mol^{-1}$
	氧化物		14	$2As + 2\frac{1}{2}O_2 = As_2O_5$	915 ± 6
1	$H_2 + \frac{1}{2}O_2 = H_2O_{\text{液}}$	286.0 ± 0.04	15	$Si_{\text{非晶}} + O_2 = SiO_{2\text{石英}}$	880 ± 3
2	$H_2 + \frac{1}{2}O_2 = H_2O_{\text{汽}}$	242.0 ± 0.04	16	$Ti + O_2 = TiO_2$	944 ± 4
3	$C_{\text{非晶}} + O_2 = CO_2$	408.8	17	$Pb + \frac{1}{2}O_2 = PbO_{\text{无水}}$	219 ± 1
4	$C_{\text{金刚石}} + O_2 = CO_2$	395.4	18	$2Al + 1\frac{1}{2}O_2 = Al_2O_{3\text{无水}}$	1675 ± 6
5	$C_{\text{石墨}} + O_2 = CO_2$	393.8 ± 0.04	19	$2Al + 1\frac{1}{2}O_2 + \text{水} = Al_2O_{3\cdot\text{水}}$	1628.3
6	$CO + \frac{1}{2}O_2 = CO_2$	283.4	20	$2Cr + 1\frac{1}{2}O_2 = Cr_2O_{3\text{晶}}$	1130 ± 10
7	$C_{\text{非晶}} + \frac{1}{2}O_2 = CO$	125.5	21	$Cr + 1\frac{1}{2}O_2 = CrO_{3\text{晶}}$	619.2
8	$C_{\text{石墨}} + \frac{1}{2}O_2 = CO$	110.5 ± 0.1	22	$2V + 1\frac{1}{2}O_2 = V_2O_{3\text{无水}}$	1231 ± 29
9	$S_{\text{菱}} + O_2 = SO_2$	296.9	23	$2V + 2\frac{1}{2}O_2 = V_2O_{5\text{无水}}$	1555 ± 31
10	$SO_{2\text{气}} + \frac{1}{2}O_2 = SO_{3\text{气}}$	95.8	24	$Mo + 1\frac{1}{2}O_2 = MoO_{3\text{晶}}$	739
11	$S_{\text{菱}} + 1\frac{1}{2}O_2 = SO_{3\text{气}}$	392.7	25	$W + 1\frac{1}{2}O_2 = WO_{3\text{晶}}$	819.4
12	$P_{2\text{白}} + 2\frac{1}{2}O_2 = P_2O_5$	1549 ± 25	26	$Mg + \frac{1}{2}O_2 = MgO_{\text{无水}}$	602 ± 1
13	$2As + 1\frac{1}{2}O_2 = As_2O_3$	653 ± 8	27	$Ca + \frac{1}{2}O_2 = CaO_{\text{无水}}$	636 ± 2

续附表 16

序号	生成反应	热效应/kJ·mol⁻¹
28	$Ca+\frac{1}{2}O_2+H_2O=Ca(OH)_2$	697.8
29	$Ba+\frac{1}{2}O_2=BaO_{\text{无水}}$	567±10
30	$Mn+\frac{1}{2}O_2=MnO_{\text{无水}}$	385±2
31	$3Mn+2O_2=Mn_3O_{4\text{晶}}$	1388±4
32	$2Mn+1\frac{1}{2}O_2=Mn_2O_{3\text{晶}}$	960±6
33	$Mn+O_2=MnO_{2\text{晶}}$	520±2
34	$Fe+\frac{1}{2}O_2=FeO_{\text{无水}}$	269.8
35	$3Fe+2O_2=Fe_3O_{4\text{晶}}$	1117±4
36	$2Fe+1\frac{1}{2}O_2=Fe_2O_{3\text{无水}}$	822±3
37	$FeO+Fe_2O_3=Fe_3O_{4\text{无水}}$	25.5
38	$2Fe+1\frac{1}{2}O_2+\text{水}=Fe_2O_3\cdot\text{水}$	800.3
39	$FeO+Fe_2O_3+\text{水}=Fe_3O_4\cdot\text{水}$	29.3
40	$Ni+\frac{1}{2}O_2=NiO_{\text{无水}}$	244.1
41	$Co+\frac{1}{2}O_2=CoO_{\text{无水}}$	239±2
42	$Zn+\frac{1}{2}O_2=ZnO_{\text{无水}}$	349±1
43	$Cd+\frac{1}{2}O_2=CdO_{\text{无水}}$	260.8
44	$2Cu+\frac{1}{2}O_2=Cu_2O_{\text{无水}}$	180.0
45	$Cu+\frac{1}{2}O_2=CuO_{\text{无水}}$	155±3
46	$2Na+\frac{1}{2}O_2=Na_2O_{\text{无水}}$	422±5
47	$2K+\frac{1}{2}O_2=K_2O_{\text{无水}}$	362±8
	硫化物	
48	$H_2+S_{\text{菱}}=H_2S_{\text{气}}$	19.9
49	$Mg+S_{\text{菱}}=MgS_{\text{晶}}$	348±8
50	$Ca+S_{\text{菱}}=CaS_{\text{无水}}$	460±10
51	$Ba+S_{\text{菱}}=BaS_{\text{无水}}$	444±21
52	$Mn+S_{\text{菱}}=MnS_{\text{无水}}$	2.05±2

序号	生成反应	热效应/kJ·mol⁻¹
53	$Fe+S_{\text{菱}}=FeS_{\text{无水}}$	95.5±1.3
54	$Zn+S_{\text{菱}}=ZnS_{\text{无水}}$	190.0
55	$Cd+S_{\text{菱}}=CdS_{\text{晶}}$	145.6
56	$Pb+S_{\text{菱}}=PbS_{\text{无水}}$	94.2
57	$2Cu+S_{\text{菱}}=Cu_2S_{\text{晶}}$	77.5
58	$Cu+S_{\text{菱}}=CuS_{\text{晶}}$	50.7±2
59	$Ni+S_{\text{菱}}=NiS_{\text{晶}}$	94±6
60	$FeS+S_{\text{菱}}=FeS_{2\text{晶}}$	77.9
61	$2Na+S_{\text{菱}}=Na_2S_{\text{无水}}$	387±8
62	$2K+S_{\text{菱}}=K_2S_{\text{无水}}$	429±1.5
	氰、氮、磷及氟化物	
63	$2C_{\text{非晶}}+N_2=2CN_{\text{晶}}$	276.3
64	$Na+C_{\text{非晶}}+\frac{1}{2}N_2=NaCN$	109.3
65	$Na+CN=NaCN$	247.4
66	$K+C_{\text{非晶}}+\frac{1}{2}N_2=KCN$	130.7
67	$K+CN=KCN$	268.9
68	$Al+\frac{1}{2}N_2=AlN$	234.5
69	$3Ca+N_2=Ca_3N_2$	432.1
70	$3Mg+N_2=Mg_3N_2$	432.1
71	$2Fe+\frac{1}{2}N_2=Fe_2N$	12.6
72	$Ti+\frac{1}{2}N_2=TiN$	336.2
73	$Ca+F_2=CaF_2$	1211.7
74	$Fe+P=FeP$	119.3
	碳酸盐	
75	$Na_2O+CO_2=Na_2CO_{3\text{无水}}$	316.5

续附表 16

序号	生成反应	热效应/$kJ \cdot mol^{-1}$	序号	生成反应	热效应/$kJ \cdot mol^{-1}$
76	$2Na+C+O_3=Na_2CO_3$无水	1147.0	110	$Ca+S+O_4=CaSO_4$	1434±15
77	$K_2O+CO_2=K_2CO_3$无水	394.8	111	$CaS+O_4=CaSO_4$	918.3
78	$2K+C+O_3=K_2CO_3$无水	1166.1	112	$CaSO_4+2H_2O=CaSO_4 \cdot 2H_2O$石膏	20.7
79	$MgO+CO_2=MgCO_3$沉淀	101.5	113	$BaO+SO_3=BaSO_4$	463.0
80	$Mg+C+O_3=MgCO_3$沉淀	1128.8	114	$Ba+S+O_4=BaSO_4$	1410.4
81	$CaO+CO_2=CaCO_3$方解石	178.0	115	$BaS+O_4=BaSO_4$	982.4
82	$CaO+C+O_2=CaCO_3$方解石	1219.5	116	$ZnO+SO_3=ZnSO_4$	173.5
83	$MnO+CO_2=MnCO_3$晶	116.6	117	$Zn+S+O_4=ZnSO_4$	979±8
84	$Mn+C+O_3=MnCO_3$晶	909.8	118	$ZnS+O_4=ZnSO_4$	725.5
85	$FeO+CO_2=FeCO_3$晶	84.4	119	$PbO+SO_3=PbSO_4$	262.4
86	$Fe+C+O_3=FeCO_3$晶	766.2	120	$Pb+S+O_4=PbSO_4$	874.2
87	$ZnO+CO_2=ZnCO_3$晶	70.9	121	$Pb+O_4=PbSO_4$	516.2
88	$Zn+C+O_3=ZnCO_3$晶	829.2		磷酸盐	
89	$PbO+CO_2=PbCO_3$沉淀	88.3	122	$3CaO+P_2O_5=Ca_3(PO_4)_2$	687±8
90	$Pb+C+O_3=PbCO_3$沉淀	716.4	123	$3Ca+P_2+O_8=Ca_3(PO_4)_2$	4115.2
91	$CuO+CO_2=CuCO_3$沉淀	57.0	124	$Ca_3P_2+4O_2=Ca_3(PO_4)_2$	3566.2
92	$Cu+C+O_3=CuCO_3$沉淀	627.1	125	$Ca_3(PO_4)_2+nCaO=Ca_3(PO_4)_2 \cdot nCaO$	5.02
	硅酸盐		126	$3MnO+P_2O_5=Mn_3(PO_4)_2$	366.3
93	$Na_2O+SiO_2=Na_2SiO_3$无水	236.6	127	$3Mn+P_2+O_8=Mn_3(PO_4)_2$	3130.3
94	$2Na+Si+O_3=Na_2SiO_3$无水	1528.4	128	$\frac{1}{2}Fe_2O_3+\frac{1}{2}P_2O_5=FePO_4$	90.4
95	$K_2O+SiO_2=K_2SiO_3$无水	263.8			
96	$2K+Si+O_3=K_2SiO_3$无水	1496.5	129	$Fe+P+O_4=FePO_4$	1277.2
97	$CaO+SiO_2=CaSiO_3$晶	90±1.3	130	$FeP+2O_2=FePO_4$	1157.9
98	$Ca+Si+O_3=CaSiO_3$晶	1594.2			
99	$2CaO+SiO_2=Ca_2SiO_4$晶	126.4±6.3		碳氢化合物	
100	$2Ca+Si+O_4=Ca_2SiO_4$晶	2274.9		(根据燃烧热计算生成热)	
101	$BaO+SiO_2=BaSiO_3$晶	108.9			
102	$Ba+Si+O_3=BaSiO_3$晶	1533.8	131	$C_{非晶}+2H_2=CH_4+77.87kJ$	CH_4燃烧热 =893.9
103	$MnO+SiO_2=MnSiO_3$晶	29.3			
104	$Mn+Si+O_3=MnSiO_3$晶	1307.4	132	$C_{2非晶}+H_2=C_2H_2-217.88kJ$	C_2H_2燃烧热 =1321.8
105	$FeO+SiO_2=FeSiO_3$晶	24.7			
106	$Fe+Si+O_3=FeSiO_3$晶	1164.6			
107	$2FeO+SiO_2=Fe_2SiO_4$晶	47.3	133	$C_{2非晶}+2H_2=C_2H_4-38.01kJ$	C_2H_4燃烧热 =1428.1
108	$2Fe+Si+O_4=Fe_2SiO_4$晶	1457.0			
	硫酸盐		134	$C_{2非晶}+3H_2=C_2H_6+117.57kJ$	C_2H_6燃烧热 =1558.7
109	$CaO+SO_3=CaSO_4$	352.5			

附表 17　高炉冶炼过程的主要化学反应

序　号	反　应	热效应/$kJ \cdot mol^{-1}$	反应开始明显进行的温度/℃
1	$CaCO_3=CaO+CO_2$	−178.0	530(在空气里) 750(在高炉里)
2	$CO_2+C=2CO$	−165.8	800～850(对焦炭)
3	$MgCO_3=MgO+CO_2$	−110.8	500

续附表 17

序号	反应	热效应/kJ·mol^{-1}	反应开始明显进行的温度/℃
4	$FeCO_3+CO=Fe+2CO_2$	−5.99	400
5	$MnCO_3=MnO+CO_2$	−118.5	400
6	$CaMg(CO_3)_2=CaO+MgO+2CO_2$	−304.0	600
7	$CaF_2+H_2O=CaO+2HF$	−286.0	
8	$CaF_2+H_2O+CO_2=CaCO_3+2HF$	−110.5	
9	$2CaF_2+SiO_2=SiF_4+2CaO$	−522.3	
10	$SiF_4+2H_2O=4HF+SiO_2$	−49.7	
11	$CO_2=CO+1/2O_2$	−283.4	1800
12	$H_2O=H_2+1/2O_2$	−242.0	1200
13	$3Fe_2O_3+CO=2Fe_3O_4+CO_2$	+37.1	141
14	$3Fe_2O_3+H_2=2Fe_3O_4+H_2O$	+21.8	280
15	$Fe_3O_4+4CO=3Fe+4CO_2$	+17.2	400～500
16	$Fe_3O_4+4H_2=3Fe+4H_2O$	−147.6	400～500
17	$Fe_3O_4+CO=3FeO+CO_2$	−20.9	240
18	$FeO+CO=Fe+CO_2$	+13.6	300
19	$Fe_3O_4+H_2=3FeO+H_2O$	−63.6	240
20	$FeO+H_2=Fe+H_2O$	−27.7	300
21	$H_2O+CO=H_2+CO_2$	+41.3	400～500
22	$H_2O+C=H_2+CO$	−124.5	500
23	$2CO=CO_2+C$	+165.8	350
24	$6Fe_2O_3+C=4Fe_3O_4+CO_2$	−46.0	390
25	$2Fe_3O_4+C=6FeO+CO_2$	−216.8	750～800
26	$2FeO+C=2Fe+CO_2$	−145.6	850～900
27	$3Fe_2O_3+C=2Fe_3O_4+CO$	−110.1	390
28	$Fe_3O_4+C=3FeO+CO$	−186.7	750～800
29	$FeO+C=Fe+CO$	−152.2	800～850
30	$Fe_3O_4+4C=3Fe+4CO$	−643.3	500
31	$2FeO+SiO_2=Fe_2SiO_4$	47.3～51.8	800
32	$2Fe_3O_4+3SiO_2+2CO=3Fe_2SiO_2+2CO_2$	+100.2	800
33	$Fe_2SiO_4+2C=2Fe+SiO_2+2CO$	−351.9	800～850
34	$FeTiO_3+CO=Fe+CO_2+TiO_2$		400
35	$FeTiO_3+H_2=Fe+H_2O+TiO_2$		400
36	$FeTiO_3+C=Fe+CO+TiO_2$	−185.7	900 以上
37	$SiO_2+C=SiO+CO$		
38	$SiO+C=Si+CO$	−628.4	
39	$SiO_2+2C=Si+2CO$	−635.1	1350～1550
40	$2SiO=SiO_2+Si$	+51.5	1500
41	$2MnO_2+CO=Mn_2O_3+CO_2$	+226.8	20～80
42	$2MnO_2+H_2=Mn_2O_3+H_2O$	+184.7	40～100
43	$3Mn_2O_3+CO=2Mn_3O_4+CO_2$	+170.2	150～200
44	$3Mn_2O_3+H_2=2Mn_3O_4+H_2O$	+128.9	150～200

序　号	反　应	热效应/kJ·mol⁻¹	反应开始明显进行的温度/℃
45	$Mn_3O_4 + CO = 3MnO + CO_2$	+51.9	200～300
46	$Mn_3O_4 + H_2 = 3MnO + H_2O$	+10.6	200～300
47	$MnO + H_2 = Mn + H_2O$	−162.5	1400
48	$MnO + CO = Mn + CO_2$	−121.6	1400
49	$MnO + C = Mn + CO$	−287.4	1050～1150
50	$P_2O_5 + 5CO = 2P + 5CO_2$	−128.1	～800
51	$P_2O_5 + 5H_2 = 2P + 5H_2O$	−338.9	～800
52	$3FePO_4 + 4H_2 = Fe(PO_4)_2 + P + 4H_2O$		400
53	$2Fe_3(PO_4)_2 + 16H_2 = 3Fe_2P + P + 16H_2O$		400
54	$3FePO_4 + 4CO = Fe_3(PO_4)_2 + P + 4CO_2$		500～600
55	$2Fe_3(PO_4)_2 + 16CO = 3Fe_2P + P + 16CO_2$		500～700
56	$Ca_3(PO_4)_2 + 8H_2 = Ca_3P_2 + 8H_2O$	−1629.9	1000～1100
57	$Ca_3(PO_4)_2 + 8CO = Ca_3P_2 + 8CO_2$	−1299.3	1100
58	$Ca_3(PO_4)_2 + 8C = Ca_3P_2 + 8CO$	−2625.7	1100
59	$Cr_2O_3 + 3H_2 = 2Cr + 3H_2O$	−483.5	1000
60	$Cr_2O_3 + 1/3C = 2/3Cr_3O_4 + 1/3CO$		1120～1130
61	$FeO \cdot Cr_2O_3 + C = Fe + Cr_2O_3 + CO$		300
62	$3TiO_2 + H_2 = Ti_3O_5 + H_2O$		700
63	$2Ti_3O_5 + H_2 = 3Ti_2O_3 + H_2O$		
64	$Ti_2O_3 + H_2 = 2TiO + H_2O$		
65	$3TiO_2 + CO = Ti_3O_5 + CO_2$		900
66	$TiO_2 + 2C = Ti + 2CO$	−694.3	395
67	$2TiO_2 + H_2 = Ti_2O_3 + H_2O$		500～600
68	$SO_2 + 2CO = S + 2CO_2$	+269.8	300～400
69	$V_2O_5 + 2CO = V_2O_3 + 2CO_2$	+199.5	400～500
70	$V_2O_5 + 2H_2 = V_2O_3 + 2H_2O$	+116.9	400
71	$V_2O_5 + 2C = V_2O_3 + 2CO$	−116.2	400～438
72	$V_2O_3 + C = 2VO + CO$		1200
73	$NiO + H_2 = Ni + H_2O$	−2.05	229～230
74	$NiO + CO = Ni + CO_2$	+39.3	344～346
75	$2CuO + CO = Cu_2O + CO_2$	+141.0	～80
76	$CuO + CO = Cu + CO_2$	+122.0	～100
77	$2CuO + C = 2Cu + CO_2$	+86.5	460±5
78	$As_2O_5 + 2CO = As_2O_3 + 2CO_2$	+303.5	200～400
79	$ZnO + H_2 = Zn + H_2O$	−107.4	450
80	$ZnO + CO = Zn + CO_2$	−66.0	375
81	$PbO + CO = Pb + CO_2$	+64.2	400
82	$PbSO_4 + 4C = PbS + 4CO$	−278.2	
83	$PbS + Fe = FeS + Pb$	−0.545	
84	$3Fe + C = Fe_3C$	+22.6±0.63	550～650
85	$3Fe + 2CO = Fe_3C + CO_2$	+180.5	400～500

续附表 17

序 号	反 应	热效应/kJ·mol^{-1}	反应开始明显进行的温度/℃
86	$2Fe + CO_2 = 2FeO + C$	+72.8	
87	$FeS_2 = FeS + S$	−77.9	900～1000
88	$FeS + 10Fe_2O_3 = 7Fe_3O_4 + SO_2$	−246.3	700～900
89	$CaSO_4 + SiO_2 = CaSiO_3 + SO_3$	−357.1	
90	$BaSO_4 + SiO_2 = BaSiO_3 + SO_3$	−450.0	
91	$BaSO_4 + 4CO = BaS + 4CO_2$	+151.1	600
92	$Ba_2SO_4 + 4H_2 = BaS + 4H_2O$	−14.2	900
93	$CaSO_4 + 4Fe = CaO + 3FeO + FeS$	+157.7	500
94	$CaO + S + C = CaS + CO$	−47.6	
95	$Fe + S = FeS$	+93.6	400～500
96	$FeO + S + CO = FeS + CO_2$	+107.2	
97	$CaCO_3 + S + CO = CaS + 2CO_2$	−67.7	500～600
98	$FeS + CaO + C = Fe + CaS + CO$	−149.1	700～800
99	$FeS + CaO = CaS + FeO$	+3.06	500～700
100	$2C + O_2 + 79/21N_2 = 2CO + 79/21N_2$	+251.0	200～300
101	$CH_4 = C + 2H_2$	−77.9	
102	$CH_4 + H_2O = CO + 3H_2$	−206.2	
103	$CH_4 + CO_2 = 2CO + 2H_2$	−251.6	
104	$2CH_4 + O_2 = 2CO + 4H_2$	+74.3	
105	$C_2H_6 + O_2 = 2CO + 3H_2$	+135.6	
106	$C_3H_8 + 1.5O_2 = 3CO + 4H_2$	+226.6	
107	$C_4H_{10} + 2O_2 = 4CO + 5H_2$	+309.1	
108	$C_5H_{12} + 2.5O_2 = 5CO + 6H_2$	+404.4	

附表 18　高炉冶炼中主要化学反应的平衡常数与温度的关系式

序 号	化学反应式	$K_p = f(T)$①
1	$CaCO_3 = CaO + CO_2$	$\lg K_p = -\frac{8920}{T} + 7.54$
2	$MgCO_3 = MgO + CO_2$	$\lg K_p = -\frac{5785}{T} + 6.27$
3	$3Fe_2O_3 + CO = 2Fe_3O_4 + CO_2$	$\lg K_p = \frac{2726}{T} + 2.144$
4	$3Fe_2O_3 + H_2 = 3Fe_3O_4 + H_2O$	$\lg K_p = -\frac{131}{T} + 4.42$
5	$Fe_3O_4 + CO = 3FeO + CO_2$	$\lg K_p = -\frac{1373}{T} - 0.341\lg T + 0.41\times10^{-3}T + 2.303$
6	$Fe_3O_4 + H_2 = 3FeO + H_2O$	$\lg K_p = -\frac{3410}{T} + 3.61$
7	$FeO + CO = Fe + CO_2$	$\lg K_p = \frac{688}{T} - 0.90$
8	$FeO + H_2 = Fe + H_2O$	$\lg K_p = -\frac{1225}{T} + 0.845$
9	$\frac{1}{4}Fe_3O_4 + CO = \frac{3}{4}Fe + CO_2$	$\lg K_p = \frac{170}{T} - 0.22$
10	$Fe_3O_4 + 4H_2 = 3Fe + 4H_2O$	$\lg K_p = -\frac{1500}{T} + 1.29$
11	$2C + O_2 = 2CO$	$\lg K_p = \frac{11670}{T} + 9.156$

序号	化学反应式	$K_p = f(T)$①
12	$C + O_2 = CO_2$	$\lg K_p = \frac{20586}{T} + 0.044$
13	$2CO + O_2 = 2CO_2$	$\lg K_p = \frac{29502}{T} - 9.069$
14	$2CO = CO_2 + C$	$\lg K_p = \frac{8916}{T} - 9.113$
15	$2H_2 + O_2 = 2H_2O$	$\lg K_p = \frac{26320}{T} - 6.13$
16	$H_2O + CO = H_2 + CO_2$	$\lg K_p = \frac{1591}{T} - 1.469$
17	$C_{(石)} + H_2O = CO + H_2$	$\lg K_p = -\frac{6830}{T} + 1.75\lg T + 2.5$
18	$C_{(石)} + 2H_2O = CO_2 + 2H_2$	$\lg K_p = -\frac{4300}{T} + 0.8 + 1.75\lg T$
19	$CH_4 = C + 2H_2$	$\lg K_p = -\frac{3140}{T} + 5.58\lg T - 0.00177T - 13.1 \times 10^{-6}T^2 - 11.3$
20	$CH_4 + H_2O = CO + 3H_2$	$\lg K_p = -\frac{9874}{T} + 7.14\lg T - 0.00188T + 0.094 \times 10^{-6}T^2 - 8.64$
21	$CH_4 + CO_2 = 2CO + 2H_2$	$\lg K_p = \frac{11087.7}{T} + 3.1127\lg T - 4.002852T + 13.216 \times 10^{-6}T^2 - 8.528$
22	$2CH_4 + O_2 = 2CO + 4H_2$	
23	$CH_4 + 2H_2O = CO_2 + 4H_2$	$\lg K_p = -\frac{7647}{T} + 6.23\lg T + 0.000906T + 0.0546 \times 10^{-6}T^2 - 8.72$

① 关系式中的温度(T)为绝对温度(K),K_p 值为大气压条件下计算值。

附表 19 铁氧化物还原反应的平衡气相成分

反应式	成 分	成分含量/%									
		600℃	700℃	800℃	900℃	1000℃	1100℃	1200℃	1300℃	1350℃	1400℃
$Fe_3O_4 + CO$	CO_2	55.2	64.8	71.9	77.6	82.2	85.9	88.9	91.5		93.8
$= 3FeO + CO_2$	CO	44.8	35.2	28.1	22.4	17.8	14.1	11.1	8.5		6.2
$FeO + CO$	CO_2	47.2	40.0	34.7	31.5	28.4	26.2	24.3	22.9	22.2	
$= Fe + CO_2$	CO	52.8	60.0	65.3	68.5	71.6	73.8	75.7	77.1	77.8	
$Fe_3O_4 + H_2$	H_2O	30.1	54.2	71.3	82.3	89.0	92.7	95.2	96.9		98.0
$= 3FeO + H_2O$	H_2	69.9	45.8	28.7	17.7	11.0	7.3	4.8	3.1		2.0
$FeO + H_2$	H_2O	23.9	29.9	34.0	38.1	41.1	42.6	44.5	46.2	47.0	
$= Fe + H_2O$	H_2	76.1	70.1	66.0	61.9	58.9	57.4	55.5	53.8	53.0	

附表 20 比热容与温度的关系($c_p = (a_0 + a_1T + a_2T^{-2}) \times 4.1868$, kJ/mol·K)

物质名称	系数			温度范围/K
	a_0	$a_1 \times 10^3$	$a_2 \times 10^{-5}$	
Al(s)	4.94	2.96	—	298～熔点
Al_2O_3(s)	27.43	3.06	−8.47	298～1700
$Al_2(SO_4)_3$(s)	87.55	14.96	−26.88	298～1100
As(s)	5.23	2.22	—	298～1100
As_2O_3(s)	8.37	48.6	—	273～548

续附表 20

物质名称	系数			温度范围/K
	a_0	$a_1\times10^3$	$a_2\times10^{-5}$	
B(s)	1.54	4.40	—	273～1200
B_2O_3(s)	13.63	17.46	−3.36	298～熔点
Ba(s)	−1.36	19.2	—	673～熔点
$BaSO_4$(s)	33.80	—	−8.43	298～1300
C(石墨)(s)	4.10	1.02	−2.10	～2300
C(金刚石)(s)	2.18	3.16	−1.48	～1200
CH_4(g)	5.65	11.44	−0.46	～1500
CO(g)	6.79	0.98	0.11	～2500
CO_2(g)	10.55	2.16	−2.04	～2500
CaO(s)	11.86	1.08	−1.66	～1177
$CaCO_3$(s)	24.98	5.24	−6.20	～1200
Cl_2(g)	8.82	0.06	−0.68	298～3000
Cr(s)	5.84	2.36	−0.88	298～熔点
Cr_2O_3(s)	28.53	2.20	−3.74	350～1800
Fe(s)	4.18	5.92	—	273～1033
FeO(s)	12.38	1.62	−0.38	298～1200
Fe_3O_4(s)	21.88	48.2	—	298～900
Fe_2O_3(s)	23.49	18.6	−3.55	298～950
FeS_2(s)	17.88	1.32	−3.05	298～1000
H_2(g)	6.52	0.78	—	298～3000
HCl(g)	6.34	1.10	0.26	298～2000
H_2O(L)	18.03	—	—	273～373
H_2O(g)	7.17	2.56	0.08	298～2500
H_2S(g)	7.02	3.68	—	298～1800
KCl(s)	9.89	5.20	0.77	298～熔点
LiCl(s)	11.0	3.40	—	～熔点
Mg(s)	5.33	2.45	−0.103	～熔点
MgO(s)	10.18	1.74	−1.48	～2100
$MgCO_3$(s)	18.62	13.80	−4.16	～750
MnO(s)	11.11	1.94	−0.88	～1800
MnO_2(s)	16.60	2.44	−3.88	～780
$MnCO_3$(s)	21.99	9.30	−4.69	～700
$MnSiO_3$(s)	26.42	3.88	−6.16	～1500
N_2(g)	6.66	1.02	—	～2500
NH_3(g)	7.11	6.00	−0.37	～1800
Mo(g)	7.03	0.92	−0.14	～2500
Na_2CO_3(s)	13.98	54.4	−3.125	298～500
Ni(s)	6.10	−2.49		300～615
NiO(s)	12.91	—	—	523～1110
O_2(g)	7.16	1.00	−0.40	298～3000

物质名称	系数			温度范围/K
	a_0	$a_1 \times 10^3$	$a_2 \times 10^{-5}$	
P(g)	4.97	—	—	~1500
S(斜方)(s)	3.58	6.24	—	~368.6
S(单斜)(s)	3.56	6.96	—	368.6~熔点
SO_2(g)	10.38	2.54	−1.42	298~1800
SO_3(g)	13.70	6.42	−3.12	298~1200
Si(s)	5.55	0.88	−0.91	298~1200
SiF_4(g)	21.86	3.17	−4.70	298~1000
Ti(s)	5.25	2.52	—	298~1150
$TiCl_4$(L)	35.7	—	—	285~沸点
$TiCl_4$(g)	25.45	0.24	−2.36	298~2000
TiO_2(s)	17.97	0.28	−4.35	~1800
Zn(s)	5.35	2.40	—	~熔点
ZnO(s)	11.71	1.22	−2.18	~1600
ZnS(s)	12.16	1.24	−1.36	~1200
$ZnSO_4$(s)	21.9	18.2	—	~熔点

附表 21 液态生铁和炉渣的焓

铁种	生铁的焓/MJ·kg^{-1}	炉渣的焓/MJ·kg^{-1}	铁种	生铁的焓/MJ·kg^{-1}	炉渣的焓/MJ·kg^{-1}
木炭生铁	1090~1130	1635~1675	铸造铁	1255~1300	1885~2010
托马斯生铁	1090~1130	1675~1760	硅铁	1340~1380	2010~2095
平炉生铁	1130~1170	1715~1800	锰铁	1170~1215	1840~1970
贝氏生铁	1215~1255	1800~1885			

附表 22 生铁和炉渣的焓(kJ/kg)与温度的关系

品种	温度/℃							
	1250	1300	1350	1400	1450	1500	1550	1600
灰口铁	1145	1190	1235	1275	1320	1360		
白口铁	1090	1125	1165	1200	1240	1275		
炉渣			1560	1665	1770	1855	1940	2020

附表 23 烧结矿的比热容和焓(均为近似值)

t/℃	100	200	300	400	500
c_0^t/kJ·(kg·℃)$^{-1}$	0.67	0.71	0.75	0.80	0.84
w/kJ·kg^{-1}	67.0	142	225	320	20

注：烧结矿平均比热容(c_p)按以下经验公式求得：kJ/kg·℃，$c_p = [0.115 + 0.257 \times 10^{-7}(T-373) - 0.0125 \times 10^{-7}(T-373)^2] \times 4.1868$kJ/kg·℃，式中 T 为温度，K。

附表 24 各种元素在炉渣中的损失(μ)及挥发损失(λ)

元素名称	铁种及冶炼条件	λ	μ
Fe	铸造铁、贝氏生铁和镜铁	0	0.002~0.004
	炼钢铁	0	0.002~0.01
	铁合金	0	0.02~0.04
	在大量酸性渣操作时	0	0.02~0.04

续附表 24

元素名称	铁种及冶炼条件	λ	μ
Mn	锰铁	0.08～0.15	0.1～0.15
	镜铁	<0.05	0.15～0.20
	铸造铁	0	0.25～0.3
	贝氏生铁	0	0.3～0.4
	炼钢铁	0	0.25～0.45
	木炭冶炼生铁	0	0.5～0.6
	在大量酸性渣操作时	0	0.7～0.8
Cr		0	0.8～0.15
V	木炭冶炼	0	0.2～0.3
	焦炭冶炼	0	0.15～0.25
Ni, Co, Cu, Pb, As		0	0
P	低磷铁	0	0
	托马斯生铁和磷铁	0	0
Zn		0.8～1.0	0
S	锰铁和硅铁	0.4～0.6	0.99
	镜铁	0.2～0.3	0.99
	铸造铁	0.15～0.20	0.97～0.99
	贝氏生铁	0.10～0.15	0.96～0.97
	炼钢铁	0.05～0.10	0.85～0.96
	木炭冶炼	0	0.5～0.75
Si	硅铁	0.1～0.2	
	用高 SiO_2 炉料冶炼铸造铁	0.00～0.05	
	用低 Al_2O_3 炉料炼铸造铁	0～0.05	
	贝氏生铁	0	
	炼钢铁	0	
	锰铁	0	
Ti	用高 TiO_2 炉料正常冶炼(即以钛磁铁矿冶炼钛铁)	0	0.95～0.97
	用低 TiO_2 炉料(铁矾土)冶炼	0	<0.4
Ca, Ba, Mg, Al		0	1.0
K, Na		0.3～0.4	1.0

附表 25　燃料在空气中的着火温度

固体燃料		液体燃料		气体燃料		
名　称	温度/℃	名　称	温度/℃	名　称	温度/℃	浓度(体积,%)
褐　煤	250～450	石　油	531～590	高炉煤气	650～700	35.0～73.5
泥　煤	225～280	煤　油	604～609	焦炉煤气	550～650	5.6～30.8
木　材	250～300	$C_{14}H_{10}$	540	天然气	482～632	5.1～13.9
煤	400～500			乙炔(C_2H_2)	335	2.5～8.1
木　炭	350			甲烷(CH_4)	537	5.0～15.0
焦　炭	700			氢	530～585	4.0～74.2

附表 26　常用燃料发热值

燃料名称	Q_{DW}^{y}/kJ·kg^{-1}	燃料名称	Q_{DW}^{y}/kJ·m^{-3}
标准煤	29310	高炉煤气	3150～4190
烟　煤	29310～35170	发生炉煤气(混合煤气)	5020～6700
褐　煤	20930～30140	水煤气	10050～11300
无烟煤	29310～34330	焦炉煤气	16330～17580
焦　炭	29310～33910	天然气	33490～41870
重　油	40610～41870		
石　油	41870～46050		

附表 27　气体平均定压容积比热容 c_p/kJ·m^{-3}·K^{-1}
(101325Pa, t = 0～3000℃)

t/℃	N_2	O_2	H_2O	CO_2	空气	H_2	CO	SO_2	CH_4	C_2H_2	C_2H_4	C_2H_6	NH_3	H_2S	C_3H_3	C_4H_{10}	C_6H_6
1	2	3	4	5	6	7	8	9	10	11	12	13	14	15	16	17	18
0	1.298	1.306	1.482	1.599	1.302	1.298	1.302	1.779	1.545	1.909	1.888	2.244	1.591	1.557	2.960	3.710	3.266
100	1.302	1.315	1.499	1.700	1.306	1.298	1.302	1.863	1.620	2.072	2.123	2.479	1.645	1.566	3.358	4.233	3.977
200	1.302	1.336	1.516	1.796	1.310	1.302	1.310	1.943	1.758	2.198	2.345	2.763	1.700	1.583	3.760	4.752	4.605
300	1.310	1.357	1.537	1.876	1.319	1.302	1.319	2.010	1.892	2.307	2.550	2.973	1.779	1.608	4.157	5.275	5.192
400	1.319	1.377	1.557	1.943	1.331	1.306	1.331	2.072	2.018	2.374	2.742	3.308	1.838	1.641	4.559	5.795	5.694
500	1.331	1.394	1.583	2.001	1.344	1.306	1.344	2.123	2.135	2.445	2.914	3.492	1.897	1.683	4.957	6.318	6.155
600	1.344	1.411	1.608	2.056	1.357	1.310	1.361	2.169	2.252	2.516	3.056		1.964	1.721	5.359	6.837	6.531
700	1.357	1.428	1.633	2.102	1.369	1.310	1.373	2.206	2.361	2.575	3.190		2.026	1.754	5.757	7.360	6.908
800	1.369	1.440	1.658	2.144	1.382	1.319	1.394	2.240	2.466	2.638	3.349		2.089	1.792	6.159	7.880	7.201
900	1.382	1.457	1.683	2.181	1.394	1.323	1.403	2.273	2.562	2.680	3.446		2.152	1.825	6.557	8.403	7.494
1000	1.394	1.465	1.712	2.219	1.407	1.327	1.415	2.294	2.654	2.742	3.559		2.219	1.859	6.958	8.922	7.787
1100	1.407	1.478	1.738	2.248	1.419	1.336	1.428	2.319									
1200	1.415	1.486	1.763	2.273	1.428	1.344	1.440	2.340									
1300	1.424	1.495	1.788	2.294	1.436	1.352	1.449	2.357									
1400	1.436	1.503	1.809	2.315	1.449	1.361	1.461	2.374									
1500	1.444	1.511	1.834	2.336	1.457	1.365	1.465	2.386									
1600	1.453	1.520	1.855	2.357	1.465	1.373	1.478	2.399									
1700	1.461	1.524	1.876	2.378	1.474	1.382	1.482	2.412									
1800	1.470	1.532	1.897	2.395	1.482	1.390	1.491	2.424									
1900	1.474	1.537	1.918	2.412	1.486	1.398	1.499	2.428									
2000	1.482	1.541	1.934	2.424	1.495	1.407	1.503	2.441									
2100	1.486	1.545	1.951	2.437	1.499												
2200	1.491	1.549	1.968	2.449	1.503												
2300	1.499	1.553	1.985	2.462	1.511												
2400	1.503	1.557	2.001	2.470	1.516												
2500	1.507	1.562	2.018	2.483	1.520												
2600	1.511	1.566	2.031	2.491	1.524												
2700	1.516	1.570	2.043	2.500	1.528												
2800	1.520	1.574	2.056	2.504	1.532												
2900	1.524	1.578	2.068	2.508	1.537												
3000	1.528	1.583	2.081	2.512	1.541												

附表 28　一些常用气体的物理化学特性(0℃,0.101325MPa)

序号	气体	分子式	分子量 $/\mu$	kmol①容积 $/m^3 \cdot kmol^{-1}$	气体常数 R/J·$(kg^{-1} \cdot K^{-1})$	密度 ρ $/kg \cdot m^{-3}$	相对密度 s (空气=1)	质量定压热容 σ/ $kJ \cdot m^{-3} \cdot K^{-1}$	发热量/$MJ \cdot m^{-3}$ 高发热量 H_h	发热量/$MJ \cdot m^{-3}$ 低发热量 H_l
1	氢	H_2	2.0160	22.4270	4125	0.0899	0.0695	1.298	12.745	10.786
2	一氧化碳	CO	28.0104	22.3984	297	1.2506	0.9671	1.302	12.636	12.636
3	甲烷	CH_4	16.0430	22.3621	518	0.7174	0.5548	1.545	39.842	35.902
4	乙炔	C_2H_2	26.0380		319	1.1709	0.9057	1.909	58.502	56.488
5	乙烯	C_2H_4	28.0540	22.2567	296	1.2605	0.9748	1.888	63.438	59.477
6	乙烷	C_2H_6	30.0700	22.1872	276	1.3553	1.048	2.244	70.351	64.397
7	丙烯	C_3H_6	42.0810	21.9900	197	1.9136	1.479	2.675	93.667	87.667
8	丙烷	C_3H_8	44.0970	21.9362	188	2.0102	1.554	2.960	101.266	93.240
9	丁烯	C_4H_8	56.1080	21.6067	148	2.5968	2.008		125.847	117.695
10	正丁烷	$n-C_4H_{10}$	58.1240	21.5036	143	2.7030	2.090	3.710	133.886	123.649
11	异丁烷	$i-C_4H_{10}$	58.1240	21.5977	143	2.6912	2.081		133.048	122.853
12	戊烯	C_5H_{10}	70.1350	21.2177	118	3.3055	2.556		159.211	148.837
13	正戊烷	C_5H_{12}	72.1510	20.8910	115	3.4537	2.671		169.377	156.733
14	苯	C_6H_6	78.1140	20.3609	106	3.8365	2.967	3.266	162.259	155.770
15	硫化氢	H_2S	34.076	22.1802	244	1.6363	1.188	1.557	25.348	23.368
16	二氧化碳	CO_2	44.0098	22.2601	188	1.9771	1.5289	1.620		
17	二氧化硫	SO_2	64.059	21.8821	129	2.9275	2.264	1.779		
18	氧	O_2	31.9988	22.3923	259	1.4291	1.1052	1.315		
19	氮	N_2	28.0134	22.4035	296	1.2504	0.9670	1.302		
20	空气		28.966	22.4003	287	1.2931	1.0000	1.306		
21	水蒸气	H_2O	18.0154	21.629	461	0.833	0.644	1.491		

序号	临界压力 p_c /MPa	临界温度 T_c /K	临界压缩因子 Z	导热系数 λ/W·$(m^{-1} \cdot K^{-1})$	向空气的扩散系数 D $\times 10^5$/$km^2 \cdot s^{-1}$	运动粘度 $\nu \times 10^6$ $/Mm^2 \cdot s^{-1}$	动力粘度 $\mu \times 10^6$ $/kg \cdot s \cdot m^{-1}$	常数 C	最低着火温度/℃	爆炸极限②(体积%) 下限	爆炸极限②(体积%) 上限
1	1.297	33.3	0.304	0.2163	6.11	93.00	0.852	90	400	4.0	75.9
2	3.496	133	0.294	0.02300	1.75	13.30	1.690	104	605	12.5	74.2
3	4.641	190.7	0.290	0.03024	1.96	14.50	1.060	190	540	5.0	15.0
4				0.01872		8.05	0.960	198	335	2.5	80.0
5	5.117	283.1	0.270	0.0164		7.45	0.950	257	425	2.7	34.0
6	4.884	305.4	0.285	0.01861	1.08	6.41	0.877	287	515	2.9	13.0
7	4.600	365.1	0.274			3.99	0.780	322	460	2.0	11.7
8	4.256	369.9	0.277	0.01512	0.88	3.81	0.765	324	450	2.1	9.5
9						2.81	0.747		385	1.6	10.0
10	3.800	425.2	0.274	0.01349	0.75	2.53	0.697	349	365	1.5	8.5
11	3.648	408.1	0.283						460	1.8	8.5
12						1.99	0.669		290	1.4	8.7
13	3.374	469.5	0.269			1.85	0.648		260	1.4	8.3
14				0.007792		1.82	0.712	380	560	1.2	8.0
15				0.01314		7.63	1.190	331	270	4.3	45.5
16	7.387	304.2	0.274	0.01372	1.38	7.09	1.430	266			
17						4.14	1.230	416			
18	5.076	154.8	0.292	0.025	1.78	13.60	1.980	131			
19	3.394	126.2	0.297	0.02489		13.30	1.700	112			
20	3.766	132.5		0.02489		13.40	1.750	116			
21	22.12	647	0.230	0.01617	2.20	10.12	0.360	673			

① 为实际 kmol 容积,理想 kmol 容积均为 22.4136。

② 在常压和 293K 条件下,可燃气体在空气中的体积百分数。

附表 29　居住区大气中有害物质最高允许浓度

物质名称	最高允许浓度/mg·m⁻³		物质名称	最高允许浓度/mg·m⁻³	
	一次	日平均		一次	日平均
煤烟	0.15	0.05	氟化物(折算为氟)	0.02	0.007
飘尘	0.5	0.15	氧化氮(折算为 NO_2)	0.15	
一氧化碳	3.0	1.0	砷化物(折算为 As)		0.003
二氧化碳	0.5	0.15	硫化氢	0.01	
苯胺	0.10	0.03	氯	0.1	0.03

附表 30　生活饮用水水质标准

名　　称	允许值/mg·L⁻¹	名　　称	允许值/mg·L⁻¹	名　　称	允许值/mg·L⁻¹
pH 值	6.5～9.0	锌	≤0.1	砷	≤0.02
总硬度	≤25 度	挥发分	≤0.002	汞	≤0.001
大肠菌类	≤3 个/L	硝酸盐氮	≤10	镉	≤0.01
铁	≤0.3	氟化物	≤1.0	铝	≤0.1
铜	≤0.1	氰化物	≤0.01		

附表 31　噪　声　标　准

适用范围	理想值/dB	极大值/dB	适用范围	理想值/dB	极大值/dB
睡　眠	35	50	听力保护	75	90
交谈、思考	45	60			

附表 32　各种大气污染物质对人体的危害

名　　称	化 学 式	主要排放企业	对人体的危害
氟 化 氢	HF	化肥、制铝工业	刺激黏膜
硫 化 氢	H_2S	石油精炼、煤气、制氨工业	刺激眼和呼吸器官
二 氧 化 硒	SeO_2	金属精炼	急性中毒、神经障碍
盐　　酸	HCl	制碱工业、塑料处理	刺激呼吸器官
二 氧 化 氮	NO_2	硝酸生产、高温燃烧	刺激呼吸器官
二 氧 化 硫	SO_2	硫酸生产、重油燃烧	刺激黏膜
氯	Cl_2	制碱业及化学工业	刺激呼吸器官
四 氟 化 硅	SiF_4	化肥工业等	刺激黏膜
碳酰氯，光气	$CoCl_2$	染色工业	刺激眼和呼吸器官
二 硫 化 碳	CS_2	二硫化碳制造业	刺激黏膜
氰 氢 酸	HCN	氰酸制造业、制铁、煤气、化工	阻止呼吸、剧毒
氨	NH_3	化肥工业	刺激黏膜、眼、鼻、喉
三 氯 化 磷	PCl_3	医药制造业、二氯化磷生产	中毒
五 氯 化 磷	PCl_5	三氯化磷制造	中毒
磷	P_4	磷炼制和磷化物制造	中毒

续附表 32

名　称	化学式	主要排放企业	对人体的危害
氯磺酸	HSO_3Cl	医药、染料工业	刺激皮肤
甲　醛	HCHO	甲醛制造、皮革、合成树脂业	刺激鼻、黏膜
丙烯醛	C_3H_3OH	丙烯酸制造，合成树脂业	刺激鼻、黏膜
磷化氢	PH_3	磷酸及磷酸肥料工业	剧毒
苯	C_6H_6	石油精炼、煤焦化、甲醛制造	有毒
甲　醇	CH_3OH	甲醇制造、甲醛制造、油漆业	刺激鼻、有毒
羟基镍	$Ni(CO)_4$	石油化学、镍炼制业	剧毒
硫　酸	H_2SO_4	硫酸制造、化肥工业	刺激皮肤、黏膜
溴	Br_2	染料、医药、农药	刺激黏膜
一氧化碳	CO	煤气、金属精炼业、内燃机	中毒、死亡
苯　酚	C_6H_5OH	煤焦油加工、化学药品、油粘业	有毒
吡　啶	C_5H_5N	炼焦油加工	有毒
硫　醇	C_2H_5SH	石油、石油化工、浆料业	恶臭、有毒

附表 33　不同浓度的 CO 对人体的危害

CO 浓度/%	滞留时间/h	对人体不同程度的影响
$5\sim30\times10^{-4}$		对呼吸道患者有影响
30×10^{-4}	>8	视觉及神经机能受障碍，血液中 CO-Hgb 达 5%
40×10^{-4}	8	气喘
$70\sim100\times10^{-4}$	1	中枢神经受影响（大城市环境最高值）
200×10^{-4}	2～4	头重、头昏、头痛，CO-Hgb 达 40%
500×10^{-4}	2～4	剧烈头痛、恶心、无力、眼花、虚脱
1000×10^{-4}	2～3	脉搏加速、痉挛、昏迷、潮式呼吸
2000×10^{-4}	1～3	死亡
3000×10^{-4}	0.5	死亡

附表 34　某些可燃气体在空气中的爆炸界限

可燃气体	在空气中的爆炸界限(体积%)		可燃气体	在空气中的爆炸界限(体积%)	
	低限(第一界限)	高限(第二界限)		低限(第一界限)	高限(第二界限)
H_2	4	74	C_6H_{14}	1.3	6.9
NH_3	16	27	C_2H_4	3.0	28
CS_2	1.25	44	C_2H_2	2.5	80
CO	12.5	74	C_6H_6	1.4	6.7
CH_4	5.3	14	CH_3OH	7.3	36
C_2H_6	3.2	12.5	C_2H_5OH	4.3	19
C_3H_8	2.4	9.5	$(C_2H_5)_2O$	1.9	48
C_4H_{10}	1.9	8.4	$CH_3COOC_2H_5$	2.1	8.5
C_5H_{12}	1.6	7.8			

附表 35 炼钢用生铁化学成分标准(GB/T 717—98)

牌号			L04	L08	L10
化学成分(质量分数)/%	C		≥3.5		
	Si		≤0.45	>0.45~0.85	>0.85~1.25
	Mn	一组	≤0.40		
		二组	>0.40~1.00		
		三组	>1.00~2.00		
	P	特级	≤0.100		
		一级	>0.100~0.150		
		二级	>0.150~0.250		
		三级	>0.250~0.400		
	S	特类	≤0.020		
		一类	>0.020~0.030		
		二类	>0.030~0.050		
		三类	>0.050~0.070		

附表 36 球团矿技术标准(YB/T 005—91)

品级		一级品	二级品	一级品	二级品
项目名称		指标		允许波动范围	
化学成分(质量分数)/%	TFe			±0.5	±1.0
	FeO	<1.0	<2.0		
	碱度 $R = CaO/SiO_2$			±0.05	±0.10
	S	<0.05	<0.08		
物理性能	每个球的抗压强度/N	≥2000	≥1500		
	转鼓指数(+6.3mm)	≥90	≥86		
	抗磨指数(−0.5mm)	<6	<8		
	筛分指数(−5mm)	<5	<5		
冶金性能	膨胀率	<15	<20		
	还原度指数 *RI*	≥65	≥65		

附表 37 铸造用生铁化学成分标准(GB 718—82)

牌号			铸 34	铸 30	铸 26	铸 22	铸 18	铸 14
代号			z34	z30	z26	z22	z18	z14
化学成分(质量分数)/%	C		>3.3					
	Si		>3.20~3.60	>2.80~3.20	>2.40~2.80	>2.00~2.40	>1.60~2.00	>1.25~1.60
	Mn	1 组	≤0.50					
		2 组	>0.50~0.90					
		3 组	>0.90~1.30					
	P	1 级	≤0.06					
		2 级	>0.06~0.10					
		3 级	>0.10~0.20					
		4 级	>0.20~0.40					
		5 级	>0.40~0.90					
	S	1 类	≤0.03					≤0.04
		2 类	≤0.04					≤0.05
		3 类	≤0.05					

附表 38 球墨铸铁化学成分标准(GB 1412—85)

牌号			球 10	球 13	球 18
代号			Q10	Q13	Q18
化学成分(质量分数)/%	C		≥3.40		
	Si		≤1.00	>1.00~1.50	>1.50~2.00
	Mn	一组	≤0.30		
		二组	>0.30~0.50		
		三组	>0.50~0.80		
	P	一级	≤0.06		
		二级	>0.06~0.08		
		三级	>0.08~0.10		
	S	一类	≤0.03		
		二类	≤0.04		
		三类	≤0.045		
	Cr		≤0.030		

附表 39 烧结矿技术标准(YB/T 421—92)

类别		碱度 1.50~2.50		碱度 1.00~1.50	
品级		一级品	二级品	一级品	二级品
化学成分(质量分数)/%	TFe 波动范围	±0.5	±1.0	±0.5	±1.0
	CaO/SiO_2 波动范围	±0.08	±0.12	±0.05	±0.10
	FeO	≤12.0	≤14.0	≤13.0	≤15.0
	S	≤0.08	≤0.12	≤0.06	≤0.08
物理性能	转鼓指数(+6.3mm)	≥66.0	≥63.0	≥62.0	≥59.0
	抗磨指数(−0.5mm)	<7.0	<8.0	<8.0	<9.0
	筛分指数(−5mm)	<7.0	<9.0	<9.0	<11.0
冶金性能	低温还原粉化指数 *RDI*(+3.15mm)	≥60	≥58	≥62	≥60
	还原度指数 *RI*	≥65	≥62	≥61	≥50

附表 40 各牌号生铁折合炼钢生铁系数

生铁种类	铁号	折合产量系数
炼钢生铁	各号	1.00
铸造生铁	铸 14	1.14
	铸 18	1.18
	铸 22	1.22
	铸 26	1.26
	铸 30	1.30
	铸 34	1.34
球墨铸铁用生铁	球 10	1.00
	球 13	1.13
	球 18	1.18
	球 20	1.20
含钒生铁	$w(V)>0.2\%$各号	1.05
含钒钛生铁	$w(V)>0.2\%$、$w(Ti)>0.1\%$各号	1.10

附表 41　各种燃料折干焦系数

燃料名称		计算单位	折合干焦系数
焦炭(干焦)		kg/kg	1.0
焦　丁		kg/kg	0.9
重油(包括原油)		kg/kg	1.2
喷吹用煤粉	灰分≤10%	kg/kg	1.0
	10%＜灰分≤12%	kg/kg	0.9
	12%＜灰分≤15%	kg/kg	0.8
	15%＜灰分≤20%	kg/kg	0.7
	灰分＞20%	kg/kg	0.6
沥青煤焦油		kg/kg	1.0
天然气		kg/m^3	1.1
焦炉煤气		kg/m^3	0.5
木炭、石油焦		kg/kg	1.0
型焦或硫焦		kg/kg	0.8

附表 42　高炉主要用燃料参考发热量

燃料名称	发热量/$kJ \cdot kg^{-1}$	燃料名称	发热量/$kJ \cdot m^{-3}$
标准煤	29310	焦炉煤气	16330～17580
烟　煤	29310～35170	高炉煤气	2900～3800
褐　煤	20930～30140	天然气	33490～41870
无烟煤煤粉	25000～31000		
焦　炭	29000～34000		
重　油	40610～41870		
石　油	41870～46050		

冶金工业出版社部分图书推荐

书名	作者	定价(元)
钢铁冶金概论	王明海　主编	28.00
冶金传输原理基础	沈颐身　等著	38.00
炼铁学　上册	任贵义　主编	38.00
炼铁学　下册	任贵义　主编	36.00
实用高炉炼铁技术	由文泉　主编	29.00
高炉炼铁设计原理	郝素菊　等编著	23.60
钢铁冶金原理(第3版)	黄希祜　编	40.00
冶金物理化学研究方法(第3版)	王常珍　主编	48.00
钢铁冶金学(炼铁部分)(第2版)	王筱留　主编	29.00
高炉过程数学模型及计算机制	毕工学　著	28.00
高炉炼铁过程优化与智能控制系统	刘祥官　等著	28.00
高炉炼铁理论与操作	宋建成　编著	35.00
高炉生产知识问答	黄一诚　等编	29.80
现代高炉粉煤喷吹	王国维　等编著	19.00
高炉喷吹煤粉知识问答	汤清华　等编著	25.00
非高炉炼铁工艺与理论	方　觉　等著	28.00
炼铁节能与工艺计算	张玉柱　等编著	19.00
烧结生产技能知识问答	薛俊虎　主编	46.00
炼铁生产自动化技术	马竹梧　编著	46.00
高炉富氧煤粉喷吹	杨天钧　编著	24.00
熔融还原	杨天钧　等著	24.00
铁合金冶金工程	戴　维　等著	34.00
矿石学基础(第2版)	周乐光　主编	32.00
钢铁企业原料准备设计手册	中国冶金建设协会　编	106.00
炼铁机械(第2版)	严允进　主编	38.00
球团理论与工艺	张一敏　编著	24.80
烧结设计手册	冶金工业部长沙黑色冶金矿山设计研究院　编	99.00
冶金炉热工与构造(第2版)	陈鸿复　主编	23.50
燃料及燃烧(第2版)	韩昭沧　主编	29.50
热工测量仪表(第2版)	高魁明　主编	26.00
炼焦学(第3版)	姚昭章　主编	39.00
炼焦生产问答	李哲浩　编	20.00
耐火材料工艺学(第2版)	王维邦　主编	18.60
耐火材料技术与应用	王诚训　等编著	20.00
不定形耐火材料(第2版)	韩行禄　编著	36.00